ASSOCIATION FRANÇAISE

POUR

L'AVANCEMENT DES SCIENCES

Une table des matiéres est jointe à chacun des volumes du Comptc Rendu des travaux de l'Association Française en 1907.

Une table analytique *générale* par ordre alphabétique termine la 2e partie; dans cette table, les nombres qui sont placés après la lettre p se rapportent aux pages de la 1re partie, ceux placés après l'astérisque * se rapportent aux pages de la 2e partie.

IMPRIMERIE CHAIX, RUE BERGÈRE 20 PARIS. — 12322-11-07.

ASSOCIATION FRANÇAISE

POUR

L'AVANCEMENT DES SCIENCES

FUSIONNÉE AVEC

L'ASSOCIATION SCIENTIFIQUE DE FRANCE

(Fondée par Le Verrier en 1864)

Reconnues d'utilité publique.

CONFÉRENCES DE PARIS

COMPTE RENDU DE LA 36ᵐᵉ SESSION

PREMIÈRE PARTIE

DOCUMENTS OFFICIELS. — PROCÈS-VERBAUX

BIBLIOTHÈQUE
CENTRALE
NATIONALE
PRÊT

PARIS

AU SECRÉTARIAT DE L'ASSOCIATION

28, rue Serpente

ET CHEZ MM. MASSON et Cⁱᵉ, LIBRAIRES DE L'ACADÉMIE DE MÉDECINE

120, boulevard Saint-Germain.

—

1907

CONGRÈS ANTÉRIEURS

LISTE DES VOLUMES

1872	1re Session	. . .	Bordeaux.	1 volume.	
1873	2e —	. . .	Lyon.	1 —	
1874	3e —	. . .	Lille.	1 —	
1875	4e —	. . .	Nantes.	1 —	
1876	5e —	. . .	Clermont-Ferrand	1 —	
1877	6e —	. . .	Le Havre.	1 —	
1878	7e —	. . .	Paris.	1 —	
1879	8e —	. . .	Montpellier.	1 —	
1880	9e —	. . .	Reims	1 —	
1881	10e —	. . .	Alger	1 —	
1882	11e —	. . .	La Rochelle	1 —	
1883	12e —	. . .	Rouen	1 —	
1884	13e —	. . .	Blois.	2 volumes	(1).
1885	14e —	. . .	Grenoble.	2 —	(2).
1886	15e —	. . .	Nancy.	2 —	
1887	16e —	. . .	Toulouse.	2 —	
1888	17e —	. . .	Oran.	2 —	
1889	18e —	. . .	Paris.	2 —	
1890	19e —	. . .	Limoges	2 —	
1891	20e —	. . .	Marseille.	2 —	
1892	21e —	. . .	Pau	2 —	
1893	22e —	. . .	Besançon.	2 —	
1894	23e —	. . .	Caen.	2 —	
1895	24e —	. . .	Bordeaux.	2 —	
1896	25e —	. . .	Tunis	2 —	
1897	26e —	. . .	Saint-Étienne.	2 —	
1898	27e —	. . .	Nantes.	2 —	
1899	28e —	. . .	Boulogne-sur-Mer.	2 —	
1900	29e —	. . .	Paris.	2 —	
1901	30e —	. . .	Ajaccio.	2 —	
1902	31e —	. . .	Montauban.	2 —	
1903	32e —	. . .	Angers.	2 —	
1904	33e —	. . .	Grenoble.	1 volume	(3).
1905	34e —	. . .	Cherbourg	1 —	(3).
1906	35e —	. . .	Lyon.	2 volumes.	

(1) Reliés ensemble ou séparément.

(2) A partir de la 14e Session, les tomes I et II sont reliés séparément.

(3) Pour les Congrès de Grenoble 1904 et Cherbourg 1905, le tome I a été remplacé par un Bulletin mensuel dont les numéros 8 et 9, de chaque année, ont été consacrés aux comptes rendus des séances générales et aux procès-verbaux des Sections.

ASSOCIATION FRANÇAISE
POUR L'AVANCEMENT DES SCIENCES
Fusionnée avec
L'ASSOCIATION SCIENTIFIQUE DE FRANCE
(Fondée par Le Verrier en 1864)
Reconnues d'utilité publique

MINISTÈRE
de
l'Instruction publique,
DES BEAUX-ARTS
et
DES CULTES

CABINET
—
Nº 175

RÉPUBLIQUE FRANÇAISE

DÉCRET

LE PRÉSIDENT DE LA RÉPUBLIQUE FRANÇAISE,

Sur le rapport du Ministre de l'Instruction publique, des Beaux-Arts et des Cultes ;

Vu le procès-verbal de l'Assemblée générale de l'Association française pour l'avancement des sciences, tenue à Grenoble le 10 août 1885 ;

Vu le procès-verbal de l'Assemblée générale de l'Association scientifique de France, tenue à Paris le 14 novembre 1885, et les décisions prises par les deux Sociétés ;

Toutes deux ayant pour objet de réunir en une seule Association ces deux Sociétés susnommées ;

Vu les Statuts, l'état de la situation financière et les autres pièces fournies à l'appui de cette demande ;

La Section de l'Intérieur, de l'Instruction publique, des Beaux-Arts et des Cultes, du Conseil d'État entendue,

DÉCRÈTE :

ARTICLE PREMIER. — L'Association française pour l'avancement des sciences et l'Association scientifique de France, fondée par Le Verrier en 1864, toutes deux reconnues d'utilité publique, forment une seule et même Association.

Les Statuts de l'Association française pour l'avancement des sciences fusionnée avec l'Association scientifique de France (fondée par Le Verrier en 1864), sont approuvés tels qu'ils sont ci-annexés.

ART. 2. — Le Ministre de l'Instruction publique, des Beaux-Arts et des Cultes est chargé de l'exécution du présent décret.

Fait à Paris, le 28 septembre 1886.

Signé : JULES GRÉVY.

Par le Président de la République :
Le Ministre de l'Instruction publique, des Beaux-Arts et des Cultes,
Signé : RENÉ GOBLET.

Pour ampliation,
Le Chef de bureau du Cabinet,
Signé : ROUJON.

a

STATUTS ET RÈGLEMENT

STATUTS.

TITRE Iᵉʳ. — But de l'Association.

ARTICLE PREMIER. — L'Association se propose exclusivement de favoriser, par tous les moyens en son pouvoir, le progrès et la diffusion des sciences, au double point de vue du perfectionnement de la théorie pure et du développement des applications pratiques.

A cet effet, elle exerce son action par des réunions, des conférences, des publications, des dons en instruments ou en argent aux personnes travaillant à des recherches ou entreprises scientifiques qu'elle aurait provoquées ou approuvées.

ART. 2. — Elle fait appel au concours de tous ceux qui considèrent la culture des sciences comme nécessaire à la grandeur et à la prospérité du pays.

ART. 3. — Elle prend le nom d'*Association française pour l'avancement des sciences*, *fusionnée avec l'Association scientifique de France, fondée par Le Verrier en 1864.*

TITRE 2. — Organisation.

ART. 4. — Les membres de l'Association sont admis, sur leur demande, par le Conseil.

ART. 5. — Sont membres de l'Association les personnes qui versent la cotisation annuelle. Cette cotisation peut toujours être rachetée par une somme versée une fois pour toutes. Le taux de la cotisation et celui du rachat sont fixés par le Règlement.

ART. 6. — Sont membres fondateurs les personnes qui ont versé, à une époque quelconque, une ou plusieurs souscriptions de 500 francs.

ART. 7. — Tous les membres jouissent des mêmes droits. Toutefois, les noms des membres fondateurs figurent perpétuellement en tête des listes alphabétiques, et ces membres reçoivent gratuitement, pendant toute leur vie, autant d'exemplaires des publications de l'Association qu'ils ont versé de fois la souscription de 500 francs.

ART. 8. — Le capital de l'Association se compose du capital de l'Association scientifique et du capital de la précédente Association française au jour de la fusion, des souscriptions des membres fondateurs, des sommes versées pour le rachat des cotisations, des dons et legs faits à l'Association, à moins d'affectation spéciale de la part des donateurs.

ART. 9. — Les ressources annuelles comprennent les intérêts du capital, le montant des cotisations annuelles, les droits d'admission aux séances et les produits de librairie.

ART. 10. — *(Supprimé par décret conformément à la proposition adoptée à l'unanimité par l'Assemblée générale tenue à Tunis, le 4 avril 1896.)*

TITRE III. — Sessions annuelles.

ART. 11. — Chaque année, l'Association tient, dans l'une des villes de France, une session générale dont la durée est fixée par le Conseil d'administration. Cette ville est désignée par l'Assemblée générale, au moins une année à l'avance.

ART. 12. — Dans les sessions annuelles, l'Association, pour ses travaux scientifiques, se répartit en sections, conformément à un tableau arrêté par le Règlement général.

Ces sections forment quatre groupes, savoir :

    1º Sciences mathématiques,
    2º Sciences physiques et chimiques,
    3º Sciences naturelles,
    4º Sciences économiques.

ART. 13. — Il est publié chaque année un volume, distribué à tous les membres, contenant :

1º Le compte rendu des séances de la session ;

2º Le texte ou l'analyse des travaux provoqués par l'Association, ou des mémoires acceptés par le Conseil.

COMPOSITION DU BUREAU

ART. 14. — Le Bureau de l'Association se compose :

    D'un Président,
    D'un Vice-Président,
    D'un Secrétaire,
    D'un Vice-Secrétaire,
    D'un Trésorier.

Tous les membres du Bureau sont élus en Assemblée générale.

ART. 15. — Les fonctions de Président et de Secrétaire de l'Association sont annuelles ; elles commencent immédiatement après une session et durent jusqu'à la fin de la session suivante.

ART. 16. — Le Vice-Président et le Vice-Secrétaire d'une année deviennent, de droit, Président et Secrétaire pour l'année suivante.

ART. 17. — Le Président, le Vice-Président, le Secrétaire et le Vice-Secrétaire de chaque année sont pris respectivement dans les quatre groupes de sections, et chacun est pris à tour de rôle dans chaque groupe.

ART. 18. — Le Trésorier est élu par l'Assemblée générale ; il est nommé pour quatre ans et rééligible.

ART. 19. — Le Bureau de chaque section se compose d'un Président, d'un Vice-Président, d'un Secrétaire et, au besoin, d'un Vice-Secrétaire élu par cette section parmi ses membres.

TITRE IV. — Administration.

ART. 20. — Le siège de l'Administration est à Paris.

ART. 21. — L'Association est administrée gratuitement par un Conseil composé :

    1º Du Bureau de l'Association, qui est en même temps le Bureau du Conseil d'administration ;

    2º Des Présidents de section ;

    3º De trois membres par section ; ces délégués de section sont élus à la majorité relative en Assemblée générale, sur la proposition de leurs sections respectives ; ils sont renouvelables par tiers chaque année ;

    4º De délégués de l'Association en nombre égal à celui des Présidents de section ; ils sont nommés par correspondance, au scrutin secret et à la majorité relative des suffrages exprimés, après proposition du Conseil ; ils sont renouvelables par tiers chaque année.

ART. 22. — Les anciens Présidents de l'Association continuent à faire partie du Conseil.

ART. 23. — Les Secrétaires des sections de la session précédente sont admis dans le Conseil avec voix consultative.

ART. 24. — Pendant la durée des sessions, le Conseil siège dans la ville où a lieu la session.

ART. 25. — Le Conseil d'administration représente l'Association et statue sur toutes les affaires concernant son administration.

ART. 26. — Le Conseil a tout pouvoir pour gérer et administrer les affaires sociales, tant actives que passives. Il encaisse tous les fonds appartenant à l'Association, à quelque titre que ce soit.

Il place les fonds qui constituent le capital de l'Association en rentes sur l'État ou en obligations de chemins de fer français, émises par des Compagnies auxquelles un minimum d'intérêt est garanti par l'État ; il décide l'emploi des fonds disponibles ; il surveille l'application à leur destination des fonds votés par l'Assemblée générale, et ordonnance par anticipation, dans l'intervalle des sessions, les dépenses urgentes, qu'il soumet, dans la session suivante, à l'approbation de l'Assemblée générale.

Il décide l'échange ou la vente des valeurs achetées ; le transfert des rentes sur l'État, obligations des Compagnies de chemins de fer et autres titres nominatifs sont signés par le Trésorier et un des membres du Conseil délégué à cet effet.

Il accepte tous dons et legs faits à la Société ; tous les actes y relatifs sont signés par le Trésorier et un des membres délégué.

ART. 27. — Les délibérations relatives à l'acceptation des dons et legs, à des acquisitions, aliénations et échanges d'immeubles sont soumises à l'approbation du gouvernement.

ART. 28. — Le Conseil dresse annuellement le budget des dépenses de l'Association; il communique à l'Assemblée générale le compte détaillé des recettes et dépenses de l'exercice.

ART. 29. — Il organise les sessions, dirige les travaux, ordonne et surveille les publications, fixe et affecte les subventions et encouragements.

ART. 30. — Le Conseil peut adjoindre au Bureau des commissaires pour l'étude de questions spéciales et leur déléguer ses pouvoirs pour la solution d'affaires déterminées.

ART. 31. — Les Statuts ne pourront être modifiés que sur la proposition du Conseil d'administration, et à la majorité des deux tiers des membres votants dans l'Assemblée générale, sauf approbation du gouvernement.

Ces propositions, soumises à une session, ne pourront être votées qu'à la session suivante; elles seront indiquées dans les convocations adressées à tous les membres de l'Association.

ART. 32. — Un Règlement général détermine les conditions d'administration et toutes les dispositions propres à assurer l'exécution des Statuts. Ce Règlement est préparé par le Conseil et voté par l'Assemblée générale.

TITRE V. — Dispositions complémentaires.

ART. 33. — Dans le cas où la Société cesserait d'exister, l'Assemblée générale, convoquée extraordinairement, statuera, sous la réserve de l'approbation du gouvernement, sur la destination des biens appartenant à l'Association. Cette destination devra être conforme au but de l'Association, tel qu'il est indiqué dans l'article premier.

Les clauses stipulées par les donateurs, en prévision de ce cas, devront être respectées.

Le Chef de bureau du Cabinet,

Signé : H. ROUJON.

RÈGLEMENT

TITRE Ier. — Dispositions générales.

ARTICLE PREMIER. — Le taux de la cotisation annuelle des membres non fondateurs est fixé à 20 francs.

ART. 2. — Tout membre a le droit de racheter ses cotisations à venir en versant, une fois pour toutes, la somme de 200 francs. Il devient ainsi membre à vie.

Il sera loisible de racheter les cotisations par deux versements annuels consécutifs de 100 francs.

Les membres ayant payé pendant vingt années consécutives la cotisation annuelle de 20 francs pourront racheter les cotisations à venir moyennant un seul versement de 100 francs.

Tout membre qui, pendant dix années consécutives, aura versé annuellement une somme de 10 francs en sus de la cotisation annuelle sera libéré de tout versement ultérieur. Ces versements supplémentaires seront portés au compte Capital.

La liste alphabétique des membres à vie est publiée en tête de chaque volume, immédiatement après la liste des membres fondateurs.

Les membres ayant racheté leurs cotisations pourront devenir membres fondateurs en versant une somme complémentaire de 300 francs.

ART. 3. — Dans les sessions générales, l'Association se répartit en dix-huit sections formant quatre groupes, conformément au tableau suivant :

1er GROUPE : *Sciences mathématiques.*

1. Section de mathématiques, astronomie et géodésie;
2. Section de mécanique;
3. Section de navigation;
4. Section de génie civil et militaire.

2e GROUPE : *Sciences physiques et chimiques.*

5. Section de physique;
6. Section de chimie;
7. Section de météorologie et physique du globe.

3e GROUPE : *Sciences naturelles.*

8. Section de géologie et minéralogie;
9. Section de botanique;
10. Section de zoologie, anatomie et physiologie;
11. Section d'anthropologie;
12. Section des sciences médicales;
13. Section d'électricité médicale.
14. Section d'odontologie.

4e GROUPE : *Sciences économiques.*

15. Section d'agronomie;
16. Section de géographie;
17. Section d'économie politique et statistique;
18. Section de pédagogie et enseignement;
19. Section d'hygiène et médecine publique.

Art. 4. — Tout membre de l'Association choisit, chaque année, la section à laquelle il désire appartenir. Il a le droit de prendre part aux travaux des autres sections avec voix consultative.

Art. 5. — Les personnes étrangères à l'Association, qui n'ont pas reçu d'invitation spéciale, sont admises aux séances et aux conférences d'une session, moyennant un droit d'admission fixé à 10 francs. Ces personnes peuvent communiquer des travaux aux sections, mais ne peuvent prendre part aux votes.

Art. 6. — Le Président sortant fait, de droit, partie du Bureau pendant les deux semestres suivants.

Art. 7. — Le Conseil d'administration prépare les modifications réglementaires que peut nécessiter l'exécution des Statuts, et les soumet à la décision de l'Assemblée générale.

Il prend les mesures nécessaires pour organiser les sessions, de concert avec les comités locaux qu'il désigne à cet effet. Il fixe la date de l'ouverture de chaque session. Il organise les conférences qui ont lieu à Paris pendant l'hiver.

Il nomme et révoque tous les employés et fixe leur traitement.

Art. 8. — Dans le cas de décès, d'incapacité ou de démission d'un ou de plusieurs membres du Bureau, le Conseil procède à leur remplacement.

La proposition de ce ou de ces remplacements est faite dans une séance convoquée spécialement à cet effet : la nomination a lieu dans une séance convoquée à sept jours d'intervalle.

Art. 9. — Le Conseil délibère à la majorité des membres présents. Les délibérations relatives au placement des fonds, à la vente ou à l'échange des valeurs et aux modifications statutaires ou réglementaires ne sont valables que lorsqu'elles ont été prises en présence du quart, au moins, des membres du Conseil dûment convoqués. Toutefois, si, après un premier avis, le nombre des membres présents était insuffisant, il serait fait une nouvelle convocation annonçant le motif de la réunion, et la délibération serait valable, quel que fût le nombre des membres présents.

TITRE II. — Attributions du Bureau et du Conseil d'administration.

Art. 10. — Le Bureau de l'Association est, en même temps, le Bureau du Conseil d'administration.

Art. 11. — Le Conseil se réunit au moins quatre fois dans l'intervalle de deux sessions. Une séance a lieu en novembre pour la nomination des Commissions permanentes ; une autre séance a lieu pendant la quinzaine de Pâques.

Art. 12. — Le Conseil est convoqué toutes les fois que le Président le juge convenable. Il est convoqué extraordinairement lorsque cinq de ses membres en font la demande au Bureau, et la convocation doit indiquer alors le but de la réunion.

Art. 13. — Les Commissions permanentes sont composées des cinq membres du Bureau et d'un certain nombre de membres, élus par le Conseil dans sa séance de novembre. Elles restent en fonctions jusqu'à la fin de la session suivante de l'Association. Elles sont au nombre de cinq :

1° Commission de publication ;
2° Commission des finances ;
3° Commission d'organisation de la session suivante ;
4° Commission des subventions ;
5° Commission des conférences.

Art. 14. — La Commission de publication se compose du Bureau et de quatre membres élus, auxquels s'adjoint, pour les publications relatives à chaque section, le Président ou le Secrétaire, ou, en leur absence, un des délégués de la section.

Art. 15. — La Commission des finances se compose du Bureau et de quatre membres élus.

Art. 16. — La Commission d'organisation de la session se compose du Bureau et de quatre membres élus.

Art. 17. — La Commission des subventions se compose du Bureau, d'un délégué par section nommé par les membres de la section pendant la durée du Congrès et de deux délégués de l'Association nommés par le Conseil.

Art. 18. — La Commission des conférences se compose du Bureau et de huit membres élus par le Conseil.

Art. 19. — Le Conseil peut, en outre, désigner des Commissions spéciales pour des objets déterminés.

Art. 20. — Pendant la durée de la session annuelle, le Conseil tient ses séances dans la ville où a lieu la session.

TITRE III. — Du Secrétaire du Conseil.

Art. 21. — Le Secrétaire du Conseil reçoit des appointements annuels dont le chiffre est fixé par le Conseil.

Art. 22. — Lorsque la place de Secrétaire du Conseil devient vacante, il est procédé à la nomination d'un nouveau Secrétaire, dans une séance précédée d'une convocation spéciale qui doit être faite quinze jours à l'avance.

La nomination est faite à la majorité absolue des votants. Elle n'est valable que lorsqu'elle est faite par un nombre de voix égal au tiers, au moins, du nombre des membres du Conseil.

Art. 23. — Le Secrétaire du Conseil ne peut être révoqué qu'à la majorité absolue des membres présents, et par un nombre de voix égal au tiers, au moins, du nombre des membres du Conseil.

Art. 24. — Le Secrétaire du Conseil rédige et fait transcrire, sur deux registres distincts, les procès-verbaux des séances du Conseil et ceux des Assemblées générales. Il siège dans toutes les Commissions permanentes, avec voix consultative. Il peut faire partie des autres Commissions. Il a voix consultative dans les discussions du Conseil. Il exécute, sous la direction du Bureau, les décisions du Conseil. Les employés de l'Association sont placés sous ses ordres. Il correspond avec les membres de l'Association, avec les présidents et secrétaires des Comités locaux et avec les secrétaires des sections. Il fait partie de la Commission de publication et la convoque. Il dirige la publication du volume et donne les bons à tirer. Pendant la durée des sessions, il veille à la distribution des cartes, à la publication des programmes et assure l'exécution des mesures prises par le Comité local concernant les excursions.

TITRE IV. — Des Assemblées générales.

Art. 25. — Il se tient chaque année, pendant la durée de la session, au moins une Assemblée générale.

Art. 26. — Le Bureau de l'Association est, en même temps, le Bureau de l'Assemblée générale. Dans les Assemblées générales qui ont lieu pendant la session, le Bureau du Comité local est adjoint au Bureau de l'Association.

Art. 27. — L'Assemblée générale, dans une séance qui clôt définitivement la session, élit, au scrutin secret et à la majorité absolue, le Vice-Président et le Vice-Secrétaire de l'Association pour l'année suivante, ainsi que le Trésorier, s'il y a lieu ; dans le cas où, pour l'une ou l'autre de ces fonctions, la liste de présentation ne comprendrait qu'un nom, la nomination pourra être faite par un vote à main levée, si l'Assemblée en décide ainsi. Elle nomme, sur la proposition des sections, les membres qui doivent représenter chaque section dans le Conseil d'administration. Elle désigne enfin, une ou deux années à l'avance, les villes où doivent se tenir les sessions futures.

Art. 28. — L'Assemblée générale peut être convoquée, extraordinairement, par une décision du Conseil.

Art. 29. — Les propositions tendant à modifier les Statuts, ou le titre Ier du Règlement, conformément à l'article 31 des Statuts, sont présentées à l'Assemblée générale par le rapporteur du Conseil et ne sont mises aux voix que dans la session suivante. Dans l'intervalle des deux sessions, le rapport est imprimé et distribué à tous les membres. Les propositions sont, en outre, rappelées dans les convocations adressées à tous les membres. Le vote a lieu sans discussion, par *oui* ou par *non*, à la majorité des deux tiers des voix, s'il s'agit d'une modification au Règlement. Lorsque vingt membres en font la demande par écrit, le vote a lieu au scrutin secret.

TITRE V. — De l'organisation des Sessions annuelles et du Comité local.

Art. 30. — La Commission d'organisation, constituée comme il est dit à l'article 16, se met en rapport avec les membres fondateurs appartenant à la ville où doit se tenir la prochaine session. Elle désigne, sur leurs indications, un certain nombre de membres qui constituent le Comité local.

Art. 31. — Le Comité local nomme son Président, son Vice-Président et son Secrétaire. Il s'adjoint les membres dont le concours lui paraît utile, sauf approbation par la Commission d'organisation.

Art. 32. — Le Comité local a pour attribution de venir en aide à la Commission d'organisation, en faisant des propositions relatives à la session et en assurant l'exécution des mesures locales qui ont été approuvées ou indiquées par la Commission.

Art. 33. — Il est chargé de s'assurer des locaux et de l'installation nécessaires pour les diverses séances ou conférences; ses décisions, toutefois, ne deviennent définitives qu'après avoir été acceptées par la Commission. Il propose les sujets qu'il serait important de traiter dans les conférences, et les personnes qui pourraient en être chargées. Il indique les excursions qui seraient propres à intéresser les membres du Congrès et prépare celles de ces excursions qui sont acceptées par la Commission. Il se met en rapport, lorsqu'il le juge utile, avec les Sociétés savantes et les autorités des villes ou localités où ont lieu les excursions.

Art. 34. — Le Comité local est invité à préparer une série de courtes notices sur la ville où se tient la session, sur les monuments, sur les établissements industriels, les curiosités naturelles, etc., de la région. Ces notices sont distribuées aux membres de l'Association et aux invités assistant au Congrès.

Art. 35. — Le Comité local s'occupe de la publicité nécessaire à la réussite du Congrès, soit à l'aide d'articles de journaux, soit par des envois de programmes, etc., dans la région où a lieu la session.

Art. 36. — Il fait parvenir à la Commission d'organisation la liste des savants français et étrangers qu'il désirerait voir inviter.

Le Président de l'Association n'adresse les invitations qu'après que cette liste a été reçue et examinée par la Commission.

Art. 37. — Le Comité local indique, en outre, parmi les personnes de la ville ou du département, celles qu'il conviendrait d'admettre gratuitement à participer aux travaux scientifiques de la session.

Art. 38. — Depuis sa constitution jusqu'à l'ouverture de la session, le Comité local fait parvenir deux fois par mois, au Secrétaire du Conseil de l'Association, des renseignements sur ses travaux, la liste des membres nouveaux, avec l'état des payements, la liste des communications scientifiques qui sont annoncées, etc.

Art. 39. — La Commission d'organisation publie et distribue, de temps à autre, aux membres de l'Association, les communications et avis divers qui se rapportent à la prochaine session. Elle s'occupe de la publicité générale et des arrangements à prendre avec les Compagnies de chemins de fer.

TITRE VI. — De la tenue des Sessions.

Art. 40. — Pendant toute la durée de la session, le Secrétariat est ouvert chaque matin pour la distribution des cartes. La présentation des cartes est exigible à l'entrée des séances.

Art. 41. — Tout membre, en retirant sa carte, doit indiquer la section à laquelle il désire appartenir, ainsi qu'il est dit à l'article 4.

Art. 42. — Le Conseil se réunit dans la matinée du jour où a lieu l'ouverture de la session; il se réunit pendant la durée de la session autant de fois qu'il le juge convenable. Il tient une dernière réunion, pour arrêter une liste de présentation relative aux élections du Bureau de l'Association, vingt-quatre heures au moins avant la réunion de l'Assemblée générale.

Le Président et l'un des Secrétaires du Comité local assistent, pendant la session, aux séances du Conseil, avec voix consultative.

Art. 43. — Les candidatures pour les élections du Bureau doivent être communiquées au Conseil, présentées par dix membres au moins de l'Association, trois jours avant l'Assemblée générale.

Le Conseil arrête la liste des présentations qu'il a reconnues régulières, vingt-quatre heures au moins avant l'Assemblée générale. Cette liste de candidature, dressée par ordre alphabétique, sera affichée dans la salle de réunion.

ART. 44. — La session est ouverte par une séance générale, dont l'ordre du jour comprend :

1º Le discours du Président de l'Association et des autorités de la ville et du département ;

2º Le compte rendu annuel du Secrétaire général de l'Association ;

3º Le rapport du Trésorier sur la situation financière.

Aucune discussion ne peut avoir lieu dans cette séance.

A la fin de la séance, le Président indique l'heure où les membres se réuniront dans les sections.

ART. 45. — Chaque section élit, pendant la durée d'une session, son Président pour la session suivante : le Président doit être choisi parmi les membres de l'Association.

ART. 45 *bis.*— Les fonctions de Président de Section commencent à la séance de Pâques du Conseil d'administration, qui précède la session pour laquelle ils ont été nommés ; elles cessent la veille de la séance de Pâques qui suit la session.

ART. 46. — Chaque section, dans sa première séance, procède à l'élection de son Vice-Président et de son Secrétaire, toujours choisis parmi ses membres. Elle peut nommer, en outre, un second Secrétaire, si elle le juge convenable. Elle procède, aussitôt après, à ses travaux scientifiques.

ART. 47. — Les Présidents de sections se réunissent, dans la matinée du second jour, pour fixer les jours et les heures des séances de leurs sections respectives, et pour répartir ces séances de la manière la plus favorable. Ils décident, s'il y a lieu, la fusion de certaines sections voisines.

Les Présidents de deux ou plusieurs sections peuvent organiser, en outre, des séances collectives.

Une section peut tenir, aux heures qui lui conviennent, des séances supplémentaires, à la condition de choisir des heures qui ne soient pas occupées par les excursions générales.

ART. 48. — Pendant la durée de la session, il ne peut être consacré qu'un seul jour, non compris le dimanche, aux excursions générales. Il ne peut être tenu de séances de sections, ni de conférences, et il ne peut y avoir d'excursions officielles spéciales, pendant les heures consacrées à une excursion générale.

ART. 49. — Il peut être organisé une ou plusieurs excursions générales, ou spéciales, pendant les jours qui suivent la clôture de la session.

ART. 50. — Les sections ont toute liberté pour organiser les excursions particulières qui intéressent spécialement leurs membres.

ART. 51. — Une liste des membres de l'Association présents au Congrès paraît le lendemain du jour de l'ouverture, par les soins du Bureau. Des listes complémentaires paraissent les jours suivants, s'il y a lieu.

ART. 52. — Il paraît chaque matin un Bulletin indiquant le programme de la journée, les ordres du jour des diverses séances et les travaux des sections de la journée précédente.

ART. 53. — La Commission d'organisation peut instituer une ou plusieurs séances générales.

Art. 54. — Il ne peut y avoir de discussions en séance générale. Dans le cas où un membre croirait devoir présenter des observations sur un sujet traité dans une séance générale, il devra en prévenir par écrit le Président, qui désignera l'une des prochaines séances de sections pour la discussion.

Art. 55. — A la fin de chaque séance de section, et sur la proposition du Président, la section fixe l'ordre du jour de la prochaine séance, ainsi que l'heure de la réunion.

Art. 56. — Lorsque l'ordre du jour est chargé, le Président peut n'accorder la parole que pour un temps déterminé qui ne peut être moindre que dix minutes. A l'expiration de ce temps, la section est consultée pour savoir si la parole est maintenue à l'orateur; dans le cas où il est décidé qu'on passera à l'ordre du jour, l'orateur est prié de donner brièvement ses conclusions.

Art. 57. — Les membres qui ont présenté des travaux au Congrès sont priés de remettre au Secrétaire de leur section leur manuscrit, ou un résumé de leur travail; ils sont également priés de fournir une note indicative de la part qu'ils ont prise aux discussions qui se sont produites.

Lorsqu'un travail comportera des figures ou des planches, mention devra en être faite sur le titre du mémoire.

Art. 58. — A la fin de chaque séance, les Secrétaires de sections remettent au Secrétariat :

1° L'indication des titres des travaux de la séance;
2° L'ordre du jour, la date et l'heure de la séance suivante.

Art. 59. — Les Secrétaires de sections sont chargés de prévenir les orateurs désignés pour prendre la parole dans chacune des séances.

Art. 60. — Les Secrétaires de sections doivent rédiger un procès-verbal des séances. Ce procès-verbal doit donner, d'une manière sommaire, le résumé des travaux présentés et des discussions; il doit être remis au Secrétariat aussitôt que possible, et au plus tard un mois après la clôture de la session.

Art. 61. — Les Secrétaires de sections remettent au Secrétaire du Conseil, avec leurs procès-verbaux, les manuscrits qui auraient été fournis par leurs auteurs, avec une liste indicative des manuscrits manquants.

Art. 62. — Les indications relatives aux excursions sont fournies aux membres le plus tôt possible. Les membres qui veulent participer aux excursions sont priés de se faire inscrire à l'avance, afin que l'on puisse prendre des mesures d'après le nombre des assistants.

Art. 63. — Les conférences générales n'ont lieu que le soir, et sous le contrôle d'un président et de deux assesseurs désignés par le Bureau.

Il ne peut être fait plus de deux conférences générales pendant la durée d'une session.

Art. 64. — Les vœux exprimés par les sections doivent être remis pendant la session au Conseil d'administration, qui seul a qualité pour les présenter au vote de l'Assemblée générale.

Art. 65. — Avant l'Assemblée générale de clôture, le Conseil décide quels sont les vœux qui devront être soumis à l'acceptation de l'Assemblée générale et qui, après avoir été acceptés, recevant le nom de *Vœux de l'Association française*, seront transmis sous ce nom aux pouvoirs publics.

Il décide également quels vœux seront insérés aux comptes rendus sous le nom de : *Vœux de la ...e section* et quels sont ceux dont le texte ne figurera pas aux comptes rendus.

Il sera procédé, en Assemblée générale, au vote sur les vœux qui sont présentés par le Conseil comme vœux de l'Association.

Il sera ensuite donné lecture des vœux que le Conseil a réservés comme vœux de section.

Dans le cas où dix membres au moins demanderaient qu'un vœu de cette espèce fût transformé en vœu de l'Association, ce vœu pourra être renvoyé, par un vote de l'Assemblée, à l'Assemblée générale suivante. Avant la réunion de celle-ci, cette proposition sera étudiée par une Commission de cinq membres qui aura à faire un rapport qui sera imprimé et distribué à tous les membres de l'Association. Cette Commission comprendra deux membres de la section ou des sections qui ont présenté le vœu, et trois membres pris en dehors de celle-ci. Les premiers seront désignés par le bureau de la section (ou par les bureaux des sections) ayant émis le vœu, qui devront les faire connaître au plus tard lors de la séance du Conseil qui suivra l'Assemblée générale, et, à défaut, par le bureau de l'Association ; les trois autres membres seront nommés par le bureau.

TITRE VII. — Des Comptes rendus.

Art. 66. — L'Association publie chaque année : 1º le texte ou l'analyse des conférences faites à Paris pendant l'hiver; 2º le compte rendu de la session ; 3º le texte des notes et mémoires dont l'impression dans le compte rendu a été décidée par le Conseil d'administration.

Art. 67. — Les comptes rendus doivent être publiés dix mois au plus tard après la session à laquelle ils se rapportent.

La distribution des comptes rendus est annoncée à tous les membres de l'Association par une circulaire qui indique à partir de quelle date ils peuvent être retirés au Secrétariat.

Les comptes rendus sont expédiés aux invités de l'Association.

Art. 68. — Sur leur demande, faite avant le 1er octobre de chaque année, les membres recevront les comptes rendus de l'Association par fascicules expédiés semi-mensuellement.

Art. 69. — Les membres doivent remettre, pendant la session, un résumé sommaire de leurs communications; à défaut l'envoyer au Secrétariat de l'Association au plus tard huit jours après la clôture de la session. Passé ce délai, le titre seul figurera aux procès-verbaux.

Art. 70. — L'étendue des résumés sommaires ne devra pas dépasser un quart de page d'impression (7 à 800 lettres environ) sauf décision spéciale du Bureau.

Art. 71. — Les notes et mémoires dont l'impression *in extenso* est demandée par les auteurs devront être remis au Secrétaire de la section pendant la session ou être expédiés directement au Secrétariat deux mois au plus tard après la clôture de la session. Les planches ou dessins accompagnant un mémoire devront être joints à celui-ci.

Art. 72. — Dix pages, au maximum, peuvent être accordées à un auteur pour une même question ; toutefois la Commission de publication pourra proposer au Conseil d'administration de fixer exceptionnellement une étendue plus considérable.

Art. 73. — Le Conseil d'administration, sur la proposition de la Commission de publication, pourra décider la publication en dehors des comptes rendus de travaux spéciaux que leur étendue ne permettrait pas de faire paraître dans les comptes rendus. Ces travaux seront mis à la disposition des membres qui en auront fait la demande en temps utile.

Art. 74. — L'insertion du résumé sommaire destiné au procès-verbal est de droit pour toute communication faite en session, à moins que cette communication ne rentre pas dans l'ordre des travaux de l'Association.

Art. 75. — La Commission de publication a tous pouvoirs pour décider de l'impression *in extenso* d'un travail présenté à une session. Elle peut également demander aux auteurs des réductions dont elle fixe l'importance ; si le travail réduit ne parvient pas au Secrétariat dans les délais indiqués, l'impression ne pourra avoir lieu.

Aucun travail publié en France avant l'époque du Congrès ne pourra être reproduit dans les comptes rendus. Le titre et l'indication bibliographique figureront seuls dans le procès-verbal.

Art. 76. — Les discussions insérées dans les comptes rendus sont extraites textuellement des procès-verbaux des Secrétaires de sections. Les notes fournies par les auteurs, pour faciliter la rédaction des procès-verbaux, devront être remises dans les vingt-quatre heures.

Art. 77. — La Commission de publication décide quelles seront les planches qui seront jointes au compte rendu et s'entend, à cet effet, avec la Commission des finances.

Art. 78. — Les épreuves seront communiquées aux auteurs en placards seulement ; une semaine est accordée pour la correction. Si l'épreuve n'est pas renvoyée à l'expiration de ce délai, les corrections sont faites par les soins du Secrétariat.

Art. 79. — Dans le cas où les frais de corrections et changements indiqués par un auteur dépasseraient la somme de 15 francs par feuille, l'excédent, calculé proportionnellement, serait porté à son compte.

Art. 80. — Les membres pourront faire exécuter un tirage à part de leurs communications avec pagination spéciale, au prix convenu avec l'imprimeur par le Conseil d'administration. Ces tirages à part sont imprimés sur un type absolument uniforme.

Art. 81. — Les auteurs qui n'ont pas demandé de tirage à part et dont les communications ont une étendue qui dépasse une demi-feuille d'impression recevront quinze exemplaires de leur travail, extraits des feuilles qui ont servi à la composition du volume.

Art. 82. — Les auteurs des communications présentées à une session ont d'ailleurs le droit de publier à part ces communications à leur gré : ils sont seulement priés d'indiquer que ces travaux ont été présentés au Congrès de l'Association française.

LISTE DES BIENFAITEURS

DE L'ASSOCIATION FRANÇAISE POUR L'AVANCEMENT DES SCIENCES

MM. UN ANONYME.

BISCHOFFSHEIM (Raphaël-Louis), Membre de l'Institut.

BOUDET (Claude), à Lyon.

BOURDEAU (J.-P.-L.), à Billère, près Pau.

BROSSARD (Louis-Cyrille), à Étampes.

BRUNET (Benjamin), ancien Négociant à la Pointe-à-Pitre, à Paris.

CHEUX, Pharmacien-major de l'armée, en retraite, à Ernée.

CLAMAGERAN (Mᵐᵉ Vᵉ), à Paris.

CLAMAGERAN, Sénateur, à Paris.

DANTON, Ingénieur civil des mines, à Neuilly-sur-Seine.

DELEHAYE (Jules), à Paris.

DES ROSIERS (J.-B.-A.), Propriétaire, à Paris.

EICHTHAL (le baron Adolphe D'), Président honoraire du Conseil d'administration de la Compagnie des chemins de fer du Midi à Paris.

FONTARIVE, à Linneville-sur-Gien.

GIRARD, Directeur de la Manufacture des tabacs de Lyon.

GOBERT, Président honoraire du Tribunal civil de Saint-Omer.

GUILLEMINET (André), Pharmacien, à Lyon.

JACKSON (James), à Paris.

KUHLMANN (Frédéric), Correspondant de l'Institut, Chimiste, à Lille.

LAMY (Ernest), ancien Banquier, à Paris.

LEGROUX (le Commandant Adrien), à Orléans.

LOMPECH (Denis), à Miramont.

MASSON (G.), Libraire de l'Académie de Médecine, à Paris.

MAUNOIR (Charles), ancien Secrétaire général de la Société de Géographie de Paris.

OLLIER, Professeur à la Faculté de Médecine de Lyon, Correspondant de l'Institut.

PARQUET (Mᵐᵉ Vᵉ), à Paris.

PERDRIGEON, Agent de change, à Paris.

PEREIRE (Émile), à Paris.

POCHARD (Mᵐᵉ Vᵉ), à Paris.

RIGOUT (Dʳ), à Paris.

ROUX (Gustave), à Paris.

SIEBERT, à Paris.

THEURLOT, à Paris.

LA COMPAGNIE GÉNÉRALE TRANSATLANTIQUE, à Paris.

VILLE DE MONTPELLIER.

VILLE DE PARIS.

LISTE DES MEMBRES

DE

L'ASSOCIATION FRANÇAISE POUR L'AVANCEMENT DES SCIENCES

FUSIONNÉE AVEC

L'ASSOCIATION SCIENTIFIQUE DE FRANCE (*)

(MEMBRES FONDATEURS ET MEMBRES A VIE)

MEMBRES FONDATEURS

PARTS

ABBADIE (Antoine D'), Membre de l'Institut et du Bureau des Longitudes *(Décédé)*. . **4**

ALBERTI, Banquier *(Décédé)*. **1**

ALMEIDA (D'), Inspecteur général de l'Instruction publique *(Décédé)*. **1**

AMBOIX DE LARBONT (le Général Henri D'), 65, boulevard de Courcelles. — Paris. . . **1**

ANDOUILLÉ (Edmond), sous-Gouverneur honoraire de la *Banque de France (Décédé)*. . **2**

ANDRÉ (Alfred), Régent de la *Banque de France*, Administrateur de la *Compagnie des Chemins de fer de Paris à Lyon et à la Méditerranée*, ancien Député *(Décédé)*. **2**

ANDRÉ (Édouard), ancien Député *(Décédé)* **1**

ANDRÉ (Frédéric), Ingénieur en chef des Ponts et Chaussées *(Décédé)* **1**

AUBERT (Charles), Avocat, 13, rue Caqué. — Reims (Marne) . . . . : **1**

AUDIBERT, Directeur de la *Compagnie des Chemins de fer de Paris à Lyon et à la Méditerranée (Décédé)*. **2**

AYNARD (Édouard), Membre de l'Institut, ancien Président de la Chambre de Commerce, Député du Rhône, 29, boulevard du Nord. — Lyon (Rhône) **1**

AZAM (Eugène), Professeur honoraire à la Faculté de Médecine de Bordeaux, Associé national de l'Académie de Médecine *(Décédé)*. **1**

BAILLE (J.-B.-Alexandre), ancien Répétiteur à l'École Polytechnique, ancien Professeur à l'École municipale de Physique et de Chimie industrielles de la Ville de Paris, 26, rue Oberkampf. — Paris **1**

BAILLIÈRE (Germer), ancien Libraire-Éditeur, ancien Membre du Conseil municipal de Paris *(Décédé)*. **1**

BAILLON (H.), Professeur à la Faculté de Médecine de Paris *(Décédé)*. **1**

BALARD, Membre de l'Institut *(Décédé)* **1**

BALASCHOFF (Pierre DE), Rentier *(Décédé)*. **1**

BAMBERGER (Henri), Banquier, 14, rond-point des Champs-Élysées. — Paris **1**

BAPTEROSSES (F.), Manufacturier. — Briare (Loiret). **1**

BARBIER-DELAYENS (Victor), Propriétaire *(Décédé)* **1**

BARBOUX (Henri), Membre de l'Académie Française, Avocat à la Cour d'Appel, ancien Bâtonnier de l'Ordre, 14, quai de La Mégisserie. — Paris **1**

BARTHOLONI (Fernand), ancien Président du Conseil d'administration de la *Compagnie des Chemins de fer d'Orléans (Décédé)* **1**

BAUDOUIN (Noël), Ingénieur civil, 51, rue Lemercier. — Paris **1**

BÉCHAMP (Antoine), ancien Professeur à la Faculté de Médecine de Montpellier, Correspondant de l'Académie de Médecine, 15, rue Vauquelin. — Paris. **1**

BECKER (Mme Ve), 260, boulevard Saint-Germain. — Paris **1**

(*) Ces listes ont été arrêtées au 20 décembre 1906.

BELL (Édouard-Théodore), Négociant, 57, Broadway. — New-York (États-Unis d'Amérique) 1
BELON, Fabricant (Décédé) 1
BERAL (Éloi), Inspecteur général des mines en retraite, Conseiller d'État honoraire, Sénateur, château de Pechfumat. — Frayssinet-le-Gélat (Lot). 1
BERDELLÉ (Charles), ancien Garde général des Forêts. — Rioz (Haute-Saône) 1
BERNARD (Claude), Membre de l'Académie française et de l'Académie des Sciences (Décédé) 1
BILLAULT-BILLAUDOT et Cie, Fabricants de produits chimiques, 22, rue de La Sorbonne. — Paris. 1
BILLY (DE), Inspecteur général des Mines (Décédé). 1
BILLY (Charles DE), Conseiller référendaire à la Cour des Comptes, 56, rue de Boulainvilliers. — Paris 1
BISCHOFFSHEIM (L.-R.), Banquier (Décédé) 1
BISCHOFFSHEIM (Raphaël - Louis), Membre de l'Institut, Ingénieur des Arts et Manufactures (Décédé). 1
BLOT, Membre de l'Académie de Médecine (Décédé). 1
BOCHET (Vincent DU) (Décédé) 1
BOISSONNET (le Général André, Alfred), ancien Sénateur (Décédé) 1
BOIVIN (Émile), Raffineur, 64, rue de Lisbonne. — Paris 1
BONAPARTE (le Prince Roland), Membre de l'Institut, 10, avenue d'Iéna. — Paris . . 1
BONDET (Adrien), Professeur à la Faculté de Médecine, Associé national de l'Académie de Médecine, Médecin de l'Hôtel-Dieu, 6, place Bellecour. — Lyon (Rhône). 1
BONNEAU (Théodore), Notaire honoraire (Décédé) 1
BORIE (Victor), Membre de la Société nationale d'Agriculture de France (Décédé) . . . 1
BOUCHARD (Charles), Membre de l'Institut et de l'Académie de Médecine, Professeur à la Faculté de Médecine, Médecin honoraire des Hôpitaux, 174, rue de Rivoli. — Paris. 1
BOUDET (F.), Membre de l'Académie de Médecine (Décédé) 1
BOUILLAUD, Membre de l'Institut, Professeur à la Faculté de Médecine (Décédé). . . . 1
BOULÉ (Auguste), Inspecteur général des Ponts et Chaussées en retraite, 7, rue Washington. — Paris. 1
BRANDENBURG (Albert), Négociant (Décédé) 2
BRÉGUET, Membre de l'Institut et du Bureau des Longitudes (Décédé) . . . .
BRÉGUET (Antoine), Directeur de la Revue scientifique, ancien Élève de l'École Polytechnique (Décédé). 1
BREITTMAYER (Albert), ancien sous-Directeur des Docks et Entrepôts de Marseille, 8, quai de L'Est. — Lyon (Rhône) 1
BROCA (Paul), Professeur à la Faculté de Médecine de Paris, Membre de l'Académie de Médecine, Sénateur (Décédé). 1
BROCARD (Henri), Lieutenant-Colonel du Génie territorial, ancien Élève de l'École Polytechnique, 75, rue des Ducs-de-Bar. — Bar-le-Duc (Meuse) 1
BROET, ancien Membre de l'Assemblée nationale (Décédé). 1
BROUZET (Charles), Ingénieur civil, 38, rue Victor-Hugo. — Lyon (Rhône). 1
CACHEUX (Émile), Ingénieur des Arts et Manufactures, vice-Président de la Société française d'Hygiène, 25, quai Saint-Michel. — Paris 1
CAMBEFORT (Jules), Administrateur de la Compagnie des Chemins de fer de Paris à Lyon et à la Méditerranée (Décédé). 1
CAMONDO (le Comte Abraham DE), Banquier (Décédé) 1
CAMONDO (le Comte Nissim DE) (Décédé) 1
CANET (Gustave), Ingénieur des Arts et Manufactures, Directeur de l'Artillerie de MM. Schneider et Cie, ancien Président de la Société des Ingénieurs civils de France, 87, avenue Henri-Martin. — Paris 1
CAPERON (père), Négociant (Décédé). 1
CAPERON (fils) (Décédé) 1
CARLIER (Auguste), Publiciste (Décédé) 1
CARNOT (Adolphe), Membre de l'Institut, Inspecteur général des Mines, Directeur honoraire et Professeur à l'École nationale supérieure des Mines, Professeur honoraire à l'Institut national agronomique, 99, boulevard Raspail. — Paris. 1
CASTHELAZ (John), Fabricant de produits chimiques, 19, rue Sainte-Croix-de-la-Bretonnerie. — Paris. 1
CAVENTOU (père), Membre de l'Académie de Médecine (Décédé). 1
CAVENTOU (Eugène), Membre et ancien Président de l'Académie de Médecine, 60, rue de Londres. — Paris 1

DAGUIN (Ernest), ancien Président du Tribunal de Commerce de la Seine, Administrateur de la *Compagnie des Chemins de fer de l'Est (Décédé)* 1
DALLIGNY (A.), ancien Maire du VIIIᵉ arrondissement, 5, rue Lincoln. — Paris. . . . 1
DANTON, Ingénieur civil des Mines *(Décédé)*. 1
DAVILLIER, Banquier *(Décédé)* 1
DEGOUSÉE (Edmond), Ingénieur des Arts et Manufactures, 164, boulevard Haussmann. — Paris 1
DELAUNAY, Membre de l'Institut, Ingénieur des Mines, Directeur de l'Observatoire national *(Décédé)*. 1
Dr DELORE (Xavier), Correspondant national de l'Académie de Médecine, ancien Chirurgien en Chef de la Charité de Lyon. — Romanèche-Thorins (Saône-et-Loire). 1
DEMARQUAY, Membre de l'Académie de Médecine *(Décédé)*. 1
DEMAY (Prosper), Entrepreneur de travaux publics *(Décédé)* 1
DEMONGEOT, Ingénieur des Mines, Maître des requêtes au Conseil d'État *(Décédé)*. . . 1
DHOSTEL, Adjoint au maire du IIᵉ arrondissement de Paris *(Décédé)*. 1
Dr DIDAY (P.), Associé national de l'Académie de Médecine, ancien Chirurgien en chef de l'Antiquaille, Secrétaire général de la *Société de Médecine (Décédé)*. 1
DOLLFUS (Mᵐᵉ Vᵉ Auguste), 53, rue de La Côte. — Le Havre (Seine-Inférieure). . . . 1
DOLLFUS (Auguste) *(Décédé)*. 1
DORVAULT, Directeur de la *Pharmacie centrale de France (Décédé)*. 1
DOUAY (Léon) *(Décédé)* 1
DRAKE DEL CASTILLO (Emmanuel) *(Décédé)* 1
DUMAS (Jean-Baptiste), Secrétaire perpétuel de l'Académie des Sciences, Membre de l'Académie française *(Décédé)* 1
DUPOUY (Eugène), ancien Sénateur, ancien Président du Conseil général de la Gironde *(Décédé)* 1
DUPUY DE LÔME, Membre de l'Institut, Sénateur *(Décédé)*. 1
DUPUY (Paul), Professeur honoraire à la Faculté de Médecine de Bordeaux, 16, chemin d'Eysines. — Caudéran (Gironde) 2
DUPUY (Léon), Professeur au Lycée de Bordeaux *(Décédé)*. 1
DURAND-BILLION, ancien Architecte *(Décédé)*. 1
DUVERGIER, Président de la *Société des Sciences Industrielles de Lyon (Décédé)*. . . 1
ÉCOLE MONGE (le Conseil d'administration de l') *(Dissous)* 1
ÉGLISE ÉVANGÉLIQUE LIBÉRALE (M. Charles WAGNER, Pasteur), 7 *bis*, rue Daval.— Paris. 1
EICHTHAL (le Baron Adolphe D'), Président honoraire du Conseil d'administration de la *Compagnie des Chemins de fer du Midi (Décédé)*. 10
ENGEL (Michel), Relieur, 91, rue du Cherche-Midi. — Paris. 1
ERHARDT-SCHIEBLE, Graveur *(Décédé)*. 1
ESPAGNY (le Comte D'), Trésorier-payeur général du Rhône *(Décédé)*. 1
FAURE (Lucien), Président de la Chambre de Commerce de Bordeaux *(Décédé)*. . . . 1
FRÉMY (Mᵐᵉ Edmond) *(Décédée)* 1
FRÉMY (Edmond), Membre de l'Institut, Directeur et Professeur honoraire du Muséum national d'histoire naturelle *(Décédé)* 1
FRIEDEL (Mᵐᵉ Vᵉ Charles) (née Combes), 9, rue Michelet. — Paris. 1
FRIEDEL (Charles), Membre de l'Institut, Professeur à la Faculté des Sciences de Paris *(Décédé)*. 1
FROSSARD (Charles), vice-Président de la *Société Ramond (Décédé)*. 1
Dr FUMOUZE (Armand), Pharmacien de 1ʳᵉ classe *(Décédé)*. 1
GALANTE (Émile), Fabricant d'instruments de chirurgie, 75, boulevard du Montparnasse. — Paris 1
GALLINE (P.), Banquier, Président de la Chambre de Commerce de Lyon *(Décédé)* . 1
GARIEL (C.-M.), Professeur à la Faculté de Médecine, Membre de l'Académie de Médecine, Inspecteur général, Professeur à l'École nationale des Ponts et Chaussées, 6, rue Édouard-Detaille. — Paris 1
GAUDRY (Albert), Membre de l'Institut, Professeur honoraire au Muséum national d'Histoire naturelle, 7 *bis*, rue des Saints-Pères. — Paris. 2
GAUTHIER-VILLARS (Albert), Imprimeur-Éditeur, ancien Élève de l'École Polytechnique *(Décédé)* 1
GEOFFROY-SAINT-HILAIRE (Albert), ancien Directeur du Jardin zoologique d'Acclimatation, ancien Président de la *Société nationale d'Acclimatation de France*, 9, rue de Monceau. — Paris. 1

ROTHSCHILD (le Baron Alphonse DE), Membre de l'Institut *(Décédé)* 1
Dr ROUSSEL (Théophile), Membre de l'Institut et de l'Académie de Médecine, Sénateur et Président du Conseil général de la Lozère *(Décédé)*. 1
ROUVIÈRE (Albert), Ingénieur des Arts et Manufactures, Propriétaire-Agriculteur *(Décédé)* 1
SAINT-LAURENT (Albert DE), Avocat *(Décédé)* 1
SAINT-PAUL DE SAINÇAY, Directeur de la *Société de la Vieille-Montagne (Décédé)*. . . 1
SALET (Georges), Maître de Conférences à la Faculté des Sciences de Paris *(Décédé)* . . 1
SALLERON, Constructeur *(Décédé)*. 1
SALVADOR (Casimir) *(Décédé)*. 2
SAUVAGE, Directeur de la *Compagnie des Chemins de fer de l'Est (Décédé)* 2
SAY (Léon), Membre de l'Académie française et de l'Académie des Sciences morales et politiques, Député des Basses-Pyrénées *(Décédé)* 1
SCHEURER-KESTNER (Auguste), Sénateur *(Décédé)*. 1
SCHRADER (Ferdinand), ancien Directeur des classes de la *Société philomathique de Bordeaux (Décédé)*. 1
Dr SÉDILLOT (C.), Membre de l'Institut, ancien Médecin-Inspecteur général des armées, Directeur de l'École militaire de santé de Strasbourg. *(Décédé)* 1
SERRET, Membre de l'Institut *(Décédé)*. 1
Dr SEYNES (Jules DE), Agrégé à la Faculté de Médecine, 15, rue Chanaleilles. — Paris 1
SIÉBER (H.-A.), 23, rue de Paradis. — Paris. 1
SILVA (R.-D.), Professeur à l'École centrale des Arts et Manufactures, ancien Professeur à l'École municipale de Physique et de Chimie industrielles *(Décédé)* 1
SOCIÉTÉ ANONYME DES HOUILLÈRES DE MONTRAMBERT ET DE LA BÉRAUDIÈRE, *(Dissoute)*. 1
SOCIÉTÉ ANONYME DES FORGES ET CHANTIERS DE LA MÉDITERRANÉE, 1 et 3, rue Vignon. — Paris. 1
SOCIÉTÉ DES INGÉNIEURS CIVILS DE FRANCE 19, rue Blanche. — Paris 1
SOCIÉTÉ GÉNÉRALE DES TÉLÉPHONES *(Dissoute)*. 1
SOLVAY (Ernest), Industriel, Sénateur, 45, rue des Champs-Élysées. — Bruxelles (Belgique) 1
SOLVAY ET Cie, Usine de Produits chimiques de Varangéville-Dombasle par Dombasle (Meurthe-et-Moselle). 2
STRZELECKI (le Général Casimir) *(Décédé)*. 1
Dr SUCHARD *(Décédé)* 1
SURELL, Ingénieur en chef des Ponts et Chaussées en retraite, Administrateur de la *Compagnie des Chemins de fer du Midi (Décédé)*. 1
TALABOT (Paulin), Directeur général de la *Compagnie des Chemins de fer de Paris à Lyon et à la Méditerranée (Décédé)* 1
THÉNARD (le Baron Paul), Membre de l'Institut *(Décédé)*. 1
TISSIÉ-SARRUS, Banquier, 2, rue du Petit-Saint-Jean. — Montpellier (Hérault) . . . 1
TOURASSE (Pierre-Louis), Propriétaire *(Décédé)* 8
TRÉBUCIEN (Ernest), Manufacturier, 25, cours de Vincennes. — Paris 1
VAUTIER (Émile), Ingénieur civil *(Décédé)* 1
VERDET (Gabriel), ancien Président du Tribunal de Commerce. — Avignon (Vaucluse). 1
VERNE (Félix), Banquier *(Décédé)* 1
VERNES D'ARLANDES (Théodore) *(Décédé)* 1
VERRIER (J.-F.-G.), Membre de plusieurs Sociétés savantes *(Décédé)*. 1
VIGNON (Jules), Rentier, 45, avenue de Noailles. — Lyon (Rhône). 1
VILLE D'ERNÉE (Mayenne) 1
VILLE DE MARSEILLE (Bouches-du-Rhône). 1
VILLE DE REIMS (Marne). 1
VILLE DE ROUEN (Seine-Inférieure) 1
Dr VOISIN (Auguste), Médecin des Hôpitaux *(Décédé)* 1
WALLACE (Sir Richard) *(Décédé)* 2
WORMS DE ROMILLY, ancien Président de la *Société française de Physique (Décédé)*. . . 1
WURTZ (Adolphe), Membre de l'Institut, Professeur à la Faculté de Médecine et à la Faculté des Sciences de Paris, Sénateur *(Décédé)*. 1
WURTZ (Théodore), Propriétaire *(Décédé)*. 1
YVER (Paul), Manufacturier, ancien Élève de l'École Polytechnique. — Briare (Loiret) . 1

MEMBRES A VIE

ABBE (Cleveland), Météor., Weather-Bureau, department of Agriculture. — Washington-City (États-Unis d'Amérique).

ADUY (Eugène), Prop., 27, quai Vauban. — Perpignan (Pyrénées-Orientales).

ALLARD (Hubert), Pharm. de 1re cl., Prop.— Neuvy par Moulins (Allier)..

ALPHANDERY (Eugène), 79, avenue de Villiers. — Paris.

AMET (Émile), Indust., Usine Saint-Hubert. — Sézanne (Marne)..

AMIOT (Henri), Ing. en chef des Mines, Adj. à la Dir. de la *Comp. des Chem. de fer de Paris à Lyon et à la Méditerranée*, 4, rue Weber. — Paris.

Dr ANDRÉ (Gustave). Prof. à l'Inst. nat. agron., Agr. à la Fac. de Méd., 140, boulevard Raspail — Paris.

ANGOT (Alfred), Doct. ès. Sc., Dir. du Bureau cent. météor. de France, Prof. à l'Inst. nat. agron., 12, avenue de L'Alma. — Paris.

APPERT (Aristide), anc. Indust., 58, rue Ampère. — Paris.

ARBEL (Antoine), Maître de forges. — Rive-de-Gier (Loire).

ARLOING (Saturnin), Corresp. de l'Inst. et de l'Acad. de Méd., Prof. à la Fac. de Méd., Dir. de l'Éc. nat. vétér., 2, quai Pierre-Scize. — Lyon (Rhône).

ARNOUX (Louis-Gabriel), anc. Of. de marine. — Les Mées (Basses-Alpes).

ARNOUX (René), Ing.-Construc., anc. Ing. des ateliers Bréguet, anc. Ing.-Conseil de la *Comp. continentale Edison*, 45, rue du Ranelagh. — Paris.

ARVENGAS (Albert), Lic. en Droit, 1, rue Raimond-Lafage. — Lisle-sur-Tarn (Tarn).

ASSOCIATION POUR L'ENSEIGNEMENT DES SCIENCES ANTHROPOLOGIQUES (École d'Anthropologie), 15, rue de L'École-de-Médecine. — Paris.

AUTOMOBILE-CLUB DE FRANCE ET YACHT-CLUB, 6, place de La Concorde.— Paris.

BAILLE (Mme J.-B., Alexandre), 26, rue Oberkampf. — Paris.

BAILLOU (André), Prop., 96, rue Croix-de-Seguey. — Bordeaux (Gironde).

Dr BARD (Louis), Prof. de Clin. médic. à l'Univ., 6, rue Bellot. — Genève (Suisse).

BARDIN (Mlle), 2, rue du Luminaire. — Montmorency (Seine-et-Oise)..

BARGEAUD (Paul), Percept., 24, avenue de Pontaillac. — Royan-les-Bains (Charente-Inférieure).

BARILLIER-BEAUPRÉ (Alphonse), Prop. — Fenioux (Deux-Sèvres).

BARON (Henri), Dir. hon. de l'Admin. des Postes et Télég., 18, avenue de La Bourdonnais. — Paris.

BARON (Jean), anc. Ing. de la Marine, Ing. en chef aux *Chantiers de la Gironde*, 50, rue du Tondu. — Bordeaux (Gironde).

Dr BARRAL (Étienne), Agr. à la Fac. de Méd., 9, rue Victor-Hugo — Lyon (Rhône).

Dr BARROIS (Charles), Mem. de l'Inst., Prof. à la Fac. des Sc., 41, rue Pascal. — Lille (Nord).

Dr BARROIS (Jules), Doct. ès Sc., Zool., villa de Surville, Cap Brun. — Toulon (Var).

BARTAUMIEUX (Charles), Archit., Expert près la Cour d'Ap., Mem. de la *Soc. cent. des Archit. franç.*, 66, rue La Boétie. — Paris.

Dr BARTH (Henry), Méd. des Hôp., Sec. gén. de l'*Assoc. des Méd. de la Seine*, 2, rue Saint-Thomas-d'Aquin. — Paris.

BARTHÉLEMY (Élie), Vétér. en 2c au 6e Rég. d'Artil. — La Manouba (Tunisie).

BARTHELET (Edmond). Mem. de la Ch. de Com., 31, rue de L'Arbre. — Marseille. (Bouches-du-Rhône).

BASTIDE (Scévola), Prop.-vitic., Mem. de la Ch. de Com., 11, rue Maguelonne. — Montpellier (Hérault).

BAUDREUIL (Émile DE), anc. Cap. d'Artil., anc. Élève de l'Éc. Polytech., 9, rue du Cherche-Midi. — Paris.

BAYE (le Baron Joseph DE), Mem. de la *Soc. des Antiquaires de France*, Corresp. du Min. de l'Instruc. pub., 58, avenue de La Grande-Armée. — Paris et château de Baye (Marne).

BEHAGHEL (Henri), Prop., château de Beaurepaire. — Beaumarie-Saint-Martin, par Montreuil-sur-Mer (Pas-de-Calais).

BEIGBEDER (David), anc. Ing. des Poudres et Salpêtres, 125, avenue de Villiers. — Paris.

Dr BELUGOU (Guillaume), Chargé de cours à l'Éc. sup. de Pharm., 3, boulevard Victor-Hugo. — Montpellier (Hérault).

BERCHON (Mme Vc Ernest), 96, cours du Jardin-Public. — Bordeaux (Gironde).

BERGERON (Jules), Doct. ès Sc., Prof. à l'Éc. cent. des Arts et Man., s.-Dir. du Lab. de Géol. de la Fac. des Sc., 157, boulevard Haussmann. — Paris.

BERTIN (Louis), Ing. en chef des P. et Ch. en retraite, s.-Dir. de la Construc. à la *Comp. des Chem. de fer de Paris à Lyon et à la Méditerranée* en retraite, 42, rue Vignon. — Paris.

BÉTHOUART (Émile), Conserv. des Hypothèques en retraite, 18, rue du Faubourg-Saint-Jean. — Orléans (Loiret).

BEYNA (Auguste), Dir. de la succursale de la *Comp. Algérienne*, 8, avenue de France. — Tunis.

Dr BEZANÇON (Paul), anc. Int. des Hôp., 51, rue de Miromesnil. — Paris.

BIBLIOTHÈQUE-MUSÉE, 10, rue de l'État-Major. — Alger.

BIBLIOTHÈQUE PUBLIQUE DE LA VILLE, Grande-Rue. — Boulogne-sur-Mer (Pas-de-Calais).

BIBLIOTHÈQUE DE L'ÉCOLE SUPÉRIEURE DE PHARMACIE, 4, avenue de L'Observatoire. — Paris.

BIBLIOTHÈQUE DE LA VILLE. — Pau (Basses-Pyrénées).

BIGOURDAN (Guillaume), Mem. de l'Inst., Astronome, 6, rue Cassini. — Paris.

Dr BINOT (Jean), anc. Int. des Hôp., 22, rue Cassette. — Paris.

BIOCHET, Notaire hon. — Caudebec-en-Caux (Seine-Inférieure).

BLANC (Édouard), Explorateur, 15, boulevard des Invalides. — Paris.

BLANCHARD (Raphaël), Prof. à la Fac. de Méd., Mem. de l'Acad. de Méd., 226, boulevard Saint-Germain. — Paris.

BLAREZ (Charles), Prof. à la Fac. de Méd., 23, cours Pasteur. — Bordeaux (Gironde).

Dr BLOCH (Adolphe), anc. Méd. de l'Hôp. du Havre, 24, rue d'Aumale. — Paris.

BLONDEL (Émile), Chim.-Manufac. — Saint-Léger-du-Bourg-Denis (Seine-Inférieure).

BOAS (Alfred), Ing. des Arts et Man., 34, rue de Châteaudun. — Paris.

BOBERIL (le Vicomte Roger DU), 10, rue Michel-Ange. — Paris.

Dr BOECKEL (Jules), Corresp. de l'Acad. de Méd. et de la *Soc. de Chirurg. de Paris*, Chirurg. des Hosp. civ., Lauréat de l'Inst. de France, 2, quai Saint-Nicolas. — Strasbourg (Alsace-Lorraine).

BOÉSÉ (Mlle Louise), 157, rue du Faubourg-Saint-Denis. — Paris.

BOÉSÉ (Jean), Nég.-Commis., 157, rue du Faubourg-Saint-Denis, — Paris.

BOÉSÉ (Maurice), 157, rue du Faubourg-Saint-Denis. — Paris.

BOFFARD (Jean-Pierre), anc. Notaire, 2, place de La Bourse. — Lyon (Rhône).

BOIRE (Émile), Ing. civ., 86, boulevard Malesherbes. — Paris.

BONNARD (Paul), Agr. de Philo., Avocat à la Cour d'Ap., 66, avenue Kléber. — Paris.

Dr BONNET (Edmond), Assistant au Muséum nat. d'Hist. nat., 11, rue Claude-Bernard. — Paris.

BONNIER (Gaston), Mem. de l'Inst., Prof. de Botan. à la Fac. des Sc., anc. Présid. de la *Soc. botan. de France*, 15, rue de L'Estrapade. — Paris.

BONZEL (Arthur), Sup. du Juge de Paix. — Haubourdin (Nord).

BORDET (Lucien), Insp. des Fin., anc. Élève de l'Éc. Polytech., 181, boulevard Saint-Germain. — Paris.

Dr BORDIER (Henry), Agr. de Phys. à la Fac. de Méd., 9, rue Grolée. — Lyon (Rhône).

BOREL (Émile), Chargé de Cours à la Fac. des Sc., 2, boulevard Arago. — Paris.

Dr BOUCHACOURT (Léon), 2, rue de Vienne. — Paris.

Dr BOUCHARD (François), Chirurg.-Dent., 104, rue de L'Hôtel-de-Ville. — Lyon (Rhône).

BOUCHÉ (Alexandre), 68, rue du Cardinal-Lemoine. — Paris.

BOUCHER (Maurice), anc. Cap. d'Artil., anc. Élève de l'Éc. Polytech., 2, carrefour de Montreuil. — Versailles (Seine-et-Oise).

BOUCHEZ (Paul), de la Librairie Masson et Cie, 120, boulevard Saint-Germain. — Paris.

BOUDIN (Arthur), Princ. du Collège. — Honfleur (Calvados).

BOULARD (le Chanoine Lucien), 10, place Sainte-Foix. — Chartres (Eure-et-Loir).

BOURGERY (Henri), anc. Notaire, Mem. de la *Soc. Géol. de France*, Les Capucins. — Nogent-le-Rotrou (Eure-et-Loir.)

BOURLET (Carlo), Doct. ès Sc., Prof. au Conserv. nat. des Arts et Mét. et à l'Éc. nat. des Beaux-Arts, 22, avenue de L'Observatoire. — Paris.

BOURSE (Gustave), Manufac., 6, rue Beautreillis. — Paris.

BOUVET (Julien), Prop., 2, quai National. — Angers (Maine-et-Loire).

BOUVIER (Louis), Mem. de l'Inst., Prof. au Muséum nat. d'Hist. nat., 7, boulevard Arago. — Paris.

Dr BOY (Philippe), 3, rue d'Espalungue. — Pau (Basses-Pyrénées).

Dr BRÉGEAT (Albert), Chirurg. de l'Hôp. civ., Dir. de la Santé, 42, boulevard National. — Oran (Algérie).

BRENOT (J.), 10, rue Bertin-Poirée. — Paris.

BRESSON (Gédéon), anc. Dir. de la *Comp. du Vin de Saint-Raphaël*, 41, rue du Tunnel. — Valence (Drôme).

BRILLOUIN (Marcel), Prof. au Collège de France, 31, boulevard de Port-Royal. — Paris.

Dr BROCA (Auguste), Agr. à la Fac. de Méd., Chirurg. des Hôp., 5, rue de L'Université. — Paris.

BRÖLEMANN (Georges), anc. Admin. de la *Soc. Gén.*, 52, boulevard Malesherbes. — Paris.

BROLEMANN (A., A.), anc. Présid. du Trib. de Com., 14, quai de L'Est. — Lyon (Rhône).

BROUANT (Léon), Pharm. de 1re cl., 91, avenue Victor-Hugo. — Paris.

BRUHL (Paul), Nég., 57, rue de Châteaudun. — Paris.

BRUYANT (Charles), Lic. ès Sc. nat., Prof. sup. à l'Éc. de Méd. et de Pharm., 26, rue Gaultier-de-Biauzat. — Clermont-Ferrand (Puy-de-Dôme).

BRUZON (Joseph) ET Cie, Ing. des Arts et Man., usine de Portillon (céruse et blanc de zinc). — Saint-Cyr-sur-Loire par Tours (Indre-et-Loire).

BRYLINSKI (Émile), Ing. des Télég., 5, avenue Teissonnière. — Asnières (Seine).

BUISSON (Maxime), Chim. (chez M. de Vilmorin). — Verrières-le-Buisson (Seine-et-Oise).

BUJARD (Amand), Indust. — Fontenay-le-Comte (Vendée).

BUOT (Émile), Prop., Le Châlet. — Azay-le-Rideau (Indre et-Loire).

Dr BUREAU (Louis), Dir. du Muséum d'Hist. nat., Prof. à l'Éc. de Méd., 15, rue Gresset. — Nantes (Loire-Inférieure).

CAIX DE SAINT-AYMOUR (le Vicomte Amédée DE), Publiciste, anc. Mem. du Cons. gén. de l'Oise, Mem. de plusieurs Soc. savantes, 112, boulevard de Courcelles. — Paris.

CALDERON (Fernand), Fabric. de Prod. chim., 19, rue Montaigne. — Paris.

CALMETTE (Albert), Corresp. de l'Inst., Prof. à la Fac. de Méd., Dir. de l'Inst. Pasteur, 8, boulevard Louis XIV. — Lille (Nord).

Dr CAMUS (Fernand), 25, avenue des Gobelins. — Paris.

CARBONNIER (Louis), Représ. de com., 18, rue Sauffroy. — Paris.

CARDEILHAC, anc. Juge au Trib. de Com., 7, rue de Clichy. — Paris.

CARPENTIER (Jules), Mem. de l'Inst. et du Bureau des Longit., anc. Ing. de l'État, Succes. de Ruhmkorff, 34, rue du Luxembourg. — Paris.

Dr CARRET (Jules), anc. Député, 2, rue Croix-d'Or. — Chambéry (Savoie).

CARTAZ (Mme A.), 39, boulevard Haussmann. — Paris.

Dr CARTAZ (A.), anc. Int. des Hôp., 39, boulevard Haussmann. — Paris.

CATILLON (Alfred), Pharm., 3, boulevard Saint-Martin. — Paris.

CAUBET, Doyen de la Fac. de Méd., 44, rue d'Alsace-Lorraine. — Toulouse (Haute-Garonne).

CAULLERY (Maurice), Prof. adj. à la Fac. des Sc., 6, rue Mizon. — Paris.

CAZALIS DE FONDOUCE (Paul-Louis), Ing. des Arts et Man., anc. Sec. gén. de l'*Acad. des Sc. et Lettres de Montpellier*, 18, rue des Étuves. — Montpellier (Hérault).

CAZENOVE (Raoul DE), Prop., chemin de Piemente. — Champagne-au-Mont-d'Or (Rhône).

Dr CAZIN (Maurice), anc. Chef de Clinique chirurg. de la Fac. de Méd. (Hôtel-Dieu), 7, place de La Madeleine. — Paris.

CAZOTTES (A., M., J.), Pharm. — Millau (Aveyron).

CÉPÈDE (Casimir), Lic. ès Sc., Prépar. au Lab. de Zool. marit. — Wimereux (Pas-de-Calais).

Dr CHABER (Pierre), 20, rue du Casino. — Royan-les-Bains (Charente-Inférieure).

CHABERT (Edmond), Ing. en chef des P. et Ch., 6, rue du Mont-Thabor. — Paris.

CHAILLEY-BERT (Joseph), Avocat à la Cour d'Ap., Député de la Vendée, 44, rue de La Chaussée-d'Antin. — Paris.

CHAINE (Alphonse), Étud. — Chaponost (Rhône).

CHALIER (J.), 13, rue d'Aumale. — Paris.

CHAMBRE DES AVOUÉS AU TRIBUNAL DE 1re INSTANCE. — Bordeaux (Gironde).

CHAMBRE DE COMMERCE DU HAVRE. — Le Havre (Seine-Inférieure).

— DE COMMERCE DE SAINT-ÉTIENNE. — Saint-Étienne (Loire).

CHANDESSAIS (Mme Charles), Chefferie du Génie. — Camp-de-Châlons (Marne).

CHARCELLAY, Pharm. — Fontenay-le-Comte (Vendée).

CHARPENTIER (Augustin), Prof. à la Fac. de Méd., 6, rue des Quatre-Églises — Nancy (Meurthe-et-Moselle).

CHARROPPIN (Georges), Pharm. de 1re cl. — Pons (Charente-Inférieure).

Dr CHASLIN (Philippe), anc. Int. des Hôp., Méd. de l'Hosp. de Bicêtre, 64, rue de Rennes. — Paris.

CHATEL, Avocat défens., bazar du Commerce. — Alger.

Dr CHATIN (Joannès), Mem. de l'Inst. et de l'Acad. de Méd., Prof. d'Histologie à la Fac. des Sc., 174, boulevard Saint-Germain. — Paris.

Dr CHAULIAGUET-HEIM (Mme Juliette), 34, rue Hamelin. — Paris.

CHAUVASSAIGNE (Daniel), Admin. de la *Soc. des Lièges agglomérés « Le Lidium »*, château de Mirefleurs. — Les Martres-de-Veyre (Puy-de-Dôme).

CHAUVET (Gustave), Notaire, Présid. de la *Soc. archéol. et historique de la Charente.* — Ruffec (Charente).

Dr CHERVIN (Arthur), Dir. de l'*Inst. des Bègues*, 82, avenue Victor-Hugo. — Paris.

CHEVREL (René), Doct. ès Sc., Prof. à l'Éc. de Méd., 5, rue du Docteur-Rayer. — Caen (Calvados).

CHICANDARD (Georges), Lic. ès Sc. Phys., Pharm. de 1re cl., Admin.-Dir. de la *Soc. anonyme des Prod. chim. de Fontaines-sur-Saône*, 12, chemin de Saint-Alban. — Lyon (Rhône).

CHOUET (Alexandre), anc. Juge au Trib. de Com., 29, rue de Clichy. — Paris.

CHOUILLOU (Albert), Agric., anc. Élève de l'Éc. nat. d'Agric. de Grignon, 101, rue du Bac. — Asnières (Seine).

Dr CHRISTIAN (Jules), Méd. en chef hon. de la Maison nat. d'aliénés de Charenton, 4, boulevard Diderot. — Paris.

CLERMONT (Philibert DE), Avocat à la Cour d'Ap., 38, rue du Luxembourg. — Paris.

CLERMONT (Raoul DE), Ing. agronom. diplômé de l'Inst. nat. agronom., Avocat à la Cour d'Ap., anc. Attaché d'ambassade, 173, boulevard Saint-Germain. — Paris.

Dr CLOS (Dominique), Corresp. de l'Inst., Prof. hon. à la Fac. des Sc., Dir. du Jardin des Plantes, 2, allées des Zéphirs. — Toulouse (Haute-Garonne).

COCHON (Jules), Conserv. des Forêts, 5, avenue de Savoie. — Chambéry (Savoie).

COHEN (Benjamin), Ing. civ., 45, rue de La Chaussée-d'Antin. — Paris.

COLLIN (Mme), 15, boulevard du Temple. — Paris.

COLLOT (Louis), Prof. à la Fac. des Sc., Dir. du Musée d'Hist. nat., 4, rue du Tillot. — Dijon (Côte-d'Or).

COMITÉ MÉDICAL DES BOUCHES-DU-RHÔNE, 3, marché des Capucines. — Marseille (Bouches-du-Rhône).

CORDIER (Henri), Prof. à l'Éc. des Langues orient. vivantes, 54, rue Nicolo. — Paris.

CORNU (Mme Ve Alfred), 9, rue de Grenelle. — Paris.

COUNORD (E.), Ing. civ., 148, cours du Médoc. — Bordeaux (Gironde).

COUPRIE (Louis), Avocat à la Cour d'Ap., 74, rue du Hautoir. — Bordeaux (Gironde).

COURTY (Georges), Géol., Mem. de la *Soc. d'Anthrop. de Paris* et de la *Soc. Géol. de France*, 35, rue Compans. — Paris.

COUTAGNE (Georges), Ing. des Poudres et Salpêtres, 29, quai des Brotteaux. — Lyon (Rhône).

COUTIL (Léon), Présid. de la *Soc. normande d'Études préhist.*, rue des Prêtres. — Les Andelys (Eure).

CRAPON (Denis), Ing., anc. Élève de l'Éc. Polytech., 2, rue des Farges. — Lyon (Rhône).

CREPY (Eugène), Filat., 19, boulevard de La Liberté. — Lille (Nord).

CRESPIN (Arthur), Ing. des Arts et Man., Mécan., 23, avenue Parmentier. — Paris.

Dr CROS (François), Méd. princ. de 1re cl. de l'Armée en retraite, 6, rue de L'Ange. — Perpignan (Pyrénées-Orientales).

CUNISSET-CARNOT (Paul), Premier Présid. de la Cour d'Ap., 19, cours du Parc. — Dijon (Côte-d'Or).

CUSSAC (Joseph DE), Insp. des Forêts, 45, rue Allix. — Sens (Yonne).

Dr DAGRÈVE (Élie), Méd. du Lycée et de l'Hôp. — Tournon-sur-Rhône (Ardèche).

DANGUY (Paul), Lic. ès Sc., Prépar. de Botan. au Muséum nat. d'Hist. nat., 14, rue Vulpian. — Paris.

DARBOUX (Gaston), Prof. adj. de Zool. à la Fac. des Sc., 53, boulevard Périer. — Marseille (Bouches-du-Rhône).

DAVANNE (Alphonse), Présid. hon. du Cons. d'Admin. de la *Soc. franç. de Photog.* 82, rue des Petits-Champs. — Paris.

DAVID (Arthur), 29, rue du Sentier. — Paris.

DÉCHET (Jean-Baptiste), Représent. de la Maison L. Clause (culture de graines). — Brétigny-sur-Orge (Seine-et-Oise).

DEGLATIGNY (Louis), 11, rue Blaise-Pascal. — Rouen (Seine-Inférieure).

DEGORCE (Marc-Antoine), Pharm. en chef de la Marine en retraite, 42, rue des Semis. — Royan-les-Bains (Charente-Inférieure).

DELAIRE (Alexis), Sec. gén. de la *Soc. d'Économ. sociale*, anc. Élève de l'Éc. Polytech., 54, rue de Seine. — Paris.

Dr Delaporte, 24, rue Pasquier. — Paris.

Delattre (Carlos), Filat., anc. Élève de l'Éc. Polytech., 126, rue Jacquemars-Giélée. — Lille (Nord).

Delaunay (Henri), Ing. des Arts et Man., 51, avenue Bugeaud. — Paris.

Delaunay-Belleville (Louis), Ing.-Construc., anc. Élève de l'Éc. Polytech., 17, boulevard Richard-Wallace. — Neuilly-sur-Seine (Seine).

De L'Épine (Paul), Rent., 14, rue de Fontenay. — Châtillon-sous-Bagneux (Seine).

Delessert de Mollins (Eugène), anc. Prof., villa Ma Retraite. — Lutry (canton de Vaud) (Suisse).

Delestrac (Lucien), Insp. gén. des P. et Ch., 1, rue Madame. — Paris.

Delon (Ernest), Ing. des Arts et Man., 27, rue Aiguillerie. — Montpellier (Hérault).

Dr Démonchy (Adolphe), 37, rue d'Isly. — Alger.

Denigès (Georges), Prof. de Chim. biol. à la Fac. de Méd., 53, rue d'Alzon. — Bordeaux (Gironde).

Denys (Roger), Ing. en chef des P. et Ch., 1, rue de Courty. — Paris.

Depaul (Henri), Agric., château de Vaublanc. — Plémet (Côtes-du-Nord).

Dépierre (Joseph), Ing.-Chim. — Cernay (Alsace-Lorraine).

Depoin (Joseph), Présid. de l'*Inst. sténog. de France* et de la *Soc. de Graphol.*, 150, boulevard Saint-Germain. — Paris.

Dervillé (Stéphane), Nég. en marbres, Présid. du Cons. d'admin. de la *Comp. des Chem. de fer de Paris à Lyon et à la Méditerranée*, 37, rue Fortuny. — Paris.

Dr Desgrez (Alexandre), Agr. à la Fac. de Méd., 78, boulevard Saint-Germain. — Paris.

Deslandres (Paul), Archiv.-Paléog., Attaché à la Bibliothèque de l'Arsenal, 81, rue des Saints Pères. — Paris.

Détroyat (Arnaud). — Bayonne (Basses-Pyrénées).

Dida (A.), Chim., 22, boulevard des Filles-du-Calvaire. — Paris.

Dislère (Paul), Présid. de Sec. au Cons. d'État, anc. Ing. de la Marine, Présid. du Cons. d'admin. de l'Éc. coloniale, 10, avenue de L'Opéra. — Paris.

Dollfus (Gustave), Ing. des Arts et Man., Filat. — Mulhouse (Alsace-Lorraine).

Domergue (Albert), Prof. à l'Éc. de Méd., 341, rue Paradis. — Marseille (Bouches-du-Rhône).

Doumerc (Jean), Ing. civ. des Mines, 61, rue d'Alsace-Lorraine. — Toulouse (Haute-Garonne).

Doumerc (Paul), Ing. civ., 38, rue du Taur. — Toulouse (Haute-Garonne).

Douvillé (Henri), Mem. de l'Inst. Ing. en chef, Prof. à l'Éc. nat. sup. des Mines, 207, boulevard Saint-Germain. — Paris.

Dr Dransart — Somain (Nord).

Dr Dresch. — Pontfaverger (Marne).

Dubail-Roy (Gustave), Sec. de la *Soc. Belfortaine d'Émulation*, 42, faubourg de Montbéliard. — Belfort.

Dubosc (Octave), Prof. de Zool. à la Fac. des Sc., 24, rue Marcel-de-Serres. — Montpellier (Hérault).

Dubourg (A.), Avoué hon. à la Cour d'Ap., 106, quai des Chartrons. — Bordeaux (Gironde).

Dubourg (Elisée), Doct. ès Sc., Chef des Trav. de Chim. à la Fac. des Sc., 110, rue du Palais-Gallien. — Bordeaux (Gironde).

Dubourg (Georges), Nég. en drap., 27, rue Sauteyron. — Bordeaux (Gironde).

Ducreux (Alfred), Nég., Consul du Paraguay, Mem. du Cons. d'arrond., 9, boulevard National. — Marseille (Bouches-du-Rhône).

Ducrocq (Henri), Chef d'Escadr. d'Artil., Breveté d'Ét.-Maj., au 29e Rég. d'Artil., 10, place de L'Hôtel-de-Ville. — Laon (Aisne).

Dufour (Léon), Dir.-adj. du Lab. de Biologie végét. de la Fac. des Sc. de Paris. — Avon (Seine-et-Marne).

Dr Dufour (Marc), Rect., Prof. d'ophtalmol. à l'Univ., 7, rue du Midi. — Lausanne (Suisse).

Dufresne, Insp. gén. de l'Univ., 61, rue Pierre-Charron. — Paris.

Dr Dulac (H.), 14, boulevard Lachèze. — Montbrison (Loire).

Dumas (Hippolyte), Indust., anc. Élève de l'Éc. Polytech. — Mousquety par l'Isle-sur-Sorgue (Vaucluse).

Dumas-Edwards (Mme J.-B.) 23, rue Cassette. — Paris.

Duminy (Anatole), Nég. en vins de Champagne. — Ay (Marne).

Duplay (Simon), Prof. hon. à la Fac. de Méd., Mem. de l'Acad. de Méd., Chirurg. hon. des Hôp., 70, rue Jouffroy. — Paris.

Dupont (F.), Chim., Sec. gén. hon. de *l'Assoc. des Chim. de Sucreries et de Distilleries*, 96, rue d'Hauteville. — Paris.

Dr Dupouy (Abel), 43, avenue du Maine. — Paris.

Dupré (Anatole), Chim., 36, rue d'Ulm. — Paris.

Dupuis (Charles), Dispacheur consult. de la marine, 18, rue Porte-Neuve. — Pau (Basses-Pyrénées).

Duval (Edmond), Ing. en chef dès P. et Ch. en retraite, 34, avenue de Messine. — Paris.

Eichthal (Eugène d'), Admin. de la *Comp. des Chem. de fer du Midi*, 144, boulevard Malesherbes. — Paris.

Eichthal (Louis d'), château des Bézards. — Sainte-Geneviève-des-Bois par Châtillon-sur-Loing (Loiret).

Eiffel (Gustave), Ing. civ., anc. Élève de l'Éc. cent. des Arts et Man., 1, rue Rabelais. — Paris.

Ellie (Raoul), Ing. des Arts et Man., 7, rue Saint-Genès. — Bordeaux (Gironde).

Ellissen (Albert), Ing., Admin. de la *Comp. des Chem. de fer du Nord de l'Espagne*, 153, boulevard Haussmann. — Paris.

Eysséric (Joseph), Artiste-Peintre, 14, rue Duplessis. — Carpentras (Vaucluse).

Fabre (Charles), Doct. ès Sc., Prof. adj. à la Fac. des Sc., Dir. de la Stat. agronom., 18, rue Fermat. — Toulouse (Haute-Garonne).

Fabre (Georges), Insp. des Forêts, anc. Élève de l'Éc. Polytech., 28, rue Ménard. — Nîmes, (Gard).

Faure (Alfred), Prof. d'Hist. nat. à l'Éc. nat. vétér., anc. Député, 11, rue d'Algérie. — Lyon (Rhône).

Favereaux (Georges), 16, avenue de La Bourdonnais. — Paris.

Ferton (Charles), Chef d'Escadron, Commandant l'Artil. de la Place. — Bonifacio (Corse).

Ficheur (Émile), Doct. ès Sc., Dir. de l'Éc. prép. à l'Ens. sup. des Sc., Dir. adj. du Serv. géol. de l'Algérie, 77, rue Michelet. — Alger.

Finart d'Allonville (Armand), anc. Cap. d'Infant., Prop., 2, avenue des Caves. — Le Bois-d'Avron par Neuilly-Plaisance (Seine-et-Oise).

Fischer de Chevriers, Prop., 23, rue Vernet. — Paris.

Flandin, Prop., 27, boulevard Malesherbes. — Paris.

Fortel (Amédée) (fils), Prop. — Sillery (Marne).

Fortier (Pierre), Chim. — Salindres (Gard).

Fortin (Raoul), 24, rue du Pré. — Rouen (Seine-Inférieure).

Fougeron (Paul), 55, rue de La Bretonnerie. — Orléans (Loiret).

Fournier (Alfred), Prof. hon. à la Fac. de Méd., Mem. de l'Acad. de Méd., Méd. hon. des Hôp., 77, rue de Miromesnil. — Paris.

Dr Foveau de Courmelles (François-Victor), Lic. ès Sc. Phys., ès Sc. Nat. et en Droit, Lauréat de l'Acad. de Méd., 26, rue de Châteaudun. — Paris.

Francezon (Paul), Chim. et Indust., 7, rue Mandajors. — Alais (Gard).

Dr Francillon (Mlle Marthe), anc. Int. des Hôpitaux, 18, avenue Friedland. — Paris.

Dr François-Franck (Charles, Albert), Mem. de l'Acad. de Méd., Prof. au Collège de France, 5, rue Saint-Philippe-du-Roule. — Paris.

Fron (Albert), Insp. adj. des Forêts, École Forestière des Barres-Vilmorin. — Nogent-sur-Vernisson (Loiret).

Fron (Georges), Doct. ès Sc., Chef des trav. botan. à l'Inst. nat. agronom., 29, rue Madame. — Paris.

Gardès (Mme Louis), 5, rue Lacapelle. — Montauban (Tarn-et-Garonne).

Gardès (Louis), Notaire hon., anc. Élève de l'Éc. nat. sup. des Mines, 5, rue Lacapelle. — Montauban (Tarn-et-Garonne).

Gariel (Mme C.-M.), 6, rue Édouard-Detaille. — Paris.

Gariel (Mme Léon), 14, rue Carnot. — Cormeilles-en-Parisis (Seine-et-Oise).

Gariel (Léon), Ing. agron., 14, rue Carnot. — Cormeilles-en-Parisis (Seine-et-Oise).

Garnier (Ernest), anc. Présid. de la *Soc. indust. de Reims* (chez M. Lemaire), 12, rue Sacrot. — Saint-Mandé (Seine).

Garreau (L.-Philippe), Cap. de frégate en retraite, 1, rue Floirac. — Agen (Lot-et-Garonne), et, l'hiver, 62, boulevard Malesherbes. — Paris.

Gascard (Albert) (fils), Prof. à l'Éc. de Méd. et de Pharm., Pharm. des Hôp., 76, boulevard Beauvoisine. — Rouen (Seine-Inférieure).

Gasqueton (Mme Georges), château Capbern. — Saint-Estèphe-Médoc (Gironde).

Gasqueton (Georges), Avocat, anc. Maire, château Capbern. — Saint-Estèphe-Médoc (Gironde).

Gatine (Albert), Insp. des Fin., 1, rue de Beaune. — Paris.

Dr Gaube (Jean), 12, rue Léonie. — Paris.

GAUTHIER-VILLARS (Albert), Imp.-Édit., anc. Élève de l'Éc. Polytech., 55, quai des Grands-Augustins. — Paris.

Dr GAUTIER (Georges), Dir. du Lab. d'Électrothérap. et de la *Revue internat. d'Électrothérap.*, 9, rue Beaujon. — Paris.

GAVELLE (Julien), Admin. du *Journal des Débats*, 75, rue de La Tour. — Paris.

GAYON (Ulysse), Corresp. de l'Inst., Doyen de la Fac. des Sc., Dir. de la Stat. agronom., 7, rue Duffour-Dubergier. — Bordeaux (Gironde).

GAZAGNAIRE (Joseph), anc. Sec. de la *Soc. Entomol. de France*, 29, rue Centrale. — Cannes (Alpes-Maritimes).

GELIN (l'Abbé Émile), Doct. en Philo. et en Théolog., Prof. de Math. sup. au Collège de Saint-Quirin. — Huy (Belgique).

GENSOUL (Paul), Ing. des Arts et Man., Admin. de la *Comp. du Gaz de Lyon*, 42, rue Vaubecour. — Lyon (Rhône).

GENTIL (Louis), Maître de conf. à la Fac. des Sc., 5, rue Mizon. — Paris.

GÉRENTE (Mme Paul), 19, boulevard Beauséjour. — Paris.

Dr GÉRENTE (Paul), Méd. dir. hon. des asiles pub. d'aliénés, Sénateur d'Alger, Maire du XVIe arrondissement, 19, boulevard Beauséjour. — Paris.

GERMAIN DE MAIDY (Léon), Insp. divis. de la *Soc. française d'Archéol.*, 26, rue Héré. — Nancy (Meurthe-et-Moselle).

Dr GIARD (Alfred), Mem. de l'Inst., Prof. à la Fac. des Sc., anc. Député, 14, rue Stanislas. — Paris.

GIGANDET (Eugène) (fils), Nég., 16, rue Montaux. — Marseille (Bouches-du-Rhône).

GILBERT (Armand), Présid. de Chambre à la Cour d'Ap., 12, rue Vauban. — Dijon (Côte-d'Or).

GIRARD (Julien), Pharm. maj. de l'Armée en retraite, 3, boulevard Bourdon. — Paris.

GIRAUD (Louis). — Saint-Péray (Ardèche).

GIRAUX (Louis), Nég., 9 *bis*, avenue Victor-Hugo. — Saint-Mandé (Seine).

GOBIN (Adrien), Insp. gén. hon. des P. et Ch., 8, quai d'Occident. — Lyon (Rhône).

GODARD (Félix), Ing. de la Marine hors cadres, 15, rue d'Édimbourg. — Paris.

Dr GRABINSKI (Boleslas). — Neuville-sur-Saône (Rhône).

GRANDIDIER (Alfred), Mem. de l'Inst., 2, rue Gœthe. — Paris.

GRANET (Vital), Recev. mun., rue Louis-Codet. — Saint-Junien (Haute-Vienne).

GRAVIER (Charles), Doct. ès Sc., Assistant de Zool. au Muséum nat. d'Hist. nat., 11, rue Lacépède. — Paris.

GRISON-PONCELET (Eugène), Manufac., rue Gambetta. — Creil (Oise).

GROSS (Mme Frédéric), 25, rue Isabey. — Nancy (Meurthe-et-Moselle).

GROSS (Frédéric), Doyen de la Fac. de Méd., Corresp. nat. de l'Acad. de Méd., 25, rue Isabey. — Nancy (Meurthe-et Moselle).

Dr GUÉBHARD (Adrien), Lic. ès Sc. Math. et Phys.; Agr. de Phys. des Fac. de Méd. — Saint-Vallier-de-Thiey (Alpes-Maritimes).

Dr GUERNE (le Baron Jules DE), Natur., Sec. gén. de la *Soc. nat. d'Acclimat. de France*, 6, rue de Tournon. — Paris.

GUÉZARD (Mme Jean-Marie), 16, rue des Écoles. — Paris.

GUÍEYSSE (Paul), Ing. hydrog. de la Marine, anc. Min., Député du Morbihan, 2, rue Dante. — Paris.

GUILMIN (Mme Ve), 4, rue Bobière. — Bourg-la-Reine (Seine).

GUILMIN (Charles), 4, rue Bobière. — Bourg-la-Reine (Seine).

GUY (Louis), Nég., 160, boulevard Haussmann. — Paris.

GUYOT (Mme Ve Raphaël), 11, rue de Montataire. — Creil (Oise).

GUYOT (Yves), Dir. polit. du *Siècle*, anc. Min. des Trav. pub., 95, rue de Seine. — Paris.

HALLER-COMON (Albin), Mem. de l'Inst. et de l'Acad. de Méd., Prof. de Chim. organique à la Fac. des Sc., Dir. de l'Éc. mun. de Phys. et de Chim. indust. de la Ville de Paris, 10, rue Vauquelin. — Paris.

HALLETTE (Albert), Fabric. de sucre. — Le Cateau (Nord).

HAMARD (le Chanoine Pierre, Jules), 6, rue du Chapitre. — Rennes (Ille-et-Vilaine).

HEITZ (Paul), Ing. des Arts et Man., anc. Élève de l'Éc. libre des Sc. polit., 3, rue de L'Université. — Paris.

HENRY (Louis, Isidore), Ing. en chef de 1re cl. de la Marine. — Brest (Finistère).

HÉRICHARD (Émile), Ing. civ., anc. Élève de l'Éc. nat. des P. et Ch., 58, rue des Martyrs. — Paris.

HÉRON (Guillaume), Prop., château Latour. — Bérat par Rieumes (Haute-Garonne).

HÉRON (Jean-Pierre), Prop., 7, place de Tourny. — Bordeaux (Gironde)

HERRAN (Adolphe), Ing. civ. des Mines, 102, avenue de Villiers. — Paris.

HETZEL (Jules), Libr.-Édit., 12, rue des Saints-Pères. — Paris.

HOLDEN (Jonathan), Indust., 23, boulevard de La République. — Reims (Marne).

HOUDÉ (Alfred), Pharm. de 1re cl., Mem. du Cons. mun., 29, rue Albouy. — Paris.

HOURST (Émile), Lieut. de vaisseau en retraite, 11, rue Urbain. — Clermont-Ferrand (Puy-de-Dôme).

HOUSSAY (Frédéric), Prof. à la Fac. des Sc. de Paris, 18, rue du Lycée. — Sceaux (Seine).

HOVELACQUE-KHNOPFF (Émile), 50, rue Cortambert. — Paris.

HUA (Henri), Lic. ès Sc. nat., Botan., s.-Dir. de l'Éc. pratique des Hautes-Études (Muséum nat. d'Hist. nat.), 254, boulevard Saint-Germain. — Paris.

HUBERT DE VAUTIER (Émile), Entrep. de confec. milit., 114, rue de La République. — Marseille (Bouches-du-Rhône).

Dr HUBLÉ (Martial), Méd.-Maj. de 1re cl. à l'Hôp. milit. Saint-Martin, 8, rue des Récollets. — Paris.

HULOT (le Baron Étienne), Sec. gén. de la *Soc. de Géog.*, 41, avenue de La Bourdonnais. — Paris.

HUMBEL (Mme Ve Lucien). — Éloyes (Vosges).

ISAY (Mme Mayer). — Blâmont (Meurthe-et-Moselle).

ISAY (Mayer), Filat., anc. Cap. du Génie, anc. Élève de l'Éc. Polytech. — Blâmont (Meurthe-et-Moselle).

JACKSON-GWILT (Mrs Hannah), Moonbeam villa, Merton road. — New Wimbledon (Surrey) (Angleterre).

JACQUEREZ (Charles), Agent-Voyer en retraite. — Fraize (Vosges).

JACQUIN (Anatole), Confis., 12, rue Pernelle. — Paris, et villa des Lys. — Dammarie-les-Lys (Seine-et-Marne).

JACQUIN (Charles), Avoué de 1re Inst., 5, rue des Moulins. — Paris.

JADIN (Fernand), Prof. à l'Éc. sup. de Pharm., rue de l'École de Pharmacie. — Montpellier (Hérault).

JARAY (Jean), 32, rue Servient. — Lyon (Rhône).

Dr JAUBERT (Adrien), Insp. de la vérif. des Décès, 57, rue Pigalle. — Paris.

Dr JAVAL (Adolphe), Chef de Lab. à la Fac. de Méd., 62, rue La Boétie. — Paris.

JEANNEL (Maurice), Prof. de Clin. chirurg. à la Fac. de Méd., Corresp. de l'Acad. de Méd., 3, allée Saint-Étienne. — Toulouse (Haute-Garonne).

JOBERT (Clément), Prof. à la Fac. des Sc. de Dijon, 98, boulevard Saint-Germain. — Paris.

JONES (Charles), 12, rue de Chaligny (chez M. Eugène Vauvert). — Paris.

JORDAN (Camille), Mem. de l'Inst., Ing. en chef des Mines en retraite, Prof. à l'Éc. Polytech., 48, rue de Varenne. — Paris.

Dr JORDAN (Séraphin), 11, rue Campania. — Cadix (Espagne).

JOURDAN (A., G.), Ing. civ. (chez M. Simon), 14, rue Milton. — Paris.

JULLIEN (Ernest), Insp. gén. des P. et Ch., 106 *bis*, rue de Rennes. — Paris.

JUNDZITT (le Comte Casimir), Prop.-Agric., chemin de fer Moscou-Brest, station Domanow-Réginow (Russie).

JUNGFLEISCH (Émile), Mem. de l'Acad. de Méd., Prof. à l'Éc. sup. de Pharm., 74, rue du Cherche-Midi. — Paris.

KESSELMEYER (Charles), Présid.-Fondat. de la *Ligue docimale*, Rose villa, Vale road. — Bowdon (Cheshire) (Angleterre).

KŒCHLIN-CLAUDON (Émile), Ing. des Arts et Man., 21, boulevard Delessert. — Paris.

KRAFFT (Eugène), anc. Élève de l'Éc. Polytech., 27, rue Monselet. — Bordeaux (Gironde).

KREISS (Adolphe), Ing. civ., 186, avenue Victor-Hugo. — Paris.

KÜNCKEL D'HERCULAIS (Jules), Assistant de Zool. (Entomol.) au Muséum nat. d'Hist. nat., 55, rue de Buffon. — Paris.

LABRIE (l'abbé Jean, Joseph), Curé. — Lugasson, par Frontenac (Gironde).

LABRUNIE (Auguste), Nég., 7, rue Saint-Louis. — Bordeaux (Gironde).

LACOUR (Alfred), Ing. civ. des Mines, anc. Élève de l'Éc. Polytech., 60, rue Ampère. — Paris.

LADUREAU (Mme Albert), 7, rue d'Orléans. — Saint-Cloud (Seine-et-Oise).

LADUREAU (Albert), Ing.-Chim., 7, rue d'Orléans. — Saint-Cloud (Seine-et-Oise).

LAFAURIE (Maurice), 104, rue du Palais-Galien. — Bordeaux (Gironde).

LAFFITTE (Jean, Paul), Publiciste, 18, rue Jacob. — Paris.

LAFITTE (Prosper de), Prop., anc. Élève de l'Éc. Polytech., château de Lajoannenque. — Astaffort (Lot-et-Garonne).

LAGACHE (Jules), Ing. des Arts et Man., Admin. de la *Soc. des Prod. chim. agric.*, 22, rue des Allamandiers. — Bordeaux (Gironde).

LAGNEAU (Didier), Ing. civ. des Mines, 19, rue Cernuschi. — Paris.

LALLEMAND (Charles), Mem. du Bureau des Longit., Ing. en Chef au Corps des Mines. Chef du Service technique du Cadastre, 58, boulevard Émile-Augier. — Paris.

LALLIÉ (Alfred), Avocat, 18, rue Lafayette. — Nantes (Loire-Inférieure).

LALLIER (Paul), anc. Maire. — La Ferté-sous-Jouarre (Seine-et-Marne).

LAMARRE (Onésime), Notaire, 6, rue Thiers. — Niort (Deux-Sèvres).

LAMBLIN (l'Abbé Joseph), Prof. à l'Éc. Saint-François-de-Sales, 39, rue Vannerie. — Dijon (Côte-d'Or).

LANCIAL (Henri), Prof. au Lycée, 18, boulevard de Courtais — Moulins (Allier).

LANES (Jean), Sec. gén. de la Présid. de la République, Palais de l'Élysée. — Paris.

LANG (Tibulle), Dir. de l'Éc. La Martinière, anc. Élève de l'Éc. Polytech., 5, rue des Augustins. — Lyon (Rhône).

LANGE (Mme Adalbert). — Maubert-Fontaine (Ardennes).

LANGE (Adalbert), Indust. — Maubert-Fontaine (Ardennes).

Dr LANTIER (Étienne). — Tannay (Nièvre).

LARIVE (Albert), Indust., 22, rue Villeminot-Huart. — Reims (Marne).

LAROCHE (Mme Félix), 110, avenue de Wagram. — Paris.

LAROCHE (Félix), Insp. gén. des P. et Ch. en retraite, 110, avenue de Wagram. — Paris.

LASSENCE (Alfred DE), Prop., Mem. du Cons. mun., villa Lassence, 12, avenue de Tarbes. — Pau (Basses-Pyrénées).

Dr LATASTE (Fernand), anc. s.-Dir. du Musée nat. d'Hist. nat., Prof. hon. à l'Univ. du Chili. — Cadillac-sur-Garonne (Gironde).

LAUBY (Antoine), Lic. ès Sc., Prof., anc. Prépar. à la Fac. des Sc., 9, rue Ballét. — Clermont-Ferrand (Puy-de-Dôme).

LAURENT (Jules), Chargé de Cours à l'Éc. de Méd., Prof. au Lycée, 30, rue de Bourgogne. — Reims (Marne).

LAURENT (Léon), anc. Construc. d'inst. d'optiq., 21, rue de L'Odéon. — Paris.

LAURENT (Louis), Doct. ès Sc. nat., Prof. à l'Inst. colonial, 20, rue des Abeilles. — Marseille (Bouches-du-Rhône).

LEAUTÉ (Henry), Mem. de l'Inst., Ing. des Manufac. de l'État, Prof. à l'Éc. Polytech., 11, boulevard de Courcelles. — Paris.

D^r LE BLOND (Albert), Méd. de Saint-Lazare, 28, place Saint-Georges. — Paris.

LE BRETON (André), Prop., 43, boulevard Cauchoise. — Rouen (Seine-Inférieure).

LE CHATELIER (le Capitaine Alfred), Prof. au Collège-de-France, Dir. de Lab. à l'Éc. des Hautes-Etudes, 61, avenue Victor-Hugo. — Paris.

LECORNÜ (Léon), Ing. en chef et Prof. à l'Éc. nat. sup. des Mines et à l'Éc. Polytech., 3, rue Gay-Lussac. — Paris.

D^r LE DIEN (Paul), 140 et 155, boulevard Malesherbes. — Paris.

LEDOUX (Samuel), Nég., 29, quai de Bourgogne. — Bordeaux (Gironde).

Dr LEDUC (Stéphane), Prof. à l'Éc. de Méd., 5, quai de La Fosse. — Nantes (Loire-Inférieure).

LEENHARDT (Frantz), Prof. à la Fac. de Théol., 12, rue du Faubourg-du-Moustier. — Montauban (Tarn-et-Garonne).

LEFRANC (Émile), Mécan., 21, rue de Courmeaux. — Reims (Marne).

LÉGER (Louis, Urbain), Prof. de Zool. à la Fac. des Sc., 9, place des Alpes. — Grenoble (Isère).

LEGRIEL (Paul), Archit. diplômé par le Gouvernement, Lic. en Droit, 8, rue de Greffulhe. — Paris.

D^r LE GRIX DE LAVAL (Auguste, Valère), 28, rue Mozart. — Paris.

Dr LELIÈVRE (Ernest), anc. Int. des Hôp. de Paris, 53, rue de Talleyrand. — Reims (Marne).

LE MONNIER (Georges), Prof. de botan. à la Fac. des Sc., 3, rue de Serre. — Nancy (Meurthe-et-Moselle).

Dr LÉON (Auguste), Méd. en chef de la Marine en retraite, 5, rue Duffour-Dubergier. — Bordeaux (Gironde).

D^r LE PAGE, 33, rue de La Bretonnerie. — Orléans (Loiret).

Dr LÉPINE (Jean), Agr. à la Fac. de Méd., Méd. de l'Asile pub. d'Aliénés du départ. du Rhône, 30, place Bellecour. — Lyon (Rhône).

LÉPINE (Raphaël), Corresp. de l'Inst., Assoc. nat. de l'Acad. de Méd., Prof. à la Fac. de Méd., 30, place Bellecour. — Lyon (Rhône).

Dr LESAGE (Pierre), Doct. ès Sc. Nat., Prof. adj. de Botan. à la Fac. des Sc., 5, quai Châteaubriand. — Rennes (Ille-et-Vilaine).

LE SÉRURIER (Charles), Dir. hon. des Douanes, 51, rue Montaux. — Marseille (Bouches-du-Rhône).

LESOURD (Paul) (fils), Nég., 34, rue Néricault-Destouches. — Tours (Indre-et-Loire).

Lestrange (le Comte Henry de), 5, rue de Lota (135, rue de Longchamp). — Paris et à
Saint-Julien, par Saint-Genis-de-Saintonge (Charente-Inférieure).

Lethuillier-Pinel (Mme V^e), Prop., 68, rue d'Elbeuf. — Rouen (Seine-Inférieure).

Dr Leudet (Robert), anc. Int. des Hôp., Prof. à l'Éc. de Méd. de Rouen, 72, rue de
Bellechasse. — Paris.

Dr Leuillieux (Abel). — Conlie (Sarthe).

Le Vallois (Jules), Chef de Bat. du Génie en retraite, anc. Élève de l'Éc. Polytech.
— Luxeuil (Haute-Saône).

Levasseur (Émile), Mem. de l'Inst., Admin. et Prof. au Collège de France, place
Marcellin-Berthelot. — Paris.

Levat (David), Ing. civ. des Mines, anc. Élève de l'Éc. Polytech., Mem. du Cons.
sup. des Colonies, 174, boulevard Malesherbes. — Paris.

Lewthwaite (William), anc. Dir. de la maison Isaac Holden, 27, rue des Moissons.
— Reims (Marne).

Lewy d'Abartiague (William, Théodore), Ing. civ., château d'Abartiague. — Ossès (Basses-
Pyrénées).

Limasset (Lucien), Ing. en chef des P. et Ch., 6, rue Saint-Cyr. — Laon (Aisne).

Lindet (Léon), Doct. ès Sc., Prof. à l'Inst. nat. agronom., 108, boulevard Saint-Germain. — Paris.

Dr Livon (Charles), Corresp. nat. de l'Acad. de Méd., Prof., anc. Dir. de l'Éc. de Méd. et de
Pharm., Dir. du *Marseille médical*, 14, rue Peirier. — Marseille (Bouches-du-Rhône).

Dr Loir (Adrien), anc. Présid. de l'*Inst. de Carthage*, Prof. à la Fac. de Méd. (Université Laval), 49, Mc-Gill-College avenue. — Montréal (Canada).

Loncq (Émile), Sec. du Cons. départ. d'Hyg. pub., 6, rue de La Plaine. — Laon (Aisne).

Longhaye (Auguste), Nég., 22, rue de Tournai. — Lille (Nord).

Lopès-Dias (Joseph), Ing. des Arts et Man., 16, rue du Plessis. — Bordeaux (Gironde).

Loriol-le-Fort (Charles, Louis, Perceval de), Natural. — Frontenex près Genève
(Suisse).

Lougnon (Victor), Ing. des Arts et Man., Juge au Trib. de 1re Inst. — Cusset (Allier).

Loussel (A.), Prop., 86, rue de La Pompe. — Paris.

Madelaine (Édouard), Ing. en chef adj. attaché à l'Exploit. des *Chem. de fer de l'État*
en retraite, anc. Élève de l'Éc. cent. des Arts et Man., 68, avenue des Deux-Stations.
— La Varenne-Saint-Hilaire (Seine).

Magnien (Lucien), Ing. agric., Insp. de l'Agric., 10, rue Bossuet. — Dijon (Côte-d'Or).

Dr Magnin (Antoine), Doyen de la Fac. des Sc., anc. Adj. au Maire, 8, rue Proudhon.
— Besançon (Doubs).

Maigret (Henri), Ing. des Arts et Man., 29, rue du Sentier. — Paris.

Maillet (Edmond), Doct. ès Sc. Math., Ing. des P. et Ch., Répét. à l'Éc. Polytech.,
11, rue de Fontenay. — Bourg-la-Reine (Seine).

Dr Malherbe (Albert), Corresp. nat. de l'Acad. de Méd., Dir. de l'Éc. de Méd. et de
Pharm., 7, rue Bertrand-Geslin. — Nantes (Loire-Inférieure).

Malinvaud (Ernest), Présid. de la *Soc. botan. de France*, 8, rue Linné. — Paris.

Dr Mangenot (Charles), 162, avenue d'Italie. — Paris.

Maquenne (Léon), Mem. de l'Inst., Prof. au Muséum nat. d'Hist. nat., 19, rue Soufflot.
— Paris.

Marais (Charles), Préfet. — Gap (Hautes-Alpes).

Marchegay (Mme Ve Alphonse), chemin de Navarre. — La Mulatière par Lyon (Rhône).

Maréchal (Paul), 125, boulevard Montparnasse. — Paris.

Dr Marette (Charles), Lic. ès Sc. Phys., Pharm. de 1re cl., anc. s.-Chef de Lab. à la Fac.
de Méd. de Paris. — Châteauneuf-en-Thimerais (Eure-et-Loir).

Mareuse (André), 8, rue Théodore-de-Banville. — Paris.

Mareuse (Edgard), Prop., Sec. du *Comité des Inscript. parisiennes*, 81, boulevard Haussmann. — Paris et château du Dorat. — Bègles (Gironde).

Marin (Louis), Admin. du Collège des Sc. soc., Député de Meurthe-et-Moselle, 4, rue des
Chartreux. — Paris.

Marquès di Braga (P.), Cons. d'État hon., s.-Gouvern. hon. du *Crédit Foncier de
France*, anc. Élève de l'Éc. Polytech., 14, avenue Alphand. — Paris.

Martin (Eugène), Fabric. d'instrum. de Sc. et d'Élec., 22, rue des Couteliers. — Toulouse
(Haute-Garonne).

Martin-Ragot (Jules), Manufac., 14, esplanade Cérès. — Reims (Marne).

Mascart (Éleuthère), Mem. de l'Inst., Prof. au Collège de France, Dir. hon. du Bureau
cent. météor. de France, 16, rue Christophe-Colomb. — Paris.

Massol (Gustave), Corresp. nat. de l'Acad. de Méd., Dir. de l'Éc. sup. de Pharm. (villa Germaine), boulevard des Arceaux. — Montpellier (Hérault).

Masson (Pierre, V.), de la Librairie Masson et Cie, 120, boulevard Saint-Germain. — Paris.

Mathieu (Melle Jeanne), 1, rue Dallier. — Reims (Marne).

Mathieu (Eugène), Ing. des Arts et Man., anc. Dir. gén. construct. des *Aciéries de Jœuf*, anc. Dir. gén. et admin. des *Aciéries de Longwy*, Construc. mécan., Mem. du Cons. mun., 1, rue Dallier. — Reims (Marne).

Matruchot (Louis), Prof. adj. à la Fac. des Sc. de Paris, 11, boulevard Carnot. — Bourg-la-Reine (Seine).

Maufroy (Jean-Baptiste), anc. Dir. de manufac. de laine, 4, rue de L'Arquebuse. — Reims (Marne).

Dr Maunoury (Gabriel), Corresp. de l'Acad. de Méd., Chirurg. de l'Hôp., 26, rue de Bonneval. — Chartres (Eure-et-Loir).

Maurel (Émile), Nég., 7, rue d'Orléans. — Bordeaux (Gironde).

Maurel (Marc), Nég., 48, cours du Chapeau-Rouge. — Bordeaux (Gironde).

Maurouard (Lucien), Trésorier-payeur gén. de la Charente, anc. Élève de l'Éc. Polytech. 110, boulevard Haussmann. — Paris et à Angoulême (Charente).

Maxwell-Lyte (Farnham), Ing.-Chim., 60, Finborough road. — Londres, S.W. (Angleterre).

Meissas (Gaston de), Publiciste, 3, avenue Bosquet. — Paris.

Ménard (Césaire), Ing. des Arts et Man., Concessionnaire de l'Éclairage au gaz. — Louhans (Saône-et-Loire).

Mendelssohn (Isidore), Chirurg.-Dent., 10, rue Rochechouart. — Paris.

Mendes-Guerreiro (J.-V.), Ing.-Insp. gén., des P. et Ch., 14, Calçada de Sacramento. — Lisbonne (Portugal).

Ménegaux (Auguste), Doct. ès Sc., Assistant au Muséum nat. d'Hist. nat. (Mammifères, Oiseaux), 9, rue du Chemin-de-Fer. — Bourg-la-Reine (Seine).

Mentienne (Adrien), anc. Maire, Mem. de la *Soc. de l'Histoire de Paris et de l'Ile-de-France*. — Bry-sur-Marne (Seine).

Mercadier (Jules), Insp. des Téiég., Dir. des études à l'Éc. Polytech., 21, rue Descartes. — Paris.

Mercet (Émile), Banquier, 2, avenue Hoche. — Paris.

Merlin (Roger). — Bruyères (Vosges).

Mesnard (Eugène), Prof. à l'Éc. prép. à l'Ens. sup. des Sc. et à l'Éc. de Méd., 79, rue de La République. — Rouen (Seine-Inférieure).

Dr Mesnards (P. des), rue Saint-Vivien. — Saintes (Charente-Inférieure).

Mettrier (Auguste), Ing. en chef des Mines, 21, rue Victor-Hugo. — Douai (Nord).

Meunier (Mme Hippolyte) *(Décédée)*.

Dr Millard (Auguste), Méd. hon. des Hôp., 4, rue Rembrandt. — Paris.

Mirabaud (Paul), Banquier, 9, rue Alfred-de-Vigny. — Paris.

Mocqueris (Edmond), 58, boulevard d'Argenson. — Neuilly-sur-Seine (Seine).

Mocqueris (Paul), Ing. de la construc. à la *Comp. des Chem. de fer de Bône-Guelma et prolongements*, 39, rue Es-Sadikia. — Tunis.

Mollins (Jean de), Doct. ès Sc., 9, rue de La Chapelle. — Spa (province de Liége) (Belgique).

Dr Monier (Eugène), place du Pavillon. — Maubeuge (Nord).

Monmerqué (Arthur), Ing. en chef des P. et Ch., 19, rue Decamps. — Paris.

Monnier (Demetrius), Ing. des Arts et Man., Prof. à l'Éc. cent. des Arts et Man., 3, impasse Cothenet (22, rue de La Faisanderie). — Paris.

Montefiore (Ewárd, Lévi), Rent., 36, avenue Henri-Martin. — Paris.

Dr Montfort, Prof. à l'Éc. de Méd., Chirurg. des Hôp., 14, rue de La Rosière. — Nantes (Loire-Inférieure).

Montlaur (le Comte Amaury de), Ing. civ., 41, avenue Friedland. — Paris.

Mont-Louis, Imprim., 2, rue Barbançon. — Clermont-Ferrand (Puy-de-Dôme).

Morel d'Arleux (Mme Charles), 13, avenue de L'Opéra. — Paris.

Dr Morel d'Arleux (Paul), 33, rue Desbordes-Valmore. — Paris.

Morin (Théodore), Doct. en Droit, 50, avenue du Trocadéro. — Paris.

Mortillet (Adrien de), Prof. à l'Éc. d'Anthrop., Conserv. des collections de la *Soc. d'Anthrop. de Paris*, Présid. de la *Soc. d'Excursions scient.*, 22, avenue Reille. — Paris.

Mossé (Alphonse), Prof. de Clin. méd. à la Fac. de Méd., Corresp. nat. de l'Acad. de Méd., 36, rue du Taur. — Toulouse (Haute-Garonne).

Moullade (Albert), Lic. ès Sc., Pharm. princ. de 1re cl., en retraite, 101, avenue du Prado. — Marseille (Bouches-du-Rhône).

Dr Moure (Émile), Prof. adj. à la Fac. de Méd., 25 *bis*, cours du Jardin-Public. — Bordeaux (Gironde).

Moureu (Charles). Mem. de l'Acad. de Méd., Prof. à l'Éc. sup. de Pharm., 84, boulevard Saint-Germain. — Paris.

Dr Moutier (A.), 11, rue de Miromesnil. — Paris.

Négrin (Paul), Prop. — Cannes-la-Bocca (Alpes-Maritimes).

Neveu (Auguste), Ing. des Arts et Man. — Rueil (Seine-et-Oise).

Neyron des Granges (Mme), 7, rue du Peyrat. — Lyon (Rhône).

Nibelle (Maurice), Avocat, 9, rue des Arsins. — Rouen (Seine-Inférieure).

Dr Nicaise (Victor), anc. Int. des Hôp., 3, rue Mollien. — Paris.

Dr Nicas, 80, rue Saint-Honoré. — Fontainebleau (Seine-et-Marne).

Nivet (Gustave), 105, avenue du Roule. — Neuilly-sur-Seine (Seine).

Nivoit (Edmond), Insp. gén. des Mines, Prof. de Géol. à l'Éc. nat. des P. et Ch., 4, rue de La Planche. — Paris.

Noelting (Emilio), Dir. de l'Éc. de Chim. — Mulhouse (Alsace-Lorraine).

Dr Nogier (Thomas), Agr. de Phys. médic. à la Fac. de Méd., 11, rue de La Charité. — Lyon (Rhône).

Ocagne (Maurice d'), Ing. et Prof. à l'Éc. nat. des P. et Ch., Répét. à l'Éc. Polytech. 30, rue La Boétie. — Paris.

Odier (Alfred), anc. Dir. de la *Caisse gén. des Familles*, 42, rue Des Renaudes. — Paris.

Œchsner de Coninck (William), Prof. à la Fac. des Sc., 8, rue Auguste-Comte. — Montpellier (Hérault).

Dr Olivier (Paul), Méd. en chef de l'Hosp. gén., Prof. à l'Éc. de Méd., 12, rue de La Chaîne. — Rouen (Seine-Inférieure).

Olry (Albert), Ing. en chef des Mines, 23, rue Clapeyron. — Paris.

Osmond (Floris), Ing. des Arts et Man., 83, boulevard de Courcelles. — Paris.

Outhenin-Chalandre (Joseph), 114, rue La Boétie. — Paris.

Palun (Auguste), Juge au Trib. de Com., 13, rue Banasterie. — Avignon (Vaucluse).

Dr Pamard (Alfred), Associé nat. de l'Acad. de Méd., Chirurg. en chef des Hôp., 4, place Lamirande. — Avignon (Vaucluse).

Pamard (le Général Ernest), 26, rue du Général-Gengoult. — Toul (Meurthe-et-Moselle).

Dr Pamard (Paul), anc. Int. des Hôp. de Paris, 4, place Lamirande. — Avignon (Vaucluse).

Pasquet (Eugène) (fils), 53, rue d'Eysines. — Bordeaux (Gironde).

Passy (Frédéric), Mem. de l'Inst., anc. Député, anc. Mem. du Cons. gén. de Seine-et-Oise, 8, rue Labordère. — Neuilly-sur-Seine (Seine).

Passy (Paul, Édouard), Doct. ès Lettres, Lauréat de l'Inst. (Prix Volney), Maître de Conf., à l'Éc. des Hautes-Études d'Histoire et de Philologie, 92, rue de Longchamp. — Neuilly-sur-Seine (Seine).

Pédraglio-Hoel (Mme Hélène), 29, avenue Camus. — Nantes (Loire-Inférieure).

Pélagaud (Élisée), Doct. ès Sc., château de La Pinède. — Antibes (Alpes-Maritimes).

Pélagaud (Fernand), Présid. de Chambre à la Cour d'Ap., 15, quai de L'Archevêché. — Lyon (Rhône).

Pellet (Auguste), Prof. à la Fac. des Sc., 74, rue Ballainvilliers. — Clermont-Ferrand (Puy-de-Dôme).

Peltereau (Ernest), Notaire hon. — Vendôme (Loir-et-Cher).

Pérard (Joseph), Ing. des Arts et Man., anc. Sec. gén. de la *Soc. d'Aquiculture et de Pêche*, 42, rue Saint-Jacques. — Paris.

Pereire (Émile), Ing. des Arts et Man., Admin. de la *Comp. des Chem. de fer du Midi*, 10, rue Alfred-de-Vigny. — Paris.

Pereire (Eugène), Ing. des Arts et Man., Présid. du Cons. d'admin. de la *Comp. gén. Transat.*, 5, rue des Mathurins. — Paris.

Pereire (Henri), Ing. des Arts et Man., Admin. de la *Comp. des Chem. de fer du Midi*, 33, boulevard de Courcelles. — Paris.

Pérez (Jean) (père), Prof. hon. à la Fac. des Sc., 73, cours Pasteur. — Bordeaux (Gironde).

Peridier (Louis), anc. Jug. au Trib. de Com., 5, quai d'Alger. — Cette (Hérault).

Perquel (Lucien), Agent de Change, 18, rue Le Peletier. — Paris.

Perret (Auguste), Prop., 50, quai Saint-Vincent. — Lyon (Rhône).

Petiton (Anatole), Ing.-Conseil des Mines, 93, rue de Seine. — Paris.

Petrucci (C., R.), Ing. — Béziers (Hérault).

Pettit (Georges), Ing. en chef des P. et Ch. en retraite, 65, avenue Kléber. — Paris.

Peyrony, Instit. — Les Eyzies-de-Tayac (Dordogne).

Philippe (Léon), 23 *bis*, rue de Turin. — Paris.

PIATON (Maurice), Ing. civ. des Mines, anc. Élève de l'Éc. Polytech., Mem. du Cons. mun., 49, rue de La Bourse. — Lyon (Rhône).

PICARD (Émile), Mem. de l'Inst., Prof. à la Fac. des Sc., 4, rue Bara. — Paris.

PICAUD (Albin), Prof. adj. à l'Éc. de Méd., 9, rue Condorcet. — Grenoble (Isère).

PICQUET (Henry), Chef de Bat. du Génie, Examin. d'admis. à l'Éc. Polytech., 4, rue Monsieur-Le-Prince. — Paris.

Dr PIERROU. — Chazay-d'Azergues (Rhône).

PILLET (Jules), Prof. aux Éc. nat. des P. et Ch. et des Beaux-Arts et au Consèrv. nat. des Arts et Mét., anc. Élève de l'Éc. Polytech., 243, boulevard d'Argenteuil. — Asnières (Seine).

PINON (Paul), Nég., 36, rue du Temple. — Reims (Marne).

PITRES (Albert), Doyen hon. de la Fac. de Méd., Corresp. nat. de l'Acad. de Méd., Méd. de l'Hôp. Saint-André, 119, cours d'Alsace-et-Lorraine. — Bordeaux (Gironde).

Dr PLANTÉ (Jules), Méd. de 1re cl. de la Marine, 40, boulevard de Strasbourg. — Toulon (Var).

POILLON (Louis), Ing. des Arts et Man., Rancho Verde. — Teponaxtla par Cuicatlan (État d'Oaxaca) (Mexique).

POISSON (Jules), Assistant de Botan. au Muséum nat. d'Hist. nat., 32, rue de La Clef. — Paris.

POLIGNAC (le Comte Melchior DE). — Kerbastic-sur-Gestel (Morbihan).

POMMEROL, Avocat, anc. Rédac. de la Revue *Matériaux pour l'Histoire primitive de l'Homme*. — Veyre-Mouton (Puy-de-Dôme) et, 20, rue Pestalozzi. — Paris.

PORCHEROT (Eugène), Ing. civ., La Béchellerie. — Saint-Cyr-sur-Loire par Tours (Indre-et-Loire).

PORTEVIN (Hippolyte), Ing. civ., anc. Élève de l'Éc. Polytech., 2, rue de La Belle-Image. — Reims (Marne).

Dr POUPINEL (Gaston), anc. Int. des Hôp., 50, avenue Victor-Hugo. — Paris.

POUYANNE (C.-M.), Insp. gén. des Mines, 70, rue Rovigo. — Alger.

Dr POZZI (Samuel), Mem. de l'Acad. de Méd., Prof. à la Fac. de Méd., Chirurg. des Hôp., ancien Sénateur, 47, avenue d'Iéna. — Paris.

PRÉAUDEAU (Albert DE), Insp. gén. et Prof. à l'Éc. nat. des P. et Ch., 21, rue Saint-Guillaume. — Paris.

PRELLER (L.), Nég., 5, cours de Gourgues. — Bordeaux (Gironde).

PREVET (Charles), Nég., 48, rue des Petites-Écuries. — Paris.

PRÉVOST (Georges), Ing. civ. des Mines, anc. Élève de l'Éc. Polytech., 30, quai de Bourgogne. — Bordeaux (Gironde).

PRÉVOST (Maurice), Publiciste, 55, rue Claude-Bernard. — Paris.

PRIOLEAU (Mme Léonce), 4, rue du Pont-Gaulois. — Brive (Corrèze).

Dr PRIOLEAU (Léonce), anc. Int. des Hôp. de Paris, Chirurg. de l'Hôp., 4, rue du Pont-Gaulois. — Brive (Corrèze).

PRIVAT (Paul, Édouard), Libr.-Édit., Juge au Trib. de Com., 45, rue des Tourneurs. — Toulouse (Haute-Garonne).

Dr PUJOS (Albert), Méd. princ. du Bureau de bienfais., 60, rue Saint-Sernin. — Bordeaux (Gironde).

QUATREFAGES DE BRÉAU (Léonce DE), Ing., Chef de serv. à la *Comp. des Chem. de fer du Nord*, anc. Élève de l'Éc. cent. des Arts et Man., 50, rue Saint-Ferdinand. — Paris.

RACLET (Joannis), Ing. civ., Admin.-Délég. de la *Soc. Lyonnaise des forces motrices du Rhône*, 21, cours Morand. — Lyon (Rhône).

RAIMBERT (Louis), Chim., Dir. de Sucrerie, 10 *bis*, rue des Batignolles. — Paris.

RAMÉ (Mlle Marguerite), 16, rue de Chalon. — Paris.

RAMOND (Georges), Assistant de Géol. au Muséum nat. d'Hist. nat., 61, rue de Buffon. — Paris et 18, rue Louis-Philippe. — Neuilly-sur-Seine (Seine).

RAVENEAU (Louis), Agr. d'Histoire, Sec. de la Rédac. des *Annales de Géog.*, 76, rue d'Assas. — Paris.

REBOUL (le commandant Frédéric), (l'Ermitage), 19 *ter*, avenue de la Belle-Gabrielle. — Nogent-sur-Marne (Seine).

Dr REBOUL (Jules), anc. Int. des Hôp. de Paris, Chirurg. en chef de l'Hôtel-Dieu, 1, rue d'Uzès. — Nîmes (Gard).

Dr REDDON (Henry), Méd.-Dir. de la Villa Penthièvre. — Sceaux (Seine).

Dr REGNAULT (Félix-Louis), anc. Int. des Hôp., 11, rue Avisce. — Sèvres (Seine-et-Oise).

REINACH (Théodore), Doct. ès Lettres et en Droit, 9, rue Hamelin. — Paris.

RENAUD (Georges), Lauréat de l'Inst., Fondat. de la *Revue géographique internationale*, Prof. aux Éc. mun. sup. de la Ville de Paris, 10, rue Dorian (Place de la Nation). — Paris.

RENAUD (Paul), Ing. Électr., Ing. de la *Soc. l'Oxhydrique française*, Fondat.-Dir. du *Mois Scientifique et Industriel*, 8, rue Nouvelle. — Paris.

REY (Louis), Ing. des Arts et Man., Admin. de la *Comp. des Chem. de fer du Cambrésis*, 97, boulevard Exelmans. — Paris.

RIBERO DE SOUZA REZENDE (le Chevalier S.), poste restante. — Rio-Janeiro (Brésil).

RIBOT (Alexandre), Mem. de l'Acad. française et de l'Acad. des Inscript. et Belles-Lettres, anc. Min., Député du Pas-de-Calais, 6, rue de Tournon. — Paris.

RIBOUT (Charles), Prof. hon. de Math. spéc. au Lycée Louis-le-Grand, 30, avenue de Picardie. — Versailles (Seine-et-Oise).

RICHIER (Clément), Prop. — Nogent-en-Bassigny (Haute-Marne).

RIDDER (Gustave DE), Notaire, 4, rue Perrault. — Paris.

RISTON (Victor), Doct. en Droit, Avocat à la Cour d'Ap. de Nancy, 3, rue d'Essey. — Malzéville (Meurthe-et-Moselle).

Dr RIVIÈRE (Jean), Méd.-Maj. de 1re cl. au 2e Rég. de la Légion étrang. — Saïda (départ. d'Oran) (Algérie).

ROBERT (Gabriel), Avocat à la Cour d'Ap., 2, quai de L'Hôpital. — Lyon (Rhône).

ROBIN (A.), Banquier, Consul de Turquie, 41, rue de L'Hôtel-de-Ville. — Lyon (Rhône).

ROBINEAU (Th.), Lic. en Droit, anc. Avoué, 4, avenue Carnot. — Paris.

ROCQUES (Xavier), Expert-Chim., anc. Chim. princ. au Lab. mun. de la Préf. de Pol., 2, place Armand-Carrel. — Paris.

RODOCANACHI (Emmanuel), 54, rue de Lisbonne. — Paris.

ROHDEN (Charles DE), Mécan., 14, rue Tesson. — Paris.

ROHDEN (Théodore DE), 14, rue Tesson. — Paris.

ROLANTS (Edmond), Chef du Lab. d'Hygiène appliquée, Institut Pasteur. — Lille (Nord).

ROLLAND (Alexandre), Mem. de la Ch. de Com., Nég. en papiers, 7, rue Haxo. — Marseille (Bouches-du-Rhône).

ROLLAND (Georges), Ing. en chef des Mines, 60, rue Pierre-Charron. — Paris.

ROUSSEAU (Henri), Ing. en chef des P. et Ch. — Mende (Lozère).

ROUSSELET (Louis), Archéol., 126, boulevard Saint-Germain. — Paris.

SABATIER (Armand), Corresp. de l'Inst., Doyen de la Fac. des Sc., 1, rue Barthez. — Montpellier (Hérault).

SABATIER (Paul), Corresp. de l'Inst., Doyen de la Fac. des Sc., 11, allées des Zéphirs — Toulouse (Haute-Garonne).

SAGNIER (Henry), Dir. du *Journal de l'Agriculture*, 106, rue de Rennes. — Paris.

SAIGNAT (Léo), Prof. à la Fac. de Droit, 18, rue Mably. — Bordeaux (Gironde).

SAINT-MARTIN (l'Abbé Charles DE). — Vimoutiers (Orne).

SAINT-OLIVE (G.), anc. Banquier, 9, place Morand. — Lyon (Rhône).

Dr SAMBUC (Camille), Agr. de Chim. à la Fac. de Méd., 2, avenue des Ponts. — Lyon (Rhône).

SCHILDE (le Baron DE), château de Schilde par Wyneghem (province d'Anvers) (Belgique).

SCHMITT (Henri), Pharm. de 1re cl., 5, rue Castel-Marly. — Nanterre (Seine).

SCHWÉRER (Pierre, Alban), Notaire, 3, rue Saint-André. — Grenoble (Isère).

SEBERT (le Général Hippolyte), Mem. de l'Inst., Admin. de la *Soc. anonyme des Forges et Chantiers de la Méditerranée*, 14, rue Brémontier. — Paris.

SÉDILLOT (Maurice), Entomol., Mem. de la *Com. scient. de Tunisie*, 20, rue de L'Odéon. — Paris.

SEGRETAIN (le Général Léon), 23, rue de L'Hôtel-Dieu. — Poitiers (Vienne).

SERRE (Fernand), Prop., 1, rue Levat. — Montpellier (Hérault).

SEYNES (Léonce DE), 58, rue Calade. — Avignon (Vaucluse).

SIÉGLER (Ernest), Ing. en chef des P. et Ch., Ing. en chef de la voie à la *Comp. des Chem. de fer de l'Est*, 48, rue Saint-Lazare. — Paris.

SIMÉON (Paul), Ing. civ., Représent. de la *Soc. I. et A. Pavin de Lafarge*, anc. Élève de l'Éc. Polytech., 158, boulevard Pereire. — Paris.

SIRET (Louis), Ing. — Cuevas de Vera (province d'Almeria) (Espagne).

SOCIÉTÉ INDUSTRIELLE D'AMIENS. — Amiens (Somme).

SOCIÉTÉ PHILOMATHIQUE DE BORDEAUX, 2, cours du XXX Juillet. — Bordeaux (Gironde).

SOCIÉTÉ DES SCIENCES PHYSIQUES ET NATURELLES, 143, cours Victor-Hugo — Bordeaux (Gironde).

SOCIÉTÉ ACADÉMIQUE DE BREST. — Brest (Finistère).

SOCIÉTÉ NATIONALE DES SCIENCES NATURELLES ET MATHÉMATIQUES DE CHERBOURG. — Cherbourg (Manche).

SOCIÉTÉ LIBRE D'AGRICULTURE, SCIENCES, ARTS ET BELLES-LETTRES DE L'EURE. — Évreux (Eure).

SOCIÉTÉ CENTRALE DE MÉDECINE DU NORD. — Lille (Nord).
SOCIÉTÉ DES SCIENCES DE NANCY. — Nancy (Meurthe-et-Moselle).
SOCIÉTÉ ACADÉMIQUE DE LA LOIRE-INFÉRIEURE, 1, rue Suffren. — Nantes (Loire-Inférieure).
SOCIÉTÉ CENTRALE DES ARCHITECTES FRANÇAIS, 8, rue Danton. — Paris.
SOCIÉTÉ BOTANIQUE DE FRANCE, 84, rue de Grenelle. — Paris.
SOCIÉTÉ DE GÉOGRAPHIE, 184, boulevard Saint-Germain. — Paris.
SOCIÉTÉ MÉDICO-CHIRURGICALE DE PARIS (ancienne SOCIÉTÉ MÉDICO-PRATIQUE), 29, rue de La Chaussée-d'Antin. — Paris.
SOCIÉTÉ FRANÇAISE DE PHOTOGRAPHIE, 51, rue de Clichy. — Paris.
SOCIÉTÉ DES SCIENCES, LETTRES ET ARTS DE PAU (Basses-Pyrénées).
SOCIÉTÉ ANONYME DES HAUTS-FOURNEAUX ET FONDERIES. — Pont-à-Mousson (Meurthe-et-Moselle).
SOCIÉTÉ INDUSTRIELLE DE REIMS, 18, rue Ponsardin. — Reims (Marne).
SOCIÉTÉ MÉDICALE DE REIMS, 71, rue Chanzy. — Reims (Marne).
SOCIÉTÉ DES SCIENCES ET ARTS DE VITRY-LE-FRANÇOIS — Vitry-le-François (Marne).
SOLMS (le Comte Louis DE), Ing. des Arts et Man., rue du Méné. — Vannes (Morbihan).
Dr SONNIÉ-MORET (Abel), Pharm. de l'Hôp. des Enfants malades, 149, rue de Sèvres. — Paris.
SOUBEIRAN (Louis, Maxime), s.-Dir. de l'École prat. de Com. et d'Indust. — Béziers (Hérault).
SOULIER (Albert), Doct. ès Sc., Prof. adj. de zool. à la Fac. des Sc., 1, boulevard Pasteur. — Montpellier (Hérault).
STEINMETZ (Charles), 44, rue de Moscou. — Paris.
STENGELIN, Banquier, montée des Roches. — Écully (Rhône).
STORCK (Adrien), Ing. des Arts et Man., Imprim., 8, rue de La Méditerranée. — Lyon (Rhône).
SUAIS (Abel), Ing. en chef des trav. pub. des Colonies, Dir. de la *Comp. impériale des Chem. de fer éthiopiens*, 13, rue Léon-Cogniet. — Paris.
Dr TACHARD (Élie), Méd. princ. de 1re cl. en retraite, 11, rue Monplaisir. — Toulouse (Haute-Garonne).
TANRET (Charles), Lauréat de l'Inst., Pharm. de 1re cl., 10, rue du Commandant-Rivière. — Paris.
Dr TANRET (Georges), 10, rue du Commandant-Rivière. — Paris.
TARRY (Gaston), anc. Insp. des Contrib. diverses, 177, boulevard Pereire. — Paris.
TARRY (Harold), Insp. des Fin. en retraite, anc. Élève de l'Éc. Polytech., 6, rue de Bagneux. — Paris.
Dr TEILLAIS (Auguste), place du Cirque. — Nantes (Loire-Inférieure).
TEISSIER (Joseph), Prof. à la Fac. de Méd., Corresp. nat. de l'Acad. de Méd., Méd. hon. des Hôp., 7, rue Boissac. — Lyon (Rhône).
TESTUT (Léo), Prof. d'Anat. à la Fac. de Méd., Corresp. nat. de l'Acad. de Méd., 3, avenue de L'Archevêché. — Lyon (Rhône).
TEULADE (Marc), Avocat, Mem. de la *Soc. de Géog.* et de la *Soc. d'Hist. nat. de Toulouse*, 22, rue Pharaon. — Toulouse (Haute-Garonne).
TEULLÉ (le Baron Pierre), Prop., Mem. de la *Soc. des Agricult. de France*. — Moissac (Tarn-et-Garonne).
Dr TEXIER (Georges). — Moncoutant (Deux-Sèvres).
THÉLIN (René DE), Ing. en chef des P. et Ch. — Tarbes (Hautes-Pyrénées).
THÉNARD (Mme la Baronne Ve Paul), 6, place Saint-Sulpice. — Paris.
THIBAULT (J.), Tanneur, 18, place du Maupas. — Meung-sur-Loire (Loiret).
Dr THIBIERGE (Georges), Méd. des Hôp., 64, rue des Mathurins. — Paris.
THOUVENEL (Nicolas), Prof. de Phys. au Lycée Charlemagne, 19, boulevard Morland. — Paris.
Dr THULIÉ (Henri), Dir. de l'Éc. d'Anthrop., anc. Présid. du Cons. mun., 37, boulevard Beauséjour. — Paris.
THURNEYSSEN (Émile), Admin. de la *Comp. gén. Transat.*, 10, rue de Tilsitt. — Paris.
TISSOT, Examin. d'admis. à l'Éc. Polytech. en retraite. — Voreppe (Isère).
Dr TOPINARD (Paul), 28, rue d'Assas. — Paris.
TOURTOULON (le Baron Charles DE), Prop., 13, rue Roux-Alphéran. — Aix-en-Provence (Bouches-du-Rhône).
TULEU (Mme Charles, Aubin), 58, rue d'Hauteville. — Paris.
TULEU (Charles, Aubin), Ing. civ., anc. Élève de l'Éc. Polytech., 58, rue d'Hauteville. — Paris.

URSCHELLER (Henri), Prof. d'allemand au Lycée, 88, rue de Siam. — Brest (Finistère).

VAILLANT (Alcide), Archit., 24, rue Gay-Lussac. — Paris.

Dr VAILLANT (Léon), Prof. au Muséum nat. d'Hist. nat., 36, rue Geoffroy-Saint-Hilaire. — Paris.

Dr VALCOURT (Théophile DE), Méd. de l'Hôp. marit. de l'Enfance. — Cannes (Alpes-Maritimes) et 64, boulevard Saint-Germain. — Paris.

VALLOT (Joseph), Dir. de l'Observatoire météor. du Mont-Blanc, 37, rue Cotta. — Nice (Alpes-Maritimes).

VALOT (Paul), Doct. en Droit, Avocat, rue Kléber. — Lure (Haute-Saône).

VAN AUBEL (Edmond), Doct. ès Sc. Phys. et Math., Prof. à l'Univ., 136¹, chaussée de Courtrai. — Gand (Belgique).

VAN ISEGHEM (Henri), Présid. du Trib. civ., anc. Mem. du Cons. gén. de la Loire-Inférieure, 7, rue du Calvaire. — Nantes (Loire-Inférieure).

VAN TIÉGHEM (Philippe), Mem. de l'Inst., Prof. au Muséum nat. d'Hist. nat., 22, rue Vauquelin. — Paris.

VANDELET (O.), Nég., Délég. du Cambodge au Cons. sup. des Colonies. — Pnumpenh (Cambodge).

VASSAL (Alexandre), 55, boulevard Haussmann. — Paris.

VAUTIER (Théodore), Prof. à la Fac. des Sc., 30, quai Saint-Antoine. — Lyon (Rhône).

Dr VERGER (Théodore). — Saint-Fort-sur-Gironde (Charente-Inférieure).

VERGNES (Auguste), Planteur à Mayumbá (Congo français), 159, avenue de Wagram. — Paris.

VERMOREL (Victor), Construc., Dir. de la Stat. vitic. — Villefranche-sur-Saône (Rhône).

VERNEY (Noël), Doct. en droit, Avocat à la Cour d'Ap., 4, rue du Jardin-des-Plantes. — Lyon (Rhône).

VEYRIN (Émile), 2ter, rue Hérran. — Paris.

VIEILLE-CESSAY (l'Abbé François), Dir. au Grand-Séminaire, 12, rue Charles-Nodier. — Besançon (Doubs):

Dr VIENNOIS (Louis, Alexandre), 49, avenue Gambetta. — Valence (Drôme).

VIGNON (Louis), Prof. à l'Éc. coloniale, Lauréat de l'Inst., Recev.-Percept. des Droits universitaires, Maître des requêtes hon. au Cons. d'État, 4, rue Gounod. — Paris.

Dr VIGUIER (C.), Doct. ès Sc., Prof. à l'Éc. prép. à l'Ens. sup. des Sc., 1, boulevard de France. — Alger.

VIGUIER (René), Doct. ès Sc., Prépar. au Museum nat. d'Hist. nat., 5 bis, quai de Bercy. — Charenton (Magasins généraux) (Seine).

VILLAR (Francis), Prof. à la Fac. de Méd., Chirurg. des Hôp., 9, rue Castillon. — Bordeaux (Gironde).

VILLARD (Pierre), Doct. en Droit, 29, quai Tilsitt. — Lyon (Rhône).

VILLIERS DU TERRAGE (le Vicomte DE), 30, rue Barbet-de-Jouy. — Paris.

VINCENT (Auguste), Nég., Armat., 43 bis, allées de Chartres. — Bordeaux (Gironde).

VIOLLE (Jules), Mem. de l'Inst., Prof. au Conserv. nat. des Arts et Mét., 89, boulevard Saint-Michel. — Paris.

Dr VITRAC (Junior), anc. Chef de Clin. chirurg. à la Fac. de Méd. de Bordeaux, 35, rue Sainte-Catherine. — Libourne (Gironde).

VUILLEMIN (Georges), Ing. civ. des Mines, 6, avenue de Saint-Germain. — Saint-Germain-en-Laye (Seine-et-Oise).

VUILLEMIN (Paul), Prof. à la Fac. de Méd. de Nancy, 16, rue d'Amance. — Malzéville (Meurthe-et-Moselle).

Dr VULPIAN (André), Lic. ès Sc. nat., villa des Bois. — Lamballe (Côtes-du-Nord).

WARCY (Gabriel DE), 38, rue Saint-André. — Reims (Marne).

Dr WEISS (Georges), Mem. de l'Acad. de Méd., Ing. des P. et Ch., Agr. à la Fac. de Méd., 20, avenue Jules-Janin. — Paris.

WENZ (Émile), Nég., 50, boulevard Lundy. — Reims (Marne).

WILLM, Prof. de Chim. gén. appliq. à la Fac. des Sc. (Institut de Chimie), rue Barthélemy-Delespaul. — Lille (Nord).

Dr WINTREBERT (Paul), anc. Int. des hôp., Prépar. d'anat. comp. à la Fac. des Sc., 41, rue de Jussieu. — Paris.

WOUTERS (Louis), Homme de Lettres, anc. Chef de Cabinet de Préfet. — Les Sablons, par Moret-sur-Loing (Seine-et-Marne).

ZEILLER (René), Mem. de l'Inst., Ing. en chef des Mines, 8, rue du Vieux-Colombier. — Paris.

ZINDEL (Édouard), Ing. princ. à la Soudière de la *Comp. de Saint-Gobain*. — Chauny (Aisne).

ZIVY (Paul), Ing. des Arts et Man., 148, boulevard Haussmann. — Paris.

LISTE GÉNÉRALE DES MEMBRES

DE L'ASSOCIATION FRANÇAISE

POUR L'AVANCEMENT DES SCIENCES

FUSIONNÉE AVEC

L'ASSOCIATION SCIENTIFIQUE DE FRANCE

———

Les noms des Membres Fondateurs sont suivis de la lettre **F** *et ceux des Membres à vie de la lettre* **R**. — *Les astérisques* * *indiquent les Membres qui ont assisté au Congrès de Reims.*

———

Abadie (Alain), Ing. des Arts et Man., Admin.-Dir. de la *Comp. gén. de Trav. pub. et partic.*, 56, rue de Provence. — Paris.

Dr Abadie (Charles), 49, boulevard Haussmann. — Paris.

Abbe (Cleveland), Météor., Weather-Bureau, department of Agriculture. — Washington-City (États-Unis d'Amérique). — **R**

****Abelé (Henri)**, 48, rue de La Justice. — Reims (Marne).

Académie des Belles-Lettres, Sciences et Arts de Lyon (Palais Saint-Pierre), place des Terreaux. — Lyon (Rhône).

Académie nationale de Reims, 2, rue des Consuls. — Reims (Marne).

Achard (Édouard.-L.). — Thoï-Laï (Cantho) (Cochinchine).

Aconin (Charles), Manufac., 21, rue Saint-Nicolas. — Compiègne (Oise).

****Adam (François)**, Prof. au Lycée Saint-Louis, 4, rue des Chartreux. — Paris.

Adam (Paul), Prof. à l'Éc. nat. vétér. d'Alfort, Insp. princ. des établis. classés, 1, rue de Narbonne. — Paris.

Adrian (Alphonse), Pharm., Fabric. de Prod. pharm., 9, rue de La Perle. — Paris.

Aduy (Eugène), Prop., 27, quai Vauban. — Perpignan (Pyrénées-Orientales). — **R**

Agache (Edmond), 57, boulevard de La Liberté. — Lille (Nord).

Agache (Édouard), Prop. — Pérenchies (Nord).

Alaux (Adolphe), Chirurg.-Dent., 24, rue Lafayette. — Toulouse (Haute-Garonne).

Albert Ier de Monaco (S. A. S. le Prince régnant), Corresp. de l'Inst., 10, avenue du Trocadéro. — Paris, et Palais princier. — Monaco.

Dr Albert-Weill (Ernest), Lic. ès Sc., 21, rue d'Édimbourg. — Paris.

Dr Albertin (Henry-Alphonse), Chirurg. de La Charité, 11, rue Émile-Zola. — Lyon (Rhône).

Alcan (Félix), Libr.-Édit., anc. Élève de l'Éc. norm. sup., 108, boulevard Saint-Germain. — Paris.

Dr Alezais (Henri), Prof. à l'Éc. de Méd., 3, rue d'Arcole. — Marseille (Bouches-du-Rhône).

Alglave (Émile), Prof., à la Fac. de Droit, anc. Dir. de la *Revue scientifique* 59, avenue d'Antin. — Paris.

Allain-Le Canu (Jules), Lic. ès Sc., Pharm. de 1re cl., 36, quai de Béthune. — Paris.

Dr Allaire (Georges), Chef des Trav. de Phys. à l'Éc. de Méd., 5, rue Santeuil. — Nantes (Loire-Inférieure).

*Dr Allard (Félix), Lic. ès Sc. Phys., 23, rue Blanche. — Paris.

Allard (Hubert), Pharm. de 1re cl., Prop. — Neuvy par Moulins (Allier). — **R**

*Allard (Jules), Archit., 35, rue Courmeaux. — Reims (Marne).

Allemand-Martin (Antoine), Prépar. à la Fac. des Sc. de Lyon en Mission, Prof. au Collège Sadiki, s.-dir. du Lab. de Biol., marine de Sfax, 18, rue Sadikia. — Tunis.

Alluard (Émile), Doyen hon. de la Fac. des Sc., Dir. hon. de l'Observ. météor. du Puy-de-Dôme, 22 *bis*, place de Jaude. — Clermont-Ferrand (Puy-de-Dôme).

*Alluard (Francis), anc. Avocat, 9, rue des Saints-Pères. — Paris.

Alphandery (Eugène), 79, avenue de Villiers. — Paris. — **R**

Alphandéry (Robert-Jacques), Indust., 77, avenue des Gobélins. — Paris.

*Dr Amans (Paul), Doct. ès Sc., 45, avenue de Lodève. — Montpellier (Hérault).

Ambayrac (J. Hippolyte), Prof. hon. de l'Univ., 6, place Garibaldi. — Nice et à La Gaude (Alpes-Maritimes).

Amboix de Larbont (le Général Henri d'), 65, boulevard de Courcelles. — Paris. —**F**

*Amet (Émile), Indust., Usine Saint-Hubert. — Sézanne (Marne). — **R**

Amiot (Henri), Ing. en chef des Mines, Adj. à la Dir. de la *Comp. des Chem. de fer de Paris à Lyon et à la Méditerranée*, 4, rue Weber. — Paris. — **R**

Dr Amoedo (Oscar), 15, avenue de L'Opéra. — Paris.

Amtmann (Th.), Archiv.-Biblioth. de la *Soc. archéol.*, 68, cours de La Martinique. — Bordeaux (Gironde).

Andouard (Ambroise), Associé nat. de l'Acad. de Méd., Dir. de la Stat. agron. de la Loire-Inférieure, Prof. à l'Éc. de Méd. et de Pharm., 8, rue Olivier-de-Clisson. — Nantes (Loire-Inférieure).

*Andrault, Cons. hon. à la Cour d'Ap. d'Alger, 30, quai du Louvre. — Paris.

Dr André, 82, avenue de Saxe. — Lyon (Rhône).

André (Charles), Corresp. de l'Inst., Prof. à la Fac. des Sc. de Lyon, Dir. de l'Observatoire. — Saint-Genis-Laval (Rhône).

*André (Alphonse-Eugène), Insp. de l'Ens. prim., Présid.-Fond. de l'*Œuvre des Voyages scolaires*, 71, rue Hincmar. — Reims (Marne).

*André, Chirurg.-Dent., 2, rue Bichat. — Paris.

André (Grégoire), Prof. de Pathol. int. à la Fac. de Méd., 18, rue Lafayette. — Toulouse (Haute-Garonne).

Dr André (Gustave), Prof. à l'Inst. nat. agron., Agr. à la Fac. de Méd., 140, boulevard Raspail. — Paris. — **R**

Andrieux (Gaston), Indust., Juge sup. au Trib. de Com., 12, cours Gambetta. — Montpellier (Hérault).

Anger (Charles, Henri), Ing. du matériel adj. à l'Ing. princ. de la *Comp. du Chem. de fer du Nord*, anc. Élève de l'Éc. cent. des Arts et Man., 109, boulevard Magenta. — Paris.

Angellier (Auguste), Doyen de la Fac. des Lettres de Lille, 20, rue de Beaurepaire. — Boulogne-sur-Mer (Pas-de-Calais).

Angot (Alfred), Doct. ès Sc., Dir. du Bureau cent. météor. de France, Prof. à l'Inst. nat. agron., 12, avenue de L'Alma. — Paris. — **R**

Anthoine (Édouard), Ing., Dir. hon. au Min. de l'Int., anc. Élève de l'Éc. cent. des Arts et Man., 4, rue Villebois-Mareuil. — Paris.

Anthoni (Gustave), Ing. des Arts et Man., 17, avenue Niel. — Paris.

Dr Anthony (Raoul), Doct. ès Sc. Prépar. au Muséum nat. d'Hist. nat., 12, rue Chevert. — Paris.

*Appell (Paul), Mem. de l'Inst., Doyen de la Fac. des Sc., 17, rue Bonaparte. — Paris.

Appert (Aristide), anc. Indust., 58, rue Ampère. — Paris. — **R**

Appert (Léon), Commis.-pris. hon., 11, avenue d'Églé. — Maisons-Laffitte (Seine-et-Oise).

Arbel (Antoine), Maître de forges. — Rive-de-Gier (Loire). — **R**

Arcin (Henri), Nég., 1, rue de L'Arsenal. — Bordeaux (Gironde).

Dr Ardoin (Charles), 25, boulevard Carabacel. — Nice (Alpes-Maritimes).

Argent (Jules d'), Chirurg.-Dent., 245, rue Saint-Honoré. — Paris.

Dr Aris (Prosper), 17, rue du Lycée. — Pau (Basses-Pyrénées).

*Arlet (Albert), Chirurg.-Dent. — Corbeny (Aisne).

*Arlet (Édouard), Chirurg.-Dent. — Corbeny (Aisne).

*Arloing (Saturnin), Corresp. de l'Inst. et de l'Acad. de Méd., Prof. à la Fac. de Méd. Dir. de l'Éc. nat. vétér., 2, quai Pierre-Scize. — Lyon (Rhône). — **R**

*Armagnat (Henri), Ing.-Conseil, Sec. gén. de la *Soc. internat. des Électriciens*, 67, rue du Ranelagh. — Paris.

Armengaud (Eugène), Ing. des Arts et Man., 21, boulevard Poissonnière. — Paris.

*Armet de Lisle (Émile), Indust., 58, boulevard Haussmann. — Paris.
Armez (Louis), Ing. des Arts et Man., Député des Côtes-du-Nord, 6, rue de Bour-
gogne. — Paris et château Bourg-Blanc. — Plourivo par Paimpol (Côtes-du-Nord).
Arnaud (Jean-Baptiste), Ing. des P. et Ch. — Coulommiers (Seine-et-Marne).
Dr Arnaud de Fabre (Amédée), 36, rue Sainte-Catherine. — Avignon (Vaucluse).
*Arnold-Gschwend (Mme), 62, rue Duquesne. — Lyon (Rhône).
*Dr Arnold-Gschwend, 62, rue Duquesne. — Lyon (Rhône).
Arnoux (Louis Gabriel), anc. Of. de marine. — Les Mées (Basses-Alpes). — **R**
Arnoux (René), Ing.-Construc., anc. Ing. des Ateliers Bréguet, anc. Ing.-Conseil de la
Comp. continentale Edison, 45, rue du Ranelagh. — Paris. — **R**
*Arnozan (Gabriel), Pharm. de 1re cl., Présid. de la *Soc. de Pharm. de la Gironde*,
40, allées de Tourny. — Bordeaux (Gironde).
Arnozan (Xavier), Prof. à la Fac. de Méd., 27 *bis*, cours du Pavé-des-Chartrons.
— Bordeaux (Gironde).
Dr Arsonval (Arsène d'), Mem. de l'Inst. et de l'Acad. de Méd., Prof. au Collège de
France, 3, avenue de La Terrasse. — Juvisy-sur-Orge (Seine-et-Oise).
Arth (Georges), Prof. à la Fac. des Sc., 7, rue de Rigny. — Nancy (Meurthe-et-Moselle).
Arvengas (Albert), Lic. en Droit, 1, rue Raimond-Lafage. — Lisle-sur-Tarn (Tarn). — **R**
Association odontologique de Bordeaux (M. E. Lassaque, trésorier), 61, rue Porte-
Dijeaux. — Bordeaux.
Association des Naturalistes de Levallois-Perret, 37 *bis*, rue Lannois. — Levallois-
Perret (Seine).
Association amicale des anciens Élèves de l'Institut du Nord, 17, rue Faidherbe.
— Lille (Nord).
Association des Ingénieurs civils Portugais, place du Commerce. — Lisbonne
(Portugal).
Association Lyonnaise des Propriétaires d'Appareils à vapeur, 37, cours du Midi.
— Lyon (Rhône).
Association pour l'Enseignement des Sciences anthropologiques (École d'Anthropo-
logie), 15, rue de L'École-de-Médecine. — Paris. — **R**
*Association agricole et viticole de la Marne, 12, faubourg Cérès. — Reims (Marne).
*Association des Propriétaires et Locataires de la ville de Reims et de sa ban-
lieue, 71, rue Chanzy. — Reims (Marne).
*Association viticole Champenoise, 2, rue Émile-Cazier. — Reims (Marne).
*Association viticole. — Chigny, par Rilly-la-Montagne (Marne).
*Aubert (Charles), Avocat, 13, rue Caqué. — Reims (Marne). — **F**
*Aubert (Mme Ephrem), 31, chaussée du Port. — Reims (Marne).
*Aubert (Ephrem), Nég., 31, chaussée du Port. — Reims (Marne).
Dr Aubert (P.-F.), anc. Chirurg. de l'Antiquaille, 33, rue Victor-Hugo. — Lyon (Rhône).
*Aubert (René), nég., 33, Chaussée du Port. — Reims (Marne).
Aubrée (Jules), Avoué à la Cour d'Ap., 2, rue de L'Hermine. — Rennes (Ille-et-Vilaine).
Audebrand (Alexis), Chef d'Escadron d'Artil. en retraite, Ing., anc. Élève de l'Éc.
Polytech., 13, rue Billerey. — Grenoble (Isère).
Audiffred (Jean), Sénateur de la Loire, 38, rue François-Ier. — Paris et à Roanne (Loire).
Audin (Marius), Admin. de la *Gazette judiciaire et commerciale*, 4, rue Gentil. — Lyon
(Rhône).
Dr Audoin (Pierre), 49, rue Saint-Sernin. — Bordeaux (Gironde).
Audra (Edgard), Trésor. de la *Soc. française de Photog.*, 3, rue de Logelbach. — Paris.
Audra (J.-M.), Associé d'Agent de Change (Charge Dumenge), 46, rue de L'Hôtel-de-
Ville. — Lyon (Rhône).
Dr Audureau (Jules). — Jallais (Maine-et-Loire).
*Dr Audy (Achille). — Senlis (Oise).
Dr Augé (Léon), Méd. de l'Hôp., Électrothérap., 16, boulevard de La Gare. — Narbonne
(Aude).
Ault du Mesnil (Geoffroy d'), Géol., 228, rue du Faubourg-Saint-Honoré. — Paris.
Dr Auquier (Eugène), 18, rue de La Banque. — Nîmes (Gard).
*Aureggio (Eugène), Vétér. princ. de 1re cl. en retraite, anc. Dir. du Serv. vétér. du
8e corps d'armée, 2, place Raspail. — Lyon (Rhône).
Auricoste (Joseph), Fabric. d'Horlog. de précis., Cons. du Com. extérieur, 10, rue
La Boétie. — Paris.
Aury-Pauquet (Louis), Adj. au Maire (villa des Fleurs), rue Henri-Pauquet. — Creil
(Oise).

Automobile-Club de France et Yacht-Club, 6, place de La Concorde. — Paris. — **R**

Aveneau de la Grancière (le Vicomte Paul), Château de Beaulieu-en-Bignan (Morbihan).

Aymar (Alphonse), Contrôl. princ. des Contrib. dir., 46, rue d'Aubuisson. — Toulouse (Haute-Garonne).

Aynard (Édouard), Mem. de l'Inst., anc. Présid. de la Ch. de Com., Député du Rhône, 29, boulevard du Nord. — Lyon (Rhône). — **F**

Dʳ Bachelot-Villeneuve. — Saint-Nazaire (Loire-Inférieure).

*****Dʳ Bagnéris (Eugène)**, Prof. à l'Éc. de Méd., 12, rue de la Grue. — Reims (Marne).

Baillaud, Corresp. de l'Inst., Doyen hon. de la Fac. des Sc., Dir. de l'Observatoire. — Toulouse (Haute Garonne).

Baille (Mᵐᵉ J.-B., Alexandre), 26, rue Oberkampf. — Paris. — **R**

Baille (J.-B., Alexandre), anc. Répét. à l'Éc. Polytech., anc. Prof. à l'Éc. mun. de Phys. et de Chim. indust. de la Ville de Paris, 26, rue Oberkampf. — Paris. — **F**

Baillière (Paul), Doct. en Droit, Avocat à la Cour d'Ap., 20, boulevard de Courcelles. — Paris.

Baillon (Jules), Trésor. de la *Soc. archéol. de Provence*, 11, place Daviel. — Marseille (Bouches-du-Rhône).

Baillou (André), Prop., 96, rue Croix-de-Seguey. — Bordeaux (Gironde). — **R**

Balaÿ (Jean), Dir. d'Assurances, 10, rue de La République. — Lyon (Rhône).

Balédent (l'Abbé Pierre), Curé. — Versigny par Nanteuil-le-Haudouin (Oise).

Dʳ Balthazard (Victor), Agr. à la Fac. de Méd., 20, rue de L'Estrapade. — Paris.

Dʳ Balzer (Félix), Méd. des Hôp., 8, rue de L'Arcade. — Paris.

Bamberger (Henri), Banquier, 14, rond-point des Champs-Élysées. — Paris. — **F**

Banque privée, 41, rue de L'Hôtel-de-Ville. — Lyon (Rhône).

Bapterosses (F.), Manufac. — Briare (Loiret). — **F**

Dʳ Baraduc (Hippolyte, Ferdinand), Électrothérap., 191, rue Saint-Honoré. — Paris.

Dʳ Baratier. — Bellenave (Allier).

*****Barbelenet (Simon)**, Prof. de Math. au Lycée, 41, rue du Jard. — Reims (Marne).

Barbier (Philippe), Prof. à la Fac. des Sc., 212, route de Vienne. — Lyon (Rhône).

Barboux (Henri), Mem. de l'Acad. française, Avocat à la Cour d'Ap., anc. Bâton. de l'Ordre, 14, quai de La Mégisserie. — Paris. — **F**

Dʳ Bard (Louis), Prof. de clin. médic. à l'Univ., 6, rue Bellot. — Genève (Suisse). — **R**

*****Barden (Antoine)**, Chirurg.-Dent. Prof. à l'Éc. Dent. de Paris, 108, avenue Ledru-Rollin. — Paris.

Bardin (Mˡˡᵉ), 2, rue du Luminaire. — Montmorency (Seine-et-Oise). — **R**

Bardot (Henri), Fabric. de Prod. chim., 190, rue Croix-Nivert. — Paris.

Dʳ Barette, Prof. à l'Éc. de Méd., 13, rue de Bernières. — Caen (Calvados).

Dʳ Baréty (Alexandre), 31, rue Cotta. — Nice (Alpes-Maritimes).

Barge (Henri), Archit.-Entrep., anc. Élève de l'Éc. nat. des Beaux-Arts, Maire. — Janneyrias par Meyzieux (Isère).

Bargeaud (Paul), Percept., 24, avenue de Pontaillac. — Royan-les-Bains (Charente-Inférieure). — **R**

*****Dʳ Barillet (Alexandre)**, 1, rue de Talleyrand. — Reims (Marne).

*****Barillier-Beaupré (Alphonse)**, Prop. — Fenioux (Deux-Sèvres). — **R**

Barisien (Le Commandant Ernest), 6, rue Chomel. — Paris.

*****Dʳ Barjon (François)**, Méd. des Hôp., 81, rue de La République. — Lyon (Rhône).

Dʳ Barnay (Marius), 12, rue des Volontaires. — Paris.

Baron (Henri), Dir. hon. de l'Admin. des Postes et Té}ég., 18, avenue de La Bourdonnais. — Paris. — **R**

Baron (J.), Pharm., 3, place de La Miséricorde. — Lyon (Rhône).

Baron (Jean), anc. Ing. de la Marine, Ing. en chef aux *Chantiers de la Gironde*, 50, rue du Tondu. — Bordeaux (Gironde). — **R**

Dʳ Barral (Étienne), Agr. à la Fac. de Méd., 9, rue Victor-Hugo. — Lyon (Rhône). — **R**

Barrère (Eugène), Prop. — Gourbera par Dax (Landes).

Barriol (Alfred), s.-Chef de Divis. à la *Comp. des Chem. de fer de Paris à Lyon et à la Méditerranée*, Actuaire-Conseil, 88, rue Saint-Lazare. — Paris.

Barrion (Georges), Ing. agron. 4, rue Al-Djazira. — Tunis.

Dʳ Barrois (Charles), Mem. de l'Inst., Prof. à la Fac. des Sc., 41, rue Pascal. — Lille (Nord). — **R**

Dʳ Barrois (Jules), Doct. ès Sc., Zool., villa de Surville, Cap Brun. — Toulon (Var). — **R**

*****Barrois (Théodore) (fils)**, Prof. à la Fac. de Méd., anc. Député, 220, rue de Solférino. — Lille (Nord).

Bartaumieux (Charles), Archit., Expert près la Cour d'Ap.; Mem. de la *Soc. cent. des Archit. franç.*, 66, rue La Boétie. — Paris. — **R**

Dr Barth (Henry), Méd. des Hôp., Sec. gén. de l'*Assoc. des Méd. de la Seine*, 2, rue Saint-Thomas-d'Aquin. — Paris. — **R**

*Dr Barthe (Léonce), Agr. à la Fac. de Méd., Pharm. en chef des Hôp.; 6, rue Théodore-Ducos. — Bordeaux (Gironde).

Barthélemy (Élie), Vétér. en 2° au 6° Rég. d'Artil. — La Manouba (Tunisie). — **R**

*Barthélemy (François), 36, rue Tronchet. — Paris.

Barthélemy (le Marquis François, Pierre de), Explorateur, 51, rue Pierre-Charron. — Paris.

*Barthélemy (Louis), Dir. gén. de la *Soc. française des Poudres de sûreté*, 5, avenue de Villiers. — Paris.

Barthelet (Edmond), Mem. de la Ch. de Com., 31, rue de L'Arbre. — Marseille (Bouches-du-Rhône). — **R**

*Baruch (J.). Chirurg.-Dent., 6, rue Berlaimont. — Bruxelles (Belgique).

*Bary (Arthur de), Nég. en vins de Champagne, 37, rue du Champ-de-Mars. — Reims. (Marne).

*Bary (Louis de), Nég. en vins de Champagne, 17, rue Lesage. — Reims (Marne).

Basset (Charles), Nég., cours Richard. — La Rochelle (Charente-Inférieure).

Basset (Gabriel), Prof. hon. à la Fac. de Méd., Méd. hon. des Hôp., 34, rue Peyro-lières. — Toulouse (Haute-Garonne).

Bastide (Scévola), Prop.-Vitic., Mem. de la Ch. de Com., 11, rue Maguelonne. — Montpellier (Hérault). — **R**

Baton (Ernest), Prop., 5, rue de Sfax. — Paris.

Dr Battandier (Jules, Aimé), Prof. à l'Éc. de Méd., Méd. de l'Hôp. civ., 9, rue Desfontaines. — Alger.

Dr Battarel, Méd. de l'Hôp. civ., 69, rue Sadi-Carnot. — Alger.

Dr Batuaud (Jules), 33, rue de La Bienfaisance. — Paris.

Baudon (Alexandre), Fabric. de Prod. pharm., 12, rue Charles V. — Paris.

*Dr Baudouin (Marcel), anc. Int. des Hôp., anc. Chef de Lab. à la Fac. de Méd., anc. Dir. de l'*Inst. internat. de Bibliog. scient.*, 21, rue Linné. — Paris.

Baudouin (Noël), Ing. civ., 51, rue Lemercier. — Paris. — **F**

Baudreuil (Émile de), anc. Cap. d'Artil., anc. Élève de l'Éc. Polytech., 9, rue du Cherche-Midi. — Paris. — **R**

Baye (le Baron Joseph de), Mem. de la *Soc. des Antiquaires de France*, Corresp. du Min. de l'Instruc. pub., 58, avenue de La Grande-Armée. — Paris et château de Baye (Marne). — **R**

Dr Béal (Gustave), 5 *bis*, square de Jussieu. — Lille (Nord).

Beauchais, 130, boulevard Saint-Germain. — Paris.

*Dr Beaudier (Henri). — Attigny (Ardennes).

Beaufront (le Comte Louis de), Présid. de la *Soc. française pour la Propagation de l'Espéranto*. — Louviers (Eure).

Beaufumé (A.), Attaché au Min. des Fin., 9, rue Jacob. — Paris.

Beaulard (Fernand), Prof. à la Fac. des Sc., 41, rue des Arceaux. — Montpellier (Hérault).

Beaupré (le Comte Jules), Archéol., 18, rue de Serre. — Nancy (Meurthe-et-Moselle).

Beaurain (Narcisse), Biblioth. de la Ville, 1, rue Restout. — Rouen (Seine-Inférieure)

*Beauvais (Joseph), Direct. de l'Éc. pratique de Com. et d'Indust., 55, rue Libergier. — Reims (Marne).

Beauverie (Jean), Doct. ès Sc., Chargé de cours complém. à la Fac. des Sc., 44, quai Fulchiron. — Lyon (Rhône).

*Beauvisage (Georges), Prof. à la Fac. de Méd., Adj. au Maire, 45, rue de L'Université. — Lyon (Rhône).

Béchamp (Antoine), anc. Prof. à la Fac. de Méd. de Montpellier, Corresp. nat. de l'Acad. de Méd., 15, rue Vauquelin. — Paris. — **F**

Becker (Mme Ve), 260, boulevard Saint-Germain. — Paris. — **F**

Becker (A.), 9, quai Saint-Thomas. — Strasbourg (Alsace-Lorraine).

Becker (Mme John) (chez M. Boesé), 157, rue du Faubourg-Saint-Denis. — Paris.

Becker (John), Doct. en Droit (chez M. Boesé), 157, rue du Faubourg-Saint-Denis. — Paris.

*Dr Béclère (Antoine), Méd. des Hôp., 122, rue La Boétie, Paris.

Bedel (Louis), Entomol., 20, rue de L'Odéon. — Paris.

*Bègue (Henri), Archit., 2, rue du Marc. — Reims (Marne).

Béhaghel (Mme Henri), château de Beaurepaire. — Beaumarie-Saint-Martin par Montreuil-sur-Mer (Pas-de-Calais).

Béhaghel (Henri), Prop., château de Beaurepaire. — Beaumarie-Saint-Martin par Montreuil-sur-Mer (Pas-de-Calais). — **R**

Behal (Auguste), Mem. de l'Acad. de Méd., Prof. à l'Éc. sup. de Pharm., Pharm. de l'Hôp. de La Maternité, 53, rue Claude-Bernard. — Paris.

Beigbéder (David), anc. Ing. des Poudres et Salpêtres, 125, avenue de Villiers. — Paris. — **R**

Dr **Beille (Lucien)**, Agr. à la Fac. de Méd., Présid. de la *Soc. linnéenne*, 35, rue Constantin. — Bordeaux (Gironde).

Beleze (Mlle Marguerite), Corresp. du Min. de l'Instruc. pub. pour les Trav. scient., Mem. des *Soc. botan. et mycol. de France*, *Archéol. de Rambouillet* et de l'*Association française de botan.*, 62, rue de Paris. — Montfort-l'Amaury (Seine-et-Oise).

Belin (Édouard), Ing., 22, rue de La Commanderie. — Nancy (Meurthe-et-Moselle).

Bell (Édouard, Théodore), Nég., 57, Broadway. — New-York (États-Unis d'Amérique). — **F**

Bellamy (Paul), Greffier en chef du Trib. civ., 19, rue Voltaire. — Nantes.

*****Belleau (Denis)**, Présid. de la *Soc. d'études géographiques et coloniales*, 13, rue Noël. — Reims (Marne).

Bellet (Henri), Ing. civ., Sec. de la Rédac. de la Revue *La Houille Blanche*, 35, quai Saint-Vincent. — Lyon (Rhône).

*****Bellevoye (Adolphe)**, Bijoutier, 27, rue de Talleyrand. — Reims (Marne).

Bellier (Jean), Dir. du Lab. mun. de Chim., 20, chemin de La Croix-Moillon. — Lyon (Rhône).

Belloc (Émile), Chargé de Missions scient., 105, rue de Rennes. — Paris.

Belloc (Ferdinand), Ing.-Chim., Sociedad metallurgico. — La Felguera (Asturies), (Espagne).

Bellot (Arsène, Henri), anc. s.-Archiv. au Cons. d'État, 85, avenue de Neuilly. — Neuilly-sur-Seine (Seine).

*****Dr Belot (Joseph)**, Assist. de Radiol. à l'Hôp. Saint-Antoine, 36, rue de Bellechasse. — Paris.

Dr **Bélous (François)**. — Miribel (Ain).

Beltrami (Edmond), Dent., 2, rue de Noailles. — Marseille (Bouches-du-Rhône).

Dr **Belugou (Guillaume)**, Chargé de cours à l'Éc. sup. de Pharm., 3, [boulevard Victor-Hugo. — Montpellier (Hérault). — **R**

Bémont (Gustave), Chef des Trav. Chim. à l'Éc. mun. de Phys. et de Chim. indust. de la Ville de Paris, 21, rue du Cardinal-Lemoine. — Paris.

Bénard (Henri), Doct. ès Sc. Phys., Maître de Conf. à la Fac. des Sc., 35 *bis*, rue Condé. — Lyon (Rhône).

Benoist, Notaire. — Senlis (Oise).

*****Benoist (Albert)**, Manufac., rue Thiers. — Reims (Marne).

*****Benoist (Jules)**, Manufac., 5, rue des Cordeliers. — Reims (Marne).

*****Benoist (Édouard) et Bouchez (A.)**, Manufac., 30, rue Eugène-Courmeaux. — Reims (Marne).

*****Benoist (Paul)**, Manufac., 22, rue des Templiers. — Reims (Marne).

Benoist d'Azy (Charles), Lieut. de Vaisseau, 10, place Napoléon. — Cherbourg (Manche).

Benoît (Arthur), Indust., 6, place du Général-Mellinet. — Nantes (Loire-Inférieure).

Benoît (Nicolas), Indust., 8, rue de La Carrière. — Lyon-Vaise (Rhône).

Dr **Benoît (René)**, Corresp. de l'Inst., Doct. ès Sc., Ing. civ., Dir. du Bur. internat. des Poids et Mesures, pavillon de Breteuil. — Sèvres (Seine-et-Oise).

Beral (Éloi), Insp. gén. des Mines en retraite, Cons. d'État hon., Sénateur, château de Pechfumat. — Frayssinet-le-Gélat (Lot). — **F**

Dr **Bérard (Léon)**, Agr. à la Fac. de Méd., Chirurg. des Hôp., 1, quai de L'Hôpital. — Lyon (Rhône).

Berchon (Mme Ve Ernest), 96, cours du Jardin-Public. — Bordeaux (Gironde). — **R**

Berdellé (Charles), anc. Garde gén. des Forêts. — Rioz (Haute-Saône). — **F**

Berg (Armand), Prof. sup. à l'Éc. de Méd., 16, traverse du Petit-Camas. — Marseille (Bouches-du-Rhône).

Berge (René), Ing. civ. des Mines, Mem. du Cons. gén. de la Seine-Inférieure, 12, rue Pierre-Charron. — Paris.

*****Dr Berger (Emmanuel)**. — Coutras (Gironde).

Bergeron (Jules), Doct. ès Sc., Prof. à l'Éc. cent. des Arts et Man., s.-Dir. du Lab. de Géol. de la Fac. des Sc., 157, boulevard Haussmann. — Paris. — **R**

*****Bergonié (Mme Jean)**, 6 *bis*, rue du Temple. — Bordeaux (Gironde).

*Bergonié (Jean), Prof. de Phys. à la Fac. de Méd., Corresp. nat. de l'Acad. de Méd., Chef du serv. électrothérap. des Hôp., 6 *bis*, rue du Temple. — Bordeaux (Gironde).

*Bérillon (Mlle Alice), Prof. d'anglais au Lycée Racine, 11, rue Suger. — Paris.

*Bérillon (Mme Edgar), 4, rue de Castellane. — Paris.

*Dr Bérillon (Edgar), Méd.-Insp. adj. des Asiles pub. d'aliénés, Dir. de la *Revue de l'Hypnotisme*, 4, rue de Castellane. — Paris.

*Bérillon (Mlle Lucie), Prof. de Lettres au Lycée Molière, 11, rue Suger. — Paris.

Bernard (Georges, Eugène), Pharm. princ. de 1re cl. de l'Armée en retraite, 31, rue Saint-Louis. — La Rochelle (Charente-Inférieure).

*Dr Bernard (Léon), Méd. des Hôp., 36, rue du Général-Foy. — Paris.

Bernès (Henri), Prof. de Réth. au Lycée Lakanal, Mem. du Cons. sup. de l'Instruc. pub., 127, boulevard Saint-Michel. — Paris.

Bernheim (Maxime), Prof. de Clin. int. à la Fac. de Méd., 14, rue Lepois. — Nancy (Meurthe-et-Moselle).

Bernier (Joseph), Minotier, Mem. corresp. de la Ch. de Com., Juge au Trib. de Com., Mem. du Cons. mun., Mem. de la *Soc. d'Émulation de l'Ain*, Moulin Saint-Pierre. — Bourg (Ain).

*Béroud (l'Abbé J.-M.), Curé. — Mionnay (Ain).

Dr Berthelon (Claude), Lic. ès Sc., Méd.-Dir. du Sanatorium des Instituteurs. — Sainte-Feyre (Creuse).

Berthier (Camille), Ing. des Arts et Man. — La Ferté-Saint-Aubin (Loiret).

Dr Bertholon (Lucien), v.-Présid. d'hon. de l'*Inst. de Carthage*, 14, rue Saint-Charles. — Tunis.

Bertillon (Alphonse), Chef du serv. de l'Identité judiciaire à la Préf. de Police, 36, quai des Orfèvres. — Paris.

Bertin (Louis), Ing. en chef des P. et Ch. en retraite, s.-Dir. de la Construc. à la *Comp. des Ch. de fer de Paris à Lyon et à la Méditerranée* en retraite, 42, rue Vignon. — Paris. — **R**

Bertrand (Henry), Fabr. de Soieries, 1, Grande-rue des Feuillants. — Lyon (Rhône).

Bertrand (J.), Pharm. de 1re cl., rue de La République. — Fontenay-le-Comte (Vendée).

Dr Bertrand (Marc-Antoine). — Noirétable (Loire).

Besançon (Georges), Dir. de l'*Aérophile*, 66, rue du Sentier. — Bois-Colombes (Seine).

Besnard (Félix), Avoué, Maire, 18, quai de Paris. — Joigny (Yonne).

Bessand (Charles), anc. Présid. du Trib. de Com. de la Seine, 116, rue La Boétie. — Paris.

Besson, Archit.-Vérif. — Montlhéry (Seine-et-Oise).

Dr Besson (Albert), Lauréat de l'Inst., anc. Méd. Maj. de l'Armée, anc. Chef de Lab., 62, rue d'Alésia. — Paris.

Bessonneau (Jules), Manufac., Consul de Belgique, rue des Minimes. — Angers (Maine-et-Loire).

*Bestel (Ferdinand), Prof. de Sc. à l'Éc. norm. d'Instit., 20, quai du Sépulcre. — Charleville (Ardennes).

Bethenod (Émile), Admin. du *Crédit Lyonnais*, 23, rue Sala. — Lyon (Rhône).

Béthouart (Émile), Conserv. des Hypothèques en retraite, 18, rue du Faubourg-Saint-Jean. — Orléans (Loiret). — **R**

Beutter (Frédéric), Ing. aux *Aciéries de Saint-Étienne*, 13, place Marengo. — Saint-Étienne (Loire).

*Bettinger (Lucien), Étud. en Méd., 44, rue Chabaud. — Reims (Marne).

Beyna (Auguste), Dir. de la succursale de la *Comp. Algérienne*, 8, avenue de France. — Tunis. — **R**

Beyssac (Jean Conilh de), Doct. en Droit, Avocat à la Cour d'Ap., 18, rue Boudet. — Bordeaux (Gironde).

*Dr Bezançon (Fernand), Agr. à la Fac. de Méd., 84, rue de Monceau. — Paris.

Dr Bezançon (Paul), anc. Int. des Hôp., 51, rue de Miromesnil. — Paris. — **R**

*Bezault (Bernard), Ing. sanitaire, Archit. diplomé par le Gouvern., 6, rue d'Astorg. — Paris.

Bézy (Paul), Prof. à la Fac. de Méd., Méd. des Hôp., 12, rue Saint-Antoine du T. — Toulouse (Haute-Garonne).

Biaille (Léon), Pharm. — Chemillé (Maine-et-Loire).

Bibliothèque-Musée, 10, rue de L'État-Major. — Alger. — **R**

Bibliothèque universitaire, 40, rue Saint-Vincent. — Besançon (Doubs).

Bibliothèque publique de la Ville, Grande-Rue. — Boulogne-sur-Mer (Pas-de-Calais). — R

Bibliothèque populaire de la Ville. — Orthez (Basses-Pyrénées).

Bibliothèque du Service hydrographique de la Marine, 13, rue de L'Université. — Paris.

Bibliothèque de l'École supérieure de Pharmacie, 4, avenue de L'Observatoire. — Paris. — R

Bibliothèque du Sénat, rue de Vaugirard. — Paris.

Bibliothèque de la Ville. — Pau (Basses-Pyrénées). — R

*Dr Bichaton (Émile), Méd. oto-rhino-laryngol., 12, rue Thiers. — Reims (Marne).

Dr Bidard (E.), anc. Int. des Hôp., Mem. de la Soc. d'Anthrop. de Paris. — Domfront (Orne.)

Dr Bidon (Honoré), Méd. des Hôp., 12, rue Estelle. — Marseille (Bouches-du-Rhône).

*Biebuyck (Charles), Avoc., 34, rue du Barbâtre. — Reims (Marne).

Biélawski (J.-B., Maurice), Percept. des Contrib. dir. en retraite. — Vic-le-Comte (Puy-de-Dôme).

Bienvenüe (Fulgence), Ing. en chef des P. et Ch., 2, rue de La Bienfaisance. — Paris.

Biétrix (Vincent), Ing. des Arts et Man., La Chaléassière. — Saint-Étienne (Loire).

Bigeard (Prosper), Dir. de l'Usine à Gaz, 15, rue Boreau. — Angers (Maine-et-Loire).

Bignon (Jean), Ing. des Arts et Man., Agron. — Bourbon-l'Archambault (Allier).

Bigo (Émile), Imprim., 95, boulevard de La Liberté. — Lille (Nord).

*Bigot, Notaire, 17, boulevard de La République. — Reims (Marne).

Bigot (Alexandre), Prof. à la Fac. des Sc., 28, rue de Geôle. — Caen (Calvados).

Bigourdan (Guillaume), Mem. de l'Inst., Dir. de l'Observatoire nat., 6, rue Cassini. — Paris. — R

Dr Bilhaut (Marceau), Chirurg. de l'Hôp. internat., 5, avenue de L'Opéra. — Paris.

Bilhaut (Marceau, Charles) (fils), Étud. en Méd., 5, avenue de L'Opéra. — Paris.

Billard (Raymond), Prop. — Charentay (Rhône).

Billault-Billaudot et Cie, Fabric. de Prod. chim., 22, rue de La Sorbonne. — Paris. — F

Billy (Charles de), Cons. référend. à la Cour des Comptes, 56, rue de Boulainvilliers. — Paris. — F

Binet (Ernest), Prop., 32, rue Marie-Talbot. — Sainte-Adresse (Seine-Inférieure).

Dr Binot (Jean), anc. Int. des Hôp., 22, rue Cassette. — Paris. — R

Biochet, Notaire hon. — Caudebec-en-Caux (Seine-Inférieure). — R

Bioux (Léon), Chirurg.-Dent., Chef de clin. et Mem. du Cons. d'Admin. de l'Éc. dentaire de Paris, 21, rue Croix-des-Petits-Champs. — Paris.

Biscuit (Edmond), anc. Notaire. — Boult-sur-Suippe par Bazancourt (Marne).

Biver (Hector), Ing. des Arts et Man., Mem. du Cons. d'admin. de la Soc. anonyme de Saint-Gobain, Chauny et Cirey, 8, rue Meissonier. — Paris.

Dr Blache (R., H.), Mem. de l'Acad. de Méd., 5, rue de Surène. — Paris.

Blaise (Émile), Ing. des Arts et Man., 1, boulevard du Roi. — Versailles (Seine-et-Oise).

Blaise (Jules), Pharm., 31, boulevard de L'Hôtel-de-Ville. — Montreuil-sous-Bois (Seine).

Blanc (Édouard), Explorateur, 15, boulevard des Invalides. — Paris. — R

Blanc (Jean), Assistant à l'Inst. de Phys. de l'Univ. — Rome (Italie).

Blanc (Léon), Commis au Cons. d'État, 33, rue Poulet. — Paris.

Blanchard (Raphaël), Prof. à la Fac. de Méd., Mem. de l'Acad. de Méd, 226, boulevard Saint-Germain. — Paris. — R

Dr Blanche (Emmanuel), Prof. à l'Éc. de Méd. et à l'Éc. prép. à l'Ens. sup. des Sc., 12, quai du Havre. — Rouen (Seine-Inférieure).

Blanchet (Augustin), Fabric. de papiers, château d'Alivet. — Renage (Isère).

Dr Blanchier. — Chasseneuil (Charente).

Blandin (Frédéric, Auguste), Ing. des Arts et Man., anc. Manufac., Admin. de la Banque de France, avenue de La Gare. — Nevers (Nièvre), et 19, place de La Madeleine. — Paris.

Blarez (Charles), Prof. à la Fac. de Méd., 23, cours Pasteur. — Bordeaux (Gironde). — R

*Blatter (Antoine), Prof. à l'Éc. dentaire de Paris, 88, avenue Niel. — Paris.

Bléton (Auguste), 14, quai de L'Archevêché. — Lyon (Rhône).

Blin (Eugène), Fabric. de drap. — Elbeuf-sur-Seine (Seine-Inférieure).

Dr Bloch (Adolphe), anc. Méd. de l'Hôp. du Havre, 24, rue d'Aumale. — Paris. — R

Dr Bloch (Gaston), 21, rue Gaudot-de-Mauroi. — Paris.

*Blondeau (Fernand), Nég. en vins, 54, boulevard Lundy. — Reims (Marne).

*Blondeau-Bertault (Jules), Prop., Nég., Adj. au Maire. — Ay (Marne).

Blondel (André), Ing. et Prof. à l'Éc. nat. des P. et Ch., 41, avenue de La Bourdonnais. — Paris.

Blondel (Édouard), Insp. gén. des Fin., anc. Élève de l'Éc. Polytech., 24, boulevard des Invalides. — Paris.

Blondel (Émile), Chim., Manufac. — Saint-Léger-du-Bourg-Denis (Seine-Inférieure). — **R**

**Blondin (Joseph)*, Prof.-Agr. de Phys. au Collège Rollin, Dir. techn. de la *Revue Électrique*, 171, rue du Faubourg-Poissonnière. — Paris.

Blondlot (René), Corresp. de l'Inst., Prof. à la Fac. des Sc., 8, quai Claude-Lorrain. — Nancy (Meurthe-et-Moselle).

Blottière (René), Pharm. de 1re cl., 102, rue de Richelieu. — Paris.

Dr Blum (Paul), Prof. à l'Éc. de Méd., 20, rue Clovis. — Reims (Marne).

Blum (Isidore), 4, rue du Levant. — Reims (Marne).

Boas (Alfred), Ing. des Arts et Man., 34, rue de Châteaudun. — Paris. — **R**

Boban-Duvergé (Eugène), Mem. de la *Soc. d'Anthrop. de Paris*, 18, rue Thibaud. — Paris.

Boberil (le Vicomte Roger du), 10, rue Michel-Ange. — Paris. — **R**

Boca (Léon), 5, rue Cassette. — Paris.

Dr Bœckel (Jules), Corresp. nat. de l'Acad. de Méd. et de la *Soc. de Chirurg. de Paris*, Chirurg. des Hosp. civ., Lauréat de l'Inst. de France, 2, quai Saint-Nicolas. — Strasbourg (Alsace-Lorraine). — **R**

Boésé (Mme Jean), 157, rue du Faubourg-Saint-Denis. — Paris.

Boésé (Mlle Louise), 157, rue du Faubourg-Saint-Denis. — Paris. — **R**

Boésé (Jean), Nég.-commis., 157, rue du Faubourg-Saint-Denis. — Paris. — **R**

Boésé (Maurice), 157, rue du Faubourg-Saint-Denis. — Paris. — **R**

Bœuf (Félicien), Prof. à l'Éc. coloniale d'Agric. — Tunis.

Boffard (Jean-Pierre), anc. Notaire, 2, place de La Bourse. — Lyon (Rhône). — **R**

Bohn (Frédéric), Admin-Dir. de la *Comp. française de l'Afrique occidentale*, 46, rue Breteuil. — Marseille (Bouches-du-Rhône).

Boilevin (Ed.), Nég., Juge au Trib. de Com., 21, rue Victor-Hugo. — Saintes (Charente-Inférieure).

Boire (Émile), Ing. civ., 86, boulevard Malesherbes. — Paris. — **R**

**Boissier (Louis)*, Ing.-Élect., (villa Ampère), 117, Saint-Just. — Marseille (Bouches-du-Rhône).

**Boivin (Charles)*, Ing.-Archit., 284, rue Nationale. — Lille (Nord).

Boivin (Émile), Raffineur, 64, rue de Lisbonne. — Paris. — **F**

Boix (Émile), Pharm., 46, rue des Augustins. — Perpignan (Pyrénées-Orientales).

Bollack (Léon), Auteur de la *Langue Bleue* (langue internat. prat.), 147, avenue Malakoff. — Paris.

Bonaparte (S. A. le Prince Roland), Mem. de l'Inst., 10, avenue d'Iéna. — Paris. — **F**

Bondet (Adrien), Prof. à la Fac. de Méd., Associé nat. de l'Acad. de Méd., Méd. de l'Hôtel-Dieu, 6, place Bellecour. — Lyon (Rhône). — **F**

Bonnard (Paul), Agr. de Philo., Avocat à la Cour d'Ap., 66, avenue Kléber. — Paris. — **R**

Bonnamour (Stéphane), 73, rue Pierre-Corneille. — Lyon (Rhône).

Bonnel (Charles), Avocat, 52, rue Lesdiguières. — Grenoble (Isère).

Bonnet (Amédée), Doct. ès Sc., Prépar. de Zool. à la Fac. des Sc., 1, quai de La Guillotière. — Lyon (Rhône).

Bonnet (Auguste), Chef de fabric. à l'usine Marrel frères. — Rive-de-Gier (Loire).

Dr Bonnet (Edmond)*, Assistant de Botan. au Muséum nat. d'Hist. nat., 11, rue Claude-Bernard. — Paris. — **R

**Bonnet (Louis)*, Dir. du Vignoble de Murigny. — Reims (Marne).

Bonnet et Spazin, Construc. de machines, quai de L'Industrie. — Lyon-Vaise (Rhône).

Bonnevie (Victor), Recev. partic. des Fin. en retraite, 7, rue Hoche. — Laval (Mayenne).

Bonnier (Gaston), Mem. de l'Inst., Prof. de Botan. à la Fac. des Sc., anc. Présid. de la *Soc. botan. de France*, 15, rue de L'Estrapade. — Paris. — **R**

Bonpain (Jules), Ing. des Arts et Man., 45, rue d'Amiens. — Rouen (Seine-Inférieure).

Bonzel (Arthur), Sup. du Juge de Paix. — Haubourdin (Nord). — **R**

Dr Boquel (André), Prof. à l'Éc. de Méd., 21, rue Saint-Martin. — Angers (Maine-et-Loire).

Bordage (Edmond), Doct. ès Sc., Dir. du Muséum d'Hist. nat. de l'Île de La Réunion. — Saint-Denis (Ile-de-La-Réunion).

d

D' Bordas (Léonard), Doct. ès Sc., Maître de Conf. de Zool. à la Fac. des Sc. — Rennes (Ille-et-Vilaine).

Bordé (Paul), Ing.-Opticien, 29, boulevard Haussmann. — Paris.

D' Bordet (Émile), Méd. Électrothérap., 7, rue Ledru-Rollin. — Alger.

Bordet (Léon), Prop. — La Jolivette commune de Chemilly par Moulins (Allier).

Bordet (Lucien), Insp. des Fin., anc. Élève de l'Éc. Polytech., 181, boulevard Saint-Germain. — Paris. — R

D' Bordier (Arthur), Dir. de l'Éc. de Méd., 7, rue de La Liberté. — Grenoble (Isère).

D' Bordier (Henry), Agr. de Phys. à la Fac. de Méd., 9, rue Grolée. — Lyon (Rhône). — R

Borel (Émile), Chargé de Cours à la Fac. des Sc., 2, boulevard Arago. — Paris. — R

Borély (Charles de), Notaire, 9, rue Aiguillerie. — Montpellier (Hérault).

Boreux, Insp. gén. des P. et Ch., 95, rue de Rennes. — Paris.

D' Bories (Léon), anc. Int. des Hôp. de Paris, Juge de Paix sup. — Arzew (départ. d'Oran (Algérie).

D' Bories (Louis), anc. Méd.-Maj. de l'Armée, 7, place d'Armes. — Montauban (Tarn-et-Garonne).

*Borrey (Gaston), Chirurg.-Dent. diplômé de la Fac. de Méd. de Paris, 24, cours Lafayette. — Lyon (Rhône).

Bosq (Joseph), Prop., 63, cours Devilliers. — Marseille (Bouches-du-Rhône).

*Bosteaux-Paris (Charles), Maire. — Cernay-lez-Reims par Reims (Marne).

*Bottu (Henry), Int. en Pharm. à l'Hôp. Broca, 111, rue Broca. — Paris.

Boubès (Jean, Georges), Prop., 15, place des Quinconces. — Bordeaux (Gironde).

D' Bouchacourt (Léon), anc. Int. des Hôp., anc. Chef de Clin. à la Fac. de Méd., 6, rue de Madrid. — Paris. — R

*Bouchard père et fils, Nég. en vins de Champagne, 10, rue Saint-Hilaire. — Reims (Marne).

Bouchard (Mᵐᵉ Charles), 174, rue de Rivoli. — Paris.

Bouchard (Charles), Mem. de l'Inst. et de l'Acad. de Méd., Prof. à la Fac. de Méd., Méd. hon. des Hôp., 174, rue de Rivoli. — Paris. — F

D' Bouchard (François), Chirurg.-Dent., 104, rue de L'Hôtel-de-Ville. — Lyon (Rhône), — R

Bouchayet (Eugène), Construc., 1, rue Denfert-Rochereau. — Grenoble (Isère).

Bouché (Alexandre), 68, rue du Cardinal-Lemoine. — Paris. — R

*Bouché-Jouet, Vitic., 10, place Montchenil. — Vertus (Marne).

Boucher (Eugène), Prof. à l'Éc. nat. vétér., 24, quai Saint-Vincent. — Lyon (Rhône).

Boucher (Maurice), anc. Cap. d'Artil., anc. Élève de l'Éc. Polytech., 2, carrefour de Montreuil. — Versailles (Seine-et-Oise). — R

Bouchez (Paul), de la Librairie Masson et Cⁱᵉ, 120, boulevard Saint-Germain. — Paris. — R

Bouclet-Lefèbvre, Armateur, 2, rue Magenta. — Boulogne-sur-Mer (Pas-de-Calais).

Boude (Frédéric), Nég., Mem. de la Ch. de Com., 8, rue Saint-Jacques. — Marseille (Bouches-du-Rhône).

Boude (Paul), Raffineur de soufre, 8, rue Saint-Jacques. — Marseille (Bouches-du-Rhône).

D' Boude (Th.), 13, rue du Quatre-Septembre. — Bône (départ. de Constantine) (Algérie).

Boudet (Gabriel) (fils), Étud. en Méd., 1, rue du Général-Cérez. — Limoges (Haute-Vienne).

Boudier (Émile), Corresp. de l'Acad. de Méd., Pharm. hon., 22, rue Grétry. — Montmorency (Seine-et-Oise).

Boudin (Arthur), Princ. du Collège. — Honfleur (Calvados). — R

Boudinhon (Adrien), Ing., 85, Grande-Rue. — Saint-Chamond (Loire).

Bouffier et Pravaz (fils), Fabric. de Soieries, 16, rue Lafont. — Lyon (Rhône).

*Bouillant (Camille), Chef de Lab. à l'Éc. dentaire de Paris, 38, rue Doudeauville. — Paris.

Bouillot (Charles), Présid. du Cons. d'Admin. de la *Soc. des Bateaux-Omnibus*. — Villefranche (Rhône).

*Boulaire, Greffier du Trib. de Com., 20, rue Gerbert. — Reims (Marne).

Boulard (le Chanoine Lucien), 10, place Sainte-Foy — Chartres. — R

Boulé (Auguste), Insp. gén. des P. et Ch. en retraite, 7, rue Washington. — Paris. — F

D' Boulland (Henri), 36, boulevard Victor-Hugo. — Limoges (Haute-Vienne).

*Boulongue (Georges), Véter.-délég., Chef du Serv. sanitaire du dép. de l'Aisne.
— Saint-Marcel-sous-Laon (Aisne).
Dr Bounhiol (Jean-Paul), Doct. ès Sc., Chef des trav. zool. à l'Éc. prép. à l'Ens. Sup. des
Sc., 65, rue Michelet. — Alger.
*Bouquet (Mlle Thérèse), Dir. de l'Internat du Lycée de jeunes filles, 26, rue Félibien.
— Nantes (Loire-Inférieure).
Bouquet de la Grye (Anatole), Mem. de l'Inst., Présid. du Bureau des Longit., Ing.,
hydrog. en chef de la Marine en retraite, 8, rue de Bellóy. — Paris.
Bourdaret (Émile), Ing. de la Maison impériale de Corée. — Yunan-Sen (Chine).
Bourdil (François-Fernand), Ing. des Arts et Man., 56, avenue d'Iéna. — Paris.
*Dr Boürganel (François), 3, rue César-Franck. — Paris.
*Dr Bourgéois (Alexandre), Présid. de l'*Acad. nat. de Reims*, 2, rue des Consuls.
— Reims (Marne).
*Bourgeois (E.), Nég. en vins de Champagne, 4, rue de Charleville. — Reims (Marne).
*Bourgery (Henri), anc. Notaire, Mem. de la *Soc. Géol. de France*, Les Capucins
— Nogent-le-Rotrou (Eure-et-Loir). — **R**
*Bourgoüin (Maxime), Ing. en Chef des P. et Ch., 28, rue Barbâtre. — Reims (Marne).
*Bourlet (Carlo), Doct. ès Sc., Prof. au Conserv. nat. des Arts et Mét. et à l'Éc. nat. des
Beaux-Arts, 22, avenue de L'Observatoire. — Paris. — **R**
Dr Bourneville, Méd. de l'Asile de Bicêtre, Rédac. en chef du *Progrès médical*, anc.
Député, 14, rue des Carmes. — Paris.
Bourquelot (Émile), Mem. de l'Acad. de Méd., Prof. à l'Éc. sup. de Pharm., Pharm.
de l'Hôp. Laënnec, 42, rue de Sèvres. — Paris.
Bourrette (Joannès), 2, rue des Bons-Enfants. — Paris.
Bourse (Gustave), Manufac., 6, rue Beautreillis. — Paris. — **R**
Boursier (André), Prof. à la Fac. de Méd., 51, rue Huguerie. — Bordeaux (Gironde).
Boussac (Jean), Etud., 226, avenue du Maine. — Paris.
Boussand (Léon), 6, quai de L'Hôpital. — Lyon (Rhône).
Boutan (Auguste), Ing., Admin.-Délég. de la *Comp. du Gaz de Lyon*, 3, quai des
Célestins. — Lyon (Rhône).
Boutan (Louis), Doct. ès Sc., Maître de Conf. à la Fac. des Sc., 15, rue de La Sor-
bonne. — Paris.
Bouthier (Henri), Présid. du Cons d'Admin. du *Crédit Lyonnais*, 19, rue des Archers.
— Lyon (Rhône).
Boutillier (Antoine), Insp. gén. des P. et Ch. en retraite, Prof. à l'Éc. cent. des
Arts et Man., 24, rue de Madrid. — Paris.
Boutmy (Mme Charles). — Messempré, par Carignan (Ardennes).
Boutmy (Charles), Ing. civ., Maître de forges. — Messempré par Carignan (Ardennes).
*Boutrais (Joseph), Fabric. de couleurs et vernis, 6, rue des Pierres. — Creil (Oise).
Boutron (Paul), Dir. de l'Agence de la *Soc. gén.*, 32, rue François-Lavieille. — Cher-
bourg (Manche).
Boutry-Lafrenay, Recev. princ. des Postes et Télég. en retraite, 1, rue du Collège.
— Avranches (Manche).
Dr Bouveault (Louis), Prof. adj. à la Fac. des Sc., anc. Élève de l'Éc. Polytech.,
97, rue Monge. — Paris.
Bouvet (Jules), Chirurg.-Dent. diplômé de la Fac. de Méd. de Paris, 11, boulevard de
Saumur. — Angers (Maine-et-Loire).
Bouvet (Julien), Prop., 5, quai National. — Angers (Maine-et-Loire). — **R**
Bouvier (Loüis), Mem. de l'Inst., Prof. au Muséum nat. d'Hist. nat., 7, boulevard
Arago. — Paris. — **R**
Bouvier (Gábriel), 82, rue de Maistre. — Paris.
Dr Boy (Philippe), 3, rue d'Espalungue. — Pau (Basses-Pyrénées). — **R**
Boyer (Germain), Nég. en soies, 11, rue de La Bourse. — Saint-Étienne (Loire).
Braemer (Louis), Prof. à la Fac. de Méd., 105, rue des Récollets. — Toulouse (Haute-
Garonne).
Dr Brard. — La Rochelle (Charente-Inférieure).
Brasil (Louis), Doct. ès Sc., Prépar. à la Fac. des Sc., s.-Dir. du Lab. départ. de Bacté-
riologie, 17, rue Haldot. — Caen (Calvados).
Dr Brégeat (Albert), Chirurg. de l'Hôp. civ., Dir. de la Santé, 42, boulevard
National. — Oran (Algérie). — **R**
Breittmayer (Albert), anc. s.-Dir. des Docks et Entrepôts de Marseille, 8, quai de L'Est.
— Lyon (Rhône). — **F**

*Brémant (A.). Construct.-Electr., 69, rue Caumartin. — Paris.
Dr Brémond (Félix), anc. Insp. du trav. dans l'Indust., v.-Présid. de la Commis. des Logements insalubres, 74, rue Condorcet. — Paris.
*Brémont, Avoué, 39, boulevard de La République. — Reims (Marne).
Brenier (Casimir), Ing.-Construc., Présid. de la Ch. de Com., 20, avenue de La Gare. — Grenoble (Isère).
Brenot (J.), 10, rue Bertin-Poirée. — Paris. — R
Bresson (Gédéon), anc. Dir. de la Comp. du vin de Saint-Raphaël, 41, rue du Tunnel. — Valence (Drôme). — R
Bresson (Henri), château des Masselins. — Chandai (Orne).
Breton (Ludovic), Ing. civ., anc. Présid. de la Soc. Géol. du Nord, 18, rue Royale. — Calais (Pas-de-Calais).
Breuil (l'Abbé Henri), Prof. d'Anthrop. préhist. à l'Univ. de Fribourg (Suisse), 8, place de L'Hôtel-de-Ville. — Clermont (Oise).
Breul (Charles), Juge d'Instruc., 19, rue de Bihorel. — Rouen (Seine-Inférieure).
Bricard (Henri), Ing. des Arts et Man., Dir. de l'Exploit. de la Soc. anonyme des Forges et Chantiers de la Méditerranée, 45, boulevard de Strasbourg. — Le Havre (Seine-Inférieure).
Bricka (Scipion) (fils), Nég. en vins, 27, rue Maguelone. — Montpellier (Hérault).
Brillouin (Marcel), Prof. au Collège de France, 31, boulevard de Port-Royal. — Paris. — R
*Brissard, Avocat, 45, rue des Telliers. — Reims (Marne).
Brissaud (Édouard), Prof. à la Fac. de Méd., Méd. des Hôp., 5, rue Bonaparte. — Paris.
Brissonnet (Jules), Lic. ès Sc. Phys., Prof. sup. aux Éc. de Méd., Pharm. de 1re cl., 141, rue de La Tour. — Paris.
Brives (Abel), Doct. ès Sc., Prépar. à l'Éc. prép. à l'Ens. sup. des Sc., 16, rue Malakoff. — Alger.
Brizon (Eugène), anc. Présid. du Trib. de Com., Entrep. de Serrurerie, 118, rue de Sèze. — Lyon (Rhône).
*Dr Broca (André), Agr. de Phys. à la Fac. de Méd., Répét. à l'Éc. Polytech., 7, cité Vaneau. — Paris.
Dr Broca (Auguste), Agr. à la Fac. de Méd., Chirurg. des Hôp., 5, rue de L'Université. — Paris. — R
Broca (Georges), Ing. des Arts et Man., 178, boulevard Malesherbes. — Paris.
Brocard (Henri), Lieut.-Colonel du Génie territ., anc. Élève de l'Éc. Polytech., 75, rue des Ducs-de-Bar. — Bar-le-Duc (Meuse). — F
*Broche (Lucien), anc. Élève de l'Éc. nat. des Chartes. Archiv. dép. — Laon (Aisne).
Brockhaus (F.-A.), Libr., 17 rue Bonaparte. — Paris.
*Brodhurst (William), Chirurg.-Dent. diplômé de la Fac. de Méd. de Paris, rue Achille-Allier. — Montluçon (Allier).
Brolemann (A., A.), anc. Présid. du Trib. de Com., 14, quai de L'Est. — Lyon (Rhône). — R
Brölemann (Georges), anc. Admin. de la Société Générale, 52, boulevard Malesherbes. — Paris. — R
Brolemann (Henry-W.), Dir. de l'Agence du Comptoir d'Escompte. — Pau (Basses-Pyrénées).
Brouant (Léon), Pharm. de 1re cl., 91, avenue Victor-Hugo. — Paris. — R
Brouardel (Mme Ve Paul), 68, rue de Bellechasse. — Paris.
Brouzet (Charles), Ing. civ., 38, rue Victor-Hugo. — Lyon (Rhône). — F
*Browne (David), Chirurg.-Dent., 3, rue de Hornes. — Bruxelles (Belgique).
Bruère (Samuel), Chim., 68, rue de La Guette. — Saint-Cloud (Seine-et-Oise).
Brugère (le Général Henry-Joseph), anc. v.-Présid. du Cons. sup. de la Guerre, château de La Rivière. — Lorris (Loiret).
Bruhl (Paul), Nég., 57, rue de Châteaudun. — Paris. — R
*Bruignac (Jean de), Ing. des Arts et Man. — Le Montferré par Reims (Marne).
Dr Brumpt (Émile), Doct. ès Sc. nat., Agr. à la Fac. de Méd., Chef de trav. à l'Inst. de Méd. coloniale, 16, rue Gustave-Courbet. — Paris.
Brun (Albert), Prop., 32, rue Villebourbon. — Montauban (Tarn-et-Garonne).
Brun (E.), Vétér., 9, rue Casimir-Perier. — Paris.
Brunard (fils), Indust., 26, Grande-Rue de La Guillotière. — Lyon (Rhône).
Brunet (Alphonse), Ing. de la Soc. gén. de Dynamite, anc. Élève de l'Éc. nat. sup. des Mines. — Saint-Chamond (Loire).

Dr **Brunet (Daniel)**, Dir.-Méd. en chef hon. des Asiles pub. d'aliénés, 1, rue Dupuytren. — Paris.

*****Brunhes (Mme Bernard)**, 37, rue Montlosier. — Clermont-Ferrand (Puy-de-Dôme).

*****Brunhes (Bernard)**, Prof. à la Fac. des Sc., Dir. de l'Observ. du Puy-de-Dôme, 37, rue Montlosier. — Clermont-Ferrand (Puy-de-Dôme).

Brunhes (Jean), Doyen de la Fac. des Sc. — Fribourg (Suisse).

Brusson (Antonin), Manufac. — Villemur (Haute-Garonne).

Brustlein (Aymé), Ing. des Arts et Man., Dir. des Aciéries. — Unieux (Loire).

Bruyant (Charles), Lic. ès Sc. nat., Prof. sup. à l'Éc. de Méd. et de Pharm., 26, rue Gaultier-de-Biauzat. — Clermont-Ferrand (Puy-de-Dôme). — **R**

Bruzon (Joseph) et Cie, Ing. des Arts et Man., usine de Portillon (céruse et blanc de zinc). — Saint-Cyr-sur-Loire par Tours (Indre-et-Loire). — **R**

Brylinski (Émile), Ing. des Télég., 5, avenue Teissonnière. — Asnières (Seine). — **R**

Buchet (Charles), Dir. de la *Pharmacie centrale de France*, 7, rue de Jouy. — Paris.

Buchet (Gaston), Zool., rue de L'Écu. — Romorantin (Loir-et-Cher).

*****Buffet (Armand)**, Chirurg.-Dent. diplomé de la Fac. de méd. de Bordeaux, 15, cours Montaigne. — Périgueux (Dordogne).

Buguet (Abel), Prof.-Agr. des Sc. Phys. au Lycée Corneille, anc. Élève de l'Éc. norm. sup., 14, rue des Carmes. — Rouen (Seine-Inférieure).

Dr **Buisen (Sérafin)**, 11, rue Conde de Aranda. — Madrid (Espagne).

Buisson (Maxime), Chim., (chez M. de Vilmorin). — Verrières-le-Buisson (Seine-et-Oise). — **R**

Bujard (Amand), Indust. — Fontenay-le-Comte (Vendée). — **R**

Bulot, rue de Bourgogne. — Melun (Seine-et-Marne).

Bunau-Varilla (Philippe), anc. Ing. des P. et Ch., 53, avenue d'Iéna. — Paris.

Bunodière (de la), Insp. des Forêts. — Lyons-la-Forêt (Eure).

Buot (Émile), Prop., Le Châlet. — Azay-le-Rideau (Indre-et-Loire). — **R**

*****Bur (Stanislas)**, Chef de caves, Maison Blondeau, Becques et Cie, 25, rue des Templiers — Reims (Marne).

Dr **Bureau (Édouard)**, Mem. de l'Acad. de Méd., Prof. hon. au Muséum nat. d'Hist. nat., 24, quai de Béthune. — Paris.

Dr **Bureau (Émile)**, Prof. sup. à l'Éc. de Méd., Sec. de la *Soc. des Sc. nat. de l'Ouest de la France*, 12, boulevard Delorme. — Nantes (Loire-Inférieure).

Dr **Bureau (Louis)**, Dir. du Muséum d'Hist. nat., Prof. à l'Éc. de Méd., 15, rue Gresset. — Nantes (Loire-Inférieure). — **R**

Dr **Cabadé (Ernest)**. — Valence-d'Agen (Tarn-et-Garonne).

Cabreira (Antonio), Mem. de l'Acad. royale des Sc. de Lisbonne, 36, rua da Alégria. — Lisbonne (Portugal).

Cacheux (Émile), Ing. des Arts et Man., v.-Présid. de la *Soc. franç. d'Hyg.*, 25, quai Saint-Michel. — Paris. — **F**

Dr **Cade (André)**, Méd. des Hôp., 10, rue de La Charité. — Lyon (Rhône).

*****Cailliau (L.)**, Nég. en laines, 82, rue Ponsardin. — Reims (Marne).

*****Cailliau-Brunclair (Ed.)**, Nég., 71, rue Gambetta. — Reims (Marne).

*****Caisse d'Épargne de Reims**, rue de la Grosse-Écritoire. — Reims (Marne).

Caix de Saint-Aymour (le Vicomte Amédée de), Publiciste, anc. Mem. du Cons. gén. de l'Oise, Mem. de plusieurs Soc. savantes, 112, boulevard de Courcelles. — Paris. — **R**

*****Calame (Louis)**, Chirurg.-Dent. diplômé de la Fac. de Méd. de Paris, 1, avenue Victor-Hugo. — Valence (Drôme)

Calamel (Hyacinthe), Ing. des Arts et Man., 5 *bis*, rue Basse-de-La-Terrasse. — Meudon-Bellevue (Seine-et-Oise).

Calando (E.), 15, rue Drouot. — Paris.

Calderon (Fernand), Fabric. de Prod. chim., 19, rue Montaigne. — Paris. — **R**

Callot (Ernest), 160, boulevard Malesherbes. — Paris.

*****Callaud**, Avoué, 5 rue Noël. — Reims (Marne).

*****Calmette (Albert)**, Corresp. de l'Inst., Prof. à la Fac. de Méd., Dir. de l'Inst. Pasteur, 8, boulevard Louis XIV. — Lille (Nord). — **R**

Cambefort (Gustave), Nég. en Soieries, 4, rue de La République. — Lyon (Rhône)

*****Camous (Louis-Victor)**, Pharm., 2, rue Jean-Jacques-Rousseau. — Grenoble (Isère).

Campagne (Jean, Pierre, Paul), Lic. en Droit, (hôtel d'Angleterre). — Biarritz (Basses-Pyrénées).

Campan (Marius), Prof. de Math. au Lycée, 30, rue des Cultivateurs. — Pau (Basses-Pyrénées).

Dʳ **Camus (Fernand)**, 25, avenue des Gobelins. — Paris. — R

Dʳ **Camus (Lucien)**, Chef adj. du Lab. de Physiol. de la Fac. de Méd., 14, rue Monsieur-Le-Prince. — Paris.

Camuset (Charles), Ing. des Arts et Man., Fabric. de sucre. — Escaudœuvres (Nord).

*__Camuset (Fernand)__, 24, rue Werlé. — Reims (Marne).

Canavy (Louis), Rent., 60, rue de L'Hôtel-de-Ville. — Lyon (Rhône).

Dʳ **Candolle (Casimir de)**, Botan., 11, rue Massot. — Genève (Suisse).

Canet (Gustave), Ing. des Arts et Man., Dir. de l'artil. de MM. Schneider et Cⁱᵉ, anc. Présid. de la *Soc. des Ing. civ. de France*, 87, avenue Henri-Martin, — Paris. — **F**

Dʳ **Capitan (Louis)**, Prof. à l'Éc. d'Anthrop., Mem. du Comité des Trav. Hist. et Scient. 5, rue des Ursulines. — Paris.

Carbonnier (Louis), Représent. de Com., 18, rue Sauffroy. — Paris. — R

Cardeilhac, anc. Juge au Trib. de Com., 7, rue de Clichy. — Paris. — **R**

*__Caré (André)__, Chef du Lab. d'Élect. médic. de l'Hôtel-Dieu, 29, rue Thomas-Henry. — Cherbourg (Manche).

Carez (Léon), Doct. ès Sc., 18, rue Hamelin. — Paris.

Carlier (Victor), Prof. à la Fac. de Méd., Chirurg. des Hôp., 16, rue des Jardins. — Lille (Nord).

Carnot (Adolphe), Mem. de l'Inst., Insp. gén. des Mines, Prof. et Dir. hon. à l'Éc. nat. sup. des Mines, Prof. hon. à l'Inst. nat. agronom., 99, boulevard Raspail. — Paris. — **F**

Carpentier (Mᵐᵉ Jules), 34, rue du Luxembourg. — Paris.

Carpentier (Jules), Mem. de l'Inst. et du Bureau des Longit., anc. Ing. de l'État, Succes. de Ruhmkorff, 34, rue du Luxembourg. — Paris. — **R**

Carra (Jean), Prop. — Ville-sur-Jarnioux par Jarnioux (Rhône).

Dʳ **Carre (Marius)**, Méd. en chef de l'Hôtel-Dieu. — Avignon (Vaucluse).

Dʳ **Carret (Jules)**, anc. Député, 2, rue Croix-d'Or. — Chambéry (Savoie). — **R**

Carrière (Félix). — Royan-les-Bains (Charente-Inférieure).

Carrière (Gabriel), Présid. de la *Soc. d'Étude des Sc. nat.*, Corresp. du Min. de l'Instruc. pub., 4ᴬ, rue Agrippa. — Nîmes (Gard).

Carrieu, Prof. à la Fac. de Méd., 10, rue du Jeu-de-Paume. — Montpellier (Hérault).

*Dʳ **Carron de la Carrière (Guy)**, anc. Int. des Hôp., 2 rue Lincoln. — Paris.

Cartailhac (Émile), Corresp. de l'Inst., 5, rue de La Chaîne. — Toulouse (Haute-Garonne).

Cartaz (Mᵐᵉ A.), 39, boulevard Haussmann. — Paris. — **R**

Dʳ **Cartaz (A.)**, anc. Int. des Hôp., 39, boulevard Haussmann. — Paris. — **R**

Dʳ **Carton (Louis)**, Méd.-Maj. de 1ʳᵉ cl., en retraite, Mem. non résid. du Comité des Trav. Hist. et Scient. — Sousse (Tunisie).

Carvalho (João Marques de), Prop.-Vitic., valle de Cavallos cerca Chamusca. — Portugal.

Cassé (Émile), Ing., 7, rue Lécluse. — Paris.

Castanheira das Neves (J., P.), Ing. civ. du Corps des Ing. des Trav. pub., 405-3º D, rua do Salitre. — Lisbonne (Portugal).

Castanié (Ernest), Ing. en chef des Mines de Beni-Saf, 11, rue La Boétie. — Paris.

Castex (le Vicomte Maurice de), 6, rue de Penthièvre. — Paris.

Casthelaz (John), Fabric. de Prod. chim., 19, rue Sainte-Croix-de-La-Bretonnerie. — Paris. — **F**

Catalogne (Paul de), Juge au Trib. de 1ʳᵉ Inst., 54, rue Gioffredo. — Nice (Alpes-Maritimes).

*__Catillon (Alfred)__, Pharm., 3, boulevard Saint-Martin. — Paris. — **R**

Caubet, Doyen de la Fac. de Méd., 44, rue d'Alsace-Lorraine. — Toulouse (Haute-Garonne). — **R**

*__Caullery (Maurice)__, Prof. adj. à la Fac. des Sc., 6, rue Mizon. — Paris. — **R**

Dʳ **Cautru (Fernand)**, anc. Int. des Hôp., 31, rue de Rome. — Paris.

Cauvière (Jules), anc. Magist., Prof. à l'Inst. catholique, 15, rue Duguay-Trouin. — Paris.

*Dʳ **Cavalié (Marcel)**, Agr. à la Fac. de Méd., 18, rue Esprit-des-Lois. — Bordeaux (Gironde).

Caventou (Eugène), Mem. et anc. Présid. de l'Acad. de Méd., 60, rue de Londres. — Paris. — **F**

Cayeux (Lucien), Doct. ès Sc., Prof. de géol. à l'Éc. nat. sup. des Mines et à l'Inst. nat. agron., 60, boulevard Saint-Michel. — Paris.

Cayrol, Chirurg.-Dent., 20, cours Vital-Carles. — Bordeaux (Gironde)..

Cazalis (Gaston), 23, rue Terral.. — Montpellier (Hérault)..

Cazalis de Fondouce (Paul, Louis), Ing. des Arts et Man., Sec. gén. de l'*Acad. des Sc. et Lettres de Montpellier*, 18, rue des Étuves. — Montpellier (Hérault).. — **R**

Cazelles (Émile). — Saint-Gilles (Gard).

Cazeneuve (Paul), Prof. à la Fac. de Méd. de Lyon, Député et Présid. du Cons. gén. du Rhône, 17, rue Duroc. — Paris.

Cazenove (Raoul de), Prop., Chemin de Piemente. — Champagne-au-Mont-d'Or (Rhône). — **R**

Cazes (Edward, Adrien), Ing. de la *Comp. des Chem. de fer du Midi* en retraite, 58, rue Demours.. — Paris..

D**r** Cazin (Maurice), anc. Chef de Clin. chirurg. de la Fac. de Méd. (Hôtel-Dieu), 7, place de La Madeleine. — Paris. — **R**

Cazottes (A.-M.-J.), Pharm.. — Millau (Aveyron).. — **R**

Cépeck (Auguste), anc. Agent du serv. des Eaux de la *Comp. du Canal de Suez*, 106, rue du Connétable. — Chantilly (Oise)..

*Cépède (Casimir), Lic. ès Sc., Prépar. au Lab. de zool. marit. — Wimereux (Pas-de-Calais. — **R**

Cercle des Élèves de l'École nationale d'Agriculture. — Grignon (Seine-et-Oise)..

Cercle pharmaceutique de la Marne (M. Bancourt, secrétaire général), 2, rue Libergier. — Reims (Marne)..

D**r** Chaber (Pierre), 20, rue du Casino. — Royan-les-Bains (Charente-Inférieure).. — **R**

Chabert (Edmond), Ing. en chef des P. et Ch., 6, rue du Mont-Thabor. — Paris. — **R**

D**r** Chabrié (Camille), Doct. ès Sc., Chargé de Cours à la Fac. des Sc., 83, rue Denfert-Rochereau. — Paris..

Chailley-Bert (Joseph), Avocat à la Cour d'Ap., Député de la Vendée, 44, rue de La Chaussée-d'Antin. — Paris.. — **R**

Chaîne (Alphonse), Étud. — Chaponost (Rhône). — **R**

Chalier (J.), 13, rue d'Aumale. — Paris. — **R**

*Chalmin (Georges), anc. Of. de Marine, Grande-rue. — La Ferté-Milon (Aisne).

*Chambard (H.), Pharm. — Saint-Symphorien-d'Ozon (Isère)..

*Chamberland (Albert), Prof. au Lycée, 75, rue des Capucins. — Reims (Marne).

Chambeyron (Eugène), Présid. de la *Soc. de Géog. de Lyon*. — Saint-Symphorien-d'Ozon (Isère).

Chambre des Avoués au Tribunal de 1**re** instance. — Bordeaux (Gironde). — **R**

Chambre de Commerce de Bayonne (Basses-Pyrénées):

—	—	Bordeaux (Gironde). — **F**
—	—	Boulogne-sur-Mer (Pas-de-Calais).
—	—	Le Havre (Seine-Inférieure). — **R**
—	—	Lyon (Palais du Commerce).. — Lyon (Rhône). — **F**

Chambres Syndicales Lyonnaises (Union des), 1, rue du Bât-d'Argent (Palais du Commerce). — Lyon (Rhône)..

Chambre de Commerce de Marseille (Bouches-du-Rhône). — **F**

—	—	Tarn-et-Garonne. — Montauban (Tarn-et-Garonne).
—	—	Nantes, place de La Bourse. — Nantes (Loire-Inférieure). — **F**
—	—	Narbonne (Aude).
—	—	Reims (Marne).
—	—	Rouen (Seine-Inférieure). — **F**
—	—	Saint-Étienne (Loire). — **R**

*Chambre des Notaires de Reims (Marne).

Champigny (Armand), Pharm., 19, rue Jacob. — Paris.

Champigny (Armand), Ing. civ., 11, rue de Berne. — Paris.

Champigny (Félix, Jean), 23, rue Ibry. — Neuilly-sur-Seine (Seine).

*Champion (J.) et C**ie**, Nég. en vins de Champagne, 11, place Dieu-Lumière. — Reims (Marne).

*Chandessais (M**me** Charles), Chefferie du Génie. — Camp-de-Châlons (Marne). — **R**

*Chandon de Briailles (le Comte Raoul), Nég. en vins de Champagne, 20, rue du Commerce. — Épernay (Marne).

*Chanier (Eugène), Greffier du Trib. de Com., 45, boulevard Ledru-Rollin. — Moulins (Allier).

Chantemesse (André), Prof. à la Fac. de Méd., Mem. de l'Acad. de Méd., Insp. gén. des Serv. sanitaires au Min. de l'Int., 30, rue Boissy-d'Anglas. — Paris.

*Chantre (Mme Ernest), Muséum des Sc. nat., Palais des Arts. — Lyon (Rhône).

*Chantre (Ernest), s.-Dir. du Muséum des Sc. nat., Chargé de Cours à la Fac. des Sc., Muséum des Sc. nat., Palais des Arts. — Lyon (Rhône). — **F**

Chaperon (J., A.), Cons.-Maître à la Cour des Comptes, 22, rue de Lisbonne. — Paris.

Chappelier (Albert), Ing. agron., Lic. ès Sc. nat., 46, rue du Faubourg-Poissonnière. — Paris.

*Chapuis, Banquier, Dir. de la succ. du Comptoir d'Escompte, rue Carnot. — Reims (Marne).

*Chapuis (Alfred), Clerc de notaire, 8, boulevard Cérès. — Reims (Marne).

Chapuis (Eugène), Avoué hon., 91, rue Tronchet. — Lyon (Rhône).

*Charbonneaux (Charles), Nég. en vins de Champagne. — Reims (Marne).

*Charbonneaux (Émile), Maître de Verreries, 27, rue Libergier. — Reims (Marne).

*Charbonneaux (Ernest), Présid. de la Caisse régionale de Crédit Agricole, 55, rue du Barbâtre. — Reims (Marne).

*Charbonneaux-Lelarge (Georges), 44, boulevard Lundy. — Reims (Marne).

Charcellay, Pharm. — Fontenay-le-Comte (Vendée). — **R**

*Chardonnet (Anatole), Nég., 26, rue Hincmar. — Reims (Marne).

Dr Charles (Joseph), 8, boulevard Édouard-Rey. — Grenoble (Isère).

Charlet (Maurice), Ing.-Cons., anc. Élève de l'Éc. cent. des Arts et Man., 48, rue de La République. — Lyon (Rhône).

*Dr Charlier (Albert), Pharm., 36, place Drouet-d'Erlon. — Reims (Marne).

Charlin (Mizaël), Rent., 16, rue des Saints-Pères. — Paris.

Charpentier (Augustin), Prof. à la Fac. de Méd., 6, rue des Quatre-Églises. — Nancy (Meurthe-et-Moselle). — **R**

*Charpentier (René), anc. Élève de l'Éc. Polytech., 4, rue Traversière. — Châlons-sur-Marne (Marne).

Charroppin (Georges), Pharm. de 1re cl. — Pons (Charente-Inférieure). — **R**

Charruey (René), 26, boulevard de Strasbourg. — Arras (Pas-de-Calais).

Charve (Léon), Prof. de Mécan. à la Fac. des Sc., 60, cours Pierre-Puget. — Marseille (Bouches-du-Rhône).

Charvet (Henri), Ing. civ., 5, place Marengo. — Saint-Étienne (Loire).

Dr Chaslin (Philippe), anc. Int. des Hôp., Méd. de l'Hosp. de Bicêtre, 64, rue de Rennes. — Paris. — **R**

Chassaigne (Jules), s.-Chef au Min. des Fin. en retraite, 2, route de Sannois. — Argenteuil (Seine-et-Oise).

Dr Chassaigne (Louis-Antoine), Pharm. de 1re cl. — Ruffec (Charente).

Chassaing (Eugène), Fabric. de Prod. physiol., 6, avenue Victoria. — Paris.

Chateau (Jean), Chirurg.-Dent., 5, rue Félix-Poulat. — Grenoble (Isère).

Chatel, Avocat défens., Bazar du Commerce. — Alger. — **R**

Châtelet-Sinard (Mme Berthe), Géol., 6, rue Galante. — Avignon (Vaucluse).

Dr Chatin (Joannès), Mem. de l'Inst. et de l'Acad. de Méd., Prof. d'Histologie à la Fac. des Sc., 174, boulevard Saint-Germain. — Paris. — **R**

Dr Chatin (Paul), Agr. à la Fac. de Méd., Méd. des Hôp., 33, place Bellecour. — Lyon (Rhône).

Dr Chauffard (Anatole), Mem. de l'Acad. de Méd., Agr. à la Fac. de Méd., Méd. des Hôp., 2, rue Saint-Simon. — Paris.

Dr Chauliaguet-Heim (Mme Juliette), 34, rue Hamelin. — Paris. — **R**

Chauvassaigne (Daniel), Admin. de la *Soc. des Lièges agglomérés « Le Lidium »*, Château de Mirefleurs. — Les Martres-de-Veyre (Puy-de-Dôme). — **R**

Dr Chauveau (Auguste), Mem. de l'Inst. et de l'Acad. de Méd., Insp. gén. des Éc. nat. vétér., Prof. au Muséum nat. d'Hist. nat., 4, rue du Cloître-Notre-Dame. — Paris. — **F**

Chauveau (Benjamin), Météor. adj. au Bureau cent. météor. de France, 51, rue de Lille. — Paris.

Dr Chauveau (Claude), 225, boulevard Saint-Germain. — Paris.

*Chauvet (Clovis), Nég. en vins de Champagne, 45, rue Coquebert. — Reims (Marne).

Chauvet (Gustave), Notaire, Présid. de la *Soc. archéol. et historique de la Charente*. — Ruffec (Charente). — **R**

Chavane (Paul), Ing. des Arts et Man., Indust., Manufacture de Bains. — Bains-en-Vosges (Vosges).

Dr Chavanis (Hippolyte), 12, place de L'Hôtel-de-Ville. — Saint-Étienne (Loire).

*Chemery (Louis-Gabriel), Étud. en Méd., 77, rue Claude-Bernard. — Paris.

*Dr Chervin (Arthur), Dir. de l'*Inst. des Bègues*, 82, avenue Victor-Hugo. — Paris. — R

*Chesnay (Edmond), Ing. des Arts et Man., 7, rue Saint-Pierre-les-Dames. — Reims (Marne).

Dr Cheurlot, 48, avenue Marceau. — Paris.

Chevalier (Alexis), Nég., 184, boulevard de Caudéran. — Bordeaux (Gironde).

Chevalier (Auguste), Doct. ès Sc. nat., Chef de Missions scient. en Afrique occidentale française, 63, rue de Buffon. — Paris.

Chevalier (Henri), Ing. des Arts et Man., 61, quai de Grenelle. — Paris.

Chevalier (J., P.), Nég., 50, rue du Jardin-Public. — Bordeaux (Gironde). — F

Chevallier (Édouard), Présid. du Synd. vitic. — Beaugency (Loiret).

Chevrel (René), Doct. ès Sc., Prof. à l'Éc. de Méd., 5, rue du Docteur-Rayer. — Caen (Calvados). — R

Chevreux (Édouard), route du Cap. — Bône (départ. de Constantine) (Algérie).

*Dr Chevy (Eugène), Prof. à l'Éc. de Méd., 18, rue Werlé. — Reims (Marne).

Cheysson (Émile), Mem. de l'Inst., Insp. gén. des P. et Ch. en retraite, Prof. à l'Éc. nat. sup. des Mines, 4, rue Adolphe-Yvon. — Paris.

Dr Chiaïs (François), Méd. de l'Hôp., 4, rue Villarey. — Menton (Alpes-Maritimes), l'été, 41, rue Nationale. — Évian-les-Bains (Haute-Savoie).

Chicandard (Georges-R.), Lic. ès Sc. Phys., Pharm. de 1re cl., Admin.-Dir. de la *Soc. anonyme des Prod. chim. de Fontaines-sur-Saône*, 12, chemin de Saint-Alban. — Lyon (Rhône). — R

Chifflot (Julien), Chef des Trav. de Botan. à la Fac. des Sc., 16, quai Claude-Bernard. — Lyon (Rhône).

Dr Chobaut (Alfred), 4, rue Dorée. — Avignon (Vaucluse).

Chômienne (Claudius), Dir. des Établis. Arbel. — Rive-de-Gier (Loire).

*Dr Choquet (Jules-César), Chirurg.-Dent., 49, avenue de La Grande-Armée. — Paris.

Chouët (Alexandre), anc. Juge au Trib. de Com., 29, rue de Clichy. — Paris. — R

Chouillou (Albert), Agric., anc. Élève de l'Éc. nat. d'Agric. de Grignon, 101, rue du Bac. — Asnières (Seine). — R.

*Chrétien (Henri), Chef du Service d'Astron. phys. à l'Observatoire. — Nice (Alpes-Maritimes).

Chrétien (Paul, Charles), Insp. de l'Éclairage élect. de la Ville, 15, rue de Boulainvilliers. — Paris.

Dr Christian (Jules), Méd. en chef hon. de la Maison nat. d'aliénés de Charenton, 4, boulevard Diderot. — Paris. — R

*Christiaens (Albert), Pharm., 7, place Royale. — Reims (Marne).

*Chudeau (René), Doct. ès Sc., 35, rue de L'Arbalète. — Paris.

Dr Chuiton (Édouard), 2, rue de La Mairie. — Brest (Finistère).

Clapier (Casimir), Prof. au Collège des Sc. Soc., 18, avenue de L'Observatoire. — Paris.

Claude-Lafontaine (Lucien), Banquier, anc. Élève de l'Éc. Polytech., 32, rue de Trévise. — Paris.

Claudel (Victor), Fabric. de papiers. — Docelles (Vosges).

Claverie (Auguste), Bandagiste., 234, rue du Faubourg-Saint-Martin. — Paris.

*Dr Clément (Étienne), 37, quai de La Charité. — Lyon (Rhône).

Clerc (Lucien), Chirurg.-Dent., Chef des Trav. et des Études à l'Éc. Dent., 102, cours d'Alsace-Lorraine. — Bordeaux (Gironde).

Clermont (Philibert de), Avocat à la Cour d'Ap., 38, rue du Luxembourg. — Paris. — R

Clermont (Philippe de), s.-Dir. hon. du Lab. de Chim. de la Sorbonne, 38, rue du Luxembourg. — Paris. — F

Clermont (Raoul de), Ing. agron. diplômé de l'Inst. nat. agron., Avocat à la Cour d'Ap., anc. Attaché d'ambassade, 173, boulevard Saint-Germain. — Paris. — R

Dr Clos (Dominique), Corresp. de l'Inst., Prof. hon. à la Fac. des Sc., Dir. du Jardin des Plantes, 2, allées des Zéphirs. — Toulouse (Haute-Garonne). — R

Cluzeau (Bernard), Ing. à la Manufac. Voisine, anc. Élève de l'Éc. Polytech., 66 *bis*, avenue Jeanne-d'Arc. — Angers (Maine-et-Loire).

Dr Cluzet (Joseph), Agr. à la Fac. de Méd., 40, rue de Metz. — Toulouse (Haute-Garonne).

*Dr Cochemé (Henri), 22, rue Carnot. — Reims (Marne).
Cochon (Jules), Conserv. des Forêts, 5, avenue de Savoie. — Chambéry (Savoie).
   — R
Cochot (Albert), Ing. civ., Archit. de la Ville, 75, rempart-du-Nord — Angoulême
   (Charente).
Codron (E.), Fabric. de sucre. — Beauchamps par Gamaches (Somme).
*Dr Cœylas (André), Méd.-Dent., 8, rue de Milan. — Paris.
Cohen (Benjamin), Ing. civ., 45, rue de La Chaussée-d'Antin. — Paris. — R
Coignet (Jean), Ing. civ. des Mines, v.-Présid. de la Ch. de Com., anc. Élève de
   l'Éc. Polytech., 12, quai des Brotteaux. — Lyon (Rhône).
Cointreau (Édouard) (père), Distil., 7, boulevard de Saumur. — Angers (Maine-et-
   Loire).
*Dr Colaneri (François), 54, rue de Talleyrand. — Reims (Marne).
Colin (Charles), Prof. à l'Éc. mun. Lavoisier, 4, rue Berthollet. — Paris.
*Dr Collard (Albert), 35, rue de Berne. — Paris.
*Collet (L. et A.), Fabricants de Tissus, 8, esplanade Cérès. — Reims (Marne).
Dr Colleville (Georges), Prof. à l'Éc. de Méd., 70, rue Chanzy. — Reims (Marne).
Collignon (Édouard), Insp. gén. des P. et Ch. en retraite, Examin. hon. de sortie à
   l'Éc. Polytech., 2, rue de Commaille. — Paris. — F
Dr Collignon (René), Méd.-Maj. de 1re cl. au 25e Rég. d'Infant., 6, rue de La Marine.
   — Cherbourg (Manche).
Collin (Mme), 15, boulevard du Temple. — Paris. — R
*Collin (Auguste), Indust., 193, rue du Faubourg-Saint-Denis. — Paris.
Collin (Émile, Charles), Ing. des Arts et Man., 49, rue de Miromesnil. — Paris.
Collot (Louis), Prof. à la Fac. des Sc., Dir. du Musée d'Hist. nat., 4, rue du Tillot.
   — Dijon (Côte-d'Or). — R
Collot (Michel), Nég. en cuirs, 27, rue Turbigo. — Paris.
*Comice agricole de l'arrondissement de Reims, 71, rue Chanzy. — Reims (Marne).
Comité médical des Bouches-du-Rhône, 3, Marché des Capucines. — Marseille
   (Bouches-du-Rhône). — R
Commines de Marsilly (Arthur de), anc. Of. de Caval., 80, avenue Kléber. — Paris.
Commission archéologique de Narbonne. — Narbonne (Aude).
Commission départementale de Météorologie du Rhône, 16, quai Claude-Bernard.
   — Lyon (Rhône).
Compagnie La Foncière, (Transports), 11, rue Pizay. — Lyon (Rhône).
   —   des Fonderies et Forges de l'Horme, 8, rue Victor-Hugo. — Lyon
               (Rhône). — F
   —   du Gaz de Lyon, 7, rue de Savoie. — Lyon (Rhône). — F
   —   des Mines de Roche-la-Molière et Firminy, 13, rue de La République.
               — Lyon (Rhône). — F
   —   générale de Navigation, 1, cours Rambaud. — Lyon (Rhône).
   —   des chemins de fer du Midi, 54, boulevard Haussmann. — Paris. — F
   —   —   d'Orléans, 8, rue de Londres. — Paris. — F
   —   —   de l'Ouest, 20, rue de Rome. — Paris. — F
   —   —   de Paris à Lyon et à la Méditerranée, 88, rue Saint-
                             Lazare. — Paris. — F
Compagnie des Messageries Maritimes, 1, rue Vignon. — Paris. — F
   —   des Minerais de fer magnétique de Mokta-el-Hadid (le Conseil d'Ad-
               ministration de la), 26, avenue de L'Opéra. — Paris. — F
   —   des Mines, Fonderies et Forges d'Alaïs, 13 bis, rue des Mathurins.
               — Paris. — F
   —   des Mines de houille de Blanzy (Jules Chagot et Cie), à Montceau-les-
               Mines (Saône-et-Loire), et 55, rue de Châteaudun. — Paris. — F
   —   des Salins du Midi, 94, rue de La Victoire. — Paris. — F
Compayré (Gabriel), Corresp. de l'Inst., Insp. gén. de l'Instruc. pub., anc. Député,
   80, avenue de Breteuil. — Paris.
Comptoir national d'Escompte (Agence du), 11, rue du Bât-d'Argent. — Lyon
   (Rhône).
Conrad (Louis, Théophile), anc. Attaché à l'Admin. gén. de l'Assist. pub., 18, Grande-
   Rue. — Bourg-la-Reine (Seine).
Conseil départemental d'Hygiène de l'Aisne. — Laon (Aisne).
Considère (Armand), Corresp. de l'Inst., Insp. gén. des P. et Ch., 103, boulevard Mont-
   parnasse. — Paris.

Conte (**Albert**), Chargé de Cours à la Fac. des Sc., 7, rue Saint-Polycarpe. — Lyon (Rhône).

*Cooke (Mlle **Hélène**), 1, rue Soyer. — Neuilly-sur-Seine (Seine).

Coppet (**Louis de**), Chim., villa Irène, rue Magnan. — Nice (Alpes-Maritimes). — **F**

Coquier (**Gaston**), Chirurg.-Dent. diplômé de la Fac. de Méd., de Lyon, 16, rue de Bourgogne. — Vienne (Isère).

Corbière (**Louis**), Prof. de Sc. nat. au Lycée, Lauréat de l'Inst., 70, rue Asselin. — Cherbourg (Manche).

Corbin (**Paul**), Mem. de la *Soc. géol. de France*, anc. Élève de l'Éc. Polytech., Admin. des Usines électromotrices de Chedde, poste restante. — Le Fayet (Haute-Savoie).

Cordier (**Henri**), Prof. à l'Éc. des Langues orient. vivantes, 54, rue Nicolo. — Paris. — **R**

Cornu (Mme Ve **Alfred**), 9, rue de Grenelle. — Paris. — **R**

Cornu (**Félix**), Fabric. de matières tinct. — Riant-Port par Vevey (Suisse).

Cornu (Mme Ve **Maxime**), 185, rue de Vaugirard. — Paris.

Cornuault (**Émile**), Ing. des Arts et Man., Dir. de la *Soc. anonyme du Gaz et Hauts Fourneaux de Marseille*, 20, rue de L'Arcade. — Paris.

Cosset-Dubrulle (**Édouard**) (fils), Fabric. de lampes de sûreté pour mines, 45, rue Turgot. — Lille (Nord).

Cossmann (**Maurice**), Ing., Chef des serv. techniques de l'Exploit., à la *Comp. des Chem. de fer du Nord*, anc. Élève de l'Éc. cent. des Arts et Man., 95, rue de Maubeuge. — Paris.

Costa-Couraça (**João da**), Ing. au corps d'Ing. des Trav. pub., 108, 1°, calle da Estralla. — Lisbonne (Portugal).

Coste (**Abdon**), Prop., 40, rue des Augustins. — Perpignan (Pyrénées-Orientales).

Coste (**Louis**), Doct. ès Lettres, Biblioth. de la Ville. — Salins (Jura).

Côte (**Claudius**), Faïencier, 11, rue du Président-Carnot. — Lyon (Rhône).

*Cottard (**Jérôme**), Chirurg.-Dent., 3, rue d'Orsel. — Paris.

Cotte (**Charles**), Notaire. — Pertuis (Vaucluse).

Dr Cotte (**Jules**), Prof. adj. à l'Éc. de Méd., 175, boulevard National. — Marseille (Bouches-du-Rhône).

Cottereau-Rehm (Mme Ve **Charles**). — Pagny-sur-Moselle (Meurthe-et-Moselle).

Cotton (**Anatole**), Prépar. de Minéral à la Fac. des Sc., 35, rue Sainte-Hélène. — Lyon (Rhône).

Couband (**Paul**), Sec. gén. de la *Comp. fermière de Vichy*, 24, boulevard des Capucines. — Paris.

*Couneau (**Émile**), Prop., 4, rue du Palais. — La Rochelle (Charente-Inférieure).

Counord (**E.**), Ing. civ., 148, cours du Médoc. — Bordeaux (Gironde). — **R**

Coupier (**T.**), anc. Fabric. de Prod. chim. — Saint-Denis-Hors par Amboise (Indre-et-Loire).

Coupin (**Henri**), Doct. ès Sc., Prépar. à la Fac. des Sc., 5, rue de La Santé. — Paris

Couprie (**Louis**), Avocat à la Cour d'Ap., 74, rue du Hautoir. — Bordeaux (Gironde). — **R**

Couriot (**Henri**), Prof. à l'Éc. des Hautes-Études com. et à l'Éc. spéc. d'Archit., Chargé de Cours à l'Éc. cent. des Arts et Man., 3, rue de Logelbach. — Paris.

Courjon (Mme **Antonin**). — Meyzieux (Isère).

Dr Courjon (**Antonin**), Dir. de l'Établis. méd. — Meyzieux (Isère).

Dr Courmont (**Jules**), Prof. à la Fac. de Méd., Méd. des Hôp., 34, quai de La Charité. — Lyon (Rhône).

Dr Courmont (**Paul**), Agr. à la Fac. de Méd., 33, rue Sainte-Hélène. — Lyon (Rhône).

Courot (**Edmond**), Colonel d'Infant. de Marine en retraite, villa Jeanne-d'Arc. — Mandelieu (Alpes-Maritimes).

Courtefois (Mme Ve **Gustave**), 30, rue du Landy. — Clichy (Seine).

*Courtier (**Jules**), Chef des Trav. à l'Éc. des Hautes-Études (Sorbonne), Sec. de l'*Inst. gén. psychol.*, 14, rue de Condé. — Paris.

Courtois (**Henry**), Lic. ès Sc. Phys., château de Muges. — Damazan (Lot-et-Garonne).

*Courty (**Georges**), Prof. à l'Éc. spéc. des Trav. pub., 35, rue Compans. — Paris. — **R**

Coutagne (**Georges**), Ing. des Poudres et Salpêtres, 29, quai des Brotteaux. — Lyon (Rhône). — **R**

*Couten (**Louis**), Minotier, Mem. de la Ch. de Com. de la Meuse, 52, rue de Puty. — Verdun (Meuse).

*Couten (Roger), Étud., 52, rue de Puty. — Verdun (Meuse).
*Dr Couterc, Chirurg.-Dent., Chef de trav. à l'Éc. Dent. de Bordeaux. — Bordeaux (Gironde).
*Coutier-Bertèche, Nég. en vins de Champagne, 18, avenue de Laon. — Reims (Marne).
Coutil (Léon), Présid. de la *Soc. normande d'Études préhist.*, rue aux Prêtres. — Les Andelys (Eure). — **R**
Coutreau (Léon), Prop. — Branne (Gironde).
Couve (Charles), Courtier d'assurances., 28, rue Castéja. — Bordeaux (Gironde).
*Couvreur-Périn (Rémi), Vitic. — Rilly-la-Montagne (Marne).
Couvreux (Abel), Ing., 78, rue d'Anjou. — Paris.
*Coze (André) (fils), Dir. de l'Usine à gaz, 5, rue des Romains. — Reims (Marne).
*Cramer (Émile), Chir.-Dent., 8, boulevard Raspail. — Paris.
*Crapez (Auguste), Chirurg.-Dent., 26, rue du Clou-dans-le-Fer. — Reims (Marne).
Craponne (Paul de), Ing. princ. de la *Comp. du Gaz*, anc. Élève de l'Éc. cent. des Arts et Man., 2, cours Bayard. — Lyon (Rhône).
Crépy (Eugène), Filat., 19, boulevard de La Liberté. — Lille (Nord). — **R**
Créquy (Mme Octavie), 99, boulevard Magenta. — Paris.
Crespin (Arthur), Ing. des Arts et Man., Mécan., 23, avenue Parmentier. — Paris. — **R**
Crettiez (Jean), Insp. adj. des Forêts. — Thonon-les-Bains (Haute-Savoie).
*Creuzan (Georges), Fabric. d'inst. de chirurg., 47, cours de L'Intendance. — Bordeaux (Gironde).
Dr Critzman (Daniel), anc. Int. des Hôp., 28, rue Greuze. — Paris.
Dr Crocq (Jean), Agr. à l'Univ., Chef de service à l'Hôp. de Molenbeeck, 27, avenue Palmerston. — Bruxelles (Belgique).
Croës (Louis de), Chirurg.-Dent., Prof. sup. à l'Éc. dent. de Paris, 2, cité Bergère. — Paris.
Dr Cros (François), Méd. princ. de 1re cl. de l'Armée en retraite, 6, rue de L'Ange. — Perpignan (Pyrénées-Orientales). — **R**
Dr Cruet, 22, rue des Capucines. — Paris.
Cuénot (Lucien), Prof. à la Fac. des Sc., 89, rue de Metz. — Nancy (Meurthe-et-Moselle).
*Dr Culot (Charles), anc. Int. des Hôp., 6, rue de La République. — Maubeuge (Nord).
Cunisset-Carnot (Paul), Premier Présid. de la Cour d'Ap., 19, cours du Parc. — Dijon (Côte-d'Or). — **R**
Dr Curchod (Jules), 19, boulevard Georges-Favon. — Genève (Suisse).
*Cussac (Eugène), Construc. — Clermont (Oise).
Cussac (Joseph de), Insp. des forêts, 45, rue Allix. — Sens (Yonne).
Cusset (Jean), 3, quai Saint-Clair. — Lyon (Rhône).
Dr Cyon (Élie de), anc. Prof. de Physiol., 8, rue Margueritte. — Paris.
Dr Dagrève (Élie), Méd. du Lycée et de l'Hôp. — Tournon-sur-Rhône (Ardèche). — **R**
Dr Daguenet (Victor), Méd.-Maj. de l'Armée en retraite, 44, Grande-Rue. — Besançon (Doubs).
*Daher (Mlle Catinkâ), 2, rue Montaux. — Marseille (Bouches-du-Rhône).
Dr Dalban (Paul), 1, rue Molière. — Grenoble (Isère).
Daleau (François). — Bourg-sur-Gironde (Gironde).
Dalligny (A.), anc. Maire du VIIIe arrond., 5, rue Lincoln. — Paris. — **F**
Dalloni (Marius), Collab. au Serv. de la Carte Géol. détaillée de la France et à la Carte Géol. de l'Algérie, 56, rue de La République. — Marseille (Bouches-du-Rhône).
*Dameaux, Agric. — Witry-lez-Reims (Marne).
Damoizeau, 52, avenue Parmentier. — Paris.
Damoy (Julien), Nég., 31, boulevard de Sébastopol. — Paris.
Daney (Alfred), Nég., anc. Maire, 36, rue de La Rousselle. — Bordeaux (Gironde).
Danguy (Louis), Prof. départ. d'agric. de la Loire-Inférieure, 4, quai Duquesne. — Nantes (Loire-Inférieure).
*Danguy (Paul), Lic. ès Sc., Prépar. de Botan. au Muséum nat. d'Hist. nat., 14, rue Vulpian. — Paris. — **R**
Daniel (Lucien), Prof. à la Fac. des Sc., 18, rue de Palestine. — Rennes (Ille-et-Vilaine).
Dr Danjou (G.), 40, avenue de La Gare. — Nice (Alpes-Maritimes), l'Été à Le Fayet. — Saint-Gervais-les-Bains (Haute-Savoie).
*Danne (Jacques), Prépar. à la Fac. des Sc., 5, rue Valentin-Haüy. — Paris.

Dantan (Louis), Prof. à l'Éc. impér. polytech. — Téhéran (Perse).
Darboux (Gaston), Prof. adj. de Zool. à la Fac. des Sc., 53, boulevard Périer. — Marseille (Bouches-du-Rhône). — R
Darboux (Jean-Gaston), Sec. perp. de l'Acad. des Sc., Doyen hon. de la Fac. des Sc., 36, rue Gay-Lussac. — Paris.
*Dargent, Avoué, 92, place Drouet-d'Erlon. — Reims (Marne).
Dr Darin (Gustave), 41, boulevard des Capucines. — Paris.
Darras (A.), Nég., 1, rue Keller. — Paris.
Dr Dassieu (Mathieu), 6, rue Serviez. — Pau (Basses-Pyrénées).
Dastre (Albert), Mem. de l'Inst., Prof. à la Fac. des Sc., 1, rue Victor-Cousin. — Paris.
Dattez, Pharm., 17, rue de La Villette. — Paris.
*Dauphinot (Georges-L.), Dir. des Assur. Rémoises, 4, rue de l'Université. — Reims (Marne).
Dauriat, Chef de dépôt en retraite de la *Comp. des Chem. de fer de l'Est*, 18, rue Lécluse. — Paris.
Dautzenberg (Philippe), Zool., 213, rue de L'Université. — Paris.
Dauvé (Camille), Prof. de Phys. au Collège Monge. — Beaune (Côte-d'Or).
Davanne (Alphonse), Présid. hon. du Cons. d'Admin. de la *Soc. franç. de Photog.*, 82, rue des Petits-Champs. — Paris. — R
Daveluy (Charles), Dir. gén. hon. des Contrib. dir. et du Cadastre, 107, boulevard Brune. — Paris.
Davenport (Isaac, B.), Méd.-Dent., 30, avenue de L'Opéra. — Paris.
Davias (Daniel), Nég., 12, rue de La Société. — Jarnac (Charente).
David (Arthur), 29, rue du Sentier. — Paris. — R
*David (Émile), Pharm. — Objat (Corrèze).
David (Pierre), Météor. à l'Observatoire du Puy-de-Dôme (Sommet) par Orcines (Puy-de-Dôme).
Debruge (Arthur), Commis à l'admin. des Postes et Télég. — Bougie (départ. de Constantine) (Algérie).
Dr Dechamp (Paul, Jules), Méd. princ. de la Marine en retraite, villa Richelieu. — Arcachon (Gironde).
*Déchet (Jean-Baptiste), Représent. de la Maison L. Clause (culture de graines). — Brétigny-sur-Orge (Seine-et-Oise). — R
*Decker (Aloys), Méd-Dent., boulevard du Prince. — Luxembourg-Ville (Grand Duché).
*Décolland, Chirurg.-Dent., 15 *bis*, rue Moncey. — Paris.
Defrenne (Adolphe), Prop., 295, rue Nationale. — Lille (Nord).
Degeorge (Hector), Archit. S. C., Expert près le Trib. civ. et le Cons. de Préfect. de la Seine, 12, boulevard Pereire. — Paris.
Deglatigny (Louis), 11, rue Blaise-Pascal. — Rouen (Seine-Inférieure). — R
Degorce (Marc, Antoine), Pharm. en chef de la Marine en retraite, 42, rue des Semis. — Royan-les-Bains (Charente-Inférieure). — R
Degousée (Edmond), Ing. des Arts et Man., 164, boulevard Haussmann. — Paris. — F
*Dr Degrais, Chef du Lab. de Radiothérapie à l'Hôp. Saint-Louis, 46, rue de Paradis. — Paris.
Dehaut (E.), 147, rue du Faubourg-Saint-Denis. — Paris.
Delacour (Théodore), 94, rue de La Faisanderie. — Paris.
Delafon (Maurice), Ing. sanitaire, Indust., 14, quai de La Rapée. — Paris.
Delage (Yves), Mem. de l'Inst., Prof. à la Fac. des Sc. de Paris, 14, rue du Marché. — Sceaux (Seine).
Delagrave (Charles), Libr.-Édit., 15, rue Soufflot. — Paris.
*Delair (Léon), Chirurg.-Dent., Prof. à l'Éc. dentaire de Paris, 12, rue Cernuschi. — Paris.
Delaire (Alexis), Sec. gén. de la *Soc. d'Économ. sociale*, anc. Élève de l'Éc. Polytech. 54, rue de Seine. — Paris. — R
Dr Delaporte, 24, rue Pasquier. — Paris. — R
Delattre (Carlos), Filat., anc. Élève de l'Éc. Polytech., 126, rue Jacquemars-Giélée. — Lille (Nord). — R
Delaunay (Henri), Ing. des Arts et Man., 51, avenue Bugeaud. — Paris. — R
Delaunay-Belleville (Louis), Ing.-Construc., anc. Élève de l'Éc. Polytech., 17, boulevard Richard-Wallace. — Neuilly-sur-Seine (Seine). — R
*Delautel (Pierre), Sec. de la Chambre de Com., 7, rue des Marmouzets. — Reims (Marne).

Delaval (le Commandant Fernand), Chef du Génie. — Grenoble (Isère).

*Delbet (Mᵐᵉ Paul), 14, rue Roquépine. — Paris.

*Dʳ Delbet (Paul), 14, rue Roquépine. — Paris.

*Dʳ Delbet (Pierre), Agr. à la Fac. de Méd., Chirurg. des Hôp., 24, rue du Bac. — Paris.

*De L'Épine (Paul), Rent., 14, rue de Fontenay. — Châtillon-sous-Bagneux (Seine).
— **R**

Delessert de Mollins (Eugène), anc. Prof., villa Ma Retraite. — Lutry (canton de Vaud)
(Suisse). — **R**

Delestrac (Lucien), Insp. gén. des P. et Ch., 1, rue Madame. — Paris. — **R**

*Dʳ Delherm (Louis), ancien Int. des Hôp., 2, rue de La Bienfaisance. — Paris.

Dʳ Delisle (Fernand), 35, rue de L'Arbalète. — Paris.

Delitat (Maurice), s.-Lieut. au 138ᵉ Rég. d'Infant. — Bellac (Haute-Vienne).

Delmas (Fernand), Ing., Archit., Prof. d'Archit. à l'Éc. cent. des Arts et Man.,
4 *bis*, rue de Lota (135, rue de Longchamp). — Paris.

Delmas (J.-C.), Étud. en Pharm., 7, rue Saint-Luc. — Toulouse (Haute-Garonne).

Delmas (Louis, Eugène), Ing. princ. chez MM. Schneider et Cⁱᵉ, anc. Élève de l'Éc.
Polytech., 28, route d'Épinac. — Le Creusot (Saône-et-Loire).

Dʳ Delmas (Maurice), Méd. des Thermes, boulevard de La Meigne. — Dax (Landes).

Delocre, Insp. gén. des P. et Ch. en retraite, 1, rue Lavoisier. — Paris.

Delon (Ernest), Ing. des Arts et Man., 27, rue Aiguillerie. — Montpellier (Hérault). — **R**

*Delons (Raoul), Ing. sanitaire, 21, avenue des Pages. — Le Vésinet (Seine-et-Oise).

Dʳ Delore (Xavier), Corresp. nat. de l'Acad. de Méd., anc. Chirurg. en chef de la
Charité de Lyon. — Romanèche-Thorins (Saône-et-Loire). — **F**

Delorme (Eugène), Chef de Bureau au Min. des Fin., 5, rue Stanislas. — Paris.

Delort (Jean-Baptiste), Prof. hon. de l'Univ. — Cosne (Nièvre).

Delune (Théodore), Nég. en ciment, 94, quai de France. — Grenoble (Isère).

*Demaison (Charles), anc. Élève de l'Éc. Polytech., 7, rue Rogier. — Reims (Marne).

*Demaison (Louis), Archiv. de la Ville, Mem. de la *Soc Entomol. de France*, Présid. de
la *Soc. d'Étude des Sc. nat. de Reims*, 21, rue Perseval. — Reims (Marne).

Dʳ Demonchy (Adolphe), 37, rue d'Isly. — Alger. — **R**

Démonet (François, Charles), Ing. des Arts et Man., Mem. du Cons. mun., 23, rue
de La Commanderie. — Nancy (Meurthe-et-Moselle).

Demons (Albert), Prof. à la Fac. de Méd., Corresp. nat. de l'Acad. de Méd., 15, rue
du Champ-de-Mars. — Bordeaux (Gironde).

Demorlaine (Joseph), Insp. adj. des Forêts, 106, chaussée Marcadé. — Abbeville (Somme).

Demoussy (Émile), Assistant de physiol. végét. au Muséum nat. d'Hist. nat., 10, rue
Chaptal. — Levallois-Perret (Seine).

Denigès (Georges), Prof. de Chim. biol. à la Fac. de Méd., 53, rue d'Alzon. — Bordeaux
(Gironde). — **R**

*Deniker (Joseph), Doct. ès Sc., Biblioth. du Muséum nat. d'Hist. nat., 36, rue Geof-
froy-Saint-Hilaire. — Paris.

Denise (Lucien), Archit., Ing. des Arts et Man., 24, rue de La Rochefoucauld. — Paris.

Denoyel (Antonin), Prop., 9, rue du Plat. — Lyon (Rhône).

Denys (Roger), Ing. en chef des P. et Ch., 1, rue de Courty. — Paris. — **R**

*Depaul (Henri), Agric., château de Vaublanc. — Plemet (Côtes-du-Nord). — **R**

Depéret (Charles), Corresp. de l'Inst., Doyen de la Fac. des Sc., 39, rue Thomassin.
— Lyon (Rhône).

Dépierre (Joseph), Ing.-Chim. — Cernay (Alsace-Lorraine). — **R**

Depoin (Joseph), Présid. de l'*Inst. sténog. de France* et de la *Soc. de Graphol.*,
150, boulevard Saint-Germain. — Paris. — **R**

*Deprez (Édouard), Chef de Divis. à la Préf. de l'Aisne, 8, rue Milon-de-Martigny.
— Laon (Aisne).

Deprez (Marcel), Mem. de l'Inst., Prof. au Conserv. nat. des Arts et Mét., 23, avenue
de Marigny. — Vincennes (Seine).

Déroualle (Victor) (père), Ing. civ., 14, avenue de Launay. — Nantes (Loire-Inférieure).

Derville (Stéphane), Nég. en marbres, Présid. du Cons. d'Admin. de la *Comp. des
Chem. de fer de Paris à Lyon et à la Méditerranée*, 37, rue Fortuny. — Paris. — **R**

Descombes (Paul), Dir. hon. des Man. de l'État, Présid. de l'*Assoc. pour l'aménagement
des Montagnes*, 142, rue de Pessac. — Bordeaux (Gironde).

Descours, Cabaud et Cⁱᵉ, Nég. en Métaux, 5, rue de Penthièvre. — Lyon (Rhône).

*Dʳ Desgrez (Alexandre), Agr. à la Fac. de Méd., 78, boulevard Saint-Germain.
— Paris. — **R**

Desharnoux, 29, rue Linné. — Paris.

Deshayes (Victor), Ing. civ. des Mines. — Troinex, 16 par Genève (Suisse).

Deslandres (Henri), Mem. de l'Inst., Astronome à l'Observatoire d'Astro. phys., anc.
Élève de l'Éc. Polytech., 56, route des Gardes. — Meudon-Bellevue (Seine-et-Oise).

Deslandres (Paul), Archiv.-Paléog., Attaché à la Bibliothèque de l'Arsenal, 81, rue des
Saints-Pères. — Paris. — **R**

Desmarets, Dir. de l'Observatoire météor., 11, rue Fortier.— Douai (Nord).

Desmaroux (Louis), Ing. en chef des Poudres et Salpêtres en retraite, 32, rue Lacépède. — Paris.

Desmarres (Robert), Ing. civ. des Mines, 52, boulevard Malesherbes. — Paris.

Desmazières (Olivier), Percept., Sec. de la Commis. du Musée d'Hist. nat. de la Ville
d'Angers, rue de La Gare. — Segré (Maine-et-Loire).

D' Desnos (Ernest), Sec. gén. de l'*Assoc. française d'Urologie*, 59, rue La Boétie. — Paris.

*Desnoyers (Paul), Prof. de Calligraphie, 120, rue de Rivoli. — Paris.

Desormos, Ing. en chef des P. et Ch. — Sisteron (Basses-Alpes).

*D' D'Espine (Adolphe), Prof. de Pathol. int., 6, rue Beauregard. — Genève (Suisse).

*D' Desplats (René), 181, rue Nationale. — Lille (Nord).

Desroziers (Edmond), Ing. élect., Expert près le Trib. de la Seine et Arbitre près le
Trib. de Com., 10, avenue Frochot. — Paris.

Dethan (Georges), Pharm. de 1re cl., 11, rue Alphonse-de-Neuville. — Paris.

Détroyat (Arnaud). — Bayonne (Basses-Pyrénées). — **R**

*Deville (Jean-Paul), Prof. départ. d'Agric. — Écully (Rhône).

Deville (Jules), Nég., Mem. de la Ch. de Com., 24, rue Lafon. — Marseille (Bouches-du-
Rhône).

Devoucoux (Georges), Chirurg.-Dent. diplômé de la Fac. de Méd., 48, boulevard
Haussmann. — Paris.

Deydier (Marc), Notaire. — Cucuron (Vaucluse).

*Dhuicq (Olivier), Prof. au Lycée, 10, rue L'Abbé-de-l'Épée. — Reims (Marne).

*D' D'Hôtel. — Poix-Terron (Ardennes).

*Diancourt (Victor), anc. Sénateur, anc. Maire de Reims, 10 place Godinot. — Reims
(Marne).

Dida (A.), Chim., 22, boulevard des Filles-du-Calvaire. — Paris. — **R**

Didier (Léon), Ing. divis. à la Comp. des Mines. — Bruay (Pas-de-Calais).

*D' Didsbury (Henry), 3, rue Meyerbeer. — Paris.

Diéderichs (Théophile), Manufac., 20, rue Lafont. — Lyon (Rhône.)

Dieulafoy (Georges), Prof. à la Fac. de Méd., Mem. de l'Acad. de Méd., Méd. des Hôp.,
38, avenue Montaigne. — Paris.

Diparraguerre (Ysidoro), Chirurg.-Dent., 10, rue Blanc-Dutrouilh. — Bordeaux
(Gironde).

Dislère (Paul), Présid. de Sect. au Cons. d'État, anc. Ing. de la Marine, Présid. du
Cons. d'admin. de l'Éc. coloniale, 10, avenue de L'Opéra. — Paris. — **R**

*Dixsaut (Léon), Prof. de Phys. au Lycée, 139, rue des Capucins. — Reims (Marne).

Doin (Octave), Libr.-Édit., 8, place de L'Odéon. — Paris.

Dollfus (Adrien), Dir. de la *Feuille des Jeunes Naturalistes*, 35, rue Pierre-Charron.
— Paris.

Dollfus (Mme Ve Auguste), 53, rue de La Côte. — Le Havre (Seine-Inférieure). — **F**

Dollfus (Auguste), Présid. de la *Soc. indust.*, avenue de La Paix. — Mulhouse (Alsace-
Lorraine).

Dollfus (Charles), 16, avenue Bugeaud. — Paris.

Dollfus (Gustave), Ing. des Arts et Man., Filat. — Mulhouse (Alsace-Lorraine). — **R**

*Dollfus (Gustave-F.), Collab. princ. à la Carte Géol. de France, 45, rue de Chabrol.
— Paris.

Dollot (Auguste), Ing. civ., Corresp. du Muséum nat. d'Hist. nat., 136, boulevard
Saint-Germain. — Paris.

Dombre (Louis), Ing. civ. des Mines, Dir. des *Mines de Douchy*. — Lourches (Nord).

Domergue (Albert), Prof. à l'Éc. de Méd., 341, rue Paradis. — Marseille (Bouches-
du-Rhône). — **R**

D' Donnezan (Albert), Présid. de la *Soc. des Méd. et Pharm. des Pyrénées-Orient.*,
5, rue Font-Froide. — Perpignan (Pyrénées-Orientales).

D' Dor (Henri), Prof. hon. à l'Univ. de Berne, 55, montée de La Boucle. — Lyon
(Rhône).

Dorléans (Gaston), Chef des Trav. chim. à l'Éc. de Méd., 55, rue du Gazomètre. — Tours (Indre-et-Loire).

***Douce (Mlle Jeanne)**, 24, rue de L'Université.— Reims (Marne).

***Douce (Paul)**, Notaire, 24, rue de L'Université. — Reims (Marne).

***Doumer (Emmanuel)**, Prof. à la Fac. de Méd., 57, rue Nicolas-Leblanc. — Lille (Nord).

***Doumerc (Jean)**, Ing. civ. des Mines, 61, rue d'Alsace-Lorraine. — Toulouse (Haute-Garonne). — **R**

Doumerc (Paul), Ing. civ., 38, rue du Taur. — Toulouse (Haute-Garonne). — **R**

Douvillé (Henri), Mem. de l'Inst., Ing. en chef, Prof. à l'Éc. nat. sup. des Mines, 207, boulevard Saint-Germain. — Paris. — **R**

Douxami, Maître de Conf. à la Fac. des Sc. — Lille (Nord).

***Dramard (Léon)**, Rent., 9, rue Saint-Vincent. — Fontenay-sous-Bois (Seine).

Dr Dransart. — Somain (Nord). — **R**

***Dr Dresch.** — Pontfaverger (Marne). — **R**

Dreyfus (Félix), Nég., 1, rue Bonaparte. — Paris.

***Dreyfus et Moch**, Nég. en laines, 13, rue du Levant. — Reims (Marne).

Drioton (Clément), Mem. de la Commis. des Antiquités de la Côte-d'Or et de la *Soc. de Spéléologie*, 23, rue Condorcet. — Dijon (Côte-d'Or).

***Drouet (Paul-L.-M.)**, Prop.-Éleveur, Hameau du Bosq. — Croissanville (Calvados).

Dr Drouineau (Gustave), Insp. gén. des Serv. admin. au Min. de l'Int., 105, rue Notre-Dame-des-Champs. — Paris.

***Druart (Émile)**, Nég. en matér. de construc. et charbons de terre, 37, chaussée du Port. — Reims (Marne).

***Druart (René)**, 37, chaussée du Port. — Reims (Marne).

Dubail-Roy (Gustave), Sec. de la *Soc. Belfortaine d'Émulation*, 42, faubourg de Montbéliard. — Belfort. — **R**

Dubertret (L.-M.), Prop., 11, rue Newton. — Paris.

Dubief (Mlle), 9 *bis*, rue de Moscou. — Paris.

Dr Dubief (Henri), Méd.-Insp. des Épidémies du départ. de la Seine, 9 *bis*, rue de Moscou. — Paris.

Dubois (Auguste), Princ. du Collège Monge. — Beaune (Côte-d'Or).

Dubois (Marcel), Prof. à la Fac. des Lettres., 76, rue Notre-Dame-des-Champs. — Paris.

Dr Dubois (Raphaël), Prof. à la Fac. des Sc. de Lyon. — Saint-Germain-au-Mont-d'Or (Rhône).

Dubois de l'Estang (Étienne), Insp. gén. des Fin., 4, rue Saint-Florentin. — Paris.

Duboscq (Octave), Prof. de Zool. à la Fac. des Sc., 24, rue Marcel-de-Serres. — Montpellier (Hérault). — **R**

Dubourg (A.), Avoué hon. à la Cour d'Ap., 106, quai des Chartrons. — Bordeaux (Gironde) — **R**

Dubourg (Élisée), Doct. ès-Sc., Chef des Trav. de chim. à la Fac. des Sc., 110, rue du Palais-Gallien. — Bordeaux (Gironde). — **R**

Dubourg (Georges), Nég. en drap., 27, rue Sauteyron. — Bordeaux (Gironde). — **R**

***Dr Ducamp (Louis)**, Prépar. à la Fac. des Sc., 1, place du Vieux-Marché-aux-Moutons. — Lille (Nord).

***Ducancel (P.)**, Nég. en Prod. chim., 75, rue des Moulins. — Reims (Marne).

Duchesne (A.), Chirurg.-Dent., 57, rue de La Pomme. — Toulouse (Haute-Garonne).

Ducomet (Vital), Prof. de Botan. à l'Éc. nat. d'Agric. — Rennes (Ille-et-Vilaine).

Dr Ducor (Paul), 87, avenue de Villiers. — Paris.

***Ducournau (François)**, Chirurg.-Dent., 42, rue Cambon. — Paris.

***Ducouytes (Mlle)**, (chez M. Bergonié), 6 *bis*, rue du Temple. — Bordeaux (Gironde).

Ducreux (Alfred), Nég., Consul du Paraguay, Mem. du Cons. d'Arrond., 9, boulevard National. — Marseille (Bouches-du-Rhône). — **R**

Ducrocq (Henri), Chef d'Escadr. d'Artil., Breveté d'Ét.-Maj., au 29e Rég. d'Artil., 10, place de L'Hôtel-de-Ville. — Laon (Aisne). — **R**

Dufay (Pierre), Biblioth. de la Ville, 69, avenue de Saint-Gervais. — Blois (Loir-et-Cher).

Dufour (Léon), Dir.-adj. du Lab. de Biologie végét. de la Fac. des Sc. de Paris. — Avon (Seine-et-Marne). — **R**

Dr Dufour (Marc), Rect., Prof. d'Ophtalmol. à l'Univ., 7, rue du Midi. — Lausanne (Suisse). — **R**

Dufresne, Insp. gén. de l'Univ., 61, rue Pierre-Charron. — Paris. — **R**

Dr **Dulac (H.)**, 14, boulevard Lachèze. — Montbrison (Loire). — **R**

D^r **Du Lac (Dieudonné)**. — La Gauphine par Cazouls-les-Béziers (Hérault).

Dumas (Auguste), Insp. en retraite de la *Comp. des Chemins de fer d'Orléans*, 6, rue Sully. — Nantes (Loire-Inférieure).

Dumas (Hippolyte), Indust., anc. Élève de l'Éc. Polytech. — Mousquety par l'Isle-sur-Sorgue (Vaucluse). — **R**

Dumas (Ulysse), Prop., Présid. du *Groupe spéléo-archéol. d'Uzès*. — Baron par Saint-Chaptes (Gard).

Dumas-Edwards (Mme J.-B.), 23, rue Cassette. — Paris. — **R**

Dr **Dumény (André)**, 3, quai de La Fontaine. — Nîmes (Gard).

*****Duminy (Anatole)**, Nég. en vins de Champagne. — Ay (Marne). — **R**

Dumollard (Félix), 6, rue Hector-Berlioz. — Grenoble (Isère).

*****Dr **Dunogier (Simon)**, 51, cours de Tourny. — Bordeaux (Gironde).

Du Pasquier, Nég., 6, rue Bernardin-de-Saint-Pierre. — Le Havre (Seine-Inférieure).

Dr **Dupau (Justin)**, Chirurg. en chef hon. de l'Hôtel-Dieu, 3, place Sainte-Scarbes. — Toulouse (Haute-Garonne).

Dr **Dupeyrac (Gustave)**, 64, rue Sylvabelle. — Marseille (Bouches-du-Rhône).

Duplay (Simon), Prof. hon. à la Fac. de Méd., Mem. de l'Acad. de Méd., Chirurg. hon. des Hôp., 70, rue Jouffroy. — Paris. — **R**

Dr **Dupont (Émile)**, Méd. de Bat., Chargé du Serv. des Lab. de l'Hôp. milit. 12, rue Goffart. — Bruxelles (Belgique).

Dupont (F.), Chim., Sec. gén. hon. de l'*Assoc. des Chim. de Sucreries et Distilleries*, 96, rue d'Hauteville. — Paris. — **R**

Dupont (Paul), Lauréat de l'Inst., Indust. — Le Cateau (Nord).

Dr **Dupouy (Abel)**, 43, avenue du Maine. — Paris. — **R**

Dupré (Anatole), Chim., 36, rue d'Ulm. — Paris. — **R**

Dr **Dupuis (Camille)**, Mem. du Cons. gén., 1, rue de Poitiers. — Bressuire (Deux-Sèvres).

Dupuis (Charles), Dispacheur consult. de la Marine, 18, rue Porte-Neuve. — Pau (Basses-Pyrénées). — **R**

*****Dupuy**, Notaire. — Villedommange (Marne).

Dupuy (Paul), Prof. hon. à la Fac. de Méd. de Bordeaux, 16, chemin d'Eysines. — Cau-déran (Gironde). — **F**

Duran-Loriga (Juan, J.), Command. d'Artil. en retraite, Prof. de Math., 20, plaza de Maria Pita. — La Corogne (Espagne).

Durand (Antoine), Dent., 24, rue de La République. — Lyon (Rhône).

Durand (Eugène), Prof. hon. à l'Éc. nat. d'Agric., 6, rue du Cheval-Blanc. — Montpellier (Hérault).

Dr **Durand (Jean)**, Méd. des Hôp., 7, rue de Grassi. — Bordeaux (Gironde).

Durand-Claye (Mme Ve Alfred). — La Bretêche par Palaiseau (Seine-et-Oise) et l'hiver 250, boulevard Raspail — Paris.

Durand-Gréville (Émile), Publiciste, 3, rue de Beaune. — Paris.

Duranteau (Mme la Baronne Albert), château de Laborde d'Antran. — Ingrande par Châtellerault (Vienne).

Duranteau (le Baron Albert), Prop., château de Laborde d'Antran. — Ingrande par Châtellerault (Vienne).

Durègne (Mme Ve E.), 22, quai de Béthune. — Paris.

Durègne (Émile), Ing. des Télég., 309, boulevard de Caudéran. — Bordeaux (Gironde).

*****Dr **Duret (Émile)**, 99, rue Chanzy. — Reims (Marne).

Duret (Théodore), Homme de lettres, 4, rue Vignon. — Paris.

Dussaut (Louis), Recev. princ. des Contrib. indir., Entreposeur des Tabacs. — Châ-tellerault (Vienne).

Dutens (Alfred), 12, rue Clément-Marot. — Paris.

Dr **Dutertre (Émile)**, Chirurg. de l'Hôp. Saint-Louis, 12, rue de La Coupe. — Bou-logne-sur-Mer (Pas-de-Calais).

Dutot (Auguste), anc. Adj. au Maire, 56, rue de Montebello. — Cherbourg (Manche).

Duval (Edmond), Ing. en chef des P. et Ch. en retraite, 34, avenue de Messine. — Paris. — **R**

Duveau (Henri), s.-Dir. de la *Soc. des Filatures, Corderies et Tissages*, 3, rue du Tem-ple. — Angers (Maine-et-Loire).

Duvergier de Hauranne (Emmanuel), Mem. du Cons. gén. du Cher, 3, rue Gounod. — Paris et château d'Herry (Cher).

Duvert (Charles), Indust. — Le Châlet par Verneuil-sur-Vienne (Haute-Vienne).

*Duvert (Georges), Indust., La Gabie. — Verneuil-sur-Vienne (Haute-Vienne).

Duvert (Marcel), Indust. — Le Châlet par Verneuil-sur-Vienne (Haute-Vienne).

Dybowski (Jean), Insp. gén. de l'Agric. coloniale, Dir. de l'Éc. nat. sup. d'Agric. coloniale; avenue de La Belle-Gabrielle. — Nogent-sur-Marne (Seine).

École spéciale d'Architecture, 254, boulevard Raspail. — Paris.

Égli (Arthur), anc. Indust. — Paliseul (Belgique).

Église évangélique libérale (M. Charles Wagner, pasteur), 7 *bis*, rue Daval. — Paris. — **F**

Eichthal (Eugène d'), Admin. de la *Comp. des Chem. de fer du Midi*, 144, boulevard Malesherbes. — Paris. — **R**

Eichthal (Louis d'), château des Bézards. — Sainte-Geneviève-des-Bois par Châtillon-sur-Loing (Loiret). — **R**

Eiffel (Gustave), Ing. civ., anc. Élève de l'Éc. cent. des Arts et Man., 1, rue Rabelais. — Paris. — **R**

Ellie (Raoul), Ing. des Arts et Man., 7, rue Saint-Genès. — Bordeaux (Gironde). — **R**

Ellissen (Albert), Ing., Admin. de la *Comp. des Chem. de fer du Nord de l'Espagne*, 153, boulevard Haussmann. — Paris. — **R**

Emerat, Nég., rue d'Orléans. — Oran (Algérie).

*Dʳ Émonet (André). — Montataire (Oise).

Engel (Michel), Relieur, 91, rue du Cherche-Midi. — Paris. — **F**

Érard (Paul), Ing. des Arts et Man. — Jolivet par Lunéville (Meurthe-et-Moselle).

Erceville (le Comte Charles d'), 42, rue de Grenelle. — Paris.

Erny (Georges), Chirurg.-Dent. diplômé de la Fac. de Méd. de Paris, 65, rue de L'Hôtel-de-Ville. — Lyon (Rhône).

Estoile (le Comte Julien de l'), Lieut. au 59ᵉ Rég. d'Infant, rue d'Enrouge. — Pamiers (Ariège).

*Dʳ Etchepareborda (Nicasio), Prof. à la Fac. de Méd. de Buenos-Ayres, 5, rue Villaret-Joyeuse. — Paris.

Dʳ Eternod, Prof. à l'Univ. de Genève. — Les Acácias (canton de Genève) (Suisse).

Dʳ Étienne (Georges), Agr. libre, Chargé de Cours à la Fac. de Méd., 22, rue du Faubourg-Saint-Jean. — Nancy (Meurthe-et-Moselle).

*Eudlitz, Chirurg.-Dent., 3, rue d'Athènes. — Paris.

*Eysséric (Joseph), Artiste-Peintre, 14, rue Duplessis. — Carpentras (Vaucluse). — **R**

Fabre (Charles), Doct. ès Sc., Prof. adj. à la Fac. des Sc., Dir. de la Stat. agronom., 18, rue Fermat. — Toulouse (Haute-Garonne). — **R**

Fabre (Cyprien), Nég., anc. Présid. de la Ch. de Com., 71, rue Sylvabelle. — Marseille (Bouches-du-Rhône).

Fabre (Georges), Insp. des Forêts, anc. Élève de l'Éc. Polytech., 28, rue Ménard. — Nîmes (Gard). — **R**

Fabrègue (Jules), Chef de Divis. hon. au Min. de la Justice, 80, boulevard Haussmann. — Paris.

Fabry (Charles), Prof. à la Fac. des Sc., 4, rue Clapier. — Marseille (Bouches-du-Rhône).

Faget (Marius), Archit., 34, rue du Palais-Gallien. — Bordeaux (Gironde).

*Dʳ Faguet (Charles), anc. Chef de clin. à la Fac. de Méd. de Bordeaux, 8, rue du Palais. — Périgueux (Dordogne).

Falcouz (Antoine), Banq., 19, place Morand. — Lyon (Rhône).

Fallot (Emmanuel), Prof. de Géol. à la Fac. des Sc., 34, rue Casteja. — Bordeaux (Gironde).

Farcy (Louis de), Prop., 3, rue du Parvis-Saint-Maurice. — Angers (Maine-et-Loire).

Farjon (Ferdinand) Indust., anc. Élève de l'Éc. Polytech., Député du Pas-de-Calais, 22, rue Dutertre. — Boulogne-sur-Mer (Pas-de-Calais).

Farman (Maurice), 95, avenue de Villiers. — Paris.

*Farre (Charles), Nég. en vins de Champagne, 67, rue Jacquart. — Reims (Marne).

Faucheur (Edmond), Manuf., Présid. du *Comité linier du Nord de la France*, 13, square Rameau. — Lille (Nord).

Fauchille (Auguste), Doct. en Droit, Lic. ès Lettres, Avocat à la Cour d'Ap., 56, rue Royale. — Lille (Nord).

*Faupin, Avoué, 61, boulevard de La République. — Reims (Marne).

Faure (Alfred), Prof. d'Hist. nat. à l'Éc. nat. vétér., anc. Député, 41, rue d'Algérie. — Lyon (Rhône) — **R**

*Dʳ Faure (Jean-Louis), Agr. à la Fac. de Méd., Chirurg. de l'Hôp. Cochin, 12, rue de Seine. — Paris.

*D' Faure (Louis). — Pierrelate (Drôme).
*Fauré-Hérouart (Dominique), anc. Cons. d'Arrond., anc. Maire. — Montataire (Oise).
*Fauret, Chirurg.-Dent., 104, rue Leyteyre. — Bordeaux (Gironde).
Fauvel (Pierre), Doct. ès Sc. nat., Prof. de Zool. à la Fac. libre des Sc., villa Cécilia,
    12, rue du Pin. — Angers (Maine-et-Loire).
Favereaux (Georges), 16, avenue de La Bourdonnais. — Paris. — R
Favre (Louis), Ing. agron., 16, rue des Écoles. — Paris.
Favrel (Georges), Prof. à l'Éc. sup. de Pharm., 87, rue de Mont-Désert. — Nancy
    (Meurthe-et-Moselle).
*Fay (Walter), Chirurg.-Dent., 40, rue de Spa. — Bruxelles (Belgique).
Fayot (Louis), Ing., Dir. des Ateliers de la Maison Bréguet, rue de L'Abbaye-des-Prés.
    — Douai (Nord).
Febvre-Wilhélem (Mme Édouard), villa du Rendez-Vous. — Chaumont (Haute-Marne).
Febvre-Wilhélem (Édouard), Mem. du Cons. gén., villa du Rendez-Vous. — Chaumont
    (Haute-Marne).
Feineux (Edmond), 4, boulevard de Maupeou. — Sens (Yonne).
Félix (Marcel), 13, rue de Tocqueville. — Paris.
Féret (Alfred) Indust., 16, rue Étienne-Marcel. — Paris.
Féret (René), Dir. du Lab. des P. et Ch., anc. Élève de l'Éc. Polytech., 4 bis, place
    Frédéric-Sauvage. — Boulogne-sur-Mer (Pas-de-Calais).
Ferrand (Ferdinand), Mem. de la Ch. de Com., 94, cours Gambetta. — Lyon (Rhône).
Ferrand (Lucien), Étud., 68, rue Ampère. — Paris.
Ferré (Gabriel), Prof. à la Fac. de Méd., 5, rue Pedroni. — Bordeaux (Gironde).
Ferrouillat (Prosper), Lic. en Droit, Syndic de la Presse départ., 10, rue du Plat.
    — Lyon (Rhône).
Ferry (Gustave), anc. Notaire., Indust. — Lexy par Cons-la-Granville (Meurthe-et-
    Moselle).
Ferton (Charles), Chef d'Escadron, Command. l'Artil. de la Place. — Bonifacio
    (Corse). — R
Féry (Charles), Doct. ès Sc., Prof. à l'Éc. mun. de Phys. et de Chim. indust. de la
    Ville de Paris, 42, rue Lhomond. — Paris.
D' Feuillade (Henri), anc. Int. de l'Asile départ. d'Aliénés de Bron, 270, cours Gam-
    betta. — Lyon (Rhône).
Ficheur (Émile), Doct. ès Sc., Dir. de l'Éc. prép. à l'Ens. sup. des Sc., Dir.-adj. du
    Serv. géol. de l'Algérie, 77, rue Michelet. — Alger. — R
D'. Fiessinger (Charles), Corresp. nat. de l'Acad. de Méd., 5, rue de La Renaissance.
    — Paris.
*Fieux (Auguste), Dir. de l'Éc. Moderne, 44, rue de la Tour. — Paris.
Finart d'Allonville (Armand), anc. Cap. d'Infant., Prop., 2, avenue des Caves. — Le
    Bois-d'Avron par Neuilly-Plaisance (Seine-et-Oise). — R
Fischer (H.), 13, rue des Filles-du-Calvaire. — Paris.
Fischer de Chevriers, Prop., 23, rue Vernet. — Paris. — R
Flammarion (Camille), Astronome, 40, avenue de L'Observatoire. — Paris; et à l'Ob-
    servatoire. — Juvisy-sur-Orge (Seine-et-Oise).
Flandin, Prop., 27, boulevard Malesherbes. — Paris. — R
Fliche, Corresp. de l'Inst., Prof. à l'Éc. Forest., 17, rue Bailly. — Nancy (Meurthe-et-
    Moselle).
Floquet (Gaston), Doyen de la Fac. des Sc., 21, rue de La Commanderie. — Nancy
    (Meurthe-et-Moselle).
Florent (Mme Paul), 22, rue des Encans. — Avignon (Vaucluse).
Florent (Paul), Indust., anc. Présid. du Trib. de Com., 22, rue des Encans. — Avignon
    (Vaucluse).
D' Fontan (Émile, Jules), Corresp. nat. de l'Acad. de Méd.; Méd. en chef de 1re cl.,
    Dir. du Serv. de Santé de la Marine, 9 avenue Colbert. — Toulon (Var).
Fontane (Marius), anc. Sec. gén. de la Comp. du Canal de Suez, 5, rue Cernuschi.
    — Paris.
*Fontaneau (Éléonor), anc. Of. de Marine, anc. Élève de l'Éc. Polytech., 8, cours Bugeaud.
    — Limoges (Haute-Vienne).
Fontanille (Gaston), Avocat à la Cour d'Ap., 16, boulevard Édouard-Rey. — Grenoble.
    (Isère).
D' Forest-Perry (Paul de), Méd. du Sanatorium du Léman. — Gland (canton de Vaud
    (Suisse).

Forestier (Charles), Prof. hon. de Lycée, 36, rue d'Alsace-Lorraine. — Toulouse (Haute-Garonne).

*Forgeot (Eugène), Chef des Trav. de l'Éc. nat. vétér., 2, quai Pierre-Scize. — Lyon (Rhône).

*Fortel (Amédée) (fils), Prop. — Sillery (Marne). — **R**

Fortier (Pierre), Chim. — Salindres (Gard). — **R**

*Dr Fortin, 32, avenue de Friedland. — Paris.

Fortin (Raoul), 24, rue du Pré. — Rouen (Seine-Inférieure). — **R**

Fougeron (Paul), 55, rue de La Bretonnerie. — Orléans (Loiret). — **R**

Fouillaron (Gustave), Inventeur-Construc. de la *Poulie extensible*, 154, rue de Villiers. — Levallois-Perret (Seine).

Fouju (Gustave), Représ. de Com., 33, rue de Rivoli. — Paris.

Dr Fouquet (Daniel), 2, rue Baïdak. — Le Caire (Égypte).

Fourcade-Cancellé (Édouard), Caissier central de la *Comp. du Canal de Suez*, 23, rue des Imbergères. — Sceaux (Seine).

Foureau (Fernand), Lauréat de l'Inst., Explorateur, Ing. civ., Mem. de la *Soc. de Géog.* 24, place des Batignolles. — Paris.

Fouret (Georges), Examin. d'admis. à l'Éc. Polytech., 4, avenue Carnot. — Paris.

*Fourmon (Mme Ve) et Cie, Nég. en tissus, 27, rue de L'Université. — Reims (Marne).

Fournier (Alfred), Prof. hon. à la Fac. de Méd., Mem. de l'Acad. de Méd., Méd. hon. des Hôp., 77, rue de Miromesnil. — Paris. — **R**

Fournier (Édouard), 13, rue Grôlée. — Lyon (Rhône).

Fournier (Eugène), Prof. à la Fac. des Sc. — Besançon (Doubs).

Fourtau (René), Ing. civ., boîte postale n° 52. — Le Caire (Égypte).

Fouyer (Joseph), Chirurg.-Dent. diplômé de la Fac. de Méd. de Paris, 63, rue de La Rotonde. — Marseille (Bouches-du-Rhône).

Dr Foveau de Courmelles (François, Victor), Lic. ès Sc. Phys., ès Sc. nat. et en Droit, Lauréat de l'Acad. de Méd., 26, rue de Châteaudun. — Paris. — **R**

Francezon (Paul), Chim. et Indust., 7, rue Mandajors. — Alais (Gard). — **R**

*Franchette (Félix), Prof. et Chef des Trav. prat. à l'Éc. Odontotech., 5, place du Théâtre-Français. — Paris.

Dr Francillon (Mlle Marthe), anc. Int. des Hôp., 18, avenue Friedland. — Paris. — **R**

François (Philippe), Doct. ès Sc. nat., Chef des travaux pratiques à la Fac. des Sc., 20, rue des Fossés-Saint-Jacques. — Paris.

*François (Mme Anatole), 1, square du Croisic. — Paris.

*François et Cie, successeurs de Léon Chandon, Nég. en vins de Champagne, 7, chemin de Cormontreuil. — Reims (Marne).

Dr François-Franck (Charles, Albert), Mem. de l'Acad. de Méd., Prof. au Collège de France, 5, rue Saint-Philippe-du-Roule. — Paris. — **R**

Francq (Roger), Ing. des Arts et Man., 48, avenue Victor-Hugo. — Paris.

Dr Frappaz (Toussaint), 42, place des Maisons-Neuves. — Lyon-Villeurbanne (Rhône).

Dr Frat (Victor), 23, rue Maguelone. — Montpellier (Hérault).

Franqueville de Caudecoste (Arthur de), Prop., 1, rue du Départ. — Paris.

Frémont-Saint-Chaffray (Mme Berthe), 54, rue de Seine. — Paris.

*Fréville (Mme Ernest), 41, rue Chabaud. — Reims (Marne).

*Fréville (Ernest), Receveur particulier des Finances, 41, rue Chabaud. — Reims (Marne).

*Dr Frey (Léon), Prof. à l'Éc. dentaire de Paris, 99, boulevard Haussmann. — Paris.

Friedel (Mme Ve Charles) (née Combes), 9, rue Michelet. — Paris. — **F**

Frizeau (G.), Avocat à la Cour d'Ap. de Bordeaux. — Branne (Gironde).

Frolov (le Général Michel), 36, quai des Eaux-Vives. — Genève (Suisse).

Fron (Albert), Insp. adj. des Forêts, École Forestière des Barres-Vilmorin. — Nogent-sur-Vernisson (Loiret). — **R**

Fron (Émile), Météor. tit. au Bur. cent. météor. de France, 19, rue de Sèvres. — Paris.

*Fron (Georges), Doct. ès Sc., Chef des trav. botan. à l'Inst. nat. agronom., 29, rue Madame — Paris. — **R**

Dr Fumouze (Victor), 132, rue Lafayette. — Paris.

Gabeau (Charles), Interp. milit. princ. en retraite, château de Fontaines-les-Blanches. — Autrèche (Indre-et-Loire).

*Dr Gaches-Sarraute-Barthélemy (Mme Inès), 36, rue Tronchet. — Paris.

Gachet (A.-S.), Brevets d'Invent., 39, rue de Valois. — Paris.

Gadeau de Kerville (Henri), Homme de Sc., Présid. de la *Soc. des Amis des Sc. nat.*, 7, rue Dupont. — Rouen (Seine-Inférieure).

*Gagnière (Mme Alphonse)**, 93, chemin des Pins. — Lyon (Rhône).

*Dr Gagnière (Alphonse)**, 93, chemin des Pins. — Lyon (Rhône).

Dr Gagnière (Jules-Louis), Agr. à la Fac. de Méd., 10, boulevard Victor-Hugo. — Montpellier (Hérault).

*Gaiffe (Georges)**, Construc. d'Inst. de précis., 40, rue Saint-André-des-Arts. — Paris.

Gaillard (Claude), Chef de Lab. au Muséum des Sc. nat., 17, rue de Cronstadt. — Lyon (Rhône).

Gaillot (Jean-Baptiste, Amable), s.-Dir. de l'Observatoire nat. de Paris en retraite, rue du Commandant-Rivière. — La Varenne-Saint-Hilaire (Seine).

*Gaillot (Léon)**, Dir. de la Stat. agronom. de l'Aisne, avenue Brunehaut.— Laon (Aisne).

Gain (Edmond), Prof. adj. à la Fac. des Sc., Dir. des Études agronom. et coloniales à l'Univ., 7, rue de Lorraine. — Nancy (Meurthe-et-Moselle).

*Galante (Émile)** Fabric. d'inst. de chirurg., 75, boulevard du Montparnasse. — Paris. —**F**

Galicher (J.), Relieur, 5, rue Miollis. — Paris.

*Dr Galimard (Joseph)**, Doct. en Pharm., Pharm., rue Buffon. — Semur-en-Auxois (Côte-d'Or).

Dr Galippe (Victor), Mem. de l'Acad. de Méd., 12, place Vendôme. — Paris.

Galland (Gustave), Filat. — Remiremont. (Vosges).

Gallice (Henry), Nég. en vins de Champagne, faubourg du Commerce. — Épernay (Marne).

Gallopin (Abel), Avocat à la Cour d'Ap. de Paris, place Saint-Denis. — Montoire-sur-Loir (Loir-et-Cher).

Gandoulf (Léopold), Princ. hon. de Collège, 9, rue Villars. — Grenoble (Isère).

Garçon (Jules), Biblioth. de la *Soc. d'Encouragement pour l'Indust. nat.*, 40 *bis*, rue Fabert. — Paris.

Gardair (Aimé), Dir. de la *Comp. gén. des Prod. chim. du Midi*, 51, rue Saint-Ferréol. — Marseille (Bouches-du-Rhône).

*Gardès (Mme Louis)**, 5, rue Lacapelle. — Montauban (Tarn-et-Garonne). — **R**

*Gardès (Louis)**, Notaire hon., anc. Élève de l'Éc. nat. sup. des Mines, 5, rue Lacapelle. — Montauban (Tarn-et-Garonne). — **R**

Gariel (Mme C.-M.), 6, rue Édouard-Detaille. — Paris. — **R**

*Gariel (C.-M.)**, Prof. à la Fac. de Méd., Mem. de l'Acad. de Méd., Insp. gén., Prof. à l'Éc. nat. des P. et Ch., 6, rue Édouard-Detaille. — Paris. — **F**

Gariel (Mme Léon), 14, rue Carnot. — Cormeilles-en-Parisis (Seine-et-Oise). — **R**

Gariel (Léon), Ing. agron, 14, rue Carnot.—Cormeilles-en-Parisis (Seine-et-Oise).—**R**

Garnier (Ernest), anc. Présid. de la *Soc. indust. de Reims*, (chez M. Lemaire), 12, rue Sacrot. — Saint-Mandé (Seine). — **R**

*Garnier (Louis)**, Nég. en tissus, 16, rue de Talleyrand. — Reims. (Marne).

Garnier (Paul) et Cie, Horlog.-Mécan., 16, rue Taitbout. — Paris.

*Dr Garraud-Chotard (Théodore)**, 10, boulevard de Fleurus. — Limoges (Haute-Vienne).

Garreau (L.-Philippe), Cap. de frégate en retraite, 1, rue de Floirac. — Agen (Lot-et-Garonne), et l'hiver, 62, boulevard Malesherbes. — Paris. — **R**

Garric (Jules), Banquier, 3, rue Esprit-des-Lois. — Bordeaux (Gironde).

Garrigou (Félix), Prof. à la Fac. de Méd., 38, rue Valade. — Toulouse (Haute-Garonne).

*Garrigou-Lagrange (Paul)**, Avocat, Sec. gén. de la *Soc. Gay-Lussac*, 23, avenue Foucaud. — Limoges (Haute-Vienne).

Garrisson (Eugène), Avocat, 19, rue des Augustins. — Montauban (Tarn-et-Garonne).

*Gascard (Albert) (père)**, anc. Pharm., Indust., anc. Juge au Trib. de Com. de Rouen. — Bihorel-lez-Rouen par Rouen (Seine-Inférieure).

Gascard (Albert) (fils), Prof. à l'Éc. de Méd. et de Pharm., Pharm. des Hôp., 76, boulevard Beauvoisine. — Rouen (Seine-Inférieure). — **R**

Gasqueton (Mme Georges), château Capbern. — Saint-Estèphe-Médoc (Gironde). — **R**

Gasqueton (Georges), Avocat, anc. Maire, château Capbern. — Saint-Estèphe-Médoc (Gironde). — **R**

Gast (Paul), Notaire. — Bourg-sur-Gironde (Gironde).

Gatine (Albert), Insp. des Fin., 1, rue de Beaune. — Paris. — **R**

    Gaube (Jean), 12, rue Léonie. — Paris. — **R**

Dr Gaube (Jules, Jean), 12, rue Léonie. — Paris.
*Dr Gaube (Raoul), 19, rue Pluche. — Reims (Marne).
*Gaucher (Ernest), Prof. à la Fac. de Méd., Méd. des Hôp., 1, square Moncey. — Paris.
*Gaudier (Charles), Prof. au Lycée, 75, rue Libergier. — Reims (Marne).
Gaudry (Albert), Mem. de l'Inst., Prof. hon. au Muséum nat. d'Hist. nat., 7 bis, rue
    des Saints-Pères. — Paris. — F
Gauthier (Antoine), Fabric. de rubans, 10, rue Mi-Carême. — Saint-Étienne (Loire).
Gauthier-Villars (Albert), Imprim-Édit., anc. Élève de l'Éc. Polytech., 55, quai des
    Grands-Augustins. — Paris. — R
Dr Gautier (Georges), Dir. du Lab. d'Électrothérap. et de la Revue internat. d'Électro-
    thérap., 9, rue Beaujon. — Paris. — R.
*Dr Gautrez (Eugène), Dir. du Bureau mun. d'Hyg. Méd. de l'Hop., 141, cours Sablon.
    — Clermont-Ferrand (Puy-de-Dôme).
Gavelle (Julien), Admin. du Journal des Débats, 74, rue de La Tour. — R
*Gay (Tancrède), Prop., 17, rue Chanzy. — Reims (Marne).
Gayon (Ulysse), Corresp. de l'Inst., Doyen de la Fac. des Sc., Dir. de la Stat. agron.,
    7, rue Duffour-Dubergier. — Bordeaux (Gironde). — R
Gazagnaire (Joseph), anc. Sec. de la Soc. entomol. de France, 29, rue Centrale.
    — Cannes (Alpes-Maritimes). — R
Gazagne (Gaston), Chef de sect. à la Comp. des Chem. de fer de Paris à Lyon et à la
    Méditerranée, 40, rue de L'Hôtel-de-Ville. — Arles-sur-Rhône (Bouches-du-Rhône).
Gelin (l'Abbé Émile), Doct. en Philo. et en Théologie, Prof. de Math. sup. au Collège
    de Saint-Quirin. — Huy (Belgique). — R
*Géneau (Charles), Lic. ès Sc., Prépar. à la Fac. des Sc. de Paris (P. C. N.), villa de
    Douvres. — Ermont (Seine-et-Oise).
Genest (G.), Indust., Papeterie de Gouis. — Durtal (Maine-et-Loire).
Geneste (Philippe), Archit., 18, chemin de Vacques. — Saint-Rambert (Ile-Barbe)
    (Rhône).
Gensoul (Paul), Ing. des Arts et Man., Admin. de la Comp. du Gaz de Lyon, 42, rue
    Vaubecour. — Lyon (Rhône). — R
Gentil (Louis), Maître de Conf. à la Fac. des Sc., 5, rue Mizon. — Paris. — R
*Geoffroy (Henri), Nég. en vins de Champagne, 1, rue du Marc. — Reims (Marne).
Dr Geoffroy (Jules), 15, rue de Hambourg. — Paris.
Geoffroy (Félicien), Chirurg.-Dent. diplomé de la Fac. de Méd., Chef de Clin. à l'Éc.
    dent. de Paris, Expert, 1, square du Croisic. — Paris.
Geoffroy Saint-Hilaire (Albert), anc. Dir. du Jardin zool. d'Acclimat., anc. Présid.
    de la Soc. nat. d'Acclimat. de France, 9, rue de Monceau. — Paris. — F
Georges (H.), Nég., v.-Consul de l'Uruguay, 1, rue de L'Arsenal. — Bordeaux
    (Gironde).
Georgin (Ed.), Nég., 26, rue Jeanne-d'Arc. — Reims (Marne).
Gérard (l'Abbé Félicien), Lic. ès Sc. nat., Prof. à l'Éc. Saint-François de Salles, 39, rue
    Vannerie. — Dijon (Côte-d'Or).
Gérard (René), Prof. de Botan. à la Fac. des Sc., Dir. du Jardin botan. de la Ville,
    67, avenue de Noailles. — Lyon (Rhône).
*Dr Gerber (Charles), Prof. à l'Éc. de Méd., Chef des travaux prat. à la Fac. des Sc.,
    27, boulevard de La Corderie. — Marseille (Bouches-du-Rhône).
Gérente (Mme Paul), 19, boulevard Beauséjour. — Paris. — R
Dr Gérente (Paul), Méd.-Dir. hon. des Asiles pub. d'aliénés, Sénateur d'Alger, Maire
    du XVIe Arrond., 19, boulevard Beauséjour. — Paris. — R
Germain (Louis), 20, rue Coypel. — Paris.
Germain (Philippe), 33, place Bellecour. — Lyon (Rhône). — F
Germain de Maidy (Léon), Insp. divis. de la Soc. française d'Archéol., 26, rue Héré.
    — Nancy (Meurthe-et-Moselle. — R
Germain de Montauzan (Camille), Agr. des Lettres, Prof. au Lycée, le Rond-Point.
    — Saint-Étienne (Loire).
*Giard (Mme Alfred), 14, rue Stanislas. — Paris.
*Dr Giard (Alfred), Mem. de l'Inst., Prof. à la Fac. des Sc., anc. Député, 14, rue
    Stanislas. — Paris. — R
*Dr Gibert (Charles). — Rilly-la-Montagne (Marne).
Gibou (Édouard), Prop., 87, avenue Henri-Martin. — Paris.
Gigandet (Eugène) (fils), Nég., 16, rue Montaux. — Marseille (Bouches-du-Rhône). — R
Gilardoni (Frantz), Manufac. — Altkirch (Alsace-Lorraine).

Gilardoni (Jules), Manufac. — Altkirch (Alsace-Lorraine).
Gilbert (Armand), Présid. de Chambre à la Cour d'Ap., 12, rue Vauban. — Dijon
    (Côte-d'Or). — **R**
Dr Gilbert (Joseph), 7, rue de La Petite-Douve. — Saumur (Maine-et-Loire).
Gillard (Gabriel), Chirurg.-Dent. diplômé de la Fac. de Méd., 4, carrefour de L'Odéon.
    — Paris.
Gillet (fils aîné), Teintur., 9, quai de Serin. — Lyon (Rhône). — **F**
Gillet (Albert), 156, boulevard Pereire. — Paris.
Dr Gillet (Henry), 3, place Pereire. — Paris.
Dr Gillot (François, Xavier), 5, rue du Faubourg-Saint-Andoche. — Autun (Saône-et-
    Loire).
Dr Gillot (Victor), Méd. des Hôp., 21, boulevard Victor-Hugo. — Alger.
Gillot (Paul, Louis), Caissier d'Agent de Change, 34, rue Saint-Didier. — Paris.
Dr Gimbert (Henry), anc. Int. des Hôp., 30, rue d'Ulm. — Paris.
Dr Girard (Auguste), Maire, Méd.-Insp. des Eaux minérales. — Charbonnières-les-
    Bains (Rhône).
Girard (Charles), Chef du Lab. mun. de la Préf. de Police, 2, rue de La Cité.
    — Paris. — **F**
Dr Girard (Henry), Méd. princ. de la Marine, Chef du Serv. de Santé à l'Hôpital. — Sidi-
    Abdallah (Tunisie).
Dr Girard (Jules), Prof. à l'Éc. de Méd., Mem. du Cons. mun., 4, rue Vicat. — Grenoble
    (Isère).
Girard (Julien), Pharm.-Maj. de l'Armée en retraite, 3, boulevard Bourdon. — Paris. — **R**
Girard (Max), Agréé au Trib. de Com., 2, rue Rossini. — Paris.
Girardin (Paul), Prof. à l'Univ., villa Églantine. — Fribourg (Suisse).
Girardot (Louis, Abel), Géol., Prof. au Lycée, 28, rue des Salines. — Lons-le-Saunier
    (Jura).
Giraud (Louis). — Saint-Péray (Ardèche). — **R**
Giraud-Teulon, Prof. hon. de l'Univ., château de Navarre. — La Mulatière par Lyon
    (Rhône).
Giraux (Mme Louis), 9 *bis*, avenue Victor-Hugo. — Saint-Mandé (Seine).
Giraux (Louis), Nég. 9 *bis*, avenue Victor-Hugo. — Saint-Mandé (Seine). — **R**
Giresse (Édouard), Sénateur de Lot-et-Garonne, Mem. du Cons. gén., Maire. — Meilhan
    (Lot-et-Garonne).
Dr Girod (Paul), Prof. à la Fac. des Sc., Dir. de l'Éc. de Méd., 20, rue Blatin.
    — Clermont-Ferrand (Puy-de-Dôme).
Giry (Mme Marius), 8, rue Sainte. — Marseille (Bouches-du-Rhône).
Giry (Marius), Fabric. de papiers et de pâte de bois, 8, rue Sainte. — Marseille (Bou-
    ches-du-Rhône).
Giuria (Pier, Michel), Méd.-Dent., 4-1, rue de Rome. — Gênes (Italie).
*Givelet, André et Cie, successeurs de Saint-Marceaux, Nég. en vins de Champagne, 10,
    rue de Sillery. — Reims (Marne).
Glangeaud (Philippe), Prof de Géol. à la Fac. des Sc., 46 *bis*, boulevard Lafayette. —
    Clermont-Ferrand (Puy-de-Dôme).
Gleizes, Chirurg.-Dent., 73, rue Saint-Sernin. — Bordeaux (Gironde).
*Gobin (Mme Adrien), 8, quai d'Occident. — Lyon (Rhône).
*Gobin (Adrien), Insp. gén. hon. des P. et Ch., 8, quai d'Occident. — Lyon (Rhône). — **R**
Goby (Paul), Mem. de la *Soc. Géol. de France*, 5, boulevard Victor-Hugo. — Grasse
    (Alpes-Maritimes).
Godard (Félix), Ing. de la Marine hors cadres, 15, rue d'Édimbourg. — Paris. — **R**
Godart (Aimé), anc. Dir. de l'Éc. Monge, anc. Élève de l'Éc. Polytech., 8 *bis*, avenue
    de L'Orangerie. — Versailles (Seine-et-Oise).
*Godfrin (Paul), Pharmacien, 21, place Luton. — Reims (Marne).
Godillot-Alexis (Georges), Ing. des Arts et Man., 2, rue Blanche. — Paris.
Godiniaux (Évariste), Ing. des Arts et Man., 69, cours Saint-André. — Grenoble (Isère).
*Dr Godon (Charles), Dir. de l'Éc. dentaire de Paris, 40, rue Vignon. — Paris.
*Gœrg, 46, boulevard Lundy. — Reims (Marne).
Gort (Viscomt). — East-Cowes-Castle (Isle of Wight) (Angleterre).
*Gosme (Alfred), Nég. en laines, 3 *bis*, rue du Levant. — Reims (Marne).
Gossart (Émile), Prof. de Phys. expériment. à la Fac. des Sc., 68, rue Eugène-Ténot.
    — Bordeaux (Gironde).

*Gosset (Alphonse), Archit., 9, rue des Templiers. — Reims (Marne).
*Gosset (Eugène), Nég. en laines, V.-Présid. de la Ch. de Com., 6, place Godinot.
    — Reims (Marne).
*Dr Gosset (Pol), 2, rue Legendre. — Reims (Marne).
 Gossiome (Paul), Nég. — Yerres (Seine-et-Oise).
*Dr Gouas (Ernest). — La Croix-Saint-Leufroy (Eure).
 Gouin (Adolphe), Ing. des Arts et Man., Admin.-gérant de la *Soc. des Savonneries
    Menpenti*, 118, Grand Chemin de Toulon.— Marseille (Bouches-du-Rhône).
*Goulet (Mme Ve Georges) et Cie, Nég. en vins de Champagne, 1, 2, 3, avenue de Châ-
    lons. — Reims (Marne).
 Goullin (Gustave, Charles), Consul de Belgique, anc. Adj. au Maire, 5, place du Général-
    Mellinet. — Nantes (Loire-Inférieure).
 Gounouilhou (G.), Imprim., 11, rue Guiraude. — Bordeaux (Gironde). — **F**
 Gourdon (Maurice), Attaché au Serv. de la Carte Géol. de France, 19, rue de Gigant.
    —Nantes (Loire-Inférieure)
 Goutereau (Charles), Météorol. au Bureau Cent. Météor. de France, 3, rue Paira.
    — Meudon (Seine-et-Oise).
*Gouthière (Henri), Dir. de la *Soc. Gouthière et Cie* (produits chim.), 64, rue de Cour-
    celles. — Reims (Marne).
 Gouverne (Auguste), Maire, Entrep. de Menuiserie et Charpente. — Saint-Cyr-au-
    Mont-d'Or (Rhône).
 Goy (Adolphe), Pharm. de 1re cl., anc. Int. des Hôp., Indust., 23, rue Beautreillis.
    — Paris.
 Dr Grabinski (Boleslas). — Neuville-sur-Saône (Rhône). — **R**
*Grammaire (Mlle Alexandrine), Prop., 4, rue Decrès. — Chaumont (Haute-Marne).
*Grammaire (Louis), Géom., Cap. adjud.-maj. au 52e rég. territ. d'Infant., Agent gén. du
    Phénix, place Saint-Jean. — Chaumont (Haute-Marne).
 Grandeau (Louis), Insp. gén. des Stat. agronom., Prof. au Conserv. nat. des Arts et
    Mét., 4, avenue de La Bourdonnais. — Paris.
 Grandidier (Alfred), Mem. de l'Inst., 2, rue Gœthe. — Paris. — **R**
*Granet (Vital), Recev. mun., rue Louis-Codet. — Saint-Junien (Haute-Vienne). — **R**
*Dr Granjux (Adrien), Sec. de la Rédac. du *Bulletin médical*, 17, quai Voltaire.
    — Paris.
*Granval (Alexandre), Prof. hon. à l'Éc. de Méd., 14, rue Féry. — Reims (Marne).
 Grasset (Mme Joseph), 6, rue Jean-Jacques-Rousseau. — Montpellier (Hérault).
 Grasset (Joseph), Prof. à la Fac. de Méd., Corresp. nat. de l'Acad. de Méd., 6, rue
    Jean-Jacques-Rousseau. — Montpellier (Hérault).
 Dr Gratiot (E.) (fils). — La Ferté-sous-Jouarre (Seine-et-Marne).
*Grau (Félix), Prof. de Phys. au Lycée, 21, rue Petit-Roland. — Reims (Marne).
 Gravier (Charles), Doct. ès Sc., Assistant de Zool. au Muséum nat. d'Hist. nat.,
    11, rue Lacépède. — Paris. — **R**
 Dr Grégoire (Junior), Méd. de la *Comp. des Chem. de fer de Paris à Lyon et à la
    Méditerranée.* — Chazelles-sur-Lyon (Loire).
*Gréhant (Nestor), Mem. de l'Acad. de Méd., Prof. au Muséum nat. d'Hist. nat., 16, rue
    Cuvier. — Paris.
*Grenier (René), Ing. civ. des Mines, Minotier. — Pocancy par Vertus (Marne).
 Grignard (Victor), Maître de Conf. à la Fac. des Sc. — Lyon (Rhône).
 Grille (Maurice), Avocat, 19, rue Célestin-Port. — Angers (Maine-et-Loire).
 Dr Grimoux (Henri), Méd. hon. des Hôp. — Beaufort (Maine-et-Loire) et 58, rue de
    Vaugirard. — Paris. — **F**
*Grison-Poncelet (Mme Eugène), rue Gambetta. — Creil (Oise).
*Grison-Poncelet (Eugène), Manufac., rue Gambetta. — Creil (Oise). — **R**
 Dr Gros (Jean), Prof. à l'Éc. des Beaux-Arts, 46, cours Morand. — Lyon (Rhône).
 Gros et Roman, Manufac. — Wesserling (Alsace-Lorraine).
*Grosjean (Edgar), Médecin. — Montmirail (Marne).
 Gross (Mme Frédéric), 25, rue Isabey. — Nancy (Meurthe-et-Moselle). — **R**
 Gross (Frédéric), Doyen de la Fac. de Méd., Corresp. nat. de l'Acad. de Méd., 25, rue
    Isabey. — Nancy (Meurthe-et-Moselle). — **R**
 Grosseron (Thomas), Pharm., 5, rue des Récollets. — Nantes (Loire-Inférieure).
 Grosseteste (William), Ing. des Arts et Man., 5, rue de L'Amiral-Courbet. — Paris.
 Grottes (le Comte Jules des), Mem. du Cons. gén., 9, place Gambetta. — Bordeaux
    (Gironde).

Grouvelle (Jules), Ing. des Arts et Man., Prof. de Phys. indust. à l'Éc. cent. des Arts et Man., 18, avenue de L'Observatoire. — Paris.

Gruner (Édouard), Ing. civ. des Mines, anc. Élève de l'Éc. Polytech., Sec. du *Comité cent. des Houillères*, 55, rue de Châteaudun. — Paris.

Gruter (Dominique, Jost), Méd.-Dent., 7, square Saint-Amour. — Besançon (Doubs).

Grynfeltt, Prof. hon. à la Fac. de Méd., 8, place Saint-Côme. — Montpellier (Hérault).

Guccia (Jean-Baptiste), Prof. de Géom. sup. à l'Univ., 30, via Ruggiero Settimo. — Palerme (Italie).

*Dr Guébhard (Adrien), Lic. ès Sc. Math. et Phys., Agr. de Phys. des Fac. de Méd. — Saint-Vallier-de-Thiey (Alpes-Maritimes). — R

*Guédet, Notaire, 35, rue de Talleyrand. — Reims (Marne).

*Guelliot (Mlle Françoise), 9, rue du Marc. — Reims (Marne).

*Dr Guelliot (Octave), Chirurg. de l'Hôtel-Dieu, 9, rue du Marc. — Reims (Marne).

Dr Guende (Charles), (Maladies des yeux), 2, rue Montaut. — Marseille (Bouches-du-Rhône).

Dr Guérard, rue Nationale. — Tours (Indre-et-Loire).

Guérin-Ganivet (Joseph), Prépar. au Muséum nat. d'Hist. nat., 55, rue de Buffon. — Paris.

Guérin (Paul), Doct. ès Sc., Chargé des fonc. d'Agr. à l'Éc. sup. de Pharm., 4, avenue de L'Observatoire. — Paris.

-Dr Guerne (le Baron Jules de), Natur., Sec. gén. de la *Soc. nat. d'Acclimat. de France*, 6, rue de Tournon. — Paris. — R.

Guerrapain (Achille), Prof. départ. d'Agric. — Vaux-sous-Laon (Aisne).

Guerrapin, anc. Nég., l'Hermitage. — Saint-Denis-Hors par Amboise (Indre-et-Loire).

*Gueymard (Jean-Ennemond), Ing. civ., 57, rue Pierre-Corneille. — Lyon (Rhône).

*Guézard (Mme Jean-Marie), 16, rue des Écoles. — Paris. — R

*Guézard (Jean-Marie), Prop., 16, rue des Écoles. — Paris. — F

*Guézard (Marcel), Étud., 16, rue des Écoles. — Paris.

Guiart (Jules), Doct. ès Sc., Prof. à la Fac. de Méd., 16, quai Claude-Bernard. — Lyon (Rhône).

Guiauchain, Archit., rue Clauzel. — Alger-Agha.

Guibert (Léonce), Ing. des P. et Ch., 34, avenue Bosquet. — Paris.

Guieysse (Paul), Ing.-Hydrog. de la Marine, anc. Min., Député du Morbihan, 2, rue Dante. — Paris. — R

Guiffard (Léon), Avocat à la Cour d'Ap., 21, rue de Turin. — Paris.

Guignard (Léon), Mem. de l'Inst. et de l'Acad. de Méd., Dir. de l'Éc. sup. de Pharm., 1, rue des Feuillantines. — Paris.

Guignard (Ludovic, Léopold), Présid. de la *Soc. des Sc. et des Lettres de Loir-et-Cher*, Sans-Souci. — Chouzy (Loir-et-Cher).

*Guilbert (Gabriel), Météorol., 103, rue Branville. — Caen (Calvados).

Guillain (Antoine), Insp. gén. de P. et Ch., anc. Min. des Colonies, Député du Nord, 55, rue Scheffer. — Paris.

*Dr Guillain (Georges), Méd. des Hôp., 6, rue de Luynes. — Paris.

*Guillaume (André), Avocat, 14, rue des Telliers. — Reims (Marne).

*Dr Guillaume (Édouard), 26, rue de Bourgogne. — Reims (Marne).

Guillaume (Joseph), aide-Astronome à l'Observatoire. — Saint-Genis-Laval (Rhône).

*Guillemart (Lucien), Prop. — Sacy, par Villedommange (Marne):

Guillemin (Auguste), Prof. de Phys. à l'Éc. de Méd. et de Pharm., anc. Maire d'Alger, 8, passage du Caravansérail. — Alger.

*Dr Guilleminot (Hyacinthe), 184, rue de Rivoli. — Paris.

*Dr Guillemonat (Auguste), 18, avenue de L'Opéra. — Paris.

Guillemot (Charles), Mécan., 73, rue Saint-Louis-en-l'Ile. — Paris.

Dr Guillet, Prof. à l'Éc. de Méd., 28, rue des Carmélites. — Caen (Calvados).

Guillibert (le Baron Hippolyte), Avocat à la Cour d'Ap., anc. Bâton. de l'Ordre, 10, rue Mazarine. — Aix-en-Provence (Bouches-du-Rhône).

Guilliermond (Alexandre), Lauréat de l'Inst., Doct. ès Sc., 114, rue de La Pyramide. — Lyon (Rhône).

*Guillon (Ferdinand), Ing. civ., Expert près les Trib., 11, rue de La Marine. — Cherbourg (Manche).

Dr Guillot (Félix), Dir. de l'Éc. dentaire de Lyon, 23, cours Gambetta. — Lyon (Rhône).

*Guilloz (Mme Théodore), 38, place de la Carrière. — Nancy (Meurthe-et-Moselle).

*Dr Guilloz (Théodore), Prof. adj. à la Fac. de Méd., 38, place de La Carrière. — Nancy (Meurthe-et-Moselle).

Guilmin (Mme Ve), 4, rue Bobière. — Bourg-la-Reine (Seine). — **R**

Guilmin (Charles), 4, rue Bobière. — Bourg-la-Reine (Seine). — **R**

Guimarães (Rodolphe Ferreira de Souza Marques Sovo Dias), Mem. de l'*Acad. royale des Sc.*, Lieut. de l'Ét.-Maj. du Génie. — Elva (Portugal).

Guimet (Émile), Dir.-Fondat. du Musée Guimet, avenue d'Iéna. — Paris. — **F**

Guionnet (Paul), Prop., route des Cars. — Aixe-sur-Vienne (Haute-Vienne).

Guitel (Frédéric), Prof. de Zool. à la Fac. des Sc. — Rennes (Ille-et-Vilaine).

Guy (Louis), Nég., 160, boulevard Haussmann. — Paris. — **R**

Dr Guyenot (Paul, Louis), Dir. de l'Inst. mécanothérap. — Aix-les-Bains (Savoie).

Dr Guyot (Joseph), Agr. à la Fac. de Méd., Chirurg. des Hôp., 21, rue Saint-Genès. — Bordeaux (Gironde).

*Guyot (Maurice), Étud., 11, rue de Montataire. — Creil (Oise).

*Guyot (Mme Ve Raphaël), 11, rue de Montataire. — Creil (Oise). — **R**

Guyot (Yves), Dir. polit. du *Siècle*, anc. Min. des Trav. pub., 95, rue de Seine. — Paris. — **R**

Haag (Paul), Insp. gén., Prof. à l'Éc. Polytech. et à l'Éc. nat. des P. et Ch., 11 *bis*, rue Chardin. — Paris.

Hachette et Cie, Libr.-Édit., 79, boulevard Saint-Germain. — Paris. — **F**

Hagenbach-Bischoff (Édouard), Doct. ès Sc., Prof. de Phys. à l'Univ., 20, Missions-strasse. — Bâle (Suisse).

*Dr Halbron (Paul), 11, rue Paul-Baudry. — Paris.

*Haller-Comon (Albin), Mem. de l'Inst. et de l'Acad. de Méd., Prof. de Chim. organique à la Fac. des Sc., Dir. de l'Éc. mun. de Phys. et de Chim. indust. de la Ville de Paris, 10, rue Vauquelin. — Paris. — **R**

Hallette (Albert), Fabric. de sucre. — Le Cateau (Nord). — **R**

Hallez (Paul), Prof. à la Fac. des Sc., 58, rue Jean-Bart. — Lille (Nord).

*Dr Hallion (Louis), anc. Int. des Hôp., Dir. adj. du Lab. de Physiol. pathol. des Hautes-Études (Collège de France), 54, rue du Faubourg-Saint-Honoré. — Paris.

*Dr Hallopeau (Henri), Mem. de l'Acad. de Méd., Agr. à la Fac. de Méd., Méd. des Hôp., 91, boulevard Malesherbes. — Paris.

*Hamard (le Chanoine, Pierre, Jules), 6, rue du Chapitre. — Rennes (Ille-et-Vilaine). — **R**

Hamelin (Elphège), Prof. à la Fac. de Méd., 7, rue de La République. — Montpellier (Hérault).

Dr Hamy (Ernest), Mem. de l'Inst. et de l'Acad. de Méd., Prof. au Muséum nat. d'Hist. nat., 36, rue Geoffroy-Saint-Hilaire. — Paris.

Hanrez (Prosper), Ing., Mem. de la Ch. des Représentants, 190, chaussée de Charleroi. — Bruxelles (Belgique).

Dr Hanriot (Maurice), Mem. de l'Acad. de Méd., Agr. à la Fac. de Méd., Dir. des Essais à l'Admin. des Monnaies et Médailles, 11, quai de Conti. — Paris.

Haouy (Charles), Lic. ès Sc. Math. et Phys., Ing. à l'Usine à Gaz, 1, rue des Romains. — Reims (Marne).

*Harel, Notaire, 25, rue Thiers. — Reims (Marne).

Hariot (Paul), Prépar. au Muséum nat. d'Hist. nat., 63, rue de Buffon. — Paris.

Harlé (Émile), anc. Ing. des P. et Ch., Construc., 12, rue Pierre-Charron. — Paris.

Harmand (Juliani), Prêtre retiré. — Docelles (Vosges).

Hartmann (Georges), château de Conflans. — Charenton (Seine).

*Harwood (H., J.), Chirurg.-Dent., 8, rue du Président-Carnot. — Lyon (Rhône).

Haton de la Goupillière (J., N.), Mem. de l'Inst., Insp. gén. en retraite, Dir. hon. de l'Éc. nat. sup. des Mines, 56, rue de Vaugirard. — Paris. — **F**

Hatt (Philippe), Mem. de l'Inst., Ing.-hydrog. de 1re cl. de la Marine, 31, rue Madame. — Paris.

Haug (Émile), Prof. à la Fac. des Sc., 14, rue de Condé. — Paris.

*Haurot, Notaire, 30, rue Thiers. — Reims (Marne).

Hausser (Édouard), Ing. en chef des P. et Ch., 162, boulevard Malesherbes. — Paris.

Dr Hawthorn (Édouard), Inst. de Bactériologie, 139, rue Paradis. — Marseille (Bouches-du-Rhône).

Hayem (Georges), Prof. à la Fac. de Méd., Mem. de l'Acad. de Méd., Méd. des Hôp., 97, boulevard Malesherbes. — Paris.

Dr Hecht (Émile), 12, rue Victor-Hugo. — Nancy (Meurthe-et-Moselle).

Dr Heckel (Édouard), Prof. à la Fac. des Sc. et à l'Éc. de Méd., Corresp. de l'Inst. et de l'Acad. de Méd., Dir. du Jardin botan., 31, cours Lieutaud. — Marseille (Bouches-du-Rhône).

Heïdé (Raynvald), Chirurg.-Dent., Prof. à l'Éc. dentaire de Paris, 39, boulevard Haussmann. — Paris.

*Heidsieck (Charles), Nég. en vins de Champagne, 46, rue de La Justice. — Reims (Marne).

*Dr Heim (Frédéric), Doct. ès Sc., Agr. à la Fac. de Méd., 34, rue Hamelin. — Paris.

Heinbach (Albert), Pharm. de 1re cl., anc. Int. des Hôp., 20, rue de Longchamps. — Paris.

*Heitz (Paul), Ing. des Arts et Man., anc. Élève de l'Éc. libre des Sc. polit., 3, rue de L'Université. — Paris. — **R**

Dr Heitz (Victor), Prof. à l'Éc. de Méd., Chef de clin. à l'Hôp., 45, Grand'Rue. — Besançon (Doubs).

*Hénault (Maurice), Archiv. de la Ville. — Valenciennes (Nord).

*Dr Henneguy (Félix), Mem. de l'Acad. de Méd. Prof. au Collège de France, 9, rue Thénard. — Paris.

*Henning (Mme Eugène), 51, rue de Rennes. — Paris.

Dr Henrard (Étienne), 105, avenue du Midi. — Bruxelles (Belgique).

Henrard (Georges), Ing., Dir. de la *Soc. lyonnaise des Forces motrices du Rhône* (canal de Jonage), 37, rue de La République. — Lyon (Rhône),

*Henriet (Mme Jules), 16, rue Cherchel. — Marseille (Bouches-du-Rhône).

*Henriet (Jules), anc. Ing. en chef des P. et Ch. de l'Empire Ottoman, 16, rue Cherchel. — Marseille (Bouches-du-Rhône).

*Dr Henrijean (François), Prof. à l'Univ. (Fac. de Méd.), 11, rue Fabry. — Liége (Belgique).

Henriot (Louis), Agric. — Mont-Dieu (Ardennes).

*Dr Henrot (Alexandre), 73, rue Gambetta. — Reims (Marne).

*Dr Henrot (Émile), 73, rue Gambetta. — Reims (Marne).

*Dr Henrot (Henri), Corresp. nat. de l'Acad. de Méd., Dir. hon. de l'Éc. de Méd., anc. Maire, 73, rue Gambetta. — Reims (Marne).

*Henry (Aimé), Prof. au Lycée et à l'Éc. de Méd., 56, rue Clovis. — Reims (Marne).

*Henry (Charles), Dir. à l'Éc. prat. des Hautes-Études, 39, boulevard Henri-IV. — Paris.

Henry (Louis, Isidore), Ing. en chef de 1re cl. de la Marine. — Brest (Finistère). — **R**

Hérail (Joseph). Prof. à l'Éc. de Méd., 10 *bis*, boulevard Bon-Accueil. — Alger.

Dr Hérard (Hippolyte), Mem. de l'Acad. de Méd., Agr. de la Fac. de Méd., Méd. hon. des Hôp., 12 *bis*, place De Laborde. — Paris.

Herbault (Nemours), Agent de change hon., 22, rue de L'Élysée. — Paris.

*Hérichard (Émile), Ing. civ., anc. Élève de l'Éc. nat. des P. et Ch., 58, rue des Martyrs. — Paris. — **R**

Hermann-Lefèvre, Chirurg.-Dent., 1, rue Lafayette. — Nantes (Loire-Inférieure).

Hermet (l'Abbé), Curé. — L'Hospitalet par la Cavalerie (Aveyron).

Héron (Guillaume), Prop., château Latour. — Bérat par Rieumes (Haute-Garonne). — **R**

Héron (Jean-Pierre), Prop., 7, place de Tourny. — Bordeaux (Gironde). — **R**

Herran (Adolphe), Ing. civ. des Mines, 102, avenue de Villiers. — Paris. — **R**

Herrenschmidt (Henri), Ing. civ., 10, boulevard Magenta. — Paris.

Dr Hervé (Georges), Prof. à l'Éc. d'Anthrop., 8, rue de Berlin. — Paris.

*Hervieux (Charles), Chef du Serv. de Chim. à l'Éc. nat. vétér., 2, quai Pierre-Scize. — Lyon (Rhône).

Hess (Philippe), Chirurg.-Dent., 3, rue de La Sous-Préfecture. — Montbéliard (Doubs).

Hetzel (Jules), Libr.-Édit., 12, rue des Saints-Pères. — Paris. — **R**

Hillel frères, 2, avenue Marceau. — Paris. — **F**

Hivert (Maurice), Chirurg.-Dent. diplômé de la Fac. de Méd., s.-Dir. de l'Éc. Odonto-technique, 9, rue de l'Isly. — Paris.

*Hoche, Vitic. — Rilly-la-Montagne (Marne).

*Dr Hoël (Henri), Dir. du Bur. mun. d'Hygiène, 6, rue des Telliers. — Reims (Marne).

*Holden (Isaac), Manufac., 27, rue des Moissons. — Reims (Marne).

*Holden (Jonathan), Indust., 23, boulevard de La République. — Reims (Marne). — **R**

Dr Hollande, Dir. de l'Éc. prép. à l'Ens. sup. des Sc. et des Lettres, 1, rue Marcoy. — Chambéry (Savoie).

Holtz (Paul), Insp. gén. des P. et Ch. en retraite, 82, boulevard des Batignolles. — Paris.

*Dr **Hommey (Joseph)**, Méd. de l'Hôp., Mem. du Cons. départ. d'Hygiène, 3, rue des Cordeliers. — Sées (Orne).

Homolle (Théophile), Mem. de l'Inst., Dir. des Musées nat., anc. Dir. de l'Éc. française d'Athènes, Palais du Louvre (Pavillon Mollien). — Paris.

Honnorat-Bastide (Édouard, F.), quartier de La Sèbe. — Digne (Basses-Alpes).

Hottinguer, Banquier, 38, rue de Provence. — Paris. — **F**

Houard (Clodomir), Doct. ès Sc., Prépar. à la Fac. des Sc., 21, rue Bréa. — Paris.

Houdé (Alfred), Pharm. de 1re cl., Mem. du Cons. mun., 29, rue Albouy. — Paris. — **R**

Houdié (Julien), Chir.-Dent., 69, rue d'Alsace-Lorraine. — Toulouse (Haute-Garonne).

*Dr **Houpert (Paul)**, Chirurg.-Dent., 28, cours de Tourny. — Bordeaux (Gironde).

Hourst (Émile), Lieut. de vaisseau en retraite, 11, rue Urbain. — Clermont-Ferrand (Puy-de-Dôme). — **R**

***Housny-Bey (S. E. Ata)**, Homme de Lettres, 3, rue de Chazelles — Paris, et 7, place Sami — Le Caire (Égypte).

Houssay (Frédéric), Prof. à la Fac. des Sc. de Paris, 18, rue du Lycée. — Sceaux (Seine). — **R**

Houzeau (Auguste), Corresp. de l'Inst., Prof. de Chim. gén. à l'Éc. prép. à l'Ens. sup. des Sc., 31, rue Bouquet. — Rouen (Seine-Inférieure).

Hovelacque-Khnopff (Émile), 50, rue Cortambert. — Paris. — **R**

Hua (Henri), Lic. ès Sc. nat., Botan., s.-Dir. à l'Éc. des Hautes-Études (Muséum nat. d'Hist. nat.), 254, boulevard Saint-Germain. — Paris. — **R**

Hubert de Vautier (Émile), Entrep. de confec. milit., 114, rue de La République. — Marseille (Bouches-du-Rhône). — **R**

*Dr **Hublé (Martial)**, Méd.-Maj. de 1re cl. à l'Hôp. milit. Saint-Martin, 8, rue des Récollets. — Paris. — **R**

Hubou (Ernest), Ing. civ. des Mines, Insp. de la *Comp. des Chem. de fer de l'Est*, 19, allée Nicolas-Carnot. — Le Raincy (Seine-et-Oise).

Huc (le Baron), 1, rue Embouque-d'Or. — Montpellier (Hérault).

Hudelo (Louis), Ing. des Arts et Man., Répét. de Phys. gén. à l'Éc. cent. des Arts et Man., 10, rue Saint-Louis-en-l'Ile. — Paris.

***Huet (Émile)**, Chirurg.-Dent., 254, avenue Louise. — Bruxelles (Belgique).

Hugon (Henri), Dir. de l'Agr. et du Com. de la Régence, 22, rue d'Angleterre. — Tunis.

Hugot (Adolphe), Dir. de la *Soc. anonyme des Aciéries et Forges de Firminy*. — Firminy (Loire).

Hugot (Théodore), Chirurg-Dent., 44, avenue de Wagram. — Paris.

***Hugounenq (Louis)**, Doyen de la Fac. de Méd., 17, avenue de Noailles. — Lyon (Rhône).

Hulot (le Baron Étienne), Sec. gén. de la *Soc. de Géog.*, 41, avenue de La Bourdonnais. — Paris. — **R**.

Humbel (Mme Ve Lucien). — Éloyes (Vosges). — **R**

***Huréaux**, Notaire, 3, place Godinot. — Reims (Marne).

***Hureaux (Pierre)**, Nég. en vins de Champagne, 79, place Drouet-d'Erlon. — Reims (Marne).

Hurion (Alphonse), Prof. à la Fac. des Sc. — Dijon (Côte-d'Or).

*Dr **Hurtrel (Eugène)**, Dir. de l'*Inst. sanit. pour enfants anormaux*. — Saint-Léger-Vauban (Yonne).

Husson, Dir. de la *Soc. des Carrières de l'Ouest*, 131, rue Malakoff. — Cherbourg (Manche).

*Dr **Huttinger (Charlet)**, 27, rue de L'Océan. — Saint-Nazaire (Loire-Inférieure).

***Icard (Mme Melchior)**, 26, traverse Saint-Charles. — Marseille (Bouches-du-Rhône).

***Icard (Melchior)**, anc. Pharm., 26, traverse Saint-Charles. — Marseille (Bouches-du-Rhône).

Imbert (Armand), Prof. à la Fac. de Méd., Corresp. de l'Acad. de Méd., 13, rue des Carmélites. — Montpellier (Hérault).

Imbert (Régis), Dir.-Ing. de l'Exploit. forestière de Bonabé, Lic. en Droit, anc. Élève de l'Éc. Polytech, rue de Villefranche. — Saint-Girons (Ariège).

Isaac (Auguste), Présid. de la Ch. de Com., 11, rue Pizay. — Lyon (Rhône).

Isay (Mme Mayer). — Blamont (Meurthe-et-Moselle). — **R**

Isay (Mayer), Filat., anc. Cap. du Génie, anc. Élève de l'Éc. Polytech. — Blamont (Meurthe-et-Moselle). — **R**

Dr **Istrati (Constantin)**, Doct. ès Sc. Phys., Prof. à l'Univ., Mem. du Cons. sup. de Santé (Laboratoire de Chimie organique), 2, spaniul Général Magheru. — Bucarest (Roumanie.)

Jaboulay, Prof. de Clin. chirurg. à la Fac. de Méd., 54, rue de La République. — Lyon (Rhône).

*__Jackson-Gwilt__ (Mrs **Hannah**), Moonbeam villa, Merton road. — New-Wimbledon (Surrey) (Angleterre). — **R**

Jacquelin (Mme Ve **Félix**). — Beuzeville-la-Guérard par Ourville (Seine-Inférieure).

Jacquerez (Charles), Agent Voyer en retraite. — Fraize (Vosges). — **R**

*__Jacques (Edmond)__, Clerc de notaire, 1, place Gramont. — Pau (Basses-Pyrénées).

*__Jacques (Louis)__, Percept. des Contrib. dir. en retraite. — Luzy (Haute-Marne).

*Dr **Jacques (Paul)**, Agr. à la Fac. de Méd., 41, rue du Faubourg-Saint-Jean. — Nancy (Meurthe-et-Moselle).

Jacques-Leseigneur (Henri), Commissaire en chef de la Marine, 93, rue Hélain. — Cherbourg (Manche).

Jacquier (F.), Banq., 4, rue de La Bourse. — Lyon (Rhône).

Jacquin (Anatole), Confis., 12, rue Pernelle. — Paris et villa des Lys. — Dammarie-lez-Lys (Seine-et-Marne). — **R**

Jacquin (Charles), Avoué de 1re Inst., 5, rue des Moulins. — Paris. — **R**

*Dr **Jacquin (Pierre)**, 19, chaussée du Port. — Reims (Marne).

*Dr **Jacquinet**, Prof. à l'Éc. de Méd., 35, rue Thiers. — Reims (Marne).

Jacquot (René), Greffier de la Justice de Paix, 55, rue Thiers. — Bolbec (Seine-Inférieure).

*__Jadart (Henri)__, Conserv. de la Biblioth. et du Musée, 15, rue du Couchant. — Reims (Marne).

Jadin (Fernand), Prof. à l'Éc. sup. de Pharm., rue de L'École-de-Pharmacie. — Montpellier (Hérault). — **R**

Dr **Jagot (Léon)**, Prof. à l'Éc. de Méd., Présid. de la *Soc. de Méd. d'Angers*, 1, rue d'Alsace. — Angers (Maine-et-Loire).

Jalliffier, Prof.-Agr. au Lycée Condorcet, 9, rue Viollet-le-Duc. — Paris.

Jameson (Conrad), Banquier, anc. Élève de l'Éc. cent. des Arts et Man., 115, boulevard Malesherbes. — Paris. — **F**

Jamet (Victor), Prof. au Lycée, 130, cours Lieutaud. — Marseille (Bouches-du-Rhône).

Janet (Léon), Ing. en chef au corps des Mines, Député du Doubs, 87, boulevard Saint-Michel. — Paris.

Jannelle (Émile), Nég. en vins. — Villers-Allerand (Marne).

Jannettaz (Paul), Répét. à l'Éc. cent. des Arts et Man., 68, rue Claude-Bernard. — Paris.

Janssen (Jules), Mem. de l'Inst. et du Bureau des Longit., Dir. de l'Observat. d'Astron. phys. — Meudon (Seine-et-Oise).

*__Jaray (Jean)__, 32, rue Servient. — Lyon (Rhône). — **R**

Jardinet (Ludovic-Eugène), Chef de bat. du Génie, Attaché au Serv. géog. de l'Armée, 140, rue de Grenelle. — Paris.

*__Jarrosson (Maurice)__, Fabric. de tulles et dentelles, 18, rue Laffont. — Lyon (Rhône).

Jarsaillon (François), Prop., v. Présid. du *Comice agric.*, 7, rue Saint-Denis. — Oran (Algérie).

*Dr **Jaubert (Adrien)**, Insp. de la vérif. des Décès, 57, rue Pigalle. — Paris. — **R**

*Dr **Jaulin (Maurice)**, 11, rue d'Alsace-Lorraine. — Orléans (Loiret).

Dr **Javal (Adolphe)**, Chef de Lab. à la Fac. de Méd., 62, rue La Boëtie. — Paris. — **R**

Dr **Jean (Alfred)**, anc. Int. des Hôp., 29, rue Tronchet. — Paris.

Jean (Amédée), Rent. — Saint-Pierre (Ile d'Oléron) (Charente-Inférieure).

*__Jean (Charles, Francis)__, Chirurg.-Dent. diplômé de la Fac. de Méd., 35, rue Tronchet. — Paris.

*__Jean (Francis)__, Chirurg.-Dent., Prof. à l'Éc. dent. de Paris, 35, rue Tronchet. — Paris.

Jeannel (Maurice), Prof. de Clin. chirurg. à la Fac. de Méd., Corresp. de l'Acad. de méd., 3, allée Saint-Étienne. — Toulouse (Haute-Garonne). — **R**

Jeannot (Auguste), Dir. du serv. des Eaux et de l'Éclairage à la mairie, Dir. adj. du Bureau d'Hyg., 96, Grande-Rue. — Besançon (Doubs).

Jeansoulin et Luzzatti, Fabric. d'huiles, avenue d'Arenc, 6, traverse du Château-Vert. — Marseille (Bouches-du-Rhône).

Jeay, Chirurg.-Dent., 85, rue Lafayette. — Paris.

Joachim (Albert), Chirurg.-Dent., 17, rue de Dublin. — Bruxelles-Ixelles (Belgique).

Joannard (Albert), Cons. d'Arrond., 1, quai des Brotteaux. — Lyon (Rhône).

Jobert (Clément), Prof. à la Fac. des Sc. de Dijon, 98, boulevard Saint-Germain — Paris. — **R.**

Dr **Jodin (Henri)**, Doct. ès Sc., Prépar. à la Fac. des Sc., 41, avenue de Clichy. — Paris.

Joffroy (Alix), Prof. à la Fac. de Méd., Mem. de l'Acad. de Méd., Méd. des Hôp., 195, boulevard Saint-Germain. — Paris.

Johnston (Nathaniel), anc. Député, 15, rue de La Verrerie. — Bordeaux (Gironde). — **F.**

Jolivald (l'Abbé), anc. Prof. — Mandern par Sierck (Alsace-Lorraine).

*****Jolivet**, Notaire, 8, rue du Petit-Four. — Reims (Marne).

Jolyet (Félix), Prof. à la Fac. de Méd., Corresp. nat. de l'Acad. de Méd., 24, rue Diaz. — Bordeaux (Gironde).

Jones (Charles), 12, rue de Chaligny (chez M. Eugène Vauvert). — Paris. — **R** .

*****Dr Jong (Sam. de)**, 31, rue Washington. — Paris.

Jordan (Camille), Mem. de l'Inst., Ing. en chef des Mines en retraite, Prof. à l'Éc. Polytech., 48, rue de Varenne. — Paris. — **R**

Dr **Jordan (Séraphin)**, 11, Campania. — Cadix (Espagne). — **R**

Joret (Charles), Mem. de l'Inst., Doyen hon. de la Fac. des Lettres d'Aix, 64, rue Madame. — Paris.

Josse (Hippolyte), Ing. Cons. en matière de Brevets d'invention, anc. Élève de l'Éc. Polytech., 17, boulevard de La Madeleine. — Paris.

Jouatte (Eugène, Charles), Chef de Bureau au Min. des Fin., 1, rue Clovis. — Paris.

Dr **Joubin (Louis)**, Prof. au Muséum nat. d'Hist. nat., 88, boulevard Saint-Germain. — Paris.

Dr **Jouin (François)**, anc. Int. des Hôp., 11 *bis*, cité Trévise. — Paris.

Joulie, anc. Admin.-Délég. de la *Soc. des Prod. chim. agric.*, 51, rue du Pont-du-Gât. — Valence (Drôme).

Joumier (Jérémie), Chim. — Guîtres par Jarnac (Charente).

Jourdain (Hippolyte), anc. Prof. à la Fac. des Sc. de Nancy, villa Belle-Vue. — Portbail (Manche).

Jourdan (Adolphe), Libr.-Édit., Juge au Trib. de Com., 4, place du Gouvernement. — Alger.

Jourdan (A.-G.), Ing. civ. (chez M. Simon), 14, rue Milton — Paris. — **R**

Jourdan (Félix), Étud., 3, square des Postes. — Grenoble (Isère).

*****Jouron (Léon)**, Archéol., Conserv. du Musée Cantonal. — Avize (Marne).

Dr **Joyeux-Laffuie (Jean)**, Prof. à la Fac. des Sc., Député de la Vienne, 135, rue Saint-Jean. — Caen (Calvados).

Juglar (Mme Joséphine), 58, rue des Mathurins. — Paris. — **F**

Julia (Santiago), Doct. ès Sc. — La Bédoule par Aubagne (Bouches-du-Rhône).

Julien (Albert), Archit., Expert-Vérific. des trav. de la Ville, 117, boulevard Voltaire. — Paris.

*****Jullien (Alexandre)**, Chim., 6, Grande-rue de Monplaisir. — Lyon (Rhône).

Jullien (Ernest), Insp. gén. des P. et Ch., 106, rue de Rennes. — Paris. — **R**

*****Dr Jullien (Joseph)**, rue Calade. — Joyeuse (Ardèche).

Jullien (Jules, André), Chef de Bat., Commandant le 21e Bat. de Chas. à pied. — Aix-en-Provence (Bouches-du-Rhône).

Jundzitt (le Comte Casimir), Prop.-Agric. — Chemin de fer Moscou-Brest, station Domanow-Réginow (Russie). — **R**

Jungfleisch (Émile), Mem. de l'Acad. de Méd., Prof. à l'Éc. sup. de Pharm., 74, rue du Cherche-Midi. — Paris. — **R**

Junot (Maurice), Dir. des *Voyages pratiques*, 9, rue de Rome. — Paris.

Juppont (Pierre), Ing. des Arts et Man., 55, allée Lafayette. — Toulouse (Haute-Garonne.

*****Kanengieser**, Manuf., 10, rue des Trois-Raisinets. — Reims (Marne).

Dr **Kanony**, Méd. sanitaire. — Alexandrie (Égypte).

*****Dr Keating-Hart (Walter de)**, 5, boulevard Notre-Dame. — Marseille (Bouches-du-Rhône).

Keittinger (Maurice), Manufac., v.-Présid. de la *Soc. indust.*, 36, rue du Renard. — Rouen (Seine-Inférieure).

Kerforne (Fernand), Doct. ès Sc., Prépar. de Géol. et de Minéral. à la Fac. des Sc., 16, rue de Châteaudun. — Rennes (Ille-et-Vilaine).

Kesselmeyer (Charles), Présid.-Fondat. de la *Ligue docimale*, Rose villa, Vale road. — Bowdon (Cheshire) (Angleterre). — **R**

Kilian (Wilfrid), Prof. à la Fac. des Sc., 2, rue de Turenne. — Grenoble (Isère).

*****Kimpflin (Georges)**, Prép. à la Fac. des Sc., 13, rue Cavenne. — Lyon (Rhône).

Klein (Jules), Chirurg.-Dent. diplômé des Fac de Méd. de Paris et de Genève, 18, place Bernard. — Bourg (Ain).

Dr Kocher (Louis), 92, avenue Niel. — Paris.

Kœchlin (René), Admin.-Délég. de la *Comp. de tract. par Trolley automoteur*, 2, Nauenstrassse. — Bâle (Suisse)..

Kœchlin-Claudon (Émile), Ing. des Arts et Man., 21, boulevard Delessert. — Paris. — **R**

Koehler (René), Prof. à la Fac. des Sc., 29, rue Guilloud. — Lyon (Rhône).

Kohler (Mathieu), Artiste-Peintre, 12, rue du Bassin. — Mulhouse (Alsace-Lorraine).

Dr Kollmann (Jules), Prof. d'Anat. — Bâle (Suisse).

Krafft (Eugène), anc. Élève de l'Éc. Polytech., 27, rue Monselet. — Bordeaux (Gironde) — **R**

Krantz (Camille), Ing. des Manufac. de l'État, anc. Min. des Trav. pub., Député des Vosges, 226, boulevard Saint-Germain. — Paris.

Kreiss (Adolphe), Ing. civ., 186, avenue Victor-Hugo. — Paris. — **R**

Dr Kresser (Hubert), 98, rue du Cherche-Midi. — Paris.

*Dr Kritchevsky, 31, avenue d'Eylau. — Paris.

*Krug Paul, Nég. en vins de Champagne, 40, boulevard Lundy. — Reims (Marne).

*Künckel d'Herculais (Jules), Assistant de Zool. (Entomol.) au Muséum nat. d'Hist. nat., 55, rue de Buffon. — Paris. — **R**

*Kunkelmann et Cie, Nég. en vins de Champagne, 8, rue Piper. — Reims (Marne).

Dr Labat (Alfred), Dir. de l'Éc. nat. vétér., 48, rue Bayard. — Toulouse (Haute-Garonne).

*Dr Labbé (Marcel), Agr. à la Fac. de Méd., 9, rue de Prony. — Paris.

Labbé (Mme Léon), 117, boulevard Haussmann. — Paris.

Dr Labbé (Léon), Mem. de l'Inst. et de l'Acad. de Méd., Agr. à la Fac. de Méd., Chirurg. hon. des Hôp., Sénateur de l'Orne, 117, boulevard Haussmann. — Paris.

Labbé (Paul), Explorateur, Sec. gén. de la *Soc. de Géog. com. de Paris*, 14 bis, rue Montaigne. — Paris.

Laboratoire de Zootechnie de l'École Nationale d'Agriculture. — Grignon (Seine-et-Oise).

Labrie (l'Abbé Jean, Joseph), Curé. — Lugasson par Frontenac (Gironde). — **R**

Labrunie (Auguste), Nég., 7, rue Saint-Louis. — Bordeaux (Gironde). — **R**

Lachmann (Paul), Prof. de Botan. à la Fac. des Sc., 15, rue Malakoff. — Grenoble (Isère).

Lacombe (Georges), Artiste-peintre, avenue de Villeneuve-l'Étang. — Versailles (Seine-et-Oise).

Dr Lacomme (Léon), Lic. ès Sc., Prépar. à la Fac. de Méd., 27, rue Cavenne. — Lyon (Rhône).

*Dr Lacoste (Jules), 5, rue des Tournelles. — Reims (Marne).

*Lacour (Alfred), Ing. civ. des Mines, anc. Élève de l'Éc. Polytech., 60, rue Ampère. — Paris. — **R**

Dr Lacour (Pierre), 6, rue du Plat. — Lyon (Rhône).

Lacroix (Adolphe), Chim., 186, avenue Parmentier. — Paris.

Lacroix (Arthur), Chirurg.-Dent., 4. rue de Hornes. — Bruxelles (Belgique).

Lacroix (Th.), 106, boulevard de Courcelles. — Paris.

*Ladureau (Mme Albert), 7, rue d'Orléans. — Saint-Cloud (Seine-et-Oise). — **R**

*Ladureau (Albert), Ing.-Chim., 7, rue d'Orléans. — Saint-Cloud (Seine-et-Oise). — **R**

*Dr Laederich (Louis), anc. Int. des hôp. 50, boulevard de Vaugirard. — Paris.

Lafaurie (Maurice), 104, rue du Palais-Gallien. — Bordeaux (Gironde). — **R**

Laffitte (Jean, Paul), Publiciste, 18, rue Jacob. — Paris. — **R**

*Lafite (Charles), Dir. des Exploit. de M. A. Goulden, 257, rue de Cernay. — Reims (Marne).

Lafitte (Prosper de), Prop., anc. Élève de l'Éc. Polytech., château de Lajoannenque. — Astaffort (Lot-et-Garonne). — **R**

Lagache (Jules), Ing. des Arts et Man., Admin. de la *Soc. des Prod. chim. agric.*, 22, rue des Allamandiers. — Bordeaux (Gironde). — **R**

Lagarde (Auguste), anc. Mem. de la Ch. de Com., 27, cours Pierre-Puget. — Marseille (Bouches-du-Rhône).

Lagneau (Didier), Ing. civ. des Mines, 19, rue Cernuschi. — Paris. — **R**

*Dr Laignel-Lavastine (Maxime), Méd. des Hôp., 45, rue de Rome. — Paris.

*Laignier (Marcel), Étud. en droit, 59, rue Libergier. — Reims (Marne).

Laisant (C.-A.), Doct. ès Sc., anc. Cap. du Génie, Examin. d'admis. à l'Éc. Polytech., anc. Député, 162, avenue Victor-Hugo. — Paris.

*Lainé et Cⁱᵉ, Manufac. de Tissus, 61, boulevard de La République. — Reims (Marne).
*Lajoux (Henri), Prof. à l'Ec. de Méd., 84, rue des Capucins. — Reims (Marne).
Dʳ Lalanne (Gaston), Doct. ès Sc., Dir. de la Maison de santé, Castel d'Andorte 342, route du Médoc. — Le Bouscat (Gironde).
Laleman (Édouard), Avocat, 6, rue Durnerin. — Lille (Nord).
Dʳ Lalesque (Fernand), Corresp. de l'Acad. de Méd., anc. Int. des Hôp. de Paris, boulevard de La Plage, (villa Claude-Bernard). — Arcachon (Gironde).
Lallemand (Charles), Mem. du Bureau des Longit., Ing. en chef au Corps des Mines, Dir. du serv. du Nivellement gén. de la France, Chef du serv. technique du Cadastre, 58, boulevard Émile-Augier. — Paris. — R
*Lallement (L'Abbé Louis), Corresp. de l'Acad. de Reims, Curé. — Moiremont par La Neuville-au-Pont (Marne).
*Lallement (Maurice), Ing. des Arts et Man., 22, rue Perseval. — Reims (Marne).
Lallié (Alfred), Avocat, 18, rue Lafayette. — Nantes (Loire-Inférieure). — R
Lallier (Paul), anc. Maire. — La Ferté-sous-Jouarre (Seine-et-Marne). — R
Lamarre (Onésime), Notaire, 6, rue Thiers — Niort (Deux-Sèvres). — R
*Dʳ Lambert (Ernest), 30, rue Eugène-Desteuque. — Reims (Marne).
*Lambert (Jules), Présid. du Trib. de 1ʳᵉ Inst., 57, rue Saint-Martin. — Troyes (Aube).
Lamblin (l'Abbé Joseph), Prof. à l'Éc. Saint-François de Sales, 39, rue Vannerie. — Dijon (Côte-d'Or). — R
*Lambotin (Mᵐᵉ Félix), 24, rue Kellermann. — Reims (Marne).
*Lambotin (Félix), Ing. civ., 24 rue Kellermann. — Reims (Marne).
Lamey (le Révérend Père Dom Mayeul), O. S. B., 1, avenue Père-Laurent. — Aoste (Italie).
*La Morinerie (Raymond de), Nég. en vins de Champagne, 31, rue Libergier. — Reims (Marne)
*Lamotte et Collet, Nég. en tissus, 16, rue d'Anjou. — Reims (Marne).
*Lamy (Édouard), anc. Archit., Président de la Soc. des Archit. de la Marne, 29, rue Libergier. — Reims (Marne).
Lancial (Henri), Prof. au Lycée, 18, boulevard de Courtais. — Moulins (Allier). — R
Lande (Louis), Prof. de Méd. légale à la Fac. de Méd., 34, place Gambetta. — Bordeaux (Gironde).
*Landouzy (Mᵐᵉ Louis), 15, rue de L'Université. — Paris.
*Landouzy (Louis), Doyen de la Fac. de Méd., Mem. de l'Acad. de Méd., Méd. des Hôp., 15, rue de L'Université. — Paris.
Landrin (Édouard), Chim., 76, rue d'Amsterdam. — Paris.
Lanelongue (Martial), Prof. à la Fac. de Méd., Corresp. nat. de l'Acad. de Méd., 24, rue du Temple. — Bordeaux (Gironde).
Lanes (Jean), Sec. gén. de la Présid. de La République, Palais de l'Élysée — Paris. — R.
Lang (Léon), 17, avenue de La Bourdonnais. — Paris.
Lang (Tibulle), Dir. de l'Éc. La Martinière, anc. Élève de l'Éc. Polytech., 5, rue des Augustins. — Lyon (Rhône). — R
Lange (Mᵐᵉ Adalbert). — Maubert-Fontaine (Ardennes). — R
Lange (Adalbert), Indust. — Maubert-Fontaine (Ardennes). — R
Lange (Albert), Prop., 7, rue Fromentin. — Paris.
Langevin (Paul), Doct. ès Sc., Prof. sup. au Collège de France, Dir. des Études de l'Éc. mun. de Phys. et de Chimie indust. de la Ville de Paris, 53, rue Boucicaut. — Fontenay-aux-Roses (Seine).
*Dʳ Langlet (Jean-Baptiste), Dir. de l'Éc. de Méd., anc. Député, 57, rue de Venise. — Reims (Marne).
*Dʳ Langlois (Jean-Paul), Agr. à la Fac. de Méd., 12, rue de L'Odéon. — Paris.
Langlois (Ludovic), anc. Notaire, 134, rue de Grenelle. — Paris.
Lannelongue (Odilon-Marc), Mem. de l'Inst. et de l'Acad. de Méd., Prof. à la Fac. de Méd., Chirurg. hon. des Hôp., Sénateur du Gers, 3, rue François-Iᵉʳ. — Paris.
*Lanson père et fils, Nég. en vins de Champagne, 10, boulevard Lundy. — Reims (Marne).
Dʳ Lantier (Étienne). — Tannay (Nièvre). — R
Laporte (Maurice), Nég. — Jarnac (Charente).
Lapparent (Albert de), Sec. perp. de l'Acad. des Sc., anc. Ing. des Mines, Prof. à l'Éc. libre des Hautes-Études, 3, rue de Tilsitt. — Paris. — F
Laprévote (S.), Indust., 221, route de Vienne. — Saint-Fons (Rhône).

*Laquerrière (Mme Albert), 2, rue de La Bienfaisance. — Paris.
*Dr Laquerrière (Albert), 2, rue de La Bienfaisance. — Paris.
Dr Larat (Jules), Chef du Serv. d'Électrothérap. à l'Hôp. des Enfants malades, 82, boulevard de Courcelles. — Paris.
*Dr Lardennois (Henri), Prof. à l'Éc. sup. de Méd., 16, rue Kellermann. — Reims (Marne).
*Larive (Albert), Indust., 22, rue Villeminot-Huart. — Reims (Marne). — **R**
Larivière (Gustave), Gérant de la *Commis. des Ardoisières d'Angers*, 52, boulevard du Roi-René. — Angers (Maine-et-Loire).
Laroche (Mme Félix), 110, avenue de Wagram. — Paris. — **R**
Laroche (Félix), Insp. gén. des P. et Ch. en retraite, 110, avenue de Wagram. — Paris. — **R**
*Lartilleux (Lucien), Nég. en laines, 6, esplanade Cérès. — Reims (Marne).
*Larue (Pierre), Ing. agron., 2, rue Rampont. — Auxerre (Yonne).
Laskowski (Sigismond), Prof. à la Fac. de Méd., (villa de La Joliette), 110, rue de Carouge. — Genève (Suisse).
Lasnier (Frédéric), Insp. hon. de l'Ens. prim., 36, rue des Buttes. — Auxerre (Yonne).
Lassence (Alfred de), Prop., Mem. du Cons. mun , 12, avenue de Tarbes (villa Lassence). — Pau (Basses-Pyrénées). — **R**
Lasserre (A.), Prof. au Lycée, 39, rue Daguerre. — Alger.
Lassudrie (Georges), 23, quai Saint-Michel. — Paris.
Lataste (Mlle Angèle). — Cadillac-sur-Garonne (Gironde).
Dr Lataste (Fernand), anc. s.-Dir. du Musée nat. d'Hist. nat., Prof. hon. à l'Univ. du Chili. — Cadillac-sur-Garonne (Gironde). — **R**
Latham (Éd.), Nég., Présid. de la Ch. de Com., 145, rue Victor-Hugo. — Le Havre (Seine-Inférieure).
Lauby (Antoine), Lic. ès Sc., Prof., anc. Prépar. à la Fac. des Sc., 9, rue Dallet. — Clermont-Ferrand (Puy-de-Dôme). — **R**
Dr Launois (Pierre, Émile), Doct. ès Sc., Agr. à la Fac. de Méd., Méd. des Hôp., 12, rue Portalis. — Paris.
Laurent (Charles-Abel), Prof. à l'Éc. de Méd. et de Pharm., Pharm. des Hosp. civ., 7, rue Cochardière. — Rennes (Ille-et-Vilaine).
Laurent (François), Insp. des Manufac. de l'État, 7, rue de La Néva. — Paris.
Dr Laurent (Gilbert), Député de la Loire, 33, rue Mably. — Roanne (Loire).
Laurent (Irénée), Maître de verrerie, Verrerie de Saint-Galmier. — Veauche (Loire).
*Laurent (Mme Jules), 30, rue de Bourgogne. — Reims (Marne).
*Laurent (Mlle Marie-Edmée), 30, rue de Bourgogne. — Reims (Marne).
*Laurent (Jules), Chargé de Cours à l'Éc. de Méd., Prof. au Lycée, 30, rue de Bourgogne. — Reims (Marne). — **R**.
Laurent (Léon), anc. Construc. d'inst. d'optiq., 21, rue de L'Odéon. — Paris. — **R**
Laurent (Louis), Doct. ès Sc. nat., Prof. à l'Inst. colonial, 20, rue des Abeilles — Marseille (Bouches-du-Rhône). — **R**
Lauth (Charles), Dir. hon. de l'Éc. mun. de Phys. et de Chim. indust. de la Ville de Paris, Admin. hon. de la Manufac. nat. de porcelaines de Sèvres, 36, rue d'Assas. — Paris. — **F**
Lavaivre, Présid. du Syndic des Hôteliers. — Chamonix (Haute-Savoie).
*Laval et Cie, rue des Romains. — Reims (Marne).
Lavenne de la Montoise (de), Insp. princ. à la *Comp. des Chem. de fer d'Orléans*. — Nantes (Loire-Inférieure).
Dr Laveran (Alphonse), Mem. de l'Inst. et de l'Acad. de Méd., 25, rue du Montparnasse. — Paris.
*Lay-Crespel (Joseph), Indust., 54, rue Léon-Gambetta. — Lille (Nord).
Léauté (Henry), Mem. de l'Inst., Ing. des Manufac. de l'État, Prof. à l'Éc. Polytech., 20, boulevard de Courcelles. — Paris. — **R**
Lebeuf (Auguste), Dir. de l'Observatoire, Prof. d'Astron. à la Fac. des Sc. — Besançon (Doubs).
D^r Le Blond (Albert), Méd. de Saint-Lazare, 28, place Saint-Georges. — Paris. — **R**
Leblond (Paul), anc. Juge d'Inst., anc. Mem. du Cons. mun. de Rouen, la Grâce-de-Dieu. — Neufchâtel-en-Bray (Seine-Inférieure).
*Lebon (Ernest), Lauréat de l'Acad. française, Corresp. de l'Acad. royale des Sc. de Lisbonne, Prof. Agr. de l'Université, 4 *bis*, rue des Écoles. — Paris.
Le Bret (Mme Ve Paul), 148, boulevard Haussmann. — Paris.
Le Breton (André), Prop., 43, boulevard Cauchoise. — Rouen (Seine-Inférieure). — **R**

f

*Lebrun-Oudart (Gustave), anc. Nég. — Signy-l'Abbaye (Ardennes).
Le Carpentier (Édouard), Avocat, 41, rue de l'Alma. — Cherbourg (Manche).
Le Cerf (F.), Prép. d'Entomol. à l'Éc. d'Agric. algérienne. — Maison Carrée (départ.
    d'Alger).
Le Chatelier (le Capitaine Alfred), Prof. au Collège de France, Dir. de Lab. à l'Éc.
    des Hautes-Études, 61, avenue Victor-Hugo. — Paris. — R
Le Cler (Achille), Ing. des Arts et Man., Maire de Bouin (Vendée), 7, rue de La Pépi-
    nière. — Paris.
Leclère (Ernest), Archit., 22, rue Boulard. — Reims (Marne).
Lecœur (Édouard), Ing., Archit., 30, rue Guy-de-Maupassant. — Rouen (Seine-
    Inférieure).
*Lecomte (Henri), Doct. ès Sc., Prof. au Muséum nat. d'Hist. nat., 14, rue des Écoles.
    — Paris.
Lecomte (René), Min. plénipotentiaire, 6, rue Alboni. — Paris.
Lecoq de Boisbaudran (François), Corresp. de l'Inst., 113, rue de Longchamp.
    — Paris. — F
Lecornu (Léon), Ing. en chef et Prof. à l'Éc. nat. sup. des Mines et à l'Éc. Polytech.
    3, rue Gay-Lussac. — Paris. — R
Dr Ledé (Fernand), Méd.-Légiste de l'Univ. de Paris, Mem. du Comité sup. de Protection
    des enfants du premier âge et du Comité des travaux Hist. et Scient. (section des Sc.),
    19, quai aux Fleurs. — Paris.
Dr Le Dien (Paul), 140 et 155, boulevard Malesherbes. — Paris. — R
Ledoux (Pierre), Doct. ès Sc. nat., Prof. aux Éc. mun. Arago et Turgot, 29, rue de Belle-
    fond. — Paris.
Ledoux (Samuel), Nég., 29, quai de Bourgogne. — Bordeaux (Gironde). — R
Dr Leduc (H.), 16 ter, avenue Bosquet. — Paris.
*Leduc (Mme Stéphane), 5, quai de La Fosse. — Nantes (Loire-Inférieure).
*Dr Leduc (Stéphane), Prof. à l'Éc. de Méd., 5, quai de La Fosse. — Nantes (Loire-Infé
    rieure). — R
*Lee (Henry), v.-Consul des États-Unis d'Amérique, 2, rue Thiers. — Reims (Marne).
Leenhardt (André), Dir. de la Comp. gén. des Pétroles, 2, rue Fongate. — Marseille
    (Bouches-du-Rhône).
Leenhardt (Frantz), Prof. hon. à l'Univ. de Toulouse, château de Fonfroide-le-Haut.
    Montpellier (Hérault). — R
Dr Leenhardt (René), 7, rue Marceau. — Montpellier (Hérault).
Leenhardt-Pomier (Jules), Nég. (Maison Vidal), rue Clos-René. — Montpellier (Hérault).
*Lefébure (Mme Albert), 9, boulevard du Calvaire. — Neufchâtel-en-Bray (Seine-
    Inférieure).
*Lefébure (Albert), Vétér., 9, boulevard du Calvaire. — Neufchâtel-en-Bray (Seine-
    Inférieure).
Lefebvre (Alphonse), Publiciste, 8, Grande-Rue. — Boulogne-sur-Mer (Pas-de-Calais).
Lefebvre (Léon), Ing. en chef des P. et Ch., Ing. de la Voie à la Comp. des Chem. de
    fer du Nord, 1, avenue Trudaine. — Paris.
*Lefebvre-Lucas (F.), 14, rue de L'École-de-Médecine. — Reims (Marne).
Lefeuve (Gabriel), Avocat, Publiciste, 95, rue Jouffroy. — Paris.
Lefèvre (Jules), Prof. Agr. au Lycée, 26, rue Thiers. — Le Havre (Seine-Inférieure).
*Lefèvre (Marius), Vitic. — Le Mesnil-sur-Oger (Marne).
*Lefort (Alfred), Notaire hon., 4, rue d'Anjou. — Reims (Marne).
*Lefranc (Émile), Mécan., 21, rue de Courmeaux. — Reims (Marne). — R
Dr Lefranc (Jules, Clément). — Pont-Hébert (Manche).
Legat (Jean-Baptiste), Mécan., 35, rue de Fleurus. — Paris.
Le Gendre (Charles), Dir. de la Revue scient. du Limousin, Insp. des Contrib. indir.,
    3, place des Carmes. — Limoges (Haute-Vienne).
Legendre (Gustave), Indust. — Mitry-Mory (Seine-et-Marne).
Dr Le Gendre (Paul), Méd. des Hôp., 95, rue Taitbout. — Paris.
*Léger (Mme Arthur). — La Boissière (Oise).
*Léger (Arthur), anc. Indust., Juge au Trib. de Com. de Beauvais. — La Boissière (Oise).
Léger (Louis, Urbain), Prof. de Zool. à la Fac. des Sc., 9, place des Alpes. — Grenoble
    (Isère). — R
Dr Legludic (Henri), Dir. de l'Éc. de Méd. et de Pharm., 56, boulevard du Roi-René.
    — Angers (Maine-et-Loire).

Legrand (A.), Dir.-gérant de la *Société coopérative*. — Saint-Remy-sur-Avre (Eure-et-Loir).

Legrand (M.), Fournitures gén. pour les Dent., 45, rue de La République. — Lyon (Rhône).

Legriel (Paul), Archit. diplômé par le Gouvernement, Lic. en Droit, 8, rue de Greffulhe. — Paris. — **R**

D^r **Le Grix de Laval (Auguste, Valère)**, 28, rue Mozart. — Paris. — **R**

*D^r **Le Houpeix**, 28, cours de Tourny. — Bordeaux (Gironde).

Leinekugel-Le Cocq (Albert), Ing. de la Marine, Ing. de la Maison Arnodin, Les Tilleuls. — Châteauneuf-sur-Loire (Loiret).

*Lejeune (Mme Henri), 6, avenue Nationale. — Moulins (Allier).

*Dr **Lejeune (Henri)**, Méd. en chef de l'Hôp. gén., 6, avenue Nationale. — Moulins (Allier).

Dr **Lejeune (Louis)**, 1, rue des Urbanistes. — Liège (Belgique).

*Lelarge (F.), anc. Manuf., 10, rue des Trois-Raisinets. — Reims (Marne).

*Lelarge (Pierre), Manufac., 11, rue Bonhomme. — Reims (Marne).

*Dr **Lelièvre (Ernest)**, anc. Int. des Hôp. de Paris, 53, rue de Talleyrand. — Reims (Marne). — **R**

Lelong (Eugène), Chargé de Cours à l'Éc. des Chartes, Mem. du Comité des Trav. Hist. et Scient., 59, rue Monge. — Paris.

Le Marchand (Augustin), Ing., les Chartreux. — Petit-Quévilly (Seine-Inférieure). — **F**

Lemesle (Paul), Lic. en Droit. — Champteussé par Le Lion-d'Angers (Maine-et-Loire).

Lemoine (Émile), Chef hon. du Serv. de la vérific. du gaz de la Ville de Paris, anc. Élève de l'Éc. Polytech., Kerahu. — Les Bordes par Montereau (Seine-et-Marne).

Lemoine (Georges), Mem. de l'Inst., Insp. gén. des P. et Ch., Prof. à l'Éc. Polytech., 76, rue Notre-Dame-des-Champs. — Paris.

*Lemoine (Léon), 22, rue de La Tirelire. — Reims (Marne).

Lemoine (Paul), Doct. ès Sc., Chargé de Conf. à la Fac. des Sc. 96, boulevard Saint-Germain. — Paris.

Le Monnier (Georges), Prof. de Botan. à la Fac. des Sc., 3, rue de Serre. — Nancy (Meurthe-et-Moselle). — **R**

Lemuet (Léon), Prop., 9, boulevard des Capucines. — Paris.

Lenoble (Henri), Avocat à la Cour d'Ap., 4, carrefour de L'Odéon. — Paris.

Dr Lenoir (Paul), Méd. des Hôp., 162, rue de Rivoli. — Paris.

Dr **Léon (Auguste)**, Méd. en chef de la Marine en retraite, 5, rue Duffour-Dubergier. — Bordeaux (Gironde). — **R**

Dr **Léon-Petit**, Sec. gén. de l'*Œuvre des Enfants tuberculeux*, 7, rue de Messine. — Paris.

D^r **Le Page**, 33, rue de La Bretonnerie. — Orléans (Loiret). — **R**

*Lepelletier, Chirurg.-Dent., 128 *bis*, boulevard de Clichy. — Paris.

Dr **Lépine (Jean)**, Agr. à la Fac. de Méd., Méd. de l'Asile pub. d'Aliénés du départ. du Rhône, 30, place Bellecour. — Lyon (Rhône). — **R**

Lépine (Raphaël), Corresp. de l'Inst., Prof. à la Fac. de Méd., Assoc. nat. de l'Acad. de Méd., 30, place Bellecour. — Lyon (Rhône). — **R**

Lèques (Henri, François), Ing. géog., Mem. de la *Soc. de Géog.* — Nouméa (Nouvelle-Calédonie). — **F**

*Lerebours (Henri), Cultivat., 27, rue Denfert-Rochereau. — Noisy-le-Sec (Seine).

*Dr **Leredde (Louis)**, Dir. de l'Établis. dermatol. de Paris, 31, rue La Boëtie. — Paris.

Dr **Leriche (Émile)**, anc. Prosecteur à la Fac. de Méd. de Lyon, 20, avenue de La Gare. — Nice (Alpes-Maritimes).

*Leriche (Maurice), Maître de Conf. à la Fac. des Sc., 159, rue Brûle-Maison. — Lille (Nord).

Le Roux (Henri), Dir. hon. des Affaires départ. à la Préfecture de la Seine, 7, rue de Passy. — Paris.

Le Roux (Nicolas), Ing. des P. et Ch., 123, rue Franklin. — Angers (Maine-et-Loire).

Leroy (Anatole), Présid. de la *Soc. d'Horticulture d'Angers*, 74, rue de Paris. — Angers (Maine-et-Loire).

Leroyer de Longraire (Léopold), Ing. civ., 23, quai Voltaire. — Paris.

Dr **Lesage (Pierre)**, Doct. ès Sc. nat., Prof. adj. de Botan. à la Fac. des Sc., 5, quai Chateaubriand. — Rennes (Ille-et-Vilaine). — **R**

Le Sérurier (Charles), Dir. hon. des Douanes, 51, rue Montaux. — Marseille (Bouches-du-Rhône). — **R**

*Lesœurs, Pharm., 91, avenue de Laon. — Reims (Marne).

Lesourd (Paul) (fils), Nég., 34, rue Néricault-Destouches. — Tours (Indre-et-Loire).
— R

Lestrange (le Comte Henry de), 5, rue de Lota (135, rue de Longchamp). — Paris
et Saint-Julien par Saint-Genis-de-Saintonge (Charente-Inférieure). — R

Lestringant (Auguste), Libr., 11, rue Jeanne-d'Arc. — Rouen (Seine-Inférieure).

*Le Sueur (Paul), Doct. en Droit, anc. Avocat au Cons. d'État et à la Cour de Cassat.,
43, rue Lafayette. — Paris. — R

Letellier (Victor), 123, rue de Paris. — Saint-Denis (Seine).

Le Tellier-Delafosse (Ludovic), Prop., 88, avenue de Villiers. — Paris.

Letestu (Maurice), Ing. des Arts et Man., Construc.-hydraul., 64, rue Amelot.
— Paris.

Lethuillier-Pinel (Mme V^e), Prop., 68, rue d'Elbeuf. — Rouen (Seine-Inférieure). — R

Dr Leudet (Lucien), Sec. gén. de la *Soc. d'Hydrolog. médic.*, 66, rue de Miromesnil. — Paris.

Dr Leudet (Robert), anc. Int. des Hôp., Prof. à l'Éc. de Méd. de Rouen, 72, rue de
Bellechasse. — Paris. — R

*Dr Leuillieux (Abel). — Conlie (Sarthe). — R

Leune (Edmond), Prof. hon , 21, quai de La Tournelle. — Paris.

Le Vallois (Jules), Chef de Bat. du Génie en retraite, anc. Élève de l'Éc. Polytech.
— Luxeuil (Haute-Saône). — R

Levasseur (Émile), Mem. de l'Inst., Admin. et Prof. au Collège de France, place Marcellin-Berthelot. — Paris. — R

Levat (David), Ing. civ. des Mines, anc. Élève de l'Éc. Polytech., Mem. du Cons.
sup. des Colonies, 174, boulevard Malesherbes. — Paris. — R

Leveillé, Prof. à la Fac. de Droit, anc. Député, 55, rue du Cherche-Midi. — Paris.

*Dr Levêque (Paul), 20, rue du Clou-dans-le-Fer. — Reims (Marne).

Lévy (Maurice), Mem. de l'Inst., Insp. gén. des P. et Ch., 15, avenue du Trocadéro. — Paris.

Lévy (Michel), Mem. de l'Inst., Ing. en chef des Mines, 26, rue Spontini. — Paris.

Lévy (Raphaël, Georges), Prof. à l'Éc. des Sc. polit., 26, avenue Victor-Hugo,
— Paris.

*Lewthwaite (William), anc. Dir. de la Maison Isaac Holden, 27, rue des Moissons.
— Reims (Marne). — R

Lewy d'Abartiague (William), Ing. civ., château d'Abartiague. — Ossès (Basses-
Pyrénées). — R

Lez (Henri). — Lorrez-le-Bocage (Seine-et-Marne).

*Lhomme (Léon), Ing., Dir. de la Sucrerie. — Mayot par La Fère (Aisne).

*Lhotelain (Charles), Agr., Présid. hon. du Comice Agricole, 37, faubourg Cérès.
— Reims (Marne).

*Libert (L.-Lucien), Lauréat de la *Soc. astron. de France*, 33, rue Descartes.
— Paris.

Licherdopol (Jean-P.), Prof. de Phys. et de Chim. à l'Éc. de Com., 193, calea Dorobanti.
— Bucarest (Roumanie).

Lichtenstein (Henri), Nég. (Maison Andrieux), 12, cours Gambetta. — Montpellier
(Hérault).

Lignier (Octave), Prof. de Botan. à la Fac. des Sc., 70, rue Basse. — Caen (Calvados).

Lilienthal (Sigismond), Mem. de la Ch. de Com., 13, quai de L'Est. — Lyon
(Rhône).

Limasset (Lucien), Ing. en chef des P. et Ch., 6, rue Saint-Cyr. — Laon (Aisne). — R

Lindet (Léon), Doct. ès Sc., Prof. à l'Inst. nat. agron., 108, boulevard Saint-Germain.
— Paris. — R

*Lippmann (Gabriel), Mem. de l'Inst. et du Bureau des Longit., Prof. à la Fac. des
Sc., 10, rue de L'Éperon. — Paris.

Livache (Achille), Ing. civ. des Mines, 24, rue de Grenelle. — Paris.

*Dr Livon (Charles), Corresp. nat. de l'Acad. de Méd., Prof., et anc. Dir. de l'Éc. de
Méd. et de Pharm., Dir. du *Marseille Médical*, 14, rue Peirier. — Marseille (Bouches-
du-Rhône). — R

Lobert (Henri), Prop., 84, rue Saint-Amand. — Anzin (Nord).

*Dr Loche (Charles). — Rilly-la-Montagne (Marne).

Loche (Maurice), Insp. gén. des P. et Ch., 24, rue d'Offémont. — Paris. — F

*Lochet (Henri), 81, boulevard Jamin. — Reims (Marne).

Dr **Loir (Adrien)**, anc. Présid. de l'*Inst. de Carthage*, Prof. à la Fac. de Méd. (Université Laval), 49, Mc Gill College avenue. — Montréal (Canada). — **R**

Dr **Loisel (Gustave)**, Doct. ès Sc., Prof. aux cours second. à la Fac. des Sc., Dir. du Lab. d'Embryol. gén. à l'Éc. prat. des Hautes-Études, 6, rue de L'École-de-Médecine. — Paris.

***Loiselet (Paul)**, Avocat, 4, petite rue Bégand. — Troyes (Aube).

Lombard (Émile), Ing. des Arts et Man., Dir. de la *Soc. des Prod. chim. de Marseille-l'Estaque (Rio-Tinto)*, 32, rue Grignan. — Marseille (Bouches-du-Rhône).

Lombard-Dumas (Armand), Prop. — Sommières (Gard).

***Loncq (Émile)**, Sec. du Cons. départ. d'Hyg. pub., 6, rue de La Plaine. — Laon (Aisne). — **R**

Longhaye (Auguste), Nég., 22, rue de Tournai. — Lille (Nord). — **R**

Lonquéty (Maurice), Ing. civ. des Mines, anc. Élève de l'Éc. Polytech., 16, place Malesherbes. — Paris.

Lopès-Dias (Joseph), Ing. des Arts et Man., 16, rue du Plessis. — Bordeaux (Gironde). — **R**

Dr **Lordereau**, 36, avenue de L'Observatoire. — Paris.

Loriol-Lefort (Charles, Louis Perceval de), Natural. — Frontenex près Genève (Suisse). — **R**

***Lortat-Jacob (Mme Léon)**, 30, avenue Carnot. — Paris.

*Dr **Lortat-Jacob (Léon)**, 30, avenue Carnot. — Paris.

Lortet (Louis), Corresp. de l'Inst. et de l'Acad. de Méd., Doyen hon. de la Fac. de Méd., Dir. du Muséum des Sc. nat., 13, quai Claude-Bernard. — Lyon (Rhône). — **F**

Lothelier (Aimable), Prof. au Lycée Montaigne, 8, rue Civel. — Paris.

Lotz (Alfred), Construc.-mécan., 2, rue Guichen. — Nantes (Loire-Inférieure).

Louer (Jacques), Brasseur, 92, boulevard François-Ier. — Le Havre (Seine-Inférieure).

***Lougnon (Robert)**, Étud., 47, boulevard de Courtais. — Moulins (Allier).

***Lougnon (Victor)**, Ing. des Arts et Man., Juge au Trib. de 1re Inst. — Cusset (Allier). — **R**

Loup (Albert), Chirurg.-Dent. diplômé de la Fac. de Méd., 21, rue des Pyramides. — Paris.

***Lourdel (Émile)**, Pharm., 5 rue Gambetta. — Reims (Marne).

Loussel (A.), Prop., 86, rue de La Pompe. — Paris. — **R**

Loustau (Pierre), Prop., Mem. du Cons. mun., 4, boulevard du Midi. — Pau (Basses-Pyrénées).

***Louvet (Albert)**, Dir. des Contrib. indir. du départ. du Var. — Draguignan (Var).

***Lucas (Henri)**, Prop., 9, rue du Cardinal-de-Lorraine. — Reims (Marne).

Dr **Lucas-Championnière (Just)**, Mem. de l'Acad. de Méd., Chirurg. hon. des Hôp., 3, avenue Montaigne. — Paris.

Lugol (Édouard), Avocat, 11, rue de Téhéran. — Paris. — **F**

***Luizet (Michel)**, Météor. à l'Observatoire. — Saint-Genis-Laval (Rhône).

Lumière (Auguste), Indust., 262, cours Gambetta. — Lyon (Rhône).

Lumière (Louis), Indust., 262, cours Gambetta. — Lyon (Rhône).

*Dr **Luton (Ernest)**, Prof. à l'Éc. de Méd., 1, rue des Augustins. — Reims (Marne).

Lutscher (A.), Banquier, 22, place Malesherbes. — Paris. — **F**

Lyon (Gustave), Ing. civ. des Mines, Chef de la Maison Pleyel, Wolff et Cie, anc. Élève de l'Éc. Polytech., 22, rue Rochechouart. — Paris.

*Dr **Mabille (Léon)**, Rédac. en chef du journal *Le Conseiller du Praticien*, 36, rue Libergier. — Reims (Marne).

Mac Intosh (William, Carmichael), Prof. à l'Univ., 2, Abbotsford crescent. — Saint-Andrews (Écosse).

Madelaine (Édouard), Ing. en chef, adj. attaché à l'Exploit. des *Chem. de fer de l'État* en retraite, anc. Élève de l'Éc. cent. des Arts et Man., 68, avenue des Deux-Stations. — La-Varenne-Saint-Hilaire (Seine). — **R**

Maës (Gustave), Prop. de la Cristal. de Clichy, Mem. de la Ch. de Com. de Paris, 19, rue des Réservoirs. — Clichy (Seine).

Dr **Magnan (Valentin)**, Mem. de l'Acad. de Méd., Méd. de l'Asile Sainte-Anne, 1, rue Cabanis. — Paris.

Magne (Lucien), Archit. du Gouvern., Prof. à l'Éc. nat. des Beaux-Arts et au Conserv. nat. des Arts et Mét., 6, rue de L'Oratoire-du-Louvre. — Paris.

Magnien (Lucien), Ing. agric., Insp. de l'Agric., 10, rue Bossuet. — Dijon (Côte-d'Or). — **R**

Dr Magnin (Antoine), Doyen de la Fac. des Sc., anc. Adj. au Maire, 8, rue Proudhon. — Besançon (Doubs). — R

Magnin (Joseph), anc. Gouvern. de *la Banque de France*, Sénateur, 89, avenue Victor-Hugo. — Paris.

*Mahaut (Auguste), Mem. de la *Soc. de Géog. du Cher*. — Marseilles-les-Aubigny (Cher).

Mahé (Georges), Chirurg.-Dent., 66, rue de Miromesnil. — Paris.

*Mahon (Henri), Archit., 71, rue Gambetta. — Creil (Oise).

*Maignon (Antonin), Chef des Trav. de physiol. à l'Éc. nat. vétér., 1, place du Marché. — Lyon (Rhône).

Maigret (Henri), Ing. des Arts et Man., 29, rue du Sentier. — Paris. — R

*Dr Maillard (Louis), Agr. à la Fac. de Méd., 26, rue des Écoles. — Paris.

*Maillard (Mme Ve Marcel), 51, rue Jeanne-d'Arc. — Rouen (Seine-Inférieure).

Maillard (Paul), Ing. à l'usine Marrel. — Rive-de-Gier (Loire).

Dr Maillart (Hector), 4, rond-point de Plainpalais. — Genève (Suisse).

Maillet (Edmond), Doct. ès Sc. Math., Ing. des P. et Ch., Répét. à l'Éc. Polytech., 11, rue de Fontenay. — Bourg-la-Reine (Seine). — R

Maingaud (Alfred), Insp. des Forêts en retraite, 3, place du Lycée. — Angers (Maine-et-Loire).

Mairot (Henri), Banquier, Présid. du Trib. de Com., Mem. de l'*Acad. des Sc., Belles-Lettres et Arts*, 17, rue de La Préfecture. — Besançon (Doubs).

Maistre (Jules). — Villeneuvette par Clermont-l'Hérault (Hérault).

Malaquin (Alphonse), Prof. à la Fac. des Sc., 159, rue Brûle-Maison. — Lille (Nord).

Dr Malherbe (Albert), Corresp. nat. de l'Acad. de Méd., Dir. de l'Éc. de Méd. et de Pharm., 7, rue Bertrand-Geslin. — Nantes (Loire-Inférieure). — R

Malinvaud (Ernest), anc. Présid. de la *Soc. botan. de France*, 8, rue Linné. — Paris. — R

Malleville (Paul), Chirurg.-Dent., 6, allées de Meilhan. — Marseille (Bouches-du-Rhône).

*Dr Mally (Pierre-Francis), Prof. de Phys. méd. à l'Éc. de Méd., 43, rue Blatin. — Clermont-Ferrand (Puy-de-Dôme).

*Mandron, Notaire, rue Henri IV. — Reims (Marne).

Dr Mangenot (Charles), 162, avenue d'Italie. — Paris. — R

Mannheim (Mme Ve Amédée), 1, boulevard Beauséjour. — Paris.

Manoir (André Le Courtois du), Lic. en Droit, 28, rue des Carmes. — Caen (Calvados).

Dr Manouvrier (Léon), Dir. du Lab. d'Anthrop. de l'Éc. des Hautes-Études, Prof. à l'Éc. d'Anthrop., 15, rue de L'École-de-Médecine. — Paris.

*Dr Manquat (Alexandre), Corresp. nat. de l'Acad. de Méd., 2, rue Deloye. — Nice (Alpes-Maritimes).

Mansy (Eugène), Nég., 6, rue Barralerie. — Montpellier (Hérault). — F

Maquenne (Léon), Mem. de l'Inst., Prof. de Physiol. végét. au Muséum nat. d'Hist. nat., 19, rue Soufflot. — Paris. — R

Marais (Charles), Préfet. — Gap (Hautes-Alpes). — R

Marbeau (Eugène), anc. Cons. d'État, Présid. de la *Soc. des Crèches*, 14, avenue Henri-Martin. — Paris.

Marchand (Charles, Émile), Dir. de l'Observatoire du Pic du Midi, 9, rue Gambetta. — Bagnères-de-Bigorre (Hautes-Pyrénées).

Marchegay (Mme Ve Alphonse), chemin de Navarre. — La Mulatière par Lyon (Rhône). — R

Marcilhacy (Camille), anc. Sec. de la Ch. de Com., 20, rue Vivienne. — Paris.

Dr Marcorelles (Joseph), 18, rue Armény. — Marseille (Bouches-du-Rhône).

Marcoux, Fabric. de rubans, 13, rue de La République. — Saint-Étienne (Loire).

Maré (Alexandre), Fabric. de ferronnerie. — Bogny-sur-Meuse par Château-Regnault (Ardennes).

Maréchal (Auguste), Indust., 17, rue des Balkans. — Paris.

Maréchal (Paul), 125, boulevard Montparnasse. — Paris. — R

*Mareschal et Cie, successeurs de Henri Goulet, Nég. en vins de Champagne, 11, rue d'Avenay. — Reims (Marne).

*Marette (Mme Charles). — Châteauneuf-en-Thimerais (Eure-et-Loir).

*Dr Marette (Charles), Lic. ès Sc. Phys., Pharm. de 1re cl., anc. s.-Chef de Lab. à la Fac. de Méd. de Paris. — Châteauneuf-en-Thimerais (Eure-et-Loir). — R

Mareuse (André), 8, rue Théodore de Banville. — Paris. — **R**

*Mareuse (Edgar), Prop., Sec. du *Comité des Inscrip: parisiennes*, 81, boulevard Haussmann. — Paris et château du Dorat. — Bègles (Gironde). — **R**

*Marguet (Paul), Ing. des Arts et Man. — Merfy (Marne).

Marican (Charles), Pharm., place Nationale. — Montignac (Dordogne).

*Marie (Almyre), anc. Pharm. — Lessay (Manche).

Dr Marie (Théodore), Prof. de Phys. à la Fac. de Méd., 11, rue de Rémusat. — Toulouse (Haute-Garonne).

Marie d'Avigneau, Avoué, 11, rue Lafayette. — Nantes (Loire-Inférieure).

Dr Marignan (Émile). — Marsillargues (Hérault).

Marillier-Christophe (Mme Juliette), Chirurg.-Dent. diplômée de la Fac. de Méd., 56, rue Mozart. — Paris.

Marin (Louis), Admin. du Collège des Sc. soc., Député de Meurthe-et-Moselle, 4, rue des Chartreux. — Paris. — **R**

Marin-Tabouret (Henri), Inst. — Cuges (Bouches-du-Rhône).

Dr Maritoux (Eugène), 19, rue Turgot. — Paris.

Marix (Myrthil), Nég.-Commis., 28, rue Taitbout. — Paris.

*Marlio (Louis), Ing. des P. et Ch., 49, place de La Carrière. — Nancy (Meurthe-et-Moselle).

Dr Marmottan (Henri), anc. Député, anc. Maire du XVIe Arrond., 31, rue Desbordes-Valmore. — Paris.

*Marot (Henri), Prop., 25, rue Bergère. — Paris.

*Dr Marquès (Henri), Chef de Lab. des Clin. (Phys.), 6, avenue du Stand. — Montpellier (Hérault).

Marquès di Braga (P.), Cons. d'État hon., s.-Gouvern. hon. du *Crédit Foncier de France*, anc. Élève de l'Éc. Polytech., 14, avenue Alphand. — Paris. — **R**

Marquet (Léon), Fabric. de Prod. chim., 15, rue Vieille-du-Temple. — Paris.

Marquisan (Henri), Ing. des Arts et Man., Dir. de la *Soc. du Gaz de Marseille*, 20, rue de L'Arcade. — Paris.

Marrel (Henri), Maître de forges, rue de La République. — Rive-de-Gier (Loire).

Marrel (Jules), Maître de forges. — Rive-de-Gier (Loire).

Marrel (Léon), Maître de forges. — Rive-de-Gier (Loire).

Marronneaud (Henri), Chirurg.-Dent., Prof. à l'Éc. dentaire de Bordeaux, 34, rue Vital-Carles. — Bordeaux (Gironde).

Dr Marrot (Edmond). — Foix (Ariège).

*Marteau (Charles), Ing. des Arts et Man., Manufac., 13, avenue de Laon. — Reims (Marne).

Martel (Édouard, Alfred), Sec. gén. de la *Soc. de Spéléologie*, 23, rue d'Aumale. — Paris.

Dr Martin (André), Insp. gén. du Serv. de l'Assainis. des habitat., Sec. gén. de la *Soc. de Méd. pub. et d'Hyg. profes.*, 3, rue Gay-Lussac. — Paris.

*Martin (Camille), Mem. de la *Soc. littéraire*, 30, rue du Juge-de-Paix. — Lyon (Rhône).

Martin (Charles), Ing. agron., anc. Dir. de l'Éc. nat. d'indust. laitière de Mamirolle, 8, rue Granvelle. — Besançon (Doubs).

Dr Martin (Claude), Lauréat de l'Inst., Dent., 30, rue de La République. — Lyon (Rhône).

Martin (Eugène), Fabric. d'instrum. de Sc. et d'Élect., 22, rue des Couteliers. — Toulouse (Haute-Garonne). — **R**

Dr Martin (Francisque), Chirurg.-Dent., 30, rue de La République. — Lyon (Rhône).

Dr Martin (Georges). — La Foye-Monjault par Beauvoir-sur-Niort (Deux-Sèvres).

Dr Martin (Henri), 50, rue Singer. — Paris.

*Martin (Paul), Pharm., 36, rue du Mont-d'Arène. — Reims (Marne).

*Martin-Ragot (Jules), Manufac., 14, esplanade Cérès. — Reims (Marne). — **R**

*Martinier (Paul), Chirurg.-Dent. diplômé de la Fac. de Méd., Prof. à l'Éc. dent. de Paris, 10, rue Richelieu. — Paris.

Marveille de Calviac (Jules de), château de Calviac. — Lasalle (Gard). — **F**

Marx (Raoul), Nég., 103, rue de Miromesnil. — Paris.

Mascart (Éleuthère), Mem. de l'Inst., Prof. au Collège de France, Dir. hon. du Bureau cent. météor. de France, 16, rue Christophe-Colomb. — Paris. — **R**

Masfrand, Pharm. de 1re cl., Présid. de la *Soc. « Les Amis des Sc. et Arts. »* — Rochechouart (Haute-Vienne).

Massini (Gino), Int. de Clin. médic. à l'Univ., place Colombo. — Gênes (Italie).

*Massiot (G.), Construc. d'inst. pour les Sc., 13, boulevard des Filles-du-Calvaire. — Paris.

Massol (Gustave), Corresp. nat. de l'Acad. de Méd., Dir. de l'Éc. sup. de Pharm., (villa Germaine), boulevard des Arceaux. — Montpellier (Hérault). — **R**

Masson (Georges), Contrôleur cent. du Trésor pub., 10, rue De Laborde. — Paris.

Masson (Louis), Insp. de l'Assainis., 10, rue du Chemin-Vert. — Paris.

Masson (Pierre, V.), de la Librairie Masson et Cie, 120, boulevard Saint-Germain. — Paris. — **R**

*__Mathias__ (Émile), Prof. à la Fac. des Sc., 44, allée Lafayette. — Toulouse (Haute-Garonne).

*__Mathieu__ (Mlle Jeanne), 1, rue Dallier. — Reims (Marne). — **R**

*__Mathieu__ (Eugène), Ing. des Arts et Man., anc. Dir. gén. Construc. des *Aciéries de Jœuf*, anc. Dir. gén. et Admin. des *Aciéries de Longwy*, Construc. mécan. et Mem. du Cons. mun., 1, rue Dallier. — Reims (Marne). — **R**

*__Mathieu__ (Louis), Dir. de la Station œnologique de Bourgogne. — Beaune (Côte-d'Or).

*__Matot__ (Henri), Imprim.-Édit., 6, rue du Cadran-Saint-Pierre. — Reims (Marne).

Matruchot (Louis), Prof. adj. à la Fac. des Sc. de Paris, 11, boulevard Carnot. — Bourg-la-Reine (Seine). — **R**

Matte (H.), Prof. au Lycée. — Rennes (Ille-et-Vilaine).

Maubrey (Gustave, Alexandre), s.-Ing. des P. et Ch. en retraite, 9, boulevard Raimbaldi. — Nice (Alpes-Maritimes).

*__D^r Mauclaire__ (Louis), Agr. à la Fac. de Méd., Chirurg. des Hôp., 40, boulevard Malesherbes. — Paris.

*__Maufroy__ (Jean-Baptiste), anc. Dir. de manufac. de laine, 4, rue de L'Arquebuse. — Reims (Marne). — **R**

*__Maulouet__ (Émile), Pharm., 25, rue de Vesle. — Reims (Marne).

*__D^r Maunoury__ (Gabriel), Corresp. de l'Acad. de Méd., Chirurg. de l'Hôp., 26, rue de Bonneval. — Chartres (Eure-et-Loir). — **R**

Dr Maurel (Édouard, Émile), Prof. à la Fac. de Méd., Méd. princ. de réserve de la Marine, 10, boulevard Carnot. — Toulouse (Haute-Garonne).

Maurel (Émile), Nég., 7, rue d'Orléans. — Bordeaux (Gironde). — **R**

Maurel (Marc), Nég., 48, cours du Chapeau-Rouge. — Bordeaux (Gironde). — **R**

Maurice (Paul), Ing. civ., anc. Élève de l'Éc. Polytech., 2, chemin de La Chapelle (Champvert). — Lyon (Rhône).

Maurouard (Lucien), Trés.-payeur gén. de la Charente, anc. Élève de l'Éc. Polytch. 110, boulevard Haussmann. — Paris et à Angoulême (Charente). — **R**

*__Maury__ (Louis), Lic. ès-Sc. nat., Prof. au Collège, 2, rue des Poissonniers. — Châlons-sur-Marne (Marne).

Maxwell-Lyte (Farnham), Ing.-Chim., 60, Finborough-road. — Londres, S. W. (Angleterre). — **R**

Mayet (Félix, Octave), Prof. hon. à la Fac. de Méd., 23, chemin des Mûres. — Lyon (Rhône).

Mayet (Mme Lucien), 15, rue Émile-Zola. — Lyon (Rhône).

Dr Mayet (Lucien), anc. Int. des Hôp., 15, rue Émile-Zola. — Lyon (Rhône).

Dr Mazade (Henri), Insp. en chef de l'Assist. pub., 82, boulevard de La Madeleine. — Marseille (Bouches-du-Rhône).

*__Mazurier__ (Alphonse), Indust., Mem. du Cons. gén. de l'Aisne, Présid. de la Com. admin. de la Station agro. et du Lab. dép. de Bactériol. — Pouilly-sur-Serre (Aisne).

Médebielle (Pierre), Ing. des Arts et Man., Entrep. de Trav. pub. — Tarbes (Hautes-Pyrénées).

Meissas (Gaston de), Publiciste, 3, avenue Bosquet. — Paris. — **R**.

Mekarski (Louis), Ing. civ., 9, rue de Clichy. — Paris.

Mellerio (Alphonse), Prop., anc. Élève de l'Éc. des Hautes-Études, 18, rue des Capucines. — Paris.

Mellon (Paul), Publiciste, 24, place Malesherbes. — Paris.

Ménard (Césaire), Ing. des Arts et Man., Concessionnaire de l'Éclairage au gaz. — Louhans (Saône-et-Loire). — **R**

*__Mencière__ (Mme Louis), 72, rue Libergier. — Reims (Marne).

*__D^r Mencière__ (Louis), 72, rue Libergier. — Reims (Marne).

Mendelssohn (Isidore), Chirurg.-Dent., 10, rue Rochechouart. — Paris. — **R**

*__D^r Mendelssohn__ (Maurice), anc. Prof. à l'Univ. de Saint-Pétersbourg, Corresp. de l'Acad. de Méd., 49, rue de Courcelles. — Paris.

Mendes-Guerreiro (J.-V.), Ing.-Insp. gén. des P. et Ch., 14, calçada de Sacramento. — Lisbonne (Portugal). — **R**

Ménegaux (Auguste), Doct. ès Sc., Assistant au Muséum nat. d'Hist. nat. (Mammifères, Oiseaux), 9, rue du Chemin-de-Fer. — Bourg-la-Reine (Seine). — **R**

***Meng (Louis)**, Chirurg.-Dent., 66, rue de Rennes. — Paris.

Ménier (Charles), Dir. de l'Éc. prép. à l'Ens. sup. des Sc. et des Lettres, 12, rue Voltaire. — Nantes (Loire-Inférieure).

***Mennesson-Champagne (Louis)**, Avocat, Mem. du Cons. gén., 22, rue de Talleyrand. Reims (Marne).

Mentienne (Adrien), anc. Maire, Mem. de la *Soc. de l'Histoire de Paris et de l'Ile-de-France*. — Bry-sur-Marne (Seine). — **R**

***Menu (Henri)**, s.-Biblioth. de la Ville, 40, rue de Bourgogne. — Reims (Marne).

Menut (Henri), Maire de La Glacerie, Mem. du Cons. d'Arrond., 5, rue Christine. — Cherbourg (Manche).

Mer (Émile), Insp. des Forêts, Mem. de la *Soc. nat. d'Agric. de France*, 19, rue Israël-Sylvestre. — Nancy (Meurthe-et-Moselle).

Mercadier (Jules), Insp. des Télég., Dir. des Études à l'Éc. Polytech., 21, rue Descartes. — Paris. — **R**

Merceron (Georges), Ing. civ. — Bar-le-Duc (Meuse).

Mercet (Émile), Banquier, 2, avenue Hoche. — Paris. — **R**

Merlin (Roger). — Bruyères (Vosges). — **R**

Merz (John, Théodore), Doct. en Philo., the Quarries. — Newcastle-on-Tyne (Angleterre). — **F**.

***Mesme**, Greffier de la Justice de Paix, 12, rue du Jard. — Reims (Marne).

Mesnard (Eugène), Prof. à l'Éc. prép. à l'Ens. sup. des Sc. et à l'Éc. de Méd., 79, rue de La République. — Rouen (Seine-Inférieure). — **R**

Dr Mesnards (P. des), rue Saint-Vivien. — Saintes (Charente-Inférieure). — **R**

Mesnil (Félix), Doct. ès Sc., Agr. de l'Univ., Chef de Lab. à l'Inst. Pasteur, 21, rue Ernest-Renan. — Paris.

***Mettrier (Auguste)**, Ing. en chef des Mines, 21, rue Victor-Hugo. — Douai (Nord). — **R**

Meunié (Louis), Élève-Archit., 17, rue du Cherche-Midi. — Paris.

Dr Meunier (Valéry), 6, rue Adoue. — Pau (Basses-Pyrénées).

Michalon, 96, rue de L'Université. — Paris.

***Michaud (Léon)**, Lib.-Édit., 19, rue du Cadran-Saint-Pierre. — Reims (Marne).

***Dr Michaut (Victor)**, Lic. ès Sc. Phys. et nat., Prof. de Physiol. à l'Éc. de Méd., 1, rue Danton. — Dijon (Côte-d'Or).

Michel (Charles), Entrep. de peinture, 21, rue Biot. — Paris.

Michel (Henry), Archit.-Paysagiste, Prof. à l'Éc. mun. des Beaux-Arts, rue Fontaine-Écu. — Besançon (Doubs).

Mieg (Mathieu), 48, avenue de Modenheim. — Mulhouse (Alsace-Lorraine).

Dr Mignen (Gustave). — Montaigu (Vendée).

***Mignot (Édouard)**, Nég. en vins de Champagne, rue Vernouillet. — Reims (Marne).

Milcent (Ernest), Admin.-Délég. de la *Soc. anonyme de Construc. du Temple*, 103, avenue Carnot. — Cherbourg (Manche).

Dr Millard (Auguste), Méd. hon. des Hôp., 4, rue Rembrandt. — Paris. — **R**

Milsom (Gustave), Ing. civ. des Mines, Agric.-Vitic. — Rachgoun (Basse-Fafna) par Beni-Saf (départ. d'Oran) (Algérie).

***Minard (Félix)**, Clerc d'Avoué, 25, rue Gambetta. — Reims (Marne).

Mine (Albert), Nég.-Commis., Consul de la République Argentine, 10, rue Jean-Bart. — Dunkerque (Nord).

***Dr Minelle (Pierre)**, 53, rue de L'Université. — Reims (Marne).

Mirabaud (Paul), Banquier, 9, rue Alfred-de-Vigny. — Paris. — **R**

Mirabaud (Robert), Banquier, 56, rue de Provence. — Paris. — **F**

Miray (Paul), Teintur., Manufac., 2, rue de L'École. — Darnétal-lez-Rouen (Seine-Inférieure).

***Mire (Charles)**, Prof. à l'Éc. de Méd. et au Lycée, 17, rue Dieu-Lumière. — Reims (Marne).

***Miville (Charles)**, Expert-Comptable, Arbitre de Comm. au Trib. de 1re instance, 2, rue Beauregard. — Genève (Suisse).

Mocqueris (Edmond), 58, boulevard d'Argenson. — Neuilly-sur-Seine (Seine). — **R**

Mocqueris (Paul), Ing. de la Construc. à la *Comp. des Chem. de fer de Bône-Guelma et prolongements*, 39, rue Es-Sadikia. — Tunis. — **R**

Modelski (Edmond), Ing. en chef des P. et Ch. — La Rochelle (Charente-Inférieure).

Moine (Gaston), 2, rue d'Erlanger. — Paris.

Moinet (Édouard), Dir. des Hosp. civ., 1, rue de Germont. — Rouen (Seine-Inférieure).

*Dr Mollaret (Ernest), 16, place Notre-Dame. — Grenoble (Isère).

Mollins (Jean de), Doct. ès Sc., 9, rue La Chapelle. — Spa (province de Liége) (Belgique). — R

Dr Mondain (Charles), 41, rue Joinville. — Le Havre (Seine-Inférieure).

Monick (Melchior), Chirurg.-Dent. diplômé de la Fac. de Méd. de Paris, 10, place de
La Préfecture. — Le Mans (Sarthe).

*Dr Monier (Eugène), place du Pavillon. — Maubeuge (Nord). — R

Monmerqué (Arthur), Ing. en chef des P. et Ch., 19, rue Decamps. — Paris. — R

Monnet (Prosper), Chim., 179, route de Genas. — Villeurbanne (Rhône).

Monnier (Demetrius), Ing. des Arts et Man., Prof. à l'Éc. cent. des Arts et Man.,
3, impasse Cothenet (22, rue de La Faisanderie). — Paris. — R

Monnier (François), Chirurg.-Dent., 4, square Saint-Amour. — Besançon (Doubs).

Monnier (Marcel), Explorateur. — Jeurre (Jura).

Dr Monod (Charles), Mem. de l'Acad. de Méd., Agr. à la Fac. de Méd., Chirurg. hon. des
Hôp., 121, avenue de Wagram. — Paris. — F

Dr Monod (Eugène), Chirurg. des Hôp., 19, rue Vauban. — Bordeaux (Gironde).

*Dr Monod (Jean), Méd.-maj., Chef du Service dentaire à l'Hôp. milit. du Val-de-Grâce,
19, boulevard Carnot. — Bourg-la-Reine (Seine).

Monot (Charles), Archit. en chef de la Ville, 19, place des Terraux. — Lyon (Rhône).

Monoyer (Mlle Élisabeth), 41, rue des Tournelles. — Lyon (Rhône).

Monoyer (F.), Prof. à la Fac. de Méd., 41, rue des Tournelles. — Lyon (Rhône).

Montel (Jules), Publiciste, anc. Juge au Trib. de Com. de Montpellier, 11, rue Mon-
signy. — Paris.

Dr Montfort, Prof. à l'Éc. de Méd., Chirurg. des Hôp., 14, rue de La Rosière. — Nantes
(Loire-Inférieure). — R

Montgolfier (Adrien de), Ing. en chef des P. et Ch., Dir. de la *Comp. des Hauts
Fourneaux, Forges et Aciéries de la Marine et des Chem. de fer*, Présid. de la Ch. de
Com. de Saint-Étienne, 163, boulevard Malesherbes. — Paris.

Montjoye (de), Prop., château de Lasnez. — Villers-lez-Nancy par Nancy (Meurthe-et-
Moselle).

Montlaur (le Comte Amaury de), Ing. civ., 41, avenue Friedland. — Paris. — R

Mont-Louis, Imprim., 2 rue Barbançon. — Clermont-Ferrand (Puy-de-Dôme). — R

*Montricher (Henri de), Ing. civ. des Mines, Admin.-Dir. de la *Soc. nouvelle du Canal
d'irrig. de Craponne et de l'assainis. des Bouches-du-Rhône*, 52, boulevard Notre-
Dame. — Marseille (Bouches-du-Rhône).

Moquin-Tandon (Gaston), Prof. à la Fac. des Sc., 4, allée Saint-Étienne. — Toulouse
(Haute-Garonne).

Morain (Paul), Prof. départ. d'Agric. de Maine-et-Loire, 52, rue Lhomond. — Paris.

*Dr Morange (Gabriel), 25, rue du Cloître. — Reims (Marne).

Morat (Jean, Pierre), Prof. à la Fac. de Méd., 10, place des Célestins. — Lyon
(Rhône).

Moreau (Émile), Associé de la Maison Larousse, 17, rue de Grignon. — Thiais (Seine).

Moreau (Léon), Lic. ès Sc., Ing. agron., Dir. du Lab. agric. de Maine-et-Loire, 41, quai
Ligny. — Angers (Maine-et-Loire).

*Moreau-Bérillon (Camille), Ing. agron., Prof. spécial d'Agric., 12, rue du Faubourg-
Cérès. — Reims (Marne).

*Dr Morel (Albert), Agr. à la Fac. de Méd., 13, quai Claude-Bernard. — Lyon (Rhône).

Morel (Ennemond), Présid. de la *Soc. d'Écon. polit. de Lyon*, 20, rue Lafont. — Lyon
(Rhône).

Morel d'Arleux (Mme Charles), 13, avenue de L'Opéra. — Paris. — R

Morel d'Arleux (Charles), Notaire hon., 13, avenue de L'Opéra. — Paris. — F

Dr Morel d'Arleux (Paul), 33, rue Desbordes-Valmore. — Paris. — R

*Dr Morin (Frédéric), Prof. sup. à l'Éc. de Méd., 17, place Lamoricière. — Nantes (Loire-
Inférieure).

*Morin (Gaston), Avocat, 11, rue des Juifs. — Charleville (Ardennes).

Morin (Théodore), Doct. en Droit, 50, avenue du Trocadéro. — Paris. — R

Morin-Pons (Banque Ve), 12, rue de La République. — Lyon (Rhône).

Moris (Alfred), Prop. — Pouzauges (Vendée).

D' Moris (Paul). — Pouzauges (Vendée).

Morot (Charles), Vétér.-Insp., Dir. de l'Abattoir com., Séc.-gén. de la *Soc. vétér. de l'Aube*, 2, rue Hennequin. — Troyes (Aube).

*Mortillet (Adrien de), Prof. à l'Éc. d'Anthrop., Présid. de la *Soc. d'Excursions scient.*, Conserv. des collections de la *Soc. d'Anthrop. de Paris*, 22, avenue Reille. — Paris. — **R**

Mossé (Alphonse), Prof. de Clin. médic. à la Fac. de Méd., Corrésp. nat. de l'Acad. de Méd., 36, rue du Taur. — Toulouse (Haute-Garonne). — **R**

D' Motais (Ernest), Corresp. nat. de l'Acad. de Méd., Prof. à l'Éc. de Méd., 8, rue Saint-Laud. — Angers (Maine-et-Loire).

D' Motet (A.), Mem. de l'Acad. de Méd., Dir. de la Maison de santé, 161, rue de Charonne. — Paris.

D' Motti (Giovanni), Medico-Direttore, Regente del Manicomio, 17, via Seggio. — Aversa (province de Caserta) (Italie).

Mougin (Xavier), Dir. de la *Soc. anonyme des Verreries de Vallerysthal et de Portieux*, Député des Vosges. — Portieux (Vosges).

Mouilbau (Jules) (fils), Manufac., 96, rue des Archives. — Paris.

Mouilbau (Paul), 13, rue des Archives. — Paris.

D' Mouisset (Frédéric), Méd. des Hôp., 1, place des Jacobins. — Lyon (Rhône).

Moullade (Albert), Lic. ès Sc., Pharm. princ. de 1re cl., de l'Armée en retraite, 101, avenue du Prado. — Marseille (Bouches-du-Rhône). — **R**

*Mouly (Joseph), 27, rue Berthollet. — Paris.

D' Moure (Émile), Prof. adj. à la Fac. de Méd., 25 *bis*, cours du Jardin-Public. — Bordeaux (Gironde). — **R**

Moureaux (Théodule), Dir. de l'Observ. météor. du Parc-Saint-Maur, 25, avenue de L'Étoile. — Saint-Maur-les-Fossés (Seine).

*Moureu (Charles), Mem. de l'Acad. de Méd., Prof. à l'Éc. sup. de Pharm., 84, boulevard Saint-Germain. — Paris. — **R**

Mouriès (Gustave), Ing.-Archit., 7, rue Colbert. — Marseille (Bouches-du-Rhône).

Mousnier (Jules), Fabric. de Prod. pharm., 30, rue de Houdan. — Sceaux (Seine).

D' Moutier, Prof. à l'Éc. de Méd., 6, rue Jean-Romain. — Caen (Calvados).

*Moutier (Mme A.), 11, rue de Miromesnil. — Paris.

*D' Moutier (A.), 11, rue de Miromesnil. — Paris. — **R**

*Müller (Hippolyte), Biblioth. de l'Éc. de Méd. — Grenoble (Isère).

Mulot (Mlle Louise), Dir.-Fondat. de l'École des Jeunes-Aveugles, rue Toussaint. — Angers (Maine-et-Loire).

*Mumm (G., H.), Nég. en vins de Champagne, 24, rue Andrieux. — Reims (Marne).

Müntz (Georges), Ing. en chef des P. et Ch., Ing. princ. de la 1re Divis. de la voie à la *Comp. des Chem. de fer de l'Est*, 20, rue de Navarin. — Paris.

D' Murat, Chef du Serv. d'Élect., méd., 1, place d'Isly. — Alger.

D' Musgrave-Clay (René de), Sec. gén. de la *Soc. des Sc., Lettres et Arts*. — Salies-les-Bains. (Basses-Pyrénées).

Nabias (Barthélemy de), Doyen de la Fac. de Méd., 17 *bis*, cours d'Aquitaine. — Bordeaux (Gironde).

Nachet (A.), Construc. d'inst. de précis., 17, rue Saint-Séverin. — Paris.

D' Natier (Marcel), Dir. de l'*Inst. Laryngol.* de Paris, 12, rue Caumartin. — Paris.

Neech (Edward), Chirurg.-Dent., 64, rue Basse-du-Rempart. — Paris.

Négrin (Paul), Prop. — Cannes-La-Bocca (Alpes-Maritimes). — **R**

Neuberg (Joseph), Prof. à l'Univ., 6, rue de Sclessin. — Liège (Belgique).

Neveu (Auguste), Ing. des Arts et Man. — Rueil (Seine-et-Oise). — **R**

Neyron des Granges (Mme), 7, rue du Peyrat. — Lyon (Rhône). — **R**

Nibelle (Maurice), Avocat, 9, rue des Arsins. — Rouen (Seine-Inférieure). — **R**

*D' Nicaise (Victor), anc. Int. des Hôp., 3, rue Mollien. — Paris. — **R**

D' Nicas, 80, rue Saint-Honoré. — Fontainebleau (Seine-et-Marne). — **R**

Nicklès (René), Ing. civ. des Mines, Prof. à la Fac. des Sc., 29, rue des Tiercelins. — Nancy (Meurthe-et-Moselle).

Nicolas (Joseph), Prof. à la Fac. de Méd., Méd. des Hôp., s.-Dir. du Bureau mun. d'Hyg., 19, place Morand. — Lyon (Rhône).

Nicolet, Indust., 3 *bis*, boulevard Gambetta. — Grenoble (Isère).

D' Ninot (Paul), anc. Int. des Hôp. de Saint-Étienne, 26, rue du Lycée. — Roanne (Loire).

Nivet (Albin), Ing. des Arts et Man., La Grave. — Échoisy par Luxé (Charente).

Nivet (Gustave), 105, avenue du Roule. — Neuilly-sur-Seine (Seine). — **R**

Nivoit (Edmond), Insp. gén. des Mines, Prof. de Géol. à l'Éc. nat. des P. et Ch., 4, rue de La Planche. — Paris. — **R**

Noack-Dollfus (Hermann), Ing. des Arts et Man., 134, avenue Victor-Hugo. — Paris

Noël (Jean), Ing. des Arts et Man., 104, cours Saint-Louis. — Bordeaux (Gironde).

Noelting (Émilio), Dir. de l'Éc. de Chim. — Mulhouse (Alsace-Lorraine). — **R**

Dr Nogier (Thomas), Agr. de Phys. médic. à la Fac. de Méd., 11, rue de La Charité. — Lyon (Rhône). — **R**

*****Noiret (Gustave)**, Doct. en Droit, 5, avenue de Limoges. — Niort (Deux-Sèvres).

Nonclerq (Élie), Artiste-Peintre, 73, boulevard du Montparnasse. — Paris.

Norbert-Nanta, Opticien, 60, quai des Orfèvres. — Paris.

Noter (Albert de), Nég., 26, rue Bab-Azoun. — Alger.

Nottin (Lucien), 91, rue Lafayette. — Paris. — **F**

Nourry (Marcel), Géol., 56, rue Thiers. — Avignon (Vaucluse).

Dr Noury (Charles, Edmond), Prof. à l'Éc. de Méd., 30, rue de L'Arquette. — Caen (Calvados).

Nouvelle (Georges), Ing. civ., 25, rue Brézin. — Paris.

*****Nouvion-Jacquet**, Fabric. de Tissus, 29, rue Saint-Symphorien. — Reims (Marne).

Nozal, Nég., 7, quai de Passy. — Paris.

Dr Nux (Louis), Chirurg.-Dent. des Hôp., 7, allées Lafayette. — Toulouse (Haute-Garonne).

Oberkampff (Ernest), Admin. des Hospices, 20, avenue de Noailles. — Lyon (Rhône).

Ocagne (Maurice d'), Ing. et Prof. à l'Éc. nat. des P. et Ch., Répét. à l'Éc. Polytech., 30, rue La Boétie. — Paris. — **R**

Odier (Alfred), anc. Dir. de la *Caisse gén. des Familles*, 42, rue des Renaudes. — Paris. — **R**

Œchsner de Coninck (William), Prof. à la Fac. des Sc., 8, rue Auguste-Comte. — Montpellier (Hérault). — **R**

Offret (Albert), Prof. de Minéral. à la Fac. des Sc. (villa Sans-Souci), 53, chemin des Pins. — Lyon (Rhône).

Olivier (Ernest), Dir. de la *Revue scient. du Bourbonnais*, 10, cours de La Préfecture. — Moulins (Allier).

Olivier (Louis), Doct. ès Sc., Dir. de la *Revue générale des Sciences*, 22, rue du Général-Foy. — Paris.

Dr Olivier (Paul), Prof. à l'Éc. de Méd., Méd. en chef de l'Hosp. gén., 12, rue de La Chaîne. — Rouen (Seine-Inférieure). — **R**

Olry (Albert), Ing. en chef des Mines, 23, rue Clapeyron. — Paris. — **R**

*****Olry-Rœderer (L.)**, Nég. en vins de Champagne, 6, impasse des Deux-Anges. — Reims (Marne).

Onde (Xavier, Michel, Marius), Prof. de Phys. au Lycée Henri IV, 41, rue Claude-Bernard. — Paris.

Onésime (le Frère), Institution Michel-Perret. — Limonest (Rhône).

Oppermann (Alfred), Ing. en chef des Mines, 2, rue des Arcades. — Marseille (Bouches-du-Rhône).

Dr Orfila (Louis), Agr. à la Fac. de Méd. de Paris, Sec. gén. de l'*Assoc. des Méd. de la Seine*, château de Chemilly. — Langeais (Indre-et-Loire).

Ortal (Jules), Int. des Hôp., Hôtel-Dieu. — Nantes (Loire Inférieure).

Osmond (Floris), Ing. des Arts et Man., 83, boulevard de Courcelles. — Paris. — **R**

Otaola (Juan de), Chirurg.-Dent. 51, rue Sômera. — Bilbao (Espagne).

*****Oury-Dufau**, Nég. en laines, 3, boulevard de La Paix. — Reims (Marne).

Outhenin-Chalandre (Joseph), 114, rue La Boétie. — Paris. — **R**

*****Pagès-Allary (Jean)**, Indust., Prop. — Murat (Cantal).

Paget-Blanc (le Colonel Alexandre). — Auxerre (Yonne).

Pagnard (Abel), Ing.-Dir. des trav. du port, anc. Élève de l'Éc. cent. des Arts et Man. — Rosario (République-Argentine).

*****Paillard (Ulysse)**, Vitic. — Bouzy (Marne).

Painlevé (Paul), Mem. de l'Inst., Prof. à la Fac. des Sc., 33, rue d'Assas — Paris.

*****Pailliotin (Louis)**, Chirurg.-Dent., 7, rue Godot-de-Mauroi. — Paris.

*****Palette (Jean)**, Proviseur du Lycée, rue de L'Université. — Reims (Marne).

Dr Pallasse (Eugène), Chef de Clin. adj. à la Fac. de Méd., 1, rue du Viel-Renversé. — Lyon (Rhône).

Palun (Auguste), Juge au Trib. de Com., 13, rue Banasterie. — Avignon (Vaucluse). — **R**

Dr Pamard (Alfred), Associé nat. de l'Acad. de Méd., Chirurg. en chef des Hôp., 4, place Lamirande. — Avignon (Vaucluse). — **R**

Pamard (le Général Ernest), 26, rue du Général-Gengoult. — Toul (Meurthe-et-Moselle). — **R**

D\u02B3 **Pamard (Paul)**, anc. Int. des Hôp. de Paris, 4, place Lamirande. — Avignon (Vaucluse). — **R**

Dʳ **Papillault (Georges)**, Prof. à l'Éc. d'Anthrop., Prép. au Lab. d'Anthrop. des Hautes-Études, Mem. du Com. cent. de la *Soc. d'Anthrop. de Paris*, 3, quai Malaquais. — Paris.

*Papillon (Émile, Albert), Étud. en méd., 8, rue Montalivet. — Paris.

*Dʳ **Papillon (Ernest)**, 8, rue Montalivet. — Paris.

Papot (Edmond), Chirurg.-Dent. diplômé de la Fac. de Méd. de Paris, Prof. hon. à l'Éc. dent. de Paris, (Les Sorbiers), 1, rue de La Gandine. — Héricy-sur-Seine (Seine-et-Marne).

*Parat (l'Abbé Alexandre), 8, chemin Cambon. — Avallon (Yonne).

Dʳ **Paris (Henri)**. — Chantonnay (Vendée).

*Paris (Paul), Lic. ès Sc., Prépar. à la Fac. des Sc., 32, rue de La Colombière. — Dijon (Côte-d'Or).

Parmentier (le Général Théodore), 5, rue du Cirque. — Paris. — **F**

*Pascalidés (Mˡˡᵉ Aspasie), Chirurg.-Dent., rue Hérodote. — Athènes (Grèce).

Pasqueau (Alfred), Insp. gén. des P. et Ch. en retraite, 7, rue de Bassano. — Paris.

Pasquet (Eugène) (fils), 53, rue d'Eysines. — Bordeaux (Gironde). — **R**

*Passy (Frédéric), Mem. de l'Inst., anc. Député, anc. Mem. du Cons. gén. de Seine-et-Oise, 8, rue Labordère. — Neuilly-sur-Seine (Seine). — **R**

Passy (Paul, Édouard), Doct. ès Lettres, Lauréat de l'Inst. (Prix Volney), Maître de Conf. à l'Éc. des Hautes-Études d'Hist. et de Philologie, 92, rue de Longchamp. — Neuilly-sur-Seine (Seine).

[Patapy (Junien), Avocat, v.-Présid. du Cons. gén., 12, boulevard Montmailler. — Limoges (Haute-Vienne).

Pathier (A.), Manufac., 15, rue Bara. — Paris.

Patet, Pharm., 7, rue de La Fromagerie. — Lyon (Rhône).

Paufique (Martial), Mem. de la Ch. de Com., 71, rue Molière. — Lyon (Rhône).

Dʳ **Paviot (Jean)**, 49, rue de La République. — Lyon (Rhône).

Payart (Eugène), Nég., Économ., 5, Henrietta street, Cavendish-square. — Londres W. (Angleterre).

Payen (Mᵐᵉ Vᵉ Louis), Construc. de machines à calculer, 16, rue de La Tour-des-Dames. — Paris.

Payen (L.) et Cⁱᵉ, Nég. en Soieries, 9, rue Pizay. — Lyon (Rhône).

Péchiney (A., R.), Admin.-Délég. de la *Comp. des Prod. chim. d'Alais et de la Camargue*, Les Rochers. — Hyères (Var).

Pector (Sosthènes), Sec. gén. de l'*Union nat. des Soc. photog. de France*, 9, rue Lincoln. — Paris.

Pédézert (Charles, Henri), Ing. du Matériel et de la Trac. aux *Chem. de fer de l'État*, anc. Élève de l'Éc. cent. des Arts et Man., 21, rue de La Vieille-Prison. — Saintes (Charente-Inférieure).

Pédraglio-Hoël (Mᵐᵉ Hélène), 29, avenue Camus. — Nantes (Loire-Inférieure) — **R**

Péju (Georges), Int. des Hôp., Prépar. de Physiol. à la Fac. de Méd., 16, quai Claude-Bernard. — Lyon (Rhône).

Péker (Eugène), Nég., anc. Adj. au Maire, 9, Grande-Rue. — Besançon (Doubs).

Pélagaud (Élysée), Doct. ès Sc., château de La Pinède. — Antibes (Alpes-Maritimes). — **R**

Pélagaud (Fernand), Présid. de Ch. à la Cour d'Ap., 15, quai de L'Archevêché. — Lyon (Rhône). — **R**

Pelé (F.), Prop., 52, rue Caumartin. — Paris.

Pelissot (Jules de), s.-Dir. de la *Comp. des Docks et Entrepôts* (Hôtel des Docks), 1, place de La Joliette. — Marseille (Bouches-du-Rhône).

Pellat (Henri), Prof. de Phys. à la Fac. des Sc., 23, avenue de L'Observatoire. — Paris.

*Dʳ **Pellegrin (Jacques)**, Doct. ès Sc., Prépar. au Muséum nat. d'Hist. nat., 143, rue de Rennes. — Paris.

Pellet (Auguste), Prof. à la Fac. des Sc., 7, rue Ballainvilliers. — Clermont-Ferrand (Puy-de-Dôme). — **R**

Pellin (Félix, Philibert), de la Maison Philibert Pellin (Inst. de précis.), 21, rue de L'Odéon. — Paris.

Pellin (Philibert), Ing. des Arts et Man., Construc. d'Inst. de précis., 21, rue de L'Odéon. — Paris.

Pelliot (Paul), Prof. de Chinois à l'Éc. française d'Extrême-Orient de Hanoï, 69, Grande-Rue. — Saint-Mandé (Seine).

Peltereau (Ernest), Notaire hon. — Vendôme (Loir-et-Cher). — **R**

*Peltereau-Villeneuve, Notaire, 17, rue du Cardinal-de-Lorraine. — Reims (Marne).

Pénières (Lucien), Prof. à la Fac. de Méd., 19, rue Ninau. — Toulouse (Haute-Garonne).

*Dr Pepin (Roger), 2, rue de Vienne. — Paris.

Dr Péraire (Maurice), anc. Int. des Hôp., 11, rue de Solférino. — Paris.

Pérard (Joseph), Ing. des Arts et Man., anc. Sec. gén. de la *Soc. d'Aquiculture et de Pêche*, 42, rue Saint-Jacques. — Paris. — **R**

Pereire (Émile), Ing. des Arts et Man., Admin. de la *Comp. des Chem. de fer du Midi*, 10, rue Alfred-de-Vigny. — Paris. — **R**

Pereire (Eugène), Ing. des Arts et Man., Présid. du Cons. d'admin. de la *Comp. gén. Transat.*, 5, rue des Mathurins. — Paris. — **R**

Pereire (Henri), Ing. des Arts et Man., Admin. de la *Comp. des Chem. de fer du Midi*, 33, boulevard de Courcelles. — Paris. — **R**

*Pérez (Charles) (fils), Prof. de Zool. à la Fac. des Sc., 73, cours Pasteur. — Bordeaux (Gironde).

Pérez (Jean), (père), Prof. hon. à la Fac. des Sc., 73, cours Pasteur. — Bordeaux (Gironde). — **R**

Péridier (Louis), anc. Juge au Trib. de Com., 5, quai d'Alger. — Cette (Hérault). — **R**

Dr Périer (Charles), Mem. de l'Acad. de Méd., Agr. à la Fac. de Méd., Chirurg. hon. des Hôp., 9, rue Boissy-d'Anglas. — Paris.

Permozel (Léon), Indust., Mem. de la Ch. de Com., 7, rue de L'Arbre-Sec. — Lyon (Rhône).

Pérol (Pierre), Entrep. de Trav. pub., 39, cours Gambetta. — Lyon (Rhône).

Péron (Charles), Nég., Maire, 23 *bis*, rue des Pipots. — Boulogne-sur-Mer (Pas-de-Calais).

*Peron (Mme Pierre, Alphonse), 11, avenue de Paris. — Auxerre (Yonne).

*Peron (Pierre, Alphonse), Corresp. de l'Inst., Intend. milit. au cadre de réserve, 11, avenue de Paris. — Auxerre (Yonne).

*Peron (René), Lieut. au 136e régim. d'Infant. — Saint-Lô (Manche).

Pérouse (Denis), Insp. gén. des P. et Ch., Mem. du Cons. gén. de l'Yonne, 40, quai Debilly. — Paris.

Perquel (Lucien), Agent de Change, 18, rue Le Peletier. — Paris. — **R**

Perrenoud, Prop., 142, rue de Courcelles. — Paris.

Perret (Auguste), Prop., 50, quai Saint-Vincent. — Lyon (Rhône). — **R**

Perret (Joseph), Greffier, Mem. de la *Soc. Entomol. de France*, 3, place Saint-Maurice. — Vienne (Isère).

Perrier (Edmond), Mem. de l'Inst. et de l'Acad. de Méd., Dir. et Prof. au Muséum nat. d'Hist. nat., 57, rue Cuvier. — Paris.

Dr Perrier (Gustave), Doct. ès Sc. Phys., Prof. à la Fac. des Sc., 2, chemin de La Motte-Brûlon. — Rennes (Ille-et-Vilaine).

Perrin (Élie), Prof. de Math. à l'Éc. mun. Jean-Baptiste-Say, 3, rue Tarbé. — Paris.

Perrin (Raoul), Insp. gén. des Mines en retraite, 80, rue de Grenelle. — Paris.

*Perrin-Dalligny (Jules, Louis), Publiciste, Dir. d'Assur., 1, rue du Temple. — Wassy-sur-Blaise (Haute-Marne).

Perrot (Émile), Prof. à l'Éc. sup. de Pharm. de Paris, 17, rue Sadi-Carnot. — Châtillon-sous-Bagneux (Seine).

Perrot (Émile, Auguste), Photog., 123, rue Lafayette. — Paris.

*Dr Person (Paul), 63, rue des Tennerolles. — Saint-Cloud (Seine-et-Oise).

Persoz, 167, rue Saint-Jacques. — Paris.

Dr Peschaud (Gabriel), anc. Député, Mem. du Cons. gén. du Cantal, Maire. — Murat (Cantal).

Dr Petit (Alfred), Chirurg.-Dent., 4, rue Hanneloup. — Angers (Maine-et-Loire).

Petit (Arthur), Pharm. de 1re cl., Présid. d'honneur de l'*Assoc. gén. des Pharm. de France*, 8, rue Favart. — Paris.

Petit (Ernest), Mem. du Comité des Trav. hist. et du Cons. gén. de l'Yonne, 8, rue du Bellay. — Paris.

Dr Pétit (Paul, Charles), 11, rue du Caire. — Paris.

*Petiton (Anatole), Ing.-Conseil des Mines, 93, rue de Seine. — Paris. — **R**

Dr Peton, Maire, rue du Temple. — Saumur (Maine-et-Loire).
Pettit (Georges), Ing. en chef des P. et Ch. en retraite, 65, avenue Kléber. — Paris.
  — **R**
Peyralbe (Eugène), Prof. d'Hist. et de Géog., 54, rue Madame. — Paris.
Peyron, Indust. — Vizille (Isère).
Peyrony, Inst. — Les Eyzies-de-Tayac (Dordogne). — **R**
Dr Peyrot (Jean, Joseph), Mem. de l'Acad. de Méd., Agr. à la Fac. de Méd., Chirurg.
  hon. des Hôp., Sénateur de la Dordogne, 33, rue Lafayette. — Paris.
Philippe (Léon), 23 *bis*, rue de Turin. — Paris. — **R**
*Philipponat (Gustave), Victic. — Ay (Marne).
*Philippotaux, Chirurg.-Dent., 31, rue Saint-Lazare. — Paris.
Piat (Albert), Construc.-Mécan., 85, rue Saint-Maur. — Paris. — **F**
Piat (fils), Mécan.-Fondeur, 85, rue Saint-Maur. — Paris.
Piaton (Maurice), Ing. civ. des Mines, anc. Élève de l'Éc. Polytech., Mem. du Cons.
  mun., 49, rue de La Bourse. — Lyon (Rhône). — **R**
Pic (Adrien), Prof. à la Fac. de Méd., Méd. des Hôp., 43, rue de La République
  — Lyon (Rhône).
Picard (Émile), Mem. de l'Inst., Prof. à la Fac. des Sc., 4, rue Bara. — Paris. — **R**
Picard (Lucien), Ing., villa des Minguettes. — Saint-Fons (Rhône).
Picaud (Albin), Prof. sup. à l'Éc. de Méd., 9, rue Condorcet. — Grenoble (Isère). — **R**
Picot, Prof. de Clin. médic. à la Fac. de Méd., Assoc. nat. de l'Acad. de Méd., 25, rue
  Ferrère. — Bordeaux (Gironde).
Picquet (Henry), Chef de Bat. du Génie, Examin. d'admis. à l'Éc. Polytech.,
  4, rue Monsieur-Le-Prince. — Paris. — **R**
Piéron (Henri), Maître de Conf. de Psychol. à l'Éc. prat. des Hautes-Études, Agr. de
  l'Univ., 96, rue de Rennes. — Paris.
Pierret (Antoine, Auguste), Prof. de Clin. des malad. ment. à la Fac. de Méd.
  Associé nat. de l'Acad. de Méd.; Méd. en chef de l'Asile de Bron, 265, cours Gam-
  betta. — Lyon (Rhône).
Dr Pierrou. — Chazay-d'Azergues (Rhône). — **R**
Pila (Ulysse), Soieries, 10, place Morand. — Lyon (Rhône).
Pillet (Jules), Prof. aux Éc. nat. des P. et Ch. et des Beaux-Arts, et au Conserv. nat. des
  Arts et Mét., anc. Élève de l'Éc. Polytech., 143, boulevard d'Argenteuil. — Asnières
  (Seine). — **R**
Pilmyer (Henri), Chirurg.-Dent., Mem. du Cons. d'admin. du Syndic. des Chirurg.-
  Dent., 6, quai du Marché-Neuf. — Paris.
Pinasseau (F.), Notaire hon. — Petit-Saint-Germain par Chevanceaux (Charente-
  Inférieure).
*Pincemaille (Marcel), Chirurg.-Dent. — Saint-Amand-Montrond (Cher).
Pinguet (E.), 4, rue de La Terrasse. — Paris.
*Pinon (Paul), Nég., 36, rue du Temple. — Reims (Marne). — **R**
Pinot (Édouard), Construc. de Coffres-forts, 50, avenue de Wagram. — Paris.
*Dr Piogey (Émile), 26, rue de Clichy. — Paris.
Pionchon (Joseph), Prof. à la Fac. des Sc., 16, rue Berlier. — Dijon (Côtes-d'Or).
Piquemal (François), Nég. en vins. — Lézignan (Aude).
*Piraud (Victor), villa des Fougères. — La Tronche (Isère).
Dr Pirondi (Sirus), Associé nat. de l'Acad. de Méd.; Prof. hon. à l'Éc. de Méd., Chirurg.
  consult. des Hôp., 80, rue Sylvabelle. — Marseille (Bouches-du-Rhône).
Pissaro (Georges), Lic. ès Sc. nat., 85, avenue de Wagram. — Paris.
*Pistat-Ferlin (Louis), Agric. — Bezannes par Reims (Marne).
Pitres (Albert), Doyen hon. de la Fac. de Méd., Corresp. nat. de l'Acad. de Méd., Méd.
  de l'Hôp. Saint-André, 119, cours d'Alsace-et-Lorraine. — Bordeaux (Gironde).
  — **R**
Planté (Charles), Insp. princ. de l'Exploit. aux *Chem. de fer de l'État*, 12, rue du
  Bocage. — Nantes (Loire-Inférieure).
Dr Planté (Jules), Méd. de 1re cl. de la Marine, 40, boulevard de Strasbourg. — Toulon
  (Var). — **R**
Platschick (Benvenuto), Chirurg.-Dent., 51 *bis*, rue Sainte-Anne. — Paris.
Poche (Guillaume), Nég. — Alep (Syrie) (Turquie d'Asie).
Poillon (Louis), Ing. des Arts et Man., Rancho Verde. — Teponaxtla par Cuicatlan.
  (État d'Oaxaca) (Mexique). — **R**
Poincaré (Antoine), Insp. gén. des P. et Ch. en retraite, 10, rue de Babylone. — Paris.

Poincaré (Henri), Mem. de l'Inst., Prof. à la Fac. des Sc., Ing. en chef des Mines. 63, rue Claude-Bernard. — Paris.

Poirault (Georges), Dir. des Lab. d'Ens. sup. de la villa Thuret. — Antibes (Alpes-Maritimes).

Poirrier (Alcide), Fabric. de Prod. chim., Sénateur de la Seine, 2, avenue Hoche. — Paris. — **F**

Poisson (Jules), Assistant de Botan. au Muséum nat. d'Hist. nat., 32, rue de La Clef. — Paris. — **R**

Dr Poisson (Louis), anc. Int.-Lauréat des Hôp. de Paris, Prof. à l'Éc. de Méd., Chirurg. de l'Hôp. marin de Pen-Bron, 5, rue Bertrand-Geslin. — Nantes (Loire-Inférieure).

Poitou (Jean, Joseph), Prop.-Vitic., anc. Mem. du Cons. gén , villa des Charmilles. — Libourne (Gironde).

Polak (Maurice), Critique d'Art, Mem. du Syndic. de la Presse et des Journaux et Public. périod., 29, boulevard des Batignolles. — Paris.

*****Polignac (le Prince Camille de)**, Hesketh Crescent. — Torquay (Angleterre).

Polignac (le Prince Camille de). — Radmansdorf (Carniole) (Autriche-Hongrie). — **F**

Polignac (le Comte Melchior de). — Kerbastic-sur-Gestel (Morbihan). — **R**

Pommerol, Avocat, anc. Rédac. de la Revue *Matériaux pour l'Hist. prim. de l'Homme*. — Veyre-Monton (Puy-de-Dôme) et 20, rue Pestalozzi. — Paris. — **R**

*****Pompéïen-Piraud (Claude)**, Dent., 76, cours de La Liberté. — Lyon (Rhône).

Dr Pont (Albéric), Méd.-Dent., Dir. de l'Éc. dentaire de Lyon, 9, rue du Président-Carnot. — Lyon (Rhône).

Pontier (André), Pharm. de 1re cl., Prépar. de toxicolog. à l'Éc. sup. de Pharm., 48, boulevard Saint-Germain. — Paris.

Pontzen (Ernest), Ing. civ., anc. Élève de l'Éc. nat. des P. et Ch., Mem. du *Comité d'Exploit. techn. des Chem. de fer*, 65, rue de Monceau. — Paris.

Dr Porak, Mem. de l'Acad. de Méd., Accoucheur des Hôp., 176, boulevard Saint-Germain. — Paris.

Porcherot (Eugène), Ing. civ., La Béchellerie. — Saint-Cyr-sur-Loire par Tours (Indre-et-Loire). — **R**

Port (Étienne), anc. Chef adj. du Cabinet du Min. de l'Instruc. pub., Insp. gén. de l'Économat, 110, rue de Grenelle. — Paris.

Porte (Arthur), Dir. du Jardin zool. d'Acclimat. du Bois de Boulogne (Seine).

*****Porteu de la Morandière (Emmanuel)** (fils), Étud., Château Mouillemuse. — Vern (Ile-et-Vilaine).

Porteu de la Morandière (Henry) (père), anc. Garde gén. des Forêts, Prop.-Agric., 8, rue de La Psalette. — Rennes (Ille-et-Vilaine).

*****Portevin (Hippolyte)**, Ing. civ., anc. Élève de l'Éc. Polytech., 2, rue de La Belle-Image. — Reims (Marne). — **R**

*****Potaufeux (Henri)**, anc. Maire. — Cormontreuil par Reims (Marne).

Dr Poucel (Eugène), Chirurg. en chef des Hôp., 22, boulevard du Musée. — Marseille (Bouches-du-Rhône).

Poullenc frères (Les Établissements), Fabrique de Prod. Chim., 122, boulevard Saint-Germain. — Paris.

*****Poulin-Thierry (Léonce)**, Prop., quai de La Pêcherie. — Pont-Sainte-Maxence (Oise).

Poullain (Georges), Lic. ès Sc., 44, rue de Turbigo. — Paris.

*****Poullot et Cie**, Fab. de tissus, 6, place Barrère. — Reims (Marne).

Dr Pouly (Léon), anc. Int. — Lauréat des Hôp. de Lyon, 4, rue de L'Hôtel-de-Ville. — Annonay (Ardèche).

Dr Poupinel (Gaston), anc. Int. des Hôp., 50, avenue Victor-Hugo. — Paris.

Poupot (Charles, Henry), Percept., 4, rue des Suzannes. — Saint-Quentin (Aisne).

Poutiatin (le Prince Paul, Arseniewitch). — Bologoë (Ligne de Saint-Pétersbourg à Moscou) (Russie).

Pouyanne (C., M.), Insp. gén. des Mines, 70, rue Rovigo. — Alger. — **R**

Dr Powell (Osborne, C.). — Fontenelle-Saint-Laurent (Ile de Jersey).

Pozzi (Samuel), Mem. de l'Acad. de Méd., Prof. à la Fac. de Méd., Chirurg. des Hôp., anc. Sénateur, 47, avenue d'Iéna. — Paris. — **R**

Pradel (Louis) Indust., Présid. du Trib. de Com., 20, rue Mulet. — Lyon (Rhône).

Pralon (Léopold), Ing. civ. des Mines, Délég. gén. du Cons. d'Admin. de la *Soc. de Denain et d'Anzin*, anc. Élève de l'Éc. Polytech., 11 *bis*, rue de Milan. — Paris.

Prarond (Ernest), Présid. d'hon. de la *Soc. d'Émulation d'Abbeville*, 42, rue du Lillier. — Abbeville (Somme).

Préaudeau (Albert de), Insp. gén. et Prof. à l'Éc. nat. des P. et Ch., 21, rue Saint-Guillaume. — Paris. — R

Preller (L.), Nég., 5, cours de Gourgues. — Bordeaux (Gironde). — R

Prève (Laurent), 2, rue Dante. — Nice (Alpes-Maritimes).

Prevet (Ch.), Nég., 48, rue des Petites-Écuries. — Paris. — R

Prévost (A.), Ing. en chef de la Construc. de la *Comp. des Chem. de fer de Bône à Guelma et prolongements*, anc. Élève de l'Éc. nat. des P. et Ch., 8, rue Lavoisier. — Paris.

*Prévost (André), Nég. en laines, 8, rue du Marc. — Reims (Marne).

Prévost (Georges), Ing. civ. des Mines, anc. Élève de l'Éc. Polytech., 30, quai de Bourgogne. — Bordeaux (Gironde).

Prévost (Maurice), Nég., 1, rue du Château-Trompette. — Bordeaux (Gironde).

Prévost (Maurice), Publiciste, 55, rue Claude-Bernard. — Paris. — R

Prieur (Félix), Biblioth. des Fac., 6, rue Morand. — Besançon (Doubs).

Primat (Antoine), Ing. en chef des Mines, École des Mines. — Saint-Étienne (Loire).

Primat (Jean), Ing. de la tract. au *Chem. de fer de l'Est de Lyon*, anc. Élève de l'Éc. cent. des Arts et Man., 8, impasse Genas. — Villeurbanne (Rhône).

Prioleau (Mme Léonce), 4, rue du Pont-Gaulois. — Brive (Corrèze). — R

Dr Prioleau (Léonce), anc. Int. des Hôp. de Paris, Chirurg. de l'Hôp., 4, rue du Pont-Gaulois. — Brive (Corrèze). — R

Privat (Paul, Édouard), Libr.-Édit., Juge au Trib. de Com., 45, rue des Tourneurs. — Toulouse (Haute-Garonne). — R

*Dr Prost-Maréchal (Camille), Méd. maj. de 1re cl., 14, rue Maurepas. — Versailles (Seine-et-Oise).

Prot (Paul), Présid. du Syndic. de la Parfumerie française, 65, rue Jouffroy. — Paris. — F

Prothière (Eugène), Pharm., Présid. de la *Soc. des Sc. nat et d'Ens. popul. de Tarare*, Conservat. du Musée. — Tarare (Rhône).

*Dr Prudhomme (Jean), Chirurg.-Dent., 36, rue Monge. — Paris.

Prunet (A.), Prof. à la Fac. des Sc. — Toulouse (Haute-Garonne).

Pruvot (Georges), Prof. adj. à la Fac. des Sc., 28, rue Vauquelin. — Paris.

Puerari (Eugène), Admin. de la *Comp. des Chem. de fer du Midi*, 40, boulevard de Courcelles. — Paris.

Pugens, Ing. en chef des P. et Ch., 7, Jardin-Royal. — Toulouse (Haute-Garonne).

Puiseux (Pierre), Prof. adj. à la Fac. des Sc., Astron. adj. à l'Observatoire nat., 2, rue Le Verrier. — Paris.

Dr Pujô (Charles), anc. Int. des Hôp. de Lyon. — Gevrey-Chambertin (Côte-d'Or).

Pujol (Georges), 269, rue Judaïque. — Bordeaux (Gironde.)

Dr Pujos (Albert), Méd. princ. du Bureau de Bienfais., 60, rue Saint-Sernin. — Bordeaux (Gironde). — R

Puvis (Paul), 6 *bis*, rue Bucaille. — Honfleur (Calvados).

Puy (A.), Pharm.-Drog., 2, rue du Président-Carnot. — Grenoble (Isère).

*Quaterman (Édouard), Chirurg.-Dent., 30, rue de La Loi. — Bruxelles (Belgique).

Quatrefages de Bréau (Léonce de), Ing., Chef de serv. à la *Comp. des Chem. de fer du Nord*, anc. Élève de l'Éc. cent. des Arts et Man., 50, rue Saint-Ferdinand. — Paris. — R

*Dr Quentin (Georges), 7, rue Noël. — Reims (Marne).

*Quentin (Pol), Admin. des Docks rémois, 7, rue Noël. — Reims (Marne).

Dr Queudot, Chirurg.-Dent., 4, rue des Capucines. — Paris.

Quesnel (Gustave), 10, rue Legendre. — Rouen (Seine-Inférieure).

Queuille (Georges), Pharm. de 1re cl., 36, rue Rabelais. — Niort (Deux-Sèvres).

Queva (Charles), Prof. de Botan. à la Fac. des Sc., 2 *bis*, rue Gagnereaux. — Dijon (Côte-d'Or).

Quévillon (le général Fernand), Gouverneur. — Maubeuge (Nord). — F

Queyron (Philippe), Vétér. — La Réole (Gironde).

Quinemant (Auguste), Colonel d'Infant. en retraite, villa Beau-Site. — Thonon-les-Bains (Haute-Savoie).

Quinque (Mme A.), Dir. de l'*Inst. familiale pour l'Éduc. et le Traitement des Enfants anormaux*, 12, avenue de Ceinture. — Créteil (Seine).

Dr Quinson. — Hauteville (Ain).

*Quintin (Louis), Chirurg.-Dent., 15, rue Montoyer. — Bruxelles (Belgique).

Quinton (René), 71, avenue de Villiers. — Paris.

Quiquet (Albert), Actuaire de la *Comp. d'Assurances La Nationale-vie*, 92, boulevard Saint-Germain. — Paris.

*Quirin (Gustave), Pharm., 56, rue Cérès. — Reims (Marne).

Rabaud (Étienne), Doct. ès Sc., Maître de Conf. à la Fac. des Sc., 3, rue Vauquelin. — Paris.

Rabut (Charles), Ing. en Chef. et Prof. à l'Éc. nat. des P. et Ch., 77, rue Duplessis. — Versailles (Seine-et-Oise).

*Racine (Marius), Étud., (chez M. Mahon), 71, rue Gambetta. — Creil (Oise).

Raclet (Joannis), Ing. civ., Admin.-Délég. de la *Soc. Lyonnaise des forces motrices du Rhône* (canal de Jonage), 21, cours Morand. — Lyon (Rhône). — **R**

*Raclot (le Chanoine Victor), Dir. de l'Observatoire météor., 12, rue de La Charité. — Langres (Haute-Marne).

Radais (Maxime), Prof. à l'Éc. sup. de Pharm., 253, boulevard Raspail. — Paris.

Dr Raffegeau (Donatien), Dir. de l'Établis. hydrothérap., 9, avenue des Pages. — Le Vésinet (Seine-et-Oise).

*Dr Rafin (Maurice), 120, avenue de Saxe. — Lyon (Rhône).

Ragot (J.), Ing. civ., Admin. délégué de la Sucrerie de Meaux. — Villenoy par Meaux (Seine-et-Marne).

Raimbault (Paul), Pharm. de 1re cl., Pharm. en chef des Hospices, Prof. hon. à l'Éc. de Méd., 12, rue de La Préfecture. — Angers (Maine-et-Loire).

Raimbert (Louis), Chim., Dir. de sucrerie, 10 *bis*, rue des Batignolles. — Paris. — **R**

Rajat (Henri), Lic. ès Sc., Prépar. à la Fac. de Méd., 4, rue du Peyrat. — Lyon (Rhône).

Ralli (Étienne), Prop., 24, place Malesherbes. — Paris.

Ramé (Mlle Marguerite), 16, rue de Chalon. — Paris. — **R**

Ramon (E.), Insp. princ. de la *Comp. des Chem. de fer de l'Ouest*, 4, rue Boullanger. — Gisors (Eure).

*Ramond (Georges), Assistant de Géol. au Muséum nat. d'Hist. nat., 61, rue de Buffon, — Paris, et 18, rue Louis-Philippe. — Neuilly-sur-Seine (Seine). — **R**

Dr Ranque (Paul), 13, rue Champollion. — Paris.

*Dr Raoul-Deslongchamps (Lucien), 7, rue La Bruyère. — Paris.

*Dr Rappin (Gustave), Prof. à l'Éc. de Méd., Dir. du Lab. départ. de bactériologie, 44, boulevard Le Lasseur — Nantes (Loire-Inférieure).

Rateau (Auguste), Archit.-Entrep., avenue de Pontaillac (villa Georges). — Royan-les-Bains (Charente-Inférieure).

Rateau (Auguste), Ing. et Prof. à l'Éc. nat. sup. des Mines, 7, rue Bayard. — Paris.

*Raveaux, Nég., 12, rue des Consuls. — Reims (Marne).

Raveneau (Louis), Agr. d'Histoire, Sec. de la Rédac. des *Annales de Géog.*, 76, rue d'Assas. — Paris — **R**

*Ravenel (Jules), Artiste-Peintre, 18, rue des Carmélites. — Caen (Calvados).

Ravet, Chirurg.-Dent., 7, rue de L'Hôtel-de-Ville. — Lyon (Rhône).

*Ray (Julien), Maître de Conf. à la Fac. des Sc., 26, avenue de Noailles. — Lyon (Rhône).

Raymond (Fulgence), Prof. à la Fac. de Méd., Mem. de l'Acad. de Méd., Méd. des Hôp., 156, boulevard Haussmann. — Paris.

Reber (Jean), Chim. — Notre-Dame-de-Bondeville (Seine-Inférieure).

Reboul (le Commandant Frédéric), L'Ermitage, 19 *ter*, avenue de la Belle-Gabrielle. — Nogent-sur-Marne (Seine). — **R**

Dr Reboul (Jules), anc. Int. des Hôp. de Paris, Chirurg. en chef de l'Hôtel-Dieu, 1, rue d'Uzès. — Nîmes (Gard). — **R**

Reclus (Paul), Mem. de l'Acad. de Méd., Prof. à la Fac. de Méd., Chirurg. des Hôp., 1, rue Bonaparte. — Paris.

Dr Reddon (Henry), Méd.-Dir. de la villa Penthièvre. — Sceaux (Seine). — **R**

*Redont (Édouard), Archit. paysagiste du Min. de l'Instruc. pub. et des Beaux-Arts, 61, rue Louis-Blanc. — Paris.

*Dr Regaud (Claudius), Agr. à la Fac. de Méd., 6, place Ollier. — Lyon (Rhône).

Regey (Joseph), Nég., 28, rue de Glère. — Besançon (Doubs).

Dr Regnard (Paul), Mem. de l'Acad. de Méd., Dir. de l'Inst. nat. agronom., 73, boulevard du Montparnasse. — Paris.

*Régnard (Paul, Louis), Ing. des Arts et Man., Mem. du Comité de la *Soc. des Ing. civ. de France*, 53, rue Bayen. — Paris.

*Regnault (Ernest), Présid. du Trib. civ. — Joigny (Yonne).

*Régnault (Félix), Corresp. du Muséum nat. d'Hist. nat., Libraire, 19, rue de La Trinité. — Toulouse (Haute-Garonne).

*Dr Régnault (Félix, Louis), anc. Int. des Hôp., 11, rue Avisce. — Sèvres (Seine-et-Oise). — **R**

Regny, Restaurat. — La Demi-Lune, commune de Tassin-la-Demi-Lune (Rhône).

Reinach (Théodore), Doct. ès Lettres et en Droit, 9, rue Hamelin. — Paris. — **R**

*****Rémond (Joseph)**, Nég. en laines et tissus, 13, rue Cérès. — Reims (Marne).

D*r* **Rémy-Roux**, Électrothérap., 9, rue Sainte-Catherine. — Avignon (Vaucluse).

Renard (Paul), Chef de bat. du Génie en retraite, 1, avenue de L'Observatoire. — Paris.

*****Renard-Duchatáux (Georges)**, Ing. des Construc. civ., Dir. particulier de la Comp. d'assur. l'*Union*, 33, rue Savoye. — Reims (Marne).

Renaud (Georges), Fondat. de la *Revue géographique internationale*, Prof. aux Éc. mun. sup. de la Ville de Paris, Lauréat de l'Inst., 10, rue Dorian (place de La Nation). — Paris. — **R**

*****D*r* Renaud (Maurice)**, 10, avenue Kléber. — Paris.

Renaud (Paul), Ing.-Elect., Ing. de la *Soc. l'Oxhydrique française*, Fondat.-Dir. du *Mois scientifique et industriel*, 8, rue Nouvelle. — Paris. — **R**

Renault (Georges), Conserv. du Musée, villa Les Capucins. — Vendôme (Loir-et-Cher).

Renaut (Joseph), Prof. à la Fac. de Méd., Assoc. nat. de l'Acad. de Méd., 6, rue de L'Hôpital. — Lyon (Rhône).

Rengniez (Paul), anc. Int. des Hôp., Pharm. de 1*re* cl., 56, rue de Passy. — Paris.

Renouard (M*me* Alfred), 49, rue Mozart. — Paris. — **F**

*****Renouard (Alfred)**, Ing. civ., Dir. de Soc. *techniq.*, 49, rue Mozart. — Paris. — **F**

*****Renouard (Alfred) (fils)**, Étud. en Droit, 49, rue Mozart. — Paris. — **F**

Renouf (Désiré), Dir. de l'Agence de la *Soc. gén.*, 21, rue Prémord. — Honfleur (Calvados).

Repelin (Joseph), Doct. ès Sc., Prépar. à la Fac. des Sc., 29, rue des Bons-Enfants. — Marseille (Bouches-du-Rhône).

D*r* **Repéré**. — Gémozac (Charente-Inférieure).

Rességuier (Eugène), Admin. délég. des *Verreries de Carmaux*, 15, allées Lafayette. — Toulouse (Haute-Garonne).

Reuss (Georges), Ing. en chef des P. et Ch. — Ajaccio (Corse).

D*r* **Réveil (Édouard)**, Insp. de la *Soc. française d'Archéologie*, Le Béarn. — Rillieux-La Pape par Rillieux (Ain).

Réveillon (Georges), Lic. ès Sc., Prof. de Sc. à l'Éc. sup. — Douai (Nord).

D*r* **Reverchon (Louis)**, 37, rue de la Pyramide. — Lyon (Rhône).

Rey (A.), Imprim.-Édit., 4, rue Gentil. — Lyon (Rhône).

*****Rey (Auguste)**, Archit. de la Fondat. Rothschild, 119, rue de La Faisanderie. — Paris.

Rey (Louis), Ing. des Arts et Man., Admin. de la *Comp. des Chem. de fer du Cambrésis*, 97, boulevard Exelmans. — Paris. — **R**

D*r* **Reynier (Paul)**, Mem. de l'Acad. de Méd., Agr. à la Fac. de Méd., Chirurg. des Hôp., 12 *bis*, place Delaborde. — Paris.

Riasse (Lucien), Fab. d'app. pour les Dent., 5, rue Saint-Augustin. — Paris.

Riaz (Auguste de), Banquier, 10, quai de Retz. — Lyon (Rhône). — **F**

D*r* **Riban (Joseph)**, Prof hon. à la Fac. des Sc. et à l'Éc. nat. des Beaux-Arts, 85, rue d'Assas. — Paris.

Ribero de Souza Rezende (le Chevalier S.), Poste restante. — Rio-Janeiro (Brésil). — **R**

Ribot (Alexandre), Mem. de l'Acad. française et de l'Acad. des Inscript. et Belles-Lettres, anc. Min., Député du Pas-de-Calais, 6, rue de Tournon. — Paris. — **R**

*****Ribouleau (Charles)**, Chirurg.-Dent., 4, rue de Talleyrand. — Reims (Marne).

Ribout (Charles), Prof. hon. de Math. spéc. au Lycée Louis-le-Grand, 30, avenue de Picardie. — Versailles (Seine-et-Oise). — **R**

D*r* **Ricard (Étienne)**, Chirurg. de l'Hôp., 6, impasse Voltaire. — Agen (Lot-et-Garonne).

Richard (Jules), Ing., Fabric. d'Inst. de Phys., 25, rue Mélingue. — Paris.

*****D*r* Richard (Léon)**, 22, rue de Chastillon. — Châlons-sur-Marne (Marne).

D*r* **Richardière (Henri)**, Méd. des Hôp., 18, rue de L'Université. — Paris.

D*r* **Richelot (L., Gustave)**, Mem. de l'Acad. de Méd., Agr. à la Fac. de Méd., Chirurg, des Hôp., 3, rue Rabelais. — Paris.

D*r* **Richer (Paul)**, Mem. de l'Inst. et de l'Acad. de Méd., Prof. d'Anat. à l'Éc. nat. des Beaux-Arts, 30, rue du Luxembourg. — Paris.

Richet (Charles), Prof. à la Fac. de Méd., Mem. de l'Acad. de Méd., 15, rue de L'Université. — Paris.

Richier (Clément), Prop. — Nogent en Bassigny (Haute-Marne). — **R**

Richon (Henri), Prop., 84, rue de Montay. — Le Cateau (Nord).

Ridder (Gustave de), Notaire, 4, rue Perrault. — Paris. — **R**

Rieder (Jacques), Ing. des Arts et Man., Gérant de la Maison Gros, Roman et C*ie*. — Wesserling (Alsace-Lorraine).

Rigaud (Mme Ve Francisque), 38, rue Pauquet. — Paris. — F

Rigolet (Désiré), Chirurg.-Dent. diplômé de la Fac. de Méd. de Paris, Dent. de l'Hôp., 74, rue de Paris. — Auxerre (Yonne).

*Rilly (Achille), Chef de Sec. hon. de la *Comp. des chem. de fer de l'Est*, 7, rue Neuve-des-Jardins. — Troyes (Aube).

Rimbault (Jacques), Conduc. princ. des P. et Ch. en retraite, 84, avenue de Paris. — Niort (Deux-Sèvres).

Risler (Charles), Chim., Maire du VIIe arrond., 39, rue de L'Université. — Paris. — F

Riston (Victor), Doct. en Droit, Avocat à la Cour d'Ap. de Nancy, 3, rue d'Essey. — Malzéville (Meurthe-et-Moselle). — R

Rivière (A.), Archit., 16, rue de L'Université. — Paris.

Rivière (Émile), Dir. au Collège de France (École des Hautes-Études), 63, rue de Boulainvilliers. — Paris.

Dr Rivière (Jean), Méd.-Maj. de 1re cl., au 2e Rég. de la Légion étrang. — Saïda (départ. d'Oran) (Algérie). — R

Robert (Gabriel), Avocat à la Cour d'Ap., 2, quai de L'Hôpital. — Lyon (Rhône). — R

Roberty (H.), Nég., 52, rue Notre-Dame-de-Nazareth. — Paris.

*Robin, Chirurg.-Dent., 59, rue des Mathurins. — Paris.

*Robin (A.), Consul de Turquie, Banquier, 41, rue de L'Hôtel-de-Ville. — Lyon (Rhône). — R

*Robin (Mlle Lucie), 51, rue Cérès. — Reims (Marne).

*Robin (Jean-Baptiste), Dent., 51, rue Cérès. — Reims (Marne).

Robin (Ulysse), Prop. — Arcis-sur-Aube (Aube).

Robineau (Th.), Lic. en Droit, anc. Avoué, 4, avenue Carnot. — Paris. — R

*Robinet (Georges), Nég. en vins de Champagne, 4, rue Gerbert. — Reims (Marne).

Dr Roche (Léon). — Oradour-sur-Vayres (Haute-Vienne).

Rochefort (de), Dir. de la *Comp. gén. Transat.* — Oran (Algérie).

Rochefort (Octave), Ing. des Arts et Man., 48, rue du Théâtre. — Paris.

Rocher (Georges), Insp. gén. hon. des Pêches marit., 4, rue Dante. — Paris.

Rochet et Schneider, Construc. d'Auto., 57, 59, Chemin Feuillat. — Lyon (Rhône).

Rochex (Paul), Archiv. de la Ville, 104, avenue de Saxe. — Lyon (Rhône).

Rocques (Xavier), Expert-Chim., anc. Chim. princ. au Lab. mun. de la Préf. de Police, 2, place Armand-Carrel. — Paris. — R

Rodier (E.), Prof. d'Hist. nat. au Lycée de Jeunes Filles, rue Mondenard. — Bordeaux (Gironde).

Rodocanachi (Emmanuel), 54, rue de Lisbonne. — Paris. — R

Rodolphe (Édouard), Chirurg.-Dent., 58-*bis*, rue de La Chaussée-d'Antin. — Paris.

Rodrigues-Ély (Amédée), Banquier, 3, cours Pierre-Puget. — Marseille (Bouches-du-Rhône).

Rodrigues-Ély (Camille), Manufac., Lic. en Droit, anc. Cap. d'Artil., anc. Élève de l'Éc. Polytech., 2, boulevard Henri-IV. — Paris.

*Rœderer (Louis), Nég. en vins de Champagne, 6, impasse des Deux-Anges. — Reims (Marne).

Dr Rogée (Léonce). — Saint-Jean-d'Angély (Charente-Inférieure).

*Rogélet (Alfred), 41, rue de Talleyrand. — Reims (Marne).

*Roger (Albert), Nég. en vins de Champagne, rue Croix-de-Bussy. — Épernay (Marne).

Roger (Georges), Nég. en vins de Champagne, rue Croix-de-Bussy. — Épernay (Marne).

*Rogu, Insp. de l'Instruc. prim., rue Nicolas-Henriot. — Reims (Marne).

Rohden (Charles de), Mécan., 14, rue Tesson. — Paris. — R

Rohden (Théodore de), 14, rue Tesson. — Paris. — R

*Rohr (Eugène), Vétér.-Maj. au 17e Rég. d'Artil., Lauréat du Min. de la Guerre. — La Fère (Aisne).

Dr Roland (François), Prof. à l'Éc. de Méd., Mem. de l'Acad. des Sc., *Belles-Lettres et Arts*, Sec. de la *Soc. de Méd.*, 10, rue de L'Orme-de-Chamars. — Besançon (Doubs).

*Rolants (Edmond), Chef du Lab. d'Hyg. appliquée, Institut Pasteur. — Lille (Nord). — R

Rolland (Alexandre), Mem. de la Ch. de Com., Nég. en papiers, 7, rue Haxo. — Marseille (Bouches-du-Rhône). — R

Rolland (Georges), Ing. en chef des Mines, 60, rue Pierre-Charron. — Paris. — R

Rollez (G.), 48, boulevard de La Liberté. — Lille (Nord).

Roman (F.), Prépar. de Géol. à la Fac. des Sc., 68, quai de Serin. — Lyon (Rhône).

Rondeau (Julien), Avocat, 47, rue de La Victoire. — Paris.

Rondet (l'Abbé), Aumônier du Lycée, cours Lafontaine. — Grenoble (Isère).

*Ronsin (Paul, Louis), Juge de paix sup. des 2e et 4e cantons, 73, rue Libergier. — Reims (Marne).

Ropiquet (Clément), Ing.-Construc.-Élect., 214, rue Jules-Barni. — Amiens (Somme).

Dr Roque (Germain), Agr. à la Fac. de Méd., 5, place de La Charité. — Lyon (Rhône).

Roques (Camille), Juge au Trib. civ., rue Droite. — Villefranche-de-Rouergue (Aveyron).

Dr Roques (Casimir, Bernard), Aide de Clin. électrothérap. à la Fac. de Méd., 94, cours d'Alsace-Lorraine. — Bordeaux (Gironde).

*Rosenfeld, Chirurg-Dent., 32, rue Saint-Michel. — Sedan (Ardennes).

Rosenstiehl (Auguste), Lauréat de l'Inst., Prof. au Conserv. nat. des Arts et Mét., 61, route de Saint-Leu. — Enghien (Seine-et-Oise).

Rosny (Arthur), Prop., 8, rue de La Providence. — Boulogne-sur-Mer (Pas-de-Calais).

Rothé (Edmond), Maître de Conf. à la Fac. des Sc. — Nancy (Meurthe-et-Moselle).

Rothschild (le Baron Gustave de), Consul gén. d'Autriche, 23, avenue de Marigny. — Paris.

Rotrou (Alexandre), Pharm. — La Ferté-Bernard (Sarthe).

Rouanne (Antoine), Pharm. — Henrichemont (Cher).

Rouart (Henri), Construc.-Mécan., anc. Élève de l'Éc. Polytech., 34, rue de Lisbonne. — Paris.

Rouffio (Félix), Ing. des Arts et Man., 22, rue de La Darse. — Marseille (Bouches-du-Rhône).

Rouher (Gustave), château de Creil (Oise).

Roule (Louis), Prof. de Zool. à la Fac. des Sc., 19, rue Saint-Étienne. — Toulouse (Haute-Garonne).

Rousseau (Georges), Libraire, 6, rue Richelieu. — Odessa (Russie).

Dr Rousseau (Henri), Institution du Parangon. — Joinville-le-Pont (Seine).

Rousseau (Henri), Ing. en chef des P. et Ch. — Mende (Lozère). — **R**.

*Rousseaux, Vétér. mun., Dir. de l'Abattoir. — Reims (Marne).

*Dr Roussel (Georges, Alphonse), Dent. de la Fac. de New-York, 101, avenue des Champs-Élysées. — Paris.

Roussel (Joseph), Doct. ès Sc., Prof. au Collège, chemin de Velours. — Meaux (Seine-et-Marne).

Rousselet (Louis), Archéol., 126, boulevard Saint-Germain. — Paris. — **R**

Rousselot (Joseph), anc. Présid. du Trib. de Com., 55, rue Saint-Nicolas. — Nancy (Meurthe-et-Moselle).

Dr Rouveix (Mathieu). — Saint-Germain-Lembron (Puy-de-Dôme).

Rouvier (Paul), Sénateur et v.-Présid. du Cons. gén. de la Charente-Inférieure, château de Puyravault par Surgères (Charente-Inférieure).

Rouville (Étienne de), Doct. ès Sc., Chef des Trav. de Zool. à la Fac. des Sc., 10, rue Henri-Guinier. — Montpellier (Hérault).

Roux (Charles), anc. Député, v.-Présid. du Cons. d'Admin. de la *Comp. du canal de Suez*, Admin. du *Comptoir d'Escompte*, 12, rue Pierre-Charron. — Paris.

Dr Roux (Émile), Mem. de l'Inst. et de l'Acad. de Méd., Dir. de l'Inst. Pasteur, 25, rue Dutot. — Paris.

Dr Roux (Gabriel), Dir. du Bureau mun. d'Hyg., 9, chemin des Mûres. — Lyon (Rhône).

Rouxel (Georges), Agent admin. de la Marine, 58, quai Alexandre-III. — Cherbourg (Manche).

*Rouyer-Warnier (L.), Nég., 27, rue David. — Reims (Marne).

*Dr Roy (Maurice), Dent. des Hôp., Prof. à l'Éc. dentaire de Paris, 5, rue Rouget-de-l'Isle. — Paris.

Dr Royet (Hippolyte), anc. Chef de Clin. à la Fac. de Méd., 68, rue de La République. — Lyon (Rhône).

*Rózey (Paul), Avocat, v.-Présid. de la Caisse d'Épargne, 21, rue Warnier. — Reims (Marne).

Rozier (Octave), Prof. de Math., 138, route de Toulouse. — Bordeaux (Gironde).

*Rubbrecht (Alphonse), Dent., 25, rue du Congrès. — Bruxelles (Belgique).

Ruffin (Achille), Chim., 210, rue du Tilleul. — Tourcoing (Nord).

*Ruinart père et fils, Nég. en vins de Champagne, 1, rue Kellermann. — Reims (Marne).

Russel (William), Doct. ès Sc. nat., 19, boulevard Saint-Marcel. — Paris.

Dr Sabatier, 11, rue de La Coquille. — Béziers (Hérault).

Sabatier (Armand), Corresp. de l'Inst., Doyen de la Fac. des Sc., 1, rue Barthez. — Montpellier (Hérault). — **R**

Sabatier (Paul), Corresp. de l'Inst., Doyen de la Fac. des Sc., 11, allées des Zéphirs. — Toulouse (Haute-Garonne). — **R**

Dr Sabatier-Desarnauds, 9, rue des Balances. — Béziers (Hérault).

Dr **Sabouraud (Raymond)**, Chef de Lab. de la Fac. de Méd. (Hôp. Saint-Louis), 62, rue Caumartin. — Paris.

Sabran (Hermann), Avocat, 10, place Morand. — Lyon (Rhône).

Sagey, Dir. de la *Banque de France*. — Tours (Indre-et-Loire).

***Sagnier (Henry)**, Dir. du *Journal de l'Agriculture*, 106, rue de Rennes. — Paris. — **R**

Saignat (Léo), Prof. à la Fac. de Droit, 18, rue Mably. — Bordeaux (Gironde). — **R**

*Dr **Saint-Aubin (Henri)**, 28, rue Rivart-Prophétie, — Reims (Marne).

Saint-Joseph (le Baron Anthoine de), 23, rue François-Ier. — Paris.

Saint-Laurent (Louis de), Prop., chalet Le Boulou-Géruzet. — Bagnères-de-Bigorre (Hautes-Pyrénées).

Saint-Martin (l'Abbé Charles de). — Vimoutiers (Orne). — **R**

Saint-Olive (G.), anc. Banquier, 9, place Morand. — Lyon (Rhône). — **R**

Saint-Olive, Cambefort et Cie, Banq., 13, rue de La République. — Lyon (Rhône).

Salanson (Alphonse), Ing. civ. des Mines, anc. Élève de l'Éc. Polytech., 23, rue des Écuries-d'Artois. — Paris.

Dr **Salathé (Auguste)**, 27, rue Michel-Ange. — Paris.

Salet (Mme Ve Georges), 120, boulevard Saint-Germain. — Paris.

Salet (Pierre), 120, boulevard Saint-Germain. — Paris.

Salières (François), Dir. du journal *Le Populaire*, 10, rue du Calvaire. — Nantes. (Loire-Inférieure).

Dr **Sallès (Joseph)**, 3, place Bellecour. — Lyon (Rhône).

*Dr **Salomon**, Chef de Clin. à la Fac. de Méd., 10, rue d'Édimbourg. — Paris.

Samama (Nissim), Doct. en Droit, Avocat, 14, rue Lincoln. — Paris.

Samazeuilh (Fernand), Avocat, 1 *bis*, rue Bardineau. — Bordeaux (Gironde).

Dr **Sambuc (Camille)**, Agr. de Chim. à la Fac. de Méd., 2, avenue des Ponts. — Lyon (Rhône). — **R**

*Dr **Samné (Georges)**, 3, rue de Chazelles. — Paris.

Saporta (le Comte Antoine de), 3, rue Philippy. — Montpellier (Hérault).

Sappey (Louis), Indust., 2, cours Berriat. — Grenoble (Isère).

Sartiaux (Albert), Ing. en chef des P. et Ch., Ing.-Chef de l'Exploit. à la *Comp. des Chem. de fer du Nord*, 20, rue de Dunkerque. — Paris.

***Saugrain (Gaston)**, Doct. en Droit, Avocat à la Cour d'Ap., 4, rue Bernard-Palissy. — Paris.

***Saurin (Alphonse)**, Banquier. — Pertuis (Vaucluse).

Dr **Sauvage (Émile)**, Conserv. des Musées, 39 *bis*, rue Tour-Notre-Dame. — Boulogne-sur-Mer (Pas-de-Calais).

*Dr **Sauvez (Émile)**, Prof. à l'Éc. dentaire de Paris, Dent. des Hôp., 17, rue de Saint-Pétersbourg. — Paris.

***Savery (Mlle Berthe)**, Dir. du Lycée de Jeunes filles, 23, rue de l'Université. — Reims (Marne).

Savornin (Justin), Prépar. de Géol. à l'Éc. prép. à l'Ens. sup. des Sc., 62, boulevard Bon-Accueil. — Alger.

Savoye (Claudius), Inst. — Odenas (Rhône).

Schæffer (Gustave), Chim.-Manufac. — Château de Pfastatt (Alsace-Lorraine).

Schaudel (Louis), Recev. princ. des Douanes, Hôtel des Douanes, place du Palais-de-Justice — Chambéry (Savoie).

Schickler (le Baron Fernand de), 17, place Vendôme. — Paris.

Schilde (le Baron de), château de Schilde par Wynéghem (province d'Anvers) (Belgique). — **R**

***Schleicher (Adolphe)**, Libr.-Édit., 61, rue des Saints-Pères. — Paris.

Schmidt (Oscar), 86, rue de Grenelle. — Paris.

***Schmit (Émile)**, Pharm., v.-Présid. de la *Soc. Acad. de la Marne*, 24, rue Saint-Jacques. — Châlons-sur-Marne (Marne).

Dr **Schmitt (Charles)**, 229, rue Saint-Honoré. — Paris.

Schmitt (Henri), Pharm. de 1re cl., 5, rue Castel-Marly. — Nanterre (Seine). — **R**

Schmitt (Joseph), Prof. à la Fac. de Méd., 51, rue Chanzy. — Nancy (Meurthe-et-Moselle).

Schneider (Eugène), Maître de Forges, Député de Saône-et-Loire, 42, rue d'Anjou. — Paris.

Dr **Schœlhammer**, 14, rue de la Sinne. — Mulhouse (Alsace-Lorraine).

Schœlhammer (Paul), Chim. chez MM. Scheurer, Rott et Cie. — Thann (Alsace-Lorraine).

Schœndœrffer (Paul), Ing. en chef des P. et Ch. — Annecy (Haute-Savoie).

Schott (Frédéric), anc. Pharm., 22, rue Kühn. — Strasbourg (Alsace-Lorraine).

Schottlaender (Louis), 141, avenue de Saxe. — Lyon (Rhône).
Schrader (Frantz), Prof. à l'Éc. d'Anthrop., Mem. de la Dir. cent. du *Club Alpin français*, 75, rue Madame. — Paris.
*Schrameck (Abraham), Préfet de l'Aisne. — Laon (Aisne).
Schwérer (Pierre, Alban), Notaire, 3, rue Saint-André. — Grenoble (Isère). — **R**
Schwob, Dir. du *Phare de la Loire*, 6, rue de L'Héronnière. — Nantes (Loire-Inférieure).
Scrive-Loyer (Jules), Nég., 294, rue Léon-Gambetta. — Lille (Nord).
Sebert (le Général **Hippolyte**), Mem. de l'Inst., Admin. de la *Soc. anonyme des Forges et Chantiers de la Méditerranée*, 14, rue Brémontier. — Paris. — **R**
Secrétaire administratif de la Société des Ingénieurs civils de France (le), 19, rue Blanche. — Paris.
Sédillot (Maurice), Entomol., Mem. de la *Com. scient. de Tunisie*, 20, rue de L'Odéon. — Paris. — **R**
Dr Sée (Marc), Mem. de l'Acad. de Méd., Agr. à la Fac. de Méd., Chirurg. hon. des Hôp., 126, boulevard Saint-Germain. — Paris.
Segond (Paul), Prof. à la Fac. de Méd., Chirurg. des Hôp., 4, quai de Billy. — Paris.
Segretain (le Général **Léon**), 23, rue de L'Hôtel-Dieu. — Poitiers (Vienne).
Séguin (F.), Chef de Bureau au Min. des Fin., 10, rue du Dragon. — Paris.
Séguin (Léon), Dir. de la *Comp. du Gaz du Mans, Vendôme et Vannes*, à l'Usine à gaz, — Le Mans (Sarthe).
Seigle (Louis), Chirurg.-Dent., 13, rue Lafaurie-de-Monbadon. — Bordeaux (Gironde).
Seiler (Albert), Ing. des Arts et Man., Construc. d'ap. à gaz, 17, rue Martel. — Paris.
Séligmann (Eugène), Agent de change hon., 133, boulevard Malesherbes. — Paris.
Seligmann (Jacques), Nég., 23, place Vendôme. — Paris.
Séligmann-Lui (Émile), Insp. d'Assurances sur la vie, 80, avenue de Breteuil. — Paris.
Dr Sellier (Jean), Chef des trav. de Physiol. à la Fac. de Méd., 29, rue Boudet. — Bordeaux (Gironde).
Sélys-Longchamps (**Walther de**). — Ciney (Belgique).
*Dr Sérégé, Méd. consult., l'été, 37, boulevard National. — Vichy (Allier) et l'hiver, 135, cours Victor-Hugo. — Bordeaux (Gironde).
*Sergent, Bonneterie en gros, 6, rue de L'Université. — Reims (Marne).
Serre (Fernand), Prop., 1, rue Levat. — Montpellier (Hérault). — **R**
Serré-Guino (Alphonse), Prof. hon. à l'Éc. norm. sup. d'Ens. second. pour les jeunes filles, anc. Examin. d'admis. à l'Éc. spéc. milit., 114, rue du Bac. — Paris.
*Dr Seuvre, 9, rue Chanzy. — Reims (Marne).
Sevestre (Émile), Ing., 40, avenue Besnardière. — Angers (Maine-et-Loire).
Dr Seynes (Jules de), Agr. à la Fac. de Méd., 15, rue Chanaleilles. — Paris. — **F**
Seynes (Léonce de), 58, rue Calade. — Avignon (Vaucluse). — **R**
Seyot (Pierre), Prépar. à la Fac. des Sc. — Rennes (Ille-et-Vilaine).
Seyrig (Théophile), Ing. des Arts et Man., Construc., 43, rue de Rome. — Paris.
Sicard (Germain), Présid. de la *Soc. d'études scient. de l'Aude*, château de Rivière. — Caunes-Minervois (Aude).
Siéber (H.-A.), 23, rue de Paradis. — Paris. — **F**
Siegfried (Jacques), Banquier, 20, rue des Capucines. — Paris.
Siégler (Ernest), Ing. en chef des P. et Ch., Ing. en chef de la Voie à la *Comp. des Chem. de fer de l'Est*, 48, rue Saint-Lazare. — Paris. — **R**
Sigalas (Clément), Prof. à la Fac. de Méd., 99, rue Saint-Génès. — Bordeaux (Gironde).
Siméon (Paul), Ing. civ., Représent. de la *Soc. I. et A. Pavin de Lafarge*, anc. Élève de l'Éc. Polytech., 158, boulevard Pereire. — Paris. — **R**
Simon, Prof. à la Fac. de Méd., 23, place de La Carrière. — Nancy (Meurthe-et-Moselle).
Simon (Auguste), Construc-Mécan., 68 *bis*, rue Hélain. — Cherbourg (Manche).
*Dr Simon (Charles), Prof. à l'Éc. de Méd., 18, rue Libergier. — Reims (Marne).
Simon (Georges), villa Marie-Émélia, boulevard du Czaréwitch. — Nice (Alpes-Maritimes).
Simon (J.), Pharm., rue du Bel-Air. — Suresnes (Seine).
Dr Sinety (le Comte **Louis de**), 14, place Vendôme. — Paris.
Siper (Léopold), Agent-Voyer en chef du département de Tarn-et-Garonne, 4, rue Léon-Cladel. — Montauban (Tarn-et-Garonne).
Siret (Louis), Ing. — Cuevas de Vera (province d'Almeria) (Espagne). — **R**
Sirot (Claude), Conduct. des P. et Ch., 11, rue d'Enghien. — Lyon (Rhône).
Société industrielle d'Amiens. — Amiens (Somme). — **R**

Société d'Études scientifiques d'Angers, place des Halles. — Angers (Maine-et-Loire).
Société scientifique d'Arcachon. — Arcachon (Gironde).
Société de Médecine vétérinaire de L'Yonne. — Auxerre (Yonne).
Société Ramond. — Bagnères-de-Bigorre (Hautes-Pyrénées).
Société de Médecine de Besançon et de La Franche-Comté. — Besançon (Doubs).
Société d'Études des Sciences naturelles. — Béziers (Hérault).
Société d'Histoire naturelle de Loir-et-Cher. — Blois (Loir-et-Cher).
Société des Sciences et des Lettres de Loir-et-Cher. — Blois (Loir-et-Cher).
Société linnéenne de Bordeaux (à l'Athénée), 53, rue des Trois-Conils. — Bordeaux (Gironde).
Société de Médecine et de Chirurgie de Bordeaux (à l'Athénée), 53, rue des Trois-Conils. — Bordeaux (Gironde).
Société Océanographique du Golfe de Gascogne, Hôtel de la Marine nationale. — Bordeaux (Gironde).
Société de Pharmacie de Bordeaux (à l'Athénée), 53, rue des Trois-Conils. — Bordeaux (Gironde).
Société philomathique de Bordeaux, 2, cours du XXX Juillet. — Bordeaux (Gironde). — R
Société des Sciences physiques et naturelles de Bordeaux, 143, cours Victor-Hugo. — Bordeaux (Gironde). — R
Société académique de Brest. — Brest (Finistère). — R.
Société française d'Entomologie. — Caen (Calvados).
Société de Médecine de Caen et du Calvados. — Caen (Calvados).
*Société d'Agriculture, Commerce, Sciences et Arts du département de La Marne. — Châlons-sur-Marne (Marne).
*Société d'Histoire naturelle des Ardennes, au Vieux-Moulin. — Charleville (Ardennes).
Société nationale des Sciences naturelles et mathématiques de Cherbourg. — Cherbourg (Manche). — R
Société de Borda. — Dax (Landes).
Société d'Agriculture, Sciences et Arts de Douai, 8 bis, rue d'Arras. — Douai (Nord).
Société libre d'Agriculture, Sciences, Arts et Belles-Lettres de L'Eure. — Évreux (Eure). — R
Société des Sciences médicales de Gannat. — Gannat (Allier).
Société des Sciences naturelles et archéologiques de La Creuse. — Guéret (Creuse).
Société médicale de Jonzac. — Jonzac (Charente-Inférieure).
*Société de Géographie de l'Aisne. — Laon (Aisne).
Société de Médecine et de Chirurgie. — La Rochelle (Charente-Inférieure).
Société des Sciences naturelles de La Charente-Inférieure. — La Rochelle (Charente-Inférieure).
Société de Géographie commerciale du Havre, 131, rue de Paris. — Le Havre (Seine-Inférieure).
Société agricole et scientifique de La Haute-Loire. — Le Puy-en-Velay (Haute-Loire).
Société centrale de Médecine du Nord. — Lille (Nord). — R
Société d'Anthropologie de Lyon (Palais des Arts), place des Terreaux. — Lyon (Rhône).
Société générale (Banque), 6, rue de La République. — Lyon (Rhône).
Société d'Économie politique de Lyon (M. Pey, Secrétaire général), 1, rue du Bât-d'Argent. — Lyon (Rhône).
Société anonyme des Filatures de Schappes, 5, quai de Retz. — Lyon (Rhône).
Société de Pharmacie de Lyon (Palais des Arts). — Lyon (Rhône).
Société des Sciences médicales de Lyon, 41, quai de L'Hôpital. — Lyon (Rhône).
Société des Amis de l'Université lyonnaise, 16, rue du Plat. — Lyon (Rhône).
Société départementale d'Agriculture des Bouches-du-Rhône, 10, rue Venture. — Marseille (Bouches-du-Rhône).
Société de Géographie de Marseille, 25, rue Montgrand. — Marseille (Bouches-du-Rhône).
Société des Pharmaciens des Bouches-du-Rhône, 3, marché des Capucines. — Marseille (Bouches-du-Rhône).
Société de Statistique de Marseille, 2, rue Sylvabelle. — Marseille (Bouches-du-Rhône).
Société générale des Transports maritimes à vapeur, 3, rue des Templiers. — Marseille (Bouches-du-Rhône).

Société d'Émulation de Montbéliard. — Montbéliard (Doubs).
Société des Sciences de Nancy. — Nancy (Meurthe-et-Moselle). — **R**
Société académique de La Loire-Inférieure, 1, rue Suffren. — Nantes (Loire-Inférieure). — **R**
Société de Géographie commerciale de Nantes, 34, rue de La Fosse. — Nantes (Loire-Inférieure)
*Société des Lettres, Sciences et Arts des Alpes-Maritimes, 1, rue Sainte-Clotilde. — Nice (Alpes-Maritimes).
Société de Médecine et de Climatologie de Nice, 4, rue de La Buffa. — Nice (Alpes-Maritimes).
Société d'Études des Sciences naturelles, 6, quai de La Fontaine.. — Nîmes (Gard).
Société d'Agriculture, Sciences et Arts d'Orléans, 6, rue Antoine-Petit. — Orléans (Loiret).
Société centrale des Architectes français, 8, rue Danton. — Paris. — **R**
Société des anciens Élèves des Écoles nationales d'Arts et Métiers, 6, rue Chauchat. — Paris.
Société astronomique de France, 28, rue Serpente (Hôtel des Sociétés Savantes). — Paris.
Société botanique de France, 84, rue de Grenelle. — Paris. — **R**
Société entomologique de France, 28, rue Serpente (Hôtel des Sociétés Savantes). — Paris.
Société anonyme des Forges et Chantiers de la Méditerranée, 1 et 3, rue Vignon. — Paris. — **F**
Société de Géographie, 184, boulevard Saint-Germain. — Paris. — **R**
Société des Ingénieurs civils de France, 19, rue Blanche. — Paris. — **F**
Société de Médecine vétérinaire pratique, 28, rue Serpente (Hôtel des Sociétés Savantes). — Paris.
Société médico-chirurgicale de Paris (ancienne Société médico-pratique), 29, rue de La Chaussée d'Antin. — Paris. — **R**
Société de Pharmacie de Paris, 4, avenue de L'Observatoire (École de Pharmacie). — Paris.
Société française de Photographie, 51, rue de Clichy. — Paris. — **R**
Société des Sciences, Lettres et Arts de Pau. — Pau (Basses-Pyrénées). — **R**
Société agricole, scientifique et littéraire des Pyrénées-Orientales. — Perpignan (Pyrénées-Orientales).
Société anonyme des Hauts-Fourneaux et Fonderies. — Pont-à-Mousson (Meurthe-et-Moselle).
*Société des Architectes de la Marne, 29, rue Libergier. — Reims (Marne).
*Société Druart et Le Roy, 37, chaussée du Port. — Reims (Marne).
*Société d'Horticulture et de Viticulture de l'arrondissement de Reims. — Reims (Marne).
*Société industrielle de Reims, 18, rue Ponsardin. — Reims (Marne). — **R**
*Société médicale de Reims, 71, rue Chanzy. — Reims (Marne). — **R**
*Société d'étude des Sciences naturelles de Reims. — Reims (Marne).
Société d'Agriculture, Industrie, Sciences, Arts, Belles-Lettres du département de La Loire, 27, rue Saint-Jean. — Saint-Étienne (Loire).
Société anonyme de la Brasserie de Tantonville. — Tantonville (Meurthe-et-Moselle).
*Société des Sciences naturelles et d'Enseignement populaire de Tarare. — Tarare (Rhône).
Société polymathique du Morbihan. — Vannes (Morbihan).
Société française pour la Propagation de l'Espéranto (M. Bréon, secrétaire), 6, rue du Levant. — Vincennes (Seine).
*Société des Sciences et Arts de Vitry-le-François. — Vitry-le-François (Marne). — **R**
Sociétés de Pharmacie du Sud-Est (Fédération des). — Pierrelate (Drôme).
Sollier (Eugène), Fabric. de ciment. — Neufchâtel (Pas-de-Calais).
Solms (le Comte Louis de), Ing. des Arts et Man., rue du Méné. — Vannes (Morbihan). — **R**
Solvay (Ernest), Indust., Sénateur, 45, rue des Champs-Élysées. — Bruxelles (Belgique). — **F**
Solvay et Cie, Usine de Prod. chim. de Varangeville-Dombasle par Dombasle (Meurthe-et-Moselle). — **F**
Soly (Arnaud), Entrep. de Trav. pub., 38, boulevard des Hirondelles. — Lyon (Rhône).
Somasco (Charles), Ing. civ. — Creil (Oise).

Dr Sonnié-Moret (Abel), Pharm. de l'Hôp. des Enfants malades, 149, rue de Sèvres.
— Paris. — R
Soreau (Rodolphe), Ing., anc. Élève de l'Éc. Polytech., Expert près le Cons. de Préfect. de
la Seine, 65, rue de La Victoire. — Paris.
Sorin de Bonne (Louis), Avocat, anc. s.-Préfet, 6, rue Duquesne. — Lyon (Rhône).
Soualle (Louis), Présid. du Trib. de Com. de Senlis, Mem. de la Ch. de Com. de l'Oise.
— Pont-Sainte-Maxence (Oise).
Soubeiran (Louis-Maxime), s.-Dir. de l'Éc. prat. de Com. et d'Indust., — Béziers
(Hérault). — R
Soulard (Claude), Chirurg.-Dent. diplômé de la Fac. de Méd., 8, rue de La Répu-
blique. — Lyon (Rhône).
Soulier (Albert), Doct. ès Sc., Prof. adj. de Zool. à la Fac. des Sc., 1, boulevard Pas-
teur. — Montpellier (Hérault). — R
Soulier (H.), Prof. à la Fac. de Méd., 17, place Bellecour. — Lyon (Rhône).
Spazin, Dir. des Usines Bonnet, Spazin et Cie, 22, quai Jayr. — Lyon-Vaise (Rhône).
Stahl (Théodore), Ing., 5, cours Morand. — Lyon (Rhône).
Stapfer (Daniel), Ing. des Arts et Man., Construc., Sec. gén. de la *Soc. scient. indust.*,
5, boulevard Notre-Dame. — Marseille (Bouches-du-Rhône).
Starck, Ing., 19, rue Thiers. — Grenoble (Isère).
*Steinmetz (Charles), 44, rue de Moscou. — Paris. — R
Stengelin, Banquier, montée des Roches. — Écully (Rhône). — R
Stéphan (Édouard), Corresp. de l'Inst., Prof. d'Astron. à la Fac. des Sc., Dir. hon. de
l'Observatoire, 2, place Le Verrier. — Marseille (Bouches-du-Rhône).
Stéphan (Pierre), Chef des trav. d'Histologie à l'Éc. de Méd., 2, place Le Verrier.
— Marseille (Bouches-du-Rhône).
Stern (Edgar), Banquier, 20, avenue Montaigne. — Paris.
*Dr Stoklasa (Jules), Prof. à l'Éc. polytech. sup., Dir. de la Stat. physiol. du royaume
de Bohème. — Prague (Autriche-Hongrie).
Storck (Mme Adrien), 8, rue de La Méditerranée. — Lyon (Rhône).
Storck (Adrien), Ing. des Arts et Man., Imprim., 8, rue de La Méditerranée. — Lyon
(Rhône). — R
Strauss (Armand), Ing., 38, rue de Clichy. — Paris.
*Dr Struelens, 18, rue de l'Hôtel des Monnaies. — Bruxelles (Belgique).
Suais (Abel), Ing. en chef des Trav. pub. des Colonies, Dir. de la *Comp. impériale des
Chem. de fer Éthiopiens*, 13, rue Léon-Coignet. — Paris. — R
Dr Suarez de Mendoza (Ferdinand), 22, avenue de Friedland — Paris.
Surun (Émile), Pharm., 165, rue Saint-Honoré. — Paris.
Syndicat des Pharmaciens de l'Indre. — Châteauroux (Indre).
*Syndicat agricole de la Champagne. — Warmeriville (Marne).
Taboury (P., A.), Ing. — Valroses par Couzeix (Haute-Vienne).
Taboury (Félix), Prépar. de Chim. à la Fac. des Sc. — Poitiers (Vienne).
Dr Tachard (Élie), Méd. princ. de 1re cl. de l'Armée en retraite, 11, rue Monplaisir.
— Toulouse (Haute-Garonne). — R
Takata et Cie, 1, Yurakucho-Itchome Kojimachi-Ku. — Tokio (Japon).
Tanesse, Prof. de l'Ens. second. en retraite, 53, quai Valmy. — Paris.
Tanret (Charles), Lauréat de l'Inst., Pharm. de 1re cl., 10, rue du Commandant-
Rivière. — Paris. — R
Dr Tanret (Georges), 10, rue du Commandant-Rivière. — Paris. — R
Tardy (Mme Ve Charles). — Simandre (Ain).
*Target (Émile), Fabric. de Prod. chim., 26, rue Saint-Gilles. — Paris.
*Tarry (Mlle Baya), 177, boulevard Pereire. — Paris.
*Tarry (Gaston), anc. Insp. des Contrib. diverses, 177, boulevard Pereire. — Paris. — R
Tarry (Harold), Insp. des Fin. en retraite, anc. Élève de l'Éc. Polytech., 6, rue de
Bagneux. — Paris. — R
Tastet (Édouard), Nég., 74, quai des Chartrons. — Bordeaux (Gironde).
Tatin (Victor), Ing.-Construc., Lauréat de l'Inst., 14, rue de La Folie-Regnault. — Paris.
Tavernier (Charles de), Ing. en chef des P. et Ch., 67, rue de Prony. — Paris.
Tavernier (Henri), Ing. en chef des P. et Ch., 21, Cours du Midi. — Lyon (Rhône).
Tavernier (Pascal), Admin. de la Banque de France, anc. Présid. du Trib. de Com.,
12, rue de La Paix. — Saint-Étienne (Loire).
Tavernier (René), Ing. en chef des P. et Ch., 31, rue Ferrandière. — Lyon (Rhône).
Tea (Domingo), Prop.-Agric., 18, corso Carbonara. — Gênes (Italie).

*Dr Téchoueyres (Émile), Méd.-maj. au 36e Rég. d'Infant., 17, boulevard Saint-Pierre. — Caen (Calvados).

Dr Teillais (Auguste), place du Cirque. — Nantes (Loire-Inférieure). — **R**

Teisserenc de Bort (Edmond), Agric., Sénateur de la Haute-Vienne, 135, boulevard Malesherbes. — Paris.

Teisserenc de Bort (Léon), Dir. de l'Observ. de Météorol. dynamique de Trappes, 33, rue Dumont-d'Urville. — Paris.

Teissier (Joseph), Prof. à la Fac. de Méd., Corresp. nat. de l'Acad. de Méd., Méd. hon. des Hôp., 7, rue Boissac. — Lyon (Rhône). — **R**

*Dr Teissier (Pierre), Agr. à la Fac. de Méd., Méd. des Hôp., 205, boulevard Saint-Germain. — Paris.

*Telle (Fernand), Pharm., rue Talleyrand. — Reims (Marne).

*Tellier (Jules), Sec. Archiv. de l'*Association vitic. Champenoise*, 2, rue Émile-Cazier. — Reims (Marne).

Terquem (Paul, Augustin), Prof. d'Hydrog. de la Marine en retraite, 41, rue Saint-Jean. — Dunkerque (Nord).

Dr Tellier (Julien), 11, rue du Président-Carnot. — Lyon (Rhône).

Tervès (le Comte Léonce de), Mem. du Cons. gén. de Maine-et-Loire, château de La Bouvrière. — Grez-Neuville (Maine-et-Loire).

Teste (Auguste), Fabric. d'Aiguilles, 18, rue Saint-Cyr. — Lyon-Vaise (Rhône).

Testenoire (Joseph), Ing., anc. Élève de l'Éc. cent. des Arts et Man., Dir. de la Condition des Soies, 7, rue Saint-Polycarpe. — Lyon (Rhône).

Testut (Léo), Prof. d'Anat. à la Fac. de Méd., Corresp. nat. de l'Acad. de Méd., 3, avenue de L'Archevêché. — Lyon (Rhône). — **R**

Teulade (Marc), Avocat, Mem. de la *Soc. de Géog.* et de la *Soc. d'Hist. nat. de Toulouse*, 22, rue Pharaon. — Toulouse (Haute-Garonne). — **R**

Teullé (le Baron Pierre), Prop., Mem. de la *Soc. des Agricult. de France.* — Moissac (Tarn-et-Garonne). — **R**

Teutsch (Jacques), Lic. ès Lettres, 24, rue de Condé. — Paris.

Dr Texier (Georges). — Moncoutant (Deux-Sèvres). — **R**

Dr Texier (Victor), 8, rue Jean-Jacques-Rousseau. — Nantes (Loire-Inférieure).

*Thaon (Mme Paul), 55, rue de Lille. — Paris.

*Dr Thaon (Paul), anc. Int. des Hôp., 55, rue de Lille. — Paris.

Thélin (René de), Ing. en chef des P. et Ch. — Tarbes (Hautes-Pyrénées). — **R**

Thénard (Mme la Baronne Ve Paul), 6, place Saint-Sulpice. — Paris. — **R**

Théral, Prop., 15, cours Gambetta. — Lyon (Rhône).

*Thérel (Ernest), Ing. en chef des P. et Ch., Préfet. — Auxerre (Yonne).

*Theuveny, Chirurg.-Dent., 49, rue La Bruyère. — Paris.

Thévenet (Antoine), Dir. hon. de l'Éc. prép. à l'Ens. sup. des Sc., 34, rue Hoche. — Alger-Agha.

Thévenot (Lucien), Int. des Hôp., 59, rue Franklin. — Lyon (Rhône).

Thibault (J.), Tanneur, 18, place du Maupas. — Meung-sur-Loire (Loiret). — **R**

Dr Thibierge (Georges), Méd. des Hôp., 64, rue des Mathurins. — Paris. — **R**

*Thiénot, Notaire, 1, rue de La Clef. — Reims (Marne).

Thiollier (Félix), 27, rue de Grenelle. — Paris.

Thiollier (Noël), Lic. en Droit, Archiv.-Paléog., Notaire, 10, rue du Général-Foy. — Saint-Étienne (Loire).

Thomas (A.), Notaire, 53, route d'Orléans. — Montrouge (Seine).

Dr Thomas-Duris (René), route d'Eymoutiers. — Bugeat (Corrèze).

*Thouvenel (Nicolas), Prof. de Phys. au Lycée Charlemagne, 19, boulevard Morland. — Paris. — **R**

Thovert (Jean-Marie), Maître de Conf. à la Fac. des Sc. de Grenoble, chemin Saint-Jean. — La Tronche (Isère).

*Thuillier (Mlle Germaine), 24, rue de L'Hôpital. — Rouen (Seine-Inférieure).

*Thuillier (Onézime), Chirurg.-Dent., 24, rue de L'Hôpital. — Rouen (Seine-Inférieure).

Dr Thulié (Henri), Dir. de l'Éc. d'Anthrop., anc. Présid. du Cons. mun., 37, boulevard Beauséjour. — Paris. — **R**

Thurneyssen (Émile), Admin. de la *Comp. gén. Transat.*, 10, rue de Tilsitt. — Paris. — **R**

Tillion (Antoine), Prop., 15, rue Sous-les-Augustins. — Clermont-Ferrand (Puy-de-Dôme).

Tison (Adrien), Chef des Trav. de Botan. à la Fac. des Sc., 8, rue Saint-Ouen. — Caen (Calvados).

*Dr Tison (Édouard), Doct. ès Sc. nat., anc. Méd. en chef de l'Hôp. Saint-Joseph, 77, boulevard du Montparnasse. — Paris.

Tisseyre (Albert), 43, rue Boudet. — Bordeaux (Gironde).

Tissié-Sarrus, Banquier, 2, rue du Petit-Saint-Jean. — Montpellier (Hérault) — **F**

Tissot, Examin. d'admis. à l'Éc. Polytech. en retraite. — Voreppe (Isère). — **R**

Tissot (Camille), Lieut. de vaisseau, Prof. à l'Éc. navale, 2, rue d'Aiguillon. — Brest (Finistère).

Dr Tixier (Léon), 28, avenue Carnot. — Menton (Alpes-Maritimes).

Dr Tolot (Gaspard), 9, rue des Archers. — Lyon (Rhône).

Dr Topinard (Paul), 28, rue d'Assas. — Paris. — **R**

Torrilhon, Fabric. de caoutchouc. — Chamalières par Clermont-Ferrand (Puy-de-Dôme).

Touchard (Ernest), Nég., 97, avenue de Clichy. — Paris.

Dr Touche (Rémy), anc. Int. des Hôp. de Paris, Chirurg. adj. de l'Hôtel-Dieu, 57, boulevard Alexandre-Martin. — Orléans (Loiret).

Toulon (Paul), Lic. ès Lettres et ès Sc., Ing. en chef des P. et Ch., Attaché à la *Comp. des Chem. de fer de l'Ouest*, 70, rue d'Assas. — Paris.

*Tourneur (Louis-Victor), 13, rue de l'Écu. — Reims (Marne).

Tourneux (Jean-Paul), Prépar. de Pathol. ext. à la Fac. de Méd., 14, rue Sainte-Philomène. — Toulouse (Haute-Garonne).

Tournier-Daille (Jules), Dent. — Lons-le-Saunier (Jura).

Tourtoulon (le Baron Charles de), Prop., 13, rue Roux-Alphéran. — Aix-en-Provence (Bouches-du-Rhône). — **R**

Dr Trabut (Louis), Prof. à l'Éc. de Méd., Méd. de l'Hôp. civ., 7, rue Desfontaines. — Alger.

Trabut-Cussac (Paul), Prop., 6, quai Louis-XVIII. — Bordeaux (Gironde).

Trébucien (Ernest), Manufac., 25, cours de Vincennes. — Paris. — **F**

Trélat (Gaston), Archit., 2 *bis*, avenue des Gobelins. — Paris.

Trincaud la Tour (Émile de), Banq., 7, cours du Jardin-Public. — Bordeaux (Gironde).

Dr Tripet (Jules), 2, rue de Compiègne. — Paris.

Tripier (Henri), Ing. des Arts et Man., 17, rue Alphonse-de-Neuville. — Paris.

*Dr Troisier (Émile), Mem. de l'Acad. de Méd., Méd. des Hôp., 25, rue La Boétie. — Paris.

*Troisier (Jean), Int. des Hôp., 25, rue La Boétie. — Paris.

Troost (Louis), Mem. de l'Inst., Prof. hon. de Chim. à la Fac. des Sc., 84, rue Bonaparte. — Paris.

Trouette (Édouard), Pharm. de 1re cl., Fabric. de Prod. pharm., 15, rue des Immeubles-Industriels. — Paris.

Trutat (Eugène), Doct. ès Sc., anc. Dir. du Musée d'Hist. nat. de Toulouse, rue du Lycée. — Foix (Ariège).

Tuleu (Mme Charles, Aubin), 58, rue d'Hauteville. — Paris. — **R**

Tuleu (Charles, Aubin), Ing. civ., anc. Élève de l'Éc. Polytech., 58, rue d'Hauteville. — Paris. — **R**

*Tumerelle (Benjamin), Entrep., 27, rue Jules-Juillet. — Creil (Oise).

*Tumerelle (Émile), Élève à l'Éc. cent. des Arts et Man., 27, rue Jules-Juillet. — Creil (Oise).

Dr Turbert (Charles), 104, rue Emmanuel-Liais. — Cherbourg (Manche).

*Turpain (Albert), Prof. de Phys. à la Fac. des Sc., 95, rue de La Tranchée. — Poitiers (Vienne).

*Ubeyd-Oullah (Mehmed), Publiciste, 195, rue de Grenelle. — Paris.

Urscheller (Henri), Prof. d'Allemand au Lycée, 83, rue de Siam. — Brest (Finistère). — **R**

Urseau (le Chanoine Charles), Corresp. du Min. de l'Instruc. pub., Prof. à la Fac. libre de Théol., 4, rue du Parvis-Saint-Maurice. — Angers (Maine-et-Loire).

Ussel (le Comte d'), Insp. gén. des P. et Ch. en retraite, 4, rue Bayard. — Paris.

Vaillant, Prof. à la Fac. des Sc. — Grenoble (Isère).

Dr Vaillant, Lic. ès Sc., Pharm. de 1re cl., 15, rue du Temple. — Paris.

Vaillant (Alcide), Archit., 24, rue Gay-Lussac. — Paris. — **R**

Dr Vaillant (Léon), Prof. au Muséum nat. d'Hist. nat., 36, rue Geoffroy-Saint-Hilaire. — Paris. — **R**

Dr Valcourt (Théophile de), Méd. de l'Hôp. marit. de l'Enfance. — Cannes (Alpes-Maritimes), et l'été, 64, boulevard Saint-Germain. — Paris. — **R**

*Valentin, Notaire, 2, rue de L'Université. — Reims (Marne).

Valette (Ernest), Ing.-Expert, 50, rue Saint-Ferréol. — Marseille (Bouches-du-Rhône).

Vallot (Joseph), Dir. de l'Observat. météorol. du Mont-Blanc, 37, rue Cotta. — Nice (Alpes-Maritimes). — **R**

Valot (Paul), Doct. en Droit, Avocat, rue Kléber. — Lure (Haute-Saône). — **R**

Van Aubel (Edmond), Doct. ès Sc. Phys. et Math., Chargé de cours à l'Univ., 136¹, chaussée de Courtrai. — Gand (Belgique). — **R**

Van Gaver (Ferdinand), Lic. ès Sc. et en Droit, Prépar. de Zool. à la Fac. des Sc., 295, rue Paradis. — Marseille (Bouches-du-Rhône).

Van Iseghem (Henri), Présid. du Trib. civ., anc. Mem. du Cons. gén. de la Loire-Inférieure, 7, rue du Calvaire. — Nantes (Loire-Inférieure). — **R**

Van Tiéghem (Philippe), Mem. de l'Inst., Prof. au Muséum nat. d'Hist. nat., 22, rue Vauquelin. — Paris. — **R**

Vandelet (O.), Nég., Délég. du Cambodge au Cons. sup. des Colonies. — Pnumpenh (Cambodge). — **R**

Vaney (Clément), Maître de Conf. à la Fac. des Sc., 69, rue Cuvier. — Lyon (Rhône).

*Dr **Vaquez (Henri)**, Agr. à la Fac. de Méd., Méd. des Hôp., 82, boulevard Haussmann. — Paris.

Varin (Achille), Doct. en Droit, Avocat à la Cour d'Ap., 140, boulevard Haussmann. — Paris.

Varlé (Paul), Ing. civ., Dir. du Bureau de Paris de la *Comp. de Courrières*, 3, rue Mogador. — Paris.

Vaschalde (Henry), Dir. de l'Établis. therm. — Vals-les-Bains (Ardèche).

Vassal (Alexandre), 55, boulevard Haussmann. — Paris. — **R**

*Vassart, Avocat, 39, rue de Chativesle. — Reims (Marne).

Dr **Vassilidès (Démétre)**, 53, rue Pirée-Socrate. — Athènes (Grèce).

*Vassy (Albert)**, Pharm., usine d'Estressin, route de Lyon. — Vienne (Isère).

*Vaudrey (Paul)**, Ing.-Construct. élect., 1 et 3, passage de la Ferme-Saint-Lazare. — Paris.

Dr **Vautherin**, 5, rue du Repos. — Belfort.

Vautier (Théodore), Prof. à la Fac. des Sc., 30, quai Saint-Antoine. — Lyon (Rhône). — **R**

Dr **Vautrin (Alexis)**, Agr. à la Fac. de Méd., 45, cours Léopold. — Nancy (Meurthe-et-Moselle).

Vélain (Charles), Prof. à la Fac. des Sc., 9, rue Thénard. — Paris.

Velten (Eugène), Admin. de la *Banque de France*, Mem. de la Ch. de Com., Présid. de la *Soc. anonyme des Brasseries de la Méditerranée*, 42, rue Bernard-du-Bois. — Marseille (Bouches-du-Rhône).

*Dr **Verchère (Fernand)**, Chirurg. de Saint-Lazare, 101, rue du Bac. — Paris.

Verdet (Gabriel), anc. Présid. du Trib. de Com. — Avignon (Vaucluse). — **F**

Verdier (A.), Libr., 35, rue du Commerce. — Blois (Loir-et-Cher).

Vergely, Prof. à la Fac. de Méd., Corresp. nat. de l'Acad. de Méd., Méd. des Hôp., 3, rue Guérin. — Bordeaux (Gironde).

Dr **Verger (Théodore)**. — Saint-Fort-sur-Gironde (Charente-Inférieure). — **R**

Vergnes (Auguste), Planteur à Mayumba (Congo français), 159, avenue de Wagram. — Paris. — **R**

Verley (Mme Marcel), 4, rue Thimonnier. — Paris.

Verley (Marcel), Archit., 4, rue Thimonnier. — Paris.

Verminck (C., A.), Fabric. d'huiles, 55, cours Pierre-Puget. — Marseille (Bouches-du-Rhône).

Vermorel (Victor), Construc., Dir. de la Stat. vitic. — Villefranche-sur-Saône (Rhône). — **R**

Dr **Vernay (J.)**, Méd. Électrothérap., 67, avenue de Noailles. — Lyon (Rhône).

Verneuil (Christian de), Ing. civ. attaché aux Études du *Crédit Lyonnais*, 34, rue La Bruyère. — Paris.

Verney (Noël), Doct. en Droit, Avocat à la Cour d'Ap., 4, rue du Jardin-des-Plantes. — Lyon (Rhône). — **R**

*Véroudart (Gustave)**, Présid. du Comice Agric., 8, rue de Bétheny. — Reims (Marne).

Dr **Verrière (Auguste)**, 5, rue Gentil. — Lyon (Rhône).

Veyrin (Émile), 2 ter, rue Herran. — Paris. — **R**

Vialay (Alfred), Ing. des Arts et Man. — Semur-en-Auxois (Côte-d'Or).

Viau (Georges), Chirurg.-Dent. diplômé de la Fac. de Méd., Prof. à l'Éc. dentaire de Paris, 109, boulevard Malesherbes. — Paris.

Viault (François), Prof. à la Fac. de Méd., place d'Aquitaine. — Bordeaux (Gironde)

Vicat (André), Chirurg.-Dent. diplômé de la Fac. de Méd. de Paris, 20, rue d'Algérie. — Lyon (Rhône).

Vichot (Julien), Chirurg.-Dent., 6, rue de La Barre. — Lyon (Rhône).

Vichot (Lucien), Chirurg.-Dent., 8 *bis*, boulevard de Saumur. — Angers (Maine-et-Loire).

Dr Vidal (Émile), Méd. de la *Comp. des Chem. de fer de Paris à Lyon et à la Méditerranée.* — Hyères (Var).

Vidal (Paul), Ing. des P. et Ch., 37, rue de l'Église-Saint-Seurin. — Bordeaux (Gironde).

Vidal de La Blache (Paul), Mem. de l'Inst., Prof. à la Fac. des Lettres, 6, rue de Seine. — Paris.

*****Viel**, Dir. de la Succursale de la *Soc. Gén.*, 18, rue Eugène-Courmeaux. — Reims (Marne).

Vieille (Paul), Mem. de l'Inst., Insp. gén. des Poudres et Salpêtres, 12, quai Henri-IV. — Paris.

Vieille-Cessay (l'Abbé François), Dir. au Grand-Séminaire, 12, rue Charles-Nodier. — Besançon (Doubs). — **R**

Dr Viennois (Louis, Alexandre), 49, avenue Gambetta. — Valence (Drôme). — **R**

*****Viéville (Victor)**, Indust., Mem. du Cons. gén. de l'Aisne, Présid. du Syndicat des Fabric. de Sucre de France. — Chevresis-Monceau (Aisne).

Vigarié (Émile), Expert-Géom. — Laissac (Aveyron).

Vignes (Léopold), Prop., 4, rue Michel-Montaigne. — Bordeaux (Gironde).

Vignon (Jules), Rent., 45, avenue de Noailles. — Lyon (Rhône). — **F**

Vignon (Léo), Prof. à la Fac. des Sc., 67, rue Pasteur. — Lyon (Rhône).

Vignon (Louis), Prof. à l'Éc. coloniale, Lauréat de l'Inst., Recev.-Percept. des droits universitaires, Maître des requêtes hon. au Cons. d'État, 4, rue Gounod. — Paris. — **R**

Dr Viguier (C.), Doct. ès Sc., Prof. à l'Éc. prép. à l'Ens. sup. des Sc., 1, boulevard de France. — Alger. — **R**

Viguier (René), Doct. ès-Sc., Prépar. au Muséum nat. d'Hist. nat., 5 *bis*, quai de Bercy. — Charenton (Magasins généraux) (Seine). — **R**

Vilar (Antonio), Dent., 3, calle de Los Derechos. — Valence (Espagne).

Villain, Greffier du Trib. civ., 19, rue du Petit-Roland. — Reims (Marne).

*****Villain (Georges)**, Chirurg.-Dent., 265, rue Saint-Honoré. — Paris.

*****Villain (Henri)**, Chirurg.-Dent., 265, rue Saint-Honoré. — Paris.

Villar (Francis), Prof. à la Fac. de Méd., Chirurg. des Hôp., 9, rue Castillon. — Bordeaux (Gironde). — **R**

Villard (Pierre), Doct. en Droit, 29, quai Tilsitt. — Lyon (Rhône). — **R**

Villaret, 13, rue Madeleine. — Nîmes (Gard).

*****Villaret (Jean-Jacques)**, Dir. du Génie marit. du Cadre de Réserve, 3, cité Vaneau. — Paris.

Ville (Mme Ve Georges), 30, cours La Reine. — Paris.

Ville d'Ernée (Mayenne). — **F**

*****Ville de Marseille (Bouches-du-Rhône).** — **F**

*****Ville de Reims (Marne).** — **F**

Ville de Remiremont (Vosges).

Ville de Rouen (Seine-Inférieure). — **F**

*****Villemereuil (Adrien Bonamy de)**, 31, rue de Bellechasse. — Paris.

Villiers du Terrage (le Vicomte de), 30, rue Barbet-de-Jouy. — Paris. — **R**

Dr Vincent (E.), Chirurg. de l'Hôp. civ., Prof. à l'Éc. de Méd., 9, boulevard Carnot. — Alger.

Vincent (Auguste), Nég., Armat., 43 *bis*, allées de Chartres. — Bordeaux (Gironde). — **R**

*****Vincent (Mme Georges)**, 80, rue Marceau. — Tours (Indre-et-Loire).

*****Dr Vincent (Georges)**, 80, rue Marceau. — Tours (Indre-et-Loire).

*****Vincent (Henry)**, Prop. — Saint-Paul-Trois-Châteaux (Drôme).

Dr Vinerta. — Oran (Algérie).

Violle (Jules), Mem. de l'Inst., Prof. au Conserv. nat. des Arts et Mét., 89, boulevard Saint-Michel. — Paris. — **R**

Viré (Armand), Doct. ès Sc., Lauréat de l'Inst., Attaché au Muséum nat. d'Hist. nat., 21, rue Vauquelin. — Paris.

Dr Viron (Lucien), Pharm. de La Salpêtrière, Rédac. en chef de *l'Union pharm.*, 47, boulevard de L'Hôpital. — Paris.

Dr Vitrac (Junior), anc. Chef de Clin., chirurg. à la Fac. de Méd. de Bordeaux, 35, rue Sainte-Catherine. — Libourne (Gironde). — **R**

*D' Vitry (Georges), Chef de clin. à la Fac. de Méd., 4, rue du Cirque. — Paris.
Vivenot (Henry), Ing. en chef des P. et Ch. en retraite, 70, boulevard Saint-Michel.
   — Paris.
Vogt (Georges), Ing. des Arts et Man., Dir. des Trav. techniques à la Manufac. nat. de
   porcelaines. — Sèvres (Seine-et-Oise).
*D' Voguet (Pierre), 36, rue Monge. — Paris.
Voisin (Honoré), Dir. des *Mines de Roche-la-Molière et Firminy*, anc. Élève de l'Éc.
   Polytech. — Firminy (Loire).
Voisin-Bey (Philippe), Insp. gén. des P. et Ch. en retraite, 3, rue Scribe. — Paris.
Vourloud (Gustave), Ing. civ., Indust. — Oullins (Rhône).
Vuibert (Henry), Publiciste, 26, rue des Écoles. — Paris.
Vuillemin (Georges), Ing. civ. des Mines, 6, avenue de Saint-Germain. — Saint-Ger-
   main-en-Laye (Seine-et-Oise). — R
Vuillemin (Paul), Prof. à la Fac. de Méd. de Nancy, 16, rue d'Amance. — Malzéville
   (Meurthe-et-Moselle). — R
D' Vulpian (André), Lic. ès Sc. nat, Villa des Bois. — Lamballé (Côtes-du-Nord). — R
*Walbaum (Alfred), Manufac., 38, rue des Moissons. — Reims (Marne).
*Walbaum (Édouard), Manufac., 20, boulevard Lundy. — Reims (Marne).
*Walbaum, Luling, Goulden et C'', Nég. en vins de Champagne, 7, rue de Sedan.
   — Reims (Marne).
*Walfard-Binet (Armand), Sec. de l'*Association vitic. Champenoise*, 70, rue de Cour-
   lancy. — Reims (Marne).
Wallon (Étienne), Prof. au Lycée Janson-de-Sailly, 65, rue de Prony. — Paris.
D' Walther (Charles), Agr. à la Fac. de Méd., Chirurg. des Hôp., 68, rue de Bellechasse.
   — Paris.
*Warcy (Gabriel de), 38, rue Saint-André. — Reims (Marne). — R
*Warnier-David, Nég. en tissus, 3 et 7, rue de Cernay. — Reims (Marne).
Weill (Edmond), Prof. a la Fac. de Méd., Méd. des Hôp., 38, rue Victor-Hugo. — Lyon
   (Rhône).
D' Weisgerber (Charles, Henri), 62, rue de Prony. — Paris.
D' Weiss (Georges), Mem. de l'Acad. de Méd., Ing. des P. et Ch., Agr. à la Fac. de
   Méd., 20, avenue Jules-Janin. — Paris. — R
*Wenz (père), Nég. en laine, 9, boulevard Cérès. — Reims (Marne).
*Wenz (Alfred), Nég. en laine, 10, rue Piper. — Reims (Marne).
*Wenz (Émile), Nég., 50, boulevard Lundy. — Reims (Marne). — R
*Werlé et C'', Nég. en vins de Champagne, 12, rue du Temple. — Reims (Marne).
West (Émile), Ing. des Arts et Man., Chef du Lab. d'essais à la *Comp. des Chem. de
   fer de l'Ouest*, 29, rue Jacques-Dulud. — Neuilly-sur-Seine (Seine).
Wickersheimer (Émile), Ing. en chef des Mines, anc. Deputé, 11, chaussée de
   La Muette. — Paris.
*D' Wickham (Louis), Méd. de Saint-Lazare, 10, rue Washington. — Paris.
D' Widal (Fernand), Mem. de l'Acad. de Méd., Agr. à la Fac. de Méd., Méd. des Hôp.,
   155, boulevard Haussmann. — Paris.
Wilhélem (Georges), Lic. en Droit, Notaire, 24, rue des Minimes. — Compiègne (Oise).
*Williame (Émile) (père), Prop., 27, rue Jules-Juillet. — Creil (Oise).
*Williame (Émile) (fils), Étud., 27, rue Jules-Juillet. — Creil (Oise).
Willm, Prof. de Chim. gén. appliq. à la Fac. des Sc. (Inst. de Chimie), rue Barthélemy-
   Delespaul. — Lille (Nord). — R
Winckler (Charles), Indust., 3, rue de L'Humilité. — Lyon (Rhône).
Winter (David), Nég., 3, avenue Vélasquez. — Paris.
Winter (Justin), Chef de Lab. à la Fac. de Méd., 44, rue Saint-Placide. — Paris.
Wintrebert (l'Abbé Léon), Doct. ès Sc. Phys., Dir. au Séminaire de Philosophie,
   59 *bis*, rue Ernest-Renan. — Issy-les-Moulineaux (Seine).
D' Wintrebert (Paul), anc. Int. des Hôp., Prépar. d'Anat. comp. à la Fac. des Sc.,
   41, rue de Jussieu. — Paris. — R
*Wirion (François), Chirurg.-Dent., rue Marie-Thérèse. — Luxembourg-Ville (Grand-
   Duché).
Witz (Joseph), Nég. — Épinal (Vosges).
Wolf (Charles), Mem. de l'Inst., Prof. hon. à la Fac. des Sc. de Paris, Astronome hon.
   à l'Observatoire nat. — Braine (Aisne).
*Wouters (Louis), Homme de Lettres, anc. Chef de Cabinet de Préfet. — Les Sablons
   par Moret-sur-Loing (Seine-et-Marne). — R
*D' Wullyamoz (Frédéric), 3, rue du Grand-Chêne. — Lausanne (Suisse).

Youriévitch (Serge), Attaché à l'Ambassade de Russie, Sec. gén. de l'*Inst. gén. psychol.*, 7, rue Monsieur. — Paris.

Yver (Paul), Manufac., anc. Élève de l'Éc. Polytech. — Briare (Loiret). — **F**

Yvernat (Mme V^e), 3, rue du Viel-Renversé. — Lyon (Rhône).

Dr Yvon (Édouard). — Cinq-Mars-la-Pile (Indre-et-Loire).

*****Zaborowski,** Publiciste, Prof. à l'Éc. d'Anthrop., Archiv. de la *Soc. d'Anthrop. de Paris.* — Thiais (Seine).

Zeiller (René), Mem. de l'Inst., Ing. en chef des Mines, 8, rue du Vieux-Colombier. — Paris. — **R**

Zenger (Charles, V.), Mem. de l'Acad. des Sc. de l'Empereur François-Joseph Ier, Prof. de Phys. et d'Astro. phys. à l'Éc. polytech. slave, 7/III, Palais Lobkovic. — Prague (Autriche-Hongrie).

Ziffer (Emmanuel, A.), Ing. civ., Présid. des *Chem. de fer Lemberg-Czernowitz-Jassy,* 5, Operuring. — Vienne (Autriche).

*****Dr Zimmern (Adolphe),** Agr. à la Fac. de Méd., 19, rue de Bassano. — Paris.

Zindel (Édouard), Ing. princ. à la Soudière de la *Comp. de Saint-Gobain.* — Chauny (Aisne). — **R**

Zivy (Paul), Ing. des Arts et Man., 148, boulevard Haussmann. — Paris. — **R**

Zürcher (Philippe), Ing. en chef des P. et Ch., Dir. gén. des Trav. du *Chem. de fer de Frütigen à Brigue* (Berne-Lodschbrig-Simplon), 16, Speichergasse. — Berne (Suisse).

ASSOCIATION FRANÇAISE
POUR L'AVANCEMENT DES SCIENCES

Fusionnée avec

L'ASSOCIATION SCIENTIFIQUE DE FRANCE

(Fondée par Le Verrier en 1864)

CONFÉRENCES DE PARIS
1907

M. Th. SCHLŒSING Fils.

Membre de l'Institut.

FIXATION DE L'AZOTE ATMOSPHÉRIQUE. — NOUVEAUX ENGRAIS AZOTÉS

— *29 janvier* —

MESDAMES,

MESSIEURS,

J'ai connu un vieillard, très conciliant à son ordinaire, qui se montrait intraitable sur un point. Il ne pouvait admettre qu'on lui eût donné, à son entrée dans le monde, un nom ayant certaine signification. A l'âge de quatre-vingt-sept ans, il ne pardonnait pas encore à ses parents de l'avoir ainsi, d'une façon inconsidérée, comme voué à une destinée à laquelle toute son existence avait ensuite menti et il se plaignait avec amertume de leur imprudence. Bien plus que ce vieillard, l'azote, dont je vais avoir l'honneur de vous entretenir, aurait le droit d'exhaler, s'il le pouvait, une plainte semblable. A son apparition dans le monde de la chimie et de la biologie, il y a cent trente-cinq ans, il fut désigné par un mot qui veut dire impropre à la vie et, depuis lors, plus on l'a étudié, mieux on a établi qu'il était indispensable à cette même vie. C'est toujours une affaire sérieuse que le choix d'un nom pour un nouveau-né.

Il est vrai que l'azote ne peut entretenir la respiration animale. A cause de cette impuissance, on l'a d'abord, par comparaison avec l'autre élément essen-

1

tiel de l'air, l'oxygène, dédaigné quelque peu et relégué au rang des accessoires. Une connaissance plus profonde des faits a bientôt changé les idées qu'on se faisait sur son compte.

En premier lieu, l'analyse chimique multipliant ses applications, on a vu que l'azote était présent dans toute matière vivante. Il était naturel d'en conclure qu'il y jouait un rôle important. Avouons cependant que cette manière de raisonner n'est pas parfaite. Il y a des gens qu'on rencontre constamment et qui n'en sont pas moins inutiles. La mouche du coche, elle aussi, était partout.

Mais voici des arguments plus rigoureux. Un chien ne peut se passer d'aliments azotés; s'il n'est nourri que de sucre, il dépérit et meurt. De même une plante, placée dans des conditions où elle n'assimile pas d'azote sous une forme ou sous une autre, ne se développe pour ainsi dire pas; elle utilise les réserves de la semence dont elle est issue jusqu'à les avoir épuisées; après quoi elle demeure étiolée et misérable.

L'azote est donc nécessaire à la vie. Cette constatation n'épuise pas l'intérêt que nous lui devons; bien au contraire, elle excite notre curiosité à son égard et nous voulons savoir quelque chose de plus sur ses rapports avec les organismes vivants.

L'azote se présente dans la nature soit à l'état libre, soit dans des combinaisons variées. A l'état libre, il constitue la portion principale de la masse immense de notre atmosphère, c'est-à-dire un approvisionnement indéfini et gratuitement offert à tout consommateur. Est-il, à cet état, utilisé par la vie?

En ce qui concerne les animaux, la réponse est négative. Le sort du chien nourri de sucre laissait déjà prévoir cette réponse; de nombreuses expériences de physiologie la confirment.

Les animaux ne prélevant pas leur azote sur l'atmosphère, le tiennent nécessairement des végétaux dont ils s'alimentent. Et nous voici amenés à rechercher avec un intérêt d'autant plus grand, si l'azote atmosphérique peut servir à la nutrition végétale.

Ici, il faut distinguer. Il y a quelques plantes, on le sait positivement depuis quinze ou vingt ans, qui ont la précieuse faculté de fixer l'azote libre de l'air : ce sont les légumineuses. Certaines plantes inférieures, des algues, jouissent de la même faveur, mais ce n'est pas aujourd'hui leur tour d'être prises en considération. Nous ne voulons parler que des plantes qu'on cultive et dès lors les légumineuses sont les seules à retenir comme fixant l'azote libre. Pour elles, point d'engrais azotés. Elles se repaissent d'azote aux dépens de l'atmosphère.

S'il était possible de ne produire que des légumineuses, le souci de l'azote ne serait pas si grand pour l'agriculture. Mais, bien qu'elles fournissent des aliments de premier ordre, l'homme ne s'en contente pas. Il veut encore, pour sa nourriture du froment, du sarrasin, des pommes de terre; il veut aussi des betteraves pour en tirer du sucre et de l'alcool ; il veut du lin pour se vêtir ; comme il songe à son agrément dès que ses premiers besoins sont satisfaits, il veut des vignes dont les produits flattent son goût, du tabac pour en faire une fumée qui occupe sa rêverie. Il veut bien d'autres plantes outre celles-là. L'animal, de son côté, a ses exigences; il réclame de l'avoine, de l'orge, du maïs...

Pour que toutes ces plantes qui, n'étant pas des légumineuses, n'utilisent pas l'azote libre, puissent se développer, il faut qu'elles trouvent à leur portée des composés azotés convenables, destinés à leur fournir l'azote dont elles ne peuvent en aucun cas se passer. Et c'est ici qu'apparaît l'utilité qu'il y a à leur fournir des engrais azotés. Sans doute, privées d'engrais, elles arrivent à une certaine production, grâce à divers apports d'azote secondaires, qui leur sont toujours assurés et qu'il serait trop long de spécifier. Mais cette production est restreinte et ne peut guère contenter que des populations clairsemées et pauvres. S'il s'agit de la pousser plus loin, l'engrais azoté, n'est plus seulement utile, il devient nécessaire. Et, pour lui faire donner tous ses avantages, il ne suffit pas de le tirer, sous forme de fumier, du domaine qu'on exploite; il convient le plus souvent de l'importer, sous d'autres formes, du dehors.

Ainsi nous voyons que l'azote est indispensable aux animaux, qu'il leur vient par les végétaux et qu'une grande part de ceux-ci, pour atteindre à une production suffisante, doivent recevoir des engrais azotés pris en dehors de la ferme. Il est bien entendu que, si nous voulons nourrir grassement plantes et animaux, ce n'est pas que leur sort nous émeuve beaucoup; c'est pour nous-mêmes que nous songeons à eux. C'est pour soutenir et améliorer sa propre existence que l'homme a cherché des engrais azotés de par le monde.

La nature, souvent propice, lui en a offert de grandes provisions. Le guano du Pérou, le nitrate de soude du Chili, ont été découverts en gisements immenses; ce sont des matières fertilisantes remarquables, dont l'agriculture a tiré le plus grand parti et dont on peut dire que tous les pays qui en ont fait emploi en ont éprouvé un vrai bienfait. Il n'y a pas là d'exagération. On calcule sans peine que, traduites en récolte de blé, les 1.600.000 tonnes de nitrate exportées par an du Chili équivalent au moins à un supplément de production de cinquante à soixante millions d'hectolitres, ce qui est à peu près la moitié de la consommation d'un pays comme la France, grand mangeur de pain.

Mais les meilleures choses peuvent avoir une fin; celle du guano est déjà venue; celle du nitrate de soude viendra. Il paraît probable que dans trente ou cinquante ans les gisements de nitrate seront assez près d'être épuisés.

En même temps que le guano et le nitrate de soude, on a exploité une autre source d'azote, qui se trouve aussi en d'immenses gisements. Je veux parler de l'azote renfermé par la houille. Quand la matière végétale meurt, elle devient d'ordinaire le siège de réactions qui la transforment profondément; les microbes s'attaquent à elle comme à tous les cadavres et en laissent peu de chose. Ils travaillent là très activement, jouant leur rôle essentiel, le rôle classique que leur a reconnu Pasteur dans l'économie du monde. Sans eux la dégradation de la matière organique par pure action chimique de l'oxygène marche avec une lenteur extraordinaire. On pourrait en citer diverses preuves. Je ne vous en produirai qu'une, en vous montrant ces quelques graines d'orge, qui ont plus de quatre mille ans. Elles proviennent d'une sépulture de crocodiles sacrés découverte à El Lahoun, en Égypte. Elles étaient là enfouies dans le sable, à 1 mètre de profondeur, sans autre préservation que le climat du pays. L'humidité du sol qui les contenait n'a jamais dû atteindre la limite où commence la vie microbienne et, soumises seulement aux injures de l'oxygène, elles ont bruni, mais ont gardé leur forme et leur consistance. Dans les conditions où s'est formée la houille, la matière végétale n'a peut-être pas aussi bien résisté; cependant elle a tenu, non plus de l'absence, mais de l'excès de l'eau, une certaine protection et, au lieu de se consumer entièrement et de disparaître à la longue comme elle le fait dans les sols agricoles, elle a laissé un important résidu, qui contient toujours une proportion sensible d'azote, de l'ordre de 1 à

2 0/0. C'est cet azote qui, dans les traitements variés de la houille par la chaleur, fournit de l'ammoniaque. Telle est l'origine de cette production de sulfate
d'ammoniaque, qui va croissant et qui déjà maintenant atteint 760.000 tonnes (1).

Les 800 millions de tonnes de houille consommées chaque année dans le monde
fourniraient encore bien plus de sulfate si la récupération de l'ammoniaque leur
était appliquée. Elle ne peut l'être évidemment d'une façon intégrale ; mais il
n'est pas douteux que, dans cette voie, la fabrication du sulfate d'ammoniaque
ne puisse beaucoup grandir. Il y a là une source d'azote infiniment précieuse
pour l'agriculture.

Cependant cette source a aussi son côté faible, et c'est le même que pour le
guano et le nitrate de soude : le manque de durée. Dans un avenir qu'on ne
saurait préciser, dans quelques siècles par exemple, le sulfate d'ammoniaque de
la houille viendra à manquer, parce que la houille elle-même fera défaut. En
ce temps-là, malgré de grands progrès réalisés, il est vraisemblable que l'humanité devra encore, pour subsister, faire pousser des récoltes et leur donner
des engrais azotés.

Mais, de quelque côté que nous cherchions ces engrais dans la nature avec
nos connaissances actuelles, nous n'en trouvons que d'épuisables à plus ou moins
courte échéance. Et alors nous nous tournons inéluctablement vers ce gisement
prodigieux d'azote qu'est l'atmosphère et en venons à le regarder comme la
source nécessaire où il faudra savoir puiser. De là l'intérêt supérieur des tentatives faites en vue de l'utilisation de l'azote atmosphérique pour l'alimentation
des plantes, tentatives dont il convient maintenant de parler.

Il y a une première manière de mettre à contribution l'azote de l'air au
bénéfice des récoltes : c'est de profiter de la faculté qu'ont les légumineuses de
faire directement à cet azote des emprunts. On peut fonder un système de
culture sur ce pouvoir particulier qu'elles possèdent. On leur attribue une large
place dans les assolements et, comptant sur elles, on se dispense de toute addition d'engrais azotés. Après leur mort, en effet, elles laissent dans le sol des
résidus qui l'enrichissent en azote pour le plus grand bien des plantes suivantes,
non légumineuses. Elles ont amassé là fortune pour des héritiers incapables.
Un tel système peut réussir dans des cas spéciaux. Mais il ne semble pas
répondre aux besoins généraux de l'agriculture. Il impose, dans les assolements,
une proportion de légumineuses qui, en bien des circonstances, n'est pas admissible ; en définitive, il ne fait pas disparaître la nécessité d'exploiter, autrement
que par les légumineuses, l'azote atmosphérique.

Pour les besoins des plantes qui n'assimilent pas l'azote libre, il restait donc

(1) D'après *l'Engrais* du 18 janvier 1907 :

Production du sulfate d'ammoniaque en 1906 :

Angleterre	283.000	tonnes.
France	49.000	—
Allemagne	267.000	—
Autriche	30.000	—
Belgique	26.000	—
Espagne	10.000	—
Hollande	4.000	—
Italie	5.000	—
États-Unis (environ)	75.000	—
Divers	10.000	—
TOTAL	759.000	tonnes.

d'une haute importance de fabriquer, avec cet azote libre, quelque composé qui fût de leur goût. Deux solutions viennent d'être données de ce grand problème.

D'une part M. Frank, aidé ensuite de M. Caro, a obtenu un composé azoté, la cyanamide calcique, utilisable pour l'agriculture, par la fixation directe de l'azote atmosphérique sur le carbure de calcium. MM. Birkeland et Eyde, d'autre part, ont combiné l'azote avec l'oxygène de l'air pour faire de l'acide nitrique et des nitrates.

Fixer industriellement l'azote gazeux par une réaction telle que celle qu'a utilisée M. Frank eût paru, il y a quelques années, un peu invraisemblable. Beaucoup d'entre nous ont été élevés, en effet, avec cette notion que l'azote était d'une inactivité chimique presque absolue. Avec la préparation de l'argon par absorption de l'azote sur le magnésium, absorption qui est reproduite devant vous, on a commencé à voir les choses sous un autre jour. Mais il n'y avait pas là encore le commencement d'une opération industrielle. C'est en employant comme absorbant, non pas un des métaux connus pour cet usage, mais le carbure de calcium, que M. Frank a rencontré le succès. Il essayait, paraît-il, de perfectionner la fabrication des cyanures et cherchait, par conséquent, autre chose que ce qu'il a trouvé. Certes on ne lui en fera pas grief; car il était dans un cas commun à bien des inventeurs, lesquels ressemblent à des chasseurs battant un buisson avec l'idée qu'il recèle certain gibier mais sans bien savoir ce qui en sortira. Le mérite est de ne pas manquer ce qui sort du buisson.

La fabrication de la cyanamide calcique est bien vite décrite. On chauffe du carbure de calcium, pulvérisé au préalable, à la température de 1.000 ou 1.100 degrés dans des cornues où l'on fait arriver de l'azote et cet azote s'absorbe en donnant la cyanamide :

$$CaC^2 + 2Az = CAz^2Ca + C.$$

Le carbure de calcium mis en œuvre est celui qui s'emploie couramment pour la fabrication de l'acétylène destiné à l'éclairage (carbure à 300 litres).

L'azote employé doit être à peu près pur, tel, par exemple, que le fournissent les machines Linde et Claude ; s'il est souillé d'une proportion sensible d'oxygène, l'absorption est gênée. Il est envoyé aux cornues par des conduites dont on surveille la pression. Quand on la voit croître, on est prévenu que l'opération s'achève ; ce qui arrive, avec des charges de 100 à 150 kilogrammes, au bout de cinq ou six heures.

Le produit qui s'est formé dans les cornues a pris une consistance qui oblige qu'on le concasse et qu'on le broie si l'on veut l'amener à l'état de poudre. Il présente une couleur d'un gris noirâtre. Il contient ordinairement de 18 à 21 0/0 d'azote. Théoriquement il pourrait arriver à 30 0/0. Mais pour qu'une telle richesse fût atteinte, il faudrait que le carbure initial fût tout à fait pur. Or il ne l'est pas ; il a seulement une pureté de 80 ou 85 0/0 ; la préparation d'un meilleur carbure serait trop onéreuse.

Soumise à l'action de l'eau, la cyanamide calcique donne de l'ammoniaque et du carbonate de calcium :

$$CAz^2Ca + 3H^2O = 2AzH^3 + CO^3Ca.$$

La réaction se produit rapidement à chaud, comme vous pouvez le voir. Nous faisons bouillir de l'eau dans un ballon où l'on a ajouté un peu de cyanamide et nous obtenons immédiatement un dégagement gazeux produisant d'abondantes fumées avec le gaz chlorhydrique et bleuissant la teinture de tournesol.

Dans le sol, la cyanamide se transforme de même, mais moins vite. Tout son azote doit peu à peu passer à l'état d'ammoniaque ; en tout cas, tout son azote, assure-t-on, serait nitrifié et par conséquent rendu propre à l'assimilation par les racines des plantes. Elle constitue donc un engrais extrêmement intéressant.

Déjà elle a fait l'objet d'essais agricoles sur une assez grande échelle. Quoiqu'elle n'ait pas conduit à des résultats très constants, on estime qu'elle mérite d'être appréciée à l'égal d'un engrais ammoniacal de même teneur en azote. On ne lui demandera pas, d'ailleurs, d'agir avec la promptitude particulière aux nitrates, mais de se comporter, par exemple, comme le sulfate d'ammoniaque.

On lui a trouvé, à l'usage, quelques inconvénients. Elle est trop fine ; un vent léger l'emporte ; mais, répond-on, rien n'est plus facile que de lui donner une moindre finesse ; il suffit d'employer à sa préparation des tamis plus grossiers. Elle est caustique et attaque les mains et le visage des ouvriers qui la sèment ; mais on pense arriver à carbonater la chaux qu'elle renferme et à la rendre ainsi inoffensive.

La production de la cyanamide s'organise dès maintenant d'une façon sérieuse. En Italie, une usine installée à Piano d'Orte (Abruzzes) y consacre 3.000 tonnes de carbure, quantité qui sera bientôt doublée. La Société française des produits azotés établit, de son côté, la même fabrication à Notre-Dame-de-Briançon (Savoie), avec l'intention d'y employer aussi 3.000, puis 6.000 tonnes de carbure. Elle prépare déjà son carbure de calcium, en empruntant l'énergie nécessaire à l'Eau-Rousse, amenée jusqu'à Notre-Dame-de-Briançon, et au torrent de Belleville, pour l'utilisation duquel a été spécialement créée la station de force de la Radja.

Si la cyanamide calcique doit contribuer efficacement à la prospérité de l'agriculture, souhaitons-lui de prendre un rapide et grand essor.

Nous arrivons maintenant à l'examen du second des procédés que j'ai mentionnés comme prélevant sur l'atmosphère l'azote qu'ils font entrer dans leurs produits. C'est encore à l'électricité, la reine des puissances du jour, intervenant déjà dans la fabrication de la cyanamide en lui fournissant son carbure, que les inventeurs, MM. Birkeland et Eyde, ont eu recours pour obtenir leur réaction fondamentale.

Il y a longtemps que Cavendish a combiné, par les décharges électriques, l'azote et l'oxygène de l'air. Son expérience est classique. A diverses reprises, on a tenté de transformer cette expérience de laboratoire, portant sur quelques milligrammes de matière, en une fabrication industrielle. De très beaux travaux ont été faits dans cette vue. Les moyens nouveaux mis à la disposition des expérimentateurs dans la production et l'emploi de l'électricité excitaient et soutenaient leurs recherches. Nous ne pouvons nous arrêter à l'étude de ces recherches, qui parfois approchèrent du but visé. J'insisterai seulement sur le procédé de MM. Birkeland et Eyde, parce qu'il est aujourd'hui tout à fait entré dans la pratique, bien constitué, et représente une solution très satisfaisante de l'exploitation en grand de l'azote atmosphérique.

A la base du procédé se place l'oxydation de l'azote de l'air par l'arc électrique. Il en résulte une formation d'oxyde azotique, comme on le sait bien :

$$Az + O = AzO.$$

Au contact de l'oxygène, resté en très fort excès dans le mélange gazeux, et de l'eau, en présence de laquelle on amène ce mélange, l'oxyde azotique, après diverses transformations, finit par donner exclusivement de l'acide azotique, plus ou moins dilué selon la proportion d'eau mise en œuvre.

Ayant cet acide, on peut le destiner à divers usages. Nous considérerons surtout l'emploi agricole, le plus important parce qu'il offre à la production un débouché presque sans limite. Pour ce cas, l'acide azotique est neutralisé par le calcaire, d'où résulte de l'azotate de calcium, plus connu dans le langage courant sous le nom de nitrate de chaux.

Mais cet aperçu est trop sommaire et nous devons entrer un peu dans le détail.

La première usine fonctionnant par le procédé Birkeland et Eyde a été installée, avec une puissance de 2.000 chevaux, à Notodden, en Norvège, sur le lac d'Hitterdal. Elle est aujourd'hui en marche industrielle et nous pourrions guider sur elle notre description. Nous lui préférerons pourtant une seconde usine, celle de Svaelgfos-Notodden, plus importante (34.000 chevaux), qui s'érige actuellement en profitant de quelques perfectionnements. On comprendra sans aucune peine la fabrication en suivant d'abord l'air dans tout son trajet, puis l'acide nitrique et les nitrates ou nitrites formés.

Le premier appareil que l'air traverse est le four. C'est la pièce maîtresse de l'ensemble. C'est dans le four que s'accomplit la formation de l'oxyde azotique que tout le reste ensuite sert à utiliser. Cette réaction est fortement endothermique; il faut, pour la produire, un apport de chaleur considérable.

Toutefois on ne doit pas croire que l'énorme dépense d'énergie qu'elle occasionne soit absolument nécessaire. En théorie, on trouverait qu'une dépense trente-cinq ou quarante fois moindre suffirait. En pratique, on n'a jamais pu approcher de ce minimum (1).

Pour accroître l'action de la décharge sur l'air et favoriser l'oxydation de l'azote, MM. Birkeland et Eyde ont cherché à donner à l'arc chauffant la plus grande surface possible. Ils ont dans ce but ingénieusement tiré parti du fait connu de la déviation de l'arc par un aimant. Les deux électrodes, par lesquelles passe, à distance de quelques millimètres, un courant alternatif de 5.000 volts, sont placées entre les pôles d'un puissant électro-aimant excité par du courant continu. Dans de telles conditions, l'arc subit une série de déplacements et de renouvellements très rapides dans un plan perpendiculaire à la ligne des pôles; d'où résulte finalement une flamme électrique, en forme de disque plat, atteignant 1^m,80 de diamètre. L'air longe et traverse ce disque et se trouve ainsi porté instantanément à une température très élevée. Il doit, immédiatement après, être refroidi le plus promptement possible, si l'on veut éviter la perte, par dissociation, d'une partie de l'oxyde formé.

Le four constitue une enveloppe enfermant le disque de feu. Il comprend des parties réfractaires, où sont ménagés des canaux multiples pour la circulation des gaz et qui laissent entre elles la cavité principale, occupée par la flamme; cette cavité a, par suite, la forme d'un disque; ses faces circulaires sont distantes de 8 à 10 centimètres. L'apparence générale du four est un peu celle d'une épaisse lentille, entourée de pièces de fer et de fonte qui soutiennent tout l'appareil.

Il sort du four un mélange gazeux contenant beaucoup d'air en excès et une quantité d'oxyde azotique pouvant correspondre à 35 ou 36 milligrammes.

____

(1) On produit dans les meilleurs fours de 550 à 600 kilogrammes d'acide nitrique AzO^3H par kilowatt-an, tandis que théoriquement 1 kilowatt-an correspondrait à la formation de 22.000 kilogrammes d'acide; soit à un poids trente-cinq ou quarante fois plus fort.

d'acide nitrique, AzO³H par litre. La température de ce mélange, quand il quitte le four, est de 750 à 800 degrés ; celle de l'arc doit être voisine de 3.000 degrés.

La proportion d'oxyde azotique qui s'est produite est d'autant plus forte que la température à laquelle l'air a été porté est plus haute. M. Nernst a précisé le fait par les chiffres suivants :

Température absolue.	AzO formé (concentration limite).
Degrés.	0/0
1.800	0,35
2.000	0,6
2.200	1,0
3.200	5,0

En outre, la vitesse de l'oxydation croît aussi avec la température, d'une façon très marquée. Il y aurait par là double avantage à opérer à température aussi élevée que possible, pour avoir un mélange plus riche en oxyde d'azote. Malheureusement on rencontre aussi un double inconvénient : d'une part on dépense plus d'énergie pour échauffer les différents gaz présents, tant ceux qui réagissent que la masse inerte du reste ; d'autre part, la production de l'oxyde azotique, réaction réversible, s'accompagne d'une dissociation de ce composé d'autant plus rapide que la température est plus haute. Pour échapper à cette difficulté, on refroidit les gaz, après réaction, dans le temps le plus court possible, jusqu'à une température où la vitesse de dissociation devient négligeable.

Dans le four de MM. Birkeland et Eyde, le refroidissement se fait par le mélange de l'air chaud avec de l'air froid. Ses qualités se résument en ceci : il fournit une quantité d'oxyde azotique équivalant à 550 ou 580 kilogrammes d'acide azotique, AzO³H, par kilowatt-an. Trente appareils de ce type, recevant au total 25.000 kilowatts (34.000 chevaux), et individuellement 833 kilowatts, fonctionneront à l'usine de Svaelgfos-Notodden. Ils seront pourvus d'électrodes consistant en tubes de cuivre dans lesquels circule un courant d'eau ; ainsi la température des tubes reste peu élevée et leur détérioration est très ralentie.

L'oxyde azotique, une fois formé dans les fours, ne donne plus lieu, pour devenir de l'acide azotique, qu'à des réactions exothermiques. Il n'y a plus de chaleur à lui fournir. Au contraire, la masse des gaz qui le contient doit être refroidie. Elle est beaucoup trop chaude pour entrer tout de suite dans le système d'absorption destiné à retenir l'azote oxydé. De 750 ou 800 degrés, elle doit tomber à 30 ou 40 degrés. Pour réaliser cette chute de température, on fait passer les gaz sous de grandes chaudières, dont la vapeur sera plus tard très utile et dans des appareils de réfrigération spéciaux. Après quoi ils pénètrent dans la série des hautes tours d'absorption où ils doivent abandonner leurs oxydes d'azote.

Il y a d'abord des tours en granit, qui sont remplies de morceaux de quartz et où, par circulation méthodique, se forme de l'acide nitrique pouvant atteindre à une concentration assez prononcée. Viennent ensuite des tours en bois, dans lesquelles coule une solution alcaline, contenant soit de la chaux, soit du carbonate de soude, et où s'arrête la fraction d'oxydes d'azote échappée aux tours acides. Au sortir de la dernière tour en bois, les gaz se dégagent dans l'atmosphère.

C'est parce que les liquides des premières tours sont acides qu'on a dû construire celles-ci en granit. Encore faut-il choisir avec soin ce granit pour être sûr qu'il subsistera. L'acide nitrique, on le sait, est un des liquides les plus difficiles à manier en industrie; il dévore presque tout. On a trouvé que le granit de Drammensfjord lui résistait bien et l'on a adopté cette matière pour faire l'enveloppe de toutes les tours acides.

Ainsi est disposé le système d'absorption. Dans une usine importante, il atteint à des dimensions imposantes. Les tours de Svaelgfos-Notodden dépassent 20 mètres de hauteur.

Quant à l'acide nitrique produit, qu'on extrait de la première tour en granit, il va dissoudre du calcaire et donner une dissolution de nitrate, qu'on concentre par la chaleur. Ici nous retrouvons la vapeur formée dans les grandes chaudières déjà signalées; c'est elle qui est employée au chauffage nécessaire pour la concentration.

En s'absorbant dans les tours en bois, les oxydes d'azote ont donné un mélange de nitrite et de nitrate, où domine le nitrite. Si, la liqueur alcaline employée à l'absorption étant du lait de chaux, on a produit du nitrite-nitrate de chaux, on décompose le mélange dans des appareils accessoires par de l'acide nitrique tiré de l'usine même; le gaz nitreux résultant de cette décomposition est absorbé comme celui des fours, tandis que le nitrate de chaux est joint aux dissolutions à concentrer déjà vues. Si, faisant circuler dans les tours en bois une dissolution absorbante de carbonate de soude, on a obtenu du nitrite-nitrate de soude, on en extrait par cristallisation le nitrite dans un état de pureté remarquable, nitrite précieux pour l'industrie des matières colorantes; le peu de nitrate de soude restant s'écoule sans difficulté.

La dissolution de nitrate de chaux, provenant tant de l'attaque du calcaire par l'acide nitrique que des tours alcalines, une fois concentrée par la chaleur, comme on l'a vu, jusqu'au point voulu, se prend en masse par refroidissement. La matière qu'elle fournit ainsi est broyée, pulvérisée et mise en tonneaux. Elle contient 13,0/0 d'azote et consiste en nitrate de chaux pur accompagné d'un peu d'eau.

Les principaux faits chimiques dont nous venons de faire mention, peuvent se reproduire en quelques expériences bien simples que je vous présente. Les dispositifs que vous avez sous les yeux montrent la formation de l'oxyde azotique sous l'influence de l'étincelle électrique, le changement de ce premier oxyde en peroxyde d'une forte coloration rouge, l'absorption du peroxyde par l'eau à mesure qu'il subit les transformations aboutissant à la production d'acide azotique dans un appareil qui donne une image des tours de Notodden.

Telle est cette intéressante fabrication du nitrate de chaux obtenu avec l'acide nitrique de synthèse. Le plan de l'usine de Svaelgfos-Notodden vous permet de la suivre dans son ensemble. Cette fabrication est assez curieuse à voir fonctionner, ou, plutôt il est assez curieux de se trouver dans une usine où elle fonctionne, sans y voir presque rien se passer. Peu de personnel; en dehors du bâtiment des fours, peu de bruit, presque pas de machines en mouvement, et surtout peu d'arrivages de matières premières; celles-ci se réduisent à une quantité de calcaire inférieure à la moitié du poids du nitrate fabriqué; le reste de ce poids est pris sur l'air et sur l'eau, dont l'entrée dans l'usine ne se remarque guère.

Reste un élément, qui a pénétré discrètement aussi, par quelques fils de cuivre : la force. Au point de vue financier, il domine les autres. Comme on le dépense en quantité extrêmement considérable, il faut qu'on se le procure à bas prix.

Sous ce rapport du coût de la force, la Norvège offre des avantages exceptionnels. Elle est parcourue, le long de sa côte occidentale, par une longue chaîne de montagnes où s'arrête l'humidité des vents tiédis au contact du Gulf Stream et où naissent ainsi d'innombrables rivières. Celles-ci descendent de régions élevées jusqu'au niveau de la mer sans avoir à parcourir des distances bien grandes, et dès lors on comprend que les hautes chutes y soient fréquentes. De plus, la configuration du terrain est telle que, sur le trajet des cours d'eau, se rencontrent des lacs, parfois très étendus, dont l'existence favorise tout spécialement la régularisation des débits. Pour ces diverses raisons, la force peut s'obtenir, en Norvège, à bon marché ; dans des conditions bien choisies, on arrive à se la procurer avec des dépenses voisines de 200 francs environ pour l'installation et de 8 à 12 francs l'an (non compris les intérêts des capitaux) pour l'exploitation, par cheval électrique réellement disponible.

L'usine que je vous ai décrite tout à l'heure va recevoir sa puissance de 34.000 chevaux d'une station de force qu'on a hardiment plantée au-dessus d'un torrent très encaissé, au flanc d'une falaise presque à pic. Je ne dois pas m'attarder à vous parler de cette station de force, pourtant fort intéressante. Mais je ne résiste pas à la tentation de vous donner quelques renseignements sommaires au sujet d'un projet, plus grandiose encore, qui vient d'être arrêté et que va exécuter la Société norvégienne de l'azote et de forces hydro-électriques, à laquelle appartiennent déjà les usines de Notodden et de Svaelgfos-Notodden.

Il s'agit de l'utilisation de la chute de Rjukan, l'une des plus importantes et des plus belles de la Norvège. Avec une hauteur de 556 mètres et un débit minimum de 45 mètres cubes par seconde (à peu près le débit de la Seine à l'étiage), elle fournira 220.000 chevaux effectivement disponibles pour le travail chimique de l'oxydation de l'azote. On va d'abord lui enlever de 110.000 à 120.000 chevaux, en bâtissant une première usine de force à mi-hauteur. On se réserve de lui prendre le reste dans la suite. L'industrie va faire ainsi une magnifique conquête ; mais, il faut le reconnaître, les touristes auront quelque raison de lui en vouloir, parce qu'elle les aura privés d'une merveille. Il est juste, d'ailleurs, d'ajouter que l'industrie leur fournira du nitrate, qui sert à faire du pain, lequel est bien utile, ne serait-ce que pour entretenir les touristes.

L'eau captée à Rjukan aura été régularisée par un barrage établi à la décharge d'un lac de 53 kilomètres carrés. Par un tunnel de 25 mètres carrés de section et de 4.200 mètres de longueur elle arrivera au château d'eau, d'où elle s'engouffrera dans de nombreuses conduites en tôle d'acier, de 2 mètres et 1^m,40 de diamètre, pour venir faire tourner 10 roues Pelton d'environ 12.000 chevaux chacune. L'énergie produite sera transmise par câbles à une usine chimique située plus loin, dont les produits parcourront 47 kilomètres sur une voie ferrée construite spécialement pour eux et, en deux fois, une centaine de kilomètres sur lac, avant de s'embarquer à Skien sur des navires de haute mer. Cette grande entreprise, résumée sur les tableaux qui vous sont montrés, a déjà reçu un commencement d'exécution.

Joints aux 34.000 chevaux de Svaelgfos-Notodden, les 110.000 chevaux de Rjukan fourniront 144.000 chevaux ou 106.000 kilowatts, correspondant à 106.000 × 0,5 ou 53.000 tonnes d'acide nitrique, AzO^{3}H, ou à 90.000 tonnes de nitrate de chaux à 13 0/0 d'azote.

La Norvège, avons-nous dit, est privilégiée quant à l'abondance des forces hydrauliques. Mais elle ne suffirait pas à livrer toute l'énergie que la fabrication du nitrate de chaux peut un jour réclamer. Les besoins en nitrate sont immenses et ils croissent constamment, malgré l'augmentation des prix, ainsi que le montrent les chiffres qu'on va voir. En y employant la plus grande partie de ses chutes avantageusement exploitables, la Norvège, aidée de la Suède, n'arriverait guère qu'à une production de l'ordre de 1/7 ou 1/5 de la consommation actuelle.

Consommation mondiale du nitrate de soude (1).

	Europe.	Amérique.	Autres pays, extra-européens.	Totaux.
	Tonnes.	Tonnes.	Tonnes.	Tonnes.
1831.	»	»	»	100
1850.	»	»	»	20.000
1870.	»	»	»	103.000
1890.	»	»	»	893.000
1900.	1.129.000	185.000	20.000	1.334.000
1902.	1.042.000	210.000	17.000	1.269.000
1904.	1.131.000	280.000	35.000	1.446.000
1906.	1.247.000	355.000	40.000	1.642.000

Prix à Dunkerque du nitrate de soude :

1898	17 fr. 50 c. les 100 kilogrammes sur wagon.		
1900	18 fr. 30 c.	—	—
1902	22 fr. 80 c.	—	—
1904	22 fr. 95 c.	—	—
1906	25 fr. 10 c. (on a temporairement dépassé 28 francs).		

Un cinquième environ des énormes quantités de nitrate aujourd'hui exportées par le Chili est consacré à des industries diverses, parmi lesquelles il faut citer spécialement la fabrication des explosifs, ceux-ci étant destinés tant à la paisible exécution des grands travaux d'intérêt général qu'aux besoins de la guerre. Si, de notre temps, les guerres deviennent moins fréquentes, en revanche elles s'accompagnent d'un gaspillage formidable de munitions, en vue duquel se fait une consommation de nitrates qui ne paraît pas près de se ralentir.

Toutefois, la plus grande partie des nitrates va à l'agriculture. On s'est demandé si, pour cette destination, le nitrate de chaux conviendrait aussi bien que le nitrate de soude ordinairement en usage. Les agronomes savaient que l'azote qui est nitrifié dans les sols et qui alimente communément les racines, prend essentiellement la forme de nitrate de chaux ; ce qui les autorisait à croire d'avance à l'efficacité du nitrate de chaux donné comme engrais. Mais ils savaient aussi qu'en leur domaine l'expérience est le seul critère de la certitude ; ils ont donc expérimenté. Leurs prévisions se sont trouvées justes. Plusieurs campagnes ont porté sur ce sujet. Il faut citer principalement la dernière, celle de 1906, effectuée en divers régions de la France, parce qu'elle a réuni des concours éminents et que ses résultats doivent inspirer toute confiance. Elle a définitivement établi, par des cultures très variées, obtenues en grand, l'équivalence complète entre les mêmes doses d'azote du nitrate de soude et du nitrate de chaux. Au sujet de la mise en œuvre de ce dernier, ajoutons une recomman-

(1) D'après *l'Engrais*, du 11 janvier 1907.

dation nécessaire : comme il a le défaut d'être avide d'humidité et qu'il peut ainsi, au contact de l'air, devenir sensiblement pâteux et incommode pour l'épandage, il convient de n'ouvrir les tonneaux qui le contiennent que peu de temps avant l'emploi.

Voilà donc les deux procédés qui viennent de se faire jour pour résoudre pratiquement le problème de la fixation de l'azote libre de l'air, problème si capital pour l'avenir de l'agriculture et de l'humanité. Il en naîtra d'autres peut-être. Une sorte de fièvre de l'azote règne sur le monde des chimistes et il n'est pas impossible qu'il en sorte quelque invention remarquable. Mais il faut raisonner avec ce qui existe et pour le moment les seules nouveautés en présence dans le domaine de l'azote sont la cyanamide calcique et le nitrate de Notodden. On a cru qu'à peine sortis du berceau tous deux allaient se battre. La lutte serait bien inutile et ne profiterait à personne, pas même à un troisième larron. Et, en effet, les 760.000 tonnes de sulfate d'ammoniaque et les 1.600.000 tonnes de nitrate de soude qui se consomment dans le monde représentent 415.000 tonnes d'azote, tandis que les 15.000 tonnes de cyanamide et les 90.000 tonnes de nitrate de chaux qui, seulement dans quelques années, viendront sur les marchés, n'en représentent que 13.800, soit 3 0/0 des 415.000 tonnes. Ces 3 0/0 nouveaux venus n'ont pas à se faire la guerre pour trouver la minime place qui leur convient dans le vaste empire du sulfate d'ammoniaque et du nitrate de soude, et ils ne sauraient non plus, circonstance toujours favorable pour les petits, porter ombrage à ces deux grandes puissances, qui dès lors les laisseront tranquilles, étant donné surtout que le champ d'action mis à la disposition de tous s'accroît constamment par suite de la progression de la consommation générale d'azote. Plus tard, quand le nitrate du Chili disparaîtra laissant une vaste place à prendre, la cyanamide et le nitrate de chaux, fortifiés tous deux, se heurteront peut-être, si toutefois l'un des deux n'est pas encore mort. Mais avant qu'ils aient ainsi à rêver de se partager le monde, il leur sera loisible de fixer en paix beaucoup d'azote.

Du côté des producteurs la situation paraît donc satisfaisante. De l'autre côté, chez les agriculteurs, que pense-t-on ? Là, à l'apparition du nitrate de chaux, la première pensée, le premier cri, celui du cœur, a été : « Enfin ! les nitrates vont baisser ! » Eh non ! Il me semble que, d'après ce qu'on vient de voir, il n'y a guère encore de raison pour qu'ils baissent, d'autant plus que les agriculteurs achètent toujours. Les agriculteurs font leur compte, *in petto*, et, tout en clamant que le nitratier les égorge, ils trouvent profit à faire usage de sa marchandise et lui adressent des commandes. Ainsi les nouvelles fabrications semblent pouvoir s'établir sans témérité.

Ayant mission de vous entretenir des procédés fixant l'azote de l'air, je ne dois pas m'arrêter sur les travaux, pourtant extrêmement remarquables, de MM. Müntz et Lainé, relatifs à la nitrification intensive de l'ammoniaque. Mais je ne puis me dispenser de signaler, en passant, leurs résultats. Ces savants extraient l'ammoniaque d'un milieu commun, la tourbe, qu'ils traitent dans ce but par la vapeur surchauffée ; ils répandent les liqueurs, contenant à l'état de sulfate l'ammoniaque ainsi obtenue, sur un support perméable à l'air, constitué encore par de la tourbe, additionnée de calcaire, et arrivent à produire une nitrification de cette ammoniaque environ mille fois plus active que celle des nitrières d'autrefois. Le produit est du nitrate de chaux. On ne connaît pas le prix de revient. Les auteurs présentent leur procédé comme pouvant spécialement rendre service dans un cas tel que celui d'une guerre qui empêcherait les arrivages de nitrate de l'étranger et où il faudrait, sans compter, en produire très rapidement.

Pour compléter les renseignements présentés jusqu'ici, je vous montrerai maintenant, en projection, quelques installations se rapportant à la fabrication de la cyanamide et à celle du nitrate de chaux.

Vous venez de le voir, Messieurs, ces beaux travaux entrepris pour capter et utiliser ce qu'on a appelé la houille blanche ne le cèdent en rien, quant à l'ampleur des desseins et des moyens d'exécution, à ceux qui ont trait à l'exploitation de la houille noire. Ils ont même pour eux l'avantage de s'exécuter au grand air, à la grande lumière, et sans exiger le tribut constamment renouvelé d'innombrables vies humaines; enfin, ils ont le plus souvent pour théâtre des sites admirables, parce que la recherche des chutes conduit vers les montagnes, dans les solitudes et les forêts, près des abîmes et des torrents, c'est-à-dire dans ces milieux dont chacun aime les fortes impressions. Au fond, pour les deux sortes de houille, la source première de l'énergie qu'elles restituent est la même. Stephenson disait que ce qui faisait avancer ses locomotives, c'était le soleil, aux rayons duquel s'était accomplie la synthèse végétale, origine du charbon. Pour les chutes d'eau, c'est aussi le soleil qui les anime en formant la vapeur qui naît à la surface des mers, qui s'élève ensuite jusqu'aux cîmes et s'y condense. Mais il faut noter une différence entre les deux houilles. La noire est tarissable; la blanche est, à vue humaine, éternelle. Tant qu'il y aura des montagnes, de l'eau et de l'air sur notre planète, tant qu'il y restera du calcaire et qu'il y poussera des arbres pouvant, à défaut de coke, procurer du charbon, on sera à même d'y faire de la cyanamide calcique et du nitrate de chaux.

Messieurs, il me semble qu'il y a, dans ce que je viens de vous exposer, une preuve, à ajouter à bien d'autres qu'on pourrait emprunter à la métallurgie, à la fabrication des couleurs, de l'utilité que trouvent à s'unir ensemble la haute science et la haute pratique industrielle. Le four Birkeland et Eyde, par exemple, est le fruit des plus savantes conceptions, soutenues, redressées et aussi suggérées par de précieuses réalisations. Aujourd'hui, dans bien des branches, l'industrie ne peut plus avancer que si elle est guidée par la science la plus raffinée et la science découvre dans les applications industrielles une foule de sujets d'étude dignes d'elle. Comme l'aveugle et le paralytique de la fable, toutes deux doivent s'entr'aider. En disant cela, on pourrait se demander si l'on n'énonce pas une vérité très banale. Mais elle ne l'est pas tout à fait dans ce pays. On commence pourtant à s'y émouvoir en constatant les gigantesques progrès accomplis par un voisin ayant mieux compris l'intérêt de cette union que nous préconisons. Il y est même, en ce moment, question de chercher une organisation permettant un rapprochement et une sorte de combinaison de ces deux forces, science et industrie, demeurées trop étrangères l'une à l'autre. L'Association française pour l'avancement des Sciences ne me désapprouvera pas si j'émets le vœu que la tentative réussisse, pour le plus grand bien de l'industrie nationale et de la science elle-même.

M. L. MATRUCHOT

Professeur adjoint à la Faculté des Sciences de Paris,
Professeur à l'École Normale Supérieure.

LA QUESTION D'ALESIA ET LES FOUILLES D'ALESIA EN 1906

— 5 février —

MESDAMES, MESSIEURS,

La Société des Sciences de Semur, qui est un des groupements les plus actifs de la province, vient d'entreprendre, sous l'impulsion de son très distingué et dévoué président, M. le Dr Adrien Simon, l'exploration méthodique et complète de l'emplacement de l'ancienne Alesia (1).

Elle a confié à un savant éminent, M. le commandant Espérandieu, la direction scientifique des travaux, — et la première campagne de fouilles, qui vient de s'achever, a déjà donné de très intéressants et très importants résultats, que j'ai l'agréable mission de vous exposer ce soir.

Mais d'abord, dira-t-on, où est exactement l'emplacement d'Alesia? A en croire certaines affirmations, dont la presse s'est fait abondamment l'écho, il semblerait que la question fût encore douteuse. Il n'en est rien, et précisément la première partie de cette conférence sera consacrée à démontrer, d'une façon péremptoire, je l'espère, qu'Alesia était sur le plateau du Mont Auxois, près du village d'Alise-Sainte-Reine (Côte-d'Or).

Dans la deuxième partie, j'étudierai l'importance d'Alesia dans les temps anciens, — et, en montrant le grand intérêt *a priori* des fouilles actuelles, pour l'archéologie, pour l'histoire de nos origines nationales, pour la connaissance de la vie intime de nos lointains ancêtres, j'espère justifier à vos yeux le grand mouvement d'opinion que la Société des Sciences de Semur a cherché à créer autour de son œuvre, afin d'y puiser à la fois l'aide morale et les moyens matériels qui lui sont nécessaires pour la poursuivre et la mener à bien.

Enfin, dans une troisième et dernière partie, j'exposerai les résultats obtenus dans cette première campagne de fouilles, et je ferai passer sous vos yeux, à l'aide de projections, quelques vues du Mont Auxois et du chantier de fouilles, ainsi que des principaux objets exhumés.

1

Et d'abord Alise-Sainte-Reine est Alesia. C'est bien là, c'est bien sur le Mont Auxois que s'élevait la place forte, l'*oppidum* gaulois, où Vercingétorix vint se réfugier avec son armée après la défaite de sa cavalerie, et où le général romain Jules César et ses légions vinrent l'enfermer, le bloquer et l'obliger par la famine à capituler, vers la fin de l'été de l'an 52 avant Jésus-Christ. C'est bien sur les pentes du Mont Auxois que vint échouer le grand effort de la Gaule indépendante soulevée contre l'envahisseur romain.

(1) Cf. L. MATRUCHOT. *Les Fouilles d'Alesia* (*Revue de Paris*, 1er avril 1906).

Remarquons tout d'abord que si d'identification d'Alise avec Alesia a été mise en doute de nos jours, pendant tout le moyen âge, au contraire, pendant une période de temps qui dépasse mille et même 1.200 années, la chose avait été admise par tous. Tous les historiens, tous les grands géographes du XVIIe et du XVIIIe siècle, les Samson, les d'Anville, n'hésitaient pas, après une étude minutieuse des textes et des lieux, à placer Alesia à Alise.

Antérieurement à eux, au XVIIe siècle, au XVe siècle et même plus loin encore dans le passé, même affirmation. Le moine Héric, qui vivait au IXe siècle et qui écrivit un poème sur les miracles de Saint-Germain, pleure sur les ruines d'Alesia, qu'il place sur le Mont Auxois.

Antérieurement encore, on trouve mention d'Alesia en Auxois dans une charte du cartulaire de Flavigny, rédigé en 838; dans une vie de Saint-Amatre, écrite au VIe siècle; enfin dans une vie de saint Germain-d'Auxerre écrite vers la fin du Ve siècle par un prêtre lyonnais du nom de Constance.

César lui-même nous parle d'Alesia, dans ses *Commentaires*; mais il ne nous dit pas où était cette ville, ou plutôt il nous dit qu'elle était chez les Manduliens sans nous dire où étaient les Mandubiens.

Mais nous avons un document écrit presque contemporain de César, qui nous affirme qu'Alesia était sur le Mont Auxois. Ce document le voici (*fig. 1*).

FIG. 1. — Inscription en langue celtique trouvée à Alise.

C'est une inscription votive en langue celtique ou gauloise, qui a été trouvée en 1839 sur le plateau d'Alise et qui figure aujourd'hui au petit musée municipal de cette localité.

Elle se dit : *Martialis Dannotali ievru Ucuete sosin celicnon etic gobedbi dugeontiio Ucuetin in Alisea.*

On traduit : « Martialis, fils de Dannotalos, a fait pour Ucuetis ce monument et plaise l'ouvrage à Ucuetis dans Alise ».

Cette inscription nous affirme bien qu'*Alisea* (c'est là la forme celtique du mot que César écrit Alesia) était sur le Mont Auxois.

Vous voyez qu'aussi loin qu'on remonte dans le passé de l'histoire écrite, on retrouve, de siècle en siècle pour ainsi dire, et sans discontinuité, affirmé le fait que d'aucuns voudraient nier aujourd'hui.

Y aurait-il donc eu là une erreur, une erreur colossale, commise par tous les historiens?

Vers 1855 à 1860, quelques érudits francs-comtois voulurent effectivement faire croire à une erreur propagée jusque-là. Ils prétendaient retrouver Alesia dans la localité d'Alaise (Doubs). Les rivalités locales aidant et la politique s'en mêlant quelque peu, ce fut un beau combat entre francs-comtois et bourguignons, et ces deux sœurs, la Bourgogne et la Franche-Comté de Bourgogne, se déchirèrent à belles dents.

La victoire resta aux Bourguignons. Mais ce fut grâce à un appui que les partisans d'Alaise ne leur pardonnèrent pas. Non seulement le duc d'Aumale, alors en exil, et qui était à la fois historien et stratégiste, s'était prononcé pour l'Alise bourguignonne, mais l'empereur Napoléon III lui-même entra en lice pour défendre la même cause.

Napoléon III écrivait à cette époque une *Histoire de Jules César*. Il décida d'en finir avec les discussions de textes et de fixer définitivement le point d'histoire controversé. A cet effet il fit entreprendre, à ses frais, des fouilles aux environs du Mont Auxois pour tâcher de retrouver, s'il était possible, des vestiges des travaux effectués par César lors de l'investissement de la place.

César donne en effet une description détaillée des travaux de terrassement, fossés, remparts, etc., qu'il fit faire par ses légionnaires. Il avait fait établir deux lignes concentriques : une ligne intérieure, dite de contrevallation, longue de 16 kilomètres et tournée contre la ville, et une ligne extérieure, dite de circonvallation, longue de 20 kilomètres, tournée vers le dehors et destinée à le protéger contre les armées gauloises de secours. C'est entre ces deux lignes, distantes l'une de l'autre de 200 mètres environ, que César s'était enfermé résolument avec son armée.

La contrevallation comprenait, dans la plaine, une enceinte de tours de bois hautes de 10 mètres, échelonnées à distance de 30 mètres environ l'une de l'autre et reliées par une forte palissade à créneaux. Le tout surmontait un talus de 3 mètres de hauteur. En avant, était un double fossé plein d'eau, et, sur la pente du fossé proche de la palissade, une ligne de *cervi*, sorte de troncs d'arbres ramifiés, à branches aiguisées, destinés à arrêter l'assaut. Enfin, au delà des fossés, sur une étendue d'environ 50 mètres en profondeur, étaient une série de défenses accessoires : d'abord cinq rangées de *cippi*, analogues aux *cervi*; puis cinq rangées de trous-de-loup, sorte de fosses circulaires dissimulées sous des branchages et présentant chacune en son centre une pointe acérée; enfin, tout à l'extérieur, cinq rangées de *stimuli*, hameçons de fer fixés solidement au sol et destinés à arrêter le premier élan de l'assaillant. La circonvallation de la plaine était faite de même, mais avec un fossé seulement.

Après deux mille ans écoulés, que pouvait-on avoir l'espoir de retrouver comme vestiges du siège fameux?

Tout ce qui avait été fait de bois avait naturellement disparu. Mais on pouvait s'attendre à retrouver des objets de pierre, de fer ou de bronze, des monnaies, des armes, etc. Effectivement on en retrouva en quantité considérable.

Mais ce qui est bien plus remarquable, c'est qu'on retrouva les fossés mêmes creusés par les légionnaires de César. Comment cela peut-il se faire? La chose est la plus simple du monde.

Le sol de la plaine des Laumes est en effet constitué par une terre végétale, meuble et noirâtre, d'une épaisseur de 50 centimètres à 1 mètre, recouvrant un sous-sol formé d'un cailloutis compact, dur et blanc. Les fossés, profonds de 1ᵐ,50 à 2ᵐ,50 entamaient donc le cailloutis. Remplis peu à peu, après le siège, par des terres éboulées ou par des alluvions dues aux débordements de la rivière, ils sont aujourd'hui entièrement comblés par de la terre végétale, très distincte, nous l'avons dit, du cailloutis qui constitue leurs parois.

Il suit de là que si l'on fait aujourd'hui une tranchée perpendiculaire à la direction générale du retranchement, on peut observer sur la coupe une ligne très nette qui est une véritable section géométrique du fossé (1). Qu'il s'agisse d'un fossé à section triangulaire ou d'un fossé à fond de cuve, la ligne de démarcation entre la paroi et le remplissage du fossé est parfaitement visible *(fig. 2)*.

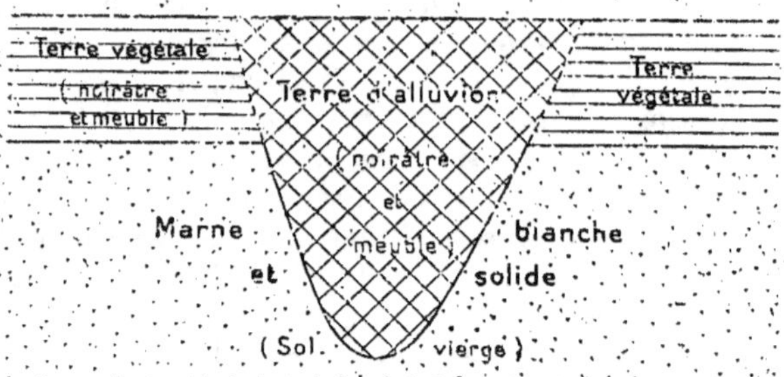

Fig. 2. — Coupe théorique du sol, du sous-sol et d'un fossé de César dans la plaine des Laumes.

Par les fouilles de Napoléon III, les fossés de circonvallation et de contrevallation, l'emplacement des camps de cavalerie près des rivières, des camps retranchés sur les hauteurs, et même certains éléments de défense accessoires, tels que trous-de-loups, furent retrouvés en place, heureusement conservés grâce à la nature du sous-sol ou protégés par les alluvions modernes. Les lignes ainsi reconstituées concordaient, par la forme et les dimensions, avec les indications fournies par les *Commentaires* : là, sans le moindre doute, avait existé une double enceinte identique à celle de César.

Dans ces fossés, on retrouva nombre d'objets datant manifestement de l'époque de César. En particulier, on exhuma des objets d'équipement et d'armement gaulois, des pièces de boucliers gaulois, des armes, etc. Voici quelques spécimens des armes trouvées. Les longues épées sont gauloises. Quant aux fers de javelines, on ne saurait préciser s'ils sont gaulois ou romains. Il est d'ailleurs probable que les Romains et les Gaulois se battaient avec des armes peu différentes.

Dans l'un des fossés de la circonvallation, sur les bords de l'Ozerain, au lieu dit la Fausse-Rivière, on trouva un admirable vase d'argent, orné d'une guirlande de feuillage et de baies en relief, qui figure aujourd'hui au musée de Saint-Germain, et qui n'est pas sans rappeler les belles pièces du trésor de Bosco reale.

Les monnaies gauloises ou romaines, trouvées dans les fossés de César, sont

<hr>

(1) Depuis que la présente conférence a été faite, la Commission des fouilles d'Alesia a fait établir, à quelques centaines de mètres de la gare des Laumes, tout près de la route qui conduit à Alise, une tranchée qui montre, avec toute évidence, l'existence du double fossé de la contrevallation dans le sous-sol actuel de la plaine des Laumes. Au cours de l'été 1907, des milliers de visiteurs ont pu *de visu* se rendre compte du fait.

innombrables et elles offrent, au point de vue qui nous occupe en ce moment, un intérêt de premier ordre.

On trouva, en effet, surtout au pied du mont Réa, où le combat avait été particulièrement meurtrier, plus de six cents monnaies romaines ou gauloises qui témoignent d'une façon péremptoire qu'on s'est battu là en l'an 52 avant Jésus-Christ, c'est-à-dire l'année même du siège d'Alesia.

Or la numismatique fournit à l'archéologue une loi d'une rigueur indiscutable. Lorsqu'on trouve enfouies, éparses dans le sol, un grand nombre de monnaies différentes, la date de l'enfouissement est facile à connaître: c'est la date même de l'émission des pièces les plus récentes.

Or toutes les monnaies romaines trouvées dans les fossés sont antérieures à l'an 52, et quelques-unes antérieures de quelques années seulement: l'une est de l'an 54. Quant aux monnaies gauloises, plus de cent sont arvernes; l'une d'elles porte le nom même de Vercingétorix; enfin toutes celles — et elles sont au nombre de soixante et une — qui portent le nom de l'arverne Epasnactus sont du type gaulois pur et, par suite, antérieures à la domination romaine; aucune n'est du type romanisé, comme le furent toutes les médailles frappées au nom de ce même chef, après qu'il eut fait sa soumission aux conquérants.

Alise, vous le voyez, Mesdames et Messieurs, a donc tout pour elle. Elle a son nom. Elle a son ancienneté, prouvée par des textes. Elle a sa topographie qui, quoi qu'on en ait dit, concorde absolument avec la description que donne César. Elle a pour elle enfin ceci, qu'on y a retrouvé des fossés identiques à ceux que décrit César et, dans ceux-ci, des monnaies qui démontrent mathématiquement qu'elle fut assiégée, à une ou deux années près, l'an 52 avant Jésus-Christ.

Dès lors, Alise est Alesia. Laissons, sans nous émouvoir, quelques amateurs, plus ou moins intéressés, chercher ailleurs l'emplacement d'Alesia. Laissons-les étudier Alaise (Doubs), Alais (Gard), Novalaise (Savoie), Izernore (Ain), la colline des Avenières, en Dauphiné, Aluze (Saône-et-Loire), le Puy de Corrent, en Auvergne, et d'autres encore. Ces études peuvent être fécondes à d'autres points de vue, et aucune de ces rivales ne saurait être dangereuse, puisque Alise est Alesia.

Il a été fait grand bruit, depuis quelques mois, autour d'Izernore. M. Alexandre Bérard, ancien sous-secrétaire d'État des Postes et Télégraphes, auteur d'une histoire du Bugey, son pays d'origine, vient de reprendre une thèse déjà soutenue autrefois par Gravot et par Maissiat, et tombée depuis dans un juste oubli : M. Bérard veut identifier Alesia avec Izernore. Voyons un peu ses principaux arguments.

Je ne parle pas des arguments tirés de la stratégie. M. Bérard conduit « stratégiquement » Vercingétorix et César à Izernore. Mais quand on n'est pas stratégiste de profession, on peut faire dire à la stratégie tout ce que l'on veut. Passons.

D'ailleurs de nombreux savants militaires ont démontré, *par des raisons stratégiques*, qu'Alesia ne peut être placée à l'est de la Saône.

Mais, nous dit M. Alexandre Bérard, allez à Izernore, et vous verrez que la description des *Commentaires* s'applique mot pour mot à la topographie du lieu. Il n'y a à cela qu'une remarque à faire, c'est que les partisans des huit ou dix Alesia, qu'on prétend chacune être la vraie, nous disent la même chose.

Et à ceux qui lui feraient observer qu'Izernore est un nom celtique, *Izarno-*

durum, authentiquement celtique, le plus celtique peut-être de tous les noms de localités françaises qui remontent à cette époque, et que si Izermore se nommait *Izarnodurum* elle ne se nommait pas Alesia, M. Bérard a une réponse toute prête : le nom d'Alesia s'est conservé dans la région d'Izernore ; non loin d'Izernore, il y a un champ qui s'appelle Alesia.

Je ne sais si ce champ n'a pas été inventé pour les besoins de la cause par Maissiat — car Gravot, qui écrivait quelques années avant Maissiat, n'en parle pas — mais, en tout cas, c'est un argument bien fâcheux, car il se retourne contre ses auteurs.

Si une localité s'appelle aujourd'hui Alesia, elle ne pouvait pas s'appeler Alesia il y a deux mille ans — et, inversement, quelque chose qui se nommait Alesia il y a deux mille ans ne saurait se nommer encore Alesia aujourd'hui — car les noms de localités, comme les autres mots, changent. Il y a vingt ou vingt-cinq mille noms de localités françaises qui remontent à l'époque gallo-romaine. Aucun n'est resté ce qu'il était. Le mot Alesia a pu devenir Alaise, Alise, Aluze, tout ce qu'on voudra : il n'a pu rester Alesia.

Et ce champ d'Alesia, si miraculeusement retrouvé par Maissiat, sent quelque peu, comme on l'a dit, ou l'erreur ou la fraude.

Alesia était la capitale des Mandubiens. « Mandubiens », dit M. Bérard, « hommes du Doubs » : dès lors Alesia ne peut pas être Alise-Sainte-Reine. Cet argument, déjà invoqué autrefois et rétorqué aussitôt, repose sur une fantaisie philologique qui consiste à associer à un mot celtique (*dubis*) un radical germanique (*man*). Les celtisants savent au contraire que le mot *Mandubii* doit se décomposer non en *Man-dubii*, mais en *Mandu-bii*.

Enfin, M. Alexandre Bérard emploie, comme dernier argument important, celui-ci, directement dirigé contre Alise-Sainte-Reine :

« Maissiat, dit-il, place à Orgelet (Jura) le combat de cavalerie qui a précédé le siège ». Remarquez que personne ne sait où a eu lieu ce combat de cavalerie. Les uns et les autres le placent sur le Serein, sur l'Armançon, sur l'Ource, sur la Vingeanne, sur l'Ouche, sur la Dheuné. Maissiat, lui, le place à Orgelet — tout simplement, je crois, parce qu'Orgelet est à proximité d'Izernore.

« Et alors, nous dit M. Bérard, *puisque* le combat de cavalerie a eu lieu à Orgelet, comment voulez-vous que les Gaulois, qui ont mis deux jours au plus à gagner Alésia, aient pu franchir, en 48 heures, les 235 kilomètres qui séparent Orgelet d'Alise-Sainte-Reine ? Vous voyez donc bien qu'Alesia ne peut être à Alise-Sainte-Reine. »

Vous apprécierez comme moi, Mesdames et Messieurs, la rigueur du raisonnement de M. Bérard — et, contrairement à lui, vous conclurez avec moi en disant qu'Alise est Alesia.

Depuis plus de deux mille ans, Alesia est sur le Mont Auxois ; elle y restera.

Vous m'excuserez, Mesdames et Messieurs, de m'être aussi longtemps appesanti sur cette démonstration. Mais vous sentez la gravité du débat. Si Alise n'était pas Alesia, les fouilles actuelles n'auraient pas de raison d'être. J'espère vous avoir bien convaincu du contraire.

II. — Importance d'Alesia dans les temps anciens.

De l'importance militaire et stratégique d'Alesia, nul ne doute. Si Vercingétorix, chef habile et prévoyant, a choisi ce point pour y rallier ses troupes en cas de défaite, et s'il est venu s'y réfugier après l'échec de sa cavalerie, il fallait que la place offrît des ressources de toute nature pour la résistance. Effectivement, le Mont Auxois est une forteresse naturelle presque inexpugnable. Imaginez une montagne isolée, dominant de cent soixante mètres les vallées qui l'entourent, couronnée par un plateau de cent hectares de superficie ; bordez ce plateau d'une ceinture ininterrompue de rochers à pic, de dix à trente mètres de hauteur, qui interdisent l'accès, sauf en deux points ; placez une source importante sur ce plateau, deux autres à flanc de coteau, sous les escarpements rocheux, et deux rivières formant fossé au pied de la montagne : vous aurez les éléments qui faisaient de cette place un réduit imprenable d'assaut et merveilleusement adapté à une résistance prolongée.

Mais cet emplacement, si favorable au stratège, ne fut-il qu'une forteresse ? Y eut-il là une ville ? et une ville importante ?

A vrai dire, il semblait au premier abord assez peu vraisemblable qu'une ville importante ait existé là. Il n'en reste apparemment pas trace à la surface du sol. Le village d'Alise-Sainte-Reine, situé au penchant de la colline, n'a pas une seule maison sur le plateau, qui est absolument nu et ne porte que des champs de blé et de pommes de terre.

Mais interrogeons le passé.

Un petit nombre d'écrivains de l'antiquité nous ont parlé d'Alesia. César n'en dit à peu près rien. Le grec Diodore de Sicile, qui vivait au temps de César et d'Auguste, en parle plus longuement. Il se fait l'écho d'une légende curieuse, d'après laquelle Alise aurait été fondée par Hercule. Au retour de son expédition en Espagne contre Géryon, Hercule aurait pénétré en Gaule, remonté vers le nord et fondé une ville qu'il nomma Alesia. Au dire de Diodore, Alesia était, à l'époque où il écrivait, une ville considérable et comme la métropole de toute la Gaule. De son origine divine, elle avait gardé, aux yeux des populations celtiques, un grand prestige ; ses habitants se vantaient de n'avoir été soumis que par Hercule, et l'historien grec, voulant flatter César, ajoute que seul le divin Jules avait pu s'en emparer.

Que faut-il retenir de cette légende ? Diodore de Sicile passe pour avoir peu de critique ; c'est un compilateur qui a rassemblé dans son ouvrage et mêlé les faits historiques avec des légendes recueillies çà et là. Mais on s'accorde aujourd'hui à admettre que les récits mythologiques que nous a légués la Grèce ont été brodés souvent sur un fonds d'événements authentiques : le mythe d'Hercule se rapporterait aux migrations d'un peuple très ancien. Selon les uns, ce peuple pourrait être les Phéniciens, les plus anciens navigateurs qui aient, au dire des historiens, abordé en Gaule. Venus d'Espagne, en longeant les côtes ibériques ou descendus directement en Provence pour remonter le Rhône et la Saône, ils seraient venus fonder, huit ou dix siècles avant l'ère chrétienne, un comptoir qui aurait été l'origine d'Alesia.

Le nom même d'Alise vient confirmer cette lointaine origine. Les linguistes les plus compétents en la matière (M. d'Arbois de Jubainville, M. Longnon) s'accordent à déclarer que le nom d'Alise n'est ni latin ni celtique ; il est donc anté-gaulois, et la ville qui le porte remonte, cela n'est pas douteux, à la première aube de notre histoire.

Au temps des Gaulois, il est certain qu'une idée religieuse s'attachait à ce nom d'Alesia. « Un centre religieux auquel s'attachaient de très lointains souvenirs », voilà, selon M. Salomon Reinach, donc ce qu'était Alise à l'époque gauloise.

Mais la situation d'Alise a fait d'elle une station de commerce encore plus

importante. Jetez les yeux sur la carte de l'état-major (*fig. 3*). Au pied même
du Mont Auxois, dans la plaine des Laumes, vous verrez passer les principales

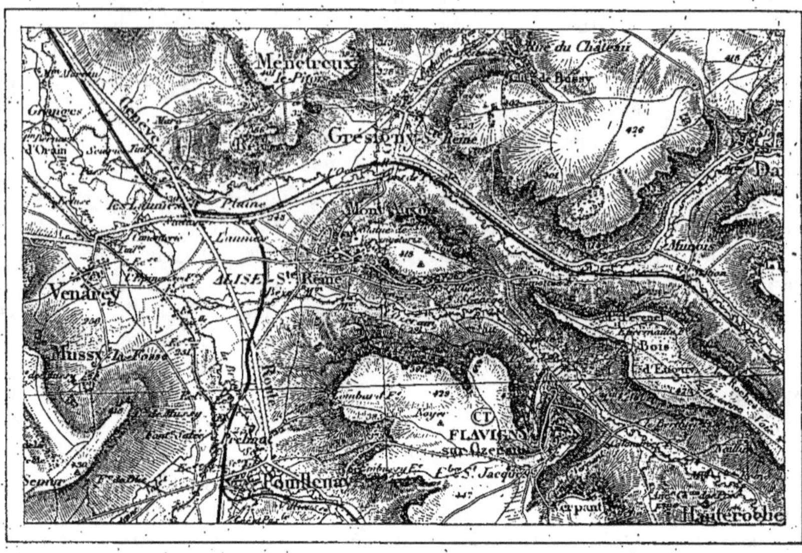

FIG. 3. — Carte des environs du Mont Auxois, au 1/112000, d'après la carte de l'État-Major.

artères de la circulation moderne, les grandes voies de communication et
d'échange entre le nord et le midi; la principale ligne du P.-L.-M., le canal de
Bourgogne, qui réunit l'Yonne à la Saône, c'est-à-dire le Havre à Marseille, enfin
la route nationale de Paris à Genève. Cette région est donc essentiellement une
région de passage.

Les collines de l'Auxois, que commande stratégiquement la position d'Alise,
sont en effet la voie naturelle la plus facile pour passer du bassin du Rhône dans
le bassin de la Seine, ou réciproquement. Ainsi que l'a fait remarquer M. Vidal
de la Blache dans son admirable *Tableau de la Géographie de la France*, la vallée
du Rhône et celle de la Saône forment du sud au nord, entre les Alpes et le
Jura d'une part, les Cévennes, le Massif Central et le Morvan d'autre part, une
longue dépression, un sillon, une sorte de couloir qui fut de tout temps une
voie de passage pour les migrations des peuples et une route de commerce. Vers
le nord-ouest, ce couloir débouche, entre Vosges et Morvan, en face d'un seuil de
faible altitude, fait de collines et de plateaux calcaires. « Ce seuil, dit M. Vidal
de la Blache, est la célèbre région de passage qui fait communiquer la Méditerranée avec la Manche et la mer du Nord, et qui a cimenté les deux parties principales de la France. »

Entre les forêts du Morvan et les forêts de Langres, les collines dénudées de
l'Auxois offrent la route la plus directe et la plus commode pour aller de la
Saône à la Seine; cette route passe par Alesia.

Ainsi une des grandes voies commerciales de la Gaule pré-romaine passait là.
Par là, Phéniciens, Grecs ou Latins, venus de la Méditerranée par le Rhône et la
Saône, faisaient le commerce avec le nord de la Gaule, avec les rivages de la
Manche et de la mer du Nord, avec la Grande-Bretagne. Par là passait l'étain,

venant des îles Cassitérides ou de Cornouailles; par là passait sans doute aussi l'ambre venu des bouches du Rhin.

Enfin, si l'on en croit Pline l'Ancien, qui avait voyagé et séjourné en Gaule, Alesia, était de son temps, le siège d'une industrie célèbre, l'étamure et l'argenture : on y fabriquait en particulier des armes et des objets d'équipement en métal argenté. C'est là une industrie de luxe, qui témoigne d'un haut degré de civilisation. M. Salomon Reinach y voit la continuation d'une vieille industrie celtique, comme celle de l'émaillerie qui existait à Bibracte, et que les fouilles de Bulliot, au mont Beuvray, nous ont fait connaître.

En résumé, Alise, avant la conquête romaine, se montre à nous comme une ville d'une antiquité fabuleuse et comme un centre religieux, pour ainsi dire unique en Gaule; là nature non seulement avait fait d'elle une forteresse inexpugnable, mais l'avait placée sur l'une des routes les plus fréquentées de l'humanité; enfin, par la main et le travail des hommes, Alise était devenue une importante cité industrielle et commerciale.

De tout cela, qu'est-il resté après la conquête?

Un historien romain, Florus, écrivant deux cents ans plus tard environ, nous raconte qu'Alesia fut détruite de fond en comble par César aussitôt après la reddition de Vercingétorix. Mais César lui-même n'en parle pas et le fait reste douteux. Le vieil oppidum gaulois devint-il une ville gallo-romaine, et quelle fut l'importance de cette ville?

Si Alesia fut effectivement détruite par César, elle s'est promptement relevée de ses ruines, car l'industrie de l'argenture, dont nous parle Pline, florissait à Alise un siècle à peine après la conquête des Gaules. Tout porte à croire, en effet, qu'il y eut une Alesia gallo-romaine importante.

D'abord elle était le nœud d'un important réseau de voies romaines. Les voies pavées, que les Romains établirent en si grand nombre dans la Gaule conquise, ont joué dans la vie de notre pays un rôle comparable à celui de nos voies ferrées. De nos jours, on peut mesurer l'importance d'une ville par le nombre de voies ferrées qui y convergent; de même on peut mesurer l'importance d'une localité romaine en étudiant les voies pavées qui s'y rendaient. Or en cette matière, Alise semble avoir été privilégiée : onze voies romaines au moins, dont les traces existent encore çà et là, convergeaient vers la ville.

Mais ce qui ne laisse aucun doute sur l'importance d'Alise à cette époque, ce sont les innombrables vestiges romains qu'on a trouvés et ceux qu'on trouve encore à l'heure actuelle, sur toute l'étendue du plateau.

Les monnaies d'or, d'argent, de cuivre y ont été ramassées en quantité considérable. Les bijoux, les armes, les bronzes trouvés à Alise, sont passés pour la plupart chez les marchands d'antiquités: cependant des collections importantes existent encore au musée de Saint-Germain, au musée d'Alise et chez divers particuliers. Allez visiter l'admirable musée d'antiquités nationales de Saint-Germain. Vous y verrez toute une salle, la salle XIII, consacrée à Alesia. Plusieurs inscriptions importantes ont été découvertes.

De très nombreux débris de monuments romains existent encore çà et là sur le plateau, dans le vieux cimetière, les rues, les cours, les maisons du village. Il suffit d'ailleurs de parcourir le village pour y retrouver, à chaque angle de mur et à chaque porte de grange, des pierres qui sont d'indéniables vestiges d'une belle architecture gallo-romaine.

Des poteries, des briques romaines, des tuiles à rebords couvrent littéralement le plateau; on en ramasserait facilement de quoi faire le chargement de plusieurs wagons. Un spécialiste, M. Kœnen, directeur du musée de Bonn, a reconnu l'âge de ces poteries : elles appartiennent exclusivement aux quatre premiers siècles. Cette indication concorde avec celle des médailles, lesquelles vont des premiers empereurs jusqu'à Gratien ; on peut donc fixer avec précision la destruction d'Alise à la fin du IVe siècle après Jésus-Christ.

Les morceaux de sculpture ne sont pas moins intéressants. Naguère, fut trouvée à Alise, une statue qu'on voit aujourd'hui au musée de Saint-Germain et qui représente Vénus nue, dénouant ou rattachant sa sandale. « La présence d'une statue de Vénus sur l'acropole d'Alesia, dit M. Salomon Reinach, atteste avec certitude qu'il existait en cet endroit un temple romain, consacré probablement à la race divine des Jules, à la famille impériale de Rome. Un pareil temple était bien placé à Alesia, théâtre de la plus grande victoire de César. Quel beau jour pour la science, celui où l'on en retrouvera les débris, superposés peut-être à ceux d'un temple de l'Hercule celtique, élevé par les Gaulois quelque peu hellénisés d'Alésia ! »

III

Il semble que le beau jour souhaité par M. Salomon Reinach soit arrivé et que l'antique Alesia soit sur le point de laisser pénétrer les mystères qu'elle recèle. La *Société des Sciences historiques et naturelles* de Semur a entrepris cette œuvre et nous allons voir qu'elle y a déjà partiellement réussi.

Elle n'a fouillé encore que quelques ares, à peine la centième partie de ce qu'il faudra fouiller — et déjà les trouvailles sont nombreuses et des plus importantes. Un petit musée a été spécialement aménagé à Alise-Sainte-Reine pour les recevoir.

Je vais faire passer sous vos yeux les principales découvertes.

Ici, le conférencier fait passer sous les yeux de ses auditeurs une soixantaine de projections représentant soit des vues du champ de fouilles, soit les monuments mis à jour, soit enfin les principaux objets trouvés ; chaque projection est accompagnée d'une courte explication.

Parmi les monuments, conservés seulement dans leurs substructions, il convient de signaler le théâtre gallo-romain, pouvant renfermer trois à quatre mille spectateurs ; le temple, le « monument à trois absides » ; puis viennent des caves, des puits, des aqueducs, une place publique bétonnée, etc.

Parmi les morceaux de sculptures ou bas-reliefs mis à jour, les principaux sont : une Triade capitoline (Jupiter, Minerve, Junon), un Dioscure, une Amazone, un Chef gaulois, avec le costume national, une Junon, « un dieu aux colombes », un amour ailé, des têtes coupées, etc.

Les objets de bronze sont peu nombreux, mais deux d'entre eux, une tête de Silène et un Gaulois couché sont des œuvres d'art de grande valeur.

Enfin les objets usuels, ustensiles, outils, monnaies, etc., sont innombrables. L'un des plus curieux est une flûte de Pan, en bois, trouvée presque intacte au fond d'un puits ; de cette sorte d'instrument de musique, c'est le seul exemplaire que l'antiquité nous ait transmis. Des chaudrons, un miroir de métal étamé de plomb, un seau de bois cerclé de fer, une belle série de poteries samiennes, décorées des lampes, des outils, etc., constituent une collection des plus variées et des plus curieuses. (1)

___

(1) Toutes les découvertes faites à Alise-Sainte-Reine sont décrites et figurées dans la revue spéciale « *Pro Alesia*, publiée, sous le patronage de la Société des Sciences de Sceaux, par M. L. Matruchot, professeur à l'École normale supérieure, membre de la Commission des fouilles d'Alesia (Librairie Armand Colin, abonnement 8 francs par an). La première année de « *Pro Alesia* », avec 25 planches hors texte et 47 figures dans le texte, est vendue brochée au prix de 10 fr. 50 c. Les principaux objets exhumés par les fouilles ont fait l'objet de cartes postales illustrées « Pro Alesia », mises en vente au profit de la caisse des fouilles.

M. LANDOUZY

Professeur à la Faculté de Médecine de Paris, Membre de l'Académie de Médecine.

L'ALIMENTATION RATIONNELLE DE L'HOMME

— *19 Février* —

M. Louis BIETTE

Ingénieur en Chef des Ponts et Chaussées, adjoint à l'Ingénieur en chef,
Chef du Service technique du Métropolitain.

LE CHEMIN DE FER MÉTROPOLITAIN MUNICIPAL DE PARIS

— *26 février* —

MESDAMES,
MESSIEURS,

Je n'ai pas l'intention de vous décrire ce soir, même en termes généraux, l'œuvre entreprise par la Ville de Paris pour la création de son réseau urbain ; le peu de temps dont je dispose n'y suffirait pas. Je me bornerai à vous donner, dans cette simple causerie, quelques aperçus sur la manière dont l'œuvre a été conçue et réalisée, sur les principales difficultés rencontrées au cours des travaux, enfin sur les résultats déjà obtenus dans l'exploitation.

Paris aura attendu près d'un demi-siècle son chemin de fer métropolitain. C'est en effet, en 1855, que l'idée prit corps pour la première fois dans la solution fragmentaire que présentèrent Brame et Flachat pour la ligne dite des Halles ; c'est seulement en 1898 que le réseau actuellement en cours d'achèvement reçut sa charte définitive.

Cette longue période d'attente s'explique si l'on songe à la complexité du problème, à la variété et aussi à la divergence des intérêts à ménager, aux multiples difficultés d'ordre technique à résoudre. Sa durée fut toutefois singulièrement accrue par la contradiction absolue qui, pendant 18 ans, — de 1877 à 1895, — divisa le Gouvernement et la Ville de Paris sur le caractère légal à attribuer au nouveau chemin de fer. Le Gouvernement voulait qu'il fût d'intérêt général, condamnant d'avance toute entreprise exclusivement locale qui n'aurait pour objet que de relier deux points dans l'intérieur de Paris sans la traversée des fortifications et sans raccordement direct avec une grande ligne (1). La Ville

(1) Lettre ministérielle du 16 juillet 1878.

de Paris, de son côté, luttait pour assurer à tout prix, l'autonomie et l'indépendance du nouveau réseau. Sans méconnaître l'intérêt de raccorder les grandes
lignes à l'intérieur de la capitale, elle soutenait que ces raccordements devaient
rester isolés du Métropolitain, et que le seul but de celui-ci était de desservir la
circulation parisienne, en gardant le caractère purement municipal. Sa thèse se
résumait en ces deux propositions : « le prolongement dans Paris d'une ligne
d'intérêt général est lui-même d'intérêt général..... ; les lignes dans Paris, qui
ne sont pas des prolongements de lignes d'intérêt général et ne relient pas
celles-ci rail à rail, sont d'intérêt local (1) ».

La querelle durerait peut-être encore, si l'insuffisance chaque jour plus marquée des moyens de transport en commun dans Paris et l'aggravation qu'allait
apporter à cette situation, en multipliant les déplacements, l'Exposition Universelle de 1900, dont l'ouverture était prochaine, n'avaient réclamé impérieusement une solution. Et ce fut le Gouvernement qui céda. Le 22 novembre 1895,
le Ministre des Travaux publics reconnaissait enfin à la Ville le droit d'assurer
l'exécution à titre d'intérêt local, dans les conditions de la loi du 11 juin 1880,
des lignes qui sont spécialement destinées à desservir les intérêts urbains. Dès
le début de 1896, le Conseil municipal traçait le programme du réseau métropolitain en lui assignant le double but de suppléer à l'insuffisance des transports
en commun dans Paris et de permettre la mise en valeur des quartiers éloignés
et moins peuplés de la capitale. Après une instruction de deux ans, la loi du
30 mars 1898 déclarait d'utilité publique l'établissement dans Paris d'un chemin
de fer urbain à traction électrique, destiné au transport des voyageurs seulement,
et comprenant huit lignes, dont deux étaient concédées à titre éventuel. Cette
concession éventuelle a d'ailleurs été rendue définitive par deux lois postérieures
datées des 22 avril 1902 et 6 avril 1903.

L'étude des relations à ménager entre les lignes métropolitaines et des meilleures conditions d'exploitation à appliquer dans l'intérêt du service public a
conduit à modifier légèrement les parcours prévus à l'avant-projet de 1898, tout
en respectant l'ensemble du tracé. Ce sont ces parcours modifiés que je vais vous
rappeler rapidement.

La ligne n° 1 se rend directement de la porte de Vincennes à la porte Maillot.
La ligne circulaire n° 2 a été fractionnée en deux parties. La partie nord va de
la porte Dauphine à la place de la Nation par les boulevards extérieurs de la
rive droite. La partie sud a été sectionnée à la place d'Italie : le tronçon venant
de la place de l'Étoile a été soudé à la ligne n° 6 de façon à former une ligne
continue de la place de l'Etoile jusqu'à la place de la Nation par les boulevards du
sud ; en même temps, le tronçon prenant son point de départ à la place d'Italie
a été rattaché à la ligne n° 5 et celle-ci a été prolongée jusqu'à la gare du Nord,
réalisant ainsi une ligne ininterrompue depuis la gare du Nord jusqu'à la place
d'Italie. La ligne n° 3 part du carrefour du boulevard de Courcelles et de l'avenue de Villiers, où elle est tangente à la ligne n° 2 nord, pour aboutir à Ménilmontant, place Gambetta. La ligne n° 4 traverse Paris du nord au sud, de la
porte de Clignancourt à la porte d'Orléans en passant par la Cité. La ligne n° 7
relie le Palais Royal à la place du Danube, avec un terminus en boucle par la
porte du Pré-Saint-Gervais et la place des Fêtes. La ligne n° 8, enfin, a son point
de départ à Auteuil sur le trajet d'une boucle qui emprunte d'un côté la rue

(1) Lettre de M. Sauton, rapporteur de la Commission du Conseil municipal : 5 juillet 1889.

d'Auteuil, de l'autre les rues Molitor et Mirabeau; elle aboutit à l'Opéra après avoir traversé Grenelle.

Quelques mots seulement des clauses principales de la concession du Métropolitain. — Dans le but d'assurer l'indépendance du réseau urbain, tout en diminuant les dépenses, le Conseil municipal avait décidé que le Métropolitain serait construit à la voie étroite d'un mètre de largeur; mais le Parlement n'accepta pas cette solution trop radicale. La loi du 30 mars 1898 prescrit que la largeur de la voie sera portée à la dimension normale de 1^m,44, et celle du matériel roulant à 2^m,40, les dimensions des ouvrages étant calculées de façon à laisser entre leurs parois intérieures et le gabarit des voitures un intervalle libre d'au moins 0^m,70. L'écartement normal des rails, ainsi imposé, permet au matériel du Métropolitain de circuler sur les grandes lignes, mais les dimensions des ouvrages ne permettent pas pratiquement la réciprocité, de telle sorte que la loi sauvegarde en fait l'autonomie du réseau urbain, ce que voulait avant tout la municipalité parisienne.

La concession du Métropolitain a été accordée pour 35 ans à la Compagnie générale de traction qui s'est substituée, conformément aux clauses de sa convention avec la Ville, une Société anonyme constituée par décret du 19 avril 1899 sous le nom de Compagnie du chemin de fer Métropolitain de Paris. Le capital de cette Compagnie s'élève aujourd'hui à 100 millions de francs dont 25 millions d'obligations. La convention de concession stipule que la Ville de Paris exécutera elle-même les travaux de l'infrastructure, c'est-à-dire les travaux souterrains, tranchées, viaducs nécessaires à l'établissement de la plateforme du chemin de fer ou au rétablissement des voies publiques empruntées, et en outre, à titre exceptionnel, les quais de voyageurs dans les stations, à l'exclusion des ouvrages y donnant accès. Toutes les autres dépenses sont à la charge du concessionnaire, notamment l'installation des voies et des transmissions électriques, l'aménagement des accès aux stations, l'établissement et le fonctionnement des ouvrages pour l'aération et l'épuisement des eaux, la construction des ateliers et usines électriques, la fourniture du matériel roulant, etc. En un mot la Ville construit à ses frais les ouvrages souterrains ou aériens qui doivent contenir ou supporter les voies; la Compagnie du Métropolitain pose ces voies, les équipe, assure l'accès aux stations, fournit le matériel et les usines électriques et exploite.

Cette combinaison présente des avantages qui ne vous échapperont pas : elle permet de réduire dans une proportion notable la durée de la concession ; — elle allège sensiblement les charges de l'entreprise par suite de la faculté que possède la Ville de se procurer des capitaux à un taux inférieur à celui qu'aurait à payer une société privée ; — elle escompte enfin la plus grande facilité pour la Ville de se procurer l'énorme capital nécessaire à la réalisation de l'œuvre, sans passer par une garantie d'intérêt et sans risquer sa responsabilité financière.

Pour faire face aux charges qui lui incombent, la Ville de Paris est autorisée à prélever une part sur le produit des tarifs ; cette part est calculée à raison de 0 fr. 05 c. par billet de seconde classe ou d'aller et retour et de 0 fr. 10 c. par billet de première classe. Les prélèvements s'accroissent légèrement lorsque le nombre annuel des voyageurs dépasse 140 millions ; cette éventualité s'est réalisée pour la première fois dans le dernier trimestre de 1905.

La convention de concession règle les conditions du travail des ouvriers et employés de la Compagnie et contient, à leur bénéfice, un assez grand nombre de dispositions humanitaires : repos hebdomadaire, — congé annuel de dix jours sans retenue de salaire, — salaire intégral pendant les périodes d'instruction militaire, en cas de maladies ou d'accident du travail, — assurance contre les accidents aux frais de la Compagnie, — retraite, — service médical et pharmaceutique gratuit, etc. Ces dispositions vous paraîtront toutes naturelles ; elles ne furent cependant accueillies en 1898 qu'avec certaine réserve et leur adoption ne fut pas sans provoquer quelque émotion.

Quel est le développement actuel du réseau urbain ? A combien se chiffre son prix de revient ? Quelle est exactement la situation de l'entreprise à l'heure présente ? Quelles sont les extensions prévues ? — Pour répondre à ces diverses questions, je vous dirai d'abord que l'ensemble des huit lignes métropolitaines présente un développement de 77 kilomètres qui se partage en trois réseaux : le premier, de 42 kilomètres, formé des lignes 1, 2 et 3 ; le second, de 20 kil. 7, composé des trois lignes 4, 5 et 6 ; le troisième, de 14 kil. 5, constitué par les lignes 7 et 8. La construction du premier réseau devait être terminée dans un délai de huit ans, expirant le 30 mars 1906 ; elle a été achevée à la fin de décembre 1905. La construction des deux autres réseaux comporte un délai maximum de dix ans dont le terme extrême est le 28 décembre 1915. Il est certain aujourd'hui que cette durée sera sensiblement abrégée ; sauf incidents imprévus, on peut escompter la mise en exploitation complète du Métropolitain, sinon pour la fin de l'année 1909, du moins pour le début de 1910.

Les ressources destinées à l'exécution des travaux d'infrastructure proviennent de deux emprunts que la Ville de Paris a été autorisée à contracter par les lois du 4 avril 1898 et du 26 juin 1903, et dont le montant total s'élève à 335 millions de francs. Ces emprunts sont gagés par les prélèvements opérés sur les recettes brutes du trafic. Les obligations à lots, remboursables à 500 francs, rapportent 2 0/0 d'intérêt pour le premier emprunt et 2 1/2 0/0 pour le second. Le taux moyen des deux emprunts, compris intérêt, amortissement, lots, primes de remboursement, ressort à 3,66 0/0.

Sur la somme totale de 335 millions ainsi empruntés, 285 millions seulement s'appliquent aux travaux proprement dits ; le reste va aux frais d'emprunt (7 millions), aux dépenses de voirie nécessitées par l'exécution de certaines lignes (28 millions), enfin à une réserve (environ 15 millions), qui sera utilisée ultérieurement pour la construction d'embranchements ou de raccordements.

Si l'on ajoute aux 77 kilomètres qui représentent la longueur totale des huit lignes métropolitaines, la longueur des voies d'évitement, de raccordement, etc., on arrive à un ensemble de 84 kil. 7 de voie double. En tablant sur ce chiffre de 84 kil. 7, on trouve que l'infrastructure du Métropolitain revient à un prix moyen kilométrique de 3.400.000 francs environ. On peut estimer, d'autre part, à 1.500.000 francs au minimum le prix kilométrique des dépenses à la charge de la Compagnie, de sorte que l'ensemble des dépenses par kilomètre de voie double, ressort en chiffre rond, à 4.900.000 francs.

A l'heure actuelle, les trois premières lignes sont en exploitation, ainsi que la partie de la ligne n° 5 comprise entre le pont d'Austerlitz et la rue de Lancry, à une centaine de mètres de la gare de l'Est. Les travaux des cinq autres lignes sont en cours, avec des degrés d'avancement différents. L'infrastructure de la partie de la ligne n° 4 comprise entre l'origine, à la porte de Clignancourt et le Châtelet s'achève ; celle de la ligne n° 6 est terminée. On peut prévoir l'ouverture au service public de ces deux parties du réseau pour le début de 1908.

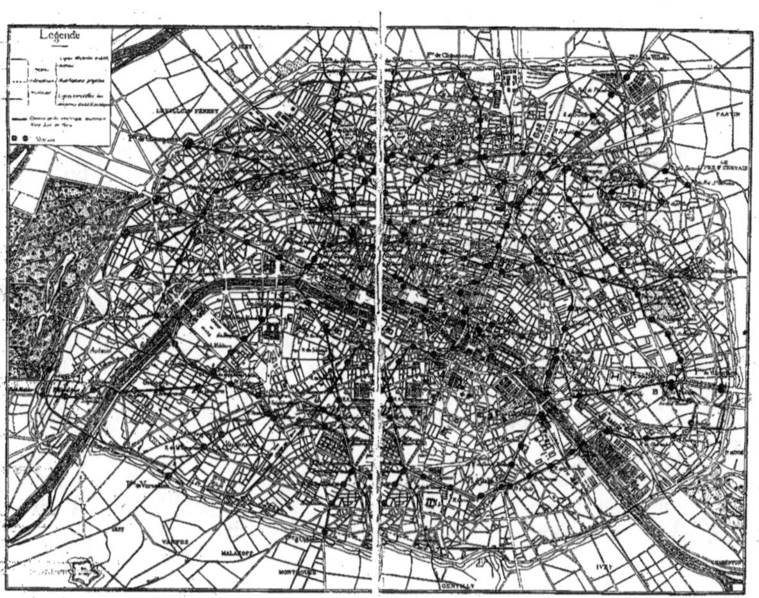

Légende

En présence du succès qui a accueilli l'ouverture des premières lignes métropolitaines, la Ville de Paris a cru devoir rechercher les moyens de parachever l'œuvre entreprise, par la création de lignes nouvelles. Dans le courant de 1903, elle a concédé à MM. Berlier et Janicot une ligne partant de Montmartre (place des Abbesses) pour aboutir à la gare Montparnasse par la gare Saint-Lazare et la place de la Concorde, avec extensions au nord, sur la porte de Saint-Ouen, au sud sur la porte de Versailles. Cette ligne a été déclarée d'utilité publique par deux lois des 3 avril et 19 juillet 1905 : l'exécution en est entreprise. Un second prolongement au nord, sur la place Jules-Joffrin a été récemment décidé. La concession diffère de celle du réseau municipal, en ce que la Société rétrocessionnaire, qui a pris le nom de Société du Chemin de fer électrique souterrain Nord-Sud de Paris, est chargée de la totalité des travaux. L'expérience qui va être ainsi tentée, permettra d'utiles comparaisons entre les deux modes de concession.

Depuis cette époque, le Conseil municipal a fait étudier et mettre à l'enquête un assez grand nombre de tracés nouveaux. Je me bornerai à vous indiquer celles de ces lignes dont l'exécution peut être considérée aujourd'hui comme certaines ou à peu près certaines.

La certitude s'applique aux deux lignes suivantes :

Prolongement de la ligne n° 3 sur la porte de Champerret par la place Pereire;

Embranchement de la ligne n° 7 sur la porte de la Villette par la rue de Flandre;

La promulgation de la loi déclarant l'utilité publique de ces deux lignes est imminente (1).

La quasi-certitude se rapporte aux lignes ci-après :

Embranchement de la ligne circulaire n° 2 sud, du Trocadéro à la porte de Saint-Cloud par la rue de la Pompe et la rue Mozart;

Prolongement de la ligne n° 3 sur la porte des Lilas par l'avenue Gambetta;

Prolongement de la ligne n° 7 jusqu'à l'Hôtel de Ville par la rue des Tuileries et les quais de rive droite;

Prolongement de la ligne n° 4 au sud, jusqu'au parc de Montsouris.

Sur quelles données fondamentales le réseau municipal est-il établi ? — La Commission technique qui, en 1872, formula pour la première fois, d'une façon précise, les données essentielles du réseau urbain parisien s'était visiblement inspirée de l'exemple de Londres, et c'est même à l'imitation des Anglais que le nom de « Métropolitain » fut attribué aux voies ferrées parisiennes. Londres possède un chemin de fer analogue à notre chemin de fer de Ceinture, avec cette différence qu'il dessert des zones beaucoup plus peuplées. Depuis l'établissement de ce chemin de fer, les ingénieurs anglais ont abordé la construction d'une série de lignes électriques souterraines dites « tube railways » dont la plus ancienne est le « City and South London Railway » et la plus récente, le « Great Northern, Brompton and Picadilly Railway. »

Ces tubes sont établis dans des souterrains circulaires qui reçoivent un revêtement en fonte; chaque voie a son tube séparé dont le profil enveloppe aussi étroitement que possible le gabarit des voitures, et les souterrains sont construits à grande profondeur au-dessous du sol. Une section plus large est adoptée pour

(1) La loi a été promulguée le 26 février 1907.

les stations auxquelles on accède par des ascenseurs installés dans des puits verticaux à revêtement métallique. Ce mode de construction est excellent lorsqu'il s'agit d'établir la voie ferrée dans des terrains mouillés, à la traversée du lit d'un fleuve, par exemple, et c'est d'ailleurs dans ces conditions qu'il a reçu sa première application en Angleterre.

Mais si le terrain à traverser n'est pas mouillé et présente une cohésion suffisante, — comme c'est le cas général à Londres, — la solution ne se justifie guère. Le revêtement en fonte est alors parfaitement inutile ; son emploi entraîne un surcroît de dépenses qui grève sans utilité le capital de premier établissement. Les souterrains jumeaux, dans lesquels les voies et les stations sont isolées, sont une gêne constante pour l'exploitation. L'établissement des souterrains à grande profondeur donne lieu à des difficultés d'accès qui se traduisent par une perte de temps pour le public, par une dépense élevée pour l'exploitant ; il peut entraîner des désordres graves dans les immeubles voisins, soit en cas d'accident pendant la construction, soit encore pendant l'exploitation, en raison de la propagation, par le terrain ambiant, des chocs et des vibrations dus au passage des trains.

Tous ces inconvénients, révélés par l'exemple de Londres, se seraient évidemment présentés à Paris si l'on avait appliqué le même système, avec cette circonstance aggravante qu'en nombre de points le sous-sol parisien étant mouillé par des nappes souterraines, le travail à grande profondeur eût été rendu plus difficile, plus dangereux et plus onéreux. Aussi, les ingénieurs de la Ville de Paris ont-ils adopté une solution tout à fait différente qui peut se définir par les caractéristiques suivantes : proscription absolue des tubes à revêtements métalliques, sauf à la traversée du lit de la Seine ; adoption d'un souterrain maçonné à double voie ; maintien du tracé aussi près que possible de la surface du sol.

Les avantages de cette conception, — économie dans la construction, facilité d'exploitation, commodité d'accès, — sont évidemment la contre-partie des inconvénients que je viens de signaler pour les tubes anglais. On pourrait, il est vrai, reprocher à la solution adoptée à Paris, de nécessiter le remaniement des canalisations souterraines qui se trouvent nombreuses dans le sous-sol des voies publiques ; mais dans la pratique, il a toujours été possible de rétablir ces canalisations sans difficulté sérieuse, et la dépense, bien que fort importante, n'est pas comparable au surcroît de frais que le tube entraîne en pure perte. En tout cas, cette dépense ne peut être mise en balance avec les avantages procurés.

Les ingénieurs spéciaux s'accordent presque unanimement aujourd'hui à donner la préférence à la solution qui a été adoptée à Paris. Les Underground de New-York, de Boston et de Philadelphie sont construits à faible profondeur, comme notre Métropolitain. Un argument typique en faveur du tracé à fleur de sol peut être également tiré des dispositions finalement adoptées pour la construction dans Paris de la ligne nord-sud concédée, comme je vous l'ai dit, à MM. Berlier et Janicot en 1903. L'avant-projet comportait un tracé à grande profondeur, sur le modèle des tubes de Londres ; le premier soin de la Société chargée de la construction et de l'exploitation a été de remonter le tracé au voisinage immédiat du sol, dans les mêmes conditions que le réseau municipal. On peut donc dire que le Métropolitain de Paris est établi sur les données générales qui, à l'heure actuelle, sont considérées comme étant à la fois les plus pratiques et les plus rationnelles.

Quelques mots des dispositions générales adoptées pour les ouvrages du Métropolitain. — Sur 40 °/₀ environ de la longueur totale, le chemin de fer sera aérien ; sur le reste du parcours il sera construit en souterrain. Le réseau urbain est établi sur ou sous la voie publique ; ce n'est que dans des cas exceptionnels, et toujours pour des parcours extrêmement limités, qu'il pénètre dans le tréfonds des immeubles riverains. En raison des sujétions de toute nature qui résultent de cette disposition, le tracé des lignes a dû se soumettre à une flexibilité beaucoup plus grande que celle des grands réseaux ; aussi les déclivités atteignentelles jusqu'à 40 millimètres par mètre, alors que sur les grandes lignes elles ne dépassent guère 20 millimètres ; quant au rayon des courbes, il s'abaisse jusqu'à 75 mètres, voire même, exceptionnellement il est vrai, jusqu'à 50 mètres, tandis que sur les grands réseaux le rayon de courbure descend rarement au-dessous de 300 mètres.

Le profil normal du souterrain à deux voies est constitué par une voûte elliptique de 7ᵐ,10 d'ouverture et de 2ᵐ,07 de montée qui repose sur deux piédroits latéraux limités par des arcs de cercle ; la section est complétée par l'arc concave du radier. La hauteur totale intérieure de l'ouvrage est de 5ᵐ,20 ; le niveau du rail se trouve à 4ᵐ,50 de l'intrados à la clef et à 70 centimètres du fond du radier. La voûte a 55 centimètres d'épaisseur à la clef, les piédroits ont 75 centimètres, le radier de 40 à 50 centimètres. L'application de ces dispositions suppose que la distance du rail au sol descend à 6 mètres environ. Quand cette condition ne peut être réalisée, on a recours à l'emploi d'un tablier métallique porté sur piédroits en maçonnerie, véritable plancher composé de poutres en acier que réunissent des voûtelettes en briques, et combiné de façon à réserver au moins 3ᵐ,50 de hauteur libre au-dessus du rail.

Les stations souterraines sont voûtées, lorsqu'il y a au moins 7 mètres de distance entre le rail et la surface du sol ; elles sont couvertes d'un tablier métallique lorsque cette hauteur n'est pas disponible. La section des stations voûtées est formée de deux demi-ellipses ayant un grand axe commun de 14ᵐ,14 établi à 1ᵐ,50 au-dessus du rail : l'une de ces ellipses forme la voûte, l'autre le radier ; le petit axe est de 3ᵐ,70 pour la première et de 2ᵐ,20 pour la seconde ; ce qui porte la hauteur totale libre à 5ᵐ,90. La voûte a 70 centimètres d'épaisseur à la clef, le radier 50 centimètres, les culées 2 mètres. Les stations à tablier métallique ont 13ᵐ,50 de largeur en œuvre. Le tablier repose sur des piédroits de 1ᵐ,50 de largeur réunis à leur base par un radier concave de 50 centimètres d'épaisseur. Le rail est à 4ᵐ,70 sous poutres. Celles-ci, à âme pleine et jumelées, ont 1ᵐ,02 de hauteur ; elles sont réunies par des longerons qui forment retombées pour de petites voûtes en briques.

Chaque station comprend deux quais latéraux de 75 mètres de longueur et 4ᵐ,10 de largeur dont le niveau est à 25 centimètres au-dessous du plancher des voitures et à 85 centimètres au-dessus du rail.

On accède aux stations par un escalier débouchant sur la voie publique. Cet escalier dont la largeur est ordinairement voisine de 3ᵐ,50, conduit à une salle souterraine où l'on distribue les billets ; de cette salle on atteint le quai le plus proche par un autre escalier large de 2ᵐ,75, et l'on arrive à l'autre quai par un escalier semblable, après avoir franchi la voûte du chemin de fer au moyen d'une passerelle de 3 mètres de largeur.

Dans les parties aériennes du tracé, les voies sont supportées par un viaduc métallique formé d'une suite de travées indépendantes, qui sont de portée,

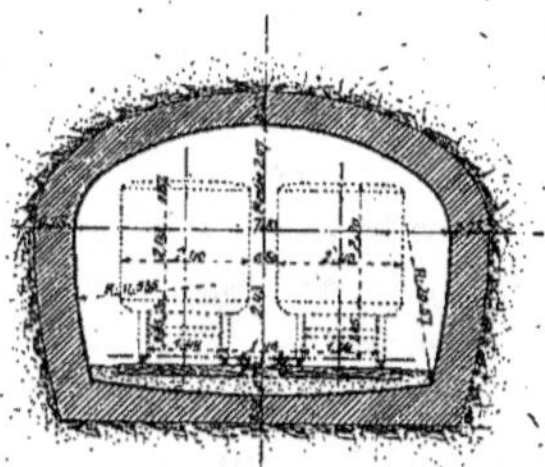

Échelle du 1/200ᵉ

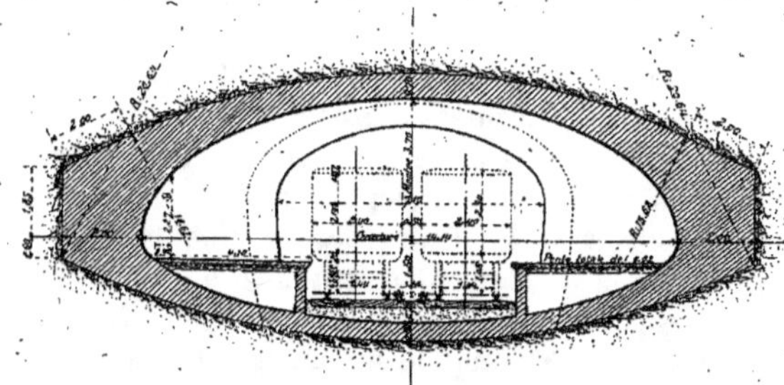

variable, et composées de deux poutres de rive soutenant le tablier à leur partie inférieure. Ces travées prennent appui sur des colonnes en fonte et exceptionnellement sur des piliers en maçonnerie dont les dimensions ont été réduites autant que possible. L'ouverture des travées est commandée en certains points par les conditions locales ; là où cette sujétion n'existe pas, c'est une ouverture voisine de 22 mètres qui satisfait le plus commodément aux données de la construction. Des portées plus grandes ont dû être adoptées à la traversée de voies importantes ou de chemins de fer ; c'est ainsi que le passage de la Circulaire-Nord sur les chemins de fer du Nord et de l'Est a nécessité la construction de trois travées de $75^m,25$ d'ouverture.

Dans le cas le plus général, la voie est ballastée, et le ballast est soutenu par des voûtelettes en briques qui réunissent les unes aux autres les entretoises du tablier. Cette disposition a été adoptée en vue de diminuer les vibrations au passage des trains et d'atténuer, dans la mesure du possible, le bruit et les trépidations qui en résultent. Toutefois, dans les viaducs de grande portée, on a supprimé le ballast pour éviter un surcroît de poids et une dépense exagérée ; la voie est alors placée directement sur le tablier constitué par des entretoises réunies par des longerons que recouvre un platelage métallique. Dans les parties aériennes, le rail a été placé à $6^m,36$ au moins, au-dessus des voies charretières ; cette distance correspondant à une hauteur libre de $5^m,20$ sous les poutres, et cette hauteur est suffisante pour le passage des plus hauts chargements qui circulent dans Paris.

Les stations aériennes sont conçues sur le même type que les viaducs ; elles renferment, comme les stations souterraines, deux quais de 75 mètres de longueur et de $4^m,10$ de largeur. Une toiture en fer et vitrage recouvre chaque quai. Les accès comportent encore ici une salle de distribution des billets reliée à chacun des quais par un escalier latéral. Sur la ligne Circulaire-Nord la salle des billets est établie sur un palier placé à mi distance entre le sol et les quais ; sur la ligne Circulaire-Sud et sur la ligne n° 6, la salle de billets se trouve de plain-pied avec la voie publique.

Les maçonneries du Métropolitain sont, d'une façon presque exclusive exécutées au mortier de ciment ; on obtient ainsi, en même temps qu'une prise plus rapide, une résistance plus grande pour une même épaisseur, qui se traduit finalement par une économie. En souterrain on utilise deux sortes de maçonnerie : la maçonnerie de meulière et le béton ; la meulière est employée pour la confection des voûtes ; le béton sert à exécuter les piédroits et les radiers.

A l'intérieur des stations, tous les parements visibles sont uniformément revêtus de carreaux blancs, en grès cérame émaillé, ou en opaline. Dans les autres ouvrages, les parements reçoivent un simple revêtement de ciment.

Tous les ouvrages métalliques sont en acier doux laminé.

D'une façon générale, les diverses lignes du Métropolitain ont leur existence propre ; elles ne s'embranchent pas les unes dans les autres ; aux points de contact, les voyageurs changent de voiture. Ce système donne plus de régularité à l'exploitation et permet de desservir chaque ligne d'une façon plus intense ; il supprime d'ailleurs une cause d'accidents : la prise en écharpe aux aiguillages, qui est d'autant plus à redouter que le nombre des trains est plus grand. On lui reproche, il est vrai, d'accroître la fatigue des voyageurs et de causer une perte de temps appréciable ; mais la sécurité et la régularité de l'exploitation doivent l'emporter sur cette légère incommodité du public.

Viaduc courant

Station en viaduc.

Echelle du 1/200ᵉ

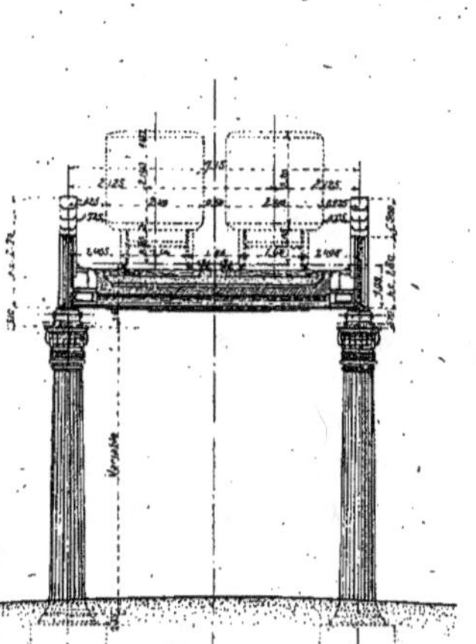

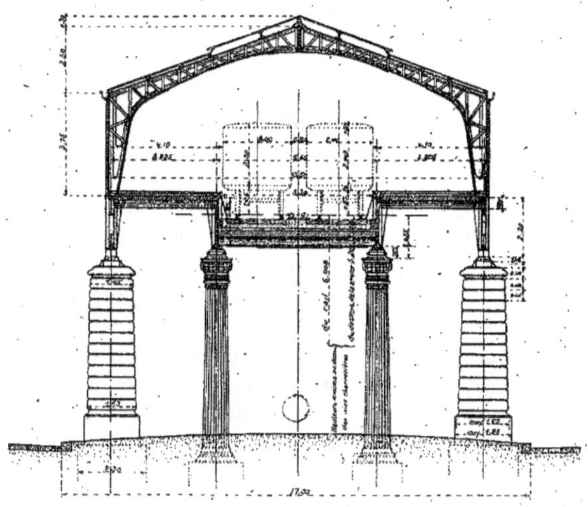

Les trains circulant à des intervalles très rapprochés, il importe d'éviter toute perte de temps aux terminus, ce qui conduit à rechercher le moyen de supprimer en ces points, les manœuvres d'aiguillage, de refoulement, etc. On y est parvenu en établissant aux extrémités de chaque ligne une boucle d'évitement, qui permet aux trains de passer directement de l'arrivée au départ. Les conditions d'installation de cette boucle varient suivant la disposition des lieux. Aux extrémités de la ligne nº 1, par exemple, qui se trouvent placées dans de larges avenues, on a établi aux terminus deux stations distinctes, l'une pour l'arrivée, l'autre pour le départ, et ces stations ont été réunies par un souterrain en courbe de faible rayon. Sur d'autres points, à la place de la Nation pour le terminus des lignes nº 2 nord et 6, à la place de l'Étoile et à la place d'Italie pour la ligne nº 2 sud, on a fait décrire à la voie ferrée un cercle aussi grand que possible, et sur le parcours de ce cercle on a placé la station finale. Cette seconde solution permet d'ailleurs, en construisant la boucle à deux voies, de munir le terminus de garages sur lesquels on peut remiser des trains de réserve et une partie des trains du service courant aux heures où l'exploitation est moins chargée.

Avant de vous entretenir de l'exécution des travaux du Métropolitain, il me paraît utile de vous rappeler en quelques mots la constitution géologique du sous-sol parisien.

Paris est bâti dans une plaine qu'encerclent les hauteurs de Passy, de Montmartre, de Belleville et de Ménilmontant, sur la rive droite, du Montparnasse et de la Montagne-Sainte-Geneviève, sur la rive gauche. Les érosions de la Seine ont fait disparaître, dans la plaine, une grande partie des premiers dépôts sédimentaires pour y substituer une couche d'alluvions qui reposent directement sur les marnes du calcaire grossier. Si l'on fait abstraction de ces érosions, on peut reconstituer, sur une épaisseur totale de 135 mètres environ, la succession normale des dépôts compris entre les sables de Fontainebleau, à la partie supérieure, et la craie de Meudon à la partie inférieure.

Les formations superposées au calcaire grossier ne se rencontrent que sur les hauteurs qui dominent le fleuve. Les sables de Fontainebleau, les calcaires de la Brie et les marnes vertes apparaissent au sommet des collines de Montmartre et de Belleville. Les assises du gypse, en formation puissante, règnent sur la partie nord et nord-est de la Ville ; elles ont été exploitées et les vestiges d'anciennes carrières que l'on rencontre à leur emplacement compliquent singulièrement les travaux souterrains.

Les calcaires de Saint-Ouen et les sables de Beauchamp, placés directement au-dessous du gypse, se développent dans la région nord-ouest, et les sables se retrouvent par lambeaux au sud et au sud-est. Le calcaire grossier, sur une épaisseur de 30 à 40 mètres, constitue principalement le sous-sol dans les quartiers sud et sud-ouest. Comme le gypse, le calcaire a été exploité en grand ; quelques-unes des anciennes carrières se trouvent dans un remarquable état de conservation, en particulier celles où sont établies les catacombes ; mais un assez grand nombre, ayant subi les atteintes du temps, ont nécessité d'importants travaux de consolidation sur le parcours des lignes métropolitaines.

L'argile plastique apparaît seulement dans le quartier d'Auteuil. Quant à la craie blanche, elle n'affleure qu'en un point dans ce dernier quartier, mais on la trouve au Point-du-Jour à peu de profondeur au-dessous de la Seine.

Ces assises géologiques, ont opposé à la construction du Métropolitain des difficultés plus ou moins grandes. Les sables de Fontainebleau en général très fins et presque toujours imprégnés d'eau, les marnes vertes le plus souvent humides et glissantes, sont des terrains redoutables dans lesquels la construction d'un souterrain à proximité d'immeubles constitue un véritable tour de force. Les calcaires de Saint-Ouen et les sables de Beauchamp offrent au contraire la plus grande sécurité. Il en est de même du gypse et du calcaire grossier lorsqu'ils sont en place, mais ce cas est rare à Paris ; ordinairement les bancs ont été excavés et les anciennes carrières qu'il faut traverser, suivre ou côtoyer, exigent la plus grande attention et la plus grande prudence. L'argile plastique se laisse facilement pénétrer ; mais son défaut de résistance rend l'établissement des galeries particulièrement délicat. Les alluvions quaternaires, dans la partie basse de Paris, sont des terrains variables, plus ou moins faciles à travailler, selon le grain du sable qui les constitue ; en général, elles ne présentent pas trop de difficultés. Mais les risques apparaissent lorsque les galeries pénètrent dans cette couche de remblais de différents âges qu'ont accumulés, sous le sol des voies publiques, les transformations successives du vieux Paris. Ces remblais, dont l'épaisseur est parfois considérable (10 mètres à la Bastille), sont formés de gravats coulants, fréquemment coupés par de vieilles maçonneries, et le concours de ces deux circonstances complique le travail d'une façon pénible.

J'aborde maintenant l'exécution des travaux :

L'exécution d'une ligne métropolitaine est toujours précédée de travaux préparatoires : déviations d'égouts, de conduites d'eau, de canalisations diverses, consolidations du sous-sol lorsqu'il est miné par d'anciennes carrières ; il faut faire place nette et laisser le champ libre à la voie ferrée. Pour la construction de la ligne, on fractionne son parcours en lots dont la longueur ordinairement voisine de 1.000 mètres, ne dépasse guère 1.500 mètres pour les parties souterraines et 900 mètres pour les parties aériennes.

C'est à l'énergie électrique que l'on a recours dans tous les chantiers du Métropolitain pour la production de la force et de la lumière ; l'adoption de cette mesure a puissamment contribué à la réussite et à la rapidité de l'exécution.

La méthode suivie pour l'exécution du souterrain, est presque sans exception, la suivante : construction préalable de la voûte, reprise des piédroits en sousœuvre ; enlèvement du noyau de terre central (ou stross), établissement du radier. Pour les stations au contraire, ainsi que pour les ouvrages spéciaux de grande dimension, on exécute d'abord les piédroits et les culées, et l'on procède ensuite soit à la construction de la voûte, soit à la pose du tablier métallique ; le stross est enlevé souterrainement et l'on finit par la maçonnerie du radier.

La construction des viaducs débute par l'édification ou la mise en place des appuis ; les poutres, découpées en tronçons, sont ensuite amenées sur place, montées, assemblées et rivées sur des ponts de service en charpente ; on termine par l'exécution des voûtelettes en briques ou par la mise en place des platelages du tablier et par la peinture.

Au début de la construction du Métropolitain, sur la ligne n° 1, on a tenté, pour l'exécution de la voûte, l'emploi d'un engin spécial appelé bouclier. Le bouclier est une invention de l'ingénieur français Brunel qui l'appliqua à la construction du tunnel entrepris par lui en 1825, sous la Tamise à Londres.

Il consiste en une sorte de carapace métallique qui épouse la forme extérieure du souterrain à construire ; à l'abri du bec du bouclier s'exécute la fouille, à l'abri de la queue, le revêtement maçonné. Dans la partie centrale, un bâti supporte les vérins, qui en prenant appui à l'arrière sur les cintres du revêtement déjà exécuté, permettent de déplacer progressivement l'engin selon les besoins de l'avancement, sans cesser de soutenir les terres.

On avait escompté du bouclier de brillants services : exécution rapide de la voûte, maintien des revêtements de la voie publique dans leur état normal ; malheureusement le résultat n'a pas répondu à cette attente. De nouvelles tentatives faites récemment sur un lot de la ligne n° 6 et sur un lot de la ligne n° 7, avec un bouclier perfectionné, n'ont pas complètement réhabilité la méthode. La raison en est que si le bouclier se prête bien à l'exécution d'un souterrain dans un sol vierge, à travers des couches non disparates, ou encore lorsque le souterrain doit recevoir un revêtement robuste comme un tubage métallique, il n'en est pas de même dans un terrain varié comme l'est le sous-sol parisien, où il est souvent nécessaire de modifier le profil ou d'augmenter l'épaisseur du revêtement maçonné. En fait, pour les lignes construites depuis 1900, sauf l'exception très limitée que je viens d'indiquer, on a renoncé à cet engin, et l'on est revenu au procédé classique des galeries boisées. Ce n'est que pour l'exécution des travaux des lignes nᵒˢ 4 et 8 à la traversée de la Seine, où le souterrain comporte un revêtement métallique et doit être construit entièrement dans la nappe aquifère, par le moyen de l'air comprimé, que l'on a dû de nouveau utiliser le bouclier.

Pour l'emploi des galeries boisées, on commence par percer à la partie supérieure du souterrain une galerie d'avancement, en soutenant les terres au moyen de coffrages en planches que supportent de distance en distance des cadres en charpente. La section de cette galerie et les dimensions des boisages varient avec la nature et la consistance des couches traversées. En terrain moyen, l'intervalle entre les cadres est ordinairement de 1ᵐ,50 à 1ᵐ,60 ; la section de la galerie est un trapèze dont les dimensions usuelles sont 2 mètres à 2ᵐ,10 pour la hauteur, 2 mètres pour la largeur au sol, 1ᵐ,60 pour la largeur au ciel.

Quand la galerie d'avancement est exécutée sur une certaine longueur, on procède à la construction de la voûte par abatage : on déblaie, on abat les terres de part et d'autre de la galerie suivant le profil extérieur de la voûte, en maintenant le terrain au fur et à mesure par le moyen de planches que supportent des longrines disposées parallèlement à l'axe du souterrain et que soutiennent des contre-fiches et des butons appuyés sur le sol de la galerie élargie. Cette opération se fait ordinairement par tronçons correspondant à l'intervalle de deux cadres, c'est-à-dire sur une longueur de 3 mètres à 3ᵐ,20. Plusieurs abatages sont entrepris à la fois, mais on a soin de les espacer de façon à ne pas compromettre la stabilité du terrain supérieur. L'abatage terminé, on exécute la maçonnerie de la voûte sur cintres, à la façon ordinaire.

Dans les terrains consistants, et en vue de simplifier la marche du chantier, on établit quelquefois deux galeries superposées, l'une à la partie supérieure du souterrain, l'autre à la partie inférieure, celle-ci précédant celle-là d'une cinquantaine de mètres ; la galerie inférieure est utilisée pour l'évacuation des déblais, la galerie supérieure pour l'amenée des matériaux.

Lorsqu'une certaine longueur de voûte est exécutée, on entreprend la construction des piédroits par reprise en sous-œuvre. Si le terrain est solide, on commence par déblayer presque entièrement le stross, et on achève la fouille du piédroit sur une longueur de 3 à 4 mètres en étrésillonnant au besoin la voûte ; on procède ensuite à la confection de la maçonnerie. Dans le cas de terrains ébouleux, les fouilles de piédroits limitées à une étendue de 1 mètre à 1ᵐ,50 sont pratiquées par une succession de saignées latérales, et ce n'est qu'après l'achèvement des piédroits que l'on déblaie le stross.

La construction du radier s'effectue aisément par coulage de béton dans la fouille préalablement ouverte. Les enduits se posent après régularisation du parement : ceux de voûte et de piédroits sont attaqués avant l'achèvement du revêtement du souterrain, dès que la longueur exécutée présente un développement suffisant.

Pour les stations et les grandes voûtes des ouvrages spéciaux, on opère d'une manière analogue. Seulement, afin d'éviter des reprises en sous-œuvre qui pourraient être dangereuses en raison de la portée des voûtes, on exécute d'abord les culées et les piédroits dans des galeries boisées. La voûte se construit ensuite de la manière que je viens d'indiquer.

Pour combler les vides qui subsistent toujours derrière les maçonneries et assurer, dans la mesure du possible, l'étanchéité de la voûte, on procède, après l'exécution de celle-ci, à des injections de mortier de ciment liquide dans le terrain ambiant. Ces injections se font à la pression de 3 kilogrammes par des trous que l'on ménage dans la voûte au cours de la construction.

Il est à peine besoin de dire que l'on se formerait une idée tout à fait inexacte des conditions dans lesquelles s'exécutent les lignes métropolitaines, si l'on s'imaginait que dans tous les cas, les choses se passent aussi simplement que je viens de l'indiquer. Les canalisations multiples que recèle le sous-sol de Paris, et qu'il n'est pas toujours possible de dévier, la Seine, les canaux, les chemins de fer, constituent autant d'obstacles qu'on ne peut souvent tourner qu'au prix de sérieuses difficultés et qui nécessitent des dispositions spéciales dans la construction. Des difficultés d'un autre ordre et qui ne sont pas toujours les moindres, tiennent encore à la nature des terrains rencontrés. Je me bornerai à quelques exemples caractéristiques.

Voici la photographie d'un chantier établi à la place de la République pour la construction de deux souterrains accolés de la ligne nº 5. Elle vous montre les boisages qu'il a fallu exécuter dans des égouts désaffectés pour le passage des galeries.

La ligne circulaire nº 2 traverse la Seine en deux points, à Passy et en amont du pont d'Austerlitz. Ces traversées, qui sont aériennes, ont nécessité la construction de viaducs monumentaux.

Le viaduc de Passy, qui occupe l'emplacement de l'ancienne passerelle à piétons, édifiée en 1878, à l'occasion de l'Exposition universelle pour relier le quai de Passy au quai de Grenelle, comporte deux étages : étage inférieur pour la circulation des voitures et des piétons, étage supérieur réservé au chemin de fer.

L'ouvrage traverse la Seine, divisée en deux bras par l'île des Cygnes. Sa longueur totale entre appuis sur chacune des rives est de 237ᵐ,16. Trois travées, et par conséquent deux piles, sont établies dans chaque bras ; sur le grand bras, les travées attenant aux rives ont 29 mètres d'ouverture, la travée centrale 54 mètres ; sur le petit bras, les ouvertures n'atteignent que 23 et 42 mètres. Les travées comprennent chacune 10 fermes ; leur forme apparente est celle d'un arc ; elles sont construites, en réalité, en cantilever, c'est-à-dire constituées par deux demi-arcs s'équilibrant sur chacune des piles en rivière, prenant appui sur les culées, et réunies au milieu de la passe centrale par une petite poutre de jonction. Cette forme a été adoptée parce qu'elle ne donne lieu qu'à des pressions verticales sur les appuis, ce qui permet de réduire l'importance des fondations ; cette réduction était particulièrement intéressante à réaliser à Passy, en raison de la mauvaise nature du terrain dans le lit de la Seine.

La largeur totale du viaduc de Passy, au niveau de l'étage inférieur, atteint $24^m,70$; un plateau central de $8^m,70$, deux chaussées de 6 mètres et deux trottoirs de rive de 2 mètres. Au-dessus du plateau central, l'étage supérieur donne passage au chemin de fer ; le tablier qui le constitue, et qui est large de $7^m,30$, est porté par une série de couples d'élégantes colonnes implantées normalement à l'axe longitudinal du pont ; cette disposition ingénieuse supprime pour l'œil du passant l'impression désagréable du biais que présente l'ouvrage par rapport aux rives de la Seine.

La hauteur moyenne des voies charretières au-dessus du niveau normal de la Seine est de $8^m,50$. A l'étage supérieur, le rail du chemin de fer se trouve placé à 16 mètres au-dessus de ce niveau.

Sur l'île des Cygnes, un ouvrage monumental, en maçonnerie de pierres de taille, sépare les deux séries d'arcs métalliques ; le tablier supérieur prend appui, d'autre part, sur deux piles également en pierre de taille qui surmontent chacune des culées de rive. Les piles en rivière et les culées ont été fondées à l'air comprimé, et les fondations ont été descendues à travers l'argile plastique jusqu'à la craie de Meudon, que l'on rencontre à 15 mètres environ en contrebas du fleuve. L'ouvrage de l'île des Cygnes a été fondé sur pilotis.

Le viaduc de Passy est entièrement construit en acier doux laminé ; le poids total de l'acier entré dans la construction, en y comprenant les travées d'approche, s'élève à 3.800 tonnes. Des bas-reliefs de MM. Coutan et Injalbert ornent les deux faces du massif de l'île des Cygnes. Au-dessus de chaque pile en rivière les tympans des arcs ont reçu des groupes en fonte de deux personnages dont la statuaire a été confiée à M. Gustave Michel. Le détail d'architecture est de M. Formigé. Les travaux, commencés dans les premiers jours de mai 1903, ont été terminés le 27 juillet 1905.

Le viaduc d'Austerlitz, uniquement destiné au passage des trains, franchit la Seine d'un seul jet, à 200 mètres environ en amont du pont du même nom. Sa longueur totale entre appuis sur chacune des rives atteint 140 mètres, surpassant de 23 mètres celle du pont Alexandre-III qui, avant lui, détenait le « record » de la portée à Paris. Il est constitué par deux arcs en acier, distants de $7^m,80$, auxquels se trouve suspendu le tablier portant les voies. Ces arcs sont à triple articulation, et celles-ci sont ménagées à la clef et aux reins. Le tablier coupe le plan des arcs à peu près à la hauteur des articulations des reins. Le tronçon d'arc situé au-dessous du tablier et la portion correspondante de ce dernier, fortement ancrés dans les culées, constituent en réalité deux consoles sur l'extrémité desquelles viennent s'appuyer les parties centrales des deux fermes. Cette disposition a permis de réduire à $107^m,20$ la portée effective des arcs et de dimi-

nuer en conséquence leur montée, au grand avantage de l'élégance, sans pour
cela augmenter d'une façon notable la poussée sur les massifs de fondation. La
flèche des arcs du viaduc d'Austerlitz, comptée au-dessus des appuis sur culées
atteint 20 mètres, ce qui place la clef à 25 mètres environ au-dessus du niveau
moyen de la Seine. Le tablier du chemin de fer, large de 8^m,50 entre garde-
corps, se trouve situé à 12 mètres environ au-dessus de ce dernier niveau. Les
culées sur chaque rive ont été descendues au moyen de l'air comprimé sur le
calcaire grossier que l'on rencontre à 10 mètres environ en contre-bas de la
Seine ; elles mesurent, à la base, 22 mètres de longueur sur 18 mètres de largeur. Les pylônes qui les dominent ont 15 mètres de hauteur.

Le massif de pierre de chaque culée mesure en nombre rond 1.900 mètres
cubes ; la partie métallique a absorbé un poids d'environ 1.000 tonnes de métal.
L'architecture des culées et les motifs décoratifs des arcs sont de M. Formigé.
Les travaux, commencés au début de novembre 1903, ont été terminés le 22
décembre 1904.

A la sortie du viaduc, sur la rive droite, et avant de redevenir souterraine, la
ligne traverse le bas port de Bercy, suivant une courbe de 75 mètres de rayon,
en pente continue de 40 millimètres par mètre. La voie, dans la majeure partie
de ce développement, est portée par deux travées métalliques dont les dispositions sont entièrement nouvelles. Jusqu'ici, pour le passage d'une voie en courbe
sur un viaduc métallique, on plaçait les poutres de rive des travées suivant un
contour polygonal qui suivait, d'aussi près que possible, les positions successives
occupées par le matériel roulant ; cette solution ne conduit pas toujours à une
disposition très élégante. A Bercy, on a imaginé un développement courbe,
parallèle à l'enveloppe du matériel roulant. Les deux travées, dont la longueur
totale dépasse 70 mètres, ont donc leurs poutres de rive établies suivant une
surface hélicoïdale qui rappelle celle des limons des escaliers en vis. C'est le
premier exemple d'un pont de ce genre, et l'effet en est particulièrement heureux. Toutefois, ce type d'ouvrage entraîne des complications considérables qui
n'ont pu être surmontées que grâce à l'extrême habileté des constructeurs qui
l'ont imaginé ; il entraîne aussi une augmentation appréciable du poids du
métal. Pour ces deux motifs, il paraît ne convenir que si l'on doit tout sacrifier
aux considérations esthétiques.

Deux autres lignes métropolitaines traversent encore la Seine : la ligne n° 4,
Porte de Clignancourt-Porte d'Orléans, à la Cité ; la ligne n° 8, Auteuil-Opéra,
une première fois à l'aval du Pont Mirabeau, une seconde fois entre le Pont de
la Concorde et le Pont des Invalides. Mais ici, les traversées sont souterraines ;
le passage s'effectue sous le lit du fleuve. Pour la ligne n° 8, les conditions du
passage ne sont pas encore complètement déterminées ; les travaux de la ligne
n° 4, au contraire, sont en pleine période d'exécution.

La ligne n° 4 pénètre dans la nappe aquifère au carrefour de la rue des Halles
et de la rue Saint-Denis ; elle y demeure jusqu'au carrefour de la rue Danton
et du boulevard Saint-Germain. Outre les traversées souterraines des deux bras
du fleuve, le tracé comporte un passage sous la ligne métropolitaine n° 1 à la
rue de Rivoli et un passage sous les voies ferrées de l'Orléans, à l'amont du
pont Saint-Michel. Deux stations à grande profondeur doivent être établies, en
outre, l'une au Marché aux Fleurs, l'autre à la place Saint-Michel.

L'ensemble de ces ouvrages offre un développement de près de 1.100 mètres
sur lequel les difficultés surgissent pour ainsi dire à chaque pas. Aussi, avant

d'arrêter les bases d'exécution, la Ville de Paris a-t-elle invité les constructeurs à étudier, de concert avec ses services et conseils techniques, la solution de ce problème ardu. A la suite de cette consultation, il a été décidé que tous les souterrains, y compris les stations, recevraient un revêtement en fonte, que la double traversée du fleuve, dans les deux bras, s'opérerait par fonçage vertical, comme les piles de pont; qu'il en serait de même des stations; que partout ailleurs, le souterrain serait exécuté par cheminement horizontal au moyen du bouclier. Il a été reconnu possible de maintenir les deux voies dans une galerie unique dont le profil ne s'écarte pas du type usuel, sauf pour les stations. La jonction entre le souterrain et les stations s'opérera par le moyen de puits verticaux à section elliptique, qui seront utilisés ultérieurement pour les escaliers et les ascenseurs permettant l'accès aux quais. Au passage sous les voies de l'Orléans, préalablement consolidées, on aura recours, pour plus de sûreté, au procédé de la congélation.

Pour le fonçage vertical, le procédé très simple en théorie, consiste à bâtir un tronçon de souterrain sur une chambre de travail, et à l'enfoncer progressivement dans le lit du fleuve, ou dans le sous-sol par le moyen de l'air comprimé. Dans le lit même de la Seine, on ne pouvait exécuter la traversée au moyen d'un caisson unique. Pour le grand bras, on emploiera trois caissons de 9^m,60 de largeur et 9^m,05 de hauteur, dont les longueurs atteindront respectivement 36 mètres, 38^m,40 et 43^m,20; pour le petit bras, il suffira de deux caissons de 19^m,80 de longueur.

Ces caissons ne sont pas foncés jointifs; la chose serait impossible; en fait, ils se trouvent séparés par un intervalle d'environ 1^m,50. Le joint s'exécutera au moyen de caissons amovibles. On commencera par construire de cette manière, sur les flancs de deux caissons consécutifs, deux murs jointifs en béton, allant de l'un à l'autre, à l'extérieur; ces murs seront arasés au niveau d'une plate-forme qui surmonte, sur une faible longueur, les extrémités des caissons. On obtiendra de la sorte une surface d'appui, en forme de rectangle évidé, sur laquelle on viendra appliquer un troisième caisson amovible, et c'est à l'abri de ce dernier que la partie du souterrain correspondant au joint sera exécutée et la continuité rétablie.

Les parties exécutées par cheminement horizontal, seront construites à l'aide du bouclier dont je vous ai déjà parlé. Seulement, ici, le bouclier sera aménagé d'une façon spéciale permettant l'exécution du travail à l'air comprimé.

Le cuvelage en fonte employé pour le revêtement du souterrain est constitué par une série d'anneaux de 4 centimètres d'épaisseur avec des nervures de 12 centimètres de hauteur. Dans les parties foncées verticalement, la carcasse qui supporte ce revêtement se compose de fermes espacées de 1^m,20 et reliées par des poutrelles longitudinales; le tout est noyé dans du béton dont l'épaisseur atteint 71 centimètres à la clef et 96 centimètres aux naissances.

A la traversée du grand bras de la Seine, le rail se trouve placé à 11^m,15 et l'extrados de la voûte à 5^m,62 en contre-bas du plan d'eau normal.

A l'heure actuelle, les trois caissons du grand bras et l'un des caissons du petit bras sont à fond; le cinquième caisson sera descendu à la fin des crues d'hiver. Les grands puits elliptiques de la place Saint-Michel et de la rue de Lutèce sont en cours de fonçage ainsi que la station Place Saint-Michel. Sur la rive droite, le souterrain est attaqué sur la plus grande partie de son étendue; le débit de la nappe souterraine étant faible et le sous-sol résistant, on a pu se dispenser de l'emploi de l'air comprimé et même du bouclier.

Sur la rive gauche, à l'extrémité de la rue Danton, le bouclier est complètement équipé et prêt à partir; le travail par cheminement horizontal commencera d'ici quelques jours.

Sur le boulevard de l'Hôpital, la ligne circulaire n° 2 sud, s'infléchissant à partir de la Salpêtrière, pénètre en viaduc sur les dépendances de la gare d'Austerlitz et traverse le grand hall de cette gare pour parvenir à la Seine. Une station métropolitaine, établie à l'intérieur du hall, est constituée par une double travée de 52^m,55 de portée et de 17^m,10 de largeur qui franchit d'un seul jet les voies de l'Orléans, et repose à chacune de ses extrémités sur une file de trois piliers composés d'un caisson en acier laminé rempli de béton. La construction de la ligne métropolitaine a nécessité l'éventrement sur une largeur de 20 mètres, des murs de façade de la gare, et la démolition des piliers qui supportaient, sur cette longueur, les fermes de la couverture du hall dont la portée dépasse 52 mètres.

De sérieuses difficultés, venant tant de la nature du sous-sol, que de la proximité des fondations de la gare, ont compliqué le travail. La charge des piliers de la station métropolitaine pouvant atteindre 800 tonnes, il a fallu descendre les fondations sur le calcaire grossier à 12 mètres environ au-dessous du niveau des quais de la gare. Cette opération, contrariée par d'abondantes infiltrations, a nécessité l'installation de cinq pompes centrifuges actionnées par deux locomobiles de 30 chevaux. Elle a pu néanmoins être menée à bien sans autre dégât que quelques fissures et quelques tassements sans importance dans les bâtiments de la Compagnie d'Orléans.

La ligne n° 3 se superpose à la place de l'Opéra, à deux autres lignes métropolitaines : la ligne n° 7, Palais-Royal-Place du Danube, et la ligne n° 8, Auteuil-Opéra. La ligne n° 3 devant être construite la première, il était nécessaire d'exécuter en même temps les ouvrages des deux autres lignes, au point de croisement, afin d'éviter plus tard des reprises dangereuses en sous-œuvre. Le rail de la ligne n° 7 se trouvant à 11 mètres au-dessous du sol, et celui de la ligne n° 8 à plus de 16 mètres, les maçonneries communes aux ouvrages des trois lignes ont dû être descendues à 20 mètres de profondeur et plonger de 9 mètres dans la nappe aquifère. Il a fallu recourir à l'air comprimé pour la fondation de l'ouvrage. Les points d'appui ont été formés par trois caissons. Le premier, dont l'emplacement est situé sous la place de l'Opéra, supporte les piédroits des lignes n°s 3 et 7 à leur premier point de rencontre; les deux derniers, placés parallèlement à l'axe du boulevard des Capucines, encadrent le souterrain de la ligne n° 8 et supportent les ouvrages des lignes n°s 3 et 7. Les travaux, qui ont duré neuf mois, ont présenté quelques difficultés en raison de leur emplacement à un carrefour où la circulation, des plus intenses, devait être maintenue à tout prix.

J'aborde maintenant les difficultés occasionnées par la nature du sous-sol; elles sont multiples, mais je me bornerai à un exemple caractéristique.

La ligne n° 2 sud, qui pénètre dans l'étage du calcaire grossier au boulevard Pasteur, traverse, sur le tiers de son étendue, la zone des carrières qui comporte deux et même trois étages de galerie. Lorsque les ciels de carrière ont été trouvés en bon état, on s'est borné à les soutenir par des piliers en maçonnerie. Mais sur des longueurs assez grandes, les recherches ont fait découvrir des dislocations dans les couchés situées au-dessus des anciennes excavations;

le ciel de carrière s'était affaissé, et, l'éboulement se propageant, avait donné naissance à ces cavités en forme de cloches, que l'on désigne communément sous le nom de « fontis ». Une de ces cloches, au boulevard de Vaugirard, près de l'avenue du Maine, avait une section de 70 mètres carrés, à la base, et sa hauteur dépassait 13 mètres, ce qui correspond à un volume de 660 mètres cubes.

Je m'empresse de vous dire que des fontis de cette importance sont, fort heureusement, tout à fait exceptionnels. Lorsque l'effondrement ne dépassait pas une dizaine de mètres carrés, on s'est borné à le circonscrire en l'entourant d'un mur maçonné, et, pour les ouvrages du Métropolitain, à renforcer le profil. Pour un affaissement plus accentué, on a fait reposer les ouvrages sur un véritable viaduc souterrain, dont les piles sont constituées par des puits de 1^m,20 de diamètre remplis de béton, et qui prennent appui sur le sol de carrière. Enfin, lorsque les dislocations étaient plus considérables et qu'il y avait lieu de craindre pour la stabilité du souterrain, on renforçait le profil et on soutenait les parois de place en place par des contreforts prenant appui sur des colonnes de béton reposant elles-mêmes sur le sol de carrière.

Ce dernier cas, s'est présenté sous le boulevard Raspail, au carrefour de la rue Victor-Considérant. Sur 27 mètres de longueur, le souterrain est constitué par un gigantesque tube en maçonnerie supporté par cinq files de colonnes. Un pareil travail n'a pu être exécuté, sans accident, qu'au prix de l'attention la plus soutenue.

Pour préciser l'importance de l'œuvre qui se poursuit actuellement à Paris, je dirai que la construction des huit lignes métropolitaines exigera l'extraction d'un volume de déblais qui peut être évalué à près de 5 millions de mètres cubes, l'exécution de 2.200.000 mètres cubes de maçonnerie et l'emploi de 67.000 tonnes de métal.

L'effectif des ouvriers employés sur les travaux varie suivant le nombre et l'importance des chantiers ouverts ; il a atteint, au plus fort du travail, le chiffre de 3.500.

Je devrais vous parler maintenant des travaux de superstructure exécutés par la Compagnie du chemin de fer Métropolitain, mais l'heure est trop avancée, et je craindrais, vraiment, d'abuser de votre bienveillante attention. Je me bornerai à vous donner, pour terminer, quelques brèves indications sur les résultats d'exploitation des lignes en service.

Les résultats de l'exploitation du chemin de fer Métropolitain ont bien vite dépassé toutes les espérances. Le cahier des charges impose à la Compagnie un nombre minimum de 135 voyages par jour, dans chaque sens, avec des trains comportant au moins 100 places. Dès le début, il a été reconnu que ces conditions minima étaient insuffisantes. Actuellement la ligne n° 1 est desservie par 25 trains, offrant chacun 385 places et effectuant 309 courses dans chaque sens les jours ordinaires, et 320 courses les jours fériés. Pour la ligne n° 2 nord, le service est assuré par 29 trains comportant alternativement 275 et 330 places et effectuant 260 courses dans chaque sens en semaine, et 276 courses les dimanches et jours fériés. Sur la ligne n° 3, le nombre des trains est de 22, avec 392 places et le nombre de courses de 280 les jours ouvrables et de 273 les jours fériés, etc...

La ligne n° 1 a été ouverte à l'exploitation le 19 juillet 1900 ; — la ligne n° 2 nord, en totalité, le 2 avril 1903 ; — la ligne n° 2 sud, jusqu'à la place d'Italie, le 24 avril 1906, jusqu'à la gare d'Austerlitz, le 2 juin 1906 ; — la ligne n° 3, en totalité, le 25 janvier 1905 ; — enfin, la ligne n° 5, jusqu'à la rue de Lancry, le 17 décembre 1906.

Le mouvement des voyageurs a sans cesse été en croissant. C'est ainsi que la ligne n° 1 a vu son trafic passer de 17.900.000 voyageurs en 1900, à 70.600.000, en 1905, et à 72.500.000 en 1906 ; la ligne n° 3, de 37.200.000 voyageurs en 1905, à 40.300.000 en 1906, etc...

Si l'on cherche le nombre de voyageurs transportés par kilomètre, c'est-à-dire le quotient du nombre total des voyageurs par la longueur de la ligne, on trouve, en 1906 :

Pour la ligne n° 1 . . . .   6.903.394 voyageurs-kilomètres
Pour la ligne n° 2 nord . . . . .   5.416.421   — d° —
Pour la ligne n° 3 . . . .   5.104.180   — d° —

Ce trafic dépasse de beaucoup celui de toutes les lignes de chemin de fer, tant en France qu'à l'étranger. Comme point de comparaison, on peut prendre le mouvement des voyageurs sur la ligne de Paris à Auteuil, qui est particulièrement chargée. En 1903, sur un total de 23.800.000 voyageurs, en nombre rond, 12.000.000 étaient en transit ; il restait donc, pour la ligne d'Auteuil elle-même, 11.800.000 voyageurs, ce qui, pour une longueur de 9 kilomètres environ, correspond à un peu plus de 1.300.000 voyageurs par kilomètre. La même année, le nombre des voyageurs transportés sur la ligne métropolitaine n° 1 s'est élevé à près de 6.500.000 voyageurs, et, sur la ligne n° 2 nord, à plus de 3.700.000 voyageurs.

L'affluence des voyageurs n'est pas constante ; elle varie suivant les mois de l'année, et, dans un même mois, suivant les jours de la semaine. L'oscillation annuelle se traduit par une loi que l'on retrouve, à Paris, dans toutes les entreprises de transport en commun ; le trafic varie peu de mars à juin ; il décroît ensuite rapidement de juin à août, où il passe par un minimum ; il se relève d'août à décembre, avec saut brusque pendant ce dernier mois, qui est celui du maximum, et ce maximum est suivi d'une dépression en janvier et février. L'oscillation hebdomadaire est moins régulière et varie suivant les lignes. Sur les lignes n° 1 et 2 nord, on relève, en général, des maxima très caractérisés le dimanche ; sur la ligne n° 3, qui dessert une clientèle d'affaires, les dimanches correspondent au contraire à des minima très marqués. Les conditions de la vie, à Paris, expliquent d'ailleurs aisément ces fluctuations.

La proportion des billets des diverses classes varie suivant les lignes ; mais, d'une façon générale, la seconde classe l'emporte de beaucoup sur la première, et les billets d'aller et retour l'emportent encore sur ceux de première classe. La ligne n° 1 donne la plus forte proportion de billets de première classe, 14 0/0 ; la ligne n° 3, de billets de seconde classe, 68 0/0 ; la ligne n° 2 sud, de billets d'aller et retour, 26,6 0/0.

Le produit moyen d'un billet, pour l'ensemble, des lignes n°s 1, 2 nord et 3, s'est élevé, en 1906, à 0 fr. 1727 environ.

J'ai dit que la Ville faisait face aux dépenses d'infrastructure par des prélèvements sur les recettes brutes, lesquels servent à gager les deux emprunts de

335 millions de francs, contractés en 1899 et 1904. Les recettes brutes se sont élevées au total, en 1906, à 28.753.347 fr. 75 c.; les prélèvements, à 9.400.011 fr. 03 c. Au taux moyen des emprunts de la Ville, 3,66 0/0, ces prélèvements permettent d'amortir un capital de 256 millions, c'est-à-dire plus des 5/7 de la somme totale empruntée. La longueur exploitée, en 1906, étant de 42 kilomètres environ, lesquels représentent 4/7 de la longueur totale du réseau, vous voyez que l'on peut être sans crainte sur les résultats financiers de l'opération entreprise par la Ville de Paris.

Dès l'ouverture des premières lignes, le Métropolitain a conquis la faveur du public, et cette faveur témoigne trop clairement des immenses services que le nouveau mode de transport rend à la population parisienne, pour qu'il soit besoin d'insister.

Lorsque les huit lignes seront achevées, lorsqu'elles auront été complétées par quelques lignes complémentaires, Paris possédera un réseau unique au monde, et je crois pouvoir dire que de tous les travaux édilitaires, entrepris dans ces dernières années, il n'en est guère dont les avantages, tant au point de vue social, qu'au point de vue économique, puissent être comparables.

Actuellement, peu de grands centres se trouvent aussi bien dotés pour les transports en commun rapides et à bon marché, spécialement affectés au service urbain. Mais partout où le problème se pose, les esprits s'orientent vers la solution qu'il a reçue ici et qui peut se caractériser comme suit : tracé du chemin de fer le plus près possible de la surface du sol ; appel aux capitaux et au crédit des municipalités pour l'exécution des travaux d'infrastructure ; exécution des travaux de superstructure et exploitation par un concessionnaire.

Le principe une fois admis, le reste est affaire de persévérance et d'énergie pour vaincre les difficultés, parmi lesquelles celles d'ordre technique ne sont pas toujours les plus dangereuses. Paris a eu la bonne fortune de rencontrer ces qualités alliées à une science supérieure chez celui qu'il a choisi pour concevoir et diriger l'œuvre : il n'en fallait pas moins pour mener celle-ci à bien.

M. le Dr Jules GUIART.

Professeur à la Faculté de Médecine de Lyon.

LES PARASITES INTESTINAUX ET LES MALADIES QU'ILS PRODUISENT.

— *5 mars 1907* —

MESDAMES, MESSIEURS,

Les Vers intestinaux ont été les premiers agents pathogènes animés, qui furent observés chez l'Homme, aussi comprend-on sans peine que les premiers médecins, frappés de leur fréquence dans certaines affections de l'intestin, aient songé à leur attribuer ces maladies.

Les idées que je vais vous exposer aujourd'hui ont trouvé autrefois dans Raspail un admirable défenseur. Avec une intuition géniale et un courage héroïque il soutint contre la Faculté de médecine et les tribunaux de Paris le rôle des parasites en général et plus particulièrement des Vers intestinaux dans la genèse des maladies. Mais les pontifes d'alors finirent par faire tomber sous le ridicule ce savant qui, sans même être médecin, avait la prétention de vouloir rénover les doctrines médicales. Vous savez du reste qu'un peu plus tard Pasteur, qui n'était pas davantage médecin, faillit succomber sous les mêmes coups. Plus heureux que Raspail, il put, après des luttes héroïques, sortir vainqueur de la mêlée. Dès que les Vers invisibles d'autrefois et les parasites microscopiques de Raspail eurent été baptisés du nom de Microbes, les médecins admirent qu'ils étaient la cause de toutes les maladies. Du coup la Pathologie parasitaire fut réduite à l'étude de la Bactériologie, d'autant plus que, dans le même temps, un grand travailleur, Davaine, pour lutter contre les théories vermineuses de Raspail, usa d'un parti pris vraiment regrettable pour innocenter les Vers intestinaux. Comme il eut une grande réputation, il fut d'autant plus néfaste et porta les derniers coups à l'Helminthologie. C'est à cause de lui que les médecins ne croient plus aujourd'hui à l'existence des maladies vermineuses. Ils veulent bien admettre que l'existence des Vers intestinaux puisse produire quelques vagues phénomènes nerveux, voire même quelques accidents locaux, mais ils ne croient plus qu'ils puissent engendrer des maladies.

On tourne même en ridicule ceux qui ne peuvent admettre que nos ancêtres se soient toujours trompés et accordent aux Vers intestinaux une action pathogène. Depuis les immortels travaux de Pasteur, les médecins se sont laisser hypnotiser par les Microbes et on ne veut plus admettre qu'il puisse exister d'autre agent pathogène. A la suite des progrès considérables faits en ces dernières années par la Parasitologie, on a bien voulu accepter que les parasites animaux microscopiques, comme l'Hématozoaire du paludisme, *puissent être les agents* de maladies graves. On a même admis que certains Insectes, les Moustiques, puissent leur servir d'agent d'inoculation dans notre organisme. Cependant je crois qu'il est permis de penser que, si le Microbe peut être pathogène, à plus forte raison est-il permis d'accorder ce titre à des êtres plus hautement différenciés, à des Vers qui sont mieux armés pour la lutte, qui ont souvent des dents pour mordre et des poisons tout prêts à être inoculés. On refuse aux Vers une action pathogène, parce qu'ils peuvent exister dans l'intestin d'individus parfaitement sains, et l'on ne songe nullement à innocenter le Pneumocoque et le Bacille de la tuberculose, qui peuvent se rencontrer cependant dans la bouche et dans les fosses nasales de presque tous les individus. Telle est la logique de la médecine actuelle.

Pour moi, j'ai lu et relu les observations des anciens auteurs, je me suis imprégné des travaux de Raspail, ce que n'ont certainement pas fait ceux qui l'ont attaqué. Depuis une dizaine d'années, j'ai étudié d'une façon constante les parasites intestinaux dans leurs rapports avec les affections de l'intestin et j'ai pu me convaincre de l'existence des maladies vermineuses. J'ai cherché à convaincre à mon tour le public médical, et si je n'y suis pas encore arrivé, je ne dois pas m'en étonner, quand le grand Pasteur, lui-même, a mis une douzaine d'années à faire admettre l'antiseptie par les chirurgiens. Je tiens du moins à remercier ceux qui m'ont aidé et plus particulièrement le Professeur R. Blanchard, qui, à plusieurs reprises, a bien voulu exposer et défendre mes travaux à la tribune de l'Académie de médecine.

Je tiens à remercier également l'Association Française pour l'Avancement des Sciences, qui est venue m'aider singulièrement dans mon œuvre en me priant de venir exposer au grand public parisien les idées personnelles dont je me suis fait l'apôtre et qui, pour n'être pas entièrement nouvelles, ne vous paraîtront pas moins révolutionnaires. D'autant plus que m'adressant ici au grand public, j'ai mon entière liberté d'action, aussi sera-ce en toute franchise que je vais développer la question du parasitisme intestinal, telle que je la comprends.

***

De tous les organes de l'Homme l'intestin est sans conteste celui qui est le plus habité par les parasites de toute nature. Cela du reste se comprend très facilement, puisque chaque jour cet intestin est traversé par les boissons et les aliments, qui lui apportent ces parasites ou leurs œufs. Aussi allons-nous rencontrer dans l'intestin une flore et une faune des plus riches. Je vais vous énumérer rapidement les plus fréquents et les plus importants de ces parasites, après quoi, dans une seconde partie, je vous montrerai les troubles graves qu'ils peuvent produire dans notre organisme.

La flore intestinale comprend des Bactéries et des Champignons. Les *Champignons* sont surtout représentés par certaines *Levures*, jouant un rôle important dans les fermentations intestinales et ne devenant guère pathogènes que lorsqu'elles se multiplient à l'extrême. Quant aux *Bactéries* elles sont représentées par ces êtres que vous connaissez plus communément sous le nom de *Microbes* et le contenu de notre intestin peut être considéré comme une véritable purée de ces Bactéries.

Loin d'être nuisibles, la plupart nous sont au contraire éminemment utiles, parce que les diastases souvent puissantes qu'elles sécrètent viennent ajouter leur action à celle des ferments digestifs, créant de la sorte une véritable digestion bactérienne, qui agit dans le même sens que la digestion physiologique.

Toutes les Bactéries, qui vivent dans la nature, peuvent arriver dans notre intestin avec l'eau ou les aliments, et parmi elles il peut s'en trouver d'extrêmement pathogènes. Parmi ces Microbes pouvant engendrer des maladies, je vous signalerai le *Bacille d'Eberth* ou *Bacille typhique*, le *Bacille dysentérique*, le *Vibrion cholérique* et le *Bacille tuberculeux*.

Les trois premiers ont pour principal véhicule l'eau. Le Bacille typhique et le Bacille dysentérique sont extrêmement voisins du Microbe le plus commun de notre intestin, qui est le *Colibacille*, à tel point que certains auteurs lyonnais ont pu se demander si ce n'est point ce Coli-bacille qui, sous certaines influences encore inconnues, acquerrait de nouveaux caractères et deviendrait pathogène. Cette hypothèse n'est plus admise aujourd'hui, et cependant elle devient de jour en jour plus vraisemblable au fur et à mesure qu'on découvre des intermédiaires de plus en plus nombreux entre ces différentes espèces ; ces intermédiaires sont les Paracolibacilles, les Bacilles paratyphiques et les Bacilles paradysentériques.

Quant au Bacille tuberculeux, vous savez qu'il pénètre dans notre intestin avec le lait ou la viande provenant d'animaux tuberculeux et que, d'après les derniers travaux de Calmette, ce serait la voie la plus fréquemment choisie par ce redoutable parasite pour envahir notre organisme.

A l'état normal notre intestin renferme donc, vous le voyez, d'innombrables régiments de Microbes, parmi lesquels il peut s'en trouver de très pathogènes, mais leur marche envahissante est heureusement retenue par la barrière presque infranchissable que leur offre la muqueuse intestinale, tel un torrent impétueux endigué à travers une ville pour maintenir ses eaux dévastatrices. Qu'une simple brèche soit faite dans ces digues et la ville ne sera bientôt plus qu'un amoncellement de ruines. Il suffira de même que la muqueuse intestinale soit lésée par un simple corps étranger entraîné avec les aliments ou, le plus souvent, par un des innombrables parasites dont il me reste à vous parler, et les Microbes pathogènes, pénétrant dans la paroi de l'intestin, auront vite fait d'envahir l'organisme pour engendrer la maladie et produire bientôt peut-être la mort.

Ces autres parasites constituent la faune de l'intestin et ont des représentants dans plusieurs groupes du règne animal : les Protozoaires, les Vers et les Arthropodes.

Les plus simples sont les *Amibes*, petites masses de matière vivante, de protoplasme, comme nous l'appelons, capables de ramper à la surface de la muqueuse intestinale. Les unes, comme l'*Amibe du colon*, se contentent de se nourrir en englobant dans leur masse les Microbes intestinaux ; elles ne sont donc pas pathogènes. Mais il n'en est pas de même de l'*Amibe de la dysenterie*, beaucoup plus grosse et plus trapue, se nourrissant aux dépens de nos tissus et désagrégeant les cellules de la muqueuse intestinale, qui va dès lors se laisser envahir par les Bactéries. Il va en résulter la dysenterie amibienne, qui est la forme grave des pays chauds. Bien plus, cette Amibe, écartant les cellules comme une personne pressée qui joue des coudes dans une foule, va pouvoir traverser complètement la paroi de l'intestin, tomber dans les origines des veines et, comme celles-ci se rendent dans le foie, elle va pouvoir transporter dans cet organe les Microbes de l'intestin encore fixés à son corps gluant et elle sera ainsi l'origine de cette redoutable complication de la dysenterie qu'est l'abcès tropical du foie. L'Amibe est donc, suivant l'expression imagée du Professeur Blanchard, « le tambour-major qui ouvre la marche au régiment des Microbes ». Pendant de longues années, les médecins ont prétendu que cette dysenterie amibienne n'existait pas ; c'est un zoologiste allemand, l'illustre et regretté Schaudinn, qui a eu le grand mérite de mettre fin à cette discussion en montrant qu'il peut exister dans notre intestin deux Amibes : l'une qui peut se rencontrer chez les individus sains et n'est pas pathogène et l'autre qui est la cause de la dysenterie des pays chauds.

Parmi les *Flagellés* je vous signalerai la *Cercomonade*, la *Trichomonade* et la *Lamblie intestinale*, qui se rencontrent dans l'intestin dans certaines affections diarrhéiques. On les considère d'ordinaire comme peu pathogènes. Nous insisterons cependant sur ce fait que Davaine a observé les Cercomonades en nombre considérable dans les déjections des cholériques et des typhiques. Enfin, moi-même, j'ai eu l'occasion de voir deux fois les Trichomonades se multiplier en nombre considérable dans l'intestin des typhiques ; or il s'agissait de deux formes exceptionnellement graves de fièvre typhoïde, qui se sont terminées par la mort.

Quant aux *Infusoires*, on en connaît actuellement quatre espèces, qui peuvent vivre dans l'intestin de l'Homme : Le plus connu est le *Balantidium*, qui vit dans le gros intestin, où il nage, grâce au revêtement de cils vibratiles dont il est complètement tapissé. Comme l'Amibe de la dysenterie, il peut aussi pénétrer dans la muqueuse et se faire l'agent d'inoculation des Microbes pathogènes. On a prétendu aussi que c'était un parasite inoffensif, mais il n'est plus niable qu'il puisse produire certaines formes de dysenterie et la dysenterie balantidienne doit prendre place aujourd'hui dans la nosographie médicale à côté de la dysenterie amibienne. A Paris même, les Infusoires peuvent être pathogènes, telle cette espèce nouvelle d'Infusoire carnassier, le *Chilodon dentatus*, que j'ai découvert dans l'intestin d'une dame habitant Paris et atteinte de diarrhée dysentériforme.

J'arrive maintenant à l'étude des *Vers intestinaux*, qui va vous retenir plus longtemps. Ils se divisent en *Vers plats* et *Vers ronds*. Comme type de *Vers plats*, je vous citerai le *Ver solitaire*, que vous connaissez suffisamment pour que je puisse m'abstenir de vous en faire une longue description. Il est représenté, dans nos pays, par deux espèces principales : le Ténia inerme et le Bothriocéphale.

Le *Ténia inerme*, qui représente la forme la plus commune en France, est caractérisé par une tête munie de quatre ventouses lui permettant de se fixer sur la muqueuse intestinale et par les derniers anneaux de cet énorme ruban, long de 3 à 9 mètres en moyenne, qui sont beaucoup plus longs que larges. Sa larve ou Cysticerque vit chez le Bœuf, et c'est en mangeant la viande de cet animal, à l'état cru ou à l'état de beefsteak saignant, que vous pouvez contracter ce parasite, qui est, en réalité, plus effrayant par ses grandes dimensions que redoutable.

Le *Bothriocéphale* est un Ver solitaire beaucoup plus long que le précédent, puisqu'il atteint facilement de 12 à 16 mètres de longueur. Il est caractérisé par une tête ovalaire ne présentant plus que deux longues et étroites ventouses, et par des anneaux qui sont tous beaucoup plus larges que longs. Sa larve ou Plérocercoïde vit dans les muscles de certains Poissons. C'est vous dire que ce parasite se rencontrera surtout dans les pays où les Poissons joueront un grand rôle dans l'alimentation, particulièrement aux alentours des grands lacs.

Si je n'insiste pas plus longuement sur les Vers solitaires, c'est parce que leur importance est loin d'être en rapport avec leur longueur; ce qui tient, à mon avis, à ce que, se fixant sur la muqueuse sans produire de lésions, ils ne peuvent se faire les agents d'inoculation des Microbes pathogènes de l'intestin.

Mais il n'en est pas de même des *Vers ronds* ou *Nématodes*, qui, pour être parfois microscopiques, peuvent toujours devenir des parasites redoutables. Je vous citerai simplement parmi eux les Ascarides, les Oxyures, les Trichocéphales, les Ankylostomes et les Anguillules.

L'*Ascaride* est le plus commun des Vers intestinaux de l'Homme. C'est un Ver cylindrique, mesurant en moyenne 15 à 20 centimètres de longueur. Je vous citerai cependant le cas d'une aimable parisienne qui me remit un jour un Ascaride expulsé par elle et ne mesurant pas moins de 34 centimètres, dimension déjà respectable pour un Ver dont la grosseur ne dépasse guère celle d'un porte-plume. Ce Ver habite normalement l'intestin grêle, d'où il est expulsé généralement par l'orifice normal et terminal de l'intestin.

Toutefois, dans certains cas, il peut remonter par l'estomac et l'œsophage jusque dans la cavité buccale et être expulsé par la bouche ; mais il pourra gagner aussi les fosses nasales, d'où il arrivera au dehors par les narines, à l'exception toutefois des formes jeunes, qui pourront sortir dans l'angle de l'œil par les points lacrymaux ou plus fréquemment s'engageront dans la trompe d'Eustache et sortiront par l'oreille. Cette migration des Ascarides dans les voies digestives supérieures est pour l'Homme un grand danger, car, en arrière de la bouche, il existe un carrefour où se croisent les voies digestives et respiratoires, de telle sorte qu'un Ascaride, arrivé en ce point, au lieu de s'engager dans la bouche, pourra s'engager dans le larynx, la trachée et les bronches, empêchant ainsi la respiration et pouvant provoquer des accès de suffocation mortels. De l'intestin grêle l'Ascaride peut aussi pénétrer dans les voies biliaires et remonter jusque dans le foie, où, à l'exemple de l'Amibe, il va provoquer la formation d'un abcès. Je possède ainsi, à Lyon, dans le musée attenant à mon laboratoire, un foie humain absolument rempli d'Ascarides jusque dans les parties les plus profondes.

L'Ascaride, enfin, grâce aux mâchoires dont je vous parlerai tout à l'heure, peut perforer la paroi de l'intestin et provoquer une péritonite ou même, au niveau d'une hernie, perforer à la fois l'intestin et la paroi abdominale, provoquant ainsi la formation d'un abcès vermineux, qui va permettre au parasite d'être encore, par cette voie détournée, éliminé au dehors.

Je vous ai dit que Davaine fit montre d'un parti pris invraisemblable, se refusant à admettre les vérités les plus éclatantes. L'Ascaride en est la meilleure preuve. C'est ainsi qu'il prétendait que les Ascarides ne peuvent être dangereux, parce que les migrations que nous venons d'exposer auraient lieu le plus souvent après la mort, sous l'action d'une sorte d'excitation produite par le refroidissement du cadavre. Or, cette explication est d'autant plus inconcevable qu'elle est en contradiction avec les propres expériences de Davaine. En effet, ayant placé dans de l'eau des Ascarides « engourdis par le froid » il montre, que si l'on élève la température de l'eau jusqu'à 37 degrés, qui est la température du corps, les Vers commencent à s'agiter avec intensité et cette intensité va toujours en augmentant si l'on élève la température à 40 et 41 degrés. Le refroidissement du cadavre ne pourrait donc qu'engourdir les Vers, et, cette expérience démontre, au contraire, de la façon la plus nette, que c'est chez l'individu vivant que doivent se produire les migrations.

L'Oxyure, contrairement à l'Ascaride, est de très petite taille, ne dépassant guère un centimètre de longueur. C'est un parasite très commun chez les enfants. Il ne vit pas dans le gros intestin, comme on le croit généralement, mais son véritable habitat, est l'intestin grêle. Seules les femelles gorgées d'œufs descendent le long du gros intestin et viennent se fixer au niveau de la muqueuse anale pour pondre ainsi les œufs directement au dehors. C'est alors que ce manifeste ce prurit bien connu, qui a pour caractère de s'accentuer au moment du coucher.

Comme migration, nous noterons que les femelles fécondées peuvent profiter de leur faible dimension pour pénétrer dans la paroi de l'intestin et se nourrir aussi de sang.

C'est ainsi qu'elles pourront inoculer certains Microbes pathogènes et, comme à une certaine époque de leur existence les Oxyures se localisent dans la région du cœcum et de l'appendice, il en résulte qu'ils pourront jouer un grand rôle dans l'étiologie de l'appendicite. Nous indiquerons enfin que les Oxyures, par leurs migrations dans certains organes et le prurit qu'ils vont provoquer, pourront inciter parfois les enfants aux plaisirs solitaires. De tous les Vers intestinaux l'Oxyure est de beaucoup celui qui pullule le plus facilement dans l'intestin et dont il est le plus difficile de se débarrasser. C'est qu'en effet à la suite du prurit insupportable qu'il provoque, les malades, en se grattant recueillent sous leurs ongles un nombre considérable d'œufs du parasite. S'il leur arrive, en dormant, de porter les mains à la bouche ou s'ils se rongent les ongles par la suite, l'autoinfestation se produira.

C'est ainsi que s'explique la persistance du parasite chez un même individu pendant de longues années, et j'ai pu, pour ma part, guérir un malade qui hébergeait des parasites depuis quinze ans, en dépit de tous les traitements qu'il avait subis.

Le *Trichocéphale* est caractérisé, comme l'étymologie de son nom l'indique, par son extrémité céphalique effilée comme un cheveu. Ce parasite mesure en moyenne 4 à 5 centimètres de longueur et est très commun dans le cœcum, où il est fixé fortement par sa partie effilée, qui s'engage parfois très profondément dans la muqueuse intestinale. Il semble donc mieux adapté que tout autre parasite à servir d'agent inoculateur, aussi verrons-nous tout à l'heure qu'on doit l'incriminer dans la fièvre typhoïde et dans un grand nombre de cas d'appendicites.

L'*Ankylostome*, dans nos pays, ne se rencontre, lui, que chez les individus exerçant certaines professions, tels que les mineurs, les briquetiers, les ouvriers qui travaillent dans les tunnels, les rizières et les solfatares, bref, dans toutes les professions où les ouvriers ont les mains constamment souillées de la boue dans laquelle se développent les œufs et les larves. L'Ankylostome est un petit Nématode, long de 1 à 2 centimètres, caractérisé par l'existence d'une capsule buccale armée de crochets et de lames tranchantes lui permettant de se fixer sur la muqueuse de l'intestin grêle et de la déchirer pour se gorger de sang. Il provoque une anémie particulière qui est généralement décrite sous le nom d'anémie des mineurs.

L'*Anguillule* a été découverte à Toulon, en 1876, par Normand et Bavay, chez des soldats atteints de diarrhée de Cochinchine. C'est un petit parasite microscopique, qui peut se rencontrer, dans nos pays, chez l'Homme, dans les mêmes conditions que l'Ankylostome, mais qui semble particulièrement fréquent dans les pays chauds, surtout en Indo-Chine. Comme ce parasite, pour se nourrir de sang, pénètre dans la paroi de l'intestin à la façon de l'Oxyure, et comme il abonde précisément dans les pays où règne la dysenterie, nous pensons qu'il joue peut-être un rôle dans l'inoculation du Bacille dysentérique. Comme il vit dans l'intestin grêle, contrairement aux autres agents inoculateurs (Amibes ou Infusoires), qui vivent dans le gros intestin, il en résulterait cette forme particulière de dysenterie qu'est la diarrhée de Cochinchine.

Parmi les Arthropodes pouvant vivre dans l'intestin, je vous signalerai simplement les larves de *Mouches*.

Davaine était d'avis que les larves de Mouches ne peuvent vivre dans notre intestin et résister à l'action des sucs digestifs. Il croyait que toutes celles qu'il est si fréquent de trouver vivantes dans les déjections, existaient au préalable dans le vase ou y étaient tombées fortuitement après l'évacuation des selles. Toutefois, il est certain aujourd'hui que les larves de Diptères sont parfaitement capables de traverser le tube digestif et d'y séjourner, sans rien perdre de leur vitalité.

Les larves de Diptères se développent suivant les espèces dans la terre, dans l'eau et dans l'intérieur des êtres organisés, végétaux ou animaux. Leurs formes varient suivant les genres ; elles sont d'ordinaire cylindriques et allongées, constituées par une série d'anneaux, portant une ou plusieurs rangées de soies, toutes dirigées en arrière et qui leur permettent de se déplacer. Ces larves possèdent, en général, une armature pharyngienne, constituée par deux à quatre crochets buccaux plus ou moins puissants.

Toutes les larves de Mouches, qui vivent dans les matières alimentaires, peuvent naturellement être introduites accidentéllement dans le tube digestif. La liste complète en serait aussi longue que fastidieuse. Nous n'en citerons donc que quelques-unes : la larve de la *Mouche domestique* sera peu fréquente, parce qu'elle vit en général dans le fumier. On aura plus souvent l'occasion d'observer les larves de la *Calliphora vomitoria* ou Mouche bleue de la viande, de la *Lucilia cæsar* ou Mouche dorée et de la *Sarcophaga carnaria*, qui est une petite Mouche grise rayée de noir. Ces différentes larves vivent, en effet, dans la viande des animaux de boucherie (asticots) et peuvent être avalées accidentellement.

Mais les cas de myase intestinale de beaucoup les plus fréquents sont dus aux Anthomyes, à la Mouche des urinoirs et à la Mouche du fromage.

Les *Anthomyes* sont des Mouches dont les larves sont remarquables par leur largeur, leur aplatissement et les longues épines barbelées que l'on observe latéralement et surtout à la partie postérieure du corps. Leur présence dans l'estomac est marquée par du malaise et des nausées, tandis que dans l'intestin elles occasionnent une sorte de dysenterie. Elles sont avalées avec les radis et les salades.

La larve de la petite Mouche noire, allongée, qu'il est si fréquent de rencontrer dans les cabinets d'aisance et dans les urinoirs, est petite, allongée, transparente et bifurquée à l'extrémité postérieure. Elle vit dans le contenu des fosses d'aisances, dans l'urine, les eaux corrompues et l'on s'explique difficilement comment elle peut arriver dans l'intestin de l'Homme. Comme la précédente, sa présence dans l'intestin détermine de violentes coliques et une sorte de dysenterie. Le malade en expulse souvent de grandes quantités à la fois et durant les mois d'été, c'est, à Paris du moins, la larve qui se rencontre avec la plus grande fréquence dans l'intestin de l'Homme. On pourrait croire, avec Davaine, que les larves ont été déposées dans les excréments après leur sortie du tube digestif, mais il n'en est absolument rien, un certain nombre d'observateurs conciencieux ayant fait aller leurs malades à la garde-robe sur des vases dont ils s'étaient assurés à l'avance de la parfaite propreté et ayant pu constater, aussitôt l'évacuation, que les matières fécales étaient réellement grouillantes de larves ne pouvant provenir que de l'intestin. Nous en avons également la preuve dans les expériences faites par Pruvôt chez les animaux.

Quant à la larve de la Mouche du fromage c'est ce que l'on appelle le *Ver du fromage*, si bien étudié par Swammerdam. Cette larve possède la propriété de pouvoir sauter assez loin : l'animal se recourbe en cerceau, puis tout à coup se détendant comme un ressort, il est projeté à une assez grande distance. Or, tous les marchands de fromages, savent, par expérience, qu'il est dangereux de laisser ces larves sauter sur la main ou sur la figure. La larve est armée, en effet, de deux énormes crochets mandibulaires, très acérés, avec lesquels elle peut se fixer sur la peau fine du visage. Elle peut alors inoculer facilement dans la peau les Bactéries pathogènes, dont elle s'est souillée dans le fumier avec lequel on recouvre certains fromages. Il peut en résulter des abcès, voire même du tétanos, au dire des femmes de la halle. Le passage de ces larves dans l'intestin peut produire des troubles graves, comme le prouve une observation faite par le Dr Thébault. Il s'agissait d'une jeune femme, bien portante, qui avait mangé du camembert en affectant d'avaler, sans les mâcher des « *Mulots* » pour lesquels elle avait un goût très prononcé. Or, quelques jours après, elle fut prise d'hémorragie intestinale grave, bientôt suivie de tous les symptômes de la fièvre typhoïde ; mais après l'expulsion d'un certain nombre de ces larves

dont plusieurs parfaitement vivantes, la malade se rétablit assez vite. Le
Dr Thébault ayant fait avaler ces larves à un Chien, détermine chez celui-ci
des hémorragies intestinales et des selles diarrhéiques et on constate à l'autopsie
de nombreuses plaques ecchymotiques au niveau de l'intestin grêle et de larges
érosions au niveau du gros intestin. Ces deux faits sont du reste facilement
explicables, par suite de la puissance des crochets de la larve. Arrivée dans
l'intestin, elle cherche à en sortir et, comme elle est encore dans toute sa
vigueur, elle produit sur la muqueuse des dégâts considérables. Du même coup,
elle inocule dans cette muqueuse les Microbes dont elle est chargée, et les
déchirures qu'elle produit servent de porte d'entrée aux Microbes pathogènes
qui vivent normalement dans l'intestin. Le résultat est identique à celui que
l'on peut observer avec l'*Ascaris* : une maladie pyrétique à forme typhoïde.

***

Je vais, en terminant cette première partie, vous montrer comment on peut grâce
au microscope, savoir qu'un intestin est parasité. Il suffit de prélever, avec un
fil de platine, que l'on pourra flamber ensuite, une trace de déjections qu'on
examine entre lame et lamelle sous le microscope. Voici, du reste, une prépara-
ration qui montre les débris hétéroclites qu'on peut y rencontrer, mais où
dominent toutefois les débris alimentaires. Vous y voyez des fragments de muscle,
des fragments végétaux de toutes sortes, des fibres spiralées, un poil végétal, une
concrétion pierreuse de poire, différents cristaux et même quelques cellules
épithéliales provenant de la muqueuse intestinale. C'est au milieu de ces divers
débris que peuvent s'observer les différents œufs de Vers intestinaux, dont voici
les principaux représentants. Je n'ai malheureusement pas le temps d'insister
sur leurs caractères.

***

Abordons maintenant la deuxième partie de cette conférence, relative à l'action pathogène des parasites intestinaux. Ceux-ci peuvent agir de trois façons
diverses.

1° Tout d'abord, en sécrétant des poisons plus ou moins violents, qui agiraient
sur le sang et provoqueraient l'anémie. C'est ainsi que presque tous les individus
qui hébergent des Vers intestinaux ont le teint pâle, les muqueuses décolorées.
Toutefois, certains Vers, sécrétant des toxines plus actives, peuvent produire des
anémies pernicieuses graves, pouvant même entraîner la mort. Tel serait le cas
de l'Ankylostome. Comme nous avons vu que ce Nématode se fixe fortement sur
la muqueuse et grâce à sa bouche, puissamment armée, provoque des hémorragies continuelles, on avait pensé que l'anémie qu'il produit est due à la
perte continuelle de sang. Mais il n'en est rien, puisqu'un Ver solitaire, le
Bothriocéphale, qui n'est pas armé et ne produit pas d'hémorragies, peut provoquer une anémie pernicieuse identique. Tous, d'ailleurs, peuvent la provoquer
à un degré plus ou moins intense.

2° Les parasites intestinaux agiraient également en irritant les terminaisons
nerveuses, qui sont dans la paroi de l'intestin, et provoquant ainsi, par transmission au cerveau, les douleurs si fréquentes observées dans l'helminthiase.
Ce mode d'action a été principalement défendu par le Professeur R. Blanchard.

Quand le parasite sera simplement fixé à la surface de la muqueuse intestinale, les sensations douloureuses seront très variables, mais jamais intenses.
C'est ainsi que le Ver solitaire ne traduira guère sa présence que par des sensa-

tions de reptation ou de boule qui se déplace. Au contraire, quand le parasite pénétrera profondément dans la paroi, comme le Trichocéphale, les douleurs seront vives, donnant l'impression de piqûres, de morsures, atteignant parfois une extrème acuité, comme les douleurs en coup de pistolet de l'appendicite. C'est alors surtout que se produiront ces troubles nerveux réflexes, qui pourront effrayer l'entourage des malades : paralysies, pertes de la vue, convulsions, accès hystériformes ou épileptiformes, phénomènes qui auront tous ce caractère de disparaître après l'expulsion des parasites.

3° Malheureusement, en même temps qu'ils pénètrent dans la paroi de l'intestin et irritent les terminaisons nerveuses, les parasites peuvent y inoculer les Microbes pathogènes du contenu intestinal. C'est là ce qui les rend éminemment dangereux et c'est ce que j'ai cherché à mettre en lumière depuis 1899.

Mes prémiers travaux ont eu pour point de départ l'observation d'un Ascaride du Dauphin, récolté par le prince de Monaco, et qui se trouvait fortement implanté sur la muqueuse du tube digestif. L'Ascaride de l'Homme, possédant la même armature buccale pouvait donc agir de même. En effet, dans les quelques cas où les auteurs ont examiné la muqueuse d'intestin renfermant des Ascarides, ils ont observé des lésions ne pouvant guère s'expliquer que par la fixation possible des Ascarides. Depuis la communication que je viens de rappeler, j'ai eu maintes fois l'occasion de rencontrer des Ascarides fixés sur le tube digestif de différents animaux. Si cette fixation ne s'observe pas chez l'Homme, il est du moins facile de l'expliquer. C'est tout simplement parce que tous les parasites, qui sont fixés sur la paroi du tube digestif, s'en détachent très peu de temps après la mort, sans même attendre le refroidissement du cadavre. De telle sorte que, pour observer des Ascarides en place, il faudrait pouvoir faire l'autopsie immédiatement après la mort. On pourrait ainsi, de temps en temps, surprendre des Vers au moment où ils se nourrissent.

La meilleure preuve en peut être fournie par le Trichocéphale. On sait que ce parasite vit dans la région du cæcum, et, à l'heure actuelle, il ne fait plus de doute pour personne que le Trichocéphale est profondément implanté dans la muqueuse par son extrémité antérieure effilée. Cependant, lorsqu'on fait l'autopsie d'un tube digestif, après l'avoir lavé sous un robinet d'eau, on ne trouve plus en général de Trichocéphales. Ceux-ci, se trouvant libres dans les matières fécales, ont été entraînés par l'eau au dehors. Mais si l'on a soin d'enfermer le cæcum entre deux ligatures et de l'ouvrir ensuite, on peut trouver de nombreux Trichocéphales libres au milieu des matières qu'il contient. Du reste, Askanazy, ayant pu faire une autopsie quatre heures après la mort, trouva quarante Trichocéphales implantés tous dans la muqueuse, tandis que, dans une autopsie faite quarante heures après la mort, il trouva cent quarante parasites libres dans l'intestin. Askanazy, ayant traité ces Trichocéphales par le ferrocyanure de potassium et l'acide chlorhydrique, constata que l'intestin se colorait en bleu foncé, ce qui indiquait nettement que le pigment normal de cet intestin renfermait du fer, fer qui avait été vraisemblablement tiré de l'hémoglobine du sang de l'Homme, comme le prouvent du reste les globules rouges encore intacts qu'on peut trouver dans l'intestin. D'ailleurs, si l'on pratique des coupes dans un intestin renfermant des Trichocéphales, on constate que l'extrémité antérieure du parasite disparaît tout entière dans la paroi, jusque dans la sous-muqueuse, et certaines coupes pourront la rencontrer deux et trois fois. On peut supposer que le Trichocéphale se fixe ainsi pour ne pas être entraîné par le cours des matières fécales, mais, comme la bouche se trouve alors dans la profondeur des tissus, il est permis de supposer que l'animal suce le sang pour se nourrir. On comprend dès lors pourquoi le parasite se détache après la mort : c'est parce qu'il ne trouve plus dans la muqueuse de sang en circulation.

Or, ce qui vient d'être dit pour le Trichocéphale peut s'appliquer à l'Ascaride. Il se fixe moins profondément, il est vrai, dans la muqueuse, mais il doit aussi se nourrir de sang, comme le prouve la réaction bleue obtenue par Askanazy aussi bien pour l'Ascaride que pour le Trichocéphale. Il semble du reste que ce soit là un fait général pour les Helminthes pourvus d'un tube digestif. Ce fait a d'ailleurs été confirmé en ce qui concerne l'Oxyure, l'Ankylostome, la Trichine et l'Anguillule, qui pénètrent dans la paroi même de l'intestin, et, depuis la célèbre observation de Railliet, ne savons-nous pas que les Douves, bien que vivant au milieu de la bile, se nourrissent aussi de sang !

Or, il en est certainement parmi vous qui ont assisté aux intéressantes conférences du Professeur R. Blanchard et connaissent ainsi les progrès imprévus qu'a réalisés la médecine tropicale depuis que l'on a admis la transmission de certaines maladies par des Insectes qui, en venant piquer l'Homme ou les animaux, se font les agents d'inoculation de ces maladies. C'est ainsi que les Mouches peuvent nous inoculer le charbon, que la Mouche Tsé-tsé peut nous transmettre la maladie du sommeil, les Moustiques le paludisme, la filariose ou la fièvre jaune, les Puces peuvent nous inoculer la peste, les Punaises ou les Tiques la fièvre rémittente.

On sait d'ailleurs qu'une simple piqûre d'aiguille peut être l'origine d'un panaris ou d'un abcès. Comment dès lors peut-on admettre qu'un parasite puisse produire des lésions de la muqueuse intestinale et puisse en ouvrir impunément les vaisseaux sanguins sans jamais ouvrir la porte à l'infection ? Cependant rien n'est plus sale que le contenu de l'intestin et plus que toutes autres les plaies intestinales vont pouvoir s'infecter. Ce sera l'origine de nombreuses entérites générales ou partielles parmi lesquelles, l'appendicite, la fièvre typhoïde, le choléra ou la dysenterie.

Appendicite. — La théorie la plus généralement admise est celle du Professeur Dieulafoy, qui veut que l'appendicite soit une affection primitive produite par l'exaltation de virulence et de toxicité des Bactéries dans le fond de l'appendice obstrué. Il a défendu cette théorie du vase clos avec une telle éloquence que le public médical l'a rapidement acceptée avec sa conséquence inévitable : l'extirpation de l'appendice. C'est là l'origine de la véritable folie opératoire qui a sévi sur la France depuis un certain nombre d'années.

En 1897 et 1899, des médecins et chirurgiens de grand renom se sont cependant élevés contre les formules par trop radicales du Professeur Dieulafoy et ont prétendu que le traitement chirurgical ne devait être que l'exception et que le seul traitement vraiment rationnel est le traitement médical par les purgatifs. Toutefois, ce n'est qu'en 1901 que le Professeur Metchnikoff vient dire pour la première fois que certaines appendicites sont dues à des Vers intestinaux, qu'il est facile de déceler ceux-ci par la recherche de leurs œufs dans les matières fécales, et il cite un certain nombre de cas d'appendicite guéris par la médication anthelminthique. Il conseille de revenir à l'administration fréquente des vermifuges, dont la suppression pourrait bien avoir amené l'augmentation des cas d'appendicite.

Du reste, il existait déjà dans la littérature médicale un certain nombre de cas où des Vers avaient été rencontrés dans l'appendice et même des acs d'appendicite vermineuse incontestables. J'ai pu en rassembler une cinquantaine.

Toutefois, malgré le nombre des observations antérieures, la notoriété de Metchnikoff et l'importance de sa communication, la théorie vermineuse de l'appendicite ne fut pas acceptée du public médical. Cependant, depuis l'année 1901, j'ai pu recueillir une centaine de cas d'appendicite vermineuse. L'oubli dans lequel fut laissée la communication de Metchnikoff tient surtout aux idées régnantes dans le public médical et au parti pris d'innocenter les Helminthes, qui domine la pathologie depuis Davaine.

Dès l'année 1899, mes travaux m'avaient amené à la conviction que les Vers intestinaux jouent un rôle très important dans l'éclosion des infections intestinales.

Toutefois, étant donnée la rareté relative des parasites dans les appendices extirpés par les chirurgiens, je croyais tout d'abord que l'appendicite vermineuse devait être particulièrement rare, mais, dès le début de mes recherches, je fus amené à en observer trois cas sur cinq appendicites examinées. Dans un premier cas, une appendicite aiguë fut guérie définitivement après l'expulsion spontanée d'un Ascaride. Dans les quatre autres cas, les matières fécales des malades, qui allaient être opérés, me furent envoyées à examiner, pour savoir s'il existait des Vers dans l'intestin. N'ayant rien trouvé dans deux cas, je laissai faire l'opération. Mais, dans les deux autres cas, ayant trouvé une fois des œufs de Trichocéphale, et une fois des œufs d'Ascaride, j'ordonnai la santonine dans un cas, le thymol dans l'autre, et les crises, qui revenaient périodiquement, cessèrent comme par enchantement, et dès lors n'ont plus reparu. Or, l'un des cas remonte à cinq ans et l'autre à trois ans. Le dernier est particulièrement intéressant, parce qu'il s'agissait d'une jeune fille continuellement malade, anémiée, sujette à de fréquentes crises d'urticaire et atteinte d'une entérite tellement grave qu'elle devait s'astreindre à un régime alimentaire très sévère et n'osait songer au mariage. Or, non seulement elle fut guérie, mais tous les autres troubles cessèrent également ; elle put abandonner tout régime et depuis elle s'est mariée et est devenue mère, sans avoir éprouvé de nouvelle crise d'appendicite.

L'appendicite vermineuse était donc beaucoup plus fréquente que je ne le pensais.

Les cas d'appendicite vermineuse allaient d'ailleurs en se multipliant singulièrement, et il devenait indéniable que nombre d'appendicites sont causées par l'Ascaride, l'Oxyure et le Trichocéphale. Du reste, à partir de 1904, les journaux politiques ayant parlé de ma communication sur le rôle des Trichocéphales dans la fièvre typhoïde et de mes idées sur l'action pathogène des Vers intestinaux, on vint me trouver, bien que ne faisant pas de clientèle, pour me prier d'examiner les matières fécales de malades atteints d'appendicite et de me prononcer sur l'opportunité d'une intervention chirurgicale.

Toutes les fois que le microscope me montrait des œufs d'Ascaride, j'ordonnais la santonine ; quand il s'agissait au contraire d'œufs de Trichocéphale, j'ordonnais le thymol, quelle que soit d'ailleurs la forme de l'appendicite : simple appendicalgie, appendicite aiguë, chronique ou à répétition. Bientôt même, ayant constaté que le thymol est un remède merveilleux contre tous les parasites intestinaux, j'appliquai le thymol à *tous* les cas d'appendicite parasitaire.

Au contraire, chaque fois que je ne trouvais pas d'œufs de parasites, je laissais l'opération se faire.

Or il advint qu'un jour, n'ayant pas trouvé d'œufs dans les matières fécales, je laissai opérer une jeune fille qui, le lendemain de l'opération, expulsait un Ascaride. Celui-ci était un mâle, ce qui expliquait le résultat négatif de l'examen microscopique. Mes études concomitantes sur la fièvre typhoïde m'amenèrent du reste, vers la même époque, à la persuasion que des Nématodes femelles peuvent facilement exister dans l'intestin sans que leur présence se traduise par l'existence d'œufs dans les matières fécales. En effet, si elles sont en très petit nombre, il faudrait faire un nombre considérable de préparations microscopiques pour déceler un seul œuf, et il peut s'agir d'ailleurs de femelles trop jeunes pour pondre, ou dont la ponte se trouve momentanément arrêtée pour des causes inconnues.

Depuis cette époque, j'ai traité systématiquement tous les cas d'appendicite par le thymol. Cette médication, très bien acceptée des malades, a amené la guérison dans 90 0/0 des cas. Je n'ai pas la prétention de venir dire que toutes les appendicites soient vermineuses. Je crois simplement, avec Dumontpallier, Lucas-Championnière et Albert Robin, que le traitement de l'appendicite doit être avant tout médical, et si ce traitement n'a pas réussi entre les mains du plus grand nombre des médecins et des chirurgiens, c'est simplement parce que le traitement médical qu'ils emploient est irrationnel. Irrationnel parce que, sous prétexte de calmer la douleur et d'immobiliser l'intestin, on constipe le malade par l'opium et la morphine ; au lieu de balayer les agents pathogènes, on les maintient en place et on fait ainsi tout ce qu'il faut pour créer une appendicite grave. Au contraire, avec la médication thymolée et les purgatifs consécutifs, on désinfecte l'intestin et on balaye au dehors tous les parasites qu'il peut renfermer ; on ne crée pas l'appendicite, mais on la guérit, et les parasites ne peuvent plus ensemencer continuellement la paroi de l'intestin. Du reste, dès 1897 et 1899, Lucas-Championnière, Dumontpallier, Albert Robin, Chauvel et Ferran s'étaient faits les adversaires de l'opium et les défenseurs de la médication purgative, qui constituait à leurs yeux le véritable traitement médical de l'appendicite, traitement qui, d'après eux, amenait la guérison dans la plupart des cas. C'était également l'avis de Gordon et de Talamon.

D'ailleurs, il faut bien avouer que la plupart des affections, qui sont à l'heure actuelle diagnostiquées appendicite sont le plus souvent de simples typhlites, c'est-à-dire de simples inflammations du cæcum. La meilleure preuve en est fournie par des chirurgiens qui extirpent journellement des appendices dont la plupart sont parfaitement sains. Letulle a même montré récemment que certaines lésions microscopiques, qui avaient été décrites, sont dues simplement au traumatisme opératoire.

Pour expliquer une appendicite vermineuse, il n'est nullement nécessaire, comme le croient certains médecins, de trouver des parasites dans l'appendice : il suffit de se rappeler la structure lymphoïde de la région typhlo-appendiculaire pour comprendre qu'un Nématode, qui se fixera dans la paroi du cæcum, pourra, en inoculant des Bactéries pyogènes dans cette paroi, provoquer, par réaction de voisinage, l'inflammation du cæcum, puis de l'appendice. D'ailleurs, en ces derniers temps, certains auteurs ont montré qu'une douleur vive par le palper profond dans la fosse iliaque droite, au point de Mac Burney ou dans son voisinage, ne serait pas le signe d'une appendicite, mais le symptôme pathognomonique de l'existence de Vers intestinaux dans l'extrémité de l'iléon, dans le cæcum ou dans l'appendice. C'est ainsi que dans les cas d'helminthiase par l'Ascaride ou le Trichocéphale, François n'a jamais vu manquer ce signe, qui peut s'accompagner accessoirement de défense de la paroi abdominale. C'est également ce qu'avait constaté Triboulet. La seule présence des Vers intestinaux peut donc en imposer pour une appendicite.

Je suis persuadé que dans presque tous les cas où le traitement par le thymol sera institué dès le début d'une crise d'appendicite, celle-ci sera bien vite guérie. Toutefois, en cas d'insuccès ou en cas d'extrême urgence, le chirurgien pourra recourir à l'opération. Il pourra d'ailleurs se renseigner sur la marche de l'inflammation en procédant d'une façon méthodique à l'examen du sang et à la numération des globules blancs. Si leur nombre s'élève à 15.000 ou 30.000, le pronostic deviendra sérieux et cette leucocytose permettra d'exclure du diagnostic une lésion non inflammatoire. Si, au contraire, les leucocytes sont peu nombreux (6.000 à 9.000) ou si leur nombre diminue rapidement, le pronostic est bon. C'est ce que Cabot a essayé de réunir dans la formule suivante : « Une leucocytose élevée et progressive indique un cas qui s'aggrave ; une leucocytose basse et décroissante indique un cas qui s'améliore ». Dans le premier cas, le chirurgien a le devoir d'opérer ; dans le second cas, il peut attendre et recourir au traitement médical.

Un certain nombre de chirurgiens ont déjà, à l'étranger, admis l'appendicite vermineuse. Je citerai parmi eux le professeur Czerny (d'Heidelberg), qui commença par faire subir une cure anthelminthique à tous les malades atteints d'appendicite chez lesquels l'examen microscopique des matières fécales révélait l'existence de Vers intestinaux. Or, il obtint de tels résultats que lui aussi, à l'heure actuelle, ne s'occupe plus de la recherche des œufs d'Helminthes, mais *dans tous les cas d'appendicite*, commence par un traitement anthelminthique préalable, ne réservant l'intervention chirurgicale immédiate qu'aux cas d'extrême urgence. Souhaitons de voir cette méthode se vulgariser en France le plus rapidement possible, car l'appendicite vermineuse est une découverte française et il est regrettable d'attendre, pour l'accepter, qu'elle nous revienne avec le timbre de l'étranger.

Fièvre typhoïde. — Ce qui vient d'être dit de l'appendicite peut aussi s'étendre à la *fièvre typhoïde*. On ne s'explique guère, en effet, comment le Bacille peut franchir la barrière que lui offre l'épithélium intestinal pour venir s'implanter dans la muqueuse. D'ailleurs, si le Bacille agissait seul, on ne comprendrait guère pourquoi, dans une population buvant une même eau contaminée, il y a en réalité si peu d'individus frappés. Pour moi, ce sont ceux qui hébergent des parasites intestinaux.

Telle est l'hypothèse émise par moi dès 1901, reprise en 1902 et enfin en 1904 dans un rapport présenté au Congrès colonial français. Me trouvant à Brest, durant les mois d'août et septembre de la même année, au début d'une épidémie de fièvre typhoïde, je résolus de rechercher si mon hypothèse allait se trouver vérifiée.

Admis à examiner les malades en traitement à cet hôpital, je prélève à *plusieurs reprises* les matières fécales de douze typhiques, et, chez dix d'entre eux, je trouve *d'une façon constante* des œufs de Trichocéphale. Il me suffisait pour cela de faire chaque fois trois préparations microscopiques. Je pus ainsi trouver de un à vingt-huit œufs, sur trois préparations, et, pour l'ensemble, une moyenne de plus de deux œufs par préparation. Or, si l'on songe que dans l'appendicite vermineuse il faut souvent faire une douzaine de préparations avant de trouver un œuf de parasite et que chaque préparation microscopique nécessite une parcelle extrêmement faible de matières fécales, on comprend que, pour trouver si facilement des œufs de Trichocéphale chez les typhiques, il faut que les Vers adultes soient particulièrement abondants dans l'intestin.

Restent deux malades chez lesquels je ne pus trouver les œufs de Trichocéphale. Or, l'un de ces deux malades étant mort, on reconnut à l'autopsie la présence de six Trichocéphales vivants dans le cæcum. Y eut-il interruption dans la ponte ou s'agissait-il seulement de Trichocéphales mâles? Ce sont là deux hypothèses vraisemblables, qui n'ont pu malheureusement être vérifiées, car je n'assistais pas à l'autopsie. Quant au dernier cas négatif, pour lequel il n'y eut pas d'autopsie, il trouve peut-être son explication dans le précédent.

Le parasite, à Paris du moins, n'est jamais aussi fréquent ni aussi abondant ; il importait de savoir s'il offrait la même fréquence chez les autres militaires en traitement à l'hôpital. Ayant examiné également les matières fécales de quatre malades hospitalisés en chirurgie, chez trois d'entre eux, je ne pus trouver un seul œuf, malgré de nombreuses préparations, mais chez le dernier je trouvai un œuf sur six préparations, proportion bien faible si l'on songe que les typhiques présentaient une moyenne de sept œufs sur trois préparations, c'est-à-dire une moyenne quatorze fois supérieure.

Il était donc démontré qu'il existe de nombreux Trichocéphales dans l'intestin des typhiques, alors que ces mêmes parasites sont rares ou très peu abondants chez les personnes saines ou atteintes d'affections non intestinales.

De nouvelles observations faites par moi, à Paris, il résulte que là encore les Trichocéphales abondent dans l'intestin des typhiques.

Ces faits sont en réalité connus depuis longtemps. Dès l'année 1792, Rœderer et Wagler donnèrent, sous le nom de *morbus mucosus*, la première relation d'une épidémie de fièvre typhoïde qu'ils attribuèrent précisément au grand nombre de Vers intestinaux qu'ils rencontraient aux autopsies. Ces Vers, déjà vus antérieurement par Morgagni, mais nouveaux pour eux, n'étaient autres que le Trichocéphale, qu'ils décrivirent sous le nom de *Trichuris*. En 1807, Pinel, dans sa *Nosographie philosophique*, indique qu'il faut toujours soupçonner l'existence des Vers intestinaux dans les fièvres muqueuses. Rokitansky émet une opinion analogue à celle de Rœderer et Wagler. Pour Raspail, le terme de *fièvre typhoïde* serait synonyme de *pullulation du Trichocéphale dans les intestins.* Enfin, Davaine, lui-même, a noté l'abondance frappante des Trichocéphales dans la fièvre typhoïde. Cette dernière observation tire un intérêt tout spécial de ce que Davaine, en refusant tout rôle infectieux aux Vers intestinaux, a entraîné les conceptions médicales actuelles. Nombre de bons observateurs ont donc été frappés de la fréquence des Trichocéphales dans l'intestin des typhiques et ont admis une relation entre les Helminthes et la maladie infectieuse.

Pour moi, mon opinion est la suivante : un individu dont l'intestin est libre de Vers intestinaux peut boire impunément de l'eau contaminée. Mais que cette même eau parvienne dans un intestin renfermant des Trichocéphales, comme ceux-ci, pour puiser le sang dont ils se nourrissent, pénètrent profondément dans la muqueuse intestinale par leur extrémité antérieure effilée, ils inoculent du même coup les Bactéries dans cette muqueuse et font éclater l'infection. On comprend mieux, dès lors, pourquoi, dans une population buvant une même eau contaminée, il y a en réalité si peu d'individus frappés : ce sont ceux qui hébergent des Vers intestinaux et plus particulièrement des Trichocéphales. Il est bien évident qu'un Ascaride, une larve de Mouche, un parasite quelconque capable de léser l'intestin, pourront agir de même, mais, comme le Trichocéphale est le Ver intestinal le plus commun et en même temps celui qui lèse le plus profondément la muqueuse, il en résulte que c'est lui qu'il faudra presque toujours incriminer.

Les conséquences pratiques de ces observations sont de la plus haute impor tance. En effet, si, dans la fièvre typhoïde, l'agent étiologique initial n'est autre que le Trichocéphale, c'est à lui qu'il faut raisonnablement s'attaquer. D'ordinaire, on se contente de faire de l'expectation armée et l'on respecte avec le plus grand soin l'intestin, de peur d'activer l'ulcération; or, les Trichocéphales continuent leurs inoculations et l'on fait par là même tout ce qu'il faut pour augmenter l'infection.

Je suis au contraire d'avis qu'en présence d'une entérite fébrile quelconque, avant même de savoir si le séro-diagnostic est positif et s'il faut incriminer le Bacille d'Eberth, il faudrait instituer, le plus vite possible, le traitement anthelminthique et évacuer l'intestin, pour chasser du même coup Microbes et Helminthes et empêcher l'auto-inoculation constante du malade. Et comme, dans la pratique, il s'agit presque toujours du Trichocéphale, on pourra se contenter d'instituer le plus rapidement possible le traitement anthelminthique par le thymol.

Ce travail a été présenté à l'Académie de médecine par le Professeur R. Blanchard, qui a fait, à son sujet, un très important rapport (1).

Du reste, toutes les personnes qui ont contrôlé mes résultats ont pu, à Paris, les vérifier; je citerai parmi elles les docteurs Roginsky et Julien Raspail. Ils ont été confirmés également en Bulgarie par Doctoroff et surtout en Angleterre par Spezia et en Italie par Vivaldi et Tonello. Ces deux derniers auteurs, en particulier, n'ont pas fait moins de 125 observations. Or, sur 50 échantillons de matières fécales provenant de typhiques, 40 contenaient des œufs de Trichocéphales avec une moyenne de 120 œufs pour 100 préparations microscopiques, tandis que sur 75 échantillons, provenant de sujets non typhiques, on ne rencontra d'œufs que chez 30 d'entre eux avec une moyenne de 3 à 4 œufs pour 100 préparations. Ils admettent donc mes résultats et estiment que les individus qui hébergent des Trichocéphales sont plus exposés que les autres à l'infection éberthienne.

Choléra. — Au cours des épidémies de choléra qui décimèrent l'Europe vers le milieu du siècle dernier, de nombreux auteurs, à la suite d'examens microscopiques de selles riziformes, furent frappés de rencontrer, souvent en grand nombre, des corps ovalaires assez volumineux que beaucoup figurèrent et qu'ils décrivirent sous le nom de *cellules du choléra*, de *corpuscules choolériques* ou de *Champignons du choléra*. Ch. Robin, dans son *Histoire naturelle des végétaux parasites*, les figure, d'après Swayne et Brittan, mais sans pouvoir expliquer ce qu'ils peuvent être. Or, il suffit de jeter un coup d'œil sur la planche pour constater qu'il s'agit d'excellentes reproductions d'œufs d'*Ascaris lumbricoides*. Du reste, ces œufs ont été rencontrés aussi par Debay, décrits et figurés par Lewis, et il n'est pas douteux que l'intestin des cholériques héberge très fréquemment une abondance d'Ascarides. C'est ce qui avait, du reste, été observé par G. Gros dès 1849. Au cours de l'épidémie de choléra de Russie, il eut en effet l'occasion de constater que, lorsque les malades étaient surveillés, cinq sur six rendaient des Ascarides. Il profita même de cette épidémie pour étudier le développement du

---

(1) R. BLANCHARD, Sur un travail de M. le Dr J. Guiart, intitulé : *Rôle du Trichocéphale dans l'étiologie de la fièvre typhoïde* (*Bulletin de l'Académie de médecine*, séance du 18 octobre 1904, et *Archives de parasitologie*, t. IX, 1905, p. 122).

parasité. Mais il ne tire toutefois aucune conclusion de la présence des Ascarides chez la plupart des cholériques.

Étant donné que le choléra et la fièvre typhoïde ont une même étiologie, nous ne pouvons pas ne pas être frappés de ces faits et penser que le choléra, lui aussi, doit se développer de préférence dans les intestins parasités.

Il est bon de rappeler, en effet, que d'autres parasites ont été rencontrés, parmi lesquels des Amibes, des Flagellés, des Infusoires, et enfin un certain nombre d'Helminthes, mais l'Ascaride fut de beaucoup le plus fréquent.

Dysenterie. — Un très grand nombre de parasites ont été incriminés dans l'étiologie de la dysenterie, toutefois, à l'heure actuelle, la plupart des auteurs semblent d'accord pour admettre deux dysenteries : l'une, bactérienne produite par le *Bacillus dysenteriae* ; l'autre amibienne, produite par l'*Entamœba dysenteriae*, cette dernière se rencontrant surtout dans les pays tropicaux. Pour moi, le Microbe de la dysenterie pourrait être inoculé dans la muqueuse intestinale par l'un quelconque des parasites de l'intestin. Il s'agirait le plus souvent de l'*Entamœba dysenteriae*, mais les Infusoires ou les Helminthes pourraient agir de même (1).

En ce qui concerne l'Amibe, il n'est plus permis de douter aujourd'hui de son rôle pathogène, et s'il est arrivé fréquemment de rencontrer des Amibes dans l'intestin d'individus non dysentériques, nous avons vu précédemment que cela tient à ce que, pendant longtemps, on a confondu, sous le nom d'*Amœba coli*, deux Amibes distinctes.

Parmi les Infusoires, je signalerai simplement le *Balantidium coli*. Les auteurs russes nous ont montré, en effet, que ce parasite provoque fréquemment des ulcérations du gros intestin et une dysenterie typique. Nous n'oublierons pas cependant que Jacoby et Schaudinn ont rencontré le *Balantidium minutum* et le *Nyctotherus faba* dans des selles dysentériques et que nous avons nous-mêmes décrit un Infusoire banal, le *Chilodon dentatus*, dans un cas de diarrhée dysentériforme.

Parmi les Helminthes, il n'y a guère que l'Anguillule intestinale, qui ait été décrite comme agent dysentérique ou plutôt comme l'agent de cette variété particulière de dysenterie que l'on appelle *diarrhée de Cochinchine*. Cette fois encore, on a renoncé à croire au rôle pathogène de ce parasite, parce qu'on ne l'a pas rencontré dans tous les cas de diarrhée de Cochinchine, tandis qu'on l'a observé dans les matières fécales d'individus parfaitement sains. Mais ces faits s'expliquent d'eux-mêmes à la lumière des idées que nous exposons ici. L'Anguillule intestinale agit non par elle-même, mais en inoculant, dans la muqueuse de l'intestin grêle où elle vit, une Bactérie pathogène, qui serait peut-être encore le Bacille dysentérique. On sait en effet que, d'après certains auteurs, la dysenterie et la diarrhée de Cochinchine constitueraient en réalité une affection identique, siégeant dans un cas sur le gros intestin et dans l'autre sur l'intestin grêle. Si l'affection diffère, c'est parce que le Bacille peut être inoculé dans

---

(1) Mesnil nous a reproché d'ignorer la distinction capitale qui existe entre la dysenterie bacillaire et la dysenterie amibienne, le sérodiagnostic avec les cultures du Bacille dysentérique étant positif dans un cas, négatif dans l'autre. Outre qu'il est imprudent de vouloir, en médecine, ériger des lois intangibles, il est d'autant plus prématuré de le faire dans des questions aussi mal connues. On découvre à chaque instant de nouveaux Bacilles dysentériques ou paradysentériques, et voici déjà qu'on ne songe plus à mettre en doute l'existence de la dysenterie à Infusoires ; il en sera sans doute de même quelque jour de la dysenterie vermineuse.

Du reste, depuis cette conférence, deux médecins de marine, les docteurs Labadens et Lestage, sont venus renforcer singulièrement notre théorie en guérissant 14 dysentériques sur 16, par la simple administration de vermifuges.

l'intestin grêle ou dans le gros intestin ; un parasite vivant dans l'intestin grêle inoculera la diarrhée de Cochinchine ; un parasite vivant dans le gros intestin inoculera la dysenterie.

Le rôle de l'Ascaride ne devra pas non plus nous étonner, parce que nous connaissons nombre d'épidémies de dysentérie dans lesquelles on observa sa présence constante. De plus, en consultant la bibliographie médicale, on pourra trouver nombre de cas où l'on a cherché vainement la cause d'une dysenterie, sans songer le moins du monde à tenir compte de la présence des œufs de l'Ascaride dans les matières fécales.

*
* *

J'espère que les médecins voudront bien se laisser influencer par les idées que je viens d'exposer. Ils n'auront qu'à faire un examen de matières fécales, en vue d'y rechercher les parasites de l'intestin ou leurs œufs. Du reste s'ils n'ont pas de microscope à leur disposition, ils pourront recourir à tout hasard à l'emploi des anthelminthiques.

Si l'on arrive à confirmer et à multiplier ces faits, les parasites de l'intestin vont reprendre la place prépondérante qu'occupaient autrefois en pathologie les Vers intestinaux et les conceptions géniales de Raspail pourront renaître de l'oubli et revendiquer une grande part du terrain injustement conquis par la Bactériologie.

Heureusement, en dépit du médecin, les mères de famille et les pharmaciens continuent à croire aux maladies vermineuses. Voyant disparaître certaines affections à la suite de l'expulsion des Vers, ils ne peuvent admettre que ceux-ci ne soient pas la cause des maladies où ils les observent. Que ces maladies soient en réalité microbiennes, qu'importe ! Si c'est le Ver qui a inoculé le Microbe dans l'organisme, c'est lui le plus dangereux et c'est lui qu'il faut chasser. Je souhaite donc que la logique maternelle continue à guérir les maladies vermineuses jusqu'au jour où mes collègues en médecine, moins hypnotisés par la Bactériologie, verront se déchirer le voile épais qui les aveugle et reviendront à la pratique de la médication anthelminthique, qui donna de si bons résultats à nos ancêtres et ne méritait certes pas le discrédit où elle est tombée. Les idées que je viens de vous exposer commencent du reste à faire des progrès à l'étranger et il est permis de prévoir que le temps n'est pas éloigné où les médecins français devront à leur tour les accepter.

*
* *

Vous connaissez maintenant les parasites intestinaux et leurs méfaits. Mais vous ignorez encore les moyens de les éviter. Vous comprendrez sans peine que les parasites ou leurs œufs se trouvant dans le contenu intestinal pourront arriver dans l'eau à la faveur d'infiltrations provenant de certaines fosses d'aisances. Vous devrez donc vous abstenir autant que possible de boire l'eau des puits ou bien vous la boirez bouillie. Je sais qu'il existe un préjugé très répandu voulant que l'eau bouillie soit désagréable et indigeste. Si vous avez soin de la faire bouillir dans un récipient bien propre et de bien l'aérer, elle sera aussi bonne que la meilleure eau de source. Je puis d'ailleurs vous citer l'expérience d'un savant italien qui remplit plusieurs verres avec de l'eau bouillie et le même nombre avec la même eau de source non bouillie ; or, les personnes invitées à goûter cette eau furent dans l'impossibilité de les distinguer l'une de l'autre. Les préjugés sont malheureusement tenaces.

Mais les œufs des parasites intestinaux le sont aussi. Entraînés également sur le sol avec le contenu intestinal, les fumiers ou les engrais, ils sont dispersés par le vent et peuvent se trouver à la surface de tous les végétaux et surtout de ceux qui croissent au ras du sol. Si ces végétaux sont mangés cuits, il n'y aura pas d'inconvénient, mais pour peu qu'ils soient mangés crus, comme des salades ou des fraises, les œufs seront ingérés et le parasitisme intestinal va en résulter avec toutes ses conséquences. Il faudra donc s'abstenir, autant que possible de ces végétaux ou du moins les manger cuits. La salade cuite et les compotes de fruits constituent, en effet, une nourriture excellente et saine. Les hygiénistes et les parasitologues sont, vous le voyez, des gens bien ennuyeux, mais pour peu que vous teniez à la vie, je vous assure que vous pourrez éviter bien des maladies, les éviter à ceux que vous aimez et vous pourrez, si vous le voulez rester de fins gourmets tout en vous astreignant à certaines précautions en réalité bien simples et bien faciles à réaliser. .

En tout cas, si vous êtes conservateur au point de ne pouvoir lutter contre les habitudes antihygiéniques de nos pères, vous aurez alors la ressource de recourir périodiquement aux anthelminthiques et plus particulièrement au thymol. Il dépend donc de vous seul d'éviter certaines affections intestinales, parmi lesquelles la fièvre typhoïde et l'appendicite. Il est certainement préférable de les prévenir que d'avoir à les guérir. Je serai heureux si ma conférence peut avoir pour résultat de convaincre quelques personnes et d'apporter chez elles un peu plus d'hygiène et de santé.

M. A. LACROIX

Membre de l'Institut, Professeur au Museum National d'Histoire Naturelle.

LES ÉRUPTIONS DU VÉSUVE

— 12 mars 1907 —

ASSOCIATION FRANÇAISE

POUR

L'AVANCEMENT DES SCIENCES

TRENTE-SIXIÈME SESSION

CONGRÈS DE REIMS

DOCUMENTS OFFICIELS - PROCÈS-VERBAUX

PROCÈS-VERBAUX DE LA TRENTE-SIXIÈME SESSION

CONGRÈS DE REIMS

ASSEMBLÉE GÉNÉRALE

Tenue à Reims le 6 août

PRÉSIDENCE DE M. LE PROFESSEUR H. HÉNROT

Correspondant de l'Académie de Médecine.
Directeur honoraire de l'École de Médecine de Reims.
Président de l'Association.

— *Extrait du procès-verbal* —

La séance est ouverte à 4 heures.

Le procès-verbal de la précédente séance est lu et adopté.

Le Trésorier communique à l'Assemblée les résultats de l'exercice financier de 1905, avec le compte détaillé des recettes et des dépenses.

Les comptes sont approuvés à l'unanimité.

Le Trésorier communique de même le projet de budget pour 1908. Ce projet, déjà proposé par le Conseil d'Administration, est adopté par l'Assemblée.

Le Président donne lecture d'un projet de modification au Règlement de l'Association, projet proposé par le Conseil et se résumant dans l'article suivant :

« *Art. 45 bis.* — Les fonctions de Président de section commencent à la séance de Pâques du Conseil d'Administration qui précède la session pour laquelle ils ont été nommés ; elles cessent la veille de la séance de Pâques qui suit cette session. »

Cet article additionnel au Règlement est adopté à l'unanimité moins une voix.

Le Président informe l'Assemblée que les deux villes de Lille et de Nancy ont invité l'Association pour le Congrès de 1909. Il indique quelques raisons pour lesquelles le Bureau de l'Association a cru devoir choisir de préférence la ville de Lille.

Cette dernière ville est désignée à l'unanimité comme siège du Congrès de 1909.

Le Président donne lecture des propositions de candidatures pour les places de vice-président et de vice-secrétaire.

Comme il n'y a qu'une seule proposition pour chaque place, l'élection peut avoir lieu par mains levées.

A l'unanimité, M. le professeur Landouzy, membre de l'Académie de Médecine, est élu vice-président, et M. Henri de Montricher, ingénieur civil des mines, est élu vice-secrétaire.

Le Président donne lecture de deux propositions de candidatures pour la fonction de trésorier, devenue vacante par la démission de M. Galante. Sont proposés au vote de l'Assemblée : 1º M. J.-M. Guézard, membre du Conseil de l'Association, membre fondateur ; 2º M. Perquel, agent de change à Paris, membre à vie de l'Association. Après dépouillement du scrutin M. Lucien Perquel est proclamé trésorier de l'Association.

Le Secrétaire du Conseil fait connaître le résultat du dépouillement du scrutin pour la nomination des délégués de l'Association : MM. d'Arsonval, Bergonié, Lauth, Carnot, Perrier, Davanne et Chantre, sont proclamés délégués de l'Association.

Le Secrétaire du Conseil donne lecture de la liste des Présidents de section qui viennent d'être nommés à la présente session et fait également connaître la liste des délégués proposés par les sections. Ces délégués sont élus à l'unanimité. (Voir p. 76, 77 et 79).

Au nom du Conseil de l'Association, le Président demande à l'Assemblée de conférer l'honorariat à M. Galante, trésorier démissionnaire. L'honorariat est accordé par acclamation à M. Galante qui demande la parole et prononce l'allocution suivante :

« Avec cette Assemblée générale se termine le mandat dont vous m'avez honoré il y a 25 ans..

» Ma décision ne va pas, croyez-le, sans un peu de tristesse (celle des choses qui finissent) atténuée cependant depuis notre arrivée à Reims par votre délicate attention de me conférer l'honorariat qui, en me permettant de prendre un peu de repos, laissera subsister entre nous des liens qui sont trop anciens et étroits pour ne pas m'être très chers.

» Je dois en effet beaucoup à l'Association : de bonnes amitiés ; de sympathiques relations et d'agréables souvenirs ; ces biens d'apparence légère qui néanmoins sont un des charmes de la retraite à laquelle l'âge fait nécessairement songer.

» Et puis j'aime l'Association. Plusieurs d'entre nous présents ici, dont vous mon cher Président, se souviendront avec moi de ses brillants débuts, suivis de la marche ascendante de sa prospérité ainsi que des libéralités dont elle a été l'objet et qui, au cours de mes fonctions, se sont élevées à plus d'un million. L'heureuse initiative prise par M. Appell, dont je vous parlais jeudi, contribuera j'en ai la conviction, à entretenir ce mouvement pour le plus grand bien de la science.

» A celui que vos suffrages appellent à ma succession, j'adresse ici mes cordiales félicitations en lui offrant — toutes les fois qu'il jugera à propos d'y recourir — mon modeste mais bien dévoué concours.

» Pour quelques minutes encore, mon cher Président, vous représentez l'Association, laissez-moi, pour prendre congé d'elle, vous serrer affectueusement la main. »

M. Monticelli, invité de l'Association, professeur à l'Université de Naples donné lecture de l'adresse suivante, au nom de l'Association italienne pour l'Avancement des sciences :

« MESSIEURS,

» Je suis chargé, par le Comité d'organisation, de faire part à l'Association française, que, dans le mois de septembre prochain, se tiendra, à Parme, un Congrès de reconstitution de l'ancienne *Societa Italiana per il progresso delle scienze*. Cette Société, fondée en 1835, par les savants italiens, pour centraliser les forces intellectuelles du pays tourna bientôt à la politique. Par ses nombreux Congrès tenus dans les différentes capitales d'Italie, elle contribua puissamment à préparer et à réaliser l'unité nationale. Le but accompli, les Congrès devinrent de plus en plus rares et elle se dissolvait, c'est le mot, avec son dernier Congrès de Palerme en 1879.

» Nous avons jugé qu'il est nécessaire que l'Italie, aussi bien que les autres nations, ait une Association pour le progrès des sciences et nous avons songé à reconstituer, sur des bases nouvelles, notre ancienne *Societa Italiana per il progresso delle scienze*, pour qu'elle synthétise à l'étranger le mouvement scientifique italien en favorisant son progrès à l'intérieur.

» Je suis honoré, grâce à l'aimable invitation de l'Association française, de pouvoir personnellement vous annoncer la reconstitution de la *Societa Italiana per il progresso delle scienze* et de vous porter son salut fraternel en souhaitant qu'une entente cordiale entre les deux Associations, qui se proposent le même but, puisse provoquer pour l'avenir des réunions en Congrès communs, témoignage de sympathie mutuelle.

» Nous serons cependant particulièrement heureux si des membres de votre Association veulent bien être nos hôtes au Congrès de Parme. »

Le Président adresse à M. Monticelli les remerciements de l'Association et le prie de bien vouloir transmettre au Président et aux membres de la nouvelle Société italienne le salut fraternel et les meilleurs vœux de succès de leurs collègues français.

Le Secrétaire donne lecture des vœux formulés par les sections et classés de la manière suivante par le Conseil :

1° *Vœux de section.* — Les Sections de Mathématiques, Mécanique, Astronomie et Géodésie ayant, dans deux séances, discuté la question de l'enseignement des mathématiques dans les lycées, reconnaissant le bien fondé et l'intérêt des réformes introduites dans cet enseignement, émettent les vœux suivants :

1° Que d'une manière générale les programmes de cet enseignement soient allégés, surtout dans le premier cycle et les classes C et D du second cycle;

2° Que les programmes et instructions soient rédigés de façon à assurer *l'unité de vue et de méthode* dans les deux cycles, notamment en ce qui concerne *la géométrie*; et qu'en outre des conseils oraux soient donnés à ce sujet aux professeurs de mathématiques, comme cela s'est fait pour l'enseignement des sciences physiques et des langues vivantes;

3° Qu'en particulier, dans le premier cycle, l'enseignement de l'arithmétique soit purement *pratique*, débarrassé de questions théoriques inutiles telles que celle du plus grand commun diviseur, des nombres premiers, etc., et que les applications qu'on en fera faire correspondent à des problèmes courants pouvant se présenter dans la vie;

4° Que, dans le second cycle, l'enseignement de la mécanique [reçoive une forme plus expérimentale et plus réelle ;

5° Que l'enseignement des mathématiques dans les lycées de jeunes filles soit fait dans le même esprit et avec les mêmes directions.

La Section de Physique émet le vœu qu'une subvention assez importante (1.500 fr.), soit accordée à un membre de l'Association qui entreprendrait des recherches systématiques sur l'étude de l'arc électrique.

La Section de Botanique émet le vœu :

Que les arrêtés préfectoraux prohibant la récolte de certaines plantes alpines, ne soient pas appliqués aux botanistes qui, justifiant de leur qualité, ne recueilleront ces plantes qu'en petite quantité et avec les précautions nécessaires pour n'en pas détruire la station.

Sur la proposition de M. le professeur BERGONIÉ, la Section d'Électricité médicale émet le vœu suivant :

« Sur le rôle du médecin-électricien dans les expertises médico-légales en général et dans celles des accidents du travail en particulier. »

Motifs du Vœu :

1° De même que le juge s'adresse aux diverses spécialités médicales telles que : chirurgie médicale, ophtalmologie, otologie, rhinologie, laryngologie, odontologie, psychiâtrie, neurologie, gynécologie, etc., il s'adresse aussi et doit s'adresser au médecin-électricien lorsque la compétence spéciale de celui-ci peut lui permettre une justice meilleure;

2° Les cas dans lesquels la compétence du médecin-électricien est mise à contribution par le juge ne peuvent être tous énumérés, mais ils peuvent être groupés sous trois chefs principaux :

A. — *Impotences fonctionnelles d'origine musculaire ou nerveuse*, pour lesquelles les résultats d'un examen électrodiagnostique ne pouvant être simulés, exagérés ou amoindris apportent à l'expertise une donnée objective absolument indépendante de la volonté du blessé ou d'une suggestion tant de l'expertise que de l'expert.

B. — *Cas pathologiques les plus divers* (1) dans lesquels les applications des rayons de Röntgen par la radiographie, la radioscopie, l'orthodiagraphie permettent d'ajouter aux moyens ordinaires de diagnostic et de pronostic une méthode féconde dont les résultats, interprétés avec l'aide de connaissances cliniques générales et étendues, conduisent à un diagnostic plus précis et un pronostic plus certain.

C. — *Accidents dus à l'emploi industriel de l'énergie électrique* dans lesquels les responsabilités ne peuvent être justement attribuées que par un expert où une réunion d'experts capables, non seulement de faire la part des facteurs électriques de l'accident, mais encore d'évaluer l'ensemble des facteurs biologiques et des symptômes si complexes du schock électrique.

3° Pour que la compétence spéciale du médecin-électricien, dans les trois catégories d'accidents signalés plus haut, puisse donner son plein effet, il ne

____

(1) Lésions osseuses, articulaires, corps étrangers, etc.

suffit pas que l'expert et surtout la réunion d'experts nommés par le juge, le tribunal ou la Cour demande au médecin-électricien un examen électrodiagnostique, une radiographie ou un avis officieux ou officiel, mais il est nécessaire que celui-ci entre dans les Commissions d'expertise au même titre que ses confrères, qu'il y discute et interprète avec eux et devant eux les résultats donnés par les méthodes de son ressort concurremment avec les autres méthodes cliniques, qu'enfin, il puisse intervenir dans les conclusions du rapport à déposer.

Après approbation de ces considérations, la Section d'Électricité médicale émet le vœu :

Que le médecin-électricien fasse partie, au même titre que ses confrères des autres spécialités médicales, des commissions d'expertises médico-légales, toutes les fois que l'utilisation des méthodes qui sont de sa compétence pourra conduire à une justice meilleure.

La Section d'Électricité médicale, tout en reconnaissant les services considérables que rend quotidiennement l'observation de l' « effet Villard » (coloration du platinocyanure en brun par les rayons X) d'après les techniques de Sabouraud, Bordier, etc., fait cependant des réserves à ce sujet. Les indications des chromoradiomètres ne peuvent, en effet, être considérées comme mettant le sujet absolument à l'abri des accidents, profonds ou superficiels, à cause de la complexité du faisceau de rayons X, et des difficultés de la technique. En conséquence, sur la proposition de M. GARAUD-CHOTARD, la Section émet le vœu suivant formulé par M. André Broca, à savoir que: « dans les questions de responsabilité médicales, les indications des chromoradiomètres ne soient pas considérées comme un critérium absolu ».

La Section de Navigation s'est réunie à la Section d'Économie politique et de Statistique, et sur la proposition de M. le Dr E. PAPILLON, les vœux suivants ont été adoptés à l'unanimité.

1º Il y a intérêt national à améliorer les voies navigables à l'intérieur de la France ;

2º Il y a urgence à mettre Nantes en communication avec Bâle pour canaliser à travers la France le transit entre l'Amérique et le centre de l'Europe par un canal de Nantes à Briare et du Rhône par la Puysaie et le Morvan au canal de Bourgogne ;

3º Il est à souhaiter que l'État concède à l'initiative privée la construction du Canal avec garantie d'intérêt si besoin est.

Sur la proposition de MM. SAUGRAIN et le Dr E. PAPILLON.

La Section d'Économie politique et Statistique émet les vœux suivants :

1º Que pour les taxes successorales, il y ait diminution ou suppression dans l'héritage en ligne directe.

2º Sur la proposition de M. le Dr E. PAPILLON :

Pour ne pas toucher à la liberté du commerce, mais cependant protéger la santé publique :

1º Laisser la liberté des débits pour boissons dites hygiéniques (vin, bière, cidre, limonade) ;

2º Que tout débitant qui voudra avoir le droit de vendre apéritifs ou liqueurs soit frappé d'une taxe spéciale, dont moitié pour l'État et moitié pour la commune, s'élevant du quart à la moitié du prix de location du débit, café ou restaurant.

3° Sur la proposition de MM. Pacottet et Dr E. Papillon :

1° Qu'il est nécessaire d'organiser à Paris un syndicat puissant, non soumis aux influences locales ou gouvernementales, qui puisse suivre les fabrications frauduleuses des vins et centraliser la défense viticole à Paris ;

2° C'est une erreur économique de confondre la production et le commerce.

4° Vœu de MM. E. A. Papillon (fils), Rohr et Cépède :

Il y a intérêt humanitaire et social à créer un service de chiens ambulanciers.

5° Sur la proposition de MM. Lacour et Bourlet :

Considérant que l'universalité d'un système monétaire s'impose de plus en plus ;

Considérant que le système d'une monnaie fictive internationale peut servir très utilement à amener ce résultat et qu'il faut qu'une monnaie fictive soit choisie de façon à pouvoir être réalisée ;

La Section d'Économie politique émet ce vœu :

En attendant que des monnaies internationales effectives soient mises en usage, l'emploi d'une monnaie internationale fictive, basée sur un étalon d'une pièce de 8 grammes d'or, au titre de 11/12e, déjà adopté par les Espérantistes, se généralise.

6° Sur la proposition de M. Ladureau, la même section :

Considérant que les lois ouvrières actuelles empêchent les jeunes gens appartenant à la classe ouvrière d'entrer dans les ateliers pour y faire leur apprentissage, et qu'il en résulte une augmentation de la criminalité juvénile et un grave inconvénient pour l'industrie française dans un avenir prochain, émet le vœu que les lois ouvrières soient modifiées dans ce sens par le Parlement.

2° Vœux présentés par le Conseil comme vœux de l'Association et approuvés par l'Assemblée générale :

Sur la proposition de M. le professeur H. Henrot :

La Section d'Hygiène émet le vœu qu'aucun établissement classé ou insalubre et de nature à compromettre la nappe d'Eaux, soit par des épuisements considérables, soit par le rejet d'Eaux chargées de matières nuisibles, ne soit autorisé en amont de la station qui alimente une ville.

Sur la proposition de M. Bezault, la Section d'Hygiène, considérant l'importance sociale de plus en plus grande que présente la pratique de l'hygiène générale ;

Regrettant que la science s'appliquant particulièrement à l'assainissement des villes et des habitations ne soit pas suffisamment enseignée en France ;

Émet le vœu : De voir organiser dans nos grandes Écoles l'étude rationnelle de cette science, préparant ainsi des ingénieurs spécialisés dans la technique sanitaire.

Sur la proposition de MM. Arloing, Gautrez et Rousseau, la Section d'Hygiène émet les vœux suivants :

1º Que les personnes désirant ouvrir une vacherie aient à leur disposition des eaux pures pour assurer la propreté des ustensiles et des locaux ;

2º Qu'on organise, le plus promptement possible, la surveillance des vacheries et des vaches laitières établies dans les agglomérations urbaines ;

3º Que dans les adjudications pour la fourniture du lait aux établissements hospitaliers on impose des conditions visant l'état sanitaire des vaches qui fournissent le lait à ces établissements.

Sur la proposition de M. ROUSSEAU, la Section d'Hygiène émet le vœu :

Que la viande provenant de porc cryptorchide et qui exhalerait une odeur urineuse soit rigoureusement exclue de la consommation.

Sur la proposition de M. MOROT, de Troyes, la Section d'Hygiène émet le vœu :

Qu'un arrêté ministériel fixe le plus tôt possible les conditions dans lesquelles la législation actuelle réprime des fraudes pourra être appliquée aux viandes fraîches de boucherie ; et en attendant, que les procès-verbaux de constatation et de saisie des vétérinaires inspecteurs de boucheries soient admis par les tribunaux correctionnels pour l'appréciation des fraudes alimentaires portant sur les viandes fraîches de boucherie.

Le Président demande à l'Assemblée, sur la proposition du Conseil d'Administration, de voter des remerciements :

A M. le Professeur Adrien Pozzi, Député, Maire de Reims et à la Municipalité de la ville de Reims ;

Au Conseil Général de la Marne ;

A MM. les Ministres de l'Intérieur, de l'Instruction publique, de la Guerre et des Travaux publics qui ont envoyé des Délégués ;

A MM. le Professeur Langlet, Président, le Professeur Laurent, Secrétaire du Comité local, Palette, Proviseur du Lycée de Reims, à Mlle Laurent ;

A MM. les Docteurs Leduc et Chervin ; à M. Léon Dixsaut ;

A MM. les Directeurs des Compagnies de Chemins de fer et de la Compagnie locale C. B. R. ;

A MM. les Directeurs des Établissements industriels visités pendant le Congrès, en particulier à MM. Chandon de Briailles, Mumm, Madame veuve Pommery, MM. Walbaum, Luling et Goulden, Delbeck, Ruinart, Jacquemart, de Polignac, Cama, Cochet, Lelarge, Poullot, Chardonnet, Goubaux ;

A MM. les Docteurs Lardennois et Mencière ; à M. Lee ;

A MM. Jadart, Guelliot, Bourguin, Walfard ;

A MM. Paul Douce, Émile Wenz, Pierre Lelarge, Raymond de la Morinerie, Joseph Krug, Pierre Delautel, Loncq (de Laon), Bestel (de Charleville), Briquelet (de Givet), Jules Matot, Joffroy, Rosset, Guyot, Gaillot, Servant, Périnne (de Laon), Bleux (de Coucy) ;

A MM. le Sénateur Ermant, Maire de Laon ; Autier, Maire de Charleville, Stévenin, Maire de Hautes-Rivières ;

A toutes les personnes qui ont collaboré à la rédaction du volume et à l'organisation du Congrès.

Le Président remercie les Membres de l'Assemblée et déclare close la session de 1907.

La séance est levée à 5 heures et demie.

CONSEIL D'ADMINISTRATION

Année 1907-1908

BUREAU DE L'ASSOCIATION

MM. APPELL (Paul), Membre de l'Institut, Doyen de la
Faculté des Sciences de Paris. . . . .   *Président.*
LANDOUZY (Louis), Professeur à la Faculté de
Médecine de Paris, Membre de l'Académie de
Médecine, Médecin des Hôpitaux . . . .   *Vice-Président.*
BRUNHES (Bernard), Professeur à la Faculté des
Sciences de Clermont-Ferrand, Directeur de
l'Observatoire du Puy de Dôme. . . . .   *Secrétaire.*
MONTRICHER (Henri de), Ingénieur civil des
Mines. . . . .   *Vice-Secrétaire.*
PERQUEL (Lucien), Agent de change, à Paris . .   *Trésorier.*

ANCIENS PRÉSIDENTS

BOUCHARD (Charles), Membre de l'Institut et de l'Académie de Médecine, Professeur à la Faculté de Médecine de Paris.

BOUQUET de la GRYE (Anatole), Membre de l'Institut et du Bureau des Longitudes.

CARPENTIER (Jules), Membre de l'Institut et du Bureau des Longitudes, Ingénieur-Constructeur.

CHAUVEAU (Auguste), Membre de l'Institut et de l'Académie de Médecine, Professeur au Muséum national d'Histoire naturelle.

COLLIGNON (Édouard), Inspecteur général des Ponts et Chaussées en retraite, Examinateur honoraire de sortie à l'École Polytechnique.

DISLÈRE (Paul), Président de Section au Conseil d'État, Président du Conseil d'administration de l'École coloniale.

GIARD (Alfred), Membre de l'Institut, Professeur à la Faculté des Sciences de Paris.

HAMY (Ernest), Membre de l'Institut et de l'Académie de Médecine, Professeur au Muséum national d'Histoire naturelle.

HENROT (Henri), Correspondant national de l'Académie de Médecine, Directeur honoraire de l'École de Médecine de Reims.

JANSSEN (Jules), Membre de l'Institut et du Bureau des Longitudes, Directeur de l'Observatoire d'astronomie physique de Meudon.

LAISANT (C.-A.), Docteur ès sciences, Examinateur d'admission à l'École Polytechnique.

LEVASSEUR (Émile), Membre de l'Institut, Administrateur et Professeur au Collège de France.

MM. LIPPMANN (G.), Membre de l'Institut et du Bureau des Longitudes, Professeur à la Faculté des Sciences de Paris.

MASCART (E.), Membre de l'Institut, Professeur au Collège de France, Directeur honoraire du Bureau central météorologique de France.

PASSY (Frédéric), Membre de l'Institut.

SEBERT (le Général H.), Membre de l'Institut.

DÉLÉGUÉS DE L'ASSOCIATION (1)

MM. D'ARSONVAL, Membre de l'Institut et de l'Académie de Médecine, Professeur au Collège de France (1910).

CARNOT (Adolphe), Membre de l'Institut, Inspecteur général, Directeur honoraire et Professeur à l'École nationale supérieure des Mines (1910).

BERGONIÉ (Jean), Professeur à la Faculté de Médecine de Bordeaux, Correspondant national de l'Académie de Médecine (1910).

CARTAILHAC, Correspondant de l'Institut, à Toulouse (1909).

CHANTRE (Ernest), Sous-Directeur du Muséum des Sciences naturelles de Lyon (1909).

DAVANNE (Alphonse), Président honoraire du Conseil d'administration de la Société française de Photographie (1910).

GAUDRY (Albert), Membre de l'Institut, Professeur honoraire au Muséum national d'Histoire naturelle (1909).

GRANDIDIER (Alfred), Membre de l'Institut (1908).

GRASSET (J.), Professeur à la Faculté de Médecine de Montpellier, Correspondant national de l'Académie de Médecine (1909).

LAUTH (Ch.), Directeur honoraire de l'École municipale de Physique et de Chimie industrielle de la Ville de Paris (1910).

NOBLEMAIRE, Directeur honoraire de la Compagnie des Chemins de fer de Paris à Lyon et à la Méditerranée (1908).

PERRIER (Edmond), Membre de l'Institut et de l'Académie de Médecine, Directeur du Muséum national d'Histoire naturelle (1910).

RICHET (Charles), Professeur à la Faculté de Médecine de Paris, Membre de l'Académie de Médecine (1909).

ROUX (Émile), Membre de l'Institut et de l'Académie de Médecine, Directeur de l'Institut Pasteur (1908).

SAGNIER (Henri), Membre de la Société nationale d'Agriculture de France, Directeur du *Journal de l'Agriculture* (1908).

TEISSIER (Joseph), Professeur à la Faculté de Médecine de Lyon, Médecin honoraire des Hôpitaux, Correspondant national de l'Académie de Médecine (1908).

(1) Les chiffres placés entre parenthèses indiquent l'année où expire le mandat du membre du Conseil d'Administration au titre de Délégué de l'Association.

DÉLÉGUÉS DES SECTIONS (1)

1re et 2e SECTIONS (Mathématiques, Astronomie, Géodésie et Mécanique).

MM. d'Ocagne, Professeur à l'École nationale des Ponts et Chaussées (1908).
Bourlet (Carlo), Professeur au Conservatoire national des Arts et Métiers (1909).
Perrin, Inspecteur général des Mines, en retraite (1910).

3e et 4e SECTIONS (Navigation, Génie Civil et Militaire).

MM. Pasqueau, Inspecteur général des Ponts et Chaussées, en retraite (1908).
Petiton, Ingénieur-Conseil des Mines (1909).
Loche, Inspecteur général des Ponts et Chaussées (1910).

5e SECTION (Physique).

MM. Baille, Ancien Répétiteur à l'École Polytechnique (1908).
Mathias (Émile), Professeur à la Faculté des Sciences de Toulouse (1909).
Turpain, Professeur à la Faculté des Sciences de Poitiers (1910).

6e SECTION (Chimie).

MM. Béhal, Membre de l'Académie de Médecine, Professeur à l'École supérieure de
Pharmacie de Paris (1908).
Moureu (Charles), Membre de l'Académie de Médecine, Professeur à l'École supé-
rieure de Pharmacie de Paris (1909).
Hanriot, Membre de l'Académie de Médecine, Agrégé à la Faculté de Méde-
cine de Paris (1910).

7e SECTION (Météorologie et Physique du Globe).

MM. Balédent (le Chanoine) (1908).
Moureaux (Th.), Directeur de l'Observatoire du Parc-Saint-Maur (1909).
Téisserenc de Bort (Léon), Directeur de l'Observatoire de Trappes (1910).

8e SECTION (Géologie et Minéralogie).

MM. Haug (E.), Professeur à la Faculté des Sciences de Paris (1908).
Bourgery (H.), Membre de la Société Géologique de France (1909).
Peron, Correspondant de l'Institut (1910).

9e SECTION (Botanique).

MM. Poisson (J.), Assistant au Muséum national d'Histoire naturelle (1908).
Danguy, Préparateur au Muséum national d'Histoire naturelle (1909).
Bonnet (Edmond), Assistant au Muséum national d'Histoire naturelle (1910).

10e SECTION (Zoologie, Anatomie, Physiologie).

MM. Künckel d'Herculais, Assistant au Muséum national d'Histoire naturelle (1908).
Caullery, Professeur adjoint à la Faculté des Sciences de Paris (1909).
Loisel (Gustave), Docteur ès sciences, Directeur du Laboratoire d'Embryologie à
l'École des Hautes Études (1910).

(1) Les chiffres placés entre parenthèses indiquent l'année où expire le mandat du membre du Conseil
d'Administration au titre de Délégué de Section.

11e SECTION (Anthropologie).

MM. de Mortillet, Professeur à l'École d'Anthropologie (1908).
Collignon (René), Médecin-Major de 1re classe, à Cherbourg (1909).
Chervin (A), Directeur de l'Institut des Bègues de Paris (1910).

12e SECTION (Sciences médicales).

MM. Mayet (Octave), Professeur à la Faculté de Médecine de Lyon (1908).
Jaboulay, Professeur à la Faculté de Médecine de Lyon (1909).
Verchère, Chirurgien de Saint-Lazare (1910).

13e SECTION (Électricité médicale).

MM. Bordier (Henry), Agrégé à la Faculté de Médecine de Lyon (1908).
Broca (André), Agrégé à la Faculté de Médecine de Paris (1909).
Guilloz (Théodore), Professeur adjoint à la Faculté de Médecine de Nancy (1910).

14e SECTION (Odontologie).

MM. Godon (Charles), Directeur de l'École Dentaire de Paris (1908).
Sauvez (Émile), Professeur à l'École Dentaire de Paris (1909).
Delair (Léon), Professeur à l'École Dentaire de Paris (1910).

15e SECTION (Agronomie).

MM. Ladureau (Albert), Ingénieur-Agronome (1908).
Sagnier (Henry), Directeur du *Journal de l'Agriculture* (1909).
Marguet (Pol), Ingénieur des Arts et Manufactures, à Reims (1910).

16e SECTION (Géographie).

MM. Labbé (Paul), Secrétaire général de la Société de Géographie commerciale de Paris (1908).
Anthoine (Édouard), Ingénieur, Directeur honoraire au Ministère de l'Intérieur (1909).
Wouters (Louis), Bibliothécaire adjoint de la Société de Géographie commerciale de Paris (1910).

17e SECTION (Économie politique et Statistique).

MM. Saugrain (Gaston), Avocat à la Cour d'Appel de Paris (1908).
Isaac (Auguste), Président de la Chambre de Commerce de Lyon (1909).
Lacour (Alfred), Ingénieur civil des Mines (1910).

18e SECTION (Pédagogie et Enseignement).

MM. Ray (Julien), Maître de Conférences à la Faculté des Sciences de Lyon (1908).
Beauvisage (Georges), Professeur à la Faculté de Médecine de Lyon (1909).
Guézard (J.-M.), (1910).

19e SECTION (Hygiène et Médecine publique).

MM. Loir (Adrien), Professeur à la Faculté de Médecine de Montréal (Canada) (1908).
Roux (Gabriel), Directeur du Bureau municipal d'Hygiène de Lyon (1909).
Langlois (J.-P.), Agrégé à la Faculté de Médecine de Paris (1910).

PRÉSIDENTS DES SECTIONS

DU CONGRÈS DE REIMS (1907) (1)

1re et 2e SECTIONS. — M. **Bourlet** (Carlo), Professeur au Conservatoire national des Arts et Métiers.

3e et 4e SECTIONS. — M. **Bourguin**, Ingénieur en chef des Ponts et Chaussées, à Reims.

5e SECTION. — M. **Blondin** (J.), Professeur Agrégé de Physique au Collège Rollin.

6e SECTION. — M. **Hugounenq**, Doyen de la Faculté de Médecine de Lyon.

7e SECTION. — M. **Luizet**, Météorologiste à l'Observatoire de Lyon.

8e SECTION. — M. **Peron**, Correspondant de l'Institut, à Auxerre.

9e SECTION. — M. **Lecomte**, Professeur au Muséum national d'Histoire naturelle.

10e SECTION. — M. **Caullery**, Professeur adjoint à la Faculté des Sciences de Paris.

11e SECTION. — M. **Guelliot** (Octave), à Reims.

12e SECTION. — M. **Landouzy**, Membre de l'Académie de Médecine.

13e SECTION. — M. **Guilloz** (Th.), Professeur-adjoint à la Faculté de Médecine de Nancy.

14e SECTION. — M. **Francis-Jean**, Professeur à l'École Dentaire de Paris.

15e SECTION. — M. **Walfard** (Armand), Secrétaire de l'Association viticole champenoise, à Reims.

16e SECTION. — M. **Wouters** (Louis), Bibliothécaire-adjoint de la Société de Géographie Commerciale de Paris.

17e SECTION. — M. **Papillon** (Ernest), à Paris.

18e SECTION. — M. **Bérillon** (Edgar), Directeur de la *Revue de l'Hypnotisme*, à Paris.

19e SECTION. — M. **Arloing**, Correspondant de l'Institut, Directeur de l'École nationale Vétérinaire de Lyon (2).

SOUS-SECTION D'ARCHÉOLOGIE (3). — M. **Jadart**, Conservateur de la Bibliothèque et du Musée de Reims.

---

(1) Les fonctions de Président de section cessent la veille de la séance de Pâques qui suit la session pour laquelle ils ont été nommés (Art. 45 *bis*, du Règlement).

(2) En remplacement de M. le Professeur CALMETTE, de Lille, empêché d'assister au Congrès.

(3) Le président d'une Sous-Section ne fait pas partie du Conseil d'Administration: Le nom de M. JADART est cité ici à titre de simple renseignement.

PRÉSIDENTS DES SECTIONS
DU CONGRÈS DE CLERMONT-FERRAND (1908) (1)

1re et 2e Sections. — M. **Pellet**, Professeur à la Faculté des Sciences de Clermont-Ferrand.

3e et 4e Sections. — M. **Noblemaire**, Directeur honoraire de la Compagnie des chemins de fer de Paris à Lyon et à la Méditerranée.

5e Section. — M. **Lamotte**, Professeur-adjoint à la Faculté des Sciences de Clermont-Ferrand.

6e Section. — M. **Sabatier**, Doyen de la Faculté des Sciences de Toulouse, Correspondant de l'Institut.

7e Section. — M. **Marchand**, Directeur de l'Observatoire du Pic-du-Midi (2).

8e Section. — M. **Glangeaud**, Professeur à la Faculté des Sciences de Clermont-Ferrand.

9e Section. — M. **Laurent** (Jules), Professeur au Lycée, Chargé de cours à l'École de Médecine de Reims.

10e Section. — M. **Poirier**, Doyen de la Faculté des Sciences de Clermont-Ferrand (2).

11e Section. — M. **Girod**, Professeur à la Faculté des Sciences de Clermont-Ferrand.

12e Section. — M. **Hallopeau**, Membre de l'Académie de Médecine, Médecin des Hôpitaux de Paris.

13e Section. — M. **Barjon**, Médecin des Hôpitaux de Lyon.

14e Section. — M. **Franchette**, Professeur à l'École Odontotechnique de Paris.

15e Section. — M. **Heim** (Frédéric), Agrégé à la Faculté de Médecine de Paris.

16e Section. — M. **Labbé** (Paul), Secrétaire général de la Société de Géographie commerciale de Paris.

17e Section. — M. **Henriet** (Jules), Ingénieur à Marseille.

18e Section. — M. **Bérillon** (Edgar), Directeur de la *Revue de l'Hypnotisme*, à Paris.

19e Section. — M. **Arloing**, Correspondant de l'Institut, Directeur de l'École nationale vétérinaire de Lyon.

(1) Les fonctions de Président de section commencent à la séance de Pâques du Conseil d'Administration qui précède la session pour laquelle ils ont été nommés (Art. 45 *bis* du Règlement).

(2) Désignés par le Conseil d'Administration pour remplir les fonctions de Présidents de Section, M. Bourget n'ayant pas accepté la présidence de la 7e Section et la 10e Section n'ayant pas nommé son président.

SECRÉTAIRES DES SECTIONS.

1re et 2e Sections. — (1).

3e et 4e Sections. — (1).

5e Section. — M. **Dixsaut** (L.), Professeur au Lycée de Reims.

6e Section. — M. **Hervieux** (Ch.), Chef du service de Chimie à l'École nationale vétérinaire de Lyon.

7e Section. — M. le Chanoine **Raclot** (Victor), Directeur de l'Observatoire météorologique de Langres.

8e Section. — M. **Bourgery**, Membre de la Société Géologique de France (Délégué de la Section).

9e Section. — M. **Guillaume** (André), Avocat, à Reims.

10e Section. — M. **Cépède**, Préparateur au laboratoire de Zoologie maritime de Wimereux.

M. **Mire**, Professeur à l'École de Médecine de Reims (Vice-Secrétaire).

11e Section. — M. **Granet** (Vital), à Saint-Junien.

12e Section. — M. **Henrot** (Émile), de Reims.

13e Section. — M. **Roques**, Agrégé à la Faculté de Médecine de Bordeaux.

M. **Marquès** (Henri), de Montpellier (Vice-Secrétaire).

14e Section. — M. **Villain** (G.); Chef des travaux pratiques à l'École Dentaire de Paris.

M. **Prudhomme** (J.), Démonstrateur à l'École Odontotechnique de Paris (Vice-Secrétaire).

15e Section. — M. **Bonnet** (Louis), Viticulteur à Murigny.

M. **Tellier** (J.), Secrétaire-Archiviste de l'Association Viticole Champenoise (Vice-Secrétaire).

16e Section. — M. **François** (L.).

17e Section. — M. **Ladureau** (Albert), Ingénieur-Chimiste.

18e Section. — Mlle **Gehin**, Directrice de l'École Normale de jeunes filles de Bar-le-Duc.

M. **Mabille**, de Reims (Vice-Secrétaire).

19e Section. — M. **Rolants**, Chef du laboratoire d'Hygiène appliquée à l'Institut Pasteur de Lille.

M. **Gautrez**, Directeur du Bureau d'Hygiène de Clermont-Ferrand (Vice-Secrétaire).

Sous-Section d'Archéologie (2). — M. **Demaison** (L.), Archiviste de la Ville de Reims.

---

(1) MM. Combret de la Nux et Roulleaux, qui ont fait fonction de Secrétaires des 1re et 2e, 3e et 4e Sections, ne sont pas Membres de l'Association.

(2) Le Secrétaire d'une Sous-Section ne fait pas partie du Conseil d'Administration. Le nom de M. Demaison est cité ici à titre de simple renseignement.

COMMISSIONS PERMANENTES

COMMISSIONS NOMMÉES PAR LE CONSEIL D'ADMINISTRATION

Commission des Conférences . . . . .
{
MM. ANTHOINE.
CARNOT.
GIARD (A).
BROCA (ANDRÉ).
BONNET (ED.).
LAUTH.
PERRIER (ED.).
SAGNIER.
}

Commission des Finances . . . . . .
{
MM. BAILLE.
DISLÈRE.
GUÉZARD.
HANRIOT.
}

Commission de Publication. . . . . .
{
MM. KÜNCKEL D'HERCULAIS.
DE MORTILLET.
MOUREAUX.
PETITON.
}

Commission d'Organisation du Congrès de Clermont-Ferrand . . . .
{
MM. BÉRILLON.
DANGUY.
LABBÉ (P.).
SAUGRAIN.
}

Commission des Subventions.

1º MEMBRES NOMMÉS PAR LES SECTIONS

1re et 2e Sections : MM. PERRIN.
3e et 4e Sections   PETITON.
5e Section   BLONDIN.
6e Section   HANRIOT.
7e Section   MOUREAUX.
8e Section   PERON.
9e Section   BONNET (ED.).
10e Section   KÜNCKEL D'HERCULAIS.

11e Section : MM. CHERVIN.
12e Section   VERCHÈRE.
13e Section   BROCA (André).
14e Section   GODON.
15e Section   SAGNIER (1).
16e Section   LABBÉ (P.).
17e Section   PAPILLON (E.).
18e Section   BÉRILLON.
19e Section   ARLOING.

2° MEMBRES DÉSIGNÉS PAR LE CONSEIL D'ADMINISTRATION PARMI LES DÉLÉGUÉS
DE L'ASSOCIATION

MM. TEISSIER (J.).
CARTAILHAC.

(1) Désigné par le Conseil d'Administration en remplacement de M. Heim nommé par la Section (M. Heim, ne devant entrer dans le Conseil d'Administration qu'à partir de la séance de Pâques, était inéligible).

LISTE DES CONGRÈS ET DE LEURS PRÉSIDENTS

ANNÉES	VILLES	PRÉSIDENTS	
1872	Bordeaux	Claude Bernard	(Décédé.)
1873	Lyon	de Quatrefages	(Décédé.)
1874	Lille	Wurtz (Adolphe)	(Décédé.)
1875	Nantes	d'Eichtal (Adolphe)	(Décédé.)
1876	Clermont-Ferrand	Dumas (J.-B.)	(Décédé.)
1877	Le Havre	Broca (Paul)	(Décédé.)
1878	Paris	Frémy (Edmond)	(Décédé.)
1879	Montpellier	Bardoux (Agénor)	(Décédé.)
1880	Reims	Krantz (J.-B.)	(Décédé.)
1881	Alger	Chauveau (Auguste)	
1883	Rouen	Passy (Frédéric)	
1884	Blois	Bouquet de la Grye (Anatole)	
1885	Grenoble	Verneuil (Aristide)	(Décédé.)
1886	Nancy	Friedel (Charles)	(Décédé.)
1887	Toulouse	Rochard (Jules)	(Décédé.)
1888	Oran	Laussedat (Aimé)	(Décédé.)
1889	Paris	de Lacaze-Duthiers (Henri)	(Décédé:)
1890	Limoges	Cornu (Alfred)	(Décédé.)
1891	Marseille	Déhérain (P.-P.)	(Décédé.)
1892	Pau	Collignon (Édouard)	
1893	Besançon	Bouchard (Charles)	
1894	Caen	Mascart (E.)	
1895	Bordeaux	Trélat (Émile)	(Décédé.)
1896	Tunis	Dislère (Paul)	
1897	Saint-Étienne	Marey (J.-E.)	(Décédé.)
1898	Nantes	Grimaux (Édouard)	(Décédé.)
1899	Boulogne-sur-Mer	Brouardel (Paul)	(Décédé.)
1900	Paris	Sebert (Hippolyte)	
1901	Ajaccio	Hamy (E.-T.)	
1902	Montauban	Carpentier (Jules)	
1903	Angers	Levasseur (Émile)	
1904	Grenoble	Laisant (C.-A.)	
1905	Cherbourg	Giard (Alfred)	
1906	Lyon	Lippmann (Gabriel)	
1907	Reims	Henrot (Henri)	

ANCIENS PRÉSIDENTS ET VICE-PRÉSIDENTS

DE L'ASSOCIATION SCIENTIFIQUE DE FRANCE

FUSIONNÉE AVEC

L'ASSOCIATION FRANÇAISE POUR L'AVANCEMENT DES SCIENCES

Le Verrier, Membre de l'Institut.
Milne Edwards (A.), Membre de l'Institut.
Berthelot, Membre de l'Institut.
Bischoffsheim, Fondateur de l'Observatoire astronomique de Nice.
Faye, Membre de l'Institut.
Milne Edwards (H.), Membre de l'Institut.
Mouchez (l'Amiral), Membre de l'Institut.

FONCTIONNAIRES HONORAIRES

Secrétaire honoraire du Conseil d'administration (1872 à 1906).

M. **Gariel** (C.-M.), Inspecteur général des Ponts et Chaussées, Professeur à la Faculté de Médecine de Paris, Membre de l'Académie de Médecine.

Trésorier honoraire (1884 à 1907).

M. **Galante** (Émile), Fabricant d'instruments de chirurgie.

Secrétaire-adjoint honoraire du Conseil d'administration (1887-1906).

M. **Cartaz** (Le Docteur A.), Ancien interne des Hôpitaux de Paris et de Lyon.

COMITÉ LOCAL DU CONGRÈS DE REIMS

PRÉSIDENTS D'HONNEUR

MM. BOURGEOIS (Léon), ancien président du Conseil des ministres, sénateur de
la Marne.
Le Pr LANDOUZY, professeur à la Faculté de Médecine de Paris, membre de
l'Académie de Médecine.
Le Maire de la Ville de Reims.
Le Pr HENROT, président de l'Association Française.

MEMBRES D'HONNEUR

MM. Le Général commandant le 6e corps d'armée.
VALLÉ, sénateur de la Marne.
MONFEUILLART, sénateur de la Marne.
LENOIR, député de la Marne.
HAGUENIN, député de la Marne.
PÉCHADRE, député de la Marne.
DRELON, député de la Marne.
BERTRAND, député.
PERROCHE, député.
Le Général commandant la 12e division d'infanterie.
Le Général commandant la 5e division de cavalerie.
Le Général commandant la défense de Reims.
Le Général commandant la 3e brigade de cavalerie.
Le Préfet de la Marne.
Le Président du Conseil général de la Marne.
L'Ingénieur en chef des Ponts et Chaussées.
L'Ingénieur en chef de la Navigation.
L'Inspecteur d'Académie.
L'Inspecteur départemental de l'Enseignement technique.
Le Sous-Préfet de Reims.
Le Président du Tribunal civil.
Le Président du Tribunal de Commerce.
Le Président de la Chambre de Commerce.
Le Procureur de la République.
Le Directeur de l'École de Médecine.
Le Proviseur du Lycée.
La Directrice du Lycée de jeunes filles.
Le Directeur de l'École d'Arts et Métiers de Châlons-sur-Marne.
Le Directeur de l'École pratique du Commerce et d'Industrie.
La Directrice de l'École pratique de Commerce et d'Industrie.
Le Président de l'Académie de Reims.
Le Président du Comice Agricole.

MM. Le Conservateur des Eaux et Forêts de Charleville.
Les Maires de Châlons-sur-Marne.
    —   Épernay.
    —   Vitry-le-François.
    —   Sainte-Menehould.
    —   Charleville.
    —   Mézières.
    —   Laon.
    —   Soissons.
    —   Château-Thierry.
    —   Saint-Quentin.
    —   Rethel.
    —   Rocroi.
    —   Givet.

PRÉSIDENT

M. le Pr LANGLET, directeur de l'École de Médecine.

VICE-PRÉSIDENTS

MM. Le Dr COLLEVILLE, Professeur à l'École de Médecine.
DOUCE, président de l'Alliance Française.
MARTEAU (Ch.), président de la Société Industrielle.
PALETTE, proviseur du Lycée.
PORTEVIN, inspecteur départemental de l'Enseignement technique.

SECRÉTAIRE GÉNÉRAL

M. LAURENT (Jules), Professeur au Lycée et à l'École de Médecine.

SECRÉTAIRES

MM. GAUDIER, conseiller municipal, professeur au Lycée.
Le Dr GOSSET.
Le Dr GUELLIOT, président de la Société protectrice de l'Enfance.
JADART, conservateur du Musée.
LAURENT (Gustave), conseiller municipal.
WENZ (Émile), négociant.

TRÉSORIER

M. CHAPUIS, banquier.

MEMBRES DU COMITÉ

MM. ANDRÉ, inspecteur primaire.
AUBERT (Ephrem), négociant.
Le Dr BAGNÉRIS, professeur à l'École de Médecine.
BARBELENET, professeur au Lycée.
Le Dr BARILLET.
Le baron DE BAYE.
BELLEVOYE (Ad.), président de la Société d'Étude des Sciences naturelles.
BENOIST (Jules), négociant.

MM. Blondeau (Fernand), secrétaire de l'Association Viticole Champenoise.
Bonnet, directeur du vignoble de Murigny.
Bosteaux-Paris, maire de Cernay.
Le Dr Bourgéois, président de l'Académie de Reims.
Bourguin, ingénieur en chef de la Navigation.
Caillau-Brunclair, négociant.
Chamberland, professeur au Lycée.
Chappaz, professeur départemental d'Agriculture.
Chappe, adjoint au maire.
Chapuis, banquier.
Charbonneaux (Émile), secrétaire de la Chambre de Commerce.
Charbonneaux (Ernest).
Chardonnet, négociant.
Le Dr Chevy, professeur à l'École de Médecine.
Le Dr Colleville, professeur à l'École de Médecine.
Coze, directeur de la Compagnie du gaz.
Crapez, chirurgien-dentiste.
Demaison (Charles).
Demaison (Louis), archiviste de la Ville.
Diancourt, ancien sénateur, ancien maire de la Ville de Reims.
Douce, président de l'Alliance Française.
Druart, négociant.
Duval, ancien président de l'Académie de Reims.
Fortel, propriétaire.
Garnier, négociant.
Gaudier, conseiller municipal, professeur au Lycée.
Gay, propriétaire.
Georgin, négociant.
Gosset (Alphonse), vice-président de l'Académie de Reims.
Le Dr Gosset.
Grandval, professeur honoraire à l'École de Médecine.
Le Dr Guelliot, président de la Société Protectrice de l'Enfance.
Le Dr Guillaume.
Guillaume (André), avocat.
Le Dr Hache, professeur à l'École de Médecine.
Haouy, ingénieur à l'Usine à gaz.
Le Dr Harman, professeur à l'École de Médecine.
Henriot (Alexandre), négociant.
Le Dr Henrot (H.), ancien maire de la ville de Reims, directeur honoraire
    de l'École de Médecine.
Le Dr Hoel, directeur du Bureau d'hygiène.
Holden (Isaac), manufacturier.
Le Dr Jacquin, conseiller municipal.
Jadart, conservateur du Musée.
Le Dr Knœri, conseiller général, adjoint au maire.
Lajoux, professeur à l'École de Médecine.
Lallemént, ingénieur des Arts et Manufactures.
Lambert (Victor), conseiller municipal.
Lamy, président de la Société des Architectes de la Marne.
Le Dr Langlet, directeur de l'École de Médecine.

M M. Le Dr Lardennois, professeur à l'École de Médecine.
Larive (Albert), industriel.
Laurent (Gustave), conseiller municipal.
Laurent (Jules), professeur au Lycée et à l'École de Médecine.
Leclère, conseiller municipal.
Lee, chirurgien-dentiste.
Lefort, ancien notaire.
Lefranc, mécanicien.
Lelarge (Pierre), manufacturier.
Lenoir, adjoint au maire, député de la Marne.
Lesourd, conseiller général, adjoint au maire.
Le Dr Lévêque.
Lewthwaite, ancien directeur de la Maison Isaac Holden.
Limasset, ingénieur en chef des Ponts et Chaussées à Laon.
Le Dr Luling.
Le Dr Luton, président de la Société Médicale.
Margotin, architecte diocésain.
Marguet, vice-président du Comice Agricole.
Marteau (Ch.), président de la Société Industrielle.
Martin-Ragot, manufacturier.
Mathieu (Eugène), constructeur-mécanicien.
Maufroy, manufacturier.
Le Dr Mencière.
Mennesson-Champagne, conseiller général.
Monfeuillart, sénateur de la Marne.
Moreau-Bérillon, professeur spécial d'Agriculture.
Morel, ancien président de l'Académie de Reims.
de la Morinerie, vice-président de la Chambre de Commerce.
de la Morinerie (Raymond), secrétaire du Syndicat du Commerce des
    Vins de Champagne.
Mumm (G.-H.), négociant.
Nouvion-Jacquet, manufacturier.
Palette, proviseur du Lycée.
Pinon, négociant.
Pistat-Ferlin, à Bézannes.
Pommery (Louis), négociant.
Portevin, inspecteur départemental de l'Enseignement technique.
Poullot, président de la Chambre de Commerce.
Le Pr Pozzi (Adrien), maire de la Ville de Reims.
Prévost (André), vice-président de la Société des Amis des Arts.
Richard, président d'honneur du Syndicat des Sociétés de Secours Mutuels
Rogié, inspecteur primaire.
Rousseaux, directeur de l'Abattoir.
Rouyer-Warnier, négociant.
Le Dr Seuvre, ancien président de l'Académie de Reims.
Le Dr Simon, professeur à l'École de Médecine.
Vasnier (Henri), négociant.
Véroudart, président du Comice Agricole.
de Veslud.
Walbaum (Édouard), président de la Société d'Horticulture.

MM. DE WARCY.

WENZ (Émile), négociant.

Le comte WERLÉ, négociant.

WIBROTTE, président de l'Université Populaire.

Le Dr WIET, conseiller général.

Le Président de la Société d'Agriculture, Commerce, Sciences et Arts de la Marne, à Châlons-sur-Marne.

Le Président de la Société des Sciences et des Arts à Vitry-le-François.

Le Président du Photo-Club Rémois.

Le Président de l'Union Photographique Rémoise.

Le Président du Cercle Pharmaceutique de la Marne.

Les Rédacteurs en chef du *Courrier de la Champagne*, de l'*Indépendant Rémois*, de *La Dépêche de l'Est*, de *L'Éclaireur de l'Est*, de *La Voix du Peuple*, de *La Croix de Reims*.

DÉLÉGUÉS OFFICIELS
AU CONGRÈS

MINISTÈRE DE LA GUERRE

M. le Commandant MATHELIN, chef du Génie, à Reims.

MINISTÈRE DE L'INSTRUCTION PUBLIQUE, DES BEAUX-ARTS ET DES CULTES

M. LETORT (Charles), Conservateur à la Bibliothèque nationale.

MINISTÈRE DE L'INTÉRIEUR

M. D'AURIAC, Directeur du Personnel au Ministère de l'Intérieur.

MINISTÈRE DES TRAVAUX PUBLICS

M. BOURGUIN, Ingénieur en chef des Ponts et Chaussées, à Reims.

DÉLÉGUÉ DU GOUVERNEMENT BULGARE AU CONGRÈS DE REIMS

M. le Docteur ZOLOTOVITZ (Lubomir), Ministre de Bulgarie en France.

LISTE DES SAVANTS ÉTRANGERS
QUI ONT ASSISTÉ AU CONGRÈS DE REIMS

MM. EHLERS (Dr Edward), Professeur-directeur de la polyclinique dermatologique de Copenhague (Danemark).

D'ESPINE (Dr Adolphe), Professeur à l'Université de Genève.

HENRIJEAN (Dr François), Professeur à l'Université de Liége.

HOUSNY-BEY (Ata), Homme de lettres, au Caire.

JACQUES (Dr Victor), Professeur à l'Université de Bruxelles, Secrétaire général de la Société Belge d'Anthropologie.

MENDÈS-GUERREIRO (J.-V.), Inspecteur général des Ponts et Chaussées, à Lisbonne.

MOLL (le Docteur), à Arnhem (Hollande).

MONTELIUS (Oscar), Conservateur du Musée royal d'Archéologie de Stockholm.

MONTICELLI (F.-S.), Professeur de Zoologie, à l'Université de Naples.

OPPENHEIM (Paul), Professeur, à Gross-Lichterfelde, près Berlin.

ROBERTI (Melchiorre), Professeur ordinaire d'histoire du droit à l'Université de Ferrare (Italie).

STOKLASA (Jules), Professeur à l'École polytechnique tchèque, à Prague.

STRUELENS (Alfred), Docteur en Sciences et en Médecine, à Bruxelles.

TONI (J.-B. DE), Professeur ordinaire de Botanique et Directeur du Jardin botanique de l'Université royale de Modène (Italie).

VIDAL (Louis-Mariano), Ingénieur des Mines, à Barcelone.

WILDEMAN (Émile DE), Conservateur du Jardin botanique de Bruxelles.

WILLIAMS (le Dr Léonard), Médecin de l'Hôpital Français de Londres.

YUNG (Émile), Professeur à l'Université de Genève.

ZOLOTOVITZ (le Dr Lubomir), Ministre de Bulgarie en France.

LISTE DES SOCIÉTÉS SAVANTES
ET INSTITUTIONS DIVERSES
QUI SE SONT FAIT REPRÉSENTER AU CONGRÈS DE REIMS

SOCIÉTÉ D'ÉTUDES D'AVALLON, représentée par M. l'Abbé PARAT, délégué.

SOCIÉTÉ DES SCIENCES DE L'YONNE, représentée par M. PERRON (P.), délégué.

SOCIÉTÉ DE PHARMACIE DE BORDEAUX, représentée par M. ARNOZAN (Gabriel), délégué.

SOCIÉTÉ D'ANTHROPOLOGIE DE BRUXELLES, représentée par M. JACQUES (Victor), secrétaire général.

SOCIÉTÉ BELGE D'ODONTOLOGIE (Bruxelles), représentée par MM. BROWNE, FAY et JOACHIM, délégués.

SOCIÉTÉ D'HISTOIRE NATURELLE DES ARDENNES (Charleville), représentée par M. CARDOT (Jules), délégué.

SOCIÉTÉ DAUPHINOISE D'ETHNOLOGIE ET D'ANTHROPOLOGIE (Grenoble), représentée par M. MÜLLER (H.), délégué.

SOCIÉTÉ DE GÉOGRAPHIE DE L'AISNE (Laon), représentée par MM. LONCQ et GAILLOT, délégués.

CONSEIL DÉPARTEMENTAL D'HYGIÈNE DE L'AISNE (Laon), représenté par M. le Dr BLAN-QUINQUE.

SOCIÉTÉ DES SCIENCES NATURELLES DE LA CHARENTE-INFÉRIEURE (La Rochelle), représentée par M. COUNEAU (Ém.), délégué.

SOCIÉTÉ DES SCIENCES MÉDICALES DE LILLE, représentée par M. le Dr DESPLATS (René), délégué.

SOCIÉTÉ D'ANTHROPOLOGIE DE LYON, représentée par M. CHANTRE (Ernest), délégué.

SOCIÉTÉ LITTÉRAIRE DE LYON, représentée par M. l'Abbé Camille MARTIN.

CHAMBRE DE COMMERCE DE TARN-ET-GARONNE (Montauban), représentée par M. DOUMERC (Jean).

SOCIÉTÉ DES LETTRES, SCIENCES ET ARTS DES ALPES-MARITIMES, représentée par M. le Dr GUÉBHARD.

ALLIANCE SCIENTIFIQUE UNIVERSELLE (Paris), représentée par M. le Dr BÉRILLON.

ÉCOLE DENTAIRE DE PARIS, représentée par MM. GODON, FREY, MARTINIER et SAUVEZ.

GROUPE ESPÉRANTISTE DE PARIS, représenté par M. BOURLET (Carlo).

INSTITUT GÉNÉRAL PSYCHOLOGIQUE (Paris), représenté par M. COURTIER (Jules).

MUSÉUM NATIONAL D'HISTOIRE NATURELLE, représenté par M. le Professeur GRÉHANT (Nestor), délégué.

SOCIÉTÉ CENTRALE D'AQUICULTURE (Paris), représentée par M. le Dr PELLEGRIN, secrétaire général.

SOCIÉTÉ DES ANCIENS ÉLÈVES DES ÉCOLES NATIONALES D'ARTS ET MÉTIERS (Paris), représentée par M. FEUILLET (Jules), délégué.

SOCIÉTÉ D'EXCURSIONS SCIENTIFIQUES (Paris), représentée par M. A. DE MORTILLET.

SOCIÉTÉ GÉOLOGIQUE DE FRANCE, (Paris), représentée par M. DOLLFUS (G.).

SOCIÉTÉ DE GÉOGRAPHIE COMMERCIALE (Paris), représentée par M. WOUTERS, délégué.

SOCIÉTÉ D'HYPNOLOGIE (Paris), représentée par M. le Dr MABILLE (Léon).

SOCIÉTÉ PRÉHISTORIQUE DE FRANCE (Paris), représentée par MM. BAUDOUIN, GUÉBHARD, et A. DE MORTILLET.

ACADÉMIE NATIONALE DE REIMS, représentée par MM. le Dr BOURGEOIS, président, et JADART, délégué.

ASSOCIATION AGRICOLE ET VITICOLE DE LA MARNE (Reims).

ASSOCIATION VITICOLE CHAMPENOISE (Reims), représentée par MM. RÉBULIER et J. TELLIER.

ASSOCIATION DES PROPRIÉTAIRES ET LOCATAIRES DE LA VILLE DE REIMS, représentée par M. GAUTHIER, directeur.

SOCIÉTÉ DES ARCHITECTES DE LA MARNE (Reims), représentée par M. MARGOTIN.

CHAMBRE DE COMMERCE DE REIMS, représentée par M. DELAUTEL (Pierre), secrétaire.

COMICE AGRICOLE DE L'ARRONDISSEMENT DE REIMS, représenté par M. G. VÉROUDART, président.

ŒUVRE DES VOYAGES SCOLAIRES (Reims), représentée par M. ANDRÉ (A.-E.), président.

SOCIÉTÉ D'HISTOIRE NATURELLE DE REIMS, représentée par M. BELLEVOYE, délégué.

SOCIÉTÉ INDUSTRIELLE DE REIMS, représentée par M. DELAUTEL (Pierre), secrétaire.

SOCIÉTÉ DE PROPAGANDE POUR L'ACHÈVEMENT DU RÉSEAU FRANÇAIS DES CANAUX ET VOIES NAVIGABLES, représentée par M. A. MAHAUT.

SOCIÉTÉ « LES AMIS DES SCIENCES ET ARTS DE ROCHECHOUART » (Haute-Vienne), représentée par M. GRANET (Vital), délégué.

SYNDICAT DU COMMERCE DES VINS DE CHAMPAGNE (Reims), représenté par M. RAYMOND DE LA MORINERIE.

SOCIÉTÉ D'ÉTUDES SCIENTIFIQUES ET ARCHÉOLOGIQUES DE DRAGUIGNAN, représentée par M. LOUVET (Alb.).

SOCIÉTÉ DES SCIENCES ET ARTS DE VITRY-LE-FRANÇOIS, représentée par M. ROYER-COLLARD, délégué.

JOURNAUX REPRÉSENTÉS
AU CONGRÈS DE REIMS

Les Journaux de Reims, représentés par les Rédacteurs en chef.

Les Archives d'Électricité médicale, représentées par M. BERGONIÉ, directeur.

Le Bulletin du Syndicat des Chirurgiens-dentistes de France, représenté par M. G. BAUDET.

Le Conseiller du Praticien, représenté par M. le Dr MABILLE, rédacteur en chef.

Le Cosmos, représenté par M. É. HÉRICHARD, ingénieur des Constructions civiles (E. P. C.).

L'Écho du Commerce de Marseille, représenté par M. HENRIET, ingénieur.

L'Éclairage Électrique, représenté par M. J. BLONDIN, directeur scientifique.

L'Événement, représenté par M. Jean LETORT.

La Gazette des Hôpitaux, représentée par M. le Dr Paul PETIT.

Le Journal de l'Agriculture, représenté par M. Henri SAGNIER, directeur.

Le Journal des Débats, représenté par M. É. HÉRICHARD, envoyé spécial.

La Liberté, représentée par M. H. BOURGERY.

Le Matin, représenté par M. Richard ARAPU, ingénieur (E. C. P.).

Le Monde illustré, représenté par M. Edmond JACQUES.

L'Odontologie, représentée par M. HARRENT (Albert), correspondant.

Le Temps, représenté par M. Henry DE VARIGNY.

Syndicat de la Presse scientifique, représenté par M. le Dr MABILLE.

BOURSIERS DE SESSION

MM. LEFEIRE (Joseph), Ingénieur-agronome (Institut national agronomique).

VOCHELLE (Henri), Pharmacien de 1re classe, Préparateur de parasitologie à la Faculté de Médecine de Lille.

CONGRÈS DE REIMS

PROGRAMME GÉNÉRAL DE LA SESSION

JEUDI 1er AOUT. — Le matin, à 9 heures et demie, séance du Conseil d'Administration. A 10 heures et demie, séance d'inauguration au Théâtre. Dans l'après-midi, séances de sections. A 9 heures, réception par la municipalité.

VENDREDI 2 AOUT. — Le matin et dans l'après-midi, séances de sections. Dans l'après-midi, à 4 heures et demie, visite des caves Pommery. Le soir, à 9 heures, conférence par le Docteur Chervin.

SAMEDI 3 AOUT. — Le matin et dans l'après-midi, séances de sections. Dans l'après-midi, visite à Ludes, Verzenay et Épernay.

DIMANCHE 4 AOUT. — Excursion générale : Laon et Coucy.

LUNDI 5 AOUT. — Le matin et dans l'après midi, séances de sections. Dans l'après-midi, visites industrielles. A 5 heures, séance générale pour la discussion de la question mise à l'ordre du jour du Congrès : *L'épuration des eaux d'égout.* Le soir, conférence par le Professeur. S. Leduc.

MARDI 6 AOUT. — Le matin et dans l'après-midi, séances de sections. Dans l'après-midi, à 5 heures, assemblée générale de clôture.

MERCREDI, JEUDI ET VENDREDI 7, 8 ET 9 AOUT. — Excursion générale : Charleville, les Vallées de la Semoy et de la Meuse, Givet, Dinant, les Grottes de Han.

SÉANCE GÉNÉRALE

SÉANCE D'OUVERTURE

— 1er Août —

M. le Professeur Adrien POZZI

Maire de Reims.

Mesdames, Messieurs,

Au nom de la Ville de Reims, je salue les membres de ce Congrès réunis dans notre cité à l'occasion des assises annuelles de l'Association française pour l'Avancement des Sciences; j'adresse tout particulièrement un cordial et respectueux hommage à nos hôtes étrangers dont la présence ici nous honore grandement.

La Ville de Reims heureuse et fière de vous offrir l'hospitalité est, avant tout, une ville de dur labeur industriel. Mais si elle ne peut vous convier comme d'autres, à visiter ses facultés et ses laboratoires de haute science pure, elle a pourtant conservé de son ancienne noblesse universitaire les traditions et le culte de la science. Son école de médecine s'enorgueillit de voir, depuis nombre d'années et d'une façon continue siéger, aux Conseils de l'Université de Paris, des maîtres qui furent ses élèves.

Les administrations qui, depuis plus de trente années, se sont succédé à la tête des affaires municipales n'ont jamais perdu de vue les progrès de la science en ce qui touche l'hygiène urbaine et se sont efforcées d'en réaliser l'application.

La Ville de Reims, devançant de vingt-cinq ans les obligations de la dernière loi sur l'hygiène publique créa une des premières un bureau d'hygiène et les divers services qui doivent graviter autour de cette institution : observation attentive des causes de morbidité et de mortalité, surveillance régulière et minutieuse des eaux potables, contrôle dans un laboratoire municipal d'analyses chimiques des denrées alimentaires. Elle s'attacha aussi une des premières à la solution scientifique du problème des matières usées, qui, en raison des conditions topographiques, présente ici des difficultés toutes particulières.

Si la Ville de Reims a toujours apporté une sollicitude spéciale à toutes les œuvres d'enseignement populaire; elle a pressenti de bonne heure la nécessité d'une éducation visant d'une façon plus directe l'apprentissage pratique de la vie. Il y a plus de trente ans, grâce à la large et intelligente libéralité d'une femme de bien, Mme Doyen-Doublié, était fondée une école ménagère dans laquelle les jeunes filles, à peine sorties de l'école primaire, apprenaient à laver, coudre, raccommoder, faire la cuisine, tenir une comptabilité domestique; où elles faisaient un véritable apprentissage professionnel et se préparaient à être des lingères, des tailleuses, des modistes.

A cette époque cet enseignement était inconnu dans notre pays. Depuis, son urgente utilité s'est imposée à l'attention des pouvoirs publics. Aujourd'hui, à côté de notre modeste école ménagère de la rue des Boucheries, s'élèvent d'autres écoles poursuivant le même but, dont les méthodes se sont perfectionnées, dont l'installation s'est modernisée; mais aux femmes qui l'ont fondée, Mme Doyen et Mlle Clermont, appartient l'honneur d'avoir été les initiatrices.

Peu après un établissement de même ordre permettait de donner aux jeunes gens un enseignement pratique, approprié aux besoins de notre commerce et de notre industrie.

On comprenait parmi nous que pour maintenir sa place dans le monde économique il ne fallait pas s'abandonner aux hasards de l'ancienne routine empirique et qu'il fallait, comme ailleurs, préparer, par une véritable éducation scientifique adéquate, les hommes dont le commerce et l'industrie ont besoin.

Nos concitoyens, quoique absorbés par le souci des affaires, savent ne pas rester étrangers au mouvement des idées qui nous emporte; c'est vous dire avec quelle déférente attention ils suivront les travaux d'une assemblée comme la vôtre, préoccupée exclusivement des progrès de la science.

La Ville de Reims, par son accueil, s'efforcera d'être digne du grand honneur que vous lui avez fait en la choisissant pour être le siège de votre 36e Congrès, ayant à cœur de témoigner tout le prix qu'elle y attache.

M. le Professeur H. HENROT

Président:
Ancien maire de Reims,
Directeur honoraire de l'École de Médecine, Membre du Conseil supérieur de l'Assistance publique,
Correspondant national de l'Académie de Médecine.

MONSIEUR LE MAIRE,

Pour la troisième fois la ville de Reims est le siège d'un grand Congrès scientifique, le premier daté du 1er septembre 1845, le second du 2 août 1880.

Le premier, le Congrès scientifique de France, y tenait sa troisième session; il était présidé par l'archevêque Thomas Gousset qui l'inaugurait par ces libérales paroles :

« L'institution des Congrès scientifiques, empruntée par la France à la savante Allemagne, a déjà produit des résultats universellement applaudis. Ces réunions

solennelles d'un grand nombre de notabilités scientifiques nationales et étrangères ont quelque chose de grand, de libéral, d'éminemment civilisateur; elles
introduisent l'esprit d'association et de confraternité dans le domaine de l'intelligence, et constituent en une véritable famille, tous ceux qui ont voué leur
vie au développement des connaissances humaines. »

Plus de six cents membres répondaient à l'appel de l'éloquent prélat.

Le second Congrès, organisé sur le modèle de la British Association, par
l'Association française pour l'Avancement des sciences, se réunit sous la présidence du sénateur Krantz, qui indiquait son but patriotique dans ces accents
vibrants :

« Constituée au lendemain de nos désastres, l'Association française répondait,
dans la pensée de ses illustres fondateurs, au sentiment du plus pur patriotisme;
il s'agissait de relever notre chère France, et de la rendre à nos enfants, glo-
rieuse et respectée comme nous l'avions reçue de nos pères.

» Dans cette noble entreprise, on ne pouvait oublier que la science est à la
fois pour les nations une source inépuisable de richesse, une force incomparable
et l'auxiliaire le plus sûr de l'indépendance et de la liberté.

» La science pouvait tout pour notre pays, mais à la condition d'être mieux
cultivée, plus répandue, et de ne pas rester l'apanage exclusif du petit nombre :
c'est à cette pensée juste et féconde qu'est due la création de notre Société.

» On est vraiment stupéfait quand on voit sur quel nombre infime de nos
concitoyens porte le recrutement de cette élite intellectuelle qui nous fait tant
d'honneur. Il est à espérer que le développement donné à l'instruction dissipera
peu à peu l'ignorance et augmentera le capital pensant de notre pays; il est à
espérer que nombre d'hommes doués par la nature de facultés exceptionnelles
ne traverseront plus la vie, ignorés des autres et s'ignorant eux-mêmes; mais
en faisant appel à toutes ces bonnes volontés, en facilitant toutes les recherches
scientifiques, en constituant enfin l'armée de la science, on aura singulièrement hâté cette rénovation qui est le corollaire indispensable de nos nouvelles
institutions. »

Il n'était pas possible de mieux définir le but que notre Association s'est proposé.

A-t-elle manqué à sa tâche? nous ne le pensons pas. Elle a parcouru toute
la France, l'Algérie, la Tunisie, stimulant partout les travaux et encourageant
les travailleurs.

Depuis sa fondation, elle a constitué un capital de 1.578.000 francs; elle a
donné pour plus de 565.000 francs d'encouragements; cette année même elle
distribuait 30.000 francs de subventions et elle recevait de généreux donateurs
plus de 35.000 francs.

J'ai l'agréable mission, Monsieur le maire et messieurs les membres du Conseil municipal de vous témoigner au nom de l'Association française ses plus vifs
remerciements pour la façon si gracieuse dont vous l'accueillez.

Les savants étrangers, les délégués des différents ministères, les anciens
élèves de notre École de médecine arrivés au summum de la profession médicale, nos savants venus de tous les points de la France, s'associent à nous pour
vous donner le salut le plus cordial et le plus reconnaissant.

Messieurs,

En déclarant ouverte la XXXVIe session de l'Association française pour
l'Avancement des sciences, mon premier devoir est de vous remercier bien sincè-

rement du grand honneur que vous m'avez fait en m'appelant à la présidence
de notre Association.

Après les hommes éminents dans la science qui m'ont précédé à cette place, je me
sens tout confus de mon bien faible bagage scientifique, mais l'Association a sur
toutes choses les idées les plus larges, elle a voulu qu'à côté de ceux qui l'ont
illustrée par de brillantes découvertes, il y eut une place pour un modeste dont
elle voulait récompenser la fidélité et peut-être aussi les efforts persévérants
faits pendant vingt-cinq ans comme administrateur pour appliquer pratiquement à une ville de plus de 100.000 âmes les notions hygiéniques si utiles pour
la santé de tous. Je vous en exprime toute ma gratitnde.

MESSIEURS,

Il y a deux ans, au Congrès de Cherbourg, dans une conférence qui réunissait les sections de médecine et d'hygiène, nous avons cherché à démontrer
combien les progrès de l'hygiène scientifique avaient contribué dans une large
mesure à diminuer la mortalité, et à économiser ainsi chaque année pour
notre pays, un nombre considérable de vies humaines; nous avons particulièrement insisté sur le rôle important que remplissent les bureaux d'hygiène
municipaux dans cette œuvre de préservation sociale.

Aujourd'hui, nous voudrions compléter cette étude en signalant les principaux moyens employés pour assurer la complète application des principes et
des lois d'hygiène.

Théoriquement, avec la déclaration obligatoire de tous les cas de maladies
contagieuses, avec l'isolement du malade, et avec la désinfection de tous les
objets ayant été en contact avec lui, nous pouvons espérer faire disparaître
presque toutes les maladies infectieuses ou transmissibles. Il n'y a guère que deux
maladies, la rougeole qui, en quelques jours, atteint toute une ville, et la grippe
qui, sous les formes les plus diverses, infecte rapidement une nation entière,
pour lesquelles la préservation reste incertaine.

Ces précieux résultats, c'est un devoir pour nous de le rappeler, sont dus aux
immortels travaux de Pasteur qui, par son génie créateur, doit prendre dans
l'histoire de tous les peuples et de tous les temps une des premières places
parmi les plus grands bienfaiteurs.

Nul savant n'a apporté dans ses travaux plus d'idées géniales, plus de précision, plus de clarté, plus d'honnêteté scientifique : les travaux et la vie de
Pasteur sont dignes de l'admiration et de la vénération de tous. Ses élèves ont
été ses dévoués continuateurs; ils ont développé les idées du maître et par les
vaccins et les sérums curatifs et préventifs, ils ont bien mérité de l'humanité. Pour
placer chaque être vivant dans les conditions les meilleures, pour lui donner
de l'air pur, de l'eau de bonne qualité, des aliments sains, le concours des municipalités est indispensable; l'initiative privée a aussi sa large part dans l'effort
entrepris pour combattre la misère qui oppose souvent des obstacles infranchis-
sables aux prescriptions les plus élémentaires de l'hygiène.

Il faut pouvoir trouver chez ceux qui ont une haute conception de notre
humanité, des personnes dévouées pour assurer par la prévoyance, par la mutualité et par l'hygiène préventive, la santé et le bonheur de tous.

L'hygiène intellectuelle, physique et morale, sa pénétration dans tous les
milieux les plus infimes et les plus déshérités s'imposent si l'on veut obtenir
ce précieux résultat.

Nous voudrions résumer très succinctement les efforts qui ont été tentés dans ce sens, en France et en particulier dans notre ville.

L'initiative privée en fondant et en dotant des hôpitaux a donné pendant des siècles de magnifiques exemples de générosité; dans ce dernier siècle, elle a créé des œuvres admirables auxquelles elle a consacré beaucoup de dévouement et beaucoup d'argent.

Les secours administratifs sont distribués régulièrement, mais on ne peut demander à des employés salariés, qui remplissent une fontion pour gagner leur vie, de donner à chacun de ceux qu'ils secourent un peu de leur cœur et de leur sensibilité en même temps qu'un conseil affectueux et un réconfort moral. Il est bon qu'entre ceux qui reçoivent et ceux qui donnent, il s'établisse des relations d'estime mutuelle; que la reconnaissance soit émue, et que le don soit affectueux; c'est par cet échange incessant que l'on développera les sentiments les plus nobles et les plus généreux de solidarité sociale, et que l'on fera peut-être disparaître le fossé profond qui sépare les classes aisées des classes nécessiteuses; pratiquer ce devoir, c'est rehausser la personnalité humaine et accroître sa force morale.

Nous nous étions proposé d'étendre notre étude à tous les âges; pour ne pas donner trop d'ampleur à ce discours, nous ne nous occuperons que de l'enfance et de l'adolescence, nous renvoyons à une note annexe les détails et les chiffres, qui alourdiraient notre exposé.

Depuis qu'en 1874, un éminent philanthrope Théophile Roussel a fait voter la loi sur la protection de l'enfance, les idées ont changé. Alors qu'en France la natalité était normale, on n'attachait qu'une importance relative à la disparition des nouveau-nés; dans certains départements sur 100 enfants placés en nourrice, 90 mouraient.

Depuis que la natalité a diminué d'une façon inquiétante pour le maintien de notre race et pour la défense de la patrie, les philanthropes et les patriotes ont été d'accord pour chercher les moyens d'assurer l'existence de tous les jeunes êtres. Cette recherche a donné d'excellents résultats, il faudrait un volume pour énumérer toutes les œuvres créées pour sauver l'enfant (Charité maternelle, Société protectrice de l'Enfance); cette énumération serait bien touchante, c'est là que nous trouvons l'ingéniosité féconde de nos femmes françaises dont l'esprit inventif et le dévouement ont été si admirables; 3.000 œuvres ont été, par elles, fondées en France.

L'enfant est protégé avant sa naissance (refuge, ouvroir, mutualité maternelle, etc.); on commence à faire pour le petit être ce qui depuis longtemps se pratique pour les différentes espèces animales, de l'élevage méthodique et rationnel, selon l'heureuse expression du professeur Pinard, de la Puériculture.

La première enfance est dominée par un fait primordial, l'allaitement; quand l'allaitement maternel est possible, toutes les difficultés disparaissent; l'enfant ne réclame qu'un peu de chaleur et des soins de propreté pour progresser régulièrement. Avec l'allaitement artificiel surgissent des difficultés de toute nature : le lait de vache est excellent, c'est un aliment complet, mais d'une contexture très fragile et très délicate; la chaleur, l'orage peuvent le transformer en quelques minutes en un véritable poison; un très grand danger résulte souvent de ce que l'on n'en connaît pas la provenance; les bêtes qui se présentent sous l'aspect le plus favorable peuvent être tuberculeuses et transmettre la maladie au jeune enfant. Les recherches toutes récentes de notre éminent collègue le professeur Calmette ont démontré la facilité extraordinaire de la contamination par l'ingestion d'un lait mauvais ; il a pu rapidement rendre tuberculeux de jeunes animaux en leur faisant avaler une seule dose de bacilles actifs ; aussi notre collègue réclame-t-il énergiquement et avec raison une surveillance administrative de toutes les vaches laitières.

Le professeur Nocard, dont nous avons salué plusieurs fois la présence à Reims, et dont la perte a été si grande pour la science, a donné le moyen certain et rapide, par des injections d'une tuberculine spéciale, de s'assurer si une vache porte ou non cette terrible maladie.

Toutes les vaches laitières sans exception devraient être soumises à cette épreuve, c'est une mesure prophylactique qui s'impose.

Parmi tous ces moyens où la science et le dévouement se sont affirmés sous les formes les plus diverses, il en est un très efficace, les consultations de nourrissons que le professeur Budin a préconisées. Avec l'éloquente ardeur d'un apôtre, il a porté la bonne parole du Nord au Midi ; c'est en sortant d'une conférence à Marseille que ce savant bon et généreux a trouvé la mort ; mais son œuvre n'a pas disparu avec lui, partout on installe des Gouttes de Lait. Dans le département du Pas-de-Calais, où l'on en compte près de quatre-vingts, la mortalité infantile s'est abaissée dans des proportions considérables.

Grâce au dévouement de quelques dames, notre ville va aussi avoir sa Goutte de Lait ; de l'avis de tous, l'œuvre du professeur Budin résume ce que l'on peut faire de plus efficace pour la protection du nouveau-né.

Cette œuvre est complétée par celle des crèches, qui permet aux mères, obligées de travailler au dehors, de continuer à nourrir leurs enfants.

C'est aux personnes généreuses et dévouées, et il n'en manque pas, d'assurer partout, et particulièrement dans les grands centres ouvriers, le fonctionnement de ces œuvres admirables.

A Tourcoing, le maire, le Dr Dron, est entré dans une voie nouvelle et hardie pour assurer à tous les assistés de la Goutte de Lait du Bureau de bienfaisance et des hospices un lait de qualité irréprochable ; il n'a pas hésité à organiser une vacherie modèle dont nous avons récemment admiré le fonctionnement ; les résultats sont excellents ; les diarrhées infantiles si fréquentes et si meurtrières ont presque complètement disparu.

Pendant l'âge scolaire, l'hygiène de l'enfant se simplifie. La troisième République a fait les plus grands sacrifices pour donner à chaque commune une école salubre et souvent coquette ; l'enseignement étant obligatoire, il eût été criminel d'obliger les parents à mettre leurs enfants dans des locaux malsains. C'est un grand et beau résultat dont il faut hautement se féliciter.

L'hygiène sociale a peu à faire pendant cette période ; les maîtres, qu'il ne faut pas juger tous sur des exceptions regrettables, sont instruits et dévoués. Dans les Écoles maternelles, où à l'instruction se joint souvent la distribution d'aliments chauds, les enfants sont surveillés de huit heures du matin à quatre heures de l'après-midi par des maîtresses très dévouées.

Dans la période scolaire proprement dite, les Caisses des Écoles, les voyages scolaires, les colonies de vacances, rendent les plus grands services : grâce à notre dévoué président du Comité local, le Dr Langlet, bon nombre d'enfants prennent, pendant les vacances, le chemin de la campagne, des montagnes ou de la mer ; on a pu constater à la suite de ces séjours, cependant bien courts, une augmentation de poids et surtout, chose très importante, une augmentation de la capacité thoracique ; là, la science n'a plus rien à faire, c'est à la philanthropie bien comprise de permettre au plus grand nombre d'enfants de profiter de cette reviviscence par le grand air.

Notre enseignement primaire assure à l'enfant, garçon ou fille, le développement intellectuel et moral ; pendant cette période, il suffit de la volonté ferme du ministre pour que tous les éducateurs de la jeunesse développent, en même temps que les qualités intellectuelles, l'amour de la famille et l'amour de la patrie. L'enfant doit savoir qu'avant les satisfactions qu'il attend de la vie, il y a des devoirs à remplir et des choses à respecter qu'il ne saurait ni discuter ni combattre.

C'est après l'âge scolaire que commencent les difficultés : les associations amicales d'anciens élèves, les cercles, les patronages, les sociétés de chant, de musique, de gymnastique, de sport sont d'excellents moyens d'occuper et de distraire la jeunesse. Il est à souhaiter que toutes ces institutions, dues pour la plupart à l'initiative privée, se développent et deviennent plus prospères.

Pour les jeunes filles, l'enseignement primaire devrait être pour toutes complété par l'enseignement ménager. Grâce à l'initiative d'une femme d'intelligence et de cœur, M⟨me⟩ Doyen, notre ville s'honore d'avoir vu fonctionner la première École ménagère sérieusement organisée : en deux ans, la jeune fille, tout en complétant son instruction primaire, apprend la couture, la coupe, le repassage, la cuisine ; après ce stage, elle trouve très facilement à gagner sa vie, et surtout elle a pris l'habitude de tenir un ménage avec ordre et économie, on peut assurer qu'elle sera à la hauteur des charges qui lui incomberont plus tard.

A côté de cette École ménagère, due à l'initiative privée, l'Administration municipale a installé place Belle-Tour une École pratique de commerce et de ménage, où se trouvent réunis tous les perfectionnements modernes. Il faut la louer hautement de cette heureuse création ; il serait à désirer que toutes les élèves, au sortir de l'école primaire, pussent passer par ces écoles. Peut-être pourrait-on aussi reprendre une pratique essayée avec succès, il y a une vingtaine d'années, d'envoyer une fois par semaine les jeunes filles dans les crèches pour leur apprendre comment se fait l'alimentation méthodique de l'enfant et comment se donnent les soins de propreté. Lors des essais qui ont été tentés, nous avons vu avec grand plaisir des enfants reporter chez leurs parents ces bonnes habitudes et devenir ainsi dans leur famille les propagateurs des plus saines notions d'hygiène.

Les œuvres privées protectrices de la jeune fille sont très nombreuses, elles méritent toutes d'être encouragées. Dans certaines d'entre elles, nous voyons des jeunes filles de la bourgeoisie ne pas craindre d'aller se joindre aux jeunes filles pauvres pour devenir leurs éducatrices et chercher à établir entre elles une véritable solidarité sociale ; du reste, la femme riche ou pauvre a dans la vie à passer par les mêmes épreuves : le mariage et la maternité sont un objectif commun ; elles auront les mêmes douleurs et les mêmes joies, et elles auront plus tard cet admirable rôle de diriger leurs enfants dans la vie. Nombre de Sociétés comme les Mutuelles maternelles associent leurs efforts pour cimenter cette union si désirable.

En France, les jeunes filles sont moins protégées que dans les pays voisins, il faudrait apprendre aux jeunes gens à les respecter davantage ; on ne saurait trop combattre la licence des rues, la provocation par l'image et les excitations à la débauche.

Des ligues très intéressantes se sont formées ; l'une d'elles que nous voyons fonctionner dans les grandes gares de Paris rend d'immenses services ; des dames au brassard jaune indiquent à la jeune fille qui arrive dans la grande ville sans recommandation, sans argent, sans renseignement, l'endroit où elle pourra trouver un gîte et des secours en attendant qu'elle ait pu se procurer du travail, on lui évite ainsi le séjour dans des hôtels d'une moralité douteuse.

Nous voudrions faire l'énumération de toutes ces œuvres admirables dues à l'initiative privée ; elles démontrent de quelle ardeur au bien, de quelle ingéniosité, de quel dévouement, la femme est capable. L'éminent membre de l'Académie française, M. A. Mézières a pu dire éloquemment : « Il y a une chose pourtant qu'il faut publiquement affirmer, parce qu'elle répond à une vérité absolue : c'est qu'en aucun temps, dans aucune nation on ne s'est penché avec plus de sollicitude sur les souffrances humaines, pour les soulager ; c'est qu'à aucune période de l'histoire, on n'a tendu des mains plus fraternelles à ceux qui souffrent et qui peinent, aux deshérités et aux malheureux. »

C'est à l'Hygiène sociale qu'il appartient de grouper méthodiquement toutes ces bonnes volontés.

Entre l'âge de l'école et l'âge de l'atelier, il y a pour les enfants une période excessivement difficile à traverser. Ceux qui peuvent fréquenter les écoles professionnelles d'art, d'industrie, de commerce sont le petit nombre ; quand ils sont bien doués ils trouvent facilement en sortant une situation honorable et rémunératrice ; malheureusement dans les villes industrielles, un trop grand nombre d'enfants sont complètement abandonnés. Le père et la mère, qui travaillent dans la grande industrie, n'ont pas le temps de s'occuper d'eux, il n'y a plus comme à l'école primaire de maître et de surveillant ; leur âge ne leur permettant pas d'entrer dans les ateliers d'adultes, ils se trouvent isolés et élisent trop souvent domicile sur la voie publique où ils rencontrent des guides pour les conduire à toutes les dépravations : la débauche, la mendicité, le vol et trop souvent le crime. Chaque jour les journaux signalent des faits délictueux commis par des mineurs ; il suffit de quelques semaines pour que tout le bénéfice de l'école soit perdu, et que ces enfants deviennent des piliers de la police correctionnelle.

Le plus souvent ce n'est pas le mauvais esprit qui les amène si bas, mais la difficulté pour eux de trouver du travail, c'est l'inaction qui les conduit à la paresse, c'est la paresse qui les conduit au crime.

Il y a là un grand danger que la société doit s'efforcer de combattre. On a beaucoup parlé de l'Assistance par le travail, il existe dans presque toutes les grandes villes de ces ateliers, nous en avons visité un grand nombre, mais le plus souvent ceux-ci sont réservés aux vieillards ou temporairement aux adultes en attendant qu'ils trouvent de l'ouvrage.

La France dépense chaque année des centaines de millions pour développer l'intelligence et la moralité de l'enfant jusqu'à 13 ans, et malheureusement pour un trop grand nombre, quand il n'y avait plus qu'un effort à tenter pour en faire de bons citoyens, on les laisse devenir des malfaiteurs qui vont être dans les prisons, dans les colonies pénitentiaires, dans les bagnes une lourde charge pour l'État. Pourquoi ne pas prévenir le mal, au lieu d'avoir sévèrement à le réprimer ?

L'État prend les enfants assistés, les enfants trouvés, les enfants moralement abandonnés sous sa surveillance jusqu'à leur majorité. Il y en a en France 178.000. 1.400 pour le département de la Marne, occasionnant une dépense de 17 millions. C'est là assurément une dépense utile, mais en dehors de cette catégorie d'assistés, pourquoi laisser sans guide l'enfant de 13 à 16 ans, demi-abandonné par ses parents.

Cette situation est grave, elle demande une prompte solution : de 1889 à 1894, 63.000 enfants mineurs de moins de 16 ans ont passé devant les tribunaux, soit une moyenne de 8.000 par an. Ces enfants viennent pour la plupart des grandes villes ; la principale cause de ces misères morales, en dehors de celles que nous avons signalées, c'est l'alcoolisme qui détruit la famille et rend les parents indignes.

La statistique a prouvé que sur 400 enfants traduits en justice, 302 appartenaient à des familles désorganisées par l'alcoolisme (Decori).

L'initiative privée a tenté de sérieux efforts pour arrêter ce fléau, les exemples abondent : colonies agricoles, colonie d'Ay, Bethléem, Sociétés de patronages de toute sorte, mais le remède est insuffisant ; c'est dans les Écoles de bienfaisance de Belgique que nous avons trouvé le type le mieux coordonné.

L'École d'Ypres, à moins d'une heure de Lille, nous offre un modèle achevé ; elle est importante puisqu'elle a 500 élèves, l'espace n'a pas été ménagé, c'est sur 40 hectares que sont édifiés les services et les ateliers.

La maison est divisée en deux parties complètement séparées ; celle qui est réservée aux enfants qui mendient, aux demi-abandonnés et celle qui reçoit les enfants ayant commis un délit et ayant une peine à purger.

La règle fixe absolue, est qu'à tout moment du jour et de la nuit l'enfant est surveillé ; il y a dans l'établissement quarante surveillants, qui sont en même temps des chefs d'ateliers tout à fait compétents, et constamment mêlés à la vie de l'enfant. Chaque jour celui-ci a une heure d'école pour compléter son instruction, dans des classes largement pourvues de tout le matériel nécessaire.

L'enseignement professionnel est extrêmement varié : enseignement agricole, grande et petite culture, enseignement horticole, culture maraîchère, arts décoratifs, industrie du bois, du livre, composition, imprimerie, reliure, menuiserie, ébénisterie, charronnage, industrie du fer, ferronnerie d'ornementation, maréchalerie, atelier de tailleur et de cordonnier.

Chaque élève, selon ses aptitudes intellectuelle et physique, apprend le métier qui, au sortir de l'école, lui permettra de gagner honorablement sa vie. Les travaux de peinture, de menuiserie, de serrurerie de l'école ont été faits par les élèves ainsi que tous les vêtements et toutes les chaussures.

La grosse objection que l'on a faite à ces ateliers d'assistance par le travail, c'est la concurrence que ces établissements peuvent faire à l'industrie privée.

Cet écueil a été évité en Belgique par une mesure très simple : aucun des objets fabriqués n'est jamais vendu directement au public ; il est acheté par des entrepreneurs qui trouvent dans la vente à leur clientèle un large bénéfice.

Le prix de revient de chaque élève est de 1 fr. 30 par jour ; il est un peu plus élevé que dans les maisons de correction, mais le résultat moral est si grand qu'il compense l'excès de dépenses.

Dans les quatre établissements de ce genre, qui existent en Belgique, les frais qu'occasionne chaque élève sont partagés par moitié entre l'État et la commune d'origine ; c'est dans cette voie que nous désirerions voir entrer l'État et les communes françaises.

Les distractions et les jeux ne manquent pas, c'est un honneur de faire partie de la fanfare. Dans une récente visite faite avec le Congrès d'assistance, nous avons été accueillis au son de la *Marseillaise* de la façon la plus cordiale par M. de la Tour, le directeur de l'Assistance publique en Belgique.

A la sortie de l'école, on remet à chaque élève un vêtement complet fabriqué par les élèves tailleurs et cordonniers, 175 francs, un livret de Caisse d'épargne et un livret de Caisse de retraite. L'enfant se trouve incorporé dans cette admirable mutualité qui est la force primordiale de toutes les institutions sociales.

Messieurs, si nous voulons édifier une société nouvelle, meilleure que celle qui existe actuellement, c'est l'enfant qui doit le plus nous préoccuper.

Le cerveau humain est ainsi fait que c'est dans la période de développement qu'il possède la plus grande activité et les aptitudes les plus variées. C'est dans l'enfance que se fait cette imprégnation cérébrale qui est la plus forte et la plus durable.

Si nous voulons préparer de vrais citoyens, c'est à ce moment de la vie qu'il faut leur inculquer les principes qui devront les diriger ; l'éducation morale, intellectuelle et physique doit se faire en même temps, harmonieusement.

Le jeune homme ne doit pas gaspiller la force vitale qui lui est si nécessaire ; il faudrait lui faire comprendre le danger de tous ces excès qui, sottement, peuvent compromettre et entacher par des tares indélébiles la vie tout entière ; il faut qu'il connaisse de bonne heure la responsabilité de ses actes. C'est un côté de l'éducation que l'on ne saurait négliger.

Dans cette lutte, les philanthropes ne sont pas restés indifférents : les sommes dépensées par des particuliers pour des Sociétés d'utilité publique, étaient de 1 million en 1800, 3 millions en 1814, 4 millions en 1848 et 450 millions jusqu'en 1896, ce qui fait une moyenne annuelle de 22 millions. L'effort, on le voit, est considérable, mais ce qui manque à toutes ces œuvres de prévoyance et d'assistance sociales, c'est une méthode scientifique. Le Conseil supérieur de l'Assistance publique, le Conseil supérieur de la Mutualité, les Congrès nationaux et internationaux d'assistance s'inspirent de tout ce qui se fait à l'étranger pour mettre chaque question au point.

Depuis quelques années, les Congrès d'union d'hygiène sociale réunissant les médecins, les hygiénistes, les architectes, les philanthropes, les mutualistes, ont tenu leurs sessions à Nîmes, à Arras, à Nantes, à Montpellier et à Nancy, sous la présidence de M. Casimir-Perier, qui était l'âme de ces Congrès, et qui y apportait toute son intelligence, toute son activité, tout son dévouement. Nous ne saurions trop exprimer nos regrets de la disparition d'un homme qui, après avoir occupé la première place dans la République, consacrait tous ses soins au soulagement de la misère. C'est notre éminent concitoyen, M. Léon Bourgeois, président du Comité international de la tuberculose, qui lui a succédé et qui a présidé, avec son autorité indiscutée, le Congrès qui vient de finir à Lyon.

C'est à ces Sociétés qui terminent leurs travaux par le vote de vœux, qu'il appartient de préparer toutes les mesures législatives qui doivent apporter de nouvelles améliorations dans le sort des travailleurs. Il en est trois particulièrement qu'elles ont étudiées avec l'ardeur la plus louable : l'amélioration des logements insalubres, la suppression de l'alcoolisme et la préservation de la tuberculose.

Pour les logements ouvriers, la mutualité qui est une puissance, puisqu'il y a en France 26.000 Sociétés mutualistes possédant un demi-milliard à la Caisse des dépôts et consignations, peut user de la faculté de la loi du 30 novembre 1894, et affecter une partie de ce patrimoine à l'édification de logements ouvriers à bon marché ; jusqu'à présent, on a malheureusement peu mis en pratique cette disposition législative.

Les familles nombreuses devraient être les premières à trouver le meilleur logement ; c'est ce qu'a fait, sur la proposition de M. Lallement, le Bureau de bienfaisance de Nancy, qui a construit des logements avec jardins pour les familles chargées d'enfants ; c'est un bel exemple à suivre.

Un grand mouvement se produit pour combattre l'alcoolisme, et pour prévenir la tuberculose, nous nous contentons de le signaler.

L'hygiène sociale, la mutualité et la prévoyance doivent se concerter pour combattre toutes ces misères.

M. Casimir-Perier, avec Brouardel, Cheysson, Landouzy, Strauss, Calmette, Siegfried, Grancher, a admirablement résumé leur rôle quand il a dit : « Il faut former, transformer, modifier les mœurs publiques ; cela ne peut être l'œuvre du législateur, c'est l'œuvre de la volonté, c'est l'œuvre des hommes qui ont la notion exacte de leur devoir ; c'est leur initiative, c'est leur volonté, c'est leur courage individuel que nous cherchons à provoquer, et nous croyons ainsi rendre un double service à notre pays, celui de lui donner des hommes sains et robustes, et celui de lui préparer des citoyens soucieux du bien public ».

Messieurs,

Venons renforcer cette école de devoir social, recherchons le concours volontaire et désintéressé de ceux qui peuvent accroître les ressources des œuvres de prévoyance, d'hygiène et de bienfaisance.

Il y a la contagion de l'exemple pour le mal, nous en avons hélas ! fait ressortir les désastreux progrès, mais il y a aussi la contagion du bien, les exemples sont nombreux, nous n'en citerons qu'un:

En 1866. un négociant rémois, homme de cœur, M. Buirette, eut l'idée de fonder à perpétuité des prix pour récompenser le travail persévérant et le dévouement familial. Il chargea l'administration municipale et différentes associations charitables de distribuer chaque année six prix de 500 francs. En 1883, 3.000 francs de prix étaient décernés à la fin d'une séance du Conseil municipal. Nous avons pensé faire de cette distribution, la fête solennelle de la vertu ; nous avons convié les hommes les plus éminents, de l'Institut, de l'Académie française, à venir prêcher cette cause sainte. MM. Léon Say, Frédéric Passy, Théophile Roussel, Gréard, Mézières, Georges Picot, Levasseur, Gebhart. Duclaux, ont répondu à l'invitation de la Ville de Reims ; ils ont si admirablement, parlé qu'en décembre dernier ce n'est pas 3.000 mais 30.000 francs qui étaient solennellement distribués.

Rien de plus touchant que de voir de vieux travailleurs après 30, 40, 50 ans de fidélité au devoir, venir chercher une juste récompense. Nous avons eu d'admirables exemples d'abnégation ; nous avons vu de braves ouvriers, chargés de famille, adopter des enfants devenus orphelins ou abandonnés de leurs parents. Nous ne connaissons pas de plus beau, de plus noble exemple de solidarité que celui donné par les plus humbles, les plus pauvres, les plus deshérités. A côté de l'héroïsme militaire si retentissant, nous pouvons inscrire cet héroïsme social fait d'un dévouement quotidien.

La Ville de Reims ouvre chaque année une page de ce livre d'or pour y graver des noms nouveaux ; elle peut être fière de cette œuvre qui, à notre connaissance n'existe dans aucune autre ville. La distribution de livrets de retraite aux enfants sortant des écoles primaires, vient heureusement la compléter. Des legs spéciaux comme prix, les prix de vertu, en assurent la pérennité.

L'Association française a été créée pour contribuer au relèvement de la Patrie, la Société d'Union d'Hygiène sociale pour faire disparaître la misère et les maux qu'elle entraîne.

Ces deux Sociétés ont toutes deux un rôle élevé à remplir : elles peuvent se donner fraternellement la main, et se placer sous la même et admirable devise : Par la science, pour la Patrie !

MESSIEURS,

Nous aurions désiré que notre discours finît là. Nous avons le regret de vous annoncer de profondes modifications dans la direction de notre Association : M. le professeur Gariel, secrétaire du Conseil, commandeur de la Légion d'honneur, ancien commissaire général des Congrès aux Expositions de 1889 et de 1900, a voulu, malgré nos plus vives instances, se démettre de ses fonctions : nous avons pu seulement obtenir de notre solide et vieille amitié qu'il conservât le soin d'organiser le Congrès de Reims.

M. Gariel, secrétaire de l'Association depuis sa fondation, c'est-à-dire depuis trente-six ans, en a été l'âme ; il en était le directeur permanent tandis que les présidents n'ont qu'une existence éphémère ; tous ont connu son ardeur inlassable et la somme de travail qu'il a dépensée malgré ses occupations très absorbantes de professeur à la Faculté de médecine et à l'École des ponts et chaussées, de membre du Comité consultatif d'hygiène publique de France, de membre de l'Académie de médecine. Il trouvait le temps non seulement de diriger l'Association, mais encore d'organiser toutes les excursions qui nous ont permis de connaître et d'admirer notre si belle France.

Le Conseil à l'unanimité lui a voté l'honorariat, mais nous avons pensé qu'un homme qui avait rendu de si grands et si longs services à notre Association ne devait se retirer que devant une assemblée générale de ses membres, devant les témoins de sa prodigieuse activité et de son inaltérable dévouement.

Nous vous demandons, Messieurs, de témoigner tous vos regrets à l'homme éminent qui, après un si grand labeur, nous quitte pour prendre un repos bien mérité (1).

Cette retraite a entraîné celle du secrétaire-adjoint, le Dr Cartaz, qui, depuis vingt et un ans, était l'auxiliaire dévoué du professeur Gariel ; la maladie l'avait empêché d'assister au Congrès de Lyon, le Conseil lui a conféré aussi l'honorariat en lui exprimant ses plus vives sympathies.

Enfin, Messieurs, notre dévoué trésorier depuis vingt-quatre années, M. Galante, se sentant fatigué, a résilié ses fonctions absolument gratuites ; vous avez tous apprécié ses rapports si clairs, si précis ; nos finances étaient dans d'excellentes mains ; le placement de nos capitaux (1.578.000 fr.), le mouvement de fonds considérable, chaque année, lui demandait un temps qu'il devait soustraire à ses affaires.

Cet homme modeste a consacré le plus entier dévouement à notre Association.

Notre Association doit durer autant que la France elle-même ; son capital qui s'accroît chaque année, assure son existence. Son rôle est trop élevé, ses efforts ont été couronnés de trop de succès pour que sa vitalité soit atteinte. En donnant nos sincères regrets aux vaillants qui nous quittent, nous souhaitons une cordiale bienvenue à notre nouveau secrétaire, M. le professeur Desgrez, à l'esprit large et conciliant, qui suivra les traditions de son prédécesseur.

(1) Au cours de la séance M. le Président, en témoignage de reconnaissance et aux applaudissements de l'assistance, a remis une médaille d'or du grand module de l'Association à M. le Professeur Gariel, et une médaille de vermeil à MM. Cartaz et Galante.

NOTES ANNEXÉES AU DISCOURS DU Pr H. HENROT

Nous avons autant que possible éliminé de notre discours les chiffres et les statistiques ; nous pensons que pour justifier certaines de nos appréciations, il est utile de montrer ce qu'a fait la Ville de Reims.

Nous avons mis à jour des travaux personnels antérieurs en faisant de nombreux emprunts au remarquable livre *Reims en 1907* écrit pour les congressistes par MM. Laurent, Guillaume, Demaison, Guelliot, Jadart, A. Gosset, Chamberland, Donce, Portevin, Chappaz, de la Morinerie, E. Charbonneaux, Schvetzer, P. Gosset, Hoel, Colleville, Lajoux, Roullaux.

Nous examinerons sommairement.

1° La démographie ;

2° L'enseignement primaire et professionnel ;

3° L'assistance ;

4° La mutualité et la prévoyance ;

5° L'institution des prix de vertu, qui constitue essentiellement une œuvre de prévoyance sociale.

DÉMOGRAPHIE

La ville de Reims compte 109.859 habitants, dont 4.000 militaires, c'est la quatorzième ville de France.

La nuptialité de 7,50 0/00 dans les premières années du xixe siècle, atteint 9 0/00.

La natalité de 38,48 en 1821 est tombée à 30,58 et puis à 23,28 en 1906.

La mortalité de 40 0/00 descend à 24 et à 21,52 de 1901 à 1904.

L'excédent des naissances sur les décès de 5 0/00 en 1830 est tombé à 1,80 0/00 en 1906.

La mortalité de 0 à 1 an pour 1.000 habitants, de 16,6 il y a 80 ans s'est abaissée à 4,2.

La mortalité de 0 à 1 an pour 1.000 enfants du même âge :

> de 448 en 1870
> 518 en 1880
> 328 en 1900

est descendue à 225 en 1906. Il y a là un heureux résultat.

Pour toutes les maladies contagieuses la mortalité :

> 1881 à 1890 était 26 pour 10.000 habitants,
> 1891 à 1900 — 15 — —
> de 1901 à 1906 — 8 — —

Il y a là une amélioration considérable. Malheureusement la tuberculose fait à elle seule quatre fois plus de victimes que toutes les autres maladies contagieuses réunies.

On constate de 1887 à 1896 : 2.907 décès par phtisie + 1093 bronchites chroniques = 4.000.

> de 1897 à 1906 : 3.109 — + 503 — — = 3.612.

Dans la première décade, beaucoup de phtisies étaient cachées sous la dénomination de bronchite chronique.

La phtisie reste la maladie redoutable entre toutes. Les autres sièges de la tuberculose donnent comme décès des chiffres oscillant entre 65 et 87 par an, alors que la phtisie, en ces dix dernières années donne un chiffre variant de 349 à 378.

En ces dix dernières années :

> La mortalité tuberculeuse totale est de 3,55 0/00.
> — phtisique — 2,75 —

Il y a 1 décès de tuberculose sur 6 décès totaux.

> — 1 — phtisie sur 8 — —

Au point de vue de l'âge, la phtisie est rare avant 10 ans, elle est fréquente de 10 à 14 ans, elle monte brusquement pour les adolescents de 15 à 19 ans, elle atteint son maximum de gravité sur les individus de 20 à 24 ans, elle frappe moins ceux de 25 à 34 ans ; à partir de cet âge, elle décroît et disparaît presque complètement à partir de 60 ans.

Le sexe masculin paie une contribution plus grande : 3,10 au lieu de à 2,60.

Ainsi, dit le Dr Hoel, pour les individus de 20 à 39 ans, à l'âge essentiellement productif et utile à la société, les ravages de la phtisie sont tels, qu'elle accuse, à elle seule, près de la moitié des décès.

La mortalité par cantons, pour la ville, dans les deux périodes de 1883 à 1894 et de 1895 à 1906.

> à diminué de 3,60 pour 1.000 habitants dans le 1er canton.
> — de 6,25 — — — 2e —
> — de 7,55 — — — 3e —
> — de 8,05 — — — 4e —

La mortalité phtisique est de 4,09 pour 10.000 dans le troisième canton, où il y a le plus de vieilles maisons ; elle est de 2,54 pour le quatrième, quartier ouvrier, mais plus récemment construit ; elle est de 2,14 dans le second, et seulement de 1,91 dans le premier canton, où la population ouvrière est moins dense.

Les quartiers du centre, habités par une population généralement aisée, ont une mortalité inférieure de 2 à 3 0/0 à celle des quartiers périphériques habités par une population plus pauvre, c'est un fait général dans toutes les grandes agglomérations. Toutefois, dit encore le Dr Hocl, on remarquera que les écarts de la mortalité entre les différents cantons, considérables pendant la période de 1883 à 1894 ont beaucoup diminué dans celle de 1895 à 1906.

Ce fait démontre que les efforts tant privés que publics, ont porté surtout sur les quartiers à grands déchets et que sur cette mortalité devient actuellement peu compréhensible dans les quartiers aisés ; elle a *beaucoup baissé et baissera* encore dans les quartiers peu fortunés.

Les résultats obtenus dans les dernières années sont à ce point de vue très encourageants.

ENSEIGNEMENT PRIMAIRE ET ENSEIGNEMENT PROFESSIONNEL

Enseignement primaire. — Reims a appliqué aussitôt sa promulgation en 1882 l'enseignement gratuit obligatoire et laïque.

Le 31 octobre 1906, la ville comptait 16 écoles communales de garçons, abritant 4.400 enfants répartis en 85 classes, et 17 écoles de filles pour 4.450 enfants occupant 84 classes ; la population moyenne étant par classe de 50 enfants, constitue des classes surpeuplées ; ces classes sont ouvertes aux enfants de 6 à 13 ans : il y a en dehors de ces classes, des écoles maternelles, comprenant près de 5.000 enfants.

Des cantines fonctionnent dans la plupart des faubourgs pour les enfants pauvres, c'est-à-dire pour le sixième du nombre des élèves. Ces repas sont gratuits pour les enfants dont les parents sont indigents, la nourriture y est chaude et bien préparée.

Presque toutes ces écoles de garçons et de filles ont des associations amicales d'anciens élèves qui, organisent des récréations et des concerts. Toutes les amicales sont fédérées et forment une union qui donne chaque année une grande fête pour permettre d'envoyer des enfants dans les colonies de vacances.

La Caisse des Écoles dispose d'une somme de 26.000 fr. pour distribution de livres, de vêtements et de chaussures.

Les établissements libres ne comprenant que des externes, ont une population de 870 garçons et de 930 filles.

Enseignement professionnel. — Le *cours complémentaire de la rue Libergier* qui a une durée de deux ans, prépare les élèves qui se destinent à l'École normale et à l'École des Arts et Métiers.

L'École pratique de commerce et d'industrie des garçons ouverte depuis 1876, a subi des agrandissements successifs ; elle a d'importants ateliers d'ajustage, de forge, de menuiserie, d'électricité industrielle, de teinture, d'apprêt de tissus, des laboratoires de chimie pour les élèves qui se destinent à l'industrie ; une machine à vapeur de cinquante chevaux actionne tous ces ateliers. Les jeunes gens qui se destinent au commerce, ont des cours de comptabilité, d'anglais, d'allemand, d'espagnol, de tenue de livres, de correspondance commerciale de confection de documents commerciaux. Les cours durent trois ans ; il y a 410 élèves, dont 110 internes.

Pour les jeunes filles, *l'École municipale professionnelle et ménagère* compte 145 élèves ; la durée de l'enseignement est de deux années ; il comprend la cuisine, la confection et l'entretien du linge de la famille, le lavage, le repassage, et des cours d'enseignement primaire complémentaire, C'est cette école qui a été fondée par Mme Doyen, et qui depuis sa fondation, est dirigée d'une façon remarquable par Mlle Clermont.

L'École pratique industrielle, commerciale et ménagère de jeunes filles, de création récente compte déjà 237 élèves divisées en section commerciale et section industrielle. Les élèves sont spécialisées dans les professions de couturières, lingères, brodeuses et corsetières. Toutes reçoivent des notions pratiques de lessivage, de repassage, de cuisine, etc. L'École est gratuite.

L'École régionale des arts industriels ouverte en 1889 compte 466 élèves ; 292 jeunes gens, 174 jeunes filles. Les cours ont lieu le soir pour les jeunes gens, et dans la journée pour les jeunes filles. Le programme comporte l'enseignement du dessin, le modelage, la peinture sur verre, la sculpture, l'ébénisterie, la menuiserie, le travail artistique du fer, etc., la mise en cartes de tissus, la coupe de pierres, l'architecture pour les jeunes gens.

Pour les jeunes filles le programme comprend le dessin, les travaux de peinture sur soie et sur porcelaine, broderie, pyrogravure, modelage, etc.

Les cours de la *Société industrielle* sont suivis l'hiver par 600 élèves ; pour les garçons on y enseigne la physique, la chimie, les mathématiques, la conduite et le chauffage des machines à vapeur, l'électricité industrielle, la fabrication des tissus, la comptabilité, etc.

Pour les jeunes filles, l'allemand, l'anglais, l'espagnol, la comptabilité, la sténographie, la dactylographie, etc.

L'enseignement libre a organisé l'École Jean-Baptiste de la Salle organisée sur le type des Écoles d'arts et métiers ; l'École compte 200 élèves.

L'Œuvre de *Saint-Louis de Gonzague*, où les jeunes filles de la classe aisée patronnent des jeunes filles pauvres et les placent en apprentissage.

L'École ménagère de la rue du Carrouge où les élèves apprennent les éléments de l'Enseignement ménager.

L'Œuvre du Trousseau qui a pour but d'entretenir et de développer l'amour du foyer domestique, en procurant aux jeunes filles qui en font partie, les ressources nécessaires à la confection d'un trousseau.

Ajoutons la *Ligue de l'Enseignement* et l'*Université populaire* qui donnent des conférences pendant l'hiver.

Il existe encore d'autres œuvres moins importantes que nous ne pouvons signaler.

On voit par cette énumération que la ville de Reims ne manque pas de moyens d'instruction pratique pour les jeunes gens et les jeunes filles ; malheureusement, un trop grand nombre d'entre eux reste encore en dehors de ces divers enseignements qui leur seraient cependant si utiles.

ASSISTANCE PUBLIQUE

Hôpitaux de Reims. — L'Hôtel-Dieu, actuellement Hôpital civil, dont on fait remonter l'origine au vᵉ siècle, doté par les archevêques et les comtes de Champagne, était, au dire d'Hincmar, l'un des plus riches, des plus commodes et des plus policés qui soient en France. Autrefois, sur l'emplacement du Palais de Justice actuel, il a été transféré, en 1827, dans les bâtiments de l'ancienne abbaye de Saint-Remi.

Il possède un service pour les enfants, une clinique chirurgicale, une maternité, une salle d'isolement ; il a 545 lits et reçoit par an plus de 5.000 malades. Depuis vingt ans, la mortalité s'est abaissée.

L'Hospice général, installé dans l'ancien collège des Jésuites pour les enfants et les vieillards, a 700 lits.

L'Hospice Noël-Caqué a 174 lits pour les scrofuleux, les cancéreux et les paralytiques.

L'Annexe pour les enfants.

La *Maison de retraite* (1865) a 370 lits. La pension varie entre 450 et 800 francs.

La *Maison de convalescence* (1890), a 64 lits.

L'Hospice Rœderer-Boisseau (1897), a 45 vieillards.

Le budget des hospices est de plus d'un million, la Ville donne une subvention annuelle de 300.000 francs.

Bureau de Bienfaisance. — La Commission administrative est aidée dans sa tâche par 70 commissaires partagés en douze sections. Les commissaires, sous la direction de la Commission administrative, sont chargés des enquêtes et de la répartition des secours. Ils doivent visiter leurs assistés tous les quinze jours.

Au Bureau de Bienfaisance sont annexés une sorte d'atelier de charité pour le nettoyage de la ville (235 balayeurs), 4 dispensaires municipaux donnent des consultations et des médicaments gratuits.

En 1906, plus de 11 0/0 des habitants de la ville étaient inscrits au Bureau de Bienfaisance ; il y avait 12.989 individus secourus et 3.490 ménages, occasionnant une dépense de 375.000 francs.

Comme œuvre due à l'initiative privée, signalons l'*Hospice des Petites Sœurs des Pauvres* (1873), qui reçoit 300 vieillards.

La *Société de Charité maternelle* (1810) qui donne des secours à de nombreuses mères de famille.

Le *Société protectrice de l'Enfance* (1877) qui secourt les nouveau-nés sans se préoccuper de leur situation civile.

Cette Société a installé 4 crèches de 30 à 40 enfants pour permettre aux mères de nourrir leurs enfants en continuant leur travail à l'usine.

Signalons encore la *Société de Patronage de la Seconde Enfance,* pour les garçons.

L'Orphelinat de Saint-Joseph (1880), pour les jeunes filles.

Les sœurs de Saint-Vincent de Paul et les religieuses du Bon Pasteur.

Enfin, depuis peu, nous avons une *Goutte de Lait* et une *Consultation de Nourrissons.*

Notons aussi le dispensaire Calmette, le dispensaire de la Croix Rouge et la station d'air de la Haubette.

L'Hospitalité de Nuit et la Bouchée de Pain où les indigents de passage dans la ville trouvent le gîte et une excellente nourriture.

MUTUALITÉ ET PRÉVOYANCE

Caisse d'Épargne. — La Caisse d'Épargne et de Prévoyance de Reims, constituée sous la forme de Société anonyme, date de 1823. Le capital initial fut fourni par le Conseil municipal et des personnes généreuses ; après différentes modifications, la Caisse prit un grand essor ; en 1895, il était dû 27 millions de francs pour 53.400 déposants. Ce mouvement ascendant fut arrêté par la loi du 20 juillet 1895, qui ramenait à 1.500 francs le maximum des livrets ; en 1906, les dépôts dépassent 25 millions pour 65.400 déposants. Le Conseil décidait la création de succursales dans les gros villages avoisinant Reims. La fortune personnelle de la Caisse, destinée à garantir les déposants, de 100.000 francs en 1860, atteignait 1.660.000 francs le 31 décembre 1906.

Le Conseil crut pouvoir consacrer une faible partie de ses bénéfices au profit d'œuvres philanthropiques. C'est ainsi qu'il vota, en 1905, 5.000 francs pour être distribués en livrets de 18 et 20 francs aux enfants pauvres et méritants des écoles ; sur des observations, que nous trouvons regrettables, du Ministère du Commerce, le Conseil supprima l'allocation à partir de 1905. La Caisse se contente d'augmenter les appointements de ses employés. Au 31 décembre 1906, la Caisse possédait 25 millions 681.000 francs.

Il est fâcheux qu'une partie de ce capital considérable ne soit pas affecté, comme la loi le permet, à l'amélioration des logements ouvriers.

SOCIÉTÉS MUTUELLES

Reims possède depuis longtemps de nombreuses Sociétés mutuelles ; on en compte actuellement 73 dont les adhérents varient de 100 à 2.500 membres.

54 de ces Sociétés sont syndiquées et comprennent 13.000 membres. C'est au Congrès de l'Association française de 1880, qui réunissait en même temps un Congrès mutualiste, que cette décision a été prise ; c'est à ce moment que le regretté Triouleyre organisa les Caisses de réassurance qui consistent à donner des secours aux infirmes et aux incurables ; d'après les règlements de toutes les Sociétés, les secours réglementaires aux malades doivent cesser après six mois ; on comprend combien il était pénible d'abandonner des sociétaires qui pendant trente ou quarante ans avaient versé régulièrement leur cotisation et qui se trouvaient rejetés de la Société par le fait du prolongement de leur maladie.

De 1884 à 1906, 286 malades, infirmes ou incurables, ont reçu une indemnité journalière de un franc par jour pendant trois, quatre ou cinq ans. La Caisse a dépensé 90.000 francs pour remplir ce devoir social.

Parmi ces Sociétés, il en est quelques-unes qu'il faut citer particulièrement : l'*Union foncière*, Société d'habitation à bon marché, se compose d'environ 1.500 membres ; elle a pour but de faciliter l'acquisition de maisons par les ouvriers au moyen du paiement de leur cotisation : en vingt ans, ils peuvent en devenir propriétaires, et si l'acquéreur se trouve dans l'impossibilité de se libérer, il peut transformer son compte en compte de loyer, la Société restant alors propriétaire.

L'*Union foncière* constitue en même temps une véritable banque populaire ; elle reçoit des dépôts de fonds qui sont constamment à la disposition des déposants.

La *Société de Prévoyance rémoise* est uniquement composée de dames et de demoiselles ; elle a fondé une Caisse pour une section de pupilles, où les enfants affiliés aux Sociétés scolaires de secours mutuels, et ne pouvant pas donner la cotisation des adultes, sont reçus en payant une cotisation réduite.

La *Société de la corporation des Tonneliers*, 600 membres, avait cherché à établir un livret individuel à la Caisse nationale des retraites ; cette initiative a malheureusement été arrêtée par le dépôt de la loi de 1893.

La *Société scolaire de secours mutuels et de retraite* compte 2.546 membres ; les enfants versent annuellement plus de 14.000 francs, à raison de 10 centimes par semaine. Près de 5.000 francs sont affectés annuellement aux familles des enfants pour les cas de maladie des sociétaires. Les statuts prévoient une retraite à l'âge de 55 ans.

Au 31 décembre 1906, la Société scolaire avait un capital de 43.000 francs, en outre d'une somme de 46.000 francs versée sur les livrets individuels des enfants. L'État donne une subvention annuelle de 2.500 francs (Portevin).

La *Société amicale des Sourds et Muets* a construit pour ces deshérités le Cercle de l'abbé de L'Épée, où les adhérents trouvent des distractions très appréciées.

Le *Pain gratuit*, moyennant une cotisation mensuelle de 30 centimes, assure gratuitement, en cas de maladie, 500 grammes de pain par tête, tant au sociétaire qu'aux membres de sa famille, pendant trois mois.

La *Fourmilière rémoise*, Société d'épargne basée sur l'achat en commun de valeurs à lots, fait des avances sur livrets.

La *Société mutuelle de Prévoyance* pour la retraite, créée le 1er mai 1849, par un modeste ouvrier tisseur, Étienne Lesage, fut longtemps prospère, mais les calculs faits, il y a un demi-siècle, n'étaient plus exacts, la baisse du taux de l'intérêt et l'augmentation de la longévité humaine, conséquence des améliorations incessantes apportées à l'hygiène publique, ont forcé cette intéressante Société à liquider ; elle ne peut donner que moitié de la pension promise.

Cette véritable catastrophe a fortement ému la population ouvrière ; les malheureux qui, pendant trente ou quarante ans, ont versé régulièrement leur cotisation, se voient du jour au lendemain réduits à la moitié de la rente sur laquelle ils comptaient... Cette situation est désastreuse. Comme Président d'honneur de la Société, nous avons cherché à enrayer cette crise ; s'il ne s'était agi que de trouver 2 ou 300.000 francs, on aurait pu compter sur un acte de générosité de nos concitoyens, mais c'est 1.200.000 ou 1.500.000 francs qu'il aurait fallu trouver ; ce fut impossible.

Nous avons saisi le Conseil supérieur de l'Assistance publique de cette situation ; avant de voter des pensions de retraite pour des ouvriers intéressants, mais qui n'ont pas fait preuve de prévoyance, il nous semble qu'il y avait lieu, tout d'abord, de secourir ceux qui, pendant près d'un demi-siècle, avaient versé des cotisations régulières, en vue de s'assurer, à soixante ans, une retraite de un franc par jour.

A côté de ces considérations particulières à cette Société, il y a des considérations générales de la plus haute importance ; il ne faut pas que l'on puisse dire qu'il est inutile de faire des efforts pour assurer sa vieillesse et qu'il vaut mieux s'en rapporter à la générosité de l'État.

PRIX DE VERTU

Les institutions de bienfaisance ont pris de nos jours les formes les plus diverses, beaucoup se transforment en œuvres de prévoyance.

La ville, par des donations spéciales, a été investie de la haute mission de distribuer des prix de fondation ; l'administration municipale ne fait qu'exécuter la volonté des donateurs.

Nous en donnons ici une énumération sommaire, autant pour faire voir la diversité des intentions des donateurs, que pour leur rendre publiquement un respectueux et reconnaissant hommage. Nous énumérons dans l'ordre de date :

1866. — *Fondation Buirette.* M. Buirette était un ancien manufacturier de Reims. Un prix de *mille francs* pour récompenser un rémois qui se sera distingué par un service rendu au pays, par une invention ou par une belle action.

Six *prix de 500 francs* décernés par l'administration municipale, le Conseil des prudhommes, les curés des paroisses, le Bureau de bienfaisance, l'Œuvre de la miséricorde et la Société de charité maternelle..

Ces prix sont destinés à récompenser des ouvriers d'une conduite honorable, s'occupant du travail de la laine et ayant à leur charge des parents.

1866. — *Prix Boucher de Crèvecœur de Perthes,* géologue et paléontologiste, prix de 500 francs pour l'ouvrière qui l'aura mérité par sa conduite.

1878. — *Prix de Mme Doyen Doublié,* de 500 francs, pour un ouvrier du bâtiment.

Prix Doyen, quinquennal, de 3.000 francs, pour récompenser les efforts tentés en faveur du développement de l'éducation pratique des femmes.

En 1905, 103 concurrentes ont pris part au concours ainsi libellé :

« Par quels moyens une femme peut-elle rendre agréable un appartement modeste ? et comment l'école peut-elle préparer les jeunes filles à cette partie de leur devoir de ménagère. »

Le prix a été partagé entre deux institutrices.

1878. — *Prix Cazier de 500 francs,* pour une famille méritante d'ouvriers nécessiteux.

1882. — *Prix de Mme Filleux d'Arrantières,* 220 francs. Le capital de ce prix résulte de la vente de son mobilier, de ses bijoux et de ses diamants.

Le prix est destiné à une femme d'ouvrier ayant à élever une famille nombreuse.

1888 et 1892. — *Prix G. H. de Mumm et de Guoïta.* Quinze prix de 300 francs chacun pour les ouvriers du commerce de vins de Champagne.

Ces prix peuvent être affectés chaque année aux mêmes personnes jusqu'à leur décès, si celles-ci ne démériten pas ; ils constituent donc de véritables pensions.

1888. — *Prix Irroy, 500 francs,* pour un ouvrier de bonne conduite s'occupant du travail des vins de Champagne.

1889. — *Prix Goulden.* Quatre prix de 400 francs chacun, en souvenir de Mme Heidsieck, pour un ouvrier ou une ouvrière d'une conduite honorable, ayant travaillé au moins cinq ans dans le commerce des vins mousseux.

1889. — *Prix Gerbault-Sibire.* Deux prix de 804 francs chacun pour un homme ou une femme qui, par des soins donnés à des parents ou même à des étrangers, aura fait preuve de sérieux dévouement et de respectueuse affection.

1890. — *Prix Huet Troyon.* Deux prix de 500 francs pour un ouvrier ou une ouvrière de bonne conduite en récompense d'une bonne action.

1892. — *Prix Jules Henrot,* pour délivrer chaque année 40 livrets de Caisse de retraite de 25 francs à des enfants au sortir de l'école. M. Henrot voulait lutter contre la dépression morale déplorable chez des assistés qui prennent l'habitude de recevoir des secours, et réveiller chez eux l'idée de prévoyance. Son désir était de montrer aux plus pauvres qu'avec du travail, de la conduite et de la volonté, ils peuvent, s'ils sont jeunes encore, sortir de leur pauvreté et mettre leur vieillesse à l'abri de la misère.

D'autres personnes ayant suivi cet exemple, 134 livrets ont été décernés en 1905.

1893. — *Prix Rivart-Prophétie.* Prix de 300 francs pour un ouvrier du bâtiment et donné de préférence à un ouvrier serrurier.

1894. — *Prix Charles Royclet,* de 2.218 francs, pour la personne pauvre qui en sera jugée la plus digne par sa bonne conduite et son dévouement filial.

1897. — *Prix Boulogne aîné,* de 428 francs, pour un ouvrier teinturier.

1897. — *Prix Firmin Charbonneaux.* Deux prix de 250 francs chacun, pour une famille d'ouvriers intéressante par sa probité, sa moralité et son travail.

1897. — *Prix Auguste Walbaum.* Prix de 300 francs pour un ouvrier ou une ouvrière de l'industrie lainière.

1897. — *Prix du Conseil des prudhommes,* de 200 francs, pour une médaille d'honneur du commerce et de l'industrie.

1900. — *Prix Ve Prats,* de 773 francs, en faveur de deux ménages de vieillards mariés à l'église.

1900. — *Prix Victor Besnard.* Quatre livrets de Caisse d'épargne de 25 francs chacun.

1904. — *Prix Mme Ve Ch. Arnould.* Deux prix de 500 francs pour des ouvriers de caves.

Médaille d'honneur offerte par l'Administration municipale à un Commissaire du Bureau de bienfaisance, en récompense de longs et dévoués services.

Médaille de vermeil décernée par la Commission administrative des hospices.

Prix de la Ville de Reims de 1.000 francs, pour la Société de secours mutuels la mieux administrée et la mieux organisée.

Prix de 2.000 francs donné par la Ville de Reims à la Caisse de réassurance des Sociétés de secours mutuels, pour permettre à ces Sociétés de prolonger les secours au delà du temps réglementaire, pour les malades atteints de maladies chroniques.

Ces distributions ont été présidées par MM. Jules Simon, Léon Say, Gréard, A. Mézières, Guebhart, de l'Académie française, par MM. Frédéric Passy, Théophile Rousset, Georges Picot, Lévasseur, Roujon, Duclaux, de l'Institut, par MM. les sénateurs Léon Bourgeois, Diancourt et Vallé; par les maires Henrot et Pozzi, par le Préfet et le Président du Tribunal.

Cette fête de la vertu qui, tous les ans, à Noël, réunit dans le grand théâtre l'élite de la Société rémoise, est des plus imposantes et des plus impressionnantes ; c'est en y assistant que plusieurs de nos concitoyens ont eu, eux aussi, la pensée de fonder un prix perpétuel.

Cette œuvre durera aussi longtemps qu'il y aura des mérites à récompenser ; elle devra survivre à tous les événements qui pourraient agiter ou modifier notre société.

En signalant, dans notre discours, les améliorations les plus importantes à réaliser, nous avons tenu à faire voir que la Ville de Reims ne s'était jamais désintéressée de toutes ces questions ouvrières, et qu'elle avait une large et belle place dans les efforts faits en vue d'amener une véritable solidarité sociale.

<h1 style="text-align:center">M. le Professeur LANGLET</h1>

Ancien député, Directeur de l'École de Médecine de Reims,
Président du Comité local.

Mesdames, Messieurs.

Après le salut cordial adressé par M. le Maire de Reims à nos hôtes illustres, après le discours magistral de M. le Président de l'Association, il appartient au Comité local d'organisation de ce Congrès, par la voix de son président, de vous dire en aussi peu de mots que possible comment il a compris son double rôle : Vous mettre à même tout d'abord de puiser chez nous tous les éléments d'un travail utile ; nous mettre à même, nous Rémois, habitants de la Champagne, de recueillir de vos lèvres, dans vos travaux et dans vos discussions, non pas des formules théoriques pour guérir nos misères physiques, économiques ou sociales, mais surtout les observations que vous avez pu faire dans des milieux analogues ou différents, les hypothèses que vous avez pu construire, les vérités, si partielles qu'elles soient, que vous avez pu démontrer.

Nous voulons d'abord vous faire les honneurs de notre cité.

Ceux d'entre vous qui sont venus ici par la ligne de l'Est ont, à distance, passé devant le front de quelques-uns des plus beaux monuments de la ville des sacres dominant de leur majesté la ville industrielle étalée autour d'eux ; vous allez maintenant les admirer de près, en scruter les merveilles, comme vous allez chercher pendant le temps trop court que vous passerez près de nous, dans nos établissements de tous genre, les mystères de la vie moderne.

Selon la tradition, nous vous avons préparé un livre : « Reims en 1907 », où vous trouverez sur notre ville des documents et des études que je puis d'autant mieux vous recommander que je n'en ai pas écrit une ligne. Nous vous l'offrons, comme jadis on offrait aux grands personnages les clefs de la cité. Il vous introduira dans l'histoire de notre vie ; il vous permettra de mieux comprendre ce que vous aurez vu, de vous rappeler les côtés extérieurs du Congrès, et si vous n'y trouvez pas le luxe, la richesse des établissements scientifiques, dont pouvait s'enorgueillir la ville de Lyon où vous étiez l'an dernier, vous y rencontrerez cependant la preuve que malgré leur outillage imparfait, malgré l'insuffisance de ressources mises à leur disposition, les travailleurs ont su faire jaillir de notre sol par la continuité de leur effort, ou de notre Société par une observation intense, des matériaux précieux qui serviront à l'évolution scientifique de notre pays.

Nous avons voulu vous montrer le même fait sous une autre forme. Dans une des salles du Lycée où se tiendra votre Congrès, quelques-uns de nos collaborateurs ont organisé une petite exposition qui mettra sous vos yeux non pas l'ensemble des richesses qui ont été recueillies dans notre région, mais tout au moins de précieuses collections que les géologues, les anthropologistes, les naturalistes, les agronomes sauront apprécier à leur valeur.

Nous avons cherché, d'un autre côté, à vous mettre à même de visiter facilement ce qu'il y a d'intéressant dans la vieille cité rémoise. Et d'abord ses monuments qui se confondent avec son histoire.

Vous avez déjà aperçu de loin notre belle cathédrale se profilant à l'horizon. Vous avez même, certainement, circulé dans les petites rues qui l'entourent, admirant d'en bas le colosse immobile. Pendant que les archéologues discuteront l'âge de la construction de ses diverses parties, ou la valeur des écoles de sculpture qui s'y sont succédé, vous entrerez dans la forêt sombre des colonnes qui soutiennent ses voûtes, vous monterez à l'assaut de ses beautés, vous y pourrez faire tout un voyage d'exploration dont vous tirerez de grandes et rares impressions.

Quand vous aurez vu la basilique de Saint-Remi, nos musées, nos tapisseries, nos bibliothèques, nos établissements d'enseignement, nous vous montrerons les manifestations les plus intéressantes de la vie industrielle et commerciale, celles de nos manufactures et de nos caves, que leurs directeurs nous ont gracieusement autorisés à visiter.

Reims ne se peut comprendre si on l'isole de son milieu. En parcourant autrefois les plaines de la Champagne où l'élevage des moutons avait pris un grand développement, on se rendait compte de l'importance et de la nature de son industrie. Aujourd'hui que l'on va chercher au delà des mers les laines qui doivent alimenter nos usines, on rencontre plus rarement les troupeaux qui fournissaient la matière première de nos tissus.

Il n'en est pas de même pour le commerce des vins de Champagne.

Il règne autour de la ville de Reims une ceinture de collines aujourd'hui verdoyantes, qui demain se doreront sous le soleil et où mûrira le raisin si délicat qui fait notre gloire et notre fortune. Nous irons visiter ces coteaux par Verzenay, Verzy, Bouzy, Épernay ; nous monterons en face d'Ay jusqu'au pays célèbre d'Hautvillers. Vous verrez comment on cultive la vigne, vous saurez comment on fait le vin, vous apprendrez comment on le goûte.

Autour de Reims, les régions intéressantes et curieuses sont nombreuses ; nous avons choisi pour votre deuxième excursion un pays plein des souvenirs du passé : Laon, Coucy-le-Château. Puis, pour terminer, vous ferez une promenade dans les vallées de la Semoy et de la Meuse où l'industrie métallurgique d'une part, les merveilles géologiques de l'autre, attireront votre attention au point de vue pittoresque et au point de vue scientifique.

Ce sont là les temps de repos que le Comité d'organisation du Congrès vous a ménagé au cours de vos séances et de vos travaux. A vous il appartiendra de nous apprendre la véritable valeur de nos richesses.

Notre Comité n'avait pas à fixer le programme du Congrès. Il s'est borné à

émettre le désir de voir porter à l'ordre du jour quelques questions spécialement intéressantes pour notre pays. Nous attendrons avec confiance les avis que
nous donneront à cet égard les hommes éminents qui se trouvent ici réunis.

Il me reste en terminant à remercier tous les membres du Comité local qui
nous ont sans compter donné leur concours dans la recherche des souscriptions,
pour les dépenses du Congrès, des inscriptions de membres de l'Association,
dans la préparation des hôtels et des logements, dans la confection du volume
sur « Reims en 1907 », dans l'organisation de la petite mais fort intéressante
exposition, où une partie des collections Bosteaux, Bellevoye, Pistat, Guelliot,
Maussenet, Grillot, Gardez a trouvé place ; tout le monde a rivalisé de zèle.

Nous remercions également MM. les industriels et négociants qui ont permis
d'ouvrir largement leurs portes à ceux d'entre vous qui désireront aller visiter
leurs établissements.

Je ne puis pas citer tout le monde ; mais dans toute cette organisation du
Congrès de Reims, je dois à la vérité de dire que dans le volume, dans l'exposition, dans la préparation même de certaines questions qui doivent être discutées dans les sections, nous retrouvons la même main, celle d'un savant de
premier ordre en même temps que d'un organisateur hors ligne : j'ai nommé
notre secrétaire général, M. Laurent.

Nous remercions la ville de Reims de la large subvention qu'elle nous a
accordé et pour l'organisation de ce Congrès.

Nous remercions aussi notre ami, notre concitoyen M. Henrot, aujourd'hui
président de l'Association, d'avoir obtenu de ses collaborateurs la faveur d'un
deuxième Congrès de l'Association française pour l'Avancement des Sciences
dans notre ville pour y entretenir, pour y développer le mouvement scientifique
qui sera la caractéristique de l'ère moderne.

—————

M. le Dr Edmond BONNET

Assistant au Muséum national d'histoire naturelle, Secrétaire de l'Association.

—————

L'ASSOCIATION FRANÇAISE EN 1906-1907.

—————

MESDAMES, MESSIEURS,

C'est à un botaniste que vous avez, pour cette fois, confié la délicate mission
de vous présenter le compte rendu du dernier Congrès.

Très flatté et très reconnaissant de l'honneur auquel m'ont appelé vos bienveillants suffrages, ce n'est cependant pas sans quelque appréhension que
j'aborde, au milieu de cette brillante assemblée, le modeste rôle qui m'est dé-
volu ; car, le Congrès de Lyon, malgré une durée de deux jours plus courte que
tous les précédents, a néanmoins présenté une importance, un intérêt et aussi
un éclat que vous n'avez certainement pas oubliés et je ne pourrais vous en
rappeler tous les détails sans fatiguer votre indulgente attention.

Je me bornerai donc à vous retracer brièvement la physionomie et les faits les plus saillants de notre dernier Congrès et, suivant une tradition constante, je terminerai ce rapport en vous exposant la vie de notre Association pendant l'année qui vient de s'écouler.

Subventionné par le Conseil municipal, par le Conseil général, par la Chambre de Commerce et par les grands industriels de la région, organisé par un Comité local ayant pour président M. le professeur Arloing et comme secrétaire M. Ernest Chantre, le Congrès de Lyon ne pouvait manquer d'obtenir un brillant et légitime succès. Vous avez pu vous en convaincre par le nombre des savants étrangers qui avait répondu à l'invitation du Comité local, par l'importance des travaux présentés aux diverses sections et par l'intérêt des visites scientifiques, industrielles et artistiques inscrites au programme; enfin, circonstance que je n'aurais garde d'omettre, les dames, venues plus nombreuses que de coutume à ce Congrès, ont ajouté à nos réunions le charme de leur présence.

Dans la séance d'ouverture à laquelle assistaient toutes les autorités civiles et militaires, M. le Maire, après vous avoir souhaité la bienvenue au nom de la population lyonnaise, a défini l'œuvre de plus en plus féconde de la science et dit tout ce que la ville de Lyon a déjà fait pour le développement intellectuel et tout ce qu'elle était prête à faire encore.

M. le Préfet du Rhône, dans une charmante improvisation, a rappelé qu'il était, pour l'Association Française, un ami de longue date; enfin, M. le professeur Lippmann, président, dans un remarquable discours, a exposé quel devait être le rôle de l'Université vis-à-vis de l'industrie; il a fait avec une fine ironie le procès des diplômes et du mandarinat français et, par une série d'ingénieuses et humoristiques déductions, il a démontré, aux applaudissements de l'assistance, que notre enseignement dérive en droite ligne de la pédagogie chinoise et que nous ne sommes que des Gallo-Romains enchinoisés; puis la séance s'est terminée par la lecture des rapports de MM. Bourlet, secrétaire et Galante, trésorier.

Le même jour, M. le professeur Arloing, en sa qualité de président du Comité local d'organisation, conviait le gouvernement militaire, le maire, le préfet, les savants étrangers, les bureaux de l'Association et des sections et les principaux congressistes à un banquet qui fut merveilleusement ordonné; le soir, avait lieu à l'Hôtel de Ville une brillante réception dont Mme Herriot, et M. le Maire vous ont fait les honneurs avec une exquise bonne grâce; quelques jours plus tard, Mme et M. Alapetite vous ouvraient à leur tour les salons de la préfecture et vous y receviez avec la charmante affabilité qui leur est habituelle; enfin, des réceptions particulières ont été organisées par quelques professeurs lyonnais en l'honneur des sections qu'ils avaient été appelés à présider.

La plupart des sections ont eu leurs ordres du jour remplis par de nombreuses et importantes communications, ainsi que vous avez pu en juger par la lecture du volume des comptes rendus qui vous a été récemment distribué; je n'y insiste donc pas, mais je dois cependant mentionner spécialement, à la section des sciences médicales, les communications de MM. les professeurs Arloing et Maragliano sur la *sérothérapie de la tuberculose*, en raison de leur intérêt d'une si grande actualité.

La variété des visites scientifiques, industrielles et artistiques inscrites au programme, vous ont permis d'employer utilement et agréablement le temps que vous n'avez pas consacré aux séances des sections; sous la conduite de guides

aussi érudits qu'obligeants, vous avez visité les musées municipaux de peinture, de sculpture, d'archéologie et d'histoire naturelle, le musée des tissus de
la Chambre de commerce, les serres du parc de la Tête-d'Or ; les monuments
gallo-romains de la ville de Vienne, la condition des soies, l'observatoire de
Saint-Genis-Laval ; les installations électriques de Vaux-en-Vélin, l'usine de la
Société Lyonnaise du froid industriel, la station viticole de Villefranche-sur-
Saône, les ateliers de phototypie et imprimerie de la maison Storck où vous
avez assisté à la fabrication des cartes-postales en noir et en couleurs, partout
vous avez été reçus avec un cordial empressement dont vous avez certainement
conservé le meilleur souvenir.

Devant un auditoire nombreux et attentif, M. Hospitalier a fait, dans le grand
amphithéâtre du Palais des Arts, une conférence sur *Le transport à distance de
l'énergie des chutes d'eau* ; à l'aide de nombreuses projections, il a montré comment on capte une source d'eau, comment on l'utilise pour actionner une turbine, comment est produit le courant, d'abord à une tension relativement faible
qu'on augmente ensuite au moyen de transformateurs, et comment, enfin, le
courant à haute tension est transporté, puis utilisé.

L'excursion générale du dimanche 5 août vous a conduit d'abord à Charbonnières où vous avez visité l'établissement thermal ; de là, par la Tour de Salvagny, Limonest, le mont Verdun et la Croix de Rampoux, d'où l'on domine un
merveilleux paysage, vous êtes arrivés à Poleymieux où vous vous êtes arrêtés
pour rendre hommage à la mémoire du grand physicien A. M. Ampère, en
posant une plaque commémorative sur la maison où s'est écoulée sa jeunesse ;
ce pieux devoir accompli, vous avez gagné Neuville-sur-Saône où l'excursion
s'est terminée par une brillante réception offerte par M. Émile Guimet, l'industriel et l'artiste bien connu dont vous avez pu apprécier et applaudir le talent
dans ses compositions musicales et ses restitutions de danses grecques.

Quant à l'excursion finale, elle s'est déroulée, pendant trois jours, par un
trajet des plus pittoresques, à travers le Bugey et la Savoie, pour venir se terminer au pied du Mont-Blanc, le majestueux géant des Alpes. Partis le 8 août au
matin, par train spécial, vous vous êtes arrêtés à Saint-Rambert-en-Bugey pour
visiter l'usine de la Société anonyme de Schappe où vous avez été reçus par
M. Martelin et ses principaux collaborateurs ; vous avez successivement parcouru
les ateliers de filature des déchets de soie et la cité ouvrière dont vous avez
admiré la parfaite installation hygiénique ; puis M. Martelin vous a offert dans
sa propriété, située sur le flanc de la montagne, une hospitalité princière dont
le souvenir restera certainement gravé longtemps dans votre mémoire ; de là,
vous avez gagné Aix-les-Bains où des chambres avaient été retenues pour vous
dans les principaux hôtels de cette grande station thermale.

Le lendemain, vous quittiez Aix d'assez bonne heure pour gagner par la voie
ferrée Annecy, la Roche-sur-Foron et Sallanches où vous avez trouvé des voitures qui vous ont conduits à Saint-Gervais pour le déjeuner ; reprenant ensuite
les voitures, vous avez gagné Le Fayet et, de là, un train spécial vous a conduits,
en remontant la magnifique vallée de l'Arve, jusqu'à Chamonix où s'est achevée
cette seconde journée.

Aucun programme n'ayant été élaboré pour la matinée du 10 août, vous avez
pu, suivant vos préférences, monter jusqu'aux Grands-Mulets, franchir le glacier des Bossons, ou faire une pittoresque promenade à l'Argentière, avant de
vous réunir à l'hôtel Beaurivage dans le traditionnel banquet qui devait clore
cette excursion finale.

Tel fut, en résumé, Mesdames et Messieurs, le Congrès de Lyon.

Cette trente-cinquième session de nos congrès était à peine terminée qu'un événement aussi fâcheux qu'imprévu venait jeter le trouble dans notre Association ; M. le professeur Gariel, qui remplissait avec tant de zèle, depuis 35 ans, les fonctions de secrétaire du Conseil, donnait sa démission et, malgré les instances de notre Président et des membres du Conseil, persistait dans sa résolution ; il consentait toutefois à s'occuper du Congrès de Reims et à en assurer l'organisation ; peu de temps après, M. le Dr Cartaz se démettait, à son tour, des fonctions de secrétaire-adjoint. Dans ces conjonctures, votre Conseil, mettant de côté toute question de personnalité et s'inspirant uniquement des intérêts de l'Association Française, a choisi, parmi plusieurs candidats en présence, M. le Dr Alexandre Desgrez, professeur-agrégé à la Faculté de Médecine de Paris, pour succéder à M. le professeur Gariel ; en même temps, votre Conseil a supprimé la place de secrétaire-adjoint et décerné l'honorariat à MM. Gariel et Cartaz en reconnaissance de leurs services.

Enfin, il y a un mois, à l'un de nos derniers Conseils, M. Émile Galante a résigné, pour cause de santé, les fonctions de trésorier qu'il occupait depuis 24 ans avec une remarquable compétence et un dévouement sans égal ; les regrets de l'Association tout entière suivront M. Galante dans sa retraite, et, en même temps que vous procéderez à la nomination d'un nouveau trésorier, vous vous ferez certainement un devoir, Mesdames et Messieurs, de décerner l'honorariat à M. Galante comme un faible témoignage de votre reconnaissance pour les services qu'il a rendus à notre Association.

A part les incidents que je viens de signaler, la vie de notre Association, pendant l'année qui vient de s'écouler, a été normale ; les conférences, suivies par de nombreux auditeurs, ont eu leur succès habituel ; elles contribuent, du reste, à faire connaître l'Association française pour l'Avancement des sciences, son but, ses travaux et à nous recruter de nouveaux adhérents dont nous souhaitons de voir sans cesse croître le nombre ; c'est ainsi que nous pourrons satisfaire à toutes les demandes de subventions qui sont adressées chaque année au Président de l'Association et sur lesquelles l'insuffisance de notre budget nous oblige trop souvent à opérer des réductions importantes.

Cette année, cependant, notre actif s'est accru par les libéralités testamentaires de deux des membres que nous avons eu le regret de perdre ; Mme veuve Clamageran a légué à l'Association française une somme de 30.000 fr., nets de tous droits et charges, et M. Danton, ingénieur civil, membre fondateur, une somme de 5.000 francs ; aussi votre Conseil a-t-il décidé d'inscrire les noms de ces généreux donateurs sur la liste des bienfaiteurs de l'Association.

Malheureusement ce n'est pas à ces deux seuls noms que se limite la liste de nos pertes ; elles furent, cette année, particulièrement cruelles et nos deuils, dont voici le bilan, n'ont jamais été si nombreux :

Mme Veuve Van Blarenberghe, à Paris.

MM. Babinet (André), ingénieur des Ponts et Chaussées, à Paris ;
    Baillière (Germer), à Paris, membre fondateur ;
    Bedel de Beausoleil (D^r), près Montauban ;
    Berger (Lucien), à Paris ;
    Berthelot, membre de l'Institut ;
    Bethouart (Alfred), de Chartres ;
    Billon (D^r), maire de Loos (Nord) ;

MM. Van Blarenberghe (Henri-Michel), ingénieur des Ponts et Chaussées, à
     Paris ;

Cérémonie, vétérinaire, à Paris ;

Chaize (Nicolas), à Saint-Etienne ;

Collardot, (Dr Victor) médecin de l'hôpital civil d'Alger ;

Croin (Paul), à Lille ;

Duval (Mathias), professeur à la Faculté de Médecine; membre de l'Aca-
     démie de Médecine ;

Ferry (Émile), à Rouen, ancien secrétaire de l'Association ;

Figuier (Albin), professeur honoraire à la Faculté de Médecine de
     Bordeaux ;

Frélon (Dr A.), d'Alger ;

Gaillard (Dr Eugène), à Paris ;

Galezowski (Dr), à Paris ;

Himly, membre de l'Institut, à Paris ;

Hospitalier, ingénieur des Arts et Manufactures, à Paris ;

Jaumes (Dr), professeur à la Faculté de Médecine de Montpellier ;

Javal (Dr Émile), membre de l'Académie de Médecine, délégué de l'Asso-
     ciation ;

Jeantaud (Charles), ingénieur des Arts et Manufactures, à Paris ;

Labeda, professeur à la Faculté de Médecine de Toulouse ;

Laurent-Bassereau, chirurgien-dentiste, à Angers ;

Laussedat (le colonel), membre de l'Institut, ancien président de l'Asso-
     ciation ;

Léqueux (Jacques), architecte, à Paris ;

Mannheim (le colonel), membre du Conseil de l'Association ;

Manoir (Gaston Le Courtois du), à Caen ;

Ménager (Louis), à Saint-Cloud ;

Micé (Laurand), à Bordeaux, recteur honoraire de l'Académie de Cler-
     mont-Ferrand ;

Normand (Augustin), correspondant de l'Institut, au Havre ;

Oltramare, professeur de l'Université de Genève ;

Orbigny (Alcide d'), ancien maire de la Rochelle ;

Peugeot, membre du Conseil général du Doubs, à Hérimoncourt ;

Piche (Albert), avocat, à Pau ;

Quarré-Reybourbon, à Lille ;

Rougerie (Mgr.), évêque de Pamiers ;

Rougeul, inspecteur général des Ponts et Chaussées, à Paris ;

Le Roux, professeur honoraire à l'École supérieure de Pharmacie de
     Paris ;

Stoecklin, inspecteur général des Ponts et Chaussées, à Paris ;

Surrault (E.), à Paris, ancien notaire de l'Association ;

Tissandier (Albert), à Paris ;

Vasnier (H.), à Reims ;

Zuber (Ernest), à Rixheim (Alsace-Lorraine) ;

Cordier (Marcel), préparateur à la Faculté des sciences de Lyon ;

Gauchery (Dr), ancien interne des hôpitaux de Paris ;

Le Verrier, ingénieur en chef des Mines, fils de l'illustre fondateur de
     l'Association scientifique de France ;

Martel (Dr), à Paris ;

MM. PAULIN-VIAL, ancien Résident supérieur au Tonkin ;
    TRÉPIED, correspondant de l'Institut, directeur de l'Observatoire d'Alger ;
    POMMERY (Louis), négociant en vins de Champagne, membre du Comité
      local du Congrès de Reims.

Conservons pieusement la mémoire de ces collègues disparus, tous, grands
savants ou simples amateurs, ont collaboré, dans la mesure de leurs moyens, à
l'œuvre que nous avons entreprise et à la réalisation du but que nous poursuivons. Toutefois, Mesdames et Messieurs, l'amertume de nos regrets est adoucie
par la joie que nous causent les succès académiques et les distinctions honori-
fiques obtenues par plusieurs membres de notre Association et, comme vous
pouvez en juger par l'énumération suivante, la moisson de lauriers qu'ils ont
recueillie cette année n'est pas inférieure à celle des années précédentes :

    Mᵉ BARBOUX a été nommé membre de l'Académie Française.

    M. de LAPPARENT a été nommé secrétaire perpétuel de l'Académie des
Sciences.

    Le prince Roland BONAPARTE et MM. DOUVILLÉ et Jules CARPENTIER ont été
nommés membres de l'Académie des Sciences.

    MM. BÉHAL et WEISS ont été nommés membres de l'Académie de Médecine et
M. MANQUAT, correspondant.

        Ont été nommés :

MM. ANGOT, directeur du Bureau central Météorologique de France ;
    BOURLET, professeur au Conservatoire national des Arts et Métiers ;
    PORT, inspecteur général de l'Économat ;
    HANRIOT, directeur des essais à la Monnaie ;
    LANDE et VILLAR, professeurs à la Faculté de Médecine de Bordeaux ;
    GUIART et NICOLAS, professeurs à la Faculté de Médecine de Lyon ;
    LOIR, professeur à la Faculté de Médecine de Montréal (Canada) ;
    MOUREU, professeur à l'École supérieure de Pharmacie de Paris.
    BONNET, Assistant de Botanique au Muséum national d'Histoire naturelle ;
    CAULLERY et PRUVOT, professeurs adjoints à la Faculté des Sciences de
      Paris ;
    BRUMPT et ZIMMERN, agrégés à la Faculté de Médecine de Paris ;
    GUYOT, agrégé à la Faculté de Médecine de Bordeaux ;
    LÉPINE et NOGIER, agrégés à la Faculté de Médecine de Lyon ;
    RABAUD, maître de Conférences à la Faculté des Sciences de Paris ;
    LERICHE, maître de Conférences à la Faculté des Sciences de Lille ;
    CAYEUX, professeur de Géologie à l'École nationale Supérieure des Mines.

      L'Académie des Sciences a décerné :

Le prix Francœur à M. Émile LEMOINE ;
Le prix Boileau à M. Edm. MAILLET ;
Le prix Montagne à M. Em. BOUDIER ;
Le prix Jecker (10.000 fr.), à M. V. GRIGNARD ;
La moitié du prix Gama Machado à M. Pierre STÉPHAN ;
Le prix Philippeau à M. Stephane LEDUC ;
Le prix Lallemand à M. André LÉRI ;
La moitié du prix Jérôme Ponti à M. OFFRET ;
Le prix Saintour a été partagé entre MM. L. LAURENT et Ant. MAGNIN ;

Une partie du prix Montyon (médecine et chirurgie) a été attribuée à M. Ch.
   PORCHER et une mention de 1.500 fr. à M. Ad. JAVAL ;
Une autre mention, sur le prix Montyon (physiologie), a été attribuée à M. J.
   SELLIER.

     L'Académie de Médecine a décerné :

Le prix Avarenga à M. Paul GAUCHERY ;
Le prix Barbier à MM. BÉRARD et PATAL ;
Le prix Chevillon à M. CAVAILLON ;
Le prix Daudet à MM. BÉCLÈRE et BELOT ;
Le prix Monbine à M. BRUMPT ;
L'un des prix Desportes à M. ZIMMERN ;
La moitié du prix Clarens à M. Henri GIRARD ;
Des mentions honorables ont été, en outre, décernées à MM. Albert WEILL,
   Et RABAUD, A. LERI et CHAVIGNY.

     Dans l'ordre National de la Légion d'Honneur :

M. NOBLEMAIRE a été promu grand-croix ;
MM. CHEYSSON et CARPENTIER, commandeurs ;
   BLIN, BUCHET, CHASSAING, COURIOT, HARLÉ, LALLEMAND et VUIBERT, officiers ;
   Dr BINOT, Drs CHARPENTIER, CHOMIENNE, JOUBIN, LANG, LEGRAND, MAIGRET,
   PORT, SAUVEZ, ont été nommés chevaliers.

   Enfin, parmi les autres distinctions obtenues par quelques-uns de nos collègues, je dois mentionner que M. le professeur GIARD a été nommé commandeur
de l'Étoile-Polaire, M. David LEVAT, commandeur de Saint-Stanislas (avec plaque) et que M. HENRIET a obtenu une médaille d'or et deux médailles d'argent
à l'Exposition coloniale de Marseille.

   Ajoutons enfin qu'un premier prix a été accordé à la Ville de Marseille pour
le concours national concernant l'Éducation de la Démocratie en France.

   Du présent Congrès, Mesdames et Messieurs, je ne dois rien vous dire, car ce
sera le rôle de celui qui me succédera bientôt à cette place ; mais je me plais à
constater que le savant hygiéniste que vous avez choisi comme président de
l'Association Française a accompli toute sa carrière scientifique dans cette ville
de Reims qui nous accueille avec tant de cordialité, qu'il y a, en outre, exercé
avec distinction la première magistrature municipale et cette double coïncidence me paraît du plus heureux augure pour le succès du Congrès qui s'ouvre
aujourd'hui.

M. Émile GALANTE

Trésorier de l'Association.

LES FINANCES DE L'ASSOCIATION

Mesdames, Messieurs,

Les recettes de l'exercice 1906 se sont élevées à 81.289 fr. 15 c., en voici le détail :

RECETTES

Cotisations . . . . Fr.	39.759	35
Intérêts.	39.956	80
Recettes diverses.	85	»
Tirages à part.	1.488	»
Total. . . . . Fr.	81.289	15

DÉPENSES

Loyer. . . . . Fr.	4.381	»
Appointements	17.600	»
Frais de poste	322	95
Frais de recouvrements.	982	45
Frais de session	2.283	30
Rapports à Lyon	3.136	45
Conférences.	1.599	75
Imprévu	283	70
Frais divers	1.522	05
Pension.	1.200	»
Frais afférents aux valeurs	140	50
Bibliographie	1.000	»
Volume et bulletins	21.384	50
Tirages à part	1.216	10
Total. . . . . Fr.	57.052	75
Laissant un bénéfice de	24.236	40
Total égal aux recettes. . . Fr.	81.289	15

Dans sa séance du 26 janvier 1907, le Conseil d'administration ratifie les subventions données au cours de l'exercice :

Bourses de session . . . . Fr.   290 »
Médailles 234 85
Dr Loir . . . .   1.500 »
                                           2.024 85

et attribue celles dont le détail suit . . . . Fr.   14.200 »

Montant des subventions de l'Association . . . . Fr.   16.224 85
il décide de porter au fonds de réserve 8.011 55

                     TOTAL ÉGAL AU BÉNÉFICE . . . Fr.   24.236 40

Le fonds Girard venait à échéance fin 1906 présentant un solde
de . . . . En.   18.079 70
Le Conseil, dans la même séance, attribue les subventions dont
détail ci-après s'élevant à . . . .   18.050 »

       Laissant un reliquat à reporter de . . . . Fr.   29 70

Soit pour l'ensemble des subventions : -

Pour l'Association . . . . Fr.   16.236 40
Pour le fonds Girard 18.079 70

                TOTAL . . . . Fr.   34.316 40

SUBVENTIONS

MM. ANDRÉ (Ch.), Correspondant de l'Institut, à Lyon, pour l'achat
     d'un photomètre pour l'étude des variations d'éclat des
     petites planètes . . . . Fr.   600 »
MAILLET (Edm.), Ingénieur des Ponts et Chaussées, à Bourg-
     la-Reine, pour aider à la continuation d'études sur la pré-
     vision des crues . . . .   100 »
RATEAU, Ingénieur des Mines, à Paris, pour contribuer aux
     frais de publication des travaux de la Commission des
     essais de turbines hydrauliques relatives aux coups de bélier
     dans les conduites forcées . . . .   700 »
TRUTAT, Docteur ès sciences, à Foix, pour la construction d'appa-
     reils nouveaux pour les applications de la photographie à
     l'histoire naturelle . . . .   200 »
CAUSSE, Agrégé à la Faculté de Médecine de Lyon, pour des
     recherches sur le pouvoir catalytique et synthétique du noir
     de platine . . . .   300 »
GARÇON (Jules), à Paris, pour contribuer aux frais d'impression
     des Répertoires industriels . . . .   250 »
GARRIGOU-LAGRANGE, à Limoges, pour achat d'instruments des-
     tinés à l'Observatoire de Limoges (moitié de la *Subvention*
     Brunet) . . . .   500 »

                     A reporter . . . . Fr.   2.650 »

Report. . . . . . . Fr.   2.650   »

MM. De Thélin, Président de la Commission départementale de Météorologie des Hautes-Pyrénées, pour l'établissement d'un nouvel abri à Tarbes   300   »

Girardin, Professeur à l'Université de Fribourg (Suisse), pour des Études topographiques glaciaires dans la Tarentaise (moitié de la *Subvention Brunet*)   500   »

Kilian, Professeur à la Faculté des Sciences de Grenoble, pour l'entretien du sismographe du laboratoire de la Faculté .   300   »

Lemoine (Paul), Docteur ès-sciences, à Paris, pour aider à la publication de ses études géologiques dans le Nord de Madagascar   500   »

Beauverie (J.), Docteur ès sciences, à Lyon, pour l'étude des bois exotiques, et particulièrement ceux des Colonies françaises   200   »

Chevallier (Aug.), Chef de missions scientifiques en Afrique occidentale française, pour contribuer aux frais de publication de son ouvrage sur *Les végétaux de l'Afrique tropicale française*   500   »

Magnin, Doyen de la Faculté des Sciences de Besançon pour aider à la publication de la *Flore jurassienne*   100   »

Magnin, Doyen de la Faculté des Sciences de Besançon, pour aider à la publication d'un *Prodrome des botanistes lyonnais* .   200   »

Séyot, Préparateur à la Faculté des Sciences de Rennes, pour contribuer aux frais de publication d'un travail sur *Le Cerisier*   300   »

Hamy, Membre de l'Institut, à Paris, pour contribuer aux frais d'impression de son livre sur Joseph de Jussieu, explorateur du Pérou (1735-1770), sa vie, son œuvre, sa correspondance   500   ».

Bounhiol (le Dr), à Alger, pour aider à la continuation de ses recherches sur la biologie des poissons marins d'Algérie . .   500   »

Conte, Chef des travaux de zoologie à la Faculté des Sciences de Lyon, pour la continuation de ses recherches sur les maladies des vers à soie   300   »

Guitel, Professeur à la Faculté des Sciences de Rennes, pour aider à la publication de la *Faune armoricaine*   300   ».

Houard, Docteur ès sciences, à Paris, pour la continuation de ses recherches sur la Parasitologie et la Cécidologie . . .   300   »

Jolyet, Professeur à la Faculté des Sciences de Bordeaux, pour l'achat d'un saccharimètre destiné à la station biologique d'Arcachon   300   »

Joubin, Professeur au Muséum national d'histoire naturelle, pour aider à la continuation de la carte ostréicole des côtes de France (moitié de la *Subvention de la Ville de Paris*) . . .   200   ».

Pellegrin (le Dr J.), Docteur ès-sciences, à Paris, pour aider à la continuation de ses travaux sur les poissons des régions tropicales et particulièrement ceux des colonies françaises .   300   »

A reporter . . . . Fr.   8.250   »

Report . . . . Fr.   8.250 »

MM. RABAUD (E.), Docteur ès sciences, à Paris, pour aider à la
continuation de ses recherches d'embryologie animale . . .   500 »

LIMON et MARCEAU, Professeurs suppléants à l'École de Médecine
de Besançon, pour continuer leurs recherches sur l'élasticité
musculaire des vertébrés et des invertébrés. . . . .   200 »

VANEY (C.), Maître de conférences à la Faculté des Sciences de
Lyon, pour aider à la continuation de ses études sur les
Échinodermes et spécialement sur les Holothuries et les
Crinoïdes . . . .   300 »

GIRARD (le D^r), Médecin principal de la Marine, pour l'achat
d'instruments pour étudier l'anémie des chauffeurs et des
mécaniciens à bord des bateaux de guerre . . . .   300 »

FORGEOT, Chef de travaux à l'École vétérinaire de Lyon, pour
continuation de ses travaux sur les modifications de la composition de la lymphe chez les ruminants. . . . .   500 »

MAYET, professeur à la Faculté de Médecine de Lyon, pour
aider à la continuation de ses recherches sur la contagiosité
du cancer. . . . . 1.500 »

AUDIN (Marius), à Lyon, pour aider à la continuation de ses
études sur l'influence des oxydes de manganèse du sol sur
les éthers du vin. . . . .   100 »

FRON (E.), Docteur ès sciences, à Paris, pour des recherches
sur les méthodes de sélection des plantes cultivées. . . .   200 »

DESCOMBES, Président de l'Association pour l'aménagement des
montagnes, pour des recherches sur l'aménagement des
montagnes. . . . .   200 »

PEJU, Interne des hôpitaux de Lyon, pour des recherches sur
les variations morphologiques et biologiques des bactéries
(moitié de la *Subvention de la Ville de Paris*). . . . . .   200 »

RAJAT, Préparateur à la Faculté de médecine de Lyon, pour
des expériences à faire pour la destruction de l'Hiémale du
pommier . . . .   300 »

IMBERT (A.), Professeur à la Faculté de Médecine de Montpellier, pour aider à la continuation de ses études sur le
travail ouvrier professionnel. . . . .   500 »

ŒUVRE DES VOYAGES SCOLAIRES, à Reims, pour contribuer aux frais
d'impression des bulletins de propagande. . . . .   500 »

INSTITUT STÉNOGRAPHIQUE DE FRANCE, pour être données comme prix
dans ses concours: 20 médailles en bronze petit module, p.m.

MM. COURMONT, Professeur à la Faculté de médecine de Lyon, pour
l'achat d'un appareil de filtration d'eau. . . . .   500 »

FORTIN (Raoul), à Rouen, pour des fouilles archéologiques à
faire au camp du Goulet . . . .   150 »

BAUDOUIN (le Dr Marcel), à Paris, pour aider à la continuation
de ses recherches d'ordres géologique et archéologique sur
l'homme préhistorique et ses différentes manifestations *(Legs
Girard)* . . . . 1.000 »

A reporter . . . . Fr. 15.200 »

Report . . . . Fr.   15.200   »

MM. Cartailhac (Émile), Correspondant de l'Institut, à Toulouse,
pour des fouilles à faire dans les Pyrénées *(Legs Girard)*.   1.500   »

Chantre (Ernest), Sous-Directeur du Muséum des sciences
naturelles de Lyon, pour des explorations anthropologiques
en Tripolitaine, Sud Tunisien et Algérien *(Legs Girard)*. . .   5.000   »

Debruge (A.), à Bougie, pour aider à la continuation de ses
recherches sur l'époque préhistorique *(Legs Girard)*. . . .   800   »

Girod (le D^r), Professeur à la Faculté des Sciences de Cler-
mont-Ferrand, pour contribuer aux frais d'impression du
T. III de l'ouvrage sur l'âge du Renne dans les vallées de la
Vézère et de la Corrèze *(Legs Girard)*. . . . .   1.000   »

Goby (Paul), à Grasse, pour des fouilles dans les enceintes à
gros blocs des Alpes-Maritimes *(Legs Girard)*. . . . . . .   1.000   »

Lauby (A.), à Saint-Flour, pour des fouilles à faire en Auvergne
(Legs Girard)   300   »

Mortillet (Adrien de), Professeur à l'École d'Anthropologie de
Paris, pour des fouilles à faire dans des grottes du nord de
la France *(Legs Girard)*. . . . .   1.200   ».

Mayet (le Dr Lucien), à Lyon, pour aider à la continuation de
ses recherches au sujet des formations miocènes du Blésois
et de l'Orléanais *(Legs Girard)*. . . . .   1.000   »

Müller (Hippolyte), à Grenoble, pour aider à la continuation
des fouilles entreprises dans les gorges d'Engin et de la
Buisse *(Legs Girard)*. . . . .   1.200   »

Pagès-Allary, à Murat, pour des fouilles à faire à Murat et
Aurillac, sur le tumulus de Fayet (Puy-de-Dôme) *(Legs
Girard)*   500   »

Regnault (Félix), à Toulouse, pour des fouilles à faire dans
les grottes de Marsoulas et de Gargas *(Legs Girard)*   600   »

Rivière (Émile), Directeur de laboratoire au Collège de France,
à Paris, pour des fouilles dans les grottes de l'Iverre, du
Moustier, de Bugue, etc., *(Legs Girard)*.   800   »

Schmit (Émile), à Châlons-sur-Marne, pour des fouilles à faire
dans deux grottes néolithiques renfermant des ossements
(Legs Girard).   600   »

Société des Sciences Historiques et Naturelles de l'Yonne, pour
aider à la continuation des fouilles entreprises au Camp
préhistorique de Cora *(Legs Girard)*.   800   »

MM. Drioton (Clément), à Dijon, pour aider à la continuation des
fouilles de tumulus dans les environs de Dijon *(Legs
Girard)*   250   »

Marin-Tabouret (H.), Instituteur, à Cugès, pour des fouilles à
entreprendre pour trouver des objets en métal dans les
stations préhistoriques des Bouches-du-Rhône *(Legs Girard)*.   500   »

Total. . . . . Fr.   32.250   »

CAPITAL

Au 31 décembre, il est de. Fr. 1.575.328 35
Au cours de l'exercice 1906, il s'augmente :

    De rachats de cotisations . . . . Fr. 2.230 »
    De part de fondateur. . . . . 500 »

                                     2.730 »

                      TOTAL. . . . . . Fr. 1.578.058 25

L'exercice 1906 se présente dans des conditions normales ; les dépenses sensiblement inférieures à la moyenne, ce qui s'explique de la façon suivante : comme 1904, 1906 est (au point de vue des frais de volumes) un exercice de transition présentant la contre-partie de ce qui s'est passé en 1904.

La transition de 1904 a chargé l'exercice des frais d'un 1er volume supplémentaire ; celle de 1906 devait nécessairement décharger l'exercice de ces mêmes frais.

J'appelle votre attention sur la somme relativement importante (8.000 francs) portée cette année au fonds de réserve. Sur la proposition de M. le Vice-Président, il a été prélevé, sur le résultat de 1906, 3.000 francs pour la constitution d'un *fonds spécial* qui se confond provisoirement avec notre fonds de réserve ; voici l'objet de ce fonds spécial :

L'Association, dit M. Appell, donne chaque année de nombreuses subventions permettant à des travailleurs de poursuivre leurs recherches et faire progresser la science. C'est là une œuvre utile qui fait peu de bruit et beaucoup de bien. Mais pour se faire connaître du grand public et du monde savant, pour s'attirer de nouvelles sympathies, de nouveaux appuis et probablement de nouveaux legs, l'Association pourrait, chaque année, consacrer une partie de ses revenus à l'exposition solennelle, par son auteur, d'une belle œuvre scientifique.

M. Appell pense qu'une somme annuelle d'environ 3.000 francs pourrait suffire et propose, dès à présent, de constituer un fonds spécial à cet effet ; cette somme jointe à une médaille spéciale serait donnée à un grand savant qui viendrait exposer ses découvertes dans une conférence au Congrès ou dans une série de leçons faites dans un des grands établissements scientifiques français.

Par exemple, à l'époque de la découverte des gaz nouveaux de l'air, on aurait pu donner la grande médaille de l'Association à Sir William Ramsay, en l'invitant à venir exposer ses recherches dans une conférence publique du Congrès.

Il serait entendu que cette grande médaille ne serait donnée qu'à des savants de premier ordre ; il vaudrait mieux ne pas la donner une année que la faire déchoir.

BUDGET

Dans sa séance du 22 juin dernier, le Conseil a voté le budget de 1908 qui doit être soumis à l'Assemblée générale.

Budget de 1908 :

RECETTES :

Cotisations . . . . Fr. 39.500 »
Intérêts . . . . 40.000 »

                     TOTAL. . . . Fr. 79.500 »

DÉPENSES :

Loyer	Fr.	4.700 »
Appointements		13.500 »
Frais de poste		600 »
Frais de recouvrements		1.050 »
Impressions diverses		1.600 »
Imprévu		500 »
Frais divers		1.000 »
Frais afférents aux valeurs		250 »
Frais de session		2.700 »
Conférences		2.000 »
Bibliographie		2.000 »
Pension		1.200 »
Volumes et subventions		48.400 »
	TOTAL. . . . Fr.	79.500 »

Depuis le début de cette année, les divers legs en instance, dont je vous ai entretenu à plusieurs reprises, ont été réglés ; il en est fait état dans les comptes de 1907. Ils forment ensemble environ 65.000 francs, ce qui élève le capital de l'Association — à ce jour — à 1.643.000 francs.

Comme à Lyon et à Grenoble, l'Association en revenant à Reims est heureuse de retrouver des amis des premières années et de répondre à leur cordial et très aimable accueil, en les remerciant de leur concours auquel elle rapporte une grande part de sa prospérité.

PROCÈS-VERBAUX DES SÉANCES DE SECTIONS

1er Groupe.

SCIENCES MATHÉMATIQUES

1re et 2e Sections.

MATHÉMATIQUES, ASTRONOMIE, GEODÉSIE ET MÉCANIQUE

PRÉSIDENT D'HONNEUR. . . . . M. APPELL, Mem. de l'Inst., Doyen de la Fac. des Sc. de Paris.
PRÉSIDENT. . . . . M. C. BOURLET, Prof. au Conserv. nat. des Arts et Mét. et à l'Éc. nat. des Beaux-Arts.
SECRÉTAIRE . . . . M. COMBRET DE LA NUX.

— Séance du 1er août —

M. Éléonor FONTANEAU, anc. officier de marine, à Limoges.

Le principe de D'Alembert et son application aux corps élastiques et fluides. — L'auteur se propose, dans ce travail, de donner quelques applications des développements qu'il a déjà présentés sur la théorie de l'Hydrodynamique.

Comme introduction, il soumet quelques observations sur le principe de D'Alembert, et il donne la démonstration de formules générales sur la déformation des corps dont il s'est déjà servi comme point de départ pour la solution d'un problème de l'équilibre d'élasticité des corps isotropes, communication faite au congrès de Limoges.

Après cela l'auteur expose comment il se propose d'aborder les problèmes de l'Hydrodynamique, en mettant à profit les résultats dus à différents auteurs ou qu'il a obtenus par lui-même.

M. Henri CHRÉTIEN, Chef du service d'Astr. physique à l'Observ. de Nice.

Détermination photographique de la répartition des intensités lumineuses à la surface du disque solaire pendant les éclipses. — L'importance dé cette étude devient de jour en jour plus évidente ; l'*Union internationale pour la coopération dans les recherches solaires* a adopté une résolution la faisant entrer dans son champ d'investigation (*Oxford*, 1905 ; résolution n° 30 *T*, § 6).

Lors de l'éclipse de soleil du 30 août 1905, l'auteur a cherché à utiliser, pour l'étude de cette répartition, le diaphragme mobile que la lune constituait devant le soleil. On peut éliminer ainsi bien des causes d'erreurs systématiques, en particulier l'effet de la diffusion de la lumière par l'atmosphère et les surfaces optiques.

La méthode consiste à photographier un écran au blanc de céruse, situé dans le plan de l'équateur, au moyen d'un appareil dont le diaphragme peut se régler en surface avec une grande précision. Un obturateur électrique, commandé par une horloge sidérale, produit des poses de durée rigoureusement constante. La largeur du diaphragme est calculée en partant des résultats déjà connus, donnés par Vögel sur la décroissance de l'éclat du soleil du centre au bord, de manière à obtenir des clichés uniformément denses, si cette loi était vérifiée. L'étude ultérieure des opacités des clichés fournit la valeur des corrections à apporter à la formule représentant les nombres de Vögel.

— Séance du 2 août —

L'ordre du jour porte la discussion sur le sujet suivant : *L'enseignement des sciences mathématiques dans les lycées.*

Vœux. — Après échange de vues et comme résumé de la discussion, M. C. Bourlet propose :

1° D'émettre un vœu portant suppression de toute question de théorie en arithmétique, pour le premier cycle. On conserverait le système métrique et la pratique du calcul, ainsi que des applications commerciales et financières élémentaires.

2° D'émettre le vœu, sous la forme la plus large, que M. le Ministre de l'Instruction publique veuille bien se préoccuper de chercher le moyen d'unifier l'enseignement de la géométrie dans les premier et deuxième cycles dans les lycées et collèges, tout en continuant et accélérant le mouvement actuel.

M. Appell émet le vœu que les programmes soient moins chargés et que la qualité de l'étude tende de plus en plus à remplacer le quantité des matières enseignées.

Au cours de la discussion, M. Lebon a insisté sur l'avantage qu'il y aurait à ce que le même professeur conduisît l'élève jusqu'à la fin des classes élémentaires.

M. Gaston TARRY, à Paris.

Théorie des tables à triple entrée pour les recherches des facteurs premiers des nombres. — Cette recherche nécessite la division du nombre proposé par des nombres premiers successifs. La Table à triple entrée substitue à ces divisions des additions mentales de deux nombres inférieurs à la moitié du facteur à essayer.

L'auteur expose la théorie de ses Tables, puis la compare à toutes celles que l'on pourrait construire. Il conclut à leur supériorité sur les anciennes Tables et au rejet des Tables à plus de trois entrées. Enfin, pour les Tables à double entrée, il établit un parallèle entre sa méthode et celle de M. E. Lebon, et fait voir que les Tables des caractéristiques sont les Tables de ses cotes changées de signes.

***

— Séance du 3 août —

La discussion relative à l'*Enseignement des mathématiques dans les lycées* se poursuit.

On décide de préciser certains points des vœux de la section et, en particulier d'exprimer le vœu que l'enseignement de la mécanique reçoive une forme plus *réelle*. En outre, on estime que l'enseignement des mathématiques dans les lycées de jeunes filles devrait être fait dans le même esprit que celui des lycées de garçons et recevoir les mêmes directions.

Enfin, on estime qu'il y aurait lieu de donner aux professeurs des conseils *oraux*, soit en créant un nouveau poste d'inspecteur général des mathématiques, soit en chargeant temporairement un professeur, versé dans la question, de faire des conférences dans les lycées.

On rédige et vote d'après cela les vœux.

***

M. Achille RILLY, Chef de Sect. hon. à Troyes.

Transformations dont sont susceptibles certains carrés bimagiques.

***

M. Ernest LEBON, Prof. agr. de l'Univ., à Paris.

Pour la recherche rapide des facteurs premiers des grands nombres. — Comme suite à ses travaux sur la détermination rapide des facteurs premiers des grands nombres, M. Ernest Lebon explique, une nouvelle disposition des Tables qu'il a imaginées ; donne un exemple de cette disposition pour la base 30030 et l'indicateur 14237, jusqu'à la limite de 9 millions, montre qu'une telle Table occuperait une surface moindre que l'ensemble des Tables imprimées allant à la même limite, tout en n'exigeant que de très simples et très courts calculs ;

montre l'avantage, au point de vue de la rapidité de la recherche des facteurs premiers des nombres supérieurs à 9 millions, qu'il y aurait à prendre la base 510510 ; enfin, énonce quelques théorèmes nouveaux permettant de décomposer très rapidement en facteurs certains grands nombres.

———

M. E. A. CAZES, Ing. en retraite des Chem. de fer du Midi.

Sur un caractère général de divisibilité des nombres. — M. Cazes montre qu'à chacun des nombres premiers correspondent, dans un système de numération à base quelconque, deux nombres qu'il désigne sous les noms de *contrôleur additif* et de *contrôleur soustractif*, parce qu'ils permettent de contrôler, par quelques opérations simples de multiplication et d'addition ou de soustraction, si un nombre donné est divisible par le nombre premier correspondant. Il établit que la somme des deux contrôleurs d'un nombre premier est égale à ce nombre lui-même, et présente diverses formules pour leur calcul.

———

M. Ch. LALLEMAND, Ing. en chef des Mines, à Paris.

1º *Les rampes critiques en automobile.* — Le défaut de souplesse du moteur à explosions, dont la vitesse de rotation — et par suite le couple moteur — ne peuvent varier qu'entre des limites assez étroites, oblige à munir les voitures automobiles d'un organe auxiliaire — la boîte de changement de vitesse — permettant à la voiture de parcourir, en une seconde, sur une rampe croissante), un chemin d'autant moindre que la rampe est plus forte, ce qui maintient constante, ou à peu près, la résistance opposée au couple moteur.

Appelant *rampe virtuelle* la rampe réelle augmentée de la rampe fictive (0.03 équivalente à la résistance à la traction d'une voiture munie de pneumatiques, sur une chaussée macadamisée moyennement entretenue, et désignant, d'autre part, sous le nom de *rampes critiques*, les rampes maxima susceptibles d'être franchies avec chacune des combinaisons d'engrenages que renferme la boîte des vitesses, M. Lallemand démontre que, toutes choses égales d'ailleurs, le poids du véhicule, multiplié par le rapport de vitesse utilisé et par la rampe virtuelle critique correspondante, donne un produit constant.

Dès lors, connaissant, par exemple, la rampe effective maxima franchie en deuxième vitesse, par une voiture d'un poids donné, on calcule aisément les rampes maxima franchissables, pour le même poids, avec chacune des autres combinaisons de vitesse, ou, avec le même indice de vitesse, pour des poids différents.

2º *Sur la mesure des mouvements lents du sol, au moyen de nivellements répétés à de longs intervalles.* — L'écorce terrestre est sujette à des mouvements lents, dont la géologie offre d'abondantes preuves, mais dont on possède peu ou point de mesures précises.

Ces mesures, la réitération, à de longs intervalles, des nivellements de précision, paraît seule en état de les fournir ; mais dans quel délai et avec quelle précision ?

Connaissant la valeur probable des erreurs accidentelles et systématiques de toutes natures qui affectent les grands réseaux de nivellement des divers pays, M. LALLEMAND démontre que, sauf exceptions, la réfection de ces nivellements serait impuissante à déceler l'existence d'affaissements ou d'exhaussements généraux de moins de un décimètre d'amplitude. Or, en fait, pour la production de tels mouvements, un délai d'un tiers de siècle ne semble pas excessif. Pour obtenir des résultats probants, il faudrait donc laisser un intervalle de temps au moins égal entre deux réitérations consécutives des nivellements dont il s'agit.

M. Henri CHRÉTIEN.

Nouvel abaque du problème de Képler. — La résolution pratique de l'équation de Képler est un problème qui a été l'occasion de bien des recherches et a donné lieu à des solutions remarquables. Après les méthodes d'approximations successives à convergence rapide, comme celle de Gauss, après les procédés mécaniques de MM. Callandreau et Rambaud et les procédés graphiques, viennent les procédés très généraux de résolution par les abaques à entrecroisements (M. Radau), et surtout les procédés nomographiques proprement dits, dont le fondateur de la doctrine, M. d'Ocagne, a lui-même donné un très remarquable exemple d'application (*Bulletin des Sciences Mathématiques*, t. 22, p. 97).

A propos du calcul des orbites d'étoiles doubles, d'après une longue série d'observations, j'ai eu l'occasion d'avoir un très grand nombre d'équations de Képler à résoudre pour de fortes valeurs de l'excentricité. Les méthodes d'approximations numériques deviennent alors fastidieuses, et les abaques connus sont, d'autre part, d'une précision insuffisante. C'est ainsi que j'ai été conduit à construire un abaque faisant connaître, en fonction de l'excentricité e et de l'anomalie moyenne M, non pas l'anomalie excentrique u, mais la quantité $e \sin u$, qui est la correction qu'il faut faire subir à M pour avoir u:

$$u = M + e \sin u.$$

C'est la construction de cet abaque que je développe dans le mémoire.

Le PRÉSIDENT de la Section communique une lettre de M. Lucien LIBERT annonçant l'envoi d'un catalogue de 1377 étoiles filantes observées au Havre de janvier 1897 à novembre 1904. Enfin il distribue aux membres de la section deux brochures envoyées par M. A. Lebeuf, directeur de l'Observatoire de Besançon, indiquant les progrès remarquables accomplis à Besançon dans la fabrication et le réglage des chronomètres.

Ouvrage imprimé
PRÉSENTÉ A LA SECTION

M. A. LEBEUF, Directeur de l'Observatoire de Besançon. — *XVIIIe Bulletin Chronométrique (année 1905-1906) de cet Observatoire.*

3ᵉ et 4ᵉ Sections

NAVIGATION, GÉNIE CIVIL ET MILITAIRE

PRÉSIDENT. . . . . M. BOURGUIN, Ing. en chef des P. et Ch., à Reims.
VICE-PRÉSIDENT. . . . . M. A. GOBIN, Insp. gén. des P. et Ch., à Lyon.
SECRÉTAIRE . . . . M. ROULLEAUX.

— Séance du 2 août —

M. Louis MARLIO, Ing. des P. et Ch., à Nancy.

Sur l'exploitation des voies navigables.

M. E. THEREL, Ing. en chef des P. et Ch., à Châlons-sur-Marne.]

Vérification d'un tablier en béton de ciment armé. — Formules principales.
— M. THEREL dit qu'il a eu le désir d'établir des formules pour la vérification d'un
tablier en béton de ciment armé, en appliquant à cette substance composite les
deux principes de la déformation élastique $\frac{dl}{l} = \frac{1}{E}$ (F = 1 et ω = 1) et de la
flexion simple d'une poutre posée (une section plane reste plane après la déformation). Il donne trois groupes de formules s'appliquant à la dalle et à l'élément essentiel de la construction en béton armé : la poutre avec hourdis.

M. Therel examine ensuite le coefficient indéterminé $K = \frac{E'}{E}$ rapport des
coefficients d'élasticité du métal et du ciment. Il recommande de prendre plutôt
une faible valeur pour K de telle sorte qu'on arrive ainsi par le calcul à un
effort du béton supérieur à la réalité.

Il donne ensuite deux exemples d'accidents survenus à des ouvrages en béton
armé, d'après lesquels il émet des doutes sur la valeur de l'adhérence du métal
et du béton qui peut se trouver faible dans certaines parties d'un ouvrage. Il
recommande d'éviter les grosses barres et de ne pas mettre les barres en
paquet.

Il conclut en indiquant l'importance du rôle de l'ouvrier et termine en disant
que le béton armé est, en quelque sorte, un symbole de l'union intime nécessaire entre l'ingénieur qui conçoit et dirige, et l'ouvrier qui exécute.

M. le Dr AMANS, à Montpellier.

Machine industrielle pour l'enfilage automatique des perles. — En 1901, j'ai présenté au Congrès d'Ajaccio, un petit appareil de démonstration pour l'enfilage automatique des perles. J'ai depuis perfectionné, modifié et agrandi cet appareil; actuellement on peut le voir fonctionner à Marseille, avec toute la série d'opérations indispensables, à savoir : le triage, l'enfilage et la formation des flots. L'enfileuse proprement dite a trente aiguilles, qui enfilent 240 mètres de perles dites 00 (deux zéros) en cinq minutes; la réduction de main-d'œuvre est énorme, et peut encore être augmentée avec des machines à cinquante ou soixante aiguilles. L'enfilage des perles sur fil souple est pour les fabriques de perles en France, une question de vie ou de mort; l'enfilage automatique peut seul non seulement assurer leur existence, mais leur procurer de beaux bénéfices.

———

M. Augustin REY, Architecte de la Fondation Rothschild, à Paris.

1° *Le béton armé et les habitations.* — Le béton armé peut apporter au problème de l'habitation les plus grands avantages, économie de création, économie d'entretien.

L'homogénéité qu'il apporte dans les éléments de la construction est précieuse. Pour l'avenir de la construction les risques vis-à-vis des tremblements de terre, d'incendie, le béton armé présente les plus grands avantages.

Il y a lieu de propager ce système de construction avec prudence, on peut en espérer l'amélioration sensible des conditions économiques de création de nos habitations modernes.

2° *Méthode nouvelle d'éclairage de toutes les parois de la chambre.* — *Le plafond lumineux.* — La chambre actuelle n'est pas éclairée pour les 42 0/0 en moyenne de ses surfaces.

Méthode de création de la chambre dont toutes les parois, sans exception, plancher, plafond, parois verticales, reçoivent les rayons directs et réfractés extérieurs.

Cette nouvelle forme de la chambre résout la question capitale de l'éclairage de cette alvéole, la chambre, dans laquelle nous passons la plus grande partie de notre vie.

———

M. Joseph EYSSÉRIC, à Paris.

Compte rendu d'expériences sur le saute-vent; applications à la marine. — M. EYSSÉRIC rappelle le principe du saute-vent, présenté au Congrès de Lyon, et les applications qu'on peut en faire à l'automobilisme et à la marine. Il cite les résultats d'une expérience faite à bord de l'*Ile-de-France*, dans sa croisière au Spitzberg.

———

— Séance du 3 août —

M. le Dr **IMBEAUX**, Ing. en chef des P. et Ch., à Nancy.

Vues et description des plus récents barrages-réservoirs. — La création de barrages-réservoirs ou lacs artificiels emmagasinant de grandes quantités d'eau a pris, depuis vingt-cinq ans, une importance très grande et qui va croissant dans tous les pays civilisés. Elle vise l'un des buts suivants ou souvent plusieurs d'entre eux à la fois :

1º Alimentation en eau des agglomérations humaines. (Une réserve doit être faite au point de vue hygiénique : c'est qu'il est nécessaire de filtrer ou stériliser, dans la plupart des cas, les eaux de lacs naturels ou artificiels qui sont généralement contaminées par le ruissellement) ;

2º Alimentation des usines hydrauliques (houille blanche), et régularisation de cette alimentation ;

3º Alimentation des canaux de navigation et relèvement du débit des fleuves et rivières en basses eaux ;

4º Irrigation et autres besoins agricoles (*Reclamation service* aux États-Unis) ;

5º Défense contre les inondations et abaissement du niveau des crues.

M. Imbeaux montre une centaine de barrages-réservoirs de tous types construits dans ces dernières années, ou même encore en construction, dans les pays ci-après : France et Algérie, Allemagne, Belgique, Angleterre, Australie, Égypte, Afrique du Sud, États-Unis et Canada, et donne en courant quelques détails sur chacun d'eux. Les photographies lui ont été envoyées par des ingénieurs des divers pays, et elles ont été transformées en positifs pour projections par la maison Belliéni, de Nancy.

L'assistance, après avoir admiré la belle collection de M. Imbeaux, se sépare en rappelant la mémoire des grands ingénieurs français qui se sont distingués dans ce genre de construction, notamment MM. de Montgolfier et Conte-Grandchamp (barrage du Furens, près Saint-Étienne), Mougel-Bey (barrage de la pointe du Delta en Égypte et première idée du barrage d'Assouan), Fteley (barrage nouveau du Croton, pour New-York), Maurice Lévy (nouvelle méthode de calcul de résistance des barrages).

———

M. Ch. **PICOT**, Ing. des Arts et Man., à Toulouse.

Béton armé. — *Étude sur la Circulaire ministérielle du 20 octobre 1906.* — La publication de cette circulaire ministérielle relative aux constructions en béton armé, a causé, dans le monde des praticiens de ce genre de constructions, un certain émoi assez justifié d'ailleurs.

M. Picot pense, en effet, qu'il est impossible d'en tirer aucune déduction véritablement pratique et conclut par le vœu d'une sérieuse révision de la circulaire.

———

M. Henri BRESSON, à Chandai (Orne).

La houille verte.

(Voir Section d'Agronomie, page 439.)

— Séance du 5 août —

M. J. HENRIET, Ing. civ., à Marseille.

1°.—a) *Les transports par voies maritimes.* — Les causes de la décadence de la marine marchande française et de la prospérité des marines marchandes anglaise, allemande et américaine.

b) *Les transports par voies fluviales.* — Les voies navigables françaises comparées aux voies navigables de la Belgique, de la Hollande, de l'Allemagne et de l'Angleterre.

c) *Les transports par voies ferrées.* — Les grandes lignes, les lignes d'intérêt local, les raccourcis à étudier.

d) *Les transports par frigorifiques.* — Les expéditions des primeurs, fruits et légumes, des viandes et poissons; les marchés étrangers.

e) *Les crises de transport.* — Études comparées sur le matériel, le personnel et l'exploitation des voies fluviales et des voies ferrées.

f) *Les dépassements de crédits en matière de travaux publics et leurs conséquences économiques.*

2°. — *Les graisseurs régulateurs automatiques du système Adolphe Pribil.*

M. Eugène MATHIEU, Ing. des Arts et Manuf., à Reims.

Abaissement progressif du niveau des nappes aquifères souterraines. — Un exemple très curieux de l'abaissement progressif du niveau de la nappe aquifère, existe à Reims; il s'agit de la nappe souterraine de la vallée de la Vesle, rivière sur laquelle cette ville est située.

En 1747, la cote de niveau à l'étiage de la nappe souterraine était de 79^m,20. En 1877, elle était descendue à 78^m,10; en 1889, elle était à 77^m,70; et enfin en septembre 1906, le niveau d'étiage de la nappe souterraine était descendu à 77^m,45.

Et ce qu'il y a de remarquable, c'est que la ville de Reims ne s'alimente d'eau de la nappe souterraine que depuis 1877!

De 1877 à 1907, c'est-à-dire durant trente ans, la différence des niveaux d'étiage a été de 0^m,65; tandis qu'antérieurement, c'est-à-dire de 1747 à 1877, durant cent trente ans, la différence de niveau d'étiage était descendue de 1^m,10.

Il y a donc eu un abaissement progressif de niveau, tel (depuis que la Ville puise son eau dans la nappe souterraine) que le niveau d'étiage de celle-ci s'est abaissé en trente ans, d'environ les deux tiers de l'abaissement qui s'était produit en cent trente ans pendant lesquels aucune eau n'avait été prise à la nappe susdite.

M. Eugène MATHIEU étudie les conséquences très graves de cette situation pour la ville de Reims, menacée qu'elle se trouve, en outre, d'une installation d'usine de produits chimiques projetée à Saint-Léonard, en *amont* de la ville, et précisément sur les grèves de ces alluvions anciennes elles-mêmes, au sein desquelles s'écoule la nappe aquifère souterraine qui alimente la ville de Reims. Il demande notamment que cette usine de produits chimiques soit rejetée en aval de la ville.

M. l'Amiral de CUVERVILLE, Sénat. du Finistère.

Le Canal des Deux-Mers et la Société de propagande pour l'achèvement du réseau français de canaux et voies navigables. — La lecture de ce document a été faite par M. Auguste Mahaut.

Questions traitées : 1° Le canal maritime des Deux-Mers, comme n'ayant pas un caractère d'urgence au même titre que les canaux qui, pour l'ensemble de l'achèvement du réseau ne coûteraient pas, ou pas beaucoup plus cher, que le canal maritime des Deux-Mers dont les avantages réels restent pour le moins discutables.

2° Qu'il y a lieu d'inviter M. le Ministre des Travaux publics à présenter au Parlement un projet d'exécution du canal latéral à la Loire à grande section, de Briare à Nantes, ainsi que les projets dont voici l'énoncé :

3° Avant-projet d'un canal entre Roanne et Givors ou Lyon, mettant le bassin de la Loire en communication directe avec le bassin du Rhône.

4° Un projet de canal à grande section entre Arles et Lyon et entre Lyon et le lac de Genève.

5° Avant-projet de canal à grande section entre Marseilles-lès-Aubigny (Cher), Montluçon-Limoges-Périgueux-Libourne-Bordeaux, mettant le bassin de la Loire en communication avec celui de la Garonne et utilisant le canal du Berry qu'il importe de mettre à grande section, le plus tôt possible.

En somme, l'amiral fait une revue des travaux nécessaires, urgents à construire, en leur accordant de beaucoup la préférence sur le canal des Deux-Mers.

Discussion. — 1° M. Auguste MAHAUT partage absolument cette opinion, qu'il a du reste fait connaître en 1900 dans un ouvrage : *Fleuves et Canaux.* Il explique que le canal maritime des Deux-Mers ne donnerait pas les résultats que l'on est généralement porté à croire au point de vue de la défense nationale, qu'il absorberait à lui seul autant d'argent ou guère moins qu'il en faut pour mettre toute la navigation intérieure sur bon pied de prospérité.

Il décrit le deuxième canal des Deux-Mers de son travail, soit le canal du Midi dont il a demandé l'amélioration au Congrès national de Navigation de Bordeaux, en juillet dernier.

Il explique que son troisième canal des Deux-Mers est le canal de Marseille à Arles, Lyon, Roanne, Nevers, Briare, Orléans, Tours, Saumur, Angers, Nantes, par une ligne de canaux ininterrompue.

Que son quatrième canal des Deux-Mers serait la mise à grande section du canal du Berry et son prolongement de Montluçon à Bordeaux par Limoges, Périgueux ce qui constituerait le canal de la Loire à la Garonne.

Que ces quatre canaux ainsi faits apporteraient du tonnage à nos ports de mer et du fret à notre marine marchande, étant donné que ni les chemins de fer, ni les fleuves et rivières ne peuvent lutter avec les canaux pour l'économie, les canaux faisant à un centime la tonne kilométrique, les fleuves de deux à deux centimes et demi et les chemins de fer à trois centimes au plus bas. C'est pourquoi, en rédigeant sa brochure : *L'Idée de la Loire navigable combattue par Auguste Mahaut*, il a de suite mis sur la couverture que nos ports de mer et notre marine marchande attendaient l'achèvement de notre réseau de canaux pour prospérer.

Dans cette même séance du 5 août, au cours de ses explications, M. HENRIET, ingénieur, ayant parlé du nombre d'écluses qui seraient nécessaires à certains canaux comme représentant des difficultés et de la dépense d'exécution,

M. MAHAUT répond qu'il a vu à l'exposition de Bordeaux, en juillet dernier, un système d'élévateur pour écluses à grande hauteur qui diminuerait beaucoup le nombre des écluses ordinaires et qui produirait une très grande économie d'eau et de temps en offrant toute sécurité, d'après le langage que lui a tenu M. Römer, administrateur de la Société des Ascenseurs pour navire.

A propos de la marine marchande (1), M. Mahaut ajoute qu'il ne faut pas oublier que nous donnons pour 350 ou 400 millions de fret à l'étranger pour le transport de nos propres marchandises, ce qui pourrait être atténué et même beaucoup diminué si nos canaux aboutissaient à nos ports de mer; nous ne devons pas oublier non plus que toutes les Compagnies européennes, anglaises, allemandes, italiennes et autres, ont deux services par mois faisant le trajet d'Europe à Callao-Lima dans les deux sens.

Les *Messageries Maritimes* n'ont qu'un seul départ tous les trente jours et encore elles ne vont jamais au delà de Buenos-Ayres.

Tous les produits français arrivant sur nos ports sont donc transportés dans des navires étrangers; les *Messageries Maritimes* n'ont même pas le monopole pour les pays qu'elle desservent : nous sommes donc obligés de confier nos marchandises à des paquebots étrangers.

Le *Cosmos* accepte même de prendre les envois à domicile à quelque point du territoire français qu'ils se trouvent.

M. Mahaut rappelle que dans une seule journée il a envoyé plus de marchandises dans le port de Gand que celui-ci en a reçu par navires français dans toute l'année 1906.

M. Auguste MAHAUT, agent de navig., à Marseilles-lès-Aubigny (Cher).

Les quatre canaux des Deux-Mers. — Dans ce mémoire M. MAHAUT étudie : 1° le canal maritime des Deux-Mers; 2° le canal du Midi, de Bordeaux à Cette; 3° le canal des Deux-Mers, de Marseille à Nantes; 4° le canal des Deux-Mers, de Marseille à Bordeaux.

------

(1) Voir la note sur la marine marchande à la fin de sa onzième brochure intitulée : *Le Canal du Berry en danger de mort.*

— Séance du 6 août —

M. Charles RABUT. Ing. en Chef des P. et Ch., à Versailles.

Le béton armé actuel, ses principes et ses ressources. — Pour servir d'introduction aux séances que l'Association a eu l'heureuse idée de consacrer, dans son congrès de 1907, au béton armé, je me propose de préciser en quelques pages la conception qu'on doit actuellement se former des principes de ce mode de construction et des ressources qu'on peut en attendre, d'après les résultats déjà acquis.

Si on laisse de côté le bois, article à production limitée, la grande construction ne dispose que de deux matériaux : la pierre et le fer.

La construction en pierre a seule un long passé : sous les influences combinées du développement des communications, du progrès de l'industrie et du renchérissement de la main-d'œuvre, le type primitif, maçonnerie de pierres de taille posées sans mortier, a lentement évolué jusqu'à la forme moderne essentiellement industrielle du béton de ciment comprimé, celle qui, presque partout, fournit actuellement au plus bas prix l'unité de résistance. La maçonnerie de toute catégorie, formée de morceaux juxtaposés, dépourvue par conséquent de résistance à l'arrachement, doit s'employer en massifs dont les trois dimensions dépassent un pied et dont les formes soient telles qu'ils ne subissent que des efforts de compression, à savoir : le pylône et la voûte. Dans les ouvrages dont la forme rend inévitables certains efforts d'extension, comme les murs de réservoirs et la plupart des ouvrages à la mer, l'emploi de la maçonnerie donne lieu à de continuels et innombrables accidents.

Le fer, produit récent d'une industrie perfectionnée (fonte moulée au début, actuellement acier laminé ou tréfilé) possède une résistance spécifique environ vingt fois plus grande que celle de la pierre et qui, de plus, existe à l'arrachement comme à l'écrasement. De cette dernière propriété, résulte la possibilité de construire en métal des poutres droites, soit reposant sur deux appuis, soit en porte-à-faux, et par suite des cantilevers. En raison, d'ailleurs, de la grandeur même de sa résistance, le fer s'emploie normalement en prismes ou barres de très petite section; les barres comprimées, exposées à flamber, doivent être entretoisées, d'où emploi de la forme en treillis, tant dans les poutres que dans les pylônes. Malgré ce correctif, beaucoup d'accidents se produisent par flambage, surtout dans les ouvrages en cours d'exécution. La barre tendue n'ayant pas besoin de contreventement, la forme la plus avantageuse de l'élément métallique n'est pas le treillis de barres rigides, mais bien le faisceau de câbles flexibles.

Dans l'état actuel de l'industrie, le problème capital de la construction, à savoir, l'établissement des ponts de très grande portée, a sa solution la plus économique dans la combinaison du câble métallique et du pylône en maçonnerie (pont suspendu). On réalise ainsi la division du travail entre le fer tendu et la pierre comprimée. Dans cette combinaison, les deux matériaux, bien qu'associés, restent séparés et n'ont que le minimum de points de contact. On peut aussi les associer en les réunissant intimement, et c'est là la définition du béton armé.

Mais tandis que le principe du pont suspendu ne se prête qu'à une combinaison unique, celui du béton armé représente, à proprement parler, une infinité de combinaisons différentes, à cause des innombrables éléments arbitraires que comporte le mélange des deux matériaux.

En réalité, la maçonnerie et la charpente métallique nous apparaissent désormais comme deux cas particuliers, extrêmes et opposés, de la solution générale du problème de la construction, solution consistant à unir les deux matériaux dans des conditions qui, en fait, présentent une variété infinie. Le béton armé est donc beaucoup plus qu'un troisième procédé de construction venant simplement s'ajouter aux deux premiers : c'est un terme générique embrassant un nombre illimité de procédés de construction différents dont chacun peut avoir un domaine aussi vaste que celui de la maçonnerie ou de la charpente métallique pures.

On conçoit de suite, en effet, qu'on peut, en principe, allier chacune des variantes de la maçonnerie avec chacune des variantes de la construction métallique. Mais il y a bien d'autres éléments de différenciation entre les bétons armés. D'abord, les positions relatives du fer et du béton : on peut loger le fer entièrement dans le béton (bétons armés proprement dits), ou inversement le béton dans le fer (bétons frettés), et encore réaliser de diverses manières une pénétration incomplète de l'un dans l'autre (poutres métalliques partiellement enrobées, massifs de béton partiellement frettés).

Lorsque le fer est logé dans le béton, divers rôles peuvent être assignés à l'armature.

Le plus fréquent est de supporter exclusivement les efforts d'extension. Les pièces métalliques, quelles que soient les formes et les dimensions de leurs sections, doivent alors être orientées en chaque point de leur trajet, au moins approximativement, dans la direction des efforts locaux de plus grande extension.

Mais on peut aussi utiliser l'armature pour la résistance à la compression, et cela peut se faire de deux manières très différentes.

Celle à laquelle on pense tout d'abord est d'orienter les fers dans la direction des efforts locaux de plus grande compression. C'est l'armature directe. Comparée à une barre comprimée dans la charpente métallique ordinaire, la barre enrobée a l'avantage de ne pouvoir flamber, car le béton s'y oppose moyennant une fatigue insignifiante pour lui-même. Le métal employé en armatures directes a donc exactement le même rendement utile à la compression qu'à l'extension.

Il faut noter, toutefois, une différence essentielle, au point de vue économique, entre ces deux cas. Dans l'un comme dans l'autre, la déformation longitudinale étant la même pour le fer et le béton, le fer ne peut atteindre sa limite pratique de déformation sans que le béton dépasse la sienne, qui est moitié moindre. Cela est sans inconvénient si l'on ne compte que sur la résistance du métal (attendu que le béton peut travailler au double de sa limite pratique sans compromettre l'adhérence), et c'est ce qu'on fait presque toujours dans le cas de l'extension ; à la compression, au contraire, il y a, en général, avantage à utiliser la résistance du béton en totalité, ensuite et seulement celle du fer, plus coûteuse. Il en serait autrement si l'on exécutait l'ouvrage de manière à imposer à l'armature une compression préexistante (et utilisée pour la résistance) d'environ 6 kilogrammes par millimètre carré.

La seconde manière d'employer une armature contre un effort de compression est de l'orienter transversalement à cet effort : le fer s'oppose alors, par l'adhérence, au gonflement transversal du béton ; comme la résistance du béton est mise en jeu avant celle du métal et que le gonflement linéaire en travers n'est guère que le quart du raccourcissement en long, cette armature indirecte est plus économique que la précédente pourvu qu'on dispose de l'ancrage nécessaire à l'adhérence.

On peut, enfin, combiner les armatures directe et indirecte contre la compression (Hennebique). Dans l'intervalle de deux armatures transversales consécutives, les fers longitudinaux s'opposent au gonflement par leur résistance à la flexion.

On voit par ce qui précède quelle variété de combinaisons comporte le principe du béton armé, du seul fait du mode d'action qu'on impose à l'armature.

Mais les éléments les plus nombreux de différenciation des systèmes de béton armé se rencontrent dans les variantes qu'admet la mise en œuvre des matériaux.

Le béton est généralement comprimé pendant sa mise en place, soit avec des pilons à main ou actionnés mécaniquement, soit par cylindrage, soit même par la force centrifuge quand il s'agit de tuyaux (Hennebique). Mais on peut aussi obtenir l'adhérence avec le fer en coulant simplement le béton fabriqué très fluide. On peut alors utiliser le ciment prompt, dont l'emploi n'est généralement pas compatible avec la compression avant prise.

Un principe très fécond de variantes dans la mise en œuvre est le moulage préalable, à l'usine, de tout ou partie des éléments d'une construction (E. Coignet).

Un autre principe important est l'utilisation de ces éléments moulés d'avance comme support des parties à poser ensuite, que celles-ci soient également moulées d'avance ou confectionnées sur place.

Un exemple récent et très curieux de ces combinaisons est le pont de Belvidère (États-Unis) : on a édifié d'abord un arc composé de voussoirs armés mais creux, ouverts par le haut, et sur leurs faces de contact, qui ont été posés en porte-à-faux en partant des culées ; après clavage, le vide continu des voussoirs a été rempli de béton où l'on a introduit de nouvelles armatures (Strauss).

On remarquera que le rouleau de voussoirs creux constitue en réalité le cintre de la voûte et dispense d'un cintre provisoire. C'est aussi un principe très fécond, en matière de béton armé, que l'incorporation, à la construction définitive, des travaux préparatoires.

Un parti analogue au précédent à l'égard du fer est le montage systématique de tout ou partie des armatures de façon qu'elles forment une charpente se soutenant par ses propres moyens avant l'emploi du béton (Bonna). Cela peut se pratiquer avec ou sans le support des coffrages ou du béton lui-même par cette charpente métallique. Notons que dans ce dernier cas le fer supporte à lui seul le poids de la construction, le béton ne travaillant que sous les surcharges.

Quant à la forme des armatures, je signalerai comme principes de variantes l'emploi systématique de fers profilés (totalement ou partiellement enrobés), de fils métalliques, de métal déployé.

Les variantes portant sur la forme de l'élément pierre consistent dans l'emploi systématique de briques creuses enfilées par les armatures (Cottancin), de maçonnerie en petits matériaux, de tranches armées (Harel), etc.

Dans le béton fretté, la compression peut être pratiquée avant ou après la prise du ciment ; l'armature périphérique peut consister en spires (Considère), en anneaux ou en un tube continu. Ce dernier système est le seul où l'adhérence ne joue aucun rôle : dans les deux premiers, elle s'exerce transversalement par rapport aux barres frettantes.

La variété des combinaisons que contient en germe le principe du béton armé est actuellement loin d'être épuisée, et l'on en voit fréquemment apparaître de nouvelles. Il est juste de constater qu'elles sont dues, pour la plupart, comme l'ont été les premiers essais du béton armé et ses plus importants progrès, à des constructeurs français.

D'un pays à l'autre, les types varient surtout en raison du prix de la main-d'œuvre ; aussi les deux types extrêmes se rencontrent en Bretagne et aux États-Unis. Dans le premier de ces deux pays, où l'ouvrier est peu payé, Harel emploie systématiquement la maçonnerie armée à profils évidés avec grand développement de parements et de très faibles pourcentages. En Amérique, où la main-d'œuvre est hors de prix et le travail d'usine très bon marché, on pratique presque exclusivement le coulage du béton, l'emploi d'armatures peu nombreuses, par suite très grosses, mises en place sans précision et sans attaches, et on rachète, en vue de l'adhérence, le manque de surface de ces fers par un guillochage obtenu au laminoir (Thacher).

Cette extrême souplesse, due au grand nombre d'éléments arbitraires que comporte la conception du béton armé et qui lui permet de s'adapter aux besoins les plus divers, constitue son principal avantage sur les deux modes de construction, moins complexes mais moins riches, qui l'ont précédé. A cet avantage capital, s'en joignent d'autres qu'il n'est pas sans intérêt de préciser, si l'on me pardonne quelques redites sur ce sujet déjà classique :

Solidarité entre les parties d'une construction, obtenue sans dépense supplémentaire par le prolongement des fers de l'une dans l'autre ;

Résistance aux agents extérieurs : humidité, gelée, feu, émanations corrosives, variations de température, le fer étant couvert et le béton *cousu* ;

Résistance à tous les genres d'efforts intérieurs, réglée à volonté, en chaque point, sans excès de matière ;

Pas de rupture brusque ;

Résistance aux effets dynamiques par la masse, qui manque aux charpentes métalliques, et par la ténacité, qui manque aux maçonneries ;

Facilité de bardage et de mise en œuvre, due à la division des matériaux ;

Sécurité croissante avec l'âge de la construction.

En regard de ces avantages, il est utile de noter les inconvénients du béton armé.

Le principal est la longue durée nécessaire au durcissement complet du ciment, à cause de sa proportion plus grande que dans la maçonnerie. Pour ce motif, les constructions en béton armé possèdent leur minimum de sécurité pendant la période d'exécution ; elles ont donné lieu, pendant cette période, à d'un peu plus nombreux accidents que les ouvrages en pierre ou en fer. En revanche, ceux-ci périssent assez souvent en service après avoir satisfait aux épreuves initiales, alors qu'il n'y a pas, à ma connaissance, d'exemple analogue pour un ouvrage en béton armé.

Un second inconvénient, qui n'existe que pour une partie des systèmes de béton armé, est la sujétion assez minutieuse qu'implique l'implantation des armatures et le pilonage du béton.

Enfin, l'inconvénient réel qui se fera sentir le plus longtemps et qui cause, à mon avis, le plus de préjudice au développement du béton armé, du moins en Europe, c'est son infériorité esthétique, due surtout à la nouveauté des formes que comportent les nouveaux modes de construction, puis à l'impossibilité de mettre en évidence les fers enrobés.

Ces inconvénients n'empêchent pas le nombre et l'importance des applications du béton armé de suivre, d'année en année, une progression plus que géométrique.

Dans plusieurs catégories de constructions, telles que les bâtiments industriels (et plus généralement les bâtiments non habités), les cuves de réservoirs, les aqueducs découverts, les dalots, les conduites forcées de grand diamètre, les estacades et encorbellements, les ponts et passerelles par-dessus les chemins de fer, les ponts industriels et ruraux, les pilotis, les caissons de fondation, les murs de soutènement, le béton armé est d'ores et déjà préféré, le plus souvent, à la maçonnerie ou à la charpente métallique. Il en est de même de certaines parties des bâtiments d'habitation : les planchers, certains escaliers, les citernes, les fosses d'aisances ; et aussi de certaines parties des ouvrages d'art : plaques de fondation sur terrains compressibles, platelages de ponts métalliques ou en maçonnerie (Séjourné).

Dans la construction intégrale des ponts, l'emploi du béton armé a été tardif, mais ses progrès sont tellement accélérés depuis quatre ou cinq ans, qu'on doit prévoir son triomphe sur les anciens procédés dans un délai de deux ou trois ans au plus, du moins pour les portées inférieures à cent mètres.

Parmi les applications encore en retard, mais appelées au plus grand avenir, je signalerai les phares (un seul construit à Nicolaïew), les tunnels construits en galerie (un seul exemple à Meudon), les grands murs de réservoirs (aucun exemple), les écluses, formes de radoub et autres grands ouvrages des ports — tous genres de travaux où le béton armé présente sur les systèmes anciens un immense avantage de sécurité et de durée, et enfin le bâtiment d'habitation.

La lenteur des premiers progrès en matière de travaux publics tient à la difficulté de mettre en mouvement les grandes administrations, puissamment centralisées, qui détiennent ces travaux dans toute l'Europe continentale : aussi avons-nous été devancés, sur ce point, par l'Angleterre et les États-Unis ; mais nous avons pris depuis de brillantes revanches (travaux Harel, travaux de la Ville de Paris, des Compagnies d'Orléans, de l'Ouest et de l'Est, ponts de Châtellerault, Decize et surtout Pyrimont).

Quant à la maison d'habitation, la difficulté est d'un autre ordre. Le mur en béton armé, avec l'épaisseur stricte que veut la résistance, n'assure pas la protection contre les intempéries ; suffisamment matelassé, il coûte plus que le mur en pierre. Mais ce n'est là que le petit côté de la question. Le fait capital, c'est la liberté nouvelle et prodigieuse donnée à l'architecte pour la réalisation de tous les désirs, de tous les rêves du propriétaire. La souplesse du béton armé, supprimant toute subordination entre les parties du bâtiment (correspondance des murs d'un étage à l'autre, des plafonds dans un même étage, limitation des porte-à-faux, etc.), permet de tout oser sans risque ni frais. *Une nouvelle architecture doit donc naître,* dont le caractère sera une extrême fantaisie ; l'enfantement de cette révolution demande quelque temps et surtout quelques hommes d'une certaine envergure.

M. A. LADUREAU, Ing. civ., à Saint-Cloud (Seine-et-Oise).

Application de la gélatine bichromatée à la traction mécanique. — En mélangeant dans certaines proportions la gélatine, la glycérine et le bichromate de potasse ou même l'alun de chrome, on obtient un corps spécial très élastique, très résistant à la désagrégation, d'une longévité illimitée et qui a été découvert il y a quarante ans par l'auteur. Ce corps reçoit actuellement de nombreuses applications en cyclisme et automobilisme. M. Ladureau indique qu'on peut y adjoindre utilement des substances légères et élastiques, telles que plumes, cheveux, poils, liège, déchets de lin, chanvre et coton. On l'allège ainsi et le rend encore plus convenable aux applications diverses qui lui sont réservées.

Feu Adolphe GADOT, Ing., à Paris.

Le baromètre dynamométrique décimal. Réforme du baromètre, du manomètre, de l'indicateur du vide, de l'indicateur de Watt, sur l'unité dynamométrique naturelle.
— Le baromètre dynamométrique décimal fournit l'unité naturelle de pression : atmosphère = kilogrammes au niveau de la mer.

(Colonne barométrique d'eau, théorique, divisée de manière décimale parfaite, par 10, 100, 1.000, etc., telle graduation rapportée au baromètre.)

La *Table de Regnault* ainsi rectifiée : *1 atmosphère* = 1; *2 atmosphères* = 2; 3... = 3; *10 atmosphères* = 10 kilogrammes : 1.000... = 1.000 kilogrammes, etc.

Le baromètre dynamomètre devient ainsi le *manomètre* atmosphérique, mesurant les variations de pression à l'unité-naturelle de pression.

Nous donnons au *manomètre* sa graduation rationnelle, tirée du baromètre dynamométrique : *1 atmosphère* = 1 kilogramme; *2 atmosphères* = 2 kilogrammes, etc.

Nous donnons à *l'indicateur du vide* la graduation du baromètre, à l'unité naturelle décimale de pression. Nous donnons à *l'indicateur de Watt* même échelle dynamométrique naturelle : *atmosphère* = kilogramme.

Les quatre instruments gradués à leur unité naturelle commune, pour la fidélité des calculs de l'ingénieur.

Le baromètre dynamométrique décimal encore instrument rationnel de météorologie, océanographie, physique générale du globe, comme de physique proprement dite, en navigation, dans l'art naval.

Ouvrages imprimés
PRÉSENTÉS A LA SECTION

2ᵉ Groupe

SCIENCES PHYSIQUES ET CHIMIQUES

5ᵉ Section

PHYSIQUE

PRÉSIDENT D'HONNEUR . . . . M. G. LIPPMANN, Mem. de l'Académie des Sciences.
PRÉSIDENT. . . . . M. J. BLONDIN, Prof. agr. de Physique au Collège Rollin.
VICE-PRÉSIDENT. . . . . M. AIMÉ HENRY, Prof. agr. de Physique au Lycée de Reims.
SECRÉTAIRE . . . . M. L. DIXSAUT, Prof. agr. de Physique au Lycée de Reims.

— Séance du 1ᵉʳ août —

M. A. BLONDEL, Ing. et Prof. à l'École des P. et Ch.

Sur l'arc électrique au point de vue de la production de la lumière (Rapport préparatoire). — Les propriétés de l'arc électrique ont été beaucoup étudiées depuis quelques années, sous l'influence des théories de l'ionisation ; celles-ci ont renouvelé complètement le sujet et ont appris à tirer de l'arc électrique les applications nouvelles, qui ont entraîné des progrès très importants dans la production de la lumière électrique par arc.

On ne connaissait, autrefois, pratiquement qu'un seul arc électrique, l'arc entre charbons purs, qui n'avait guère été modifié depuis l'époque, de Davy, bien qu'en 1881, Carré, Gauduin et Archereau aient reconnu l'augmentation de lumière produite par l'addition de sels alcalino-terreux.

La découverte de l'arc au mercure par Arons, suivie des recherches d'habiles expérimentateurs tels que Cooper-Hewitt, Weintraub, etc., a montré qu'il n'est pas besoin d'une température très élevée pour obtenir un bon rendement lumineux, et a mis en évidence le rôle très important de la cathode dans le phénomène de l'arc, et plus généralement l'importance du mécanisme intime de l'arc électrique sur la production de la lumière. Depuis cette époque on a cherché à utiliser d'autres métaux que le mercure, en les vaporisant soit à l'air libre, soit dans le vide.

D'autre part, on a recommencé avec plus de succès à incorporer des vapeurs métalliques dans l'arc au charbon, soit en ajoutant dans des électrodes en charbon des substances minérales appropriées, soit en utilisant directement comme électrodes des oxydes ou des métaux.

Classification des arcs employés industriellement à la production de la lumière. — De tout cet ensemble de recherches dont il serait trop long de faire l'historique, que j'ai exposé ailleurs en détail (1), sont nées, en définitive, plusieurs catégories d'arcs électriques industriels applicables à la production de la lumière:

1° Arc entre métaux dans le vide, dont le type est l'arc au mercure ;

2° L'arc entre métaux, ou entre métal et charbon dans l'air, dont le type principal est l'arc au titane ;

3° L'arc entre oxydes ou composés métalliques purs, dont le type est l'arc de Rach entre bâtonnets de zircone ou d'oxyde de terres rares ;

4° L'arc entre électrodes mixtes formées de charbon mélangé de substances minérales, dont le type primitif est celui de Carré, Gauduin et Archereau, repris et perfectionné par Bremer.

Tous ces arcs nouveaux se différencient essentiellement de l'arc entre charbons par le fait que les vapeurs constituant l'arc proprement dit sont très lumineuses par elles-mêmes et jouent un rôle soit prépondérant, soit au moins très important dans la production de la lumière, tandis que dans l'arc au charbon ordinaire, les électrodes et surtout l'anode atteignent un vif éclat et produisent à elles seules presque toute la lumière sans que l'arc proprement dit soit sensiblement éclairant. Dans les arcs entre métaux, les électrodes ne sont brillantes que sur des surfaces très petites et avec un éclat bien inférieur à celui du cratère d'un charbon ; l'arc brillant est très allongé. Il en est de même avec les charbons imprégnés de substances minérales, mais les électrodes présentent des surfaces éclairées très brillantes quoique de petites dimensions et qui jouent un rôle très important dans la production de la lumière. Enfin les oxydes métalliques employés purs, à condition qu'ils soient rendus conducteurs par un chauffage préalable, donnent lieu à des arcs très brillants mais courts; ils sont très difficiles à réaliser parce qu'il faut amener le courant près des extrémités des électrodes très résistantes, et empêcher celles-ci de fondre ; il ne semble pas que ces difficultés aient été jusqu'ici résolues d'une manière suffisante pour les applications industrielles.

Les autres catégories peuvent se ramener à deux classes: les arcs dans le vide et les arcs dans l'air, dits arcs à flammes; plus scientifiquement, on pourrait les appeler des arcs à vapeurs lumineuses dans l'air.

Ces sources de lumière présentent des propriétés très intéressantes et qui ne sont encore qu'imparfaitement élucidées.

Origine de la lumière dans les arcs à vapeurs lumineuses. — La lumière est produite dans les arcs par deux mécanismes très différents: l'incandescence et la luminescence. L'incandescence se produit à la surface des électrodes ; elle se produit même dans l'arc quand on ajoute des substances minérales aux électrodes en charbon. Ceci résulte du fait que ces substances minérales sont vaporisées en proportion bien plus forte que ne l'exigerait le passage du courant par transport des ions; on le reconnaît, par exemple, quand on fait varier la proportion des substances minérales : on rencontre aux environs de 20 0/0, par exemple avec le fluorure de calcium, un maximum de conductibilité de l'arc (signalé par une longueur maximum de l'arc pour un même voltage). L'augmentation des subs-

(1) *Congrès international de Saint-Louis,* 1904 (publié dans l'*Éclairage électrique,* février 1907), et *Bulletin de la Société Internationale des Électriciens,* mars-avril 1907.

tances minérales au delà de cette limite réduit la conductibilité, ce qui s'explique parce que les molécules neutres gênent le passage des ions. Ces molécules neutres sont portées à l'incandescence par le choc des ions.

Il y a, au contraire, luminescence, c'est-à-dire oscillation libre des ions dans les flammes très éclairantes à basse température, telles que l'arc au mercure.

Les deux phénomènes paraissent coexister dans les arcs à flamme.

Augmentation de l'effet utile des arcs. — D'après ce qui précède, on doit donc chercher, pour améliorer le rendement des arcs électriques, à augmenter, suivant les cas, soit l'incandescence, soit la luminescence.

Dans le premier cas, on peut chercher soit à accroître la température des corps incandescents, soit à leur faire émettre des radiations plus favorables. D'après les lois aujourd'hui bien connues de la radiation, le rendement d'un corps noir tel que le carbone est limité par la température maxima qu'on peut atteindre, soit environ 3.500 degrés au cratère : les autres corps qui pourraient donner lieu à une loi d'émission plus favorable (et encore pas beaucoup plus favorable si l'on en en juge par les lois de radiation du platine) ne peuvent être amenés qu'à des températures bien inférieures, limitées par l'électro-vaporisation, c'est-à-dire la production de vapeurs chargées d'électricité à la surface de l'électrode à une température qui est toujours inférieure à celle de l'ébullition proprement dite.

On est donc conduit fatalement à rechercher plutôt l'incandescence des corps blancs ou analogues présentant une loi de radiation plus avantageuse que celle de Planck, et c'est ce qui justifie l'addition dans les charbons de substances minérales telles que les sels de calcium, magnésium, baryum, cérium, etc.

Mais il faut avoir soin de tenir compte de la loi de déplacement de Wien. Les sels qui, à une température basse donnent une radiation très avantageuse, par exemple le mélange thorium-cérium du bec Auer, ne donnent à la température de l'arc électrique, que des rayons beaucoup plus réfrangibles, et par suite peu éclairants. Il en est de même des sels de magnésium. Au contraire, les sels de calcium, strontium, baryum, cérium, etc.; qui, à la température du gaz oxyhydrique, donnent une teinte rougeâtre, présentent dans l'arc une radiation avantageuse, concentrée surtout dans le rouge du spectre le plus favorable au point de vue physiologique, c'est-à-dire aux environs de $0\mu,55$.

D'autre part, pour tirer le meilleur parti de la luminescence, il n'y a pas d'autre moyen que de chercher empiriquement les substances vaporisables qui soient facilement ionisables et présentent le spectre le plus avantageux avec une résultante voisine de la lumière du jour. Malheureusement, les vapeurs des métaux donnent des spectres, surtout riches en rayons bleus, violets et ultraviolets, ce qui limite le choix à un petit nombre de métaux.

Ce choix est particulièrement difficile pour l'arc dans le vide, qui exige des électrodes très fusibles : le mercure seul peut être amené à l'ébullition et à la luminescence dans un simple tube de verre. Mais en remplaçant le verre par le quartz fondu, MM. Stark et Kuch ont pu employer aussi, quoique moins facilement, le plomb, le bismuth, l'étain, l'antimoine, le sodium, etc. Il faut, dans ce cas, chauffer préalablement le tube et le métal pour allumer l'arc puis refroidir les électrodes pour éviter un échauffement excessif en régime, ce qui empêche jusqu'à présent l'emploi industriel d'une pareille lampe. Les spectres des arcs lumineux sont formés de raies brillantes surtout intenses au voisinage de la cathode, avec quelques bandes ; les premières sont attribuées par M. Stark -

aux oscillations propres des ions ; les secondes à la radiation de l'énergie potentielle provenant de la combinaison des ions.

Dans les arcs à flamme formés d'électrodes additionnées de substances minérales, le spectre de luminescence est d'autant plus développé que le degré d'ionisation dans la flamme est plus élevé ; et plus aussi le spectre tend alors vers
celui des métaux composants. Pour ce motif, les sels alcalins très ionisables
donnent la teinte de leur base, mais non les sels alcalino-terreux. Le fluorure de
calcium, qui est employé principalement dans ces charbons, donne sensiblement
la teinte rosée de la chaux quand il est en petite quantité et par suite presque
complètement ionisé ; tandis qu'à forte dose il donne lieu surtout à un spectre
d'incandescence blanc jaunâtre. Plus l'arc est court et de grande intensité, plus
l'incandescence tend à prédominer sur la luminescence.

*Influence du mécanisme propre de l'arc sur les propriétés lumineuses des arcs-
flamme.* — On voit d'après ce qui précède que les causes de la production de la
lumière peuvent être notablement différentes suivant la composition de la vapeur
lumineuse ; cette lumière varie également beaucoup suivant que cette vapeur
lumineuse est produite à l'anode ou à la cathode.

On croyait autrefois que la vapeur conductrice de l'arc provenait de l'anode.
On sait aujourd'hui, au contraire, que l'électro-vaporisation de la cathode est la
condition nécessaire de l'entretien d'un arc ; c'est de là que résulte l'impossibilité de faire passer un courant alternatif entre charbon et métal refroidi (1) et
l'impossibilité d'entretenir un arc à courant continu entre une anode chaude et
une cathode froide ; tandis que le passage de l'arc en sens inverse est possible (2).

Mais le choc des électrons cathodiques contre l'anode suffit à porter celle-ci à
l'incandescence et à déterminer une électro-vaporisation toutes les fois qu'elle
n'est pas refroidie artificiellement.

On peut donc, à volonté entretenir des arcs présentant les phénomènes de
vaporisation (c'est-à-dire la projection d'ions libres par une production incandescente) soit seulement à la cathode, soit aux deux électrodes à la fois ; la recombinaison des ions pouvant avoir lieu soit près de la surface d'une des électrodes,
soit à la rencontre des deux flux d'ions projetés (dans les arcs entre charbons
minéralisés, ces deux flux sont très visibles sous forme de panaches lumineux).
L'expérience nous démontre, d'une manière purement empirique d'ailleurs,
que certains métaux donnent lieu à une plus belle luminescence quand ils forment la cathode que quand ils forment l'anode ; c'est le cas, en particulier, de
la série du fer, tungstène, titane, etc. ; pour ce motif, ils sont employés pour
former l'électrode négative des lampes dites *à arc métallique à l'air libre ;* leur rendement est si faible quand on les emploie comme anode, qu'on est amené à utiliser dans ces lampes des anodes en charbon ou en un métal non éclairant, tel
que le cuivre.

Dans ce dernier cas, il n'y a pas d'incandescence de l'anode. Elle ne joue
aucun rôle éclairant. L'anode en charbon pur serait avantageuse pour le rendement si elle ne faisait disparaître l'avantage principal de cette lampe qui est sa
lougue durée ; c'est pourquoi on préfère le cuivre.

Au contraire, les métaux de la série du calcium donnent un spectre de lumi-

(1) C.-F.-A. BLONDEL, *Revue générale des Sciences*, 30 juillet 1904, p. 656 ; MITKIÉVITZ, *Physik-
alische Zeitschrift*, 1903.

(2) C.-F. STARK et CASSUTO, *Physik. Zeitschrift*, 1904.

nescence avantageux aussi bien à l'anode qu'à la cathode; et comme, d'autre part, leur incandescence dans l'arc est très brillante, il y a avantage à minéraliser l'anode ou à profiter de la haute température de celle-ci pour produire des surfaces incandescentes très brillantes et des arcs à la fois incandescents et luminescents. Il y a avantage également, au point de vue théorique, à minéraliser la cathode; mais on est arrêté dans cette voie par la production de scories trop abondantes, de sorte qu'en général il est plus avantageux de minéraliser seulement l'anode.

Dans l'arc au mercure dans le vide, les choses se présentent un peu différemment; il y a un point d'émission très lumineux à la surface cathodique, d'où jaillit le flux cathodique; celui-ci vient ioniser par choc la vapeur de mercure située en avant et qui forme une partie de la colonne de lumière anodique; l'expérience a démontré que si on laisse se vaporiser l'anode, celle-ci donne une lumière très brillante, mais la colonne de vapeur devient beaucoup plus résistante par suite de la pression plus considérable, et, tous comptes faits, si la quantité de lumière obtenue est plus grande, le rendement est moins bon que si l'on supprime l'électro-vaporisation anodique. C'est pourquoi, en pratique, on préfère éviter celle-ci en employant une anode en charbon ou en métal et ne se vaporisant pas à la température d'emploi; la lampe au mercure réalise donc un arc à une seule électrode électro-vaporisée, tandis qu'il y en a deux dans tous les autres arcs luminescents. Les arcs dans le vide (produit par pompes à mercure de Stark et Kuch) (1), formés au moyen du plomb, étain, etc., jouissent de propriétés différentes; il y a électro-vaporisation de la cathode, mais les ions cathodiques se condensent à faible distance après avoir ionisé par choc la colonne anodique formée de vapeurs de mercure qu'on ne peut éliminer et qui devient luminescente et joue finalement le rôle principal.

L'impossibilité de rallumer un arc sur cathode non incandescente est telle qu'on ne peut employer sur courant alternatif les électrodes métalliques, comme l'a depuis si longtemps signalé Arons. Elle est presque aussi grande avec les oxydes de la famille du fer et du titane. On n'a donc pas pu réaliser de lampes à courant alternatif industrielles utilisant le titane à l'état d'oxyde, et il faut recourir à un redressement du courant en courant continu. Pour l'arc au mercure, le redressement a pu se faire dans la lampe elle-même, suivant l'artifice bien connu de Cooper Hewitt, et encore préfère-t-on bien souvent placer le redresseur en dehors. Ces difficultés ne se présentent pas pour les arcs en charbon mélangé de matières minérales, qui fonctionnent très bien sur les courants alternatifs et avec des rendements comparables à ceux des arcs à courant continu, contrairement à ce qui se produit avec les arcs en charbon pur, dont le rendement sur courants alternatifs n'est guère que la moitié sur courant continu.

Les diverses espèces d'arcs utilisés industriellement. — En définitive, il existe actuellement trois espèces d'arcs à vapeurs lumineuses employés industriellement pour la production de la lumière et qui sont, d'après leur ordre d'importance actuelle :

1º Les arcs à flamme à charbons minéralisés;

2º Les arcs dits *métalliques*;

3º Les arcs dans le vide.

(1) *Physik. Zeits.*, 15 juillet 1905.

Nous y joindrons : 4° les arcs longs au carbone pur présentant une flamme lumineuse.

1° Arcs à flamme à charbons minéralisés. — Sans entrer dans l'historique très touffu des charbons minéralisés, il suffira ici de dire qu'ils sont actuellement de trois espèces différentes : les charbons minéralisés de manière homogène dans la masse entière (Bremer) ; les charbons ordinaires à mèche additionnée de substances minérales ; enfin, les charbons à deux zones (ou quelquefois à trois zones) formés d'un noyau minéralisé d'une manière homogène, entouré d'une enveloppe en charbon pur (Blondel).

Les charbons de la troisième espèce dérivent de ceux de la première par l'addition de l'enveloppe en charbon pur, qui a pour effet d'éviter les abondantes scories des premiers ; comme l'enveloppe se taille en cône autour du noyau, l'arc jaillit seulement sur celui-ci et présente les mêmes propriétés que si les charbons étaient homogènes. Mais tandis que les charbons homogènes minéralisés ne peuvent être employés qu'avec les pointes tournées vers le bas afin de laisser écouler les scories en gouttes, ce qui force à employer des lampes spéciales dites *intensives* (Bremer, Excello, etc.), analogues à celles imaginées autrefois par Rapieff et par Gérard, les charbons à enveloppe peuvent être employés dans les lampes à arcs dites *carbominérales*, à charbons placés l'un au-dessus de l'autre (Blondel). Les charbons à mèche peuvent être employés avec les deux dispositions, mais ne se comportent pas de la même manière que les deux autres espèces, par suite du petit diamètre de la mèche.

Tandis que sur les charbons à enveloppe, l'arc se forme uniquement sur le noyau, dans les charbons à mèche il se forme à la fois sur le corps principal du charbon en carbone pur et sur la mèche centrale, et, pour maintenir constante la proportion des substances minérales dans l'arc et obtenir un degré de minéralisation aussi élevé que dans les deux autres solutions, on est obligé d'employer des charbons de très petit diamètre (7 millimètres à 9 millimètres pour un courant de 9 à 10 ampères), ce qui entraîne une usure très rapide (30 centimètres à 40 centimètres à l'heure au lieu de 16 centimètres à 20 centimètres), et des chutes de tension considérables par suite de la grande longueur nécessaire des charbons (qui peut atteindre jusqu'à 800 millimètres). On est ainsi conduit forcément à ajouter des âmes métalliques, par exemple des fils de cuivre ou d'aluminium, ou bien à amener des courants par contact frottant au voisinage immédiat des pointes de charbons.

Certains inventeurs ont été amenés, pour lutter contre cette usure rapide ou augmenter la durée de fonctionnement des lampes, à réaliser pour les lampes en V des systèmes de magasin ou de revolver permettant de faire succéder sans interruption plusieurs paires de charbons (Oliver). Cette disposition présente une notable complication. Au contraire, d'autres inventeurs, particulièrement désireux de simplifier le mécanisme des lampes, ont réalisé des lampes en V dans lesquelles les charbons descendent par leur propre poids et sont retenus simplement par une nervure reposant sur un arrêt, et qui brûlent au fur et à mesure de l'usure des charbons (Beck). Dans les lampes en V, les charbons homogènes du type Bremer sont aujourd'hui presque complètement abandonnés au profit des charbons à mèche.

Au contraire, dans les lampes à charbons placés l'un au-dessus de l'autre, on emploie presque exclusivement des charbons à enveloppe (lampe *carbo-minérale*), en ayant soin de retenir l'arc, qui tend à monter, par un économiseur muni d'un réflecteur. Dans ces lampes, la polarité des électrodes joue un rôle important sur le bon fonctionnement et le rendement lumineux; lorsqu'il s'agit de courant continu, on doit prendre comme électrode inférieure l'anode formée d'un charbon minéralisé et prendre comme cathode supérieure un charbon pur ou contenant une plus faible quantité de substances minérales, de manière à éviter la chute des scories provenant de la fusion ou de la condensation des matières minérales.

La composition et le degré de minéralisation des électrodes jouent également un rôle important; le corps principal de la composition est toujours le fluorure de calcium, mais on doit l'additionner de borates et de silicates convenables pour régulariser sa vaporisation. Plus le degré de minéralisation est élevé, plus le régime est calme et la lumière abondante, mais on est limité par la scorification. On ajoute également, suivant les cas, d'autres sels tels que ceux de baryum pour modifier la coloration de la lumière.

La loi de variation du voltage en fonction de l'écart est sensiblement linéaire comme pour les électrodes en carbone pur. En pratique, l'écart est compris entre 7 millimètres et 15 millimètres. On peut employer les lampes en série par deux ou par trois sur 110 volts.

En général, les voltages doivent être plus faibles qu'avec l'arc ordinaire pour obtenir la meilleure stabilité.

On a réalisé de divers côtés des lampes à arc triphasées à 3 charbons minéralisés convergents suivant les trois arêtes d'un trièdre, au moyen de dispositions mécaniques ingénieuses; l'arc s'établit d'une façon variable entre les 3 charbons suivant la phase des 3 courants triphasés, qui se trouvent fermés en triangle par ces arcs. Mais ces lampes forment des foyers trop puissants pour des applications ordinaires et des expériences ont montré que les 3 arcs ne s'allument pas toujours tous à leur tour, de sorte que la lumière est finalement plus papillotante que celle d'un arc monophasé de même fréquence, contrairement à ce que l'on pouvait espérer du dispositif pour uniformiser la lumière des courants alternatifs.

L'expérience a démontré aussi que les charbons minéralisés permettent d'obtenir des arcs alternatifs encore acceptables à des fréquences voisines de 25 périodes, tandis que la limite inférieure est de 40 pour les arcs ordinaires.

Une difficulté particulière de l'emploi des charbons minéralisés provient de la production d'abondantes fumées contenant non seulement les substances minérales vaporisées, mais aussi du peroxyde d'azote. Il est nécessaire d'empêcher ces fumées et ces gaz de pénétrer dans le mécanisme; la meilleure solution consiste à les entraîner au-dessus de la lampe par des tuyaux traversant le mécanisme; dans tous les cas le globe doit être fermé à sa partie supérieure par une cloison protectrice; on a proposé aussi une solution moins élégante consistant à mettre le mécanisme au-dessous du globe. On a proposé aussi de neutraliser les vapeurs nitreuses par du carbonate d'ammoniaque placé dans le globe ou par des vapeurs hydrocarbonées, mais l'usage ne s'en est pas répandu.

2° Arcs métalliques. — Les expériences des inventeurs américains, particulièrement de la General Electric Cⁿ et de M. Ladoff ont porté d'abord sur l'emploi du fer et de ses oxydes, notamment de la magnétite qui est légèrement conductrice, qui s'use lentement et donne une lumière plus blanche et plus abondante que le fer métallique; en réalité, la lumière provenait surtout de la présence d'impuretés telles que le titane ou les métaux analogues; c'est pour-

quoi maintenant on l'incorpore directement à l'état pur, ou à l'état d'oxyde ou
de carbure dans une électrode formée pour la plus grande partie d'oxyde de fer
plus ou moins réduit pour le rendre conducteur; on est limité dans l'addition
de titane par la formation de scories de carbure infusible. Le même motif
empêche de combiner facilement une cathode au titane avec une anode au
calcium, ainsi qu'il serait rationnel de le faire. On emploie surtout avantageusement le ferro-titane, soit produit directement an four électrique, soit obtenu
par l'addition d'un mélange d'oxyde de fer et de titane. Le rendement ainsi
obtenu est supérieur à celui des oxydes, et l'on peut augmenter ainsi beaucoup
la proportion de titane. On est toujours limité par la scorification et par l'instabilité de l'arc formé sur cathode en métal. Les arcs au titane exigent une résistance de stabilité beaucoup plus considérable que les arcs ordinaires; on ne
peut faire brûler sur 120 volts qu'un seul arc consommant 48 à 55 volts à ses
bornes; en outre, il faut une construction de lampe spéciale pour produire le
rallumage, parce que les scories de carbure de titane produites à la pointe de
la cathode sont isolantes; l'allumage est produit par un frotteur qui vient toucher l'électrode inférieure sur le côté et qui amène l'arc ensuite à la pointe.
Enfin, pour empêcher l'arc de tournoyer, on est obligé de placer au-dessous une
cheminée verticale d'aspiration qui traverse la lampe et contient le secteur de
cuivre formant l'anode.

Les arcs métalliques sont très intéressants à cause de la longue durée des
électrodes et de la belle couleur de la lumière produite; leur emploi n'est pas
encore très répandu. Ils exigent les mêmes précautions pour l'enlèvement des
fumées et des gaz nitreux que les arcs au calcium.

Leur lumière contient des radiations très réfrangibles du spectre du fer, qui
peuvent être nuisibles pour les yeux, au moins quand on emploie de gros arcs.
Les intensités normales sont de 3,5 à 5 ampères.

3° *Arcs au mercure.* — La réalisation de lampes industrielles au mercure a
été laborieuse. M. Cooper Hewitt a dû étudier successivement le rôle des gaz
occlus très nuisibles au rendement et à la durée de la lampe, et l'influence de
la densité de la vapeur, qui doit présenter en marche une valeur à peu près
constante et bien définie (correspondant à une pression d'environ 2 millimètres)
pour obtenir le rendement lumineux maximum. Il faut employer des verres
non perméables, les débarrasser des gaz par une sorte de lavage à l'hydrogène,
proportionner la longueur et le diamètre des tubes (dont dépendent l'intensité
et la tension du courant), de façon à obtenir une surface de refroidissement
suffisante, accrue par l'addition d'une chambre de condensation. Si la température ambiante est basse, le tube doit être protégé par une lanterne. Les tubes
Cooper Hewitt ont un diamètre de 28 millimètres environ pour des courants de
3,5 ampères, et sont encombrants, mais ils produisent une lumière économique
et avantageuse par son faible éclat intrinsèque. D'autres constructeurs ont
préféré augmenter la densité de vapeur et réduire les dimensions des tubes,
mais c'est au détriment du rendement, la teinte de la lumière est alors plus
riche en rayons peu réfrangibles.

A ce point de vue de la coloration, les lampes au mercure sont caractérisées
par l'absence de radiations rouges; leur radiation se réduit aux raies spectrales
du mercure dans le jaune, le vert, le bleu et le violet; la partie ultraviolette,
si nuisible aux yeux, est absorbée par le verre, mais on peut craindre encore
un effet nuisible du violet. Pour les applications médicales et chimiques, il est

avantageux d'employer les tubes de Heraeus ou les verres uviol de Schott, et les lampes de ce genre ont détrôné les lampes à arc au fer de Bang et de ses imitateurs. L'arc au mercure reçoit des applications pour l'éclairage des locaux industriels. Pour les autres, on a essayé en vain de lui donner des rayons rouges par addition d'autres métaux, mais qui nuisent au fonctionnement, ou par une enveloppe fluorescente, mais sans succès durable jusqu'ici. On emploie quelquefois une combinaison d'arc au mercure avec des lampes à incandescence, mais c'est au détriment du rendement, qui n'atteint pas celui des incandescences au tungstène.

L'allumage se fait par divers procédés plus ou moins ingénieux, dont le plus sûr et le plus usité est l'allumage par court-circuit.

4° Arcs au carbone pur. — La création de types nouveaux d'arcs lumineux à eu sa répercussion sur les arcs au carbone. On a créé des lampes à demi closes, à arc long entre charbons placés l'un au-dessus de l'autre (lampes Bivolta) et surtout à charbons convergents en soufflant la flamme par champ magnétique très doux et très uniforme (**T. L. carbone**). Ces arcs prennent environ 80 volts et fonctionnent en parallèle sur réseau à 110 volts ou par deux en série sur 220 volts. Le bon fonctionnement de ces arcs provient de ce qu'on a poussé la densité de courant autant que dans les charbons à mèche minéralisée; dans ces conditions l'arc proprement dit devient éclairant, et la lumière est plus fixe qu'avec les arcs minéralisés et plus blanche qu'avec les arcs ordinaires. Mais ces lampes exigent des intensités de courant très élevées (8 à 10 ampères) et une forte résistance de stabilité, de sorte que leur rendement ne dépasse pas celui d'un arc ordinaire, et tout l'avantage réside dans la coloration plus blanche de la lumière et dans le haut voltage de l'arc, utile pour certaines applications.

Les arcs enfermés ordinaires, que la coloration violette de leur lumière, leur instabilité et leur mauvais rendement ont empêchés de s'implanter sur le continent, continuent à être en faveur aux États-Unis, mais sont appelés à disparaître prochainement par suite de la création de lampes à incandescence à filaments métalliques (tungstène) dont le rendement est égal ou supérieur; ils seront également remplacés par les arcs métalliques, si ceux-ci peuvent être mis complètement au point pratique.

On peut signaler aussi la grande vogue qu'ont eue dans ces dernières années les petites lampes à arc fermées de 1 ou 2 ampères, avec des densités de courant plus élevées que les lampes américaines et des durées de fonctionnement moindres (50 heures environ); elles aussi sont appelées à disparaître à cause de leur très mauvais rendement qui ne dépasse guère celui d'une lampe à incandescence au carbone et qui n'explique pas cet engouement.

Comparaison des différentes espèces d'arcs. — Le tableau ci-dessous résume, sous la forme comparative, le résultat obtenu dans ces dernières années pour les principales espèces de lampes à arc par divers expérimentateurs, et permet de comparer leurs mérites au point de vue du rendement lumineux et de la durée.

COMPARAISON APPROXIMATIVE DES DIFFÉRENTES ESPÈCES D'ARC. — INTENSITÉS LUMINEUSES ET CONSOMMATIONS SOUS 110 VOLTS

TYPE DE LAMPE	AMPÈRES	VOLTS	WATTS		INTENSITÉ MOYENNE HÉMISPHÉRIQUE	CONSOMMATION spécifique		USURE HORAIRE de l'électrode minéralisée
			UTILES	TOTAUX		ABSOLUE	pratique (1) sous 110 volts	millimètres.
I. — COURANTS CONTINUS								
Lampe ordinaire à charbons purs (2)	9	40	360	495	700	0,514	0,710	14 à 16
Lampe ordinaire à charbons purs (par 3) (2)	9	35	315	330	540	0,583	»	14 à 16
Lampe à flamme à charbons à mèche verticaux (2)	9	40	360	495	910	0,396	0,610	27,5
Lampe à flamme *intensive* à charbons à mèche convergents (2)	9	45	405	495	2000	0,202	0,247	34 à 42,5
Lampes enfermées américaines (3)	6,8	70	476	768	329	1,45	2,334	1,5 à 2
Lampe à la *magnétite* (4)	3,5	91	320	385	400(?)	0,800	0,962	1 à 2
Lampe Bremer (9 amp.) (5)	9	48	412	495	4814	0,131	0,143	35 à 45
Lampe *carbo-minérale* (9 amp.) (6)	9,1	43	391,3	500	4800	0,081	0,103	16 à 20
Lampe *carbo-minérale* (5 amp.) (7)	5,12	51,6	241,2	282	2210	0,109	0,128	16 à 20
Lampe *carbo-minérale* (5 amp.) (7)	2,99	57,4	171,5	165	1339	0,128	0,124	18 à 20
Arc au mercure (8)	3,5	80	280	385	770	0,362	0,50	»
Arc au ferro-titane (9)	3,5	48,3	169	385	700	0,242	0,55	1 à 2
Arc lumineux entre charbons purs (lampe Carbone) (10)	10	90	90	110	1070	0,82	0,98	18 à 20
II. — COURANTS ALTERNATIFS								
Lampe ordinaire à charbons non minéralisés	9	30	270	330	350	0,772	0,945	15 à 16
Lampe ordinaire à charbons purs à mèche (11)	15	35	480	555	470	1,02	1,18	15 à 16
Lampe à flamme à charbons verticaux	9	30	270	330	700	0,386	0,471	30
Lampe à flamme à charbons convergents	9	45	405	495	2000	0,202	0,247	35 à 45
Lampe enfermée	6,6	70	482	726	314	1,535	2,312	1 à 2
Lampe Bremer (12)	9	48	»	»	»	0,131	0,143	35 à 45
Lampe *carbo-minérale* (13)	10	35	255 (réels)	370	1890	0,135	0,174	15 à 20
Lampe *carbo-minérale* (par 3) (7)	8	33	225 (réels)	272 (réels)	1000	0,225	0,272	15 à 20

(1) C'est-à-dire obtenue en divisant le voltage 110 volts par le nombre de lampes en série.
(2) D'après la Conférence de M. Zeidler, ingénieur de l'Allgemeine Elektricitäts Gesellschaft devant l'Elektrotechnischer Verein de Berlin, 23 décembre 1902.
(3) D'après M. Mathews, *deuxième Rapport*, p. 30 à 32, et *troisième Rapport*, p. 17.
(4) Chiffres hypothétiques d'après une Communication de M. W. Holmes, *É. W. and E.*, 28 mai 1904.
(5) D'après M. W. Biegen von Czudnochowski (*Vertrag der deutschen physikalischen Gesellschaft*, 1903, n° 7). *Voir* aussi *Das Elektrische Bogenlicht* du même auteur.
Ces chiffres se rapportent à des diamètres de charbons pratiques au lieu des diamètres 8 millimètres et 7 millimètres des lampes essayées par M. Wedding, dont l'usure était excessive en comparaison des autres lampes.
(6) Essais du Laboratoire de la Société Auer de Paris.
(7) D'après les essais du professeur Wedding.
(8) D'après les Notices de la Compagnie Westinghouse, et en supposant 30 volts perdus dans le rhéostat et 80 0/0 de la lumière hémisphérique supérieure récupérée par réflexion.
(9) D'après M. Ladoff (*loc. cit.*), qui indique 510 bougies moyennes sphériques et en supposant qu'on récupère par un réflecteur la moitié des rayons envoyés au-dessus de l'horizon. Mais le même auteur estime pouvoir maintenir aux bornes un voltage plus élevé, par exemple 65-70 volts; ce qui réduirait la consommation à environ 0,45.
(10) D'après B. Monasch, *Elektrische Beleuchtung*, p. 179.
(11) Essais du Laboratoire central d'Électricité de Paris.
(12) Chiffres hypothétiques supposés d'après la comparaison faite par M. Wedding (*loc. cit.*) qui trouve même rendement pour les deux espèces de courants.
(13) Essais du Laboratoire central d'Électricité de Paris.

On voit ainsi que les arcs à flamme au calcium, qui tiennent la tête, ont des consommations comprises entre 0,10 et 0,25 watt par bougie Hefner, tandis que les arcs au ferro-titane ont une consommation spécifique environ double, mais une usure horaire dix fois plus petite; l'arc au mercure, d'après Cooper Hewitt, ne consommerait que 0,33 à 0,34 watt avec des précautions spéciales; mais en pratique, en tenant compte des 30 volts perdus dans le rhéostat, la consommation est de 0,45 watt par bougie. L'arc à charbon ordinaire pur reste bien loin de ces résultats, car il ne consomme pas moins de 0,5 à 1 watt par bougie dans les lampes ouvertes et 1,5 watt dans les lampes en vase clos. Au point de vue pratique, il est surtout intéressant de comparer les consommations spécifiques sous 110 volts, en y comprenant la perte par rhéostat.

Il est très utile aussi de comparer les puissances électriques minima nécessaires pour un foyer éclairant; ce minimum est pratiquement d'environ 200 watts pour une lampe à arc carbo-minéral, 300 watts pour une lampe à flamme à charbons convergents ou pour une lampe à charbon ordinaire à l'air libre, 385 watts pour une lampe ordinaire en vase clos ou un arc métallique et pour un arc au mercure, 1.000 watts environ pour un arc à flamme entre charbons purs, et près de 2.000 pour un arc triphasé. On voit la progression considérable qui a été réalisée dans la réduction de la consommation unitaire, ce qui facilite la répartition de la lumière.

Nous ne pouvons reproduire ici les courbes de répartition de la lumière des différents arcs; celles de l'arc ordinaire entre charbons sont d'ailleurs bien connues et présentent, comme on le sait, un maximum vers 45 degrés au-dessous de l'horizon et fort peu de lumière au-dessus de l'horizon; les arcs enfermés ont un maximum plus relevé vers l'horizon et plus étroit. Les arcs à flamme lumineuse, par leur constitution même, envoient plus de lumière vers l'horizon que les arcs anciens à flamme non éclairante, et leur répartition, dans le cas des électrodes verticales, est très avantageuse pour l'éclairage des grands espaces; les types à charbons convergents, dits *intensifs*, sont au contraire plus spécialement utilisables pour l'éclairage des devantures des magasins par suite de la concentration de la lumière suivant la verticale; l'arc métallique produit son maximum de lumière vers l'horizon, mais ne pouvant utiliser comme les arcs au calcium un réflecteur, par suite des dépôts colorés opaques auxquels donnent lieu les sels de fer et de titane, une grande partie de la lumière émise est renvoyée en pure perte au-dessus de l'horizon.

Les arcs lumineux ont l'inconvénient de donner des flottements de lumière et exigent des régulateurs spéciaux et des électrodes plus chères que des charbons ordinaires, mais ces inconvénients sont plus que compensés par la moindre consommation de courant. C'est pourquoi le véritable intérêt des nouvelles sources de lumière doit être cherché dans la réalisation de foyers de faible consommation. Leur avantage économique sur l'arc au carbone pur est plus marqué sur le continent où l'énergie est chère et la main-d'œuvre gratuite ou à bon marché, qu'aux États-Unis où l'énergie est bon marché et la main-d'œuvre salariée très chère. Pour ces motifs, les arcs au calcium triomphent en Europe, tandis qu'aux États-Unis leur usage est encore limité à l'éclairage-réclame; dans ce dernier pays, l'arc métallique a plus de chance de triompher qu'en Europe pour les mêmes motifs qui ont amené là-bas le succès des arcs enfermés.

L'arc à flamme lumineuse constitue actuellement la source de lumière la plus économique pour l'éclairage des grands espaces, plus économique même que les becs à gaz intensifs. Car si l'on compare l'un et l'autre, en admettant les prix ordinaires moyens du gaz (20 centimes le mètre cube) et de l'électricité (70 centimes le kilowattheure), on trouve pour dépenses horaires en centimes, pour la production de 100 bougies moyennes sphériques, les chiffres contenus dans la dernière colonne du tableau suivant :

COMPARAISON ENTRE LES GROS FOYERS A INCANDESCENCE PAR LE GAZ ET LES ARCS ÉLECTRIQUES DE MÊME PUISSANCE

(gaz à 20 centimes le mètre cube, électricité à 70 centimes le kilowattheure).

	INTENSITÉ LUMINEUSE		CONSOMMATION HORAIRE (litres et kilowattheures)	DÉPENSE HORAIRE.	CHALEUR DÉGAGÉE (calories par heure)	DÉPENSE SPHÉRIQUE DE L'HECTOPYR (centimes par 100 bougies)
	horizontale	moyenne sphérique				
Incandescence par le gaz, bec intensif . .	575	400	620^l	12,4	3200	3,1
Arc ordinaire à courant continu.	»	1200	600^{kwh}	42	380	3,5
Arc ordinaire à courant alternatif. . . .	»	600	600	42	380	7,0
Arc carbo-minéral à courant continu . .	»	1200	200	14	130	1,17
Arc carbo-minéral à courant alternatif. .	»	1200	300	21	200	1,75

La supériorité de l'arc est encore plus accusée avec un prix d'énergie inférieur à 70 centimes, c'est-à-dire dans un grand nombre de villes ou d'installations françaises.

— Séance du 2 août —

MM. Bernard BRUNHES et Joseph GUYOT, à Clermont-Ferrand.

Sur la démonstration de la formule de Nernst pour les piles à électrodes identiques, et sur les valeurs des pressions de dissolution. — M. B. BRUNHES présente, en son nom et au nom de M. J. GUYOT, une démonstration de la formule de Nernst pour les piles à électrodes identiques, qui a l'avantage de ne pas faire intervenir la notion de la pression de dissolution.

Entre les deux solutions d'un même électrolyte de concentrations différentes, ayant des pressions osmotiques ϖ_1 et ϖ_2, existe une différence de potentiel qui serait nulle, si les ions, supposés de même valeur, avaient même nombre de transport, et qui prend une valeur proportionnelle au logarithme du rapport $\dfrac{\varpi_1}{\varpi_2}$ s'il y a une différence entre les nombres de transport des deux ions.

Comme cas limite, si l'un des ions était immobile, le rapport $\dfrac{u-v}{u+v}$ de la différence à la somme des vitesses des deux ions, se réduirait à ± 1, l'électricité n'étant transportée que par le seul ion mobile. C'est ce qui se trouve réalisé si, entre les deux solutions, on intercale une électrode de l'une ou l'autre espèce, par exemple, une électrode de zinc entre deux solutions inégalement concentrées de chlorure de zinc. A travers la cloison de zinc, le chlore ne pourra pas passer. Comme, par hypothèse, le dépôt de zinc d'un côté de l'électrode et sa dissolution de l'autre côté ne changent rien à l'électrode, il reste au total que tout se passe entre les deux solutions séparées par l'électrode comme si l'anion avait un nombre de transport nul. On en déduit une somme algébrique des deux différences de potentiel aux électrodes dans une pile de concentration, qui, ajoutée à la différence de potentiel vraie au contact des deux solutions, reproduit la formule connue pour la force électromotrice de la pile, sans avoir invoqué à aucun moment l'existence d'une pression de dissolution.

M. Brunhes présente en outre deux remarques : 1° Il résulte des travaux récents de M. Guyot (*Journal de Physique*, juillet 1907, et C. R.) que la théorie de Nernst est incompatible avec l'hypothèse déduite de la théorie ordinaire de l'électrocapillarité, et d'après laquelle la différence de potentiel mercure-électrolyte est nulle à l'instant des maximums de la constante capillaire. Par suite, le nombre 0ᵛ560 donné par les physiciens allemands pour la différence de potentiel vraie entre le mercure saupoudré de calomel et le chlorure de potassium normal est à rejeter, et toutes ces déterminations numériques sont à reprendre. 2° Quelques physiciens paraissent s'être scandalisés à tort des nombres très forts ou très faibles donnés par Nernst pour les pressions de dissolution des métaux usuels. En extrapolant les formules ordinaires des tensions de vapeur, on trouve des nombres tout à fait analogues pour les tensions de vapeur aux températures ordinaires des corps très volatils comme l'hélium ou très réfractaires comme le carbone.

M. Aimé HENRY, Prof. au Lycée de Reims.

1° Accroissement de la force électromotrice d'induction par l'emploi de plusieurs interrupteurs de Wehnelt. — M. Aimé HENRY a constaté qu'une bobine d'induction donnait une étincelle plus longue et une fréquence plus grande en remplaçant l'interrupteur unique par une série d'interrupteurs de Wehnelt. Tandis qu'un seul Wehnelt donne 4 centimètres d'étincelle, deux Wehnelt en série donnent jusqu'à 14 centimètres d'étincelle. La fréquence, déterminée au miroir tournant, par comparaison avec un diapason entretenu électriquement et actionnant une capsule de Kœnig, est 300 avec un seul et 600 avec les deux ; quand les deux interrupteurs sont identiques, on reconnaît au miroir tournant que les fils de platine rougissent alternativement. S'il n'y a pas identité, il n'y a plus de relation simple entre les intervalles correspondant à l'incandescence des fils de platine. Il est à remarquer l'avantage considérable, par l'emploi des interrupteurs en série, d'accroître le rendement de l'appareil. Aux bornes du primaire la différence de potentiel est de 90 volts dans les deux cas. Avec un interrupteur l'intensité est 8ᵃ1/2, la longueur de l'étincelle 4 centimètres, la fréquence est 300. Avec les deux en série l'intensité n'est plus que 5ᵃ la longueur d'étincelle 14 centimètres et la fréquence 600. Lorsque les interrupteurs sont en surface, on constate au miroir tournant qu'ils fonctionnent au même instant ; mais cette disposition est moins avantageuse que la première.

2° Production rapide d'un vide avancé par la chaux éteinte. — M. Aimé HENRY a profité de la *dissociation de la chaux éteinte* (chaux du marbre) *pour produire un vide avancé.* Il a constaté que la chaux éteinte correspondant à la formule

Ca (OH)² émet de la vapeur d'eau, quand on la chauffe et que les tensions de dissociation sont : à 85°, 2^{mm},5 ; à 99°,6, 5^{min},5 ; à 126°, 15^{mm},34 ; à 145°, 28 millimètres. La réabsorption de la vapeur d'eau à la température ordinaire est rapide et la pression devient très faible.

Un tube à deux électrodes où le vide a été fait en profitant de la réabsorption de la vapeur d'eau donne les rayons cathodiques. La baryte donne les mêmes résultats. Pour faire le vide dans ce tube, on le met à un bout en communication avec une ampoule contenant environ trente grammes de chaux éteinte ; à l'autre bout il est relié à un tube contenant une substance avide d'eau (potasse caustique) ; ce dernier tube est en relation avec une machine pneumatique ordinaire ou une trompe à eau. Tandis que l'on fait le vide avec la machine pneumatique, on chauffe la chaux qui se dissocie, la vapeur d'eau dégagée chasse l'air ; après deux ou trois minutes de chauffe (lampe à alcool) on ferme, à la lampe, le tube à électrodes pour le séparer du tube à potasse ; puis on laisse refroidir la chaux. En moins d'une heure la réabsorption est suffisante, pour que les rayons cathodiques puissent se produire. Un tel tube, accompagné de la chaux, se prête bien à la réalisation des différentes formes de décharge. Tandis que la décharge éclate, on réchauffe la chaux avec une lampe à alcool ; des strates apparaissent, on arrive en deux minutes à l'apparence des tubes de Geissler ; on laisse refroidir, en moins de cinq minutes les strates disparaissent et les rayons cathodiques sont de nouveau constatés à l'aimant. Un tube d'un mètre de long vidé par ce procédé devient incandescent auprès du transformateur de Tesla.

M. Charles **HENRY**, Direct. à l'Éc. des Hautes Études, à Paris.

Sur une méthode générale de production de colorations nouvelles. — M. Charles HENRY expose une méthode générale de préparation de colorants nouveaux fondée sur la diffraction. Il présente à la Section de nombreux spécimens de soie, de coton et de laine teints par le nouveau procédé, qui a sur la teinture ordinaire l'avantage d'être *à froid*.

Les colorants nouveaux sont produits par addition ou de blanc de diffraction ou de colorations de milieux troubles aux pigments primitifs : il y entre donc par là-même des couleurs lumière ; ce qui rapproche les pigments ainsi traités des pigments de la vie et constitue leur originalité. Les pigments compliqués des colorations des milieux troubles ont un pouvoir spéculaire caractéristique, qui a été mesuré au spectrophotomètre pour les différentes longueurs d'ondes.

M. Charles Henry étudie les différentes caractéristiques de son procédé à la lumière des données de l'ultra-microscope et de la théorie cinétique des gaz. Il en résulte des conséquences importantes sur le rôle des fixateurs à l'égard des colorants employés en histologie et des aperçus sur les conditions auxquelles doivent satisfaire les colorants histologiques.

M. J. **BLONDIN**, Prof. au Col. Rollin, Paris.

Sur la fixation de l'azote atmosphérique. — M. BLONDIN rappelle le principe des deux procédés industriels aujourd'hui utilisés pour fixer l'azote de l'air par le moyen de l'énergie électrique. L'un consiste à préparer du carbure de calcium au four électrique, puis à faire passer sur ce composé un courant d'azote pour le transformer en un produit azoté : la cyanamide. L'autre utilise l'énergie électrique d'une manière plus directe : on fait jaillir l'étincelle ou l'arc électrique dans l'air ; il se forme, comme l'avaient constaté Priestley et Cavendish, du peroxyde d'azote que l'on absorbe par l'eau. Ce procédé étudié dans ces dernières années par de nombreux expérimentateurs, est aujourd'hui appliqué sur une grande échelle en Norwège, à l'usine de Notodden, où l'on utilise les dispositifs de MM. Birkeland et Eyde. M. Blondin projette de nombreuses photographies concernant cette usine et donne quelques chiffres sur le rendement de ce procédé.

M. Paul REGNARD, Ing. à Paris.

Sur des épreuves Daguerriennes colorées. — M. REGNARD commence par rappeler que dans la séance générale du Congrès de Lyon, le 3 août 1906, le Président, M. Lippmann, en exprimant le regret que personne ne se fût fait inscrire pour faire quelque communication relative à la photographie des couleurs, et l'espoir que les personnes les plus au courant de cette question apporteraient au Congrès de Reims le fruit de leurs études, avait magistralement résumé l'état actuel de la question, avec l'autorité qui lui appartient en ces matières.

M. Regnard avait ensuite signalé à l'Assemblée le fait que certaines épreuves Daguerriennes présentent un phénomène très remarquable de coloration.

MM. LUMIÈRE, LACOUR, GOBIN, GÉRARD et le Président présentèrent à ce sujet diverses observations tendant à reconnaître l'existence de parties colorées dans des épreuves Daguerriennes, mais disant que les effets indiqués pouvaient être attribués à des matières colorantes ajoutées après coup.

M. Regnard qui s'est occupé de daguerréotypie, il y a près de cinquante ans, s'est préoccupé de cette question depuis l'année dernière, et ne craint pas d'affirmer que les colorations, par lui signalées, sont parfaitement naturelles et dues aux mêmes phénomènes que les colorations obtenues par le procédé de M. Lippmann. Il a questionné nombre de personnes ayant en leur possession d'anciennes épreuves Daguerriennes, et a été frappé de la concordance des remarques auxquelles l'examen de ces épreuves conduisait pour confirmer ses propres observations.

Le point capital sur lequel insiste M. Regnard, parce qu'il prouve avec la dernière évidence qu'il n'y a pas coloration artificielle, c'est que les colorations des épreuves sont surtout visibles sous un angle donné. Il espère mettre demain sous les yeux de ses collègues quelques épreuves qui lèveront les derniers doutes qu'ils pourraient avoir à ce sujet (1).

---

(1) À la séance du samedi 3 août, M. REGNARD a soumis à l'examen de ses collègues une très belle épreuve Daguerrienne colorée, qu'il tenait de l'obligeance de M. Portevin, ingénieur civil à Reims, notre collègue, et une autre qui lui avait été confiée par Mme Martin, de Reims.

M. Albert TURPAIN, Prof. de Phys. à la Fac. des Sc. de Poitiers.

L'Arc en télégraphie sans fil et la production d'ondes électriques entretenues. (*Rapport préparatoire*) — M. Turpain expose la question de la production des ondes électriques entretenues et ses rapports avec la syntonie en télégraphie sans fil. Le problème de la syntonie consiste à réaliser un oscillateur *monochromatique* en même temps qu'un récepteur *isochromatique* ; de plus, cette solution du problème qui doit assurer le secret des transmissions doit encore en empêcher le trouble. L'insuccès répété des diverses solutions proposées a fait restreindre énormément le but de la syntonie. M. Turpain expose les divers systèmes de syntonie qu'il groupe en quatre catégories : 1° Identité des circuits transmetteurs et récepteurs ; 2° Utilisation de champs hertziens interférents ; 3° Dispositif mécanique ; 4° Emploi de l'arc chantant. Ce dernier dispositif réalisé récemment par M. Paulsen et suivi d'un certain succès, ne semble cependant pas encore permettre une utilisation vraiment pratique, par suite de la difficulté qu'on éprouve à conserver stable un arc électrique.

Les ondes produites dans le système Paulsen sont entretenues *permanentes* mais pas *non amorties*. Ce sont des oscillations forcées et non des oscillations propres qui sont obtenues. L'idéal serait de réaliser un oscillateur dans lequel toutes les irrégularités qu'introduit la présence même de l'étincelle soient supprimées. Nous ne savons encore produire des ondes électriques que d'une façon très grossière. Ce sont des bruits électriques et non des sons électriques que produisent nos oscillateurs. L'auteur demeure persuadé que les progrès de l'utilisation pratique des ondes sont intimement liés à ceux que l'on parviendra à faire faire à l'oscillateur électrique. Il montre en terminant, qu'il est bien illusoire encore de parler, même dans le domaine de l'avenir, de transport d'énergie par ondes électriques, puisque le rendement des appareils actuels est de l'ordre de $\frac{1}{2\ 1.10^{18}}$; que d'ailleurs rien ne prouve que l'énergie électrique prise sous forme d'oscillation ne soit pas notablement dégradée par rapport à l'énergie électrique prise sous la forme industriellement utilisée à l'heure actuelle. Il rappelle enfin qu'il a le premier préconisé il y a plus de dix ans l'utilisation des ondes électriques avec fil, ce qui permettrait, par l'emploi d'un réseau unique, créant une hétérogénéité dans le milieu, d'entretenir entre un nombre presque illimité de localités les communications télégraphiques et téléphoniques, et peut-être même concurremment, avec les progrès de la technique, les distributions d'énergie de tous modes.

M. le lieutenant de vaisseau C. TISSOT, Prof. à l'Éc. Nav., à Brest.

1° *La téléphonie sans fil* (*Rapport préparatoire*). — I. — Il convient de rappeler sommairement les tentatives qui ont été faites pour transmettre la parole à l'aide des ondes lumineuses. Les méthodes qui ont donné les meilleurs résultats sont basées comme on le sait sur l'emploi du *sélénium*. Deux procédés ont été tour à tour utilisés. Dans l'un d'eux, on se sert d'une source *d'intensité constante* et l'on fait subir aux rayons émis des modifications convenables en un point de leur trajet. Dans l'autre, c'est la source lumineuse même dont *l'intensité varie* sous l'action des ondes sonores dont on opère la transmission.

Le premier procédé était utilisé dans le photophone de Graham Bell qui a permis en 1880 de réaliser des transmissions téléphoniques à une distance de 200 mètres.

Ruhmer a obtenu de meilleurs résultats en employant le second procédé et utilisant les propriétés de *l'arc chantant*, ou plutôt de *l'arc parlant* de Simons.

Le circuit d'un arc à courant continu comprend le primaire d'un transformateur dont le secondaire est disposé dans le circuit d'un microphone. Les vibrations sonores qui agissent sur le microphone se traduisent par des variations de courant dans le circuit de l'arc qui se comporte comme un parfait transmetteur photophonique. Ses rayons, rendus parallèles par un projecteur, viennent influencer à la station réceptrice un élément de sélénium spécial dans le circuit duquel est disposé un téléphone. Avec ce dispositif, Ruhmer a pu obtenir des transmissions téléphoniques à une distance de 15 kilomètres.

II. — Le principe fondamental de la téléphonie sans fil par ondes électriques présente une grande analogie avec celui qui a servi de base à la téléphonie par ondes lumineuses.

Le transmetteur de téléphonie sans fil est associé également à un circuit oscillatoire dans lequel on entretient d'une manière indépendante des oscillations continues non amorties. Ce circuit oscillatoire se trouve d'ailleurs couplé, comme pour l'émission des ondes utilisées dans la télégraphie sans fil, avec un système rayonnant *ouvert* accordé.

De même aussi que pour la téléphonie par ondes lumineuses, on peut distinguer deux sortes de procédés différents pour faire agir les ondes sonores sur les ondes électriques.

Dans l'un des procédés, l'intensité des oscillations demeure *constante* et l'on fait agir les ondes sonores par l'intermédiaire d'un circuit microphonique sur le système couplé, de manière à *modifier* la pureté de l'accord, c'est-à-dire la *période*. Dans l'autre, c'est *l'intensité* même des oscillations qui est *modifiée* par l'action du circuit microphonique, la *période* demeurant *invariable*.

La transmission des ondes sonores s'effectue dans tous les cas grâce à *l'ondulation* des trains d'oscillations. Dans la transmission à fréquence constante, c'est la variation d'intensité des oscillations émises qui entraîne une variation d'effet corrélative à la réception. Dans la transmission à fréquence variable, l'effet qui est produit sur le récepteur est dû à ce qu'il y a variation dans le nombre de trains d'ondes qu'il reçoit.

Les dispositifs de réception généralement employés comprennent une antenne collectrice associée à un circuit de résonance accordé comme dans la télégraphie sans fil ordinaire, et un appareil propre à enregistrer et traduire les *ondulations* des trains d'oscillations. On a ainsi essayé tour à tour : des contacts microphoniques, des cohéreurs auto-décohérents, le détecteur magnétique et le détecteur électrolytique. Ces divers détecteurs sont, bien entendu, intercalés dans le circuit d'une source auxiliaire et d'un écouteur téléphonique.

Comme se rattachant au procédé de transmission par variation d'intensité des oscillations à l'émission, on peut citer celui qui a été proposé par Collins. Les dispositifs de transmission et de réception sont identiques et comprennent chacun un arc alimenté par du courant continu en dérivation sur un circuit qui comporte une self-induction et un microphone pour l'émission, une self-induction et un écouteur pour la réception. La *terre* joue un rôle important dans le procédé de Collins. Le circuit d'alimentation de l'arc est fermé par la terre à l'aide de deux prises que l'on dispose à une distance notable l'une de l'autre.

Le procédé de Ruhmer, qui est celui paraissant avoir donné les résultats les plus pratiques, doit être considéré comme mettant à la fois en jeu, et des variations d'intensité des oscillations, et des variations de période.

Comme source d'émission d'oscillations entretenues, Ruhmer se sert de l'arc de Paulsen dans une atmosphère d'hydrogène. En dérivation sur l'arc est disposé le circuit oscillatoire qui comprend un condensateur et une self-induction constituant le primaire d'un Tesla. Le secondaire du Tesla est intercalé dans l'antenne d'émission.

Les ondes sonores agissent sur l'arc par l'intermédiaire d'une bobine à deux enroulements : l'un des enroulements se trouvant intercalé dans le circuit d'alimentation de l'arc, l'autre fait partie d'un circuit microphonique indépendant.

On aurait obtenu avec ce système des portées de communication téléphonique optique (Ruhmer).

Fessenden aurait réalisé des distances de communications beaucoup plus grandes, mais les descriptions incomplètes qui ont été publiées de ses dispositifs ne permettent pas de se rendre compte de la manière dont il opère.

L'emploi de l'arc de Paulsen, utilisé dans la méthode de Ruhmer est délicat et présente de multiples inconvénients. Nous avons essayé de substituer au train d'ondes *continu*, que permet d'obtenir l'arc de Paulsen, une succession de trains d'ondes faiblement amortis et très rapprochés. On peut obtenir de pareils trains d'ondes en alimentant le Tesla ordinaire d'un dispositif indirect d'émission de télégraphie sans fil à l'aide d'un transformateur sans fer, dont le primaire fait partie du circuit d'un *arc de Duddell*. Mais le procédé, excellent pour réaliser la *syntonie*, devient médiocre pour la téléphonie, car le son propre de l'arc altère le timbre des sons transmis.

Dans l'emploi du détecteur électrolytique à la téléphonie, il convient d'en faire usage sans source auxiliaire. Le dispositif est à la vérité moins sensible, mais il est beaucoup plus régulier et enregistre très exactement les variations d'énergie qu'il reçoit. Le détecteur magnétique, dont les indications sont proportionnelles à l'amplitude (et non au carré) du courant serait sans doute encore plus avantageux, car on n'aurait à craindre aucune modification du timbre. Nous n'avons pas eu le loisir de faire des expériences de comparaison et nous ne savons pas que de pareilles expériences aient été faites.

2° Sur l'effet enregistré par le détecteur électrolytique.

M. DEVAUX, à Saint-Mandé.

Notes et observations sur la commande électrique sans fils. — Un poste ordinaire de télégraphie sans fil constitue un système de commande électrique sans fils puisqu'il permet à distance et sans fils la commande d'un électro-aimant; mais ce n'est là qu'une commande *simple* puisque ce seul électro n'est capable que de répéter toujours la même action.

Adjoignons à cet électro l'encliquetage et la roue à rochet ou à échappement du télégraphe à cadran et nous pourrons alors faire déplacer et s'arrêter l'aiguille de ce dispositif devant des points divisant le cadran : l'avancement est proportionnel au nombre d'émissions du transmetteur. C'est alors l'embryon d'un système de commande *multiple*, car notre aiguille peut se remplacer par un frotteur et les divisions du cadran par des plots reliés à des circuits locaux mis en œuvre lorsque l'aiguille passe sur le plot.

Ce dispositif serait cependant incomplet; on remarque en effet que l'aiguille se déplaçant par exemple de la position 0 à la position 5 mettrait en œuvre tous les circuits intermédiaires. Or, l'aiguille ne doit fermer que le circuit 5; à cette fin un interrupteur à mouvement amorti coupe la ligne de l'aiguille tant qu'elle est en mouvement; lorsqu'elle s'est enfin arrêtée sur le plot choisi (5) l'interrupteur lent tombe et ferme le local sur l'aiguille.

Les applications industrielles de ces dispositifs sont peu à envisager, car on dispose de moyens de commande plus simples et plus sûrs.

Les applications militaires au contraire peuvent être intéressantes vu la suppression des fils conducteurs.

Notamment la direction des torpilles, qui avait tenté déjà Tesla vers 1898. C'est également vers cette voie que nous nous sommes portés en commandant tous les organes d'un sous-marin pouvant ainsi fonctionner sans équipage (Antibes, 1906).

Ici, comme en télégraphie sans fil, un point noir : l'accord exclusif des postes transmetteurs et récepteurs. Les résultats acquis sont-ils satisfaisants? Non. Jusqu'ici par les meilleurs dispositifs, supposant des ondes pures, sans parasites, on cherche l'accord des constantes des circuits afin de fournir au détecteur la quantité d'énergie à laquelle il est sensible. Supposons cet accord établi il suffit qu'un poste non accordé soit plus près ou plus fort que le poste accordé pour influencer le récepteur car il lui fournira encore l'énergie suffisante.

Les détecteurs actuels rendent donc vaines les meilleures études d'accord syntonique.

— Séance du 3 août —

Sections de Physique et d'Électricité médicale réunies.
(Voir page 371.)

— Séance du 3 août —

SECTION DE PHYSIQUE SEULE

M. Ch.-Éd. GUILLAUME, du Bureau international des Poids et Mesures, à Sèvres (S.-et-O.)

Transformation de l'énergie en rayonnement lumineux. (*Rapport préparatoire*). — *Radiateur intégral.* — Aussi longtemps que l'on chercha les lois générales du rayonnement par l'étude de l'émission des corps réels, on poursuivit un problème insoluble. Il n'existe pas de lois de l'émission s'appliquant à tous les corps, et même celles qui conviennent à un seul corps, quel qu'il soit, sont d'une extrême complication. Une simplicité relative dans les lois du rayonnement n'a pu être découverte que lorsqu'on eut substitué, aux corps réels, un radiateur théoriquement défini, indépendamment des propriétés particulières de toutes les surfaces. Poisson en avait déjà indiqué le principe, mais ce fut Kirchhoff qui, dans un Mémoire de l'année 1861, montra toute la fécondité de cette conception.

On peut imaginer un corps absorbant toutes les radiations qui le frappent. Il devra les émettre toutes en égale quantité, car, dans le cas contraire, sa température pourrait monter au-dessus de celle des sources desquelles le rayonnement lui arrive. Une enceinte fermée isotherme, à l'intérieur de laquelle le rayonnement a atteint l'état d'équilibre, remplit cette condition, comme on le démontre facilement. Si cette enceinte est percée d'une petite ouverture, et si, d'autre part, ses parois ne sont pas très réfléchissantes, cette petite ouverture possède, pour un observateur extérieur, ces mêmes propriétés, dans les limites de la pratique. Toute radiation frappant l'ouverture est complètement absorbée par l'enceinte et le rayonnement qui s'en échappe est pratiquement semblable au rayonnement intérieur, lorsque l'enveloppe était complètement fermée.

Puisque l'ouverture absorbe toute radiation qui la traverse de l'extérieur vers l'intérieur, elle possède le maximum possible du pouvoir absorbant; et, en conformité avec le principe de réciprocité, elle émet le maximum du rayonnement qu'un corps de même température puisse dégager.

Pour rappeler cette propriété essentielle du radiateur constitué par la petite ouverture percée dans une enceinte isotherme, nous la nommerons un *radiateur intégral*.

C'est ce radiateur, dont les propriétés sont indépendantes de celles des parois de l'enceinte, à la condition qu'elles ne soient pas très réfléchissantes, qui constitue la surface d'émission théorique à laquelle le rayonnement de tous les autres corps devra être rapporté, et dont l'étude s'impose tout d'abord.

Ces propriétés ont pu être établies sur des données purement thermodynamiques. L'expérience a brillamment confirmé les conséquences du raisonnement. En voici les résultats principaux :

La puissance totale du rayonnement est proportionnelle à la quatrième puissance de la température absolue (loi de Stefan-Boltzmann).

Lorsque la température s'élève, le rayonnement correspondant à une longueur d'onde quelconque du spectre augmente. Mais la proportion d'accroissement de la puissance d'une radiation est d'autant plus grande que sa longueur d'onde est plus faible. Représentée en fonction des longueurs d'ondes elles-mêmes, la fonction de la puissance du rayonnement part de zéro et y revient, en passant par un seul maximum (lois de Curie).

L'abscisse de ce maximum est, dans le spectre normal, (en longueurs d'ondes) inversement proportionnelle à la température absolue; son ordonnée est proportionnelle à la cinquième puissance de la température absolue (lois de Wien).

Ces diverses lois se déduisent, par intégration ou par différentiation, de la fonction suivante (loi de Planck) :

$$f(\lambda, \Theta) = C \frac{\lambda^{-5}}{e^{\frac{c}{\lambda\Theta}} - 1}.$$

Rendement lumineux. — Au point de vue de l'utilisation des radiations, le rendement lumineux d'une source est d'une extrême importance. Il semble qu'on puisse le définir comme étant le rapport de la puissance contenue dans les radiations visibles à la puissance totale des radiations émises.

Cette définition, classique cependant, est peu satisfaisante. En effet, les diverses radiations du spectre sont loin d'avoir, pour l'éclairage, la même valeur à puissance égale. Les plus avantageuses pour la vision sont celles de la partie moyenne du spectre visible, dans la région limite entre le jaune et le vert. A puissance égale, les radiations violettes ou rouges ont une beaucoup moindre valeur, et il est incorrect de les faire intervenir à égalité au numérateur de l'expression du rendement.

De plus, la limite de sensibilité de l'œil est très difficile à tracer; elle varie d'un œil à un autre, et, comme, pour la plupart des radiateurs, et notamment pour le radiateur intégral, à la température de toutes les sources terrestres, la courbe de puissance du rayonnement est, dans le rouge, au voisinage de son plus grand accroissement en fonction de la longueur d'onde, un très petit déplacement de la limite modifie considérablement le numérateur. La valeur du rendement ainsi calculée est donc très incertaine.

Il est beaucoup plus correct d'attribuer, à chaque lumière, un coefficient proportionnel à la sensibilité d'un œil normal, en donnant le coefficient 1 à la radiation la plus avantageuse. Le rendement ainsi calculé est naturellement très inférieur à celui que fournit la première formule, mais les nombres obtenus sont beaucoup plus comparables.

Les indications données précédemment montrent que, pour le radiateur intégral, le rendement doit augmenter en même temps que la température s'élève, au moins jusqu'à une limite très élevée.

Corps réels. — Chaque corps possède, ainsi qu'il a été dit, une loi d'émission particulière, que l'expérience seule peut révéler. Toutefois, ces lois sont plus ou moins complexes. Certains corps possèdent un spectre d'émission absolument discontinu, composé de bandes plus ou moins larges, entre lesquelles se trouvent des espaces de rayonnement pratiquement nul. Dans ces espaces, les corps sont ou très réfléchissants ou très transparents. N'absorbant aucun rayonnement, ils n'en émettent aucun. La position et la largeur des bandes d'émission varient considérablement avec la température.

D'autres corps sont presque complètement opaques sous de faibles épaisseurs, et leur pouvoir réfléchissant est une fonction continue de la longueur d'onde. Tel est le cas de la plupart des métaux. Ces corps ont, par conséquent, une fonction émissive également très régulière.

Pour les premiers de ces corps, le rendement lumineux peut varier, pour une même température, entre de très larges limites, suivant leur pouvoir émissif dans le spectre visible et dans les autres régions du spectre. Le quartz vitreux, par exemple, possède, jusqu'à une température élevée, un rendement lumineux nul, parce que tout son rayonnement se produit hors du spectre visible. A une température très élevée seulement, sa nature se modifie, et il commence à émettre une vive lumière.

Pour les métaux, le pouvoir réfléchissant augmente en même temps que la longueur d'onde. Pour certains d'entre eux, il atteint une valeur très voisine de l'unité à une faible distance du spectre visible. A partir de cette région, l'énergie rayonnée en pure perte pour l'éclairage est négligeable.

Autrefois, on tentait de définir le pouvoir émissif de chaque corps par un seul nombre. Ce qui vient d'être dit montre que le problème ne peut pas comporter une solution aussi simple. Le rayonnement d'un corps doit être établi pour chaque température en fonction de toutes les longueurs d'ondes. Le rapport des ordonnées de chacune des courbes ainsi tracées à celles de la courbe relative au radiateur intégral est la courbe du pouvoir émissif du corps considéré, à la température de l'expérience.

En pratique, le problème se simplifie par le fait qu'en général le pouvoir émissif, relatif à une longueur d'onde donnée, varie peu avec la température, et qu'une courbe de pouvoir émissif en fonction des longueurs d'ondes s'applique suffisamment à un large intervalle de températures. Or, plus généralement, la variation est, pour un domaine étendu, une fonction continue et peu variable de la température.

Un radiateur avantageux pour l'éclairage possédera, dans la région visible du spectre, et notamment dans sa partie centrale, un pouvoir émissif aussi voisin que possible de l'unité, et, en dehors du spectre infra-rouge, un pouvoir émissif aussi faible que possible.

Comme pour le radiateur intégral, le rendement lumineux d'un radiateur quelconque augmentera, en général, en même temps que s'élèvera sa température. Tel serait toujours le cas, au moins pour des températures ne dépassant pas 6000 à 7000 degrés, si le pouvoir émissif de tout radiateur était indépendant de la température. Mais certaines transformations pourraient imposer une limite beaucoup plus basse à ce renversement dans la progression du rendement. Toutefois, des exceptions ne semblent pas être connues.

Les conditions que doit remplir un luminaire avantageux sont donc essentiellement les suivantes : posséder un pouvoir émissif défini comme il vient d'être dit, et supporter une température très élevée sans se désagréger.

Métaux. — Le pouvoir émissif et le pouvoir réfléchissant des métaux ont donné lieu à des travaux importants, au premier rang desquels on peut citer ceux de MM. Hagen et Rubens. Voici, pour les températures ordinaires, les valeurs du pouvoir émissif en centièmes en divers points de l'infra-rouge.

	$\lambda = 4\mu.$	$8\mu.$	$12\mu.$
Argent.	2	1	1
Cuivre.	3	1	2
Or.	3	3	2
Platine.	8	5	3
Nickel.	8	5	4
Fer	12	7	5

Le pouvoir émissif au milieu du spectre visible est d'environ 5 0/0 pour l'argent, 35 pour le platine, 45 pour le fer. Ainsi, ces trois métaux seraient, au point de vue du rendement, des radiateurs à peu près équivalents. Mais ici la question de température de fusion est décisive. Le platine est le seul des trois dont il saurait être question pour cet usage. On a tenté, en effet, de l'employer dans les débuts de l'éclairage par incandescence électrique, mais on y a bientôt renoncé en raison de la facilité de sa volatilisation, ainsi que de son point de fusion encore trop bas. Le charbon, qui lui a été substitué au bout de très peu de temps, possède un rendement moindre à température égale, parce que son rayonnement est plus voisin de celui du radiateur intégral; mais il supporte une température plus élevée sans se désagréger. En graphitant le charbon, on lui confère l'éclat métallique, et, tout en diminuant son pouvoir émissif, on augmente son rendement.

L'emploi du tantale et du tungstène, dont la température de fusion est voisine de 3000 degrés (déterminations de MM. Waidner et Burgess), a permis, par l'emploi de métaux à de très hautes températures comme radiateurs, de bénéficier à la fois des qualités du charbon et de celles du platine.

La régularité de la variation du pouvoir émissif du platine avec la longueur d'onde permet d'appliquer une règle simple à la détermination de sa puissance de rayonnement pour toutes les longueurs d'ondes, en fonction du rayonnement du radiateur intégral. On peut dire, en pratique, que le rayonnement du platine à une température donnée est semblable à celui d'un radiateur intégral dont la température est égale à 1,12 de celle du platine.

Oxydes. — Une expérience exécutée par M. Violle, en 1893, et bientôt répétée par M. Ch. St. John, a montré, contrairement à une opinion très répandue, que les oxydes métalliques, placés dans une enceinte fermée isotherme, ne se détachent pas visiblement des parois de l'enceinte. Leur pouvoir émissif n'est donc pas supérieur à celui du radiateur intégral, comme on le pensait. Mais plusieurs d'entre eux possèdent un pouvoir émissif très élevé, et qui, en diverses régions du spectre, est voisin de l'unité.

Au point de vue de l'éclairage, aucune combinaison connue n'est plus avantageuse que celle qu'a réalisée Auer von Welsbach, et qui est le mélange intime, par dissolution solide, d'oxyde de thorium avec 1 0/0 d'oxyde de cérium.

Le pouvoir émissif de ce mélange, étudié par MM. H. Le Chatelier et O. Boudouard, puis d'une façon beaucoup plus complète par M. Rubens, est représenté par une courbe dont l'ordonnée, très voisine de 0,9 dans la partie moyenne du spectre, baisse rapidement lorsque la longueur d'onde augmente, tombe à 1 0/0 environ pour toute la région du spectre entourant le maximum dans le rayonnement du radiateur intégral, puis se relève pour des longueurs d'ondes supérieures à 5μ.

Valeurs numériques. — Si l'on calcule le rendement photogénique des sources ordinaires de lumière par le second procédé indiqué ci-dessus, en tenant compte de la courbe de sensibilité de l'œil, on arrive à des nombres extrêmement petits. Pour des radiateurs voisins du radiateur intégral, tels que la lampe à incandescence ou le brûleur à gaz ordinaire, ces nombres sont de l'ordre de 3 à 5 0/00. Ils sont incomparablement plus élevés pour les brûleurs à incandescence par le gaz, qui utilisent un pouvoir émissif beaucoup mieux réparti, ou pour les lampes à incandescence à filament métallique.

La loi de Stefan-Boltzmann, qui établit la relation entre la puissance rayonnée par le radiateur intégral et sa température, n'indique encore rien sur la fonction de la température qui représente son éclat visuel. Il est nécessaire, en outre, de tenir compte du déplacement du maximum vers les courtes longueurs d'ondes et des qualités de notre œil.

L'éclat augmente, en fonction de la température, avec une rapidité extrême. En calculant des expériences de M. Lummer, j'ai pu proposer la formule suivante relative au platine, et qui peut avoir une certaine valeur pratique :

$$\text{Puissance} = A\Theta^3\,(\Theta - 650)^7;$$

Θ étant la température absolue, A un coefficient numérique. Elle s'applique, sans doute, approximativement à d'autres métaux. On en tirerait la formule du rendement en divisant cette expression par la valeur du rayonnement total.

MM. C. TISSOT et MAURAIN.

Effets des ondes hertziennes sur l'aimantation, application aux détecteurs magné-
tiques. — Il n'entre pas dans le cadre de ce rapport de faire la bibliographie ou
l'historique de la question ; on pourra trouver des renseignements assez complets à ce sujet dans un article publié par l'un de nous (1). Nous indiquerons
seulement ici quelques points sur lesquels il serait désirable d'étendre les
connaissances actuelles.

Les ondes hertziennes agissent sur l'aimantation par le champ magnétique
oscillant qu'elles produisent ; ordinairement, le courant oscillant, provoqué par
l'arrivée des ondes sur l'antenne réceptrice passe dans une petite bobine qui
entoure le noyau magnétique ; on peut aussi envoyer ce courant oscillant dans
le noyau magnétique lui-même, constitué, par exemple, par un fil fin ; il agit
alors par le champ magnétique transversal qu'il produit dans ce fil.

On observe seulement, d'habitude, l'effet global du champ magnétique oscillant
sur l'aimantation, qui est de réduire l'hystérésis magnétique d'autant plus fortement que le champ magnétique oscillant a une amplitude initiale plus grande ;
il serait très intéressant d'étudier dans le détail l'action du champ magnétique
oscillant, c'est-à-dire, les variations correspondantes de l'aimantation. Une
première difficulté qui se présente alors est causée par l'action des courants
induits, très prononcés aux hautes fréquences ; ces courants tendent à s'opposer
à la pénétration du champ oscillant dans le noyau magnétique : le champ oscillant en un point intérieur du noyau est réduit et décalé par rapport au champ
agissant à la surface, de sorte que l'aimantation que mesure une action extérieure quelconque n'est plus qu'une moyenne mal définie ; on peut combattre
cette difficulté en divisant à l'extrême le noyau magnétique, par exemple, en le
constituant par du fer porphyrisé ou par des fils excessivement fins.

Une autre difficulté est de réaliser un bon appareil de mesure qui puisse suivre
des variations aussi rapides ; le pinceau de rayons cathodiques d'un tube de
Braun suit bien les variations du champ magnétique et de l'aimantation et
trace sous leur action combinée, la courbe d'aimantation ; mais il faudrait rendre
la trace de la tache lumineuse assez nette pour qu'on puisse faire des mesures
précises. Si on opère avec les oscillations habituelles, qui sont plus ou moins
amorties, la courbe décrite par la tache lumineuse est continuellement variable,
et si on veut l'enregistrer, il faut employer une plaque photographique se déplaçant avec rapidité, ou un miroir tournant, d'où la nécessité de beaucoup de
lumière pour avoir une impression suffisante. On se trouverait sans doute dans
des conditions beaucoup plus favorables en utilisant les courants alternatifs à
haute fréquence obtenus avec l'arc chantant et qui sont d'amplitude constante ;
la courbe parcourue par la tache lumineuse serait alors constante et, par suite,
soit directement visible, à cause de la persistance des impressions lumineuses,
soit facilement photographiable, même si la tache était très petite. On obtiendrait sans doute ainsi de très bonnes courbes d'aimantation aux hautes fréquences ;
il y aurait à étudier les courbes obtenues en superposant le champ oscillant
à des champs constants de différentes valeurs, et à chercher ce qui se passe
quand on fait varier l'amplitude et la fréquence du champ oscillant. Ces expériences seraient intéressantes non seulement au point de vue scientifique, mais

(1) *Revue électrique*, 30 mars 1907.

aussi au point de vue de l'emploi des détecteurs magnétiques en télégraphie sans fil, puisque les expériences de Paulsen conduisent à employer des oscillations entretenues, c'est-à-dire des courants oscillatoires réguliers, au lieu des oscillations amorties utilisées surtout jusqu'ici.

Les détecteurs magnétiques dans lesquels on utilise l'action des oscillations, non plus sur l'intensité d'aimantation mais sur l'énergie d'hystérésis, semblent permettre mieux que les autres l'enregistrement des signaux à cause des mouvements qui y manifestent les variations de l'énergie d'hystérésis. On ne paraît pas en avoir tiré un parti suffisant. En particulier, l'emploi d'oscillations entretenues y semble tout indiqué, car, la réduction de l'hystérésis magnétique ayant lieu alors à chaque instant dans les mêmes conditions, il doit en résulter une forte action sur l'énergie d'hystérésis. Les résultats obtenus dans l'étude des détecteurs où les oscillations agissent sur l'intensité d'aimantation semblent suffire à expliquer les phénomènes observés avec les détecteurs à énergie d'hystérésis; mais des expériences quantitatives nouvelles seraient nécessaires pour préciser les meilleures conditions d'emploi de ces derniers.

On a pu étudié jusqu'ici les détecteurs magnétiques au point de vue des transformations d'énergie qui s'y produisent ; le champ magnétique oscillant, en réduisant l'hystérésis magnétique, met en jeu une partie de l'énergie potentielle du noyau ; d'autre part, les variations de l'aimantation sous l'action du champ oscillant entraînent la transformation en chaleur de l'énergie d'hystérésis correspondante ; il y aurait intérêt à comparer ces quantités d'énergie entre elles et avec celle mise en jeu par le courant oscillant, et à se rendre compte ainsi de la façon dont celle-ci est utilisée dans les différents détecteurs.

— Séance du 5 août —

MM. GUYE et ZEBRIKOFF.

Arc à courant continu entre électrodes métalliques.

M. G. GOISOT, à Paris.

Le chauffage des voitures par l'électricité. — Il n'y a guère plus de dix ans que l'électricité a été employée pour le chauffage des voitures de tramways électriques. Les premiers appareils, venus pour la plupart d'Amérique, étaient constitués par des résistances électriques logées dans des enveloppes ajourées que l'on disposait sous les banquettes. Tels ont été les radiateurs de la Consolidated Car Heating C°, dont la résistance était formée par un fil enroulé en boudin et disposé en hélice sur un tube de porcelaine servant de support isolant.

Les radiateurs de ce genre devaient réchauffer l'air de la voiture, ce qui nécessite une puissance relativement considérable, en raison du déplacement de l'air dû à l'insuffisance d'étanchéité des voitures et à l'ouverture fréquente des portes. On a compté en effet 200 watts par mètre cube, soit, pour une voiture moyenne de tramways de 40 mètres cubes, une puissance totale de 8 kilowatts.

La puissance totale n'est évidemment pas toujours employée, la consommation varie avec la température extérieure ; mais il n'en faut pas moins reconnaître qu'avec une température de 3 degrés on n'a guère dépassé 7 à 9 degrés dans l'intérieur de la voiture, tout en employant le maximum.

Il est assez naturel que dans ces conditions onéreuses, le chauffage électrique n'ait pu d'abord entrer en concurrence avec les autres modes de chauffage couramment utilisés.

Il ne revint sérieusement à l'ordre du jour qu'en 1900, lorsque l'on songea à remplacer les radiateurs par des chaufferettes, c'est-à-dire à chauffer les pieds des voyageurs, sans se préoccuper de la température même de la voiture. Cette modification des idées était particulièrement heureuse, car le voyageur, qui vient du dehors et qui est chaudement vêtu n'a nullement besoin d'une atmosphère chaude, qui l'incommoderait, mais bien plutôt de chaufferettes, sur lesquelles il pourra réchauffer ses pieds engourdis par la neige ou la gelée.

L'avantage du nouveau système était de réduire au dixième la consommation des voitures, aussi les chaufferettes électriques prirent-elles un rapide développement.

Avec 10 watts par décimètre carré de surface de chaufferette on entretient une température de 70 à 80 degrés à cette surface. La dépense correspond environ à 25 watts par place assise, soit 600 watts environ par voiture.

Depuis 1900, le nombre des lignes chauffées ainsi par l'électricité n'est plus à compter. Une des plus récentes installations est celle précisément de la ville de Reims, dont la direction des tramways a décidé, pour la saison prochaine et après l'essai de l'hiver dernier, l'application du chauffage électrique.

L'équipement d'une voiture comprend 5 chaufferettes de 50×14, en cuivre jaune strié. Ces appareils sont en série sur 550 volts et consomment chacun 70 watts à 110 volts, soit environ 0,6 ampère. Les connexions sont établies sous la voiture et d'une manière définitive par tubes de fer se raccordant au moyen de manchons aux coudés fixés à la partie inférieure des chaufferettes. Les fils électriques de liaison sont ainsi complètement à l'abri des contacts et frottements extérieurs.

L'emploi des chaufferettes électriques n'est d'ailleurs pas limité aux seules voitures de tramways, les Compagnies de chemins de fer les utilisent également et l'hiver prochain les voyageurs des lignes électriques de la Compagnie d'Orléans auront leurs compartiments chauffés par de grandes chaufferettes de 220 centimètres $\times$ 20 centimètres, alimentées directement à la tension moyenne du réseau de 550 à 600 volts et consommant 350 watts, soit 8 watts par décimètre carré.

M. le Dr Paul AMANS, à Montpellier.

Applications de l'anémomètre à l'étude des hélices aériennes. — En général, avant d'appliquer une hélice aérienne à la propulsion d'un aéroplane ou d'un ballon dirigeable, on mesure sa force de traction au point fixe, au moyen d'un dynamomètre à ressort, ou à pesanteur. J'ai moi-même autrefois employé ce procédé (voir Congrès de Marseille 1891), et j'en ai déduit quelques conclusions sur la valeur propulsive d'hélices de diverses formes. Dans de nouvelles expériences commencées en avril 1906, j'ai étudié plus particulièrement la forme et l'énergie du courant d'air : 1° en détail, au moyen d'un petit anémomètre de vitesse, très sensible, très léger, et de petite envergure, pour filets d'aériens de 15 à 20 millimètres de section ; 2° en bloc, au moyen d'un disque plan, de même diamètre que l'hélice, monté sur chariot, et placé en travers du courant, à des distances variables de l'hélice ; 3° on monte les mêmes palettes sur un véhicule électrique et on mesure la traction au moyen d'un ressort à boudin.

Les mesures par l'anémomètre de pression sont déjà plus instructives que celles du ressort, mais celles de l'anémomètre de vitesse apportent des faits nouveaux insoupçonnés par les autres méthodes.

— Séance du 6 août —

M. Georges COURTY, à Paris.

Sur quelques influences de radioactivité solaire observées dans le désert d'Atacama. — M. G. COURTY s'attache à montrer que les colorations par phénomène secondaire des fragments de verre et des quartz qu'il a lui-même recueillis dans le désert d'Atacama, sont vraisemblablement dues à la radioactivité solaire.

Les colorations roses, noires ou violettes n'intéressent pas seulement la partie extérieure des quartz mais bien la partie intérieure. Il ressort des observations faites par M. G. Courty, en Amérique du Sud, que c'est dans la région du désert d'Atacama où il ne pleut jamais que les phénomènes de radioactivité solaire intervenant pour suroxyder les éléments métalliques contenus dans les roches, atteignent leur maximum d'intensité.

M. ROTHÉ, Maître de conf. à la Fac. des Sc. de Nancy.

Sur l'ionisation. — Au cours de recherches relatives au coefficient de recombinaison des ions dans les gaz, M. Rothé a été amené à étudier d'une façon générale l'action des variations de pression sur les phénomènes d'ionisation produite par les rayons de Roentgen. La communication faite au Congrès est relative à l'air purifié, privé de poussières, de vapeur d'eau et de gaz carbonique. L'auteur a vérifié expérimentalement que :

1° L'intensité du courant de saturation croît proportionnellement à la pression jusqu'à 5 atmosphères environ ;

2° Pour les champs faibles, incapables de produire la saturation, l'intensité passe par un maximum. La pression correspondant à ce maximum est d'autant plus grande que le champ est plus élevé.

Toutes les expériences ont été faites avec des plateaux de condensateurs distants de 4 centimètres. Des expériences en cours montreront quelles sont les modifications produites lorsqu'on fait varier la distance des plateaux. Bien que l'existence du maximum paraisse liée à la variation de la mobilité des ions et du coefficient de recombinaison sous l'influence de la pression, l'auteur se contente pour le moment de présenter ces résultats comme des faits expérimentaux indépendants de toute hypothèse et de toute théorie.

M. BLONDEL.

1° Sur la production continue d'ondes pour la téléphonie sans fil.

2° Nouveaux dispositifs pour la production d'oscillations continues de haute fréquence au moyen de courant continu à haute tension.

3° Sur un nouveau photomètre luxmètre.

————

M. Henri CHRÉTIEN, Ing. E. S. E., Chef du serv. d'astr. phys., à l'Observ. de Nice.

Pendule libre entretenu électriquement sans contact. — La solution pratiquement parfaite de la mesure du temps dans les observatoires est fournie par le pendule électrique de M. Lippmann, et ce savant a donné dans le *Journal de Physique* les conditions théoriques qui doivent être remplies afin d'entretenir le mouvement pendulaire sans y apporter de perturbation : l'énergie perdue par le pendule, par suite des circonstances d'amortissement, doit lui être restituée par une *percussion* appliquée au moment du passage du pendule par la verticale. D'où nécessité de lier le pendule au dispositif qui doit libérer cette percussion ; le pendule n'est plus libre et, de fait, les pendules électriques qui ont été construits ont montré dans leur marche, des effets perturbateurs, d'ailleurs extrêmement faibles, imputables à cette liaison.

L'auteur a cherché à réaliser cette liaison par un procédé purement électromagnétique n'apportant au mouvement du pendule d'autre perturbation qu'un amortissement excessivement minime et, de tous points identique à celui de l'air auquel il se superpose. Le *contacteur*, qui est indépendant du pendule, est formé par une sorte de galvanomètre à cadre mobile, synchronisé par le pendule qu'il s'agit d'entretenir. Dans le mémoire, on examine les détails de construction du *contacteur* et comment il permet de réaliser les conditions théoriques posées par M. Lippmann. On donne ensuite les marches diurnes d'un pendule qui fonctionne avec ce dispositif depuis plusieurs mois.

————

M. Th. GUILLOZ, Prof. à la Fac. de Méd. de Nancy.

Expérience sur le choc des corps élastiques. — L'expérience classique des billes de Masson destinée à montrer la transmission du choc par les corps élastiques se fait en écartant des boules d'ivoire (9 billes, par exemple, de masses égales, suspendues librement et contingentes), constituant l'appareil ; une des boules extrêmes. Celle-ci abandonnée à elle-même vient percuter les autres, s'immobilise sans rebondir, après le choc dans sa position primitive d'équilibre en échangeant sa vitesse avec la boule occupant l'autre extrémité. Cette boule seule se met en mouvement, puis, en retombant sur le système, y reste accolée après le choc et c'est la première qui rebondit. Le repos n'est atteint qu'à la suite d'une série de projections alternatives des deux boules extrêmes, allant en s'amortissant.

Je n'ai trouvé cette expérience décrite qu'en employant une seule boule percutante et j'ai pensé qu'il serait peut-être intéressant, dans la démonstration de cet appareil, de se demander ce qu'il adviendrait quand on emploierait pour la percussion un nombre quelconque de billes accolées, écartées de leur position d'équilibre : *On observe la projection d'un nombre de billes égal au nombre des billes percutantes.* Ainsi si on percute, avec l'ensemble de 7 billes déplacées vers la gauche, les deux billes restantes, on observe, après le choc, le départ simultané de 7 billes vers la droite. Une fois l'expérience commencée les 9 billes apparaissent après les chocs successifs divisées en deux lots de 7 et de 2, occupant alternativement la gauche et la droite de l'appareil.

L'explication est simple : Soient m la masse d'une bille, p le nombre des billes percutant avec la vitesse v, x le nombre des billes déplacées après le choc avec la même vitesse initiale v' puisqu'elles restent en contact. La simultanéité des deux conditions : conservation de la force vive et de la quantité de mouvement, donne les deux relations : $p \times \frac{1}{2} mv^2 = x \times \frac{1}{2} mv'^2$ et $pmv = xmv'$ qui entraînent nécessairement les conditions $p = x$ et $v = v'$. Le choc se fait comme entre deux masses élastiques égales échangeant leurs vitesses.

Par le résultat de l'expérience faite avec une seule boule percutante on peut expliquer ce qui se passe quand on en emploie plusieurs. Il suffit de supposer que la bille de la masse choquante (la septième dans l'exemple choisi) venant à percuter la première, l'ensemble immobile de la huitième et de la neuvième, échange sa vitesse avec la dernière, la neuvième. Puis qu'immédiatement ensuite, la sixième bille agit sur le système, maintenant instantanément immobile, de la septième et de la huitième pour communiquer sa vitesse à la huitième qui ainsi suivra immédiatement la neuvième. Et ainsi de suite jusqu'à épuisement de l'action des 7 billes percutantes qui auront ainsi provoqué le déplacement d'ensemble d'un nombre égal de billes.

Ouvrage imprimé
PRÉSENTÉ A LA SECTION

M. Ad. Gadot : *Le baromètre décimal établi sur l'unité dynamométrique naturelle présenté comme instrument premier en physique générale.*

6e Section

CHIMIE

PRÉSIDENT. . . . . M. HUGOUNENQ, Doyen de la Fac. de Méd. de Lyon.
VICE-PRÉSIDENT . . . . . . M. STOKLASA, Prof. à l'Éc. Polytech. sup. slave de Prague.
SECRÉTAIRE . . . . M. HERVIEUX.

— Séance du 1er août —

M. Albert MOREL, Agr. à la Fac. de Méd. de Lyon.

Diagnose des sucres en chimie biologique. (Rapport préparatoire.)

M. N. GRÉHANT, Prof. au Muséum nat. d'Histoire nat., à Paris.

1º *La lutte contre le grisou et l'oxyde de carbone dans les mines de houille.* — Le professeur N. GRÉHANT, délégué du Muséum national d'Histoire naturelle, démontre, avec l'aide de M. Dixsaut, professeur de physique au lycée, l'emploi de l'eudiomètre-grisoumètre, appareil appelé à rendre les plus grands services pour le dosage du formène dans les mines; en effet, le grisou peut renfermer 90 0/0 de formène. Si l'on ajoute à 1 centimètre cube de formène 55 centimètres cubes d'air et 20 centimètres cubes de gaz de la pile, on brûle complètement le mélange par un seul passage d'un courant qui rougit un fil de platine ; la réduction du volume, après absorption de l'acide carbonique, est égale à 3 centimètres cubes dont le tiers donne exactement 1 centimètre cube de formène.

Le professeur Gréhant conseille, pour le dosage de l'oxyde de carbone qui peut se trouver dans les houillères, l'emploi d'un animal, d'un rongeur par exemple, l'hémoglobine étant le meilleur réactif absorbant de l'oxyde de carbone.

2º *La ligature des uretères chez les rongeurs et les oiseaux.* — M. GRÉHANT démontre en projections les courbes indiquant que chez les carnassiers l'ablation des reins ou la ligature des uretères donnent le même résultat, l'accumulation de l'urée dans le sang et dans les tissus. En vue du Congrès, il a répété l'expérience de ligature des uretères pratiquée pour la première fois par l'illustre physiologiste Galvani chez les oiseaux et il démontre en projection, que chez le lapin, la ligature des uretères est suivie d'une dilatation de ces canaux, d'une hypertrophie des reins, tandis que chez les oiseaux on trouve des dépôts d'urates notamment sur le péricarde et sur le péritoine.

Le rôle physiologique des reins est annihilé par la ligature des uretères; l'urée, l'acide urique et les urates continuent à se former dans les tissus.

3° Dose toxique de l'oxyde de carbone dans l'air et dans le sang. — En faisant respirer un mélange d'air et d'oxyde de carbone à 1 0/0 à trois animaux différents, on trouve : qu'un chien meurt en 20 minutes et 100 centimètres cubes de sang ont fixé 21 centimètres cubes d'oxyde de carbone ou bien 21 fois plus de ce gaz que l'air n'en contient. Pour le lapin, il meurt en une heure et 100 centimètres cubes de sang ont fixé 14 centimètres cubes d'oxyde de carbone ou 14 fois plus de ce gaz qué l'air n'en contenait.

Un canard meurt en 7 minutes après avoir présenté de fortes convulsions des pattes et des ailes et 100 centimètres cubes de sang ont absorbé le même chiffre 14 centimètres cubes d'oxyde de carbone.

Des animaux d'espèces variées respirant le même mélange toxique meurent donc au bout de temps très différents.

—————

— Séance du 2 août —

M. CAMOUS, Pharm., à Grenoble.

1° Extrait d'opium. — L'extrait d'opium préparé d'après le Codex donne approximativement la totalité de la *morphine* contenue dans l'opium mis en œuvre.

Le résidu insoluble qui provient de la reprise de l'extrait par l'eau froide, ainsi que le veut le Codex, renferme des *traces de morphine* et la plus grande partie de la *narcotine* contenue dans l'opium.

Tous les pharmacologistes qui se sont occupés de cette question, notamment Andouard, Bourgoin et Huguet, sont d'accord sur ce point, mais aucun d'eux n'a fait le dosage, que je sache du moins, de la quantité de morphine perdue par suite de cette opération.

J'ai voulu à mon tour traiter cette question en épuisant 100 grammes d'opium *sec* et en suivant scrupuleusement le *modus operandi* du Codex (1).

Voici les résultats obtenus :

Extrait aqueux purifié	46,60
Résidu des macérations	35,40
Apozème desséché	9,75
Eau et perte	8,25
Total	100,00

Morphine cristallisée fournie par l'extrait d'opium	8,650
Marc ou résidu insoluble	Traces
Apozème 0,163 de morphine brute correspondant à environ	0,109
de morphine cristallisée.	
Total	8,759

—————

(1) J'offre à l'Association Française pour l'Avancement des Sciences deux exemplaires de mon travail.

L'évaporation de l'éther ayant servi au lavage des cristaux de morphine a fourni :

Narcotine cristallisée. 0,090

Marc ou résidu insoluble 0,850

Apozème 1,240

Total. 2,180

Il résulte de mes calculs que la perte de morphine cristallisée, qu'a entraînée l'apozème resté sur le filtre, est de 0,109. Le marc des deux premières macérations n'en renferme pas ou à peu de chose près. Il retient, au contraire, une quantité notable de narcotine, ainsi que l'apozème, dont je donne le poids.

2° Kermès minéral. — La composition du kermès minéral est connue dans ses grandes lignes ; cependant, on est loin d'être généralement d'accord sur la véritable constitution des cristaux qu'on y rencontre. Ceux-ci ont donné lieu à beaucoup d'observations et de discussions, mais qui peuvent, à mon avis, s'expliquer d'une manière très simple.

Faisons le plus brièvement possible l'étude des composés de l'antimoine, et, de leurs caractères, déduisons-en les conséquences.

L'*anhydride antimonique*, Sb^2O^5, forme trois acides : l'*ortho* ou *hydrate normal*, le *méta* et le *pyroantimonique*.

Le plus stable des trois, c'est le *méta* ; aussi, dans leur rapide altération, le produit ultime est toujours constitué par cet acide.

Pareille remarque peut s'appliquer à leurs sels, surtout aux sels alcalins, qui ont une tendance marquée à cette transformation.

On connaît des changements de caractères analogues dans l'acide antimonieux, SbO^2H, et son extrême solubilité dans les alcalis. Les *antimonites* formés passent aux *métaantimoniates*.

Dans les deux cas, cette décomposition est presque instantanée par l'ébullition.

Ceci est à retenir, tant il domine la question qui permet de préciser la nature des cristaux qui nous intéressent.

Car il est bien permis d'admettre, d'après cela, qu'ils sont ceux de l'*antimoniate de sodium*, SbO^3Na. Je partage pleinement cette manière de voir ; elle me paraît même justifiée d'une façon péremptoire par l'examen attentif des cristaux.

C'est donc ce double caractère, c'est-à-dire l'instabilité, d'une part, des composés de l'antimoine et leurs formés cristallines, d'autre part, qu'il est utile d'invoquer pour résoudre la question. Quant aux réactions chimiques, elles ne doivent venir qu'en seconde ligne parce qu'elles se comportent avec ces composés d'une manière presque identique.

En outre, l'absence dans le kermès de l'*oxyde antimonieux*, Sb^2O^3, est suffisamment démontrée : Bougault, Schmidt, Feist, et, avant eux, Terreil, ont exprimé, à cet égard, une opinion semblable. C'est mon avis, mais ma manière de voir diffère de la leur par la nature du sel qui n'est ni de l'*antimonite* ni du *pyroantimoniate de sodium*.

3° Nomenclature atomique écrite ou parlée. — Je m'excuse tout d'abord d'attirer une nouvelle fois votre attention sur un sujet de médiocre importance, qui touche à la nomenclature chimique.

J'avais signalé au Congrès de Lyon les nombreuses imperfections de la théorie atomique actuelle qui, admise officiellement dans ses formules, n'est pas suivie par sa rédaction écrite ou parlée.

Quelques noms pris au hasard vont suffire pour faire comprendre ma pensée. Ainsi, les expressions comme celles-ci reviennent souvent dans les écrits périodiques : *benzoate de soude, chlorhydrate d'ammoniaque, bicarbonate de sodium ou de soude, bisulfite de rosaniline, bichromate de potasse, iodure de strontiane, protochlorure et bichlorure de mercure.*

Certes, ce détail n'est qu'un jeu d'enfant pour vous, mais il est très important pour ceux qui ne sont pas versés en même temps dans les sciences de l'atomicité et des équivalents, car il faut bien convenir que la prononciation ne répond pas à la notation.

Alors qu'il serait si facile, par une phrase courte et précise, d'en indiquer le sens et de la réduire ainsi à sa plus simple expression. Les débutants y gagneraient à cette unité de principes, tandis qu'ils ont tout à perdre avec les doctrines dualistiques.

La théorie atomique, tant pour l'écrit que pour la parole, doit se faire jour à l'école. Cela aurait de la sorte une répercussion heureuse sur le futur étudiant de nos Facultés.

Les industriels et les commerçants ont recours à des noms empiriques qui répondent souvent en termes très clairs, mais qui ne correspondent à aucune notion scientifique, tels que : *craie, salpêtre, sel de Vichy, borax, crème de tartre.*

Je suis d'avis de les garder pour la commodité des relations commerciales. Il serait d'ailleurs difficile de les soustraire du langage vulgaire.

D'autre part, l'*acide acétique*, l'*acide propionique*, deviennent les acides *éthanoïque* et *propanoïque*.

Mais je ne veux pas m'écarter de mon sujet et rester dans la question, qui sera controversée tant qu'elle ne se pliera pas aux théories nouvelles.

Si réfractaire que soit l'enseignement classique, cette idée fera son chemin même parmi ceux qui ont voué un vrai culte au souvenir de Marcellin Berthelot, le créateur de l'école des équivalents. Véritable méthode d'enseignement, assurément, mais qui ne répond plus aux besoins actuels.

Voilà pourquoi j'ai cru devoir appeler l'attention de la Section de Chimie sur les anomalies que je viens de signaler.

4° Argent, or et platine dans les sables du Drac. — On sait que les sables du Drac, près de Grenoble, donnent, à l'essai, des indices d'argent, d'or et de platine.

Leur teneur en platine est plus élevée que les deux autres métaux ; la richesse varie depuis des traces pondérables à peine aux réactions chimiques les plus délicates, jusqu'à 7 milligrammes sur 3 kilogrammes de sables : 300.000 kilogrammes m'ont fourni, par des lavages réitérés, 7 décigrammes de platine.

Le prix considérable de ce précieux métal m'a fait entreprendre ce travail, peu rémunérateur, on le voit, mais qui m'offre aujourd'hui une occasion de vous présenter mon mémoire.

La richesse des sables en *argent*, en *or* ou en *platine*, n'a rien de constant, même dans les divers échantillons tirés d'un même gîte.

Quant aux roches des terrains cristallisés et aux roches éruptives, elles paraissent être, en général, peu ou point *platinifères*.

Divers essais ont été faits par moi à ce sujet sur des *granites* ou *protogines* et sur des *spilites* ou *cailloux* roulés que l'on trouve abondamment dans le Drac, d'où le nom de *variolites du Drac* sous lequel on les a si souvent désignés.

Mes résultats ont été généralement négatifs. Le platine n'est sensible qu'en opérant sur de grandes masses de matière.

J'ai procédé de cette façon sur des roches stratifiées de toute nature, près ou loin des gîtes métallifères, sur des calcaires, des grès, des sables, appartenant à tous les étages de la série des terrains, depuis le grès à anthracite jusqu'aux alluvions modernes : mêmes résultats négatifs.

Les lois de la diffusion de ce métal dans les roches calcaires ou sableuses des Alpes françaises, émises par M. Gueymard, il y a cinquante ans (Gueymard, *Mém. Congrès scientifique de France*, 24e s., t. 1, p. 406), me paraissent toujours, d'après cela, très obscures.

Le Drac y vient déverser le limon qu'il arrache à son bassin ou vallée d'origine : *parcelles de schistes*, de *grès houillers*, de *feldspath*, de *quartz*, de *calcaires*, de *matières argileuses et ocreuses*, de *l'argent*, de *l'or* et *du platine*, disséminés dans une gangue ocreuse que, l'on peut regarder comme le résultat des pyrites et fer spathique décomposés ; enfin d'autres *richesses minérales* de toutes sortes que renferment les Alpes centrales du Dauphiné.

Sous ce rapport, il est assez bien doté pour n'avoir rien à envier à ses similaires, l'Isère, le Rhône, le Rhin, etc.

Il est clair que la composition minérale d'un lit d'une rivière, dépend essentiellement de la nature minérale de son bassin.

A ses propres éléments, il convient d'ajouter ceux qui lui sont apportés par ses innombrables affluents qui descendent du vaste cirque glaciaire de la chaîne des Grandes-Rousses, de la chaîne du Pelvoux et aussi de celle de Belledone, puisque l'Olle lui vient du massif d'Allevard, et rayonnant tout autour des départements des Hautes-Alpes, de l'Isère et de la Savoie. Celle-ci ne peut être exceptée, car le bassin de la Maurienne, où ses eaux, communique avec celui de la Romanche en utilisant la brèche du Glandon. Et l'ensemble de tout cela constitue le bassin du Drac, en attendant qu'il devienne lui-même tributaire de celui de l'Isère. Ce ne sont de toutes parts que des gîtes ou filons métallifères encaissés dans les terrains cristallisés ou non, et dans divers sens, formant un réseau extrêmement étendu.

C'est un endroit unique dans les Alpes, et même dans le monde métallurgique, par l'association de ses minerais aussi variés que rares et nombreux.

On cherche les lois de la diffusion des métaux dans les roches calcaires ou autres : les voilà.

Si des minerais ou des traces d'un métal, s'y trouvent associés, ce n'est qu'accidentellement ; ils n'y font pas partie constituante ; on peut les éliminer sans qu'il en résulte de décomposition.

———

M. H. GOUTHIÈRE, à Reims.

Sur la fabrication industrielle de l'acide lactique de fermentation. — L'auteur, ayant eu l'occasion d'étudier et d'installer la fabrication industrielle de l'acide lactique, a pensé qu'il serait intéressant de communiquer à ce Congrès les résultats essentiellement pratiques auxquels il était arrivé.

Après avoir fait remarquer que, sauf la thèse de M. Kayser, professeur à l'Institut Agronomique, il n'existe que peu de documents sur cette fabrication spéciale, M. GOUTHIÈRE estime que, pour arriver à fabriquer économiquement et industriellement l'acide lactique, il est nécessaire d'utiliser un ferment donnant le maximum de rendement en ce produit pour l'alimentatation la plus économique possible.

Ce problème, M. Gouthière l'a résolu en utilisant un ferment lactique extrait du jus de choucroûte et en employant un bouillon nutritif dont l'élément glucosé est obtenu par la saccharification de l'amidon de maïs ou de la fécule et l'élément azoté par des décoctions aqueuses de touraillons de malterie. L'ensemencement de ces moûts est effectué à l'aide d'un prélèvement de jus fait sur une cuve en pleine fermentation.

M. Gouthière examine ensuite la marche de la fermentation et donne quelques chiffres ; nous relevons, entre autres, que la moyenne de la richesse en glucose. des cuves avant fermentation est de 109 grammes par litre, la durée moyenne des fermentations vingt jours environ, le rendement en acide lactique 95 0/0 du rendement théorique.

La fermentation achevée, on extrait l'acide lactique en décomposant le lactate de chaux par l'acide sulfurique, on filtre pour séparer le sulfate de chaux produit et on concentre dans des appareils à vide le jus lactique obtenu, dont la teneur est de 12 0/0 environ, jusqu'à 50 0/0 en poids.

C'est sous cette forme qu'on livre l'acide lactique à l'industrie, en particulier à la tannerie et à la teinturerie.

M. Albert MOREL.

Action des ferments figurés et des ferments solubles sur les gommes. — (Rapport préparatoire.)

M. le Dr C. GERBER, Prof. à l'Éc. de Méd. de Marseille.

La présure des Euphorbiacées. — M. GERBER présente à la section de chimie une étude sur la présure des Euphorbiacées qui continue la série des recherches qu'il a présentées à l'Académie des Sciences, à la Société de Biologie et à la Société de Botanique sur les *Présures végétales.*

Il parle plus particulièrement des propriétés coagulantes de *Euphorbia amygdaloides, E. characias, E. cyparissias, E. falcata, E. peplus, E. serrata, E. sulcata, E. taurinensis,* et de celles de *Mercurialis annua, M. perennis,* etc.

Pour chacune de ces plantes, il indique l'action, sur la vitesse de coagulation des laits cru et boulli :

1º De la dose de présure ;

2º De la température de coagulation ;

3º D'une chauffe préalable du lait à diverses températures ;

4º D'une chauffe préalable de la présure à diverses températures ;

5º De la nature de l'organe qui fournit la présure.

Il en tire des conclusions concernant le classement de la présure des Euphorbiacées entre celle des Rubiacées et celle des Crucifères ainsi que le rôle que semble jouer la présure dans la plante.

— Séance du 3 août —

M. le Professeur Nestor GRÉHANT, à Paris.

Présentation et fonctionnement de divers appareils. — (Voir les Sections de Zoologie et d'Hygiène, pp. 238 et 508.)

— Séance du 5 août —

M. Fernand TELLE, S.-Dir. du Labor. munic. de Reims.

Modification pratique de la méthode hydrotimétrique. — Considérations sur la valeur de la méthode. — La modification que nous proposons consiste à rendre la *liqueur hydrotimétrique décinormale* s'équivalant auprès de Co^3Ca avec la solution $\dfrac{N}{10}$ de SO^4H^2; les avantages qui en résultent sont :

1° L'emploi d'une burette ordinaire graduée en dixièmes de centimètre cube, au lieu de la burette empirique de Boutron et Boudet; en opérant sur 50 centimètres cubes d'eau, chaque dixième de centimètre cube représente 1 degré hydrotimétrique;

2° Le poids moléculaire de Co^3Ca étant 100, il en résulte que chaque degré hydrotimétrique ainsi déterminé correspond *exactement à un centigramme* de ce sel par litre d'eau et en général au $\dfrac{1}{10.000}$ du poids moléculaire du corps considéré ce qui facilite beaucoup le calcul des problèmes hydrotimétriques;

3° La valeur de ce degré est tellement voisine de celle du degré Boutron et Boudet (qui vaut 0,0103 Co^3Ca) que son application ne modifierait pas sensiblement les maxima que l'on est convenu d'adopter : le maximum 30 degrés pour les eaux potables deviendrait 30°,9 pratiquement 31 degrés.

Le titre de la liqueur est fixé à l'aide d'une solution d'un *sel calcique* le sulfate de chaux cristallisé et pur, sel très stable et non déliquescent comme le sont le chlorure ou l'azotate et dont une solution à 0^{gr},344 par litre doit marquer 20 degrés de la burette.

Enfin des expériences sur le degré permanent, le degré magnésien et la valeur générale du procédé, prouvent qu'avec quelques modifications on obtient des résultats d'une exactitude qu'on ne semblerait pas devoir attendre de la méthode hydrotimétrique.

M. le Professeur STOKLASA, de Prague.

Phénomènes chimiques qui accompagnent l'assimilation de l'azote par l'azobactère et le radiobactère.

7.ᵉ Section.

MÉTÉOROLOGIE ET PHYSIQUE DU GLOBE

Président. . . . . M. LUIZET, Astronome à l'Obs. de Saint-Genis-Laval (Rhône).
Secrétaire . . . . M. le Chanoine RACLOT, Dir. de l'Obs. météor. de Langres.

— Séance du 1ᵉʳ août —

M. DAVID, Météor. à l'Obs. du Puy de Dôme.

Quelles sont les précautions les plus efficaces pour éviter les accidents des décharges électriques pendant une ascension de cerfs-volants (Rapport préparatoire).
— M. Luizet, météorologiste à l'Observatoire de Lyon, président de la 7ᵉ section (Météorologie et Physique du Globe), au Congrès de Reims de l'Association Française, ayant mis à l'avance à l'ordre du jour de la section la question ci-dessus, m'a demandé un rapport préparatoire sommaire. Je ne puis faire mieux que d'indiquer les résultats déjà acquis et les précautions actuellement prises à l'Observatoire de Météorologie dynamique de Trappes, dirigé par M. Teisserenc de Bort, qui est une station modèle du genre et à l'Observatoire du Puy de Dôme, dirigé par M. Brunhes, dont l'installation de la station de la Montagne est actuellement terminée.

Le cerf-volant est connu depuis fort longtemps, mais il y a seulement quelques années que l'attention des savants et des chercheurs semble se porter vers ce *jouet d'enfant* pour le perfectionner et en faire un instrument réellement scientifique. Déjà les applications en sont aussi nombreuses que variées (météorologie, télégraphie sans fil, photographie, sauvetage en mer, etc.). Mais à mesure que les applications et les perfectionnements augmentent, à mesure surtout qu'on cherche à s'élever davantage, le maniement en devient plus compliqué et peut, dans certains cas, présenter de sérieux dangers. C'est sur les précautions nécessaires que nous voudrions surtout attirer l'attention et orienter les recherches.

Il est curieux de constater que la première utilisation réellement scientifique du cerf-volant fut justement pour l'étude de l'électricité atmosphérique. C'est en 1752 que Franklin fit sa célèbre expérience avec un cerf-volant plan retenu par une corde de chanvre. L'année suivante, Romas répétant ses expériences avec un câble dans lequel on avait tressé un fil de cuivre, tirait des étincelles de 30 à 40 centimètres ; plus tard il parvint avec son appareil à obtenir des lames de feu de 9 à 10 pieds de longueur. C'est en poursuivant ces recherches qu'il constata que le cerf-volant s'électrisait même en l'absence de tout orage et quel que fût le temps.

En 1827, Colladon entreprit des recherches sur le même sujet et indiqua « les précautions à prendre pour éviter de se faire foudroyer ». L'extrémité du câble conducteur était terminée par une boule métallique et retenue par un long cordon de soie. Une longue barre de fer enfoncée en terre dans un terrain humide, venait se terminer par une boule qu'on mettait au voisinage de celle qui terminait le câble. Les décharges passaient au sol en jaillissant d'une boule sur l'autre. Avec 400 mètres de câble et sans qu'il tonnât nulle part au dehors, il obtint ainsi des étincelles de près de 1 mètre.

Ces résultats montrent tout le danger que peut présenter une ascension de cerfs-volants quand on n'a pris aucune précaution. Ce danger est encore bien plus grand quand on veut dépasser quelques centaines de mètres, car on est toujours obligé de prendre comme câble de retenue un fil d'acier. On observe alors souvent de très fortes décharges électriques qui produisent de désagréables secousses aux opérateurs.

On évite ces décharges en reliant toutes les pièces métalliques en contact avec le fil (treuil, bobine, poulies, coussinets, freins, etc.) à un câble unique terminé par une plaque de tôle ou mieux de cuivre, de 1^m,50 à 2 mètres carrés de surface, enterrée dans le sol, en ayant soin de réunir le câble à la plaque par plusieurs prises de contact, afin d'éviter l'isolement dans le cas de rupture ou de fusion de l'une d'elles. Si la bobine sur laquelle on enroule le fil est en bois, il est utile d'y fixer en travers, des bandes de cuivre sur lesquelles vient porter le fil, ces bandes sont reliées à l'axe, et par là même au sol. Il est bon en outre, dans le cas de fortes décharges, de placer sur le câble, à quelques mètres en avant du treuil, une poulie en cuivre reliée directement au sol, et d'arroser de quelques seaux d'eau la terre environnant la plaque.

C'est ainsi que l'on se protège à Trappes; à l'Observatoire du Puy de Dôme, le dispositif est sensiblement le même; la mise au sol est assurée par deux câbles d'une centaine de mètres chacun, qui traînent sur le sol et sont enterrés par endroits.

Ces précautions suffisantes et supprimant tout danger en l'absence d'orage, ne suffisent plus pendant l'orage même ; il devient alors prudent de ne pas toucher au treuil tant que l'orage ne s'est pas éloigné; ou tout au moins de le manœuvrer à distance, à l'aide d'une courroie ou d'un moteur électrique.

<hr>

M. Bernard **BRUNHES**, Dir. de l'Obs. du Puy de Dôme, à Clermont-Ferrand.

Sur la durée de transmission de l'action qu'exerce le soleil sur la déperdition électrique. — M. B. BRUNHES a décrit, précédemment, des observations sur la déperdition de l'électricité en montagne. (Voir *Revue Scientifique*, des 17 et 24 mars 1906.) Il signale une particularité de ces observations qu'il n'avait fait qu'indiquer; mais sur laquelle il croit devoir appeler l'attention, parce que des observations de M. Nordmann sont venues, depuis lors, confirmer sa manière de voir.

Dans une observation, faite le 20 juin 1905, au matin, on a observé que les rayons lumineux du soleil exerçaient une influence spéciale, directe sur la déperdition. Des nuages légers, venant de l'est, passaient fréquemment au-dessus de l'observatoire et de l'électromètre, à une cinquantaine de mètres de hauteur. Quand les rayons du soleil atteignent le cylindre de dispersion, il y a une brusque augmentation de la déperdition, si la charge du corps est négative, et, au contraire, une diminution de la vitesse de déperdition, pouvant même se changer en un accroissement momentané de charge, si la charge est positive. Il y a eu ce jour-là, comme il y a eu en certains cas, à certains jours où l'atmosphère était spécialement transparente, apport direct de charges positives (peut-être des rayons α?) par un rayonnement émané du soleil.

Or, M. Brunhes a observé que les variations brusques dans la vitesse de déperdition qui accompagnaient l'interposition et l'enlèvement de l'écran nuageux, devançaient toujours d'une seconde ou d'une fraction de seconde l'instant précis où les rayons lumineux étaient interceptés et libérés; comme si le phénomène électrique avait pour cause un rayonnement émané du soleil, mais venu d'une région du ciel un peu à l'est de la position actuelle du soleil, c'est-à-dire comme si la déperdition avait pour cause un rayonnement parti du soleil *un peu plus tôt* que la lumière. Si l'on essaie de calculer, d'après les données très grossièrement connues, ce temps écoulé entre le départ du rayonnement actif du soleil et le départ de la lumière, on trouve une durée de l'ordre d'une demi-heure à une heure, nombre tout à fait du même ordre que l'intervalle de temps trouvé par M. Nordmann entre la totalité de l'éclipse du soleil du 28 août 1905 et l'instant du minimum du nombre d'ions positifs dans l'atmosphère terrestre.

M. Émile **WENZ**, à Reims.

A. — *Observations sur l'influence de l'électricité sur les cerfs-volants météorologiques, maintenus par des câbles métalliques.* — Le *Weather Bureau* de Washington dit qu'il est plus que probable que le câble métallique fera l'office de plomb fusible et se coupera sous l'influence d'une décharge électrique relativement faible bien avant qu'une décharge réellement dangereuse puisse être transmise. Les instruments eux-mêmes n'ont jamais souffert d'une décharge. (Voir *Monthly Weather Review*, avril 1898, p. 170-2.)

Blue Hill a constaté sa première décharge électrique capable de traverser un gant de laine, le 17 février 1896, jour où il faisait très froid. (Voir *Annals of the Astronomical Observatory of Harward College*, vol. XLII, part. I.)

B. — *Précautions les plus efficaces pour éviter les accidents des décharges électriques.* — Maintenir le câble métallique en communication constante avec le sol, comme pour un paratonnerre; isoler le mieux possible les opérateurs par des gants et des chaussures en caoutchouc.

M. E. Wenz lit à ce sujet la lettre suivante que lui a adressée M. A. Lawrence Rotch, directeur-fondateur de l'observatoire de Blue Hill:

Le 23 juillet 1907.

Monsieur et Cher Collègue,

En réponse à votre demande, je présente quelques observations sur l'influence de l'électricité de l'air sur les fils de nos cerfs-volants, afin que vous puissiez les communiquer à la VIIe Section de l'Association Française pour l'Avancement des Sciences, si vous les jugez utiles.

Dès que nous avons introduit les fils métalliques pour retenir nos cerfs-volants (ce que nous faisions les premiers en 1896) nous apercevions des courants électriques, et des étincelles de 2 à 5 millimètres de longueur se faisaient voir quand on approchait un bon conducteur près du fil. Le fil n'était pas isolé, sauf par le châssis en bois sur lequel se trouvait le treuil, mais quand les cerfs-volants atteignaient de grandes hauteurs, l'électricité devenait si forte qu'il était nécessaire de relier à la terre.

L'altitude du cerf-volant supérieur, quand les premiers effets électriques se montraient, fut variable et semblait avoir une relation avec le temps qu'il faisait. Ainsi, quand il neigeait l'électricité était la plus forte. On évite ordinairement de faire les ascensions dans le voisinage des orages, mais une fois, quand un orage s'approchait, nous avons ressenti un courant intense. Les variations de la longueur du fil embobiné et la perfection de son isolement ont, sans doute, une influence sur la hauteur à laquelle on commençait à noter l'électricité, et ainsi cette hauteur ne donne pas une indication précise de la relation du potentiel électrique aux conditions météorologiques, quoique celui-ci soit beaucoup plus fort quand il neige et à proximité des orages.

En général, on peut dire que l'altitude du cerf-volant supérieur était d'environ 500 mètres quand les premiers phénomènes électriques se présentaient et que le potentiel augmentait avec l'altitude. Dans les remarques qui accompagnent les données météorologiques provenant des ascensions de cerfs-volants ici en 1896 et 1897 (voir *Annals Harward College Observatory*, vol. XLII, part. I), on trouvera les indications sur les effets électriques observés, mais depuis ce temps-là nous avons cessé de les noter et, quoique près de 300 ascensions aient été exécutées, plusieurs à de très grandes hauteurs, dépassant 4.000 mètres, aucun accident ne s'est produit par suite de l'électricité atmosphérique.

Veuillez agréer.....

M. Paul GARRIGOU-LAGRANGE, à Limoges.

Pluies, rivières et sources en Limousin. — La sécheresse prolongée de l'été 1906 a été pour nous l'occasion d'une étude sur le régime des cours d'eau et des sources en Limousin, suivant un programme méthodique adopté dès 1892 par la Société Gay-Lussac et par la Commission météorologique de la Haute-Vienne, et à l'aide de documents nouveaux réunis pendant les huit dernières années par l'Observatoire et par le service des Eaux de la ville de Limoges.

Nous avons ainsi obtenu des relations intéressantes entre les débits d'une période jour, semaine, mois ou saison, les débits antérieurs et la pluie, ainsi que les valeurs des réserves du sol.

Ces résultats sont applicables à toute région en modifiant convenablement les coefficients des formules; ils présentent un grand intérêt dans l'établissement ou dans la conduite des entreprises industrielles et agricoles, créées ou à créer sur un cours d'eau.

Au congrès de l'Arbre et de l'Eau, que nous avons réuni à Limoges en juin 1907, à la suite de ces études, nous avons fait adopter le vœu que des études d'hydrologie générale soient poursuivies sur le programme tracé et d'après les études entreprises à l'Observatoire de Limoges.

Nous pensons que les Commissions météorologiques feraient œuvre utile en joignant à l'étude des pluies l'étude des cours d'eau; elles se mettraient ainsi en rapport plus direct et plus intime avec les agriculteurs et les industriels, en leur démontrant pratiquement l'intérêt des travaux qu'elles poursuivent.

— Séance du 2 août —

M. Gabriel GUILBERT, météor. à Caen.

Application de principes de prévision du temps à courte échéance. — M. GUILBERT présente à la section diverses cartes isobariques du Bureau Central météorologique et applique sur certains cas les principes de prévision de sa méthode.

Il montre que toute anomalie dans la direction ou dans la force des vents a une extrême importance sur l'avenir des bourrasques et que, par le seul examen des courants de surface *divergents et convergents*, on peut prévoir et la formation des cyclones et leur disparition.

Toutes les modifications de la pression à vingt-quatre heures d'intervalle peuvent être ainsi prévues, d'après l'étude des vents superficiels. Il suffit d'un vent *anormal par excès*, en un seul point de la bourrasque, pour annihiler ce tourbillon, comme inversement il suffit de vents *anormaux par défaut* pour favoriser l'extension et le creusement d'un cyclone.

Ces principes sont exposés d'après des exemples.

M. Paul GARRIGOU-LAGRANGE, à Limoges.

1° *Relation nouvelle entre la distribution du vent à la surface du sol et la distribution future de la pression.* — Au cours de mes recherches sur la circulation générale et sur les mouvements de l'atmosphère, j'ai pu dégager une relation nouvelle entre la distribution du vent à la surface du sol et la distribution future des pressions.

Cette relation peut s'énoncer de la façon suivante : la variation du vent entre deux observations données est toujours dirigée vers une hausse prochaine du baromètre, cette hausse pouvant être d'ailleurs absolue ou simplement relative.

J'appelle variation du vent, du temps t_0 au temps t_1, la résultante du vent au temps t_1 et du vent au temps t_0, ce dernier pris en signe contraire.

A l'aide de la distribution de la variation du vent, entre les temps t_0 et t_1, on peut déterminer la physionomie générale de la distribution des pressions au temps t_2 qui suit le temps t_1 et les valeurs des composantes de cette variation du vent donnent les valeurs probables des variations futures du baromètre.

Cette relation fournit donc un procédé de prévision qui s'applique non seulement à la prévision à courte échéance, mais encore à la prévision à longue échéance et on le vérifie sur des valeurs moyennes du baromètre calculées pour des périodes plus ou moins longues.

2° *Sur l'enregistrement de la direction et de la vitesse du vent.* — Les anémomètres enregistreurs sont des instruments compliqués et coûteux ; aussi peu de stations secondaires en sont-elles pourvues. Les études que je poursuis à l'Observatoire de Limoges m'ayant amené à reconnaître la haute valeur pour l'enchaînement des situations des observations anémométriques, j'ai construit un appareil donnant sur deux cylindres parallèles la direction et la vitesse du vent.

Les plumes descendent verticalement le long d'une des génératrices et parcourent la hauteur du cylindre en sept jours; les feuilles sont ainsi changées toutes les semaines.

Les mouvements d'oscillation de la girouette, qui sont très forts par grand vent, sont atténués dans la mesure nécessaire par un amortisseur spécial, comportant l'emploi de ressorts et d'un liquide visqueux.

Le vent est figuré sur le second cylindre par une courbe qui donne, soit le chemin parcouru dans un temps donné, soit à chaque instant et par sa tangente la vitesse.

M. le Dr Paul AMANS, à Montpellier.

Sur un nouveau type d'anémomètre de vitesse. — Cet anémomètre a les caractères suivants : 1° un moulinet de très petit diamètre de 10 à 20 millimètres ; 2° des palettes élastiques (petites rémiges en plume ou chitine) avec moyeu en liège. Cet appareil est très sensible, part et s'arrête instantanément, ce qui n'est pas le cas des anémomètres généralement employés. Ces qualités étaient indispensables pour étudier les vitesses de minces filets aériens à l'arrière des hélices propulsives; elles ne seraient pas non plus à dédaigner dans les recherches météorologiques.

M. le Chanoine V. RACLOT, à l'Obs. de Langres.

1° *La prévision à longue échéance, d'après les écarts des moyennes de pression et de température, soumise à l'épreuve des faits en l'année 1906-1907.* — Après avoir rappelé brièvement la méthode de ladite prévision exposée aux Congrès de Cherbourg et de Lyon, l'auteur en expose les résultats constatés de juin 1906 à mai 1907.

Il résulte de cet exposé que la prévision d'un mois à longue échéance, basée sur l'écart des moyennes des trois dernières années avec leurs normales, permet d'annoncer un an d'avance avec chance de neuf dixièmes le régime de quatre ou cinq mois d'une année. Quant à celle qui consisterait à prévoir successivement la physionomie des douze mois en se basant sur la physionomie du précédent, elle n'autorise que des pronostics trop souvent démentis par l'événement.

2° *Physionomie de l'hiver 1906-1907 à Langres.* — L'hiver 1906-1907, à Langres, est si remarquable par l'abondance de ses neiges et la constance de ses froids que l'auteur a cru devoir en faire l'objet d'une monographie que l'on retrouvera dans le volume des communications faites au Congrès.

M. Henri MÉMERY, à Talence (Gironde).

Contribution à l'étude de l'action probable des phénomènes solaires sur les phénomènes météorologiques. — L'étude de la question concernant l'influence des phénomènes solaires sur les phénomènes météorologiques ne parait pas avoir donné jusqu'ici de résultats appréciables :

1° A cause de l'insuffisance de nos connaissances sur la véritable constitution physique du soleil;

2° Par suite de l'emploi de méthodes défectueuses pour comparer les changements d'aspect de la surface solaire avec les variations des divers éléments atmosphériques.

On compare habituellement des moyennes de température ou des hauteurs de pluie avec des moyennes de surface tachée, en se basant sur cette opinion que l'étendue de la surface tachée est l'un des éléments les plus importants, et même le plus important, de l'activité solaire.

La comparaison, par années, de ces diverses moyennes ne donne aucun résultat décisif; la comparaison par mois donne un résultat nettement favorable à l'influence des taches solaires et des facules : la température de nos contrées parait suivre une marche parallèle à celle des phénomènes solaires, un accroissement dans le nombre et l'étendue des taches coïncidant avec une augmentation de température, et réciproquement.

La concordance est encore plus parfaite si l'on considère des périodes de plus en plus courtes, et si l'on compare jour par jour l'aspect du soleil avec l'état atmosphérique d'une station de la zone tempérée, Bordeaux par exemple.

L'observation suivie des phénomènes solaires montre que l'influence des taches solaires semble varier avec leur aspect et leur position sur le disque; en outre, la surface tachée ne parait pas avoir l'importance qu'on lui attribue généralement.

Enfin, si l'on veut trouver une relation entre les phénomènes solaires et la hauteur de pluie, il y a lieu de faire une distinction entre les pluies de l'hiver et les pluies des autres saisons, et d'effectuer la comparaison séparément; la présence des taches coïncide généralement avec des pluies abondantes en hiver, et avec des pluies faibles et rares du printemps à l'automne; c'est l'inverse qui a lieu pour l'absence de taches.

La plupart des autres phénomènes météorologiques (tempêtes, orages, tremblements de terre, etc.), paraissent également suivre d'assez près les variations d'aspect des phénomènes solaires.

Pour mettre en évidence la relation qui parait exister entre le soleil et la plupart des phénomènes météorologiques, il semble que la méthode la plus rationnelle consiste dans la comparaison quotidienne de tous les éléments en présence.

— Séance du 3 août —

M. Émile WENZ, à Reims.

Résultats obtenus dans des photographies aériennes par cerf-volant. — Au Congrès de Grenoble en 1904, nous avons eu l'honneur de faire une communication sur le parti que l'on peut tirer, dans plusieurs branches de la science, du cerf-volant enlevant des appareils (1); à celui de Cherbourg, il y a deux ans,

----

(1) Voir *volume de Grenoble* 1904, pages 552/9.

nous avons également envoyé une note sur la nécessité d'initier les jeunes marins aux services que l'on peut attendre du cerf-volant comme engin de sauvetage. Nous voudrions aujourd'hui, au moyen de projections, vous soumettre des résultats d'une de ces nombreuses applications; peut-être la plus importante : la photographie aérienne au moyen de chambres noires enlevées par des cerfsvolants.

Ces résultats vous diront mieux jusqu'où peuvent aller les services que l'on peut demander à cette manière d'opérer et nous ne doutons pas que plusieurs d'entre vous ne découvrent, chacun dans sa sphère, des adaptations nouvelles et pratiques. Pour ce qui nous concerne, il est rare qu'une épreuve nouvellement obtenue ne nous suggère pas quelque idée, et ces idées, en s'additionnant, finissent par constituer des améliorations palpables. (Voir: *Bulletin de la Société française de Photographie*, 1er juillet 1907.)

Nous ne voudrions pas terminer cette communication sans rendre hommage à la mémoire de celui qui, par ses précieux encouragements et ses conseils éclairés, nous a permis de poursuivre avec la persévérance nécessaire ces diverses recherches. Nous voulons parler du très regretté colonel Laussedat qui, en 1888, fut président de notre Association, lors du Congrès d'Oran.

M. le Professeur Ch.-V. ZENGER, de Prague.

Les tremblements de terre dans l'Italie méridionale et leur périodicité.

M. Edmond MAILLET, Ing. des P. et Ch., à Bourg-la-Reine (Seine).

Sur le régime et les crues du Nil. — Après avoir résumé, d'après de récentes publications (J. Barois, Sir William Willcocks, cap. Lyons), ce qu'on sait maintenant du régime et des crues du Nil, l'auteur s'occupe : 1° des *courbes de décrues* du Nil (à Assouan et Wadi-Halfa), et du Nil bleu (à Khartoum et Wad-Medani), qu'il a pu construire approximativement pour une période de six mois (1er octobre — 1er Avril); 2° montre qu'il semble y avoir une certaine corrélation à Assouan entre les minima de deux années consécutives et le maximum intermédiaire; 3° discute les circonstances curieuses que présentent les résultats des jaugeages méthodiques du Nil bleu à Khartoum, en en tirant des conclusions sur la construction de la *courbe des débits* en un point d'un cours d'eau.

M. Henri LEREBOURS, à Noisy-le-Sec (Seine).

Sur un moyen destiné à préserver des décharges électriques les personnes qui procèdent aux lancers de cerfs-volants météorologiques. — Ce moyen consisterait, non seulement dans l'emploi de gants en caoutchouc, mais surtout dans celui de chaussures garnies de semelles de ce produit; on peut encore établir un plancher en bois, isolé du sol au moyen de pivots de porcelaine ou autre isolant et sur

lequel se tiendrait l'opérateur. De cette façon, tout courant électrique se trouvant
supprimé entre le météorologiste, le sol et le câble métallique, les accidents y
afférents se trouvent, sinon complètement supprimés, tout au moins considérablement atténués, ce qui permettrait d'étudier l'électricité atmosphérique avec
plus d'aisance, en mettant le câble métallique en communication avec des appareils appropriés et de lancer le cerf-volant au sein des nuages orageux, renouve-
lant ainsi l'expérience de Franklin qui, le premier, sut mettre l'électricité
atmosphérique en bouteilles.

M. Louis BESSON, à Paris.

*Sur un Néphomètre pour la mesure exacte de la nébulosité et l'étude de la répar-
tition des nuages dans le ciel.* — Le Néphomètre que j'ai l'honneur de présenter
au Congrès a été construit par la maison Richard sur mes indications. Il est
destiné à mesurer d'une façon exacte la nébulosité, c'est-à-dire la fraction du
ciel couverte de nuages. Il se compose essentiellement d'un miroir convexe,
dans lequel on voit l'hémisphère céleste divisé en dix sections d'égale surface.
On apprécie la nébulosité en dixièmes dans chacune de ces sections et on additionne les dix chiffres ainsi obtenus, ce qui donne la nébulosité totale en
centièmes avec une approximation presque dix fois plus grande que dans
l'évaluation qu'on pratique ordinairement.

Un néphomètre de ce modèle est en service courant à l'Observatoire de Montsouris depuis un an. Les résultats obtenus montrent que la nébulosité augmente
en moyenne du zénith à l'horizon, ce qui tient à l'épaisseur des nuages. On
reconnaît aussi que cette variation est plus forte par ciel peu nuageux que par
ciel très nuageux.

Le même instrument peut être employé à l'étude des influences locales sur la
nébulosité. En calculant la nébulosité moyenne dans chaque section du ciel, on
décèlera les différences systématiques qui peuvent résulter d'une cause locale
perturbatrice.

— Séance du 5 août —

MM. B. BAILLAUD et E. MATHIAS, de l'Obs. de Toulouse.

Valeur des intégrales de Gauss pour la France au 1er janvier 1896. — D'après
le Dr Schmidt, la valeur des intégrales de Gauss $\int H \cos \theta ds$ le long d'un contour
fermé, au lieu d'être nulle, aurait un signe constant et correspondrait à l'existence d'un courant vertical, *toujours de même sens*, et ayant une intensité
moyenne de 0^{amp},1 par kilomètre carré dans l'Europe centrale.

Sir Arthur Rücker et le professeur Thorpe avaient tiré de l'étude du réseau
anglais à la date du 1er janvier 1891 : 1° que le courant vertical supposé n'était
pas toujours de même sens ; 2° qu'indépendamment de son signe, son intensité
était de l'ordre de grandeur de un, ou deux, ou trois centièmes d'ampère par
kilomètre carré. La conclusion générale était qu'on ne pouvait en aucune façon
affirmer l'existence de ce courant vertical en se fondant sur les données du
réseau anglais du 1er janvier 1891.

Du réseau magnétique de la France au 1er janvier 1896, MM. B. BAILLAUD et MATHIAS ont tiré des conclusions identiques.

La valeur de l'intégrale $\int H \cos \theta\, ds$, le long d'un polygone sphérique fermé dont les sommets sont les stations centrales des onze districts réguliers de la France, est généralement de l'ordre du $\frac{1}{10.000}$ de la valeur positive ou négative de l'intégrale; comme H n'est connu qu'à $\frac{1}{1.000}$ près et que la différence a un signe variable, il s'ensuit qu'en toute rigueur l'intégrale doit être considérée comme identiquement nulle, contrairement aux conclusions du Dr Schmidt.

———

M. Albert ROGER, à Antibes.

Orage à Antibes, 1er-2 novembre 1904. — Présentation d'une notice, accompagnée de plans et photographies, relative à un orage qui a duré plus de trois heures avec manifestations électriques continuelles et très intenses. Il n'y avait pas de vent. Tous les téléphones de la région ont été brûlés. Il y a eu de nombreuses chutes de foudre.

———

M. Joseph EYSSÉRIC, à Paris.

Observations sur les températures de l'air et de la mer à la surface, entre le Cap Nord et le Spitzberg. — L'auteur communique les observations faites au cours d'une croisière au Spitzberg, en juillet 1905.

———

M. Michel LUIZET, à l'Obs. de Saint-Genis-Laval (Rhône).

Sur les Saints de glace et l'Été de Saint-Martin. — Les *abaissements* de température qui se produisent en mai frappent beaucoup plus l'imagination que les réchauffements anormaux, surtout lorsque la température s'abaisse au-dessous de zéro degré et compromet les récoltes. De même en novembre, où il est naturel de voir le thermomètre s'abaisser d'un jour à un autre, les élévations de température sont beaucoup plus remarquées que les baisses; et on conçoit très bien que les refroidissements de mai et les hausses anormales de novembre aient donné naissance aux dictons populaires des Saints de glace et de l'Été de Saint-Martin.

———

M. Frédéric ROSSARD, Assistant à l'Observ. de Toulouse.

Perturbations périodiques de la température. — Soixante années d'observations journalières de la température à l'Observatoire de Toulouse entre 1839 et 1902, traduites graphiquement en moyennes de cinq en cinq années d'abord, puis de vingt en vingt années, ont donné les résultats suivants :

1° De l'examen des courbes, il résulte que les saints de glace (minimum du 11 au 13 mai) ont existé de 1839 à 1882. Ils ont disparu pendant la période de 1883 à 1897 et sont revenus de 1898 à 1902.

— 2° Un refroidissement a lieu vers les 9 et 16 juin ;

3° Un refroidissement a lieu vers le 21 novembre ;

4° Un réchauffement se rencontre vers le 15 décembre et un refroidissement du 9 au 12 et vers le 21 du même mois.

———

M. BRÜCK, à l'Observ. de Besançon.

Les Saints de glace. — Les observations thermométriques faites à Besançon depuis la création de l'Observatoire ne montrent pas de refroidissement appréciable à l'époque des *saints de glace*, ni de réchauffement à date a peu près fixe en novembre.

———

M. le Chanoine V. RACLOT.

Normales diurnes des variations de température moyenne à Langres pendant les dix-neuf dernières années (chiffres et diagrammes). — Ces normales, résultantes des moyennes diurnes des températures extrêmes (maxima et minima) des dix-neuf dernières années, mettent en relief dans le diagramme annexé au tableau des chiffres diurnes, des anomalies de réchauffement ou de refroidissement qu'il serait intéressant d'étudier dans la plupart des observatoires français, en prenant soin d'embrasser une période uniforme pour tous, vingt ou trente ans par exemple, afin de les rendre strictement comparables dans chaque station.

———

M. Henri MÉMERY.

Les variations périodiques de la température et leur relation probable avec les phénomènes solaires. — Si l'on trace une courbe représentant la moyenne de la température pour chaque jour de l'année, et pour un grand nombre d'années, on obtient une ligne très irrégulière ; cette irrégularité n'existerait pas si la température était uniquement réglée sur le mouvement apparent et annuel du soleil.

Presque chaque année on observe des retours de froid au printemps et en été, et des recrudescences de chaleur en automne et en hiver, qui ne s'écartent pas sensiblement d'une date moyenne caractéristique.

Quelques-unes de ces « variations périodiques » ont reçu un nom particulier : « Saints de glace » ; « Été de la Saint-Martin » ; deux autres, très importantes, se présentent l'une en juin (période froide), l'autre en décembre (période chaude).

Si l'on rapproche l'état du soleil (soit l'état particulier pour chaque jour, soit l'état général pour une série d'années) avec l'état atmosphérique de nos contrées, on observe une concordance curieuse entre les changements d'aspects de la surface solaire d'une part, et les variations de la température d'autre part.

Les périodes froides coïncident avec une diminution dans le nombre et l'étendue des taches solaires et des facules ; les périodes chaudes coïncident avec une augmentation dans le nombre et l'étendue des taches et des facules.

La plupart des périodes froides ou chaudes qui se présentent régulièrement chaque année, coïncidant chacune avec un certain aspect du soleil, il en résulte que les phénomènes de la surface solaire doivent également affecter une certaine allure périodique annuelle.

L'observation confirme cette déduction et montre qu'il existe des dates de plus grande fréquence des taches solaires.

M. BESTEL, Prof. à l'Éc. norm. primaire de Charleville.

Climat des Ardennes. — La pluie et la température. — La statistique météorologique a été étudiée pour la station de Charleville et pour les stations thermométriques et pluviométriques de la Commission de météorologie au moyen des documents de la période 1885 à 1905.

Les résultats sont donnés pour l'année météorologique.

À Charleville, la hauteur moyenne de pluie est 773 millimètres en comprenant sous la désignation de pluie toutes les précipitations : pluie, neige, grêle, grésil.

Sur les vingt années 1885-1905, il s'en trouve douze dont le total n'atteint pas la moyenne et huit qui ont un total supérieur. Les deux extrêmes sont 1887 avec 587 millimètres et 1905 avec 1.139 millimètres. Le rapport de ces valeurs est 1,94, c'est-à-dire que la hauteur d'eau annuelle peut varier à Charleville du simple au double.

D'une manière générale la période 1886 à 1900 a été sèche ; celle de 1900 à 1905 pluvieuse. Dans chaque période des années ont été voisines de la normale, 1888, 1890, 1896, 1897-1900 et 1904..

La courbe annuelle montre que le maximum de pluie tombe en décembre et le minimum en mai. Il y a une augmentation très notable en mars par rapport à février et avril, et une diminution en septembre.

La moyenne annuelle des jours de pluie — précipitations ayant donné une quantité mesurable au pluviomètre — est 150 jours. Le minimum 127 correspond à l'année 1886 et le maximum 197 à 1905.

La hauteur moyenne d'eau par jour pluvieux oscille entre $4^{m/m},28$ et $6^{m/m},03$ suivant les mois.

Les plus fortes averses fournissent 35 à 40 millimètres, pluies d'orages.

La distribution des pluies selon leur intensité donne lieu aux remarques suivantes : les pluies de moins de 5 millimètres dans une journée sont surtout fréquentes pendant la saison froide ; celles qui fournissent de 5 à 15 millimètres présentent deux maxima, en décembre et en octobre, et deux minima en mai et septembre. Les pluies de plus de 15 millimètres se produisent surtout dans la saison chaude, avec un maximum en juin. Les pluies supérieures à 30 millimètres se produisent presque exclusivement d'août à décembre.

L'étude de la pluie aux trente stations de la Commission de météorologie et résumée dans les graphiques, montre la même distribution générale annuelle qu'à Charleville.

Les cartes représentant la distribution de la pluie sur le département font ressortir l'existence de régions sèches dans la partie sud-ouest (plaine crayeuse de Champagne) et la vallée de la Meuse en amont de Charleville, et de régions humides sur la ligne des crêtes boisées de l'oxfordien et sur le plateau primaire de l'Ardenne (région forestière).

La plaine crayeuse altitude voisine de 100 mètres, reçoit une quantité de pluie inférieure à 700 millimètres; les crêtes, avec une altitude de 200 à 300 millimètres en reçoivent plus de 900 millimètres; le plateau d'Ardenne, dont l'altitude est de 400 à 500 mètres reçoit de 1.000 à 1.100 millimètres de pluie.

La température moyenne déduite des maxima et minima est 9°,62 à Charleville. Elle atteint 9°,83 à Tagnon, dans la plaine crayeuse, et 8°,20 à Rocroi, sur le plateau d'Ardenne.

Un des traits caractéristiques du climat de cette région est le brusque changement de température et un écart très grand entre la température du jour et celle de la nuit; différence plus accentuée pour le nord du département que pour le sud.

On enregistre en moyenne 70 à 80 jours de gelée à zéro dans la plaine crayeuse, 100 à Rocroi (altitude 380 mètres) et 130 aux Mouches (altitude 410 mètres).

En plein air, le thermomètre placé sur le sol atteint la température 0 degré 150 fois dans l'année, tandis que celui de l'abri météorologique ne l'atteint que 100 fois, à Chatel-Chehery.

La courbe des moyennes de chaque jour pour la station de Charleville comparée à la normale de Paris fait ressortir le caractère continental plus accentué du climat de Charleville. La température y est inférieure à celle de Paris dans les mois d'hiver, peu différente en avril-mai, et plus élevée dans les mois d'été.

———

Feu Adolphe CADOT, Ing., à Paris.

Le Baromètre dynamométrique décimal en Physique du globe. — Le baromètre actuel, obscurément gradué, depuis son invention, à l'unité de *longueur*, n'est qu'un instrument barbare en physique générale.

Et donc en Physique du globe.

Le baromètre est un instrument *manométrique*, en même temps que *dynamométrique*, et doit être gradué à l'unité rationnelle de pression, à l'*atmosphère*, dans l'unité de poids correspondante.

Atmosphère = Kilo.

La division décimale, *milligrade*, de la colonne barométrique d'eau appliquée au baromètre à mercure, anéroïde, au baromètre enregistreur, détermine l'invention du baromètre *dynamométrique* décimal rationnel; l'œuvre de Galilée et de Torricelli, de Pascal, etc., dans le baromètre, ainsi achevée, rendue parfaite.

Sur le baromètre dynamométrique nous établissons les bases d'une *Météorologie arithmétique* et d'une *Océanographie* physiques rationnelles, en même temps que nous étendons la *Sismologie* jusqu'à la prévision des tremblements de terre, dont les variations barométriques, dans leurs causes physiques efficientes, sont un des facteurs échappant jusqu'ici à l'observateur, dans l'obscurité des indications du baromètre *linéaire*, obstruant le progrès des sciences.

— Séance du 6 août —

M. E. DURAND-GRÉVILLE, à Lyon.

1° *Isobares de grains*. — Notre mémoire intitulé *Rubans et Couloirs de grain*, publié par le *Bulletin de la Société belge d'astronomie*, nous a valu maintes approbations, dont nous avons été fort touché, et quelques objections.

Celles-ci nous ont fait comprendre qu'une préface très explicite sur le caractère et le but spécial de ce mémoire eût été nécessaire pour éviter des malentendus. Au premier abord, une préface nous avait semblé inutile, la situation nous paraissant suffisamment claire par le fait de la place honorable que nous avions obtenue au concours international de prévision du temps de Liège (août-septembre 1905), malgré les conditions de préparation les plus défavorables.

Nous ne connaissions, en effet, des règles classiques de la prévision du temps que celles que nous avions lues dans les manuels de météorologie. C'est à peine si nous avions eu la curiosité, quelques années auparavant, de parcourir l'ouvrage bien connu du Dr Von Bebber. A la dernière minute, pressé de prendre part au concours, nous avions refusé cet honneur en faisant remarquer qu'au moment où le concours aurait lieu, nous devrions être à Innsbrück pour prendre part à la conférence internationale des météorologistes. Nous ignorions que le règlement du concours permettait, dans le cas de force majeure, d'avancer ou de retarder pour certains candidats tout ou partie des épreuves. L'objection étant levée, nous étions forcé d'accepter notre inscription parmi les concurrents.

La première épreuve, celle de Paris, commença pour nous huit jours avant la date fixée, c'est-à-dire trop brusquement pour nous permettre quelques lectures préparatoires ; et il va sans dire qu'à Innsbrück l'intérêt des questions discutées nous absorba trop complètement pour nous permettre de songer au concours de Liège dont les épreuves allaient commencer aussitôt après notre voyage de retour.

Il nous paraissait évident que notre succès relatif — le second rang obtenu dans ces conditions — provenait uniquement du petit avantage pratique que pouvait nous offrir la connaissance de la loi des grains formulée par nous en 1892, avantage qui avait compensé dans une certaine mesure notre absence complète d'entraînement dans l'application pratique des règles ordinaires de la prévision du temps.

L'idée qui avait présidé à nos essais de prévision était celle-ci.

Nous considérions et nous considérons toujours comme définitivement prouvé que les grains (cause occasionnelle des averses de pluie, de grêle ou de neige et des orages) sont produits par le passage d'un ruban de grain. Mais, à son tour, le *ruban de grain* (qui produit dans les barogrammes le crochet caractéristique erronément appelé *crochet d'orage*) est bordé, tout le long de sa partie antérieure, d'une bande de pressions relativement basses que nous avons appelée *couloir de grain*. Or, si le *ruban de grain* est beaucoup trop étroit pour pouvoir être décelé par les cotes télégraphiques journalières, il n'en est pas de même pour le *couloir de grain*, qui est beaucoup plus large. En traçant, au moyen de télégrammes journaliers, des cartes d'isobares par millimètre, nous étions sûr d'obtenir une ébauche plus où moins grossière du couloir de grain, quand il y en avait un dans la dépression considérée. La connaissance d'une loi antérieure déjà démontrée nous permettait de conclure de l'existence d'un couloir de grain à celle du ruban de grain qui devait nécessairement le suivre. De là la possibilité de la prévision, pour le lendemain, de vents de grain certains, d'averses probables et d'orages possibles, dans la région approximativement déterminable où se trouverait le ruban de grain dans la journée du lendemain.

Il s'agissait, on le voit, dans nos cartes d'isobares tracées pendant le concours, non pas de *prouver* l'existence des couloirs et des rubans de grain — chose déjà établie antérieurement, — mais d'appliquer *pratiquement* à la prévision des grains une loi déjà prouvée et connue.

Il ne viendrait aujourd'hui à l'esprit de personne de dire à un chef de service de prévision du temps : « Vos cartes d'isobares journalières sont des ébauches imparfaites, fondées sur des cotes trop peu nombreuses et souvent mal transmises par le télégraphe; elles ne *prouvent* pas l'existence des dépressions ni celle des lois suivant lesquelles elles se déplacent. »

C'est pourtant l'erreur dans laquelle sont tombés plusieurs critiques; d'ailleurs bienveillants, quand ils ont reproché à certaines de nos cartes de ne pas *prouver* d'une façon suffisamment claire l'existence de certains couloirs. On a cru devoir exiger de nous une *démonstration* théorique, scientifique, parfaite, dans chaque cas particulier, alors que nous avons simplement voulu présenter une application *pratique* des lois antérieurement démontrées, application dont l'efficacité devait se montrer uniquement par la justesse des prévisions obtenues.

D'une façon générale et malgré des échecs de détail que nous avons été le premier à mettre en relief, nous croyons que notre méthode a fait suffisamment ses preuves ; et nous demandons aux chefs du service de prévision de toutes les stations centrales de bien vouloir en faire l'essai. L'expérience journalière montrera bien vite en quoi cette méthode est perfectible.

2° L'annonce télégraphique des grains. — On sait aujourd'hui d'une façon définitive que la hausse *brusque* de la force du vent et le changement *brusque* de sa direction qui constituent essentiellement le grain ont pour cause le passage d'un ruban étroit et long, plus ou moins sinueux, qui s'étend des environs du centre jusqu'à la circonférence de la dépression « à grains » dont il fait partie. Ce ruban de grain est animé d'un mouvement lent de rotation autour du centre de la dépression, dans le sens inverse du mouvement des aiguilles d'une montre. Il est, en outre, emporté dans le même sens que la dépression dont il fait partie.

Il arrive souvent que les rubans de grain sont plus ou moins nombreux et se succèdent à peu d'intervalle comme le feraient les vagues de la mer. Ce fait paraît devoir compliquer beaucoup la prévision. Toutefois, l'observation montre que les grains violents, ou très violents, ou tempétueux ne sont accompagnés, quand ils le sont, que de grains plus ou moins faibles, ce qui ramène le problème de la prévision à sa simplicité primitive.

Avant de parler de la réalisation purement pratique de la prévision des grains, disons d'abord quelle en est l'utilité.

Dans les dépressions ordinaires, le vent n'est violent qu'aux environs du centre, et sa force diminue à mesure qu'on s'en éloigne ; tandis que la dépression à ruban de grain offre cette particularité que les vents de tempête s'y produisent, sauf des différences secondaires d'intensité, sur tous les points du ruban du grain, aussi bien vers la circonférence de la dépression que dans les environs de son centre. La prévision change donc de forme et d'importance aussitôt que l'existence d'un ruban de grain dans une dépression est constatée.

Dans ce dernier cas, il y a évidemment tout avantage à signaler non seulement l'approche de la dépression, mais celle d'un ruban de grain, en indiquant l'orientation de celui-ci, la direction et la vitesse de son déplacement, ce qui permettrait, dans chaque endroit situé en avant du mouvement, de prévoir l'arrivée, vers telle heure, du ruban de grain et du vent de tempête qui l'accompagne.

De même, nous l'avons prouvé ailleurs et nous croyons inutile d'en faire à nouveau la démonstration, les orages, les averses de pluie ou de grêle en été, les chutes brusques de neige en hiver (avec les tempêtes de neige, si dangereuses, qui les accompagnent) sont, en règle très générale, déchaînés par le passage du ruban de grain. Les télégrammes qui annoncent l'arrivée d'un ruban de grain vers telle heure annoncent donc en même temps la *possibilité* ou la *probabilité*, selon les circonstances, de l'orage, de la chute violente de pluie, de grêle ou de neige qui accompagnent fréquemment le vent de grain. Cette probabilité est plus ou moins grande selon certaines conditions locales aujourd'hui bien connues.

Théoriquement, rien ne serait plus simple que d'arriver à la prévision exacte. Si, *au moment* où le ruban de grain passe sur lui, chaque directeur d'observatoire en signalait l'existence télégraphiquement au Bureau central, il suffirait de marquer sur une carte les différents points frappés successivement par le grain, pour établir l'orientation, la marche, la vitesse de déplacement de ce ruban ; ce qui permettrait d'avertir successivement avec précision, quelques heures d'avance, les stations situées en avant du mouvement.

Mais il faudrait, pour cela, obtenir la gratuité de l'envoi, à *toute heure*, des dépêches météorologiques.

En attendant ce progrès, nous en proposons un qui ne coûterait rien, et qui réaliserait une partie des résultats désirés.

Que les expéditeurs des télégrammes météorologiques journaliers gratuits ajoutent à leur dépêche un groupe de lettres signifiant qu'un grain de vent violent est passé sur leur station à telle heure, pendant l'une des heures qui précèdent l'envoi de cette dépêche. Par ce moyen, au lieu de dire simplement : « Il existe une dépression, dont le centre est sur tel point », le Bureau central pourrait dire la même chose, en ajoutant : « et qui possède un ruban de grain violent orienté de telle façon et se déplaçant dans telle direction, avec une vitesse approximative de..... ». On ne ferait cela, bien entendu, que pour les grains violents.

M. BECKER-BERTRAND, à Reims.

Emploi de son thermomètre-déclancheur Varium.

Ouvrages imprimés

PRÉSENTÉ A LA SECTION

M. Albert Roger : *Orage (nuit du 1er au 2 novembre 1904) à Antibes*.

Le numéro 148, du 29 juin 1907 du *Le Dion-Bouton*, journal industriel hebdo-madaire.

3e Groupe.
SCIENCES NATURELLES

8e Section.
GÉOLOGIE ET MINÉRALOGIE

PRÉSIDENTS D'HONNEUR . . . . MM. le Prof. PAUL OPPENHEIM, de Berlin.
MARIANO VIDAL, Insp. gén. des Mines, à Madrid.
PRÉSIDENT. . . . . M. P.-A. PERON, Corresp. de l'Inst.
VICE-PRÉSIDENT. . . . . LAMBERT, Présid. du Trib. de 1re Inst. de Troyes.
SECRÉTAIRE . . . . H. BOURGERY, Memb. de la Soc. Géol. de France.

— Séance du 1er août —

ALLOCUTION DE M. PERON
Président de la Section.

MES CHERS COLLÈGUES,

En ouvrant cette première séance, mon premier devoir est de souhaiter une cordiale bienvenue à nos éminents collègues étrangers, M. le professeur Dr Oppenheim et M. l'inspecteur général des mines Mariano Vidal, qui ont bien voulu venir prendre part à nos travaux. Nous faisons des vœux pour que ces savants trouvent à nos réunions un certain intérêt et pour qu'ils emportent un bon souvenir de notre Congrès de Reims.

Notre section, Messieurs, attendait encore deux autres savants étrangers. Nous avions l'espoir de voir au milieu de nous deux éminents géologues de la Belgique, MM. Michel Mourlon, directeur du service géologique de ce pays, et Rutot, conservateur du musée d'histoire naturelle de Bruxelles.

Leur présence ici eût été de nature à donner à nos travaux un grand supplément d'intérêt, mais tous deux ont fait connaître récemment que des empêchements leur étaient survenus et ils en ont témoigné leurs vifs regrets.

Les regrets ne sont pas moins vifs de notre côté et je vous propose d'en envoyer l'expression à nos collègues au nom de la section tout entière.

Ce n'est pas, Messieurs, sans une certaine émotion que je reviens, après vingt-sept ans, reprendre place dans ce Lycée où déjà une première fois, en 1880, a siégé le Congrès de l'Association. J'étais alors en résidence à Reims et je pris une part assez active à ce Congrès. Les souvenirs en sont encore très vivaces en ma mémoire. La huitième section était présidée par Gustave Cotteau, avec de Koninck comme président honoraire et le sénateur Pomel et moi-même comme vice-présidents.

Parmi les membres les plus actifs de la section, il me faut citer le Dr Lemoine dont vous connaissez tous les beaux travaux sur le pays rémois, puis Dewalque, de Loriol, Victor Gauthier, Aumonier, etc. Hélas ! presque tous ces géologues ont aujourd'hui disparu. Il n'y a plus ici qu'un seul survivant de cette phalange et c'est une singulière faveur qui me permet de revenir aujourd'hui présider ici cette huitième section où je siégeais comme vice-président, il y a vingt-sept ans.

Ce n'est pas, Messieurs, sans tristesse que j'évoque ces anciens souvenirs et la mémoire de tous ces collègues disparus dont plusieurs furent en même temps pour moi de bons amis.

Notre section fut, en 1880, l'une des plus animées. Je me souviens avoir vu jusqu'à trente assistants à nos séances. Les échinologistes s'y trouvaient en nombre et, un jour, j'ai eu la bonne fortune de réunir à ma table les échinologistes les plus éminents de cette époque, Gustave Cotteau, de Loriol, Pomel, Gauthier, etc. M. Lambert seul manquait à cette réunion où les oursins firent largement les frais de la conversation. Par compensation, nous avons la bonne fortune de l'avoir aujourd'hui. Il sera seul, sans doute, à nous entretenir des échinides et la discussion sur ces fossiles sera moins animée qu'en 1880, mais nous aurons du moins la consolation de voir que l'échinologie est encore tombée entre de bonnes mains.

J'espère, mes chers collègues, que dans le Congrès qui commence aujourd'hui, la huitième section saura produire encore de bons travaux et je ne doute pas que nos devanciers de 1880 trouveront ici des successeurs capables et dignes de continuer leur œuvre.

M. Charles DEPÉRET, Corresp. de l'Inst.

Sur les progrès récents des connaissances sur les terrains tertiaires inférieurs des environs de Reims. — (Rapport préparatoire publié dans le *Bulletin*, no 6, de juin 1907, page 8).

M. PERON, Corresp. de l'Inst.

Rechercher jusqu'où s'est étendue dans l'Est de la France la mer de la craie de Reims. — (Rapport préparatoire publié dans le *Bulletin*, no 6, de juin 1907, page 13.)

M. le Commandant CAZIOT, à Nice.

Climat des Alpes-Maritimes à la fin du Pliocène supérieur et pendant le Pleistocène, établi à l'aide des mollusques terrestres et fluviatiles. — L'examen des mollusques terrestres et fluviatiles qui existent en grand nombre dans les dépôts post-pliocènes des environs de Nice, permet de déterminer, d'une façon indiscutable, les variations du climat aux époques susvisées et permet de considérer, comme très probable, que les deux facteurs les plus importants dudit climat : la direction des vents et la répartition des pluies entre les saisons, n'ont pas varié d'une façon appréciable dans la région considérée, depuis la fin du pliocène supérieur.

La même théorie a été exposée par l'auteur dans une étude sur le phénomène du mistral et sur les preuves de son ancienneté dans la vallée du Rhône, publiée en 1889, dans le *Bulletin de l'Académie de Vaucluse*.

M. Ph. GLANGEAUD, Prof. de Géol. à la Fac. des Sc., de Clermont-Ferrand.

Sur deux curieux volcans de la chaîne des Puys : le Puy Chopine et le Puy des Gouttes. — Ces deux volcans ont fait l'objet de nombreux travaux et de nombreuses controverses.

L'auteur établit :

1° Que le Puy Chopine, qui a aujourd'hui 1.181 mètres d'altitude, avait jadis plus de 1.300 mètres;

2° Qu'il résulte d'une intrusion de domite, sous forme filonienne, avec brèche de friction, au milieu de la colline granitique; mais qu'une partie de la colline a été démantelée par l'érosion sur plus de 100 mètres de haut, ainsi que le prouvent les cônes de déjections qui entourent sa base;

3° Qu'il n'y a pas eu de soulèvement;

4° Que le Puy des Gouttes était un volcan à cratère jadis accolé au Puy Chopine. Il en est séparé aujourd'hui par une crevasse profonde d'environ 50 mètres;

5° Les débris qui surmontent le segment de cratère actuel permettent de démontrer cette liaison et de mesurer les effets de l'érosion depuis le quaternaire.

M. LAMBERT, de Troyes.

Note sur les échinides du calcaire pisolithique du bassin de Paris. — Sur neuf espèces décrites deux sont nouvelles et quatre n'avaient encore été ni complètement décrites ni figurées. Trois espèces sont communes avec le calcaire grossier de Mons et établissent un synchronisme déjà signalé; mais aucune espèce du Montien ne se retrouve en réalité soit dans le Danien et les autres étages du Crétacé supérieur, soit dans l'Éocène. Les affinités de la faune échinitique montienne s'établiraient surtout avec les couches à *Echinanthopsis* et à *Plesiolampas* de la Haute-Garonne, de la Vénétie, de l'Inde et de l'Afrique Centrale. Le parallélisme souvent proposé du Montien et du Danien paraît à l'auteur reposer sur des erreurs d'observations ou de déterminations de fossiles.

Discussion. — M. Maurice LERICHE rappelle que l'étude de la faune ichthyologique du calcaire pisolithique a déjà fourni, en ce qui concerne l'âge de cette formation, des résultats identiques à ceux auxquels M. Lambert vient d'être conduit par l'étude des Échinides. Il y a une très grande analogie entre la faune ichtyologique du calcaire pisolithique et celle du calcaire de Mons. Ces faunes sont caractérisées par l'association de formes crétacées et tertiaires.

M. P. Oppenheim demande quels seraient, suivant M. Lambert, les équivalents de la craie Danienne dans le bassin de Paris, si M. Lambert considère les couches à *Nautilus danicus* dans le Danemark même comme crétacées ou éocènes, et quelle serait son opinion sur l'âge des couches à Coraster, dans le Midi de la France, en Espagne et dans la Vénétie.

M. P. Oppenheim demande à M. Dollfus, quelle serait la proportion des espèces soit exclusivement pliocènes, soit même récentes, dans son étage Redonien de l'Ouest de la France et s'il n'y aurait pas lieu d'y joindre tout ce que M. Fuchs, autrefois, a désigné comme Mio-Pliocène, avant tout, dont le calcaire de Rosignano dans la Toscane, le calcaire à polypiers de Trakonaes en Grèce, aussi bien que d'autres couches marines de ce dernier pays que M. Oppenheim lui-même avait crues autrefois pliocènes mais qui paraissent plus vieilles d'après les recherches récentes de M. Deprat.

- - -

M. Maurice COSSMANN, Ing. à Paris.

Description de quelques Pélécypodes jurassiques recueillis en France.

- - -

M. Pierre COLLET, à Sainte-Menehould.

Étude de la source pétrifiante de Saint-Mard-sur-le-Mont (Marne).

- - -

M. PERON.

Suppression d'un certain nombre d'espèces dans la nomenclature des Ostrea crétacés.

- - -

M. le Dr Edouard GUILLAUME, à Reims.

1° *Du Thanetien inférieur aux environs de Reims.* — Au-dessus de la craie à *Belemnitella quadrata*, particulièrement à Brimont, Châlons-sur-Vesle et Jonchery, se trouve un banc d'origine vaseuse de 30 à 40 centimètres. Il existe dans ce banc des galets de craie sur lesquels sont fixées des huîtres. Au-dessus vient un banc de marnes plus ou moins sableuses par place avec deux ou trois bancs de grès intercalés. Ces marnes contiennent de nombreux silex roulés. Les fossiles suivants y sont plus ou moins rares : *Ostrea bellovacensis*, type et variété Lk.; *Ostrea eversa*, Melleville; *Ostrea heteroclita*, Defrance; *Ostrea subpunctata*, d'Orbigny; *Perna Bazini*, Ds.; *Crassatella bellovacensis*, Ds.; *Cyprina scutellaria*, Ds.; *Pholadomya cuneata*, Sow.; *Pholadomya Konyncki*, Sow.; *Sphenia* sp. *Clavagella primigenia*, Ds.; empreintes de *Cerithidœ*; empreintes de *tarets*; empreintes de *monocotylédones*. Nous croyons que le niveau inférieur des sables de Châlons-sur-Vesle peut être assimilé comme hauteur à celui de La Fère. La fréquence des *Ostrea bellovacensis* à Brimont et à Châlons nous fait penser à la couche si dense d'*Ostrea* qui se trouve au-dessus de la couche de Bracheux.

2° Marnes et calcaires de Chenay dans la montagne de Saint-Thierry. — Dans la montagne de Saint-Thierry, un peu au-dessus de la base du Sparnacien, on aperçoit une couche de marnes généralement blanchâtres, très friables, de 50 centimètres à 2 ou 3 mètres. On peut la voir vers le haut de la carrière des Demoiselles, à Saint-Thierry, à Merfy et Chenay. Dans ce banc on rencontre des masses de calcaire très dur contenant quelques empreintes de physes et paludines. Le niveau de ces marnes est le même que celui des marnes du Mont-Bernon, de Dormans et de Montchenot.

EXCURSION DE LA 8e SECTION A CERNAY-BERRU

— *2 août* —

Une grande partie des Membres de la Section de Géologie, sous la conduite de deux de nos confrères rémois, se sont rendus, l'après-midi, à Cernay-Berru, pour y étudier le contact des sables de Châlons-sur-Vesle et des lignites du Soissonnais, du Sparnacien sur le Thanétien, question qui avait fait l'objet d'un rapport préparatoire de M. Depéret. Ils ont vivement regretté l'absence de ce dernier et il leur a été malheureusement impossible de constater la présence de deux conglomérats successifs.

On a pu voir le contact des sables blancs et de l'assise des lignites en quatre endroits différents à Cernay et dans deux carrières à Berru. Dans une première excavation au-dessus d'une couche de sables fins, d'un blanc vif, bien fossilifères, et dont la faunule a été donnée récemment par M. Molot, on voyait une couche de sable jaunâtre un peu grossier avec cailloux, qui était liée à une couche argileuse noirâtre, appartenant déjà incontestablement aux lignites et surmontée de l'assise graveleuse, argilo-sableuse à stratification entrecroisée connue sous le nom de *Conglomérat de Cernay* et qui a fourni jadis au Dr Lemoine une si belle série d'ossements; une série de sables jaunes et d'argiles grises complétait la partie haute de la section.

Plus loin, au revers de l'ancien gîte exploité par Lemoine, une coupe montrait les sables argileux entrecroisés immédiatement au-dessus des sables blancs. Le même contact était apparent dans une excavation fouillée par M. Depéret, sur le revers sud de la pente dite des Côtes.

Dans les carrières de Berru, le sable blanc fin du Thanétien est souvent jauni et endurci à sa surface, il est raviné irrégulièrement par un sablon jaune-rouille avec petits cailloux de silex, filets d'argile noirâtre et lit gypseux; cette couche passe à des lits de sables jaunes et d'argile grise contournés, à stratification oblique, qui deviennent plus fins et plus réguliers vers le sommet de la coupe et qui passent a des alternances d'argile et de sable de la série normale des lignites. Nous n'avons pu constater deux ravinements, l'un appartenant au

Thanetien comme événement terminal de cet étage, l'autre à classer à la base du Sparnacien comme sa phase de début.

Certainement la manière de voir de M. Depéret présenterait au point de vue paléontologique un grand avantage, elle permettrait de classer les ossements découverts à Cernay dans deux assises différentes, correspondant à deux périodes successives, bien distinctes dans le temps.

La plupart des Membres présents étaient même disposés à admettre cette interprétation nouvelle; la faune ancienne à *Arctocyon* occupant le sommet du Thanetien, la faune à *Coryphodon*, plus récente, apparaissant avec le conglomérat de base du Sparnacien.

Mais, les faits observés obligent à maintenir l'explication ancienne, à considérer que le conglomérat de Cernay de la base des lignites, ayant raviné tous les dépôts antérieurs, groupe à la fois les débris des animaux ayant vécu durant le Thanetien, comme ceux qui se sont développés au début du Sparnacien; en un seul mélange que la stratigraphie n'a pas séparé.

G. Dollfus.

— **Séance du 3 août** —

M. l'Abbé Alexandre PARAT, à Avallon.

Statistique des grottes de l'Yonne. — L'auteur se propose de donner le catalogue des cent huit grottes de l'Yonne actuellement explorées, où seront condensées les notices publiées par lui dans différents Bulletins. Il fait une application à plusieurs gisements connus et il en expose : la stratification, la faune de chaque niveau, l'industrie, la bibliographie, les collections. Ce travail inédit servira aux préhistoriens pour se reporter aux différentes observations.

M. le D^r Ed. GUILLAUME.

Note sur le gisement de Pourcy. — Le gisement fossilifère de Pourcy a été découvert par M. Pistat, en 1901. Cette falunière est située à droite de la route de Marfaux à Pourcy. Elle consiste en une cavité de 4 à 5 mètres de profondeur et de 12 à 15 mètres de longueur. Au-dessous d'une légère couche de terre végétale on y trouve le sable formé de fragments de silice présentant quelquefois des tranchants fort accentués. Ce sable contient en assez grande quantité des débris venant des couches antérieures. La couleur du sable ainsi que celle des fossiles est celle des gisements de Cuise et de Pierrefonds. Une bande de marne fortement argileuse traverse le gisement. Cette couche indique nettement, d'après M. Leriche, la présence d'un cours d'eau.

Les fossiles proviennent des nombreux étages du Sparnacien :

1° De la couche inférieure des lignites trouvée par M. Bellevoye à Mailly : cette couche renferme du bois, des fruits, des empreintes de feuilles, le *Faunus Dufresnei* en abondance, des ossements et des carapaces de tortues, etc.

2º De la couche que l'on trouvait jadis à Rilly et qui se trouvent dans le plus grand nombre de gisements de lignites de la région, *Melania inquinata*, etc. ;

3º De fossiles lacustres provenant de l'Agéen ;

4º D'un certain nombre de fossiles du Cuisien.

Voici les deux principales explications sur la formation du gisement de Pourcy :

1º Facies littoral avec estuaire. La formation aurait lieu pendant le Sparnacien ;

2º Irruption de la mer du Cuisien sur les dépôts sparnaciens au commencement du Cuisien.

On doit rapprocher le gisement de Pourcy de celui de Sinceny. A Mont-Notre-Dame également on trouve, au-dessus du Sparnacien non remanié, une couche de Sparnacien ayant subi l'action de la mer de Cuise (Leriche).

A Pourcy il faudrait faire de nombreux sondages, étudier les couches sous-jacentes et rechercher les failles et les glissements possibles. Les glissements du calcaire grossier supérieur sont nombreux aux environs et la carrière elle-même présente deux petites failles.

LISTE DES FOSSILES DU GISEMENT DE POURCY, REVUE A CE JOUR PAR M. E. MOLOT ET COMMUNIQUÉE A LA SECTION, APRÈS LA PRÉSENTATION DU MÉMOIRE DE M. GUILLAUME.

Teredo modica	(Dh.).	Anomia Casanovei	(Dh.).
Teredina personata	(Lk.).	— planulata	(Dh.).
Barnea Levesquei	(Watt.).	Neritina Dutemplei	(Dh.).
Martesia proxima	(Dh.).	— globulus	(Fer.).
Siliqua Lamarcki	(Dh.).	— consobrina	(Fer.).
Sphenia angulata	(Dh.).	— variété pisiformis	»
— Terquemi	(Dh.).	— variété perlonga	(Coss.).
— donaciformis	(Dh.).	Syrnola microstoma	(Deh.).
Corbulomya pullus	(Dh.).	— asthenoptyxis	(Coss.).
Corbula Arnouldi	(Nyst.).	Odontostomia Gravesi	(Deh.).
Mactra Levesquei	(d'Orb.).	— lignitarum	(Dh.).
Psammobia (cf.) appendiculata	(Lk.).	Eulima subnitida	(d'Orb.).
Meretrix Lamberti	(Dh.).	— suturalis	(Coss.).
— sincenyensis	(Dh.).	Scala Tunioti	(Coss.).
Cyrena sincenyensis	(Dh.).	Acirsa primæra	(de Bʸ.).
— cardioides	(Dh.).	Natica consobrina	(Dh.).
— antiqua	(Fer.).	Ampullina semipatula	(Dh.).
— cuneiformis	(Fer.).	— lignitarum	(Dh.).
— tellinella	(Dh.).	Berellaia Fischeri	(de Laub et C.).
— Arnouldi	(Mich.).	— Mariæ	»
Eupera lævigata	(Dh.).	— Bonneti	(Coss.).
Cardium (cf.) subporulosum	(d'Orb.).	Valvata inflexa	(Dh.).
Phacoides sparnacensis	(Dh.).	Viviparus proavius	(Dh.).
— nanus	(Dh.).	Assiminea elatior	(Coss.).
Erycina pourcyensis	(Coss.).	Hydrobia sparnacensis	(Dh.).
Nucula fragilis	(Dh.).	Bithinella intermedia	(Mell.).
Trinacria inæquilateralis	(d'Orb.).	— alta	(Dh.).
— Baudoni	(May.).	— plicistria	(Coss.).
Arca modioliformis	(Dh.).	Lapparentia cochlearella	(Dh.).
Mytilus lævigatus	(Dh.).	Stalioia Bouryi	(Coss.).
— Dutemplei	(Dh.).	— Tunioti	(Coss.).
Modiolaria angularis	(Dh.).	— modica	(Coss.).
Avicula? Moloti	(Coss.).	Bithinia Pistati	(Coss.).
Ostrea inaspecta	(Dh.).	Stenothyra pulvis	(Dh.).
— heteroclita	(Déf.).	— miliola	(Mell.).
— sparnacensis	(Def.).	— chorista	(Coss.).
— subpunctata	(d'Orb.).	— abnormis	(Dh.).
— bellovacensis	(Lk.).	Meliana inquinata	(Def.).
— submissa	(Dh.).	Pasitheola berellensis	(Laub et C.).

Semisinus Pistati	(Coss.).	Pleurotoma pourcyensis,	(Coss.),
Faunus ceritiformis	(Watt.).	Actæon granum	(Coss.).
— Dufresnei	(Dh.).	Actæonidea pourcyensis	(Coss.).
Melanopsis buccinoidea	(Fer.).	Bullinella lignitarum	(Coss.).
— ancillaroides	(Dh.).	Ringicula lignitarum	(Coss.).
— buccinulum	(Dh.).	Physa columnaris	(Dh.).
— pourcyensis	(Coss.).	Ancylus Matheroni	(de Br.).
Bayania triticea	(Fer.).	Lymnæa lignitarum	(Dh.).
— subtenuistriata	(d'Orb.).	Planorbis sparnacensis	(Dh.).
Turritella circumdata	(Dh.).	— subovatus	(Dh.).
Planaxis breviculus	(Coss.).	— hemistoma	(Sow.).
Potamides turris	(Dh.).	Carychium sparnacense	(Dh.).
— funatus	(Mant.).	— hypermeces	(Coss.).
Batillaria turbinoides	(Dh.).	— Dhorni	(Dh.).
— Fischeri	»	Stolidoma Pistati	(Coss.).
Murex sarronensis	(Carez).	Traliopsis Lemoiney	(Coss.).
Pseudoliva semicostata	(Dh.).	Rillya tenuistriata	(Wat.).
Tritonidea lata	(Sow.).	Helix perelegans	(Dh.).
Melongena præcursor	(Coss.).	Palæostoa exarata	(Mich.).
Olivella goniata.	(Coss.).		

M. BELLEVOYE, à Reims.

Lignites inférieurs de Mailly-Champagne. — On vient d'ouvrir une nouvelle carrière de cendres noires à Mailly. Nous y trouvons en bas les argiles sparnaciennes (argile plastique), au-dessus les différentes couches de la carrière :

1° Une couche de 40 centimètres contenant des fossiles en mauvais état de conservation : *Cyrena cuneiformis, Gravesi, Arnouldi, tellinella; Ostrea heteroclita; Mytilus Dutemplei; Faunus Dufresnei; Melanopsis buccinoïdes; Neretina consobrina; Physa columnaris; Pleurotoma lignitarum; Stalioïa Tunioti, Bouryi;*

2° Une autre couche de lignite de même épaisseur contenant des empreintes de plantes, de fruits, du bois fossile, des vertèbres de reptiles et un assez grand nombre de débris de tortues.

Au-dessus de la carrière actuelle existe une ancienne carrière dont les fossiles ne sont plus imprégnés de potasse et de charbon comme ceux du bas. Ces lignites sont les contemporains de ceux de Rilly. Au-dessus, on trouve les sables de Cuise-Lamotte, non fossilifères. Ces sables mélangés aux lignites sont destinés aux vignes comme amendement et comme engrais potassique.

Si la mer yprésienne, à son début, avait remanié les dépôts supérieurs et les couches inférieures de cette carrière, on aurait eu un gisement rappellent fort celui de Pourcy. L'étude que M. Leriche vient de faire des dents des poissons de Pourcy corrobe cette opinion.

M. J. LAURENT, Prof. au Lycée et à l'Éc. de Méd. de Reims.

1° *Le col de Pargny-lès-Reims.* — La tranchée du chemin de fer de Reims à Dormans entame au sommet du col de Pargny-lès-Reims l'étage lutétien sur une épaisseur de huit mètres. Elle a mis en évidence une série de failles orientées Nord-Sud avec plongement des couches vers l'Ouest. Ces failles parallèles à la ligne de faîte correspondent à une région effondrée que limitent deux failles perpendiculaires;

2° *Une vallée de Champagne : la vallée du Fion.* — Il s'est produit en Champagne comme dans toutes les régions calcaires, depuis les temps historiques, un assèchement progressif des vallées. M. LAURENT étudie à ce point de vue la vallée du Fion qui entame les craies sénonienne et turonienne.

Discussion. — M. OPPENHEIM peut s'associer pleinement aux éloges que M. Dollfus a rendu au grand et beau travail de synthèse qu'a fait notre éminent confrère M. Laurent et qui facilitera nos recherches ultérieures dans le tertiaire des environs de Reims d'une manière efficace. Cependant il tient à relever un point sur lequel il ne peut pas être d'accord avec l'auteur. Il écrit, page 45, en traitant de la faune des sables thanétiens, que « les Cyprines des dépôts marins, ancêtres de la *Cyprina islandica* actuelle, indiquent, dans la région, des mers froides, en communication avec la mer du Nord ; il y aurait donc à cette époque opposition complète entre la température des eaux marines et celle de l'atmosphère ». Déjà la dernière thèse ne saurait être juste d'après M. Oppenheim. Une mer froide aurait nécessairement pour conséquence un refroidissement des continents voisins. Mais encore l'hypothèse du caractère boréal de la faune thanétienne ne saurait être soutenue, malgré que, dernièrement, on l'ait considérée comme bien fondée et généralement acceptée. M. Oppenheim considère volontiers que le caractère de cette faune est moins tropical que celui des autres assises du bassin de Paris, et que la transgression du Thanétien sera probablement une conséquence de cette autre grande transgression qui s'observe en Allemagne, au Danemark et en Angleterre et dont les traits principaux ont été dernièrement si bien reconnus par M. Gagel. Mais il y a encore loin de là à un caractère boréal et arctique d'une faune si chargée d'éléments aujourd'hui cantonnés dans les mers tropicales.

M. LERICHE fait observer que l'on a certainement exagéré le caractère boréal de la mer landénienne. Cependant, la faune ichtyologique de cette mer est sensiblement plus tempérée que celle des mers yprésienne et lutétienne.

———

M. Maurice LERICHE, Maître de Conf. à la Fac. des Sc. de Lille.

1° *Sur l'extension des différentes assises du calcaire grossier marin dans le Bassin de Paris.* — M. LERICHE distingue, dans le « calcaire grossier » lutétien du Bassin de Paris, les assises suivantes de haut en bas :

> Assise à *Cerithium giganteum* et *Orbitolites complanatus ;*
> Assise à *Ditrupa strangulata ;*
> Assise à *Nummulites lœvigatus ;*
> Assise à *Maretia Omaliusi* (= O. grignonensis).

Il montre que ces assises sont en transgression les unes sur les autres, du nord vers le sud du Bassin. Le calcaire grossier, *dit* supérieur, qui déborde à son tour les assises précédentes, n'est qu'un facies saumâtre et lacustre de tout le Lutétien marin.

Discussion. — M. G. DOLLFUS pense que les vues de M. Leriche gagneraient à être présentées d'une manière moins absolue. Certainement nous pensons tous que des sédiments continentaux ont été contemporains de sédiments marins, mais il convient de donner des preuves de contemporanéité absolue pour chaque horizon. Nous pouvons très bien imaginer un géosynclinal marin dans lequel la sédimentation a été continue depuis le début de l'ère tertiaire jusqu'à la mer actuelle et où la faune se serait lentement remplacée sans aucune modification brusque ; dans un tel endroit l'examen des couches conduirait à considérer qu'il n'y a eu qu'un seul étage dans l'ère tertiaire. Mais ce ne sont pas de telles hypothèses qui sont importantes dans nos études ; on peut dire que tous progrès réalisés en géologie depuis cinquante ans ont été obtenus par l'établissement de subdivisions de plus en plus minutieuses dans chaque assise, par l'étude des mouvements littoraux de plus en plus détaillée, dans lesquels on a fait entrer en ligne de compte les assises lacustres comme les assises marines. Certes, notre travail de dissection a besoin de temps à autre d'une coordination critique, mais c'est en élargissant les cadres qu'on verra réellement la marche de l'évolution, c'est en multipliant les assises qu'on aura place pour toutes les transformations ; c'est, pensons-nous, un faux calcul que de vouloir supprimer les couches lacustres dans la série générale, il semble au contraire logique de croire qu'elles correspondent à des faunes marines de transition qui manquent dans la succession des couches de transgression maximum.

Au point de vue stratigraphique, il est impossible de tirer aucun argument de la transgression progressive des couches marines du Bassin de Paris vers le Sud pour démontrer que les couches lacustres du Calcaire grossier supérieur ont pu se déposer en même temps que celles du Calcaire grossier marin moyen ; car cette transgression ne s'est pas arrêtée au Calcaire grossier, elle a suivi une marche continue pendant tout l'Éocène et l'Oligocène et jusqu'au Miocène inférieur. A mesure qu'on s'avance au Sud-Ouest du Bassin de Paris on trouve en contact sur la craie des couches de plus en plus récentes : près d'Étampes ce sont les sables de Fontainebleau, à Châteaudun c'est le calcaire de Beauce, vers Blois ce sont les sables granitiques de Lozère et de la Sologne ; le mouvement de bascule a été complet : le Bassin de Paris, incliné au Nord et communiquant avec la mer de ce côté au début de l'Éocène, s'est trouvé incliné au Sud et communiquant dans la vallée de la Loire avec la mer des Faluns au Miocène moyen. On ne dira pas cependant que le calcaire de Champigny ou celui de la Beauce ont été respectivement des faciès continentaux du Calcaire grossier marin ou des sables de Fontainebleau.

Aucune bonne démonstration jusqu'ici ne nous prouve que le calcaire de Provins est contemporain du Banc-Royal, et que celui de Morancez est au niveau des sables de Grignon ; toutes les observations de détail y sont absolument opposées ; c'est de la pure théorie personnelle et nous ne pouvons l'accepter que comme telle.

M. Boussac, après la communication de M. Leriche, et à la suite des objections de M. Dollfus, apporte en faveur de la théorie de M. Leriche un fait nouveau et qui lui paraît décisif.

Il est bien évident que si la théorie de M. Leriche est exacte, dans les régions où la sédimentation marine aura été continue depuis le Lutétien jusqu'à l'Auversien, les couches marines à *Nummulites lævigatus* viendront directement en contact avec l'Auversien à *N. variolarius*, et il n'y aura pas de zone paléontologique distincte intercalée entre les deux. C'est précisément ce qui a lieu dans le Hampshire. Là, à Whitecliff Bay, dans l'île de Wight, on peut étudier facilement le contact du Lutétien et de l'Auversien, et on peut constater que le passage se fait directement des couches à *N. lævigatus* aux marnes à *N. variolarius* sans qu'on puisse voir au contact des traces d'émersion et de lacune.

M. OPPENHEIM présente quelques observations complémentaires.

2° *Contribution à l'étude de la faune de la craie d'Épernay.* — La collection Dutemple qui est conservée au Musée de l'Institut géologique de l'Université de Lille, renferme d'importants matériaux provenant de la craie d'Épernay à *Magas pumilus.* L'étude de ces matériaux fournit à l'auteur l'occasion de reviser la faune de cette craie.

Discussion. — A ce propos, M. PERON fait connaître que c'est, en partie, en raison des observations présentées par lui à des membres de la famille Dutemple que la collection en question a été donnée.

M. Gustave F. DOLLFUS, à Paris.

Faune malacologique du Miocène supérieur des environs de Montaigu (Vendée). — Dans des notes précédentes, l'auteur a étudié la faune fossile du Miocène supérieur des environs de Rennes (Ille-et-Vilaine), Gourbesville (Manche), Beaulieu (Mayenne). Il a étendu ses recherches à la Loire-Inférieure et à la Vendée. Il a pu déterminer plus de deux cents espèces dont un peu plus de la moitié sont encore vivantes dans nos mers. Le Dr Mignen de Montaigu lui a communiqué une très belle série de coquilles recueillies dans des puits et des fouilles spéciales, toujours au-dessous du niveau hydrostatique. Aux Cléons, commune de la Haute-Goulaine, on voit les sables graveleux du Miocène supérieur ravinant le Miocène moyen à l'état de tuf à Bryozoaires : le Rédonien est superposé à l'Helvétien de type Savignéen. Ceci donne à la mer des Faluns une extension bien plus grande qu'on n'avait cru jusqu'ici.

Discussion. — M. OPPENHEIM présente quelques observations.

M. Paul COMBES fils, Attaché au Mus. nat. d'Hist. nat. à Paris.

Extension du conglomérat sparnacien aux environs de Paris. — L'auteur met en relief l'extension relativement considérable du conglomérat dans la dépression parisienne, il insiste sur les deux *facies* : fluviaire et palustre, que l'on y observe. Un aperçu est donné sur les fossiles rencontrés dans cette couche à Auteuil.

M. W. KILIAN, Prof. de Géol. à la Fac. des Sc. de Grenoble.

Sur le rôle de la structure géologique dans l'évaluation des débits des torrents alpestres. — M. KILIAN met en évidence le rôle important que joue, dans l'alimentation des cours d'eau alpins, la disposition tectonique des assises géologiques qui peut, dans certains cas, étendre le bassin d'alimentation réel d'un torrent bien au delà des limites topographiques apparentes de ce bassin. Il cite comme exemple de ce cas le torrent de la Rozière près Bozel en Savoie.

Dans d'autres cas au contraire, l'allure tectonique des assises perméables et imperméables peut avoir pour résultat d'enlever au bassin topographique une notable partie de ses eaux. Il est donc *nécessaire* d'envisager, dans l'évaluation du débit d'un cours d'eau, non seulement la moyenne des précipitations annuelles et la surface du bassin topographique, mais aussi, outre la perméabilité plus ou moins grande des assises, léur *disposition tectonique* dont l'influence peut être prépondérante.

EXCURSION A VERZENAY

— 3 août 1907 —

Les membres de la Section de Géologie, sous la conduite de M. Bellevoye fils et du Dr Guillaume se sont rendus dans l'après-midi à Verzenay à une grande carrière, remise depuis peu en exploitation qui, fournit une coupe très remarquable des terrains tertiaires de la montagne de Reims.

La craie s'élève jusqu'à l'altitude de 220 mètres environ ; le contact avec les assises tertiaires n'est pas visible, l'exploitation entreprise dans les lignites du Soissonnais vers 240 mètres d'altitude a pénétré par fouille dans les mêmes couches d'une dizaine de mètres sans en trouver la base.

a) Ces lignites sont composées à la partie inférieure de sables gris, demi-fins et de filets d'argile grise ou noire avec stratification oblique nettement entre-croisée, la masse devient de plus en plus argileuse vers la partie moyenne et vers le haut passe à une argile noire plus ou moins ligniteuse, la puissance visible est de 16 mètres, de gros troncs de bois fossile, plus ou moins grossièrement perforés, ont été découverts çà et là.

b) Au-dessus, par un contraste frappant, on observe des sables blancs ou jaunâtres très fins, micacés, assez irrégulièrement stratifiés, sans fossiles. Les géologues présents sont tombés d'accord pour classer ces sables comme équivalent latéral du calcaire grossier moyen; leur puissance atteint huit mètres; leur sommet est jauni et endurci.

c) Ils sont surmontés, formant un nouveau contraste, par une masse argileuse plus ou moins compacte et plastique de couleur variée, argile grise à la base : 1 mètre environ; argile lie-de-vin, 0^m,80; argile grise, 1^m,20; marnes variées de couleur blanche et verte avec petits bancs calcaires, le tout formant 5 mètres de haut. Ces couches sont identiques à celles de Montchenot, près Rilly, dans lesquelles M. Dollfus a recueilli très anciennement une dent de Lophiodon et bien comparable à celles qui surmontent le calcaire grossier à Courtagnon, on peut donc leur attribuer l'âge du Lutétien supérieur; l'altitude est de 290 mètres.

d) On arrive ainsi à des marnes blanchâtres coupées de bancs calcaires jaunâtres qui ont fourni avec abondance la *Limnea longiscata* ; épaisseur 1 mètre.

e) Puis un calcaire jaune, assez dur, à faune marine, c'est le calcaire à *Pholado-*

mya ludensis et *Psammobia neglecta* ; les Limnées y sont également abondantes principalement à la base, il est impossible de nier que ce calcaire a une intéressante analogie avec les marnes jaunes de la partie inférieure du gypse aux environs de Paris et renfermant également *Pholadomya ludensis* ; il est plus dur, mais la couleur, la nature des petits débris, qu'il renferme, la faune entière donnent un cachet de ressemblance frappante ; M. Laurent, de Reims, y a recueilli depuis peu *Macropneustes Prevosti* décrit autrefois de Montmartre et d'Argenteuil.

f) Au-dessus du banc à faune marine on retrouve un calcaire plus blanchâtre contenant à nouveau *Limnea longiscata* et *Cyclostoma Mumia* var. *Alberti* Dujardin ; le calcaire de Ludes est donc bien inclus, comme l'avaient admis les anciens géologues rémois, dans des assises renfermant la faune du calcaire de Saint-Ouen. Il est bien Marinésien d'après la classification de M. Dollfus, Bartonien supérieur pour M. Boussac. On avait pu croire que le banc supérieur à Limnées appartenait à quelque couche plus récente, mais la faune reste bien celle du calcaire de Saint-Ouen et cette hypothèse nous est interdite.

g) La grande coupe de Verzenay se continue par diverses assises dont l'âge n'a pu être déterminé avec certitude ; ce sont des marnes sableuses grises, des marnes calcaires blanchâtres fendillées, des argiles feuilletées vertes et brunes ; épaisseur 1^m,50 à 2 mètres.

h) Finalement, on arrive à des cordons calcaires irréguliers passant à des meulières jaunes très compactes et très dures, en bancs disloqués dans une argile brunâtre ; on doit classer ces lits sur l'horizon du calcaire de Brie, car on peut les suivre à grande distance dans une position stratigraphique caractéristique.

i) Quelques amas de sables jaunes appartenant aux sables de Fontainebleau ont été signalés sur le sommet du plateau par divers géologues, mais nous n'avons pas été à même d'en faire la constatation.

Il faut compter 6 mètres pour les meulières de Brie et une hauteur de 43 mètres pour la carrière tout entière. Il reste encore dans ce vaste découvert bien des points à préciser, des détails à développer, et nous comptons sur nos confrères rémois pour nous communiquer ultérieurement les assimilations nouvelles qu'il leur sera possible d'établir.

M. Bellevoye, dans une carrière peu éloignée, à Mailly, a trouvé vers la base de la grande masse des sables argilo-ligniteux inférieurs, un horizon fossilifère rarement visible et qui lui a fourni une série très remarquable avec *Faunus Dutemplei*, *Cyrena Arnouldi*, etc. ; débris végétaux, ossements de tortues, crocodiles, poissons.

Ce pays rémois est un champ merveilleux pour le géologue par la multiplicité des faciès qu'il nous offre, par la variété de ses fossiles, par les problèmes tectoniques qui sont à peine encore effleurés.

G. DOLLFUS.

— Séance du 7 août —

M. Ernest REGNAULT, Prés. du Trib. de 1re Inst. de Joigny (Yonne).

La Mer Sénonienne au sud du Bassin de Paris.

M. Georges COURTY, Prof. de Géologie appliquée à l'École spéciale des Trav. Pub., à Paris.

1° Concrétions stalactitiformes dans le calcaire de Beauce. — M. G. Courty communique à la Section de Géologie une étude sur les concrétions stalactitiformes du calcaire de Beauce. Ces concrétions sont intéressantes, 1° en ce qu'elles révèlent l'importante activité des eaux de circulation souterraine, et 2° en ce qu'elles éclairent le problème du rubannement des roches, des onyx par exemple.

Il ressort de cette communication que les concrétions stalactitiformes de Boissy-la-Rivière (environs d'Étampes) comme les lussatites de Lizy-sur-Ourcq, les pseudomorphoses de gypse en calcaire, se constatent toujours dans les couches situées à flanc de coteau, sur les lignes de faîte des vallées.

Les points situés au-dessus des vallées sont, en effet, éminemment favorables à la pénétration des eaux météoriques venant après coup dissoudre plus ou moins, complètement les substances minérales.

Quant à la texture rubannée des concrétions stalactitiformes du calcaire de Beauce, concrétions qui se sont formées postérieurement aux dépôts aquitaniens, elle dévoile la formation de toutes les concrétions en général, les lignes zonées et colorées indiquant les variations des eaux incrustantes.

2° Les Idées de James Hutton et la Géologie moderne. — M. G. Courty montre, d'après un chapitre d'un volume de Hutton, édité en 1899, par les soins de sir Archibald Geikie, que l'auteur de *la Théorie de la Terre*, que l'on a qualifié de plutonien, reconnaissait parfaitement l'existence de couches sédimentaires stratifiées, formées au fond de la mer. Hutton esquissait la théorie moderne du métamorphisme dû aux effets de la chaleur. Hutton entrevoyait une paléogéographie, et donnait au point de vue tectonique la notion des discordances de stratification.

Dès la fin du xviii° siècle, il reconnaissait le caractère éruptif du granite. Il concevait, à côté des sédiments, l'existence de roches éruptives ne constituant pas seulement une formation primitive, mais pouvant appartenir à des âges différents. Comme on le voit, il observe donc nettement les relations des roches éruptives avec les terrains sédimentaires.

Quant à la dénudation subaérienne, Hutton l'a constatée sans s'arrêter sur ses causes. On sait maintenant que les eaux météoriques, chargées d'acide carbonique, érodent les roches de façon à faire disparaître des couches tout entières.

M. Camous estime, d'après cela, que ces étages sont postérieurs à la série Éocène; qu'ils sont d'âge *Oligocène*. ______

M. Victor CAMOUS, à Grenoble.

F. *Reptiles et Mammifères fossiles de la Débruge, près Apt (Vaucluse).* — Ce sont de beaux fragments de diverses espèces de *Palæotherium* dont tous les types sont largement représentés, avec *Coprolithes* de ces animaux et œufs de *Reptiles*, que M. Camous a exhumés des plâtrières de la Débruge et dont il a fait don au Muséum d'Histoire naturelle de Grenoble.

Ces vertébrés fossiles consistent en *Reptiles*, genres *Crocodile* et *Tortue*; des *Ongulés*, genres *Anoplotherium, Cainotherium, Chœropotamus, Palæotherium* et

Xiphodon, — *Xiphodon Crispum, Gervais* et *Xiphodon Gracile, Camous,* — que Cuvier rattache au *Paloplotherium Minus*; des *Carnassiers,* genres *Hyænarctos, Hyænodon* et *Pterodon.* Leurs mandibules dénotent qu'ils étaient *Carnivores* et par conséquent moins sanguinaires.

On est là dans l'Éocène avec des couches marines et d'eau douce. Celles-ci présentent les lignites de la Débruge, contenant la faune du gypse. Cependant, MM. Gaudry, Cope et Osborn observent que les prémolaires supérieures de plusieurs animaux ont été triangulaires ou trituberculaires, avant de devenir quadrangulaires ou quadrituberculaires. Par exemple, les *Palæotherium.* Les *Xiphodon* avaient des incisives aux deux mâchoires, à l'époque Éocène. Ils n'en ont plus.

Discussion. — M. DOLLFUS est de cet avis. Il reconnaît, comme M. Camous, que c'est dans l'*Oligocène* que les grands troupeaux ont acquis le plus complet développement, ainsi que l'attestent les ossements parfaits extraits de la pierre tertiaire de la Débruge et ceux trouvés dans les couches *Oligocènes* de Ronzon, près du Puy-en-Velay (Haute-Loire), dans celles de Saint-Génard-le-Puy (Allier); les phosphorites du Quercy (Lot), etc.

Les deux orateurs, en présence de toutes ces particularités, pensent que nous foulons un terrain *Oligocène,* avec la faune s'y rapportant, dont les représentants, apparus en Europe dès l'*Oligocène,* ont disparu avant la fin de cette période géologique.

M. CAMOUS, toutefois, fait ressortir l'absence complète de débris de *Chéiroptères* et de *Rongeurs,* qui paraît caractériser le dépôt de la Débruge, alors que M. de Saporta a découvert dans le gypse d'Aix, en Provence, qui appartient à l'*Oligocène* et qui est séparé de la Vallée du Coulon par le Leberon, des restes de chauves-souris; il ajoute que le genre *Theridomys* de Rozon, signalé par M. Filhol, est remarquable à cause de ses analogies avec le *Echimys* ou rats épineux qui habitent aujourd'hui l'Amérique.

M. Camous voit là un doute sur les véritables assises de la Débruge.

M. PERON répond que l'appui de personnes compétentes et de nouvelles recherches s'imposent pour trancher définitivement la question.

M. Stanislas **MEUNIER**, Prof. au Mus. nat. d'His. natur., à Paris.

Recherches chimiques et minéralogiques sur la craie blanche. — M. Stanislas MEUNIER présente les résultats de *Recherches chimiques et minéralogiques sur la craie blanche* qui lui paraissent de nature à élucider les conditions dans lesquelles cette roche s'est déposée dans les mers secondaires. En effet, les traits distinctifs qui séparent la craie de la boue actuelle à Globigérines doivent être considérés comme acquis, très postérieurement à la sédimentation, par le jeu des phénomènes bathydriques, c'est-à-dire des phénomènes déterminés par la circulation des eaux souterraines. Dans cette direction, le point le plus important à signaler concerne la présence de sables siliceux et fréquemment quartzeux avec débris plus ou moins volumineux de cristaux analogues à ceux des roches cristallines. On a tiré de la découverte de ces éléments détritiques, la conclusion que la craie est une *formation terrigène.* L'auteur fait voir, par des observations variées, que la substance propre de certains fossiles tels que les Ananchytes, les Inocerames, les Spongiaires *(Halirhoïtes)*, etc., constitué un milieu extraordinairement favorable à la précipitation de la silice dissoute dans les eaux souterraines, puis à la transformation progressive de cette silice en minéraux fibreux et surtout en lutécite, puis en quartz cristallisé. Il suffit alors que la décalcification partielle des couches crayeuses isole ces particules siliceuses pour que le produit ait toutes les apparences de dépôts sableux. Les arguments qui militent en faveur de l'origine abyssale de la craie blanche reçoivent donc de ces faits une confirmation décisive.

Discussion. — M. Peron, président de la Section, fait ressortir le grand intérêt des recherches de M. Stanislas Meunier et présente à ce sujet quelques observations complémentaires.

M. A. DE GROSSOUVRE, Ing. en Ch. des Mines, à Bourges.

Sur l'extension de la mer de Reims à Bélemnitelles. — Il reste peu de choses à dire après la note si lumineuse de M. Peron. S'appuyant sur les caractères lithologiques et paléontologiques des sédiments crayeux et sur les observations qui ont montré la grande extension de la mer sénonienne au sud du bassin de Paris, il a, par induction, conclu que les dépôts de la mer à Bélemnitelles ont, à l'est de Reims, dépassé notablement leur limite actuelle.

Je me bornerai à ajouter que ce n'est pas seulement au sud du bassin de Paris que l'on retrouve, au delà de la ligne des affleurements, des traces de sédiments crétacés. Il en est de même à l'ouest où, dans les collines de Normandie, au sommet du mont Pincon, à l'altitude de 350 mètres, on rencontre un petit îlot de marnes à *Ostrea columba*. Sur les plateaux de l'Eure, l'existence de moues siliceux d'*Echinocorys Meudonensis* montre, contrairement à l'opinion de Munier-Chalmas, que la mer à Bélemnitelles s'étendait aussi de ce côté. Dans le Cotentin, un lambeau de calcaire à Baculites, recouvrant des grés à Orbitolines, fournit encore une autre preuve de cette extension. De l'autre côté du détroit, des silex crétacés épars à la surface du Devonshire et du Cornwall apportent le même témoignage et en Irlande, un lambeau de craie conservé sous d'épaisses nappes basaltiques confirme l'extension des couches crétacées vers l'ouest.

Plus au nord en Écosse, dans le comté d'Aberdeen, et à l'ouest du littoral, dans les îles de Mull et de Morven, des couches crétacées protégées par des nappes éruptives viennent à leur tour montrer l'extension des mers crétacées dans les régions septentrionales.

Au sud, à l'ouest et au nord du bassin anglo-parisien, nous trouvons donc des traces de la mer sénonienne bien au delà des limites de ce bassin : ainsi s'affirme la grandeur des dénudations qui ont fait disparaître ses dépôts sur de vastes surfaces. Il serait bien étonnant qu'il n'en fût pas de même à l'est et M. Peron nous en donne une indication en nous faisant connaître que, dans le cailloutis subordonné aux couches de Sézanne, il a trouvé des échinides siliceux du Sénonien supérieur : moi-même j'y ai recueilli une *Bel. mucronata* encore enveloppée en partie dans un galet de craie blanche.

Plus à l'est, au-dessus des couches albiennes à nodules phosphatés du département des Ardennes, j'ai rencontré des moules siliceux de *Micraster breviporus*, preuve que l'érosion a aussi attaqué les couches crétacées à l'est de Reims.

Mais il y a plus : dans l'Ardenne, on a trouvé du Cénomanien à Hokai, à l'altitude de 565 mètres, et sur le plateau des Hautes-Fanges, à la Baraque Michel, par 600 mètres d'altitude, existe un dépôt de silex jaunâtres fossilifères qui paraissent correspondre au Tuffeau de Maestricht, c'est-à-dire à la partie supérieure de la craie à *Bel. mucronata*.

Entre la Sambre et la Meuse, à Pry, près Valcourt, un conglomérat à *Trigonosemus pectiniformis* est conservé dans une fente des calcaires dévoniens ; au sud-est d'Aix-la-Chapelle, à Tolbiac, un lambeau de marnes à gastropodes semble être l'équivalent du calcaire de Kunraed.

Ainsi, à l'est du bassin de Paris, existent encore de nombreux témoins de l'ancienne extension des mers crétacées indiquant que de vastes étendues de dépôts de cet âge ont disparu par l'effet des dénudations. Toutefois, il paraît bien difficile, sinon impossible, qu'on puisse jamais préciser les limites de cette extension.

M. Eugène FOURNIER, Prof. de Géol. à la Fac. des Sc. de Besançon.

Interprétation des cartes géologiques au point de vue de l'agriculture.
Les cartes agronomiques de Franche-Comté.

M. Maurice LERICHE, Maître de Conf. à l'Univ. de Lille.

Compte rendu des excursions faites par la Section de Géologie à Châlons-sur-Vesle, Chenay, Sermiers, Courtagnon, Pourcy, Bligny, Sainte-Euphraise et Pargny, les 5 et 7 août 1907. — La Section de Géologie a fait, pendant la durée du Congrès, plusieurs excursions dans les terrains tertiaires des environs de Reims. Elle s'est rendue le 5 août à Châlons-sur-Vesle et à Chenay, le 7 août à Courtagnon, Pourcy, Bligny et Pargny.

I. — EXCURSION A CHALONS-SUR-VESLE ET A CHENAY
— 5 août —

Descendue à la gare de Muizon, à 2 heures, la Section se dirige vers la crayère située à un kilomètre au nord-nord-est. Cette crayère montre la craie de Reims surmontée par le Landénien.

La craie, exploitée sur environ 10 mètres d'épaisseur, est blanche, assez tendre et dépourvue de silex. Sa surface, au contact du Landénien, est peu ondulée ; elle présente des tubulures d'Annélides et de Pholades remplies par la roche sus-jacente.

Celle-ci est une marne blanche provenant du lavage de la craie ; elle contient, surtout à la base, de petits galets et de nombreux petits fragments anguleux de silex. Elle nous a fourni quelques valves d'*Ostrea eversa* et d'*O. inaspecta*. Son épaisseur varie de 80 centimètres à 1 mètre.

A cette marne, succède un tuffeau argilo-sableux, glauconieux et peu cohérent, dont la puissance est d'environ 8 mètres. Il renferme les mêmes fossiles que la marne sous-jacente (1). Un banc gréseux, plus cohérent et plus dur que le tuffeau dans lequel il est intercalé, est assez riche en empreintes végétales.

La marne blanche et le tuffeau forment le Landénien inférieur de la région de Reims.

A environ 800 mètres au nord-ouest de la crayère, près du chemin de Châlons-sur-Vesle à Mâco, s'ouvre la sablière où a été pris le type des sables dits de Châlons-sur-Vesle. Le sol de la sablière est approximativement au niveau du sommet de la crayère, de sorte que les sables de Châlons-sur-Vesle paraissent reposer directement sur le tuffeau observé dans celle-ci. Ces sables, d'une prodigieuse richesse en fossiles, sont activement fouillés par nos confrères rémois, MM. Guillaume, Maussenet, Molot, Plateau, Staadt, dont les recherches ont déjà porté à plus de trois cents le nombre des espèces des sables de Châlons-sur-Vesle. La partie inférieure de ceux-ci, à Châlons-sur-Vesle même, ne renferme guère que des espèces marines; leur partie supérieure présente une association de formes saumâtres, d'eaux douces, et terrestres.

La petite butte dans laquelle est ouverte la sablière de Châlons-sur-Vesle, se prolonge vers l'ouest et se termine, près du village, par un escarpement, le mont de Châlons. La coupe de ce dernier, que M. Laurent a très exactement relevée (2), montre le passage graduel du Landénien marin (Thanétien) au Landénien saumâtre (Sparnacien) : les sables blancs de Châlons-sur-Vesle sont surmontés par des sables ligniteux, auxquels font suite deux petits lits — séparés par un grès tendre de 2 mètres d'épaisseur — d'une roche graveleuse, analogue au conglomérat de Cernay. Le lit supérieur supporte un grès tendre, à stratification entre-croisée, qui forme de petits escarpements sur les deux flancs du vallon descendant de Chenay vers Châlons-sur-Vesle. Ce grès renferme de petites lentilles de marne blanche, analogue à la marne de Chenay, située à la base de l'argile à lignites. C'est sur cette dernière formation, indiquée seulement par des fontaines et des sources, qu'est bâti le village de Chenay. L'escarpement qui le domine au nord et qui est couronné par le réduit de Chenay, est formé par les sables de Cuise et le calcaire grossier. Celui-ci débute par un sable calcarifère, peu épais (1 mètre à 1^m,50), renfermant, surtout à la base, des galets de silex et de gros grains de quartz et de glauconie (3). A sa partie supérieure, ce sable devient plus calcarifère et passe à un calcaire tendre et sableux, dans lequel apparaissent de nombreuses *Ditrupa strangulata*.

Nous prenons à Merfy le train de banlieue qui nous ramène à Reims à 7 heures.

----

(1) Après le Congrès, j'ai eu l'occasion de visiter les belles collections de MM. Guillaume et Staadt, qui renferment quelques fossiles provenant de ce tuffeau. En dehors des Huîtres précitées, j'y ai reconnu la présence de *Pholadomya Konincki* et de *P. cuneata*.

(2) J. Laurent : *Études scientifiques sur le pays rémois* (*Reims en 1907*, pp. 42, 43, 47, 53).

(3) J'ai examiné dans la collection Tuniot, qui est conservée au Lycée de Reims, les Nummulites qui ont été trouvées, à Chenay, dans les sables de la base du calcaire grossier. Ce sont des *Nummulites elegans* remaniés des sables de Cuise.

— Séance du 6 août —

M. René CHUDEAU, Prof. au Lycée d'Évreux.

Géologie du Sahara.— M. Chudeau indique, au Sahara Touareg, l'existence de l'Archéen et du Silurien métamorphique sur lesquels repose en discordance l'Éodévonien. Le Gothlandien est connu au Tindesset et à Hassi-El-Kheneg, mais ses relations avec le Silurien métamorphique et le Dévonien sont ignorées. Vers le nord le Dévonien est complet et recouvert par le carbonifère; vers le sud l'Éodvonien existe seul.

Des grès et argiles qui constituent la haute plaine du Tegama, appartiennent probablement à l'Infra-crétacé; ils sont recouverts, en tous cas, en concordance, par les marnes fossilifères du Damerghou (Turonien). Vers l'Ad'ar' de Tahoua et Mabrouka, on retrouve le Crétacé supérieur à *Lopha* recouvert, en concordance, par l'Éocène à *Operculina canalifera* (d'Archiac).

M. Victor CAMOUS.

Argent, or et platine dans les sables du Drac. — Leur diffusion dans les roches calcaires et sableuses des Alpes françaises. — On sait que les sables du Drac, près de Grenoble, donnent, à l'essai, des indices d'argent, d'or et de platine.

Leur teneur en platine varie, depuis des traces pondérables à peine aux réactions chimiques les plus délicates, jusqu'à 7 milligrammes sur 3 kilogrammes de sable : 300.000 kilogrammes ont fourni, par des lavages réitérés, 7 décigrammes de platine.

Quant aux roches des terrains cristallisés et aux roches éruptives, elles sont, en général, peu ou point *platinifères*. M. Camous a fait divers essais sur des *granites* ou *protogines* et des *spilites* ou cailloux roulés, désignés sous le nom de *variolites* que l'on trouve abondamment dans le Drac. Ses résultats ont été généralement négatifs. Le platine n'est sensible qu'en opérant sur de grandes masses de matières.

Il a procédé de cette façon sur des roches stratifiées de toute nature, loin ou près de tout gîte métallifère, sur des calcaires, des grès, des sables de tous les étages de la série des terrains, depuis le grès à anthracite jusqu'aux *alluvions modernes*: il n'a rien obtenu. D'après ses analyses, les lois de la diffusion de ce métal dans les roches calcaires ou sableuses des Alpes françaises, lui semblent très problématiques, lois émises jadis par M. Gueymard, doyen de la Faculté des Sciences de Grenoble. (*Mém. Congrès scientifique de France*, 24e session. (Grenoble 1857, t. I, p. 406.)

Le Drac y vient déverser, entre autres choses, de l'argent, de l'or et du platine, disséminés dans une gangue ocreuse que l'on peut regarder comme le résultat des *pyrites* et *fer spathique* décomposés. Il est clair que la composition minérale d'un lit d'une rivière dépend essentiellement de la nature minérale de son bassin. A ses propres éléments, il faut ajouter ceux qui lui sont apportés par ses nombreux affluents. C'est ce qui constitue le bassin du Drac, en attendant de devenir lui-même tributaire de celui de l'Isère.

C'est un endroit unique dans les Alpes centrales du Dauphiné et même dans le monde métallurgique, par ses gîtes ou filons aussi variés que riches et abondants.

On cherche les lois de la diffusion des métaux dans les roches calcaires ou autres : les voilà. Si des minerais ou des traces d'un métal s'y trouvent associés, ce n'est qu'accidentellement; ils n'y font point partie constituante ; on peut toujours les éliminer sans qu'il en résulte de décomposition.

Discussion. — M. le Professeur P. OPPENHEIM, occupant le siège de la présidence, en l'absence de M. Peron, appelé au Conseil d'administration, demande à l'orateur si la quantité de platine décelée dans les sables du Drac est la même partout.

M. CAMOUS dit que cette richesse n'a rien de constant, même dans les divers échantillons tirés d'un même gîte; mais, en tous cas, cette teneur en platine est toujours très minime.

M. Pierre LARUE, ingénieur agronome à Auxerre (Yonne) demande si la terre est puisée dans le lit du Drac, à la surface ou à une certaine profondeur.

M. CAMOUS répond que le sable a été tiré à fleur de terre ou à peu de profondeur, à la suite de la baisse des eaux.

M. René CHUDEAU.

Phénomènes actuels et phénomènes récents au Sahara. — 1° *Action du vent.* — Il y a à noter la confirmation de la prédominance de la pesanteur dans la formation des dunes qui sont localisées dans les régions déprimées ; ce fait entrevu par Duveyrier, est mis en pleine évidence par les recherches de ces dernières années.

L'érosion par le vent est extrêmement faible : les gravures rupestres, qui ne sont pas plus jeunes que l'époque romaine et peut-être plus anciennes, sont encore très visibles sur les grès et parfois sur les calcaires.

Le plus souvent le vent s'est contenté d'enlever le limon, transformant les plaines d'alluvions en « reg » couverts de graviers et de cailloux.

2° Il existe entre Tombouctou et le Tchad une série de dunes fossiles, actuellement fixées par la végétation spontanée et qui prouvent un déplacement dans la limite nord des pluies tropicales. Ces dunes fossiles indiquent en général que le vent qui les a formées, venait entre est et nord-est; c'est encore la direction dominante.

3° L'année 1907, très pluvieuse, a permis de suivre quelques-uns des oueds qui descendent du Tademayt; l'un d'eux après s'être épanché en lac, a débordé par-dessus la falaise qui, à l'est, limite le Touat, s'y creusant un ravin et emportant le Ksar de Noum-En-Nas. Ce fait confirme l'âge très jeune que j'ai attribué à la faille qui a donné naissance à la falaise du Touat, un équilibre aussi instable ne pouvant tenir bien longtemps.

M. DE GROSSOUVRE.

1° *Sur l'âge des calcaires lacustres du Berry.* — L'auteur présente une planche reproduisant une série d'échantillons de Planorbes de diverses provenances : elle montre que le Planorbe des calcaires du Berry est absolument identique au *Pl. pseudo-ammonius* de Longpont, de Provins, de Montpellier, de Bâle. Ces calcaires sont donc d'âge éocène et, comme ils renferment, en outre, la *Limnœa longiscata*, ils doivent être classés dans l'Éocène supérieur.

La discordance que l'on observe entre eux et les conglomérats et grès ladères de l'Éocène moyen se retrouve dans plusieurs autres régions.

2° Sur la craie grise à Bélemnitelles. — Cette note a pour objet de fixer le niveau de la craie grise du Nord de la France ; les Bélemnitelles que l'on y trouve ont été rapportées à *Actinocamax quadratus*, alors qu'un certain nombre d'échantillons doivent être distingués et identifiés à *Act. granulatus*. Cette craie appartient donc au Santonien supérieur et au Campanien inférieur.

L'auteur combat la thèse suivant laquelle il existerait une relation intime entre les gisements de phosphate et les grandes transgressions marines. Il montre que le dépôt de la matière phosphatée au sein des océans, résultant du lessivage des continents, est un phénomène continu qui s'est produit à toutes les époques géologiques et qui se poursuit encore de nos jours.

Discussion. — M. Pierre LARUE saisit l'occasion pour signaler qu'en effet le phosphate de chaux est beaucoup plus répandu qu'on ne le pense, surtout dans le monde agricole où cette pénurie est considérée comme un axiome.

Or l'apatite est tellement fréquent, comme élément accessoire des roches éruptives, que ce minéral cesse d'être caractéristique.

D'autre part, la variété d'aspect des phosphates les fait confondre avec des calcaires ou des grès.

Néanmoins, malgré leur fréquence, à cause de la pauvreté des roches phosphatées exploitées en France, on n'a plus guère recours qu'aux phosphates de Tunisie, transformés en superphosphates.

On signale de très abondants gisements sédimentaires autour de Montpellier, dans le centre sud des États-Unis.

Les phosphates du Quercy et des Ardennes ont encore une certaine vogue grâce à leur couleur respectivement rouge et verte que les agriculteurs ignorants considèrent comme un criterium de leur richesse.

M. L. PUZENAT, à Paris.

Bibliographie géologique du Nord-Est (Ardennes, Champagne, Basse Bourgogne, Lorraine, Luxembourg, Vosges). — Les progrès de la géologie obligent sans cesse à des recherches souvent pénibles dans des périodiques ou des ouvrages étrangers dont il est souvent impossible de soupçonner l'existence.

Nous avons pensé qu'un catalogue bibliographique, comprenant : la géologie, la minéralogie, la paléontologie et la préhistoire des régions du nord-est rendrait quelques services non seulement aux géologues, mais à tous ceux qui ont besoin de cette science pour des études hydrologiques, agronomiques ou pour des recherches minières en leur faisant connaître des travaux souvent ignorés.

La difficulté de ce travail était de prendre une unité géologique tout en gardant une délimitation géographique. Chaque région comprise dans cette bibliographie forme une unité géologique et géographique en même,temps. Le massif des Vosges représente l'unité des terrains primitifs, l'Ardenne celle des terrains primaires, enfin le Luxembourg, la Lorraine, la Basse Bourgogne et la Champagne, la gamme de tous les terrains secondaires du nord-est du bassin de Paris.

Cette bibliographie comprendra environ sept mille références classées par noms d'auteurs et par ordre chronologique, ainsi qu'un index géographique. Nous avons mis à contribution les périodiques des Sociétés savantes françaises et étrangères, les revues et journaux scientifiques ou industriels ainsi que les catalogues des bibliothèques de Paris, de province et de l'étranger.

Ultérieurement nous nous proposons de compléter cette bibliographie en donnant un catalogue de tous les ouvrages de géologie des régions océaniques et secondaires du bassin parisien : Flandres, Artois, Picardie, Haute Normandie, Ile-de-France, Orléanais.

———

M. Ph. GLANGEAUD, Prof. de Géol. à la Fac. des Sc. de Clermont-Ferrand.

Sur quelques tremblements de terre du Massif Central et leurs relations avec les dislocations du sol. — Le Massif Central est relativement privilégié au point de vue de l'absence de sismes. Néanmoins, la portion médiane, correspondant surtout aux régions volcaniques, présente une sismicité faible.

L'auteur pense qu'elle est due aux derniers tassements qui se produisent le long des lignes de fracture, dont beaucoup ont fonctionné jadis comme lignes éruptives. La sismicité est d'autant plus grande (Bassin du Puy), que la région est plus disloquée et plus rapprochée des Alpes. L'ouest du Massif central serait presque asismique.

———

Feu Adolphe GADOT.

Prévision des tremblements de terre opérée avec l'aide du baromètre dynamométrique. — Comme toutes les choses très simples — et la nature est essentiellement simple dans ses *lois*, qu'il ne s'agit *que* de découvrir — un enfant, un écolier intelligent, à plus forte raison une personne raisonnable pourra prévoir, en l'occurrence, les troubles sismiques.

Cette explication de leur manifestation dans les « accidents de la *Force* » devant abolir la noire superstition qui s'attache à ces phénomènes « naturels » — en même temps que, dans cette prévision, fournir aux hommes les moyens de prévenir, autant que possible, leurs effets meurtriers ; d'atténuer leurs effets destructeurs, dans l'art de constructions mieux comprises, en pays sujets aux tremblements du sol ; d'avertir les navires menacés de leur influence sur les eaux de l'océan voisines des rivages, stationnaires dans les ports.

Il y a plusieurs causes aux tremblements de terre. Causes cosmiques, à rapporter au soleil, aux corps célestes, déterminant ces effets physiques « telluriques », c'est-à-dire rapportés à la terre, troublant sa masse intérieure, etc., etc.

Quelle que soient ces causes, dans l'observation quotidienne du baromètre — du baromètre *dynamométrique*, mesurant directement la pression atmosphérique, sur l'unité de surface de pression, le *centimètre carré* — faire ce calcul, très simple, dans les variations de la pression.

Accidents de mines, inondations, explosions à prévoir à la dépression. A la normale, la pression est à *1 kilogramme* par centimètre carré. En plus ou en moins de la normale, « faites le calcul de l'augmentation ou de la diminution de pression — sur le kilomètre carré, si vous voulez : les dépressions et les anti-cyclones sont toujours plus étendus — vous aurez l'*augmentation* ou la *diminution de résistance de la croûte terrestre* aux pressions intérieures du globe — inconcevables, incalculables — que celle-ci supporte. »

Cela peut aller jusqu'à *500 millions de kilogrammes,* en plus ou en moins, sur le kilomètre carré :

La charge de 50.000 wagons de marchandises de 10 tonnes, à se toucher presque sur cette superficie déterminée ; « La moindre variation de pression détruisant l'équilibre statique de l'écorce terrestre. »

En pays volcaniques, les tremblements de terre « seront menaçants » à la dépression.

Sur les côtes s'abaissant lentement sous les flots (côtes orientales d'Amérique), aux anti-cyclones, ou hautes pressions.

En pays de montagnes : par glissement du terrain — selon l'inclinaison de la montagne, sous l'effet de la pression ; etc.

Il y aussi les tremblements de terre occasionnés par refroidissement, contraction de l'écorce terrestre : les prévoir dans l'observation du baromètre.

Des tremblements de terre sont *constamment* à prévoir. Peut-être, cette note — un peu longue, sans doute — aiderait-elle à en prévenir, en tout pays, les effets désastreux, lamentables.

———

M. BESTEL, Prof. à l'École norm. prim. de Charleville.

Les ossements d'un mammouth à Alland'huy (Ardennes). — Des ossements de mammouth ont été découverts dans une carrière de graviers à Alland'huy, à 3 kilomètres environ du cours actuel de l'Aisne.

Le gravier est riché en calcaire ; la couche est formée de fragments de grosseurs très variables. On y reconnaît des débris organiques provenant de la destruction de fossiles crétacés ; il renferme quelques restes d'animaux quaternaires.

L'ossement de mammouth qui était à 1^m,75 de profondeur comprend les diverses pièces du bassin ; les os encore contigus avaient seulement été un peu écartés.

Ce reste intéressant est conservé à la Société d'Histoire Naturelle des Ardennes, à Charleville.

Discussion. — M. Peron fait observer que, contrairement à ce que pense M. Bestel, les ossements du Mammouth se rencontrant très fréquemment dans les alluvions du Nord de la France. Toutes les collections en renferment et depuis longtemps l'ingénieur Belgrand a raconté que près du village de Cœuvres, dans le Soissonnais, il avait trouvé, dans un trou de quelques ares de superficie, les débris de plus de quarante Mammouths.

———

M. Émile BELLOC, chargé de Missions scientifiques, à Paris,

L'action glaciaire dans ses rapports avec les cuvettes lacustres. — En exposant le
résultat de ses nouvelles observations relatives aux phénomènes glaciaires et
lacustres, M. Émile Belloc énumère rapidement les principales causes de dégradation des reliefs montagneux et de comblements lacustres.

Les facteurs les plus importants de ces dégradations et de ces comblements,
— c'est-à-dire la force expansive de l'eau à l'état de congélation, les radiations
solaires, les mouvements précipités de l'atmosphère, l'écoulement rapide des
eaux de condensation, etc. — en provoquant l'érosion des versants montagneux
et la formation des avalanches qui les ruinent, déterminent finalement l'arase-
ment des dépressions inférieures et des cuvettes lacustres.

A l'appui de ce qui précède, l'auteur présente des photographies, des croquis
d'après nature, des coupes schématiques montrant la marche progressive des
phénomènes décrits. Ces documents précisent, d'une manière incontestable,
l'étroite liaison qui unit les lacs des grandes altitudes aux glaciers.

M. le Dr Paul OPPENHEIM, à Gross-Lichterfelde-W., près Berlin.

Au moment où vous avez fini vos travaux, Messieurs, et où nous nous sépa-
rons, permettez-moi de vous dire quelques paroles.

La huitième section vient d'accomplir une session très fructueuse. Nous avons
trouvé de nouveaux points de vue pour l'étude des terrains tertiaires de la
région, nous avons discuté longuement l'extension de sa mer sénonienne, nous
avons parlé des volcans anciens du Plateau Central aussi bien que de l'érosion
dans le désert du Sahara, nous avons traité les Échinides du Montien du Bassin
de Paris, la faune de la craie de Reims, les nouveaux gisements miopliocènes
de la France occidentale. Il y a une foule de sujets très différents que nous
avons traités; nous avons été, nous pouvons l'avouer, assez appliqués malgré
une température quelquefois excessive et au milieu des distractions de cette
belle ville hospitalière. Nous espérons donc que le XXXVIᵉ Congrès de l'Association française pour l'Avancement des Sciences marquera encore un certain
progrès pour la connaissance géologique et paléontologique du terrain classique
qui nous entoure. Mais, Messieurs, ne soyons pas trop contents de nous-mêmes
et demandons-nous qui a été la cause efficace de notre zèle? Qui a préparé les
matériaux de nos études, qui a été le premier et le dernier sur les lieux, qui
nous a conduits avec cette haute impartialité et bienveillance qu'on ne saurait
trop louer, qui a su toujours ajouter des attraits à toute discussion sur quelque
matière que ce fût? Évidemment c'est notre président, M. Péron, dont les
hauts mérites sont connus à l'extérieur autant qu'en France même, et qui, pour
nous, représente cette école française qui, pleine de vigueur et plutôt disposée à
la recherches des faits qu'à la propagation de théories fascinantes mais quelquefois bien dangereuses, a jeté les fondements sur lesquels nous empiétons maintenant. En ouvrant la session, M. Peron nous a raconté, non sans une certaine
émotion, que dans la dernière session de Reims il y a été réuni à Cotteau,
Hébert, de Verneuil. Depuis longtemps, malheureusement, ces grands maîtres
ne se trouvent plus parmi les vivants ; espérons que le vénérable président que

nous voyons heureusement, parmi nous, dans toute sa force et dans toute cette
activité qui lui est propre, sera longtemps encore conservé à la Science, dans les
annales de laquelle son nom est gravé en caractères ineffaçables.

Je veux remercier donc, Messieurs, M. Peron, en votre nom, de tout ce qu'il a
fait pour nous, et je veux le faire encore au mien, puisque c'est grâce à sa proposition que vous m'avez fait le grand honneur de m'inviter, comme savant étranger, à prendre part à vos discussions. Je puis vous dire que j'ai été bien sensible
à cette distinction et qu'elle sera pour moi une raison de plus de rester dans les
voies où j'ai marché jusqu'à présent. J'ai été content d'avoir pu participer ici
à vos travaux et à leurs résultats. Je serai heureux, si, comme je l'ai essayé
jusqu'à présent, je puis vous être utile quand pour des causes scientifiques vous
venez dans ma patrie. La communion des idées et la concurrence dans tous les
domaines de la civilisation est le meilleur moyen d'harmonie entre les nations.
Je ne vous dis pas adieu, Messieurs, mais au revoir!

Discussion. — M. Mario Vidal prend ensuite la parole pour joindre ses remerciements à ceux de M. Oppenheim et s'associer à ses paroles élogieuses à son
égard.

M. Peron remercie ses collègues de leur grande bienveillance.

II. — EXCURSION à SERMIERS, COURTAGNON, POURCY, BLIGNY, SAINTE-EUPHRAISE et PARGNY.

— 7 août —

La Section quitte Reims, en voiture, à sept heures. Elle se dirige par la grande
route d'Épernay, puis par celle de Damery, vers le plateau de l'Ile-de-France. Elle
traverse la plaine crayeuse, qui continue au sud et à l'ouest de Reims la Champagne Pouilleuse, et atteint au nord de Nogent, entre Chamery et Sermiers, la
cuesta champenoise.

A l'est de la route, sont ouvertes deux petites sablières dans lesquelles on
exploite un sable blanc sans fossiles, présentant, çà et là, de petits filets de sable
argileux et ferrugineux. Ce sable blanc appartient au niveau des sables de
Châlons-sur-Vesle.

A Nogent, les fossés montrent des marnes argileuses blanches, subordonnées
aux argiles à lignites sparnaciennes.

A la sortie de Nogent, M. Pistat attire notre attention sur un amoncellement
de très gros blocs de grès, aux formes arrondies, qui est connu dans la région
sous le nom de « gros grès de Sermiers », et que l'on regarde comme les débris
d'un monument mégalithique. Ces grès, durcis à la périphérie, sont tendres à
l'intérieur. Ils sont formés aux dépens d'un sable à gros grain rappelant les sables
à Unios et Térédines qui apparaissent plus au sud. Ils sont manifestement
supérieurs à l'argile à lignites et inférieurs aux marnes du calcaire grossier ; ils
représentent vraisemblablement l'Yprésine et relient les sables de Cuise — qui

affleurent au nord-ouest, tout le long de la cuesta champenoise — aux sables à Unios et Térédines (1).

En continuant à gravir la cuesta, ou rencontre un niveau argileux, correspondant à celui que l'on observe, dans tout le nord du Bassin de Paris, au sommet des sables de Cuise.

Le calcaire grossier marin n'est pas apparent. Son dernier gisement fossilifère connu vers le sud-est est celui de Chamery ; il est situé dans les vignobles qui s'étendent entre ce dernier village et Nogent.

Au-dessus du niveau argileux du sommet de l'Yprésien, se développe un ensemble de marnes blanches ou vertes et de calcaires marneux, qui représente le calcaire grossier à l'état saumâtre et lacustre, les marnes de Saint-Ouen, les marnes et calcaires de Ludes. Ces derniers sont surmontés par une argile jaune-rougeâtre renfermant des blocs de meulière de Brie, activement exploités comme matériaux de construction. Cette argile couvre le plateau, elle y détermine la formation de mares.

Du sommet du plateau, nous descendons dans la vallée de l'Ardre, vers Courtagnon. Nous recoupons les marnes de Ludes et de Saint-Ouen, puis les marnes à *Potamides lapidum*, et atteignons, à la ferme de Courtagnon, le calcaire grossier marin. Ce dernier est représenté par un calcaire tendre, très fossilifère, à *Cerithium giganteum*, bien exposé dans les talus qui s'élèvent derrière la ferme ; il est ramené par la charrue dans les champs avoisinants, où l'on peut faire d'abondantes récoltes de fossiles.

De Courtagnon, nous gagnons Pourcy. Après une heure d'arrêt au presbytère hospitalier de Pourcy, nous nous dirigeons vers Marfaux. Entre les deux villages, s'ouvre une sablière où l'on exploite des sables très coquilliers, observés pour la première fois par M. Pistat, et signalés par Tuniot. Ces sables, véritables faluns, sont caractérisés par une association d'espèces saumâtres, caractéristiques des argiles à lignites sparnaciennes, et de formes marines des sables de Cuise. Ils sont homologues des sables de Sinceny et doivent, conséquemment, être rattachés à l'Yprésien (2).

Nous continuons de descendre la vallée de l'Ardre ; nous la quittons à Bligny et gravissons le plateau qui la sépare de sa vallée affluente du Vasseur. Au sud de Bligny et à l'ouest de la route, une petite carrière est ouverte dans le calcaire grossier, qui forme une roche tendre, sableuse, renfermant des plaquettes siliceuses.

Nous pénétrons dans la vallée du Vasseur, et gagnons, à Sainte-Euphraise, le petit chemin de fer de Reims à Dormans et à Fismes, dont nous allons étudier les tranchées jusqu'à Pargny.

Un peu au nord de la voie ferrée, s'ouvre une exploitation dans les Argiles à lignites. On y extrait une argile blanchâtre, utilisée pour produits réfractaires. Cette argile est recouverte par d'autres argiles, noirâtres, ligniteuses, dans lesquelles sont intercalés de petits lits de lignite.

Au lieu dit les Grands-Savards, nous observons, dans les tranchées du chemin de fer, les sables de Cuise. Ils sont surmontés par le calcaire grossier, dont la base est formée par un calcaire sableux, chargé de gros grains de quartz et de glauconie, et rempli de tubes de *Ditrupa strangulata*.

<hr>

(1) Voir M. Leriche : *Observations sur les terrains tertiaires des environs de Reims et d'Épernay (Ann. Soc. géol. du Nord, t. XXXVI, 1907)*.

(2) Voir M. Leriche : *Sur la faune ichtyologique et sur l'âge des faluns de Pourcy (C. R. Acad. des Sciences, séance du 19 août 1907)*.

Plus loin, les tranchées sont ouvertes dans le calcaire grossier, dit supérieur, qui est formé de marnes et de calcaires marneux blancs, dans lesquels sont intercalées des marnes vertes.

Le calcaire grossier marin réapparaît ensuite avec le facies qu'il présente à Bligny. Il est affecté, dans les tranchées de Pargny, de nombreuses failles, sur lesquelles M. Laurent (1) a récemment attiré l'attention. Sa base est visible à la sortie des tranchées, dans le talus nord de la route de Dormans. Elle repose sur des sables, avec petits lits ligniteux intercalés, qui représentent l'Yprésien supérieur. Elle est constituée par un calcaire sableux, chargé de galets de silex, et renferme en abondance *Venericardia planicosta*, *Crassatella plumbea*, *Ditrupa strangulata*.

Nous retraversons la plaine crayeuse et rentrons à Reims à sept heures.

Ces excursions, à l'organisation desquelles nos confrères rémois, MM. L. Bellevoye, Guillaume, Molot, Pistat, ont apporté le concours le plus dévoué, ont été suivies par MM. L. Bellevoye, J. Boussac, Ed. Chesnay, Couvreur-Perrin, G.-F. Dollfus, R. Douvillé, Dr Ed. Guillaume, Abbé Hecart, M. Leriche, E. Molot, Dr P. Oppenheim, Pagès-Allary, L. Pistat, G. Ramond, A. Vassy, A. de Villemereuil, É. Wenz.

Ouvrages imprimés,

PRÉSENTÉS A LA SECTION.

M. G. COURTY : *Principes de Géologie stratigraphique avec développements sur le Tertiaire parisien.*

M. Georges RAMOND : *1º Du profil géologique de l'aqueduc du Loing et du Lunain; — 2º Étude géologique de l'aqueduc; — 3º Du Quadruplement des voies du Chemin de fer du Nord (ligne de Paris à Creil, par Chantilly); — 4º De la Transformation du Canal de l'Ourcq.*

____

(1) J. LAURENT: *loc. cit.*, pp. 69, 70.

9ᵉ Section

BOTANIQUE

PRÉSIDENTS D'HONNEUR . . . .   MM. G.-B. DE TONI, Prof. à l'Univ. de Modène.
                                        DE WILLDEMAN, Cons. du Jardin botanique de l'État,
                                            à Bruxelles.
PRÉSIDENT. . . . .   M. H. LECOMTE, Prof. au Mus. nat. d'Hist. nat.
VICE-PRÉSIDENT . . . .   M. J. LAURENT, Doct. ès sciences Prof. au Lycée et à l'Éc.
                                            de Méd. de Reims.
SECRÉTAIRE . . . .   M. André GUILLAUME, Avocat à Reims.

— Séance du 1ᵉʳ août —

M. le Dʳ Charles GERBER, Prof. à l'Éc. de Méd. de Marseille.

Présentation de quelques plantes fraîches des Pyrénées. — M. GERBER distribue aux membres présents quelques plantes fraîches récoltées il y a deux jours entre Gavarnie et Luz, dans les Hautes-Pyrénées.

Les principales sont : *Saxifraga longifolia, Antirrhinum sempervirens, Linaria pyrenaica, Lonicera pyrenaica, Hypericum nummularium, Veronica Ponae, Geranium cinereum, Iris xyphoïdes.*

Il présente un pied d'*Aquilegia pyrenaica* offrant trois fleurs, dont une normale, à cinq éperons, les deux autres complètement dépourvues d'éperons, et par suite possédant un périanthe à pièces colorées toutes égales et disposées sur deux verticilles alternes.

Il met à la disposition des amateurs plusieurs échantillons en fleurs et en fruits de la curieuse *Ramondia pyrenaica* dont l'un, à feuilles petites, offre une fleur à quatre pétales, tandis que les autres, à feuilles grandes, offrent des fleurs normales à cinq pétales.

Il distribue enfin quelques pieds de *Meconopsis cambrica*, regrettant d'avoir été obligé de sacrifier tous les autres pour l'étude de la présure des Papavéracées, qu'il a pu finir, dès son arrivée à Reims, grâce à l'obligence de MM. Laurent et Dixsaut, professeurs au Lycée, qui ont bien voulu mettre à sa disposition leur laboratoire.

A cette occasion, M. Lecomte, président de la Section, demande à M. Gerber de donner quelques détails concernant ses recherches sur les *présures végétales*, bien qu'il doive faire une communication sur la présure des Euphorbiacées à la Section de Chimie.

M. Gerber indique que, dans toutes les plantes qu'il a étudiées jusqu'ici, il a rencontré une présure. Elle varie avec *les familles*, parfois avec *les genres, les* espèces, *les organes*; mais elle offre un certain nombre de caractères bien spéciaux, dont le plus important est son action sur le lait bouilli, et sa résistance à la chaleur. Il insiste plus particulièrement sur la présure des Rubiacées et montre les raisons qui l'ont fait méconnaître par les savants chez le caille-lait *(Galium verum)* dont le nom populaire indique bien, cependant, sa propriété coagulante. D'ailleurs les *sorciers* des campagnes, ajoute-t-il, utilisent cette présure, quand ils frottent, en cachette, l'intérieur des vases où les paysans mettent leur lait, avec une poignée de *Galium verum*, dans les fermes dont ils veulent effrayer les habitants en leur *jetant un mauvais sort*.

— Séance du 2 août —

M. C. Eg. BERTRAND, à Amiens.

Remarques sur le Taxospermum angulosum. — Cette communication a pour objet la description sommaire d'une petite graine silicifiée que Ad. Brongniart rapportait au genre Sarcotaxus. Cette graine présente les caractéristiques essentielles du genre Taxospermum avec des modifications spécifiques. Elle provient d'un Taxospermum à sarcotesta polyédrique.

M. Paul BERTRAND, à Amiens.

Note sur les affinités des Zygoptéridées. — Les Zygoptéridées sont caractérisées par leur trace foliaire. Quel qu'en soit l'aspect, leur masse libero-ligneuse à comme valeur constante un quadruple formé sur une chaîne à courbure inverse. Le caractère se suit depuis le genre Elapteris jusqu'aux genres Ankyropteris, Stauropteris en passant par de nombreuses formes génériques. Les traces foliaires en chaînes inverses sont inconnues dans les Fougères actuelles. On les retrouve dans les Fougères anciennes appartenant aux Anachoroptéridées et aux Botryoptéridées. C'est auprès des Anachoroptéridées que se placent les Zygoptéridées.

M. le Professeur G.-B. DE TONI.

Observations sur l'anthocyane d'Ajuga et de Strobilanthes. — M. de Toni résume ses observations sur la substance colorante des feuilles de *Strobilanthes* et des pétales d'*Ajuga*.

L'anthocyane de *Strobilanthes* est un nouvel exemple d'anthocyane dichroïque qui vient s'ajouter à ceux déjà signalés; par la chaleur il perd sa *fluorescence* et devient d'abord vert, puis jaune d'or; le pigment d'*Ajuga* offre aussi quelques singularités et M. de Toni rectifie, à ce propos, les observations faites par M. Borzcow en 1875.

VOEU RELATIF A LA RÉCOLTE DES PLANTES ALPINES
(Voir p. 70).

M. Louis VIDAL, à Grenoble.

Distribution géographique des Primulacées dans les Alpes françaises. — L'auteur décrit successivement la distribution de toutes les espèces de Primulacées qui croissent dans nos Alpes en insistant sur les plus nettement localisées, et en comparant les aires des espèces alpines. Les rapports de ces aires avec les divisions orogéniques sont également envisagés. Sur trois cartes sont portées la distribution des *Primula*, celle des *Aretia* et celle des *Androsace*, soit au total d'une vingtaine d'espèces. Ces cartes rendent sensibles la richesse des Alpes austro-occidentales, la pauvreté relative de la zone du Mont-Blanc, le particularisme des Préalpes.

M. Joseph LEFEIRE, Ing. agronome à Paris.

Contribution à l'histoire des théories proposées pour la variation des types végétaux.

M. MATTE, Prof. au Lycée de Rennes.

Note préliminaire sur des germinations de Cycadacées.

M. J. LAURENT, Chargé de cours à l'Éc. de Méd. de Reims.

Des méthodes à employer pour l'établissement des Cartes botaniques à grande échelle. — (Rapport préparatoire publié dans le *Bulletin* n° 6, de juin 1907, p. 19.)

Appendice. — L'établissement des cartes agronomiques communales nécessite une exploration attentive du terrain pour permettre une classification détaillée des dépôts superficiels qui ne sont pas toujours figurés sur les cartes géologiques : limons des plateaux, dépôts meubles sur les pentes, produits d'altération et de décalcification des roches, alluvions des cours d'eau, etc.

L'étude des associations végétales peut rendre les plus grands services pour cette exploration méthodique, et la collaboration du géologue, du botaniste et de l'agronome est nécessaire.

Les cartes agronomiques ainsi établies pourront être facilement transformées en cartes botaniques; comme elles fournissent des documents précis sur la composition physico-chimique du sol, elles permettront de rechercher, avec plus d'exactitude qu'on ne l'a fait jusqu'alors, les relations qui peuvent exister entre la nature du sol et les groupements de végétaux qu'il supporte.

Chaque station sera définie par les plantes spéciales qu'on y rencontre, celle qui forment le fond de la végétation et qui donnent au paysage son aspect caractéristique; on indiquerait en même temps, par un cercle avec un numéro d'ordre renvoyant à une légende : 1° la localisation des plantes rares ou récemment introduites; 2° la distribution des espèces qui se trouvent au voisinage de leur limite d'extension. Le nombre des espèces ainsi signalées sera toujours très limité.

Il est à désirer qu'une réduction au $\frac{1}{50.000}$ des cartes agronomiques définies plus haut, puisse être publiée et mise à la disposition des botanistes locaux pour noter les résultats de leurs explorations et concourir ainsi à l'établissement des cartes botaniques.

— Séance du 3 août —

M. le Dr C. GERBER.

Sur les fleurs du Biscutella lævigata. — M. GERBER présente à la Section de Botanique une fleur de Biscutella lævigata chez laquelle l'ovaire est remplacé par deux petites feuilles occupant la place des valves et deux axes d'inflorescence occupant chacun la place d'un placenta.

Il explique la présence de ces deux inflorescences, par la composition complexe de chaque placenta des Crucifères qui, ainsi qu'il l'a établi autrefois, a un système libéroligneux formé d'un arc renversé et d'un arc normal, se joignant souvent en une colonne. Cette structure se rapprochant beaucoup de celle d'une tige, rien d'étonnant à ce que les placentas se comportent comme des tiges et portent des fleurs dans certains cas.

M. le Dr Louis DUCAMP, Prépar. à la Fac. des Sc. de Lille.

Méthode histologique pour étudier les fibres textiles en section transversale et pour faire la numération des fibres qui constituent les fils destinés au tissage. — Tous ceux qui ont essayé de faire l'étude des fibres textiles savent combien il est difficile d'en obtenir des coupes transversales. Quand on a des montages en paraffine les coupes faites au microtome s'arrachent et les meilleures, susceptibles d'être collées sur porte-objet, donnent comme résultat des bouts de fibres couchées longitudinalement. Par ce procédé on n'arrive pas commodément à faire la mensuration diamétrale de la lumière des fibres, et l'examen de la section transversale est presque impossible. Au moyen de la celloïdine on obtient facilement ces coupes et on peut avoir des préparations microscopiques permettant la lecture des sections transversales de fibres.

Préparation de la solution de celloïdine. — On divise en petits morceaux une plaque de celloïdine (cette matière est livrée par la maison Schering de Berlin sous forme de tablettes de 40 grammes), on met le tout dans un sachet en tulle que l'on suspend au bouchon d'un flacon contenant :

Éther ordinaire   }
Alcool absolu   } āā 250 centimètres cubes.

On obtient ainsi un liquide sirupeux analogue au collodion.

Enrobement des fils. — On plonge les fils que l'on veut étudier dans l'alcool à 95 degrés pendant une heure, puis dans l'alcool absolu pendant une deuxième heure; on les rince après avec un mélange à parties égales d'alcool absolu et d'éther. On tend les bouts de fils au fond d'un petit cristallisoir et on verse dessus un centimètre et demi à deux centimètres d'épaisseur de solution de celloïdine. On couvre le cristallisoir et de temps à autre on soulève quelques minutes le couvercle; ceci a pour but de permettre le durcissement de la surface par une évaporation lente du liquide. Quand la celloïdine atteint une certaine consistance, ce qui arrive lorsque la surface ne colle plus au doigt, on verse dessus de l'alcool à 50 degrés. La celloïdine se coagule et au bout de vingt-quatre heures, même douze heures, le bloc est complètement détaché des parois du cristallisoir.

On découpe dans ce bloc un prisme rectangulaire contenant les fibres. Les débris de celloïdine peuvent être redissous dans un mélange d'alcool et d'éther et servir à nouveau.

Confection des coupes et montage. — On met le petit prisme entre deux lèvres de moelle de sureau et on introduit le tout dans le tube d'un microtome Ranvier. On fait les coupes avec un bon rasoir; on recueille les coupes de celloïdine avec un petit pinceau et on les met dans l'alcool à 50 degrés; elles peuvent être conservées ainsi que les blocs dans ce même liquide pendant plusieurs années.

Pour étudier ces coupes on les monte dans la gélatine glycérinée en les transportant de l'alcool à 50 degrés dans une goutte de gélatine glycérinée fondue, on couvre d'un cover et on chauffe doucement. La coupe de celloïdine contenant les sections de fibres est ainsi entre lame et lamelle dans un milieu presque solide. Les sections de fibres n'ont pas été déplacées et on se rend compte de leur lumière et de leurs dimensions.

Au moyen d'un microscope portant un oculaire quadrillé on peut faire la numération des fibres qui constituent chaque fil.

MM. J. COSTANTIN et H. POISSON, à Paris.

Sur le Tsitsiry de Madagascar. — Cette plante n'est connue que par ses organes végétatifs et ses fruits, grâce aux échantillons rapportés par M. Geay, explorateur.

Présentant un certain intérêt industriel par les produits résineux et caoutchouteux qu'elle donne, sa détermination méritait d'être précisée.

L'existence de graines ailées pouvait faire penser aux Bignoniacées, mais la présence de laticifères et de liber interne a conduit les auteurs à porter leurs recherches vers les Apocynées. Les genres à graines ailées ne sont pas nombreux dans cette famille et, en tenant compte d'une part de la distribution géographique, qui permettait d'éliminer les genres américains, et aussi d'autre part de particularités de structure des graines et du fruit, MM. COSTANTIN et POISSON sont arrivés à penser qu'ils avaient affaire au genre *Plectaneia*. La comparaison avec les échantillons de l'herbier du Muséum leur montra qu'ils ne s'étaient pas trompés. Cet exemple est intéressant parce qu'il montre l'aide que la connaissance de la graine, du fruit et de l'anatomie peuvent apporter dans la détermination de plantes dont les voyageurs n'ont pas rapporté de fleurs.

Les fruits de *Plectaneia* sont très caractéristiques, ils se composent de deux follicules accolés avant la maturité de manière à constituer un prisme tétragone qui se décolle tout d'abord au milieu. Les graines pourvues d'une aile à chaque extrémité présentent un petit cordon funiculaire qui s'attache sur un ombilic ovalaire.

L'étude anatomique comparée des échantillons rapportés par M. Geay et de ceux qui composent l'herbier du Muséum confirme la précédente détermination. La structure des Tsitsiry est bien celle des *Plectaneia*.

Y a-t-il plusieurs espèces de ce genre? Pendant longtemps on n'a connu que ce type de Du Petit-Thouars, *P. Thouarsii*; dans ces dernières années, Schumann a créé deux espèces nouvelles, *P. Hildebrandtii* et *P. Pervillei*, mais ces espèces ne figurent pas au Muséum.

Il y a un échantillon d'Hildebrandt, n° 3012, (dont le double est à Berlin, *P. Hildebrandtii*) qui a des fruits de même longueur que le *P. Thouarsii*, mais des graines plus petites. Le *P. Pervillei* n'existe pas à Berlin.

Le Tsitsiry de M. Geay a, à la fois, des graines plus petites et des fruits plus courts.

Ces différences sont assez caractérisées, mais elles ne paraissent guère constituer que des caractères de variétés de l'ancien type *Thouarsii*.

M. Geay a, en outre, rapporté une autre plante qu'il appelle « Tsitsiry à petites feuilles », qui est aussi un *Plectaneia* par ses fruits mais qui a des graines un peu différentes (elles étaient mal conservées, mangées par les insectes) et par sa structure il est un peu dissemblable. C'est probablement une espèce distincte.

A l'occasion de cette plante, M. Geay a remarqué sa ressemblance avec une espèce à caoutchouc connue depuis le voyage dans le sud de l'île de M. Prud'homme, directeur de l'Agriculture à Madagascar, et désignée par lui sous le nom d' « Erobahy-ravina-singaina ». Les échantillons de cet « Erobahy » rapportés par M. Geay ne portaient malheureusement pas de fruits et l'étude de la structure ne permet pas d'affirmer qu'il s'agit d'un *Plectaneia*; il est cependant probable que c'est au moins une Apocynée voisine.

Les auteurs terminent en résumant nos connaissances actuelles sur la répartition géographique du genre *Plectaneia* qui est essentiellement et exclusivement malgache et qui existe aussi bien au nord qu'au sud de l'île.

M. Jean FRIEDEL, à Paris.

Recherches anatomiques sur le pistil des Malvacées. — Chez les Malvacées, les styles sont groupés en un bouquet qui s'épanouit après avoir traversé une sorte de gaine formée par les filets des étamines.

D'après la disposition des stigmates, on peut diviser cette famille en deux groupes :

Chez *Malva, Althœa, Malope*, etc., les papilles couvrent les branches stylaires jusqu'au point où elles deviennent coalescentes.

Chez l'*Hibiscus* et le *Malvaviscus*, les papilles stigmatiques sont réunies sur des boutons terminant l'extrémité des styles, le reste du style étant parfaitement lisse. Dans les deux cas, des coupes transversales pratiquées dans les branches stylaires distinctes indiquent très clairement un organe à structure foliaire simplifiée.

Chez une fleur du type *Malva*, par exemple, on voit aisément une symétrie par rapport à un plan marqué par les papilles stigmatiques et par un petit faisceau libéro-ligneux unique situé au pôle opposé à celui qui est occupé par les papilles. Une coupe dans la région où les styles sont coalescents montre un organe ayant la structure typique d'une tige, formé par la réunion d'organes à symétrie de feuilles. Il y a là une intéressante réalisation de la théorie des « phytons », quelle que soit, d'ailleurs, la généralité que l'on attribue à cette théorie : c'est un exemple très net d'organe semblable à une tige, constitué par « une somme de queues de feuilles ». Plus bas la coalescence cesse et les loges de l'ovaire sont en nombre égal à celui des styles distincts.

M. Léon DUFOUR, Dir.-Ad. du Lab. de Biol. végétale de Fontainebleau.

Note sur les affinités des espèces du genre Achillea. — On trouve dans l'ensemble des espèces du genre *Achillea* les degrés les plus variés de complication de la feuille, depuis la feuille simple, dentée, de l'*A. Ptarmica* jusqu'à la feuille doublement composée de l'*A. Millefolium* et de quelques autres espèces. Or, si l'on fait germer des graines d'*A. Millefolium*, on constate que les premières feuilles sont simples et que les suivantes vont en se compliquant de plus en plus jusqu'à la forme définitive que l'on rencontre chez les individus adultes. Et les formes de ces feuilles successives ressemblent beaucoup aux formes définitives des diverses autres espèces.

Il est donc vraisemblable que les espèces à feuilles simples sont les plus anciennes, et que c'est d'elles que sont dérivées successivement les espèces à feuilles de plus en plus compliquées. Dans son développement, une des espèces les plus récentes, l'*A. Millefolium* reproduit les stades successifs par lesquels ont passé les formes ancestrales dont certaines sont représentées par la série des espèces actuelles ayant des feuilles plus simples.

— Séance du 5 août —

M. CARDOT, à Charleville.

Sur la Flore de l'Antarctide.

MM. MARCHAND et BOUGET, à Bagnères-de-Bigorre.

Sur un mode de reproduction spéciale à la zone alpine supérieure.

M. le Dr Éd. BONNET.

Lettre et note autographes de Linné, publiées à l'occasion du bi-centenaire du célèbre naturaliste.

M. Edmond GAIN, Prof.-Adj. à la Fac. des Sc. de Nancy.

1º *Étude biométrique sur l'hétérostylie de Primula officinalis* Jacq., *et de Primula grandiflora* Lam. — L'auteur a appliqué, dans l'étude de ces deux Primevères, la méthode décrite dans son travail antérieur sur l'hétérostylie de la Pulmonaire. Cette statistique porte sur 900 mesures pour chacune des deux espèces.

Il établit les polygones de variations et les caractéristiques biométriques des diverses parties des fleurs de Pr. officinalis et de Pr. grandiflora, et formule les conclusions suivantes :

1º Chez *Primula grandiflora* Lam. et chez *Primula officinalis* Jacq. le calice et la corolle présentent des polygones de variations qui sont très semblables chez les fleurs brévistylées et brévistémonées de chaque espèce.

La hauteur du calice, la sissiparité du calice, la largeur de la corolle sont analogues et parfois d'une remarquable constance dans les deux types de fleurs.

Les fleurs brévistylées possèdent seulement une corolle un peu plus haute que les fleurs longistylées, et ceci correspond à une différence dans l'intensité de l'hétérostylie ;

2º La distance du stigmate à l'anthère est plus grande chez les fleurs brévistylées. On y constate, en effet, que le style moyen est plus court que l'étamine correspondante du type inverse. D'autre part, bien que le style soit plus court dans le type brévistylé, l'étamine y est plus longue. Cette dernière particularité est favorisée par un tube corollin plus élevé. Tout concourt donc à réaliser une hétérostylie plus exagérée chez les fleurs brévistylées.

Si on évalue les distances moyennes du stigmate à l'anthère on trouve comme nombres moyens en millimètres :

	Primula officinalis.	Primula grandiflora.
Fleurs brévistémonées . . .	4,64	5,07
Fleurs brévistylées.	7,22	6,96
DIFFÉRENCE EN PLUS . . .	2,58 soit 55 0/0.	1,89 soit 37 0/0.

Ainsi l'hétérostylie des deux Primevères est beaucoup plus accusée chez les fleurs brévistylées, conclusion inverse de celle qui avait été trouvée pour la Pulmonaire officinale.

2º *Étude biométrique sur un hybride de Primevères* (*Primula flagellicaulis* Pax.). — L'hybride étudié ne présente que peu de caractères nouveaux, la plupart de ses caractères étant intermédiaires à ceux des espèces parentes : *Primula officinalis* Jacq. et *Pr. grandiflora* Lam.

En ce qui concerne l'hétérostylie :

1º Il y a chez l'hybride une augmentation de la capacité de croissance des étamines et du style ;

2º Une certaine dissémination et une disjonction du type est constatée chez les fleurs brévistémonées.

Le polygone de fréquence relatif à la distance du stigmate à l'anthère est exprimé par un polygone à deux sommets ;

3º La distance du stigmate à l'anthère est plus grande chez les fleurs brévisylées des deux formes parentes que chez les brévistémonées. L'hybride ne présente pas ce caractère;

4º L'hybride ne présente pas toujours, pour un caractère donné, une amplitude de variation égale à la variation totalisée des deux formes souches. Il a, au contraire, une tendance à garder une amplitude de variation analogue ou intermédiaire à celle de chacun des deux parents;

5º L'étude des coefficients caractéristiques qu'on obtient en totalisant les dimensions moyennes calculées, pour un organe déterminé, permet d'évaluer si l'une des souches paternelle ou maternelle exerce une action héréditaire prédominante.

Dans le cas particulier, le périanthe de *Pr. flagellicaulis* occupe, par ses dimensions, une situation moyenne qui indique une hérédité paternelle et maternelle sensiblement égale, mais un peu plus accentuée pour *P. grandiflora*.

M. PETITMENGIN, à Malzéville (Meurthe-et-Moselle).

Mise au point de la flore lorraine. — Depuis la publication de la dernière édition de la *Flore lorraine* de Godron, revue par MM. Fliche et Le Monnier (Nancy, 1881), de nombreuses excursions botaniques entreprises sur le territoire de cette ancienne province ont profondément modifié la phytographie locale.

Il a fallu rayer de notre flore un certain nombre d'espèces qui n'ont plus été retrouvées malgré de patientes recherches et par ailleurs, en ajouter d'autres qui avaient jusqu'ici échappé aux recherches de nos devanciers. Beaucoup de régions n'avaient pas été parcourues convenablement, voire même pas du tout, aussi ne faut-il pas s'étonner des espèces nouvelles pour le pays qui, dès maintenant, devront prendre place dans les annales de notre flore. C'est ainsi que dans les Vosges, MM. Bonati et Issler découvraient successivement les *Potentilla aurea* L.; *Meum Mutellina* Gærtn, *Hieracium Jacquini* Vill.; *Draba aizoides* L., *Euphrasia minima* Schl. Aux environs de Metz, MM. les abbés Friren et Kieffer rencontraient le très rare *Sturmia Lœseli* Rchb. La flore meusienne était elle-même scrutée avec soin, par un botaniste aussi compétent que modeste, M. Breton de Saint-Mihiel.

Les résultats complets de tous ces travaux, se trouveront insérés dans les Mémoires du présent Congrès. C'est l'ensemble de ces diverses modifications qui fait l'objet de ma note: *Mise au point de la flore lorraine.*

M. W. RUSSEL, Doct. ès Sc., à Paris.

1º Sur la présence constante de la Syringine chez les Oléacées.

2º Sur quelques plantes calciphiles adaptées à des terres pauvres en chaux.

M. DANIEL, Prof. de Bot. appliquée à la Fac. de Rennes.

Sur les monstruosités de la feuille du Rosier. — En provoquant, dans des Rosiers francs de pied, une énergique *suralimentation* à l'aide du fumier et d'une taille sévère de l'appareil aérien, on obtient, non seulement toutes les modifications consécutives au déséquilibre de nutrition $Cv < Ca$ (dans lequel l'absorption est plus grande que la consommation) déjà signalées par l'auteur en 1905 sur le Rosier, mais encore des monstruosités nouvelles. Les plus curieuses portent sur le nombre et la disposition des folioles, leur soudure ou leur disjonction. Fréquemment la disparition de la foliole impaire transforme la feuille normale composée imparipennée en feuille composée paripennée. On observe en outre de nombreuses variations concernant la nervation, la taille relative des folioles et la disposition des dents du limbe.

———

M. C. HOUARD, Doct ès Sc., Prép. de Bot. à la Sorbonne.

Les Zoocécidies des plantes d'Europe et de la région méditerranéenne (Nouveau Catalogue de galles, en cours d'impression).

———

M. G. KIMPFLIN, Fac. des Sc. de Lyon.

Réflexions sur la photosynthèse. — Le mécanisme intime de la photosynthèse, encore si peu connu en dépit des nombreux travaux qu'il a suscités, m'occupe depuis quelque temps. Les recherches que j'ai entreprises et les vues générales que m'a inspirées la question sont consignées dans les réflexions présentées ici.

La présence du méthanal (aldéhyde formique) m'a d'abord préoccupé. L'emploi d'un nouveau réactif.— le méthylparamidométacrésol — m'a permis de le caractériser et d'apporter ainsi une preuve expérimentale à ce point particulier de l'hypothèse de Baeyer.

J'ai constaté ensuite, à l'aide du bisulfite de rosaniline, la localisation du méthanal dans les *chloroplastides*, et cette constatation permet de concilier la réalité objective de la présence de ce poison cellulaire avec les exigences de la vitalité protoplasmique.

Un fait reconnu par Bach est celui de la présence ou de l'absence, dans les parenchymes verts, de l'eau oxygénée suivant les espèces considérées. Il y a là, à mon avis, une preuve en faveur de cette idée que le mécanisme photosynthétique ne reste pas identique à lui-même dans tout le règne des végétaux verts.

Le dégagement constaté (Boussingault, Pollacci) d'un hydrocarbure (probablement CH^4) pendant l'assimilation chlorophyllienne m'a suggéré une hypothèse sur la signification de ce dégagement : il ne doit pas être un produit normal de l'assimilation, mais le résultat d'une réduction plus avancée, signe d'une surnutrition carbonée, l'agent réducteur agissant sur CH^2O dans un but, d'*autorégulation*.

Enfin l'hydrogène, dont la présence a été également constatée (Pollacci), et à qui on pourrait très bien attribuer la réduction de CO_2 ou de CO_3H_2, est probablement libéré de H_2O sous l'action de l'énergie électrique dont l'intervention dans l'ensemble du phénomène me paraît légitime. La chlorophylle apparaît dès lors comme l'agent d'une *transposition de longueur d'onde*, transposition de la radiation lumineuse en radiation électrique, sans qu'il soit possible de préciser à quel état agit cette dernière.

———

MM. J. CHIFFLOT et G. KIMPFLIN, Fac. des Sc. de Lyon.

A propos des globoïdes des grains d'aleurone. — On a récemment soutenu, et cette thèse a fait, depuis le dernier congrès de Lyon, où elle a été présentée, l'objet d'une série de notes *qui toutes se répètent* : que les globoïdes des grains d'aleurone *sont identiques* aux corpuscules métachromatiques des Protistes.

La présente communication a pour but de mettre en lumière quelles raisons, tant théoriques que de faits, militent en faveur du rejet d'une pareille opinion, qui ne s'appuie d'ailleurs sur aucune preuve expérimentale.

1° La structure qui a été décrite sur les globoïdes est fictive. L'interprétation qui en a été donnée (zones d'hydratations différentes) ne résiste pas à la critique du simple bon sens. Les Protistologistes n'ont d'ailleurs pas décrit une pareille structure dans les corpuscules Métachromatiques.

2° Le rôle des globoïdes est suffisamment connu (partie organo-minérale d'un aliment de réserve complet) ; il n'en est pas de même des granulations métachro) matiques des Protistes.

3° L'existence d'une réaction commune (bleu de méthylène $+ H_2SO_4$ à 1 0/0- ne constitue pas un rapprochement chimique suffisant. Quant à la métachromasie, qui apparaît comme la base fondamentale de l'argumentation en faveur du rapprochement, douteuse en fait pour les globoïdes, elle nous paraît théoriquement, et abstraction faite de ce doute, plus qu'insuffisante pour justifier une identification de ces corps.

En disant que les globoïdes des grains d'aleurone sont des corpuscules métachromatiques, on émet donc, à notre avis, une opinion gratuite dépourvue de tout fondement scientifique. Assimiler un corps bien connu à d'autres corps mal définis ne constitue pas un progrès !

———

— Séance du 6 août —

Sections de Botanique et de Zoologie, Anatomie et Physiologie réunies.

(Voir p. 263).

———

M. André GUILLAUME, Avocat, à Reims.

Distribution des plantes en Champagne, suivant la nature et le relief du terrain; comparaison de la flore de cette région avec celle des régions voisines. — Rapport préparatoire publié dans le *Bulletin* n° 7 de juillet 1907, page 19.

— **Séance du 6 août** —

SECTION DE BOTANIQUE SEULE

M. BESTEL, Prés. de la Soc. d'Hist. nat. des Ardennes.

Sur la flore de l'Ardenne.

10ᵉ Section.

ZOOLOGIE, ANATOMIE, ET PHYSIOLOGIE

Présidents d'Honneur . . . .   MM. BELLEVOYE, anc. Présid. de la Soc. d'Ét. des Sc. nat. de
          Reims.
          FOREL, de Morges (Suisse).
          GIARD, Membre de l'Institut.
          MONTICELLI, Prof. de Zoologie à l'Univ. de Naples.
          YUNG, Prof. de Zoologie à l'Univ. de Genève.
Président . . . .   M. CAULLERY, Prof. adj. à la Fac. des Sc. de Paris.
Secrétaire . . . .   M. CÉPÈDE, Prépar. au Labor. de Zoologie maritime de
          Wimereux.
Vice-Secrétaire . . . .   M. MIRE, Prof. à l'Éc. de Méd. de Reims.

— Séance du 1ᵉʳ août —

M. Charles HENRY, Direct. à l'Éc. des Hautes Études.

Psychophysique, énergétique et photométrie. — L'auteur résume des recherches de König et Brodhun sur la sensation lumineuse; il tire de ces études une expression nouvelle de la loi psychophysique, dont les paramètres peuvent s'interpréter. Il précise le caractère de la notion d'excitation, qui n'est qu'une sensation particulière dépendant de l'acuité visuelle et concordante, en vertu de la dimension des éléments rétiniens, chez tous les hommes. Il insiste sur le caractère bâtard, à la fois subjectif et objectif, de la notion d'intensité lumineuse et énonce le principe d'un nouveau photomètre enregistreur, dont les données, rigoureusement objectives, pourraient être transformées en unités de sensation, les seules intéressantes physiologiquement et économiquement, par un travail fait une fois pour toutes.

M. le professeur Nestor GRÉHANT, Mém. de l'Ac. de Méd., délégué du Mus. nat. d'Hist. nat. à Paris.

1° La ligature des uretères chez les rongeurs et chez les oiseaux. — J'ai répété cette année, dans mon cours, les expériences qui ont servi de base à la thèse pour le doctorat ès sciences que j'ai soutenue en janvier 1870, sur l'excrétion de l'urée par les reins.

Mon procédé de dosage de l'urée dans l'eau, dans l'urine et dans les tissus par un réactif obtenu en versant de l'acide nitrique sur un globule de mercure qui décompose à froid l'urée en acide carbonique et azote (volumes égaux), donne d'excellents résultats, car, si l'on agit sur 50 milligrammes d'urée pure, on extrait, avec la pompe à mercure de mon appareil à urée, 19 centimètres cubes d'acide carbonique sec à 0° et à la pression de 760 millimètres, qui correspondent à 51 milligrammes d'urée; la petite différence, 1 milligramme en plus, tient sans doute à ce que l'eau employée à dissoudre l'urée renfermait un peu d'acide carbonique.

Quand j'ai lié les uretères d'un lapin anesthésié par l'acide carbonique (procédé de Paul Bert), j'ai obtenu dans le sang, au bout de vingt-quatre heures, une augmentation du chiffre de l'urée, et j'ai observé une dilatation des uretères, une forte hypertrophie des reins et une lésion constante: des hémorragies produites sous la capsule des reins annihilés par l'opération.

Chez les Oiseaux, comme l'a démontré le premier l'illustre physiologiste Galvani, vingt-quatre ou quarante-huit heures après la ligature des uretères, on voit à la surface du péricarde, sur le péritoine qui recouvre le foie, et dans le mésentère, des dépôts plâtreux qui sont des urates; le rôle des reins a été supprimé.

J'ai montré en projection les résultats que j'ai obtenus sur un canard.

2° Dose toxique de l'oxyde de carbone dans l'air et dans le sang. — Je me borne à résumer ici les recherches comparatives que j'ai faites en soumettant plusieurs animaux, un chien, un lapin et un canard à l'action d'un mélange titré d'air et d'oxyde de carbone à 1 0/0.

Un chien meurt en vingt minutes, quand on lui fait respirer ce mélange à l'aide de soupapes hydrauliques, et 100 centimètres cubes de sang renferment 21 centimètres cubes d'oxyde de carbone, poison de l'hémoglobine; le sang à volume égal renferme donc vingt et une fois plus d'oxyde de carbone que l'air.

Un lapin, dans le même mélange, meurt en une heure, et 100 centimètres cubes de sang contiennent 14 centimètres cubes d'oxyde de carbone ou quatorze fois plus que l'air à volume égal.

Un canard qui a respiré, à l'aide d'un tube fixé dans la trachée, dans un sac contenant 100 litres du même mélange d'air et d'oxyde de carbone, meurt en sept minutes, après avoir présenté de fortes convulsions des pattes et des ailes; le sang obtenu par la section du cou renfermait 14 centimètres cubes d'oxyde de carbone pour 100 centimètres cubes, c'est-à-dire quatorze fois plus que l'air à volume égal, même chiffre que celui qui a été fourni par le lapin.

On voit donc que les oiseaux, les rongeurs et les carnassiers, astreints à respirer le même mélange toxique, meurent au bout de temps très différents.

Je rapproche ces résultats de ceux que mon fils Stéphane Gréhant a obtenu dans mon laboratoire, dans une thèse qui a été faite, en 1905, sous ma direction: *Sur la détermination de la dose toxique de l'acide carbonique chez les vertébrés.*

La résistance des animaux à l'action de ce gaz est extrêmement variable d'une espèce à une autre.

En terminant, je tiens à démontrer par quelques projections le dispositif des appareils que j'ai employés, et j'offre volontiers à la ville de Reims, pour sa bibliothèque municipale, un livre nouveau de vulgarisation scientifique, *La santé par l'hygiène*, que je viens de publier et qui rendra, je l'espère, des services à l'humanité; ma notice scientifique, la thèse de Stéphane Gréhant et un mémoire sur la recherche et le dosage des gaz combustibles (extrait du journal *Le Génie Civil*, 1907).

— Séance du 2 août —

M. G. DAUMÉZON.

Liste des Synascidies du golfe de Marseille. — L'auteur a rassemblé dans ce mémoire les espèces de Synascidies du golfe de Marseille qu'il a observées jusqu'ici, à savoir :

Didemnum fallax (Lahille), Didemnum graphicum (Lahille), Didemnoïdes inarmatum (Drasche), Didemnoïdes resinaceum (Drasche), Leptoclinum coccineum (Drasche), Leptoclinum perspicuum (Giard), Diplosoma gelatinosum (Milne-Edwards), Diplosoma kœhlerianum (Lahille), Polycyclus violaceus (Drasche), Polycyclus Renieri (Lamarck), Polycyclus cyaneus (Drasche), Botryllus violaceus (M. Edwards), Botryllus calendula (Giard), Botryllus polycyclus (Savigny), Botrylloïdes rubrum (Milne-Edwards), Distoma cristallinum (Renier), Distoma plumbeum (Della Valle), Distoma mucosum (Von Drasche), Distoma adriaticum (V. Drasche), Clavelina lepadiformis, Cystodites durus (Von Drasche), Cystodites cretaceus (Von Drasche), Amaroucium proliferum (Milne-Edwards), Amaroucium Nordmani (Milne-Edwards), Amaroucium trilobatum, Nordmani, Amaroucium albicans (Milne-Edwards), Amaroucium densum (A. Giard), Aplidium griseum (Lahille). Aplidium asperum (Von Drasche).

Cette faune des Synascidies du golfe de Marseille présente quelques caractères spéciaux qui méritent d'être signalés :

1° Existence de deux périodes de maturité sexuelle, la première correspondant à peu près au printemps, la deuxième correspondant à l'automne ;

2° Absence de formes pédonculées ;

3° Fréquence de la fixation sur une coquille de gastropode habité par un Pagure.

———

M. J. BOUNHIOL, Doct. ès Sc., à Alger.

Quelques faits biologiques relatifs aux poissons comestibles des côtes de l'Algérie. — L'auteur a étudié, pendant ces trois dernières années, la biologie des poissons marins d'Algérie et indique dès à présent quelques observations présentant un caractère de grande généralité qu'il a relevées au cours de ses travaux.

L'eau qui baigne les divers fonds littoraux de l'Algérie (sables, graviers, rochers, surfaces coralligènes, vases) possède un régime spécial et variable. Le plankton qu'elle tient en suspension est en général abondant ; il devient surtout très abondant dès que la température de l'eau atteint 17° et s'y maintient. Cette température se maintenant pendant à peu près les deux tiers de l'année sur les rivages algériens, entre 0 et 20 mètres de profondeur, il en résulte que sur ce littoral, où dure cette température optima pendant plus de temps que sur les côtes portugaises, espagnoles et françaises de l'Atlantique et celles espagnoles, françaises, italiennes et autrichiennes de la Méditerrannée, les espèces communes à ces différents rivages trouvent au cours de l'année, sur les côtes de l'Algérie, la *possibilité* d'une vie active de plus grande durée, d'une alimentation plus longue, plus copieuse, et par conséquent *d'un développement et d'une croissance plus rapides.*

L'auteur a observé aussi la *précocité génitale* des espèces communes, l'époque de la maturité génitale variant d'ailleurs beaucoup suivant les espèces.

La température joue un rôle déterminant capital dans la maturation des éléments sexuels et les observations de M. Bounhiol l'ont conduit à classer les poissons des côtes algériennes au point de vue génital en *groupes sexuellement synchrones*. Il a été préoccupé aussi par la *durée de l'activité reproductrice et la durée de la ponte*.

En résumé, la précocité sexuelle et l'activité génitale de longue durée sont les caractéristiques les plus saillantes de la biologie des poissons marins comestibles de l'Algérie.

Discussion. — M. Cépède. — Cette influence de la température sur la richesse du plankton marin, que M. Bounhiol met en lumière dans son travail, a déjà été notée par un très grand nombre de planktonologistes. Mais il est à remarquer que la température optima est variable avec les lieux considérés. Dans le Pas-de-Calais, par exemple, où je poursuis depuis deux ans des recherches parallèles à celles de M. Bounhiol en Algérie, cette température est bien inférieure à celle citée par mon savant collègue. Je crois donc qu'il est peut-être prématuré de penser que la température de 17 degrés, optima pour les côtes algériennes, s'y maintenant plus longtemps que sur les côtes portugaises, espagnoles et françaises de l'Atlantique et sur les côtes espagnoles, françaises, italiennes et autrichiennes de la Méditerranée, suffise pour conclure que les poissons trouveront sur ces côtes algériennes « *la possibilité* d'une vie active de plus grande durée, d'une alimentation plus longue, plus copieuse et, par conséquent, d'un développement et d'une croissance plus rapides ».

M. Cépède insiste, en outre, sur l'importance considérable des recherches florales et fauniques autochtones des mêmes régions poursuivies en même temps que les études planktoniques. D'ailleurs, les faunes et les flores autochtones et pélagiques sont très intimement liées entre elles. Certains organismes du fond peuvent devenir pélagiques momentanés parce que détachés par l'eau ; d'autres, au contraire, éminemment planktoniques, se trouvent sur le littoral parce que déposés par les flots. Ces questions, d'un intérêt pratique qui ne peut échapper à personne, si complexes et si captivantes pour le biologiste, demandent de très longues et patientes recherches et ce n'est qu'en associant leurs efforts que gens de mer et naturalistes pourront espérer trouver leur solution.

M. Giard. — Il est très juste de dire que la température agit très fortement sur la composition d'un plankton local ou autochtone. Pour le plankton amené par les courants on constate que ces courants portent avec eux leur température et le plankton approprié à celle-ci. Pour le Gulf Stream l'appauvrissement de la vitesse planktonique est corrélative de l'abaissement de la température à mesure que le courant se refroidit en s'éloignant de son origine.

M. E. FORGEOT, Chef de Trav. à l'Éc. Vétér. de Lyon.

La lymphe du veau à la naissance. Modification après la première tétée. — Un veau né entre 4 h. 1/2 et 5 heures du matin est maintenu à jeun jusqu'à 3 heures de l'après-midi. Le canal thoracique est mis à découvert ; sa terminaison est double et c'est après ligature des deux branches qu'on place la canule dans le tronc commun.

La lymphe obtenue est abondante, très rapidement coagulable, transparente, avec une teinte jaune ambré très foncée.

En dix minutes, de 3 h. 10 à 3 h. 20, on obtient 48 centimètres cubes de lymphe contenant 3.435 hématies et 7.060 globules blancs par millimètre cube.

On fait téter le veau de 3 h. 25 à 3 h. 40 ; pendant ce temps, il a absorbé environ deux litres de lait.

Une demi-heure environ, après la tétée, la lymphe extraite du canal thoracique s'est modifiée ; de limpide qu'elle était, elle est devenue louche, opalescente, avec une sorte de teinte rougeâtre par transparence. En même temps, sa coagulabilité a diminué considérablement, car au bout de deux heures, elle met longtemps avant de se prendre en caillot.

Le tableau suivant indique les modifications dans la composition histologique et les quantités de lymphe obtenues pendant dix minutes :

HEURES	QUANTITÉS EN 10 MINUTES	HÉMATIES	GLOBULES BLANCS
	ccm		
3,10	»	Fistule.	»
3,20	48	3.435	7.060
3,40	»	Tétée de 2 litres.	»
4, »	34	5.250	9.935
4,30	37	2.685	6.810
5, »	47	2.875	6.310
5,30	40	2.750	6.000
6, »	36	2.560	8.435

Cette expérience, que nous aurions voulue plus complète, montre qu'à la naissance, chez le veau, la lymphe contient, comme chez l'adulte, outre ses globules blancs, des globules rouges ; qu'elle est limpide et analogue à celle extraite des lymphatiques du tronc chez la vache.

Sous l'influence de la première digestion, elle change presque aussitôt de caractères physiques, sans que, dans les deux heures qui suivent, sa composition histologique soit modifiée considérablement.

Elle nous montre aussi la série de recherches intéressantes que l'on pourrait établir sur le veau, dans le but d'étudier les phénomènes de la digestion au début de la vie.

M. le Vétérinaire Major ROHR, du 17e Rég. d'Artill., à La Fère.

Contribution à l'étude des troubles fonctionnels déterminés par l'ortie commune. — Plusieurs observations ont démontré que l'ortie commune de nos pays (*Urtica dioica*) est susceptible de déterminer chez le chien des troubles fonctionnels graves, voire même la mort.

Parfois les symptômes restent localisés à la peau et à la muqueuse des premières voies digestive et respiratoire, sans entraîner une issue fatale ; ils consistent essentiellement en érythème avec parésie, hyperesthésie, troubles nerveux (convulsions et attaques épileptiformes), ptyalisme et signes asphyxiques.

D'autres fois, ces manifestations revêtent d'emblée un degré d'acuité qui dénonce une évolution rapide et une mort certaine.

De nature surtout congestive, les lésions relevées à l'autopsie sont la conséquence de l'irritation et de l'asphyxie ; sur les chiens autopsiés, on a toujours
noté la congestion du foie et des poumons associée à des lésions irritatives de
tout le tube digestif.

Les analyses des viscères faites au laboratoire de chimie de la Faculté de
Médecine de Paris n'ont décelé aucune trace de poison et ont permis d'éliminer
l'hypothèse d'une intoxication par la strychnine.

Trop souvent les boulettes de strychnine répandues par malveillance dans les
propriétés ont été incriminées comme cause déterminante de la mort fou-
droyante des petits animaux, alors que l'ortie commune en était le véritable
facteur étiologique.

De l'ensemble des faits, résulte une première conclusion : « Les pousses
nouvelles de l'*Urtica dioïca*, sur pied, sont susceptibles de déterminer rapidement la mort des chiens et des furets, et en particulier des chiens jeunes et
des chiens à poils ras. »

La mort paraît être la conséquence de l'irritation des téguments et des
muqueuses avec répercussion sur le système nerveux ; quant à l'action toxique,
elle semble très limitée.

Le mode de pénétration du poison urticant a été nettement établi : complètement absorbé par l'odeur du gibier, le chien court au milieu des orties, sans
éprouver tout d'abord les premières douleurs de l'urtication ; mais peu à peu le
prurit augmente d'intensité et, en léchant instinctivement les régions irritées,
l'animal ingère les poils urticants qui déterminent bientôt l'inflammation progressive de toutes les portions du tube digestif.

Pendant l'action du flairer, le chien aspire de nombreux poils d'ortie qui
pénètrent et cheminent dans les organes de la respiration dont ils troublent
profondément le rythme et la fonction.

La pénétration simultanée du principe urticant dans les voies digestives et
aériennes explique aisément le parallélisme des lésions congestive et inflammatoire observées dans le poumon et le tube digestif.

L'observation a démontré enfin que l'activité du poison pruritant varie notablement avec l'âge du végétal : manifeste pendant la première période de végétation, elle se confine vers le milieu de la tige au moment de la floraison, puis
disparaît en grande partie chez l'ortie adulte. L'influence des blessures et des
traumatismes, et plus spécialement l'action de la grêle, déterminent sur l'ortie
commune la naissance de jeunes pousses qui possèdent à un très haut degré des
propriétés urticantes.

Discussion. — M. GIARD. — Dans une thèse récente soutenue en Sorbonne, on
a assimilé le poison des orties à celui des anémones de mer et d'autres animaux
marins d'ailleurs très mal spécifiés. Cette assimilation me paraît pour le moins
prématurée.

M. Ch. DEMAISON.

M. CÉPÈDE saisit l'occasion pour signaler un cas d'insensibilité acquise aux
piqûres d'ortie qu'il a observé à Wimereux. Un homme d'une soixantaine d'années, souffrant de rhumatismes, se traite depuis plusieurs années par les piqûres
d'ortie. Il dit ne plus sentir les piqûres, tandis qu'autrefois il y était très sensible. L'auteur a, par curiosité, fait avec ce malade une épreuve parallèle comparative. Il n'a pas tardé à s'apercevoir qu'il n'avait pas acquis cette insensibilité.

M. IMBERT.

Dispositif pour l'ergographie des muscles du membre inférieur.

M. R. LEGENDRE.

Sur un facteur important du nanisme expérimental : les excreta. — L'auteur conclut, mais sans vouloir certifier, que l'influence de volume, de surface, de nombre, de pureté d'eau se ramène, non à une influence morale (?) mais, à une influence chimique et que cette influence chimique n'est pas due à une substance hypothétique excitante du développement, mais bien à un complexe de substances connaissables, les *excreta*, surtout les excreta liquides ou solubles qui ralentissent la croissance. D'ailleurs, M. LEGENDRE se propose de reprendre cette étude d'une manière plus étendue dans un travail ultérieur.

Discussion. — M. GIARD. — Les causes du *nanisme* sont complexes et l'on n'en connaît encore que quelques-unes d'une façon d'ailleurs insuffisante. J'ai eu récemment l'occasion d'observer un cas très singulier dû à l'hybridité chez les végétaux du genre *Rosa*. Deux hybrides de Crimson rambler (*Rosa polyantha*) fécondés probablement par une rose thé (*Rosa indica*) ont donné des graines d'où sont nés trente petits rosiers nains qui ont fleuri âgés de six semaines sur une tige de 6 centimètres garnie de 3 à 4 feuilles. Ce curieux résultat a été obtenu au cours d'expériences entreprises par mon ancien élève M. Ghys, de Blois. Des cas analogues mais beaucoup moins nets ont été signalés par M. Viviand-Morel chez les roses et les œillets.

M. CÉPÈDE. — Il serait intéressant de reprendre ces expériences en faisant varier les divers facteurs : température, éclairement, couleur de la lumière, nourriture, aération de l'eau, enlèvement des excreta, etc. M. Cépède montre les difficultés qu'on rencontrerait dans de telles expériences ; mais l'importance des résultats compenserait les efforts du biologiste qui les entreprendrait.

M. DELCOURT, à Paris.

De l'influence de la température sur le développement de Notonecta. — Dans une communication que j'ai faite à la Société de Biologie, le 2 janvier 1907, j'ai indiqué, parmi les caractères distinctifs de *Notonecta umbrina* Germ., le fait qu'elle pond dès la fin d'octobre et que ses œufs mettent plus de deux mois à éclore, tandis que ceux des autres espèces ou variétés se développent en une vingtaine de jours. Le fait est bien exact, mais si l'espèce *umbrina* reste nettement distincte des autres par certains caractères importants, celui relatif à la durée du développement des œufs doit être attribué uniquement à l'influence de la température.

D'une part, en effet, les œufs d'*umbrina*, que j'ai pu observer en juin, ne mettaient plus que vingt jours environ à se développer, et déjà en février-mars que quarante jours ; d'autre part, les œufs de certaines autres variétés, pondus exceptionnellement en février, ont mis également une quarantaine de jours à se développer à cette époque, alors qu'en mai-juin, ils ne mettent plus également qu'une vingtaine de jours. Il y a lieu de supposer que si les œufs des variétés, qui pondent au printemps, étaient maintenus à une température plus basse, ils mettraient, à se développer, le même temps que ceux d'*umbrina* dans les mêmes conditions.

La durée de deux mois a été observée en laboratoire et elle est certainement plus considérable l'hiver dans l'habitat naturel, où les œufs restent longtemps à une température voisine de 0°.

Il est à remarquer que le développement des œufs d'*umbrina*, qui dure deux mois pendant l'hiver, en laboratoire, est, quand on le compare à celui qui dure vingt jours en mai-juin, retardé d'une façon régulière et proportionnelle. On peut le vérifier facilement par la coloration de la coque et par la formation des tâches oculaires.

L'action de la température sur la durée des mues est également très sensible ; les différences individuelles sont ici très considérables et les autres facteurs, l'alimentation surtout, influent dans une mesure difficile, sinon impossible à déterminer. De la moyenne des observations il paraît résulter, cependant, que la durée des mues passerait du simple au double, pour une différence de température de 4 à 5 degrés.

Ce qui précède fait comprendre pourquoi les adultes des variétés, qui ne commencent à pondre qu'en avril-mai, dans notre région, apparaissent à peu près à la même époque que ceux des autres variétés, provenant d'œufs pondus dès février ou même dès la fin d'octobre.

Discussion. — M. M. KÜNCKEL D'HERCULAIS.

M. MASSONNAT de Lyon.

1° Variations des yeux composés chez les Pupipares. — Dans les deux séries de Pupipares parasites des Vertébrés, on observe une régression de l'œil composé parallèle à celle des ailes et par suite en rapport avec le degré de fixation de l'insecte sur son hôte.

On observe, en outre, une variation dans la position de l'œil sur la surface de la tête et cette disposition semble être en relation avec une tendance de la tête à être protégée soit par enfoncement dans le thorax (Pupipares parasites des Mammifères), soit par la formation de bosses scapulaires (Pupipares parasites des Oiseaux).

Toutes ces modifications anatomiques paraissent être en relation directe avec le degré de l'ectoparasitisme.

2° Contribution à la faune des Pupipares de la région lyonnaise. — L'auteur cite un assez grand nombre d'espèces de Pupipares dont la plupart ont été récoltés par M. Côte, dans la région lyonnaise et plus particulièrement dans celle des Dombes et auxquelles M. MASSONNAT ajoute celles qu'il a recueillies lui-même :

1° Pupipares des Mammifères. — *Hippobosca* (Linné) *equina* (L.) ; *Lipoptena* (Nitzsch) *cervi* (Linné) ; *Melophagus* (Latreille) *ovinus* (Linné).

2º *Pupipares des Oiseaux*. — *Ornithoïca* (Rondani) *turdi* (Latreille); *Olfersia* (Leach) *ardeœ* (Macq) ; *Lynchia* (Weyenbergh) *maura* (Bigot) ; *Ornitheza* (Speiser) *metallica* (Schiner) ; *Ornithomyia* (Latreille) *avicularia* (Linné) ; *Ofringillina* (Crts) ; *Stenopterix* (Leach) *hirundinis* (Leach) ; *Oxypterum* (Leach) *pallidum* (Leach).

3º *Pupipares des Invertébrés*. — *Braula* (Nitzsch) *cœca* (Nitzsch).

MM. VANEY et CONTE, à Lyon.

La forme mâle du Pseudococcus platani Signoret. — Les auteurs décrivent la forme mâle du *Pseudococcus platani* Signoret dont ce dernier a signalé déjà en 1875 la ♀, qu'il avait rencontrée en abondance à Annecy (Haute-Savoie) dans toutes les fissures des platanes. La forme ♀ que Vaney et Conte ont trouvée à Lyon a été décrite à tort autrefois comme ♀ du *Dactylopius brevispinus* dont elle s'éloigne nettement par la présence constante de neuf articles aux antennes ce qui justifie sa place dans le genre *Pseudococcus* Westw.

M. CONTE, à Lyon.

Remarques sur l'hérédité des maladies chez les vers à soie. — Des recherches poursuivies pendant l'année 1907 au Laboratoire d'études des soies de Lyon par MM. CONTE et LEVRAT, il résulte :

1º Que des chrysalides artificiellement infestées de Muscardine peuvent évoluer jusqu'au stade de papillon ;

2º Que, et en cela l'auteur est d'accord avec M. Verson, de Padoue, les papillons peuvent être artificiellement infestés de Botrytis ;

3º Que les papillons éclos des chrysalides muscardinées sont muscardinés ;

4º Que ces derniers, quoique infestés, peuvent s'accoupler et pondre des œufs ;

5º Que ces pontes peuvent être fécondées et se développer ;

6º Que les trois infections des vers à soie, Flacherie, Muscardine, Grasserie, peuvent être, pratiquement au moins, considérées comme héréditaires.

M. C. HOULBERT, Sous-Dir. de la Station entomologique à la Fac. des Sc.

Le rôle de l'Entomologie appliquée. — Dans cette communication, M. C. HOULBERT présente une sorte de compte rendu des opérations de la Station entomologique de l'Université de Rennes. Il y expose les travaux que M. Guitel et luimême ont entrepris à cette Station ; ceux qu'ils ont faits déjà et ceux qu'ils désirent faire dans l'avenir.

MM. CONTE et VANEY, à Lyon.

Une nouvelle forme larvaire d'Hyménoptères parasites.

M. L. F. HENNEGUY, Prof. au Coll. de France.

Une espèce nouvelle de Grégarine des Ophélies. — La rareté du parasite qu'il a trouvé n'a pas permis à M. HENNEGUY d'étudier entièrement le cycle évolutif de ce Sporozoaire, malgré ses recherches répétées. Il donne à cet intéressant parasite le nom de *Rhytidocystis opheliæ* n. g. n. sp. Son caractère le plus frappant est que les sporocystes ne renferment que deux sporozoïtes.

M. le Baron de SAINT-JOSEPH.

Découverte faite de spores tétrazoïques d'une Grégarine trouvée dans le cœlome d'Eulalia parva St-J. draguée à Dinard, près du Vieux Banc, à environ 30 mètres de profondeur. — L'auteur en fait le type d'un nouveau genre *Heterospora* dont la diagnose serait la suivante : spores naviculaires, biconiques, à épispore tétragone, à pôles semblables, renfermant quatre sporozoïtes. — La forme végétative est jusqu'ici inconnue.

M. de SAINT-JOSEPH a trouvé dans l'intestin d'une *Syllis (Typosyllis) prolifera* Kr. plusieurs kystes bruns de 0mm,045 de diamètre. Ils renfermaient des spores d'une Haplosporidie : l'*Urosporidium fuliginosum* Caullery et Mesnil, qu'il considère comme une forme rare.

M. Adolphe BELLEVOYE, à Reims.

La tératologie des Coléoptères. — M. BELLEVOYE montre deux boîtes contenant différents Coléoptères classés d'après les divisions suivantes :

- 1° Développement incomplet des élytres, 33 cas;
- 2° Enfoncement ou déformation des téguments, 13 cas;
- 3° Bosses et boursouflures, 13 cas;
- 4° Côtes des élytres déviées ou bifurquées, 8 cas;
- 5° Changement de forme par défaut de matières, 8 cas;
- 6° Expansion du corselet, 1 cas;
- 7° Pattes plus courtes, 5 cas;
- 8° Pattes courbées au lieu d'être droites, 3 cas;
- 9° Antennes coudées, 1 cas;
- 10° Monstruosités par excès.

Discussion. — M. GIARD. — Les entomologistes qui s'occupent des monstruosités des insectes et en particulier de celles qui font partie de la dixième division des exemples cités par M. Bellevoye, feront bien de consulter le très beau livre de William Bateson : *Materials for the Study of variation*, London 1894, où ces cas tératologiques ont été étudiés magistralement. Les observations isolées gagneraient beaucoup en valeur si elles étaient rapprochées de celles réunies dans ce livre trop peu connu des zoologistes français.

M. Monticelli rappelle, à propos de cette communication de M. Bellevoye sur les anomalies des Insectes et à propos des anomalies des Arthropodes en général un cas qu'il a eu l'occasion d'observer chez *Sicyonia sculpta*. Cette anomalie consiste dans la répétition de la deuxième pièce *copulatrice* dans le 3e et 4e pléopode du côté droit d'un mâle.

———

M. Étienne RABAUD, Maître de Conf. à la Fac. des Sc. de Paris.

Anomalies de régénération et anomalies de développement chez Asteracanthion rubens. — Les anomalies que l'on rencontre chez *Asteracanthion rubens* ont été signalées à deux reprises par A. Giard. Parmi ces anomalies, caractérisées par la multiplicité des bras, Giard distingue deux cas, suivant qu'il existe ou non une plaque madréporique supplémentaire. Dans l'affirmative, les sujets anormaux sont des monstres doubles; dans le cas contraire, ce sont de simples polyméliens.

Les Astéries à bras multiples se rencontrent avec une certaine fréquence à Wimereux : j'ai pu en recueillir quelques exemplaires dont je me propose de faire une étude détaillée. Le seul examen morphologique m'a suggéré les réflexions suivantes; elles sont relatives aux Astéries à bras multiples, mais à plaque madréporique simple.

La question qui se pose à leur sujet est celle de savoir si le ou les bras supplémentaires résultent d'un bourgeonnement secondaire et tardif d'une Astérie déjà formée, ou d'un bourgeonnement primitif faisant partie intégrante des processus du développement. Suivant toutes probabilités, les deux modes entrent en ligne de compte; mais peut-être le bourgeonnement secondaire est-il plus fréquent. Il est consécutif à une régénération.

Ce point de vue est fondé sur quelques faits.

L'autotomie paraît se produire avec la plus grande facilité chez *Asteracanthion rubens*. On rencontre, en effet, asssez souvent des individus munis seulement de quatre bras, le cinquième a été manifestement supprimé, et la suppression porte, dans tous les cas, au ras même du disque. Ces bras autotomisés se régénèrent, aucun doute n'est possible à cet égard. Mais il y a lieu de penser que dans certaines conditions, la régénération s'effectue anormalement. Le phénomène est tout particulièrement manifeste sur l'un des exemplaires dont je dispose : il possède six bras, tous bien développés et nettement situés sur le même plan; la plaque madréporique est simple. En examinant avec attention, on remarque qu'il existe au pourtour buccal cinq rayons égaux; mais l'un d'eux se bifurque presque aussitôt en deux rayons secondaires dont chacun acquiert un volume équivalent à celui des rayons normaux. La plaque madréporique est située entre un bras normal et le bras dédoublé.

La régénération peut être consécutive, non pas à une autotomie, mais à un traumatisme ayant entamé suffisamment et profondément les tissus de l'animal. Chez un exemplaire, en effet, qui possède cinq bras seulement autour du disque, l'un d'eux, dont la longueur à partir du centre buccal est de six centimètres, porte, inséré latéralement et perpendiculairement, à deux centimètres et demi du centre buccal, un petit bras long de deux centimètres dont la largeur à la base est égale à la moitié de la largeur du bras normal.

Il est certainement des cas où la polymélie est primitive. Ce sont ceux où le bras supplémentaire est situé au-dessous de l'Astérie normale, ainsi que l'a fait observer Giard.

Ces indications seront reprises au point de vue anatomique. Cette note préliminaire tend simplement à indiquer que la multiplicité des bras chez *Asteracanthion rubens* reconnaît trois processus différents : la monstruosité double qui est rare, la polymélie vraie (primitive), la polymélie par régénération (secondaire).

M. MONTICELLI.

Sexualité et gestation chez Ctenodrilides. — Après avoir résumé les observations communiquées l'année dernière au Congrès des naturalistes italiens à Milan, sur la sexualité et la gestation de *Ctenodrilus serratus* O. Schm de Naples, M. MONTICELLI expose un autre cas très intéressant de sexualité chez une forme de *Ctenodrilidae* de Naples appartenant à un nouveau genre qu'il décrira prochainement.

Les nouvelles observations, confirmant celles sur *C. serratus*, prouvent que les *Ctenodrilidæ* auxquels on attribuait jusqu'à présent une reproduction asexuée, acquièrent dans une période de l'année la sexualité et se reproduisent avec gestation des jeunes.

Discussion. — M. GIARD. — Le *Ctenodrilus* est très commun à Wimereux et à Boulogne parmi les *Ciona intestinalis* qui tapissent les écluses et les bouées du bassin à flot.

Il y a sur ces Ascidies toute une faune intéressante ; un syllidien rare, *Nerilla antennata* y pullule souvent. Jamais je n'ai constaté chez *Ctenodrilus* d'autre reproduction que le développement gemmifère bien connu. Il semble que dans le nord, vers la limite de son habitat, cette Annélide ait perdu la reproduction sexuée comme cela a lieu pour certains végétaux (*Lunularia vulgaris, Lysimachia nummularia*, etc.)

M. le Dr P. de BEAUCHAMP.

Sur l'interprétation morphologique et la valeur phylogénique du mastax des Rotifères.

M. E. FAURÉ-FRÉMIET

L'anoplophria striata (Dujardin).

Discussion. — MM. CAULLERY, CÉPÈDE.

MM. M. CAULLERY et F. MESNIL.

Sur l'appareil nucléaire d'un infusoire (Rhizocaryum concavum m. g. m. sp.) parasites de certaines Polydores (P. cœca et P. Flava). — Depuis une dizaine d'années, au cours de nos recherches sur les Annélides marines de l'anse Saint-Martin, nous avons réuni d'abondants documents sur les Infusoires ciliés, du groupe des *Anoplophryinæ*, que l'on rencontre fréquemment dans le tube digestif, des formes *sédentaires*; nous y avons déjà fait allusion à diverses reprises. Le caractère fragmentaire, à certains égards, de nos observations nous a jusqu'ici détournés d'une publication d'ensemble. Nous n'en possédons pas moins, sur la morphologie et la cytologie comparée des formes adultes, des faits qui nous paraissent mériter une publication que nous espérons prochaine. De ces faits, nous ne détacherons aujourd'hui que ceux relatifs à une forme aberrante, que nous avons trouvée, en 1905, chez les *Polydora cœca et flava*. Elle doit constituer une espèce et un genre nouveaux, que nous proposons d'appeler *Rhizocaryum concavum*, le nom générique étant tiré de la forme du noyau.

Au point de vue de la morphologie externe, *R.* diffère des autres *Anoplophryinæ* par l'existence, à la face généralement plane (ou, en tout cas, la moins convexe), d'une vaste dépression *c*, par laquelle l'Infusoire s'applique sur les surfaces épithéliales; elle porte une striation et une ciliation spéciales sur lesquelles nous n'insisterons pas pour le moment.

Cette espèce nous paraît surtout intéressante, en raison de son appareil nucléaire. Alors que le micronucléus *n* (*fig.* 1 et 3), — en fuseau, avec chromosomes longitudinaux, — a la forme et la position typiques d'un grand nombre d'espèces du groupe, — le macronucléus N (*fig.* 2 et 3) a la forme d'une large feuille profondément et irrégulièrement déchiquetée (ou encore d'une racine avec de nombreuses radicelles) ; l'aspect de ses ramifications latérales rappelle étroitement des pseudopodes d'un rhizopode. Les deux extrémités du noyau sont dissemblables, et leur orientation par rapport à l'Infusoire est constante. Au point de vue des affinités avec le macronucléus cylindrique et longitudinal des autres *Anoplophryinæ*, nous noterons que :

1° Les digitations partent nettement, à droite et à gauche, d'un axe solide homogène qui correspond exactement au macronucléus cylindrique en question;

1. Face concave; — 2. Profil; — 3. Individu fixé et coloré. — N, macronucléus; — n, micronucléus; — c, concavité ventrale; — v, vacuoles.

2° Chez certains *Anoplophrya*, le macronucléus cylindrique présente de très petits appendices pointus.

Au point de vue général, notre observation nous paraît apporter une contribution intéressante à la question de l'origine des noyaux amiboïdes et diffus, qui est à l'ordre du jour et dont nous avons déjà eu l'occasion de nous occuper.

———

M. C. CÉPÈDE.

*Remarques à propos des communications de MM. Caullery et Mesnil, et Fauré-Frémiet et description d'*Anoplophrya alluri *infusoire astome parasite de l'intestin d'*Allurus tetraedrus Sav. — A la suite de la communication de M. Fauré-Frémiet, M. Cépède présente quelques observations sur la technique et les dessins de son collègue. Il compare les résultats obtenus par ce dernier à ceux que lui a fournis l'étude d'une espèce voisine dont il a observé durant de longs mois un très grand nombre d'individus. Des analogies de structure que présente l'*Anoplophrya striata* Dujardin, déjà rangée par Saville Kent dans ce genre *Anoplophrya*, avec l'espèce qu'il a découverte chez les *Allurus tetraedrus* du Denacre, près Boulogne-sur-Mer, M. Cépède présume que, comme chez son parasite qu'il désigne sous le nom d'*Anoplophrya alluri* n. sp. le micronucleus se trouvera, non pas près du macronucleus et comme logé dans une encoche de celui-ci, mais dans la partie superficielle de l'endoplasme. Chez *A. alluri*, que M. Cépède décrit alors, le micronucléus a la forme d'un long fuseau très allongé, très bien colorable par l'hématoxyline ferrique, qui décèle facilement une structure fibrillaire, les fibres étant dirigés selon le grand axe du fuseau.

Les études de M. Cépède sur ce groupe si intéressant des *Anoplophryæ* qu'il sépare nettement des *Opalinidæ* selon l'idée reprise récemment par Léger et Duboscq et mise en évidence déjà par certains auteurs plus anciens, Saville Kent entre autres, le portent à isoler sous le nom d'*Astomata sensu stricto* les *Anoplophryæ* de Léger et Duboscq et à considérer ce groupe comme hétérogène et dû à la convergence parasitaire de divers phylums d'Infusoires, convergence caractérisée surtout par l'absence de bouche chez les divers types qui constituent ce groupe. La systématique est entièrement à reprendre et doit être basée sur l'étude approfondie de la cytologie et de la biologie des divers *Astomes* et certains genres, comme le genre *Anoplophrya* dont les caractères sont trop élastiques, devront être scindés en plusieurs genres nouveaux, comme M. Cépède se propose de le faire dans ses *Recherches sur les Infusoires astomes*, qu'il compte publier sous peu.

———

M. le Dr A. BILLET, Méd. maj., Chef du Labor. de bactér. de l'Hôp. mil. de Marseille.

Preuves en faveur de la distinction spécifique des hématozoaires de la fièvre tierce et de la fièvre quarte

———

— Séance du 3 août —

M. Jacques PELLEGRIN, Doct. ès Sc., à Paris.

L'incubation buccale chez deux Arius de la Guyane. — Parmi les divers procédés employés par les Poissons téléostéens pour assurer la conservation de leurs œufs et le développement des alevins, l'incubation buccale n'est pas très rare dans quelques groupes habitant les régions tropicales. Ce sont les familles des Cichlidés et des Siluridés qui en fournissent le plus d'exemples.

M. le Dr J. Pellegrin a étudié cette pratique curieuse chez deux espèces de Siluridés, appartenant au genre *Arius*, d'après des matériaux rassemblés à la Guyane française par M. F. Geay, pour le Muséum national d'Histoire naturelle.

De ses recherches, il ressort que chez l'*Arius Herzbergi* Bloch, forme d'assez grande taille, très répandue sur les côtes et à l'embouchure des rivières depuis Cayenne jusqu'à Para, c'est le mâle qui pratique l'incubation buccale. Le nombre des alevins composant une couvée est généralement compris entre une dizaine et une vingtaine. Les jeunes ne quittent l'asile offert par la bouche paternelle qu'après avoir passé la phase critique de la résorption complète de la vésicule ombilicale. Pendant toute la durée de l'incubation, le mâle est condamné à un jeûne absolu.

Chez l'*Arius fissus* Cuvier et Valenciennes, petite espèce de la Guyane, on trouve dans l'ovaire de la femelle des ovules à *trois stades* de développement bien marqués. Le nombre des ovules très volumineux, arrivés à maturité, est d'une vingtaine à la fois pour chaque ovaire.

C'est également le mâle qui se charge du soin des œufs et des jeunes et le chiffre de la couvée est sensiblement le même que dans l'espèce précédente. Sur 3 spécimens portant des œufs, M. le Dr J. Pellegrin en a compté une fois 10, une fois 17, une autre fois 22.

Les soins se poursuivent aussi jusqu'à la résorption de la vésicule ombilicale. Le développement de tous les œufs ou alevins, soumis à des conditions de milieu identiques, est sensiblement parallèle et égal. On ne rencontre pas ces différences de taille si fréquentes chez les espèces dont les alevins sont abandonnés à eux-mêmes et où les plus forts et les plus vivaces dépassent rapidement leurs congénères.

L'estomac et l'intestin des mâles pratiquant l'incubation sont toujours vides et ne contiennent tout au plus qu'un peu de vase et de mucus. Les glandes sexuelles sont alors en complète inactivité, extrêmement réduites.

Discussion : MM. Barrois, Künckel d'Herculais.

M. Henri PIÉRON.

La Polygenèse des états de sommeil. — Les états de sommeil, qui peuvent être considérés comme ceux où sont plus ou moins complètement suspendues les relations volontaires d'un être avec son milieu (par les phénomènes de sensibilité et de mouvement), peuvent se diviser en états de sommeil accidentels et périodique.

La polygenèse des états accidentels est indéniable ; les facteurs sont différents (intoxications, inanition, froid, raréfaction de l'air, tumeurs cérébrales, agents pathogènes, anémie ou hyperémie cérébrale, etc.), et les mécanismes eux-mêmes sont variés (asphyxie cellulaire dans l'anémie, altération du protoplasme dans les intoxications).

Le sommeil périodique, de son côté, peut se diviser en sommeil saisonnier et sommeil quotidien.

Le sommeil saisonnier, hibernal ou estival, peut être provoqué par divers facteurs, sécheresse, absence d'aliments, etc. L'action de ces facteurs est indirecte et résulte d'une adaptation de l'organisme par une réaction anticipée.

Enfin, il y a polygenèse du sommeil par excellence, qui est un phénomène extrêmement général dans la série zoologique. En effet, il existe un sommeil volontaire, un sommeil par ennui, etc., qui résulte d'une véritable adaptation de l'organisme; mais là aussi il y a anticipation sur un facteur nocif qui est agent direct du sommeil, car l'insomnie expérimentale est suivie d'un sommeil impératif conduisant au coma et à la mort : on doit dormir sous peine de mort. Ce facteur direct, qui n'est pas encore connu, peut être un agent chimique ou le résultat d'une désassimilation excessive durant le fonctionnement de la cellule nerveuse, désassimilation exigeant un repos où l'équilibre du bilan organique puisse être renversé, l'assimilation l'emporter sur les dépenses, et les réserves se reconstituer.

Mais, dans tous les cas, aussi bien pour les facteurs que pour les mécanismes, il y a polygenèse de tous les états de sommeil qui offrent l'exemple d'un véritable phénomène de convergence physiologique.

M. F. MESNIL (Institut Pasteur de Paris).

Nous avons trouvé dans le tube digestif de deux *Hyla arborea* des environs de Paris, une *Coccidie nouvelle*, appartenant au genre *Isospora* Schneider = *Diplospora* Labbé. Nous l'appellerons *Isospora hylæ*.

Les stades d'évolution intracellulaires se rencontrent dans l'intestin grêle ; par leur abondance, la lumière de l'intestin peut devenir virtuelle.

Les ookystes, depuis la fécondation des macrogamètes jusqu'à la maturité complète des sporocystes, se rencontrent dans l'ampoule rectale ; les macroga-mètes sont bourrés de grains réfringents, sphériques, de 2 à 3 µ de diamètre.

Nous nous contenterons, pour caractériser l'espèce, de dire que les ookystes, ellipsoïdaux (parfois aplatis à une extrémité), ont 30 à 35 µ sur 20 à 25 µ ; ils renferment deux sporocystes, également ovoïdes, mesurant en moyenne 23 µ sur 17 µ, sans reliquat kystal. Dans chaque sporocyste, se développent quatre sporozoïtes disposés côte à côte et parallèlement à la grande dimension du sporocyste, laissant d'un même côté le reliquat sporal assez volumineux.

Cette espèce rappelle surtout, par ses caractères morphologiques, l'*Isospora lieberkühni* du rein des Grenouilles, telle que M. Laveran et moi l'avons fait connaître en 1902. Toutes nos *Hyla*, coccidiées ou non, avaient le rein indemne et l'infection ne s'étendait jamais en dehors du tube digestif.

Remarquons que les Coccidies du tube digestif des Batraciens, bien caractérisées à ce jour, appartiennent au genre *Coccidium*. Notons cependant que Grassi paraît avoir vu des *Isospora* chez un Crapaud.

M. A. LÉCAILLON

Sur la variation et le déterminisme des caractères éthologiques considérés plus spécialement chez les Araignées. — Des recherches poursuivies sur les Araignées, par M. LÉCAILLON, il y a lieu de tirer un certain nombre de conclusions ayant une portée générale.

1º Certains caractères éthologiques sont héréditaires, vraiment caractéristiques de l'espèce considérée, tandis que d'autres dépendent uniquement des conditions de milieu où se trouve placé l'individu sur lequel porte l'observation.

2º Les prétendus changements d'instinct, ou actes d'intelligence que, d'après certains auteurs, on observe chez beaucoup d'animaux, sont dus souvent simplement à ce que les animaux observés ont été placés dans des conditions différentes de celles où on les a étudiés jusqu'ici. Les nouvelles conditions entraînent parfois mécaniquement certaines modifications du caractère considéré, mais l'instinct ou l'intelligence de l'animal ne sont pour rien dans ce changement.

3º Quand on se sert des caractères éthologiques pour différencier certaines espèces les unes des autres, il est important de ne considérer parmi ces caractères, que ceux qui sont réellement indépendants des conditions de milieu. On ne devra pas prendre, par exemple, le nombre de pontes, ni, surtout, le nombre d'œufs pondus.

4º Il est, d'ailleurs, admissible que des caractères éthologiques actuellement variables pourraient se fixer et devenir réellement spécifiques si les animaux pouvaient être maintenus indéfiniment — ou pendant une longue suite de générations — dans certaines conditions de milieu bien déterminées et rigoureusement invariables.

5º L'étude expérimentale de la variation des caractères éthologiques des animaux conduirait à des résultats positifs plus marqués que, par exemple, l'étude de la variation des caractères anatomiques, parce que les conditions de milieu agissent en général beaucoup plus fortement sur les mœurs des animaux que sur leur structure.

Discussion : M. CAULLERY.

M. Gustave LOISEL, Doct. ès Sc. et en Méd., à Paris.

Influence du sexe mâle dans l'hérédité du pelage chez les lapins. — La seconde série d'expériences, que M. LOISEL expose dans son travail, et qui ont porté jusqu'ici sur un ensemble de 242 individus, semble bien montrer que le procréateur mâle, non seulement détermine pour sa part les caractères d'une partie de la descendance, mais encore qu'il modifie, dans une mesure qui paraît pouvoir être précisée, la transmission héréditaire des caractères des grands-parents.

M. Pierre STEPHAN (Stat. zoolog. marit. Marion. — (Endoume-Marseille).

Les divisions de maturation dans les organes génitaux des hybrides. — Des faits que l'auteur rapporte, il ne peut prétendre trouver des arguments favorables aux théories sur l'individualité des chromosomes ou sur l'incompatibilité d'humeur des chromosomes d'origine différente; incompatibilité d'humeur qui ne serait, d'ailleurs, pas générale et pourrait s'atténuer avec l'âge. M. STEPHAN ajoute qu'il devait attirer l'attention sur ce fait que l'étude des organes génitaux des hybrides ne lui a pas fourni de preuves à l'appui des hypothèses de HÆCKEL.

MM. MALAQUIN et A. DEHORNE, de Lille.

L'encéphale de Notopygos labiatus Gr. (Polychète Amphinomide). — L'étude anatomique de l'encéphale de cet Annélide, qu'ont entreprise MM. MALAQUIN et DEHORNE, démontre que les divers ganglions des organes céphaliques se sont juxtaposés en trois centres :

— le premier qui comprend trois paires de ganglions fusionnés, ceux des palpes, des antennes latérales antérieures, des antennes latérales postérieures, auxquels viennent s'ajouter ceux des yeux antérieurs et des racines antérieures des connectifs..

— le deuxième qui comprend un seul centre antennaire médian.

— le troisième, enfin, le ganglion de l'organe nucal caronculaire, des yeux postérieurs et des racines postérieures des connectifs.

MM. MARCEAU et LIMON, École de Médecine de Besançon.

Recherches sur l'élasticité musculaire à l'état de repos. — Les auteurs ont entrepris des recherches sur l'élasticité musculaire à l'état de repos et peuvent conclure de leurs expériences que le coefficient d'élasticité du muscle à l'état de repos reste constant pour le gastrocnémien de Grenouille, jusqu'à environ 150 grammes, limite bien supérieure à celle qui a été donnée par les autres observateurs. L'un d'eux (1) étudiant les rapports qui existent entre le temps perdu du muscle et la charge soulevée, a constaté que ce temps perdu reste constant aussi pour des charges comprises entre 0 et 150 grammes, et qu'il augmente ensuite pour des charges élevées.

L'analogie de ces rapports entre la charge d'une part, le temps perdu et l'élasticité d'autre part permet de supposer l'existence d'une relation entre ces deux dernières propriétés du muscle.

---

(1) F. MARCEAU, Recherches sur les rapports de la durée de la période d'excitation latente (temps perdu) avec les charges à soulever dans les muscles de différents animaux. *C. R. Soc. biol.*, mars 1905 et *Bull. de la Soc. d'Hist. nat. du Doubs*, 1905.

M. Georges BOHN.

Interversions des réactions oscillatoires dans les tropismes. — De nombreuses observations récentes, dont beaucoup sont inédites encore, ont conduit M. Bohn à trouver une loi qui semble s'appliquer dans la plupart des cas qu'il étudie : *« Chez les animaux qui présentent un phototropisme négatif, toute variation positive de l'éclairement (augmentation) tend à produire, immédiatement ou après un arrêt plus ou moins prolongé, le changement du sens de la marche; chez les animaux qui présentent un phototropisme positif, c'est une variation négative qui a le même effet. La tendance provoquée par* $\dfrac{di}{dt}$ *(di est la variation de l'intensité de la lumière pendant le temps dt) peut se réaliser, ou bien complètement, par une rotation de 180° ou par des rotations successives de moindre amplitude, ou bien incomplètement ou temporairement. »*

———

M. J. P. TOURNEUX, Prép. de Pathol. ext. à la Fac. de Méd. de Toulouse.

Sur l'existence d'un extenseur propre du médius. — L'auteur décrit un faisceau musculaire qui, par son insertion fixe sur le radius, sa terminaison sur l'extenseur commun, analogue à celle de l'extenseur propre de l'index avec lequel il est en relation par un tractus fibreux, lui paraît être un extenseur propre du médius.

———

M. le Commandant CAZIOT.

(En collaboration avec M. FAGOT.)

Études sur quelques Mollusques du sous-centre alpique qui se sont répandus dans le sous-centre hispanique. — L'auteur étudié les *Hypnophiles* décrites jusqu'à ce jour (16 espèces ou variétés) en suivant leur distribution géographique d'Orient en Occident. Le recensement de ces espèces montre que les *hypnophiles* sont des espèces méditerranéennes s'éloignant fort peu du littoral et qui, du sud du sous-centre alpique, ont pénétré dans le sous-centre hispanique, aux deux extrémités de la chaîne ainsi qu'en Algérie et au Maroc.

———

M. André COMBAULT, Prép. à la Sorbonne.

Sur la Respiration des Lombrics. — Des recherches de l'auteur il résulte que les Vers respirent suivant deux processus :

1° Respiration cutanée, générale et spécialisée à trois paires de petites surfaces très vascularisées, situées latéralement sur les segments correspondant aux trois premières paires de cœurs latéraux (*Helodrilus caliginosus*) ;

2° Par un organe spécial qui avait été jusqu'ici décrit comme glandes digestives, sous le nom de glandes de Morren. Cet organe, d'origine mésodermique, se compose d'une chambre branchiale périœsophagienne communiquant à ses deux extrémités par une paire d'orifices avec la cavité œsophagienne. Cette chambre contient de très nombreuses lamelles branchiales parallèles allant de l'avant vers l'arrière, dans lesquelles circule le sang venu du vaisseau dorsal. Le sang en s'oxygénant change visiblement de coloration. Le CO_2 dégagé est neutralisé et précipité à l'état de carbonate de chaux et d'ammoniaque ; la proportion de ces deux carbonates variant avec la base dominante du milieu où vivent les Vers.

MM. R. KŒHLER et **C. VANEY**, de l'Univ. de Lyon.

Une curieuse espèce de Cucumaria de l'Océan Indien (Cucumaria bacilliformis n. sp. — La *Cucumaria bacilliformis* provient des récoltes de l' « Investigator » qui l'a draguée dans l'Océan Indien. Cette nouvelle espèce est très curieuse, car, parmi les *Cucumaria* actuellement connues, elle présente le maximum de réduction des pédicelles. Déjà, dans les *Cucumaria* que l'on rangeait autrefois sous le nom d'*Ocnus*, l'on ne trouve qu'une rangée de pédicelles sur chaque radius, mais ceux-ci sont répartis d'une façon à peu près uniforme sur toute la longueur du corps. Dans cette nouvelle espèce, les pédicelles sont très peu nombreux, disposés sur une rangée et ils se trouvent localisés exclusivement aux extrémités des radius, de telle sorte que la plus grande partie du corps est dépourvue de ces appendices. Les auteurs ne voient aucune espèce dont on puisse la rapprocher.

M. Ch. PÉREZ, Prof. à la Fac. des Sc. de Bordeaux.

Sur un parasite nouveau de la peau des Tritons. — Démonstration de préparations d'un organisme problématique *Dermocystis pusula* (n. g., n. sp.), parasite du tissu cellulaire sous-cutané de la peau et de la muqueuse buccale du Triton marbré, *Molge marmorata*, (Environs de Bordeaux.)

Pustules provoquées par des kystes sphériques, pouvant atteindre un millimètre de diamètre, rappelant un peu l'aspect de tubercules miliaires. A l'intérieur d'une mince membrane limitante, le contenu caséeux, d'un blanc opaque, est uniquement constitué par l'accumulation d'éléments sphériques d'environ 10 μ. Chacun d'eux présente une membrane externe, un réticulum protoplasmique avec noyau punctiforme, rejeté en situation périphérique par une énorme inclusion de réserve, un peu excentrique.

Ces éléments parasitaires sont mis en liberté dans le milieu extérieur aquatique par rupture et énucléation spontanées des kystes, accompagnées de phagocytose partielle. Les essais de culture ont été infructueux. Il s'agit là sans doute d'un stade terminal d'évolution, forme de résistance d'un organisme dont tout le cycle est au surplus inconnu, et les affinités (Entomophthorées?) problématiques.

Discussion. — MM. HENNEGUY et MONTICELLI se rappellent avoir rencontré sur des Batraciens un organisme probablement identique ; mais n'ont pu obtenir de renseignements plus précis sur son évolution.

M. C. CÉPÈDE.

Sur un nouvel Infusoire Astome, parasite des testicules des Étoiles de mer. — *Considérations générales sur les Astomata.* — L'auteur décrit un Infusoire Astome excessivement rare d'après ses recherches et qui lui a été signalé par Willem. Sur des milliers d'Étoiles de mer observées, de tailles diverses, à diverses époques de l'année, quatre seulement se sont montrées infestées jusqu'ici. Comme les mâles seuls étaient malades, l'auteur, étant donnée la cytologie spéciale de ce parasite, propose pour lui le nom générique d'*Orchidophrya* et le nomme *Orchidophrya stellarum.*

La biologie de cet infusoire parasite et tout à fait spéciale.

Tandis que les espèces connues jusqu'ici ne peuvent pas s'adapter au milieu extérieur, cet Infusoire astome s'adapte parfaitement à la vie dans l'eau de mer en subissant des transformations que l'auteur étudie en détail. Les essais d'infection nombreux tentés par M. Cépède ne lui ont donné jusqu'ici que des résultats négatifs et le portent à croire que l'infection doit être directe, ce qui explique le petit nombre d'étoiles parasitées. Ces faits viennent à l'appui des idées de l'auteur qui considère le groupe des Infusoires astomes s. str., ainsi qu'il l'a défini, comme polyphyétique résultant de la convergence parasitaire de plusieurs groupes d'Infusoires, le caractère commun de tous ces Infusoires parasites résidant uniquement dans l'absence de bouche.

Discussion. — M. Henneguy.

M. Giard. — La prédilection exclusive de ce rare Astome pour le sexe mâle d'*Asterias rubens* est un fait très curieux. J'ai signalé naguère un cas analogue chez une Entomophthorée l'*Entomophthora arrenoctona* qui semble attaquer seulement les exemplaires mâles de *Tipula oleracea*, d'où le nom que je lui ai donné.

————

M. J. KÜNCKEL D'HERCULAIS, Assist. au Muséum nat. d'Hist. nat.
Mimétisme entre Acridiens.

Discussion. — MM. Giard, Caullery, Pérez, Cépède.

————

M. BELLEVOYE.

Mimétisme d'un Hémiptère. — Pendant l'automne 1903, dans un champ aride, où avaient végété de nombreuses petites graminées qui, à cette époque, étaient complétement désséchées, se tenaient sur les sommets très délicats de cette plante, un grand nombre de *Neides tipularius* Linné, hémiptères de la famille des *Berytides*. Ces hémiptères se confondaient complétement avec la plante desséchée, par sa couleur jaunâtre, par leurs corps filiformes et leurs longues pattes très minces.

Ordinairement, on trouve cet insecte, mais en petit nombre, aux pieds de diverses plantes, tandis qu'il était abondant sur ces graminées brûlées par le soleil.

————

MM. DARBOUX et HOUARD.

Sur l'apparition du Recueil de figures originales relatives à des galles de Cynipides, exécutées sous la direction de feu le Dʳ Jules Giraud. — Les auteurs, sur la proposition du Professeur Bouvier, directeur du Laboratoire d'Entomologie du Muséum National d'Histoire naturelle, ont écrit un texte destiné à accompagner les planches de Cécidologie dessinées par Strohmayer sous la direction scientifique de Giraud. Cette publication paraîtra bientôt dans les *Nouvelles Archives* du Muséum et constitue une collection de dessins cécidologiques unique en son genre et du plus haut intérêt scientifique.

— Séance du 5 août —

M. le Dʳ Marcel BAUDOUIN, de Paris.

Mode d'attaque du Spratt (Clupea Sprattus) par le Lernæenicus Sprattæ, Copépode parasite de l'œil du poisson. — L'auteur a examiné avec soin le mode d'implantation du Copépode parasite *Lernæenicus Sprattæ* ou *mouillaris* sur l'œil du Spratt *(Clupea Sprattus)*, en se basant sur un nombre notable d'observations détaillées et en tenant compte des résultats déjà fournis par un autre *Lernæenicus*, le *L. Sardinæ,* parasite de la sardine *(Clupea Pilchardus).* Il a constaté plusieurs faits intéressants, qu'il a cherché à expliquer. Les principaux sont les suivants : 1° Jamais le Spratt n'a ses deux yeux atteints à la fois ; *un seul œil* est toujours frappé ; il en est, d'ailleurs, ainsi pour la sardine. 2° Si l'on considère le *côté atteint,* il y a une prédilection marquée pour le *côté gauche.* L'auteur en conclut que, pour protéger son œil droit, sans doute le meilleur, le Spratt, laisse attaquer de préférence le gauche. 3° Il y a une sorte de prédilection marquée pour la zone de l'œil où se fixe le parasite : cette zone est le *pôle supérieur.* De la façon dont se répartissent les points de fixation des *Lernæenicus,* l'auteur en conclut que le Copépode flotte au côté du poisson, en le suivant dans sa marche, au moment de se fixer sur lui. On ne rencontre jamais que des Spratts sur lesquels la fixation est *complète :* le céphalothorax de la *femelle seule* (le mâle est, d'ailleurs, inconnu) plonge dans les plexus choroïdes endo-vasculaires de l'œil. Jamais il n'est fixé à la sclérotique ou à l'orbite.

Pour M. Baudouin, le *L. Sprattæ* est une espèce de *Lernæenicus* différenciée nettement, en raison de sa localisation actuelle à *l'œil seul* du Spratt.

Discussion. — M. GIARD. — Il paraît difficile qu'un Copépode, à l'état Nauplien, suive un poisson, tel que le Spratt dans sa marche ; l'attaque doit avoir lieu plutôt quand le poisson est au repos. Le lieu d'élection, pour la fixation du parasite est sans doute déterminé par l'élimination des individus fixés en des points quelconques, où ils ne peuvent prospérer. Un Spratt atteint des deux côtés périrait fatalement. Il faut bannir de cette étude toute considération psychologique. Beaucoup de faits signalés par M. Baudouin s'expliquent par ce que nous savons de la biologie d'autres crustacés parasites.

M. CÉPÈDE.

M. P. WINTREBERT, Prép. d'Anat. comp. à la Sorbonne.

Essai sur le Déterminisme de la Métamorphose chez les Batraciens. — De ses recherches ainsi que des travaux de nombreux auteurs (Barfurth, Weismann, Bataillon, Giard, Metchnikoff, Mesnil, Pérez, Powers, Bohn, Cuénot, Mercier, etc.), l'auteur conclut que le problème du déterminisme dans la métamorphose est loin d'être résolu. Il se confond avec celui de l'ontogénèse et de l'hérédité. Les résultats obtenus ne sont en faveur ni de la théorie de l'asphyxie (Bataillon), ni de la théorie de la maturation génitale (Pérez) ; ils s'opposent, en outre, à l'existence d'une action nerveuse. La direction des recherches paraît cependant mieux orientée du côté des fonctions nouvelles propres aux organes naissants que dans l'étude des troubles apportés à l'organisme par la régression des organes larvaires. Le changement de milieu favorise la transformation, mais ne suffit pas à la provoquer ; l'état du milieu intérieur est prédominant ; là encore, les forces héréditaires qui représentent les « causes actuelles » passées, dominent la question. L'étude physico-chimique comparée du sang et des humeurs chez les larves et chez les adultes montrera peut-être des différences susceptibles d'expliquer le changement des formes.

Discussion. — MM. Pérez, Caullery.

———

M. F. MAIGNON (Éc. vétér. de Lyon.)

1° Sur l'existence d'un amylase dans les muscles. — *Explication des effets favorisants du traumatisme sur la production du glucose dans les tissus.* — L'auteur a constaté que l'écrasement des muscles en divers points avec les mors d'une tenaille exagère beaucoup la production du glucose, ce qui se traduit sur l'animal vivant par une glycosurie légère étudiée sous le nom de glycosurie traumatique.

L'auteur s'est demandé si l'existence d'une diastase amylolytique n'était pas la cause de cette production de glucose et a entrepris une série d'expériences à ce sujet. Il a porté les effets du traumatisme au maximum en triturant les tissus et il est arrivé à la conclusion suivante :

La destruction du glycogène et la production de glucose est beaucoup plus intense dans le tissu trituré que dans celui simplement haché et mis à l'étuve. Ces résultats s'expliquent admirablement par l'intervention d'une amylase.

2° Influence des saisons sur la glycogénie musculaire. — D'après l'auteur, pour un même muscle, la teneur en glycogène varie beaucoup dans le cours d'une année. Elle passe par un maximum aux mois de février et mars, à la limite de l'hiver et du printemps, et par un minimum en été au moment des fortes chaleurs vers les mois de juillet et août ; le maximum étant 8,17 pour 1.000 en mars et 3,80 pour 1.000 en juillet. Le glycogène musculaire s'accroît pendant l'hiver au moment où la consommation des hydrates de carbone est forte, où les combustions respiratoires sont intenses.

———

M. Ad. BELLEVOYE.

Monstruosités et variétés de l'Helix Pomatia. — Depuis la publication faite par la Société d'Étude des Sciences naturelles de Reims, que M. Bellevoye présente à la Section, il a été trouvé par M. Pistat une variété nouvelle assez remarquable ; cette variété du calcaire ressemble à un gros Bulimus et pourrait prendre le nom de var. *Bulimum.*

A citer encore, parmi ces intéressantes variétés tératologiques : les variétés planorbaire et carinaire, récoltées également par M. Pistat à Serzy.

Discussion. — M. Giard. — Puisque M. Bellevoye se propose de poursuivre dans un nouveau travail ses intéressantes recherches sur les monstruosités des *Helix*, je me permettrai de lui signaler une publication récente qui pourra lui être utile. C'est un mémoire de M. F. Chaillou, Étude sur quelques anomalies conchyliologiques de l'*Helix aspersa*, publié dans le *Bulletin de la Société des Sciences naturelles de l'Ouest de la France*, 17e année, nos 1 et 2, juin 1907.

M. Cépède a eu l'occasion d'étudier, au cours de ses recherches sur les Infusoires Astomes, l'action exercée par les *Protophrya ovicola* Kofoïd, parasites utérins des *Littorina Rudis* du Boulonnais, sur les embryons. Cette action a à peine été signalée par Kofoïd. M. Cépède a pu étudier avec quelque détail cette action du parasite sur les jeunes Littorines. Il a observé des faits qui montrent l'importance de l'étude des parasites au point de vue tératogénique. Il croit intéressant de les citer à la suite de la communication de M. Bellevoye sur les *Hélix* monstrueux. Un très grand nombre d'embryons de *Littorina rudis*, gastropodes littoraux caractéristiques de la zone supérieure de balancement des marées, dégénèrent complètement avant la formation de la larve véligère ; mais un petit nombre de ces individus anormaux continuent leur évolution. Dans ce cas, la coquille, au lieu de s'enrouler selon une spirale régulière, est plus ou moins déroulée. Parfois même l'enroulement ne porte que sur un demi-tour de spire. Il pourrait se faire que certaines monstruosités des *Hélicidés* (coquilles déroulées notamment) que l'on observe à l'état adulte, soient les restes très rares de nombreux individus tératologiques qui seraient dus aux mauvaises conditions biologiques dans lesquelles se trouvait l'embryon au cours de son développement. Ces conditions peuvent être dues à d'autres facteurs que le facteur parasitisme, et des recherches d'embryologie tératologique provoquée (changements des conditions de chaleur, d'humidité, etc.) pourront donner la solution d'un certain nombre de ces problèmes.

M. Émile Yung, à propos de cette même communication, appelle l'attention sur les anomalies des tentacules de *Helix pomatia*. Ces anomalies sans être très fréquentes ne sont cependant pas rares et peuvent se ranger en quatre groupes. Anomalies de dimensions: le tentacule droit étant par exemple plus court que le gauche. Anomalies de forme : tentacule bifurqué, tentacule en pointe, etc. Anomalies de couleur: albinisme et mélanisme. Anomalies de structure : altérations du ganglion tentaculaire, de l'œil, de la couche des cellules sensorielles, etc.

M. le Dr AMANS, de Montpellier.

Application des formes biologiques à la mécanique. — Le Dr Amans a fait, à la Section de Physique et à celle du Génie civil, des communications très différentes par leur objet, mais basées l'une et l'autre sur l'imitation des formes biologiques. Les hélices aériennes portent les noms significatifs de Vespa, Mantis, Æschna, Perdix, etc. Quant à l'Enfileuse automatique des perles, l'aiguille imite l'anguille ; la trajectoire des perles est constamment ondulée, et leur entraînement a lieu par des mouvements analogues à ceux de l'intestin. L'auteur fait fonctionner un petit modèle à la Section de Zoologie.

Discussion. — M. CAULLERY.

———

M. Ch. PEREZ.

Histolyse et histogénèse chez les Muscides. — Démonstration de préparations relatives à la métamorphose des Mouches ; en particulier histogénèse des muscles-moteurs des ailes. Leur origine n'est pas uniquement, comme on l'a cru, dans des muscles larvaires persistants, mais dans des essaims de myoblastes imaginaux, solidaires des ébauches des ailes, et qui se multiplient activement par karyokinèse, en enveloppant quelques petites plages protoplasmiques résultant de la transformation de muscles larvaires, dont la striation a disparu. Peu à peu les myoblastes viennent se fusionner avec ces plages, donnant naissance à des masses syncytiales, où l'on n'observe plus que des divisions nucléaires directes, aboutissant à la formation de noyaux alignés en chapelets, suivant l'allongement du muscle. Les gros noyaux musculaires larvaires persistent tout d'abord reconnaissables dans les plages protoplasmiques ; puis ils subissent une division directe multiple, donnant naissance à de petits noyaux identiques à ceux issus des myoblastes.

Discussion. — M. GIARD. — Les Muscides, matériel de choix pour l'étude des phénomènes cœnogénétiques de l'histolyse, si bien élucidés par M. Pérez, semblent moins favorables pour mettre en évidence la part de chaque élément larvaire dans l'histogenèse de l'adulte. Les Diptères orthoraphes seraient sans doute préférables à ce point de vue.

MM. CAULLERY, KÜNCKEL D'HERCULAIS.

———

M. le Prof. Édouard BUGNION, du Labor. d'Embryologie de Lausanne avec la collaboration de **M. N. POPOFF.**

Le faisceau spermatique des Mammifères et de l'Homme. — Étendant aux animaux supérieurs les recherches commencées en 1904 sur les Invertébrés, l'auteur est parvenu à démontrer que le spermatoblaste se compose normalement de 16 spermies chez le Rat, la Souris, le Hérisson, le Taureau, le Chien et le Chat, de 16 ou 8 chez l'Homme. Ces chiffres ont été vérifiés également par la méthode des dissociations (frottis), et par la méthode des coupes. Les nombres plus petits (8, 10, 12), que l'on observe parfois par exemple chez le Rat, s'expliquent soit par un défaut de préparation, soit peut-être par la tendance qu'aurait le faisceau spermatique du Mammifère de passer de 16 à 8. Chez le Moineau, où l'on voit d'ordinaire à la périphérie du faisceau quelques spermies incomplètement développées, placées hors de rang, (en voie d'atrophie), et où le nombre des éléments du faisceau varie entre 80 et 100, on peut admettre que le faisceau appartenait primitivement au type 128, mais se trouve actuellement en voie de régression. Le faisceau spermatique du Lézard a au moins 64 spermies. Peut-être trouvera-t-on les nombres 128 et 64 chez les Reptiles et les Oiseaux en général, et les chiffres 64 et 32 chez les formes de passage telles que l'Ornithorynque et l'Échidné. On remarque en effet en allant des Vertébrés inférieurs aux supérieurs une tendance manifeste vers la réduction du faisceau. Le mémoire détaillé a paru dans la *Bibl. Anatomique*, Nancy, 1906-1907.

— Séance du 6 août —

Sections de Botanique et de Zoologie, Anatomie et Physiologie réunies.
(Voir page 236).

M. CÉPÈDE

1° Présentation et description d'un nouveau filet planktonique. — Le filet planktonique de M. CÉPÈDE est un modèle perfectionné de plusieurs manières, du type employé le plus communément. Les intéressants perfectionnements apportés par M. Cépède consistent surtout dans la fixation rapide et sûre du filet à la boîte de fond, dans le bouchage à levier du goulot de cette dernière, et dans la transparence de la région centrale de cette boîte de fond obtenue par la substitution d'un cylindre médian en verre à la partie intermédiaire métallique (donc opaque). L'adaptation d'un thermomètre de précision à la boîte de fond permet la prise automatique de la température de l'eau pendant la pêche.

Ce nouveau filet rendra d'importants services aux biologistes dans leurs recherches sur le plankton animal et végétal, marin ou limnique.

Discussion. — M. GIARD. — Une des précautions les plus indispensables dans l'étude du plankton est le nettoyage très rigoureux du filet entre deux pêches différentes. Ce nettoyage s'impose surtout lorsqu'abondent des organismes résistants tels que Diatomées, Péridiniens, etc., qui se dessèchent sans modification apparente sur le tissu du filet fin.

2° Contribution à l'étude de la nourriture de la Sardine. — Depuis deux ans, j'ai entrepris, à la Station zoologique de Wimereux, sous les auspices du Ministère de la Marine, des recherches spéciales sur la faune et la flore du Pas-de-Calais, et abordé certaines études de biologie marine en relation avec l'ichtyologie appliquée et la question des pêches maritimes.

J'ai pu ainsi rassembler de nombreux documents qui, complétés et contrôlés par ceux recueillis antérieurement par M. le professeur Giard, constituent déjà un instrument de travail très sûr et un guide nécessaire dans l'étude des questions si délicates et si complexes que nous pose la biologie maritime. Ces observations devront se poursuivre pendant de longues années encore avant que nous puissions en tenter la corrélation et apporter des explications définitives de phénomènes biologiques trop souvent modifiés par des circonstances accidentelles.

Dans la présente note, je me propose d'apporter quelques données sur la nourriture de la Sardine. Dans ce genre de recherches, il importe non seulement de déterminer exactement l'espèce de poisson étudiée, mais aussi de noter exactement les dimensions des individus et l'époque de la pêche. Ces deux indications combinées permettront de fixer approximativement l'âge du poisson considéré, facteur très important dans l'étude de sa biologie.

En septembre 1905 (24 septembre), j'ai pêché sur la côte sablonneuse qui s'étend entre la Pointe-à-Zoie et Ambleteuse (Pas-de-Calais), au filet fin, des *blanches* qui y arrivaient par bandes, dont quelques-unes étaient poursuivies par de petits maquereaux. Maintes fois M. le professeur Giard et moi-même avons pu nous convaincre de la composition complexe de ces groupes de *blanches*. Ils renferment, en effet, des espèces distinctes de la famille des Clupéides (jeunes Harengs, Sprats, etc.). Je noterai simplement ici la présence de jeunes Sardines (*Alosa sardina* Risso) dont la longueur oscillait entre 5 centimètres et 6 centimètres et dont j'ai étudié le contenu du tube digestif.

Dès que j'ai eu mis à nu les viscères, j'ai été frappé par la couleur d'un beau vert de la partie moyenne du tube digestif, indice probable d'une alimentation végétale importante, sinon exclusive.

L'examen microscopique confirma cette supposition. Le contenu intestinal était en effet constitué, presque intégralement, par un magma de Diatomées avec lesquelles j'ai rencontré assez souvent un Radiolaire de la famille des Dictyochées, des spicules d'Éponges et quelques soies d'Annélides, comme on en trouve fréquemment dans le plankton.

J'ai observé une fois seulement chez un individu un petit fragment de Copépode et, plus souvent, l'organisme planktonique que E. Canu (1) a déterminé avec doute comme un œuf pélagique de Trématode et qu'il déclare « ne pas appartenir à un *Apoblema* d'après les indications très soignées que donne Monticelli (2) sur l'œuf de ce dernier genre ».

L'espèce de Diatomée dominante est *Biddulphia rhombus* (Ehr.) W. Sm. Avec elle, j'ai rencontré les espèces suivantes : *Actinoptychus splendens* (Ehr.), commun ; *Actinoptychus undulatus* (Bail.), assez commun ; *Biddulphia (Triceratium) alternans* (Bail.) H. V. H., commun ; *Biddulphia (Triceratium) favus* (Ehr.) H. V. H., commun ; *Biddulphia (Zygoceros) mobiliensis* (Bail.) Grun., commun ; *Bellerochea (Triceratium) malleus* (H. V. H.), assez commun ; *Coscinodiscus excentricus* (Ehr.), commun ; *Coscinodiscus subtilis* (Ehr.), assez commun ; *Coscinodiscus subtilis* (Ehr.) Grun. var. *Normani* Greg., rare ; *Coscinodiscus radiatus* (Ehr.), commun ; *Eupodiscus argus* (Ehr.), commun ; *Grammatophora marina*

---

(1) E. CANU, *Notes de Biologie marine, fauniques ou éthologiques*, t. III. *Un œuf pélagique de Trématode ?* pl. VII, p. 112-113 (*Ann. Station aquicole de Boulogne-sur-Mer*, vol. I, part. II, juin 1893).

(2) MONTICELLI, *Osservazioni intorno ad alcune forme del genere* Apoblema *Dujardin* (*Atti della R. Accad. delle Scienze di Torino* vol. XXVI, 1891).

(Lyngb.) Ktz, *Grammatophora serpentina* (Ehr.), assez rares ; *Melosira Jurgensii* (Ag.), *Melosira (Paralia) sulcata* Ktz, communs ; *Navicula clepsydra* (Donkin), assez rare ; *Navicula fusca* (Greg.) var. *delicatula*, Ad. Schm., rare ; *Navicula musca* (Greg.) rare ; *Navicula granulata* (Bréb.), rare ; *Navicula palpebralis* (Bréb.), rare ; *Nitzschia longissima* (Bréb.) Ralfs, var. *Closterium* W. Sm., assez commun ; *Raphoneis surirella* (Ehr.) ?) Grun., commun.

3° Quelques remarques sur la nourriture de la Sardine. — La crise sardinière, dont se préoccupe, à juste titre, l'Administration de la Marine, depuis de longues années déjà, rend très désirables toutes les observations qui touchent, de près ou de loin, aux conditions biologiques de cette importante espèce de Clupéide comestible.

Les faits enregistrés par divers observateurs et ceux que j'ai notés moi-même peuvent donner lieu à quelques remarques intéressantes.

Pouchet et De Guerne (1) ont trouvé que la nourriture des Sardines (desquelles ils ne donnent pas les dimensions) est *parfois exclusivement animale* (Copépodes pélagiques : *Pleuromma armata* Bœck, *Calanus finmarchicus* Gunner, 17 juin 1862, Concarneau) ; *parfois mixte et variable* suivant la composition de la faune èt de la flore pélagiques [Copépodes de haute mer, *Euterpe gracilis* Claus et d'autres *Harpacticidœ*, de très nombreux Cladocères du genre *Podon* (*P. minutus* G. O. Sars) et autres organismes animaux associés à quelques débris d'origine végétale : Concarneau, juillet, août, septembre] (La Corogne : *Podon minutus, Euterpe gracilis, Ektinosoma atlanticum* Brady, embryons de Gastropodes, Trématode microscopique, extrême abondance de *Peridinium divergens* Ehr. et *P. polyedricum* Pouchet) ; *parfois enfin exclusivement végétale* (Concarneau, juillet 1874). Les auteurs insistent sur l'extrême abondance dans l'estomac des Sardines de la Corogne de *P. divergens* et *P. polyedricum*. Ce fait concorde avec les observations que j'ai pu faire sur les variations du plankton du Pas-de-Calais. L'abondance des Péridiniens s'explique par ce fait que le plankton de cette époque devait être presque exclusivement constitué dans cette région par les Flagellates absorbés.

En effet, j'ai noté au large de Wimereux, le 7 février 1906, un plankton presque exclusivement composé de *Biddulphia (Zygoceros) mobiliensis* (Bail.) Grun. ; le 17 avril 1906 un plankton à *Phæocystis Poucheti* (Hariot) ; les 27 et 28 juin, le 21 juillet 1906 et le 3 septembre de la même année un plankton à *Noctiluca miliaris* prédominant ; enfin, tout récemment encore (8 janvier 1907), j'observais un plankton presque exclusivement composé d'un Péridinien : *Ceratium fusus* Ehr.

Le professeur Marion (2) trouve en février à Marseille des *Rhizosolenia*, Diatomées pélagiques, dans l'estomac des Bogues et des Sardines et Gourret (3) dans l'intestin des Sardines des environs de Marseille signale des Cladocères appartenant au genre *Podon* (*P. minutus* G. O. Sars). Ces deux observations contrôlent d'une manière très générale celles de Pouchet et de Guerne. Mais je

(1) Pouchet et De Guerne, *Sur la nourriture dè la Sardine* (*Comptes rendus*, t. CIV, 1887, p. 712-715).

(2) A.-F. Marion, *Remarques générales sur le Régime de la faune pélagique du golfe de Marseille, particulièrement durant l'année* 1890 (*Annales du Musée de Marseille*, p. 128).

(3) Paul Gourret, *Examen de la pâture de quelques poissons comestibles du golfe de Marseille Annales du Musée de Marseille* 1890, p. 30).

me permettrai de leur faire la même critique qu'aux précédentes. Les auteurs ont négligé d'indiquer les dimensions des individus observés.

E. Canu (1), plus précis que ses devanciers, trouve le tube digestif des grandes Sardines *adultes* (*Célins* des pêcheurs boulonnais) rempli d'Algues pélagiques dont il énumère quelques espèces.

Les Algues microscopiques et autres organismes que j'ai observés (2) dans le tube digestif des jeunes Sardines se répartissent en deux lots. Les plus abondants d'entre eux sont pélagiques, les autres littoraux (3); certains de ceux du premier groupe pouvant se trouver accidentellement dans le second parce que rejetés à la côte, ainsi que l'a déjà fait observer le professeur Giard pour d'autres espèces de la même région.

De ces observations, malheureusement encore trop peu nombreuses, il paraît résulter que la Sardine (*Alosa sardina* Risso) n'a pas de préférence bien nette soit pour une nourriture animale, soit pour une nourriture végétale. Mais nous ne pouvons pas en ce moment dire *si elle ne préfère pas, aux divers stades de son évolution, une nourriture spéciale.* Dans l'état actuel de la question, le problème doit être précisé, et il devient nécessaire : 1° d'entreprendre des recherches sur des Sardines de divers âges mesurées très exactement et dont la date et le lieu de pêche seront enregistrés ; 2° de compléter ces recherches par des observations sur la faune et la flore planktoniques et autochtones du lieu de pêche à l'époque même de cette pêche. Malheureusement, les ressources actuelles du laboratoire de Wimereux ne me permettent pas d'envisager le problème dans toute son étendue, et d'ailleurs des études comparatives s'imposent. Aussi je me permets de faire appel à mes collègues des diverses Stations maritimes et de solliciter leur concours soit pour me procurer du matériel, soit pour la poursuite d'études parallèles dans leurs laboratoires. Ce n'est que par une étroite collaboration que ces problèmes si complexes et d'une importance économique si considérable pourront un jour être résolus.

Discussion. — M. GIARD. — L'étude du phytoplancton entreprise depuis plusieurs années à Wimereux avec le concours de M. Deblock-Tempère et surtout de M. Cépède est particulièrement intéressante en raison du régime planctonique très spécial du Pas-de-Calais intermédiaire entre la Manche et la Mer du Nord et subissant alternativement l'influence des deux mers.

MM. DE TONI, MONTICELLI.

M. Marcel BAUDOUIN. — Puisqu'il est question ici des parasites de la Sardine, qu'on me permette de signaler qu'en 1905, en disséquant un exemplaire de ce poisson, péché en 1903, infesté par le Copépode que j'ai décrit, le *Lernæenicus Sardinæ*, j'ai trouvé, *dans la masse des muscles* des parois latérales, au niveau de la portion moyenne du corps, près de la colonne vertébrale, sept petits *Nématodes*, jeunes, qui ne purent être déterminés par aucun des savants auxquels je les ai présentés.

---

(1) CANU, *Notes de biologie marine, fauniques ou éthologiques.* IV *Diatomées et Algues pélagiques abondantes dans la Manche du N.-E.*, p. 113-116 (*Annales de la station aquicole de Boulogne-sur-Mer*, t. I, 2ᵉ partie, juin 1893).

(2) CASIMIR CÉPÈDE, *Contribution à l'étude de la nourriture de la Sardine* (*Comptes rendus*, 8 avril 1907; et Association Française, Congrès de Reims 1907).

(3) A. GIARD, *Sur une faunule caractéristique des sables à Diatomées d'Ambleteuse* (*Pas-de-Calais*) (*C. R. des séances de la Soc. de Biol.*, t. LVI, 20 février 1904, p. 295-298). — A. GIARD, Ibid., II : *Les Gastrotriches normaux* (*Soc. de Biol.*, t. LVI, 25 juin 1904, p. 1061-1063). — A. GIARD, *Ibid.*, III. *Les Gastrotriches aberrants* (*Soc. de Biol.*, t. LVI, 25 juin 1904, p. 1064-1066).

J'insiste sur ce point que ces vers étaient *intramusculaires* et qu'il n'en existait aucun dans le tube digestif du poisson disséqué. La question qui se pose est celle de savoir si ces Nématodes sont, malgré cela, venus de la cavité intestinale, ou se sont développés sur place, dans les muscles.

J'ai apporté à Reims cinq exemplaires de ces Nématodes, indéterminables, qui n'ont guère que 5 millimètres de longueur. Je ne crois pas que, jusqu'à présent, en tout cas, on ait signalé l'existence de Nématodes *intramusculaires* pour la *Sardine*. M. Giard (1) a parlé seulement de Nématodes dans le *tube digestif*. Malgré de nombreuses dissections, je n'ai jamais, depuis 1903 (année où nos sardines de Vendée étaient très infestées), pu retrouver ces parasites.

M. GIARD. — Si je n'ai pas cité les Nématodes asexués intramusculaires qu'on trouve chez la Sardine et plus souvent chez beaucoup d'autres poissons, c'est que ces parasites sont indéterminables comme cela a été dit à M. Baudouin par les Zoologistes qu'il a consultés.

4° Contribution à l'étude des Diatomées marines du Pas-de-Calais. — Dans ce travail, M. CÉPÈDE, après avoir esquissé rapidement l'importance de l'étude des Diatomées au point de vue biologique et au point de vue pratique (nourriture des Poissons comestibles), énumère les Diatomées qu'il a observées jusqu'à ce jour dans le Pas-de-Calais. Il fait suivre chacune des espèces citées de la synonymie détaillée, indique dans quelles conditions il l'a rencontrée et note avec soin la date et le lieu de la récolte. Il termine son travail par un index bibliographique des ouvrages cités dans le cours du Mémoire, et un tableau récapitulatif permet, d'un seul coup d'œil, de se rendre compte des divers caractères de distribution des espèces. L'auteur se garde d'interpréter encore ses observations, se proposant de revenir plus tard sur cette partie de son travail, lorsqu'il aura, pendant plusieurs années, accumulé les documents nécessaires à cette synthèse.

———

MM. C. CÉPÈDE et F. PICARD.

Observations biologiques sur les Laboulbéniacées et diagnoses sommaires de quelques espèces nouvelles. — Les auteurs ont découvert, aux environs de Wimereux, une localité particulièrement riche en Insectes hébergeant des Laboulbéniacées. Ils en ont abordé l'étude et apportent les résultats de leurs premières recherches. Ils décrivent neuf espèces de Laboulbéniacées qu'ils ont observées, parmi lesquelles quatre sont nouvelles et l'une d'elles devra constituer un genre nouveau. Ce sont : *Laboulbenia vulgaris* Thaxter, *Laboulbenia gracilipes* Cépède et Picard, *Laboulbenia Slackensis* Cépède et Picard, *Laboulbenia clivinalis* Thaxt., *Laboulbenia* Sp. ? et *Mysgomyces Dyschierii* Thaxt. (de Lingreville, Calvados), *Euzodiomyces Lathrobii* Thaxter et *Euzodiomyces capillarius* Cépède et Picard; et *Rheophila* (n. g.) *oxyteli* Cépède et Picard. Ils ont fait, avec ces différentes espèces, des essais d'infection intéressants au double point de vue de la spécificité parasitaire et de la rapidité du développement de ces entomophytes, qu'ils donnent tout au long dans leur Mémoire.

———

(1) Marcel BAUDOUIN. — *Les Parasites de la Sardine. Revue scientif.* Paris, 1905, 10 juin, n° 23, pp. 715-722. (Voir p. 722, une lettre de M. Giard à ce sujet.)

M. Caullery, président de la Section, lit une lettre de M. Edmond Perrier, directeur du Muséum national d'Histoire naturelle, qui le prie d'excuser son absence du Congrès, et de rappeler aux congressistes l'œuvre du monument de Lamarck. Les souscriptions pour ce monument seront reçues au Secrétariat.

— Séance du 6 août —

SECTION DE ZOOLOGIE, ANATOMIE ET PHYSIOLOGIE (SEULE)

M. Paul PARIS, Prépar. à la Fac. des Sc. de Dijon.

Présentation d'un catalogue des Oiseaux observés en France. — Comme nous ne possédions aucun catalogue des Oiseaux observés en France, en dehors de la « Classification par région des différentes espèces d'Oiseaux », par MM. les Professeurs administrateurs du Muséum national d'Histoire naturelle, dont la publication remonte déjà à 1861, l'auteur a cru utile de publier cet ouvrage qui vient combler une lacune et qui trouvera sa place aussi bien dans les bibliothèques de laboratoires que dans celles des amateurs éloignés des centres.

M. J. HENRIET, de Marseille.

Sur le Chameau et le Dromadaire.

M. Émile YUNG.

Les centres moteurs des tentacules des Gastéropodes pulmonés. — M. Émile Yung décrit des cellules de nature nerveuse qui se rencontrent vers l'extrémité des tentacules postérieurs chez *Helix pomatia* et *Arion empiricorum*, et il expose les raisons pour lesquelles il les considère comme représentant une sorte de centre ganglionnaire diffus. Ce centre préside aux mouvements d'invagination des tentacules, les prolongements des cellules se rendant dans le muscle rétracteur de ces organes.

M. J. GUÉRIN-GANIVET, Prépar. au Mus. nat. d'Hist. nat., à Paris.

Notes préliminaires sur les gisements de Mollusques comestibles des côtes de France : la côte des Landes de Gascogne, l'estuaire de la Gironde et le bassin d'Arcachon. — M. J. Guérin-Ganivet fait parvenir au Congrès de l'Association les résultats de son travail, actuellement en cours, sur les gisements ostréicoles et mytilicoles des côtes de France. Les recherches de l'auteur, qui ont porté cette année sur les côtes du Sud-Ouest, l'ont conduit aux résultats généraux suivants :

L'estuaire de la Gironde, qui était autrefois garni de gisements d'huîtres indigènes, n'est plus actuellement peuplé que par les gryphées. Il existe, toutefois, un vestige de ces anciens gisements d'huîtres indigènes à la partie tout à fait occidentale du gisement de Terre-Nègre, au Nord de l'estuaire de la Gironde.

La côte des Landes de Gascogne est *absolument* improductive en toutes espèces de mollusques.

Le bassin d'Arcachon, en dehors de gisements naturels d'huîtres indigènes appauvris, ne contient plus que des parcs de dépôt et des parcs d'élevage. Les gryphées existent dans le bassin, les parqueurs les y entreposant en raison du peu de soin exigé par ce mollusque, qui rapporte aussi de plus forts bénéfices que l'huître française. Il ne paraît cependant pas à craindre que la concurrence exercée par les gryphées n'entrave la production du bassin en huîtres indigènes.

Les moules apparaissent de temps à autre parmi les huîtres, mais elles ne paraissent pas causer dans le bassin de préjudices considérables. Les couteaux abondent principalement dans la baie, les autres espèces de mollusques comestibles n'y étant que peu abondantes.

Quelques concessions ostréicoles existent d'ailleurs dans l'étang d'Osségor, dans le département des Landes. Mais en raison de l'exhaussement incessant du fond de l'étang, ces concessions sont aujourd'hui excessivement réduites.

Enfin, au sud de l'embouchure de l'Adour, les moules apparaissent jusqu'à la frontière espagnole, envahissant les rochers qui longent la côte entre Biarritz et l'embouchure de la Bidassoa, sans qu'il y ait là de production et surtout d'exploitation intense.

La disposition des emplacements producteurs de toute l'étendue de cette côte montre que les mollusques ne se développent que dans les endroits abrités, conformément à ce qui se passe entre la Loire et la Gironde, ainsi qu'il résulte des conclusions de l'auteur dans ses travaux précédents.

M. DEMAISON.

La faune des reptiles et batraciens des environs de Reims. — Cette faune, moins riche que celle de le région parisienne, comprend seulement trois espèces de Sauriens, deux Ophidiens, neuf ou dix Batraciens anoures et cinq Urodèles. M. Demaison présente un résumé des observations qu'il a faites sur ces espèces, les seules dont il a pu constater la présence aux environs de Reims.

M. FORGEOT.

1° *Action des saignées sur la composition de la lymphe du canal thoracique chez les ruminants.* — L'an dernier j'avais montré que la lymphe des ruminants (C. R. A. S. Juillet 1906 et Congrès de l'Association française pour l'Avancement des Sciences. Lyon 1906) contient une grande quantité de globules rouges, lorsqu'on l'extrait du canal thoracique.

Comme ces globules se trouvent absolument normaux dans les sinus des *ganglions hématiques*, excessivement nombreux chez ces animaux, il était intéressant de rechercher l'action des saignées sur la composition de la lymphe à l'arrivée de celle-ci dans le sang.

Ces recherches ont été effectuées sur la chèvre, sur laquelle il est facile d'établir une fistule au canal thoracique, lorsque des anomalies de terminaison ne viennent pas compliquer et gêner l'opération.

A la suite de saignées de 220 à 500 et même 800 centimètres cubes, on constate une diminution dans la quantité de lymphe, mais au bout de peu de temps l'écoulement s'accélère et redevient normal.

La composition de la lymphe varie énormément; tantôt après la saignée on note une augmentation dans le nombre des globules rouges; tantôt, au contraire, on observe une diminution. Ces variations rentrent, d'ailleurs, dans celles que l'on observe sur la lymphe normale, dont la composition change d'un moment à l'autre.

2° Action des ligatures artérielles et veineuses sur la circulation et la composition de la lymphe des ganglions préscapulaires de la vache. — Les ganglions préscapulaires du bœuf sont admirablement bien disposés pour étudier la circulation de la lymphe à leur intérieur, ainsi que les modifications que subit ce liquide en liant les artères et les veines de ces ganglions.

On trouve en effet en dessous des muscles mastoïdo-huméral, omo-trachélien et trapèze, en avant du sterno-préscapulaire; un gros ganglion gris du poids de 10 à 12 grammes et une série de 5 à 15 petits ganglions rosés ou rouges, véritables *ganglions hématiques*.

Ce groupe ganglionnaire reçoit le sang d'une artère (artère cervicale inférieure), émettant l'artère sus-scapulaire et d'autres rameaux musculaires. Une veine satellite se trouve en général en arrière, ainsi qu'un seul gros lymphatique efférent, pouvant recevoir des canules de 1 millimètre et demi à 2 millimètres de diamètre. Tous ces vaisseaux peuvent se découvrir très facilement.

La ligature de l'artère est suivie tantôt d'une augmentation, tantôt d'une diminution dans la quantité de lymphe (recueillie pendant 20 minutes). Généralement le nombre des globules rouges diminue dans cette lymphe.

La ligature de la veine seule est suivie d'une augmentation de la quantité de lymphe qui devient rosée ou rouge; ou bien l'écoulement se modifie peu, la lymphe reste pâle. Dans tous les cas, il y a augmentation du nombre des globules rouges.

A la suite de la ligature simultanée de l'artère et de la veine, des modifications semblables sont observées.

____

M. **Médéric ROUSSEAU**, Dir. des Abattoirs de la Ville de Reims.

Sur quelques cas tératologiques observés chez les Ongulés. — L'auteur communique à la Section d'Anatomie un pied de cheval ayant deux doigts et rappelant dans son ensemble un pied de bœuf. La bifurcation commence à la deuxième phalange et le pied renferme aussi une première phalange, une deuxième et une troisième phalange doubles, ainsi que deux sésamoïdes.

En second lieu, l'auteur présente deux pieds de veau à trois doigts avec atrophie de l'ergot correspondant au doigt supplémentaire greffé à la surface interne.

L'auteur présente un pied de veau n'ayant qu'un seul doigt.

Ces communications étaient appuyées par des pièces anatomiques.

Discussion. — M. Giard. — Je ferai au sujet de cette communication la même observation que j'ai présentée au sujet de celle de M. Bellevoye. L'intérêt des cas signalés serait beaucoup plus grand si l'auteur avait tenu compte des travaux antérieurs et surtout du livre de M. W. Bateson, *Materials for study of variation*, 1894. Les pieds de chevaux étudiés pages 369 et 370 du livre de Bateson sont particulièrement à comparer avec celui que nous présente M. Rousseau.

M. Forgeot. — Les présentations de pièces faites par M. Rousseau, sont intéressantes, particulièrement l'extrémité digitée du cheval, consistant en une division du doigt (schistodactylie) ; anomalie très rare, alors que d'habitude on constate de la *polydactylie atavique*, avec réapparition du doigt interne ou plus rarement de celui-ci avec l'externe faisant suite aux métacarpiens latéraux qui représentent normalement ces doigts chez le cheval.

La main du bœuf à trois doigts présente un doigt au côté interne, avec atrophie de l'ergot correspondant alors que l'interne a son développement normal.

Enfin, la main du veau à un seul doigt est un remarquable exemple d'*ectrodactylie* par *syndactylie* ; c'est-à-dire par soudure des doigts. On peut constater aussi l'atrophie simple de l'un des doigts.

M. Caullery.

M. E. CHATTON.

Note sur les parasites des Daphnies. — L'auteur a rassemblé dans ce travail toutes les connaissances actuelles sur les commensaux et les parasites des Cladocères. Il a eu l'occasion de rencontrer un certain nombre d'espèces nouvelles et de réétudier un assez grand nombre de ces organismes décrits souvent d'une façon trop sommaire par les anciens auteurs. Il termine son travail par une courte comparaison entre la parasitologie des Cladocères et des groupes voisins d'Entomostracés. Il insiste particulièrement sur la grande part qui revient aux Protistes (Protozoaires et Protophytes) dans cet ensemble si intéressant de commensaux et parasites de ces Crustacés Cladocères.

Ouvrages imprimés

PRÉSENTÉS A LA SECTION

MM. Ad. Bellevoye : *Monstruosités et variétés de l'Helix pomatia.*

Ad. Gadot : *Les unités naturelles simultanément déterminées dans la colonne barométrique d'eau rendue décimale.*

Le Prof. Sav. Monticelli : *Sexualité et gestation chez Ctenodrilus serratus O. Sohm.*

Paul Paris : *Catalogue des Oiseaux observés en France.*

11ᵉ Section.

ANTHROPOLOGIE

<table>
<tr><td>Présidents d'honneur . . . .</td><td>MM. Ernest. CHANTRE, S.-Dir. du Muséum des Sciences nat. de Lyon.</td></tr>
<tr><td></td><td>le Dr JACQUES, Sec. gén. de la Soc. d'Anthrop. de Bruxelles.</td></tr>
<tr><td></td><td>Oscar MONTÉLIUS, Conservat. du Musée royal d'Archéol. de Stockholm.</td></tr>
<tr><td></td><td>ZABOROWSKI, Prof. à l'École d'Anthrop. de Paris.</td></tr>
<tr><td>Président. . . . .</td><td>M. le Dr O. GUELLIOT, Chirurg. de l'Hôp. civ. de Reims.</td></tr>
<tr><td>Vice-Présidents . . . .</td><td>MM. BOSTEAUX-PARIS, Maire de Cernay-lès-Reims.</td></tr>
<tr><td></td><td>Émile SCHMIT, Archéol. à Châlons-sur-Marne.</td></tr>
<tr><td>Secrétaire . . . .</td><td>M. VITAL-GRANET, Recev. mun. de Saint-Junien.</td></tr>
</table>

— Séance du 1ᵉʳ août —

LISTE DES MEMBRES DU CONGRÈS
QUI ONT PRIS PART AUX TRAVAUX DE LA SECTION (1).

MM. Aureggio, Dr A. Barillet, F. Barthélemy, Dr M. Baudouin, Beausseron, l'abbé Béroud, Berteaud, Boquillon, Bosteaux-Paris, C. Cépède, Mme E. Chantre, MM. E. Chantre, Dr Chervin, Chudeau, Couneau, G. Courty, Pr Deniker, L. Dramard, E. Fourdrignier, É. Galante, Mme le Dr Gaches-Sarraute-Barthélemy, MM. Vital-Granet, H. Grosjean, Dr Guébhard, Dr O. Guelliot, A. Guillaume, L. Guillemart, Mme Vᵛᵉ Guyot, MM. Guyot, M. Hénault, Prof. Jacques, L. Jacques, Jouron, A. Legrand, A. Leroy, Logeard, R. Lougnon, V. Lougnon, Mme Marcel Maillard, MM. H. Marot, H. Menu, Oscar Montélius, A. de Mortillet, H. Müller, J. Pagès-Allary, l'abbé Parat, L. Pistat-Ferlin, Dr Félix Régnault, E.-M. Rohr, A. Schleicher, E. Schmit, A. Vassy, Pr Zaborowski.

M. BOSTEAUX-PARIS, de Cernay-lès-Reims.

Le Pays Rémois aux époques préhistoriques. — Dans sa communication, M. Bosteaux-Paris a passé en revue le paléolithique, les différentes phases de l'époque néolithique, tant en outillage qu'en silex, les souterrains primitifs et les derniers vestiges de monuments mégalithiques de la région.

(1) Liste publiée à la demande du Bureau de la Section.

Discussion. — M. MÜLLER demande à M. Bosteaux s'il est certain de l'exportation en Belgique des silex champenois, en particulier de ceux qu'il a trouvés au Mont-de-Berru. Ces silex auraient été retrouvés dans les grottes de Lesse, en Belgique. Notre collègue M. Bosteaux voudra bien nous montrer ses trouvailles et nous indiquer les caractères particuliers qu'il a relevés sur les silex de Berru, au point de vue de la taille.

M. FOURDRIGNIER pense que les souterrains de la craie appartiennent à des périodes très différentes, depuis les temps néolithiques jusqu'au moyen-âge ; il fait remarquer que quelques-uns sont actuellement envahis par les eaux et ne sont plus habitables.

M. Marcel BAUDOUIN indique qu'il vient de trouver, en Vendée, un fragment, *en place*, de l'*outil* qui servait à creuser les souterrains-refuges dans les schistes à séricite de la Vendée. Ce devait être une sorte de longue *pointe* en métal, et qui paraît en *bronze* (pas de déplacement de l'aiguille aimantée ; pas de rouille), s'enfonçant dans la pierre à la manière d'un clou, et permettant de détacher par bascule un feuillet de schiste, la roche se débitant très facilement. Le débris trouvé a environ 1 centimètre de diamètre et une longueur de près de 1 centimètre.

Il est possible qu'il y ait des souterrains-refuges antérieurs à l'âge des métaux ; mais ce fait positif d'*outil* métallique *(bronze)*, trouvé encore *en place dans la pierre*, était à signaler de suite.

M. Baudouin avait d'ailleurs soupçonné depuis 4 à 5 ans son existence, à la suite de nombreuses trouvailles de morceaux de schiste, présentant l'*encoche* caractéristique produite sur la pierre par cet outil spécial.

M. l'abbé PARAT. — Il peut exister des puits de la craie qui ont pour origine des causes naturelles : la corrosion et l'érosion ; ce fait se présente assez souvent dans le Sénonais. Quand les puits sont étroits, offrant des étranglements et des élargissements, sans trace de travail humain, on doit se tenir sur la réserve.

M. SCHMIT dit que l'on ne peut assigner aucune date aux souterrains de refuge que l'on rencontre si fréquemment sous une partie des villages du département de la Marne ; que lui particulièrement a observé de nombreux couloirs souterrains, et l'un, entre autres, lui a montré les traces d'un instrument creuseur qui avait 5 centimètres de longueur.

Sur la question que posa M. Fourdrignier au sujet du niveau des eaux qui atteignent actuellement une certaine hauteur dans les *Boves*, qui sembleraient tout au moins de nos jours n'être pas habitables, M. Schmit répond que les eaux n'ont pas la même hauteur aujourd'hui, car pour le besoin de l'industrie, pour les moulins, on a construit des biefs qui ont monté les niveaux d'autrefois.

M. DE MORTILLET.

M. PAGÈS-ALLARY demande à M. Marcel Baudouin si l'instrument en fer de la grosseur d'un crayon n'est pas un clou enfoncé dans le schiste, car si le schiste est dur, on doit voir deux plans de frappe : l'un servant à enfoncer l'outil, l'autre, sur le côté, pour faire éclater la roche ? Si le schiste est tendre, il est plus difficile de comprendre l'éclatement. Nous sortons du calcaire de la marne, mais l'observation mérite que l'inventeur fournisse d'autres détails sur sa découverte très intéressante.

M. O. MONTÉLIUS voudrait que, pour éviter des confusions regrettables, le nom de Dolmen soit réservé aux seules constructions mégalithiques, c'est-à-dire aux monuments dont les parois sont faites de grosses pierres dressées et la table de une ou deux grandes dalles.

M. Jacques désire faire quelques observations sur divers arguments qui ont été avancés au cours de la discussion qui vient d'avoir lieu.

M. Montélius dit qu'il faut restreindre le nom de dolmen aux seules constructions mégalithiques, à l'exclusion des monuments dont les parois sont faites en pierres de petit appareil.

M. Jacques ne tient pas aux termes en général, mais il lui semble cependant que la dimension des blocs de pierre qui ont servi à construire les chambres de pierre est en rapport avec la constitution du sol. Quand on a pu se procurer de grandes pierres, on les a utilisées ; quand la région n'a pu produire que de petits matériaux, on s'est contenté de ce que l'on avait. Que M. M. Baudouin veuille appeler les monuments en petit appareil *dolmenoïdes,* M. Jacques le veut bien, pourvu que l'on se mette d'accord sur la valeur des termes.

M. Jacques est d'accord avec M. Fourdrignier sur l'âge très variable des galeries. Nous avons, contre la frontière belge, dans le voisinage immédiat de Maestricht, des galeries immenses dont le creusement remonte à l'époque néolithique, mais s'est prolongé jusqu'à nos jours. Il n'y a donc rien d'étonnant que l'on y ait rencontré des restes archéologiques de toutes les époques ni que l'on retrouve sur les parois des traces d'instruments en bois de cerf, en pierre, en bronze ou en fer.

Enfin, M. Jacques fait observer à M. Müller que la provenance champenoise d'une très grande partie des silex trouvés dans les environs de la Lesse est incontestable. Elle a été établie par le savant directeur du Musée d'Histoire naturelle de Bruxelles, M. Dupont, l'auteur des fouilles des ces cavernes classiques. M. Dupont a trouvé associés à ces silex des fossiles de la craie de Champagne et des fragments de minéraux dont la provenance est aussi certaine, tels, par exemple, que de la fluorine.

M. E. CHANTRE.

M. ŻABOROWSKI.

———

M. PISTAT-FERLIN, de Bezannes (Marne).

La Préhistoire aux environs de Reims. — Toutes les époques préhistoriques ont laissé des traces sur les plateaux de la vallée de l'Ardre et de la montagne de Reims, excepté le solutréen, dont l'industrie supérieure fut peut-être l'œuvre d'un peuple nomade.

La richesse naturelle de cette contrée était alors le silex d'eaux douces ou calcaire de Brie silicifié qui se taillait supérieurement. Aussi la Belgique et probablement le sud-est de la France s'approvisionnèrent de cette matière en Champagne.

Age de la Pierre Paléolithique. — J'ai ramassé de nombreux instruments à faciès éolithiques, parmi d'autres qui étaient d'industries paléolithiques et néolithiques.

Époque Chelléenne. — On la retrouve dans les alluvions anciennes de la Marne, de la Vesle et de l'Ardre, ainsi que dans les limons des plateaux qui couronnent les collines. Les profonds labours les font apparaître. L'atelier de Romigny a fourni une foule énorme de coups-de-poing. La ballastière de Serzy et les grevières de Jonchery et de Muizon renferment les formes amygdaloïdes du Chelléen.

Époque Acheuléenne. — Les alluvions anciennes de la Vesle en fournissent quelques échantillons.

Époque Moustérienne. — Une fouille sur le plateau de Longeville à Romigny m'a fait rencontrer quelques pièces de cette époque à 1 mètre de profondeur; elles sont d'ailleurs abondantes sur les plateaux.

Époque Solutréenne. — Pièces très rares dans notre contrée.

Époque de transition. — Ateliers à Lhery, Lagery et Prin.

Age de la Pierre Néolithique. — Foyers nombreux, sépulture dolmenique de Champigny et pierres pouilleuses d'Écueil.

M. Émile SCHMIT, à Châlons-sur-Marne.

1º *Un ossuaire néolithique sous dalles funéraires, à Congy (Marne).* — M. Schmit rapporte qu'au lieu dit *Les Hayettes*, à quatre kilomètres de Congy et proche la route qui va de Congy à Joches, il a découvert un caveau funéraire taillé dans la craie, lequel était recouvert de six dalles en grès du pays. Ces dalles avaient 3 mètres de long, 0^m,60 de largeur sur environ 0^m,70 d'épaisseur. Le caveau avait 6 mètres de longueur sur une largeur de 1^m,80. La fosse était profonde de 2^m,50 à sa partie supérieure et, en raison de la déclivité du terrain, n'avait à sa partie inférieure que 1^m,80.

M. Schmit, dans une gangue de craie durcie par la flamme sans doute et par l'humidité, recueillit d'abord un crâne d'adulte portant, sur la partie supérieure du pariétal gauche, les marques bien caractérisées d'une trépanation à laquelle le sujet avait survécu, ensuite une belle hache en silex poli dans sa gaine en corne de cerf, de belles lames de silex, des gros outils en silex de taille rudimentaire, des anneaux en craie, une pendeloque en corail ferrugineux des craies, une canine de loup, un beau poinçon en os, des ossements d'animaux (viatique funéraire) représentés par deux défenses de sanglier, une omoplate, une tête et un blaireau, un petit menhir de 1^m,25 de hauteur, enfin deux belles poteries néolithiques.

Les crânes, dans le bas principalement de la fosse, étaient protégés par des morceaux de grès, ce qui permit de recueillir une quinzaine de crânes qui, avec les os longs, furent adressés à M. Manouvrier, professeur de l'École d'Anthropologie de Paris. Il y avait dans cet ossuaire environ quarante squelettes de tout sexe et tout âge.

2º *Grottes funéraires néolithiques recomblées de Congy (Marne).* — M. Schmit, au lieu dit *Les Cornembeaux*, à 1 kilomètre des *Hayettes*, vis-à-vis et à 200 mètres des menhirs de *Pierre Fite*, menhirs classés, a découvert un groupe de grottes recomblées avec de petits moellons et de la gravelache de craie.

Une seule de ces grottes a jusqu'alors été fouillée; elle a présenté une dizaine de squelettes couchés de nord au sud. Quatre crânes mensurables ont été recueillis ainsi que le mobilier funéraire très pauvre de cette famille. Ce mobilier se composait de gros silex constituant des outils de fortune, de quelques tranchets à tranchant transversal, de quelques débris de lames en silex, une hache en silex poli dont le talon était brisé. Comme récolte à citer encore, les ossements d'une belette probablement surprise par un éboulement.

M. ZABOROWSKI.

M. GUELLIOT remercie vivement MM. Bosteaux-Paris, Pistat-Ferlin et Émile Schmit de leurs intéressantes communications, et l'assemblée leur vote à l'unanimité des félicitations.

———

M. BOQUILLON, Instituteur.

L'âge de la pierre à Bouconville (canton de Monthois, arrondissement de Vouziers, Ardennes). — Des recherches commencées en 1903 ont fait découvrir sur le territoire de ce village cinq centres principaux, où deux cent cinquante pièces ont été recueillies. Trois de ces centres touchent à la surface boisée, qui ne compte pas moins de 600 hectares sur 1.547, et qui cache sans doute d'autres silex. Le territoire ne renferme pas de silex : il a donc fallu que celui-ci fût apporté des régions voisines des Ardennes et de la Marne. Le centre le plus ancien est celui du *Bois-de-la-Forge,* où on trouve quelques lames d'aspect moustérien ; les autres sont nettement robenhausiens ; celui de *La Malmaison* est une véritable station où nous avons ramassé des grattoirs, retouchoirs, percuteurs, pointes de flèches, éclats, et deux objets minuscules : une scie à poignée de 17 millimètres et une hache de 2 centimètres 5 de taillant.

Toute la population, cultivateurs, ouvriers, enfants, a pris part à cette cueillette après que nous lui eûmes donné, avec des indications utiles pour la reconnaissance des pierres, des notions sur l'état de vie de nos lointains ancêtres.

———

— Séance du 2 août —

Feu E. FOURDRIGNIER, Archéol., à Paris.

L'époque Marnienne (Rapport préparatoire).

Discussion. — M. DENIKER. — Je laisserai dormir en paix Herodote, Strabon et Jules César pour ne m'occuper que de ce que nous savons de positif, d'après les faits dûment observés par des savants modernes, en ce qui concerne les populations actuelles des régions dont il a été question, et notamment de la Belgique. Il faut se servir des caractères somatologiques pour établir des races. Tout le monde est d'accord là-dessus, je l'espère. Or voici ce que nous dit l'anthropologie somatique. Actuellement en Belgique il y a en effet deux types somatiques principaux dont les limites coïncident à peu près avec les frontières linguistiques, comme l'a fort bien dit mon collègue et ami M. Jacques ; seulement ces deux types ne se rapportent pas à la race dite Germanique, grande et dolicho-blonde, et à la race dite Celtique, petite et brachy-brune, comme on a l'habitude de parler depuis Broca, encore aujourd'hui. Je crois avoir démontré dans une série de travaux sur les races de l'Europe, dont les principaux ont vu le jour grâce à la générosité de l'Association française pour l'Avancement des Sciences, qu'il existe en Europe six races principales et quatre races secondaires. D'après ces travaux, en Belgique, la population est composée en grande partie non pas de la race germanique que j'appelle *Nordique* et de la race celtique que j'appelle *Occidentale*, mais bien de deux races secondaires que j'appelle *Nord-Occidentale* (taille moyenne, dolicho-châtain) et *Sub-Adriatique* (taille moyenne, sous-brachy-brune); la première domine dans le pays Flamand; la seconde dans le pays Wallon. Toutefois dans la province de Mons on rencontre la race Occidentale et dans le Luxembourg belge on trouve des représentants de la race *Adriatique* (grande, brachy-brune) dont l'habitat actuel commence dans la presqu'île Balkanique, couvre la Vénétie, le Tyrol, une partie de la Suisse, l'Alsace-Lorraine, les Vosges et pénètre en Belgique par la région montagneuse de la haute Champagne, d'Argonne et des Ardennes. Dans le département de la Marne, où nous sommes en ce moment, cette race est encore représentée surtout dans la partie Est du pays par la prédominance d'individus grands, bruns et brachycéphales. On a longtemps méconnu les faits que je viens d'exposer et l'on se contentait de ne voir partout en Europe que les deux races : Nordique (Germanique) et Occidentale (Celtique); les faits sont beaucoup plus complexes et il faut admettre l'existence de six races européennes au moins.

Après une réplique de M. JACQUES, M. DENIKER s'exprime ainsi : Les considérations sur les races de la Belgique que j'ai résumées tout à l'heure sont basées sur les travaux bien connus des compatriotes de M. Jacques, mon ami le professeur Houzé et feu M. Vanderkindère. Les statistiques scolaires de ce dernier, ayant trait à la pigmentation ont été faites en conformité avec la grande enquête de Virchow en Allemagne et les travaux d'autres savants en Autriche et en Suisse, et ses résultats ont confirmé les données plus anciennes de M. Beddoe. Dans toute l'Europe centrale il n'y a pas de population plus foncée qu'en Belgique Wallone, sauf dans les régions à population italienne ou slave de la Suisse et de l'Autriche (voy. à ce sujet la carte suggestive de Beddoe publiée dans le volume 35 du *Journal of the Anthropological Institute*, 1905, p. 219).

M. ZABOROWSKI. — On a pu hésiter jadis sur les caractères et la langue des habitants de la Gaule belgique comparés à ceux des autres habitants de la Gaule. Il est hors de doute que c'étaient des Gaulois, puisque ce sont eux qui ont peuplé la Grande-Bretagne occupée par des Gaulois, de langue, de mœurs et de caractère gaulois, au temps de César lui-même. César encore a dit des Trévires qu'ils étaient les plus puissants des Gaulois en cavalerie et s'étendaient jusqu'au Rhin.

On peut lire d'ailleurs dans Strabon (IV, c. I, 4), et il n'est pas permis d'ignorer de tels auteurs dans de pareilles questions, qu'en dehors de l'Aquitaine, tous les peuples de la Gaule, y compris la Belgique, « avaient le vrai type gaulois et ne se distinguaient des autres que parce qu'ils ne parlaient pas tous *leur* langue absolument de même, mais se servaient de plusieurs dialectes ayant entre eux de *légères* différences. »

Il n'y a pas l'ombre d'un motif pour avancer, comme le fait M. Fourdrignier, que les Remi, les auteurs des cimetières de la Marne, étaient des Germains. L'affluence des Germains sur le Rhin n'est pas antérieure à César. M. Fourdrignier nous dit que les Marniens se retirèrent en Italie, à Bologne. Or est-ce qu'il est possible de contester que les envahisseurs du Nord de l'Italie à l'époque marnienne ou de la Tène étaient Gaulois ? Le nom même de Bologne, le même que celui de Boulogne, est d'origine gauloise. Rien n'est plus gaulois, ni plus exclusivement gaulois, que le Marnien.

M. A. DE MORTILLET.

M. JACQUES (Bruxelles) partage absolument l'avis de M. Ad. de Mortillet relativement à la confusion qui règne dans la science entre les notions fournies par l'ethnologie, la linguistique et l'industrie ou l'ethnographie.

Il ne croit pas que l'on puisse dire que c'est à tort que César a vu des Germains en Belgique. César, issu d'une famille patricienne, ne connaissait que les chefs et ignorait la vile multitude. Or les chefs belges étaient bien des Germains, comme le dit César ; mais ces chefs avaient des clients qui formaient le fond de la population et qui étaient beaucoup plus nombreux que ces chefs germains et leurs compagnons. Ces clients bruns, de taille inférieure à celle des gens du Nord, ayant la tète de forme plus brachycéphale, étaient de même race que les Celtes de Broca et sont absolument comparables aux populations brunes du sud de l'Allemagne. Mes mensurations m'ont tout au moins donné des chiffres identiques.

D'une manière générale, en Belgique, nous trouvons encore aujourd'hui les descendants de ces deux grandes races : les blonds dans le Nord, mais infiltrés de bruns, et les bruns dans la partie méridionale du pays, mais infiltrés de blonds et présentant çà et là des tailles un peu plus élevées.

Les blonds étaient des envahisseurs venus d'au delà du Rhin longtemps avant César déjà ; mais les invasions et les déportations de blonds ont continué longtemps après : se rappeler l'introduction des Saxons en Flandre par Charlemagne.

Ce sont les barbares blonds qui ont détruit la civilisation marnienne dans nos régions, car ils se sont montrés des destructeurs de civilisation partout où leurs bandes ont pénétré, en Grèce comme dans le Centre et l'Occident de l'Europe.

MM. DENIKER, E. CHANTRE, H. MÜLLER.

M. Oscar MONTELIUS, de Stockholm.

Les relations entre la France et l'Italie à l'âge du Bronze.

M. BOSTEAUX-PARIS

Fouilles de six cimetières gaulois sur les territoires de Prosnes, Lavannes, Heutrégeville, Caurel et Berru (Marne). — M. BOSTEAUX-PARIS a rendu compte dans la présente séance du résultat des fouilles gauloises qu'il a exécutées sur les territoires de ces cinq localités, dont une cinquantaine de tombes ont donné un assez grand nombre de vases, onze torques en bronze, des fibules, d'autres objets également en bronze et quelques anneaux en verre.

M. ZABOROWSKI, Prof. à l'École d'Anthrop., à Paris.

Les Basques : Origines de la race et de la langue. — M. ZABOROWSKI a montré à l'aide de nombreux portraits qu'il y a deux types chez les Basques : l'un d'origine autochtone, se rattachant à la plus vieille race du Midi de la France : Cro-Magnon, Sorgues ; l'autre, d'origine gauloise. Il a montré aussi que le Basque est un débris des anciennes langues ibères, que nous savons aujourd'hui avoir été des langues agglutinantes, à alphabet emprunté au phénicien.

———

M. le Dr Marcel BAUDOUIN, à Paris.

Découverte et restauration du Menhir de la Tounelle à Saint-Hilaire de Riez (Vendée). Considérations géologiques. — En 1906, découverte d'un mégalithe tombé, au lieu dit « La Tounelle », à Saint-Hilaire de Riez (Vendée). Il s'agissait d'un menhir de 3 mètres de hauteur, que l'auteur, en raison de son intérêt scientifique, restaura immédiatement. — Description des travaux nécessités par ce redressement.

Ce menhir est en gneiss granulitique et repose sur un sol formé par des schistes à séricite. La roche qui le constitue n'existe pas dans toute la Vendée, sauf à l'Ile d'Yeu, actuellement située à 18 kilomètres dans l'Océan Atlantique. Il faut en conclure que ce menhir est la *preuve matérielle* de la réunion de l'Ile d'Yeu au continent à l'époque de la construction des Mégalithes, c'est-à-dire à la fin de période de la Pierre polie. D'où son intérêt.

M. BAUDOUIN, qui avait déjà pu établir ce fait à l'aide d'un autre menhir de cette région (mais détruit aujourd'hui), montre, par cet exemple nouveau et probant, comment la Science préhistorique peut éclairer la *Géologie du Quaternaire moderne* et surtout la *Géographie préhistorique.* — Ces recherches ont été, d'ailleurs, exécutées avec des fonds provenant du legs Girard (Association française pour l'Avancement des Sciences).

———

MM. VASSY, de Vienne (Isère) et **MÜLLER**, de Grenoble (Isère).

Un atelier gallo-romain de fabricant de charnières en os à Sainte-Colombe-lès-Vienne (Isère). — En avril 1907, au cours de recherches pratiquées dans une propriété à Sainte-Colombe-lès-Vienne, MM. VASSY et MÜLLER ont récolté un grand nombre d'os de bovidés, présentant des traces de travail.

En examinant ces os ils ont pu reconnaître qu'ils étaient en présence de déchets, provenant de la fabrication de ce que l'on est convenu d'appeler, des charnières en os. Ces charnières en os sont fréquentes dans les fonds gallo-romains ; les auteurs ont eu la bonne fortune de rencontrer dans cette fouille des spécimens montrant tous les stades de cette fabrication et, par conséquent, il leur a été permis d'en saisir la technique.

L'exposé de cette technique et les détails concernant les os travaillés, feront le sujet d'un travail plus développé.

Discussion. — M. Marcel BAUDOUIN fait remarquer que la communication de M. Müller vient d'élucider complètement la question de la fabrication des fameux *sifflets des morts*, qui ont tant intrigué les archéologues. Il insiste sur les os employés dans ce cas; ce sont surtout des *métatarsiens* et *métacarpiens* de *jeune Bos*, le *radius* ne pouvant donner que très rarement des bagues osseuses utilisables et les autres os longs étant trop irréguliers de forme. Il rappelle qu'il a trouvé, dans la nécropole du Bernard, de ces *charnières* usées et cassées et qu'il a fait jadis l'*examen microscopique* de ces morceaux d'os travaillés. Cet examen, malgré le non-emploi de la lumière polarisée (qui, en réalité, serait préférable en l'espèce), l'avait mis sur la voie de l'espèce animale utilisée. On a dû recourir surtout à des os de *Bos*, jeune et adulte; mais des os d'autres animaux ont sans doute été aussi employés.

M. PISTAT-FERLIN.. — La même découverte fut faite à Reims dans les terrains Luzanni en 1880. Les extrémités d'os longs sciés étaient accompagnées de nombreux gonds de toutes formes, d'épingles, d'aiguilles, etc. Toutes les parties d'os dur étaient employées.

M. DENIKER.

VISITE DE LA XIe SECTION A CERNAY-LÈS-REIMS

M. BOSTEAUX-PARIS, maire, fait les honneur de sa superbe collection au sujet de laquelle feu E. FOURDRIGNIER a communiqué un très intéressant travail sur les *Vases gaulois*.

— Séance du 3 août —

M. le Dr Adrien GUÉBHARD, Agr. des Fac. de Méd.

Les Camps retranchés (Rapport préparatoire publié dans *Bulletin* n° 7 de juillet 1907, page 22).

M. Émile SCHMIT.

1° *Camps retranchés.* — *Le Camp des Louvières.* — Le camp des Louvières, tour à tour oppidum gaulois, puis camp retranché gallo-romain, est situé sur le territoire de Vitry-en-Perthois (Marne).

Il occupe un plateau qui domine une vallée d'une certaine altitude, il est défendu par des levées de terre et des fossés et, du côté sud-ouest, par un escarpement assez prononcé au bas duquel coulent la Saulx et la Marne.

Cet oppidum est rectangulaire et occupe une surface de six hectares.

Ce camp avait trois portes : une au milieu, une autre à chaque extrémité.

Chaque porte communiquait à un chemin qui n'y aboutissait pas directement, mais y arrivait perpendiculairement à l'enceinte.

Le chemin nord aboutissait à un tumulus sur le point de disparaître et connu sous le nom de *Tomelle de Couvrot*. Ce tumulus est situé au sommet de la côte de Couvrot et il domine ce village, auquel il devait certainement servir de poste de guet à l'époque gallo-romaine et gauloise. M. Schmit a recueilli à Couvrot le mobilier funéraire d'un cimetière gallo-romain. De plus, ces dernières années, on a fait au pied de la Tomelle de Couvrot la découverte de quelques sépultures gauloises.

Le Camp de La Murée, territoire de Possesse (Marne). — Deux auteurs ont déjà parlé de ce camp de La Murée, ce sont M. Charles Remy et M. Brouillon, avocat à Givry.

Le camp de la Murée, dont les vestiges, bien conservés encore aujourd'hui, sont enclavés dans la forêt de Monthiers, avait la forme d'un quadrilatère, il s'élevait au sommet d'un contre-fort à environ 300 mètres de la voie romaine qui de Reims gagnait Metz en passant par *Caturigœ Nasium* et *Tullum Leucorum*. L'intérieur de ce fort, qui rentrait dans la catégorie des camps fixes *(castra stativa)* représentait une superficie d'environ trois hectares, trois ares et pouvait contenir un effectif d'environ douze cents hommes dont un détachement de cavalerie.

Le camp de La Murée avait pour objectif de surveiller la route romaine et d'arrêter les premiers élans d'une troupe ennemie tentant de pénétrer sur le territoire catalaunique par la voie romaine. Il avait pour appui un autre fort semblable situé à six kilomètres plus loin sur le territoire de Nettancourt (Meuse) et par derrière, à l'ouest, correspondait par la voie militaire avec le camp de la Noblette, improprement appelé camp d'Attila.

2º Découverte à Condé-sur-Marne (Marne) d'un chef de l'époque de la Gaule indépendante enterré sur son char. — En mai 1907, des ouvriers terrassiers mettaient à découvert, dans une sablière du territoire de Condé-sur-Marne, au lieu dit *le Mont-de-Marne*, le squelette d'un guerrier de l'époque de la Gaule indépendante enterré sur son char.

L'investigation, bien que grossièrement faite à la pioche, a laissé de nombreux et intéressants bijoux où le corail travaillé finement est serti dans le fer et le bronze. Aucune poterie n'a été trouvée dans cette sépulture et la terre noire était remplacée par de la terre rouge fortement argileuse.

Parmi les objets rehaussés de corail, il convient de citer les mors des chevaux sur lesquels s'épanouissaient des roses à cinq pétales, véritables *coraux cloisonnés*.

A citer des ferrailles porteurs de plateaux de bronze couverts de corail avec des motifs en S.

A citer des boutons de harnachement et peut-être de casque en cuir avec motifs centraux toujours en corail.

A citer une magnifique cocarde (de casque en cuir?) de 0^m,04 de diamètre formant un mamelon de corail autour duquel gravitent douze lames de corail en forme de larmes, le tout enfermé dans un nouveau cercle de corail.

A citer une espèce d'écusson carré à bords festonnés sur les quatre faces avec bouton côtelé central en corail et motifs en forme de cornes d'abondance en corail. Sur ces cornes d'abondance courent des motifs en poste et des volutes s'enchevêtrant d'une façon continue.

A citer un anneau de bronze de 0^m,033 de diamètre qui porte sur toute sa périphérie un sillon incrusté de corail, cette couronne de corail fait une saillie de deux millimètres.

A citer un magnifique pommeau de fouet ou de bâton de commandement donnant l'aspect d'une pomme de canne. Il est composé d'une tige creuse qui a 0ᵐ,034 millimètres de hauteur, ornée dans le bas d'une collerette en festons au nombre de douze et couronné, d'un chaperon dans le haut.

La hauteur de la tige est de 0ᵐ,027 et divisée en trois parties coupées de bourrelets dont les intervalles sont travaillés au burin. La couronne est ornée d'un bourrelet de bronze incisé dans toute sa périphérie et incrusté de corail qui forme douze saillies dans le pourtour. Sur le plateau de cette calotte, un premier cercle de corail qui entoure un petit étage de corail orné de petites côtes et finalement, comme motif central, se trouve un petit motif en forme de minuscule vasque d'où s'élève centralement un petit dôme miniature en corail strié.

Discussion. — M. Schmit, interrogé sur la question des terres qui se trouvent dans une partie des sépultures gauloises de la Marne, répond que comme tout fouilleur il a sa théorie. Les *terres spéciales* qui se trouvent dans les sépultures seraient à son avis des terres de compositions particulières rendues saintes par un rite, à l'instar des terres de nos cimetières chrétiens, de façon à permettre à l'inhumé de paraître dégagé de toute souillure terrestre lors de sa comparution devant Jéhovah au jour de sa résurrection. Cette idée a été suggérée à M. Schmit par ses fouilles de Loisy-sur-Marne où les inhumés étaient déposés dans la glaise qui isolait le défunt de tout contact du caveau.

Or, ce fait est confirmé par la présence de terre glaise dans la sépulture de Condé.

M. Marcel Baudouin rappelle les études qu'il a déjà publiées sur la *terre noire* des sépultures gallo-romaines de la Vendée, et la théorie qu'il a émise à ce sujet. Il faut évidemment considérer la présence de cette terre comme la conséquence de coutumes funéraires; mais il ne faut pas oublier que précisément la coutume de déposer des aliments carnés en quantités énormes dans les fosses de l'époque beuvraysienne de Vendée a très bien pu exister dès l'époque marnienne, et que par suite les rapprochements qu'il a faits sont justifiés dans une réelle mesure.

Il demande que l'on fasse, non seulement l'examen chimique, mais aussi des examens microscopiques et bactériologiques de la terre noire des fosses champenoises.

M. le Dʳ Chervin rappelle que lorsqu'il est allé, en 1901, à Châlons-sur-Marne, il a suggéré à M. Lemoine l'idée que cette terre noire était bien une terre sacrée, une terre fertilisante qui a été déposée en vue de la résurrection du défunt. Il est curieux de constater que lorsque les rites funéraires ne sont plus observés, la terre noire disparaît. M. Chervin insiste de nouveau sur cette interprétation de l'idée de résurrection.

M. Jacques. — M. Marcel Baudouin vient de nous dire qu'il a fait des analyses microscopiques et bactériologiques de la terre noire. Je me permettrai de demander si l'on a fait aussi des analyses chimiques. Ceci me paraît d'un intérêt capital, car il est certain que le résidu charbonné des matières animales doit donner à l'analyse des résultats tout à fait différents de ceux que pourraient fournir les résidus de mélanges d'humus, de matières végétales ou végéto-minérales.

M. J. LEROY, à Rouen.

Le camp retranché de Saint-Samson-de-la-Roque (Eure). — Un camp retranché très certainement néolithique ainsi que le démontrent les outils de cette époque trouvés dans l'intérieur de son enceinte, se remarque sur le promontoire de la Roque, au point le plus élevé de son territoire, vers le marais Vernier.

Ce camp qui peut contenir environ de 400 à 500 ares est fermé du côté du plateau par un vallon naturel, rectifié et perfectionné par la main des occupants ; ce *boulevard* haut de 18 à 20 pieds peut avoir 2 kilomètres de longueur.

L'auteur se propose de fouiller méthodiquement cette enceinte fortifiée afin d'en déterminer exactement l'origine, comme du reste une grotte existant sur le territoire de cette commune, connue sous le nom de grotte de Saint-Béranger et qui n'a jamais été explorée à cause de la difficulté d'accès.

M. Paul GOBY, Memb. de la Soc. Préhistorique de France, à Grasse (Alpes-Marit.).

Fouilles au camp du Bois du Rouret (Alpes-Maritimes). — M. Paul GOBY expose ses dernières fouilles. Les nouvelles recherches opérées méthodiquement par niveaux de 10 centimètres de profondeur, ont permis à l'auteur d'étudier, pour la première fois, sur une longueur de 40 mètres, le substratum primitif où s'était développée la première phase d'occupation d'une des curieuses enceintes à gros blocs de la région de Grasse.

Il a pu être fait une étude toute particulière des poteries spéciales à ces vieilles fortifications, où M. Paul Goby a distingué dans l'ensemble de la couche archéologique, qui mesure de 1^m,60 à près de 2 mètres de hauteur, suivant les points, trois niveaux caractérisés plus spécialement par des poteries. 1º Niveaux supérieurs : poteries romaines ou d'origine romaine, mais *aucune* trace de celles dites *samiennes* ; 2º niveaux moyens : poteries *micacées* particulières aux camps ; 3º niveaux inférieurs : poteries *non micacées* qu'accompagnent de nombreux foyers, des os, dents et cornes de cerfs, de bœufs, brûlés ou non, des fusaïoles, etc. Au travers de la couche, il a été recueilli des fragments de verre ancien, des objets et clous en fer, des restes d'agrafes, des meules plates à grains primitives, deux monnaies dont une gauloise, des tiges et fragments de bronze, enfin deux objets curieux : une épingle en fer et une pointe de flèche xyphoïdale, à nervure médiane, considérées toutes deux, par M. Fourdrignier, comme datant de la fin de la période *mycénienne.*

Ces nouvelles recherches ont confirmé la réelle importance attribuée à ces enceintes et les fouilles ultérieures amèneront certainement d'autres détails qui permettront d'avoir une idée plus précise sur l'âge du Fer encore assez peu connu dans le pays, et de savoir quelles ont pu être, sur ce territoire, les influences orientales, venues des côtes et des rivages maritimes. M. Goby avait joint à sa communication une série d'agrandissements et de photographies qui ont montré en détails les diverses phases de ses fouilles.

M. l'Abbé Alexandre PARAT, à Avallon (Yonne).

Les camps retranchés de l'Yonne. — L'auteur décrit huit camps situés dans la vallée de la Cure et dans la région des grottes : Chauvotte, la Côte-de-Chair,

Villaucerre (camp de Cora), le Montapot, Avigny, les Alleux, le *castrum* d'Aval-lon. Des plans accompagnent ces descriptions.

Discussion. — M. O. MONTELIUS félicite les Membres de la Section au sujet des nombreuses communications faites au Congrès de Reims; cela prouve surabon-damment la vitalité de l'Anthropologie en France.

M. H. MENU, S.-Bibliothécaire de la Ville de Reims.

Note sur les camps retranchés de Reims à l'époque gallo-romaine. — La double grande enceinte gallo-romaine observée récemment à Reims, sur une longueur de 7 kilomètres environ, paraît avoir constitué une excavation défensive, munie, en arrière-corps, d'un fossé-abri. L'ensemble de ces deux fortifications, qui contournaient la ville, s'appuyait à ses deux extrémités sur les marais de la rivière de Vesle.

Elles sont peut-être d'origine gauloise, mais si l'on en juge par les parties actuellement connues, ces défenses rappellent les procédés employés par les Romains dans l'exécution de leurs fortifications passagères. Leur rôle se ter-mine avec la marche progressive de l'absorption de la Gaule par Rome.

La seconde double enceinte, aussi romaine, semble postérieure, elle serre de plus près l'*oppidum*, l'arc triomphal, encore subsistant, et dut précéder la troisième enceinte établie au IXe siècle.

M. PAGÈS-ALLARY, à Murat (Cantal).

Les fouilles de Las-Tours, près Murat. — M. PAGÈS-ALLARY a tenu à apporter à M. Guébhard une pierre du Cantal, pour son admirable travail des camps retranchés. Bien que les fouilles ne soient pas terminées, il apporte, ici, les objets trouvés, afin de les comparer avec ceux qui proviennent d'autres contrées. Car il estime que les trouvailles, touchées, instruisent plus vite et renseignent mieux que la meilleure description.

Ses conclusions, pour l'instant, sont que pour les environs de Murat, il est difficile de remonter, en jugeant par le produit des fouilles faites (jusqu'à 2 mè-tres, dans différentes cases de l'enceinte de Las-Tours), plus haut que le gallo-romain et les invasions.

Les pointes de flèches en fer, les clous des fers à cheval à rainures, les amu-lettes, le verre, les poteries samiennes, les lames de couteaux, les clefs en fer, le dé à jouer, les anneaux de bronze et de cuivre rouge doré, autant que les dents de sanglier, d'ours et de loup, nous invitent à 1.200 mètres d'altitude, à juger les choses froidement.

Mais, si nous ne pouvons qu'affirmer les occupations gallo-romaines et du haut moyen-âge, sur 300 hectares de communaux, couverts de bruyère aujour-d'hui et alimentés de magnifiques sources d'eau, dans un refuge admirablement choisi; la rudesse du climat, la neige recouvrant l'hiver tout le plateau, ne rendent possibles que les estivades; pour admettre l'occupation non périodique, il faut conclure à un climat différent et plus chaud, donc songer au Néolithique.

De plus, l'absence de l'utilisation du fer, sur les énormes pierres de 2 mètres de hauteur servant d'encadrement aux ouvertures, et les couloirs de 3 mètres en avant des portes de ces habitations enterrées, nous donnent l'espoir d'expliquer la présence des silex importés sur ce plateau par les fondateurs, encore inconnus, de ces énormes constructions en pierres sèches.

M. l'Abbé J.-M. BÉROUD, à Mionnay (Ain).

Le camp retranché du Cuiron, à Ceyrérial. (Ain). — Situé sur les hauteurs du Mont-July (590 mètres), ce camp a la forme d'une demi-ellipse de 430 mètres de périmètre, dont l'un des côtés est formé par l'abrupt de la *Roche de Cuiron* et les deux autres par des levées importantes en pierres sèches ayant encore plusieurs mètres de haut sur 7 à 8 mètres d'épaisseur à leur base. L'une d'elles, celle du Nord, côtoie deux vastes dépressions naturelles jouant le rôle de fossés et se prolonge, en descendant la montagne, sur une longueur de 200 mètres environ. Au Nord du plateau et à proximité du point culminant de la chaîne (594 mètres) s'élève une troisième muraille de 280 mètres de long qui partant aussi du bord de la falaise se poursuit en ligne droite parallèlement au grand côté de l'enceinte principale, à laquelle on accédait par trois portes. Deux sont situées vers l'à-pic; la troisième fait face au seuil rocheux séparant les dépressions mentionnées plus haut et mettant en communication les deux parties du camp. La légende, à laquelle les noms de lieux et la position géographique de ce camp semblent donner une certaine créance, attribue ces travaux à Jules César, lors de son expédition contre les Helvètes. Cependant, la trouvaille de quelques haches ou ébauches de haches en pierre polie paraîtrait les faire remonter à l'époque néolithique, à moins, toutefois, que nous ayons affaire à un *oppidum* gaulois, sorte de *camp-refuge* où, en temps d'incursions, les populations des vallées voisines venaient chercher un abri temporaire. C'est, dans tous les cas, une *enceinte anhistorique.*

M. Léon MAUGET, à Sainte-Menehould.

Découverte d'une verrerie d'art gallo-romaine aux Houis, écart de Sainte-Menehould. — Découverte d'une verrerie antique en mai 1901.

Premiers résultats communiqués dans un concours archéologique du journal *l'Éclair*, en 1902. Prix de 200 francs.

Manuscrit déposé par feu de Barthelemy, membre de l'Institut, au Comité des monuments historiques (1904, 1re livraison du *Bulletin*, p. 82).

Rapport de ce savant principalement sur une poterie grise à figures humaines comparé à d'autres produits qu'il classe du IIIe au Ve siècle.

Dépôt de verre coloré au Conservatoire des Arts et Métiers et analyse de M. Maxime Forest, préparateur et essayeur des monnaies.

Même notice résumant les fouilles de 1901 à 1903, insérée dans les mémoires de l'Académie de Châlons, y compris le tableau analytique (t. VI, 1902-1903, p. 97 et planche).

Rapport de M. É. Schmit, membre de cette Société et archéologue, sur cette découverte (même volume, p. 444).

Exposé des trouvailles faites par intervalles de 1901 à 1907 adressé au Congrès de Reims.

Cette nouvelle notice détaille les résumés précédents, puis ajoute à ceux-ci de nouveaux sujets inédits dont voici le classement scientifique.

Minéraux constitutifs du verre. Oxyde de cobalt, petits fragments de manganèse calcinés et déchets métalliques de cuivre.

Cubes de verre. Nombreux cubes colorés pour mosaïques, hexaèdres et quelques pentaèdres, couleurs variées et mélangées ; fragment de disques desquels ils ont été extraits.

Gouttelettes de verre échappées de la fusion, d'autres régulières pour être enchâssées.

Gouttelettes sectionnées provenant de filaments de verre non utilisé.

Verre séparé au moyen du couteau à verre dont un spécimen.

Verre pincé au moyen de pinces plates (trois variétés d'outils), pinces à mâchoires cannelées, etc., pinces piquantes pour pénétrer dans le verre en fusion.

Verre sectionné par le contact d'un refroidissement subit.

Anses et boutons de verre.

Bagues de verre, courbure ondulée.

Fragments d'épingles à cheveux en verre de couleur variée telle que le rose vineux et le jaune succin.

Cachet de verre représentant une cigogne sur verre bleu et fond noir.

Joyau de verre représentant incrustée dans la matière une corne d'abondance en argent (niellure) et des pervenches qui s'en échappent ; le champ est une lentille de verre noir opaque.

Bracelets de verre, lisses, à torsades et cordons de couleurs diverses disposés en spires, sur l'anneau.

Grains de colliers de différentes formes en verre noir, bleu, vert, etc.

Vases de verre (fragments) colorés de marbrures et formés de deux couches de verre.

Fragment de vase de verre noir cloisonnant du verre teinté en forme de feuilles de manière à produire l'effet de la marqueterie.

Céramique revêtue d'un enduit de verre.

Monnaies romaines, la plupart du Bas-Empire.

Tête de chef gaulois en terre et buste d'empereur romain (fragment signé).

Enfin, camée-intaille de forme hexagonale avec caducée et les mots *Veni Suavis*.

Fer de lance, ferrailles, etc.

M. H. MÜLLER, Bibliothéc. de l'Éc. de méd. de Grenoble.

Station paléolithique en plein Vercors, près le tunnel de Bobâche (Drôme). — Cette station, située à quelques kilomètres des Grands-Goulets, est remarquable par la faible épaisseur de ses assises, leur proximité de la surface du sol et l'absence totale de poteries.

Les silex récoltés sont des lames, quelques grattoirs, quelques outils retouchés d'un seul côté dans le genre moustérien, six lames à dos retouchés et de nombreux éclats.

La faune a donné des dents d'herbivores, non encore déterminées, de la marmotte, etc. Les os longs sont en miettes et probablement inutilisables pour l'étude des espèces animales représentées.

L'ensemble des silex paraît franchement paléolithique; on peut supposer que la station de Bobàche, bien orientée au midi, a été fréquentée avant la dernière ampliation glaciaire. Le préhistorique de la région est encore peu connu et des termes de comparaison manquent.

M. Georges COURTY.

Sur la signification présumée de quelques pétroglyphes préhistoriques. — M. G. Courty rappelle d'abord, que c'est en 1902 qu'il présenta pour la première fois, au Congrès de Montauban, un certain nombre de pétroglyphes qu'il avait découverts en Seine-et-Oise dès 1901. L'Association Française pour l'Avancement des Sciences ayant bien voulu encourager les premières recherches de M. Courty, celui-ci s'est efforcé de rechercher le plus de pétroglyphes possible, afin de se fixer sur leur origine et leur signification. Il mentionne des signes cruciformes qui ont une certaine ressemblance avec des croix latines et qui lui paraissent être en réalité des dessins schématiques d'attelages. La longue branche du pétroglyphe cruciforme indiquerait le timon. Il se base, pour arriver à cette interprétation, sur les pétroglyphes de Suède publiés par son éminent collègue M. Oscar Montelius. Des croix latines semblables existent sur le menhir de Congeniès (Gard) décrit par M. Ivan Pranishnikoff.

M. Courty signale encore des pétroglyphes ressemblant à des damiers et que Henry Christy comparait à des marelles en examinant des signes identiques sur les rochers de Bou Merzoug à 35 kilomètres sud-est de Constantine. Cette manière de voir, très juste au fond, amène M. Courty à considérer ces pétroglyphes comme des jeux datant de la période préhistorique. Les damiers de Seine-et-Oise ont la particularité de posséder au milieu de chaque division un petit trou rond qui n'existe guère dans les jeux actuels. M. Courty constate qu'en Italie, en Portugal, en Afrique, il y a des pétroglyphes analogues, et il espère que, par tâtonnements d'abord, par rapprochements ensuite, il parviendra à identifier les pétroglyphes de Seine-et-Oise et d'ailleurs, avec les objets véritables qu'ils pouvaient représenter.

M. Courty voit dans les pétroglyphes, de la figuration et non du symbolisme.

Discussion. — M. A. de Mortillet a observé des signes analogues, notamment en Bretagne, où, sous la forme de croix, ils constitueraient des schémas de chariots.

M. Marcel Baudouin rapproche les *pétroglyphes cruciformes* cités par M. Courty, des *Marques blanches* des *maisons modernes* du *Bocage vendéen*, qui sont des dessins, faits à l'eau de chaux, sur les murs sombres des bâtiments de cette contrée. Il y a longtemps qu'il avait soupçonné que ces dessins, malgré leur forme, ne devaient pas être exclusivement *chrétiens* (croix, calvaire, etc.). Ce qui avait attiré son attention, c'était la présence voisine de *cercles* et de *carrés*, que ne pouvait expliquer la religion chrétienne. Étant donné ce que l'on sait aujourd'hui de la façon pétroglyphique de représenter les *chars*, il voit là, lui aussi, des dessins de *timons*, de jougs, de *caisses* de charrettes, de *roues* pleines ; mais il admet que les dessins actuels sont la conséquence de la *christianisation* des gravures rupestres primitive. Il y a là quelque chose de comparable à la christianisation des menhirs.

Il a publié déjà ce qui a trait aux petites *croix en bois* des *chemins* du Bocage vendéen (1). Ces *croix* ne sont pas non plus d'origine chrétienne exclusivement ; elles sont plus anciennes. Il n'y aurait rien d'étonnant à ce qu'elles ne soient que la reproduction en bois des signes cruciformes ci-dessus.

M. H. MÜLLER, à Grenoble.

1º *Un camp retranché à Saint-Nazaire-en-Royans.* — Ce camp est situé au confluent de la Bourne et de l'Isère, sur le territoire de la commune de Saint-Just-de-Claix, près de la gare de Saint-Hilaire-Saint-Nazaire.

Il est du type dit « à éperon barré » ; un relèvement de terre de plus de 300 mètres de longueur sépare l'éperon du reste du plateau. Les recherches effectuées sur place n'ont donné que des débris de l'époque gallo-romaine.

Le plan et la description plus complète du camp seront donnés ultérieurement.

2º *Camp de Rochefort, près le Pont-de-Claix (Isère).* — Ce camp mesure 85 mètres de longueur, sur 32 mètres de largeur ; un relèvement de terre le borde sur le coté accessible, le rocher à pic sur près de 100 mètres de hauteur le protège complètement à l'ouest.

La partie de la colline de Rochefort occupée par le camp a déjà donné du silex, des débris de céramique néolithique, gallo-romaine et burgonde, des monnaies romaines, du fer, etc. En résumé, cette plate-forme a été fréquentée à toutes les époques. Le plan et le résumé des travaux qui y ont déjà été faits seront publiés en même temps que pour le camp de Saint-Nazaire-en-Royans.

M. A. de MORTILLET, Prof. à l'École d'Anthrop., à Paris.

La faune des divers niveaux paléolithiques de la grotte du Placard. — L'examen des ossements de mammifères recueillis dans les sept couches paléolithiques du Placard, niveaux appartenant aux époques Moustérienne, Solutréenne et Magdalénienne, fournit un excellent exemple de l'insuffisance de la faune comme base de classification des stations humaines quaternaires. Toutes ces couches sont surtout caractérisées par l'abondance du *cheval*, du *bison* et du *renne*.

D'après les débris animaux, on ne peut en somme établir dans le quaternaire

----

(1) *Intermédiaire Nantais,* 1900-05, *passim.*

que deux divisions bien tranchées : Une avec *faune chaude*, jusqu'à présent spéciale au Chelléen. L'autre avec *faune froide*, qu'on retrouve sans grands changements depuis le Moustérien jusqu'au Magdalénien.

MM. le Dr Marcel BAUDOUIN et G. LACOULOUMÈRE, à Paris.

Fouille du trente-deuxième Puits funéraire de la Nécropole de Troussepoil, au Bernard (Vendée). — L'auteur montre toute une série de photographies instantanées, relatives à la fouille du trente-deuxième Puits funéraire de la nécropole gallo-romaine de Troussepoil, au Bernard (Vendée). — C'est le premier puits funéraire qui ait été fouillé et étudié d'une façon vraiment scientifique et complète, à l'aide de toutes les ressources de la technique préhistorique moderne photographie, histologie, bactériologie ; recherches chimiques, minéralogiques, (botaniques, zoologiques, etc.; dessins des coupes relevées au jour le jour, etc.).

Cette fouille prouve, à elle seule, qu'il ne s'agit pas là de puits à eau comblés, ou de puits à détritus, mais de puits creusés dans le roc, descendant parfois à 15 mètres de profondeur, pour servir de *réceptacles* à des objets ayant un caractère manifestement *funéraire,* en rapport avec la coutume de l'incinération.

C'est à proprement parler un *magasin à vivres* et une sorte de vestiaire, destiné à loger tout ce dont le Mort avait besoin pour faire le grand Voyage... aux Enfers. L'étude minutieuse de chaque couche trouvée dans les puits prouve que tout le mobilier a été emmagasiné avec un ordre parfait (et constant), et avec un soin digne d'un Musée ! Chaque puits est, en effet, un véritable trésor archéologique.

Ce trente-deuxième puits a donné de très beaux vases entiers, caractéristiques, et de nombreux objets intéressants, sans parler de squelettes entiers d'animaux, etc.

VISITE A L'EXPOSITION ORGANISÉE POUR LE CONGRÈS

Cette Exposition comprenait les collections préhistoriques de MM. Bosteaux-Paris, Boquillon, J. Carlier, Demitra-Meurisse, Dr Guelliot, Gardez, Legrand, Pistat-Ferlin.

La Société d'Études des Sciences naturelles avait réuni et disposé, avec beaucoup de goût, les fossiles de MM. Maussenet et Dr Guillaume et les insectes de M. L. Bellevoye.

De nombreuses photographies exposées par MM. Rothier, Belval et les membres de l'Union photographique Rémoise reproduisaient les paysages champenois et les vues des monuments de Reims.

M. le Dr O. GUELLIOT, à Reims.

Réminiscences préhistoriques. — Parmi les objets recueillis pour le Musée ethnographique de Reims, principalement dans les Ardennes, plusieurs présentent un facies ancien et même préhistorique ; il est utile de les signaler pour éviter toute confusion et montrer la survivance des procédés d'utilisation du bois, de l'os ou de la pierre.

La Section vote à l'unanimité des félicitations avec inscription au procès-verbal au Dr GUELLIOT, son président, pour cette belle étude, pour la savante organisation du Musée préhistorique et ethnographique, enfin pour les excursions scientifiques qu'il a préparées avec tant de soin.

Discussion. — MM. le Dr BAUDOUIN, DENIKER, A. DE MORTILLET, prennent part à la discussion qui fait suite.

M. Marcel BAUDOUIN signale les faits suivants :

1º Il existe des *polissoirs modernes*, analogues à ceux de la Marne, dans des villages de Basse-Bretagne, du côté de Pontivy, à Saint-Mayeux, etc., ainsi que l'a indiqué jadis L. Bonnemère (Soc. d'Anthr.). Ces polissoirs sont en schistes de Chateaulin.

2º Les *poids* en cailloux et autres fragments de pierre sont encore utilisés en Vendée.

3º En Vendée aussi, on se sert des *os* de bœufs, chevaux, etc., pour servir de supports dans les murailles. On recueille, d'autre part, sur la côte de l'Océan, des fragments de *bassin* et des *vertèbres* de gros *Cétacés* échoués, plus ou moins dissociés et desséchés; et on les emploie, sous le nom de *pierres de bois*, pour la construction des maisons. Ces restes ont permis de reconstituer des parties de squelettes de Cétacés, jadis échoués sur le rivage de la Vendée maritime.

M. M. Baudouin insiste sur l'œuvre de M. Guelliot, qui a créé à Reims un Musée des Traditions populaires. Il demande que le vœu suivant soit soumis à la onzième Section :

Vœu. — « La onzième Section émet le vœu que des Musées des Traditions populaires soient créés, le plus tôt possible et de façon indépendante, dans les principaux centres de France, et autant que possible dans tous les départements. »

M. DENIKER attire l'attention de ses collègues sur l'intéressante communication du Dr Guelliot et rappelle que c'est à l'initiative et à la persévérance de ce dernier que l'on doit l'existence de la belle collection ethnographique champenoise et ardennaise que plusieurs d'entre nous ont pu admirer et étudier ces jours-ci au Musée de Reims. Après le beau Musée Provençal fondé par Mistral à Arles, M. Deniker déclare n'avoir vu nulle part en France de collection aussi complète d'ethnographie locale, et il exprime le vœu de voir l'exemple de notre président le Dr Guelliot suivi partout où il est encore temps de recueillir les vestiges de l'état social et psychique de l'ancien temps, sous forme d'objets matériels. La création des musées ethnographiques locaux s'impose à l'heure où la vie s'uniformise par suite des progrès du machinisme et où en France, comme ailleurs, on semble s'intéresser à l'ethnographie à mesure que les sujets d'étude deviennent de plus en plus rares et difficiles à trouver.

EXCURSION DE LA SECTION A CHALONS-SUR-MARNE

— 4 août —

Un groupe de membres de la Section d'Anthropologie se rendit à Châlons-sur-Marne le dimanche 4 août; il fut accueilli à la descente du train par M. Schmit, vice-président de la Section d'Archéologie de l'Association au Congrès de Reims, vice-président de la Société académique de Châlons, MM. René Lemoine, trésorier, le docteur Baffet, et Brouillon, membres titulaires de cette Société.

Ce groupe se rendit chez M. Schmit; Mme Schmit les reçut avec une bonne grâce exquise. Puis le président des Alsaciens-Lorrains de Châlons leur fit visiter son admirable collection.

M. Schmit possède, on le sait, des merveilles, vestiges des époques les plus reculées.

Les visiteurs déclarèrent qu'ils n'avaient encore rencontré *nulle part* certains objets hors de pair présentés par l'infatigable archéologue de Châlons.

Citons parmi les objets qui retinrent le plus l'attention : torques, les plus beaux de la Marne; poteries de l'époque du Bronze comme n'en possède aucun musée de l'Europe; épée gauloise avec motifs en spirale, bijoux rehaussés de corail, extraordinaires de conservation; fibules mérovingiennes étranges, vases en verre de l'époque Romaine, etc.

Les membres du Congrès se rendirent ensuite au Musée Garinet, siège de la Société Académique de la Marne; ils furent reçus par M. Berland, archiviste départemental, secrétaire de la Société, autour duquel étaient groupés tous les membres de la docte Compagnie.

M. René Lemoine avait disposé sur une longue table plus de deux mille objets divers constituant une partie de sa remarquable collection.

Là encore les visiteurs furent très vivement intéressés par les matières premières et les outils d'une ancienne forge, trouvés par M. Lemoine à Saint-Martin sur-Le-Pré, à deux cents mètres d'une station campignienne que signale Auguste Nicaise.

M. Lemoine a pu reconstituer pièce par pièce toutes les étapes parcourues par le fer dans les mains de ces forgerons, qui vivaient il y a des milliers d'années !

La seconde partie de la collection Lemoine était disposée dans les serres de l'horticulteur : documents trouvés par M. Lemoine au lieu dit Mont-Lampas, où s'élevait la villa du gouverneur de Châlons à l'époque de la conquête romaine.

Des objets de toute sorte témoignent indiscutablement que c'est bien l'emplacement de cette demeure que M. Lemoine a découvert.

Tous partirent enchantés de leur visite à la collection Lemoine, pour se rendre ensuite au Musée dont ils visitèrent chaque salle sous la conduite de M. Laurent, le distingué bibliothécaire-conservateur, avant de repartir pour Reims.

Avant de quitter le siège de la Société Académique, les Congressistes avaient été appelés à boire une flûte de champagne; et M. Schmit avait prononcé les paroles suivantes :

MESSIEURS ET CHERS COLLÈGUES,

« Je dois vous présenter les excuses de M. Lefebvre, inspecteur d'Académie, de M. Fauch, professeur, de M. Manget, de Sainte-Menehould, et de M. Bosteaux-Paris, et je dis :

En l'absence de M. Lambert, notre président, retenu en Suisse par l'état de santé, aujourd'hui presque florissant, de sa chère enfant, j'ai l'agréable mission, comme vice-président de la Société Académique de Châlons, de vous recevoir au siège de ses travaux.

J'ajoute que cette mission m'est non seulement agréable, mais qu'elle est pour moi un grand honneur, puisqu'elle me permet d'accueillir une partie de l'élite des archéologues de l'Association Française, c'est-à-dire la légion de ces vaillants pionniers que le grand maître Oscar Montelius, qui assistait à ses travaux, salua *samedi dernier* de son cri de profonde et sincère admiration.

Mais si nous devons regretter de ne voir aujourd'hui parmi nous M. Oscar Montelius, celui-ci m'a prié de l'excuser, car il doit se mettre, sans retard, en route pour le Congrès Archéologique de Gand.

D'autre part, au très grand plaisir, au très grand honneur de vous recevoir, se mêle à votre aspect un sentiment de regrets, car, partis pour le grand voyage, je ne vois plus parmi vous les bons amis qui nous étaient si sympathiques et qui vivent toujours si vibrants dans notre souvenir, les Picketty, les Doré-Delente, Auguste Nicaise, Counhaye et principalement ce bon ami — le professeur Gabriel de Mortillet.

Mais le destin a parlé et la faux a couché dans leur linceul de gloire ces dévoués qui ressuscitent tous les jours dans les annales lumineuses qu'ils nous ont laissées.

Levons donc, Messieurs et chers Collègues, nos verres *ad majorem gloriam majorum!* A la gloire des maîtres!

Mais si les bons semeurs ont disparu, ils ont laissé de vaillants successeurs, en tête desquels je salue particulièrement M. Adrien de Mortillet, M. le Dr Guelliot qui préside si magistralement la 11e Section de l'Association française, et notre distingué collègue Bosteaux.

Je salue sincèrement et remercie très cordialement MM. les Congressistes : MM. Chervin, Marot, Guillaume, Courty, Remy, Jouron, Fourdrignier, Müller, Pistat, Pagès-Allary, Dramart, Deniker, Vassy et Géneau, et tous les membres de la Société d'Agriculture qui sont venus apporter à nos savants l'hommage de leur présence ; je lève mon verre à leur santé, mais je porte un toast particulier à notre président. M. Lambert, à Mme Lambert et à leur convalescente fillette, à notre tout dévoué secrétaire M. Berland, à M. René Lemoine que son labeur incessant place en tête des archéologues de la Marne : je lève finalement mon verre à vous tous, Messieurs et chers Collègues et amis, je bois à vos précieuses santés pour que vous puissiez tous, longtemps encore, par votre savoir, agrandir le patrimoine scientifique de l'idole idéale que nous chérissons tous si cordialement, j'ai nommé la Patrie française ! »

On applaudit vigoureusement M. Schmit, auquel M. A. de Mortillet répondit en quelque mots pleins de cordialité.

M. E. CHANTRÉ, Sous-direct. du Mus. des Sc. nat. de Lyon.

Quelques stations néolithiques nouvelles du Sud-Tunisien. — Durant ma récente mission anthropologique en Tripolitaine et en Tunisie, j'ai recueilli de nombreux spécimens de silex taillés sur plusieurs points du Désert, dans les régions de Médenine, de Tatahouine, de Douiret et de Djenein, plus au Sud.

Ces silex taillés se rencontrent le plus souvent par groupes et proviennent de stations et d'ateliers de l'époque néolithique.

Quelques échantillons plus grossièrement taillés peuvent être pris pour des pointes moustériennes, mais ce ne sont que des ébauches d'ustensiles plus per-

féctionnés. La grande masse se compose d'éclats de types divers : lames, grattoirs, perçoirs, etc., puis de pointes de flèches à ailerons et à pédonculés rappelant les formes de Ouargla et de toute la région saharienne sud-algérienne.

———

M. Paul GOBY, Corresp. de l'École d'Anthropologie à Grasse.

La Grotte sépulcrale néolithique de l'Ibis à Vence (Alpes-Maritimes). — M. Paul
Goby expose le résultat de ses dernières recherches à la grotte néolithique de
l'Ibis, à Vence (Alpes-Maritimes). L'auteur fait connaître au Congrès qu'il a de
nouveau mis à découvert de nombreux ossements humains : tibias, fémurs,
radius, sacrums, vertèbres, mâchoires, dents, etc., dont plusieurs fort bien conservés et très susceptibles d'être utilisés pour une étude de race. Il fait passer
devant les yeux des membres de la section plusieurs spécimens de poteries de
cette grotte (partie d'écuelle, gros fragments de vases avec bande d'argile appliquée contre la panse des récipients, anses diverses) ; tous caractérisent la période
fin-néolithique du pays. Le tamisage des terres a ajouté aux objets d'industrie
précédemment recueillis quarante-sept perles de colliers : plusieurs sont en carbonate de chaux, fort bien travaillées et renflées sur leur pourtour ; d'autres
sont en os, en *dentalium* fossile, en pierre polie verte ou bleue. Ajoutons à ce
mobilier funéraire six pendeloques en os, une dent de renard percée, etc.

Mais le fait le plus intéressant qui ressort, pour le pays, des dernières fouilles,
est la trouvaille, en cette grotte, de pointes de flèche en silex. Les grottes néolithiques de l'arrondissement de Grasse et des Alpes-Maritimes, en général, n'en
avaient presque pas fourni jusqu'à présent.

La grotte de l'Ibis en a déjà donné sept, dont trois à base convexe, deux à pédoncule
naissant, une avec une seule barbelure. L'intérêt de cette grotte mérite l'attention
des palethnologues, car c'est la première fois qu'il a été possible d'étudier, dans
l'arrondissement de Grasse, un gisement semblable, dont les fouilles futures
apporteront encore certainement de nouveaux éléments indicateurs pour le
préhistorique régional.

———

M. le Dʳ Paul GIROD, Dir. de l'École de Méd. de Clermont-Ferrand.

Sur l'âge du Renne dans les vallées de la Vézère et de la Corrèze.
(Deux volumes brochés, analysés et présentés par M. A. de Mortillet.)

———

M. H. MÜLLER.

*Station néolithique et gallo-romaine de la grotte du Trou-aux-Loups, à la Buisse
(Isère).* — Cette grotte, aménagée à la fin de l'époque gallo-romaine pour
servir d'habitation, est située à environ 200 mètres au-dessus de la plaine. La
céramique néolithique est mêlée aux débris céramiques subséquents.

Elle a donné des débris de fer, de cuivre (monnaies romaines, débris de fonderie, etc.). Le silex taillé, exclusivement néolithique, est représenté par quel-

ques, grattoirs, lames, éclats, etc. Une hache en roche verte, des poinçons, quelques os travaillés ont été ramassés à même le sol primitif qui est un tuf stalagmitique.

Les fouilles ont montré que la couche néolithique atteignait autrefois, en certains points de la grotte, un mètre et plus d'épaisseur ; cette couche a été bouleversée par les Gallo-Romains.

Au moment du Congrès, les fouilles sont encore inachevées ; on peut espérer que le fond de la grotte donnera quelques points qui n'auront pas été remaniés.

Discussion. — M. A. de MORTILLET.

M. AUREGGIO. — Les outils de silex trouvés par M. Müller sont mélangés à des os d'animaux qui présentent cette particularité que les os des phalanges sont régulièrement coupés en deux dans le sens de la longueur.

Cette division ne se produit pas ou se remarque rarement sur les animaux vivants. On peut se demander dès lors pourquoi cette fragmentation est produite et comment elle est faite. La dimension des os est aussi à prendre en considération, afin de distinguer la taille des animaux et par suite leur origine. C'est ainsi que les archéologues de l'avenir trouveront dans le sol d'Aouadja et de Taddert, près de Casablanca (Maroc, 1907), des os de volumes différents appartenant, les plus petits, aux chevaux barbes du 1er chasseurs d'Afrique et les os bien plus grands provenant des chevaux normands attelés aux pièces de l'artillerie.

A noter que les maréchaux déferrent les pieds des chevaux morts avant leur enfouissement.

M. E. CHANTRE.

Premier aperçu des résultats d'une mission anthropologique en Tripolitaine et en Tunisie. — Mes recherches ont porté sur un millier d'individus appartenant à trente-deux groupes ethniques qui, pour la plupart n'avaient pas encore été étudiés par mes savants prédécesseurs, les Drs Collignon et Bertholon à qui l'on doit tout ce que l'on connaissait jusqu'ici de l'anthropologie de la Tunisie. J'ai particulièrement observé les populations arabes et berbères du Saël et du Djebel tripolitains : Mslatti, Tarahouni, Gheriani, Iffren, etc.

Ces derniers, en partie brachycéphales comme les Djerbiens et les Berbères troglodites du massif montagneux des Matmata, m'ont retenu assez longuement ainsi que les tribus nomades et semi-nomades du Désert, au sud des Schotts, tels que les Ourghama, Ouderna, Merazig, Beni-Zid, Accara, etc. Ces Arabes plus ou moins berbérisés, aussi bien que ceux du centre de la Tunisie et du Saël, m'ont fourni d'intéressantes observations, tels sont ceux des tribus des Fraichich, Zlass, Drid, Ouled Ayar, Ouled Aoun, Souassi, Ouled Saïd et bien d'autres.

J'ai étudié ensuite les populations brunes des oasis qui ont été considérées quelquefois comme des métis de Berbères et de Soudanais et qui constituent une race à part, tels que les Fezzaniens, Rhatiens, Ghademesiens, Nefzaouens, Djeridiens, etc. J'ai mesuré et photographié 160 Soudanais émigrés en Tripolitaine de diverses régions de l'Afrique centrale, notamment du Bornou, de l'Ouadaï, du Baghirmi, du Darfour, du Sokoto, etc.

La mise en ordre et les calculs des vingt-six mille mesures que j'ai relevées durant cette nouvelle campagne anthropologique ne sont pas encore achevés et je ne puis, pour le moment, que présenter des résultats généraux, mais je fais passer sous les yeux des membres de la Section, une série de portraits d'un certain nombre de sujets parmi les plus typiques.

Tous ces portraits ont été faits de face et de profil et autant que possible à la même échelle.

Discussion. — M. ZABOROWSKI.

M. DENIKER félicite M. et Mme Chantre d'avoir pu mener à bonne fin leurs études anthropologiques en Tunisie, et surtout d'avoir procédé, dans leurs mensurations, non par tribus, mais par régions territoriales. La population de la Tunisie, résultat de tant de mélanges de puis l'époque des Phéniciens et des Carthaginois jusqu'à nos jours, doit être étudiée, comme celle de l'Europe, par la méthode statistico-topographique. Ce n'est qu'en réunissant un grand nombre d'observations et en les rapportant sur la carte de la distribution des différents caractères somatiques, qu'on pourra arriver à débrouiller les éléments constitutifs de la population actuelle de la Tunisie, comme M. Deniker cherche à le faire pour l'Europe. En tout cas, les recherches de M. Chantre, combinées avec celles déjà anciennes de M. Bertholon et de M. R. Collignon, jettent une vive lumière sur la somatologie de la Tunisie et provoqueront peut-être des travaux sur les populations de l'Algérie, si délaissées aujourd'hui par les anthropologistes.

M. CHERVIN regrette que les photographies de M. Chantre, si jolies au point de vue pittoresque, soient complètement dépourvues de caractère scientifique. L'absence totale d'échelle métrique en fait des images qui ressemblent à des cartes géographiques dépourvues d'échelle.

M. DENIKER. — Je ne crois pas que les mesures prises sur les photographies puissent être d'un grand secours pour les anthropologistes. On a essayé cette méthode en Allemagne et en Russie et on a abouti à des résultats négatifs. Il ne faut pas demander à la photographie plus qu'elle ne peut donner : une impression générale, complétant la description et les mesures ; mais elle ne peut fournir des renseignements que sur quelques mesures d'ensemble : la taille, la hauteur de la tête, la longueur des membres ; quant aux autres mesures, les erreurs d'un demi-millimètre dans les mensurations, inévitables avec le flou des contours photographiques, amènent de suite des exagérations telles, des mesures réelles qu'il est impossible de se servir de cette méthode. Tous ceux qui ont fait de l'anthropométrie sur le vivant savent combien il est difficile de mesurer, à un demi-millimètre près, les éléments de l'indice nasal par exemple ; comment pourrait-on procéder alors sur les photographies où les dimensions réelles sont réduites au quart et tout au plus à la moitié des dimensions réelles dans les cas les plus avantageux. Il y a également une déformation, aussi légère qu'elle soit, de l'image photographique, et, si certains appareils photographiques spéciaux, comme celui de M. Alph. Bertillon, la réduisent au minimum, ils ne peuvent être employés que dans les laboratoires et les locaux spéciaux comme les prisons. Les voyageurs, comme M. Chantre, ne peuvent pas raisonnablement les faire transporter partout où ils vont.

M. le Dr Félix Regnault. — Je féliciterai M. Chantre, non seulement, à l'exemple des précédents orateurs, du nombre et de la valeur des documents qu'il a pris, mais encore de la réserve qu'il a mise à les interpréter. Car, dans la science, les faits restent quand ils sont bien pris, mais les interprétations passent. Elles passent surtout rapidement en anthropologie quand on fait intervenir les invasions, les mélanges multiples, on sait avec quelle richesse d'imagination.

Il est actuellement en anthropologie deux écoles : l'une qui n'admet que l'hérédité, l'autre croit à l'influence du milieu. Or, ce dernier facteur ne peut être nié par des transformistes, car il n'est pas de caractères plus fugaces que ceux qui ont trait à des dimensions de corps organisés.

Prenons donc, avec MM. Chantre et M. Deniker, des mesures en grand nombre et catégorisons-les topographiquement. Or, sur ces cartes anthropologiques on reconnaît de suite le rapport qui existe entre les diverses races et le milieu géologique et physique ; ce qui est conforme à la théorie de l'influence du milieu.

Un point particulier : M. Zaborowski s'étonne de la disparition brusque de la civilisation romaine en Afrique. La cause de ce fait est connue : elle provient de la déforestation intense à laquelle les Romains soumirent l'Afrique, l'eau disparut avec les arbres, la dépopulation s'ensuivit, et l'Afrique romaine devint une proie facile à quelques milliers de Vandales.

M. le Dr M. Baudouin.

M. Aureggio.

M. A. de Mortillet.

M. Fourdrignier.

M. Léon COUTIL, aux Andelys (Eure).

L'âge du Bronze dans le département du Calvados. — Continuant ses inventaires archéologiques, M. Coutil décrit les cachettes de bronze du Calvados. Quarante-cinq communes ont donné des instruments, dont 28 ont fourni des groupements dont 14 sont importants : nous citerons *Bazenville*, 200 à 300 haches à talon ; *Escoville*, 19 haches à ailerons ; *Fresné-la-Mère* (1820), 6 objets très intéressants, marteau, enclume et doloire courbe ; *Longueville* (1891), 24 haches à ailerons ; *Maisons* (1875), 18 haches à douille et 5 objets ; *Monfreville* (1891), 18 haches à douille ; *Port-en-Bessin* (1879), 116 objets, dont 29 fragments de haches à ailerons, 31 fragments de lances et 54 d'épées ; *Saint-Germain-de-Tallevende* (1810, 1857, 1860, 1863), 12 haches à talon et 5 à douille ; *Saint-Martin-Don* (1806, 1875), 5 haches à ailerons, 25 haches à talon et 25 à douille, plus un moule ; *Soumont-Saint-Quentin* (1810), 15 objets, haches, lances et poignards ; *Vaubandon* (1825), 40 haches à talon ; *Vaux-sur-Aure* (1863), 67 haches à talon, 14 à douille, soit environ 80 objets ; *Ver* (1834), 20 haches à douille ; *Villers-sur-Mer* (1858), une cinquantaine de haches à douille.

Examen des formes. — Les haches à ailerons ont été trouvées au nombre d'environ soixante, et les lances au nombre d'environ quarante, elles constituent une proportion particulière qui ne se retrouve pas dans les quatre autres départements de la Normandie. La cachette de Fresné-la-Mère, acquise par John Evans et décrite par lui dans son *Age du Bronze*, a donné une enclume très intéressante, un marteau, une doloire et un couteau courbe, un couteau à deux tranchants ou rasoir, c'était l'attirail d'un chaudronnier de l'âge du Bronze. *John Evans fut obligé d'offrir une vache au propriétaire pour la cession de ces objets et il nous a avoué que le marché fut laborieux !* Une autre enclume sans provenance certaine est au musée de Caen. Nous citerons le moule pour haches à talon de Saint-Martin-Don ; la scie de Port-en-Bessin ; la curieuse hache à douille d'Escoville, que l'on peut rapprocher de celle de Montanel (Manche) ; les deux roues de char de Longueville, rappelant celles de Vénat (Charente) ; l'épée à languette et à rivets de Lessard-le-Chêne, celles de Condé-sur-Noireau, ainsi que le petit poignard obtenu avec le tronçon et la base d'une épée. Nous citerons aussi la belle découverte de six poignards à rivets de Lougues, en 1846, qui font partie de la collection Costa de Beauregard et de la nôtre.

Pour nous résumer, nous dirons que le Calvados a fourni 5 haches à bords droits, 55 haches à ailerons, 436 haches à talon, 192 haches à douille, 12 épées, 12 poignards, 8 lances, soit près de 800 objets.

M. le Dʳ Félix **REGNAULT**, à Sèvres.

Le crâne métopique. — De nombreux anthropologues ont recherché la forme que donnait au crâne la persistance de la suture médio-frontale ou métopique. Les conclusions diffèrent suivant les auteurs. Ces divergences proviennent de ce que la persistance de la suture médio-frontale peut donner au crâne plusieurs formes très différentes.

Je décrirai une première forme due à la présence d'une suture métopique membraneuse : bosses frontales très écartées, front large ; bosses très saillantes, brachycéphalie extrême augmentée par la persistance simultanée d'une suture sagittale membraneuse. De plus, la base du nez est écrasée, aplatie, élargie, le diamètre interorbitaire très grand.

Cette forme a été fort bien décrite par le Dʳ Marie dans le type morbide qu'il dénomme dysostose cleido-cranienne. On peut l'observer dans d'autres états morbides, notamment chez certains hydrocéphales, dans des cas de rachitisme, de syphilis congénitale, etc.

En opposition, il en est une toute différente avec suture métopique persistant à l'état plus ou moins dentelé. Ici la brachycéphalie est légère, les bosses frontales ne font pas saillie : c'est au contraire la partie médiane du front qui fait plus ou moins saillie ; le nez n'est plus élargi à sa base, le diamètre interorbitaire est normal.

Les anthropologues, dans leurs études, n'ont pas su distinguer ces deux formes. En effet, ils ont employé la méthode des moyennes, et celle-ci n'était pas applicable en la circonstance. Ils prennent des crânes provenant d'un même lieu, des catacombes par exemple, en font deux tas, l'un où la suture métopique est conservée, l'autre où elle est effacée, et ils les opposent par la méthode des moyennes. Or, dans les crânes à suture conservée, les uns ont une suture membraneuse, les autres dentelée ; parmi ceux à suture soudée, certains ont pu conserver longtemps leur suture à l'état membraneux et posséder de ce fait le type de crâne ci-dessus décrit. En d'autres termes, il ne faut pas considérer l'état actuel d'un crâne, mais toute son évolution, pour comprendre sa forme.

Il en résulte que Welcker a décrit les crânes métopiques comme conservant leur suture membraneuse; il a même pris comme type de ses descriptions et représenté dans son œuvre un crâne qui rappelle absolument ceux de dysostose décrits quelque vingt-cinq ans après par le Dr Marie. Après lui, Papillault s'est inscrit en faux contre plusieurs des conclusions de Welcker, notamment il regrette ce caractère du nez aplati, élargi à sa base. C'est qu'il a eu à sa disposition des crânes à suture métopique dentelée.

Je ne m'inscris pas en faux contre la méthode des moyennes, celle-ci peut avoir son utilité; mais il ne faut pas lui demander ce qu'elle ne peut donner. Il faut, en ce qui concerne les questions de mécanique osseuse, recourir à la méthode analytique qui consiste à examiner attentivement chaque cas avant de les réunir. Rappelons ici que cette méthode est préconisée depuis longtemps ; Descartes en est l'auteur.

Discussion. — M. Deniker; M. le Dr Chervin.

M. H. MÜLLER, à Grenoble.

Exposé d'un Programme pour un essai de Classement des types céramiques, du Néolithique à nos jours. — Ayant personnellement envoyé à un grand nombre de nos collègues en préhistoire, une circulaire sous le titre ci-dessus, j'ai eu la satisfaction de recevoir de nombreux encouragements, des communications, des conseils et même des échantillons de céramiques diverses.

J'ai pu présenter à nos collègues de la 11e Section, présents au Congrès de Reims, plusieurs résumés envoyés par nos collègues absents. La discussion sur ma proposition a été longue et variée; il en est résulté un échange de vues qui font bien augurer de l'avenir de l'idée.

Voici le programme qui a été soumis à la 11e Section :

1° Étude des procédés de fabrication de la céramique aux diverses époques;

2° Fixation approximative, pour les différentes régions, de l'apparition des divers types, pâtes, formes, vernis, lissages, peintures, etc. ;

3° Analyse des argiles employées et des matériaux dits de dégraissage. Procédés de cuisson;

4° Présentation d'essais céramiques.

Les encouragements que j'ai reçus à propos de cette proposition, tant par correspondance que de la part de nos collègues présents au Congrès de Reims, m'obligent à dresser le cadre général du programme, à en préciser les détails et à adresser finalement une nouvelle circulaire à nos collègues de la 11e Section, et même aux chercheurs étrangers à l'Association ; cela afin de pouvoir, en 1908, présenter au Congrès de Clermont-Ferrand un travail sinon complet, mais au moins assez étendu pour en extraire un document utile à tous.

Cette circulaire donnera les extraits de tous les documents qui me seront parvenus et mentionnera tous ceux de nos collègues qui auront faits des essais ou signalé des faits nouveaux.

M. Léon COUTIL.

Présentation de planches sur la Céramique gauloise, gallo-romaine et franque du département de l'Eure. — Pour répondre à la question soulevée par M. Müller, M. Coutil avait envoyé une trentaine de photographies extraites de ses publications archéologiques et de ses fouilles, pour que l'on puisse comparer les formes le plus généralement rencontrées dans cette région ; il se propose de revenir sur cette question au Congrès de Clermont-Ferrand, si des documents plus nombreux permettent un premier groupement : il a d'ailleurs établi cette comparaison dans ses *différents Inventaires* sur les cinq départements de la Normandie.

M. P. GOBY, de Grasse.

1° Présentation de Céramiques d'âges différents provenant des Alpes-Maritimes et de la Ligurie italienne. — La question de la céramique préhistorique, l'étude de sa fabrication, de la texture caractéristique régionale qu'elle revêt suivant les époques, étant à l'ordre du jour, M. P. Goby soumet à l'examen de la Section une série de poteries provenant des grottes, des dolmens, des camps retranchés des Alpes-Maritimes et des grottes de la Ligurie italienne ; ces divers échantillons devant servir de points de comparaison avec les poteries d'autres régions.

Sont représentées : les grottes de l'Ibis à Vence (Alpes-Maritimes), Lombard à Saint-Vallier (Alpes-Maritimes), Canto-Merlo à Vence, de Peymeinade, Ardisson à Spéracèdes (Alpes-Maritimes), du Saint-Trou près du Muy (Var) ; les dolmens de Stramousse à Cabris (Alpes-Maritimes), du Sud-de-Mauvans à Saint-Cézaire, etc. Des fragments typiques de poteries font connaître la céramique variée du camp du Bois-du-Rouret (Alpes-Maritimes), tandis que d'autres échantillons indiquent la texture de celle des grottes de la Ligurie italienne, telles les grottes Ghiava, vallée de la Varasiglia, Arene-Candide, Bergeggi près de Savone (Italie), etc.

2° Fouilles à la grotte Lombard, à Saint-Vallier-de-Thiey. — M. P. Goby donne ensuite divers détails sur les recherches qu'il a entreprises, durant ces six dernières années, dans la grotte Lombard, à Saint-Vallier, fouilles pratiquées à la suite de celles de 1883 par M. Bottin. Cette grotte, dont il présente à la Section photographies, coupe et documents, lui a livré, à des époques différentes, de nombreux ossements, dont plusieurs de cerfs, de bœufs, moutons, chèvres, et aussi quelques-uns ayant appartenu à l'homme, une collection intéressante de poteries ornées à l'ongle, au *cardium*, ou non ornées ; une assez grande quantité de silex ;

lames, grattoirs et éclats *exclusivement néolithiques*, quelques os polis en forme
de poinçons, etc.

L'auteur ne donne aujourd'hui qu'un résumé de ces nouvelles trouvailles,
désirant apporter l'étude d'ensemble et le travail complet après l'achèvement
définitif des fouilles et l'observation plus approfondie encore de certaines constatations par rapport à d'autres gisements étudiés par lui dans la même région.

M. E. SCHMIT.

Désignation et détail de quelques camps retranchés du département de la Marne.

M. le Dr REGNAULT.

Comment les anciens considéraient les crânes déformés. — Les connaissances des
anciens relatives aux crânes déformés ont passé jusqu'à présent pour rudimen-
taires. M. Hamy, notamment, a rappelé le passage de l'Iliade où Homère traite
Thersite de φοξός ou crâne pointu.

Hippocrate a employé la même expression (*Traité des Épidémies*, 1re section) ;
il y note que les gens à tête pointue ont souvent de la céphalalgie et des écoule-
ments d'oreille.

J'étudierai la question au moyen des documents iconographiques et écrits.

J'avais soutenu en 1894, à la Société d'Anthropologie de Paris, la thèse du
réalisme des déformations de certaines représentations de l'art antique. MM. Manouvrier et Capitan prétendirent, suivant la théorie alors officielle, qu'il
s'agissait de grotesques ou caricatures. Depuis, les recherches faites à Smyrne
par mon ami M. Gaudin mirent à jour plusieurs centaines de statuettes pathologiques, dont un grand nombre ont un crâne pointu en diverses manières ; on
y voit très nettement dessinées les plus importantes déformations étudiés à notre
époque par Virchow. Je vous présente entre autres une terre cuite représentant
un crâne fortement scaphocéphale. Il est très exactement dessiné. On y reconnaît les coups de burin de l'artiste qui retouchait son œuvre après l'avoir moulé ;
il accentuait ainsi l'angle formé par la scaphocéphalie.

Les anciens étaient frappés, dans ces diverses déformations, de la saillie anormale, d'où l'expression de φοξοί. C'est toujours, dans leurs œuvres, cette saillie
que les coroplastes smyrniotes marquent le plus en un point ou l'autre du crâne.

Pourtant, ils avaient poussé plus loin l'observation. Galien, dans l'*Utilité des
parties du corps* (l. IX, ch. XVII), étudie les têtes φοξοί ; il note, comme l'a plus
tard marqué Virchow, que là où le diamètre cranien augmente, la suture n'existe
pas ; il décrit fort bien les crânes que de nos jours Vichow étudiera sous le nom
de trochocéphales, de sphénocéphales, d'acrocéphales. Il a seulement le tort de
dire que, sur ces crânes, certaines sutures n'existent pas, ne se doutant pas
qu'elles existaient au début de la vie et se sont prématurément soudées.

Galien avoue, d'ailleurs, qu'il ne fait que répéter sur ce point Hippocrate (Tra-
duction Littré, t. III, p. 182). Ce passage, qui a d'ailleurs été altéré, a toujours
été rapporté à des crânes normaux. Il s'explique si on le rapproche du passage
de Galien ; il s'agissait de déformations craniennes prématurées.

M. Georges COURTY.

Le Préhistorique en Bolivie. — M. G. COURTY entretient les membres de la Section des richesses préhistoriques que le sol bolivien renferme. Il n'a point la prétention de les résumer toutes, il veut seulement indiquer les principaux points de Bolivie où il lui a été permis de recueillir quelques reliques des périodes préhistoriques sud-américaines. Après avoir envisagé la possibilité de trouver du paléolithique à Tarija, M. Courty conduit ses auditeurs à San Antonio de Lipez. Il fait remarquer qu'en passant au sommet du Cerro Relaves à 4.280 mètres d'altitude, il a rencontré des stations préhistoriques. Il s'agit bien en cet endroit, étant donnée la quantité formidable de débris de taille qui gisent sur le sol, de véritables ateliers de l'âge de pierre. Comme instruments : ce sont des perçoirs, des grattoirs, des flèches en quartzite noir ou verdâtre. Autour de Huancané, près San Vicente, M. Courty a également observé des quartzites ainsi que des silex jaspoïdes taillés. C'est surtout à Colcha près du « pueblo » actuel quechua, qu'à l'emplacement d'anciens fonds de cabanes, M. Courty a pu recueillir des percuteurs en quartz blanc, des flèches en quartzite noire et en obsidienne, des amulettes en turquoise, des fragments de poterie, des instruments aratoires « palas » de même forme que ceux qui sont actuellement en usage chez les « Quechuas » d'aujourd'hui, avec cette différence qu'au lieu d'être en fer, ils sont en schiste ou en roche éruptive. A Cobrizos, M. Courty a trouvé, dans des sépultures en pierres sèches, autour de cadavres repliés sur eux-mêmes, des « palas » en schiste, de même facture que ceux de Colcha, avec des amulettes en argent et en or. Pour ce qui est de Tiahuanaco, M. Courty n'hésite pas à rapporter les premières fondations de cette antique cité aux temps préhistoriques, à une période préincasique, vraisemblablement Aymara.

Il ressort des observations de M. Courty, que la question du Paléolithique en Bolivie reste soumise à l'étude ; mais, qu'en ce qui concerne le Néolithique, il est observable, dans les régions de San Antonio et de San Vicente, et que celui-ci s'est continué par les civilisations de Colcha et de Cobrizos, puis par celles de Tiahuanaco qui font l'admiration du monde entier.

Discussion. — M. Marcel BAUDOUIN cite un fait préhistorique, qui montre très nettement que les mouvements du sol peuvent ne pas retentir profondément sur les monuments mégalithiques et les sépultures, dont le mobilier funéraire peut ne pas être modifié de façon très notable. Il s'agit de la découverte d'un menhir, encore debout et en place, dans les marais de la Vendée, à Saint-Hilaire-de-Riez (Vendée). — Pour les dépôts littoraux d'huîtres, il faut se rappeler qu'on peut les confondre avec des bancs d'huîtres dus à la main des hommes (Dépôts de Saint-Michel-en-l'Herm, Vendée).

M. A. DE MORTILLET.

M. Casimir CÉPÈDE, Prép. au Labor. de Zool. marit. de Wimereux.

Observations sur le tumulus funéraire de Wimereux. — Ce travail apporte d'intéressants documents sur la façon d'inhumer à la période néolithique dans cette région du Pas-de-Calais. Le tumulus funéraire de Wimereux a fait l'objet de recherches antérieures un peu trop rapides de M. le Dr Sauvage (1898).

L'auteur a eu la bonne fortune de découvrir la place d'une sépulture intacte.

de ce même tumulus et se propose d'en étudier bientôt quelques autres que
cette étude lui a fait soupçonner dans la même nécropole. Il a fouillé avec
minutie cette intéressante tombe et apporte des documents précieux sur sa
constitution qui viennent expliquer et préciser ceux trop incomplets donnés par
son prédécesseur.

De ses recherches, il résulte que le tumulus néolithique de Wimereux n'est
pas circulaire, mais elliptique. Il est bien regrettable que les nombreuses tombes
fouillées antérieurement aient fourni si peu de documents. Ceux-ci auraient
facilité la comparaison de cette nécropole avec d'autres tumulus du Boulonnais,
comme la partie inférieure de la Tombe Fourdaine, à Équihen, par exemple.

L'étude des ossements trouvés dans cette tombe récemment exhumée à Wimereux fera l'objet de mémoires ultérieurs de M. le Dr Herpin et de l'auteur.

Discussion. — M. DE MORTILLET.

M. Marcel BAUDOUIN fait remarquer que ce tumulus se trouve *sur* la *dune*
même, et, par conséquent, que cette dune est *antérieure* au néolithique. Ce qui
montre une fois de plus les services que la *Préhistoire* peut rendre à la *Géologie!*

Il est indiscutable que la sépulture fouillée est *néolithique*. De plus, la constitution du cyste lui-même prouve qu'il s'agit d'une *tombe de rivage* (*cailloux
roulés*, ne pouvant provenir que d'une *plage*), comme, par exemple, la sépulture
du dolmen de la Planche-à-Puare, à l'Ile d'Yeu (Vendée). D'où il faut conclure
que la *mer* n'était pas loin à l'époque néolithique; autrement dit que le rivage
de Wimereux n'a pas beaucoup changé depuis l'érection du tumulus. Autre constatation qui montre les rapports intimes de la Préhistoire et de la Géologie: —
Les monuments préhistoriques sont des « *fossiles* » du *Quaternaire supérieur*;
ce sont eux, plutôt que les animaux (c'est-à-dire la faune), qui doivent servir
de base aux classifications chronologiques.

— Séance du 6 août —

M. Jules HENRIET, Ing. civ. à Marseille.

*Chronométrie préhistorique égyptienne (à propos d'exhumation d'objets trouvés dans
le Nil et dans le sous-sol du Delta).*

Discussion. — M. Marcel BAUDOUIN fait des réserves sur les remarques de
M. Henriet. Pour le Nil, les observations faites sont indiscutables; mais, ailleurs,
il n'en est pas toujours ainsi. Il y a des tourbes qui ne se laissent pas traverser
par des objets assez lourds. Tout dépend des alluvions et des localités. Chaque
cas doit être examiné à part et étudié dans tous ses détails.

M. DE MORTILLET.

M. René CHUDEAU, à Paris.

Sur quelques tombes du Sahara Touareg. — 1º Les types les plus usuels de
tombes anciennes sont le tumulus et le chouchet, identiques à des formes signalées en Algérie. Il y a d'ailleurs passage du tumulus au chouchet. Les tombes

anciennes sont préislamiques; les cadavres y sont accroupis; mais elles se relient par toute une série d'intermédiaires aux formes actuelles.

Il y a lieu de noter l'absence de monuments mégalithiques; les « cist », que Duveyrier a signalés près de R'at, semblent manquer dans l'Ahaggar.

2º Quelques tombes sont remarquables par leurs dimensions, surtout dans les vallées des districts montagneux. Elles indiquent une population plus riche que la population actuelle et, en partie, sédentaire, comme le prouve l'abondance des meules et des débris de poteries qu'on rencontre un peu partout.

Discussion. — MM. le Dʳ M. Baudouin, Jacques.

M. H. MÜLLER.

Assurance vie et accidents pour les archéologues et ouvriers employés à des fouilles quelconques. — Cette question, insuffisamment étudiée, n'a été mise à l'ordre du jour que pour susciter une étude d'ensemble de la part des membres de la onzième Section et de ceux de la Sous-Section d'Archéologie.

Plusieurs orateurs ont pris part à la discussion et l'ensemble des opinions exprimées peut se résumer ainsi :

1º Étude de la loi du 9 avril 1898 sur les accidents du travail ;

2º Démarches à faire auprès de certaines Compagnies d'assurances, pour en obtenir des carnets permettant, en faisant signer les ouvriers chaque jour, d'assurer le personnel fouilleur au moment opportun et suivant son nombre variable;

3º Que ces carnets puissent être acquis et régularisés facilement;

4º Les membres des Sections intéressées sont priés d'apporter des projets étudiés, sur lesquels on pourra voter définitivement pendant le Congrès de Clermont-Ferrand, en 1908.

Discussion. — MM. A. de Mortillet, Vital-Granet, Pagès-Allary.

M. JACQUES, de Bruxelles.

A propos de photographies ethniques. — Un membre de l'Association qui s'occupe beaucoup de photographie, M. Émile Wenz, de Reims, a été frappé hier, lors de la communication de M. Chantre sur les premiers résultats de ses dernières explorations en Tripolitaine et en Tunisie, de la difficulté d'obtenir des représentations comparables de la face et du profil des individus photographiés. Pris de face, ils ont telle expression du visage; pris, un instant après, de profil, ils ont une expression du visage toute différente.

Il y a un moyen de prendre en même temps la face et le profil, et M. Wenz a eu l'occasion de le réaliser : il place le sujet devant un plan qui se prolonge de droite et de gauche par une glace inclinée exactement à 45 degrés. Dans ces glaces se reflètent le profil droit et le profil gauche, tandis que la face est photographiée en même temps.

J'ai trouvé le procédé des plus ingénieux et je me suis permis de vous soumettre à l'appui un exemple de photographie ainsi prise par M. Wenz.

Discussion. — M. Marcel BAUDOUIN rappelle qu'il préconise depuis longtemps, pour les monuments, la *photographie cardinale équidistante,* qui est analogue, d'une part, à la photographie judiciaire et anthropologique, et, d'autre part, au procédé signalé. — Il y a plusieurs années qu'il a essayé cette dernière méthode pour les *petits objets préhistoriques ;* mais il a vite reconnu qu'elle ne valait rien au point de vue scientifique : il se produit des *déformations* et des *ombres* faciles à expliquer avec les données physiques. — Certes, ce procédé du miroir à trois faces a du bon pour les voyages et les explorations ; mais ce ne doit pas être un procédé de laboratoire.

M. DE MORTILLET.

———

M. A. de MORTILLET

A propos d'un vœu émis au Congrès de Géographie de Bordeaux, demandant qu'il soit interdit de faire des fouilles, même dans des propriétés particulières, que ces fouilles soient faites par les propriétaires ou par des personnes autorisées par eux.

M. A. DE MORTILLET s'élève contre ce vœu ; il montre les dangers que sa réalisation présenterait pour les études préhistoriques, si activement et si fructueusement cultivées en France.

Cette protestation est approuvée à l'unanimité par la 11e Section.

———

Vœu. — La 11e Section émet le vœu contraire et proteste énergiquement contre les fouilles soi-disant officielles, et demande que les fouilles soient faites comme par le passé, mais avec méthode et sincérité.

———

M. Stanislas CLASTRIER.

Un oppidum marseillais de l'époque ligure (présenté par le Dr Félix Regnault). — Les fouilles ont eu lieu à Saint-Antoine, sur une colline boisée dominant Marseille à quelques kilomètres de la ville.

La fouille a amené la découverte de murs épais en pierre sèche formant des chambres multiples.

On a recueilli des débris de poteries grossières faites à la main, une terrine en terre grise peu cuite, de l'aspect des terrines ou trans provençaux actuels, un plat en terre jaune, un vase ollaire avec anses très détachées, col évasé ; un plat à bec semblable à celui trouvé par M. Vasseur dans cette région ; des tessons de poterie campanienne, à vernis noir, des fragments de poterie grecque.

Ces dernières poteries datent la découverte du iie siècle avant notre ère ; il s'agit d'une station ligure qui commerçait avec la cité grecque.

A signaler des signes marqués sur la pierre, et une sorte de jeu rappelant celui usité par les nègres africains.

———

M. le Dr Alexandre BARILLET, de Reims.

Journal d'un fouilleur. — M. le Dr BARILLET présente le journal d'un fouilleur: M. Blavat, décédé il y a quelques années. Ce journal, tenu à jour depuis 1869 jusqu'en 1902, relate ses fouilles personnelles opérées soit à Reims, soit aux environs et même en plusieurs points de l'Aisne et des Ardennes. La description exacte des places des fouilles avec les résultats permettra aux sections anthropologiques de reprendre les anciens endroits fouillés qui sûrement ne sont pas épuisés et assureront encore d'amples moissons archéologiques. Cet exemple devrait être suivi non seulement par tous les fouilleurs, mais par tous les anthropologues de tous les pays.

———

MM. le Dr CAPITAN, Prof. à l'Éc. d'Anthrop. de Paris, et REYNIER.

Les silex utilisés d'une station néolithique aux environs de Lizy-sur-Ourcq (Aisne). — L'étude systématique d'un grand nombre de pièces recueillies par l'un de nous (Reynier), dans les stations néolithiques autour de Lizy-sur-Ourcq, nous a amenés à sélectionner parmi ces pièces toute une suite de grossiers silex ou grès, fragments brisés ou lames grossières qui tous, ont ce caractère d'être adaptés à une préhension facile par des retouches et souvent des écrasements très accentués, parfois même par des polissages localisés en certains points. La partie utilisée de la pièce (opposée au manche ainsi façonné) est aménagée par des retouches parfois fort soignées, de façon à constituer un bon outil à couper ou racler ou bien à piquer ou percer, parfois à percuter. Il va de soi que l'étude soigneuse d'une nombreuse série de ces pièces nous permet d'affirmer l'exactitude de ces particularités. Il y a là tout un ensemble curieux d'outils d'usage.

———

M. le Dr CAPITAN.

Le Paléolithique ancien du sommet des plateaux, aux environs des Eyzies, le long de la Vézère. — On peut observer en divers points, au sommet des plateaux que couronnent les collines tout le long de la vallée de la Vézère, d'abord des couches parfois épaisses de sables rouges vraisemblablement pliocènes couronnés en nombre de points par une sorte de lœss. Sous celui-ci, et dans le sommet des sables rouges on peut trouver (par exemple au sud des Eyzies, dans la carrière de kaolin de M. Bary), quelques pièces d'une industrie fort grossière, que morphologiquement on peut classer dans le chelléen ou peut-être le préchelléen. A la Chapelle, entre les Eyzies et Montignac, à une altitude élevée, à côté de pièces d'usage très typiques, on a pu recueillir de vraies pièces de types chelléens classiques mais également fort grossières. Ces industries sont incontestablement fort anciennes. Ce sont certainement les plus vieilles qu'on ait jusqu'ici signalées dans la vallée de la Vézère.

M. le D' TOPINARD, à Paris.

L'Anthropologie philosophique. — On sait que, depuis plusieurs années, M. TOPINARD professe que l'anthropologie est, conformément à son étymologie, la connaissance pleine et entière de l'homme, mais en en excluant les applications pratiques.

Dans sa communication actuelle il divise cette connaissance en quatre parties :

1° L'homme considéré comme le point culminant de l'évolution du règne animal commençant aux Protozoaires amiboïdes ;

2° L'homme, ses races, ses peuples, ses civilisations à tous les points de vue : anatomique, physiologique, psychologique, ethnique, éthique, etc. ;

3° La caractéristique essentielle de l'homme prise spécialement à part, c'est-à-dire le cerveau, ses fonctions et ses manifestations de toute nature ;

4° La philosophie de l'homme, c'est-à-dire les questions les plus élevées que comporte le sujet. C'est sur cette partie que M. Topinard insiste. Il résume quelques-unes de ces questions ou propositions qu'il ne fait du reste qu'effleurer :

a Çà et là, dans quelques-uns des rameaux de l'arbre des Mammifères, on constate dans le cerveau et les facultés psychiques un double effort vers une étape plus avancée. Comment se fait-il que cette étape n'ait été franchie que dans une branche que rien ou presque rien avant les anthropoïdes n'indiquait de préférence ?

b L'homme est l'être le plus sociable de la série animale. La parole et l'intelligence le poussent à tirer tout le parti possible de la vie en commun ; il l'accepte lorsqu'il y trouve son profit, il en prend les habitudes, il se soumet à ses nécessités et à ses lois. Mais de fait il est antisocial ; son intérêt individuel et sa nature animale reprennent aisément le dessus, suivant les circonstances.

c L'intelligence n'est qu'un instrument de combat dans la lutte que tous les êtres se livrent pour leur conservation, leur adaptation aux conditions et leur satisfaction. L'homme en a tiré un merveilleux résultat qui l'a fait roi de la création. Mais l'instrument, après avoir vite acquis un certain développement, ne s'est plus ensuite que médiocrement perfectionné. Les découvertes qui se sont succédé, les applications à la vie courante ne sont pas la preuve d'une augmentation notable d'intelligence dans le cours des siècles, mais un produit des individus qui s'est accumulé et est devenu un véritable capital de l'humanité, indépendant de ses sources, que les générations reçoivent de leurs devancières, accroissent et transmettent à leurs successeurs pour être mis en œuvre et augmenter encore. Dans les oraisons funèbres des individus on parle d'immortalité ; oui, mais des œuvres.

Cette distinction entre le travail passager des individus et les produits de ce travail devenant un capital exploitable par les plus aptes concerne toutes les connaissances humaines acquises. L'édifice de la morale est lui-même le produit des individus s'inclinant de génération en génération devant les nécessités reconnues de la vie en commun. Ses lois non écrites, pour me servir d'une périphrase consacrée, ne sont toutefois pas inscrites aussi solidement qu'on le voudrait dans ce qu'on appelle la conscience.

La nature animale première de l'individu s'est conservée intacte à travers les âges et reparaît dans toute sa force lorsque l'intérêt ou la certitude d'échapper soit aux lois, soit à l'opinion, domine la situation. De zoocentrique l'homme est devenu anthropocentrique. Les remèdes à l'excès de cette tendance, ce sont les habitudes héréditaires confirmées par l'éducation individuelle et l'altruisme, développées et exploitées par tous les moyens possibles.

La société est un mode d'existence auquel l'homme ne peut se dérober. Elle s'est organisée d'elle-même empiriquement et diversement. La science sociale est née d'hier. Le but théorique de la société est de donner à tous *également* les moyens de faire soi-même son bonheur en leur laissant la vie la plus ample et la plus indépendante compatible avec celle des autres. Son écueil c'est l'inégalité naturelle d'organisation et de capacité des individus. Son procédé d'action est par-dessus tout l'éducation et l'instruction, l'une qui forme les sujets, l'autre qui sélectionne les plus aptes. Son principe conventionnel *sine qua non* est la justice, qui laisse à chacun, avec sa pleine initiative, les effets complets de ses actes, heureux ou malheureux, bien ou mal conduits, autrement dit son entière responsabilité.

Mais ceci est-il légitime ? S'est-on créé soi-même, est-on libre de ne pas obéir à son organisation ? Il y a des vaincus dans la lutte pour l'existence qui ont été corrects. Faut-il donc que la société soit une assurance mutuelle de prévoyance contre la nature, ou un compromis logique, draconien ?

Nous n'avons pas en somme à être particulièrement reconnaissants envers la nature. Certes, elle nous a donné la parole et l'intelligence pour sa plus grande gloire, mais sans nous différencier autrement des animaux. Comme eux, nous sommes sujets à l'inégalité révoltante de tout à l'heure, comme eux il faut lutter, et nous entre-dévorer, comme eux nous avons nos misères, nos maladies, nos infirmités, nos microbes. L'intelligence nous donne quelques jouissances, mais elle nous fait vivement sentir nos peines morales, les injustices naturelles et notre mort inévitable.

M. Topinard touche dans son travail à de nombreuses autres questions, celles-ci suffiront. Inutile de conclure, dit-il, sur la place et le rôle de l'homme dans l'univers et, comme disent les orthodoxes, sur sa finalité !

M. Marius DALLONI, à Marseille.

Les stations préhistoriques des plateaux d'El-Bordj et de Mostaganem (Oranie).

———

M. J. LEROY.

La station néolithique des Préaux (Eure). — L'auteur signale une station néolithique sur le plateau du Mont-Morel, commune des Préaux (Eure). Cette station qui avait été signalée d'une manière générale dans les âges de la pierre, dans l'arrondissement de Pont-Audemer, par M. A. Montier, n'avait jamais été étudiée au point de vue de l'industrie lapidaire.

M. Leroy, qui a pratiqué des recherches toujours fort fructueuses en cet endroit, pencherait à donner à ce campement en plein air le nom d'atelier de taille ; si on en juge par la grande quantité de tranchets et grattoirs de toute forme trouvés, ce serait un atelier de fabrication de ces derniers outils.

D'autres outils ont été aussi trouvés en cet endroit, ainsi que des haches, la plupart brisées, et une très belle pointe de flèche de forme ovalaire, en parfait état de conservation et remarquablement taillée, à coup sûr une des plus intéressantes parmi celles trouvées dans la région.

M. Leroy se propose de faire de nouvelles recherches au printemps prochain dans ce gisement qui est loin d'avoir fourni tout son contingent d'armes et d'outils à l'observateur.

———

M. Émile RIVIÈRE, Dir. à l'École des Hautes-Études, au Collège de France, à Paris.

Lieux dits et Mégalithes. — M. Émile Rivière appelle l'attention sur l'intérêt qu'il y aurait, au point de vue de la Préhistoire et de sa géographie, à relever avec soin, dans chaque département, le nom de tous les lieux dits non seulement au cadastre et dans les archives départementales, mais encore dans les anciens minutiers des notaires, ainsi qu'aux Archives nationales à Paris. On y retrouverait certainement un grand nombre de noms susceptibles de nous révéler l'existence d'une foule de mégalithes (menhirs, pierres levées, pierres fittes ou *frittes*, etc.), aujourd'hui disparus, pour la plupart depuis un temps plus ou moins long, et qui, par suite, restent absolument ignorés.

L'étude des anciens plans — terriers et autres — viendrait heureusement compléter ces recherches, en permettant parfois de fixer exactement l'emplacement desdits mégalithes.

Enfin, un catalogue donnant la liste de tous ces monuments préhistoriques, classés par régions ou par départements, permettrait de dresser, à un moment donné, une carte de tous les mégalithes ayant existé jadis, mais détruits à l'heure actuelle, ou existant encore en France et plus ou moins bien connus.

M. Émile Rivière a entrepris des recherches de ce genre, depuis le commenmencement de 1906, dans d'importants Recueils d'actes notariés extraits des minutiers parisiens du seizième siècle et dans les Archives du Châtelet de Paris. Il en fait connaître, les premiers résultats touchant le Paris d'alors et ses environs; il en communiquera la suite au prochain Congrès de l'Association française pour l'Avancement des Sciences, à Clermont-Ferrand.

Il rappelle, en terminant, que déjà, il y a douze ans, en 1895 (Congrès de Bordeaux), puis en 1896 (Congrès de Carthage) et en 1898 (Congrès de Nantes), il a signalé ainsi des menhirs à Brunoy et à Mandres (Seine-et-Oise), dont l'existence aux siècles passés lui avait été révélée par des *Aveux* et des *Dénombrements* des XIVe et XVe siècles et par certains *Terriers* et *Plans* des XVIIe et XVIIIe siècles.

M. Charles COTTE, Not. à Pertuis (Vaucluse).

1° *Station de l'âge du bronze dans les Bouches-du-Rhône*. — L'auteur rappelle qu'au Congrès de Vannes (1906) il a étudié le *Début de l'âge des métaux* dans les Bouches-du-Rhône, et développé l'opinion, contraire à celle de MM. Baillon Dalloni et Fournier, que divers camps du sud de l'Étang de Berre sont postérieurs au néolithique; il pense même qu'au Camp de Laure ou de Roquebarbe, il y a superposition d'industries; la muraille serait de l'âge du fer.

L'auteur signale une station où il commence des fouilles. Elle a donné de nombreuses poteries, un anneau en bronze, et des signes intentionnellement (?) gravés sur la roche.

2° *La question de la céramique*. — M. H. Müller propose avec raison de centraliser les recherches et les documents pour débrouiller la question des céramiques anciennes. M. COTTE croit que la Commission ne peut être chargée de poser des conclusions sur les travaux présentés; la critique individuelle libre sera plus scientifique, plus rapide, moins soupçonnée. Il propose d'organiser un service chargé de communiquer les articles et les échantillons de poterie déposés et qu'un bulletin ferait connaître. Il indique les moyens pratiques d'organiser ce service.

M. le Dr BERTHOLON, Vice-Présid. de l'Inst. de Carthage, à Tunis.

Coup d'œil d'ensemble sur la répartition du type blanc dans le Nord de l'Afrique.

M. ZABOROWSKI, Prof. à l'Éc. d'Anthrop., à Paris.

L'ethnologie de l'époque marnienne.

MM. le Dr JULLIEN et H. MULLER.

Fouille d'une grotte-fontaine et d'un fond de cabane néolithiques à Beaulieu (Ardèche). — Le fond de cabane est franchement néolithique, il est situé à une demi-heure de marche de la grotte-fontaine, dans une région parsemée de dolmens (dévastés) et d'enceintes en gros blocs.

La grotte-fontaine comprend deux salles : la première a été habitée à l'époque néolithique et ensuite pendant la période romaine. L'entrée a été obturée en partie, probablement pendant les guerres de religions, pour en rendre l'accès plus difficile.

La deuxième salle, dans laquelle on pénètre par un deuxième couloir, qui avait été également obturée partiellement, ne présente pas de traces sérieuses d'habitat.

Des débris céramiques, volumineux et abondants, étaient surtout réunis en un point recevant de nombreuses gouttières ; deux grands vases ont été trouvés sous les gouttières, paraissant avoir été enterrés intentionnellement pour servir de réservoirs.

Le pays ne possède pas de sources et les rivières à régime continu sont très éloignées de la région, où l'on trouve pourtant de nombreuses traces d'habitats préhistoriques.

M. le Dr JULLIEN, à Joyeuse (Ardèche).

Présentation d'un nouvel instrument destiné à mesurer la main au point de vue anthropologique et anthropométrique. — Cet instrument n'ayant pas encore été livré à son inventeur par le constructeur, sa présentation est renvoyée au prochain Congrès, pendant lequel l'auteur apportera, en même temps, les premiers résultats qu'il en aura obtenus.

M. J. PAGÈS-ALLARY.

Une terre noire sous la silice à Diatomées fossiles de la carrière de Celles, près Neussargues (Cantal). — Cette terre noire, que je trouve à Celles (Cantal) dans ma carrière de silice à Diatomées fossiles, fut signalée en 1903 au Congrès de l'Association française à Angers (Section de botanique, p. 247, 1er volume).

(Cette carrière se trouve à 800 mètres de la gare de Neussargues, et m'a permis d'implanter victorieusement l'industrie des isolants de silice dans le Cantal, malgré l'Allemagne.)

Il y a six ans, que j'ai trouvé cette terre noire, sous la silice à Diatomées de Celles, et au-dessus d'une coulée de basalte ; mais il y a aussi six ans que je me creuse la tête à chercher d'où peut bien provenir cette curieuse formation.

La couche a une épaisseur variable de 40 centimètres à 1 mètre épousant, parfaitement et sans discontinuité, les mouvements du basalte, et présentant parfois quelques miroirs de faille ou de glissement. (J'ai depuis retrouvé cette terre à Neussargues, au Pont-du-Vernet, et dans le ruisseau du Batein, de Joursac à Reçoule, etc.

Je l'ai signalée de suite à M. Boule qui a eu l'amabilité de la faire observer sur place à MM. Michel Lévy, Lacroix, Gentil et M. Marty. J'en ai adressé au Muséum National, des échantillons, mais jusqu'à ce jour le peu que j'ai appris provient de l'analyse de M. Pisani que je dois à l'amabilité de M. Michel Lévy, et que voici ;

1º Perte par grillage à l'air, 36,8 0/0 (qui d'après M. Schloesing père sont des matières organiques de nature humique);

2º Le résidu rouge a donné :

TiO²	1,80
SiO²	58,50
Al²O³	16,10
Fe²O³	14,40
CaO	1,80
MgO	4,67
K²O	1,28
Na²O	0,95
TOTAL	99,50

Mais, puisque personne n'a voulu se prononcer sur ce sujet géologique, vous voudrez bien m'excuser d'essayer de vous exposer le résumé de mes observations sur place, à Celles.

Je crois que la formation de cette terre a deux phases : 1º un apport; 2º une réaction de transformation grâce aux roches enclavantes.

1º L'apport d'une boue noire, contenant des matières organiques provenant plus des débris de plantes que d'animaux (bien que les ossements que j'y ai trouvés, et que M. Boule a eu l'amabilité d'étudier minutieusement, soient les débris fossiles d'un jeune Tapir). Outre la matière humique qui révèle les plantes, il y a aussi une matière, jaune, grasse, sorte de cire qui doit provenir des animaux aquatiques et du coléoderme et surtout de l'endochrome des Diatomées;

2º La réaction de cette boue (non oxydée complètement), sur le basalte inférieur, et la silice à Diatomées, (toujours humide, qui la recouvre d'une couche de 5 mètres), et au-dessus de laquelle se trouve un éboulis de basalte miocène de 7 mètres d'épaisseur).

Le basalte inférieur, qui supporte cette terre noire, est complètement décomposé, sur une épaisseur de 10 à 15 millimètres; il tombe en poussière, entre les doigts; c'est à peine si, dans cette croûte grise, on distingue quelques taches blanches, marquant la place de l'olivine; le fer a complètement disparu (ainsi que l'acide titanique, que l'analyse indique passé dans la terre noire). Tout donne à penser que ce sont les acides humiques, en présence des alcalis, qui ont pro-

duit cette transformation. Au point de vue pratique, cette matière noire peut
servir en agriculture pour humifier les terrains calcaires, et pour la culture du
tabac, etc.

2º, *Projet d'étude et classification des débris de poteries préhistoriques. — Compa-*
raison des poteries gauloises du Cantal (Sur la proposition de M. Müller et de
ses collaborateurs et en réponse à M. A. de Mortillet). — Au sujet de l'étude,
minutieuse, des poteries devant donner, peut-être, une classification, capable
de faire reconnaître aux fouilleurs, l'époque certaine de fabrication; « pour
la France », des nombreux autant que méprisés débris de poterie, trouvés partout dans notre sol.

C'est assurément, le souhait le plus ardent de tous les fouilleurs et observateurs de la préhistoire, de pouvoir reconnaître un bord de vase, et de le classer
sans erreur (ce qui est bien difficile, sinon imposible en ce moment), par
exemple, avant ou après, l'invasion de la Gaule par les Romains. Car il faut
tenir grand compte de la région; ce qui est juste à Clermont, à Rouen, ou à
Reims, ne l'est plus à Autun, à Bibracte ou Alésia.

Ici les Gaulois étaient romanisés avant la conquête. Là ils sont restés purs,
surtout dans leurs arts, jusqu'après la défaite.

Aussi pour une fois, je ne suis pas de l'avis de M. de Mortillet, et malgré la si
méritée admiration que j'ai pour ses observations et conseils, il voudra bien me
permettre de lui faire observer que : Commencer cette question posée par
M. Müller par l'étude de la pâte des poteries exclusivement, c'est peut-être indiquer que lui aussi partage nos vues, sur la nécessité de cette importante autant
que difficile étude, mais c'est aussi l'enterrer définitivement dans le gâchis du
malaxeur, c'est mettre cette question de suite dans l'impossibilité d'être résolue.
Car, malgré toute la pratique, la science, et les analyses diverses, nous ne sommes pas capables de nous sortir dignement de là, si nous n'y ajoutons pas, *en*
même temps, l'étude des formes et de la cuisson. Ces trois choses doivent marcher
de pair pour nous éclairer; elles ne peuvent pas être séparées. Je pense même
que l'étude des formes et de la cuisson des vases est bien plus importante, pour
une classification, que celle de la composition de la pâte, que M. de Mortillet
propose de faire passer avant tout.

En effet, pour moi, la forme d'un vase, c'est l'image vivante de la technique
d'une époque, c'est elle qui nous révèle, avec la cuisson, le degré industriel ou
artistique, autant que les besoins, moyens, tranquillité et bien-être de nos inconnus de la préhistoire; la forme en épouse les caprices, la cuisson en révèle les
défauts et qualités. Le modelage varie avec les âges, et nous montre la marche
de la civilisation, en un mot il évolue avec l'homme et son degré de civilisation,
ou de culture, d'où les précieuses observations et conclusions qu'on peut en tirer.

Au contraire, la pâte formée des éléments que la nature a fournis sous une
forme et composition presque invariable (1) (que l'homme n'a eu qu'à choisir ou
à utiliser) n'est modifiée par lui que par le broyage (les mélanges et triages
quelquefois) et le malaxage; soit d'une façon presque immuable, et en tout cas
bien difficile à saisir : donc peu utile pour les déductions à faire, et souvent
déroutante (qui est capable de dire, en effet, si, dans une pâte, les éléments ont
été broyés par l'homme ou par la nature? Pour le quartz, j'estime que c'est

____

(1) Argile et quartz (alumine et silice) plus ou moins micacés.

parfois possible, en observant les angles plus ou moins arrondis ou roulés; mais, pour le mica, pour l'argile, l'alumine, c'est impossible).

De plus, à toutes les époques, et dans chaque période bien observée, il est facile de se rendre compte, que, suivant la forme, la grandeur et l'usage du vase, l'homme a employé ou utilisé *une pâte différente*, plus ou moins grossière, plus ou moins choisie, triée, travaillée ou préparée. Il n'y a qu'une exception (apparente) pour les poteries samiennes, que sans les signatures, dessins et vernis nous serions souvent bien embarrassés de déterminer à moins d'un siècle près, justement à cause de la régularité (pendant trois siècles) de cette pâte, qui n'était cependant pas exclusive, puisque les amphores et les poteries blanches étaient fabriquées en même temps, et non avec les mêmes matériaux.

Mais si nous examinons l'époque gauloise, si bien représentée à toutes ses périodes dans la Marne, et dont une de ces périodes est bien déterminée dans le Cantal par le tumulus de Celles, je puis affirmer que, sur les 33 poteries que j'ai reconstituées (travail qui m'a permis de faire un long apprentissage, pour bien observer la pâte de chaque vase, même à la loupe) s'il est vrai qu'il n'y a pas deux vases de même dimension et forme, il *est encore plus certain qu'il n'y en a pas deux ayant la même pâte*, avec plusieurs procédés de fabrication (1).

Ce fut pour moi une grande surprise, autant qu'un grand avantage pour la reconstitution, car c'est grâce à la différence énorme dans la composition et cuisson de la pâte, que j'ai pu terminer en une année la reconstitution des vases du tumulus gaulois qui sont aujourd'hui au musée de Saint-Germain-en-Laye.

J'ai observé dans le même vase des morceaux plus cuits les uns que les autres, et surtout de couleur de pâte bien différente (du noir au rouge brique), suivant que les débris étaient dans les cendres, dans la partie fumée ou en plein feu (milieu oxydant, réducteur ou neutre); j'ai constaté cela même pour les débris samiens dans d'autres fouilles, suivant que les morceaux d'un même vase étaient tombés dans la tourbe ou sur l'alluvion (fouilles des Verrines et de Laval).

D'où je conclus que *c'est la forme*, et *non la pâte*, qui doit être le facteur premier des observations et études de la question qui nous occupe, afin d'arriver à une classification aussi juste que possible. C'est, en effet, par elle seule que je puis affirmer que le potier gaulois des vases de Rouen se rapproche plus de celui de Celles que de ceux de Reims (où la base des urnes est plus large, plus pratique et stable, mais moins gracieuse), et cependant les grandes lignes et détails y révèlent la même race, à la même époque; je souhaite que l'étude de la pâte permette d'ajouter : en terrains différents. Ce serait parfait.

M. E. CHANTRE.

1° Contribution à l'étude des Éthiopiens ou Berbères rouges, peuple des oasis, de la Tripolitaine, de la Tunisie et de l'Algérie. — Cette population, dont j'ai étudié déjà quelques groupes en Égypte et en Nubie, se retrouve dans le Sud Tunisien, ainsi que l'ont fait remarquer les Drs Collignon et Bertholon, et il en existe de nombreux spécimens en Tripolitaine et dans le Sud Algérien.

(1) Fabrication (à la main, au moule d'osier, au colombin et au tour).

J'ai mesuré et photographié plus de 200 sujets de cette race appartenant aux familles Fezzanais, Tibbous, Rhatiens Ghadamésiens, Nefzaoniens, Djeridiens, Souafiens, Ouargliens, Biskris, etc., par l'ensemble de leurs caractères morphologiques, ces gens qui habitent plus spécialement les oasis offrent entre eux une certaine affinité.

La couleur de leur peau est d'un brun rougeâtre, variant de la nuance chocolat à celle de la cannelle; les cheveux toujours noirs sont lisses; les yeux noirs sont enfoncés; la face est longue, étroite et rarement prognathe; le nez est court, concave et retroussé; le front est étroit et fuyant avec des arcades sourcilières souvent proéminentes; la tête est haute, longue et étroite; la taille est élevée et la grande envergure courte.

De ce qui précède, il ressort que cette population doit être considérée comme formant une race spéciale, propre aux oasis et non comme le produit d'une antique union de sang berbère et soudanais.

Je ne puis pas encore donner les résultats de mes mensurations, mais je fais passer sous les yeux de la section une série de photographies des types les plus intéressants.

2° *Les Soudanais orientaux émigrés en Tripolitaine et en Tunisie.* — De même qu'en Égypte et en Nubie, les Soudaniens émigrent en grand nombre dans les régions tripolitaines et tunisiennes. Mais des circonstances spéciales ont réuni particulièrement à Tripoli et dans les environs toute une population soudanienne qui peut être évaluée à plus de deux mille individus. Groupés par catégories ethniques, ces nègres, dont on connaît l'origine, présentent un ensemble que je n'aurais certainement pas trouvé aussi facilement et en aussi peu de temps au cœur de l'Afrique.

Tripoli est, depuis des siècles, une des têtes de lignes les plus importantes des caravanes qui viennent du Darfour, de l'Ouadaï, du Baghirmi et même du Sokoto. Chaque année, les caravanes y amènent plusieurs centaines d'habitants de ces régions et comme ce port est devenu l'un des centres les plus actifs d'exportation d'alfa, beaucoup de ces nègres ont été attirés dans les usines où se manipule cette graminée par des salaires relativement élevés et s'y sont fixés. C'est à ces circonstances que je dois d'avoir pu mensurer et photographier 160 Soudanais dont 20 femmes. Ces dernières n'ont pu être étudiées, surtout à Gabès, que grâce à la présence de Mme Chantre, comme du reste toutes les autres femmes musulmanes d'Asie et d'Afrique dont on connaît les caractères anthropométriques.

Cette nouvelle série de Soudanais est constituée par quatre groupes principaux : Kanuuri, Baghirmi, Oadiens et Forriens. J'ai pu ainsi compléter les recherches que j'avais commencées sur ces populations durant mes séjours en Égypte et en Nubie.

———

M. H. MARIN-TABOURET, Instit., à Cuges (Bouches-du-Rhône).

1° *La grotte sépulcrale du Castellet, commune de Cuges (Bouches-du-Rhône).* — Cette grotte, découverte il y a quelques mois par l'auteur, est creusée dans un escarpement urgonien, au sud de la plaine de Cuges, à 200 mètres environ à l'est du vallon du Dindolet.

Elle a donné une vingtaine de squelettes appartenant à des individus des deux sexes et de tout âge. Ces individus avaient été les uns simplement inhumés, les autres incinérés. Quelques crânes sont trépanés.

Le mobilier est très riche : de nombreuses pointes de flèches, la plupart lancéolées, des tranchets, de belles lames retouchées, etc., et plusieurs caisses de tessons de poterie appartenant à des vases de toutes formes et de toutes dimensions, à la reconstitution desquels M. MARIN-TABOURET travaille.

2° Découverte et fouille d'un tumulus de l'âge du bronze. — En explorant le plateau du Camp, dans le département du Var, l'auteur a découvert, il y a quelques mois, à 500 mètres à l'ouest de la ferme de Mounoï-le-Vieux, un tumulus de l'âge du bronze.

Ce tumulus, qui avait 7 mètres de diamètre et 60 centimètres de haut, a fourni des ossements brûlés, un bol à deux anses, une épingle à grosse tête sphérique percée, en bronze ou en cuivre, et une superbe pointe de flèche pédonculée et barbelée, en bronze ou en cuivre.

A notre connaissance, c'est la deuxième pointe de flèche en bronze, pédonculée et barbelée, trouvée en Basse-Provence. La première, trouvée par M. Maneille dans la grotte sépulcrale des Onze-Heures, près Trets (Bouches-du-Rhône), a des barbelures beaucoup moins développées.

L'auteur espère, grâce à l'appui de l'Association qui voudra bien, sans doute, comme par le passé, l'encourager dans ses recherches, découvrir et fouiller de nouvelles stations de l'âge de bronze.

3° Camps retranchés de la presqu'île de la Nerthe. — En parcourant la presqu'île de la Nerthe, qui sépare au nord-ouest le golfe de Marseille de l'étang de Berre, l'auteur a remarqué, il y a quelques années, des camps retranchés, dont le plus important est le camp de Roquebarbe, sur la limite nord de la commune du Rove, à 300 mètres à l'est de la route du Rove à Marignane.

Ce camp, fouillé grâce à la subvention de l'Association française pour l'Avancement des Sciences, a donné à M. MARIN-TABOURET de nombreux restes d'industrie, qui lui ont permis de le classer dans l'époque énéolithique.

Les principaux objets récoltés consistent en de nombreuses pointes de flèches retouchées, appartenant à tous les types : lancéolées, losangiques, amygdaloïdes, pédonculées et barbelées. Des grattoirs, des racloirs ont été recueillis en assez grande abondance, ainsi que des lissoirs en os.

Tout récemment, dans la tranchée qu'il a ouverte le long de la muraille, l'auteur a trouvé une sorte de petit poinçon en bronze ou en cuivre.

Les tessons de poterie, très nombreux, ont permis de reconstituer quelques vases, dont quelques-uns sont identiques comme pâte et comme ornementation à ceux qui ont été trouvés dans les stations néolithiques des environs, tandis que les autres appartiennent à une céramique qui n'avait pas été rencontrée jusqu'à ce jour dans la région et portent des ornements géométriques : cercles pointés, triangles, losanges.

Les autres camps, moins importants, ont fourni des objets analogues à ceux du Camp de Roquebarbe.

Ouvrages imprimés

PRÉSENTÉS A LA SECTION

MM. H. BREUIL. — *La question Aurignacienne.*

le Dr Paul GIROD. — *Les stations de l'âge du Renne dans les vallées de la Vézère et de la Corrèze.*

Paul GOBY. — *1° Deuxièmes recherches au Camp du Bois-du-Rouret (Alpes-Maritimes) ;*

2° Sur deux grottes sépulcrales préhistoriques des environs de Vence (Alpes-Maritimes) ;

3° Que sont les enceintes à gros blocs dans l'arrondissement de Grasse (Alpes-Maritimes) ?

12ᵉ Section.

SCIENCES MÉDICALES

Président. . . . . M. le Professeur LANDOUZY, memb. de l'Acad. de Méd.
Secrétaire . . . . M. le Docteur Alexandre HENROT (de Reims).

ALLOCUTION DU PRÉSIDENT

M. le professeur L. Landouzy dit ses sentiments partagés entre deux scrupules : celui de prendre, par un discours, si bref soit-il, sur le temps réservé aux communications, et le « scrupule de paraître insensible à l'honneur qui, l'an dernier, par le suffrage de collègues lyonnais unis à mes compatriotes rémois, m'appelait à la présidence de la Section médicale du Congrès de Reims. De cette faveur je sens d'autant plus vivement le prix, que j'imagine mes compatriotes avoir reporté sur la mémoire du professeur Marc-Hector Landouzy une part de l'honneur fait aujourd'hui à son fils.

» Vous m'en voudriez, confrères rémois, si, après avoir, en cette Assemblée, dit ma pleine gratitude, avant d'aborder l'ordre du jour, je ne souhaitais pas la bienvenue à tous ceux de nos confrères accourus pour répondre à l'appel de notre éminent président, le professeur H. Henrot, et du Comité médical de Reims. Le nombre et la qualité des adhérents, nous apportant le meilleur de leur travaux, sont un hommage rendu aux médecins champenois réputés pour s'appliquer à la Médecine Générale avec autant de succès qu'au développement scientifique des spécialités.

» Je m'en voudrais, si, du fond du cœur, je ne vous remerciais tous d'être, des Pays Scandinaves, d'Angleterre, de Belgique, de Suisse, de nos provinces éloignées, de Paris, comme des extrémités du département, venus en cette grande et belle cité ; belle par ses monuments, par ses souvenirs ; grande par l'activité qu'elle déploie, pour accroître, par sa propre richesse, la richesse morale et matérielle du pays. »

M. L. LANDOUZY.

Toucher des écrouelles par les rois de France et d'Angleterre. — J'apporte en hommage au Congrès de Reims, une plaquette (illustrée de dessins empruntés tant à la Bibliothèque Nationale qu'au British Museum) dans laquelle sont esquissés quelques points particuliers du *Toucher des écrouelles par les rois de France et d'Angleterre.*

L'intérêt de la présente étude (d'un sujet maintes fois traité déjà, au point de vue historique et médical), porte sur l'importance de faits jusqu'ici insuffisamment mis en valeur; par exemple, *l'endémicité* des écrouelles en France, en Espagne et en Angleterre; par exemple, la *contagiosité* des écrouelles *malignes* (celles qui suppurent) susceptibles « de contaminer des sujets sains »; endémicité et contagiosité dénoncées en Champagne et dans l'Ile-de-France, dès le xvie siècle.

Ce sont là des faits intéressant singulièrement l'histoire de la Phtisiologie, puisque, jusqu'à présent, on pensait que les premières notions concernant la contagiosité s'étaient appliquées à l'éthisie pulmonaire et non point au mal ganglionnaire. La contagiosité des écrouelles se trouve donc dénoncée dès le xvie siècle, par du Laurens, l'historien du *toucher*, un siècle et demi, et près de deux siècles avant les fameux Édits sur la *déclaration obligatoire de l'éthisie* de Ferdinand VI, roi d'Espagne (1751), puis de Philippe IV, roi de Naples, de Sicile et de Jérusalem.

Cette notion d'*endémicité* et de *contagiosité*, qui régnait au pays du Sacre, devait conduire à l'*isolement* des écrouelleux. En fait, ce fut à Reims, en 1645, que, par l'initiative privée, sous l'égide de saint Marcoul, *grand guérisseur d'écrouelles, dartres et tumeurs de gorge*, s'ouvrit la première maison où s'isolèrent les ganglionnaires; « afin de ne pas communiquer leur mal à d'autres. »

L'intérêt de la fondation de la maison (devenue l'Hospice Saint-Marcoul) destinée aux écrouelleux ne réside pas seulement dans ce fait, que, en dehors des léproseries, ce fut la première application de l'isolement à des contagieux. L'intérêt tient, de plus, à cette particularité que l'hôpital rémois d'isolement était doté d'une constitution *séculière* par lettres patentes de Louis XIV, contresignées par Colbert.

J'ai cru, Messieurs, devoir évoquer ces faits devant vous : puisqu'ils nous apprennent, à nous autres médecins, combien était répandue la scrofule (tuberculose) dès le xvie siècle, sous la forme de ses localisations ganglionnaires; puisqu'ils nous rappellent quelqu'une des anciennes institutions d'Assistance publique due à une Rémoise; puisque encore, ils instruisent l'histoire paramédicale des saints guérisseurs qui furent de tous les temps, de tous les pays, et dont l'étude nous a, parfois, singulièrement renseignés sur la Pathologie du Moyen-Age, et de la Renaissance.

— Séance du 1er août —

MM. Henri CLAUDE et Maurice RENAUD.

Remarques sur les lésions des tissus de quelques chiens infectés par le trypanosome de la dourine. — MM. Henri Claude et Maurice Renaud ont infecté des chiens avec le trypanosome de la dourine. L'affection se caractérisa par la fièvre, l'amaigrissement, l'asthénie avec cachexie terminale et mort en quatre à seize semaines. Les trypanosomes étaient très abondants dans le sang pendant la vie.

A l'autopsie, on rencontra constamment les mêmes lésions :

1° Une hypertrophie considérable de la rate, de consistance molle, en réaction lymphoïde;

2° Des dégénérescences granulo-graisseuses énormes, des cellules épithéliales du foie et des reins, dans lesquels on ne pouvait noter que de très discrètes lésions inflammatoires du tissu conjonctif;

3° De grosses lésions dégénératives du système nerveux, portant sur le cerveau, la moelle et les nerfs, caractérisées par la chromatolyse des cellules et la dégénérescence des tubes à myéline avec corps granuleux, cependant qu'on ne rencontrait ni inflammation méningée, ni prolifération névroglique.

Les auteurs font ressortir l'importance de ces lésions parenchymateuses isolées au cours d'une infection et attirent surtout l'attention sur les lésions dégénératives des neurones, indépendantes de tout phénomène inflammatoire.

———

M. Pierre DELBET, Chirur. des Hôp. de Paris (en collaboration avec M. MOCQUOT).

Recherches expérimentales sur l'entrée de l'air dans les veines. — Les opinions les plus contradictoires sont soutenues par les chirurgiens et les expérimentateurs au sujet de l'entrée de l'air dans les veines. Magendi injectait 40 litres d'air dans les veines d'un cheval avant de le tuer; Barthélemy en tuait un avec quatre litres; Ove déclare que la mort d'un chien est fatale si on injecte plus de 60 à 80 centimètres cubes, et Uterhand injecté à un chien 300 centimètres cubes sans le tuer. Ces résultats contradictoires tiennent à ce que le problème est mal posé.

L'expression de « quantité toxique » appliquée à l'air est dépourvue de sens. L'air ne peut être dangereux que par son action mécanique, et cette action mécanique commence seulement lorsqu'il reste à l'état libre dans les vaisseaux. Tant que les gaz peuvent se fixer sur les globules ou se dissoudre dans le plasma, puis être éliminés par les poumons, il ne survient aucun accident. Le problème n'est donc pas d'ordre statique. Ce n'est pas la quantité qui importe, mais le rapport de la quantité au temps, c'est-à-dire la vitesse de l'injection. Il résulte des expériences de MM. DELBET et MOCQUOT que la vitesse dangereuse pour le chien, quand l'injection est faite dans la veine saphène, est d'environ 5 centimètres cubes par minute et par kilogramme. Le chiffre qui la représente s'abaisse à mesure que l'injection est faite plus près du cœur, parce que l'air, rencontrant une moins grande quantité de sang, se dissout moins. Il tombe à 2 cent. 1/2 environ lorsque l'injection est faite dans une veine de la base du cou. On comprend donc qu'une quantité relativement petite, pénétrant brusquement dans la jugulaire, puisse amener la mort.

Les accidents que provoque la pénétration de l'air dans les veines sont tout à fait comparables à ceux du coup de pression. Ils sont dus les uns et les autres à la présence de gaz libres dans le sang.

Lorsqu'au lieu d'air on se sert d'un gaz qui peut, d'une part, se fixer ou se dissoudre dans le sang en grande quantité, et, d'autre part, s'éliminer facilement par le poumon, le chiffre représentant la vitesse dangereuse s'élève considérablement. Avec l'oxygène, il est d'environ 10 centimètres cubes par minute et par kilogramme. Chez un chien de 8 kilogrammes, on peut donc injecter 800 centimètres cubes d'oxygène en dix minutes sans provoquer d'accidents.

Cette innocuité de l'injection intra-vasculaire d'une grande quantité d'oxygène a conduit MM. Delbet et Mocquot à chercher s'il ne serait pas possible

d'obtenir l'anesthésie chirurgicale en injectant dans les veines un mélange d'air
et de chloroforme. Ils pensaient que, la respiration se faisant à l'air libre, le
poumon jouerait le rôle d'un régulateur en éliminant l'excès de chloroforme et
qu'on éviterait ainsi les accidents de la narcose. Mais l'élimination par le poumon se fait si bien qu'ils n'ont pu obtenir l'anesthésie. Ils ont injecté, en trente-
neuf minutes, dans la saphène d'un chien de 12 kilogrammes, 3 litres d'oxygène
saturé de vapeurs de chloroforme sans endormir l'animal.

— Séance du 2 août —

Réunion des Sections des Sciences médicales et d'Électricité médicale.

(Voir Section d'Électricité médicale, page 359).

M. ARNOLD-GSCHWEND, de Lyon.

*Traitement des affections pulmonaires et spécialement de la tuberculose pulmonaire
par inhalations antiseptiques.* — Étant donnée la grande facilité avec laquelle le
poumon absorbe les médicaments, il semble indiqué de se servir de cette
voie de pénétration pour agir efficacement contre toutes les infections de cet
organe. Les résultats que j'ai obtenus par cette méthode depuis bientôt cinq ans
et s'appliquant spécialement aux tuberculeux pulmonaires sont excessivement
encourageants.

J'ai donné mes soins à des bacillaires considérés par mes confrères comme
très gravement compromis, et, quelques mois après, j'ai pu leur présenter des
malades en partie presque complètement rétablis et en partie guéris.

Il me semble qu'il faut considérer la granulation tuberculeuse et plus tard le
tubercule comme un petit abcès froid entraînant la nécrose du tissu pulmonaire.
Obtenir l'élimination et la résorption de ces foyers me paraît la seule façon
rationnelle d'arriver à un résultat et ce résultat semble atteint par des inhalations judicieusement choisies et appliquées.

Cette élimination n'est possible et le traitement applicable aux seuls malades
qui ne présentent pas des foyers de suppuration trop étendus ou trop anciens.
Si le libre jeu du poumon est entravé ou aboli par de vieux foyers sclérosés ou
de vieilles adhérences pleurales, il va de soi que l'inhalation ne peut prétendre
à un résultat. Elle ne peut être qu'utile pour les nouvelles poussées.

Par contre, les lésions récentes quelle que soit leur gravité, m'ont toujours
démontré l'infaillibilité de ce mode de traitement.

M. LUTON.

Un traitement du lupus. — Dans sa communication, l'auteur rappelle que le
traitement du lupus qu'il préconise n'est pas nouveau, puisqu'il n'est, en somme,
que l'application à un cas particulier de la méthode de traitement de la tuber-

culose par les sels de cuivre. Cette médication donnant lieu à une réaction générale et locale plus ou moins vive suivant l'importance des lésions, il est bon de l'employer avec ménagement et de choisir un mode d'introduction du cuivre dans l'organisme qui permette d'obtenir des effets assez atténués. La voie hypodermique donne lieu, dans certains cas, à une réaction trop intense, et il semble que l'application topique du médicament doit être préférée aux autres procédés : aussi l'auteur recommande-t-il l'emploi d'une pommade à l'acétate de cuivre au 1/100. Le pansement des parties malades sera précédé par des lavages journaliers au moyen d'eau oxygénée, qui décape les surfaces lupiques et pénètre dans les cavités anfractueuses sans offrir le moindre danger d'intoxication et qui exerce même une certaine influence sur l'infection tuberculeuse.

Par ce moyen, on peut obtenir la guérison de lupus d'origine ancienne et siégeant au niveau des orifices naturels et sur certaines muqueuses qui ne sont pas justiciables des nouveaux traitements préconisés. Cette médication, qui ne provoque aucune douleur, est d'une innocuité parfaite.

M. Fernand **BEZANÇON**, Agr. à la Fac. de Méd. de Paris,
et M. S. Israëls de **JONG**, Anc. int. laur. des Hôp. de Paris.

Valeur séméiologique de l'étude histo-chimique et cytologique du crachat. — L'étude histo-chimique et cytologique du crachat, par cela même qu'elle fournit en quelque sorte un décalque relativement fidèle de la lésion anatomique de la région atteinte, donne des renseignements précieux dans la pratique et apporte une contribution importante à la nosographie des affections pulmonaires.

La substance fondamentale du crachat est le mucus qui se présente tantôt sous l'aspect hyalin facilement mis en évidence par sa coloration rougeâtre par le bleu de Unna, tantôt sous l'aspect fibrillaire. Il existe, d'autre part, de grands réticulums ayant la réaction du mucus et qui sont dus à l'agglomération de cellules bronchiques dégénérées. Ces réseaux mucineux ont passé inaperçus ou ont été pris souvent pour de la fibrine dont ils n'ont aucune des réactions colorantes. La fibrine, même dans le cas de pneumonie, est d'ailleurs presque totalement absente des crachats.

Le *crachat pneumonique* est constitué essentiellement :

a) A sa période de début, par un mélange d'un exsudat séro-albumineux sous forme de gouttelettes qui tranche par son aspect sur le fond formé de mucus hyalin ; les éléments cellulaires y sont rares, les polynucléaires presque absents ; des globules rouges, des cellules alvéolaires jeunes desquamées et des dégénérescences réticulées endothéliales constituent sa formule cytologique ;

b) A la période de résolution l'exsudat séro-albumineux devient moins abondant, et aux cellules endothéliales, devenues en partie macrophagiques, s'ajoutent de nombreux polynucléaires. Quant à la fibrine, sauf dans les cas, exceptionnels, d'ailleurs, où le malade expectore un moule bronchique, elle est presque totalement absente du crachat pneumonique.

Le *crachat de congestion pulmonaire aiguë* donne, à l'intensité près, des aspects identiques à celui du crachat pneumonique, révélant ainsi l'intime parenté de la maladie de Woillez avec la pneumonie.

L'expectoration, dans les cas d'*œdème aigu du poumon,* est constituée presque exclusivement par l'exsudat séro-albumineux en gouttelettes, et par quelques cellules alvéolaires, bronchiques ou sanguines entraînées mécaniquement.

Dans la *congestion pulmonaire passive,* comme le fait avait déjà été signalé, on retrouve des cellules endothéliales, macrophagiques et chargées de pigment sanguin, mélangées suivant le degré des lésions et les circonstances cliniques à du mucus hyalin, ou à des gouttes d'exsudat séro-albumineux, ce dernier traduisant une poussée d'œdème intra-alvéolaire.

M. A. BOURGEOIS, Méd. oculiste, de Reims.

Les blessures de l'œil par les éclats de verre de bouteille. — Les parois des bouteilles de champagne ont une telle épaisseur que, lorsqu'elles éclatent, les fragments de verre restent très gros ; il y a rarement de petits morceaux. D'où ces deux conséquences : 1° les blessures sont étendues et très sérieuses ; 2° il ne reste pas de parcelles de verre dans la plaie. De plus, l'action contondante du fragment projeté donne lieu à une plaie dont les bords sont irréguliers.

Le meilleur traitement de ces blessures est la suture cornéenne ou scléro-cornéenne, dont les résultats sont très brillants lorsqu'elle a été pratiquée peu de temps après l'accident.

La chirurgie oculaire, comme la chirurgie générale, est conservatrice. Alors que des yeux, atteints de blessures graves, comme celles qui sont décrites dans ce travail, étaient fatalement voués à l'énucléation, il y a une vingtaine d'années, on arrive aujourd'hui, grâce à une asepsie rigoureuse, grâce à la technique opératoire, aidée par la fine instrumentation moderne, non seulement à conserver un œil, ce qui est appréciable sous le rapport esthétique, mais aussi à lui laisser, dans certains cas, un degré de vision très acceptable.

M. Pierre DELBET.

Traitement des fistules anales par la suture. — La suture totale n'est point encore considérée comme le traitement de choix des fistules de l'anus. M. DELBET l'emploi systématiquement dans tous les cas depuis plusieurs années. Il apporte une statistique intégrale de 119 cas consécutifs qui montrent d'abord que, quoi qu'on en ait dit, cette méthode est absolument inoffensive. Non seulement M. Delbet n'a perdu aucun malade, mais il n'a observé aucun accident. Dans les cas où la réunion a échoué, la cicatrisation s'est faite par seconde intention, comme si on n'avait pas fait de suture, et les malades n'y ont rien perdu.

Mais la suture réussit dans un très grand nombre de cas. Sur 96 malades dont les observations sont complètes, 70 ont réussi complètement par première intention. Dans 15 cas, il y eut désunion partielle et 11 fois la désunion a été complète : la plaie s'est cicatrisée par seconde intention, comme si elle n'avait pas été suturée, sans qu'il soit survenu le moindre accident.

M. Delbet n'attache pas grande importance à la division classique en fistules intra-sphinctériennes et fistules extra-sphinctériennes. Pour lui, les fistules anales sont ou des fistules pyo-stercorales, c'est-à-dire communiquant avec l'in-

testin, ou des fistules tuberculeuses, et, parmi ces dernières, il distingue deux
formes, la forme diffuse et la forme serpigineuse. Certaines fistules tuberculeuses superficielles à forme serpigineuse sont plus étendues et plus difficiles à
opérer que des fistules profondes. Dans la statistique de M. Delbet, la proportion
des petites et grandes fistules, des profondes et des superficielles correspond forcément à la moyenne puisqu'elle comprend 119 cas consécutifs.

Sur l'ensemble de ces faits, la moyenne de l'hospitalisation est seulement de
dix-huit journées. La suture permet donc de réaliser une grosse économie de
temps, ce qui est un énorme avantage et pour le malade et pour l'assistance et
pour la société. En outre, elle expose moins que les autres méthodes aux
récidives.

Discussion. — M. le Dr J.-L. FAURE, de Paris : Je n'ai pas sur ce point la grande
expérience de mon ami Delbet, mais je suis entièrement de son avis. J'ai vu des
cas très probants, j'ai opéré en particulier un malade qui présentait une fistule
extra-sphinctérienne très profonde et qui avait résisté à une large ouverture de
la fosse ischio-rectale. J'ai incisé toute la paroi interne de la fistule y compris
le sphincter. J'ai fait une suture, d'ailleurs difficile, étant données la hauteur et
la profondeur de la plaie.

Au bout de huit jours, quand j'eus enlevé les fils, la guérison était complète et
elle s'est maintenue sans incontinence. Il n'est pas douteux que si, dans des cas
aussi mauvais, la suture peut donner d'aussi beaux succès, il ne peut en être
autrement dans les cas ordinaires.

MM. Pierre TEISSIER et Louis TANON, de Paris.

Le myocarde dans la variole hémorragique. — Les recherches cliniques et anatomiques que nous avons poursuivies durant l'épidémie de variole qui sévit à
Paris au cours de l'hiver 1905-1906, et qui portent sur dix sujets (7 hommes et
3 femmes), âgés en moyenne de trente à trente-six ans, morts plus ou moins
rapidement de variole hémorragique, nous ont donné les résultats résumés
ci-après :

Cliniquement. — Absence des phases symptomatiques successives d'éréthisme
et d'affaiblissement cardiaques, phases d'ailleurs trop schématiques, mais qui,
pour certains auteurs, caractérisent l'évolution de ce qu'on a appelé la myocardite aiguë ; absence de tous signes de dilatation aiguë du cœur (réserve faite
d'un cas où les lésions histologiques furent, d'ailleurs, des plus discrètes) ou d'un
état d'asystolie ; symptômes cardio-respiratoires et cérébraux ; tachycardie progressive avec parfois rythme fœtal de Stokes, sans bruit de galop, sans modifications de la matité cardiaque ; dédoublement physiologique inconstant du
deuxième bruit ; souffle cardio-pulmonaire, chute progressive de la pression
artérielle, dyspnée excessive, délire plus ou moins marqué ou coma, tous symptômes d'origine centrale et surtout bulbaire, et témoignant de l'état d'intoxication profonde et d'asphyxie progressive auxquels nos malades succombaient.

Anatomiquement. — A l'œil nu, coloration, consistance, forme, poids, volume
le plus habituellement normaux. — *Au microscope* (et d'après l'examen de fragments de muscle cardiaque recueillis en divers points des parois et cloisons ou
au niveau des régions de teinte plus pâle, fixés au mélange formol-éther (parties

égales) ou au Fleming, inclus à la paraffine et débités en coupes sériées, celles-ci colorées à l'hématéine-éosine, au Van Gieson ou à la fuchsine-indigo-picrique) absence à peu près complète de lésions parenchymateuses et conjonctives du muscle cardiaque ou existance de minimes lésions, très discrètement disséminées, localisées de préférence autour de petits foyers hémorragiques : soit lésions de dégénérescence granulo-graisseuse, soit léger degré de prolifération embryonnaire confondue avec quelques amas leucocytaires, soit surtout état de congestion plus ou moins marquée du myocarde, avec ruptures capillaires, lésions d'endo-péri-artérite artériolaire, hémorragies sous-endocardiques, sous-péricardiques ou intermusculeuses.

Ces observations, en opposition avec les faits rapportés par MM. Desnos et Huchard dans leur intéressant mémoire de 1871 sur la myocardite varioleuse (faits qui semblent avoir encore force de loi, n'ayant guère été mis en doute, à notre connaissance, que par M. Barthélemy en 1880, et qui nous paraissent mériter revision tant au point de vue clinique qu'anatomique), nous autorisent à conclure :

Que dans la forme la plus grave de la variole (forme hémorragique) les lésions parenchymateuses et conjonctives du muscle cardiaque sont le plus habituellement absentes ou minimes ;

Que prédominent surtout les lésions de petits vaisseaux aboutissant ou non à des hémorragies macroscopiques, point de départ possible, pour un avenir plus ou moins éloigné, de lésions cicatricielles discrètes ;

Que ces constatations sont conformes aux idées actuelles sur la rareté relative de la myocardite aiguë diffuse, comme sur l'importance des groupes vasculaires dans la détermination des lésions parcellaires que l'on observe le plus généralement dans le myocarde ;

Qu'il ne paraît pas exister, en définitive, chez la plupart des sujets atteints de variole hémorragique, sans lésions préalables du cœur, ni syndrome cardiaque proprement dit, ni liaison du myocarde capables de réaliser une symptomatologie cardiaque exclusive ou dominante.

MM. R. **DUVAL**, anc. Int. des Hôp. de Paris, et Louis **LAEDERICH**, anc. Int., médaille d'or.

Note sur les lésions histologiques de la blastomycose sous-cutanée humaine. — Les auteurs ayant étudié un cas de gommes sous-cutanées multiples causées par une levure pathogène insistent sur le processus réactionnel que l'organisme oppose aux parasites. Ils montrent que ce sont les cellules conjonctives qui jouent le rôle essentiel : elles s'hypertrophient, tendent à évoluer vers le type plasmodial et finissent par former un nombre considérable de cellules géantes ; celles-ci exercent une activité phagocytaire extrême et prennent de ce fait un type vacuolaire assez spécial très visible sur les planches qui sont jointes au mémoire. Les mononucléaires, qu'il faut considérer comme des cellules conjonctives indifférenciées, évoluent dans le même sens. Au contraire, l'apport des polynucléaires joue un rôle secondaire et accessoire : ces leucocytes ne phagocytent pas les levures et leur présence paraît exclusivement en rapport avec le ramollissement et la suppuration du centre de la gomme blastomycétique.

M. J.-L. FAURE, de Paris.

La lutte contre le cancer utérin. — C'est dans des réunions comme celle-ci où se trouvent en même temps médecins et chirurgiens, qu'il faut élever la voix pour dire que nous devons plus que jamais engager la lutte contre le cancer utérin, car sa guérison dépend presque autant du médecin qui le dépiste que du chirurgien qui l'opère.

Les faits parlent aujourd'hui d'une façon suffisante pour qu'il soit permis d'affirmer que le traitement chirurgical du cancer du col utérin donne des résultats admirables. Peu à peu les méthodes chirurgicales se sont perfectionnées et les opérations d'aujourd'hui ne ressemblent plus à celles que l'on faisait autrefois. Les résultats se sont modifiés à mesure que se modifiait la technique. Sans entrer ici dans aucun détail de technique opératoire il nous suffit de savoir que nous pouvons, au prix, il est vrai, d'une opération difficile, fatigante et relativement grave, enlever largement l'utérus, la partie supérieure du vagin et le paramètre suspect, où se fait la plupart du temps la récidive du néoplasme. Les guérisons durables sont très communes, et les chirurgiens qui ont, depuis plusieurs années, pratiqué ces opérations, apportent tous des chiffres qui approchent de 50 0/0 et parfois même le dépassent. Personnellement, le chiffre de guérisons durables que j'ai obtenu atteint 75 0/0. Cette belle série peut, il est vrai, être suivie d'une série moins bonne. Mais ce chiffre n'a pas besoin d'être si élevé pour être déjà très beau. Il faut que ces résultats soient connus. Il ne faut pas nous endormir, comme on l'a beaucoup trop fait jusqu'ici, dans une inaction qui n'a plus d'excuse. Et, comme les résultats sont d'autant meilleurs que le cancer est opéré plus tôt, il est de notre devoir, à tous, d'instruire les femmes qui nous entourent de l'importance d'un examen médical immédiat au premier signe suspect, à la première hémorragie, alors même qu'elle ne s'accompagne d'aucune douleur, car le cancer, à son début, est indolent. Il n'est pas douteux que cette collaboration des médecins et des malades donne, d'ici quelques années, des résultats féconds et que le cancer de l'utérus ne sera plus la maladie désolante que nous voyons aujourd'hui. Lorsque nous pourrons l'attaquer de bonne heure, nous arriverons à le vaincre, et, pour ma part, j'ai la conviction qu'après le cancer du sein, le cancer de l'utérus est le plus curable de tous.

Discussion. — M. Pierre DELBET insiste sur la nécessité, qu'il y a pour le médecin, de faire de bonne heure le diagnostic de cancer utérin ; il fait remarquer que les gros ganglions qui sont voisins des cancers ne sont pas toujours cancéreux : l'histologie le prouve.

M. Fernand BEZANÇON rappelle qu'il y a environ dix ans, il a montré avec Marcel Labbé que beaucoup de ganglions hypertrophiés que l'on trouve au voisinage des cancers ne sont que des ganglions enflammés. Au point de vue histologique, on trouve, dans ces ganglions, une augmentation des centres germinatifs et un grand nombre de figures karyokinésiques dans ces centres que l'on a prises souvent, à tort, pour des cellules néoplasiques.

M. Maurice RENAUD.

Anomalies de la croissance caractérisées par l'atrophie numérique des tissus. — A la suite d'une lésion locale quelconque, cutanée, articulaire ou osseuse, chez un individu en voie d'accroissement, chez l'homme ou chez les animaux, on observe constamment un trouble du développement du segment du corps sur lequel porte la lésion locale.

Il ne s'agit pas d'un brutal arrêt de développement. Les tissus atteints continueront à s'accroître jusqu'au moment où sera terminée la croissance de l'individu. Mais leur coefficient d'accroissement sera moindre que normalement et des différences vont apparaître, dans les dimensions, entre les tissus normaux et les tissus frappés par l'atrophie. Ces différences s'accentueront jusqu'au moment où la croissance sera terminée et seront d'autant plus marquées que la lésion locale sera survenue à un âge plus tendre.

Les tissus atrophiés ne se distinguent des tissus normaux que par l'exiguïté de leur taille. Ils ont les caractères macroscopiques et microscopiques des tissus normaux. On n'y rencontre jamais de lésion interstitielle ou parenchymateuse.

Ce fait, capital, sépare absolument l'atrophie numérique, trouble progressif du développement, de toutes les atrophies qui relèvent de lésions dégénératives.

Les éléments cellulaires des tissus atrophiés ont le même volume que ceux des tissus normalement développés. L'atrophie des tissus est liée à une richesse moindre en éléments cellulaires qui relève d'une diminution du pouvoir de prolifération des cellules.

M. MANQUAT, de Nice.

Influence de l'arthritisme sur la descendance. Déductions doctrinales et hygiéniques.

— Séance du 3 août —

M. RAPPIN, Prof. à l'Éc. de Méd. de Nantes.

Essais de vaccinations antituberculeuses. — M. RAPPIN rappelle d'abord ses expériences antérieures sur la vaccination du chien par l'emploi de bacilles humains atténués ; les résultats obtenus dans cette voie l'ont conduit à utiliser, comme substance immunisante, les composés issus du protoplasma bacillaire.

Pour l'extraction de ce protoplasma, M. Rappin s'adresse à deux méthodes : dans la première, par l'action des sécrétions de certaines espèces saprophytes sur les cultures du bacille de Koch, il est possible de modifier profondément les propriétés acido-résistantes de ce bacille et de lui faire perdre sa virulence. On peut ainsi obtenir des virus d'atténuation différente, utilisables en vue d'expériences d'immunisation.

La seconde méthode est basée sur l'emploi de certains composés chimiques, en particulier le fluorure de sodium. Après avoir traité les bacilles par les réactifs communément employés, pour les dépouiller de leur enveloppe ciro-graisseuse, on fait agir le composé fluoré, on obtient ainsi des substances dépourvues de toute virulence, mais qui renferment les principes diastasiques actifs du bacille et auxquelles l'auteur, en raison de leur nature, donne le nom de « bacillases ». Ces corps semblent agir un peu à la façon des tuberculines.

L'application de ces composés tant à l'immunisation préventive qu'au traitement de la tuberculose expérimentale du cobaye, a permis à l'auteur d'obtenir des résultats qui montrent qu'ils possèdent une action manifesté et, en quelque sorte, élective sur le processus tuberculeux.

MM. H. HALLOPEAU et GARBAN.

Photographies en couleur du lichen aigu, de prurigo de Hebra et de lèpre, provenant de la collection du laboratoire de l'hôpital Saint-Louis. — Le cas de lichen aigu est remarquable par l'intensité et l'étendue de l'éruption, le gonflement œdémateux avec rougeur scarlatiniforme des deux mains, la réaction fébrile et l'altération crouteuse avec saillies lichéniques des lèvres.

Le prurigo de Hebra figuré, diffère du type habituel par les dimensions considérables des croûtes consécutives au grattage et l'existence de longues stries maculeuses, vestiges de lésions de même nature.

2° Sur la pathogénie et le traitement des acnés. — Les grandes analogies qui rapprochent l'acné vulgaire des acnés chloriques électrolytiques ainsi que des acnés médicamenteuses plaident en faveur de son origine chimique ; elle peut être rapportée surtout aux toxines de la suralimentation, graisse et féculents, chez les jeunes gens dont le système pilo-sébacé est en pleine évolution. L'insuffisance de la mastication, invoquée par M. Jacquet, ne paraît avoir qu'une influence secondaire ; cette dermatose fait défaut aux deux âges de la vie où l'insuffisance de la mastication atteint son maximum, la première enfance et la vieillesse ; elle atteint son maximum de fréquence et d'intensité dans la période où la dentition est la plus parfaite. Les indications thérapeutiques sont la diète relative des aliments gras et féculents, l'extraction des comédons, les savonnages à l'eau très chaude, les applications sulfureuses en pulvérisations et en pommades, dans lesquelles il est avantageux de substituer les excipients stéariques aux corps gras, et enfin le massage.

M. Paul DELBET, de Paris.

Sur la technique des anus contre nature définitifs.

M. le D⟨r⟩ G. SAMNÉ, de Paris.

Sur une cause fréquente d'erreur dans la recherche des mucines urinaires. — M. SAMNÉ a démontré par cette communication :

1° Qu'on ne doit pas se contenter, pour affirmer la présence d'une mucine dans l'urine, de constater que cette urine donne avec l'acide acétique.un précipité soluble dans les alcalis et réduisant la liqueur de Fehling après ébullition avec les acides minéraux étendus. L'acide urique répond à ces conditions. Il faut de toute nécessité constater dans la substance précipitée par l'acide acétique la présence de l'azote et du soufre, tout au moins celle du soufre,

2° Qu'on doit se ranger volontiers à l'avis des auteurs qui pensent que les mucines vraies ne se rencontrent pas dans l'urine, en raison même des résultats négatifs des deux cas relatés dans cette communication.

MM. BICHATON et BLUM.

Spasme douloureux de l'œsophage, sialorrhée abondante, aphonie complète d'origine névropathique chez un homme de 51 ans, guérison par suggestion. — X..., jardinier, âgé de 51 ans, se présente à l'hôpital le 23 mai 1907, se plaignant d'une violente constriction à la gorge et de douleurs vives. Depuis deux mois, il ne peut, ni manger, ni parler. Les liquides seuls sont absorbées. Le malade a maigri de 25 livres.

Notre excellent confrère, M. Fossier, nous prie de l'examiner le 29 mai. Il souffre toujours beaucoup, surtout par crises, et salive très abondamment. (Il remplit trois à quatre crachoirs par jour). A l'examen extérieur, rien à signaler. Submatité au sommet gauche et signes légers d'insuffisance mitrale.

Larynx et pharynx normaux, mais quand on veut faire parler le malade, on constate une paralysie des thyro-aryténoïdiens.

Devant une paralysie aussi limitée et n'intéressant qu'un seul groupe musculaire, on pense immédiatement à une névrose.

Ce diagnostic satisfait également le docteur Blum à qui le malade est montré et qui, matérialisant la suggestion sous forme de massage vibratoire, supprime, par la dynamogénie psychique, l'aphonie qui depuis ne reparaît plus. En même temps, il n'a plus de douleur et mange comme tout le monde. Pendant quatre à cinq jours on le croit guéri, lorsque, brusquement, tous les symptômes reparaissent avec l'intensité du début ; la sialorrhée surtout devient inquiétante.

A ce moment on doute du diagnostic posé et on pense à la nécessité d'une épine organique pour expliquer des troubles aussi violents.

Un nouvel examen ayant été à nouveau négatif, l'un de nous entreprend le traitement du malade par la suggestion et, au bout de dix jours, après des alternatives de mieux et de pire, le malade est, cette fois, définitivement guéri.

Cette observation, qui n'a guère qu'une valeur documentaire, nous a paru cependant intéressante à signaler parce qu'elle montre qu'il ne faut pas s'en laisser imposer par les symptômes, si intenses qu'ils soient, et qu'on doit maintenir un diagnostic établi par un examen approfondi. Elle fait ressortir, en outre, que le diagnostic de névropathie étant confirmé, la guérison ne se fait pas toujours du premier coup et d'une manière définitive, des rechutes pouvant se produire et qu'un traitement patient seul fera disparaître.

M. BICHATON.

Un cas de rhinolithiase. — Si la rhinolithiase, développée à la suite de la présence de corps étrangers dans les fosses nasales, sans être d'observation courante, se présente néanmoins parfois à l'œil du médecin, il n'en est plus de même de la rhinolithiase spontanée; c'est ce qui donne de l'intérêt à l'observation rapportée en détail par l'auteur.

MM. COMTE et BLUM.

Anurie nerveuse ayant duré quatre ans, sans accident. — Sans crises de vomissements ou de sueurs, la malade, âgée de dix-huit ans, aurait évacué 3.500 grammes d'urines d'une densité de 1002 à 1005.

M. MAUCLAIRE.

Embolie pulmonaire légère au cours d'une simple crise de hernie inguinale.

MM. P.-E.-R. LAUNOIS, Méd. des Hôpit. de Paris, et Octave CLAUDE.

1º Étude sur le paranéphrone.

2º Étude histologique et tératologique sur l'Amastie. — L'*Amastie* ou absence congénitale de l'une ou des deux mamelles est un vice de développement très rare. L'auteur ne l'a observé qu'une fois en 30 ans et, avec le concours de son élève Hubert, n'a pu en colliger que vingt-six observations dans la littérature médicale.

Cette curieuse anomalie s'accompagne le plus souvent de malformation du voisinage (atrophie du système pilo-glandulaire de l'aisselle, atrophie des muscles de la paroi thoracique, dystrophie ou atrophie des côtes, éviscération latérale) ou encore de malformations éloignées (agénésie des ovaires, des trompes, de l'utérus, utérus duplex). Quand cette dernière association des troubles dystrophiques est réalisée, la tératologie vient confirmer l'étroitesse des relations qui, dès les phases embryonnaire et fœtale, existent entre les parties fondamentales de l'appareil génital (utérus, trompes, ovaires) et ses parties annexes (glandes mammaires).

M. Jean TROISIER.

Histologie des épanchements lactescents. — M. Jean Troisier a repris, avec M. Jousset, l'étude des épanchements lactescents du péritoine et de la plèvre en se servant d'un réactif, le Soudan III, préconisé par Daddi pour la coloration des graisses. D'après leurs recherches, les granulations libres, qui sont en suspension dans ces liquides, sont bien de nature graisseuse, ce qui était contesté par certains auteurs. C'est à ces granulations qu'est dû l'aspect lactescent ou chyliforme de ces épanchements. On trouve, en outre, des cellules endothéliales et des polynucléaires qui présentent la dégénérescence graisseuse à un degré plus ou moins avancé ; quelques-uns de ces éléments, surchargés de graisse, finissent par se désagréger : leur protoplasma s'effrite et les granulations graisseuses qu'elles contiennent sont mises en liberté.

M. LAMBERT.

Indications de la néphrotomie et de la néphrectomie de la tuberculose rénale.

MM. É. TROISIER et BRULÉ.

Sur un cas de guérison rapide de méningite aiguë à forme lymphocytique. — Il s'agit d'un cas présentant au début toutes les apparences d'une méningite tuberculeuse, avec lymphocytose du liquide céphalo-rachidien, et qui se termina rapidement par la guérison.

Ce fait a été observé chez un jeune homme vigoureux, en pleine santé, sans aucun antécédent morbide. Les accidents méningés n'ont duré qu'une huitaine de jours. La guérison s'est maintenue sans séquelle. Il a été impossible de déceler un élément pathogène dans le liquide céphalo-rachidien. La lymphocytose a disparu au moment de la convalescence.

M. Léon BERNARD, Méd. des Hôpit. de Paris.

Rôle des glandes surrénales dans les états pathologiques (Rapport préparatoire). — À côté et en dehors de la pathologie surrénale proprement dite, on a incriminé la participation de cet organe à une série d'états morbides, tant au point de vue pathogénique qu'au point de vue sémiotique.

Pour poursuivre l'étude de ces faits, il est nécessaire de se rappeler la structure et les fonctions des surrénales. Celles-ci représentent la juxtaposition de trois ordres d'éléments : des cellules lécithinogènes corticales, des cellules adrénalogènes médullaires, et des cellules nerveuses sympathiques. Les réactions pathologiques de l'organe manifestent la suractivité ou la déchéance de ses fonctions, l'hyperépinéphrie ou l'hypoépinéphrie (L. Bernard et Bigart). Nous étudierons successivement : 1° les relations pathologiques des surrénales avec les autres glandes à sécrétion interne ; 2° le rôle des surrénales dans les infections et les intoxications ; 3° le rôle des surrénales dans l'athérome et les néphrites.

I. — Quelques faits tendent à montrer les sympathies morbides entre les surrénales et les glandes génitales, le corps thyroïde et l'hypophyse ; mais c'est surtout dans leurs rapports avec la croissance du corps que les synergies fonctionnelles des glandes endocrines accusent la part des surrénales; celles-ci paraissent intéressées dans certains cas d'infantilisme, de gigantisme, d'arrêts de développement.

Enfin, l'intervention du pancréas ou du foie explique la production du phénomène de la glycosurie d'origine adrénalique. Le diabète surrénal existe-t-il chez l'homme ? Les trois observations qu'on a pu alléguer en faveur de cette hypothèse ne sont nullement convaincantes.

II. — Les maladies infectieuses frappent les glandes surrénales ; cette donnée résulte de constatations anatomo-cliniques et de démonstrations expérimentales. Les lésions ainsi déterminées sont des lésions d'hypoépinéphrie, ainsi qu'en témoignent l'histologie et la physiologie pathologique. Au plus fort degré, elles traduisent leur existence par les symptômes caractéristiques des surrénalites.

Certains auteurs ont pensé que les lésions infectieuses des surrénales étaient le témoignage d'une fonction antitoxique de l'organe ; cette hypothèse ne repose sur aucun fondement solide.

Les intoxications expérimentales provoquent tantôt l'hyperépinéphrie, tantôt l'hypoépinéphrie. Chez l'homme, on a retrouvé des lésions d'insuffisance dans l'hydrargyrisme, des lésions de suractivité dans le saturnisme, des altérations variables dans la cholémie, des modifications très importantes dans l'intoxication d'origine rénale. C'est surtout dans cette dernière que le rôle de ces altérations a été étudié.

III. — L'adrénaline, injectée dans le sang, détermine l'athérome aortique (Josué) ; il semble que cette lésion soit la conséquence de l'activité toxique, non spécifique d'ailleurs, de cette substance sur les parois vasculaires, plutôt que de l'hypertension artérielle qu'elle produit. Il s'en faut qu'on puisse actuellement considérer l'athérome de l'homme comme toujours dû à l'hyperépinéphrie ; seule l'observation de Widal et Boidin semble assez démonstrative.

D'après Vaquez, des lésions hyperépinéphriques existent également dans les néphrites interstitielles, et sont la cause de l'hypertension artérielle, qui caractérise ces affections. L'ensemble des faits rassemblés sur cette question nous conduit à des conclusions différentes ; en effet, les lésions hyperépinéphriques mentionnées sont cantonnées à la corticale. Ces mêmes lésions peuvent exister sans hypertension, et l'hypertension exister sans pareilles lésions. L'imperméabilité rénale explique bien mieux l'hypertension des néphrites. C'est cette intoxication qui provoque également les altérations hyperépinéphriques de la corticale.

En résumé, nous pensons que l'hyperépinéphrie corticale, qui existe dans certaines affections du rein, est due à l'imperméabilité rénale, mais qu'elle n'est pas la cause de l'hypertension artérielle observée dans ces affections.

M. SEGOND, Prof. à la Fac. de Méd. de Paris.

La conservation partielle ou totale des annexes dans l'hystérectomie abdominale et vaginale. — M. Paul SEGOND, après quelques considérations sur la question d'une manière générale, montre la nécessité de sérier les faits pour arriver à des conclusions rationnelles, et borne son étude actuelle au cas particulier de l'hystérectomie pour fibromes.

Ici, point d'hésitation sur le but que poursuivent les opérateurs qui s'appliquent, qui s'évertuent à laisser toujours au moins un ovaire, voire même un lambeau d'ovaire aux femmes qu'ils hystérectomisent.

Il en est bien quelques-uns, comme Zweifel, Werth ou Olshausen, qui, pensant à la fonction menstruelle elle-même, cherchent à la sauver, partiellement, en conservant, avec un ovaire, la plus grande hauteur possible du cervix, et. jusqu'ici tout au moins, leurs résultats ne semblent pas très démonstratifs.

Mais, pour tous, le vrai but, le but unique, c'est de sauvegarder la fameuse sécrétion interne.

Et pourquoi ce particulier souci? Parce qu'ils considèrent comme autant d'articles de foi :

1° L'apparition *constante* des troubles les plus variés à la suite des ovariectomies bilatérales ;

2° La toute-puissance de l'opothérapie ovarienne.

Or, telle n'est pas la manière de voir de l'auteur. Passant successivement en revue les perturbations incriminées (psychoses post-opératoires, modifications du caractère, perte de l'appétence génitale, engraissement excessif, etc., etc.), il étudie d'abord leur degré de fréquence réelle et les conditions toujours particulières dans lesquelles on les observe.

Il rappelle ensuite les quelques tentatives jusqu'ici peu fructueuses qui ont été faites pour juger la question par l'expérimentation. Puis, se basant sur l'analyse des faits que vingt ans de pratique lui ont permis d'observer, il arrive à cette double conclusion que les bouffées de chaleur sont, en fin de compte, la seule perturbation dont l'ablation des ovaires soit presque toujours seule responsable, et que cette perturbation disparaît d'elle-même avec le temps. et une bonne hygiène, sans le mystérieux secours de la moindre opothérapie. Il ajoute qu'à ses yeux, l'efficacité parfois réelle de cette médication relève. beaucoup plus de la suggestion que d'autre chose et, dans les quelques cas où l'intensité du symptôme s'est montrée vraiment intolérable, c'est par la saignée qu'il a pu activer sa disparition.

Ces conclusions sont conformes à celles récemment données à la Société d'Obstétrique et de Gynécologie par Doléris, Pinard et Delbet.

Passant à l'étude des inconvénients ou même des périls de ce que l'on peut appeler les excès croissants de la conservation (douleurs persistantes, dégénérescences diverses, complications inflammatoires, etc.) et se basant sur la fréquence des laparotomies itératives qu'elles nécessitent, l'auteur, ici encore, souscrit à l'opinion formulée dernièrement par Doléris, et qui est sienne depuis longtemps, à savoir que la conservation partielle ou totale des annexes est tout à fait « hors de propos.» quand il s'agit de l'hystérectomie pour fibrome de l'utérus.

Doléris pense, à bon droit, qu'il en est de même dans l'ablation de l'utérus douloureux infantile, et, pour l'auteur, l'indication d'enlever, avec l'utérus, la totalité des annexes s'impose non moins nettement et pour des raisons, en quelque sorte plus évidentes encore, à propos des hystérectomies pour cancer et de celles que motivent si fréquemment les inflammations ou les néoplasies annexielles.

MM. M. SALOMON, Chef de clin. à la Fac. de Paris, et **P. HALBRON**, anc. Int. laur. des Hôpit. de Paris.

Lésions du pancréas dans la tuberculose humaine et expérimentale. — MM. M. SALO-
MON et P. HALBRON ont constaté que la tuberculose histologique du pancréas, à
l'autopsie des tuberculeux, n'est pas aussi rare qu'on l'admet généralement.
Les tubercules sont constitués par des nodules lymphocytiques ou épithélioïdes,
agminés ou infiltrés entre les acini. Les tubercules, lorsqu'ils appartiennent au
tissu pancréatique, ne semblent avoir aucune tendance à évoluer vers la caséification ; on n'y rencontre pas de cellules géantes, et le plus souvent le tubercule
s'enkyste dans une coque fibreuse ; lorsqu'il est infiltré, il détermine dans son
voisinage une réaction fibro-scléreuse très intense.

La sclérose est, en effet, la lésion de beaucoup la plus fréquente dans le pancréas des sujets tuberculeux, qu'il s'agisse d'une sclérose exclusivement juxta-
tuberculeuse ou que cette sclérose soit développée indépendamment de tout
tubercule apparent. Les cellules glandulaires sont ordinairement très peu
altérées (sauf dans le cas de sclérose intercellulaire ou au voisinage immédiat
des nodules tuberculeux) ; en ce point elles subissent un certain degré de
nécrose, mais généralement peu étendue. Les îlots de Langerhans ne présentent
pas d'altérations spécifiques.

Expérimentalement, les auteurs ont obtenu des tubercules du pancréas par
inoculations intra-cardiaques, intra-veineuses, intra-péritonéales ou sous-
cutanées. Les types histologiques des nodules tuberculeux sont identiques à
ceux de l'homme, et ils ne semblent pas non plus, chez le cobaye et le lapin,
avoir tendance à se caséifier. Mais, si l'organe ne semble pas propre à l'extension
des tubercules, il existe cependant une tuberculose incontestable de la glande,
indépendante des formations tuberculeuses extrinsèques.

———

M. GAUCHER, Prof. à la Fac. de Méd. de Paris.

Onychose atrophique exfoliante hérédo-syphilitique. — Si j'en juge par deux
cas que j'ai observés, les ongles peuvent être atteints, par l'hérédo-syphilis,
d'une lésion de nutrition qui aboutit à l'exfoliation et à l'atrophie.

Le premier cas concerne une fille de quinze ans, qui présentait en même
temps des dystrophies hérédosyphilitiques : altérations dentaires, écrasement
de la base du nez, voûte palatine ogivale.

Ma seconde observation, très démonstrative, servira en même temps d'exposé
symptomatique de cette lésion unguéale, dont je n'ai trouvé la description
nulle part comme manifestation de la syphilis héréditaire, mais qui peut être
rapprochée, dans une certaine mesure, de l'onychomalacie syphilitique, décrite
par M. Edmond Fournier dans la syphilis acquise (1).

Voici cette observation :

Un garçon, âgé de onze ans, m'est amené en mai 1907 pour une maladie des
ongles qui date de deux ans. Depuis cette époque, tous les ongles des doigts et
des orteils se sont altérés peu à peu ; ils s'effritent, s'amincissent et s'atrophient.

____

(1) V. *Annales des maladies vénériennes,* octobre 1906.

Le père et la mère n'ont jamais eu rien de semblable et n'ont jamais été atteints d'aucune affection cutanée.

Mais le père a eu la syphilis en 1888, huit ans avant la naissance de cet enfant. Celui-ci est le premier enfant vivant, sa naissance avait été précédée de deux fausses couches. Le père s'est marié en 1893, c'est-à-dire cinq ans après son infection ; il a, d'ailleurs, été très bien et très régulièrement soigné. Cependant il a eu, en 1890, des gommes des jambes qui ont laissé des cicatrices caractéristiques.

Il y a six autres enfants qui n'ont rien, sauf le deuxième enfant, âgé de neuf ans, qui a des dystrophies dentaires et dont les incisives médianes supérieures et les quatre incisives inférieures présentent l'échancrure semi-lunaire d'Hutchinson, et le cinquième enfant, âgé de quatre ans et demi, dont les incisives (de la première dentition) sont crénelées, dont la voûte palatine est très profonde et dont le nez est écrasé à sa base par dystrophie.

L'origine syphilitique est donc ici connue, avouée, indubitable.

L'enfant qui m'est présenté est un très beau garçon, très bien développé, sans aucune difformité, sans aucune tare physique ou intellectuelle, sauf son affection unguéale.

Tous les ongles des doigts, à un égal degré aujourd'hui, sont amincis, striés ; ils s'effritent et des lamelles cornées sont soulevées de place en place ; ils présentent, tous, un enfoncement, une sorte de dépression en cupule dans leur moitié antérieure. Il n'y a d'ailleurs aucune inflammation péri-unguéale.

Les ongles des orteils sont également atteints, en progression décroissante du gros orteil au cinquième orteil. Celui-ci est seulement ponctué et strié ; l'ongle du gros orteil est aussi malade que les ongles des doigts.

J'ai prescrit à cet enfant un traitement spécifique ; mais je ne puis en donner le résultat puisque l'observation est toute récente.

Cette observation est particulièrement intéressante, parce que le malade, indubitablement hérédo-syphilitique, ne portait aucun signe, aucune tare de son hérédité, autre que son affection unguéale. Il y a lieu de se demander si toutes les onychoses semblables, de nature inconnue, n'ont pas également une origine hérédo-syphilitique. En tout cas, c'est dans ce sens que devront être conduites les recherches étiologiques ultérieures, en présence des onychoses qui ne relèvent ni de l'eczéma, ni du psoriasis, ni de la trichophytie, ni du favus, ni d'une autre affection cutanée déterminée.

M. Ch. MOUREU, Prof. à l'École Supér. de Pharmacie de Paris.

Recherche sur la radio-activité et les gaz rares des sources thermales. — M. Ch. Moureu fait un exposé rapide de ses recherches sur ce point. Il montre la relation étroite qui existe entre la radio-activité des sources et la présence de l'*hélium*. Ses expériences prouvent que toutes les sources renferment ce gaz, ainsi que les autres gaz rares *argon*, *néon*, et sans doute aussi le *crypton* et le *xénon*. A propos du crypton, M. Moureu fait remarquer que son spectre est identique à celui de l'*auréole boréale*.

L'auteur a trouvé, dans certaines sources, des proportions relativement considérables de gaz rares et d'hélium.

Il présente ensuite une série de considérations d'ordre physiologique et thérapeutique sur ce que l'on appelait l'*azote* des eaux minérales, et qui est, en réalité, un mélange complexe renfermant en proportions variables les gaz suivants : azote, argon, hélium, néon, crypton, xénon, émanations radioactives, et sans doute d'autres éléments, connus ou inconnus.

M. Marcel BAUDOUIN, de Paris.

Un cas de grossesses triples, trois fois répétées de suite, par œufs à trois germes. — L'auteur relate l'observation, extrêmement curieuse, d'une femme mariée, qui a eu, à *trois grossesses successives*, tous les deux ans environ, des *accouchements triples*. Il en résulte qu'après six ans de mariage, elle avait *neuf* enfants, qui ont vécu.

Il faut noter surtout dans ce cas rare : 1° que les deux premières grossesses donnèrent *trois garçons ;* 2° que la troisième donna *trois filles*.

Il s'agit certainement, de grossesses par *œufs à trois germes* dans les trois cas. Par suite, il faut accuser *l'influence paternelle*, d'après ce que l'on sait. Cette influence s'est révélée, d'autre part, par le *changement de sexe des enfants*, à la troisième grossesse, le père étant devenu peu à peu *alcoolique*.

L'auteur a résumé dans ce mémoire tout ce qu'il a écrit antérieurement sur les *œufs à germes multiples,* question encore très peu connue.

M. Georges GUILLAIN.

La dégénération des cordons postérieurs de la moelle, associée à la dégénération descendante du faisceau pyramidal chez les hémiplégiques. — Dans certains cas de dégénération du faisceau pyramidal, consécutive à une lésion intrahémisphérique, on observe chez l'homme une dégénération associée des cordons postérieurs de la moelle. Cette dégénération a été considérée par la plupart des auteurs comme une dégénération rétrograde. Tel n'est pas l'avis de l'auteur.

Après avoir éliminé de son étude les dégénérations des cordons postérieurs observées dans les cas de tumeurs cérébrales et chez les cachectiques; M. Guillain rappelle que l'anatomie comparée montre que, chez beaucoup d'animaux, les fibres pyramidales cortico-spinales suivent la voie des cordons postérieurs. Il a observé de même que Bumke et Kosaka (de Tokio) que parfois, au niveau de la décussation bulbaire, quelques fibres pyramidales passent dans les cordons postérieurs où, d'ailleurs, elles s'épuisent vite. Ces fibres pyramidales des cordons postérieurs doivent être considérées comme une réminiscence ancestrale, elles sont les derniers vestiges d'une disposition existant dans la série animale. La dégénération de ces quelques fibres pyramidales, inconstante d'ailleurs, n'explique pas la dégénération des cordons de Goll fréquemment associée à la dégénération pyramidales des hémiplégiques. Cette dégénération des cordons de Goll n'est pas une dégénération rétrograde, en effet elle ne coïncide ni avec la dégénération mésencéphalique du ruban de Reil, ni avec l'atrophie des noyaux de Goll et de Burdach; de plus, comment comprendre, même en admettant une dégénération rétrograde, qu'avec une lésion unilatérale ou puisse contracter une dégénération bilatérale des cordons de Goll ?

La sclérose des cordons de Goll est une sclérose légère avec atrophie et raréfaction des graisses et myéline, elle se présente sous des aspects dissemblables aux différents étages de la moelle, elle n'est pas systématisée par rapport aux faisceaux nerveux. Cette sclérose est périvasculaire et paravasculaire, fonction de l'angiosclérose médullaire.

Les cordons postérieurs paraissent être dans la moelle une région particulièment fragile. Cette fragilité évidente dans les infections et les anémies est aussi constatable en présence des lésions vasculaires chroniques.

La sclérose des cordons postérieurs associée à la dégénération du faisceau pyramidal est intéressante à connaître au point de vue de la pathologie générale, car il existe dans le névraxe beaucoup de scléroses indépendantes des dégénérations secondaires, dont la nature et la pathogénie sont identiques à celles des autres scléroses viscérales.

M. Paul HALBRON, à Paris.

Péritonite tuberculeuse du nourisson. — M. P. HALBRON rapporte l'observation d'un enfant de six mois, mort à la crèche de la clinique Laënnec. Il y fut amené pour des accidents intestinaux et du purpura. L'abdomen était gros et douloureux ; il n'y avait pas de fièvre. La mort survint rapidement par bronchopneumonie. A l'autopsie : péritonite caséeuse généralisée, avec caséification du mésentère et du grand épiploon, suppuration tuberculeuse des ganglions abdominaux. Le foie et la rate étaient volumineux. La plèvre gauche contenait un épanchement purulent à pneumocoques ; dans le poumon du même côté, un foyer d'hépatisation, et à l'œil nu pas de tuberculose pulmonaire ou ganglionnaire bronchique. L'intestin normal à l'œil nu, contenait des lésions inflammatoires à l'examen histologique, qui montra également des granulations pulmonaires.

La tuberculose était d'origine intestinale ; mais la source de l'infection était difficile à trouver : l'enfant avait été nourri exclusivement au sein par sa mère, non tuberculeuse ; il n'y avait pas de tuberculeux vivant dans la famille.

Discussion. — M. D'ESPINE fait remarquer qu'au point de vue étiologique, il est des causes qui passent inaperçues et qu'il y a souvent des gens qu'on ne soupçonne pas de tuberculose. C'est ainsi que souvent il a vu des grands-parents déjà âgés atteints de catarrhe et dans les crachats desquels on trouvait des bacilles.

M. LANDOUZY à ce propos rapporte un exemple qu'il cite souvent à sa clinique : un jeune ménage plein de vigueur et de belle santé, occupant une très belle situation, la jeune femme âgée de vingt-quatre ans, le mari de trente et un, vinrent d'Amérique s'installer à Paris. La jeune femme devient enceinte, la grossesse se passe bien, l'accouchement est tout a fait normal — un bel enfant nourri exclusivement au sein — à onze mois, meurt d'une méningite tuberculeuse. Une deuxième grossesse aussi normale que la première. L'accouchement également normal ; enfant bien portant nourri au sein, meurt, à douze mois, de méningite tuberculeuse. Une troisième grossesse se passe dans les mêmes conditions que les deux premières, l'enfant, nourri exclusivement au sein jusqu'à douze mois, succombe à quatorze mois.

M. Landouzy, très intrigué par ces décès successifs, étant donnée la belle santé des parents, fait une enquête dans le superbe hôtel habité par ses clients.

Il trouve une vieille servante âgée de cinquante-trois ans, nourrice sèche ayant élevé la maman, venue avec elle d'Amérique, et depuis s'occupant exclusivement des enfants qui lui étaient confiés, le jour et la nuit, en dehors des moments où les bébés étaient aux bras de la mère pour les tétées. Cette vieille nourrice est atteinte d'emphysème, d'accès d'asthme et de tuberculose; elle fut renvoyée en Amérique. Depuis, la jeune femme eut trois enfants dont l'un a actuellement dix-huit ans, tous merveilleusement bien portants.

———

M. L. LANDOUZY

Erythèmes noueux, polymorphes, bacillaires. — En dépit que Hutchinson et Besnier, il y a longtemps, et Darier, récemment, s'entendent pour décrire, à côté des tuberculoses cutanées, sous le nom de Tuberculides «un groupe de dermatoses différant entre elles par leur aspect, leur siège et leur évolution, mais dont la pathogénie bacillaire paraît évidente», il s'en faut que Nosographes et Pathologistes fassent à la bacillose, en matière d'érythème noueux, la place à laquelle elle peut prétendre étiologiquement et pathogéniquement parlant.

D'ordinaire, les malades érythémateux noueux, qui se présentent dans les services généraux de Médecine, y sont considérés comme atteints, soit de fièvre rhumatismale atypique (péliose rhumatismale), soit de pseudo-rhumatisme infectieux, celui-ci dénonçant l'une des multiples infections qui affectent aussi volontiers la peau que les jointures.

Assurément, sur la liste de ces infections, figure la Tuberculose, mais non certes aux premiers rangs, comme si la plupart des Nosographes considéraient d'assez mince importance le rôle de la bacillose dans les érythèmes noueux ou polymorphes.

Combien pourtant l'histoire de certains érythémateux noueux n'invite-t-elle pas à voir en eux autant de bacillaires !

Depuis des années, j'enseigne, que parmi les toxi-infections qui pourvoient nos services généraux de dermatoses érythémateuses, la bacillose mérite d'être revendiquée comme l'une des causes majeures.

A mon sens, nombre d'érythémateux noueux, arthropathiques ou non, sont logés à la même enseigne que maints pleurétiques, asthmatiques, anémiques, typhiques non éberthiens, etc.; les uns et les autres étant, pour la plupart, des tuberculeux frustes, des tuberculeux atypiques et larvés.

Parmi les faits démonstratifs récemment observés, j'en retiendrai quatre seulement.

L'un a trait à un groom de seize ans (encore en traitement à la Clinique Laënnec), entré le mois dernier, avec un habitus de tuberculeux, pour des douleurs articulaires, *de l'érythème noueux des cuisses et de l'érythème polymorphe thoracique et abdominal.*

Fièvre oscillant entre 38° le matin et 39°5 le soir. Dépression sous-claviculaire gauche: sub-matité et résistance au doigt; inspiration rude, saccadée: bruits de taffetas; pectoriloquie aphone sommet gauche en avant. Ni toux, ni expectoration.

Signes d'endocardite mitrale, puis-de péricardite. Ophtalmo-réaction positive à II gouttes.

Ni la fièvre, ni l'érythème, ni les tuméfactions juxta-articulaires ne sont modifiées par le salicylate de soude, bien supporté, à la dose de 8 grammes *pro die*.

Par exclusion, et surtout par raisons démonstratives, je rapporte tout cet ensemble symptomatique à une bacillose (1).

Les trois autres cas, pour ressembler à celui-ci, en diffèrent par moins d'acuité dans l'évolution, et moins de gravité dans l'expression symptomatologique, la dermopathie toxinique l'emportant singulièrement chez eux sur les autres manifestations.

La seconde observation concerne un déménageur entré à l'hôpital avec douleurs et empâtement modérés des genoux, des chevilles et des coudes ; érythèmes noueux de la face antérieure des deux jambes ; sommet droit moins sonore et moins élastique ; inspiration saccadée ; bruits de taffetas ; pectoriloquie aphone.

La troisième observation est celle d'une bonne de vingt-deux ans, entrée à l'hôpital avec fièvre modérée ; érythème noueux des membres inférieurs (bosselures du volume de noisettes et d'œufs de pigeons) ; induration incontestable du sommet gauche.

Le quatrième fait est celui d'une jeune domestique (dix-neuf ans), entrée pour un érytheme noueux des jambes, avec douleurs vagues dans les jointures inférieures, sans gonflement. Tousse depuis longtemps : râles de bronchite fixés à la partie supérieure du thorax. Infiltration du sommet gauche. Bacilles dans les crachats.

Il m'apparaît que, étiologiquement et *pathogéniquement*, ces quatre malades sont logés à la même enseigne, et qu'il s'agit ici de manifestations dermiques, articulaires et viscérales, d'ordre bacillaire. Il paraît légitime de considérer ces malades comme des tuberculeux frustes, comme des bacillaires larvés.

Il importe donc d'étudier par toutes les méthodes de diagnostic, y compris l'ophtalmo-réaction, les érythémateux noueux dont aucune toxi-infection autre que la bacillose ne fournirait la raison.

Discussion. — M. D'ESPINE voudrait se ranger complètement à l'avis de son ami le professeur Landouzy, mais il est réfractaire sur une partie : l'érythème noueux des enfants, l'érythème polymorphe n'est pas un syndrome unique ; il a vu un de ces érythèmes chez un bébé de quatre mois après vaccination ; cet enfant n'a pas présenté de tuberculose et est aujourd'hui un garçon de dix ans en parfaite santé.

Uffelmann, en 1872, a déjà insisté sur le fait qu'il a observé l'érythème noueux chez des enfants scrofuleux appartenant à des familles de tuberculeux, et que trois de ces malades, quelques mois ou quelques années après un érythème noueux, sont devenus tuberculeux (*Deutsch-Arc. f. Klin-Med.*, t. X et t. XVIII). Schmitz (*St-Peterbs. med. Woch.*, 1880, p. 5) et Bäumber (*Arch. f. Kinderher. Che.*, 1892, t. X, p. 106) ont constaté la mort par tuberculose aiguë après l'érythème noueux.

Mais, de même que toutes les pleurésies ne sont pas tuberculeuses, de même

---

(1) Au moment même où sont corrigées les épreuves de la communication, succombe le malade objet de la première observation : la tuberculose est confirmée et microscopiquement et histologiquement et par la présence des bacilles dans le poumon, le foie, etc.

on observe l'érythème noueux aussi chez des enfants vigoureux, en dehors de toute tuberculose. Le rhumatisme joue un rôle important. Stephen Mackenzie a constaté, dans un sixième des 106 érythèmes noueux qu'il a observés, des accidents rhumatismaux concomitants. Le D^r D'Espine a vu se développer un érythème noueux chez une fillette de six ans atteinte d'endocardite. L'érythème noueux palustre guérissant par la quinine, a été signalé par Moncourt, par Bahn et par Balcesco.

M. LANDOUZY ne prétend pas que tous les érythèmes noueux et polymorphes soient tuberculeux ; il croit que, plus souvent qu'on l'imagine, la tuberculose peut être incriminée, au même titre que d'autres infections ou intoxications. C'est là un chapitre de pathologie un peu nouveau. On ne saurait trop appeler l'attention des médecins sur pareilles observations, de façon qu'on sût dans quelle proportion les enfants ou les adolescents ayant eu de l'érythème noueux, souscrivent, en même temps ou plus tard, à des manifestations tuberculeuses. L'érythème noueux est une des formes de réaction du derme vis-à-vis de la toxine tuberculeuse, comme il peut l'être vis-à-vis de la syphilis. M. D'Espine a rappelé les travaux des auteurs Allemands, M. Landouzy rappelle que son maître Bazin a, il y a déjà cinquante ans, signalé dans cet ordre d'idées, les scrofulides nodulaires. Il invite son ami D'Espine à suivre les enfants qu'il verra atteints d'érythème noueux, et peut-être pourra-t-il, parmi ceux-ci, en voir quelques-uns chez lesquels le diagnostic de tuberculose s'imposerait, grâce à l'emploi des techniques modernes.

MM. Marcel LABBÉ et SALOMON.

L'anémie pernicieuse progressive (Rapport préparatoire) — Depuis la description magistrale de Biermer, on a considéré l'anémie pernicieuse progressive comme une maladie spéciale du sang ayant ses caractères cliniques, hématiques et étiologiques. Bien que le champ de l'anémie pernicieuse protopathique se soit limité dans ces dernières années, pour faire place à des anémies pernicieuses secondaires ou symptomatiques, on croit encore, d'une façon générale, à l'anémie pernicieuse progressive idiopathique, et les hématologistes se sont efforcés de lui trouver dans l'examen du sang des caractères distinctifs. Mais ces caractères hématologiques peuvent se retrouver dans les anémies pernicieuses secondaires et l'examen du sang est insuffisant pour isoler une anémie pernicieuse protopathique (Bezançon et Labbé, Aubertin).

Les altérations du sang répondent à deux phénomènes : les unes sont l'indice d'une destruction sanguine, les autres d'un effort de réparation. Parmi les premières on classe la diminution du nombre des hématies ; parmi les secondes, Aubertin comprend non seulement la présence de myélocytes et d'hématies nucléées dans le sang, mais encore la poikilocytose, la mégalocytose, la polychromatophilie, le nombre normal des hématoblastes ; mais cette opinion aurait besoin d'être confirmée. Les modifications du sang et des organes hématopoiétiques peuvent permettre de décrire : 1° une *forme plastique* avec signes de réparation sanguine ; 2° une *forme aplastique* avec absence de signes de régénération des globules dans le sang et les organes hématopoiétiques, mais avec indices de leur destruction dans le sang, le foie et la rate ; 3° des *formes intermédiaires* sans réaction sanguine et avec réaction des organes hématopoiétiques. Il n'existe pas en effet de corrélation constante entre l'état du sang et celui de la moelle osseuse et l'on ne peut de l'examen hématologique conclure à l'activité ou à l'inertie de la moelle. Des travaux tout récents (Tixier) ont montré le rôle des hémolysines dans la production des anémies pernicieuses, et il semble que si l'insuffisance de la moelle osseuse est un facteur important, la destruction sanguine joue un rôle primordial. L'anémie pernicieuse est donc un syndrome clinique lié à une destruction excessive et à une réparation insuffisante du sang; ce syndrome n'a d'ailleurs pas de limites précises; il existe tous les termes de passage entre les anémies graves et les anémies pernicieuses, de même qu'il existe des associations de ces états anémiques avec le purpura ou la leucémie. Le pronostic est en rapport avec la cause déterminante et avec le degré de la destruction sanguine. Le traitement doit être dirigé contre la cause du syndrome, il doit lutter contre la destruction globulaire et aider à la réparation du sang; c'est dans ce but qu'on a employé dans ces dernières années les injections de sérums hémolytiques ou hématopoiétiques, l'opothérapie médullaire et la radiothérapie.

M. NICAISE, de Paris.

Étude statistique du Kyste hydatique du Rein. — L'auteur établit que la fréquence du kyste hydatique du rein, comparativement aux autres localisations de l'échinococcose, n'est que de 2 0/0. De cette rarissime affection il apporte 383 cas, dont 63 inédits (soit une proportion de cas inédits de 16,42 0/0) et 165 non encore traduits en français et absolument inconnus à notre littérature médicale

La statistique la plus complète antérieure à son mémoire comptait 200 cas de moins.

M. REGNAULT, Dir. de *l'Avenir médical et thérapeutique*, à Sèvres,

Rôle du muscle temporal dans la forme du crâne.

M. J. L. FAURE de Paris.

Les gants imperméables en médecine et en chirurgie. — L'usage des gants imperméables se répand peu à peu. Les chirurgiens s'en servent de plus en plus et, par la force des choses, leur utilité immédiate leur apparaît plus impérieusement qu'aux médecins. Mais, parmi ces derniers, le nombre de ceux qui s'en servent va s'accroissant sans cesse.

En chirurgie, leur utilité est évidente dans un grand nombre de circonstances. Ils protègent le chirurgien contre toute infection, lorsqu'il est obligé de pratiquer des explorations ou des opérations septiques. Ils protègent le malade contre toute infection venant du chirurgien ou de ses aides, au cours des opérations aseptiques. Les mains, en effet, ne sauraient être désinfectées par la chaleur et tout le monde sait que la chaleur seule peut permettre d'obtenir une stérilisation complète.

Ce que je viens de dire du chirurgien est aussi vrai pour l'accoucheur.

Si l'utilité des gants pour le médecin n'est pas d'une aussi brutale évidence, elle n'en est pas moins incontestable. Dans les explorations septiques ou susceptibles de provoquer quelque contagion (toucher vaginal ou rectal, ulcération syphilitique, dirthérie, variole, etc.) et surtout dans les autopsies, le gant est la meilleure des garanties contre toutes les inoculations et toutes les malpropretés.

Pour la grande majorité des médecins, pour tous ceux qui, à la campagne, font à la fois la médecine, la chirurgie et les accouchements, l'emploi des gants est plus nécessaire encore. Quel est le médecin de campagne qui n'est pas exposé à pratiquer un accouchement une heure après avoir ouvert un phlegmon, ou à ouvrir une hernie étranglée quelques minutes après avoir examiné une femme atteinte d'infection puerpérale ?

———

M. Jérémie JOUMIER, Chim. à Guitres, par Jarnac (Charente).

1° La Tuberculose.

2° L'Egirosine, nouveau produit chimique dans le genre de la créosote.

3° Le Caxos.

———

M. V. GILLOT, d'Alger.

1° Inflammations circonscrites de la Fièvre de Malte. — L'auteur signale, au cours de la fièvre de Malte, la fréquence de tuméfactions d'apparence inflammatoire, siégeant principalement sur les membres et pouvant en imposer pour des abcès. Ce sont de véritables gommes, en dehors de toute infection syphilitique ou tuberculeuse. Il faut bien se garder de les ouvrir, car elles se résorbent et guérissent seules. Nouvelle preuve de l'intérêt que présente l'étude approfondie de la fièvre de Malte et de ses manifestations variées et souvent méconnues.

2° Hémorragies dans la fièvre de Malte. — L'auteur, en poursuivant ses recherches sur la fièvre de Malte, dont il a fait connaître les premiers résultats aux précédents Congrès (Cherbourg, 1905, et Lyon 1906), a observé, au cours de la maladie, la fréquence des hémorragies de toute sorte : purpura, hémorragies utérines, spermatiques, intestinales, stomacales, pulmonaires et nasales. Le processus hémorragique paraît lié à l'état de déglobulisation du sang. Le pronostic de la maladie, en général, n'en est pas aggravé; et ces hémorragies spontanées, agissant comme de légères saignées semblent souvent, au contraire, être suivies d'amélioration. Toutefois elles peuvent être cause d'erreurs de diagnostic regrettables ; et, dans tous les cas douteux, le séro-diagnostic a permis de poser le diagnostic avec certitude. La question est donc toujours des plus intéressantes et des plus importantes à étudier.

———

MM. WICKHAM, Méd. de St-Lazare, ancien Chef de clin. de la Fac. à l'Hôp. St-Louis.
et **DEGRAIS**, Chef de labor., à l'Hôp. St-Louis.

Notes sur le Traitement de l'épithélioma cutané par le Radium. — La note que nous apportons sur le traitement de l'épithélioma cutané par le Radium est détachée d'une étude générale que nous poursuivons depuis plusieurs années sur l'emploi du Radium dans les dermatoses.

1500 applications réparties sur 110 malades ont mis en évidence les pouvoirs analgésiques, décongestifs, destructifs et modificateurs du Radium dans les groupes suivants de la pathologie cutanée :

1º Certaines formes de dermatoses chroniques, superficielles, sèches, localisées, rebelles (comme certaines formes d'eczémas, d'eczématisation et de lichénification, certaines formes de névrodermites, de lichen ruber plan et de psoriasis), avec action analgésique particulièrement favorable sur l'élément prurit de quelques-unes de ces dermatoses ;

2º Certaines formes de noevi vasculaires et pigmentaires ;

3º Les épitéhliomas cutanés et cutanés muqueux.

Limitant notre communication à ce dernier groupe, 41 épithéliomas traités ou en cours de traitement nous permettent de poser les conclusions suivantes ;

1º Les résultats que nous avons obtenus d'une part, confirment la formule (traitement de choix) appliquée par M. Danlos, au traitement des petits cancroïdes par le Radium ;

2º Ces résultats d'autre part élargissent le champ d'action du Radium et montrent qu'avec des appareils appropriés, ce champ d'action s'étend à des épithéliomas qui comme siège, comme dimension, comme caractère rebelle dépassent les faits décrits jusqu'ici ;

3º Le Radium a une certaine élection sur la cellule cancéreuse puisqu'en certains cas, il peut la modifier ou la détruire sans produire d'ulcération cliniquement visible, ni altérer sensiblement les tissus sains voisins ;

4º Les applications sont faciles et l'esthétique des tissus de réparation est très satisfaisante ; elle atteint parfois la perfection ;

5º Notre étude réalise un premier mode de dosage, les appareils ayant tous été analysés au point de vue de la radiation extérieure qu'ils émettent et qui pénètre les tissus et au point de vue de la teneur de cette radiation en rayons α, β et γ.

En voici un exemple : nous pouvons avancer qu'une radiation extérieure d'activité 62.000 répartie sur une surface de 2 centimètres carrés et comportant 2 0/0 de rayons α 84 0/0 rayons β et 14 0/0 rayons γ guérira en 45 à 60 jours un ulcus rodens de la face offrant les mêmes dimensions par dix applications directes quotidiennes de une heure chaque jour.

M. COLLEVILLE, de Reims.

Salicylate mercurique basique. — Une expérience déjà vieille de quelques milliers d'injections pratiquées dans notre service de vénériens nous autorise à faire ressortir les avantages du salicylate mercurique basique.

Ce sel dissimulé, d'origine rémoise, a eu, à l'Académie de Médecine, les honneurs d'un rapport favorable de la part de M. le Professeur. Riche.

Il présente les avantages des composés organo-métalliques au point de vue de la facilité d'assimilation et de la faible toxicité. S'il ne dépose pas directement du mercure métallique dans les tissus, comme le fait l'huile grise, par contre, il n'expose pas à l'éventualité d'une intoxication à longue échéance. 2 centimètres cubes de la solution formulée par le Pr Lajoux, comprenant 1^{cg},190 de Hg, au bout de sept jours d'injections quotidiennes, le malade a reçu presque autant de métal qu'avec 0,10 c. de calomel.

Faites profondément, les piqûres sont peu douloureuses et ne nous ont jamais donné de complications locales ni générales, soit immédiatement, soit à distance. Chez des malades dont la bouche était en mauvais état, nous n'avons pas eu de troubles salivaires; certaines variétés d'albuminurie spécifique ont bénéficié du traitement.

Sans avoir la prétention d'agir aussi vite que le calomel, dans la pratique courante, le salicylate est assez énergique pour avoir raison, après quatre à six séries d'une dizaine de piqûres, de syphilides squameuses palmaires et plantaires, de leucoplasies buccales et linguales et même de certains accidents tertiaires cutanés ou muqueux. Les récidives ne sont pas plus fréquentes qu'avec les autres sels de mercure.

M. Émile RIVIÈRE, anc. Int. en Méd., dir. à l'Éc. des Hautes Études, au Coll. de France, à Paris.

1° *Un nouveau chapitre sur l'Histoire de la Médecine à Paris au* XVIe *siècle*. — Ce nouveau travail fait suite à celui que nous avons présenté l'année dernière au Congrès de Lyon ; il est le résultat des recherches que nous avons poursuivies depuis un an dans des documents nouveaux, aussi, provenant :

D'une part, des Registres des Insinuations du Châtelet de Paris sous les règnes de François Ier et de Henri II, c'est-à-dire pendant une période de vingt années, soit de 1539 à 1559. Ces documents, récemment inventoriés, sont au nombre de *cinq mille trois cent quatre vingt-deux;*

D'autre part, des Minutes de l'étude d'un notaire parisien pendant une partie de la seconde moitié du XVIe siècle, c'est-à-dire de 1559 à 1577, soit pendant dix-huit années. Lesdites minutes sont au nombre de *neuf cent soixante-trois.*

Ces six mille et quelques documents — 6.345 exactement — nous les avons parcourus *tous*, sans exception, les uns après les autres, et nous en avons extrait, analysé ou résumé, pour les reproduire dans notre Notice, tous les faits intéressant l'histoire de la médecine à cette époque, comme nous l'avons fait en 1906, au Congrès de Lyon, pour les documents que nous avons trouvés, l'année dernière, dans le Recueil d'actes notariés relatifs à l'histoire de Paris et de ses environs au XVIe siècle, de M. Ernest Coyecque.

Comme l'an dernier également, nous avons dressé, à la fin de ce nouveau chapitre, une liste comprenant tous les médecins, docteurs-régents, chirurgiens, étudiants, barbiers-chirurgiens, barbiers, compagnons et étuvistes, qui figurent dans lesdits actes et dont nous avons soigneusement relevé les noms et prénoms, avec l'indication de leurs titres scientifiques, professionnels et autres avec l'indication aussi de la demeure de chacun d'eux et son enseigne dans Paris ou dans les localités qui, pour la plupart, constituaient alors la banlieue parisienne.

Tels sont, par exemple, les *faulxbourgs* Saint-Victor et Saint-Marcel; tels sont Saint-Germain-des-Prés-lez-Paris ou bien Saint-Denis-en-France, etc.

Enfin, à tous ces noms nous avons joint, en dernier, celui de quelques gardes-malades parisiens à la même époque, mentionnés dans ces différents actes.

Parmi les pièces que nous avons reproduites ou analysées dans notre travail, nous citerons tout d'abord trois actes de donation signés du nom du célèbre *barbier-chirurgien*, comme il s'intitule, *Ambroise Paré*. Le premier de ces actes est une donation mutuelle de lui et de sa femme, *Jeanne Mazelin*, en 1543. Le second, daté de 1549, est une donation à son neveu *Bertrand Paré*, fils de son frère *Jean Paré*, comme lui barbier-chirurgien, à Vitré. Par le troisième, enfin, Ambroise Paré donne une certaine rente à la fille d'un médecin de ses amis, *Amy Arnoullet*, docteur *en* la Faculté de médecine, demeurant à Sézanne (Marne). Cette pièce porte la date de 1559.

Nous citerons aussi des actes relatifs à un chirurgien-juré de Paris, *inciseur de pierres et gravelles*; à un oculiste du « Roy »; à la peste à Paris en 1545; à des *malladies dangereuses et contagieuses;* à la *goutte artheticque* selon l'expression d'alors; à des certificats de décès; à des honoraires de médecins et de chirurgiens; à l'existence à Paris, en 1573, d'*un bureau de nourrices*, etc.

Nous avons reproduit encore quelques clauses de contrats de mariage de médecins et quelques clauses aussi de legs ou donations testamentaires.

Enfin nous avons mentionné le nom de certains hôpitaux parisiens et, en en indiquant le siège, celui de diverses maladreries *assises hors Paris* et de plusieurs étuves parisiennes, les unes pour femmes, les autres pour hommes.

En résumé, ce nouveau travail, joint à celui de l'an dernier, qu'il continue et s'efforce de compléter, forme un ensemble qui embrasse une période de *soixante-dix-neuf ans* — 1498-1577 — pour lequel nous avons parcouru près de dix mille documents (9.953 exactement).

2° *Les apothicaires parisiens et leurs officines au* xvi° *siècle.* — Tandis que nous parcourions, pièce à pièce, les dix mille documents qui figurent dans les *Registres des Insinuations du Châtelet de Paris sous les régnes de François I*er *et de Henri II*, dans le *Recueil d'actes notariés relatifs à l'histoire de Paris et de ses environs au seizième siècle* et dans les *Minutes de l'étude d'un notaire parisien* à la même époque, afin d'y relever tout ce qui a trait à la médecine d'alors, nous avons trouvé, à maintes reprises, des documents relatifs à la pharmacie et à ses praticiens.

Parmi ces notes, une pièce surtout nous a vivement intéressé, laquelle nous a incité à retenir, à ces différentes sources, tout document se rapportant soit à cette branche annexe de l'art de guérir, soit à ceux qui l'exerçaient, alors désignés sous le nom de marchands épiciers « *appothicaires* ou *apothiqueres* », selon l'orthographe usitée aux xvi° et xvii° siècles.

Cette pièce, qui nous a paru intéressante entre toutes, est l'inventaire de la *boutique, bouticque* ou *bouticle* — comme on l'écrivait aussi — d'un *appothicaire* parisien en 1553. Nous la reproduisons à peu près *in extenso* dans son vieux français et l'orthographe du temps, conservant avec soin le nom que portaient alors les *drogues* qui constituaient la matière médicale du xvi° siècle. De plus, dans un index accompagnant notre Notice, nous nous sommes efforcé d'identifier la plupart d'entre elles avec certains médicaments actuellement encore en usage.

Nous faisons suivre cette première pièce de plusieurs autres inventaires, non seulement de l'officine mais aussi des ustensiles et des meubles ainsi que des livres formant la bibliothèque d'un apothicaire parisien, inventaires dressés à la même époque.

Parmi les documents dont nous donnons également dans notre travail, soit des extraits, soit un résumé, nous citerons : des contrats d'apprentissage de jeunes garçons placés chez des apothicaires parisiens, qui présentent plus ou moins d'analogie avec les contrats d'apprentissage de futurs barbiers-chirurgiens que nous avons fait connaître l'année dernière, au Congrès de Lyon; des notes d'apothicaires — soit dit sans aucune intention de jeux de mots — *pour l'estat d'apothicaire* et fourniture de drogues à *la Royne, mere du Roy* (Catherine de Médicis) et à *Mesdames filles du Roy*, notes que leur créancier avait quelque peine à recouvrer; nous citerons encore des actes de donation ou des clauses testamentaires concernant des apothicaires *demourant* à Paris ou parfois dans des localités *lez Paris* ou plus ou moins éloignées de la grand'ville.

Enfin, de même que nous l'avons fait pour les médecins, chirurgiens et autres praticiens én l'art de guérir, de même nous avons tenu à dresser une liste des apothicaires, apothicaires-épiciers et apprentis apothicaires parisiens et non parisiens, dont nous avons relevé les noms et prénoms, en y joignant chaque fois que nous avons pu la retrouver, l'indication de leur demeure et de l'enseigne *qui soulloyt y pendre.*

Notre travail est accompagné d'une gravure représentant une boutique d'apothicaire *parisien* en 1608 — *Officina pharmaceutica* — ainsi que les dessins de plusieurs mortiers en pierre et en bronze, très beaux et en parfait état de conservation, des pots à onguents en grès des xve et xvie siècles trouvés dans les fouilles du sol de Paris, qui font partie de nos collections, toutes pièces dont nous donnons la description. L'un de ces mortiers en bronze porte la date de *1647* et l'inscription suivante : *Je suis pour servir à Mc Anthoine Mathieu, M^e apothiquere.*

M. SÉRÉGÉ, Méd. consult., à Vichy.

Démonstration physique de l'existence d'un double courant sanguin dans la veine-porte.

Feu Victor **TURQUAN**, Mem. du Cons. sup. de Statist.

Répartition en France de toutes les maladies observées pendant vingt années pour 10.000 conscrits, par les observations du Conseil de Préfecture.

M. d'HOTEL, de Poix-Terront (Ardennes).

Essai sur la suggestion à l'état de veille et dans la vie normale. Étude du signe pupillaire.

M. ROHR, Vétér.-maj: au 17e rég. d'Artil., à La Fère.

Contribution à l'étude des troubles fonctionnels par urtication d'origine végétale

(Voir 10e Section, p. 242).

———

M. SIMON, Prof. à l'Éc. de Méd. de Reims.

1º. Épilepsie et muqueuse pituitaire. — Au Congrès de Lisbonne de 1906, MM. Frey et Fuchs, docents à l'Université de Vienne, ont apporté un rapport bien étudié sur l'épilepsie réflexe d'origine auriculaire, nasale ou pharyngienne. Dans ce travail, ils ont relevé tous les cas publiés jusqu'à ce jour et, par une étude critique, sont arrivés à réduire le nombre des cas vraiment sérieux à une dizaine, sur un chiffre de quatre-vingt-douze observations primitivement réuni. Tout scepticisme doit avoir une limite, pour me servir de leur propre expression; il semble, en effet, que certains des cas conservés par eux possèdent effectivement une grande force démonstrative, tel, par exemple, ce cas d'un garçon épileptique, âgé de quatorze ans, dont les crises cessèrent après l'ablation d'une scoliose de la cloison; un autre cas, également démonstratif, est aussi celui d'un garçon dont les accès disparurent après ablation de polypes et d'exostose de la cloison. Dans le premier cas, la période d'observation avait été de trois ans; dans le second, de quatre ans. Si l'on veut se reporter à ce travail, on pourra d'ailleurs trouver d'autres cas paraissant aussi démonstratifs.

Il semble donc qu'il puisse exister des manifestations épileptiformes réflexes reconnaissant la muqueuse pituitaire comme point de départ. Ces faits m'ont engagé à publier une observation recueillie par moi, il y a déjà cinq ans, et que j'avais gardée dans mes notes, en vue d'un travail plus complet, au cas où j'aurais pu réunir d'autres observations analogues.

Il s'agit d'un jeune homme, de vingt et un ans, entré depuis quelques mois au régiment. Sa santé antérieure a toujours été satisfaisante; dans ses antécédents familiaux, il n'existe non plus aucune tare nerveuse à signaler. Les premiers mois d'initiation à la vie militaire lui furent assez pénibles, cependant, il les supporta sans incident. En février 1902, appelé à monter une garde, il est placé en sentinelle isolée en un endroit désert. Au bout de quelques instants, il est pris d'une violente sensation d'étouffement à la poitrine et à la gorge et tombe sans connaissance. Quand il se réveille, au bout de dix minutes environ, il s'aperçoit qu'il s'est mordu la langue, qu'il s'est mouillé et qu'il s'est égratigné la figure et les mains. Il est courbaturé, hébété et dort cinq à six heures de suite.

Des crises semblables se reproduisent cinq à six fois dans l'espace de deux ans. Elles sont toujours nocturnes et apparaissent surtout quand, au milieu de son sommeil, il est réveillé brusquement. Au régiment, on le traite pour de l'épilepsie par le traitement bromuré, sans parvenir cependant à le débarrasser complètement de cette infirmité. Enfin, on l'envoie en congé dans sa famille. Celle-ci s'aperçoit, un jour, qu'il éprouve quelque difficulté à respirer et me l'amène. Il porte, en effet, des lésions de rhinite hypertrophique consistant en tête de cornet avec sécrétion muqueuse très abondante et demi-sténose nasale. Sans grande confiance, je consens cependant à lui faire le traitement nécessaire et j'ai eu la satisfaction d'apprendre par la suite, de la bouche même de mon malade, que les accès avaient complètement disparu, qu'il avait repris son service militaire et l'avait pu conduire à bonne fin sans s'être trouvé une seule fois incommodé.

J'ajoute que j'ai suivi ce garçon pendant trois ans, ce qui est une durée suffisante pour considérer la guérison comme assurée.

Ces manifestations névropathiques sont-elles vraiment de nature épileptique ou plus simplement de nature hystérique ? Dans cette dernière hypothèse, il faudrait faire valoir l'absence du cri initial que le malade ne s'est jamais souvenu d'avoir poussé; les conditions courantes dans lesquelles sont survenues les crises, causées par l'impression, dès qu'elles résultent d'un brusque réveil; enfin l'absence de tout antécédent épileptique à l'âge un peu tardif où sont apparues les premières crises.

Ces considérations, selon moi, ne prévalent cependant pas contre les morsures répétées de la langue et les mictions involontaires. En outre, le malade tombe là où il se trouve, comme il se trouve et se contusionne fortement chaque fois. C'est un cas des caractères constants du mal épileptique et il me semble que la nature des accidents ne peut être mise en doute.

Quoi qu'il en soit, il résulte de ces faits, comme de ceux qui ont été signalés en commençant, que la muqueuse pituitaire peut être le point de départ des réflexes nerveux; nous connaissons déjà depuis longtemps l'asthme nasal, les états vertigineux dus aux odeurs, que Joule a si bien fait connaître; si des observations semblables à celles-ci se multiplient, il faudra aussi admettre comme d'épilepsie ceux d'origine nasale.

2° Note sur le système vasculaire artériel du rein de l'homme. — Les traités d'anatomie, se copiant les uns les autres, décrivent de la façon suivante la circulation artérielle du rein : les branches de l'artère rénale, en pénétrant dans le parenchyme de l'organe, se subdivisent en rameaux qui remontent le long des pyramides de Malpighi jusqu'au voisinage de la substance corticale. Ce sont les artères lobaires; arrivées en ce point, elles s'incurvent et s'anastomosent les unes avec les autres pour former une route artérielle : cette route va continuer et réunir plusieurs lobes du rein les uns avec les autres caractères de la face convexe de cette route que portent des artères, diverses artères radiées qui plongent perpendiculairement dans la substance corticale, se dirigent en droite ligne vers la capsule fibreuse; de leur partie terminale, comme de leurs faces corticales naissent des branches afférentes du glomérule.

J'ai injecté dans l'artère rénale des substances solidifiables composées de même matière, baume du Canada et cire vierge, le tout coloré par une matière colorante quelconque. Puis traitant le rein par l'acide nitrique, j'ai détruit la substance organique pour ne conserver que le moule obtenu par refroidissement. Ce procédé ne m'appartient, d'ailleurs, pas. J'ai l'honneur de présenter au Congrès quelques-unes des préparations ainsi obtenues.

Certaines préparations montrent seulement combien est riche la vascularisation du rein : elles sont trop compliquées pour pouvoir donner des détails anatomiques. Elles sont utiles cependant, car elles montrent quelle est la richesse des vascularisations, richesse dont on n'a, je crois, pas idée autrement.

D'autres confirment les faits déjà décrits par l'examen, à savoir que les branches de l'artère rénale se rangent sur deux plans, l'un antérieur, l'autre postérieur. Elles montrent aussi que la route artérielle n'existe pas du tout; du moins de la façon dont il est classique de la décrire. Suivons, en effet, les artères lobaires, nous les voyons se répartir en formant une sorte de quenouille dans laquelle se logerait la pyramide de Malpighi. Arrivons à la base de cette pyramide, nous voyons que ces artères donnent directement naissance aux artères radiées et que même, entre artères lobaires d'une même pyramide, il n'existe aucune anastomose.

Ainsi en plus du rein, il existe seulement une disposition spéciale : on y voit, en effet, que les deux artères lobaires antérieures et postérieures s'entre-croisent souvent comme le feraient deux branches d'arbre, sans cependant se souder, et que de cet entre-croisement résulte une sorte de route. Cependant, à bien considérer ces dispositions, on voit que l'allure générale de la circulation artérielle du rein n'en est pas modifiée et qu'au tiers, comme au milieu de l'organe, ces artères lobaires sont des artères terminales, sans suppléance possible par conséquent.

———

M. COLLEVILLE.

Sur le gaïacol chloroformique orthoformé. — Depuis 1896, dans les névralgies et les névrites, nous nous servons du gaïacol chloroformé comme analgésique local. Depuis, avec l'expérience, nous avons modifié la formule. L'émulsion première provoquait, chez certains sujets, des sensations de brûlure passagère qui se transforment en simples picotements avec l'adjonction du benzoate d'orthoforme dans le liquide.

Gaïacol	7 gr., 50
Orthoforme	0 gr., 50
Chloroforme.	10 gr.
Acide benzoïque	0 gr., 40
Huile d'olives stérilisée	50 centimètres cubes.

1 centimètre cube contient : 15 centigrammes de gaïacol ; 1 centigramme d'orthoforme et 20 centigrammes de chloroforme.

Ce produit doit être porté au sein même du tissu irrité. A l'exemple de MM. Sicard et Cathelin, en cas de sciatique, nous faisons les injections dans le canal épidural. Nous n'avons jamais eu de complications ; cette pratique nous permet d'atteindre plus directement un certain nombre de branches nerveuses. Le soulagement qui en résulte permet souvent de ne pas recourir à la morphine, tout en agissant si possible sur les causes de la névralgie ou de la névrite.

———

M. le Professeur S. ARLOING, de Lyon.

1º *Sur une étuve agitatrice.* — M. ARLOING, en collaboration avec M. Paul COURMONT et M. MAURY, constructeur à Lyon, avait construit un agitateur électrique pour imprimer des mouvements aux cultures microbiennes. Cet agitateur ne pouvait être placé que dans une grande étuve à la température moyenne de 37-39 degrés.

M. Arloing, ayant eu besoin d'agiter des cultures dans des enceintes dont la température devait être réglée d'une manière très exacte, a fait construire par M. Maury une agitatrice qui peut se placer dans une petite enceinte et se mouvoir sans imprimer le moindre ébranlement au régulateur électrique de cette dernière. Il peut ainsi faire des cultures à des températures fixées à un demi-degré près.

2° *Nouvelle couveuse électrique.* — Cet appareil construit par Maury, de Lyon, chauffé à l'électricité, pourvu d'un régulateur très sensible, entièrement établi en fer et en verre, présente quelques avantages très appréciables, savoir :

Il peut être facilement désinfecté; une moitié peut être ouverte sans entraîner le refroidissement de l'autre moitié; l'aération est parfaitement assurée; le mode d'échauffement ne dégage aucun gaz dangereux ou désagréable pour les enfants.

M. ROUSSEAU, Vétér., Dir. de l'Abattoir de Reims.

Tuberculose diffuse du tissu cellulaire sous-cutané, sus-musculaire (le bacille de Koch n'a pu être décélé).

M. PIOGEY, de Paris.

Sur une préparation nouvelle, l'amyleusulfase, employée avec succès dans la tuberculose et les maladies microbiennes. — Cette préparation est un neutralisant des toxines microbiennes. Sa composition est végétale et chimique; c'est une solution d'amyloleucites saturée d'anhydride sulfureux. Elle est d'une innocuité absolue et s'emploie en injections hypodermiques de 1 à 5 centimètres cubes renouvelées trois fois par semaine environ.

L'auteur en a pratiqué plus de six mille injections, ce qui démontre son caractère inoffensif. Il rapporte des cas de guérison obtenus par des confrères avec l'emploi de l'amyleusulfase. Il résulte de cette communication qu'on peut guérir la tuberculose au début et l'enrayer dans ses formes plus avancées, et, comme conclusion l'auteur ajoute : « Nos succès obtenus dans la grippe et dans ses formes graves; dans la coqueluche, guérie avec deux ou trois injections; dans les fièvres éruptives, rougeole et scarlatine, la fièvre typhoïde; dans les affections gastro-intestinales, dans la staphylococcie, furonculose, anthrax, acné; dans la streptococcie, érysipèle et fièvre puerpérale, etc. nous engagent à en conseiller l'emploi dans toutes les affections microbiennes sur lesquelles l'amyleusulfase n'a pas été expérimentée : morve, charbon, peste, etc. »

M. Louis MENCIÈRE, de Reims.

Résultats des greffes musculo-tendineuses et des interventions chirurgicales orthopédiques dans les difformités d'ordre paralytique. — L'auteur résume l'état de ses recherches depuis dix ans sur la cure des difformités paralytiques des membres.

Une série de soixante-dix projections, choisies de façon à montrer des épaules ballantes paralytiques, des avant-bras en pronation forcée, des mains-botes palmaires ou palmaires cubitales, des pieds varus ou valgus paralytiques, des genoux ballants ou semi-ballants, donne une idée précise de ces difformités et du degré de correction anatomique et de guérison fonctionnelle qu'il obtient par ses procédés de greffes musculo-tendineuses, alliées ou non à différentes interventions orthopédiques réclamées par chacun des cas particuliers.

M. le Dr J. JULLIEN, de Joyeuse.

1° Pansements aseptiques stérilisés à l'autoclave à 135-140 degrés.

2° Une boîte à pansement aseptique de campagne.

M. LARDENNOIS, Chargé du cours de Clin. chir. à l'Éc. de Méd. de Reims.

Traitement des ankyloses vicieuses du genou, chez l'enfant, par l'ostéotomie chantournante des condyles du fémur. — L'ankylose du genou en flexion est assez fréquente chez l'enfant.

Le traitement de ces ankyloses est un problème difficile à résoudre.

On ne peut appliquer à l'enfant les procédés opératoires utilisés chez l'adulte. La résection orthopédique qui détruit ou enlève fatalement les cartilages conjugaux les plus fertiles du membre inférieur donne immédiatement la correction désirée, mais les résultats éloignés sont déplorables, car le raccourcissement du membre opéré atteint jusqu'à 16 et 20 centimètres.

On peut avoir recours à l'ostéotomie condylienne du fémur. Mais si on emploie l'ostéotomie linéaire, après le redressement du membre, les surfaces de section sont très écartées et la consolidation devient impossible.

L'auteur exécute, non pas une ostéotomie simple, mais une ostéotomie curviligne *chantournante* à courbe très étendue. Cette ostéotomie chantournante est exécutée au moyen de la scie fil de Iglig. Ainsi, les deux surfaces osseuses restent toujours largement en contact. La consolidation est assurée.

Des schémas et des photographies montrent les bons résultats obtenus par ce nouveau traitement orthopédique des ankyloses vicieuses du genou chez l'enfant.

M. Paul THAON (de Paris).

Recherches sur la physiologie normale et pathologique de l'hypophyse. — L'hypophyse est une glande à sécrétion interne qui déverse directement dans les capillaires sanguins les produits de son activité (colloïdes, graisses).

Cette activité sécrétrice s'accentue dans certaines conditions physiologiques, pathologiques et expérimentales ; il en est ainsi au cours de la gestation. L'hypophyse possède d'ailleurs, avec d'autres glandes analogues (la thyroïde notamment), des relations physiologiques, mais la suppléance de ces organes, l'un par l'autre, n'est pas encore prouvée.

Si l'hypertrophie de l'hypophyse, dans l'acromégalie et dans le gigantisme, permet de supposer qu'elle joue un rôle important dans ces états pathologiques et, par déduction, dans la croissance du squelette, la preuve expérimentale n'a pas encore pu en être faite.

Au cours de certaines infections et intoxications, l'activité secrétoire de l'hypophyse s'exagère. D'autre part, l'expérimentation a démontré que l'hypophyse élève la pression artérielle et ralentit les battements cardiaques en les renforçant ; cette action ne semble pas être le fait d'une excitation, d'ordre mécanique, mais un phénomène d'ordre chimique.

Basée sur ces notions, l'opothérapie hypophysaire a été appliquée au traitement de quelques maladies infectieuses, et, semble-t-il, avec succès. Mais en raison de la toxicité des doses élevées d'extraits hypophysaires (toxicité expérimentalement démontrée), il faut soigneusement observer la posologie de cette médication.

MM. LORTAT-JACOB et P. THAON (de Paris).

Étude clinique et histologique d'un cas de tétanos céphalique suraigu. — Les nombreux et remarquables travaux parus au sujet du tétanos céphalique, laissent cependant encore assez d'obscurité pour qu'il soit permis d'exposer l'étude clinique d'un cas suraigu et les résultats histologiques fournis par l'examen du système nerveux, de ce malade. Il s'agit, d'un homme de trente-trois ans, qui, le 8 mai 1905, se blessa au milieu du front en tombant de bicyclette. Le 8 mai, les premiers symptômes se montrent et le surlendemain le malade entre dans le service du professeur Landouzy. On note à l'examen : du trismus très accusé, une raideur des muscles de la nuque et du cou, un certain degré de dysphagie. Pouls régulier à 110 ; température rectale, 36,°2 ; pression artérielle, 14. Crises dyspnéiques. L'état s'aggrave progressivement, les contractures s'étendent aux membres supérieurs et la mort arrive le lendemain 8 mai ; le malade avait alors 36°8, la température ne s'étant jamais élevée au-dessus de 37°,4. -

A l'autopsie, à part une congestion intense du système nerveux et des glandes vasculaires sanguines (1), il n'y a à noter que la persistance du thymus (2).

L'étude histologique du système nerveux porta sur le cerveau, la protubérance, le bulbe, la moelle, les nerfs sus-orbitaires, les muscles masticateurs.

D'une façon générale, tout le système nerveux est très hypérémié. Avec la méthode de Nissl, on rencontre, au niveau des cellules cérébrales, des parties inférieures des circonvolutions frontales et pariétales ascendantes, des altérations consistant en chromatolyse centrale le plus souvent, parfois centrale et périphérique, mais ces lésions sont rares. Parfois, la substance chromatique est gonflée, et montre des vacuoles claires ; les cellules nerveuses sont entourées de cellules rondes rappelant les phénomènes de neuronophagie, le nucléole est fortement coloré et le cylindraxe est parfois tuméfié à son origine.

(1) Paul THAON. — L'Hypophyse, page 139.
(2) LORTAT-JACOB et P. THAON. *Soc. Anat.*, Paris, 2 juin 1905.

L'examen des filets nerveux sus-orbitaires au voisinage de la plaie, montre une fragmentation de la myéline, avec gonflement et tuméfaction des noyaux, mais la fibre nerveuse est intacte. Il s'agit donc de lésions de névrite localisée.

Les muscles sont altérés et présentent une diminution de striations transversales avec désintégration granuleuse en certains points, multiplication des noyaux et petits foyers d'hémorragies microscopiques.

On peut donc conclure que ce cas apporte sa contribution à l'étude du problème de la progression de la toxine tétanique le long du nerf et dans les centres nerveux. Dans ce débat, il est particulièrement important d'apporter des observations histologiques.

MM. LORTAT-JACOB et LAUBRY (de Paris).

Contribution à l'étude de l'athérome artériel expérimental: — Les auteurs ont poursuivi, dans les laboratoires du professeur Landouzy et de M. Vaquez, des recherches sur les conditions qui font varier la production de l'athérome expérimental. Ils ont pu ainsi, par l'injection d'adrénaline Clin à des lapines, à la dose de trois gouttes tous les deux jours pendant plusieurs mois, se rendre compte des faits suivants :

Les lapines ovariotomisées font plus rapidement, et d'une manière plus intense, de l'athérome aortique que les lapines témoins, à âge égal et à poids égal. Les lapines ovariotomisées présentent déjà de l'athérome très marqué avec peu d'adrénaline et au bout de peu de temps, alors que les témoins n'en présentent pas encore. Ces expériences confirment les résultats obtenus déjà en 1905 par LORTAT-JACOB et G. SABAREANU chez les lapins privés de testicules.

Il ressort de ces différents faits que certains états physiologiques peuvent constituer des causes défavorables à l'obtention de l'athérome expérimental : ces états résident dans le sexe (les femelles étant plus résistantes sous ce rapport que les mâles), l'âge jeune des animaux, la lactation.

Au contraire, la castration est une condition éminemment favorable, dans les deux sexes, à la production de l'athérome expérimental.

MM. L. LORTAT-JACOB et G. VITRY, à Paris.

Localisation de la graisse, à la suite des lésions expérimentales du sciatique. — MM. L. LORTAT-JACOB et G. VITRY. S'inspirant des constatations cliniques mises en lumière depuis 1878 par le professeur Landouzy, dans ses études sur les sciatiques, les auteurs ont noté, après des traumatismes variés du sciatique, l'apparition d'une nodosité siégeant au-dessous du point où le nerf a été irrité. Cette nodosité apparaît avant tout trouble trophique cutané; elle est précoce et de volume variable. Unilatérale au début, elle peut, dans les cas anciens, devenir symétrique par son apparition dans la patte qui n'a pas été opérée.

L'examen histologique démontre qu'il s'agit d'un ganglion en activité dans lequel on ne rencontre aucune lésion de nécrose cellulaire, aucun microbe, aucun polynucléaire, rien par conséquent de ce que l'on observe constamment dans les affections microbiennes. En même temps, on y trouve une abondante répartition de graisse :

1º Sous forme de gouttelettes graisseuses incluses dans des macrophages ;

2º Sous forme de masses libres fortement teintées par l'acide osmique dans les sinus périfolliculaires. A un stade encore plus avancé, les ganglions tendent à se transformer en une masse scléro-lipomateuse.

Ces expériences démontrent que des lésions nerveuses aboutissent à l'accumulation de la graisse dans le ganglion et que l'*adipose locale* observée a son point de départ dans un trouble anatomique et fonctionnel du tissu lymphoïde.

M. LAIGNEL-LAVASTINE, Méd. des Hôpitaux de Paris.

Anatomie pathologique du plexus solaire des tuberculeux. — M. LAIGNEL-LAVASTINE donne un résumé de ses recherches sur le sympathique dans la tuberculose.

Les plexus solaires sont répartis en trois groupes :

Dans la *tuberculose aiguë primitive* agissant à la façon d'une maladie infectieuse aiguë, le plexus solaire est normal ;

Dans la *phtisie chronique ordinaire*, on n'y trouve que l'atrophie pigmentaire, marque banale de cachexie ;

Au contraire, quand, chez un tuberculeux, il y a *syndrome d'Addison* ou seulement *mélanodermie*, le plexus solaire est lésé (tuberculose caséeuse, sclérose atrophique ou hypertrophique, inflammation subaiguë, compression par des ganglions caséeux).

La tuberculose péritonéale agit d'une façon surtout locale, déterminant dans le plexus solaire des lésions proportionnelles à son intensité.

Les *processus toxiques aigus* se manifestant par la polynévrite, la confusion mentale ou le délire onirique, par exemple, déterminent dans le sympathique des altérations de même ordre que dans le système cérébro-spinal.

M. BAGNÉRIS, Prof. à l'Éc. de méd. de Reims.

Quelques traumatismes oculaires particuliers aux industries rémoises. — Il s'agit d'une jeune fille employée dans un tissage et qui, en maniant une espèce de crochet plat, non pointu, le porta d'un mouvement brusque vers son œil gauche. La lame pénétra dans l'épaisseur du bord libre de la paupière supérieure, vers son milieu, chemina directement en haut sous les faisceaux de l'orbiculaire et s'arrêta en harponnant quelques fibres musculaires. Les tentatives d'extraction faites à l'usine ne firent qu'engager davantage le crochet. Il ne fut pas difficile de l'avoir en suivant le plat de la lame avec un fin couteau lancéolaire et sectionnant les fibres musculaires engagées dans la fente oblique de l'instrument. Guérison sans complication.

MM. A. DESGREZ et G. SAGGIO, de Paris.

Sur la nocivité des composés acétoniques. — L'acétonémie est une intoxication complexe dont le syndrome le plus caractéristique est l'acétonurie, c'est-à-dire la présence, dans les urines, de l'acétone et des acides diacétique et β-oxybutyrique. On sait que ces trois composés sont reliés entre eux par des relations de constitution chimique simples, l'acide β-oxybutyrique pouvant successivement donner naissance aux deux autres; on sait aussi qu'ils dérivent, dans l'économie, des matières protéiques ou des corps gras. Des recherches récentes, en particulier celles de Milian, ont montré que l'on peut admettre deux classes d'acétonuries : l'acétonurie diabétique, connue depuis longtemps, et l'acétonurie dyspeptique. Celle-ci se rencontrerait surtout dans quelques états fébriles des enfants et tiendrait à des désordres digestifs. Ce qui est moins connu, c'est le degré de nocivité et de toxicité de ces substances. On a d'abord attribué à l'acétone les accidents du coma diabétique; on admet plus volontiers, aujourd'hui, que le coma est le résultat d'une intoxication produite par les deux acides diacétique et β-oxybutyrique; certains auteurs attribuent néanmoins à l'acide β-oxybutyrique une toxicité que d'autres refusent d'admettre.

Nous nous sommes proposé de déterminer le degré de nocivité des composés acétoniques en fixant d'abord, par la méthode du professeur Bouchard, la toxicité vraie de ces substances. Nous avons ensuite recherché quelles influences elles peuvent exercer, à la longue, sur quelques-uns des processus nutritifs les plus importants. En outre, dans le cours de notre travail, nous avons jugé intéressant de comparer la toxicité des acides butyrique et propionique à celle des acides β-oxybutyrique et lactique, afin de déterminer l'influence exercée par l'introduction de la fonction alcool secondaire sur la toxicité de la molécule d'un acide gras

Les conclusions de notre travail sont les suivantes :

1° La toxicité des composés dits acétoniques, faible pour l'acétone, augmente suivant une proportion élevée pour les deux autres corps : celle de l'acide diacétique est deux fois plus forte et celle de l'acide β-oxybutyrique trois fois plus forte que celle de l'acétone;

2° L'introduction d'une fonction alcool secondaire dans la molécule d'un acide gras en diminue la toxicité. C'est le cas pour les acides butyrique et propionique, plus toxiques que les acides β-oxybutyrique et lactique;

3° Les composés acétoniques, administrés pendant longtemps, à petites doses, ont pour effet de diminuer le volume des urines, de provoquer un amaigrissement marqué des animaux, une diminution de la valeur du coefficient azoturique et, enfin, une spoliation très marquée de l'organisme en éléments minéraux. On reproduit ainsi les effets les mieux observés de l'acétonémie humaine et on s'explique, par la signification de ces modifications dés échanges, les désordres qui accompagnent si souvent les deux variétés d'acétonuries.

MM. D'ESPINE et JEANNERET, de Genève.

Anémie pseudo-leucémique chez deux jumeaux rachitiques. — Le rôle prédisposant du rachitisme et les rapports avec la leucémie myéloïde aiguë, dont quelques cas ont été publiés récemment chez de jeunes enfants, font le sujet de cette communication.

Il s'agit d'un rachitisme grave, héréditaire, chez deux enfants de treize mois qui ont succombé à une broncho-pneumonie. Splénomégalie, hypertrophie du foie, myélémie très accentuée avec leucocytose dépassant 50.000 par centimètre cube. Pas de lésions leucémiques proprement dites à l'autopsie.

M. Jean HEITZ.

Indications et résultats des bains carbo-gazeux de Royat chez les artérioscléreux. — Les bains carbo-gazeux agissent sur les artérioscléreux en diminuant les perturbations fonctionnelles associées aux lésions artérielles, particulièrement grâce à leur double action hypotensive et tonicardiaque. Il est plus souvent utile de leur associer un régime alimentaire spécial, et parfois aussi une cure de diurèse.

Chez les *artérioscléreux hypertendus*, l'abaissement de la pression provoqué par les bains est surtout utile aux athéromateux de l'aorte, à certains malades atteints de claudication intermittente, aux valvulaires anciens décompensés.

Chez les *artérioscléreux hypotendus*, l'action des bains semble moins intense et moins durable, sauf peut-être chez les emphysémateux ou les sujets à manifestations névrosiques associées.

MM. Jean HEITZ et Léon POULLIOT.

Sur une forme clinique de syndrome de Stokes-Adams observée chez des malades porteurs de double lésion mitrale. — MM. Jean HEITZ et Léon POULLIOT rapportent les observations de malades du service de M. Pierre Merklen, porteurs de double lésion mitrale et qui présentaient, en dehors de toute administration de digitale, du ralentissement du pouls avec, par moments, des syncopes et des étourdissements comme dans le syndrome de Stokes-Adams. Le ralentissement du pouls n'était qu'apparent et dû à l'existence, après chaque systole normale, d'une ou de deux extrasystoles qui constituaient par leur présence un rythme couplé permanent.

MM. H. LABBÉ et G. VITRY.

L'urine dans l'intoxication digestive. — Depuis longtemps, on a recherché dans les urines des individus atteints d'intoxication d'origine digestive la présence de corps traduisant cette intoxication et susceptibles de varier avec elle; on a attribué ce rôle aux phénols, conjugués à l'acide sulfurique (sulfo-éthers) et à l'indican (indoxyle combiné à l'acide sulfurique). Nos recherches nous ont amenés à constater que ces corps étaient des substances constituantes de l'urine normale et que leurs variations dépendaient uniquement de la teneur en albumine de l'alimentation du sujet considéré; on peut les faire augmenter ou diminuer à volonté, en augmentant ou diminuant l'albumine alimentaire, et seulement à ce prix; l'addition d'agents spéciaux (acide lactique, lactose, féculents) n'a aucune action sur eux, tant que l'alimentation albuminoïde reste la même. Les variations de la toxicité urinaire sont soumises à trop de causes pour être un index de l'intoxication digestive.

MM. Henri LABBÉ et R. PÉPIN.

Recherche, dans le lait des nourrices, des substances considérées comme indices de putréfaction intestinale (sulfo-éthers, phénols, indican). — De l'ensemble des recherches expérimentales effectuées par ces auteurs, on peut tirer les conclusions suivantes :

1° Le lait maternel contient, en dehors de tout état pathologique caractérisé, des sulfo-éthers (phénols sulfo-conjugués) dans la proportion de 2 à 4 centigrammes par litre;

2° A l'état normal comme à l'état pathologique, la quantité des sulfo-éthers du lait apparaît comme proportionnelle au taux de l'indican urinaire, et, de ce chef, proportionnelle aux sulfo-éthers urinaires et à l'azote total éliminé ou ingéré par les aliments;

3° Dans certains cas mal déterminés, en relation avec l'augmentation des sulfo-éthers du lait et de l'indican urinaire, le lacto-sérum contient un pigment analogue au pigment urinaire, l'uroroséine;

4° De l'indigo, ingéré en nature à l'état soluble ou insoluble, ne paraît augmenter l'indican urinaire, ni s'éliminer sous forme caractéristique par le lait;

5° Ces faits, négatifs sur la nature du rôle joué par le lait maternel dans la production de certaines gastro-entérites infantiles, permettent d'établir la réalité et l'importance de la fonction éliminatrice de la glande mammaire. Pendant sa période d'activité, la mamelle doit être comptée au nombre des émonctoires, car elle assure partiellement la dépuration de l'organisme. Quelle que soit la signification réelle des sulfo-éthers dosés dans le sérum du lait, ils n'en constituent pas moins un produit de désassimilation régulier de l'albumine alimentaire ingérée et digérée, comme les recherches précises de H. LABBÉ et G. VITRY l'ont établi précédemment.

M. Louis FURET, de Brides.

De l'utilité du traitement hydrominéral pour les obèses. — Au régime alimentaire qui est la base du traitement de l'obésité, il est indispensable d'adjoindre la cure hydrominérale, car l'obèse est, ou a été, à un moment donné de son existence, un suralimenté et consécutivement un intoxiqué. Cette intoxication est souvent augmentée par un degré plus ou moins prononcé d'alcoolisme. La diététique ne peut suffire, à elle seule, à combattre les troubles hépatiques et l'intoxication que tendent encore à accroître l'autophagie et la comburation cellulaire, conséquences du régime alimentaire réduit et de l'exercice auquel on soumet les obèses dans les cures d'amaigrissement. Il faut faire fonctionner le plus activement possible les émonctoires pour favoriser l'élimination des toxines et des déchets organiques, afin d'éviter les accidents graves qui peuvent se produire du côté du foie et des reins. C'est à cette indication capitale que répond la cure thermale.

M. SEUVRE, de Reims.

De l'anesthésie mixte (1/4 chloroforme, 3/4 éther) dans les opérations faites sur les enfants atteints de vices de conformation. — L'anesthésie mixte consiste à faire inhaler un quart de chloroforme, trois quarts d'éther.

L'anesthésie alternante consiste à faire inhaler alternativement : chloroforme pur, mélange d'éther ou de chloroforme, air pur ou oxygène.

L'anesthésie générale doit, autant que possible, se rapprocher du sommeil naturel où la tonalité et la sensibilité ne sont qu'émoussées, où l'activité cérébrale est latente, sans être complètement effacée (*vitalité latente*).

Les opérés se remettent vite de l'action du chloroforme quand l'élimination graduelle du toxique a été facilitée par l'inhalation fréquente et alternante d'éther, d'air pur ou d'oxygène.

Ces propositions sont le résumé d'une communication importante faite au Congrès, et se basant sur plus de 400 observations scrupuleusement recueillies.

M. VAQUEZ.

Sphygmo-manométrie. — M. VAQUEZ présente un nouvel appareil de sphygmo-manométrie, le *sphygmo-signal*, construit sur ses indications et à la suite de recherches entreprises avec M. Laubry, par M. Galante.

Ce nouvel appareil se compose essentiellement d'un brassard de Riva-Rocci, avec manomètre métallique analogue à celui de Potain. Les pulsations radiales sont elles-mêmes annoncées par un *signal* mobile, qui s'immobilise dès que les pulsations sont éteintes.

Le tout, manomètre et signal, est renfermé dans une boîte unique de telle sorte que l'on peut instantanément, et avec précision, savoir quelle est la pression nécessaire pour éteindre les battements de la radiale et en lire en même temps le chiffre. Cet appareil a le grand avantage de supprimer tout coefficient personnel de la part de l'observateur. Il laisse parler l'artère sans préjuger de sa réponse.

MM. F. BOURGANEL et H. MAYET, de Paris.

1° Le traitement des tumeurs blanches dans les dispensaires et dans les consultations externes des hôpitaux. — Les procédés conservateurs dans le traitement des tuberculoses osseuses sont aujourd'hui admis sans conteste. Le traitement conservateur comprend trois termes différents : l'immobilisation aussi absolue que possible; les injections-intra et extra-articulaires et le traitement général.

On peut, sans avoir recours à l'hospitalisation qui n'est pas toujours possible et qui offre par ailleurs de nombreux inconvénients, obtenir des résultats aussi satisfaisants. Il s'agit d'intéresser et de faire coopérer la famille au traitement, en lui faisant comprendre la nécessité de l'exactitude aux consultations et aux pansements. Comme traitement, la méthode du professeur Lannelongue modifiée, c'est-à-dire, les injections modificatrices intra et extra-articulaires à des doses plus faibles. L'immobilisation obtenue à l'aide des appareils de marche et de silicate construits avec des bandes de crêpe Velpeau. Comme traitement général : l'eau de mer, l'huile de foie de morue, le cacodylate de soude. Ainsi au dispensaire de la Ligue des Enfants de France, en cinq ans, nous avons traité trente-deux tumeurs blanches; douze n'ont pu être suivies, les malades ayant disparu; dix sont guéries complètement et sans récidives depuis deux ans; six sont en cours de traitement; deux sont morts d'affections intercurrentes. Ces résultats sont aussi satisfaisants. sinon meilleurs, que ceux obtenus dans des hôpitaux spéciaux.

2° Note sur une nouvelle méthode de confection des appareils silicatés. — Le appareils silicatés, en raison de leur double inconvénient. longueur du séchage et mauvaise coaptation, sont tombés en désuétude.

En employant dans leur confection des bandes de crêpe Velpeau, on remédie tout au moins au second inconvénient, et l'on obtient un séchage plus rapide et surtout un moulage exact du membre. Ces appareils amovibles sont rigides, extrêmement légers et d'une coaptation parfaite.

Ouvrage imprimé
PRÉSENTÉ A LA SECTION

M. le Dr J. JULLIEN. — *Pansements aseptiques, stérilisés à l'autoclave à 135-140 degrés.*

13ᵉ Section.

ÉLECTRICITÉ MÉDICALE.

Président d'honneur . . . . :   M. le Dʳ Stéphane LEDUC, Prof. à l'Éc. de Méd. de Nantes.
Président. . . . .   M. le Dʳ Th. GUILLOZ, Prof. adj. à la Fac. de Méd. de Nancy.
Vice-Présidents. . . . .   MM. BERGONIÉ, Prof. à la Fac. de Méd. de Bordeaux.
                                    le Dʳ A. BÉCLÈRE, Méd. des Hôp. de Paris ;
                                    le Dʳ André BROCA, Agr. à la Fac. de Méd. de Paris ;
                                    DOUMER, Prof. à la Fac. de Méd. de Lille ;
                                    le Dʳ GUILLEMINOT (de Paris).
Secrétaire . . . .   M. le Dʳ MARQUÈS, Chef de Labor. de clin. de Montpellier.
Vice-Secrétaire. . . . .   M. le Dʳ ROQUES, Aide de clin. à la Fac. de Méd. de Bordeaux.

— Séance du 1ᵉʳ août —

DISCOURS DE M. GUILLOZ,
Président.

Messieurs,

Je suis très sensible à l'honneur que vous m'avez fait en me désignant pour présider votre section à Reims.

Je n'ai eu, en prenant les avis de MM. Gariel et Bergonié, qu'à suivre les précédentes traditions. Car ici, l'homme n'est rien, la fonction est tout, et il importe seulement que la vitalité de la section que vous avez constituée soit suffisante pour que tout évolue convenablement.

Du reste, les conditions lui sont favorables, car les applications cliniques de toutes les sciences, mais peut-être plus particulièrement encore de la physique, prennent actuellement une extension considérable, qu'elles aient pour objet le diagnostic ou la thérapeutique.

Vous savez que l'action de l'électricité sur l'organisme humain a préoccupé de tout temps et, qu'au fur et à mesure des découvertes de ses différentes modalités, l'application médicale en a toujours été tentée.

Le temps n'est plus où, systématiquement, certains médecins voulurent séparer de la clinique les données scientifiques. Cette disposition d'esprit ne se rencontrerait plus que chez ceux qui préféreraient nier et sourire plutôt que d'avoir à apprendre.

Il est bien évident toutefois qu'il y aurait une grande erreur à vouloir, dans beaucoup de cas, faire de la médecine avec une déduction tirée d'une seule ou ou de quelques données scientifiques. Certains ont commis de ces erreurs, et la réaction qui s'est produite a été salutaire.

La clinique est complexe, les facteurs interviennent en grand nombre, connus ou inconnus, et il s'agit de savoir quels sont les prédominants et si, pratiquement, ils ne peuvent être considérablement modifiés les uns par les autres. Mais ceci est encore d'ordre scientifique et ne saurait que gagner à l'analyse.

C'est cette intuition, fruit de l'observation, donnant à chaque symptôme sa valeur dans l'évaluation globale, qui constitue le sens clinique. Son développement dépendra donc nécessairement pour une part de la perfectibilité dans l'observation des différents éléments que l'on sera susceptible d'apporter en appréciation pour le diagnostic.

Les signes subjectifs, impressions, sensations du malade, ont eu longtemps un rôle à peu près prépondérant. La palpation, l'auscultation, la percussion, l'étude du pouls ont introduit dans l'observation des éléments d'appréciation souvent essentiels, et il y a lieu de s'étonner que bon nombre de ces méthodes, n'exigeant pas d'appareils, n'étant pas tributaires d'aucune technique instrumentale, aient eu, dans les sciences médicales, une introduction aussi tardive.

Mais la stupéfaction n'est pas moins profonde, quand on songe combien de temps s'est écoulé avant que les médecins aient introduit dans leurs procédés d'observation les instruments et les connaissances des physiciens.

Que de siècles séparent l'invention des miroirs de leur simple application à l'éclairage endoscopique !

L'emploi du spéculum à la vaginoscopie a été seulement fait par Récamier au commencement du siècle dernier.

Puis, une fois l'application trouvée et même bien précisée, que de résistances rencontrées pour la faire entrer dans la pratique !

N'est-il pas surprenant de voir la laryngoscopie être utilisée un siècle seulement après sa découverte ?

L'ophtalmoscopie, inventée en 1855, ne fut pas pratiquée par les oculistes aussi rapidement qu'on pourrait actuellement se le figurer.

Parlerons-nous de la lente introduction dans la clinique de la cystoscopie, de l'urétroscopie, de la diaphanoscopie, de l'œsophagoscopie ? Ce sont pour nous des événements contemporains auxquels les plus jeunes d'entre nous ont assisté.

Autrefois il n'y avait que les spécialistes qui prenaient en mains semblables instruments ; actuellement nos générations d'étudiants sont suffisamment formées à leur emploi pour se servir utilement de la plupart d'entre eux.

Il y aurait bien des choses à dire au sujet du thermomètre, d'invention ancienne et d'application médicale relativement récente.

L'introduction des découvertes de la physico-chimie dans les sciences médicales, la détermination des données anthropométriques et leur application à l'étude de la nutrition et de ses troubles, l'énergétique animale, doivent attirer présentement l'attention des médecins.

Il en est de même des méthodes que nous appliquons actuellement, l'électro-diagnostic et le radiodiagnostic. Ces procédés peuvent rendre de grands services, et leur rôle important ressortira dans les rapports que vous avez demandés sur les accidents du travail. On peut ainsi décider si l'impotence fonctionnelle accusée par le blessé résulte bien des lésions matérielles occasionnées par l'accident, ou s'il faut incriminer la simulation ou la psycho-névrose traumatique.

Il est incontestable que la radiographie constitue maintenant l'élément primordial d'appréciation des lésions osseuses.

Dans les lésions neuro-musculaires, abstraction faite des cas où les troubles résultent de lésions du cerveau ou des faisceaux blancs de la moelle, l'importance de l'électrodiagnostic pour l'établissement du diagnostic et du pronostic ne fait aucun doute. Il suffit d'en discuter les résultats et de savoir quand il convient de se mettre à l'abri des déductions trop pressées, en prenant plusieurs électrodiagnostics à certains intervalles de temps et en les comparant entre eux.

Une fois le diagnostic bien établi, la thérapeutique n'est pas loin d'en profiter. S'il est démontré que la psycho-névrose traumatique est en cause, c'est avec plus de sûreté qu'on instituera les traitements suggestifs pour lesquels mon maître Bernheim donne un précieux enseignement; ils seront d'autant mieux dirigés que l'on sera plus convaincu de leur efficacité probable et l'on réussira souvent ainsi à enlever la part qui revient à la névrose dans l'impotence fonctionnelle accusée par le blessé.

Dans la thérapie physique des lésions matérielles, l'électrothérapie joue un rôle important. Vous pouvez, par des excitations convenables, obtenir des contractions qui donnent de meilleurs effets que n'importe quelle gymnastique. Elles seront mieux graduées, porteront sur les groupes musculaires intéressés, laissant au repos les muscles non atteints, alors que, par la mécanothérapie, on n'obtiendra pas toujours facilement une action aussi limitée.

Je ne vous parlerai pas des erreurs de nos méthodes, car il n'y a que des erreurs de radiographes et d'électrothérapeutes interprétant d'une façon défectueuse leurs observations. Dans nos méthodes, on peut, autant et souvent plus que partout ailleurs dans les sciences médicales, savoir quand on peut affirmer nettement un résultat. Mais il ne faut cependant pas le faire d'une façon systématique et savoir quand il faut réserver ses conclusions.

J'ai présente à l'esprit une étude faite, il y a quelques années, à la Société de Médecine de Nancy, au sujet de malades atteints de neuro-fibromatose. Un de ces malades, que j'avais examiné, présentait des réactions électriques absolument normales, bien que ses trajets nerveux fussent entièrement parsemés de nodosités des plus nettes. Je ne pouvais conclure qu'à l'intégrité fonctionnelle de ses nerfs, quoique cela ne semblât pas concorder avec l'opinion courante, et parût difficilement expliquer certains symptômes. Il y a quelques mois, l'autopsie montrait que l'électrodiagnostic était bien d'accord avec l'anatomie pathologique. Cette neuro-fibromatose était une affection périnévritique, et les nerfs traversaient intacts les nodules.

Nous pourrions présenter de nombreux exemples de l'utilité de l'électrodiagnostic pour le chirurgien. Il est quelquefois encore difficile, mais il devient courant d'indiquer en quel point le système nerveux se trouve lésé par un traumatisme; de savoir si une lésion limitée porte sur une branche terminale, une branche du plexus anastomotique, et laquelle, ou bien sur une racine rachidienne; de dire, lors d'une paralysie, si on trouvera le nerf sectionné ou seulement comprimé par un hématome. Mes maîtres Gross et Weiss ont été souvent témoins de ces résultats nettement formulés par l'électrodiagnostic.

Que dire de l'utilité de nos méthodes en orthopédie pour rendre compte de l'état des os, des nerfs et des muscles? Elles sont un guide très sûr pour le chirurgien lors de ses interventions.

Tous les médecins doivent être suffisamment au courant de nos méthodes pour pouvoir les appliquer dans leurs grandes lignes. Il n'est pas difficile de voir, pour un nerf ou pour un muscle, si l'excitabilité faradique et l'excitabilité galvanique sont conservées ou altérées, et déjà cette simple constatation permettra d'orienter ou de confirmer un diagnostic.

La pratique est plus délicate quand on veut que nos méthodes fournissent tous les résultats qu'elles sont susceptibles de donner pour le diagnostic et le pronostic. Elles resteront sans doute longtemps encore dans le domaine de la spécialité, et notre rôle est de montrer jusqu'à quel point les médecins et les chirurgiens peuvent compter sur le concours que nous leur apportons.

La voie du progrès reste ouverte devant nous, et j'espère que ces quelques jours de réunion seront profitables pour tous.

J'ai à remercier, au nom de la treizième Section, MM. les professeurs Henry et Dixsaut qui ont bien voulu contribuer à l'organisation de l'exposition en mettant à notre disposition les ressources de leur laboratoire.

Je remercie nos distingués rapporteurs, tous ceux qui vont prendre une part active à ce Congrès, les collègues qui nous communiqueront leurs travaux, les constructeurs qui nous feront admirer leurs ingénieux dispositifs et, en somme, vous tous, Messieurs, puisque vous avez répondu d'une manière effective à l'appel de l'Association française pour l'Avancement des sciences.

M. le D^r DE KEATING-HART, de Marseille.

1° Applications thérapeutiques de l'étincelle de haute fréquence (cancer, tuberculoses locales, dermatites). — Ce traitement consiste en la projection de puissantes étincelles de haute tension et de haute fréquence (unipolaires ou bipolaires) sur les tumeurs cancéreuses, les tuberculoses cutanées ou osseuses, les dermatites, projection *accompagnée d'exérèse limitée aux seules lésions* (curette ou bistouri). L'action immédiate des étincelles est triple : hémostase, analgésie, ramollissement spécial des masses néoplasiques. Pour les cancers, les résultats lointains sont de deux sortes : lorsqu'on peut détruire tous les éléments morbides, guérison apparente dont le temps dira si elle est définitive; lorsque la gravité ou la situation du mal le rend impossible à traiter dans sa profondeur : amélioration maintenue longtemps, évolution presque bénigne, à condition de récidiver les applications. Pour les tuberculoses locales et les dermatites, la guérison rapide forme la généralité des cas quand on peut tout atteindre, et que les lésions ne sont pas trop avancées.

Discussion. — M. RAOULT-DESLONGCHAMPS (de Paris) : Lorsque la tumeur est fermée l'auteur passe-t-il à travers la peau saine pour aller atteindre la tumeur par l'étincelle?

M. BELOT : Si l'effluve et l'étincelle sont électives et n'attéignent que les tissus malades, l'examen histologique des parties traitées doit démontrer cette électivité.

M. REYNIER (de Paris) : L'auteur pourrait-il nous dire quelle est l'espèce de néoplasme qu'il a surtout traitée; sont-ce des sarcomes ou des épithéliomes? Dans les tumeurs de la parotide englobant nerfs et vaisseaux, pourrait-on utiliser sa méthode?

M. DE KEATING-HART répond que dans le cas des tumeurs fermées c'est après l'ouverture de la peau par le chirurgien qu'il fait agir l'étincelle. Après cette action, on est frappé de la facilité avec laquelle se fait le « clivage » du néoplasme et combien devient facile son énucléation; d'ailleurs, tous les examens histologiques ont été faits et démontrent l'électivité de la méthode. Ce sont surtout des épithéliomes qui ont été traités par lui, il a aussi traité avec succès des lympho-sarcomes, mais ne s'est pas attaqué à des tumeurs semblables à celles qu'indique M. Reynier.

M. Verchère est heureux d'apporter une faible part à l'étude de la méthode de Keating-Hart. Il s'agissait d'un épithélioma de la langue opéré et récidivé. Aidé du Dr Oudin, il a appliqué localement la méthode de M. de Keating-Hart et a vu une cicatrice linéaire se faire à la place de l'escarre noirâtre qui s'est éliminée en quelques jours. L'un des ganglions attaqué par la même méthode après avoir été mis à jour par le bistouri a été criblé d'étincelles; transformé en un nodule noirâtre, la plaie a été refermée sans donner lieu à aucun incident ni infection ni suppuration; malheureusement le cancer a évolué rapidement et le plancher de la bouche, le cou tout entier se sont infiltrés et le malade est mort des suites de la généralisation de son mal.

M. Guilloz rappelle que déjà quelques expérimentateurs, tels M. Bergonié pour les nævi pigmentaires et autres, M. Bordier pour les petits épithéliomas, et lui-même, se sont servis des courants de haute fréquence pour la destruction de certains tissus pathologiques superficiels. Ce qui caractérise la méthode de M. de Keating-Hart, c'est qu'elle agit en profondeur et qu'elle applique avec des intensités inconnues jusqu'à ce jour le pouvoir destructeur de l'étincelle de haute fréquence.

M. Béclère admet que l'action destructive de l'étincelle de haute fréquence soit, en certains cas, préférable à celle des caustiques chimiques; il admet même une certaine sélectivité de cette action, à cause de la fragilité plus grande des cellules néoplasiques par rapport aux cellules saines. Mais cette sélectivité n'est nullement comparable à celle des rayons de Röntgen qui demeurent le seul agent aujourd'hui connu pour agir au travers du tégument sain sur les tissus sous-jacents et sans le léser, pour détruire et faire disparaître certaines productions morbides, épithéliomas, sarcomes et lymphômes, placées au-dessous de la peau.

M. de Keating-Hart, très heureux des critiques et des appréciations qui viennent d'être faites de sa méthode, sait très bien qu'elle ne suffit pas à tout; mais telle qu'elle est, ses résultats ont été assez encourageants pour qu'on l'étudie et qu'on l'expérimente.

— Séance du 2 août —

M. le D^r DE KEATING-HART.

Opération d'un cancroïde récidivé de la face par la Sidération électrique à la maison de santé du Dr Colanéri. — Il s'agit d'un cancroïde de la paupière inférieure et de la pommette ayant une forme à peu près régulièrement circulaire et mesurant 2 centimètres et demi de diamètre; la surface de la tumeur est grisâtre et humide et M. Colanéri nous dit qu'elle a été traitée déjà par les rayons X et même les courants de haute fréquence de faible intensité; la tumeur est très mobile sur les tissus profonds. L'état général de la malade paraît excellent.

Après anesthésie au chloroforme et quelques soins aseptiques, M. le Dr Colanéri fait un raclage de toute la surface du cancroïde au moyen de la curette. Une hémorragie assez abondante se produit et M. de Keating-Hart applique aussitôt la sidération électrique. L'instrumentation comprend : un meuble de haute fréquence d'Arsonval-Gaiffe, un résonateur monopolaire d'Oudin, dont l'extrémité est reliée à l'électrode spéciale que M. de Keating-Hart a décrite dans sa communication ; les étincelles ont de 3 à 4 centimètres, elles sont soufflées par un courant d'air donné par une pompe auxiliaire, si bien qu'il ne peut y avoir échauffement ni de l'électrode ni de la partie traitée. Après avoir criblé d'étincelles la surface curettée, l'hémorragie s'arrête et l'on recommence à plusieurs reprises cette alternance de la sidération électrique et du curettage jusqu'à ce que le dernier nodule néoplasique ramolli par la sidération électrique ait pu être enlevé ; huit ou dix applications de « sidération électrique » de quelques secondes chacune, avec autant d'applications de curettage, ont été faites. L'opération a duré en tout, avec la chloroformisation, à peu près trois quarts d'heure.

M. le Dr BELOT, de Paris.

Radiothérapie d'eczéma chronique. — La radiothérapie, appliquée au traitement de l'eczéma chronique, peut donner des résultats locaux excellents, là où les autres méthodes auront échoué ; elle n'a pas la prétention de remplacer les prescriptions hygiéniques et le traitement général, mais elle constitue un excellent *agent local* quand elle est maniée avec méthode et discernement.

M. le Dr René DESPLATS, de Lille.

1° Contribution à l'étude du traitement de l'acné inflammatoire par les rayons X. — Observations de deux malades atteintes, l'une depuis dix ans et l'autre depuis douze ans, d'acné inflammatoire, rebelle à tous les traitements soigneux et répétés, qui ont été faits régulièrement depuis cette époque. Ces malades traitées par des séances de rayons X à faible intensité (3 à 5 H), répétées toutes les trois semaines pendant cinq à six mois, ont été parfaitement guéries et restent guéries l'une depuis deux mois et l'autre depuis un an.

L'auteur ne veut pas en tirer cette conclusion que désormais tous les cas d'acné inflammatoire seront justiciables d'un traitement par les rayons X, mais il pense que quand ces traitements auront échoué, il ne sera pas nécessaire, avant de penser à la radiothérapie d'épuiser, toutes les séries des procédés beaucoup plus désagréables pour le malade et en tout cas plus aléatoires.

Discussion. — M. LEREDDE ne pourrait pas formuler encore à l'heure actuelle de conclusions très précises sur la valeur de la radiothérapie dans le traitement de l'acné dont il a cependant une expérience assez longue. En laissant de côté l'acné chéloïdienne, il dira que, dans l'acné polymorphe vulgaire, la radiothérapie est surtout utile pour combattre l'état séborrhéique, le flux graisseux qui existe à la surface de la peau et peut être à lui seul un phénomène important.

En dehors de cette lésion, pour les lésions communes de l'acné commune, il ne croit pas que la radiothérapie ait beaucoup d'indications parce qu'on arrive régulièrement à les guérir, il tient à l'affirmer, par les procédés habituels *bien employés*, même dans les formes les plus graves.

L'usage de la radiothérapie dans l'acné rosée a plus d'importance, en particulier dans les formes séborrhéiques grasses avec épaississement cutané. Elle peut, combinée avec le régime végétarien, donner des guérisons complètes. Elle peut échouer également. Comme les moyens chimiques anciens, pâtes, pommades, lotions, échouent souvent dans cette forme d'acné, M. Leredde croit que la radiothérapie doit être retenue comme l'un des moyens thérapeutiques essentiels, sans qu'on puisse dire aujourd'hui exactement à quels cas elle convient et à quels cas elle ne convient pas.

M. Belot n'est pas tout à fait de l'avis de M. Leredde au sujet de l'acné chéloïdienne; cette affection entre bien dans le cadre de l'acné. Les rayons X agissent sur l'élément acné et c'est de ce fait que la chéloïde, lésion secondaire, s'atténue; il va sans dire que la radiothérapie atténue par son action propre la chéloïde; il y a là une nuance.

Qu'il s'agisse d'acné polymorphe ou d'acné vulgaire, M. Belot croit qu'il faut d'abord essayer les autres traitements et réserver la radiothérapie aux lésions graves et rebelles, ayant résisté aux autres méthodes.

Dans ces cas, il croit, comme M. Desplats, que la radiothérapie constitue un excellent moyen, conduisant à la guérison.

2⁰ *A propos d'un cas de goutte musculaire chronique visible aux rayons X et de son traitement électrique.* — L'auteur montre une série de radiographies de la jambe et du pied faites sur un malade qui avait été soigné quatre et cinq ans auparavant à Dax et à Aix-la-Chapelle pour sciatique. Le diagnostic porté par lui, au moment où le malade vint le trouver, fut celui de goutte musculaire, à cause de la localisation de la douleur au talon, des résultats de l'analyse d'urine et enfin de l'hérédité goutteuse. Divers traitements ayant échoué, il fit des radiographies du pied et de la jambe atteints, qui montrèrent des dépôts opaques très abondants dans l'épaisseur des muscles jumeaux et du tendon d'Achille. Ces dépôts sont interprétés par l'auteur comme des dépôts d'urate de chaux. — Discussion du diagnostic.

Discussion. — M. Béclère interprète autrement les très intéressantes radiographies de M. Desplats. Il croit d'abord que les concrétions opaques dont elles révèlent l'existence siègent principalement dans le tissu sous-cellulaire cutané, et c'est ce dont pourrait témoigner la radiographie stéréoscopique.

Il croit surtout que ces concrétions ne sont pas des produits de l'organisme, d'origine goutteuse, mais le reliquat des injections intra-musculaires d'iodipine qui ont été faites au malade à Aix-la-Chapelle.

En Allemagne, où ces injections sont fréquemment employées, le fait est connu, il existe même toute une série de publications sur ce sujet et on ne prend plus, comme on l'a fait au début, le reliquat des injections intra-musculaires d'iodipine pour de la myosite ossifiante.

3⁰ *Contribution à l'étude du traitement du tic douloureux de la face par l'introduction électrolytique de l'ion salycilique.* — Observations de trois malades atteints de tic douloureux de la face : l'un depuis dix ans, le second depuis douze ans, le troisième depuis vingt-sept ans, traités par la méthode de Leduc. Le premier a été guéri par sept séances et reste guéri depuis six mois, le second est guéri depuis deux mois et a été guéri en deux séances. Le troisième, le plus gravement atteint, est très amélioré après neuf séances, mais est encore en traitement.

L'auteur pense que cette méthode est très supérieure à l'ancienne méthode où le courant continu était appliqué à l'aide d'électrodes imbibées d'eau chaude ordinaire.

M. le Dr Maurice JAULIN, d'Orléans.

Traitement de l'otite scléreuse par les rayons X. — L'otite scléreuse est considérée comme incurable. On ne peut même enrayer sa marche progressive. La lésion anatomique est une ostéite de la paroi labyrinthique de la caisse. Théoriquement on peut espérer agir par les rayons X sur cette lésion.

L'auteur a traité dix cas de sclérose de l'oreille moyenne.

Quatre ont donné un résultat nul. Six autres ont été améliorés dont trois très notablement.

L'audition est devenue meilleure et les bourdonnements d'oreille ont diminué ou disparu.

Les doses ont été de 1 H à 2 H 1/2 par semaine avec des rayons n°s 5 à 7.

Il n'y a jamais eu aucune réaction.

Les rayons ont été envoyés directement sur le tympan, les autres parties étant protégées.

M. le Dr BELOT, Assist. de Radiol., à l'Hop. Saint-Antoine de Paris.

Table universelle pour radiologie.

Section des Sciences médicales et d'Électricité médicale réunies.

MM. les Drs LAQUERRIÈRE et BELOT.

Rôle du médecin électrologiste et radiologiste expert dans les accidents du travail (Rapport préparatoire). — En aucun cas le spécialiste ne devra oublier l'examen clinique et se baser uniquement sur son examen de spécialiste.

L'électrodiagnostic sera surtout utile dans les cas de paralysie et d'impotence : il permet souvent de préciser un diagnostic (névrite prise pour une section tendineuse, névrite prise pour une affection médullaire, ou au contraire absence de névrite).

Il ne permet pas d'affirmer la simulation, l'hystérie pouvant être moins symptomatique et se traduire seulement par le symptôme paralysie.

D'autre part l'électrodiagnostic pourra en bien des cas être complété par l'examen de la sensibilité électrique.

Les examens électriques ne fixent pas sur le degré d'incapacité que précise seul l'examen clinique habituel. Mais ils permettent la plupart du temps de dire si l'état actuel est définitif; si 1° la guérison complète paraît possible? avec réserves, sans réserve; 2° s'il y aura seulement amélioration; 3° s'il y a des risques d'aggravation.

Les auteurs insistent sur la nécessité qu'il y a pour l'expert lorsqu'il conseille l'application d'un traitement électrique à indiquer la modalité électrique. D'une part beaucoup de confrères appliquent trop facilement un courant quelconque, d'autre part, il existe dans les grandes villes des industriels divers qui font des applications à tort et à travers. L'expert devra donc spécifier que le traitement devra être fait par un médecin.

L'expert électricien pourra aussi avoir à se prononcer sur des accidents imputés à l'électricité. Si on s'en tient aux travaux de Batelli, les courants électriques industriels tuent instantanément ou permettent un rétablissement complet très rapide, mais dans certaines conditions les courants intermittents de basse tension de Leduc forment un excellent procédé d'électrocution. D'autre part les accidents locaux peuvent très bien, chez des prédisposés, ne pas se limiter, comme Batelli le trouve chez des animaux sains, à des brûlures.

Enfin, très souvent, les accidents électriques causent des troubles graves d'hystéro-neurasthénie. L'expert aura donc surtout à préciser si les conditions diverses de l'installation électrique paraissent permettre d'admettre que l'accident s'est produit comme le raconte la victime.

En dernier lieu les A demandent que les expertises en cas de procès fait à un médecin électricien soient confiées à des électriciens.

En ce qui concerne plus spécialement la radiologie, on constate qu'à Paris, il existe des radiographes non-médecins. Or les rayons X au même titre que l'auscultation, la percussion, etc., constituent un des moyens d'investigation qui par leur comparaison donnent le diagnostic qui est œuvre de jugement. La radiographie ne peut donc servir à contrôler un diagnostic médical et elle doit être faite par un médecin. D'autre part c'est la connaissance précise de l'anatomie et c'est l'examen clinique qui permettent de demander à ce procédé d'examen tout ce qu'il peut donner.

Il y a, d'ailleurs, dans tout problème médical une part d'interprétation et de contrôle des divers procédés d'examen les uns par les autres qui fait que tous ces examens, pour être appréciés à leur juste valeur, doivent être faits par le médecin.

Les auteurs après avoir dit quelques mots des procédés opératoires, concluent que les fonctions d'experts radiologistes doivent être réservées au seul médecin, que l'examen clinique devra précéder l'examen par les rayons, que chaque épreuve devra être accompagnée d'une note explicative.

Enfin, ils souhaitent qu'à l'avenir une photographie du blessé soit jointe d'une façon indéniable à l'épreuve radiographique de façon à éviter toute substitution.

Discussion. — M. le Dr Paul-Charles PETIT. — M. Laquerrière vient de dire que seul l'électrodiagnostic ne peut pas permettre de déceler la simulation. Je tiens à relever cette affirmation et puisque nous sommes réunis à la 12e Section, c'est-à-dire aux praticiens, je me permets de soulever une question connexe : Je voudrais qu'on établisse le rôle de l'électrodiagnostic dans les cas d'hystérie. Un exemple fera mieux comprendre mon intervention. J'ai eu l'occasion de voir un blessé du travail atteint d'atrophie musculaire étendue après une luxation traumatique. L'expert avait conclu à un traitement électrique prolongé.

Après deux mois, il commit un spécialiste électricien pour examiner le patient. Ce médecin trouva les réactions normales et l'atrophie encore très grande ainsi qu'une anesthésie en manchette. Et son rapport affirme l'hystérie, se basant en grande partie sur l'examen des réactions musculaires et nerveuses. Je ne pense pas qu'on puisse être aussi affirmatif et je pense que la question valait d'être soulevée.

M. ZIMMERN. — Je crois qu'en déclarant que l'électrodiagnostic ne nous permet pas de dépister la simulation, M. Laquerrière présente une formule trop absolue.

En effet il y a différentes manières de simuler. Le simulateur est un sujet qui, ou bien forge de toutes pièces un trouble non existant, ou bien exagère un trouble existant, ou bien veut faire croire à la persistance d'une lésion guérie. Or, dans ce dernier cas, mais dans ce dernier cas seulement, nous sommes armés contre la simulation autant qu'il s'agit de troubles névritiques. On sait en effet que lorsqu'il y a eu réaction de dégénérescence, la contractilité volontaire reparaît *toujours* avant la contractilité électrique. Par conséquent, si des réactions anormales (DR) antérieurement constatées ont disparu chez un paralytique et que le malade déclare néanmoins ne pas pouvoir se servir de son membre, c'est qu'il simule.

M. ALLARD. — L'examen électrique ne permet pas de distinguer un simulateur d'un malade atteint de paralysie ou de parésie hystérique.

Il existe des cas où l'impotence fonctionnelle est réellement complète et où les excitabilités électriques sont cependant normales.

M. le Professeur BERGONIÉ, de Bordeaux:

Sur le rôle du médecin électricien dans les expertises médico-légales, en général, et dans celles des accidents du travail en particulier. — De même que le juge s'adresse aux diverses spécialités médicales telles que: ophtalmologie, otologie, rhinologie, laryngologie, odontologie, psychiatrie, neurologie, gynécologie, etc., il s'adresse aussi et doit s'adresser au médecin électricien lorsque la compétence spéciale de celui-ci peut lui permettre de rendre une justice meilleure.

Les cas dans lesquels la compétence du médecin électricien est mise à contribution par le juge ne peuvent être tous énumérés, mais ils peuvent être groupés sous trois chefs principaux :

a) *Impotences fonctionnelles d'origine musculaire ou nerveuse* pour lesquelles les résultats d'un examen électrodiagnostic ne pouvant être simulés, exagérés ou amoindris, apportent à l'expertise une donnée objective absolument indépendante de la volonté du blessé ou d'une suggestion tant de l'expertisé que de l'expert.

b) *Cas pathologiques les plus divers* dans lesquels les applications des rayons de Röntgen par la radiographie, la radioscopie, l'orthodiagraphie permettent d'ajouter aux moyens ordinaires de diagnostic et de pronostic une méthode féconde dont les résultats interprétés avec l'aide de connaissances cliniques générales et étendues conduisent à un diagnostic plus précis et un pronostic plus certain.

c) *Accidents dûs à l'emploi industriel de l'énergie électrique* dans lesquels les responsabilités ne peuvent être justement attribuées que par un expert ou une réunion d'experts capables non seulement de faire la part des facteurs électriques de l'accident, mais encore d'évaluer l'ensemble des facteurs biologiques et des symptômes si complexes du choc électrique.

En ce qui concerne les recherches d'électrodiagnostic pouvant servir à fixer la date de la consolidation de la blessure et le taux de l'incapacité, il doit être bien entendu qu'elles ne peuvent être séparées de l'ensemble des autres symptômes cliniques. Si la réaction de dégénérescence indique bien l'état actuel de la contractilité musculaire correspondant à des lésions objectives et à un état histo-pathologique défini, elle ne peut que rarement fixer le pronostic qui dépend d'un grand nombre de facteurs dont le traitement électrique correct n'est pas le moindre ; quant à la simulation et à l'état hystérique, les recherches d'électrodiagnostic ne permettent pas à elles seules de les distinguer.

M. le Dʳ A. BÉCLÈRE, Médecin des Hôp. de Paris.

De la nécessité de ne pas adopter une technique uniforme pour l'exploration radiologique. — La chimère des radiographes non-médecins est, dans l'exploration radiologique, de viser à une technique uniforme et pour ainsi dire machinale, capable de donner le diagnostic tout fait à la manière d'une balance automatique qui donne, sur un ticket, en chiffres imprimés, le poids d'un malade.

C'est une erreur involontairement partagée par les médecins qui pour éclaircir un diagnostic difficile, croient suffisant d'écrire: « Bon pour une radiographie ».

Quelques exemples probants mettent en lumière la nécessité, si souvent déjà proclamée et démontrée, de ne confier l'exploration radiologique qu'à un médecin au courant du problème posé et capable d'en demander la solution à toutes les modifications de la technique habituelle commandées par les indications spéciales du cas particulier.

Chez une jeune fille qui portait un kyste abdominal évacué par ponction et reconnu pour un kyste hydatique, certains troubles fonctionnels, après deux ans écoulés, font craindre une récidive. L'épreuve radiographique, obtenue suivant la technique courante, dans le décubitus dorsal, par un radiographe non médecin montre une élévation anormale du diaphragme droit, capable de faire croire à la récidive d'un kyste hydatique du foie. Tout au contraire, l'examen radioscopique, dans la station debout, montre que les deux moitiés du diaphragme sont à la même hauteur et fonctionnent normalement, mais que l'opacité hépatique se confond avec l'opacité splénique sans en être séparée, comme d'ordinaire, par la clarté stomacale. L'ingestion successive d'une solution de bicarbonate de soude et d'une solution d'acide tartrique remplit l'estomac d'acide carbonique, sépare les deux images, hépatique et splénique, montre que la première est normale, que la seconde présente des dimensions insolites et permet de conclure que le kyste hydatique autrefois ponctionné avait pour siège la rate. Les dimensions de cet organe, en hauteur et en largeur, sont très exactement mesurées à l'aide de l'orthodiagraphie. Après un intervalle de plusieurs mois, de nouvelles mesures démontrent que les dimensions de la rate ont varié seulement dans les limites physiologiques. On a donc le droit de repousser, au moins temporairement l'hypothèse d'un kyste hydatique en voie de nouvel accroissement.

Plusieurs autres observations, avec épreuves radiographiques à l'appui, démontrent que dans les cas de collections hydro-aériques, intrapleurales et surtout intra-pulmonaires, qu'il s'agisse d'une pleurésie purulente enkystée, d'un kyste hydatique suppuré du poumon ou d'une énorme dilatation bronchique, la radiographie pratiquée, après l'examen radioscopique, dans la position assise, l'ampoule exactement à la hauteur de la surface libre de la collection purulente, donne des résultats très précis que la radiographie pratiquée dans le décubitus dorsal, suivant la technique habituelle, est incapable de donner. De la précision de ces résultats dépendent, comme le démontrent les observations, la sûreté de l'intervention chirurgicale et le salut des malades. D'autres observations, en particulier une observation d'énorme abcès du foie vainement cherché par le chirurgien, après laparotomie, démontrent qu'en certains cas il ne suffit pas de préférer pour la radiographie, la position assise au décubitus dorsal, mais que dans cette position il est nécessaire, suivant les indications, de radiographier le malade de face, de dos, de profil ou obliquement pour obtenir toutes les données utiles au diagnostic.

M. le Dr Félix ALLARD, de Paris.

Modifications de l'excitabilité électrique neuro-musculaire consécutive à l'alcoolisation locale de nerfs faite dans un but thérapeutique. — Ce travail contient une vingtaine d'observations de malades chez qui l'alcoolisation des nerfs a été pratiquée dans le but de combattre des névralgies rebelles du trijumeau et des nerfs mixtes (sciatique en particulier), des spasmes de la face et des membres, des contractures chez les hémiplégiques et les paraplégiques. L'étude des réactions électriques neuro-musculaires a montré que, chez plusieurs malades, le nerf avait été touché trop profondément puisque l'alcool a produit des névrites graves, avec réaction partielle de dégénérescence, certaines probablement incurables avec réaction totale de dégénérescence.

Cette étude montre qu'il y a lieu d'étudier encore la technique de ces alcoolisations locales, car il reste à trouver, dans chaque cas particulier, le degré et la quantité d'alcool nécessaires et suffisants, c'est l'exploration électrique des nerfs et des muscles qui servira de réactif et permettra de perfectionner la méthode.

De plus, de l'ensemble des résultats fournis par les examens électriques publiés dans ce travail, il est permis de conclure :

Qu'en l'état actuel de la question la pratique des injections d'alcool, excellente dans le traitement des névralgies graves du trijumeau, doit être considérée comme dangereuse dans le traitement des névralgies des nerfs mixtes, du sciatique en particulier.

Que cette méthode peut rendre des services dans le traitement des spasmes et des contractures des nerfs moteurs et mixtes, surtout si ces affections causent au malade une impotence plus grande que celle qui résulterait d'une paralysie définitive des muscles correspondants, éventualité qu'il faut envisager.

— Séance du 3 août —

SECTION D'ÉLECTRICITÉ MÉDICALE SEULE

M. le Dr François BARJON.

1°. Danger des trop fortes doses en radiothérapie. — Il faut se méfier beaucoup des trop fortes doses en radiothérapie et ne jamais rechercher systématiquement la radiodermite en appliquant, par exemple, les teintes n° 3 et n° 4 du radiomètre de M. Bordier. En faisant de la radiodermite, on ne sait jamais à quoi on s'expose. J'ai observé récemment une jeune fille à laquelle cette dose avait été appliquée par un confrère pour un nœvus de la tempe. Le fait s'était passé en mars-avril 1905 et il se produisit une radiodermite avec escharrification profonde qui dura trois mois. Le résultat obtenu sur le nœvus fut nul, il y eut seulement aspect rétractile, ridé, cicatriciel tout autour par atrophie du derme. Mais voilà que deux ans après, vers le 15 mai 1907, sans cause, sans traumatisme, sans application locale d'aucun traitement, il s'est produit une nouvelle escharrification lente, profonde, sans réaction locale autre qu'une très vive douleur. L'évolution était la même que la permière fois, c'était un véritable réveil de radiodermite après deux ans. Un dermatologiste de l'école de l'Antiquaille qui vit la malade arriva, par exclusion, à ce même diagnostic. Depuis deux mois et demi, la lésion continue à évoluer à la grande inquiétude de la malade qui souffre beaucoup et que seul soulage le pansement occlusif au liniment oléo-calcaire.

Discussion. — D'après M. le Dr GUILLEMINOT, la question des doses massives n'est pas encore tranchée. Pour son compte, il préfère les doses légères 1 H, 1 H 1/2, répétées à intervalles plus ou moins longs, suivant les cas ; il regarde ce procédé comme plus prudent, d'autant plus qu'il reste convaincu de la réalité d'une certaine idiosyncrasie propre à tel ou tel sujet ou à tel ou tel état pathologique.

M. BERGONIÉ. — Les accidents causés par l'application de la radiothérapie appliquée par une main experte sont aujourd'hui de plus en plus rares ; cependant il est des cas où, malgré une grande prudence et en n'employant que des doses acceptables, l'on a la surprise d'une radiodermite aussi intense que tardive ; d'ailleurs, la mesure des doses par la variation de teintes de pastilles de platino-cyanure que l'on pourrait appeler « effet Villard », en remontant à celui qui l'a imaginé le premier, ne donne que des résultats incertains la plupart du temps, et ce n'est pas par ce procédé que l'on peut mesurer sûrement des quantités différant seulement de la moitié d'une unité H.

Après l'observation de M. Bergonié, sur la difficulté d'apprécier 1 H, 1 H 1/2, M. GUILLEMINOT regarde comme impossible, ainsi que le fait si justement observer M. Bergonié, d'apprécier les doses faibles 1 , 1H H 1/2 avec les quantitamètres en cours ; il se sert d'une unité qui vaut $\frac{1}{125}$ d'H et qui est tirée de la comparaison entre le champ d'irradiation et celle d'un étalon de radium.

M. André BROCA. — La variation de teintes des pastilles du platino-cyanure dépend du fonctionnement du tube, et tout le monde sait combien il est difficile d'obtenir une variation de teintes avec des rayons très durs, même avec de longues applications qui peuvent n'être pas inoffensives.

M. Guilloz. — Je traitais autrefois les lupus, et entre autres le lupus du nez, avec des doses très fortes ; j'applique aujourd'hui des doses beaucoup plus faibles, allant jusqu'à faire trois applications par semaine et j'ai ainsi les meilleurs résultats sans avoir de radiodermite. On sent d'ailleurs, ou plutôt l'on peut prévoir la radiodermite en percevant une certaine sécheresse de la peau ; la radiodermite au début, en effet, modifie les sécrétions de celle-ci. Je suis du même avis que M. Broca, au sujet des rayons pénétrants difficilement mesurables ; j'en ai employé de si pénétrants que l'étincelle équivalente jaillissait de préférence en dehors du tube sans provoquer l'émission de rayons cathodiques. Ces rayons pouvaient traverser des tôles d'acier de 1 centimètre d'épaisseur, et c'est probablement à ces rayons qu'est due la radiodermite à effet si tardif et si grave dont je suis atteint.

2º *De la radiothérapie dans les néoplasies malignes ou bénignes.* — Plus on observe avec attention et impartialité et plus on est convaincu que la radiothérapie, pas plus du reste qu'aucune autre méthode, n'est un traitement spécifique du cancer. Elle donne comme les autres, plus peut-être, des améliorations, des arrêts d'évolution. Elle abrège quelques souffrances, elle prolonge quelques existences, elle ne guérit pas le cancer. C'est que le cancer ne doit pas être considéré comme une simple maladie locale, c'est une affection plus grave, plus étendue, plus profonde dont les racines remontent souvent jusque dans l'hérédité. Du reste, nous ne savons pas au juste ce qu'est le cancer. Ce que nous savons, c'est qu'à part quelques cas exceptionnellement heureux, il résiste à tous les traitements locaux : ablation chirurgicale, cautérisation, radiothérapie, etc.

A maladie locale suffit un traitement local, c'est pourquoi on obtient des succès définitifs dans un grand nombre de néoplasies bénignes.

Discussion. — M. Jaulin. — M. Barjon a dit qu'aucun cancer ne pouvait guérir par les méthodes actuelles : chirurgie ou radiothérapie.

Cependant les cas de cancer superficiel guéris et restés guéris, sans récidives, par la radiothérapie et la chirurgie sont nombreux.

Parmi les cancers plus profonds, les cancers du sein guéris par les chirurgiens et restés sans récidives depuis dix, quinze ans et plus sont cités dans de nombreuses statistiques.

M. Barjon. — Ces succès sont indéniables, mais ils ne sont pas la règle, les insuccès sont encore plus fréquents.

M. Bergonié, à propos du cancer du sein, désire éclaircir une question de déontologie ; il est bien certain qu'on n'obtient que très rarement des succès définitifs dans ces cas par la radiothérapie. Mais doit-on toujours refuser de traiter un cancer du sein ?

Il semble à M. Jaulin que lorsqu'une personne atteinte de cancer du sein demande des soins à un radiologiste, celui-ci pour dégager sa responsabilité doit provoquer une consultation avec un chirurgien.

Leurs avis communs et leurs propositions sont ensuite communiqués à la famille et à la malade qui est libre de choisir la méthode qui lui convient le mieux. Si une opération qui a été proposée ainsi est refusée, le radiologiste a le droit et même le devoir d'essayer les rayons X.

M. Guilloz cite le cas d'une malade jugée inopérable et chez laquelle la radiothérapie, ayant calmé les douleurs et les hémorragies, a donné à la malade une
illusion de guérison qui n'a pas été inutile. Chez une autre malade, à récidive
rapide, un traitement mi-suggestif, mi-thérapeutique a pu prolonger la vie de
deux ans; il est donc d'avis que la chirurgie et la radiothérapie doivent se
prêter un mutuel appui et, qu'en combinant ces deux actions, on essaie d'éviter
les récidives.

M. Zimmern. — Au lieu de chercher à savoir si, dans tel cas, la chirurgie,
dans tel autre, la radiothérapie est indiquée, je verrai avec plaisir que les efforts
des chirurgiens et des radiothérapeutes ne restent pas séparés, et qu'à l'exemple
de ce que nous venons de voir à propos des travaux de M. Keating-Hart, nous
demandions au chirurgien, nous insistions auprès de lui, pour qu'aussitôt l'intervention faite, le néoplasique soit soumis à des applications de radiothérapie.

Cette pratique a déjà été utilisée sur une assez grande échelle et avec des
résultats favorables, en particulier par M. Caré, de Cherbourg. Ne serait-il pas
utile que nous nous efforcions de la généraliser?

M. Barjon. — Lorsque l'opération est possible, nous devons réunir nos efforts
à ceux du chirurgien pour obtenir soit de la malade, soit de la famille, que
l'intervention soit faite; mais il faut aussi faire de la radiothérapie lorsqu'il n'y
a pas moyen d'agir autrement. La méthode de choix, celle à laquelle nous avons
l'espoir qu'on s'attachera peu à peu, serait d'enlever tout ce qui est opérable et
de faire immédiatement après de la radiothérapie préventive : c'est, d'ailleurs,
ainsi que je procède. Aussitôt l'opération faite, et lorsque la malade a encore tout
son pansement je fais une séance ou plusieurs, sans enlever le pansement, puis
j'en fais d'autres ensuite plus intenses et plus espacées. Les meilleurs résultats
sont ceux que l'on obtient par un traitement long et persévérant.

Dans le cancer du sein, M. Delherm est tout à fait partisan, après l'intervention chirurgicale précoce, aussitôt que possible, de faire des séances de
radiothérapie.

Il a toujours attendu que les tissus, après l'opération, soient complètement ou
tout au moins à peu près cicatrisés. Une malade, traitée dans ces conditions, il
y a trois ans, est encore tout à fait guérie.

Deux autres cas, soignés depuis moins de trois ans n'ont pas encore récidivé.
D'autres cas ont récidivé.

M. Delherm pense que ces récidives se sont produites dans tous les cas où il
y avait des ganglions *profonds* qui avaient échappé au couteau et aux rayons et
qui sont devenus les centres de reproduction. Il n'a pas eu de récidive cutanée
avec cette manière de procéder. Il pense donc que dans le cancer du sein il
faut opérer le plus vite possible ; faire ensuite de la radiothérapie.

Avec cette manière de faire, tout ce qui est superficiel et *accessible* est détruit.
Le seul point d'interrogation vient des ganglions *inaccessibles*. Le pronostic du
cancer du sein sera très certainement amélioré par cette manière.

M. Zimmern.— Tel est aussi mon avis; il faut que les chirurgiens, après ablation, fassent intervenir la radiothérapie pour diminuer les chances de récidive.

M. le Dr DELHERM.

Radiothérapie dans les affections des centres nerveux.

MM. DELHERM et LAQUERRIÈRE.

*1° Traitement des atrophies musculaires par le courant sinusoïdal
à l'état variable.*

2° *Magnéto oscillante pour production de contractions musculaires se rapprochant de la contraction physiologique* (constructeur Gaiffe). — Les auteurs rappellent que l'année dernière la maison Gaiffe a fait connaître un excellent appareil d'électro-mécanothérapie marchant par courant alternatif. Cet appareil, dont ils se servent depuis, à leur entière satisfaction, est un meuble de cabinet (1).

Pour les applications au domicile du malade, la maison Gaiffe a construit un appareil portatif mû à la main. Il se compose d'une petite dynamo qui tourne dans le champ d'un aimant, mais cet aimant est mobile, on peut en régler les mouvements); si bien que le courant recueilli aux bornes (ondulatoire ou sinusoïdal, à volonté) part de zéro; croît régulièrement jusqu'à un maximum et décroît ensuite régulièrement, de façon à réaliser comme le grand appareil des contractions se rapprochant en tous points de la contraction volontaire physiologique. Les auteurs utilisent cet appareil depuis plusieurs semaines.

On sait depuis longtemps (l'excitateur médiat de Tripier figure dans les catalogues de Gaiffe depuis 1865) que les étincelles *indirectes* de statique donnaient de belles contractions musculaires indolores, mais ces contractions, comme cela se produit avec la faradisation, ou étaient trop rapides, ou consistaient, quand les étincelles étaient trop rapprochées, en tétanisation.

M. Gallot, directeur de la maison Gaiffe, après être allé en Amérique étudier les divers dispositifs de Morton, a construit un interrupteur spécial qui permet d'obtenir par les étincelles de statique une contraction des muscles lente, progressive, rigoureusement réglable et se rapprochant tout à fait de la contraction volontaire physiologique.

Discussion. — M. Gaiffe — L'appareil présenté par M. le Dr Delherm est une forme nouvelle de l'appareil que nous avons construit sur les indications de MM. les Drs Truchot et Bergonié. Il a comme infériorité sur le premier appareil, que l'appareil ne donnant de courant suffisamment puissant qu'à une certaine vitesse, la lenteur de la sinusoïdation du courant alternatif est commandée par cette vitesse tandis qu'il est indépendant dans l'autre appareil. Par contre l'appareil est très transportable.

MM. Bergonié, Guilloz, André Broca.

M. Gaiffe. — C'est là le premier instrument qui vient d'être construit, il n'a peut-être pas encore toute la souplesse désirable, étant donné que la vitesse de rotation influe énormément sur la force électromotrice induite.

---

(1) Laquerrière. — Congrès de Lyon. — Présentation d'un appareil d'électro-mécanothérapie.

M. BARJON

1° Composition simple et peu coûteuse pour faire mouler à sa guise un localisateur. — En raison de la difficulté qu'on éprouve à trouver dans le commerce des localisateurs commodes, capables de recevoir tous les modèles d'ampoules, et en raison surtout du prix élevé de ces appareils, mon but a été de trouver une composition simple, facile à travailler, d'un prix infime, permettant de faire faire sans frais tous les modèles de localisateur dont on peut avoir besoin. J'ai essayé diverses substances opaques aux rayons X mélangées au plâtre de Paris dans des proportions déterminées.

Le bismuth se mélange mal, empêche la prise, donne une plaquette friable, sans solidité. La céruse (hydrocarbonate de Pb) donne une composition très dure mais pas homogène, l'opacité est très inégale. Le sulfate de baryte, même dans la proportion de 50 0/0 qu'on ne peut guère dépasser, donne une opacité très insuffisante. Seul le minium (oxyde de Pb) qui contient 90 0/0 de plomb donne un mélange très homogène déjà très opaque à 30 0/0, absolument opaque à 50 0/0. La prise du plâtre est parfaite, la dureté très suffisante. Il suffit d'un mouleur et de matières premières qui ne coûtent presque rien pour avoir ce que l'on veut. L'appareil peut être consolidé avec des bandes de toile et enduit d'un vernis isolant. Le fonctionnement des ampoules dans ces appareils est parfait.

Discussion. — M. GUILLEMINOT trouve le procédé de M. Barjon d'autant plus intéressant, qu'il permettra non seulement de limiter grossièrement le champ autour de l'ampoule, mais de le limiter en plus avec précision sur le malade lui-même; et c'est un desideratum sur lequel M. Guilleminot a déjà insisté de laisser une certaine mobilité au malade dans le champ grossièrement limité, sans risquer de détruire la précision de la localisation.

2° Radiographie de l'estomac. — L'auteur fait passer sous les yeux des membres de la Section une série de clichés radiographiques de l'estomac obtenus par la méthode de l'imprégnation au bismuth et qui montrent différentes formes d'estomacs normaux et pathologiques. Ces épreuves permettent de se rendre compte de tout ce qu'on peut attendre comme renseignements de cette méthode d'examen, qui dans certains cas complète heureusement l'exploration radioscopique.

M. BERGONIÉ.

Nouveau rhéostat ondulant à vitesse et plongée variables. —. Le constructeur Maury (de Lyon), nous a envoyé, pour l'exposition jointe à la Section d'Électricité médicale, cet intéressant instrument dont la description en détail a déjà paru (voir *Arch. d'électr. méd.*, 20 mars 1907). Ce que celui-ci présente de remarquable, c'est que les appareils de réglage sont montés à part et que l'appareil lui-même est solidement assis sur un socle en marbre.

On ne saurait trop encourager la construction d'appareils semblables à la magnéto de la maison Gaiffe que M. Delherm vient de présenter et au rhéostat ondulant que voilà, construit par M. Maury; ces instruments permettent d'appliquer le courant faradique dans de bien meilleures conditions et pour ainsi dire sans aucune sensation douloureuse, ni même désagréable.

Discussion. — M. ANDRÉ BROCA : C'est dans ce but qu'a été construit le sinusoïdeur de M. Caré, de Cherbourg; il a été présenté à la Section au Congrès de cette ville. On se rappelle que cet appareil avait l'avantage de pouvoir modifier un courant quelconque de manière à le faire progressivement augmenter ou diminuer dans le circuit dans lequel il était interposé en dérivation.

———

M. GAIFFE, Constr. d'instrum. pour les sc., à Paris.

Sur les Méthodes et Instruments de mesure dans l'application et la production des courants de haute fréquence. — J'ai été amené par la force des choses à vous parler non pas d'appareils de mesure, mais de méthodes d'analyses qui ont évidemment presque toutes l'inconvénient d'être trop complexes et trop indirectes pour être utilisées couramment dans la pratique médicale.

Cela tient, du reste, à la complexité même du phénomène que nous voulons étudier.

Vous connaissez tous les courants dont il s'agit. Ils sont formés d'une succession de courants alternatifs composés chacun d'ondes dont l'amplitude va en décroissant, quoique conservant la même fréquence, chaque série d'oscillations étant séparée de la suivante par un temps plus ou moins long, mais proportionnellement très considérable, pendant lequel il ne se produit rien.

Quelles sont les caractéristiques de ces courants dont la mesure nous permettrait la reconstitution intégrale du phénomène, tant en lui même que dans ses rapports avec le milieu ambiant? Ce seraient :

1° La fréquence ;

2° Le potentiel d'éclatement provoquant la décharge oscillante des condensateurs ;

3° L'intensité maxima de la première onde ;

4° La loi de décroissance de cette intensité, en fonction du temps, définie par le facteur d'amortissement ;

5° Le flux créant le champ ;

6° Enfin, la forme de la courbe et le nombre de trains d'ondes par unité de temps.

Voici le programme : pourrons-nous le réaliser et comment?

1° Fréquence. — La détermination de la fréquence est peut-être le problème le plus simple.

Il a été réalisé un assez grand nombre d'appareils (ondemètres, fréquencemètres, etc.), tous basés, d'ailleurs, sur le même principe.

On constitue un circuit capable de résonner, c'est-à-dire composé d'une self-induction et d'une capacité réglables l'une ou l'autre ou toutes deux.

On modifie la période de vibration de cet ensemble par le réglage d'une des variables pour l'amener à être identique à celle du circuit à étudier. A cet accord correspond un maximum de courant dans l'ondemètre, constaté soit au moyen d'un ampèremètre, soit par l'apparition d'effluves, soit encore par l'éclairage d'un écran au platinocyanure de barium.

Comme le circuit de l'ondemètre est simple et connu, on peut calculer sa fréquence, qui est alors celle du circuit à étudier. En pratique, ces appareils sont gradués à l'avance et donnent, soit directement par simple lecture, soit en se reportant à une courbe, le renseignement cherché.

L'excitation de l'ondemètre s'obtient par simple rapprochement de l'appareil d'un des points du circuit à mesurer.

Les appareils sont divisés soit en fréquence, exprimant le nombre de périodes qui existeraient en une seconde si le phénomène était continu, soit en longueur d'onde. Ces deux valeurs étant reliées par la relation $\lambda = VT$ dans laquelle λ est la longueur d'onde exprimée en mètres, V la vitesse de la lumière exprimée en mètres par seconde, soit en chiffres ronds 300 000 000, et T la durée d'une oscillation complète en seconde (T est égale à l'inverse de la fréquence).

Si la fréquence est par exemple, 500 000, la durée d'une oscillation sera en seconde de $\dfrac{1}{500\ 000}$ et sa longueur d'onde :

$$\lambda = \frac{300\ 000\ 000}{500\ 080} = 600 \text{ mètres.}$$

Je n'entrerai pas dans le détail des divers ondemètres ou fréquencemètres réalisés. Cela nous entraînerait trop loin. La seule chose que je puisse dire, c'est que je considère les ondemètres à ampèremètre comme les plus pratiques ; il est souvent trop difficile de déterminer un maximum d'effluves ou d'éclairement d'un écran. Je vous signalerai cependant, au point de vue de l'originalité du réglage, l'ondemètre du capitaine Ferrié, dans lequel on se sert des courants de Foucaut pour faire varier la self-induction.

2° *Potentiel d'éclatement.* — Si la mesure de la fréquence est facile et relativement exacte, il n'en est pas de même de la mesure du potentiel d'éclatement.

Le moyen préconisé comme le plus commode et le plus rapide est la détermination de la longueur d'étincelle. Mais cette mesure n'est pas exacte en réalité.

En effet, la longueur de l'étincelle de l'éclateur est fonction non seulement de la différence de potentiel entre les pièces de l'éclateur, mais encore :

1° De la forme de ces pièces (boules, cylindres, plans, pointes) ;

2° De l'état des surfaces ;

3° De l'échauffement des surfaces ;

4° De l'ionisation de l'air qui sépare les pièces de l'éclateur.

Chacune de ces causes intervient pour fausser le résultat et dans des proportions souvent considérables.

Ainsi, tandis qu'on n'obtiendra la première étincelle qu'à une longueur A, les suivantes pourront être obtenues à une longueur s'élevant jusqu'à 1,25 A. Si les surfaces sont bien polies, la longueur A sera minimum ; avec des surfaces dépolies par l'usage, elle pourra atteindre jusqu'à 1,2 ou 1,3 A.

La mesure au moyen de l'électromètre ne sera guère plus exacte, car ses indications, dépendent par-dessus tout de la forme de la différence de potentiel, donc pour un même potentiel d'éclatement on peut obtenir des résultats totalement différents.

On ne pourra tirer de renseignements de l'électromètre que si on se sert de courants alternatifs sinusoïdaux en opérant de la façon suivante :

L'électromètre étant relié aux deux pièces de l'éclateur, ce dernier est écarté de façon à empêcher la décharge du condensateur. On lance le courant alternatif dans l'appareil et on mesure la différence de potentiel efficace aux boules. On approche lentement les deux pièces de l'éclateur jusqu'au jaillissement de l'étincelle. On travaille alors à ce moment (en supposant que le passage de l'étincelle ne se trouve pas ensuite facilité par une des raisons données ci-dessus) à une différence de potentiel d'éclatement égale à $E_{\text{eff}} \sqrt{2}$ soit $1{,}414\ E_{\text{eff}}$.

Si l'on se sert d'une bobine, l'électromètre donnera une moyenne d'E_{eff} dont nous ne pourrons rien tirer : parce que la courbe du courant est difficile à connaître et que le phénomène est discontinu.

3° Intensité maxima. — On pourrait avoir une idée de cette intensité si on connaissait la fréquence, la différence de potentiel d'éclatement et la capacité des condensateurs.

Les relations $Q = EC$ et $I = \dfrac{Q}{\frac{T}{2}}$ (T étant l'inverse de la fréquence) donne-raient l'intensité moyenne de la première décharge du condensateur, et si nous admettons que la fonction I soit sinusoïdale, l'intensité maxima est reliée à l'intensité moyenne par $I_{\text{max}} = \dfrac{\pi}{2} \times I_{\text{moy}}$.

On voit immédiatement que cette mesure ne peut être déduite des indications d'un milliampèremètre de haute fréquence, qu'il soit branché sur un circuit direct, un circuit dérivé ou un circuit voisin induit, car il ne donne que la moyenne des intensités efficaces, non seulement parce que le phénomène est discontinu, mais parce que, dans chaque manifestation du phénomène, les ondes vont en décroissant, grâce à l'amortissement.

Cela conduit non au rejet du milliampèremètre, qui, comme nous le verrons plus loin, peut rendre de bons services pour une même installation, mais à la non-possibilité de comparer entre elles deux installations différentes dans lesquelles ni la différence de potentiel d'éclatement, ni la fréquence, ni l'amortissement ne sont les mêmes. Cependant, cette comparaison serait d'un intérêt considérable.

Une même intensité moyenne peut être donnée par un grand nombre de trains d'ondes d'intensité faible ou par un nombre très petit de trains d'ondes d'intensité considérable ; il est presque évident que dans les deux cas les actions physiologiques seront différentes, et cela seul expliquerait bien des anomalies dans les résultats obtenus.

4° Amortissement. — Les oscillations hertziennes ne restent pas indéfiniment identiques à elles-mêmes comme elles le feraient s'il n'y avait pas de déperdition d'énergie ; elles sont amorties.

Cet amortissement provient de trois causes :

1° De la résistance du circuit de haute fréquence ;

2° De l'action du flux sur les circuits voisins ;

3° Du rayonnement dans l'espace.

Ces trois causes d'amortissement sont très différentes au point de vue de leur intérêt et au point de vue de leur action ; tandis que la première est une perte sèche qu'il faut éviter à tout prix, les autres au contraire la raison même des courants de haute fréquence, soit dans la télégraphie sans fil, soit dans l'auto-conduction, la chaise longue-condensateur, etc.

On peut diviser la résistance ohmique du circuit en deux parties : une partie sur laquelle nous n'avons pas d'action sensible représentée par l'étincelle, et une autre au contraire composée du circuit métallique que nous devons nous efforcer à faire aussi peu résistant que possible. On sait du reste que lorsque la résistance R devient $> \dfrac{4L}{C}$ (1) il n'y a plus oscillation, mais simple décharge du condensateur en un courant toujours de même sens (2).

Nous citerons, pour fixer les idées, une expérience de Bjerknes rapportée par J. A. Flemming : deux circuits à haute fréquence sont semblables, même capacité, même self-induction ; dans l'un le conducteur est du platine, dans l'autre du cuivre.

Voici les résultats :

Cas du cuivre : perte par effet Joule, 25 0/0 :

Cas du platine : perte par effet Joule 62,5 0/0 ;

c'est-à-dire que l'énergie disponible pour l'utilisation du circuit soit en télégraphie sans fil, soit en thérapeutique, était double dans le cas du cuivre.

Nous n'avons pas à nous occuper du rayonnement dans l'espace si ce n'est que pour l'éviter autant que possible, ce qui se trouve généralement réalisé convenablement dans les appareils médicaux.

Quant à l'action du flux sur les circuits voisins, nous l'étudierons tout à l'heure.

L'amortissement est caractérisé par le logarithme népérien du rapport des différences de potentiel maxima de deux ondes de sens inverse se suivant immédiatement, ce qui s'exprime ainsi (γ étant le facteur d'amortissement)

$$\gamma = \text{Log } \frac{E_1}{E_2} = \text{Log } \frac{E_2}{E_3} \text{ etc.}$$

Ce facteur étant connu, il est facile de l'utiliser à calculer le nombre d'oscillations n au bout duquel la différence de potentiel maxima tombe de 1/10e par exemple.

La formule est $\dfrac{n-1}{2} \gamma = \text{Log } 10$.

Comment mesurer γ ?

Nous indiquerons à titre d'exemple une méthode basée sur l'emploi d'un ondemètre, la méthode de Bjerknes.

On modifie la période d'oscillation de l'ondemètre, par la variation de sa capacité.

On trace la courbe des puissances induites par le circuit à mesurer en fonction de cette période, on porte comme ordonnées le carré de l'intensité induite (carré proportionnel à la puissance) et en abscisses la racine carrée de la capacité de l'ondemètre pour chaque point déterminé. Puis on recommence l'expérience en modifiant uniquement la résistance ohmique de l'ondemètre.

L'énergie recueillie par l'ondemètre dépend évidemment de l'énergie dépensée dans le circuit à mesurer, de l'amortissement de ce circuit et de celui de l'on-

---

(1) R étant la résistance, L la self-induction et C la capacité.

(2) Ceci est la condamnation de tous les appareils à fils discontinus avec connexions multiples par ressorts, etc.

demètre. Si l'on maintient constante l'énergie dans le circuit à mesurer, les deux opérations ci-dessus permettront de trouver par calcul les deux amortissements.

Voir pour le détail, qui est trop technique pour être rapporté ici, les ouvrages du lieutenant de vaisseau Tissot, J.-E. Flemming, etc.

Malheureusement cette méthode, comme du reste les autres méthodes que vous pourrez trouver décrites dans les livres cités plus haut, est délicate, et en pratique courante il est difficile d'obtenir des résultats très concordants.

5° *Flux.* — Le flux, de même que les autres grandeurs électriques caractérisant ces phénomènes, est une fonction périodique d'amplitude décroissante dont il est intéressant de connaître la première amplitude, les autres suivant la même loi de décroissance que l'intensité. La détermination du flux maximum à l'intérieur d'un solénoïde, la cage d'autoconduction par exemple, serait d'un intérêt considérable pour les mêmes raisons que celles données lors de l'étude de l'intensité.

On peut le calculer, du moins approximativement, par une formule simple si on a pu connaître la différence de potentiel d'éclatement.

$$E = N\,\omega\varphi,$$

E étant la différence de potentiel en unités C G S, N étant le nombre de tours du solénoïde, ω la pulsation soit $2\pi n$ (n étant la fréquence), φ le flux.

Un exemple numérique donnera une idée de l'ordre de grandeur :

Prenons une installation d'autoconduction très voisine des installations pratiques dans lesquelles on peut admettre

$$E = 40.000^v = 40.000 \times 10^8 \text{ unités C G S.}$$
$$N = 20 \text{ et } n = 500.000$$

$$\varphi = \frac{E}{N\,2\pi n} = \frac{40.000 \times 10^8}{20 \times 500.000 \times 2\pi} = 63.678 \text{ maxwells}$$

et la surface du solénoïde étant 1/2 mètre carré, nous aurons une induction de 12,7 gauss (l'induction étant égale au quotient du flux par la surface en centimètres carrés).

Nombre d'étincelles à l'éclateur. — Le nombre de décharges à l'éclateur en l'unité de temps est encore un facteur fort important à connaître.

Avec cette donnée, pour une installation déterminée on peut déduire des indications du milliampèremètre, employé toujours de la même façon, le rapport entre les valeurs vraies de chaque décharge, puisque l'amortissement est sensiblement toujours le même.

Ce nombre de décharges est fonction : 1° du nombre d'interruptions données par l'interrupteur ou de la fréquence du courant alternatif; 2° de la différence de potentiel maxima à l'éclateur.

Avec un interrupteur et une bobine on aura au minimum 1 décharge par interruption, quelquefois 2 ou 3.

Sur transformateur à courant alternatif sans interrupteur nous avons obtenu, suivant le cas, depuis 1 décharge pour 6 à 8 alternances jusqu'à 20 ou 25 par alternance (voir note à la fin du rapport).

Nous pourrions donc conclure, si nous connaissions le nombre exact des décharges, que pour une même intensité efficace, l'énergie disponible par chaque décharge est 150 fois plus grande dans le cas de 1 étincelle par 6 alternances que dans le cas de 25 étincelles par alternance. Sans avoir de valeurs exactes on aurait une valeur relative très intéressante, qu'il est utile de connaître et qui expliquerait peut-être des différences de résultats et certainement les divers aspects de l'effluve du résonateur aux différents régimes.

Comment compter le nombre de décharges dans l'unité de temps ? On peut, comme nous l'avons fait et comme vous pouvez le voir sur les épreuves ci-jointes, photographier conjointement l'étincelle et un arc à l'aide d'une plaque passant rapidement devant l'objectif. Ou encore placer sur le circuit de l'éclateur un éclateur supplémentaire à très faible longueur d'étincelle entre les pointes duquel on fera passer rapidement une bande de papier. Un diapason inscripteur donnera la mesure du temps, tandis que le nombre de trous par unités de temps renseignera sur le nombre de décharges.

Nous venons de passer en revue avec vous, au point de vue pratique, quelques-unes des méthodes de mesure les plus simples qu'il est possible d'appliquer en haute fréquence, pour se faire une idée de ce que sont les principales caractéristiques de ces courants.

Ces méthodes sont, hélas, le plus souvent bien indirectes et nous déplorons avec vous la multiplicité des variables qui rend si difficile, et même presque impossible, les comparaisons. Ce qui complique par surcroît la tâche de l'expérimentateur, c'est que les circuits de haute fréquence ne sont pas toujours simples comme dans le cas de la grande cage : dans le résonateur, dans la chaise longue, nous avons affaire à des circuits multiples présentant par suite une période de vibration complexe, ce qui n'est pas fait pour simplifier les phénomènes. L'ondemètre en passant par plusieurs maxima décèle, d'ailleurs, cette complexité.

Un instant l'apparition de l'arc chantant comme générateur continu des courants de haute fréquence nous avait fait espérer une simplification notable dan la technique de ces courants, malheureusement ce procédé ne semble pas pouvoir être mis au point, de l'avis même de M. Blondel que nous avons consulté à ce sujet, pour les applications de haute fréquence à des puissances comparables à celles que nous employons actuellement.

Ce rapport montre que nous possédons des méthodes permettant d'analyser les caractéristiques d'un appareillage et, au besoin, de faire des comparaisons. Une fois l'analyse faite, nous devons nous entourer d'instruments de contrôle particuliers à l'installation; milliampèremètre, fréquencemètre, comparateur d'induction, qui nous diront si les conditions d'application sont restées comparables à elles-mêmes : c'est là un résultat considérable.

Nous ne voulons pas terminer cette revue rapide sans adresser nos remerciements aux savants dont les travaux nous ont facilité l'établissement de ce rapport, et plus spécialement MM. d'Arsonval, Ferrié, Blondel, dont les conseils ne nous ont jamais fait défaut.

Note. — Comment peut-il y avoir des différences aussi considérables entre le nombre d'interruptions ou le nombre d'alternances et le nombre de décharges ? Une source peut charger une capacité à une différence de potentiel déterminée. Si la distance explosive des pièces de l'éclateur est telle que cette différence de potentiel atteigne juste la grandeur voulue, nous aurons une seule décharge par interruption ou par alternance.

Si, au contraire, cette distance est plus faible, il pourra y avoir une succession de charges et de décharges pour une seule interruption ou alternance.

Sur courant alternatif, si la différence de potentiel aux bornes du condensateur est trop faible pour donner une décharge dès la première alternance, il peut se produire, dans certaines conditions, une oscillation entre le condensateur et le transformateur, qui tend à augmenter la différence de potentiel fournie par ce dernier jusqu'à ce qu'une décharge se produise et ramène les choses à l'état où elles étaient au début.

Discussion. — M. Doumer fait remarquer :

1° Que l'expression *fréquence* dans le cas des champs magnétiques oscillants discontinus ne correspond nullement au nombre *réel* des oscillations dans une seconde. De l'indication des appareils dénommés ondemètres ou fréquencemètres on ne peut pas plus inférer le nombre réel des oscillations que l'on pourrait conclure qu'une automobile marchant à 60 à l'heure, aurait fait 60 kilomètres dans une heure, si elle avait à chaque instant des pannes.

2° Les quelques mots de critique que M. Gaiffe adresse à la méthode de mesure des champs oscillants ne sont pas justifiés par ce fait que M. Gaiffe ne tient pas compte de ce fait que le facteur par lequel on multiplie l'intensité est $\sqrt{R^2 + (L\omega)^2}$ et non pas R.

3° Pour les besoins de la clinique et dans l'impossibilité où nous sommes de procéder à des mesures plus précises, la définition d'un champ magnétique oscillant par le nombre de lignes de force qui, pendant l'unité de temps, traversent l'unité de section dans un sens ou dans l'autre est non seulement défendable, mais encore elle est, pour le moment, la seule définition que nous puissions en donner.

M. Gaiffe répond que ce n'est pas là la définition de la fréquence; celle-ci est le nombre total de concamérations que le courant oscillant donnerait en une seconde s'il y était entretenu constamment et non amorti.

M. Armagnat. — C'est, en effet, la définition adoptée par tous.

M. André Broca fait observer qu'il n'est pas permis de mettre en doute la validité des calculs de fréquence qui, depuis la correction apportée par M. Poincaré dans le calcul des coefficients de self-induction, a donné des vérifications numériques indiscutables; la seule difficulté réelle dans le calcul de la fréquence vient des ondes multiples qui se produisent dans les circuits complexes et encore cette difficulté est aujourd'hui vaincue dans le cas de la résonance qui est le plus intéressant.

M. Armagnat pense que le moyen proposé par M. Gaiffe pour mesurer le champ maximum dans un solénoïde au moyen de la longueur d'étincelles et de la fréquence est, actuellement, le meilleur à employer, bien qu'il soit très imparfait et capable seulement de donner une indication de l'ordre de grandeur plutôt qu'une mesure.

Quant à l'appareil de M. Doumer, ses indications sont une fonction complexe de la self-induction et de la résistance de l'appareil lui-même; de la fréquence ou mieux de la période des oscillations, du nombre de trains d'ondes dans l'unité de temps et de l'amortissement. Ses indications ne sont proportionnelles à la force électromotrice induite que si l'on compare toujours des courants identiques comme période d'oscillation, amortissement et nombre de trains d'ondes; dans tous les autres cas, les indications n'ont aucune valeur comparative.

Il paraît impossible d'assimiler l'appareil de M. Doumer au corps humain, au point de vue des forces électromotrices induites; en effet, dans le corps humain le produit ωL de la pulsation par la self-induction est négligeable devant la résistance ohmique, de sorte que l'intensité des courants induits dans le corps humain est, pour une même intensité de champ, inversement proportionnelle à la période des oscillations.

M. Turpain fait remarquer que, dans la réalité, les oscillations successives d'un train d'ondes présentent leurs maxima à des intervalles de temps différents les uns des autres et qu'il n'y aurait alors pas lieu de parler au sens strict du mot de fréquence. Déjà M. Tissot a montré, par la photographie au miroir tournant des étincelles oscillantes, que le premier intervalle de temps différait du second. M. Turpain poursuit des expériences dont la méthode a été publiée et qui consistent à photographier côte à côte une étincelle dissociée par un miroir tournant en même temps que son image dans un miroir fixe. De cette façon, en prenant, pour estimer les durées, le temps que met la lumière à partir de l'étincelle, frapper un miroir fixe et revenir à l'étincelle, on réalise un dispositif très simple qui permet de comparer avec une très grande exactitude les intervalles successifs des maxima. Bien que les résultats d'expériences ne soient pas encore en état d'être publiés, M. Turpain croit avoir reconnu que ces intervalles successifs ne sont pas constants.

Cela tiendrait à la façon extrêmement grossière dont nous savons produire des ondes électriques. L'éclateur, par la modification perpétuelle que présente en self, en résistance et en capacité la partie du circuit où se produit l'étincelle, ne reste jamais semblable à lui-même non seulement pour les trains d'ondes successifs mais même au cours des oscillations successives d'un même train d'ondes. L'idéal serait évidemment de produire des ondes, sans avoir d'étincelle : mais l'étincelle paraît être la source même du phénomène. Tant que les producteurs d'ondes ne seront pas perfectionnés et qu'on ne saura pas produire des ondes pures et non amorties, les appareils de mesure que réclament avec raison les médecins semblent des plus difficiles à réaliser et susceptibles seulement de donner, au sujet des phénomènes, des résultats extrêmement grossiers et très peu approchés.

M. André Broca indique qu'à côté de la méthode de Bjerkness dont vient de parler M. Turpain pour mesurer l'amortissement des ondes il y en a une qui consiste à déterminer en même temps l'intensité efficace et l'intensité moyenne due à l'existence de l'amortissement. Cette intensité moyenne donne une déviation au galvanomètre magnétique placé dans le courant quand le circuit est alimenté par du courant continu interrompu.

Les difficultés de construction ont empêché jusqu'ici de réaliser l'appareil, mais il y a actuellement des lames d'aluminium de 25 centimètres de longueur et de 5 microns d'épaisseur, laminées chez M. Caplain, qui permettront la construction d'un appareil correct donnant aisément l'amortissement.

M. Doumer rappelle qu'il a mesuré le champ magnétique produit par le courant de haute fréquence au moyen du courant induit dans une spire métallique mesuré lui-même par un appareil thermique.

M. Blondin, sans avoir présents à l'esprit les détails de l'appareil de M. Doumer, se souvient d'avoir entendu parler, à ce sujet, de champs de 96 000 gauss produits par des courants de haute fréquence; cela lui semble extraordinaire puisqu'on est loin d'avoir réalisé rien de pareil avec les électro-aimants les plus puissants.

M. Bergonié. — Ce qui intéresse surtout les physiciens, c'est de savoir si ailleurs, actuellement, on peut mesurer les facteurs des courants de haute fréquence, c'est-à-dire leur fréquence, leur intensité et leur différence de potentiel efficace et sinon tous les facteurs au moins l'un d'eux. La discussion qui vient d'avoir lieu prouve que cette question n'est pas encore élucidée parmi les physiciens.

Toutes ces considérations sont très savantes et les médecins électriciens les apprécient hautement, mais le moindre grain de mil ferait bien mieux leur affaire : c'est-à-dire quelque chose de simple et de pratique.

M. André Broca dit que, dans un sens, on peut obtenir aisément l'intensité efficace; qu'on peut calculer avec confiance la période principale du système et qu'il espère pouvoir bientôt mesurer l'amortissement.

M. Th. Guilloz. — Peut-être une comparaison même grossière ferait-elle bonne image pour les médecins en fixant facilement dans notre esprit les conditions complexes de production des courants de haute fréquence qui viennent d'être exposées par M. Gaiffe et les physiciens qui viennent de prendre part à la discussion.

Supposons un disque tournant ayant alternativement des vides et des pleins, les vides permettant le passage d'une lumière dont on voudrait étudier une action, celle sur l'organe de la vision par exemple. Lorsque les pleins masqueront l'arrivée de la lumière, cet état correspondrait au silence dans l'appareil de haute fréquence. La partie vide serait munie d'un dégradateur, par exemple comme celui dont se servent les photographes, de telle sorte que l'intensité soit maximum au début du passage du secteur vide, nulle à la fin. Cette diminution se ferait suivant une loi correspondant à l'amortissement. Enfin la lumière devrait être définie par son intensité, sa couleur (fréquence), laquelle ne demeurerait pas identique pendant le passage de la lumière. Cette comparaison très grossière montre toutes les difficultés d'un bon déterminisme dans les études de d'Arsonvalisation. Ceci rendra compte sans doute des différents résultats obtenus par les expérimentateurs et des divergences qui existent sur les applications thérapeutiques. Des difficultés non moindres apparaissent du côté biologique. Espérons que les principaux facteurs pourront être mis en évidence, mais il est nécessaire que les électrothérapeutes soient convaincus de la complexité de la question.

<hr>

— Séance du 5 août —

M. J. CLUZET, Agr. à la Fac. de Méd. de Toulouse.

Sur l'excitation par courants alternatifs. — L'excitation par courants alternatifs a été étudiée par un certain nombre d'auteurs (d'Arsonval, V. Kries, V. Zeynek, Einthoven, Hermann, Hoorweg, Prévost et Batelli). Des recherches qui ont été faites, il parait résulter que l'effet physiologique des courants alternatifs varie avec la fréquence et qu'il existe une *fréquence optima* donnant le seuil de l'excitation avec le minimum d'intensité.

Il serait important de pousser plus loin l'étude de la question, notamment, de chercher la relation qui unit la fréquence et l'intensité donnant le seuil, et de voir si la loi de Weiss est ici applicable.

J'ai commencé cette étude en me servant d'un nouvel appareil de mesure des courants alternatifs, basé sur le principe du galvanomètre à corde décrit par Einthoven en 1894. Cet appareil, dont voici la photographie, se compose essen-tiellement d'un fil métallique de 30 à 40 μ de diamètre tendu dans un champ magnétique; un objectif de microscope, passant au milieu des pièces polaires postérieures, concentre au voisinage du fil la lumière d'une lampe, et un microscope, passant au milieu des pièces polaires antérieures, permet de voir le fil. L'image du fil apparaît en noir dans un espace très éclairé. Lorsqu'un courant continu passe à travers le fil, celui-ci s'écarte de sa position d'équilibre perpendiculairement aux lignes de force; la déviation est directement mesurée au microscope au moyen d'un micromètre oculaire.

De même, ce galvanomètre à corde permet, comme on va le voir, de mesurer l'intensité maximum des courants alternatifs.

Dans mes expériences, les courants alternatifs sont donnés par un aimant inducteur animé d'un mouvement de rotation uniforme et tournant dans le voisinage d'une bobine induite. La rotation uniforme de l'aimant est obtenue au moyen d'un moteur à régulateur de vitesse; un volant est en outre interposé entre le moteur et l'axe de l'aimant inducteur.

La bobine induite peut être éloignée ou approchée de l'aimant qui tourne pour permettre, en faisant varier l'intensité, de chercher le seuil de l'excitation avec une fréquence déterminée. De plus, on peut faire varier la fréquence, en faisant varier la grandeur des poulies de transmission et les conditions de contact du régulateur du moteur (1).

Pour expérimenter, on cherche d'abord la valeur d'une élongation égale à une division du micromètre oculaire. A cet effet, on observe l'élongation obtenue en faisant passer dans le fil un courant de pile mesuré d'autre part avec un galvanomètre étalon. Puis, on place le galvanomètre à corde dans le circuit du courant alternatif. On peut mesurer, en général, sur le micromètre l'amplitude des oscillations effectuées par le fil et, si le fil suit instantanément les variations de l'intensité, les élongations observées mesurent l'intensité maximum du courant alternatif.

Voici, comme exemple, les nombres obtenus dans une expérience sur le nerf sciatique de grenouille :

Valeur d'une division du micromètre $= 0,038.10^3$ amp.

Fréquence.	38	42	49	61
Élongations	8	9	11,5	16
Intensités (en milliamp.).	0,30	0,34	0,44	0,61

Ainsi, pour les fréquences observées, les intensités donnant le seuil croissent avec la fréquence et plus rapidement que s'il y avait proportionnalité : l'action physiologique diminue rapidement quand la fréquence augmente. Il est à remarquer que, dans cette expérience, l'intensité du courant continu donnant le seuil par fermeture était trop petite pour être appréciée au galvanomètre à corde; de même, le courant faradique d'un chariot de Gaiffe, petit modèle, qui

(1) Ces derniers appareils appartiennent à l'Institut Marey ; j'adresse mes plus vifs remerciements à MM. Weiss et Carvallo qui ont bien voulu me les confier.

25

donnait le seuil produisant des élongations à peine visibles. Ces résultats prouvent que, déjà, avec les fréquences employées, on était bien au-dessus de la *fréquence optima* des auteurs.

J'ai commencé aussi des recherches sur l'homme; mon galvanomètre à corde donne dans ce cas des oscillations facilement mesurables pour les courants faradiques produisant le seuil de la contraction musculaire.

Je me propose de poursuivre ces recherches après avoir modifié et complété l'instrumentation. Il sera bon, notamment, que le galvanomètre soit muni d'un second fil, plus fin, pour mesurer les courants faibles; un mouvement de translation permettra d'amener dans le champ du microscope l'un ou l'autre fil, suivant les besoins. En outre, on amortira les oscillations du fil au moyen de condensateurs, ainsi que le conseille Einthoven.

Mais ces premiers essais montrent déjà l'utilité du galvanomètre à corde pour la mesure des courants alternatifs et faradiques : c'est là surtout le but de cette note préliminaire.

———

M. H. BORDIER, Agr. à la Fac. de Méd. de Lyon.

1° *Radiothérapie de l'acné.* — C'est avec les rayons X que l'auteur a obtenu les résultats qu'il fait connaître. Sa technique est la suivante : protection des parties saines par une feuille de plomb, division de la surface atteinte, radiation en plusieurs zones. Mesure de la quantité des rayons absorbés au moyen de son chromo-radiomètre; quantité correspondante à la coloration comprise entre la teinte 0 et la teinte 1. Avec cette technique, la réaction apparaît vingt ou vingt-cinq jours après le traitement : elle consiste en un léger érythème, puis la peau redevient normale; dans le deuxième mois, il n'y a pas de récidive. Dans l'acné rosacée du nez, la dose doit être plus forte et doit aller franchement jusqu'au virage de la teinte 1. Le traitement rend, dans cette très désagréable affection, des services que l'on demanderait en vain aux autres moyens thérapeutiques.

2° *Traitement électrique du xanthélasma.* — Les différents auteurs s'accordent à dire que le xantélasma ne peut guère être traité que par l'incision ou le raclage. Le traitement que l'auteur préconise consiste dans l'emploi des courants de haute fréquence; il se sert, pour cette application, d'un excitateur dont le manche en ébonite porte un fil de cuivre fin entouré d'un tube capillaire en verre, dépassant un peu l'extrémité du fil métallique (pas d'anesthésie). Les étincelles ont pour effet de faire changer la couleur de la peau; de jaune elle devient rosée quelquefois et l'œdème des paupières peut devenir considérable à la suite de la séance; puis le tissu cicatriciel invisible remplace la plaque xanthélasmique et la guérison survient.

3° *Détermination de la quantité de rayons X absorbés par différents tissus sous des épaisseurs croissantes.* — C'est pour résoudre un des problèmes les plus importants de la radiothérapie que l'auteur s'est appliqué à déterminer la proportion d'énergie röntgénienne absorbée par différents tissus pris sous des épaisseurs connues. Grâce au chromoradiomètre de l'auteur et au choix de son unité de quantité (unité I), ces recherches ont fourni d'intéressants résultats :

la méthode expérimentale consistait à placer sur le même plan des pastilles de platino-cyanure dont trois étaient recouvertés par des blocs de tissus ayant respectivement 1, 2, 3 centimètres. L'appréciation des colorations prises par le sel de baryum était faite à l'échelle chromoradiométrique de l'auteur et les doses transmises aux pastilles étaient mesurées en unités I. Voici les principaux résultats de ces expériences :

	Épaisseurs.	Quantité transmise.	Quantité absorbée.
	1 centimètre.	56,6 0/0	43,4 0/0
1° Tissu adipeux.	2 —	33,3 —	66,6 —
	3 —	20 —	80 —
	1 centimètre.	46,7 0/0	53,3 0/0
2° Glande mammaire.	2 —	26,7 —	73,3 —
	3 —	13,4 —	86,6 —
	1 centimètre.	37 0/0	63 0/0
3° Tissu musculaire	2 —	23 —	77 —
	3 —	12 —	88 —

Ces résultats montrent : 1° que le pouvoir absorbant varie avec chaque tissu ; 2° que la quantité d'énergie transmise est beaucoup plus grande pour les parties grasses que pour le muscle ; 3° qu'il serait illusoire d'appliquer le traitement radiothérapique dans les cas où les cellules qu'on veut détruire sont situées à une profondeur à laquelle il serait impossible de faire parvenir la quantité minima d'énergie radiante nécessaire pour produire la mort de ces cellules et qui paraît être d'environ 5 à 8 unités I.

Discussion. — A propos de la mesure utilisée en radiothérapie, une discussion s'engage, à laquelle prennent part MM. Garraud-Chotard, Guilloz, André Broca, Petit et Bergonié, de laquelle il résulte qu'il est nécessaire que la Section donne son opinion sur l'emploi des pastilles de platino-cyanure. Comme suite de cette discussion, M. André Broca formule le vœu suivant :

La Section, tout en reconnaissant les services considérables que rend quotidiennement l'observation de l' « effet Villard » (coloration du platino-cyanure en brun par les rayons X), d'après les techniques de Sabouraud, Noiré, etc., fait cependant des réserves à ce sujet. Les indications des chromo-radiomètres ne peuvent en effet être considérées comme mettant le sujet absolument à l'abri des accidents profonds ou superficiels, à cause de la complexité du faisceau de rayons X, et des difficultés de la technique.

Vœu émis par la Section sur la demande de M. Garraud-Chotard relativement à l'insuffisance des moyens de chromoradiométrie actuels. La formule proposée par M. André Broca est adoptée à l'unanimité :

Dans les questions de responsabilité médicale, les indications de chromoradiométrie ne doivent pas être considérées comme un critérium absolu.

M. le Dr BORDET, d'Alger.

1° Pelade infantile rebelle traitée par la haute fréquence. — L'auteur rapporte le cas d'une fillette de six ans atteinte d'une pelade remontant à plus de deux ans et pour laquelle tous les traitements médicamenteux étaient demeurés inefficaces. Le traitement de cette pelade par les courants de haute fréquence avec l'excitateur à manchon de verre de Oudin, jusqu'à provoquer des phlyctènes, a donné de très bons résultats ; la repousse s'est faite lentement ; la guérison est complète depuis juillet.

2° Traitement de l'atrophie musculaire par les courants galvaniques ondulés.

———

M. WULLYAMOZ, de Lausanne.

État actuel de la radiologie stomacale. — L'auteur se sert constamment de la radioscopie qu'il pratique au moyen du châssis porte-ampoule de Béclère, avec ampoule très dure, marquant 10 à 12 au radiochromomètre de Benoist.

Il dessine au tableau un grand nombre de formes de l'estomac, telles que l'estomac du buveur, l'estomac contracturé, l'estomac du nerveux, l'estomac à l'état de crampe, l'estomac ptosé, l'estomac dilaté, l'estomac comprimant le cœur, l'estomac cancéreux, etc. Sa technique comprend la déglutition de pilules de bismuth comprimé contenant 2 grammes de bismuth ; cette déglutition est aidée par une solution de bicarbonate de soude, puis il fait ingérer de l'acide tartrique pour dilater l'estomac par le gaz carbonique.

———

M. le Dr Paul-Charles PETIT, de Paris.

1° La hauteur de l'ampoule est une notion capitale et indispensable en radiographie. Procédé nouveau de détermination. — Tous les radiographes ont désiré une distance fixe de l'ampoule à la plaque pour les radiographies. La géométrie nous démontre que cela est impossible si l'on veut éviter les déformations et les agrandissements. Il y a une distance qui varie dans chaque cas particulier et qu'il faut chercher. Notre procédé (qui n'est qu'une partie de notre méthode générale de radiographie) de recherche de ce facteur repose sur la comparaison d'ombres de cercles ou de tiges avec leur diamètre connu d'avance. Notre procédé comporte la notion de l'épaisseur du sujet à reproduire. Il permet d'ailleurs la détermination rapide du rayon normal incident. Par lui, on peut espérer reproduire des radiographies identiques dans toutes circonstances de temps et de lieu.

2° La distance de l'ampoule à la plaque est une notion capitale et indispensable en radiograpie. Procédé nouveau de détermination. — L'auteur démontre géométriquement la variation de grandeur d'un même objet dont on change la distance à la plaque photographique. Il présente ensuite un appareil construit par M. Lacoste et figurant dans la Salle d'exposition qui permet de faire simplement la détermination qu'il préconise.

M. le D' Hyacinthe GUILLEMINOT.

1° Mesure de la quantité de rayonnement (préliminaire à l'étude de l'action des radiations sur la germination des plantes). — La difficulté d'apprécier les faibles doses de rayons X avec les pastilles au platinocyanure m'a fait employer, aussi bien pour la radiothérapie et la radiographie que pour la radio-expérimentation, une unité dont j'ai déjà parlé il y a deux ans sous le nom d'unité M et qui permet de déduire la notion de quantité de celles de l'intensité de champs et de temps.

C'est la quantité de rayons agissant, par *minute* lorsque l'intensité du champ, au lieu considéré, est telle qu'elle donne à l'écran fluorescent un degré de luminosité déterminé par comparaison, avec une plage illuminée par un étalon de radium. Mon quantitomètre est disposé de telle façon que, lorsque les deux plages sont égales, on sait qu'à la distance où l'on se trouve le tube débite $\frac{1}{4}$ d'M par minute. Un tableau indique ce qu'il débite dans ces conditions aux distances les plus communément employées dans la pratique. Ainsi, un tube qui équivaut à l'étalon à 160 centimètres débite 64 M par minute à 10 centimètres, 16 M à 20 centimètres, 7 M à 30 centimètres, etc.

Un M vaut 0,008 H (Holzknecht) et 0,006 I (Bordier) environ.

Il ne faut pas oublier que l'unité n'est identique à elle-même que pour une même qualité de rayonnement. Mais il est intéressant d'étudier les différences d'action d'un même nombre M de qualité différente (rayons X très pénétrants, rayons X peu pénétrants, rayons du radium) sur les tissus en particulier.

Je rappelle qu'au moment où, il y a deux ans, je priais M. le professeur d'Arsonval de présenter à l'Académie des Sciences mon premier modèle de quantitomètre, il me fit part des travaux de M. Courtade, au nom duquel il venait, la semaine précédente, de présenter un dispositif analogue. Je crois, d'ailleurs, que la question de priorité est peu importante ici, beaucoup d'expérimentateurs ayant eu la même idée. Ce qu'il faut avant tout, c'est tirer de là une méthode de mesure bien définie.

Discussion. — M. Bergonié : Tous les appareils de mesure des rayons X émis par une source doivent être accueillis avec reconnaissance ; celui de M. Guilleminot en particulier. Pourrait-il nous donner quelques renseignements sur l'étalon au radium qui est pour ainsi dire le pivot de son appareil ?

M. André Broca : M. Meslin, en prenant une lampe étalon et un verre coloré reproduisant exactement la couleur du platino-cyanure, a pu faire des mesures dont le principe ressemble à celui utilisé par M. Guilleminot. Ne pourrait-on remplacer le radium par une petite lampe étalon ? Les recherches de M. Turchini ont donné des résultats par la même méthode.

M. Guilleminot n'a pu trouver de verre ayant la coloration du platino-cyanure. Quant à son étalon de radium, son prix est de 2.000 francs, ce qui diminue la possibilité de créer pratiquement un grand nombre d'appareils semblables au sien.

2° *Action des rayons du radium et des rayons X sur la germination*. — Une première série d'expériences portant sur 467 graines de radis, 306 navets, 164 volubilis, 26 haricots, a eu pour but de déterminer si les rayons X et les radiations de haute fréquence ont une action sur la graine en germination et sur l'évolution de la jeune plante soumise d'autre part à la photoexpérimentation négative. Il semble y avoir eu accélération de la germination par les rayons X, mais les mauvais effets de l'absence de lumière normale n'ont pas été empêchés plus que chez les témoins. Ces expériences remontent à 1898. La quantité n'a pas été déterminée avec précision.

Une deuxième série a porté sur 99 graines de radis irradiées par le radium pendant la germination et sur 99 témoins. Le retard des premières phases de la germination a été manifeste sous le radium placé en permanence à 2 centimètres et demi (la surface du terreau recevait $\frac{2}{10}$ d'M par minute). Les phases suivantes parurent moins troublées. Les pousses situées à la limite de l'action nocive n'ont pas présenté la phase d'excitation.

Une troisième série montre l'action du radium sur les graines irradiées avant d'être semées. Ici, le retard des 95 graines irradiées sur les 95 témoins est des plus manifestes. Ce retard s'accentue de plus en plus et, après une évolution d'une vingtaine de jours, les dernières plantes meurent, frappées qu'elles avaient été avant toute germination d'une manière profonde et définitive qui devait les arrêter à une phase plus ou moins avancée de leur développement.

La quatrième et dernière série (graines de potiron) permet de comparer l'action des rayons X et des rayons du radium. A partir de 6.000 M radium absorbés avant semailles, les cellules germinatives sont frappées; 4.600 M rayons X ne paraissent pas nuire au développement. Je poursuis ces expériences comparatives.

Discussion. — M. le Dr TISON : La communication de M. Guilleminot est très intéressante. Mais je crois que dans de semblables expériences il faudrait tenir compte de l'âge des graines qui conservent plus ou moins longtemps leurs facultés germinatives. Il y a, sous ce rapport, des variations considérables, certaines graines ne germant que pendant une période très courte de l'année, telles celles de l'*Helleborus hyemalis*. En tout cas, le résultat de ces expériences montre que les radiations agissent sur les graines mises en expériences, comme le temps, c'est-à-dire qu'elles hâtent l'époque de leur impossibilité à germer, en un mot qu'elles les font vieillir. Si l'on applique ces données à l'action des mêmes radiations sur l'homme, ont voit la conséquence qu'on en pourrait tirer.

M. BERGONIÉ : Étant donnée l'importance des figures dans le beau travail que vient de présenter à la Section M. Guilleminot, figures sans lesquelles il est impossible de se rendre compte des résultats obtenus dans la germination des graines et dans le développement des plantes exposées où non exposées, je propose à la Section d'émettre un vœu pour que la Commission de publication de l'Association française pour l'Avancement des Sciences prenne en considération ce fait que, la Section d'électricité médicale ne causant, depuis sa création, que fort peu de dépenses pour la publication de ses travaux, il soit accordé à M. Guilleminot les crédits exceptionnels nécessaires pour que son important travail soit illustré de figures indispensables.

La proposition de M. Bergonié est votée à l'unanimité par la Section.

M. GUILLEMINOT remercie.

3° *Triage des phases des courants de haute fréquence. Production des effets électrostatiques. Interprétation.* — Si l'on introduit dans un circuit alternatif quelconque une soupape (soupape Villard par exemple), le courant passe plus facilement dans un sens que dans l'autre. Avec des soupapes convenablement réglées, on peut ainsi trier les phases des courants de haute fréquence :

Dispositif le plus simple pour comprendre le phénomène. — Réunir les deux extrémités d'un résonateur bipolaire, assimilable à une bobine, par un conducteur comprenant deux soupapes dures en série.

Dispositif à circuit ouvert (ce qui signifie : fermé sur une grande résistance qui est l'air). — Si on ouvre le circuit entre les deux soupapes, on a, à chaque extrémité, des charges statiques disponibles qui effluvent dans l'air et qui peuvent, comme les charges des collecteurs de machines statiques : 1° charger des condensateurs dans un sens unique; 2° attirer ou repousser le pendule électrique; 3° agir sur un milliampèremètre très sensible à aimant fixe (circuit fermé) ; 4° produire le souffle frais des machines électrostatiques.

Dispositif à un seul fil. — Si, au lieu de prendre un dispositif à deux pôles, on prend seulement le fil attaché à l'une des extrémités d'un résonateur ou à l'extrémité unique d'un résonateur unipolaire et que l'on fasse une boucle terminale à l'extrémité de ce fil, on peut, en plaçant deux soupapes en série dans la boucle, y déterminer un courant et, en rompant la boucle entre les deux soupapes, obtenir les effets électrostatiques ci-dessus.

Chaque train d'ondes ainsi triées est capable de produire des effets moteurs et agit sur le téléphone à dose minime.

Discussion. — M. André BROCA : Il semble que les phénomènes sont peut-être plus complexes. Un tube à vide présente, en effet, une période propre de décharge de l'ordre de grandeur du millième de seconde. Quand des courants de haute fréquence excitent un pareil système, il y a donc, selon toute probabilité, production de deux ordres d'oscillations, les unes ayant la période même des hautes fréquences employées, les autres ayant la période propre du système excité. Il suffit que cette dernière ait une intensité extrêmement petite pour qu'elle produise une excitation du nerf, étant donnée la grandeur de sa période. On ne peut donc savoir *a priori* si le nerf est réellement excité par la haute fréquence à concamérations de même signe et la question est extrêmement difficile à juger.

M. LEDUC : La *British medical Association*, l'une des plus importantes réunions médicales du monde entier, puisqu'elle compte plus de vingt mille médecins, vient de créer dans son sein une section d'électricité médicale qui a été inaugurée au récent Congrès de la *British medical Association*, à Exeter ; c'est probablement grâce à l'existence de notre Section d'électricité médicale de l'Association française pour l'Avancement des Sciences qu'est due la création d'une semblable section dans la *British medical Association*. M. Leduc, invité à prononcer le discours d'inauguration de cette section, y a reçu l'accueil le plus chaleureux ; il en reporte tout l'honneur à notre Section d'électricité médicale et à notre pays. Le succès de la Section d'électricité médicale au Congrès d'Exeter a été considérable. Le nombre des travaux présentés y a été fort grand. Les discussions s'y sont passées dans un ordre parfait et ce premier Congrès fait bien augurer du développement futur de cette filiale de notre Section, bientôt vieille de dix ans. En terminant, M. Leduc tient à remercier tous les confrères et amis d'Exeter de leur accueil si amical et, en particulier, M. le Dr Lewis-Jones qui a été le créateur de cette Section d'électricité médicale.

———

M. le Dr Stéphane Leduc, qui présidait la séance, avant de céder le fauteuil à M. Guilloz, propose l'envoi au Dr Lewis-Jones, de Londres, de la dépêche suivante, proposition adoptée par la Section à l'unanimité :

« La Section d'électricité médicale de l'Association française pour l'Avancement des Sciences adresse à la Section d'électricité médicale de la *British medical Association* l'expression de sa sympathie et ses vœux de prospérité.

» *Le Président :* Guilloz. »

———

M. MALLY, Prof. à l'Éc. de Méd. de Clermont-Ferrand.

1° Technique de radiothérapie. — La partie originale et personnelle de cette technique est la recherche d'une radiodermite limitée pour obtenir des guérisons sans récidive des tumeurs malignes en traitement. L'auteur dit que dans la plupart des cas, avec des doses petites ou moyennes de rayons absorbés, on a des récidives sur place, parce que les tissus profonds intéressés par la néoplasie n'ont pas été atteints par les rayons. Avec la technique préconisée par l'auteur, ces récidives ne sont pas à craindre et, d'ailleurs, la radiodermite limitée guérit très facilement, contrairement aux radiodermites étendues, aux radiodermites chroniques.

Discussion. — M. Guilloz demande à l'auteur s'il est nécessaire d'obtenir cette radiodermite dont il parle, dans tous les cas, avec la même acuité.

M. Bergonié. — Quelle est la surface maxima sur laquelle on puisse produire, d'après M. Mally, la radiodermite dont il parle, tout en conservant l'espoir d'une prompte et bonne cicatrisation ?

M. Mally considère que la radiodermite franche est celle qui guérit le mieux les néoplasmes superficiels, dans tous les cas, et qu'elle n'expose pas aux récidives ; quant à la surface sur laquelle on peut la produire, elle ne dépasse guère en général les dimensions d'une pièce de 50 centimes ou de 1 franc.

2° Radiothérapie dans l'épithélioma de la face. — Comme il s'agit de lésions circonscrites et de peu d'étendue, l'auteur propose, d'après son expérience personnelle, d'irradier très fortement la tumeur. On doit aller jusqu'à la radiodermite aiguë à répétition. La réaction passée, il se produit une atrophie définitive de la peau et la guérison peut être considérée comme absolue. Cette technique rappelle les méthodes anciennes où la destruction était réalisée par les caustiques chimiques.

Cette technique ne s'adresse qu'aux tumeurs cutanées de petite étendue ne dépassant pas les limites d'une pièce de 1 franc.

———

M. le Dʳ LAQUERRIÈRE, de Paris.

1ᵉ *Le rôle de l'électrothérapie dans les accidents de travail.* — Bien que la mode soit surtout, dans les accidents de travail, au massage et à la mécanothérapie, l'auteur estime que l'on peut obtenir aussi facilement, avec des applications judicieuses de courants, des actions analgésiques, circulatoires et trophiques.

En particulier, l'entorse, l'hydartrose, les troubles circulatoires suite de trauma, les plaies atones, les impotences et atrophies musculaires, qu'il s'agisse de névrite ou d'atrophie simple, paraissent tout à fait justiciables de l'application de diverses modalités électriques. Mais il est important de bien choisir et on ne saurait trop s'élever contre la pratique qui consiste à utiliser un courant quelconque au risque, par exemple, de surmener par une faradisation intempestive un muscle en voie d'atrophie.

D'autre part, l'électromécanothérapie est appelée en bien des cas à supplanter complètement la mécanothérapie, parce qu'elle seule permet d'obtenir des contractions musculaires, quand pour une raison ou pour une autre la volonté du sujet est déficiente. Elle permet de faire travailler le muscle, au besoin sur une résistance graduée, quel que soit l'état psychique du malade, et même lorsqu'il fait preuve de la mauvaise volonté la plus certaine.

Discussion. — M. MALLY rappelle les éléments de pronostic et de diagnostic que le médecin peut apporter dans une expertise d'accident du travail; il en démontre la supériorité, comme il l'a déjà fait dans des publications antérieures.

M. GUILLOZ insiste sur le nombre de cas d'accidents du travail compliqués de psychonévrose et les difficultés qu'il y a à prévoir la guérison dans ce cas; il cite plusieurs exemples.

M. BERGONIÉ : De cette discussion et de celle qui a eu lieu devant les sections des sciences médicales et d'électricité médicale réunies, il est utile et possible de tirer une résolution.

2° *L'électro mécanothérapie, procédé de rééducation:* — Les contractions musculaires artificielles provoquées par les courants électriques forment le meilleur procédé pour rééduquer les paralysées hystériques, puisque l'électricité est le seul procédé permettant de démontrer au sujet que ses muscles se contractent; et, grâce à l'emploi de résistance, on lui prouve de plus qu'ils sont capables d'un travail sérieux.

D'autre part, dans toutes sortes de parésies, d'impotences, suite de traumatisme, le blessé prend l'habitude de ne pas faire fonctionner certains muscles et de se servir, grâce à diverses contorsions, de muscles ayant des actions plus ou moins similaires pour réaliser certains mouvements. Beaucoup d'incapacités légères permanentes après des accidents de travail n'ont pas d'autres causes.

L'exercice systématique des muscles déficients est certainement le meilleur procédé, mais quand le sujet présente ou une mauvaise volonté évidente ou une intelligence trop bornée, on ne peut arriver à lui faire accomplir correctement les mouvements volontaires que l'on désire.

L'application d'excitations électriques appropriées permet, au contraire, et permet seule de faire travailler les muscles que l'on désire, à l'exclusion de tout autre. On peut donc arriver ainsi à rééduquer le sujet, ce qu'on n'aurait pu faire par aucune autre méthode.

Discussion. — MM. Guilloz, Mally, Bergonié.

3° *L'électricité, agent de gymnastique (Électro mécanothérapie).* — L'électricité est, avec la volonté, le seul procédé pour faire contracter un muscle.

Depuis longtemps et, en particulier, depuis les beaux travaux de Duchêne, de Boulogne, on sait utiliser ces contractions musculaires artificielles dans le traitement de diverses affections et l'auteur propose d'appeler *électro mécanothérapie toutes les applications électriques destinées à produire du mouvement.*

Il pense d'ailleurs qu'il faut y ajouter un nouveau chapitre, celui *du travail musculaire sur une résistance.*

Quand on veut hypertrophier un muscle dans la gymnastique ordinaire, on lui fait faire des efforts progressivement croissants.

Avec les dispositifs modernes (Bergonié, Truchot, Bordet, les divers dispositifs de Gaiffe) on obtient des contractions lentes, s'accroissant lentement, et capables de soulever un poids.

L'auteur utilise, dès qu'il n'a plus de réaction de dégénérescence, la contraction musculaire-électrique travaillant sur des résistances progressivement croissantes. On a ainsi tous les avantages de la mécanothérapie en ce qui concerne l'effet gymnastique, mais on a en plus l'action trophique du courant; enfin on localise l'action rigoureusement aux seuls muscles qu'on veut exciter, ce qui n'est pas toujours possible quand on est obligé de faire entrer en jeu la volonté du sujet.

Discussion. — M. Bergonié : Ce qu'il y a de neuf dans la nouvelle pratique préconisée par M. Laquerrière, c'est d'avoir ajouté une résistance antagoniste pour faire travailler le muscle électrisé au moyen de courants faradiques, progressivement croissants et décroissants que je préconise depuis si longtemps. Je crois cette pratique excellente, bien que les résistances à opposer à une contraction électriquement provoquée soient ordinairement assez faibles ; j'ai essayé, il y a déjà quelque temps dans le cas de raideur articulaire, de faire alternativement et mécaniquement au moyen d'un appareil l'excitation des extenseurs et des fléchisseurs de cette articulation et il m'a semblé que cette méthode avait un bon effet sur l'augmentation de l'amplitude de l'articulation traitée. L'appareil a été construit par M. Gaiffe: il se compose d'une bobine oscillante du genre de celle imaginée par Truchot et d'un commutateur qui dirige alternativement le courant sur les extenseurs ou sur les fléchisseurs.

4° *Note sur un cas de poursuites judiciaires pour prétendues brûlures causées par électro-diagnostic.* — Il s'agit d'un accidenté du travail qui, à la suite d'un seul examen électro-diagnostic, commença par déposer contre le médecin une plainte en blessure par imprudence. L'affaire n'eut pas de suite, mais, changeant alors de tactique, il réclama une indemnité pour incapacité de travail de deux mois causée par l'examen.

Le médecin-expert commis constata qu'il y avait de légères cicatrices; il consigna dans son rapport que le blessé, n'ayant rien remarqué en sortant de chez le médecin, il ne pouvait s'agir de brûlure thermique, mais il n'osa pas affirmer d'une façon ferme, qu'il ne pouvait non plus s'agir de brûlure électrique.

Malgré ce rapport, le juge ayant demandé divers avis complémentaires, le confrère ne fut pas condamné; mais ce fait semble bien démontrer que les expertises, dans les accidents imputés à l'électricité, devraient être confiées à des électrothérapeutes de profession.

———

Vœu. — M. Bergonié propose un vœu sur le rôle du médecin électricien dans les expertises médico-légales en général et dans celles des accidents du travail en particulier. Ce vœu d'abord voté par la section à l'unanimité, sera présenté au Bureau de l'Association à l'Assemblée générale et pourra devenir vœu de l'Association pour être transmis aux pouvoirs publics et modifier peut-être l'état de choses actuel.

———

M. Blondin, Professeur agrégé au collège Rollin, président de la Section de physique, vient entretenir la section d'électricité médicale au sujet de la discussion qui a eu lieu, devant les sections de physique et d'électricité médicale réunies, sur les *instruments de méthode et de mesure des courants de haute fréquence* (rapport de M. Gaiffe). Il estime que cette question, loin d'être épuisée, peut donner lieu à un nouveau rapport et à une nouvelle discussion qui aurait lieu au Congrès de Clermont-Ferrand l'année prochaine et, comme cette année, devant les deux sections réunies. Il propose de nommer deux rapporteurs qui devront centraliser tous les renseignements tant sur les méthodes et instruments de mesure employés par les physiciens que sur les desiderata réclamés par les médecins électriciens. Il propose de nommer MM. Bergonié et Turpain, qui voudront bien se charger d'apporter aux deux sections les éléments de la discussion en question.

La proposition de M. Blondin est acceptée : MM. Bergonié et Turpain sont nommés rapporteurs pour le Congrès de Clermont-Ferrand.

———

M. Léon GÉRARD, de Bruxelles.

Sur l'effluve ozone.

———

— Séance du 6 août —

M. le D' FOVEAU de COURMELLES, Présid. de la *Soc. Médicale des Praticiens*, à Paris.

Contribution à l'étude de la haute fréquence (D'Arsonvalisation et Effluviation). — Depuis 1895, l'artério-sclérose, sous diverses formes, hyper ou hypotension (celle-ci plus rare), avec obésité, albuminurie, diabète, hémiplégie, rhumatisme plus ou moins généralisé, a été traitée par l'auteur en mettant les malades dans le grand solénoïde : toujours, il s'est produit une *régulation de la circulation et de la température*, et par suite, une amélioration générale et un relèvement des forces. La thérapeutique ordinaire, la diététique, impuissantes souvent dans les cas graves quand elles sont seules, complètent la D'Arsonvalisation, et il faut presque toujours les y adjoindre.

L'effluviation, dont l'action est surtout locale, agit plutôt sous forme de pluie d'étincelles de longueurs variées, selon les cas : dans la tuberculose pulmonaire, en grandes plaques métalliques sur les lésions ; dans les cancroïdes et cancers cutanés, par des étincelles localisées. Les prurits, les eczémas, la fissure anale, les névralgies, certains bourdonnements d'oreille, cèdent aux effluves plus douces. Une électrode spéciale et réglable de l'auteur s'applique à ces diférents cas.

M. le Dr GUILLEMONAT, de Paris.

Traitement des Chéloïdes par les rayons X.

M. le Dr E. BORDET, d'Alger.

Le traitement de l'atrophie musculaire par les courants galvaniques ondulés. — Cette communication a paru in-extenso dans les *Archives d'Électricité médicale*; n° 217, du 25 juin 1907, page 452.

M. E. CHUITON, de Brest.

Lupus de la conjonctive et de la cornée guéri par la radiothérapie. — L'auteur commence le traitement par les rayons X en octobre 1905. Au 15 mars 1906, grande amélioration. En avril 1907, guérison parfaite. Des photographies faites avant et après le traitement montrent son efficacité et la beauté du résultat.

Discussion. — M. Bergonié. — On ne saurait trop signaler ce résultat, sachant combien il est difficile à obtenir en de telles affections.

M. le Dr WULLYAMOZ, de Lausanne.

Procédé radioscopique pour mesurer exactement un raccourcissement osseux. — La mesure exacte d'un raccourcissement osseux n'est pas toujours très facile, surtout chez les personnes grasses.

La radiographie permet en vérité de mesurer très exactement la différence de longueur de deux os, mais il faut tirer deux photographies, souvent sur de très grandes plaques (fémur) qui reviennent très cher, en outre un certain temps est nécessaire pour le développement des clichés.

Par le procédé radioscopique, en moins d'une minute, on peut très exactement mesurer à un millimètre près la longueur de deux os.

Pour cela, se servir du châssis de Béclère qui donne le rayon normal. Mettre le membre dont on veut mesurer l'os contre l'écran fluorescent, placer l'ampoule de Röntgen de façon que le rayon normal passe par l'extrémité de l'os à mesurer ; au moyen du crayon dermatographe muni d'un index métallique et tenu perpendiculairement à là peau, tracer un trait vis-à-vis de l'extrémité de l'os en haut et en bas, répéter la même opération sur l'os sain. Mesurer avec un centimètre la longueur qui sépare les deux traits marqués à l'extrémité des deux os et comparer les deux longueurs : on a exactement le raccourcissement osseux.

M. HEYMANN, de Bordeaux.

Action des rayons X sur le rein adulte. — Ce travail fait partie de la série déjà nombreuse de travaux entrepris dans le laboratoire d'électricité médicale de Bordeaux d'une manière systématique pour déterminer l'action des rayons sur les organes sains. Il semble que l'on peut conclure que, sous l'action directe des rayons X, le rein adulte subit des processus donnant lieu à une augmentation du taux de l'urée, des chlorures et de l'albumine ; ces différences dans la composition de l'urine ne sont que passagères et disparaissent au bout d'un temps qui devient plus long au fur et à mesure que l'on augmente le nombre des irradiations. De plus, l'intensité de ces phénomènes semble plus grande avec des rayons n°s 4 à 5 qu'avec des rayons 6 à 7. Quel est le processus donnant lieu à ce changement dans la composition des urines ? Nous n'osons trop nous prononcer, mais pourtant nous nous permettrons d'émettre l'idée que le rein subit une congestion passagère, les cellules de l'épithélium rénal n'étant que peu ou pas influencées par les rayons X dans le rein adulte ; ce qui est bien en rapport avec la loi formulée par M. le professeur Bergonié disant que « les rayons X agissent avec d'autant plus d'intensité sur les cellules que l'activité reproductrice de ces cellules est plus grande, que leur devenir karyokinétique est plus long, que leur morphologie et leurs fonctions sont moins définitivement fixées ».

Discussion. — M. André BROCA demande si, chez un enfant dont le rein est plus protégé que celui du lapin, vu l'épaisseur des tissus superficiels, il y aurait du danger à exposer la région rénale aux rayons X.

M. GUILLOZ. — Les radiodermites chez les lapins sont très difficiles à obtenir, tandis que chez les chiens on les obtient très facilement. M. Guilloz estime que les recherches systématiques entreprises dans le laboratoire de M. Bergonié sont de nature à éclairer la thérapeutique.

M. LEREDDE. — C'est évidemment la profondeur des organes exposés aux Rayons X qui détermine, toutes choses égales d'ailleurs, l'efficacité ou la non-efficacité des traitements radiothérapiques sur ces organes ; mais, d'autre part, il faut tenir compte de la structure des tissus, c'est ainsi que les épithéliomas à lobules cornés résistent davantage à la radiothérapie que les épithéliomas tubulés. L'action sur le cancer de la langue est moindre lorsqu'il y a kératose des tissus que lorsque celle-ci n'existe pas.

M. Bergonié. — On a voulu tirer des expériences systématiques faites dans mon laboratoire, dont celles de M. Heymann font partie, des déductions pour la pratique médicale que ni moi ni mes collaborateurs n'y avons mises. Il en est ainsi pour l'action des rayons X sur l'ovaire en particulier.

MM. les Dʳˢ André BROCA et TURCHINI, de Paris.

Sur le fonctionnement de certains tubes de Crookes. — MM. Broca et Turchini ont observé certains tubes construits il y a quelque temps par M. Thurneyssen, qui avaient une étincelle équivalente mal déterminée. Ces tubes prenaient un fonctionnement régulier quand on les rendait bianodiques en réunissant l'osmo-régulateur à l'anticathode. Dans ces conditions, quand la réunion se fait au moyen d'une petite étincelle, on peut régler exactement l'étincelle équivalente du tube d'après la longueur de cette petite étincelle auxiliaire, et sans agir sensiblement sur le débit du tube. Inversement, en donnant du gaz par l'osmo-régulateur ou modifie le débit sans modifier sensiblement l'étincelle.

Ce montage ne modifie rien avec les tubes habituels ; les auteurs attribuent ces phénomènes curieux à la nature du verre. Si celui-ci est absolument isolant, l'afflux cathodique s'établit mal, et les phénomènes précédents se produisent. Quand le verre est suffisamment conducteur, le régime d'afflux se fait par l'intermédiaire même du verre et alors les connexions nouvelles ne modifient rien.

Les rayons produits dans le cas du tube sensible monté comme nous l'avons dit semblent ne pas donner de relation simple entre l'indication du chromora-diomètre et la radiodermite.

Discussion. — M. Bergonié. — J'ai vu fonctionner le dispositif de M. Broca ; il fonctionne parfaitement. Il serait avantageux de voir, dans la pratique, ce dispo-sitif couramment fabriqué chez les constructeurs.

M. Guilloz. — Quand on fait le vide dans un tube en chauffant fortement les parois de celui-ci, on arrive rapidement au degré de vide voulu, mais la vie des tubes est courte, et ceux-ci se mettent rapidement à osciller. Au contraire, lorsqu'un tube n'a été que modérément chauffé pendant qu'on fait le vide, il n'oscille que difficilement et sa vie est longue. D'ailleurs, les conditions com-plexes de fonctionnement du tube que vient de présenter M. Broca me confirment dans l'expression du vœu que nous avons émis hier touchant la mesure des rayons X par leur action sur le platino-cyanure.

M. Laquerrière signale aussi des variations dans le fonctionnement du tube de Crookes, que sa pratique lui a souvent révélées, et dont *l'effet Broca* lui donne l'explication.

M. Michaut signale des variations analogues.

M. André Broca répond qu'un constructeur ne peut garantir que le dispo-sitif qu'il vient de faire connaître marchera avec tous les tubes, et il explique pourquoi.

M. GUILLOZ, de Nancy.

1° Tube à double centre d'émission des rayons X. — M. Villard avait déjà construit un tube dans lequel, au moyen d'un champ magnétique, il divisait le faisceau cathodique en deux parties tombant sur deux anodes.

L'auteur emploie dans le même tube, réunies en quantité, deux anodes et deux cathodes; de plus, il rétablit l'équilibre si celui-ci est rompu entre les deux cathodes, en interposant sur le trajet de l'une d'elles une lacune qui donne passage à l'étincelle. Si avec l'un de ces tubes on se sert d'un dispositif analogue au photomètre de Bouguer, l'une des ombres de la tige métallique est éclairée par l'un des faisceaux qui ne la produit pas, et réciproquement. Si les deux ombres ont même intensité, c'est que les deux foyers d'émission ont même puissance.

On peut placer les deux anodes à une distance égale à la distance des yeux et obtenir ainsi en radioscopie stéréoscopique des indications qui, pour la recherche des corps étrangers, par exemple, et leur localisation, sont des plus précieuses.

2° Sur l'action nocive qu'exercent les courants de self-induction dans les accidents électriques. — Voulant vérifier la nocivité des courants de self-induction sur laquelle M. d'Arsonval avait attiré l'attention, l'auteur a placé un lapin dans le circuit dérivé d'une self dont on rompait le courant d'excitation. Il a trouvé ainsi que, lorsque le courant était lentement rompu, on constatait des phénomènes peu graves sur le lapin; mais, toutes les fois que le courant était brusquement rompu, le lapin était électrocuté.

Discussion. — M. MALLY : Sur les secteurs en général, les conditions sont un peu différentes de celles des expériences de M. Guilloz. En général, les courants de 110, 120 et 150 volts sont inoffensifs; les courants alternatifs de 3.000 volts, dans la région de la France où ils se trouvent, n'ont jamais produit d'accidents mortels, tandis que les accidents ont toujours été mortels pour des courants de 20.000 volts.

M. André BROCA pense que tout dépend des conditions dans lesquelles l'accident observé s'est produit. Il a pu constater quelques-uns des symptômes provoqués par ces accidents; ainsi, par exemple, il a vu le rythme des contractions cardiaques modifié et il croit pouvoir attribuer la mort par le cœur au surmenage musculaire et aux toxines en provenant qui accompagnent le choc électrique.

M. BERGONIÉ est tout à fait d'avis qu'il faut surtout examiner les circonstances dans lesquelles s'est produit l'accident; il cite deux faits d'expertises dans lesquelles, pour un choc survenu dans des conditions exceptionnellement favorables sur des fils de 14.000 volts, le rapport médico-légal a conclu à une incapacité temporaire et partielle sans gravité; tandis que, dans un autre cas, sur courant continu à 550 volts, l'accident a été suivi de mort à brève échéance.

M. GUILLOZ : Tout dépend, en effet, de la perfection du contact établi et l'on pourra lire dans l'un de mes travaux prochains une statistique documentée à ce sujet.

3° Sur les courants électriques dérivés dans le corps, dans les contacts électriques accidentels.

4° Traitement de l'urétrite chronique ou goutte militaire par le courant galvanique. — De nombreux traitements ont été préconisés contre cette affection ; le traitement électrique bien appliqué doit prendre rang parmi les meilleurs. Dans les nombreux cas que l'auteur a traités, l'examen microbiologique a été fait. La technique utilisée est celle de Neumann plus ou moins modifiée ; elle consistait dans l'emploi d'une sonde à olive conductrice par laquelle passait un courant de 8 à 10 mA. pendant quelques minutes. A la suite de cette électrisation, on voit l'écoulement augmenter dans de fortes proportions, puis diminuer ensuite pour disparaître complètement si le traitement a été bien appliqué. C'est un *raclage* électrolytique du canal.

Discussion. — MM. MALLY et BERGONIÉ reconnaissent la grande efficacité de ce traitement, surtout si les points malades du canal peuvent être localisés.

M. MICHAUT a souvent vu des filaments reparaître après le massage de la prostate lorsqu'on pensait que la guérison était définitive. Il faut donc être réservé dans le pronostic de ces affections.

M. GUILLOZ : Après les séances d'électrolyse de l'urètre, il est nécessaire de laisser au repos le canal et de ne plus faire ni instillation, ni lavages trop fréquents.

M. le Dʳ C. ROQUES, de Bordeaux.

1° Contribution à l'étude de la résistance du corps humain après saturation de la peau par l'ion salicylique. — L'auteur a pris pour point de départ cette idée de M. le Professeur Leduc que la résistance électrique du corps humain dépend surtout de celle de la peau et que, lorsque celle-ci est saturée d'ions, le corps humain se conduit comme un conducteur métallique. Le Dʳ ROQUES a donc saturé d'ions salicyliques la peau d'un grand nombre de sujets sains ou malades. Il a ensuite recherché, non la conductibilité du corps humain comme M. Leduc et ses élèves, mais la résistance exprimée en ohms. Il a utilisé, pour faire ces mesures, l'ohmmètre de M. le Professeur Bergonié. Les résultats qu'il a obtenus lui interdisent actuellement de voir entre les variations de la résistance des sujets sains et de celle des malades un élément sérieux de diagnostic.

Discussion. — M. MALLY pense que, contrairement aux conclusions de M. Roques, la résistance électrique du corps, si elle accompagne d'autres symptômes cliniques, peut être considérée comme un élément important de diagnostic.

M. BERGONIÉ : La question paraît jugée à peu près par tous les auteurs, et les espoirs que l'on avait de voir la mesure de la résistance électrique entrer dans la séméiologie courante ont été complètement déçus.

M. MALLY, de Clermont-Ferrand.

Lupus et photothérapie. — Pour le lupus de la face, l'auteur reste fidèle à la photothérapie qui a fait ses preuves.

Les inconvénients de la méthode sont réels, mais non insurmontables.

Les appareils individuels donnent d'aussi bons résultats que l'appareil de Finsen.

La radiothérapie, les scarifications, la galvanocaustique conservent certaines indications d'opportunité et doivent être conservées à titre de médications adjuvantes.

Le lupus des membres n'est pas justiciable de la photothérapie.

Discussion. — M. André Broca : Les essais de photothérapie faits par lui à l'hôpital Saint-Louis n'ont pas donné de résultats aussi beaux et aussi favorables que ceux obtenus facilement aujourd'hui par la radiothérapie.

M. Michaut n'a pas obtenu avec la méthode Finsen de résultats aussi brillants que ceux du Dr Mally.

Il cite le cas d'une dame atteinte de lupus de l'oreille depuis vingt-sept ans ayant subi inutilement tous les traitements par scarification, cautérisation ignée, photothérapie et qui vient d'être guérie par quatre séances de radiothérapie à faible intensité.

D'une façon générale, il a obtenu de très beaux résultats et très rapidement chez les lupiques en n'employant que de faibles doses de rayons X, 2 H environ, et en espaçant les séances de quatre à six semaines au moins.

Il signale les réactions violentes que lui ont présentées la majorité des lupiques à ces faibles doses de rayons et insiste sur la nécessité d'être très prudent dans ces applications.

M. Bergonié pense qu'il ne faut pas jeter par-dessus bord la photothérapie ; il estime qu'avec les nouvelles lampes au mercure avec fenêtres en quartz, on obtiendra des efficacités photothérapiques inconnues jusqu'aujourd'hui.

M. Guilloz est de l'avis de M. Bergonié : il faut, au contraire, ajouter à nos moyens d'action et chercher les indications précises de chacun d'eux. Ainsi, loin d'abandonner la photothérapie pour le traitement du lupus de la face, il serait tenté d'y joindre l'action des étincelles de haute fréquence qui peuvent, dans certains cas, arrêter une récidive.

M. le Dr Paul BLUM, de Reims.

Sur un mode d'emploi de la faradisation. — L'auteur n'ayant pu, dans un cas de névrite, obtenir de contractions musculaires suffisantes par des chocs d'induction isolés, eut l'idée de mettre en catélectronus la région qu'il désirait exciter, et de faire ensuite, sur les muscles de cette région, des chocs tétanisants, mais ne passant que pendant un cinquième de seconde, à raison de 10 excitations tétanisantes par minute. Grâce à ce procédé de summation, les muscles finirent, au bout de cinq séances, par réagir aux chocs d'induction isolés.

Exposition spéciale à la Section.

Parmi de nombreux appareils il convient de citer :

De la maison GAIFFE : 1º Une lampe au mercure, présentée par M. le Professeur Bergonié ;

2º Une machine statique avec appareil pour application des courants de Morton, présentée par M. le Dr Laquerrière ;

3º Le tube à double émission de Rayons X du Professeur Guilloz, présenté par l'auteur.

De la maison RADIGUET : Le pupitre du Dr Guilleminot.

De la maison DROSSLER (de Lyon) : 1º Tubes de Guilloz, présentés par l'auteur ;

2º Tubes pour radiothérapie des cavités.

De la maison MAURY (de Lyon) : Le Rhéostat ondulant du Professeur Bergonié, présenté par l'auteur.

14ᵉ Section

ODONTOLOGIE

PRÉSIDENT . . . . M. FRANCIS-JEAN, Prof. à l'Ec. dentaire de Paris.
VICE-PRÉSIDENTS . . . . M. H. LEE, Prof. à l'Éc. odontotechnique de Paris.
    M. F. DUCOURNAU, Prof. à l'Éc. odontotechnique de Paris.
SECRÉTAIRE. . . . . M. GÉORGES VILLAIN, Chef des travaux pratiques à l'Éc. dentaire de Paris.
VICE-SECRÉTAIRE . . . . M. J. PRUDHOMME, Démonstrateur à l'Éc. odontotechnique de Paris.

— Séance du 1ᵉʳ août —

M. FRANCIS-JEAN.

Discours. — Après avoir remercié de l'honneur qui lui avait été fait en l'appelant à la présidence de la section, de l'empressement avec lequel le Comité d'organisation local présidé par notre confrère Lee lui avait facilité sa tâche d'organisation du Congrès ; après avoir adressé aussi ses remerciements aux nombreux membres (plus de 200) qui avaient répondu à son appel, M. FRANCIS-JEAN a dit que le nombre des communications ou démonstrations (plus de 120) indiquait clairement que les odontologistes étaient toujours ce qu'ils ont toujours été : les pionniers de l'art dentaire. Au moment où le Comité d'organisation du Congrès de Budapesth ferme ses portes aux dentistes, au moment où une minorité de praticiens de l'art dentaire veut évincer ceux qui ont créé en France l'enseignement dentaire, à ce moment, disons-nous, ces ouvriers de la première heure prouvent qu'ils sont encore et toujours des travailleurs convaincus que leur spécialité est assez vaste pour que, seules, les connaissances qui y ont trait puissent occuper toutes les années qu'ils ont à consacrer aux études nécessaires à une éducation professionnelle, non pas complète, mais presque complète. Notre profession, en effet, est si multiforme, si complexe que nous étudions toute notre vie pour nous tenir au courant des progrès incessants de la science odontologique et, malgré nos études spéciales, nous restons étudiants jusqu'à la fin de notre carrière.

M. Francis-Jean souhaite l'union de tous les dentistes français autour de notre vieux drapeau odontologique ; il pense que les organisations régionales ont leur raison d'être, mais que les efforts éparpillés ne sont pas efficaces ; seul, le groupement total des dentistes français pourra faire aboutir nos revendications, surtout lorsque celles-ci seront étayées par des manifestations comme le Congrès de Reims. Il déplore nos querelles intestines et nous cite l'exemple de Bordeaux où l'État s'est emparé de l'enseignement dentaire.

Il recommande de nouveau l'union générale pour éviter des faits de cette nature et demande que celle-ci soit aussi complète sur les questions de politique professionnelle que sur le terrain scientifique, sans quoi nos adversaires, profitant de notre désunion, pourront nous frustrer de nos droits pourtant si légitimes.

Malheureusement, une triste nouvelle vient assombrir notre réunion. Lé président nous apprend la mort du professeur Miller, anciennement à Berlin et depuis doyen de l'Université de Michigan. Ceux d'entre nous qui ont assisté à la conférence sur l'érosion que nous fit à l'École dentaire de Paris le professeur Miller lors de son départ en Amérique, ceux qui connaissaient les tendances si nettement odontologiques de cet éminent savant, comprendront l'émotion qui s'est emparée de nous, et nous a incités à lever la séance en signe de deuil, après avoir voté l'envoi de la dépêche suivante :

« La Section odontologique de l'Association française pour l'Avancement des Sciences, réunie à Reims le 1er août 1907, et la délégation française à la F. D. I. dans un mouvement spontané de confraternité, adressent à la famille du professeur Miller l'hommage ému de leurs condoléances pour la perte qu'elle vient d'éprouver en même temps que la science et la profession dentaire universelles, et lèvent la séance en signe de deuil. »

Cet hommage rendu au grand disparu, la séance après une interruption fut reprise pour la lecture des communications.

M. A. BARDEN, Prof. à l'Éc. odontotechnique de Paris.

La Pulpectomie totale et immédiate (Rapport préparatoire.)

Discussion. — M. Godon : Les accidents rapportés au sujet de la méthode Welin sont, le plus souvent, dus à une faute de technique, et le rapporteur n'a pas, à son avis, suffisamment insisté sur l'antisepsie ; le forage des dents (méthode de Mayer) doit se faire sur la face palatine plutôt qu'au collet.

M. Sauvez : La traumatisation brusque ne peut être considérée comme une anesthésie ; les malades ayant subi la réfrigération n'en ont pas aussi peur que le dit M. Barden ; la compression pulpaire ne permet pas de savoir si on a bien enlevé les filets radiculaires, le malade n'accusant aucune souffrance ; de plus, l'arrêt de l'hémorragie par l'adrénaline peut n'être que momentané ; si la pulpe est enflammée, l'anesthésie est difficile à obtenir ; pour l'injection gingivale, M. Sauvez, la considère comme insuffisante pour amener l'anesthésie pulpaire et pense que l'injection n'agit que sur le ligament, non sur le tronc nerveux. Au sujet de la méthode Welin qu'il a du reste abandonnée, il pense qu'elle est basée sur une injection périostée ; après l'avoir employée dans quinze cas (dont dix bons, quatre avec périostite intense et un cas d'escarre), il croit que ses insuccès sont dus au liquide et que ce sera la méthode d'avenir lorsque celui-ci aura subi les modifications nécessaires, notamment au sujet de l'adrénaline synthétique qui y est incorporée et qu'il croit très escharotique.

Au sujet de l'anesthésie diploïque, il réserve son opinion, n'ayant pas utilisé ce procédé, et demande si M. Nogué anesthésie superficiellement avant l'injection.

M. Etcheparéborda dit avoir remarqué une corrélation entre l'âge et le succès des pulpectomies par compression.

M. Roy s'élève contre la tendance qui se manifeste de faire croire que l'anesthésie immédiate réussit toujours, ce qui est faux, dans les cas notamment où la pulpe est très enflammée ; dans d'autres cas, on échoue sans raison apparente ; il croit que l'acide arsénieux ne doit pas être proscrit d'une façon absolue, mais qu'on doit être éclectique. Il pense que l'hémorragie est une contre-indication à l'obturation immédiate.

M. Quintin demande à M. Barden comment il opère quand il a affaire à une radiculite partielle ou totale : fait-il là aussi de la compression ?

M. Thuillier emploie pour la compression, depuis de longues années, du chlorure de zinc liquéfié par son exposition à l'air libre, au lieu d'alcool ou la solution, suivante qu'il y a lieu de renouveler tous les mois. Chlorure de zinc sec, quatre grammes ; eau distillée, un gramme ; il ferme sa dent de suite après avoir lavé à l'eau bouillie stérilisée et à l'alcool absolu.

M. Francis-Jean dit que l'acide arsénieux ne doit pas être employé autant que possible ; si le temps manque à la première séance pour faire la pulpectomie, on fera un pansement calmant ; dans les cas réfractaires à l'action de la cocaïne, l'acide arsénieux lui non plus ne donne rien.

M. Barden répond que les insuccès de la méthode de Welin sont dus à la technique ou au liquide ; qu'il n'a pas parlé de l'asepsie justement parce qu'il pense que nous en observons toujours toutes les règles ; que l'on peut, si l'on veut, anesthésier superficiellement, mais que, pour l'anesthésie diploïque, d'après ses expériences il ne juge pas cette anesthésie nécessaire, la douleur étant moindre qu'on ne le croit généralement ; que, dans les cas où il y a suppuration, comme le dit M. Quintin, il nettoie d'abord le pus par des lavages à l'eau oxygénée.

———

M. PINCÉMAILLE.

Traitement conservateur dans la pulpite. — L'auteur croit que, contrairement à l'opinion admise, la pulpe enflammée et ayant donné lieu à des troubles pathologiques peut être conservée. Ce résultat s'obtient en ramenant cette pulpe irritée à son état normal par un traitement spécial basé sur les propriétés bactéricides de certaines essences. Lorsque l'organe dentaire est peu atteint (pulpite subaiguë), il revient très bien à ses fonctions normales sous le plombage et continue à sécréter de l'ivoire secondaire. Lorsque l'infection est plus profonde (pulpite aiguë), il peut encore être conservé et est capable, mais *seulement dans quelques cas*, de sécréter de la dentine secondaire. Dans les cas de pulpite chronique, les débris pulpaires peuvent encore être conservés, mais l'organe ne se reforme pas.

La valeur de ces résultats est prouvée, dit l'auteur, par de nombreuses expériences et par cent cinquante observations rigoureusement étudiées, qui sont en corrélation parfaite avec les travaux de M. Cavalié sur la réaction odontoblastique condensante et de MM. Blaizot et Caldaguès sur certaines essences.

Discussion. — M. Ducournau voudrait savoir à quelle température est l'air chaud ; comment l'auteur aseptise sa dent, car nulle part il ne parle de la pose de la digue qui lui semble indispensable ; s'il bouche ses dents de façon occlusive ou non ; si le pansement est ou non compressif. Il pense aussi que le ciment mis en contact direct avec la pulpe doit comprimer et irriter celle-ci.

M. Roy dit que la question de la pathologie pulpaire est complexe et obscure ; on ne sait pas pourquoi, par exemple, la pulpe non exposée mais irritée tantôt se mortifie, tantôt fait de la dentine secondaire. Il croit que la pulpe, après avoir été exposée, peut se conserver vivante, mais ne fera plus de dentine secondaire et n'arrivera jamais à en faire pour obturer un pertuis.

M. SAUVEZ dit que les théories de l'auteur sont en désaccord avec tout ce que l'on sait actuellement ; que le phéno-salyl est très caustique et doit agir violemment sur la pulpe ; il ne croit pas du tout à la production de dentine secondaire comme l'auteur l'indique.

M. GODON regrette l'absence de M. le professeur Cavalié, qui lui avait parlé de cette communication. Il rappelle des cas de conservation pulpaire datant de huit à dix ans par la méthode de Witzel ; il croit donc à la possibilité de conserver des pulpes déjà atteintes, mais ne croit pas à la production, aussi rapide que l'indique l'auteur, de dentine secondaire.

M. BARDEN pense que, dans le cas où la pulpe est superficiellement attaquée, car l'organe n'est pas dès le début malade en totalité, on peut conserver vivante une portion de pulpe non atteinte, mais ne croit pas que les parties malades puissent se guérir ; il faut en faire l'ablation.

M. FRANCIS-JEAN encourage l'auteur dans ses recherches, bien que n'ayant qu'une confiance relative en l'excellence de sa méthode.

—

M. ROY.

L'amputation de la pulpe et ses résultats éloignés dans le traitement de la carie du troisième degré. — 1° L'extirpation des filets radiculaires est une opération souvent douloureuse et qui présente certains dangers opératoires ;

2° Cette extirpation n'est pas nécessaire, si, la pulpe étant enlevée, les filets radiculaires sont traités antiseptiquement ; dans ces conditions, la pulpe peut se conserver en parfait état de santé ;

3° Les filets radiculaires ainsi traités peuvent conserver leur vitalité parfois pendant plusieurs années ; mais ils subissent, au bout d'un temps plus ou moins long, une momification aseptique qui n'entrave en rien la conservation de la dent ;

4° Sur des dents ainsi traitées depuis plus de quinze ans, l'auteur n'a jamais observé aucun accident infectieux ultérieur ;

5° Les principales précautions à prendre sont : 1° l'antisepsie rigoureuse de la dent ; 2° éviter que la pâte antiseptique que l'on doit placer dans la chambre pulpaire n'exerce de compression sur les tronçons radiculaires ;

6° Ce traitement peut s'appliquer aussi bien aux dents temporaires qu'aux permanentes ; il en résulte une simplification de traitement aussi heureuse pour le patient que pour l'opérateur avec une conservation parfaite de la dent.

Discussion. — M. DUCOURNAU dit que les filets radiculaires sont détruits après l'application de l'acide arsénieux et que le pansement indiqué par M. Roy ne fait qu'empêcher leur décomposition.

M. Etchepareborda : Après l'acide arsénieux, on trouve parfois les filets vivants; on peut mettre du ciment au fond de la cavité.

M. Barden dit qu'il ne s'occupe pas de la vitalité des filets pulpaires qu'il cherche seulement à scléroser.

M. Sauvez dit que M. Roy reconnaît que parfois ses malades ont de la sensibilité au chaud et un peu de périostite; qu'avec l'extirpation totale on a le maximum de succès et que dans le traitement de M. Roy il y a une part d'aléa. Si la carie récidive en un autre point et pénètre jusqu'au canal, il y aura infection qui aurait été évitée par l'obturation des canaux.

M. Godon dit qu'il est possible dans certains cas, par le coiffage, de supprimer le cathétérisme des canaux, qu'on ne peut pas toujours avoir la certitude du succès dans tous les traitements de canaux et que la radiographie peut nous donner d'utiles indications à cet égard.

M. Francis-Jean constate que le plus grand nombre des praticiens pense que la meilleure méthode est l'extirpation totale; néanmoins, il dit qu'en l'état actuel on fait encore, involontairement, des opérations incomplètes et que ce sont celles-ci qui sont causes des insuccès que l'on observe quelquefois.

M. Roy signale que, en parlant du traitement du troisième degré, on oublie trop de parler des canaux étroits, contournés, plus ou moins inaccessibles. Tous les opérateurs ont pu observer parfois, après l'obturation des canaux, un peu de sensibilité de la dent et ce n'est pas autre chose qu'il a signalé en parlant des incidents possibles au cours du traitement par l'amputation de la pulpe et des moyens de les éviter.

Il insiste sur les heureux résultats que, depuis plus de quinze ans, il obtient avec ce procédé. S'il a signalé quelques inconvénients, c'est parce qu'il pense que, en présentant un traitement, il convient d'être absolument sincère dans l'énoncé des résultats. Ces inconvénients, il les a surtout remarqués au début de sa pratique, ils ont toujours été anodins et ont disparu spontanément, sauf dans deux cas où il a fait alors l'extirpation des filets radiculaires. Il fait remarquer que, en cas d'échec, la seule complication ne consiste qu'en l'extirpation des filets radiculaires et l'obturation des canaux, ce qui fait simplement rentrer le cas dans le traitement ordinaire.

———

— Séance du 2 août —

M. Henry LEE, Chirurg.-Dent., à Reims

Anomalies multiples. — L'auteur présente un sujet porteur d'une double anomalie de nombre et de direction. De l'observation qu'il en donne, il faut déduire que les conséquences ataviques jouent un rôle considérable dans la production des anomalies. A son avis, ce sont les mêmes follicules dentaires qui ont donné lieu à la production des deux dents surnuméraires de lait et des deux surnuméraires permanentes. Enfin l'anomalie de direction résulte en grande partie de la présence des deux dents surnuméraires.

Discussion. — M. Roy croit que les incisives permanentes sont les deux dents surnuméraires ; il préconiserait l'extraction de ces deux dents et le redressement des deux autres, mais voudrait une radiographie pour donner un avis motivé.

M. Ducournau enlèverait d'abord la dent qui est le plus dans la voûte palatine et attendrait ensuite l'éruption de la canine pour faire le redressement, ce que M. Roy combat en disant que l'attente compliquerait encore l'opération par suite de l'arrivée des canines.

M. A. Rubbrecht préconise également la radiographie, exprime la même idée que M. Roy au sujet des dents permanentes, pense aussi à faire le redressement de suite, à cause de la difficulté qui réside surtout dans le maintien des résultats acquis.

M. Blondel trouve ce cas facile, parce que l'articulation des dents de six ans est normale.

M. Francis-Jean est d'avis qu'il faut radiographier, enlever un organe surnuméraire de chaque côté et placer un appareil à poste fixe.

MM. G. Villain et M. Rubbrecht conseillent un appareil d'Angle.

———

M. DELAIR.

Appareil de prothèse restauratrice. — M. Delair présente une série d'appareils remarquables pour divers cas de prothèse restauratrice qu'il a eu à solutionner.

1° Prothèse bucco-faciale à la suite de coup de feu. — Il s'agissait, dans ce cas de remplacer le menton, la lèvre inférieure, la lèvre supérieure et d'obturer l'immense solution de continuité accidentelle de la voûte palatine et de l'antre d'Highmore du côté droit. A la pièce prothétique du haut s'adaptent par un jeu de glissière un nez et une lèvre en caoutchouc, mou et peint. La pièce labio-mentonnière du bas s'applique par un jeu de glissière semblable à une pièce dentaire inférieure. Cette dernière représente une gouttière en argent à double étage parallèle, l'un en argent estampé, l'autre en étain. Cet appareil lourd permet à la fois la mastication et libère la langue qui sans application de prothèse se trouve encastrée sous forme d'un tronçon entre les fragments droit et gauche de la mandibule.

2° Extenseur du voile du palais après la staphylorraphie. — A la suite de cette opération, il arrive que la rétraction du voile est telle que sa partie postérieure, dans les mouvements d'élévation, ne touche pas la paroi supérieure du pharynx. L'appareil présenté est une plaque vélo-palatine munie, au niveau de l'union de la portion osseuse avec la portion membraneuse de la voûte, d'une charnière portant un voile en caoutchouc mou protégeant le voile membraneux du contact d'un ressort en forme de demi-cercle, qui est adapté à la charnière de telle façon qu'il exerce une pression graduable et continue sur le voile. A la suite de cette pression, on obtient une extension continuelle suffisante pour établir les rapports normaux entre le voile et le pharynx.

3° Appareils caverneux de restauration médicale du maxillaire supérieur. — M. Delair présente trois appareils, dont un faisant partie de la pièce de restauration décrite plus haut ; il préconise les appareils en métal comme donnant des résultats supérieurs à ceux obtenus avec les appareils en caoutchouc. Il supprime toute la partie correspondante à l'intérieur de la bouche d'un appareil creux et il obtient ainsi une bien plus grande liberté pour la phonation à cause du volume plus grand de la cavité buccale obtenu de cette façon.

4° Voile du palais pour les jeunes enfants fissurés. — C'est un appareil en métal dont la face nasale est munie d'une surélévation en caoutchouc venant prendre point d'appui sur la face supérieure des apophyses palatines du maxillaire supérieur et sur les apophyses horizontales des palatins. L'appareil est maintenu en avant de l'arcade par une fourche qui s'introduit par un pivot dans un tube adapté à la portion postérieure de la pièce. La pièce porte à la portion postérieure un voile en caoutchouc mou.

5° Larynx artificiel. — M. Delair ne présente pas officiellement cet appareil, qui est considérablement perfectionné, parce qu'il n'a pu décider le malade à venir à Reims.

M. DELAIR ne peut présenter non plus le malade porteur d'une pièce de prothèse métallique du crâne qu'il montrera à la séance de la Société d'Odontologie du mois d'octobre.

Inutile d'ajouter que l'on a une fois de plus fait compliment à notre confrère sur son ingéniosité et son adresse et qu'il a rencontré ici le succès qui accompagne chacune de ses présentations de malades ou d'appareils.

Discussion. — MM. GODON, FRANCHETTE, FRANCIS-JEAN.

M. FREY.

Érosion dite « chimique » des dents et le terrain. — L'auteur arrive aux conclusions suivantes :

1° Toute étude de l'érosion doit tenir compte de ces deux périodes : active et d'arrêt ;

2° La cause *efficiente* de l'érosion est, dans la généralité des cas, le brossage trop énergique avec des préparations trop rudes ;

3° Mais il faut, pour que ce traumatisme produise une lésion, étant donnés les caractères cliniques de cette lésion et les considérations tirées de l'âge, du milieu buccal, de la calcification des dents, de la marche de la maladie, il faut une *prédisposition* que l'on trouve dans l'arthritisme (troubles de la nutrition générale, hyperproductions acides, dyscrasie organique, trophonévroses) et plus particulièrement une dyscalcification dentaire.

Si l'érosion n'est qu'un accident de brossage, elle n'est pas digne de retenir notre attention, mais si, comme j'en suis convaincu elle est une des manifestations locales d'un état général, si surtout elle est un avertissement pour l'avenir, alors je suis heureux de m'être élevé contre l'exclusivisme de M. le professeur Miller (de Berlin) et d'avoir posé ce problème dans notre spécialité où, comme toujours dentiste et médecin doivent collaborer.

Discussion. — M. ROY avait la même opinion que M. Frey au sujet de l'érosion avant les travaux du professeur Miller ; mais, depuis ceux-ci, il croit que la cause générale n'a pas d'influence ; il dit avoir observé, comme Miller, que l'érosion ne se développe pas chez les gens qui ne se brossent pas les dents avec une poudre, ce qui est le point essentiel. Les obturations métalliques s'usent parallèlement avec les dents, ce qui montre que ce n'est pas un processus physiologique, les dents en retrait ne sont pas atteintes.

La théorie de Zamensky lui paraît infirmée par ce fait que l'usure débute par l'émail dans lequel il n'y a pas de dentoïdine. M. Roy n'a pas observé comme M. Frey, l'arrêt de cette affection à un âge déterminé, à moins que le brossage *avec la poudre* ne fût supprimé. Quant au fait que la pyorrhée succède souvent à l'érosion, il s'explique ainsi : l'érosion se produit plus facilement chez les gens ayant du déchaussement des dents ; tant que ces individus brossent leurs dents dans toute leur étendue avec une poudre, ils ont de l'érosion, mais non d'infection du collet, partant pas de pyorrhée ; mais s'ils cessent de brosser les points déchaussés, souvent parce qu'il sont devenus moins accessibles à la brosse, les dents ne s'usent plus à cet endroit, d'où arrêt de l'érosion, mais l'infection du cul-de-sac gingival se produit à cet endroit, d'où développement de la pyorrhée.

La minéralisation excessive des dents est une cause prédisposante de l'érosion, ainsi peut-être que certains troubles de calcification, et aussi une disposition anormale des prismes de l'émail, comme M. Roy l'a indiqué lors de la conférence de Miller.

M. Ducournau admet les conclusions de M. Frey et demande, si l'érosion est simplement d'origine mécanique, pourquoi cette lésion ne se manifeste pas sur toutes les dents situées au même niveau sur l'arcade dentaire.

M. Barden croit à la prédominance des causes générales ; il a constaté des cas d'érosion chez les gens qui ne se brossent jamais les dents ; il en a trouvé à la face linguale de certaines dents chez les gens qui n'avaient jamais porté d'appareils prothétiques.

Il cite aussi le cas d'une de ses patientes, atteinte de fièvre typhoïde, qui pendant la période aiguë de la maladie avait des douleurs intolérables dans le système dentaire ; ces douleurs disparurent avec la fièvre, mais la patiente présente actuellement sur toutes ses dents de petites érosions qui n'existaient pas auparavant.

M. Godon croit un peu au terrain, beaucoup aux causes mécaniques.

M. G. Villain rapporte un cas d'érosion sur les faces proximales d'incisives que l'interrogatoire très minutieux du malade lui a révélé ne pouvoir ressortir des causes mécaniques.

M. Francis-Jean croit que, sans l'usage de la brosse, les malades qui font de l'érosion auraient de la carie du collet.

M. Frey répond que tout le monde est d'accord avec lui, les uns donnant la prédominance aux causes mécaniques qu'il n'a jamais eu la prétention de nier, les autres reconnaissant comme lui que les causes générales jouent un rôle important dans l'étiologie de l'érosion.

M. DUCOURNAU.

Un cas de restauration bucco-faciale. — Le sujet présenté s'est tiré deux coups de fusil Lebel dans la région sous-mentonnière et ; il a, à la suite de cette tentative de suicide, perdu une grande portion du maxillaire inférieur, toute la partie antérieure du maxillaire supérieur en même temps que l'ossature nasale était complètement fracassée. L'appareil construit par l'auteur lui est très utile au point de vue fonctionnel et reconstitue d'une façon satisfaisante l'esthétique de son visage.

L'appareil est en effet suffisamment esthétique. Le malade le remet et l'enlève avec beaucoup de facilité et cela a valu à notre confrère les félicitations des membres présents.

M. Georges VILLAIN.

Les appareils expanseurs en orthodontie (Rapport préparatoire). — Après quelques considérations générales sur l'expansion en orthodontie, les causes de l'atrésie et la démonstration du mécanisme physiologique de l'expansion, M. VILLAIN établit les règles générales essentielles qui doivent régir les interventions en orthodontie et l'expansion en particulier. Il étudie ensuite les avantages et les inconvénients des différents appareils employés et, de cette étude comparative, sans cependant vouloir être traité d'absolutiste, il tire la conclusion que l'emploi des appareils à arc à point d'appui fixe pour l'expansion comme pour tout autre traitement des anomalies de position des dents est la méthode de l'avenir.

M. GODON

Les irrégularités dentaires au point de vue de la méthode de reconstitution de l'équilibre articulaire. — En conformité du principe général qui domine l'anatomie, la physiologie, la pathologie et la thérapeutique de l'odontologie sur la nécessité impérieuse de maintenir ou de rétablir l'équilibre articulaire des dents dans les arcades dentaires, principe qu'il a exposé l'année dernière à Lyon, M. Godon explique les applications de ce principe aux traitements des irrégularités dentaires. Comme les extractions, les caries, l'arthrite alvéolo-dentaire, les irrégularités provoquent des troubles de l'articulation inter-arcades dentaires ou d'occlusion.

Il présente un tableau schématique de la classification d'Angle qu'il recommande pour le diagnostic et les indications du traitement des irrégularités, ainsi que la formule de M. Pont, de Lyon, pour déterminer l'étendue de l'expansion des arcades à obtenir.

Il préconise aussi l'emploi de la force inter-maxillaire dit ancrage de Baker pour remplacer les appareils destinés à produire le saut de l'articulation (Jumping the bite) et fait l'historique de ce procédé de redressement et il termine en présentant quelques observations cliniques et des modèles montés sur des articulateurs anatomiques dont il signale l'emploi (Grittman, Kerr, Parfitt, etc.).

M. FRANCIS-JEAN

Extension des maxillaires et expansion des arcades dentaires par les appareils amovibles à plaques. — Il envisage l'application de ses appareils dans trois cas principaux :

1° Atrésie du maxillaire et de l'arcade dentaire supérieurs ;

2° — — — inférieurs ;

3° — — — supérieurs et inférieurs à la fois.

Il fait valoir les avantages et les inconvénients des appareils à poste fixe, fait ressortir les services que peuvent rendre dans des cas particuliers les appareils à plaques et conclut ainsi :

1° Réserver l'application des *appareils amovibles à plaques* aux cas où les maxillaires doivent être développés par extension pour obtenir une régularisation suffisante des arcades dentaires, et ce, de bonne heure, vers la neuvième année ;

2° Réserver l'application des *appareils fixes sans plaques* (bagues, arcs métalliques, ligatures, caoutchoucs élastiques, ressorts, vis, etc.) aux cas où les maxillaires étant à peu près normaux, nous voulons agir exclusivement sur les dents et cela aussitôt que l'éruption des dents permet d'y fixer ces dispositifs ;

3° En principe, ne surélever l'articulation que dans le cas où nous voulons agir simultanément sur les deux maxillaires avec des appareils à plaques, ainsi que dans d'autres cas restreints et ce, avec la plus grande circonspection.

M. P. MARTINIER

1° *Redressement vertical et parallèle de deux canines.* — L'auteur présente les dix modèles de ce redressement dont il avait présenté les modèles de début l'année dernière à Lyon et dit que, malgré ses prévisions, dont il nous a fait part au Congrès de Lyon, l'achèvement du redressement fut très difficultueux. La principale de ces difficultés consistait dans la modification profonde amenée dans le maxillaire par le cheminement considérable des canines et qui amena le déplacement anormal des incisives ; il devait agir en effet :

1° Sur les incisives pour les avancer ;

2° — — — resserrer ;

3° — canines — élonger ;

4° — — pour en amener la rotation sur l'axe.

Le sujet, très irrégulier, ne vint au rendez-vous que quand son incisive droite fut passée complètement derrière la gauche, ce qui faillit faire perdre à l'auteur tout espoir de réussite. Cependant il finit par vaincre toutes ces difficultés à l'aide de nouveaux appareils et de période de repos et d'action judicieusement alternés.

Il tire de ce cas tout à fait remarquable par le résultat obtenu des renseignements précieux pour des interventions analogues ultérieures.

2° *Prothèse para-dentaire.* — Présentation d'un appareil construit pour remédier à une anomalie (géantisme du maxillaire inférieur) que l'âge du sujet semblait rendre incurable. Le malade ne voulant pas se soumettre à une opération chirurgicale, l'auteur pensa à élargir artificiellement le maxillaire supérieur ; ayant remarqué que le malade n'amenait pas ses arcades au contact pour diminuer autant que possible son prognathisme, il construisit un appareil qui passant en avant des dents du maxillaire supérieur en emboîtant celles-ci, rétablit une largeur de l'arcade dentaire supérieure correspondant à celle du maxillaire inférieur.

3° Clinique de Prothèse. — C'est le cas d'un malade atteint de pyorrhée alvéolaire portant en bas un appareil d'une dent sur or, maintenu par des ailettes. Après traitement de la pyorrhée, chaque fois que le malade mettait son appareil, il souffrait par suite du contact des ailettes avec son cément dénudé. L'auteur lui fit un appareil que l'on peut appeler suspendu en contact avec les parties molles, mais non avec les parties dures, sauf sur les couronnes des première et deuxième grosses molaires sur les faces triturantes et jugales desquelles s'appuie l'appareil.

4° Prognathisme du maxillaire supérieur. — Après l'exposition de considérations générales sur la différence entre le prognathisme vrai et le prognathisme apparent et sur la nécessité où l'on se trouve parfois de se faire de la place pour réduire le prognathisme, l'auteur précise la valeur de son appareil par la présentation de redressements exécutés à l'École par les élèves.

5° Discussion sur l'orthodontie (1). — M. MARTINIER se déclare partisan des appareils sans plaque pour la correction des irrégularités dentaires, mais non pour la correction de celles des maxillaires et demande que dans *L'Odontologie* on ouvre une discussion sur l'orthodontie.

M. A. RUBBRECHT croit pouvoir démontrer que les appareils fixes sont indiqués dans tous les cas de redressement, mais dit que la discussion de la théorie importe plus en ce moment que celle des appareils.

M. FRANCIS-JEAN critique l'emploi du fil de piano, susceptible de tacher les dents, et dit que l'on peut adapter la force intermittente à des appareils à plaque.

M. GODON dit que, outre les appareils, il y a aussi à envisager la théorie. Il a voulu que les théories nouvelles sur l'orthodontie soient exposées à ce Congrès et regrette que le temps fasse défaut pour les discuter. On ne doit pas, en l'espèce, être absolu, mais, au contraire, éclectique ; il espère, avec M. Ducournau, voir mettre la question à l'ordre du jour des prochaines réunions en réservant le temps nécessaire à la discussion.

---

(1) En vue de gagner du temps, vu l'ordre du jour très chargé des séances, la discussion de toutes les communications relatives à l'orthodontie avait été reportée après la lecture de toutes celles-ci. Tout le monde fut d'accord pour reconnaître qu'une question aussi importante que l'orthodontie mérite plus qu'une brève après-midi et la discussion ne put être engagée à fond. Cependant nous relèverons quelques points intéressants.

M. DIDSBURY.

Le traitement de l'onycophagie par les appareils de prothèse dentaire. — L'auteur préconise, contre cette mauvaise habitude qui est presque incorrigible par les procédés habituels, la surélévation de l'articulation pour empêcher les incisives d'arriver au contact.

Discussion. — M. QUINTIN rappelle que M. Franchette a employé un procédé analogue.

M. FREY dit avoir vu un patient qui avait contracté une arthrite temporo-maxillaire en rongeant ses ongles par des mouvements de latéralité dans la région des molaires.

M. GODON se félicite de voir le domaine du dentiste s'étendre encore à une infirmité pour la guérison de laquelle les moyens médicaux sont insuffisants.

— Séance du 5 août —

M. DUCOURNAU.

L'or adhésif et son manque d'adhérence. — L'auteur assure que le manque d'adhérence constitue un défaut unanimement constaté et qu'il faut chercher à y remédier, en s'adressant aux fabricants qui semblent négliger la fabrication de ces sortes d'or, car il est persuadé que là gît la cause des insuccès qu'il relate. Cette proposition est approuvée.

Discussion. — M. MARTINIER a fait les mêmes remarques que M. Ducournau ; il pense à une fabrication défectueuse.

M. PRUDHOMME indique un procédé qui consiste à mettre l'or entre des feuilles d'amadou : malgré cette précaution, cependant, les résultats sont loin d'être parfaits.

M. G. VILLAIN a remarqué que l'or n'était pas suffisamment cohésif ; cependant, il a un or en feuilles ou en cylindre qui est très cohésif s'il est encore fraîchement préparé.

M. FAY dit que l'on pourrait demander aux fabricants de mettre l'or en vente par plus petites portions, de façon à n'en mettre en contact avec l'air qu'une faible quantité à la fois.

M. QUINTIN donne le modèle d'un dessiccateur, dont le bouchon creux renferme de la chaux vive qui amène une bonne dessiccation.

M. FRANCIS-JEAN pense que les défauts de l'or cohésif tiennent surtout à la préparation.

M. G. LALEMENT, de Paris.

Moyen préventif contre les fractures des dents à double racine. — L'auteur recommande l'emploi d'un petit appareil composé d'un demi-jonc en or platiné, au 21 de la filière, et auquel on donne la forme d'un U dont les branches verticales s'enfoncent dans les canaux radiculaires et maintiennent les deux racines en bonne position. Il emploie ce procédé préventivement et curativement.

M. le Professeur JACQUES, de Nancy.

Diagnostic et traitement des kystes paradentaires du maxillaire supérieur. — L'auteur déclare tout d'abord que ni dans les traités de chirurgie générale, ni dans les ouvrages odontologiques, on ne peut trouver de description suffisante des tumeurs épithéliales kystiques en rapport avec le système dentaire. Leur fréquence est cependant considérable ; mais on ne les reconnaît souvent qu'après leur ouverture accidentelle, et alors on croit le plus souvent à une sinusite maxillaire fistulisée.

Leur pathogénie ne faisant pas partie du programme que l'auteur s'est tracé, il entre de suite dans l'étude clinique de ces tumeurs et décrit les trois phases par lesquelles elles passent :

1° Un stade dit latent, ignoré parce que les kystes creusent leur loge sans désordres appréciables à la vue ou au toucher ;

2° Un stade de déformation, caractérisé par l'apparition de bosselures à la face, vers le nez ou dans la bouche ;

3° Un stade de fistulisation, causé généralement par l'extraction de la racine avec laquelle le kyste est en rapport.

A la première période (latente), le diagnostic ne peut être établi, les signes cliniques manquant.

A la deuxième période, il doit se faire avec les affections inflammatoires chroniques, les néoplasmes malins du maxillaire, les kystes muqueux du sinus. On se basera sur l'intégrité des parties molles, sur les résultats de la ponction exploratrice pour faire cette différenciation.

A la troisième période, pour différencier le kyste fistulé des affections avec lesquelles on pourrait le confondre (sinusite maxillaire fistulisée et ostéo-périostite chronique), l'absence de l'écoulement de pus par la narine et l'exploration au stylet permettront le diagnostic.

La thérapeutique ne peut être médicale, c'est-à-dire qu'on ne peut recourir aux injections de liquides modificateurs ; seule, l'ablation complète de la membrane kystique peut guérir le patient. On pratique cette intervention par la voie buccale, après résection de toute la partie soulevée de la table externe du maxillaire, en respectant la table interne qui sera seulement ruginée, de façon à ne laisser aucun débris de l'épithélium kystique. La cavité osseuse résultant de cette opération sera immédiatement comblée par des parties molles ou, dans d'autres cas, largement ouverte dans le sinus maxillaire ou la fosse nasale correspondante suivant le procédé de l'auteur exposé au Congrès de l'Association française de chirurgie en 1902. L'incision buccale devra devra toujours être soigneusement suturée pour éviter l'infection, et, si le drainage est nécessaire, il sera établi de préférence par un alvéole.

Discussion. — M. CAVALIÉ demande si le même traitement est applicable aux kystes dentigères.

M. Pailliottin demande ce que peut avoir remarqué M. le professeur Jacques au sujet de la vitalité des dents, en rapport avec le kyste après son opération.

M. Jacques répond que l'opération des kystes dentigères peut s'opérer de la même façon et qu'il n'a rien remarqué au sujet de la nutrition des dents, celles-ci recevant des vaisseaux sanguins et des rameaux nerveux de plusieurs sources qui ne sont pas toutes supprimées.

M. Cavalié demande à M. le professeur Jacques s'il a déjà remarqué une communication entre la cavité kystique et le canal radiculaire. Il fait cette question parce qu'à un récent Congrès, on a émis cette théorie qu'il considère comme étant absolument fausse, du seul fait que, si le kyste communiquait avec ce canal radiculaire, le liquide contenu à l'intérieur du kyste serait infecté.

M. Choquet appuie cette manière de voir.

M. Jacques dit qu'il ne saurait, d'une façon générale, y avoir communication ; deux fois, il a, pour raisons particulières, fait faire des examens très méticuleux de kystes de ce genre et jamais il n'a trouvé de communication. Il n'admet donc pas celle-ci, à moins d'accidents.

<hr>

— Séance du 6 août —

M. le Professeur CAVALIÉ.

1° *Polypes de la pulpe dentaire.* — On admet, depuis les travaux d'Arköwy, deux variétés de tumeurs de la pulpe :

1ᵉ La pulpite chronique hypertrophique granulomateuse
2ᵉ   —   —   —   sarcomateuse.

L'auteur a observé deux autres variétés de tumeurs :

1° Pulpite chronique hypertrophique à revêtement épithélial pavimenteux stratifié. Le revêtement épithélial pavimenteux stratifié provient de la greffe sur la pulpe de quelques feuilles épithéliales émigrées de l'épithélium gingival ;

_ 2° Pulpite chronique hypertrophique pseudo-lymphoïde. On assiste alors nettement à l'apparition dans le tissu pulpaire de grains ou amas lymphatiques (mononucléaires et lymphocytes) au milieu d'une infiltration lymphoïde sans qu'il y ait de foyer de suppuration. (V. *Odontologie*, 1907, p. 100.)

2° *Le collet des dents (collet anatomique et collet apparent ou clinique).* — La définition la plus précise est celle de Choquet. Pour lui, le collet est représenté par une ligne sinueuse qui est à la limite de l'émail et du cément qui sépare la couronne de la racine et au niveau de laquelle s'appuie la gencive. De ses nombreuses recherches, l'auteur conclut que le collet doit être envisagé à deux points de vue :

1° La limite de l'émail et du cément ; 2° la sertissure gingivale.

1° La limite entre l'émail et le cément, avec les quatre modalités figurées par M. Choquet, représente une ligne fixe, c'est le collet *anatomique*, qui est fixe ;

2° La sertissure gingivale est variable suivant les états pathologiques.

Dans les gingivites avec gonflement gingival, la sertissure gingivale est beaucoup plus élevée que le collet anatomique.

Dans les gingivites atrophiques et dans beaucoup de pyorrhées, la sertissure gingivale descend au-dessous du collet anatomique, sur la racine.

A la suite d'une avulsion, la gencive qui sertit les dents voisines s'affaisse, ce qui prouve que le collet apparent, clinique, est variable.

Mais, à l'état normal même, jamais le collet anatomique ne correspond exactement à la sertissure gingivale.

Celle-ci est toujours à 1 demi-millimètre et plus environ au-dessus du collet anatomique sur la couronne.

Conclusion, il y a deux collets : le collet anatomique des dents, collet fixe, limite entre l'émail et le cément. Le collet clinique apparent et variable (sertissure gingivale).

Au cours de la discussion qui suit cette communication, M. CHOQUET dit que, lorsqu'il y a un collet pathologique, c'est dans le cas où il y a une solution de continuité entre le cément et l'émail et que les rapports de l'émail et du cément sont variables selon le point de la dent considéré.

M. CHOQUET.

Étude comparative des dents humaines dans les différentes races. — L'auteur, à la suite des nombreuses mensurations qu'il a pu faire au Muséum, arrive à trouver des mesures différentes de celles de Black, et pense également que la terminologie franco-anglaise ou anglo-américaine doit être maintenue, contrairement à l'opinion de M. Mahé.

Discussion. — M. CAVALIÉ demande aussi une nomenclature plus précise; il dit que le type véritable de l'articulé est l'articulé à espace: exemple la canine; chez le chien par exemple les dents chevauchent les unes entre les autres et cependant se terminent également à la fin de l'arcade.

M. VILLAIN dit que la ligne compensatrice est là pour indiquer que l'articulation doit être alternative.

M. HEIDÉ.

L'érosion. — L'auteur examine sous toutes ses faces la question si complexe de l'érosion et pense qu'elle est due à la destruction de la dentoïdine. Les théories émises à ce sujet ne satisfont pas l'auteur qui voit là une dystrophie nerveuse de la dent. Les ganglions dystrophiés semblent appartenir à la couche sous-odontoblastique, leur dystrophie locale pouvant dépendre elle-même d'une dystrophie plus centrale, avec affaiblissement inégal en raison directe de leur résistance héréditaire.

M. PRUDHOMME.

Les accidents d'évolution de la dent de six ans. — Si les accidents d'évolution des dents de lait sont bien connus, et si d'autre part les accidents d'éruption de la dent de sagesse ont donné lieu à de nombreux et intéressants travaux, les accidents d'éruption de la dent de six ans (première molaire permanente) sont relativement peu connus.

Ils sont de deux ordres : Accidents généraux ; accidents locaux (muqueux, osseux et nerveux).

On pourrait encore y ajouter les accidents de voisinage (isthme du gosier, amygdale, oreille, langue, voile du palais, ganglions sous-maxillaires) donnant lieu à des erreurs de diagnostic.

Pour faire le diagnostic, il faut s'assurer que la dent est bien en éruption, et rechercher l'endroit où elle apparaît.

Le traitement consiste soit en incisions faites au bistouri, au thermo ou au galvanocautère suivant les circonstances, soit à faire l'extraction de la dent, quand tous les moyens thérapeutiques ont échoué. On fera ensuite des lavages à l'eau oxygénée étendue au 1/5, des attouchements à l'acide chlorhydrique étendu au 1/5 et de l'antisepsie buccale.

Enfin il faut aussi instituer un traitement général (pyramidon, quinine, aconitine).

Discussion. — M. PROST-MARÉCHAL blâme l'emploi de l'aconitine chez l'enfant, car il trouve ce médicament très dangereux, même avec la dose indiquée.

M. PRUDHOMME dit qu'il ne préconise l'aconitine que dans des cas très sérieux ; il emploie de préférence le pyramidon et que parfois il a vu certains des cas qu'il a signalés pris pour des manifestations scrofuleuses.

———

MM. AUDY, de Senlis, et **ANDRÉ**, de Paris.

Combinaison hyperanesthésique de la cocaïne. — Les auteurs rappellent tout d'abord leur communication au Congrès de Cherbourg où ils préconisaient le vanillate de cocaïne ; ils disent pourquoi la cocaïne ne leur donne pas toute satisfaction et arrivent aux conclusions suivantes :

La cocaïne étant jusqu'ici l'anesthésique local le plus puissant connu, son association avec l'acide vanillique constitue la forme la plus avantageuse pour l'emploi en chirurgie dentaire :

1º Parce que l'acide vanillique augmente l'action anesthésique de la cocaïne ;

2º Parce que l'acide vanillique modère l'effet vaso-constricteur de la cocaïne et corrige les inconvénients qui en résultent.

Discussion. — M. CAVALIÉ dit qu'il est possible d'associer la cocaïne avec le menthol ce qui donne une excellente anesthésie. Il obtient des solutions aqueuses de menthol à titre très faible (1/4 de centigramme 0/0) grâce au borate de soude et fait ensuite une solution normale de cocaïne.

M. Prudhomme se sert d'un tampon de coton imbibé d'alcool et trempé dans un mélange de quatre parties de cocaïne et une de menthol ; il emploie ce mélange pour les pulpectomies et en a d'excellents résultats.

MM. CAVALIÉ et HOUPERT.

Mécanisme d'expulsion des amalgames. Action des dentinites condensantes. — Les auteurs rapportent un cas, qui leur a paru absolument net, de production de dentine secondaire qui aurait amené l'expulsion de l'amalgame par suite de cette simple production ; ils soutiennent la possibilité de faire former de la dentine secondaire à l'aide de différentes substances, notamment les sels d'argent et surtout le nitrate d'argent, en quantité suffisante pour amener l'oblitération d'un pertuis. Ils disent également avoir employé avec succès dans 3 ou 400 cas le liquide dont la composition a été indiquée par M. Pincemaille et croient à la formation de dentine secondaire dans les cas de troisième degré, infectés superficiellement toutes les fois qu'après asepsie on emploie des agents légèrement irritants.

Discussion. — M. Choquet déclare ne pas partager l'opinion de M. Cavalié, il admet le comblement des canalicules, mais pas l'oblitération d'un pertuis.

Pour M. Martinier, au point de vue mécanique, la préparation des cavités doit suffire à retenir les amalgames ; la formation de dentine secondaire ne pourrait expulser l'amalgame. Il admet une condensation de la dentine, non une augmentation du volume de celle-ci capable d'expulser l'amalgame.

M. Quintin parle de la forme sphéroïdale de l'amalgame et pense que peut-être l'amalgame a été malaxé avec trop de mercure.

M. Ducournau demande si quand on met un cristal de nitrate d'argent on ne risque pas de déterminer la mortification pulpaire.

M. Cavalié assure qu'il a véritablement constaté un fait d'expulsion spontané d'amalgame par la dentine secondaire, car il n'y avait plus de cavité pour ainsi dire.

M. Choquet suppose que dans ce cas il s'agissait vraisemblablement d'une dent qui a été obturée en nappe, avec une cavité très peu profonde et usure consécutive surtout au bout de 18 ans.

M. Francis-Jean croit que l'opinion de M. Cavalié se modifiera par les observations qu'il pourra faire ultérieurement.

MM. BLATTER et PAILLIOTTIN.

L'Enseignement préparatoire de 1re année à l'École dentaire de Paris. — Les auteurs exposent la méthode qu'ils suivent pour cet enseignement comprenant la gradation bien connue : dessins sculpture, fantômes en caoutchouc et en dents naturelles. Ils font ressortir l'importance pédagogique et philanthropique de cet enseignement et terminent en exposant les idées de perfectionnement que léur indiquent leur expérience et les conditions de l'enseignement tant au point de vue général qu'au point de vue scolaire.

M. QUINTIN.

De l'utilité de l'enseignement de la déontologie dans les écoles dentaires. — L'auteur s'appuie pour soutenir sa thèse sur les arguments suivants :

1º Ces notions seraient un guide précieux et sûr pour les jeunes débutants voire même pour des dentistes déjà établis ;

2º Par la mise en pratique de ces principes, la profession gagnerait en prestige ;

3º Le succès matériel et moral en serait la conséquence logique ;

4º L'amour-propre recevrait une légitime satisfaction ;

5º L'union et la tolérance entre les divers membres de la profession n'en seraient que plus complètes ;

6º En étant de scrupuleux observateurs de nos devoirs, le stomatologisme aurait bientôt vécu.

Discussion. — M. MARTINIER dit que le cours dont il vient d'être question existe à l'École dentaire de Paris et qu'on s'efforce de bien pénétrer les élèves de leurs droits, de leurs devoirs et de leurs relations entre confrères et patients.

M. DUCOURNAU ajoute qu'à l'École odontotechnique il y a, depuis la fondation de l'École, un cours mensuel de déontologie.

Pour M. FRANCIS-JEAN, on devrait faire encore plus de déontologie à l'heure actuelle ; il remercie M. Quintin de l'intérêt qu'il témoigne à la cause des dentistes français.

M. MARTINIER pense que c'est dans les Sociétés professionnelles que les nouveaux confrères acquerront ces notions de déontologie, ou encore dans des Sociétés organisées par les professeurs, comme en Amérique.

M. CAVALIÉ pense que les dentistes qui tiennent la tête devraient se solidariser tout d'abord et fonder des Sociétés plus directement en rapport avec les élèves ; il cite l'exemple du Devoir médical, qui pourrait être créé pour nous et qu'il va créer lui-même à Bordeaux pour les dentistes.

M. MACHTOU (avec le concours de M. le Professeur LEDUC).

De l'ionisation en art dentaire. — L'auteur dit que de toutes les méthodes préconisées pour l'anesthésie dentinaire et pulpaire on n'a conservé que la méthode de compression.

Il a pensé à la théorie des ions voyageurs pour faire passer la cocaïne dans la dent.

Il conclut que cette méthode, déjà appliquée en médecine générale, donnera des résultats aussi favorables en art dentaire et que ce procédé se recommande par sa simplicité et sa rapidité, qui permet par une application de 5 minutes une insensibilisation de 5 à 6 minutes.

Discussion. — M. le Professeur Morin, suppléant du *professeur Leduc*, pense qu'il faudrait avoir des électrodes en platine. Il dit que l'on doit s'en tenir à de faibles intensités, la douleur ne dépend pas seulement du médicament, mais aussi de l'intensité du courant ; il pense que l'on pourrait stériliser la dentine par les sels de zinc.

M. Quintin demande la différence entre ionisation et cataphorèse.

M. Morin dit que dans la cataphorèse il y a transport en masse, tandis que dans l'ionisation il y a décomposition en radical métallique suivant le sens du courant et allant vers la cathode, et radical acide allant en sens inverse, vers l'anode ; que ce dernier phénomène seul présente de l'importance.

Une discussion très importante s'engage alors et le président engage l'auteur à mettre la question tout à fait au point pour le Congrès de Clermont.

— Présentations diverses —

M. Francis-Jean présente au nom de M. Contenau une dent pathologique d'hippopotame ; M. Cavalié pense qu'il y a là des phénomènes d'érosion et demande un fragment de cette dent pour en faire des coupes histologiques dont il donnera ultérieurement les résultats.

M. Choquet fera également un examen de cette pièce pathologique.

M. Francis-Jean présente, également au nom de M. Contenau, un ancien injecteur à caoutchouc, utilisé dans la première période de l'application du caoutchouc à l'art dentaire ; il explique pourquoi cet appareil a été abandonné.

M. Cavalié nous présente des coupes de différents tissus dentaires, qui sont d'admirables préparations. Il serait à souhaiter, pour l'enseignement de nos futurs confrères, que cette collection ou d'autres analogues puissent être organisées dans les écoles. Il profite de cela pour se livrer à quelques considérations sur les conditions dans lesquelles on doit dévitaliser les dents malades et conclut en disant que, contrairement à ce que l'on pense, la pulpe réagit très fortement contre l'infection et que, par suite, on doit être très sobre sur ce chapitre et s'efforcer, dans la majeure partie des cas, à la conservation.

Il nous entretient également de la formation des kystes paradentaires et nous retrace la discussion qu'il eut récemment à ce sujet avec M. Malassez et qu'il mettra au point dans une communication ultérieure. Il dit notamment que le kyste folliculaire n'est autre que le restant de l'organe de l'émail, en s'appuyant sur ce fait que le kyste folliculaire est toujours strictement limité comme implantation au collet, limite justement de l'organe de l'émail, et dit qu'à ce sujet M. Malassez s'est trompé en disant que tous les kystes dentaires reconnaissent comme origine des inclusions de débris épithéliaux.

— Séances de démonstrations pratiques —

M. Henri VILLAIN.

Confection de couronnes amovibles télescopes selon la méthode de Peeso, avec soudure autogène et or fondant de Contenau et Godart. — Notre confrère expose la technique de la couronne télescope amovible et en exécute plusieurs en brasant les bagues et les planchers et donnant la forme anatomique par des ailettes d'or au même titre que les bagues et soudées avec l'or fondant Contenau et Godart. Cet or, également au titre de 22 carats, possède la propriété de fondre bien avant l'or à 22 qui n'est pas de même alliage et d'avoir cependant la même couleur que celui-ci. Cette propriété de ce nouvel alliage est vivement appréciée, car les pièces, couronnes ou bridges construits de cette façon n'auront plus l'inconvénient de noircir aux endroits soudés, ainsi qu'on avait à le déplorer antérieurement.

Henri Villain procède ensuite à la confection de couronnes simples en deux parties, à cuspides pleins et sans soudure, et à la réparation de ces couronnes toujours sans soudure. Après avoir pris au dentimètre la longueur de sa bande à 22 carats, il réunit les deux extrémités par soudure autogène ; dans une série de faces triturantes en cuivre, il choisit celle qui conviendra le mieux, estampe sur ce modèle une plaque d'or à 22 carats, sur la partie interne de laquelle il fond de l'or au même titre, puis réunit ensuite ces deux parties par brasure avec un bec Bunsen ordinaire.

Pour montrer la facilité de réparation, il fait sur ces couronnes quelques encoches et fentes qu'il obture par la soudure autogène en employant le même or qui a servi à la confection de la couronne.

———

M. ETCHEPAREBORDA, de Buenos-Ayres.

Nouveau stérilisateur. — Partant de ces faits que la stérilisation complète et absolue des instruments que nous employons est une nécessité absolue, que la chaleur sèche est le meilleur agent que nous ayons pour arriver à ce but, que les différents stérilisateurs que nous avons à notre disposition sont loin d'être commodes, M. Etchepareborda a fait construire un stérilisateur qui donne satisfaction à tous nos desiderata.

———

M. BRODHURST.

Présentation d'un séparateur. — Notre confrère présente un très ingénieux appareil destiné à permettre l'écartement non seulement dans le sens mésio-distal, mais aussi dans le sens antéro-postérieur. On comprend sans peine quels avantages nous offrira cet appareil pour les préparations de cavités, pour les aurifications et les prises d'empreintes pour inlay:

———

M. FRANCHETTE.

La clef et le davier. — L'auteur fait une critique très serrée de la clef de Garangeot et démontre scientifiquement les raisons qui ont fait éliminer cet instrument de nos trousses d'opération.

Discussion. — M. Chaminade dit qu'en chargeant fortement le panneton, une partie des accidents imputables à la clef sont évités.

M. Martinier dit que les conclusions aussi scientifiquement exposées de M. Franchette ne peuvent que nous confirmer dans nos idées de ne pas employer la clef qu'il a vu, même bien maniée, occasionner des accidents regrettables.

M. Cramer dit que les extractions à la clef sont plus douloureuses que celles faites au davier (expérience personnelle).

M. Franchette présente également une fraise à fretter remarquable par sa simplicité et prouvant une fois de plus ses qualités de technicien doublé d'un excellent mécanicien.

———

M. BROPHY, de Chicago.

Inlay en or coulé, méthode de Taggart. — M. Brophy présente un inlay d'or dans sa propre bouche, sur la première molaire inférieure droite, qui a été fait un mois auparavant par M. Taggart, de Chicago. M. Taggart a inventé un procédé par lequel l'or est moulé sous pression et l'inlay ainsi fait s'adapte d'une façon parfaite. L'inlay volumineux que M. Brophy montre a été placé dans une dent à pulpe vivante ; il est si parfaitement ajusté qu'aucune parcelle de ciment n'est visible ; c'est un exemple remarquable de ce que l'on peut obtenir avec le procédé que M. Taggart a présenté en janvier 1907 à New-York.

Discussion. — M. Godon rappelle les expériences récentes de M. Georges Villain pour la préparation d'un procédé analogue et l'explosion dont il faillit être victime au cours de ses expériences.

———

M. SMADJA.

Coiffes en or coulé. — L'auteur présente un procédé pour couler parfaitement des coiffes en or ; la démonstration aurait été plus tangible si elle avait été expérimentale ; l'auteur exécutera son travail dans une séance de démonstration à l'École.

———

M. Georges VILLAIN.

Inlays en or creux. — L'auteur expose la méthode pour la fabrication d'inlays en or creux qui a été publiée dans *l'Odontologie*, et cette présentation complète parfaitement les explications théoriques.

———

MM. G. VILLAIN et C. BOUILLANT.

Enseignement de la prothèse au laboratoire de l'École dentaire de Paris. — En collaboration avec M. C. BOUILLANT, G. VILLAIN expose la méthode qu'ils suivent pour l'enseignement de la prothèse à l'École dentaire de Paris et suscite un vif intérêt de la part de nos confrères qui s'intéressent aux questions d'enseignement.

———

M. KRITCHEWSKY.

Appareil pour lavages de bouche. — M. DÉCOLLAND présente, au nom de M. KRITCHEWSKY, un ingénieux petit appareil permettant d'obtenir de l'eau sous pression pour des lavages grâce à un petit effort imprimé à un piston. Cet appareil nous rendra de grands services et sa simplicité est telle que les patients pourront s'en servir seuls.

———

M. G. VILLAIN.

Divers points d'appui des bridges. — M. G. VILLAIN montre des modèles qui nous font voir en place les divers modes de supports qu'il emploie pour construire ses bridges physiologiques ; ces travaux excitent vivement l'attention et sont présentés de telle sorte que l'on peut se rendre compte que les racines sur lesquelles ces appareils sont fixés se trouvent ainsi placées dans des conditions identiques à celles de dents vivantes.

———

M. AMOËDO.

1° Articulateurs anatomiques. — *2° Or quadrillé.* — M. AMOËDO présente une collection d'articulateurs renfermant tous les modèles connus. Il donne des explications au sujet de ceux de ces appareils que nous pourrions ne pas connaître et explique impartialement les défauts et qualités de chaque système.

Il présente ensuite des travaux exécutés avec l'or quadrillé pour faces triturantes et explique les avantages de cette méthode.

———

M. Alph. RUBBRECHT.

Démonstration d'orthodontie. — Notre confrère belge, M. Alph. RUBBRECHT, place un appareil de redressement (système d'Angle) et nous montre que l'on peut appliquer toutes les forces connues sur ce seul appareil.

Cette démonstration tendrait à prouver que ce système de redressement offre tous les avantages désirables, mais il faut faire la part de la dextérité manuelle très impressionnante de notre distingué confrère.

———

M. PONT.

Détermination de l'indice dentaire. — L'auteur fait des démonstrations sur l'utilité de l'indice dentaire (1). M. Godon apporte à la théorie du Dr Pont un appui
basé sur un cas, dans lequel l'application de ce principe lui a permis, pour un
redressement, de constater la nécessité de continuer l'extension, alors que l'on
prétendait qu'elle était déjà exagérée.

M. FRANCHETTE.

L'enseignement de première année à l'École odontotechnique. — M. Franchette
présente les travaux de première année à l'École odontotechnique ; parmi ceux-ci
nous avons remarqué des pièces prouvant une dextérité manuelle remarquable ;
nous avons beaucoup apprécié la méthode qu'il emploie pour faire rechercher
les canaux des molaires.

M. GEOFFROY.

Nouvelles méthodes d'estampage. — M. Geoffroy démontre une fois de plus sa
méthode d'estampage à l'aide de son métal fusible (2) et les assistants peuvent
faire une comparaison profitable avec le procédé que présente M. Cramer. Les
résultats obtenus sont parfaits dans les deux cas, mais le premier procédé a
l'avantage de ne pas nécessiter un outillage aussi compliqué et aussi dispendieux,
car il utilise les ressources qu'offre naturellement un laboratoire bien installé.

M. DÉCOLLAND.

Appareil à anesthésie. — M. Décolland expérimente à nouveau son appareil,
qui n'en est plus à faire ses preuves au sujet de la régularité de la marche de
l'anesthésie ; les membres de la Section (rares du reste) qui n'avaient pas vu le
fonctionnement de cet appareil ont éprouvé l'impression d'avoir à leur disposition un moyen très commode de faire de l'anesthésie qui supprime les ennu is
et inconvénients de nombre d'appareils construits dans le même but.

M. ROSE.

Sections de gencive continue. — *Fabrication des inlays.* — *Appareil à estamper
avec tampon de caoutchouc.* — M. Rose, de la maison Ash, fait de nombreuses
démonstrations portant sur des points de pratique très intéressants.

(1) Voir *Odontologie*, 1906.
(2) Voir *Odontologie*, 1907, p. 404.

Il démontre une méthode simplifiée pour faire des sections de gencive continue au moyen d'un corps d'émail spécial, de haute fusion, sans base de platine, qui nous rendra de grands services, ainsi qu'une méthode pour teinter les dents artificielles, qui remédie à un des inconvénients les plus considérables des dents que nous ayons actuellement à notre disposition.

La fabrication des inlays et leur mise en place avec du ciment semblent n'être qu'un jeu après la démonstration qu'il en fait devant nous, et il montre également ment les multiples services que peut nous rendre l'appareil à estamper avec tampon de caoutchouc plat.

M. CRAMER.

Présentation d'une presse à emboutir.

MM. les Dʳˢ PONT, de Lyon et **J. ROGER**, de Moulins.

Du rôle de l'infiltration des tissus gingivaux en anesthésie dentaire.

M. FRANCHETTE.

Extraction.

M. PRUDHOMME.

Anesthésie par le chlorure d'éthyle par les masques à vessie (Camus, Robinson). — L'auteur étudie les multiples inconvénients que présentent certaines catégories de masques dont les uns sont construits de telle façon, qu'ils produisent littéralement l'asphyxie du patient, et les autres sont contraires aux lois de la physiologie. C'est avec eux que se produisent des accidents toujours regrettables. Il préconise de préférence les masques à vessie et emploie le chlorure d'Ethyle à des doses qu'il varie suivant l'âge des sujets.

M. PONT.

Les injections de paraffine dans les déformations nasales.

M. FRANCIS-JEAN.

Discours de clôture. — Le Président de la Section d'Odontologie adresse des remerciements à tous, aussi bien à ceux qui, par leurs travaux scientifiques, jetèrent un lustre incomparable sur cette réunion d'odontologistes, qu'aux étrangers si sympathiques qui vinrent prendre part à nos travaux et aussi aux membres du Comité local, dont les principaux : MM. Lee, président, Prudhomme, secrétaire, Crapez et bien d'autres facilitèrent grandement aux membres de la Section leur séjour à Reims.

La réunion de Reims a amplement justifié les espérances qu'elle promettait par son programme ; les travaux scientifiques, qui étaient sa raison d'être, ont été très nombreux et intéressants et ils honorent la science odontologique.

Des confrères étrangers, MM. Brophy, de Chicago ; Etchepareborda, de Buenos-Ayres ; Decker, de Luxembourg ; des confrères belges, MM. Quintin, Quaterman, Fay, Joachim, Browne, Blondel, ont été enchantés de leur séjour à Reims ; le départ trop précipité de M. Rubbrecht a été vivement regretté, car ses connaissances en orthodontie ont été vivement appréciées ; à Clermont-Ferrand, l'an prochain, il pourra, il faut l'espérer, rester plus longtemps avec nous.

Le Président de la Section adresse également des remerciements aux professeurs agrégés Jacques, de Nancy, et Cavalié, de Bordeaux, dont la science n'a d'égale que l'amabilité. M. Cavalié a tenu, par sa présence, à affirmer le bien-fondé des revendications des dentistes au sujet de la nécessité d'un enseignement complet de l'art dentaire, tel qu'ils le conçoivent. M. Francis Jean signale aussi la trop courte apparition du vénéré professeur Brophy, de Chicago, le champion de l'éducation dentaire autonome.

4ᵉ Groupe.

SCIENCES ÉCONOMIQUES

15ᵉ Section.

AGRONOMIE

PRÉSIDENTS D'HONNEUR . . . . MM. RAOUL CHANDON DE BRIAILLES, Nég. en vins de Champagne, à Epernay ;
ERNEST GOULDEN, Prés. de l'Assoc. vitic. champenoise ;
CH. LOTHELAIN, Prés. d'honn. du Com. agric. de Reims.
PRÉSIDENT . . . . M. WALFARD, Sec. de l'Assoc. vitic. champenoise ;
VICE-PRÉSIDENTS . . . . MM. VÉROUDARD, Prés. du Comice agric. de Reims ;
MONTFEUILLARD, Sénat., Prés. de l'Association agric. et vitic. de la Marne ;
ED. WALBAUM, Prés. de la Soc. de vitic., d'hortic. et de sylvic. de l'arrond. de Reims ;
POL MARGUET, Vice-Présid. du Com. agric. de Reims.
SECRÉTAIRE . . . . M. BONNET, Vitic., à Murigny.
VICE-SECRÉTAIRE . . . . M. J. TELLIER, Sec.-archiv. de l'Assoc. vitic. champenoise, à Reims.

— Séance du 1ᵉʳ août —

M. Armand WALFARD, président de la Section, prononce une *allocution*.

M. PHILIPPONAT, Vitic. à Ay (Marne).

Du mode de culture et de taille à adopter en Champagne pour les vignes greffées, en vue de conserver aux vins le type et la qualité de ceux produits par les anciennes vignes champenoises à taille courte, recouchées chaque année (Rapport préparatoire publié dans le Bulletin nº 7 de juillet 1907, p. 32).

Discussion. — M. L. BONNET. — J'abonde dans le sens de ce rapport en tout ce qui concerne les conclusions repoussant la taille en gobelet comme incapable de reconstituer le vignoble champenois, par suite d'un défaut originel du cépage et d'un défaut obligatoire de la forme demandant la fructification aux yeux les moins fertiles, et presque stériles lorsque les plantations ont atteint quinze ans et plus.

Je repousse le cordon dit « Royat », parce que la fructification y est demandée à une taille en courson qui a le défaut originel signalé ci-dessus pour la taille en gobelet.

J'approuve la taille de Chablis, qui n'a pas l'inconvénient des deux précédentes, et offre les avantages d'une charpente longue en rapport avec les aptitudes du cépage. Toutefois, je crains que cette taille de Chablis modifie nos Pinots champenois en apportant des changements regrettables dans le type des vins. Il me semble, en effet, que des souches longues traînant sur le sol donneront des vins plus corsés et moins frais que ceux des souches enterrées.

C'est pourquoi je donne la préférence à la souche-mère, qui ne modifiera guère les conditions de végétation de nos Pinots.

M. L. BONNET, Vitic. à Murigny, près de Reims.

Le vignoble champenois. — Sa culture. Les raisons qui ont fait acheminer le vigneron vers la pratique adoptée. Comment il faudra procéder avec les ceps greffés pour maintenir la qualité des vins fournis par les anciennes vignes.

M. Charles BACON, Prof. spéc. d'agric., à Saumur.

Les vignes greffées et le provignage.

Discussion. — M. PAILLARD (de Bouzy). — Ce que dit M. Bacon au sujet du provignage des vignes greffées n'est pas absolu, car dans les vignobles qu'il cite le sol est peu ou pas phylloxérant, tel à Champigny, au clos des Brûlons, où nous n'avons pu, M. Couvreur et moi, trouver aucun phylloxéra, tout en examinant scrupuleusement les racines développées sur le greffon devenu le provin. Le terrain est absolument siliceux et la vigne française franc de pied, bien que vieille, y est très vigoureuse, n'étant pas atteinte par le phylloxéra.

A Parnay, au clos de Belair, où le sol est plutôt argilo-siliceux, nous n'avons pu trouver, après avoir examiné presque toutes les racines développées sur la branche couchée d'un provin, qu'un seul phylloxéra ; comme cette vigne est provignée depuis dix ans déjà, on peut juger que ce terrain est peu phylloxérant. Aussi y a-t-il affranchissement, et, malgré ce que dit M. Bacon sur la vitalité du porte-greffe américain et du greffon, ce dernier, enfoui depuis dix ou douze ans, n'a pas souffert des attaques du phylloxéra, mais il n'en est pas de même partout ailleurs, notamment au domaine de Richelieu (Indre-et-Loire).

Le régisseur de ce domaine, M. Maingon (un Champenois), ayant fait des plantations en terrain assez calcaire, sur Riparia et Rupestris, en 1888, avait provigné ces greffes en 1894, soit six ans après la plantation (temps plus long que le minimum de quatre ans indiqué par M. Bacon). Pendant trois ans ces provins se comportèrent très bien ; mais, à la quatrième année, ils semblèrent baisser ; à la cinquième, leur dépérissement s'accentua et ils étaient complètement perdus à la sixième année, dévorés par le phylloxéra. Là aussi il y avait eu affranchissement du greffon ; et quand on voulut relever le provin, débarrasser le greffon de ses racines dans l'espoir que la souche allait reprendre vigueur, on eut cette déception que le porte-greffe, par suite de l'affranchissement du greffon, s'était complètement atrophié et ne put reprendre vie. Plusieurs propriétaires qui avaient suivi cette méthode de provignage en terrain phylloxéré, eurent le même résultat. Tous ont abandonné ce système de culture.

Il y a donc lieu, à notre avis, d'étudier cette question prudemment en Champagne. Bien que M. Bacon soit hostile au marcottage, je crois que celui-ci, fait avec un seul bras, sur bois de deuxième année, comme je l'ai déjà pratiqué, ou en souche-mère à plusieurs bras, comme l'indique M. Bonnet, devra donner de bons résultats. Je crois qu'avec ce système, la souche greffée pourra assurer, grâce à une taille bien faite et à la sélection des pousses, le remplacement de ses marcottes au fur et à mesure qu'elles disparaîtraient par suite des atteintes du phylloxéra. Ces méthodes de marcottage sont donc à essayer très sérieusement.

M. L. Bonnet. — Il est impossible que l'auteur puisse conclure que le provignage peut être une opération pratique et rationnelle à appliquer aux vignes greffées ; 1° parce que, de son aveu, des racines puissantes développées sur les tiges couchées dénotent l'absence presque absolue de phylloxéra (remarque confirmée par M. Paillard) ; 2° parce que, toujours de son aveu, le provignage a été fait pour remédier à un défaut d'adaptation du porte greffe.

On peut bien admettre que les ceps provignés soient devenus vigoureux, puisqu'ils ont émis de nombreuses racines sans être troublés par le phylloxéra ; mais il n'est pas admissible de dire que le provignage a résolu le problème d'adaptation.

Si en sol phylloxérant et phylloxéré M. Bacon nous avait montré des vignes vigoureuses soumises à la pratique du provignage, avec enfouissage complet des souches dans le sol, c'est seulement sur cette disposition que nous aurions pu admettre le provignage total des souches greffées comme pouvant maintenir notre ancien mode de culture champenoise après la reconstitution.

— Séance du 2 août —

M. MAULOUET, de Reims.

Communication sur les dégâts causés à la vigne par la pyrale.
Procédé de destruction.

M. F. BLONDEAU, de Bordeaux.

La lutte antiphylloxérique en Champagne.

M. LEFEIRE, Ingén. agron., à Paris.

1° *L'extension de la vigne au Nord et histoire de ses alternatives.— Discussion des causes de recul et de leur permanence. — L'avenir de la viticulture septentrionale.*

2° *L'ampélographie champenoise, son étude d'après les collections. Collection de M. R. Couvreur-Périn, à Rilly-la-Montagne.*

M. J. LAURENT, Doct. ès sciences, Prof. au Lycée, chargé de cours à l'École de médec. de Reims.

Le vignoble d'expériences du Lycée de Reims. — Le Lycée de Reims a organisé un enseignement agricole et viticole qui vient d'être complété par la création d'un vignoble d'expériences occupant une superficie d'un hectare.

Indépendamment de l'enseignement pratique qui sera donné aux élèves, ce vignoble est disposé de manière à étudier l'influence des modes de taille, du greffage et des engrais sur la qualité des vins. Chaque parcelle a une étendue suffisante pour récolter, année moyenne, 200 litres de vin ; les comparaisons seront faites à l'aide de l'analyse des moûts, de l'analyse des vins et de la dégustation, et toutes les précautions ont été prises pour étudier séparément chacun des facteurs qui peuvent modifier la qualité des produits. En particulier, une parcelle de Pinot greffé sur Pinot permettra de rechercher, dans ce cas d'affinité idéale, quelle peut être l'influence du bourrelet,

Discussion. — M. PAILLARD.

M. COUVREUR.

M. PHILIPPONAT.

M. DE BRUIGNAC.

M. BLONDEAU..

M. MANCEAU, Doct. ès Sc. à Épernay.

A propos du Coccus anomalus *et de la maladie du* bleu *des vins de Champagne.* — Dans un récent article de la *Revue de Viticulture* sur les ferments des maladies des vins, MM. Mazé et Pacottet signalant l'existence d'un coccus dans des vins mousseux de Champagne légèrement troubles ou *bleus*, ont donné, sur les causes du *bleu*, des appréciations si formelles que je me vois contraint de faire connaître les conclusions, tout opposées, qui découlent de travaux personnels, en cours depuis un certain nombre d'années.

Du *Coccus anomalus,* ainsi que l'ont désigné MM. Mazé et Pacottet, je dirai seulement qu'il pourra probablement s'identifier, lorsque ses dimensions et ses propriétés physiologiques seront précisées, avec l'un des coccus que nous avons isolés, M. Kayser et moi, de plusieurs vins d'origines diverses et en particulier de vins de Champagne. Ce coccus, rencontré au cours de nos recherches sur la graisse des vins, est identique à un coccus que j'ai retiré de certains vins mousseux *bleus* où, d'ailleurs, il n'était pas seul.

Au sujet du *bleu* des vins de Champagne, MM. Mazé et Pacottet s'expriment en ces termes :

« Nous avons eu l'occasion d'examiner un grand nombre de vins de Champagne atteints du *bleu* ; nous avons toujours constaté que le mal est dû au développement du *C. anomalus*, que nous avons toujours isolé facilement, presque pur de tout mélange avec d'autres ferments de maladies.

» Le *bleu* est donc dû à un microbe et non à un précipité chimique...

» ... Nous n'avons pas encore observé un seul cas de *bleu* causé par le ferment de la graisse ou par son association avec *C. anomalus*.

» ... La graisse ne se développe pas dans les vins champagnisés. »

Bien que les vins mousseux légèrement troubles ou *bleus* soient relativement rares en Champagne, j'ai eu cependant l'occasion d'examiner, depuis quinze ans, un certain nombre de ces vins, d'inégales qualités et des provenances les plus diverses.

Dans chaque cas particulier, j'ai dû entreprendre des recherches, non seulement pour établir la cause du *bleu*, mais aussi pour donner les instructions convenables en vue de préserver les vins encore indemnes.

De ces recherches, j'ai conclu qu'il n'y a pas une maladie du *bleu*, mais qu'on se trouve en présence d'accidents imputables à diverses causes. Tantôt le *bleu* est purement un précipité chimique provoqué par le froid, par le remplissage de la bouteille avec un vin d'un titre alcool trop élevé, etc., tantôt le *bleu* est microbien et, dans ce cas, plusieurs microbes interviennent, parfois simultanément.

La graisse, et je désigne ainsi le ferment gras isolé par M. Kayser et par moi, de différents vins de Champagne, peut se développer dans des vins champagnisés. Bien entendu, le développement dépend d'une foule de causes et, tout particulièrement, de la composition du vin.

J'ai observé, chez plusieurs propriétaires, des vins très mousseux qui *filaient* comme de l'albumine ; j'ai tiré, au laboratoire, des vins convenablement ensemencés qui sont devenus mousseux et gras. J'ai rencontré notre ferment de la graisse dans les dépôts des vins mousseux appelés *dépôts gras*. Le ferment de la graisse, associé à des levures ou le plus souvent à divers aérobies, parmi lesquels un coccus qui peut-être le *C. anomalus*, rend le vin parfaitement *bleu*.

Les microbes du *bleu* sont nombreux. J'en ai isolé cinq jusqu'à ce jour et je suis persuadé que le nombre en est plus élevé. Ces microbes comprennent deux coccus, deux bacilles et une sarcine.

Ainsi :

1º L'accident connu sous le nom de *bleu* a pour cause, tantôt un précipité chimique, tantôt des microbes. Parfois les deux causes interviennent ;

2º Le ferment de la graisse se développe dans les vins champagnisés. Il existe dans les dépôts *gras* des vins mousseux et peut être l'une des causes du *bleu* ;

3º Le *bleu* microbien n'est pas dû à un seul microbe, mais bien à plusieurs microbes qui sont souvent associés.

———

M. R. de la MORINERIE, à Reims.

L'auteur apporte sa protestation contre les mots « champagniser », « champagnisation » et autres analogues.

Les mots « champagniser », « champagnisation » et autres analogues apparaissent de temps à autre, soit dans les réclames faites le plus souvent dans un but intéressé, soit même dans des travaux purement scientifiques. Nous saisissons l'occasion présente de faire entendre de nouveau nos protestations et montrer combien ces expressions sont incorrectes. Voir Section d'Économie politique et Statistique page 445.

— Séance du 3 août —

M. Louis MATHIEU, Station Œnologique à Beaune (Côte-d'Or).

1° La production des masques dans les bouteilles de Champagne. — La production du masque est due à l'adhérence au verre par déshydratation lente de substances coagulables d'origine variée, y compris les enveloppes des levures et des bactéries ; la composition du verre, du vin, les conditions de la manutention du vin ont une influence sur la vitesse de la coagulation ; s'il paraît difficile d'éliminer toutes les substances coagulables susceptibles de donner du masque, certains artifices, en particulier l'addition de petites doses de colle et de tannin, ont donné d'excellents résultats et méritent l'attention des praticiens.

2° La production des goûts sulfhydriques pendant la prise de mousse. — Les goûts sulfhydriques sont dus à la réduction de composés oxygénés du soufre par certaines diastases sécrétées par la levure. M. Mathieu a établi que l'élévation de température, la combinaison de l'acide sulfureux aux bases, favorisent la production de ces goûts ; il estime qu'on ne doit jamais tirer en mousseux des vins qui renferment plus de 25 milligrammes d'acide sulfureux.

3° Méthode simple de mesure du pouvoir absorbant. — Le pouvoir absorbant du vin est une donnée à laquelle on a attaché à un moment donné une certaine importance pratique que l'expérience n'a pas consacrée ; cependant, il peut-être utile au chimiste, en certains cas, de pouvoir déterminer ce pouvoir absorbant ; M. Mathieu indique comment avec une bouteille métallique de Sparklet, il est facile de déterminer ce pouvoir absorbant.

M. G. KIMPFLIN, Lic. ès Sc. à Lyon.

La conservation du raisin à l'état frais. — La question de la conservation du raisin ne paraît pas avoir, jusqu'à présent, sollicité l'attention des vignerons de France. On ne voit pas pas que le raisin conservé soit dans notre pays l'objet d'aucun commerce.

On pratique bien parfois, pour les besoins de la consommation familiale, la conservation par dessiccation : les grappes espacées sont suspendues à des cordes ou bien disposées sur des claires-voies ; les grains se rident, ils brunissent un peu et se dessèchent sans durcir. A cet état le raisin peut se garder quatre mois environ, mais il n'est plus présentable.

Pour conserver le raisin sans altérations, sans qu'il perde rien ni de son goût ni de son aspect, pour le conserver en un mot à *l'état frais*, il faut empêcher la déperdition d'eau.

C'est l'eau qui produisant la turgescence des cellules donne au grain sa fermeté. Loin de le dessécher, il faut donc au contraire le mettre à l'abri de la dessiccation ; mais il faut, en même temps, le préserver contre l'envahissement des moisissures qui ne manqueraient pas de l'atteindre. L'emballage dans la poudre de liège en soustrayant le grain au contact de l'air paraît répondre à ce double desideratum.

C'est la poudre de liège qui est employée dans le midi de la Russie (Bessarabie, Crimée, Caucase) où le raisin ainsi conservé à l'état frais est l'objet d'un véritable commerce.

Les grappes sont cueillies un peu avant la complète maturité, elles sont, sans autre préparation, emballées, dans des caisses ou des fûts dont les interstices sont comblés de sciure de liège.

Les espèces de raisins les plus appréciées pour cet usage sont celles que l'on connaît dans le pays sous les noms de : *Chaouche, Isabella et Chabache* (1).

Certains producteurs avaient essayé de remplacer la sciure de liège par des petites graines rouges appelés *millet rouge* ; mais ce procédé n'a donné que de mauvais résultats ; les résultats sont, au contraire, excellents avec le liège.

Ce liège provient généralement d'Algérie ; il est réduit en poudre et disposé de telle manière que les grappes soient bien isolées les unes des autres et que les grains n'aient pas de contact entre eux.

Ainsi emballé, le raisin peut être transporté à de grandes distances. On en expédie dans les villes du nord de la Russie et jusqu'en Sibérie. Les caisses ou fûts étant placés dans des caves ou dans des magasins à température moyenne sensiblement constante, le raisin se garde facilement jusqu'en mai ; sa conservation est parfaite et — comme nous l'avons constaté en plein hiver à Moscou — il sort des caisses aussi sain et aussi beau que s'il venait d'être cueilli.

On compte, en Crimée, qu'il faut 2 kilogrammes de poussière de liège pour 16 kilogrammes (1 poud) de raisin. Ces 2 kilogrammes de liège coûtent là-bas 80 centimes et le coût total de l'emballage (liège, baril ou caisse, main-d'œuvre) peut être estimé à 2 fr. 76 c. pour 16 kilogrammes.

En conserve, le raisin se revend de 11 à 13 francs les 16 kilogrammes.

*
* *

Ces faits nous ont paru assez peu connus pour mériter d'être rapportés. La mévente des vins force l'attention de chacun et oriente les regards vers la vigne.

Pour n'être pas un remède d'ordre général, le petit moyen que nous indi-

(1) Je dois la plupart de ces renseignements à l'obligeance soit de M. le Consul général de France à Moscou, soit de M. l'Agent consulaire de France à Sébastopol.

quons ici n'en a pas moins sa valeur et nous pensons que dans bien des cas les vignerons qui feraient l'essai de cette conservation du raisin pour la table en retireraient des bénéfices appréciables.

Discussion. — M. L. BONNET.

————

M. Marius AUDIN, de Lyon.]

Influence des oxydes de manganèse sur la production du bouquet (quatrième note). — L'auteur de cette note qui, déjà l'an passé, au Congrès de Lyon, a appelé l'attention de notre Section d'Agronomie sur l'influence que paraissent exercer les sels de manganèse, spécialement le bioxyde sous divers états, sur le développement des aldéhydes et des éthers dans le vin, répond brièvement aux objections qui, depuis la publication d'un premier mémoire, ont été opposées à cette conception de la production du bouquet.

Au sujet des levures, notamment, tout en reconnaissant — ce qui le gêne peu — la multiplicité de races que peuvent présenter ces ferments, il estime bien faible leur action sur la formation des éthers et prévoit leur échec dans la thérapeutique où on les a introduites, comme dans la pratique agricole, où leur succès fut des plus minces.

M. AUDIN qui, d'ailleurs, reconnaît volontiers, quant à présent et en l'absence de démonstration expérimentale, combien toute argumentation est vaine et inutile, a entrepris des essais après lesquels — s'ils donnent des résultats et que ceux-ci soient favorables — il reprendra la question en donnant l'analyse de ses expériences.

————

Réunion des Sections d'Agronomie et d'Économie politique et Statistique

Sous la présidence de MM. WALFARD et le Dr PAPILLON, pour la discussion des communications relatives à la *Crise viticole et les remèdes à y apporter.*

————

M. J. LAURENT.

Les Cartes agronomiques communales et les Essais culturaux à entreprendre dans les sols-types d'une région (*Rapport préparatoire* publié dans le *Bulletin nº 7* de juillet 1907, p. 27.

Discussion. — M. Pierre LARUE émet des doutes sur la valeur de l'examen de la flore dans des terres cultivées.

Celle-ci varie, en effet, suivant l'origine des fumiers et la profondeur des labours. La flore peut être utilisée, mais avec beaucoup de circonspection.

Il faut être excellent botaniste, qualité que l'on rencontre rarement chez le rédacteur d'une carte agronomique, qui doit connaître avant tout la minéralogie, la chimie, l'hydrologie, le cours des engrais, etc.

M. Larue partage les idées de M. Laurent. Il trouve remarquable l'œuvre des Cartes agronomiques qu'il a entreprise autour de Reims, mais elle exige un ensemble de connaissances qu'il est rare de trouver ainsi réunies chez une même personne.

De plus, les Cartes agronomiques rendent-elles des services aux praticiens ? Très indirectement.

La plupart des cartes qui ont été faites l'ont été pour l'agronome, et encore leur examen conduirait souvent à des erreurs économiques.

On ne peut guère classer les terres ni suivant les assises géologiques à cause de phénomènes locaux de décalcification ou entraînement, ni suivant les propriétés décelées par l'analyse physique, ni suivant l'analyse chimique. Force est donc de s'en tenir aux dénominations locales. Alors, à quoi sert l'arsenal des termes scientifiques et leur étalage sur une carte ?

Parlant ensuite de la méthode des pots de Wagner, M. Larue indique la nouvelle méthode des pots en paraffine importée du bureau des sols des États-Unis. Elle consiste à renfermer de la terre non tassée dans de la paraffine, par immersion. Dans une serre, on obtient une germination rapide qui permet de guider, *mais de guider seulement* l'observateur, avant des essais en grande culture qui fourniront le renseignement cultural.

M. J. LAURENT, malgré l'opinion contraire exprimée par M. Pierre Larue, insiste sur la nécessité absolue d'une exploration géologique préalable pour établir une classification rationnelle des sols d'une région naturelle, et il fait ressortir l'importance des indications fournies à cet égard par les associations végétales qui donnent les caractères biologiques du sol.

De ses observations, il résulte que l'établissement des Cartes agronomiques nécessite une connaissance approfondie de la géologie, de la géographie botanique et de l'agronomie. Si, dans certaines régions de la France, le travail a été confié à des personnes incompétentes et si des erreurs assez graves ont été commises, il n'y a pas lieu pour cela d'abandonner la confection des cartes qui, bien établies, rendront les plus grands services à l'agriculture. Pour éviter de nouvelles fautes, il émet le vœu qu'une Commission soit instituée au Ministère de l'Agriculture pour fixer définitivement les méthodes à adopter.

Après avoir défini les *sols-types*, dont le nombre est toujours très limité dans une même région naturelle, le rapporteur préconise l'organisation d'essais culturaux sur chacun de ces sols-types d'après les méthodes inaugurées par le professeur Wagner, de Darmstadt, et adoptées par la Commission consultative chargée de l'étude des sols belges. D'après les résultats obtenus, on pourra fixer à coup sûr les formules d'engrais qui, dans les conditions météorologiques normales, fourniront le maximum de bénéfice, alors que les indications données actuellement par les agronomes, d'après l'analyse chimique des terres, sont purement empiriques.

M. Julien MARGUET.

M. le Dr F. HEIM.

Vœux. — Sur la proposition de M. le Dr F. HEIM, la Section émet le vœu que la question ci-dessus soit maintenue à l'ordre du jour de la prochaine session, en visant particulièrement l'intérêt, pour cette question, des données fournies par l'étude de la flore spontanée.

La Section émet également le vœu que des démarches soient faites près du Ministère de l'Agriculture en vue de l'unification des méthodes d'établissement des Cartes agronomiques. M. Heim veut bien se charger de faire des démarches dans ce sens près de M. Vassillière, inspecteur général de l'Agriculture, si l'Association française lui en donne la mission.

M. STOKLASA, Prof. à l'Éc. Polytech. slave de Prague.

Phénomènes chimiques accompagnant l'assimilation de l'azote libre par l'azotobacter.

M. H. RAJAT, de Lyon.

Destruction des larves de lépidoptères parasites des arbres fruitiers par l'emploi des champignons entomophytes.

M. F. HEIM, de Paris.

1° Le palmier Aoura de la Guyane. — Son importance économique comme producteur d'huile.

2° Sur quelques légumineuses indigènes considérées comme plantes fourragères.

M. le Dr LOIR, Prof. à la Fac, de Méd. de Montréal.

L'enseignement agricole supérieur au Canada.

Discussion. — M. A. LADUREAU.

M. Camille MOREAU-BÉRILLON, Prof. spécial d'agriculture, à Reims.

Le mouton en Champagne. — Connu depuis un temps immémorial en Champagne, le mouton a été une des sources de la fortune de cette province. L'évolution de son élevage est liée à celle de l'industrie lainière. La nécessité pour celle-ci d'avoir des laines fines, la concurrence étrangère incitèrent les éleveurs vers le milieu du XVIIIe siècle à introduire le mérinos d'Espagne préconisé surtout par Daubenton. Cliquot-Blervache, en 1784, fut un des premiers introducteurs : il plaça des béliers mérinos dans sa ferme du Belloy près de Reims ; un peu plus tard, M. de Jessaint, préfet de la Marne, créa le troupeau de Beaulieu. Vers 1827, la variété du mérinos soyeux de Mauchamps, dont l'auteur rappelle l'origine exacte, fut créée. Vers 1840, des tentatives d'introduction de reproducteurs de races anglaises furent faites dans la région. A partir de 1855, l'élevage fut orienté dans une voie nouvelle, on chercha à améliorer le mérinos, à le rendre plus précoce, à le perfectionner au point de vue de la production de la viande et de la laine. C'est dans cette voie que la plupart des éleveurs persévèrent.

Depuis 1862, la population ovine est en décroissance ; l'auteur en examine les principales causes : avilissement du prix des laines, modifications culturales profondes de la région, difficulté de trouver de bons bergers, plantations de pins, etc. Mais, s'il y a moins de moutons, les modifications apportées dans les systèmes d'exploitation permettent d'en tirer davantage de produits. Depuis quelques années, la population ovine a tendance à augmenter, le prix de la viande augmente, celui de la laine augmente un peu. Le cultivateur champenois doit conserver le mérinos en continuant à le perfectionner au point de vue de la production de la laine et de la viande ; tous les soins doivent porter sur la sélection, l'alimentation et l'hygiène.

Discussion. — M. Marguet.

2° *Les améliorations à apporter à la culture de l'avoine en Champagne.* — L'avoine occupe, en France et dans la Marne en particulier, une importance considérable. Des chiffres empruntés à diverses statistiques viennent à l'appui, et cette culture mérite d'être étendue et améliorée dans l'intérêt du cultivateur français. L'auteur étudie les conditions économiques actuelles de la culture de l'avoine. Cette plante peut occuper des places variées dans l'assolement, ce qui permet de lui affecter des superficies plus considérables. Les efforts du cultivateur doivent porter sur la fertilisation ; les engrais azotés surtout, phosphatés et potassiques rapidement assimilables, lui sont nécessaires pour satisfaire à ses exigences physiologiques pendant le cours de la végétation. Le choix des variétés, la sélection des semences sont envisagées ; la désinfection par le formol est nécessaire pour débarrasser la semence des spores du charbon ; la préparation du sol, les soins culturaux, de même que le choix des engrais doivent avoir pour objet d'atténuer les effets de la sécheresse qui est, en Champagne, le principal obstacle à la culture de l'avoine. L'auteur aborde aussi la question de la destruction des sénés et celle de la destruction de l'anguillule qui cause dans la région des dégâts importants.

Discussion. — M. Marguet.

———

M. E. BECKER-BERTRAND, Constr.-Mécan., à Reims.

De l'emploi du thermomètre déclancheur Varium *système breveté Becker-Bertrand.*

———

M. AUREGGIO, Vétérinaire principal, ex-insp. de l'armée, à Lyon.

1° *Alimentation carnée des soldats et des populations au point de vue des fraudes dont elle est l'objet.* (Voir Section d'Hygiène, p. 522, les nombreux moyens

employés pour faire consommer des viandes insalubres et l'emploi de faux timbres pour les estampiller ; le remplacement du timbre rond par l'estampille-
rouleau, Gervais de Lyon, avec numéros et vignettes interchangeables chaque
jour.)

2° *Histoire de la ferrure des chevaux dans l'antiquité, au moyen âge et jusqu'en 1907.*
   (Voir Section d'Hygiène, p. 523, la description de tous les spécimens de ferrures.)

M. Paul DESCOMBES, Présid. de l'Associat. pour l'aménagement des montagnes, à Bordeaux.

   L'aménagement des montagnes et ce qu'on appelait les impossibilités.

M. Henri BRESSON, à Chandai (Orne).

1° Des forces hydrauliques dénommées houille verte. — Par le terme métaphorique de houille verte appliqué à l'utilisation des chutes d'eau de moyenne
et faible hauteur à la production de l'énergie électrique, M. H. BRESSON a voulu
attirer l'attention sur les ressources en eaux courantes dont dispose la France, en
dehors des régions accidentées qui ont valu son succès au terme non moins
métaphorique de houille blanche. — Ce premier, diminutif modeste en
quelque sorte du second, trouve une justification dans le rôle important joué
pour les cours d'eau de plaine, par les *forêts*, qui, comme les *glaciers*, sont des
accumulateurs d'énergie, permettant de traverser les périodes de pénuries des
débits ; mais une grande différence en résulte pour les deux types de cours
d'eau, puisque les époques d'étiage et de crues sont en opposition complète, et
assurent, toute proportion gardée, un avantage à la houille verte, en faisant
coïncider les plus forts débits avec les jours les plus sombres de l'année.
— M. H. Bresson a dressé des statistiques de tous les exemples hydro-électriques
qu'il a pu relever, ainsi que des ressources hydrauliques d'un groupe de sept
départements de l'Ouest de la France, dont celui de l'Orne occupe le centre. Il
souhaite que ces utiles exemples soient connus et suivis, car notre pays reste
encore tributaire de l'étranger pour une notable portion du charbon qu'il
consomme.

2° Dictionnaire des Rivières.

— Séance du 6 août —

EXCURSION VITICOLE

Au vignoble de Murigny et aux vignes greffées de Rilly-la-Montagne.

Ouvrages imprimés

PRÉSENTÉS A LA SECTION

M. Aureggio. — *La ferrure rationnelle préconisée dans l'armée française.*

M. Becker-Bertrand. — *Recueil sur les applications pratiques des paragrêles et des paragelées automatiques système de l'auteur.*

Bulletin de la Société de Viticulture, Horticulture et Sylviculture de l'arrondissement de Reims, n° 8, août 1907.

16ᵉ Section

GÉOGRAPHIE

PRÉSIDENT D'HONNEUR. . . . . M. ÉDOUARD ANTHOINE, Ing., Présid. de la Soc. de Géog. commerc. de Paris.

PRÉSIDENT. . . . . M. LOUIS WOUTERS, Biblioth. adj. de la Soc. de Géog. commerc. de Paris.

SECRÉTAIRE . . . . M. L. FRANÇOIS.

— **Séance du 1ᵉʳ août** —

M. Paul **LABBÉ**, prévoyant que sa présence serait nécessaire au Congrès des Sociétés de Géographie à Bordeaux, avait prié M. Georges **RICHARD** de le remplacer à la présidence de la Section. Ce dernier, ayant dû repartir pour Madagascar, M. Louis **WOUTERS**, blibliothécaire adjoint de la Société de Géographie commerciale, a été désigné pour présider la Section pendant le Congrès.

— **Séance du 5 août** —

M. Ernest **FRÉVILLE**, Recev. part. des Finances à Reims.

Le Chemin de fer de Bagdad et les intérêts français. — En raison des intérêts considérables que les industriels et les commerçants français ont engagés en Turquie et dans tout le Levant, le Gouvernement français ne doit pas se désintéresser de l'entreprise du Chemin de fer de Bagdad.

C'est le 5 mars 1903 qu'une convention fut signée, relative à l'extension des lignes d'Anatolie jusqu'au golfe Persique, entre Zehki Pacha, Ministre des Travaux publics et M. A. Gwinner au nom de la Deutsche Bank et MM. Zander et Huguenin au nom de la Société d'Anatolie.

Le chemin de fer devait avoir son point de départ à Konia, se diriger vers Eregli, traverser le Taurus, passer par Adana, remonter la vallée du Djihoum pour se diriger vers l'Est et atteindre l'Euphrate à quelques kilomètres au sud de Biredjik, puis, le fleuve franchi, courir vers le Nord-Ouest par Harran et Nissiline, gagner Mossoul, descendre la vallée du Tibre jusqu'à Bagdad. Le point terminus est encore incertain, ce sera vraisemblablement Koweit, sur le golfe Persique.

Le coût de cette entreprise sera considérable : les 2.800 kilomètres coûteront 560 millions, avec les pourboires 780 millions environ. La Compagnie touchera du Gouvernement ottoman 11.000 francs, par kilomètre et par an, pour l'intérêt et l'amortissement du capital de construction, et 4.500 francs pour frais d'exploitation ; donc un total de 15.500 francs de garantie kilométrique.

On peut prévoir, la ligne étant ouverte actuellement jusqu'au Taurus, que, dans une durée de quinze années, le chemin de fer sera terminé, si l'Allemagne trouve les capitaux nécessaires.

Pour le moment, la question d'argent tient tout en suspens et c'est de ce côté que le Gouvernement français, mieux inspiré que précédemment, pourrait reprendre, dans l'administration du Chemin de fer de Bagdad, la place qui lui avait été offerte et que des considérations de politique extérieure ne lui ont pas permis alors d'accepter.

Entre la Russie et l'Angleterre, la France, amie de l'une, alliée de l'autre, doit, en raison de sa situation privilégiée dans le Levant et des droits qui lui restent d'un passé glorieux, faire entendre sa voix dans toute négociation financière relative à la construction, à l'exploitation, à la direction du Chemin de fer de Bagdad.

— Séance du 6 août —

M. Désiré BELLEAU, Présid. de la Soc. d'Études géogr. et coloniales de Reims.

Ports français et ports belges. — D'un relevé publié récemment, il résulte que l'ensemble des ports belges, Anvers en tête, a reçu, au cours de l'année 1900, 9.853 navires jaugeant ensemble 12.473.903 tonnes, chiffres plus que satisfaisants pour une population de 7 millions d'habitants.

Cette situation très brillante est due surtout à l'excellence des installations maritimes et au bon marché du prix de transport pour les marchandises allant à Anvers ou en venant. La situation spéciale du port d'Anvers joue également son rôle.

Des raisons contraires rendent la situation des ports français moins favorable. Infériorité marquée du côté des installations maritimes et surtout cherté excessive des frais de transport pour les marchandises allant ou venant de nos ports. Cherté également du fret chez certaines Compagnies maritimes, puis surtaxe des frais d'entrepôt dans les ports français.

Le remède à la situation serait, dans tous les cas, dans la diminution des frais de transport sur le continent, diminution qu'on obtiendrait, non pas des Compagnies de chemins de fer, qui se montrent absolument récalcitrantes, mais de l'organisation, par exemple, d'autres modes de transport, peut-être par les rivières et canaux, puis de l'amélioration de l'outillage de nos ports, dont plusieurs, d'ailleurs, font des efforts sérieux pour arriver à une situation meilleure.

M. Émile BELLOC, Chargé de Miss. scient., à Paris.

1° Interprétation fautive de quelques noms de lieux. — Lorsqu'on se propose de déterminer l'étymologie ou l'orthographie d'un nom de lieu, on se préoccupe très rarement de sa signification ou de sa forme primordiale.

Ces conditions essentielles, dédaigneusement négligées par un trop grand nombre d'auteurs, doivent cependant primer toutes les autres. L'oubli inconscient ou volontaire de ce principe fondamental est cause, en majeure partie, des nombreuses bizarreries subrepticement introduites dans la toponymie.

Entre autres exemples, empruntés aux documents officiels (atlas, matrices cadastrales, cartes de l'État-Major, almanach des Postes, livres scolaires, etc.), l'auteur cite quelques appellations carractéristiques. C'est ainsi qu'*Extrèmdous* (à l'extrémité, par côté) est devenu « Troumouse »! nom ridicule s'il en fut, ne rappelant en aucune façon ni la forme, ni la valeur significative de l'expression primitive. Les mêmes raisons ont fait travestir le passage bien connu de la vallée pyrénéenne d'*Arrîous* (vallée des ruisseaux), fautivement orthographiée *Arrius*, en « Col de Darius »! C'est encore à l'ignorance de la signification réelle du nom local que cette autre dénomination pyrénéenne, lac d'*Es-Coubous* (lacs des petits ravins), a été transformée de façon abracadabrante en « lac des Couyous », qui, littéralement traduit, veut dire « lac des testicules »!.

M. Émile BELLOC, termine sa communication en adressant un appel pressant aux géographes, aux cartographes et aux auteurs, dont il déplore la coupable inertie, afin de débarrasser notre nomenclature territoriale des expressions ridicules qui la déshonorent. /

2° Démolition des hautes cimes, Action et extension glaciaires. — Les sommets des hautes montagnes terrestres, notamment ceux dont l'ossature est formée de roches granitiques ou schisteuses, sont généralement constitués par des amas incohérents de blocs anguleux superposés.

De prime abord, cette disposition particulière peut paraître anormale. Elle trouve, néanmoins, son explication naturelle dans l'action directe exercée par la glaciation sur les roches fissurées, imbibées du produit résultant des précipitations atmosphériques.

Les effets de cette action sont très nettement caractérisés sur les photographies que M. E. BELLOC met sous les yeux des membres de la Section de Géographie.

Il résulte des observations personnelles et récentes de l'auteur, corroborées par certains autres observateurs, que, sous leurs formes multiples, la glaciation et les ravages qu'elle occasionne ; le ruissellement des eaux sauvages, provoqué par la fonte intermittente des glaces et des névés ; l'effort violent des vents impétueux ; les alternatives de chaleur intense et de froid rigoureux qui se produisent dans les régions alpestres élevées, sont les causes directes et permanentes de la ruine des hauts sommets montagneux.

———

[M. Edmond MAILLET, Ing. des Ponts et Chauss., à Bourg-la-Reine (Seine).

Sur le régime et les crues du Nil. — Après avoir résumé, d'après de récentes publications (J. Barois, Sir William Willcocks, cap. Lyons), ce qu'on sait maintenant du régime et des crues du Nil, l'auteur :

1° S'occupe des *courbes de décrues* du Nil (à Assouan et Wadi-Halfa), et du Nil bleu (à Khartoum et Wad-Médani), qu'il a pu construire pour une période de six mois (1er octobre-1er avril) ; 2° montre qu'il semble y avoir une certaine corrélation, à Assouan, entre les minima de deux années consécutives et le maximum intermédiaire; 3° discute les circonstances curieuses que présentent les résultats des jaugeages méthodiques du Nil bleu à Khartoum, en en tirant des conclusions sur la construction de la *courbe des débits* en un point d'un cours d'eau.

———

M. le Dr **Adrien LOIR**, Prof. à la Fac. de Méd. de Montréal (Canada).

Les Français au Canada.

———

Victor TURQUAN, Memb. du Cons. sup. de Statistique, à Lyon.

Densité de la population par commune en France. — Présentation de la carte d'ensemble de France pour les 36.000 communes.

———

M. Y.-M. GOBLET, Exam. à l'Inst. comm. de Paris.

Les Chefferies indigènes de l'État indépendant du Congo et la réorganisation du Congo français (Rapport présenté au Congrès Colonial de Paris).

———

17ᵉ Section.

ÉCONOMIE POLITIQUE ET STATISTIQUE

Président d'honneur . . . . M. Frédéric PASSY, Membre de l'Institut.
Président. . . . . M. le Dʳ E. PAPILLON.
Vice-Président . . . . M. HENRIET, Ing. civil à Marseille.
Secrétaire . . . . M. LADUREAU, Ing. chim. à Saint-Cloud (Seine-et-Oise).
Vice-Secrétaire . . . . M. l'Abbé MARTIN, Missionnaire, à Lyon.

— Séance du 1ᵉʳ août —

ALLOCUTION DU PRÉSIDENT

M. le Dʳ Papillon annonce que la Section a l'honneur et l'heureuse fortune d'avoir parmi les membres présents une haute personnalité de la science économique et sociale, M. Frédéric Passy, et propose de le nommer président d'honneur.

Cette motion est saluée par des applaudissements unanimes.

Le bureau étant constitué, le Dʳ Papillon demande à M. Frédéric Passy de vouloir bien — pour inaugurer nos travaux et avant de nous quitter — exprimer son sentiment sur l'une quelconque des questions qui occupent et préoccupent les hommes qui regardent et étudient les phénomènes économiques et sociaux.

M. Frédéric Passy répond qu'il ne peut, dans les trop courts instants qui lui restent, que former des vœux pour le succès des travaux de la Section. « Plus que jamais, dit-il, au milieu des divisions et des violences qui agitent nos sociétés, il est nécessaire de faire et de *répandre la lumière, qui seule est capable de faire la paix et de réconcilier les hommes dans le sentiment de la communauté de leurs intérêts et de leurs devoirs.* Pour cela, il faut commencer par avoir foi dans la puissance de la vérité et ne pas désespérer des hommes. Au fond, ajoute M. Passy, dans ces agitations si souvent bruyantes, dans ces prétentions déraisonnables et insensées, dans ces revendications brutales et ces explosions de haines, à certaines heures si terribles, il y a un sentiment vrai de l'imperfection de notre état économique et social et une aspiration souvent sincère et généreuse vers plus de justice, en même temps que de bien-être. Mais une idée fausse, je serais tenté de dire une fausse religion, envenime, en les paralysant, tous ces efforts; c'est ce que j'appellerai le fétichisme de l'état.

» Hercule veut qu'on se remue, dit le héros grec au charretier embourbé qui l'appelle à son aide. Et, par ce simple rappel à son énergie, il lui est plus utile que par tous les miracles qui lui sont demandés. Le dieu État, roi hier, peuple souverain aujourd'hui, nous a rendu, je devrais dire s'est rendu à lui-même le mauvais service de nous tenir le langage opposé, et, dans toutes nos difficultés, nous avons pris l'habitude de nous adresser à lui au lieu de compter sur nous. Voyez cette crise ou grève du Midi qui vient de troubler cruellement le pays et d'ajouter tant de misères et de douleurs au mal qu'elle prétendait conjurer. « Faites-nous vendre notre vin; si d'ici à tant de jours vous n'avez pas pris des mesures et fait des lois pour relever les cours et nous assurer des débouchés, nous vous tournons le dos et nous vous traitons comme le peuple de Naples traite la Madone et saint Janvier quand ils lui font attendre leurs miracles ». C'est la même superstition, et elle conduit aux mêmes excès.

» Est-ce qu'il y a des lois et des règlements qui puissent faire boire du vin aux Français qui n'en veulent pas boire, et contraindre les consommateurs à payer les objets qu'on leur offre à un prix supérieur à leur volonté ou à leurs facultés? Ou si, par des mesures artificielles, par des faveurs accordées aux uns, qui sont nécessairement payées par les autres, on a l'air, un moment, de panser une plaie et de guérir une misère, comme, le lendemain, celui à qui l'on a fait payer l'emplâtre ou dont on a gêné le travail ou le commerce, va réclamer à son tour la tutelle, les secours et la protection de l'État, on n'aura fait qu'ouvrir la porte à de nouvelles sollicitations en déchaînant de nouvelles misères. Et *la puissance publique, qui ne devrait être que la sauvegarde des activités individuelles*, la gardienne impartiale et incorruptible de la liberté de chacun, le bouclier opposé par tous aux entreprises injustes et aux empiétements malfaisants, *deviendra l'agent responsable de toutes les souffrances, méritées ou non*, « le plastron de tous les mécontentements », comme le disait si justement Turgot, et, finalement, le complice, en même temps que la victime, de toutes les fautes et de toutes les iniquités.

» Ne cessons pas, Messieurs, de protester contre ces doctrines menteuses et funestes. Ne demandons a l'État, mais demandons-le lui avec une inlassable énergie, que ce qu'il nous doit, la sécurité et la justice; et quant à notre sort personnel, ayons le courage et la dignité de le faire nous-mêmes : soyons et enseignons aux autres à être, pour leur bonheur comme pour leur honneur, des citoyens libres et non des mendiants ».

Des salves réitérées d'applaudissements remercient le toujours jeune octogénaire de sa vibrante et éloquente allocution; et M. Papillon fils reconduit M. Frédéric Passy à la voiture qui l'attend.

————

M. le Dr PAPILLON, Président de la Section.

RAPPORT PRÉPARATOIRE

L'ordre du jour appelle la première question :

Réforme des droits successoraux sous le rapport moral, national et fiscal. — La France périclite industriellement, commercialement et militairement par le fait continu de son insuffisante natalité, elle a seulement 21 naissances par 1.000 habitants, alors que les pays étrangers en ont de 31 à 36.

Un pays prestigieux, comme l'a été la France, peut rester — *quelque temps* — influent et recherché pour ses capitaux mobiles ; mais, il n'est puissant et écouté que, si, par l'accroissement de sa population, il possède le nombre et garde la force organisée, pouvant disputer la prépotence.

Cette question de la natalité se trouve, ainsi, à être, la plus préoccupante pour tous les patriotes. Elle est, faut-il le dire, l'expression chiffrée d'une organisation sociale destructive de nos libertés, de notre expansion mondiale, de notre état de richesses et étale l'étiage de notre puissance.

Parmi nos différents facteurs d'affaiblissement, les uns paraissent intangibles, parce qu'ils sont des instruments de règne : tels notre centralisation outrée, et comme conséquence, les chiffres extraordinairement disproportionnés des employés et fonctionnaires, parasites prenants et non producteurs, mais qu'exige la complexité de nos rouages administratifs — telle la défense de la recherche de la paternité — telle la réforme qui vient finalement d'être promulguée sur les frais et la lenteur des formalités du mariage, lesquels précédemment poussaient à l'union libre, toujours moins féconde, — telle la loi militaire, établie non pour le but à atteindre, mais sur des considérations électorales, — tel, le code Napoléon, qui, avec plusieurs enfants, morcelle et disperse les héritages, punissant en quelque sorte les parents de leur fécondité et annihilant toute une vie d'économie et d'efforts, — telle l'insuffisance de la quotité disponible, limitée à une part d'enfant, — tels surtout les droits successoraux établis dans un but fiscal et que nous voudrions voir établis aussi dans un but moral et national.

Fiscal pour les besoins du pays.

National pour accroître la population française.

Moral pour encourager les mariages.

L'idée directrice de cette réforme est que, pour remplir son devoir national, tout ménage doit avoir trois enfants — deux pour reconstituer le ménage ; et, le troisième pour parer aux éventualités de la vie.

Au delà de trois enfants, on dépasse, ce que l'on doit à son pays. Le pays reconnaissant doit alléger les charges de celui qui a quatre enfants, et alléger davantage celui qui en aura cinq, six ou plus. Celui qui en aurait sept vivants, devrait déjà être exonéré de tous impôts et quelle que soit sa fortune — par mesure égalitaire — exonéré également de tous les frais d'études de ses enfants.

Par contre, — et c'est ici le rétablissement de l'équilibre fiscal — quiconque n'aurait pas trois enfants subirait une majoration de taxes à fixer, lourde pour les familles à deux enfants, plus lourde à enfant unique et davantage encore pour les ménages sans enfant.

Il est équitable que les familles bénéficiant de l'organisation de l'État, ne s'acquittant point en nature, payent en argent : et parmi les personnes qui, *volontairement* manquent au devoir national, se trouvent — à part — les CÉLIBATAIRES.

Nous devons donc porter un regard aussi juste qu'intéressé sur cette vaste catégorie de citoyens. Il va de soi que je n'y fais rentrer ni les militaires ni les marins ; ils remplissent un service d'État. Autrefois on aurait dû y comprendre le clergé séculier ; depuis la séparation des Églises et de l'État, cette exception n'a plus sa raison d'être : l'État n'ayant plus rien à voir avec la profession des citoyens.

Le sociologue doit même signaler ce fait que la religion catholique en imposant depuis le xie siècle, à ses prêtres, à ses moines, à ses nonnes, une chasteté fatalement improductive, a été, administrativement, plus dominante, mais a provoqué la Réforme; et, produit ce fait indéniable qu'aujourd'hui les nations catholiques sont en décadence, alors que les nations chrétiennes sont en prospérité : celles-là stérilisantes et aveuglément soumises et celles-ci proliférantes et gardant leur libre arbitre et partant leur libre initiative.

Mais procédons par principes :

Un ouvrier célibataire touche le même salaire qu'un ouvrier marié : et c'est justice, puisque le salaire est la rémunération d'un travail produit; mais, blotti dans son égoïsme, rend-il les mêmes services sociaux ? Il y a donc justice sociale à le traiter différemment. Il n'y a même pas à innover, mais simplement à remettre en vigueur les lois de la Révolution qui n'ont point, que je sache, été abrogées :

1° La loi du 7 thermidor an II majorait d'un quart les contributions des célibataires;

2° La loi du 3 nivôse an VII surélevait de moitié la valeur imposable du loyer.

Autrefois, la loi papinienne était plus radicale : elle déshéritait les célibataires.

On a dit avec justesse que l'Ancien régime faisait des fils aînés; le code Napoléon des fils uniques; il ne faudrait pas que l'on puisse dire — et nous sommes dans cette inquiétante propension — que la République fait des célibataires, et crée la stérilité; je voudrais donc que tout célibataire (militaires et marins exceptés), âgé de vingt-sept ans, payât triples taxes communales, au profit des asiles, puis il paierait doubles droits quand il hériterait, et ses héritiers auraient à payer doubles droits quand il décéderait. Il est de toute équité qu'un célibataire s'exonérant des charges d'une famille, compense en argent le détriment qu'il fait à la patrie. Le produit en sera considérable : la fortune du célibataire étant deux fois touchée.

Il conviendrait encore qu'une taxe exceptionnelle comme le tiers ou le quart du loyer soit imposée quand le nombre des domestiques dépasserait celui des enfants. Les professions agricoles naturellement exceptées : ce ne sont plus des domestiques, mais des serviteurs.

La natalité est l'expression d'une situation économique, et là nôtre est mauvaise, nous sommes des rentiers, vivant sur notre acquit. Nous n'avons pas su tirer profit des énormes capitaux que nous possédions, nous avons livré à nos concurrents ces facteurs de productivité, préparant nous-mêmes notre ruine.

Une cause d'erreur d'appréciation que je signale, est qu'il ne faut pas, si l'on veut étudier *l'influence de la situation économique,* comparer les dates des naissances, mais les dates des conceptions.

Dans quelle proportion conviendrait-il de frapper les surtaxés et d'atténuer les détaxés?

Une base morale et rationnelle serait d'exempter les enfants de tout droit successoral, en ce qui concerne l'héritage direct des parents, dans toute famille ayant eu au moins quatre enfants. Cette mesure a lieu pour tous les enfants en Bavière, en Prusse, en Saxe, dans le Wurtemberg, dans le duché de Bade, en Roumanie et dans quelques cantons suisses. Elle est morale et juste.

Élever un enfant est, en réalité, le paiement d'un impôt et si une famille ne donne pas à la France les trois enfants qu'elle doit, nous demandons à sa succession de réparer le préjudice produit à la communauté.

Cette proportionnalité fiscale à établir est actuellement difficile à préciser, les bases statistiques sur les héritages des célibataires manquent; il conviendrait de demander au ministre des Finances d'ordonner de faire mention, dans l'acquittement des droits de mutation, de la situation des décédés.

J'emprunte au *Bulletin de l'Alliance nationale* (15 juillet 1906), la statistique
suivante :

```
Familles à 1 enfant 2.638.000. . . . . . . . . . . . .  30 0/0
    —     2   —   2.379.000. . . . . . . . . . . .  27 0/0
    —     3   —   1.593.000. . . . . . . . . . . .  18 0/0
    —     4   —     984.000. . . . . . . . . . . .  11 0/0
    —     5   —     584.000. . . . . . . . . . . .   7 0/0
    —     6   —     331.000. . . . . . . . . . . .   4 0/0
    —     7   —     289.000. . . . . . . . . . . .   3 0/0
                                                  ________
                                                  100 0/0

Ainsi : Familles restreintes. . . . . . . . . . . .  57 0/0
    —       de plus de 3 enfants . . . . . . . . .  25 0/0
    —       normales . . . . . . . . . . . . . . .  18 0/0
```

Conséquence et fait brutal : *La puissance et la richesse française diminuent.*

L'annuité d'évolution (mutations par décès et par donations entre vifs) a cessé
de monter (1892 : 7.417 millions), puis elle a descendu (1901 : 6.200 millions).
En 1907, de nouvelles taxes ont été établies, et les comparaisons sont difficiles ; il
faudrait, par des calculs, procéder à des rectifications ; mais la ligne de descente
se continuerait certainement, puisque c'est précisément pour ramener au fisc les
sommes dont il a besoin, qu'on a encore surchargé les taxes.

Discussion. — M. Saugrain proteste contre l'impôt sur les célibataires et
demande que la discussion soit reportée au lundi matin 5.

M. le Dr Papillon appuie volontiers la proposition ; M. Cheysson, de l'Institut,
lui a promis un travail sur la question et ce travail n'est point arrivé. M. Saugrain, encore célibataire, développera lundi, avec sa logique rigoureuse et son
éloquence coutumière, les arguments contre l'impôt sur les célibataires :

> *Victrix causa diis placuit, sed victa Catoni.*

L'ordre du jour appelle maintenant la deuxième question :

*Considérations économiques sur la nécessité de relier par voie fluviale et canaux
Nantes à Bâle et mettre ainsi en relations directes l'Amérique avec le centre de
l'Europe.*

Le rapport préparatoire à la discussion, qui vous a été distribué, sur le canal
de Nantes à Bâle permet d'engager immédiatement la discussion.

Discussion. — M. le Dr Papillon insiste sur la création d'un canal qui, avec
le raccourci que Jean Amelot soumit au Roi en 1707 — voilà juste deux siècles
— mettrait Bâle à moins de 900 kilomètres de Nantes.

M. Mahaut (de Marseilles-les-Aubigny), faisant l'historique de la navigation en
France, établit la supériorité des canaux sur les fleuves et justifie la nécessité
nationale de faire les canaux Nantes-Bâle ; Nantes-Marseille par Lyon et
Marseille-Bordeaux.

— Séance du 2 août —

Réunion des Sections de Navigation, Génie Civil et Militaire et Économie Politique et Statistique.

———

M. le Dʳ PAPILLON et **M. BOURGUIN**, Ingénieur en chef des Ponts et Chaussées.
Présidents.

———

M. Louis MARLIO, Ingénieur des Ponts et Chaussées, à Nancy.

De l'exploitation et de l'organisation des voies navigables. — I. — L'exploitation des voies navigables en France, c'est l'anarchie. Manque de cohésion entre la voie, le matériel et le moteur. Mauvais rendement de la batellerie. Insuffisance de la traction. Absence de liaison avec les chemins de fer et d'une organisation financière. Pourquoi ces défauts n'ont pas été corrigés.

II. — Ce qu'on peut faire pour remédier séparément à ces différents défauts.

III. — Comment on peut concevoir un plan d'ensemble assurant, outre le remède à ces défauts, la coordination des éléments de la navigation intérieure, sans toucher à la liberté de la batellerie, en faisant appel au concours des intéressés et en leur abandonnant une part de gestion correspondante.

Discussion. — M. R. DU PRÉ DE SAINT-MAURE, le zélé et infatigable président du Syndicat forestier du Morvan, souhaite, avec M. l'ingénieur Marlio, qu'une direction du Ministère des Travaux publics s'occupe activement de tous les porgrès à apporter à la navigation intérieure ; mais il tient à la mettre en garde contre les abus de la réglementation à outrance : il ne faut pas que les lois ni les règlements administratifs diminuent le rôle de la petite batellerie indépendante et entravent pour elle la liberté de choisir ses marchandises et de fixer ses tarifs. La petite batellerie indépendante apporte la concurrence sur la voie d'eau et, par suite, dans tout l'organisme de nos moyens de transport (tant par fer que par eau). Elle nous assure, grâce à la liberté dont elle jouit, une sécurité que ne peuvent nous donner ni loi, ni règlement administratif ; service d'autant plus important que le monopole de fait dont jouissent certains transporteurs est redoutable surtout pour la *production française* qui n'a pas toujours le choix entre les débouchés et les moyens de transport.

N'est-ce pas aussi la petite batellerie qui peut le mieux inspirer confiance à l'industriel qui veut fonder une usine nouvelle et choisir un emplacement ? Elle maintient les situations géographiques relatives en prenant pour base de ses prix la distance kilométrique.

La batellerie aide aussi bien les industries naissantes que celles qui ont fait preuve de vitalité et obtenu, par suite, des prix fermes des Compagnies de chemin de fer. Elle corrige ce qu'il y a d'abusif et souvent de fatal pour les producteurs dans la fixation fantaisiste des tarifs *ad valorem*. Avec la batellerie, le producteur peut présumer, par analogie, les frais d'expédition d'un produit nouveau qui lui est demandé, sans qu'il lui soit nécessaire de connaître toutes les difficultés inextricables du livret Chaix.

Elle fait entrer en ligne de compte l'avantage que lui procure le fret de retour (autrement dit, les transports en contre-voyage) ; chose presque impossible à une Compagnie, qu'il s'agisse de transport par terre ou par eau : un transporteur entièrement indépendant, qui n'a pas à en référer à une direction centrale, peut *seul* se le procurer et faire bénéficier ses clients d'une portion de cet avantage. C'est grâce au pénichien venu chargé de houille, que les forestiers du Centre peuvent envoyer leurs étais à raison de 6 fr. 50 c. la tonne à Anzin, et de 7 francs à Charleroi, au lieu de subir les prix variant de 15 fr. 45 c. à 17 fr. 45 c. que demandent les chemins de fer. Lorsque le canal Nantes-Bâle, en traversant la Puisaye et le Morvan, viendra y rendre la vie à tant d'industries défuntes ou mourantes, ce sera encore le petit batelier qui pourra le plus avantageusement effectuer les transports à courte distance nécessaires aux usines nouvelles tant qu'elles n'auront pas conquis sur le marché un rôle suffisamment important pour que leur clientèle fasse envie aux gros transporteurs.

C'est grâce à la liberté du petit batelier que se fait entendre la note la plus juste dans les discussions des prix de transport ; discussion dont dépend la *production française* et sa *répartition*. Aussi voudrions-nous voir le rôle des petits bateliers indépendants grandir encore et le nombre de kilomètres de voies navigables s'accroître, pour qu'ils puissent y exercer leur action tutélaire.

M. MAHAUT, fondateur et membre d'honneur de la Société de propagande pour l'achèvement du réseau français des canaux et voies navigables, agent de la Société générale de navigation sur les canaux du Centre, apporte à notre Section l'expérience de quarante-neuf années de pratique de navigation à l'intérieur et la maturité de trente-deux années d'un apostolat actif et inlassable pour compléter et améliorer nos voies navigables.

M. Mahaut soutient la même thèse que M. du Pré de Saint-Maur, et, par des faits chiffrés, établit combien notre système de voies navigables est encore insuffisant, et surtout peu approprié aux besoins économiques de notre commerce intérieur et extérieur ; il montre les avantages qui résulteraient de l'établissement d'un canal central de Nantes à Briare et termine en demandant que l'État accorde aux créateurs de nouveaux canaux la garantie d'intérêt qu'il a donnée lors de la création des chemins de fer.

M. le Dr PAPILLON rappelle que c'est là le projet du sénateur Audiffred, rapporteur du budget des travaux publics ; et il estime que 325 millions suffiraient pour achever, dans le bassin de la Loire, notre réseau de voies navigables. Une annuité de 14 millions, pendant 50 ans, ne dépasserait pas, bien que déjà tendue, l'élasticité de notre énorme budget.

M. HENRIET, ingénieur, autrefois attaché au service de l'empire ottoman, fait l'exposé général des canaux et voies navigables en France et montre que le bon marché des transports exige aujourd'hui des canaux plus larges, plus profonds qu'autrefois, et cherche à établir que, dans certaines régions, le commerce ne se développe pas assez pour justifier les énormes dépenses que ces créations entraîneraient.

M. DUPRÉ DE SAINT-MAUR. — Cette pénétration dans le Centre, dont parle l'honorable M. Henriet, et qui ne paierait pas ses frais est très insuffisante, même pour le bien de nos ports à l'embouchure de la Seine ; ainsi Rouen en n'expédie guère que quelques rouenneries en Algérie et quelques terres pour faïence en Italie.

Lors du Congrès de Rouen, en 1903, nous voyions, en moins de 24 heures, trois bateaux de 1.400 tonnes arriver de Norvège, chargés de pâtes de bois (pénible spectacle pour un forestier venu du Morvan où sévit la crise forestière). Nous voulûmes savoir où allaient ces bateaux : « à Cardiff et Swansea !! »

Qu'allaient-ils emporter ? — Rien !! — Ils remplissaient leurs caisses d'eau !

Si nos étais pour mines du Centre avaient été là, il est évident qu'ils les auraient transportés à vil prix. L'Angleterre nous les demande. En 1900, une différence de *un franc* par *tonne* pour le transport du Morvan en Angleterre, nous a empêché de conclure avec des Anglais un marché important et durable.

Pourquoi la loi du 5 août 1879 (voilà 28 ans) unifiant canaux et voies navigables pour la péniche à 300 tonnes, n'est-elle pas encore appliquée au canal du Nivernais. Les forêts ne seraient pas seules à en profiter, nos ports de la Manche en tireraient aussi un réel avantage.

M. le Dr Papillon ne peut pas, comme président, discuter, mais il fera simplement observer que le commerce est fonction de la population et de l'industrie ; et, si dans des régions peu fertiles ou pauvres s'y trouvaient des moyens de transport économiques rayonnant dans toutes les directions jusqu'aux frontières, des industries pourraient se fonder, la population accourir, le commerce se développerait, et il ajoute que les industries s'y établiraient d'autant mieux que dans ces régions pauvres, la main-d'œuvre est à bon marché, et la propension aux grèves inconnue.

M. Mirot, archiviste à l'École des Chartes, a découvert des documents intéressants que le docteur Papillon résume. Ces documents montrent que Henri IV avait autorisé un canal partant de Briare sur la Loire ; empruntant, depuis Montargis, le cours du Loing et débouchait dans la Seine à Moret, parce que *la baisse des eaux et l'accumulation des sables rendaient, à certains moments, la navigation impossible sur la Loire*. Ce projet fut arrêté par des intérêts privés et, en 1679, Philippe, duc d'Orléans, obtint de Louis XIV l'autorisation d'ouvrir à ses frais un nouveau canal qui, partant près d'Orléans, rejoignait le Loing, au-dessous de Montargis à Cepoy et épargnait ainsi dix lieues de navigation sur la Loire, entre Orléans et Briare. Les bénéfices furent si séduisants que le maréchal d'Estrées sollicita et obtint, en 1716, l'autorisation d'établir, avec les mêmes et semblables droits et privilèges, un canal de jonction de la Loire à l'Yonne, de Cosne à Coulanges ou Surgy ; des intérêts particuliers se dressèrent aussitôt, et — dans neuf ans — il y aura deux siècles que ce canal, approuvé par tous, n'est pas encore commencé.

Il serait peu équitable d'accuser nos aïeux ; la même histoire se répète sous nos yeux et, dans un instant, vous en jugerez. Il y a, depuis 12 ans, un Comité qui s'agite, reprend des essais partout condamnés, n'aboutit à rien et empêche d'aboutir : c'est le Comité de la *Loire navigable*.

Je dois, Messieurs, avant de donner la parole au professeur Roberti, appeler votre attention sur une notice imprimée que M. Tassin, député et ancien sénateur, m'a envoyée et dont un certain nombre ont été mis à votre disposition. C'est une note comparative du canal latéral de Briare à Nantes et du chenal en Loire.

M. Tassin est résolument pour le canal latéral. Cette notice ne peut être discutée en l'absence de son auteur ; mais elle présente un intérêt documentaire en ce qu'elle est l'expression d'un rapport approuvé sous la présidence de M. de Freycinet, dont faisaient partie sept anciens ministres et dont M. Tassin fut le rapporteur ; en voici le résumé économique :

En admettant que le chenal puisse être rendu navigable, il resterait :

1º A substituer aux essais théoriques une expérience d'exploitation ;

2º Si à la remonte le remorquage ne serait pas d'une dépense supérieure aux tarifs des chemins de fer ;

3º Si à la descente le courant ne jetterait pas le bateau contre les piquets du chenal.

M. MELCHIORRE ROBERTI, professeur à la Faculté de droit à Ferrara (Italie), expose qu'en examinant un code récemment acheté à la librairie Saint-Marc de Venise (130 Lat. bl. V), il a trouvé un précieux document qui porte le titre de : *Racio lombardi seu francisei quod debent solvere per precias draporum*, où se trouvent les frais d'importation que devaient payer les habitants lombards et les français apportant à Venise toutes sortes d'étoffes. Il y a des mémoires sur le trafic-actif avec les villes les plus commerçantes de France ; et de nouvelles connaissances s'ajoutèrent à l'histoire du commerce des étoffes françaises, qui devait avoir une certaine mesure et ne pas s'en écarter.

Le PRÉSIDENT rappelle que le professeur Roberti est déjà venu à Cherbourg assister à nos travaux. Cette fois, à Reims, il fait mieux, il y contribue en montrant les liens commerciaux qui déjà, dans les siècles passés, rapprochèrent les deux nations d'éducation latine, et que le percement du Mont-Blanc va encore associer sur le terrain économique et social.

Le Dʳ PAPILLON : Ce problème, d'un *canal latéral à la Loire*, que j'avais mis à l'ordre du jour, vient d'être amplement traité par les Sections réunies de Navigation et d'Économie politique, et toutes deux paraissent être d'un même et scientifique avis.

Nantes, à 56 kilomètres de la mer, au confluent de l'Erdre et de la Sèvre, est à la fois port maritime et port fluvial.

Port fluvial, puisque Nantes est sur la Loire et deux rivières affluentes ; port maritime, puisque les marées la dépassent de 15 kilomètres et se font sentir jusqu'à Mauves.

De plus, Nantes a un incomparable estuaire, mieux disposé que l'estuaire du Tage à Lisbonne, plus utilisable que ne l'était la Clyde à Glascow ; Nantes, avec ses multiples canaux, peut, pour les commodités commerciales, se placer à l'égal de Venise et d'Amsterdam ; Nantes est géographiquement et hydrologiquement indiquée pour être le point de départ d'une large voie navigable à transit intense et rapide, sur lequel sont comme en attente, pour s'y greffer, toutes les voies navigables de France et, aboutissant à Bâle, accaparerait par ses transports économiques, les matières premières ou marchandises transitant entre les deux Amériques, la Suisse, l'Europe centrale, le nord de l'Italie et les provinces danubiennes.

Cette voie maritime deviendrait l'axe commercial de l'Europe. Mais voilà, Nantes fait partie d'un pays qui s'occupe plus de politique qui stérilise que des intérêts économiques qui forment la richesse et constituent la dominante du monde moderne. Nous sommes engoncés par des intérêts de parti. Ainsi, les Compagnies de chemins de fer, qui exploitent un monopole en font trébucher les concurrences ; ainsi, les intérêts privés, naturellement âpres à se défendre, — suscitent des diversions. Les uns et les autres sont appuyés par une masse d'hommes bien intentionnés, mais qui, né sachant pas, se laissent égarer. Il est facile de leur apporter les clartés nécessaires pour solutionner le problème.

Deux camps sont en présence. Je dis bien deux camps: ce sont des adversaires.

Il y a les attachés au Chenal : petite chapelle fermée et intransigeante, à en juger par ce qui s'est passé au Congrès de Blois. Elle retira la parole à un opposant, professeur au Lycée d'Orléans, lequel traitait magistralement de la question, et elle excommunia notre collègue M. Mahaut, ici présent, et qui fut un des promoteurs de la suppression des taxes sur les canaux et de l'unification des profondeurs d'eau et de la dimension des écluses.

Il y a les partisans d'un canal latéral.

Toute l'expérience contemporaine a démontré la supériorité économique des canaux sur les rivières, à moins qu'il ne s'agisse de cours d'eau comme l'Elbe, comme le Rhin dans son cours inférieur, comme l'Oise, comme la Seine canalisée par ses écluses.

Quel est le but des voies navigables ? Le transport économique des marchandises ; c'est là tout ce qui préoccupe les industriels et les commerçants. Eh bien, les partisans de la Loire navigable ont tout simplement négligé ce seul point intéressant ; en admettant, ce qui n'est pas démontré, qu'on réussisse à chenaliser la Loire, non pour quelques semaines mais d'une façon à peu près permanente, quelle sera la dépense pour le touage ou le remorquage des péniches ? C'est là justement ce dont on ne s'est point occupé *parce que la réponse eût été la condamnation des essais.*

La genèse de cette invraisemblable omission est toute naturelle et s'explique d'elle-même. En 1850, Nantes avait plus de population que Bordeaux et aujourd'hui Bordeaux a deux fois et demie plus de population que Nantes, parce que le port de Bordeaux s'est développé et que celui de Nantes s'est ensablé.

Nantes, alors, entrevoyant la ruine, s'est ressaisi ; on dragua la Basse-Loire et on creusa le canal maritime latéral à la Loire de la Martinière au Carnet ; puis, des hommes d'initiative, mettant en pratique ce que nous rappelait, à l'ouverture du Congrès, notre Président d'honneur, M. Frédéric Passy, Hercule veut qu'on se remue, ces hommes d'initiative ne comptant plus sur l'exécution des programmes Freycinet ou autres, se constituèrent en Société *La Loire navigable,* puis essaimèrent de comités les départements intéressés, recueillirent des souscriptions et se mirent à l'œuvre ; ils visaient, pour l'amélioration du fleuve, à relier Nantes à la Bretagne, au Maine, à l'Anjou, à la Touraine ; un bateau plat, le *Fram,* vint même jusqu'à Blois, un mouillage de 0ᵐ,60 lui suffisait. Il fut l'occasion tambourinante d'un banquet, puis essaya un second voyage et ne revint plus.

Nantes ne visait alors qu'à être un port régional mieux alimenté. L'échec du *Fram* suscita non plus la pensée de faire le balisage de la Loire pour les barques, mais un chenal ; et alors le Comité de la Loire navigable demanda aux Conseils généraux de voter des subventions et en même temps sollicitait du Ministre des Travaux publics une allocation. 4.600.000 francs furent, à titre d'essai, votés par les Chambres, et un personnel d'ingénieurs et de conducteurs fut délégué pour diriger les travaux à faire pour creuser un chenal.

Toujours, et dans toutes les circonstances, quand le ministre demande aux Ponts et Chaussées un rapport sur un projet, ce projet comporte toujours le côté économique et le côté technique. Ici, il n'y eut que le côté technique, et la partie économique, la seule déterminante, fut..... oubliée.

Un soir, au foyer de la Comédie-Française, nous nous trouvions quelques abonnés ; l'un de nous demanda à l'ingénieur audacieux qui, le premier, sans échafaudage, sut jeter un pont sur une vallée et qui construisit une très haute tour en fer : « Vous faites des écluses pour Panama, mais aurez-vous de l'eau pour vos écluses ? » Et l'ingénieur de répondre : « On m'a commandé des écluses, je fais des écluses ; s'il faut de l'eau, on me commandera des pompes et je ferai des pompes ». Aux ingénieurs des Ponts et Chaussées on leur a dit : faites un chenal, et ils s'essayent à faire un chenal ; et si, ce qui est problématique, ce chenal ne s'ensable pas et qu'on leur objecte : mais la navigation par le chenal revient plus cher que par le chemin de fer, ils pourront judicieusement répondre : le côté économique ne nous regarde pas ; nous n'avons pas été chargés de l'établir, on nous a seulement commandé de faire un chenal. Nous l'avons fait.

Ainsi, côté économique négligé ; mais un autre côté doit éveiller l'attention : c'est ce que scientifiquement on appelle la *Probité expérimentale*.

Établir un chenal sur le sable, c'est facile. Quand un bateau s'ensable, les mariniers, avec pelles et raclettes font un petit chenal ; le bateau se dégage et se remet à flotter. Mais dans le chenal que construit l'ingénieur, l'intéressant est de savoir si ce chenal se maintient ; il aurait donc fallu, quand le chenal a été creusé, n'y introduire pendant deux, trois ou quatre mois ni dragueuse ni suceuse ; autrement il est toujours facile, dans les quelques jours qui précèdent une visite, de faire disparaître les seuils ; et les coups de sonde donnés, peut-être aux bons endroits, n'apportent pas la démonstration que donnerait le remorquage de trois ou quatre chalands chargés à l'étiage proposé.

Je dis trois ou quatre chalands, parce que quand on vient nous parler des prix de remorquage de l'Elbe ou du Rhin, on ne saurait les comparer avec la Loire sinueuse, pouvant difficilement, et il faudrait en établir la possibilité, remorquer des rames ou convois de péniches ou bateaux.

Toute entreprise de transport, voies navigables comme chemins de fer, a une formule pratique : diminuer le poids mort pour augmenter le poids utile. J'ai vu, sur l'Elbe et sur le Rhin, des remorqueurs en traînant quatre et même six péniches de 500 à 800 tonnes. Sera-ce possible sur la Loire ? Dans les tournants, les péniches en queue n'iront-elles pas battre contre les piquets des épis, devenant de dangereux écueils ? Nous en attendons la démonstration ; elle n'est pas près de se produire, et pour une raison de physique mathématique.

Prenons une tranche d'eau, charriant du sable, au moment d'entrer dans un détour du fleuve ; il y a, dans ce détour, un côté convexe et un côté concave. Du côté convexe l'eau se ralentit et le sable se dépose, faisant une grève ; du côté concave l'eau se précipite, affouille le fond et fait une mouille. Prétendez-vous que le chenal résistera à cette action incessante ; c'est peut-être possible, mais fournissez-en la démonstration.

Toutes ces preuves seraient-elles faites.

1° A combien s'élèveront les travaux d'entretien ;

2° Combien de jours de navigation commerciale pourrez-vous donner en défalquant les mois pendant lesquels la Loire n'a pas d'eau. Les temps de grande crue. Le temps où elle charrie des glaces.

Un service de transport à une époque comme le nôtre exige cinq conditions :

1° *Fret minime.* — Les canaux seuls le donnent ;

2° *Simplification.* — Pas de batellerie spéciale, pas de rupture de charge. Les canaux seuls le peuvent ;

3° *Régularité.* — Les canaux seules l'assurent ;

4° *Célérité.* — Les canaux seuls la permettent.

5° *Cabotage des rives.* — Les canaux seuls en donnent la possibilité, les chemins de halage et les rives sont des quais de chargement et de livraison.

M. René Philippe, ingénieur des plus qualifiés, puisqu'il a dans ses attributions la chenalisation du lit de la Loire, produisit au Congrès de l'Association Française pour l'Avancement des Sciences, à Angers, en 1903, un rapport très étudié (vol. I, p. 132).

Aux chemins de fer, disait-il, les marchandises légères et les produits coûteux ; aux voies navigables les marchandises lourdes et les produits de peu de valeur ; et il faisait remarquer que les villes riveraines de la Seine et du Rhône avaient progressé, alors que les villes implantées sur les rives de la Loire aujourd'hui commercialement éteintes, avaient toutes dépéri. Orléans, autrefois principal entrepôt de la France, n'avait plus qu'une importance secondaire ; Tours avait perdu 40 0/0 de sa population ; Saumur près de la moitié ; et Nantes, il y a moins d'un siècle, premier port de la France, était il y a quinze ans, tombé au douzième rang. En 1892 l'ouverture du canal latéral de la Basse-Loire procura une telle amélioration, que le tonnage des navires monta de 149 0/0, mais la navigation fluviale est restée stationnaire et impratiquée, parce qu'elle est impraticable.

Si nous considérons le bassin de la Loire : sa vaste étendue comporte le tiers de la France, 179.000 kilomètres carrés sur 536.000 ; et Paris, à part, le tiers de la population, 12.500.000 habitants.

Sur ce bassin, autour de la Basse-Loire rayonnent un millier de kilomètres de voies navigables pour petites péniches, et dans la Haute-Loire se trouvent environ 8.000 kilomètres de voies navigables mettant en communication le Havre, Dunkerque, Mulhouse, Paris, Lyon, Marseille, et ces deux groupes, d'une importance commerciale considérable, ne peuvent se joindre ; on dirait deux groupements hostiles. On va percer l'isthme de Panama pour réunir l'Atlantique et le Pacifique ; pour réunir nos deux réseaux, il suffirait d'une voie navigable jonctionnant Nantes à Briare. Tous les économistes industriels ou commerçants en constatent la nécessité. Depuis Henri IV, et peut-être pourrait-on remonter plus haut, le problème reste posé, aimons à croire que nous le verrons solutionné.

On a proposé :

a) Le *dragage de la Loire.* — Excellent dans la Loire maritime (56 kilom. de Nantes à Saint-Nazaire), impraticable dans la Loire fluviale. Il faudrait fixer les rives, enrayer les crues, et pour ce, effectuer et laisser croître et grandir gazonnement et reboisement du massif central. Labeur continu d'un siècle au moins.

b) La *canalisation du fleuve* avec des barrages et soutènement. L'ingénieur Levesque, *sur ordre ministériel,* étudia la question pour obtenir le mouillage de 2ᵐ,20 concordant avec celui des canaux (Loi du 5 août 1879), il faudrait d'après le devis officiel, dépenser 377 millions.

c) *Régularisation du lit.* — Il s'agit de concentrer dans un chenal les eaux étalées en plaçant de chaque côté des épis ou digues de rétrécissement.

Ces essais furent stériles ; le chenal restait instable par la mobilisation des sables et « *trois décisions ministérielles* « (8 et 26 août 1859, 21 décembre 1860) reconnurent que la navigation n'avait rien gagné mais au contraire était devenue difficile et périlleuse ; elles *interdirent* en conséquence *toute création de nouvelles digues* » (Voir Philippe VI, 139).

d) **CANAL LATÉRAL.** — « La solution du canal latéral rallierait tous les suffrages si elle n'était pas si coûteuse d'une part, et si, de l'autre elle ne présentait pas l'inconvénient, soit de traverser la vallée dans le lit même du fleuve, soit de s'écarter sensiblement des villes qu'il est indispensable de desservir » (p. 141).

Un projet complet fut compris au programme de 1879 il s'élevait à 84 millions; en 1896, l'ingénieur Guillon porta le mouillage à 2^m,20 et la dépense fut portée à 119 millions. La Loire était traversée sept fois, à Mauves, à Saint-Gemme, à Longeais, à Montlouis, à Condé, à Suèvres, à Mer.

M. l'ingénieur Philippe, qui actuellement dirige, — ne l'oublions pas, — le creusement du chenal, conclut :

« *Le canal, c'est la réussite certaine :* les projets sont faciles à élaborer, l'exécution est commode à poursuivre, le programme qu'on s'est tracé est fidèlement rempli ; *la navigation s'établit sans entraves,* avec un courant insignifiant, sur des profondeurs constantes ».

« Mais la dépense est fort élevée, hors de proportion sans doute avec le résultat à obtenir ; des centres habités importants sont sacrifiés ; enfin, les traversées de rivière, les barrages mobiles ne sont pas sans présenter des inconvénients et même des dangers » (p. 143).

— Et il ajoute :

« La régularisation est une tâche délicate, une œuvre de patience, une conquête progressive du fleuve, un *perfectionnement ininterrompu.* LE MOUILLAGE EST VARIABLE, relativement faible; le courant inégal ; *la création d'un matériel spécial de batellerie s'impose* ».

Il serait difficile de faire une critique plus scientifique, plus judicieuse, plus déterminante pour condamner les essais actuellement pratiqués en Loire. M. l'ingénieur Philippe les dirige, et fonctionnaire respectueux de la hiérarchie, il exécute les ordres qu'il reçoit.

Cet historique établi, voyons la situation présente ; quel peut en être le devenir et constatons l'impérieuse indication de nous rattacher au grand réseau Central-Européen.

Notre marine marchande est en décadence, parce qu'elle ne trouve pas dans nos ports maritimes un fret suffisant pour compléter les transports. Il y a quinze ans, elle occupait encore le second rang; elle n'est plus aujourd'hui qu'au sixième. L'Allemagne qui, en 1892, nous étaient encore inférieure, nous distance aujourd'hui par son industrie, par son commerce, par sa marine. Pour enrayer cette déchéance, les chambres octroyèrent des primes — à la construction des navires, — à l'armement, — à la navigation : ce furent encouragements factices et stériles. Ce n'est point, par des aumônes que l'on remédie à une situation économique, mais par un travail assuré, rémunérateur, et notre marine marchande se développerait si elle était alimentée par des canaux ou rivières navigables.

L'Étranger vient annuellement cueillir 350 à 400 millions de fret dans nos ports ; et ce n'est point là notre seule perte. Naviguant sous pavillon étranger, nos marchandises se trouvent en quelque sorte dépréciées et notre pays amoindri. L'effort à accomplir pour sortir de cette situation serait bien minime ; si, renonçant à la stérilisante habitude de tout attendre de l'État, nous savions nous organiser et mettre en valeur nos incomparables ressources et notre situation géographique privilégiée. Pour connaître la direction de cet effort, il suffirait de constater qu'un port de mer ne se développe et ne prospère que s'il a pour appoint l'apport d'une navigation fluviale. Ainsi Anvers avec l'Escaut et les canaux de Turnhout et de la Campine. Ainsi Rotterdam avec la Meuse et le Rhin. — Ainsi Brême avec le Weser et ses canaux. — Ainsi Hambourg avec l'Elbe, puissante déjà en sortant de la Bohême et grossie par ses affluents : le Havel, la Sprée, la Saale.

Depuis deux siècles et plus, l'aménagement de la Loire a fait l'objet d'essais et surtout de projets. Utilisée par la petite batellerie qui pouvait lutter avec les rouliers, elle devint avec les chemins de fer un instrument hors d'usage. La petite batellerie fut ruinée par les tarifs préférentiels des chemins de fer.

Aujourd'hui, les chemins de fer, malgré de puissantes locomotives, traînant 1.000 à 1.200 tonnes et des wagons de 20 à 40 tonnes, peuvent à peine suffire aux transports ; et, leurs tarifs élevés, que des frais d'exploitation ne peuvent pas descendre au-dessous d'un certain chiffre, placent notre industrie et notre commerce dans de mauvaises conditions économiques, pour lutter sur les marchés internationaux avec des nations outillées comme l'est l'Allemagne, par ses moyens de transport à bon marché.

La France qui a des ports sur quatre mers (Nord, Manche, Océan, Méditerranée) a moitié moins de voies navigables que l'Allemagne ; et même sur nos 11.577 kilomètres de voies navigables, 4.801 seulement ont des écluses de 38^m,50 sur 5^m,20 et peuvent recevoir des bateaux calant 1^m,80. Notre industrie et notre commerce se trouvent ainsi dans des conditions peu favorables. Aujourd'hui un autre péril, autrement grave encore, nous menace et, non pas sollicite notre attention, mais commande notre action.

Le lac de Constance va devenir le port de l'Europe centrale, comme Bâle est devenue la plaque tournante des chemins de fer de l'Europe.

Les Hollandais ont creusé, de Rotterdam à la mer, un canal qui permet aux navires de venir directement dans la ville même se décharger, soit sur des wagons, soit sur des péniches de 500 à 600 tonnes ; remontant le Rhin, elles vont non seulement à Mannheim, mais jusqu'à Strasbourg qui, en 1905, eut 807.194 tonnes et Kehl 223.627 sur les 42.794.307 tonnes, trafic du Rhin par Rotterdam.

Le Conseil municipal de Rotterdam vient d'être saisi du projet de construction d'un nouveau port qui sera, à lui seul, aussi grand que tous les bassins existant actuellement à Rotterdam et qui s'appellera le port de Waal, d'après le nom du grand affluent de la Meuse. Ce port sera cinq fois aussi étendu que le nouveau «Rynhaven» de Rotterdam qui est déjà le plus grand port artificiel du monde. On évalue le coût du « Waalhaven » à 56 millions de francs, dont 12 millions pour l'acquisition des terrains. Le nouveau port sera construit sur la rive Sud de la Meuse, vis-à-vis de Delfshaven, et servira essentiellement au transbordement dans les allèges des marchandises amenées par les transatlantiques.

Anvers creuse un nouveau canal direct à la mer — Bruges par Heyst est redevenu port de mer — Dans un an à seize mois, Bruxelles le sera — Rome s'y prépare ; et Paris port de mer reste toujours en question comme Nantes à Briare ; parce que, en Hollande, en Belgique, en Italie, en Allemagne, il y a un Pouvoir conscient des intérêts généraux, alors qu'il n'y a en France qu'un Pouvoir préoccupé et suspendu aux majorités électorales. C'est pourquoi, dans un régime comme le nôtre, compter sur le Pouvoir pour des améliorations, c'est la somnolence et la mort ; nous ne devons compter que sur l'initiative privée.

Sur le tronc de Bâle à Neuhausen se grefferont le canal de la Glatt aboutis-

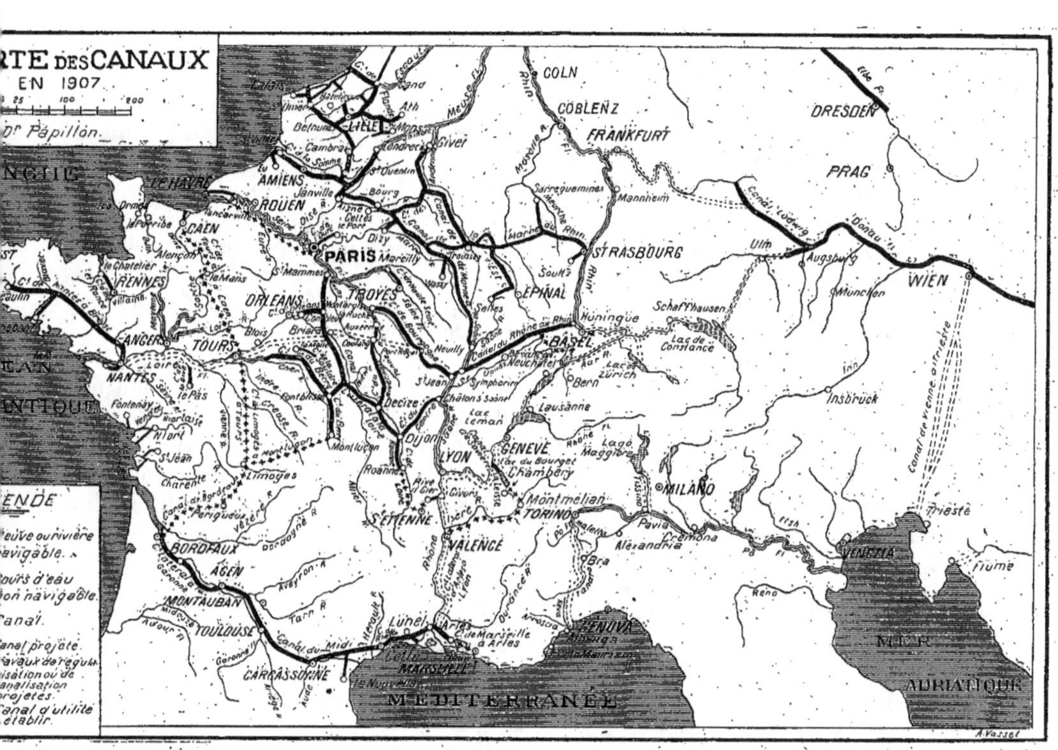

RTE DES CANAUX
EN 1907
25 100 200
Dr Papillon
LÉGENDE
fleuve ou rivière navigable
cours d'eau non navigable
canal
canal projeté
travaux de régularisation ou de canalisation projetés
canal d'utilité à établir
ANGLIE
LE HAVRE
ROUEN
AMIENS
Janville
Bourg
S¹ Quentin
LILLE
Mons
Cambrai
Givet
Condrecy
Calais
Escaut
Ath
CÓLN
COBLENZ
FRANKFURT
DRESDEN
PRAG
Rhin
Sarreguemines
Mannheim
STRASBOURG
WIEN
Canal Ludwig
Ulm
Augsburg
München
PARIS
Marcilly
Dizy
Troyes
Soultz
ÉPINAL
Hüningue
Schaffhausen
Insbrück
CAEN
Alençon
RENNES
le Mans
ORLEANS
TROYES
Sens
Rhin
BASEL
Lac de Constance
Inn
ANGERS
TOURS
Blois
Briare
Auxerre
Neuilly
Canal du Rhône au Rhin
Neuchâtel
Bern
Zürich
NANTES
Loire
le Pas
Decize
Châlons s/Saône
St Jean St Symphorin
Lausanne
Lac Leman
Fontenay
Niort
Montluçon
Dijon
LYON
GENÈVE
Lac du Bourget
Chambéry
Lago Maggiore
MILANO
Limoges
Roanne
Rive
St Gier
Givors
Montmélian
TORINO
Pavia
Cremona
VENEZIA
fiume
Trieste
BORDEAUX
AGEN
St ÉTIENNE
VALENCE
Alexandria
Bra
MONTAUBAN
TOULOUSE
Canal du Midi
Lunel
Arles
de Marseille à Arles
GENOVA
Po
Reno
MER ADRIATIQUE
CARCASSONNE
Garonne
Aude
MARSEILLE
Cette
MÉDITERRANÉE
A.Vassel

sant au lac de Zurich et le canal de l'Aar pour arriver au lac de Bienne et de Neuchâtel ; puis par le canal d'Entreroches au lac de Genève.

Le 1-3 juin 1907, à Lindau, s'est tenu le XVIIᵉ Congrès pour le développement de la navigation en Bavière et fut examiné le projet de relier le lac de Constance avec le Danube par Friedrichshafen, Biberach-a-der Riss et Ulm.

Ainsi le lac de Constance va se trouver en communication avec la mer du Nord par le Rhin, et avec la mer Noire par le Danube et aussi avec le vaste réseau des voies navigables de l'Allemagne et, de l'Autriche-Hongrie par Trieste, rejoindra l'Adriatique.

Ce n'est pas tout. En Italie, on s'apprête à mettre en communication le lac Majeur, d'un côté avec Venise par le Pô, et de l'autre côté, avec Gênes via Torino-Albenga (voir *Conferenza tenuta in Torino dall' Ingegnere dottor Romanin-Jacur*) et alors apparaîtra la conception politique ferroviaire : le lac Majeur relié au lac de Genève par le Simplon et au lac de Constance par le Saint-Gothard et communication entre la Méditerranée et l'Adriatique.

Ainsi se dessinent de prochains courants commerciaux menaçants pour la France ; de là l'urgence de relier Marseille à Genève par un canal latéral au Rhône passant par Lyon ou par Grenoble et le lac du Bourget. Mais avant tout autre projet, mettre Nantes en communication avec Bâle : « projet, m'écrivait le 10 juillet 1907, l'ingénieur Gelpke, *qui commence à intéresser aussi la population de notre pays* », et en voici la justification. En 1905, le canal de la Marne à la frontière allemande porta 3.691.338 tonnes, dont 1.146.686 en transit, alors que celui du Rhône au Rhin ne porta que 273.911 tonnes et rien en transit.

Le Gouvernement allemand a, indirectement, écarté tout transit venant de la vallée du Rhône ; ainsi la ville de Bâle, pour se relier au canal de Huningue, avait voté un million, le Gouvernement allemand n'a point accepté ce prolongement. C'est pourquoi dans mon projet, pour n'avoir point à traverser l'Alsace, j'indique le branchement à établir pour relier le canal du Rhône au Rhin à la Birs, ou mieux au canal projeté de l'Aar, pour, comme on l'a fait pour le chemin de fer de Delle-Porrentruy, s'affranchir des vexations douanières.

Le Gouvernement allemand comprend et applique la puissance économique des voies navigables. Strasbourg, assise sur une rivière navigable, l'Ill, était avant l'annexion l'aboutissement de trois canaux, dont deux grands, l'un venant de la Méditerranée, par le Rhône et la Saône, passait au milieu de la plaine d'Alsace entre la ligne des Vosges et le Rhin avec des embranchements sur Huningue, Brisach et Colmar ; l'autre rejoignait la Marne non sans de grandes difficultés techniques pour le passage des Vosges près de Saverne et communiquait avec l'Océan. Les Allemands pour faciliter et rapidifier les communications ont, en 1882, creusé le *Umleitungskanal*, et, en 1891, le *Zufahrtskanal*, puis ils ont, en 1892, créé un port près la porte d'Austerlitz et d'immenses bassins entre la Citadelle et le Rhin avec tous les perfectionnements techniques du jour.

Si l'on veut bien se rappeler que la frontière allemande est sillonnée de chemins de fer appartenant à l'État, les moyens de transport sont donc faciles et le Gouvernement, maître des tarifs n'en facilite pas moins l'extension et le développement des voies navigables, parce qu'elles sont des créatrices d'activités industrielles et commerciales, elles approvisionnent la marine marchande et enrichissent le pays.

Pour établir cette communication de Nantes à Bâle, devons-nous chenaliser la Loire ou établir un canal latéral ?

Tous les essais pour canaliser le lit de la Loire ont échoué ; à Fourchambault, sur un kilomètre ; à Châtillon-sur-Loire, sur deux kilomètres ; de Combleux à Orléans, sur six kilomètres, et, une loi récente autorise et fait les fonds pour la prolongation du canal de Combleux à Orléans, qui va se trouver ainsi en communication avec la Seine et avec la Saône. Sur un autre fleuve de France également à pente rapide et qui a de l'eau, le Rhône, on dépensa en pure perte au delà de 49 millions, et, le 4 juin 1899, les vingt-sept chambres de commerce du Sud-Est réunies demandèrent un canal latéral.

Le Rhin nous fournit aussi ses enseignements, mais nous cultivons peu l'histoire. L'administration française avait, en 1870, dépensé plus de 60 millions pour régulariser le Rhin, et, voyant la stérilité de son travail, projetait de relier Strasbourg à Spire ou à Ludwigshafen par un canal parallèle au Rhin, quand la guerre de 1870 et la séparation survinrent.

Le Rhin a trop peu d'eau l'hiver et, pour y remédier, on a le projet de relever le plan d'eau du lac de Constance, ce qui donnerait une grande réserve. On avait pensé qu'en forçant les eaux à suivre un lit qu'on lui traçait, on aurait assez de profondeur pour assurer la navigation toute l'année. Or il est advenu que le niveau de l'eau a baissé — elle trouvait un écoulement plus rapide. Le niveau de l'eau avait été à Strasbourg, de 1807 à 1839, de 1^m,50 ; après les travaux de régularisation, il descendit à 1^m,15.

Ainsi les ingénieurs se sont trompés pour le Rhône, se sont trompés pour le Rhin. Cependant ces fleuves ont de l'eau et sont moins sablonneux que la Loire.

La Loire n'est pas navigable. — La Loire n'est pas un fleuve, c'est un torrent qui, traversant des roches friables, roule vers la mer des millions de mètres cubes de sables. Partant du massif central déboisé et composé de rochers imperméables, il y a des crues subites, dévastatrices, puis pauvreté de débit, parce qu'il n'y a pas d'eau d'infiltration dans les terres et qu'elle n'a pas, comme le Rhône et le Rhin, des glaciers pour l'alimenter l'été. Ce sont là des faits contre lesquels le talent et la science des ingénieurs ne sauraient prévaloir.

En amont d'Angers (de la Pointe, embouchure du Maine), tous les hommes qui se sont occupés de cette question sont d'accord : la Loire doit avoir un canal latéral.

De la Pointe à Nantes, les divergences commencent. Tel ingénieur estime qu'avec des *épis* sur les côtés du fleuve, il arrivera à former un chenal de 1^m,50 de profondeur. Contre ces épis s'élèvent les protestations de tous les riverains qui voient par ces obstructions fixées dans le lit du fleuve les possibilités d'inondations considérablement accrues ; s'élèvent également les protestations des marins s'ensablant sur des seuils, et les uniques partisans de ces épis ce sont les ingénieurs, hommes laborieux, instruits, de science éprouvée et que, peut-être, les difficultés fascinent. Dans le désir de les surmonter, ils oublient même que la Loire, après avoir reçu tous ses affluents, il fallut, de Pellerin à Paimbœuf, construire sur la rive gauche un canal maritime de 15.064 mètres qui n'est plus utilisé.

Les bateaux modernes n'y peuvent plus passer. Il faudrait le refaire. On va — on aurait pu commencer par là — faire un large chenal à 8 mètres de profondeur, et les vapeurs à grande capacité pourront, sans rompre charge, arriver directement à Nantes ; et, Nantes devient un port de mer dans les terres, comme le sont Anvers, Rotterdam, Brême, Hambourg, il ne lui manque plus qu'une voie navigable, canalisation ou canal dans l'Hinterland.

De Nantes à la Pointe réussirait-on avec des dragues suceuses à maintenir un

chenal de 1^m,50 que nous font espérer les ingénieurs; il serait sans utilité nationale, il n'aurait qu'un intérêt régional. Un chenal si peu profond exigerait une
batellerie spéciale large et peu profonde et tous nos canaux récents ou en voie
de transformation sont établis pour des bateaux de 300 tonnes et calant 1^m,80,
avec des écluses de 38^m,50 sur 5^m,20; il faudrait à la Pointe une rupture de
charge et une nouvelle manipulation, soit frais et perte de temps; à notre époque
de lutte économique, *time is money*. Avec des charges de moins de deux cents
tonnes ou au-dessous, les frais de transport deviennent proportionnellement
trop élevés.

Cet inconvénient dérivant d'une double batellerie, fit qu'un ingénieur proposa
un canal par morceaux; il traverserait sept fois la Loire à niveau (Mauves, Saint-
Gemmes, Langeais, Montlouis, Candé, Suèvres, Mer); en passant alternativement
sur chaque rive et arriverait ainsi de Nantes à joindre Briare par un canal,
prétend-il, économique. A chaque passage à niveau, il faudrait naturellement un
toueur et une drague suceuse pour retirer le sable. Mais ce passage à niveau
serait impraticable au temps des crues; alors, on a imaginé des ponts-canaux
avec ascenseurs à leurs extrémités. Les dépenses de construction se trouveraient
augmentées de 38 millions et les frais d'exploitation d'un coefficient difficilement
chiffrable. Aussi les évaluations de dépense pour la construction d'un canal
étaient évaluées en 1897 à 150 millions; et, comme tout augmente, se trouvèrent
en 1903 à 198 millions y compris les traversées, et, de 236 millions avec les
ponts-canaux.

Tout cela est fort ingénieux, mais extrêmement compliqué. Il y a plus simple
et plus économique, c'est de *ne pas traverser la Loire du tout*; de *partir directement de Nantes*, suivre la rive gauche jusqu'en amont de Blois ou de Mondoubleau,
en face de Suèvres; *puis virer directement sur Briare*, canaliser et absorber le
Cosson, traverser des étangs dans la Sologne, et aboutir à Châtillon-sur-Loire,
Briare. Dans tout ce trajet, au lieu de se cantonner dans le Thalweg — *chercher
au contraire les lignes de faîtes* — établir de longs biefs dont l'amont serait en
contre-bas du plan d'eau de la Loire pour en assurer l'alimentation par des
prises d'eau — des écluses couplées, l'une pour la montée, l'autre pour la
descente, en vue de la rapidité du service, suffisamment longues et larges en
prévision des péniches de 500 tonnes — faire des écluses de 9 à 10 mètres de
hauteur et avec une minime dérivation d'eau, on aurait turbine et dynamo pour
le halage, l'éclairage électrique pour service de nuit et une force électrique à
céder aux villes, aux Compagnies de tramways; ou, à louer à des usines.

Ce canal de faîte se trouverait sur quantité de kilomètres, à moitié fait. La
digue de défense contre les débordements de la Loire lui constituerait une rive;
un bord; comme les terres pour élever ces digues, ont été prises sur place
même, en creusant un fossé, il ne reste qu'à élever l'autre rive et le canal se
trouvera creusé de plusieurs mètres (de 3 mètres à 8 mètres).

Le zéro de l'échelle de Montjean a été choisi comme étiage conventionnel, et
le plan d'eau qui passe par le zéro est à l'altitude 10^m,28. A Nantes l'altitude
du canal Saint-Félix est 2^m,12, à la Pointe 14^m,23; à Saumur 24^m,79, etc.

Le couronnement de la digue ou levée, de Montjean est à 6^m,75 au-dessus
du plan d'eau. La crue de 1876 a atteint la cote 6^m,26 à la même échelle. Il en
résulte que la digue présente au-dessus des grandes crues 6^m,75 — 6^m,26 — 0.49
d'excédent. Nous pourrions donc utilisant les digues, partir de Nantes avec un
bief à altitude élevée, et, pour racheter la différence de niveau avec Briare il
nous suffirait de 13 ou 14 écluses, soit simplement 12 ou 13 biefs; et, avec nos

écluses gémellées, pour montée ou descente; nous aurions régularité et célérité, conditions indispensables pour tout grand trafic.

Ce canal fait, les communications avec la Suisse seront préparées. Nous les améliorerons par un nouveau canal partant de Briare, traversant à Coulanges le canal du Nivernais et, par la trouée du Morvan, atteignant au Port-Royal le canal de Bourgogne, réalisant ainsi une économie de trajet d'une centaine de kilomètres et, avec la suppression du coude de la Loire, Orléans se trouvant raccordé à Combleux, Bâle se trouvera à moins de 900 kilomètres de Nantes.

Si l'on veut bien considérer que le Rhin ne donne à Strasbourg que 212 jours de navigation par an que l'on compte porter à 300 jours en réglant le débit du lac de Constance. Le canal de la Loire nous laisse une supériorité marquée pour transiter avec l'Europe centrale et une ère d'incomparable prospérité s'ouvrira pour Nantes et tout le bassin de la Loire au grand bénéfice de la France entière. Nous avons cette bonne fortune que tout récemment encore, quand le Conseil municipal de Strasbourg puis la *Landesausschuss* examinèrent à nouveau la création d'un canal latéral au Rhin; le projet de régularisation, sur les instances du duché de Bade, prévalut; le devis afférent à Strasbourg s'élève à 13.464.080 marks; et un port fut établi à Kehl pour concurrencer Strasbourg. Quelles que soient les dépenses, le Rhin moyen et surtout le Rhin supérieur ne pourrait pas aussi rapidement ni aussi économiquement que le canal latéral à la Loire transporter des marchandises. Le vrai transit pour l'Europe centrale est la traversée de la France.

Avec la rapidité du halage qu'il faudrait viser à obtenir par l'emploi de la traction électrique, les rives pourraient se fatiguer; il conviendrait de les protéger par un léger bétonnage de 50 à 60 centimètres au-dessus et au-dessous du plan d'eau. Un grillage en ciment armé constituerait un excellent ruban protecteur.

Si le colossal transit qu'amèneraient la célérité et le bon marché de transport exigeait pour les écluses une dépense trop importante d'eau, nous pourrions, par des réservoirs dans les montagnes, retenir l'hiver ou dans le moment des crues, des réserves d'eau qui suppléeraient à la pénurie de l'été; mais le préférable des réservoirs serait le gazonnement et le reboisement du Massif Central! Toujours est-il qu'en Allemagne on dresse les projets d'un barrage pour alimenter le canal du Rhin au Weser, barrage de 10 kilomètres carrés et de 50 mètres de hauteur.

En prenant le tonnage ramené au parcours d'un kilomètre, la fréquentation des voies navigables, malgré des conditions défectueuses, montre une proportion incessamment croissante, dans les 30 dernières années :

1875	1.077		1895	3.766
1880	2.007		1900	4.675
1885	2.453		1905	5.085
1890	3.216			

Ce grand canal de Nantes à Bâle, d'intérêt national, sera le tronc sur lequel viendront se greffer les canaux d'intérêts régionaux.

Je n'examinerai pas le côté économique : un apôtre des canaux, M. Mahaut, l'a démontré pour la France; des publicistes comme Georges Blondel et M. Lafitte ont montré la grande utilisation qu'en tirait l'Allemagne. Des hommes de haute valeur politique, animés du sentiment et de la grandeur de notre pays, comme Krantz dans son rapport à la Chambre en 1873, comme le député et ancien sénateur Tassin, dans son rapport au Sénat en 1905, établissant solidement qu'une tonne de marchandise aurait sensiblement moins à payer de Nantes à Bâle, que par Anvers ou Rotterdam ; comme le sénateur Audiffred, dans sa proposition de loi du 8 février 1905, avec un remarquable exposé des motifs et une conclusion pratique, adoptant pour les canaux le système de garantie admis pour les chemins de fer.

Tout cela est à point, mais ce ne sont encore que longs espoirs et vastes pensées. Avec la grinçante machine parlementaire d'arrondissements, préoccupée et agissante quand il s'agit d'intérêts politiques locaux ou immédiats, mais insouciante quand il ne s'agit que des intérêts économiques ou généraux, nous risquons fort de nous laisser distancer par l'Allemagne ; et, si les grands courants commerciaux avec l'Amérique et l'Extrême-Orient s'établissent en dehors de la France, nous voyons déjà poindre, mais nous verrions se réaliser, le *Sedan économique* annoncé par Bismarck.

C'est pourquoi, aux fins d'aboutir vite, il est souhaitable de voir une Compagnie privée, substituée à l'État, avec une concession de 99 ans, comme l'ont eue les chemins de fer. Nous verrions alors s'établir dans tout le bassin de la Loire — des usines et des industries nouvelles — une exploitation intense des forêts, des carrières, — nos produits, vins et céréales se diriger vers la Suisse et l'Europe centrale dont la population toujours croissante a de plus en plus besoin de faire appel aux pays agricoles ; et, grands bienfaits, nous ne verrions plus les campagnes désertées pour les villes ; mais, avec un travail assuré, la prospérité renaître, des familles se fonder et la natalité s'accroître, parce que la natalité ou plus exactement la conception est concordante avec la situation économique.

La création d'un canal latéral de Nantes à Bâle nous produira richesse et puissance.

Des travaux produits et documents, ainsi que de nos discussions, il ressort que l'établissement d'un canal à grand transit entre Nantes et Briare, serait un facteur de productivité et d'écoulement de nos produits agricoles — un utilisateur des richesses minérales ou forestières du sol — un créateur d'activités industrielles et nécessiterait seulement :

1° Une dépense pour canal et halage électrique de 180 à 200 millions au maximum ;

2° Amènerait un transit national supérieur à 2 millions de tonnes et international de bien au delà de 10 millions de tonnes.

3° Un droit de péage que l'on pourrait abaisser. Mais, l'unité à 15 millimes, la tonne kilométrique, produirait, sur 2 millions de tonnes seulement, 12 millions de francs, plus qu'il ne serait nécessaire pour assurer entretien, fonctionnement, intérêt et amortissement, sans compter les recettes à provenir du halage électrique et de la vente de force ou lumière électrique ni le transit international ;

4° Durée des travaux de trois à quatre ans ;

5° Les marchandises pouvant transiter à travers la France en huit jours, Nantes deviendrait le plus important des ports européens.

Conclusions :

Les deux sections, Navigation et Économie politique réunies, émettent les vœux suivants :

I. — Il y a intérêt national à améliorer les voies navigables de l'intérieur de la France.

(Adopté à l'unanimité).

II. — Il y a urgence à mettre Nantes en communication avec Bâle, pour canaliser à travers la France le transit entre l'Amérique et le centre de l'Europe.

(Adopté à l'unanimité).

III. — Ce transit doit se faire, pour en assurer la régularité, par un canal latéral à la Loire, de Nantes à Briare.

(Adopté à l'unanimité).

Puis, pour raccourcir le trajet, relier Briare avec le canal de Bourgogne par la Puysaye et le Morvan.

(Adopté sans opposant).

IV. — Il est désirable que l'État concède à une Société privée, la concession du canal à créer, avec, *si besoin est*, garantie d'intérêt, ainsi qu'il fut pratiqué pour les chemins de fer.

(Adopté à l'unanimité).

M. le Dʳ PAPILLON.

L'ordre du jour appelle la question : *Les mesures urgentes à prendre pour sauver de la ruine la viticulture française.*

La Section d'Agronomie se réunit à la Section d'Économie politique, sous la présidence de M. le Dʳ Papillon et de M. Walfard.

Le *rapport préparatoire* vous a été distribué et se trouve sur les tables à la disposition de tous les membres, la discussion peut tout de suite s'engager. Les origines de cette crise indiquent le moyen aussi simple que radical d'y remédier : C'est de *remettre la vigne et la betterave dans leurs conditions antérieures par le relèvement de la taxe sur les sucres.*

L'Association française pour l'Avancement des sciences — il est utile de le rappeler dans le conflit des intérêts actuels — a un culte : la recherche et la propagation de la vérité; c'est même sa raison d'être; une Société sans parti pris, désintéressée, composée d'hommes représentant l'universalité de la France pouvait seule donner une expression fondée au sujet des mesures à prendre pour sauver de la ruine notre trésor national agricole. Partout on peut produire du blé, de la betterave, des pommes de terre; en France seulement, on produisait d'incomparables vins.

Sur nos vignes les fléaux se sont successivement abattus : l'oïdium, le phylloxera dévastateur, le mildew, le black-rot; à ces maladies se sont ajoutées les concurrences des vins de raisins secs et de figues, puis arrivèrent les vins italiens ou espagnols vinés jusqu'à 15°,9 avec des alcools allemands. La science et des lois appropriées eurent raison de tous les maux parce qu'ils étaient saisissables; un autre fléau est survenu — c'est le sucre; le gouvernement, pour donner satisfaction aux plaintes et à l'agitation du Midi, semble vouloir le poursuivre; au fond il ne veut point y toucher, et, la loi votée il y a quelques jours restera inopérante, comme le furent toutes les lois antérieures.

La culture de la betterave est une autre richesse agricole parce qu'elle facilite la culture du blé; mais la production en fut faussée par des primes à la fabrication et à l'exportation; c'était la période des vaches très grasses, puis est venue la convention de Bruxelles, et la sucrerie se trouva rappelée à la réalité des besoins, adultérés encore, par le sucrage des vins; aussi, à la loi proposée pour le relèvement de la taxe des sucres fit-elle une opposition intransigeante, quoique sachant très bien, puisqu'elle en est la bénéficiaire, que le sucrage des vins est *Fons et origo* de toutes les fraudes qui dépriment l'industrie viticole et a amené hors des frontières la déconsidération de nos vins.

Les betteraviers paraissent oublier que pour encourager la culture du blé les vignerons ont voté, et supportent une taxe de 7 francs le quintal, ont voté et supportent des droits presque prohibitifs sur l'entrée des viandes et des salaisons. Ils ne protestent point, parce que, dans ces mesures douanières, il y a l'intérêt du pays; et ils ne réclament qu'une chose, que le vin se fasse avec du raisin, mais non avec un produit de la betterave, et qu'il n'y ait plus confusion entre les eaux-de-vie naturelles de vin ou de fruit avec les alcools industriels.

La convention avec la Suisse, qui entrera en vigueur le 15 août 1907, a déjà sagement établi une différence. L'eau-de-vie est un produit naturel; nous la retirons du vin comme le meunier retire la farine du blé. Par contre, l'alcool industriel est fabriqué. On prend les amidons ou fécules, on les transforme; puis, on les met en fermentation. Eau-de-vie et alcool n'ont pas la même action. L'eau-de-vie a des ivrognes, l'alcool d'industrie fait des alcooliques, ils peuplent les hospices et les maisons d'aliénés et si cet alcool d'industrie enrichit le fisc, il stérilise et tue la nation.

L'alcool d'industrie est devenu un péril national du jour où, industriellement, nous ne pûmes l'utiliser : il devint consommation de bouche.

En 1904, furent livrés

A la consommation	1.514.300	Hectolitres
Convertis en vinaigre	53.298	ramenés
Utilisés au vinage	33.910	à
Dénaturés	423.561	100 degrés

En Allemagne, la dénaturation revient à 1 mark 50 pfennigs, soit pas tout à fait 2 francs; en France, à 8 francs, ce qui est trop cher.

Une autre raison du non emploi de l'alcool fut encore une erreur économique. Il y a quelques années, le pétrole bénéficia d'une réduction de taxe (18 + 26) 44 millions. Or, en ce moment, le pétrole paye en Allemagne 26 marks soit 32 francs d'entrée; en France 7 fr. 50 c. Il en résulte que l'alcool d'industrie étant sacrifié au pétrole en est réduit à se faire boire.

Et quelle prospérité serait réservée à l'alcool, si nous en jugeons par l'invraisemblable progression de la consommation du pétrole. C'est à l'automobilisme qu'est due cette rapide extension; et l'alcool doit, pour se substituer au pétrole, être benziné; sans quoi par l'élévation de la température une partie de l'alcool se transforme en acide acétique et attaque les organes; mais l'adjonction de benzine dénature l'alcool. Ce dénaturant a donc utilité et indication.

1863	66.000	quintaux
1873	484.000	—
1883	1.128.000	—
1893	2.588.000	—
1903	4.256.000	—

Conclusion :

1º Interdire le sucrage ;

2º Réserver les eaux-de-vie naturelles pour la consommation de bouche. Les alcools d'industrie, *dénaturés avant la sortie des usines*, ne pourront servir qu'à des emplois industriels.

3º Élever la taxe des sucres à 80 francs, la fraude sur les vins cessera et les distilleries clandestines disparaîtront.

Il y a, dans les nations civilisées, trois taxes somptuaires de consommation : deux, le *tabac* et l'*alcool*, doivent être surchargées jusqu'à la limite où la matière imposable disparaîtrait, parce que, alcool et tabac supportent des taxes volontaires et de superflu.

La troisième, le *sucre*, est à la fois partie somptuaire et partie nécessaire ; il ne doit donc être ni cher, ni à bas prix. Sa taxe doit être en rapport avec les besoins alimentaires et avec les nécessités économiques du pays.

Une objection me fut faite : relever le prix du sucre n'est pas démocratique ! A cela il est facile de répondre : la détaxe des sucres fut une erreur économique. Il eût été préférable de supprimer la taxe sur le sel.

Le sucre et le sel n'ont point la même importance. Pendant des séries de siècles, l'abeille fut le seul fabricant de sucre, par contre le sel est une des conditions de la santé et même de la vie. Je me souviens des souffrances et des accidents que, médecin aux ambulances, je constatai à Metz, en 1870, quand le sel vint à manquer.

L'agriculture devrait, pour la conservation du foin et l'entretien des animaux, pouvoir librement disposer du sel dont l'industrie fait également un large emploi.

Devant ces nécessités sociales et économiques, la Révolution avait aboli l'impôt du sel, l'Empire le rétablit sous le prétexte de l'entretien des routes ; un décret du 18 avril 1848 l'avait de nouveau supprimé ; en Angleterre il n'existe plus depuis 1826.

C'est là qu'était et qu'est la mesure démocratique à prendre.

Économie du projet. — En taxant tout le sucre à 80 francs, l'État va encaisser, en plus du produit actuel, au delà de 230 millions ; de 1883 à 1904 la consommation a oscillé de 425.000 (1904) à 446.000 tonnes (1888-92) ; nous devons nous attendre à un léger fléchissement (en 1904 les sucres, avec la taxe de 25 francs, ont produit 133.047.000 francs).

Comment utiliser cette énorme disponibilité :

a) Suppression du principal foncier de la propriété non bâtie, en 1904 : 103.143.647 francs, moins 16 millions affectés aux petites cotes, soit 88 millions.

b) Suppression de la taxe du sel (1904). — Sels de douane 23.768.000 francs, qui continueraient à être perçus. — Sels de contributions indirectes 9.978.000 francs, les seuls à déduire, soit 10 millions.

c) Libre circulation des vins. — Supprimer ainsi l'insupportable gêne des congés ou acquits et cela rendrait un grand service aux vignerons, négociants et charretiers par l'énorme économie de temps.

(En 1905, 43.680.000 francs), soit 44 millions.

d) Suppression de la servitude de la corvée appelée prestation (en 1904, 59.240.995 francs), soit 60 millions.

Il reste encore un disponible minimum de plus de 28 millions. On pourrait :

e) Accorder 20 à 22 millions pour détaxer café, thé, cacao, en échange avec les pays producteurs d'une diminution des droits d'entrée sur vins de France, soit 22 millions.

Et

f) Pour des travaux qui enrichiraient le pays et notamment le canal latéral à la Loire, qui mettrait en communication directe, par Nantes et Bâle, l'Amérique avec le centre de l'Europe, 6 millions.

Ces six millions pourraient être accordés à une Société de construction comme garantie : elle n'en aurait vraisemblablement pas besoin, mais ce serait un encouragement pour inviter les capitaux français à rester en France.

Par ces mesures, nous donnerions satisfaction à la vigne — et à la betterave. Les betteraviers ont pour aboutissants les sucriers et les distillateurs.

Les sucriers voient, chaque année, la consommation s'accroître. En 1850 : 114.000 tonnes ; en 1860 : 201.000 ; en 1870 : 243.000 ; en 1904 : 425.000 ; leur prospérité reste assurée.

En 1884, l'industrie sucrière fut sauvée par des primes à la fabrication et à l'exportation ; jusqu'à la convention de Bruxelles, les sucriers ont ainsi encaissé au delà de onze cents millions. Cette prospérité ne pouvait durer ; pour essayer de la soutenir, la taxe du sucre, lors de la convention de Bruxelles, fut abaissée à 25 francs, et la fortune viticole de la France fut sacrifiée.

Conclusions. — Avec de bonnes lois économiques, nous pouvons, betteraviers et vignerons, ramener la prospérité : Nous, vignerons, en produisant du vin honnête et sincère ; vous, betteraviers, en produisant le sucre et en fournissant l'alcool moteur et d'éclairage.

Sans l'élévation de la taxe des sucres et le relèvement des droits sur le pétrole, il n'y a aucune amélioration économique possible, les fortunes privées très rapidement s'atténueront et nous verrons la misère s'étendre, et l'anarchie déjà inquiétante se généraliser.

Il y a une autre considération, je ne dirai pas déterminante mais pesante. Quand par le relèvement de la taxe du sucre, personne n'aurait plus d'intérêt à frauder, il n'y aurait plus ni enquête, ni vérification ou perquisition à faire chez les récoltants, chez les épiciers, chez les négociants en vins, alors trop d'employés ; et, M. Caillaux vient de demander un crédit supplémentaire de 345.000 francs pour en augmenter le nombre. Ce crédit deviendrait inutile, et même, tant sur les agents que dans les bureaux, la simplification des services permettrait des suppressions d'emploi ; donc, de renvoyer au travail producteur les employés parasites et, — rêves d'illusion, — diminuer les impôts.

Discussion. — M. BESNARD, avoué, conseiller général et maire de Joigny voudrait que désormais la répression de la fraude se fasse sérieusement, et que les pouvoirs publics n'arrêtent pas les procès-verbaux dressés contre les fraudeurs. Il estime que dès avant la crise du Midi, les lois existantes suffisaient pour réprimer et entraver la fraude, cause principale de la mévente des vins. Mais il précise que trop souvent, comme l'Administration de la régie avait l'audace de verbaliser contre des fraudeurs connus et influents, les personnages politiques mettaient le holà ! et l'administration ne pouvait donner aucune suite aux procès-verbaux ;

o u bien les tribunaux eux-mêmes étaient réduits à l'impuissance, ou bien encore les jugements rendus n'étaient jamais exécutés. En résumé, M. Besnard croit qu'il suffirait d'appliquer sans faiblesse la loi telle qu'elle existe pour empêcher la fraude. Dans le Midi, des officines connues de tout le public fabriquent du vin qui, s'il n'est pas naturel, n'en est pas moins expédié comme tel à des prix inouïs de bon marché, ce qui immobilise les récoltes de vin non fraudées et détermine cet état de stagnation qu'on a appelé la « crise du Midi ».

En terminant, M. Besnard déclare qu'il ne s'oppose pas à ce que le législateur édicte de nouvelles mesures préventives et de pénalité, mais il dit qu'il faut se hâter dans l'intérêt du bon renom des vins français et de la prospérité nationale.

M. Lacour, ingénieur civil des mines, proteste énergiquement contre toute augmentation des droits sur les sucres. Le sucre, dit-il, constitue une denrée alimentaire de premier ordre et devrait à ce titre être exonéré d'impôt, bien loin d'être chargé de nouveau.

M. Ladureau expose les conditions dans lesquelles on pourra s'opposer à la crise qui menace l'industrie vinicole et indique la suppression administrative du poison qu'on appelle l'absinthe, le contrôle de la vente de l'acide tartrique et la constitution du cartel des distillateurs français pour la vente de l'alcool dénaturé.

Le docteur Papillon montre que les lois restent inappliquées parce qu'elles sont difficilement applicables et que si en Portugal, en Espagne, en Italie on fraude moins les vins, ce n'est pas qu'on y soit plus vertueux, c'est qu'on n'a pas intérêt à frauder à cause de l'élévation de la taxe des sucres, 82, 85 et 100 francs alors qu'en France elle n'est que de 25 francs et quand la taxe en France était de 60 francs, la fabrication des vins de sucre était inconnue ; et si, actuellement, les fraudes ne sont pas réprimées comme le voudrait notre collègue juriste administrateur : avoué et maire, M. Besnard, c'est : 1° Parce qu'on laisse aux directeurs départementaux des contributions indirectes le droit de transaction ; 2° Que les procès-verbaux dressés pour faits de fraude vont non au parquet, mais au préfet qui les transmet ou les garde. Ce n'est pas la loi, mais les facteurs d'influence qui dominent ; cependant la loi que viennent d'élaborer les Chambres pourra beaucoup faire si l'on sait et si l'on veut s'en servir en ce qu'elle reconnaît aux Syndicats le droit de poursuivre.

A 10 heures un quart, la séance est suspendue pour l'excursion à Epernay et renvoyée au lundi 5, à 8 heures et demie précises.

<hr>

— Séance du 5 août —

M. Ladureau expose la concurrence fâcheuse créée à la vente du vin par le développement de la vente de l'absinthe et propose un vœu relatif à la suppression de cette néfaste boisson qui peuple les hôpitaux et les asiles d'aliénés.

Discussion. — M. Lacour appuie cette proposition.

M. le Docteur Papillon croit qu'on peut arriver à la même solution sans une prohibition immédiate et officielle.

Tous les hygiénistes, tous les sociologues, tous les aliénistes, tous les directeurs d'usines, tous les chefs d'armées sont unanimes sur les méfaits de l'absinthe ;

mais pourquoi, nous, économistes approuverions-nous une prohibition légale qui ouvrirait des droits à d'énormes indemnités aux 8.000 distillateurs qui ont édifié leur fortune en intoxicant leurs concitoyens et pourquoi, nous, libéraux, porterions-nous atteinte à la liberté. En 1880, la loi a donné la liberté d'ouvrir des débits. Il y en a actuellement un pour 79 habitants y compris les enfants à la mamelle ; et si Paris ne formait qu'une rue, on en trouverait un tous les 32 mètres. C'est, je crois, beaucoup ; mais, laissez cette liberté commerciale ; seulement qu'on ne puissent débiter que des boissons dites hygiéniques, vin, bière, cidre, et en moins d'un an, la moitié auront fermé ; puis, donnez une patente spéciale supplémentaire à tout débitant qui voudra tenir apéritifs, vins de liqueurs ou boissons artificielles et que cette patente soit très élevée, tellement élevée qu'elle soit presque prohibition et ainsi nous resterions sur le terrain de la liberté et de l'économie politique et sociale.

M. Paccotet, directeur du laboratoire de viticulture à l'Institut agronomique, rappelle les crises viticoles qui se sont succédées en France depuis le moyen-âge. Il propose la création de magasins généraux pour les vins dans les principaux centres viticoles.

Il signale la concurrence faite par le cidre au vin et termine en demandant la création d'organismes administratifs indépendants de toute pression politique gouvernementale pour la recherche de la fraude. Il insiste sur l'utilité de la concentration des moûts pour les faire voyager économiquement et permettre des fermentations collectives établies au lieu, au moment où le viticulteur ou le négociant le désire.

Le Président. — Nous allons clore la discussion par des vœux qui nous unirons. Laissons-donc de côté le désaccord entre vignerons et betteraviers, je propose :

1° Dans un intérêt hygiénique, économique et social, il y a urgence à enrayer et finalement à supprimer, l'absinthe et autres apéritifs alcoolisés.

(Adopté sans opposant).

2° Il est désirable que dans la recherche des fraudes, les laboratoires soient indépendants de toute pression gouvernementale et rattachés à des Syndicats régionaux, lesquels ayant droit de poursuite, ne seraient cependant pas enrayés par des considérations locales.

(Adopté).

Nous reprenons la questions des *droits successoraux*.

M. Grison Poncelet, de Creil, propose une augmentation des droits sur les héritages qui procurerait plus de 185 millions à l'État.

M. Henriet montre que l'augmentation des impôts directs successoraux conduit peu à peu à la suppression de l'héritage et fera de tout un domaine national.

M. Saugrain, docteur en droit, avocat à Paris, proteste contre les impôts exagérés et démontre leurs dangers.

Le Docteur Papillon appuie les arguments de M. Saugrain et ajoute que surcharger d'impôt les héritages et, en particulier, les héritages directs, c'est annihiler l'effort personnel et l'esprit d'épargne qui sont les seules bases de la fortune d'une nation. Le Code Napoléon en obligeant au partage des biens a fait les fils uniques, la troisième République, par le gaspillage des finances publiques et l'exagération des impôts fait les familles stériles. La proposition de M. Grison est une erreur économique ; il n'y a pas lieu de proposer un vœu et de reporter la question à un autre Congrès. La question est d'ordre complexe, longue à discuter, et nous avons encore beaucoup de sujets à énumérer.

(Adopté).

———

M. A. LACOUR, Ing. civil des Mines.

LE PRÉSIDENT. — Nous allons aborder la quatrième question mise à l'ordre du jour et je donne la parole à M. LACOUR :

Rapport entre la Monnaie et le Système métrique, Monnaie universelle. — Deux rapports vous ont été distribués ou mis à votre disposition :

1° Le rapport préparatoire.

2° M. LACOUR (Alfred), ancien élève de l'École Polytechnique, ingénieur civil des mines propose comme étalon d'or une pièce de dix grammes valant 33 francs, et qui serait adoptée par toutes les nations pour les échanges internationaux.

L'utilité de communes mesures entre nations ayant des rapports commerciaux n'est pas contestable.

Le système métrique français s'est imposé par sa simplicité, son homogénéité et la cohérence qu'il présente avec le système de Numération décimale.

Le Congrès du mètre, qui s'est réuni en 1875, a décidé la construction d'un étalon établi avec toutes les conditions possibles de stabilité et de pérennité et qui devient l'étalon *ne varietur* adopté officiellement et obligatoirement dans les nations suivantes :

Allemagne, Autriche-Hongrie, Brésil, Confédération Argentine, Espagne, France, Grèce, Italie, Mexique, Pays-Bas, Pérou, Portugal, Roumanie, Serbie, Suède, Norvège, Suisse, Venezuela.

Il est, de plus, facultatif : Aux États-Unis d'Amérique, Grande-Bretagne et Irlande, Canada, Japon, Turquie, Egypte. Enfin il est toléré pour les douanes en Russie et aux Indes Anglaises.

Cet étalon est représenté par une barre de platine iridiée sur laquelle sont tracés deux traits limitant la longueur du mètre.

Dans le cas où il serait détruit, il n'y aurait pas lieu de recommencer la mesure du Méridien, puisque sa définition ne correspond plus à cette mesure, mais le physicien américain Michelson, avec la collaboration de MM. Benoit et Guillaume, l'a comparé à la longueur d'onde des radiations rouges du cadmium, travail vérifié et corroboré récemment par MM. Perot et Fabry.

L'unité de masse, le kilogramme a également été construit pour servir d'étalon il a été adopté par les mêmes nations. Ces deux étalons sont donc définitifs et indestructibles.

On peut affirmer qu'avant peu d'années, les unités de longueur et de masses, ainsi que leurs dérivées, seront *universelles*.

Malheureusement, la monnaie reste en dehors.

Notre système monétaire est décimalisé, et se lie au système métrique..

Pourquoi n'a-t-il pas été adopté ? Cela tient à deux causes :

1° L'unité, le franc, est trop petite ;

2° C'est une monnaie d'argent.

Le bimétallisme étant définitivement condamné, et l'or, prenant de beaucoup la prédominance sur l'argent, on ne peut songer à voir se généraliser un système monétaire dont le métal blanc sert à définir l'unité.

Pourtant une monnaie universelle s'impose de plus en plus.

Les solutions proposées sont nombreuses. Elles peuvent se ramener à deux types :

(Nous ne nous occupons que de l'or).

1° Inscrire sur chaque pièce de monnaie son poids en grammes ;

2° Créer une monnaie fictive internationale..

Ces deux systèmes ont été étudiés dans de nombreux ouvrages. Le premier n'ajoute pas grand chose à ce qui existe ; le deuxième est plus intéressant ; il a l'inconvénient de ne pas être une solution complète car le prix des objets ne peut s'établir qu'au moyen d'une monnaie réelle et tangible.

L'unité mondiale de l'avenir devra être une pièce constituée par un alliage d'or au 99/100, pesant dix grammes et dont la valeur actuelle représente 33 francs de notre monnaie.

La réforme d'un système monétaire quelconque est toujours une chose grave et difficile.

Les objections que l'on peut faire à une pareille tentative sont : d'abord la résistance à toute innovation dans des usages aussi répandus que l'emploi de la monnaie ; ensuite, et peut-être surtout, la grande difficulté de refondre tout le stock métallique existant.

Malgré tout, on y sera conduit.

On sait que l'union monétaire latine ne persiste, depuis 1885, que par la tacite reconduction qui a lieu d'année en année. Les cinq nations signataires : la Belgique, la France, la Grèce, l'Italie et la Suisse n'ayant aucun intérêt à la dénoncer, cet état de choses peut se prolonger encore un certain temps ; mais il ne faut pas se dissimuler que cette précarité doit faire envisager les conséquences d'une rupture.

A ce moment, le métal blanc cessera de jouir du pouvoir libératoire illimité, et il est à craindre que le stock qui existe chez ces nations perde une partie de sa valeur. Pour en développer la circulation, il faut que les monnaies réelles en or soient assez élevées afin que les nécessités de l'appoint fassent apprécier les monnaies divisionnaires. Il faut aussi que la circulation mondiale soit large et facile, afin d'éviter le plus possible les déplacements du métal jaune qui l'emploient inutilement.

Ces deux considérations viennent corroborer l'utilité de la monnaie que j'ai définie, nécessité d'être élevée, utilité d'être universelle, et en rapport simple avec le système métrique.

Il ne faut pas espérer que l'on puisse faire adopter une réforme semblable, d'un seul coup, par le monde entier ; mais il peut se produire ce qui s'est réalisé pour le système métrique : si la France, qui a établi le système métrique réformait la monnaie, on verrait, peu à peu, les nations la suivre dans cette voie et adopter les mêmes unités de longueur et de masse.

Le Président, Dr PAPILLON :

Le deuxième rapport est de M. DELMAS, vice-consul à Shang-Haï, sur la *La Chine et l'Étalon d'or*. M. Delmas a bien voulu, sur ma demande, faire un très intéressant et suggestif *Rapport préparatoire* ; et en son absence je le résume :

La Chine est aujourd'hui le pays à l'ordre du jour. Momentanément éprouvée par une série de guerres malheureuses, elle a trouvé dans la paix un regain de jeunesse et de force.

Ayant enfin reconnu que notre concours leur était indispensable pour opérer la transformation complète de leur outillage économique, les Chinois ne dédaignent plus les étrangers et leurs capitaux. Ils les accueillent avec empressement car, grâce à eux, ils peuvent construire leurs chemins de fer, réorganiser leurs administrations, créer leur armée et mettre en chantier une flotte qui, dans quelques années, sera une des plus puissantes du monde.

Les capitaux ne se sont d'abord risqués que timidement dans un pays aussi lointain ; mais, devant les magnifiques résultats obtenus par les entreprises qui ont été constituées en Extrême-Orient, les capitalistes, revenus de leurs craintes sans fondement, opèrent aujourd'hui en Chine d'importants placements.

Le Céleste Empire, toutefois, possède encore l'étalon d'argent et les perturbations apportées sur le marché par les fluctuations incessantes du change préoccupent beaucoup les esprits.

Un économiste américain fort connu, M. Jenks, a cru trouver le remède et, sans avoir suffisamment médité les données du problème, a proposé au Gouvernement chinois un programme conçu évidemment *à priori* dont les principaux articles sont les suivants :

Énonciation de la valeur en or. — Création de monnaies d'or employées dans les ports ouverts d'abord. — Établissement d'une relation fixe entre les monnaies d'or et d'argent. — Disparition progressive de la monnaie de cuivre. — Création d'une banque nationale.

La Chine est un pays totalement démuni d'or et plus encore réfractaire à l'usage monétaire de ce métal : cette aversion lui est dictée par des raisons d'une longue habitude, par la pleine logique du concept monétaire chinois nettement, brutalement monométallique, par le sentiment très avisé de l'indépendance économique que lui confère ce métal rebelle à l'entame étrangère. C'est à la Chine conservatrice que M. Jenks demande de reconnaître la supériorité, d'ailleurs illusoire et aléatoire, du métal or, de la monnaie étrangère, sur la marchandise nationale !

D'un autre côté, la stabilisation n'est possible qu'avec des réserves d'or. L'Union latine a pu mener à bien sa stabilisation de 1875 grâce à son abondante provision de métal ; l'Inde n'a pu amener à 16 pences le point fixe de sa roupie que grâce à l'appui de l'Angleterre dont le crédit monométallique or est le plus puissant du monde, Le Céleste Empire n'a point de semblables ressources, pas plus qu'il ne peut compter sur de pareils appuis.

En outre, toute stabilisation nécessite de la part de l'État qui l'adopte une armature financière, une organisation de sûreté et de police, une surveillance permanente des transactions, toutes forces que le Gouvernement chinois est encore incapable de déployer.

Enfin, la notion de l'or et son usage même limité amèneraient en Chine un resserrement monétaire dont les conséquences humanitaires, économiques et sociales seraient désastreuses.

De toutes les difficultés soulevées par le projet Jenks, celle-ci est la plus sérieuse, car elle heurte des susceptibilités à répercussion très étendue et la plus intéressante. Elle contrevient à une loi d'observation très ancienne et dont l'action sur la masse du peuple chinois est encore absolue.

Une longue expérience a prouvé que les collectivités où la génération a conservé, par suite de la misérable insouciance des individus, un caractère primitif, doivent être pourvues, pour leurs échanges d'entretien, d'une matière monétaire peu précieuse qui puisse, par sa grande divisibilité, réaliser une multiplication en rapport avec la multiplication même des êtres humains. En un mot, à une population qui grouille, il faut une monnaie qui foisonne.

C'est cette vérité primordiale que Tacite a mise en lumière lorsqu'il dit en parlant des usages monétaires des Germains : « *Argentum magis quam aurum sequuntur, quia numerus argenteum facilior est usu promiscuo ac vili a mercantibus* ». Or, cela, c'est très exactement la Chine.

Il faut le plus possible de parcelles métalliques aux nations très peuplées, chez lesquelles l'entretien de l'existence est comme le seul souci des individus. C'est en poussant à l'excès et en dehors de leur sphère naturelle d'application de ce grand principe que Bryan a été amené à prêcher à la masse du peuple américain la croisade contre l'or, monnaie des riches dont la rareté empêche la large circulation et restreint en abaissant son abondance numérique, la force libératoire du salaire, seul mode d'acquisition à la portée de la grande foule. Ce qui, en Amérique, n'était que séduction populaire et électorale est, en Chine, vérité absolue et nécessité inéluctable.

La réforme monétaire prêchée par M. Jenks ne se fera pas, parce que, en dehors des Américains et des candidats à une hypothétique importation, personne en Chine n'y a intérêt.

M. Carlo Bourlet, professeur au Conservatoire des Arts et Métiers, expose les progrès rapides et considérables accomplis par la langue internationale l'Esperanto. Il déclare que des Espérantistes ont créé et vont adopter une monnaie fictive appelée le Speso.

M. Bourlet fait observer qu'il y a deux questions en présence :

1º L'adoption d'une unité monétaire fictive destinée au libellé de transactions.

2º La frappe effective d'une monnaie d'or internationale pour des transactions effectives.

La solution de la seconde question est fort difficile et on prévoit que son aboutissement sera long et pénible puisqu'il exige une entente internationale des gouvernements.

La solution de la première ne dépend que de l'initiative privée, car il suffit

Sº Bourlet rimarkigas, ke estas du demandoj ekzistantaj :

1e La alpreno de mona unuo *fiktiva* destinita al la skribaj interaferoj.

2e La fabrikado efektiva de internacia ora monero, por la efektivaj interaferoj.

La solvo de la dua demando estas tre malfacila kaj oni antauvidas, ke gia atingo estos longa kaj pena, car gi postulas internacian interkonsenton de la registaroj.

La solvo de la unua demando dependas nur de la privata iniciato, car sufficas, ke privatuloj interkonsentu por que des particuliers s'entendent entre eux pour libeller leurs transactions dans cette monnaie fictive.

Il signale que ceci a déjà lieu *dans la pratique*. Sur la proposition de M. R. de Saussure, privat-docent à l'Université de Genève, les 500.000 espérantistes appartenant à trente nationalités différentes, ont mis en pratique l'usage d'une monnaie fictive dont l'unité est le *speso*.

Le *speso* est la dix millième partie d'une pièce d'or de 8 grammes au titre 11/12.

La pièce d'or type de dix *spesmil* vaut, à un *tiers* de penny près, la *livre sterling*. Il en résulte que c'est une monnaie *pratique*, fort commode, puisqu'elle correspond *très simplement* aux unités nationales courantes.

En effet, environ :

10 *sm* = 1 £ = 20 *mk* = 25 francs.

Il propose que la Section émette un vœu en faveur de la généralisation de l'emploi de cette monnaie fictive.

skribi siajn transakciojn en tiu fiktiva mono.

Li atentigas, ke tio ci jam okazas *en la praktiko*.

Lau la propono de Sᵒ R. de Saussure privat-docento de la Geneva Universitato, la 500.000 Esperantistoj apartenantaj al 30 diversaj nacioj, praktike komencis la uzon de fiktiva mono, kies unuo estas la *speso*.

La *speso* estas la dek-milona parto de ora monero da 8 gramoj lau la titro 11/12.

La tipa ora monero da dek « *spesmiloj* » valoras, kun ekarto de 1/3 de penco, la anglam *sterlingan funton*.

De tio rezultas, ke gi estas *praktika* monsistemo tre oportuna, car gi *tre simple* respondas al la naciaj unuoj.

Efektive, estas *cirkaue* :

10 *sm* = 1 £ = 20 *mk* = 25 francs.

Sᵒ Bourlet proponas, ke la sekcio vocdonu deziron favoran al la generaligo de l'uzado de tiu fiktiva monsistemo.

M. Gadot, ingénieur, soutient que le système métrique est erroné et qu'il faut une réforme universelle des poids, mesures et monnaies.

Le Dʳ Papillon : une monnaie internationale est désirable pour les touristes; elle est sans importance pour les négociants dont tous les comptes se règlent non par des remises de numéraire, mais par des virements; elle serait nuisible pour les États à finances avariées, parce qu'il serait facile d'entamer et de réduire l'encaisse métallique, garantie du papier mis à l'escompte ; mais il serait utile pour l'apurement des comptes d'avoir une monnaie fictive. En juin dernier, à notre Société de Statistique, M. Tarry nous a donné connaissance d'un travail fort intéressant de M. René de Saussure (de Genève), relatif à la création d'une monnaie internationale, basée sur une unité espérantiste : le *speso*, qui est contenu 8.000 fois dans un louis d'or et 10.000 fois dans une livre sterling, en prenant pour base un étalon d'or pesant 8 grammes et valant environ 25 francs.

La définition linguistique du nouveau mot technique *speso* est celle-ci :

1 *speso* (unité monétaire internationale) vaut 0 fr. 002526, c'est-à-dire un quart de centime ou un dix-millième de livre sterling, ou un cinquième de pfennig, et 10 millions de spesos valent 4.875 dollars.

L'Espérantisme va ainsi dépasser le Portugal par son opulence. En Portugal, cent francs valent 2.393 reïs, en Espéranto les cent francs vaudront 2.526 spesi.

La dix-millième partie d'une pièce d'or de 8 grammes, au titre de 11/12, valant à peu près un quart de centime, le speso devient un dénominateur commun de la pièce de 20 francs, de 20 marks, de la livre sterling et du dollar américain, peut incontestablement devenir la base de la monnaie fictive internationale et, en attendant la monnaie réellement pratique. d'une pièce d'or internationale.

Je mets aux voix les deux propositions suivantes :

1º Adoption d'une monnaie internationale d'or du poids de 10 grammes d'or pur avec 10/12, soit deux grammes d'amalgame.

La Section étant à peu près partagée, la proposition est retirée.

2º Le Speso sera la base de la monnaie fictive internationale.

(Adopté.)

Je vais, Messieurs, vous faire une autre proposition :

Vous vous rappelez que notre Association a voté quelques subventions pour la propagation de l'Espéranto. Je vous propose donc, pour bien établir que notre Association pour l'Avancement des Sciences est une institution française aussi libérale que tolérante, de voter que la proposition de M. Bourlet, sera publiée en deux colonnes latérales, une en français, l'autre en Espéranto.

(Adopté.)

Les quatre questions que j'avais indiquées ayant été toutes les quatre traitées, nous allons aborder les communications dues à l'initiative privée, et d'abord sur l'ami de l'homme, le chien, deux intéressants rapports, l'un technique, l'autre d'ordre général.

M. F.-E.-A. PAPILLON, Étudiant en médecine, à Paris.

De l'utilisation des Chiens par le Service de Santé militaire. — *Rapport prépara-toire.* — On a beaucoup parlé depuis quelque temps des chiens policiers. Il y a trois ou quatre ans, la ville de Paris adjoignait des chiens sauveteurs à ses agents de la brigade fluviale ; plus récemment, la ville de Lille, suivant en cela l'exemple donné par la ville de Berlin (1) et par plusieurs municipalités belges, se décidait à établir une organisation de chiens policiers ; le 12 avril dernier, le Conseil municipal envoyait à Gand deux agents pour y étudier le fonctionnement de ce service ; ils devaient, en outre, en ramener quatre chiens — trois mois plus tard, on pouvait constater les premiers résultats : le 4 juillet, *Djin*, chien policier de Lille, accomplissait son premier exploit (2). — Quelques jours plus tard un *grand concours international de chiens de défense et de police* prenait place à Roubaix (3).

Ces indications suffisent à nous montrer tout le développement que semble devoir prendre l'organisation des chiens policiers et l'intérêt qu'y attache le public, directement intéressé à cette question par le souci de sa propre sécurité. A côté de cette nouvelle utilisation des qualités maîtresses du chien, de son flair en particulier, il y en a une dont l'intérêt semble moins immédiat et que, par suite, le public ignore généralement : c'est l'utilisation du chien dans l'armée ; l'idée n'en est pas nouvelle, on s'en serait servi autrefois pour porter l'incendie

(1) Voir *Die Woche*, du 29 avril 1905.
(2) *La Dépêche*, de Lille, 6 juillet 1907.
(3) *Écho du Nord*, édition du soir, 9 juillet 1907.

dans les rangs ou parmi les bagages de l'ennemi à l'aide d'une sorte de feu grégeois, et, il y a seize ans, l'armée allemande a adopté officiellement le principe du chien de guerre *Kriegshund*. Après plusieurs années de tâtonnements et d'essais, voici les résultats obtenus (1); on divise les chiens de guerre en trois catégories ;

I. — Le *Postenhund* (chien de poste), accompagne la nuit les patrouilles et signale par ses grognements la présence de l'ennemi.

II. — Le *Meldehund* est un Postenhund que son éducation, plus développée, permet à la patrouille d'envoyer porter en arrière les renseignements obtenus, il rejoint ensuite sa patrouille.

III. — Le *Sanitœshund*, attaché aux ambulances, doit découvrir les blessés qui, cachés, échapperaient aux regards des brancardiers.

Laissant de côté les deux premiers, le *Postenhund* et le *Meldehund*, qui sortiraient du cadre de cet article, nous allons voir quels sont les résultats obtenus par le *Sanitœshund*.

Historique. — On peut considérer comme précurseur du moderne *Sanitœshund* le chien du Saint-Bernard. Son rôle est bien connu : Par les temps de neige, il accompagne les « frères » dans leurs tournées pour découvrir le voyageur égaré; mais celui-ci, souvent terrassé par la fatigue, engourdi par le froid, s'est endormi et ne peut entendre l'appel de sauveteurs qui souvent ne sauraient l'apercevoir : c'est alors qu'apparaissent dans toutes leur plénitude les qualités du chien du Saint-Bernard ; grâce à son odorat particulièrement développé, il découvre la trace du voyageur, la suit, arrive jusqu'à lui, essaye de le ranimer, et, s'il ne peut y parvenir, se précipite à l'hospice d'où il ramène du secours : c'est précisément là le rôle que l'on demande au *Sanitœshund* : cette institution des chiens ambulanciers, destinée à abaisser le nombre des disparus, est l'œuvre des sociétés allemandes de secours aux blessés et, en particulier, du peintre animalier Büngartz, à qui revient le mérite d'avoir le premier effectué le dressage de *Sanitœshünde* et d'avoir fait adopter cette institution par l'armée allemande.

Des travaux analogues ont été faits également, en Angleterre, par un major anglais, mister Hautonville Richardson qui a, paraît-il, dressé dans son chenil de Carnonstic, des chiens ambulanciers capables de distinguer les blessés des hommes simplement évanouis (2).

Organisation. — Le chien ambulancier sera, en temps de guerre, attaché à une ambulance et suivra les brancardiers. Voyons comment le chien se comportera en face d'un blessé : arrivant près du blessé, l'animal se met à aboyer pour prévenir les brancardiers, si ceux-ci sont trop éloignés (le chien effectue ses recherches sur un rayon de 200 mètres à 1.000 mètres), le chien ira vers l'ambulance d'où il ramènera le secours.

Son dressage (3). — En le conduisant d'abord en laisse, puis en l'encourageant seulement de la voix, on amène peu à peu le chien à explorer un terrain, à s'ap-

(1) D'après *Chiens de défense et chiens de garde*, par R. de Saint-Laurent, Paris, Mulo, 12, rue Hautefeuille. — Bordeaux, Féret et fils, éditeurs.

(2) *Je sais tout* (publications Pierre Lafitte), numéro de septembre 1905, page 216.

(3) Voir l'article et les fort intéressantes photographies du médecin-major suédois, docteur Fritz Ask publiés dans *Le Caducée* du 6 avril 1907.

procher des blessés, à donner de la voix lorsqu'il en aperçoit un, ou, suivant une autre méthode, à retourner alors vers son maître, auquel *il fait son rapport*. Celui-ci passe alors une laisse au collier et le chien le conduit vers le blessé. Quelques-uns exigent du chien qu'il apporte la coiffure du blessé.

Résultats obtenus. — Le premier essai officiel eut lieu à Neuwien, en Allemagne, en octobre 1905. Une chienne, « Sanita », retrouve en une demi-heure huit blessés cachés en des points qu'aucun brancardier n'aurait pensé à aller visiter. Depuis, les *Sanitœshünde*, dans tous essais qui en ont été faits au cours des manœuvres de santé allemandes, ont donné des résultats toujours déclarés très satisfaisants.

Suivant le lieutenant Johannes, des chiens « collies » auraient, au cours de la guerre anglo-boer, découvert des centaines de blessés qui, sans eux, auraient échappé à toutes les recherches des brancardiers.

Nous avons vu l'organisation du *Sanitœshund* en Allemagne — son emploi a été préconisé voilà plusieurs années par les médecins militaires suédois (1), le chien leur rend des services précieux dans leur pays, couvert, en grande partie, par dés forêts épaisses. Son utilisation est étudiée en Hollande par le médecin-major Quanjer ; en Italie, par les médecins commandants Ciotola et Paroni (2). En Autriche, et particulièrement sur la frontière de Bosnie-Herzégovine, le chien de poste est utilisé, mais je ne sache pas que l'on ait employé le chien ambulancier.

Choix du chien (3). — Dans les commencements, on utilisa des chiens de toute race, particulièrement des airedales terriers. A l'heure actuelle, ce sont surtout les chiens de berger (Aribert v. Grafrath) qui sont employés. On signale également la race collie ou « Harwood-Fearnaught ». Une race particulièrement douce, c'est le chien de berger de la Beauce dans le triangle Orléans, Chartres, Blois.

Son équipement. — Le meilleur semble être celui adopté dans l'armée allemande : collier en cuir, double sacoche contenant un cordial, des paquets de pansement, deux jours de vivres pour le chien et un petit tapis pour les temps froids — le tout pesant 1^{kg},700 ; le chien ne le porte lui-même que lorsque c'est indispensable : il est alors pénétré de la fonction qu'il doit remplir.

Au cours de la dernière guerre en Extrême-Orient, les Japonais n'ont pas fait usage des chiens ambulanciers ; d'ailleurs, là, les médecins et infirmiers de bataillon étaient immédiatement derrière les lignes de tirailleurs (ce qui explique leurs pertes énormes (4) ; dès qu'un homme était atteint, il était aussitôt relevé (cette certitude d'être soigné immédiatement n'a pas peu contribué à soutenir le moral du soldat japonais). Le nombre des blessés restant sur le champ de bataille était très faible et la nécessité des chiens ambulanciers se faisait moins sentir.

L'Association allemande de secours aux blessés avait envoyé trois chiens du côté russe ; ceux-ci, à la bataille de Chá-Ho, ont découvert vingt-trois blessés russes absolument abandonnés.

(1) Docteur Fritz Ask, dans *Le Caducée* du 5 août 1905, page 219.
(2) *Le Caducée* du 21 avril 1906, page 105.
(3) *Le Caducée* du 6 avril 1907, page 91.
(4) *Médecine moderne* du 17 juillet 1907.

Le commandant russe Perdisky a même fait une curieuse remarque : ces chiens, éduqués par des Européens, n'ont jamais signalé de blessés japonais (1).

Tous ces faits sont probants, et j'ai pensé qu'il y avait utilité à les faire connaître, pour que, nous aussi, introduisions le chien ambulancier dans le Service de Santé de l'armée française.

Discussion : M. Casimir CÉPÈDE. — L'utilisation des chiens par le Service de santé militaire est une excellente application des qualités si précieuses de cet intéressant animal domestique.

Nous devons féliciter tous ceux qui s'occupent de cette importante question. Elle mérite qu'on s'y attache par sa valeur humanitaire et patriotique.

Remarquons en passant, qu'ici encore nous nous sommes laissé devancer par quelques nations étrangères (Allemagne, Angleterre) plus empressées que nous à tirer parti des observations biologiques et des applications des sciences naturelles.

La question des chiens ambulanciers doit être envisagée à un point de vue naturaliste. En opérant avec des données zoologiques précises, on évitera les errements du début qui (très souvent, et surtout chez les nations enthousiastes), entraînent l'échec d'une novation d'une grande utilité.

C'est pour cette raison que je me permettrai d'ajouter quelques mots à la communication de M. Papillon fils : 1º sur le choix de la race ; 2º sur le dressage ; 3º sur l'équipement du chien ambulancier.

1º Le choix doit se fixer sur la race qui a le flair le plus développé et le plus facilement éducable et qui est assez robuste pour pouvoir, sans grande fatigue, porter quelques secours immédiats (antiseptiques, articles de pansement, hémostatiques, cordial, etc.) ;

2º Le dressage devrait être effectué avec des blessés, sinon toujours, du moins de temps en temps, pour permettre au chien de les reconnaître facilement. ;

3º L'équipement sera réduit au strict nécessaire ; sa capacité et son poids proportionnés aux forces du chien ; sa forme et son adaptation conformes à l'anatomie et à la physiologie de la course de l'animal.

Au point de vue patriotique, les chiens ambulanciers rendront de grands services dans les guerres entre peuples à odeurs très différentes, ainsi que le montre l'observation de Perdisky au cours de la guerre russo-japonaise. *Toujours*, et cela est considérable, même en temps de guerre, on aura arraché à la mort quelques hommes, que des blessures graves allaient lui donner. Ce but seul mérite que nous insistions de toutes nos forces pour que le service des chiens-ambulanciers soit créé dans le plus bref délai par le Service de Santé de notre armée.

—————

M. ROHR, Vétérinaire-Major au 17e d'Artillerie, à La Fère.

Des utilités économiques du chien domestique. — *Mesures de protection.* — Les utilités fournies par nos chiens domestiques sont d'ordre psychque : sauvetage, défense, direction, chasse ; d'ordre mécanique : adresse, force, vitesse ; et même

(1) *Le Caducée* du 21 avril 1907.

alimentaire. Chiens de montagne, de garde, policiers, de guerre, du douanier, de cirque, de trait, comestibles. — « En 1904, 1.177 chiens ont été tués dans les abattoirs d'Allemagne ».

Au même titre que les autres animaux domestiques, le chien relève de la zooéconomie : « Sa valeur dépend de son adaptation aux circonstances de toutes natures, au sein desquelles on l'envisage à n'importe quel moment ».

Il coopère aux ressources des communes par la taxe annuelle à laquelle il est soumis; la caniculture crée des bénéfices à celui qui l'entreprend, le commerce des chiens est très important en Angleterre et en France.

Le chien d'attelage est particulièrement apprécié par les gens besogneux et les petits commerçants. Il est utilisé en Allemagne, en Autriche, en Suisse, en Hollande, en Belgique. Dans ce dernier pays, écrivait le professeur Reull : « jamais aucun pouvoir public n'oserait supprimer l'usage courant du chien d'attelage, une révolution économique désastreuse en serait la conséquence; la gêne, et la misère entreraient dans des milliers de ménages où règne une relative aisance.»

«A Bruxelles ou à Liège, d'innombrables petites voitures chargées de fruits ou de légumes arrivent aux marchées traînées par des chiens dont les gais aboiements dénotent qu'ils n'éprouvent aucune peine, mais au contraire une véritable joie. Il n'y a pas, du reste, que les maraichers et les paysans venant à la ville, qui se servent de ce mode d'attelage : les boulangers, les bouchers, les charbonniers, les laitiers n'ont pas d'autre moyen de transport pour servir leur clientèle. Ces chiens sont très zélés pour leur service et l'accomplissent avec autant de plaisir que les chiens de chasse à suivre la piste du gibier (1).»

D'après M. Lavalart « il y a un véritable intérêt à atteler ces animaux qui deviennent ainsi une aide puissante pour les tractions des poids légers et un secours pour les petites gens. »

En France, on a longtemps sévi contre les propriétaires de chiens attelés, mais l'arrêt de la Cour de Cassation, en date du 19 janvier 1889, a vidé cette question de jurisprudence en spécifiant que le seul fait d'atteler un chien à une voiture ne saurait constituer par lui-même, et indépendamment de toute autre circonstance, un mauvais traitement abusif.

Or, à l'exemple des pays limitrophes, où cette pratique est ancienne et courante, nous devons également protéger les chiens de trait contre la brutalité de la majorité des gens qui les emploient.

Les administrations communales de l'étranger ont prescrit des mesures qui nous serviront de base ; les principales sont les suivantes :

« Les chiens ne doivent pas travailler avant d'avoir atteint l'âge d'un an, ni après l'âge de quatorze ans. Ils doivent être bien constitués et d'une corpulence en rapport avec le poids de la voiture. La hauteur des roues et la charge doivent être proportionnées à la taille et à la force de l'animal. La bricole doit avoir une largeur suffisante. Le chien doit-être couvert quand il fait froid ou quand il pleut. »

La protection contre la rage sera toujours insuffisante tant que les Pouvoirs publics n'auront pas rendu obligatoire la médaille des chiens.

Cette médaille annexée au collier, et déjà adoptée en Allemagne, en Suède, en Belgique, en Suisse et dans plusieurs villes de France, n'est pas uniquement une quittance attestant le paiement de la taxe; son but essentiel est

____

(1) Paul MÉGUIN, *Nos chiens*, 1904.

d'arriver à la suppression des chiens errants, les propagateurs de la rage et, dans les campagnes, les agents de transmission des germes de certaines maladies contagieuses du bétail.

Ce médaillon a été demandé avec insistance par le Conseil supérieur des épizooties et, à l'Académie de Médecine, en 1889, par Dujardin-Beaumetz, Nocard et Laborde.

A Lyon, la première année où cette médaille fut exigée, le nombre des déclarations augmentait de moitié et les finances encaissaient, de ce fait, 26.167 francs ; c'est à peine si l'on mit en fourrière deux ou trois chiens par mois. En admettant un relèvement parallèle du chiffre des déclarations sur les 2.700.000 chiens actuellement imposés, la plus-value serait pour toute la France de près de cinq millions de francs.

La médaille, d'un modèle uniforme, assurera le contrôle de la déclaration.

La capture et l'abatage des chiens sans médaillon aboutiront sûrement à la suppression des chiens errants.

La loi Grammont révisée garantira les bonnes conditions de l'attelage des chiens de trait.

Discussion. — M. le Dr PAPILLON : Si personne ne demande la parole, je vais demander à la Section de voter :

1º Que des chiens soient dressés et utilisés par le Service de santé pour les armées en campagne. *(Adopté).*

2º Que le chien, élevé à la dignité de contribuable, soit toujours porteur de la médaille, quittance visible du paiement de la contribution. *(Adopté).*

J'ajouterai une troisième proposition. Notre collègue, M. Rohr, estime à 5 millions la perte annuelle du Trésor pour non-déclarations ou insuffisance de déclarations, et je le crois modéré dans son évaluation ; à l'appui de ce qu'il vient de vous exposer, je vais vous fournir un document sur chiffres officiels que j'ai produit dans une conférence à Blois sur la suppression des octrois et qui fut publiée à la librairie Guillaumin, en février 1896.

Chiens. — Soupçonnez-vous combien il y a de chiens dans Blois. Un chien par 24 habitants, et encore je ne compte que les chiens déclarés.

1892. Propr. 891, chiens 1.015, 1re catégorie, 628, 2e catégorie, 387 = 5.411 francs.
1893.   —   909,   —   1.019,   —   611,   —   408 = 5.296   —
1894.   —   914,   —   1.024,   —   598,   —   426 = 5.210   —
1895.   —   957,   —   1.021,   —   557,   —   464 = 4.920   —

Il ressort de ces chiffres :

1º Que le nombre des propriétaires de chiens augmente chaque année ;

2º Que le nombre des chiens reste le même ;

3º Fiscalement, la constatation est importante et ne laisse pas d'être humiliante pour.... l'espèce canine. La première catégorie, qui paye 8 francs, a une décroissance régulière, alors que la deuxième catégorie, qui ne paye que 1 franc, augmente régulièrement. Il y a là un déclassement à surveiller ;

4º Les sommes encaissées vont toujours en diminuant,

Tous, nous avons quelquefois rencontré dans la rue des chiens de salon dodus, douillettement protégés du froid par un petit vêtement et promenés avec sollicitude, alors que passaient des enfants en guenilles, grélottant de faim et de froid. C'est pourquoi la loi du 2 mai 1855, relativement à l'établissement d'une taxe sur les chiens, reste scandaleusement insuffisante puisqu'elle ne permet pas d'excéder 10 francs par chien, alors qu'une somme de 60 francs n'aurait rien d'exagéré.

Je vous proposerais de voter qu'il y aurait trois médailles pour les chiens : médailles de couleurs et de formes différentes.

a) L'une pour les chiens attachés à l'armée, les chiens des aveugles ou des impotents, délivrée sur simple déclaration et justification, exempte de toute taxe ;

b) Une pour chiens de bergers, chiens de garde ou pour chiens moteurs ;

c) Une pour chiens de chasse et chiens d'appartement. *(Adopté)*.

———

M. l'abbé CamillE-Martin, prêtre du diocèse de Valence, sous-secrétaire de la Section, qui, chargé de missions, a fait vingt-deux fois le tour de la terre, signale les abus qu'il a constatés, au cours de ses nombreux voyages, dans les *différents services des Compagnies de navigation française et étrangère* et formule les desiderata sur l'amélioration du système économique des passagers à bord des grands paquebots. Ils sont au nombre de onze. S'ils étaient mis en pratique, l'union, les rapports mutuels, l'agrément, la facilité d'avoir des interprètes, la politesse, la moralité, le respect des personnalités, le service des malades, la lingerie, la cuisine et l'influence française y gagneraient extrêmement. Au point de vue pécuniaire, les Compagnies réaliseraient de grosses économies.

———

M. FONTANEAU., ancien Officier de la marine, Publiciste, à Limoges.

Rapports du travail et du capital dans l'agriculture. — M. Fontaneau en traitant cette question précise le travail mécanique et le travail économique.

Discussion. — M. le Dr Papillon, lui, propose des expressions moins scientifiques, mais peut-être plus compréhensibles pour des ruraux, ainsi travail stérile (mécanique) et travail utile (économique).

———

— Séance du 6 août —

M. A. LADUREAU.

Observations sur les lois ouvrières françaises au point de vue de la recrudescence de la criminalité juvénile. — Le redoublement de criminalité juvénile que l'on observe depuis quelques années dans les grandes villes est principalement dû à l'impossibilité créée par la loi ouvrière récemment votée par le Parlement, de laisser entrer les enfants du peuple dans les ateliers comme apprentis. Cette loi est à refaire, si l'on veut enrayer ce terrible débordement de crimes sous lequel la République pourrait sombrer. La deuxième cause provient d'un faux humanitarisme et dans la suppression de la peine de mort. Les jeunes bandits, sachant que la sanction pénale de leurs crimes ne les expose pas à une situation plus pénible que celle d'un honnête citoyen, n'hésitent pas à les commettre. Il faudrait appliquer en France le système Anglais ou le système Allemand et l'on verra de suite la criminalité diminuer.

Discussion. — M. le Dr Papillon : Notre collègue M. A. Ladureau traite une question d'*actualité pour les crimes* et d'*avenir pour toutes les contingences* de désœuvrement et de contamination qui sollicitent et orientent la jeunesse inoccupée. Il aurait pu y ajouter le fait des rouleurs, vagabonds ou romanichels qui pullulent sur les routes, inquiétent les populations rurales isolées, volent, et, si nécessité est, assassinent ; mais nous sortons de notre cadre. Nous sommes simplement section d'économie politique ; c'était suffisant il y a trente-sept ans ; ce titre est actuellement incomplet. Je proposerai au Conseil de qualifier notre Section de *Section d'économie politique et sociale* et alors nous pourrons discuter les voies et moyens ; mais, dès maintenant, nous pouvons le dire : notre régime pénitentiaire, par le confort qu'il assure aux condamnés, comme à Fresnes, constitue un encouragement à l'oisiveté et au vol ; et, pour les Apaches assassins, pour la menace qu'ils ont faite au chef de l'État de lui réserver le sort de Carnot s'il laissait exécuter un anarchiste, ils se promettent, s'ils sont pincés, de pouvoir, par une commutation de peine, finir comme propriétaires sous le climat bienfaisant de la Nouvelle-Calédonie ou à la Guyane ; donc ils ne sont plus arrêtés par aucune appréhension.

M. A. LADUREAU, Ing. chim. à Saint-Cloud (Seine).

La crise vinicole, ses causes, ses remèdes. — M. Ladureau passe en revue les principales causes de la crise vinicole dont souffrent actuellement quelques-uns des départements du Midi. Petite diminution de la consommation dans la bourgeoisie par suite de la campagne antialcoolique menée par beaucoup de médecins. Remplacement de la consommation du vin chez le bourgeois et l'ouvrier par l'absinthe dont les effets désastreux sont connus de tous. Diminution notable de notre exportation, par suite de la mauvaise qualité de beaucoup de vins falsifiés qui sont offerts comme vins naturels. Enfin, production clandestine et frauduleuse de 40 millions d'hectolitres de vins de sucre, dont le prix de revient ne dépasse pas 8 francs et qu'on peut vendre, par conséquent, avec un gros bénéfice, à des prix très inférieurs aux prix de revient du vin de raisins.

Il indique comme remèdes à appliquer la répression sévère et non entravée par les influences électorales des fraudes sur les vins et la suppression du vin de sucre au moyen d'un contrôle permanent de la vente de l'acide tartrique et même de l'acide citrique.

Pour atténuer les effets de la crise sucrière, qui se produira fatalement le jour où les 150.000 tonnes de sucre employées à cette fabrication délictueuse ne trouveront plus cette application, M. Ladureau propose d'augmenter la production de l'alcool de betteraves en diminuant celle du sucre et de permettre à l'alcool d'entrer sérieusement dans la consommation générale du chauffage, de l'éclairage et de la force motrice, au moyen de la constitution d'un Cartel des distillateurs français analogue à celui qui existe en Allemagne, grâce auquel l'alcool à brûler pourrait concurrencer heureusement le pétrole, par un prix de vente ne dépassant pas 20 centimes le litre, en gros, et 30 centimes en détail.

Discussion. — M. CHEVALLIER, président du Syndicat viticole de Beaugency (Loiret), qui envoie un travail sur la crise viticole, propose d'empêcher le sucrage, le mouillage, les vins de marc de deuxième cuvée, et, très judicieusement, il ajoute « qu'en élevant les droits sur les sucres, de manière à ce que leur emploi donne plus de perte que de gain, on est sûr que le sucrage des vins tombera de lui-même ».

M. le Dr PAPILLON.

Le Dr Samné et Son Excellence ATA HOUSNI BEY, présents dans la salle, viennent de me remettre deux travaux l'un d'actualité, l'autre historique, avec quelques considérations politiques qui ne peuvent être ni discutées, ni même lues dans notre Section. Ces réserves faites, voici, succinctement les communications.

M. le Dr Georges SAMNÉ.

La situation actuelle au Maroc. — Le Dr Georges SAMNÉ attire l'attention du Congrès sur la situation actuelle au Maroc et les graves événements qui s'y déroulent. Le massacre de nos malheureux compatriotes n'est pas le résultat d'une agitation de fanatisme latent, mais bien le résultat d'une agitation politique organisée par des agents malveillants du Maghzen. D'ailleurs, les autorités locales semblent favoriser tous ces attentats.

Le Sultan et le Maghzen, par leur attitude indifférente, semblent encourager cette révolte.

Son Excellence ATA HOUSNI BEY.

Tolérance musulmane. — Son Excellence ATA HOUSNI BEY, dans sa communication sur la « Tolérance musulmane », vise à détruire l'opinion ayant cours en Europe sur le soi-disant fanatisme musulman.

Les Européens croient que l'Islam porte à la sauvagerie et est incompatible avec la civilisation.

Or la religion musulmane est, au sens de l'orateur, la plus compatible avec le progrès et la liberté de conscience, et cette disposition de l'Islam provient de l'origine du Khalifat.

Le droit de porter le titre de successeur de Mahomet a été l'objet de nombreuses controverses, surtout pendant ces dernières années.

Ces controverses eurent un certain retentissement, mais en Europe seulement.

et la majeure partie des musulmans est restée en dehors de toute discussion à ce sujet. Elle y demeurera toujours étrangère; car, pour elle, la preuve est faite : Mahomet n'a point désigné de successeur.

On sait que le Sultan du Maroc, entre autres, prétend à ce titre d'une manière exclusive, sous prétexte qu'il descend en droite ligne de Fathma, la noble fille du Prophète.

Les partisans de cette thèse s'appuient sur une phrase du Hadith.

Le Hadith, comme on sait, est le recueil des conversations transmises par la tradition. Ils prétendent donc qu'il est rapporté dans le Hadith que le Prophète aurait dit : « Mon successeur sera Koraichite » (1).

Le Prophète n'a point délégué de successeur.

Au moment de sa mort, en l'an XI de l'Hégire (2 juin 632), ses amis et ses compagnons, qui étaient auprès de lui, ne répétèrent point que Mahomet s'était donné Abou Bekr comme successeur, pas plus qu'aucun autre.

Voici, en quelques mots, ce qui se passa en ces mémorables moments :

Mahomet était si aimé, les musulmans avaient pour lui un tel respect, une telle vénération qu'ils pensèrent un moment que Dieu le rendrait immortel; si bien que lorsqu'il fut dit à Omar que Mahomet était mort, celui-ci tira son sabre et en menaça quiconque répéterait ces mots.

Cependant le Prophète avait chargé Abou Bekr d'annoncer aux musulmans la nouvelle de sa mort quand elle surviendrait, et celui-ci, après avoir embrassé le Prophète et pleuré sur lui, sortit de la chambre mortuaire, alla à la mosquée, et du haut du Minbar, aux fidèles anxieux, il parla en ces termes :

« Que ceux d'entre vous qui adorent Mahomet sachent que Mahomet est mort, et ceux qui adorent Dieu, que Dieu est vivant et ne meurt point. » Il récita ensuite le verset du Koran où le Prophète parle de sa mort, consola la nation et lui recommanda de s'unir et de s'aimer.

Mahomet pouvait, sans conteste, désigner son successeur : il eût été, sans aucun doute, écouté et obéi. Et s'il ne le fit pas, c'est qu'il voulut établir, dès ce moment-là, le principe de la consultation, sachant que ses compagnons sauraient élire le meilleur et le plus digne d'entre eux.

Nous venons de dire de quelle mission fut chargé Abou Bekr par Mahomet. C'est la seule préférence qu'il lui marqua. Nos détracteurs eux-mêmes prétendent que ce fut là une désignation indirecte au choix des musulmans. Il y eut donc choix incontestablement; Mahomet avait de la préférence pour Abou Bekr, puisqu'il le chargea de cette mission douloureuse et délicate. Mais de désignation, il n'y en eut point. Ses compagnons voulurent que cet honneur appartînt au plus méritant, au plus digne, et c'est celui qui leur parut ainsi qu'ils élirent.

L'Imam Ali, cousin du Prophète et époux de sa fille Fathma, voulut prétendre à cette succession et faire valoir ses droits comme parent et comme allié. Sa mère le soutint dans ses prétentions; mais, à la mort de cette dernière, Ali, lui-même reconnut que ce titre qu'il ambitionnait devait rester à Abou Bekr, comme le plus sage, plus digne, susceptible de rendre de grands services à l'Islam.

Pour la seconde fois, on voit que le principe du khalifat n'est pas la descendance directe ou indirecte du Prophète, mais bien le mérite et les qualités propres à assurer à l'Islam un chef digne de ce nom.

____

(1) Puissante tribu à laquelle appartenait Mahomet.

Omar succéda à Abou Bekr, conformément au vœu de celui-ci, simple vœu exprimé en ces termes : « Et les compagnons du Prophète lui ayant demandé quel est celui qu'il croyait digne de lui succéder, Abou Bekr répondit : Omar, et puis il ajouta : Si vous l'en trouvez digne, j'aurais bien préjugé de lui ; sinon, croyez bien que n'ayant pas le don de double vue, j'ai voulu le bien ».

Son successeur Omar, fut la gloire de l'Islam et quand il mourut, à la suite de l'attentat d'un persan nommé Abou Loulouat, il mérita ces vers que lui composa un poète :

> Il monta sur le trône n'ayant pas un ami,
> Il en descendit n'ayant pas un seul ennemi.

Les derniers moments de ce khalife furent instructifs, au point de vue qui nous occupe, et méritent d'être relatés. Blessé à mort et sentant sa fin approcher, Omar dépêcha son fils Abdallah auprès de « Aïcha » pour lui demander la faveur d'être inhumé dans sa maison, dans le voisinage du Prophète et d'Abou Bekr. Aïcha fit droit à sa demande et dit à Abdallah : « O mon fils, fais savoir à ton père de ne pas laisser les musulmans avant de leur désigner un berger qui lui succède, car l'heure est grave et je crains pour eux les événements ».

Abdallah répéta ces mots à son père qui lui dit : « Qui ordonne-t-elle comme mon successeur ? Si j'avais sous la main Aba Obeïd ben El Jarrah, je le désignerais et répondrais à Dieu : O mon Dieu ! j'ai entendu ton serviteur et ton envoyé dire : A toute nation, il faut un chef fidèle, et le chef fidèle c'est lui. Et si j'avais sous la main Mohaz ben Djebel, je le désignerais et dirais à Dieu : J'ai entendu ton serviteur et ton Prophète déclarer : « Au jour de la Résurrection, Mohaz ben Djebel sera au rang des savants ». Et si j'avais sous la main Khaled ben El Qualid, je le désignerais et répondrais à Dieu : J'ai entendu ton serviteur et Prophète dire de lui : « C'est une des épées de Dieu que Dieu a tirée contre les impies ». Mais je désignerais ceux que le Prophète a laissés en les bénissant. »

Et, les ayant mandés près de lui, il leur dit : « O (1) premiers compagnons du Prophète et fondateurs de l'Hégire, j'ai observé les choses et les hommes et je n'ai vu ni division ni mensonge. S'il en survient après moi, c'est que la semence en est en vous.

Consultez-vous pendant trois jours et je vous conjure par Dieu de ne vous séparer le troisième jour qu'après vous avoir désigné un de vous pour me succéder. Faites-vous assister par les chefs et les vieillards des tribus, malgré qu'ils ne puissent prétendre à rien avec vous, faites-vous assister aussi par Hassan ben Ali et Abdallah ben Abbas, parents du Prophète, et dont la présence sera une bénédiction, malgré qu'ils ne puissent prétendre à rien avec vous. Mon fils assistera également à votre réunion où il pourra délibérer sans qu'il ait à prétendre à rien avec vous.

Et comme on lui répondit que son fils était cependant digne de recueillir sa succession, Omar se retournant vers lui : « Prends garde, lui dit-il, prends garde de t'en charger ». Et il dit aux autres : « Si cinq de vous sont d'accord et le sixième opposant, tranchez la tête au sixième. Si quatre de vous sont d'accord, tranchez la tête aux deux dissidents ; et si vous êtes également partagés, prenez pour arbitre mon fils Abdallah qui désignera les trois parmi lesquels sera choisi

---

(1) Ali ben Abi Taleb, Osman ben Affanc, Talaat ben Obaïdallah, Zobeïr ben Abdallah, Saad ben Abi Ouakas, Abdel Rahman ben Aoux, seul Talaat ben Obaïdallah était absent.

le khalife: Si les autres trois ne s'y soumettent pas, tranchez leur la tête aux trois. »

Ce qui précède démontre clairement et irréfutablement que le khalifat ne fut pas basé sur la descendance, mais sur l'élection, le choix.

———

M. Raymond de la MORINERIE, Sec. du Syndicat du Commerce des vins de Champagne, à Reims.

Protestation contre les mots "champagniser" "champagnisation" et autres analogues. — Les mots *champagniser*, *champagnisation* et autres analogues apparaissent de temps à autre, soit dans des réclames faites le plus souvent dans un but intéressé, soit même dans des travaux purement scientifiques. Nous saisissons l'occasion présente pour faire entendre de nouveau nos protestations et montrer combien ces expressions sont incorrectes.

Par leur terminologie, les mots *champagniser* et *champagnisation* semblent indiquer qu'on puisse, par une série d'opérations et de manipulations diverses, transformer en champagne un vin quelconque, ce qui, en d'autres termes reviendrait à dire que c'est la prise de mousse qui fait le vin de Champagne.

Or, une semblable affirmation est absolument contraire à la réalité et à tous les principes confirmés par une jurisprudence unanime. La dénomination *Champagne* ne désigne pas un procédé de fabrication susceptible de tomber dans le domaine public, mais bien un produit déterminé ; le vin uniquement *récolté* et *manutentionné* dans la Champagne viticole et dont la mousse est le résultat de la fermentation alcoolique naturelle en bouteilles.

Le vin de la Champagne est un produit naturel, empruntant au sol et au climat ses qualités constitutives et substantielles. Il peut être rouge ou blanc, mousseux ou non mousseux, et il est impossible, par le travail seul, quel qu'il puisse être, de transformer en champagne du vin qui n'est point récolté dans la Champagne viticole.

Puisqu'on ne peut pas transformer un vin quelconque en bordeaux, bourgogne ou champagne, on ne peut donc pas dire non plus *Champagniser*, pas plus que *bourgogniser* un vin.

Même appliqué au vin récolté dans la Champagne viticole le mot *champagniser* est tout aussi incorrect, puisque ce n'est pas la prise de mousse qui constitue le vin de Champagne, dont elle est seulement partie intégrante développant ses qualités. Comment peut-on dire qu'on transforme en champagne un vin qui l'est déjà naturellement par sa provenance ?

La vérité est qu'il faut proscrire de la façon la plus absolue ces expressions qui, non seulement, constituent des néologismes douteux, mais qui, surtout, sont dépourvues de sens.

Au lieu et place de *champagniser*, *champagnisation*, les termes propres sont : *mousseux*, *prise de mousse* ou *moussage*, s'il s'agit d'un vin dont la mousse est le résultat de la fermentation alcoolique naturelle en bouteilles, et, *gazéifié*, *gazéification*, si le vin a été rendu artificiellement effervescent par addition de gaz acide carbonique d'industrie, ou par tout autre procédé.

Discussion. — Dr PAPILLON : Tout ce que vient d'exposer M. de la Morinerie est très fondé, mais sous cet atticisme d'expression gît la passionnante question locale de la délimitation de la Champagne. La Champagne viticole serait limitée au département de la Marne avec, en plus, le canton extra-marnais de Condé-en-Brie.

L'arrondissement de Château-Thierry demande à être compris dans la délimitation; les vignerons de l'Aube rappellent que Troyes était la capitale de la Champagne et que les exclure serait méconnaître leurs droits historiques. L'ancienne Champagne comprenait même une partie de l'Yonne et de la Côte-d'Or.

Une délimitation paraît utile pour être à même de combattre le commerce de pseudo-champagnes fabriqués en Allemagne; défendons notre Champagne: son vin est universellement apprécié; et, de tous les excellents produits de notre sol, il est le plus pétillant.

Il n'y a plus rien à l'ordre du jour, la Session est close.

18e Section.

PÉDAGOGIE ET ENSEIGNEMENT

Président . . . . M. le Dr Edgar BÉRILLON, Prof. à l'Éc. de Psychologie.
Vice-Présidents . . . . Mlle FRITSCH, Dir. de l'Éc. prof. de Reims.
               M. A.-Eugène ANDRÉ. Insp. de l'Enseign. prim., à Reims.
Secrétaire . . . . Mlle GEHIN, Dir. de l'Éc. norm. prim. de jeunes filles de Bar-
               le-Duc.
Vice-Secrétaire. . . . . M. le Dr MABILLE de Reims.

M. Paul DESNOYERS, à Paris.

L'écriture à travers les âges. — *Écriture droite et écriture penchée.* — M. Desnoyers, professeur d'écriture à Paris, présente l'étude qu'il a faite sur l'écriture
droite et l'écriture penchée. Il prouve que l'écriture droite est trop lente pour
être admise dans le monde des affaires, et qu'au lieu d'être un remède à la
scoliose, elle la faciliterait plutôt, tout en occasionnant une fatigue musculaire
qui n'existe pas avec l'écriture penchée.

L'expérience qu'il a faite, pour appuyer ses dires, sur un instituteur pris
dans l'Assemblée, et enseignant l'écriture droite, a été des plus concluantes.

M. Desnoyers, au moyen de projections, a ensuite fait passer sous les yeux de
l'Assemblée, des écritures depuis les temps les plus reculés jusqu'à nos jours et
a expliqué pourquoi nos pères, vers la fin du xvie siècle, avaient été obligés
d'abandonner l'écriture droite qui a été celle des peuples primitifs.

Si les hygiénistes se sont insurgés, avec raison, il y a quelque soixante ans,
contre l'écriture penchée, a ajouté M. Desnoyers, c'est que le papier était resté
droit comme pour l'écriture droite, et que pour obtenir la pente il fallait imprimer un mouvement de torsion à la colonne vertébrale.

Cet inconvénient a disparu avec l'inclinaison du papier, qui présente en
même temps aux yeux des traits perpendiculaires, ce qui, d'après les oculistes,
est un avantage pour l'organe visuel.

M. le Dr Félix REGNAULT, à Sèvres.

Les idiots dans l'art antique. — Les anciens, à l'exemple des sauvages, tuaient
les nouveau-nés faibles, débiles, mal formés. Pourtant certains idiots, notamment les crétins ou myxœdémateux, trouvaient grâce devant eux, car ils en

avaient une crainte superstitieuse, qui, d'ailleurs, existe encore chez nos paysans, surtout dans les Alpes.

Les Égyptiens ont même divinisé le myxœdémateux ; ils en ont fait le dieu Bès.

Chez les Grecs, on retrouve de nombreuses reproductions d'idiots, d'arriérés, d'imbéciles. Ils avaient été regardés jusqu'à présent comme de simples grotesques. Mais un grand nombre sont des copies fidèles de nos types d'asiles d'aliénés. Les dernières découvertes réalisées, notamment à Smyrne et dans la Basse-Égypte, nous en fournissent quantité d'exemples.

M. le Dr Léon MABILLE, Réd. en chef du *Conseiller du Praticien*, à Reims.

La paresse et la mollesse chez l'enfant. — Le Dr Léon MABILLE définit la paresse un état d'inertie au travail d'origine *organique* ou *intellectuelle*. Il catalogue, en effet, les élèves paresseux en *organiques* ou en *psychiques*.

Parmi les premiers, il distingue les faibles, les neurasthéniques par hypotension artérielle, des hypertendus (dyspeptiques, congestifs). Il montre, pour chacun, l'hygiène et le traitement médical qui conviennent.

Puis, il passe en revue les variétés de paresseux *psychiques*, les joueurs, ceux qui ne s'intéressent qu'à certaines matières, les timides, les découragés, les orgueilleux, les malins, paresseux volontaires.

Les moyens pédagogiques, actuellement adoptés pour combattre la paresse, sont multiples (travail attrayant, substitution de la parole du maître au livre, morcellement des leçons, émulation par les compositions), sont ou inefficaces ou insuffisants, parfois même ils provoquent la paresse qu'on voulait éviter. Aussi le Dr Mabille préconise-t-il :

1º *Une modification des programmes trop chargés et pas assez utilitaires ; des techniques d'enseignement qui tiennent en éveil l'attention des élèves ;*

2º *Une discipline rigoureuse, faite de l'autorité et du prestige du maître, mais non tatillonne ni brutale ;*

3º *Un règlement de l'emploi du temps absolument mathématique, qui utilise la puissance de l'habitude ;*

4º *Une bonne hygiène cérébrale.* À ce propos, il indique les bénéfices intellectuels qu'on peut tirer des *exercices physiques modérés, de la gymnastique respiratoire, d'un régime approprié.*

En somme, la paresse étant une maladie de la volonté, on ne la guérit qu'en rééduquant cette volonté, pour faire un caractère.

Mlle GÉHIN, Directrice de l'École normale de Bar-le-Duc.

Les colonies scolaires. — *Historique.* — L'œuvre des colonies scolaires, qui éveille aujourd'hui l'attention de tous ceux qui se préoccupent de la santé et de la moralité publiques, est une œuvre de date récente ; elle n'a pas plus de trente ans. Née en Suisse, l'idée pénétra en France, en passant par l'Alsace ; et la noblesse du but poursuivi : *la santé matérielle et morale de l'enfance,* la fit germer et fructifier rapidement. Aujourd'hui la France groupe plus de 30.000 enfants dans ses colonies scolaires.

Effets des colonies sur les enfants. — Les effets de la cure d'air sur la santé des enfants sont merveilleux : augmentation de poids, des globules rouges du sang, de la teneur en hémoglobine, éveil de la belle humeur et de la puissance d'attention des enfants; leur amour de la nature s'éveille également, ainsi que leur patience et leur résistance à la fatigue. Les enfants deviennent plus calmes, aiment la campagne, prennent l'habitude de se lever de bonne heure, de se laver à l'eau fraîche et contractent des commencements d'*habitudes morales*.

Ces effets ne s'obtiendront que si on laisse les enfants trente-cinq à quarante jours à la campagne, que si on les nourrit d'une façon simple : pain bis, pommes de terre et légumes. On peut les placer *dans les familles* des habitants de la montagne ou les placer en plein air, dans des établissements, et fonder *ainsi des colonies d'internat*. Quelle que soit l'organisation adoptée, il est nécessaire que des surveillants et surveillantes, communiquant directement avec le président de la colonie, passent chez les parents nourriciers ou dans les groupements, pour se rendre compte que les prescriptions hygiéniques et morales sont observées, que les enfants sont bien portants et qu'ils ne sont ni exploités, ni, au contraire, trop choyés ou gâtés.

Demi-colonies. — Pour les enfants qui ne peuvent être envoyés dans les colonies, on organisera les demi-colonies; on envoie les enfants une demi-journée dans les forêts situées à plusieurs kilomètres des villes, et on les laisse jouer en plein air.

On organisera aussi les écoles en *pleine forêt* et *les colonies de santé*; puis on fédérera les œuvres qui s'occupent des colonies et des voyages scolaires. Et ainsi on atteindra la tuberculose, *maladie sociale*, dans son expansion, parce qu'on la reconnaîtra d'abord et qu'on la combattra chez l'enfant.

M. Alphonse-Eugène ANDRÉ, Insp. de l'Enseig. prim. à Reims.

1° Les colonies de vacances dans les régions du Nord et du Nord-Est. — Comme complément à la très intéressante communication de Mlle Géhin sur les colonies de vacances, M. ANDRÉ, directeur de la *Revue régionale illustrée* publiée par l'Œuvre des Voyages scolaires, a montré le développement qu'a pris l'institution dans les régions du Nord et du Nord-Est. Des renseignements qu'il a fournis, il résulte que des colonies de vacances sont organisées actuellement à Roubaix, Lille, Denain, Beauvais, Méru, Saint-Quentin, Charleville, Reims, Bar-le-Duc, Nancy, Épinal et Belfort; on songe à en créer à Douai, à Amiens et dans plusieurs autres villes industrielles de la région du Nord. Le mouvement s'est surtout accentué à partir de 1903 et il est permis d'espérer que, bientôt, toutes les grandes villes offriront une cure d'air aux enfants pauvres et chétifs choisis parmi les plus dignes d'intérêt.

La plupart des œuvres du Nord et du Nord-Est pratiquent le placement familial; cinq seulement ont adopté le placement en groupe ou internat. Tout en reconnaissant les avantages incontestables que présente le premier mode, M. André manifeste sa préférence pour la colonie-internat lorsque la direction et la surveillance sont toutefois confiées à des personnes traitant paternellement les enfants et leur laissant la plus grande somme de liberté possible.

A son avis, d'ailleurs, il faut surtout tenir compte des ressources, du climat, des conditions économiques et des habitudes de chaque pays et, suivant le mot du pasteur Bion, « rivaliser de zèle non pour faire prévaloir telle méthode particulière, mais pour le bien commun ».

2º. *L'Œuvre des Voyages scolaires et ses résultats.* — Au Congrès d'Ajaccio, en 1901, M. ANDRÉ avait indiqué dans le détail le but, l'organisation et le fonctionnement de l'Œuvre des Voyages scolaires qui a dix années révolues d'existence. Dans sa communication nouvelle, il a fait connaître le développement qu'a pris l'Œuvre dont il est le fondateur et fourni d'intéressants détails sur la composition des caravanes d'honneur, des caravanes cantonales et de la colonie de vacances qu'organise chaque année la Société. Il a mis ensuite en relief les principaux caractères de l'Œuvre qui est une œuvre d'émulation, d'instruction, d'éducation civique, morale et sociale, en même temps qu'une œuvre patriotique et humanitaire.

4.500 personnes ont adhéré à l'Œuvre depuis sa création et, pendant les dix années, les recettes et les dépenses se sont constamment accrues. La Société a encaissé 74.853 fr. 68 c. durant cette période décennale et dépensé 71.704 fr. 72 c. 4.200 personnes, élèves et maîtres, ont profité de ses avantages et de ses bienfaits.

L'Œuvre publie un joli *Bulletin trimestriel,* doublé d'une *Revue régionale illustrée,* qui a donné une grande impulsion à l'institution des voyages scolaires, des colonies de vacances, des fêtes enfantines et scolaires, tout en contribuant puissamment à faire connaître, par l'esprit et par l'image, la région du Nord-Est et particulièrement la région champenoise. Elle a fait également éditer un magnifique ouvrage de bibliothèque et de prix intitulé : *A travers le Nord-Est.*

<hr>

Mⁱˡᵉ Lucie **BÉRILLON,** Prof. au Lycée Molière, à Paris.

L'Émulation scolaire. — Étude comparative des moyens propres à la favoriser. — La question de l'émulation est une question d'actualité : crise des distributions de prix.

I. — Les *stimulants naturels* sont :

L'éducation en commun (influence de l'esprit d'imitation). — La coéducation ; La sympathie du maître ;
L'éducation attrayante (procédés scolaires faisant une part de plus en plus grande à la personnalité de l'enfant). — L'intérêt et la vie de l'enseignement ;
La mesure dans le travail (les programmes trop chargés supprimant l'attention) ;
L'intérêt personnel (préparation d'un concours d'où dépend l'avenir) ;
Examens de passage sérieux ;
Causes particulières (Ex. : Maspero, éveil de la vocation) :

II. — « *Les adjuvants de l'Éducation* » : récompenses et punitions, que l'éducateur ne doit ni prodiguer ni proscrire :

A) Punitions : condamnation des châtiments corporels, des pensums, des privations de récréations.

Punitions morales : les réprimandes; exclusion temporaire ou renvoi dans les cas graves.

B) Récompenses : en dehors des éloges du maître, les *places* et les *prix.*

Ce qui existe à l'étranger : Allemagne, Angleterre... Ce qui se faisait autrefois en France : Les Jésuites, Port-Royal.

La crise actuelle des distributions de prix.

Consultation des membres de l'enseignement secondaire féminin;

Consultation des élèves. La majorité s'est prononcée pour la réforme du système. Ce qu'on peut retenir du débat :

Il faut améliorer le système de distribution sans supprimer l'institution;

A côté de l'éducation collective, il y a la pédagogie individuelle qui repose sur la psychologie de l'enfant. Analyse et utilisation de l'amour-propre;

Il faut tenir compte de la variété des aptitudes, ne pas abuser des notes et des classements;

Maintenir les *compositions*, qui permettent surtout la comparaison de l'élève avec lui-même (le persuader que faire aussi bien que possible est préférable à faire mieux qu'un autre);

Établir un classement plus large des copies en *très bonnes, bonnes; assez bonnes,* etc. Multiplier les *ex æquo*, et donner des prix à tous les élèves qui auront bien travaillé (au lieu de donner une prime à la facilité ou à la chance).

Il est légitime de maintenir une distinction entre les laborieux et les paresseux, entre les intelligents et les moins doués.

La suppression de toute comparaison aurait de graves inconvénients : « Elle énerverait toute initiative, anéantirait toute responsabilité, préparerait le nivellement des esprits et des caractères dans la médiocrité universelle.» (Boirac).

Les prix seront l'occasion de fêtes scolaires tout intimes, — sans discours académique, « sans appareil vaniteux et sonore », sans palmarès interminable — qui réuniront les parents et les professeurs, trop rarement en contact.

En résumé, nous nous rallions à la cause de l'émulation bien comprise contre l'émulation exagérée qui pousserait au combat, à l'entraînement égoïste.

Le but de l'instruction n'est pas la culture intensive des « forts en thèmes ». Nous éviterons l'antagonisme entre une instruction ainsi entendue, et l'éducation proprement dite qui cherche au contraire à développer l'altruisme, l'abnégation, toutes les qualités de sociabilité.

———

M. **Camille MARTIN**, Prêtre du diocèse de Valence (Drôme).

Écriture boustrophède. — L'écriture boustrophède ayant été en usage chez les Étrusques, chez les Romains; chez les Hittites et chez les Hébreux, n'est peut-être pas particulière à la Grèce.

Au reste, les Hellènes l'ont connue et mise en pratique longtemps avant la guerre de Troie, longtemps même avant qu'ils employassent l'écriture sémitique, laquelle, d'après les monuments, ne remonte pas au delà du VIIIe siècle avant notre ère.

Les Grecs ont fait également usage de l'écriture chinoise, nommée *tœpicon.*

Or, de même qu'ils ne sont les auteurs ni de l'écriture sémitique, ni de l'écriture tœpicon, on ne saurait leur faire hommage de l'écriture boustrophède. Celle-ci appartient à un peuple dont le nom est encore enseveli dans les ténèbres de la linguistique; nous espérons pouvoir en donner le nom l'an prochain.

M. le Dr Edgar BÉRILLON, Méd. en chef du Disp. pédag., Méd. insp. des Asiles d'aliénés, à Paris.

Les enfants indisciplinés. — Procédés médico-pédagogiques qui leur sont applicables. — Il est peu de personnes chez lesquelles on n'ait, dans le cours de leur enfance ou de leur adolescence, constaté des dispositions plus ou moins accentuées à l'indiscipline. La période à laquelle se manifestent le plus habituellement l'indocilité, l'esprit d'opposition à l'influence des parents et des maitres apparaît de onze à vingt ans chez les jeunes gens. Son apparition est plus précoce chez les filles et elle disparait plus rapidement. Elle correspond d'une façon manifeste à la manifestation des signes de la puberté et elle est si caractéristique qu'on l'a souvent désignée sous le nom de l'*âge ingrat.* Des enfants et des adolescents qui s'étaient montrés jusqu'alors assez dociles, deviennent irritables et raisonneurs. Sous l'influence de la moindre contrariété, du moindre obstacle à leurs désirs, ils s'énervent et se mettent en colère.

Cette disposition d'esprit peut être définie d'un mot : l'*impulsivité.* C'est de cette impulsivité que résulte l'indiscipline. En effet, la discipline ne peut exister chez un sujet qu'autant qu'il aura acquis le pouvoir de résister à ses impulsions instinctives,

Chez certains, l'impulsivité est liée à des états pathologiques tels que la débilité mentale, l'imbécillité, l'épilepsie, l'hystérie confirmée. Chez le plus grand nombre, elle dépend simplement de troubles transitoires placés sous la dépendance de la croissance. Malheureusement, on rencontre assez fréquemment des enfants et des adolescents chez lesquels on ne peut incriminer qu'une mauvaise influence du milieu et une action délétère exercée par des exemples pernicieux.

Lorsqu'on se trouve en présence d'un enfant indocile, rétif, porté à la désobéissance, on doit toujours se demander si ces dispositions d'esprit ne résultent pas d'une influence qui aura été exercée sur son esprit. Quand l'indocilité est confirmée et quand l'enfant se montre véritablement réfractaire à la direction familiale ou scolaire, il convient, pour le transformer, de recourir à des procédés médico-pédagogiques au premier rang desquels il faut placer la suggestion hypnotique. Dans les cas plus graves, il ne faut pas hésiter à séparer l'enfant de son milieu habituel et à le traiter dans un établissement médico-pédagogique où l'on devra mettre en œuvre les procédés de culture physique, intellectuelle et morale les plus capables de favoriser cette évolution.

M. Eugène HURTREL, d'Amiens.

Les enfants indisciplinés. Enseignement et éducation. — M. le Dr HURTREL fait une communication sur les enfants indisciplinés pauvres, leur enseignement et leur éducation.

Après avoir défini les causes héréditaires et sociales des troubles psychiques que présentent les sujets, il s'est appliqué à démontrer que tous, même ceux dont on ignore la parenté, sont des malades qui doivent être soignés. Il a flétri l'exclusivisme des éducateurs et des médecins qui prétendent imposer leurs idées.

Parlant de l'enseignement, il a conseillé d'utiliser l'instabilité, défaut commun à ces anormaux, pour les instruire en variant les exercices et inspirant le goût du beau qui rend plus pondéré pour admirer.

Il a indiqué le peu de bénéfices que la société retirera de la création de classes spéciales annexées aux écoles primaires, l'éducation générale et celle de la volonté ne pouvant s'obtenir que dans un établissement spécial, lorsque l'enfant est abandonné ou appartient à des parents débauchés.

———

M. le Dr Georges BEAUVISAGE, Prof. à la Fac. de Méd. de Lyon.

Le Groupe lyonnais de l'Enfance anormale. — M. le Dr BEAUVISAGE expose ce qui s'est fait à Lyon dans ces derniers temps pour les enfants anormaux :

1º Création d'un *Comité national français pour l'étude et la protection de l'Enfance anormale,* ayant pour but de provoquer l'organisation de groupes régionaux ;

2º Formation consécutive d'un *Groupe régional lyonnais,* réunissant un grand nombre de médecins et de philanthropes ;

3º Création, par la Municipalité, d'un *Dispensaire médico-pédagogique municipal,* dont les consultations sont assurées gracieusement par les médecins du Groupe régional, et où les enfants anormaux des écoles publiques sont amenés par leurs parents, sur les conseils des instituteurs ;

4º Organisation d'un recensement général des enfants anormaux existant dans les écoles publiques, en vue de préparer pour eux l'institution de classes spéciales et d'établissements spéciaux d'éducation et de traitement.

En cela, la ville de Lyon a suivi l'exemple déjà donné à Bordeaux, où cette campagne, commencée par le professeur Régis, a été prise en mains par le Comité Girondin de l'Alliance d'Hygiène sociale, et où la Municipalité a déjà institué, il y a quelques mois, deux classes spéciales d'anormaux, une pour des arriérés tranquilles et une pour des instables.

———

Mlle MULOT, Dir. de l'Instit. de Jeunes Aveugles d'Angers.

L'enseignement des jeunes aveugles. — Quand j'ai commencé à m'occuper des aveugles, après avoir été vingt ans directrice d'une institution libre pour les jeunes filles, à Angers, l'idée dominante de tous mes efforts fut de rapprocher le plus possible les aveugles des voyants. C'est ainsi que je leur donnai le *Guide Stylographique,* avec lequel quatre enfants aveugles de douze à quatorze ans ont pu prendre part avec succès aux épreuves du certificat d'études primaires, cinq jeunes gens à celles du brevet élémentaire, deux à celles du brevet supérieur, deux à celles du baccalauréat, plus la licence ès lettres de M. Vento, aveugle.

Avec ce guide, des aveugles écrivent de manière à être lus sans interprètes, par les examinateurs eux-mêmes.

C'est là un point important qui réduit l'isolement auquel sont condamnés tous les faibles et les anormaux, dernièrement caractérisés par M. Léon Bourgeois comme les isolés de la grande famille scolaire.

En vue de cette réduction de l'isolement des faibles, j'ai créé les procédés indispensables à l'aveugle pour qu'il puisse être associé à l'enseignement des voyants sans souffrir de la privation du tableau noir, des gravures et autres, etc. (Présentation d'appareils.)

Mes procédés, présentés à des éducateurs de marque, ont reçu leur approbation et on a reconnu que non seulement ils étaient utiles aux aveugles, mais qu'ils seraient également avantageux aux arriérés et aux débutants. Ceux-là, en effet, sont des faibles, et mes procédés n'ont d'autre ambition que d'aider les faibles.

M. ROGIE, Insp. prim. à Rouen.

Une petite réforme pédagogique : « L'École primaire et l'étude de la localité et de la région. » — M. ROGIE rappelle d'abord, en quelques pages, le bien et le mal que l'on dit de notre enseignement primaire, objet de l'animadversion des uns et de l'admiration des autres. L'auteur du projet pense que dans les deux camps on verse dans l'exagération. De grands progrès ont été réalisés à l'école ; il en reste beaucoup à faire ; bien des réformes sont étudiées et proposées.

M. Rogie en signale une particulièrement à l'attention du Congrès. Elle consisterait à élargir, dans les écoles primaires, la place faite aux connaissances relatives à la localité et à la région, à établir un rapport plus étroit, une harmonie plus parfaite entre l'école et le milieu qu'elle est appelée à servir, sans enlever d'ailleurs à l'école son caractère national.

Déjà des tentatives ont été faites dans ce sens : le Ministère a fait élaborer des programmes spéciaux pour les écoles du littoral : il a demandé que, dans chaque département, soient établis, pour l'enseignement des sciences, des programmes qui répondent aux besoins du département.

M. Rogie demande que, dans la plupart des enseignements : histoire, géographie, instruction civique, agriculture, industrie, commerce, etc., on tienne le plus grand compte des besoins du milieu, on fasse d'abord observer aux enfants les faits qu'ils ont sous les yeux et étudier les institutions qu'ils voient jouer. Il voudrait qu'une place d'honneur fût faite dans les écoles aux œuvres des grands écrivains et des grands artistes dont s'honore la localité ou la région.

Les avantages de cette réforme ? Ils sont divers. L'enfant, connaissant mieux son pays d'origine, l'aimerait davantage. Il acquerrait tout d'abord des connaissances dont il verrait, ainsi que ses parents, l'utilité ; et, par-dessus tout, il apprendrait à regarder, à observer. Ainsi, « à une culture verbale qui éloigne trop et trop tôt l'enfant des réalités », se substituerait un enseignement qui, au début surtout, serait une continuelle explication des choses environnantes. L'auteur du Mémoire estime que la réforme rendrait aussi aux maîtres le grand service « de les maintenir dans une activité personnelle très salutaire » et qu'elle donnerait à la vie provinciale un regain d'activité et de vigueur.

M. Rogie compte en effet, pour réaliser la réforme dont il vient de tracer l'esquisse, sur les instituteurs d'abord. A eux de rechercher les éléments de ces leçons sur la commune, sur la province, de réunir les matériaux qui leur seront nécessaires : ils sauront se faire historiens, géographes, agriculteurs, collectionneurs... Ils mettront en commun leurs talents. Ils feront aussi appel aux lumières des savants de la région, des académies provinciales, des professeurs de la Faculté voisine. Des liens précieux se noueraient entre les centres où s'élaborent les sciences et les humbles écoles qui donnent à peine la clef du savoir.

———

Mlle **B. MORIA**, Prof. de dessin au Lycée Molière.

L'Éducation artistique de l'œil. — L'enfant n'a pas souvent en lui l'embryon du génie, mais il a toutes les qualités d'un bon dessinateur.

I. — Il observe, critique avec justesse, sait même analyser.

II. — Il est imitateur.

III. — Il est créateur.

IV. — Il aime à jouer ; le dessin est un de ses jeux.

Si l'on tire parti de ses qualités psychologiques pour l'éducation de sa vision, il apprendra facilement à dessiner, même s'il n'a pas ce qu'on appelle des *aptitudes*. Si l'on néglige la psychologie de l'enfant, ses qualités natives de bonne vision s'atrophient, il peinera et se découragera d'une étude dont les résultats seront au-dessous de ce qu'il attendait.

Le développement normal physique s'obtient par une liberté absolue de mouvement laissée dans la toute première enfance ; par une liberté graduée de manière rationnelle dans le seconde période, pour aboutir plus tard aux simples conseils de bonne tenue.

Le développement normal en art peut et doit s'obtenir de même : par une liberté attrayante chez les tout petits, liberté que donne la méthode intuitive, par le développement normal de la vision et de l'observation (liberté graduée, guidée), pour aboutir aux règles scientifiques qui armeront l'enfant et lui permettront le développement normal de son originalité artistique personnelle.

Malheureusement, dans la famille, la vision est souvent faussée par la représentation inexacte des choses, l'achat d'objets d'un goût douteux, la mode, souvent anti-artistique, et l'emploi, à l'école, de méthodes arides par des instituteurs d'un sens artististique souvent peu développé ; arrête l'élan de la première enfance, l'éclosion du sentiment, supprime l'originalité d'exécution. Le mécanisme annihile la faculté d'observation, atrophie la vision et fait naître cette lassitude qualifiée improprement de manque d'aptitudes.

Il faut donc, s'inspirant de la psychologie de l'enfant, garder et développer ses qualités natives, lui donner, à l'aide de méthodes attrayantes à sa portée, le désir et le besoin de bien voir, le guider par des maîtres compétents qui l'aiment, le comprennent, lui gardent sa fraîcheur d'originalité, tout en le conduisant normalement, par la bonne éducation de l'œil, à l'apprentissage du dessin, que tout individu doit connaître à un certain degré et doit savoir apprécier.

Celui qui possède l'embryon du génie peut seul n'avoir d'autre maître que la nature.

———

M. le Dr Félix REGNAULT.

La déforestation en pédagogie. — On commence à enseigner, à l'école primaire, le rôle de l'arbre dans la civilisation ; mais les programmes des lycées restent muets sur ce point. Pourtant, on devrait parler de la déforestation, tout au moins, dans les classes d'histoire, comme facteur capital de la décadence des peuples anciens.

Quand on recherche les causes de la décadence grecque et romaine, on en indique de multiples, alors qu'on néglige la plus importante : la déforestation.

Ce n'est pas seulement par analogie avec les phénomènes actuels que l'on peut avancer cette affirmation, mais par la lecture même des textes anciens.

Ainsi, la déforestation fut la seule cause de la décadence de l'Afrique romaine. Lisez Hérodote (Ve siècle avant notre ère), il note : livre II, page 173 et suivantes, qu'à l'occident du lac Triton (Gabès actuelle) il y avait d'épaisses forêts, une faune correspondante (notamment les éléphants) et des laboureurs. Il les oppose aux nomades qui habitent l'est de ce lac.

Salluste, Ier siècle avant notre ère, note la pauvreté en arbres de l'Afrique Orientale ; déjà, les Romains avaient coupé les forêts pour construire leurs navires.

Mais la Mauritanie Tingitane (Maroc actuel), qui ne fut réunie à l'empire qu'en l'an 40, resta longtemps couverte de forêts, les descriptions de Pline, livre V, en font foi. L'Atlas était encore couvert de nuages, d'où la légende qu'il portait le ciel ; on n'en voyait pas les cimes.

Les Romains déforestèrent si bien, que l'eau disparut, le pays se dépeupla. Quand les Vandales vinrent, une poignée de ces barbares suffit à conquérir un pays dévasté.

Aujourd'hui, des ruines d'immenses cités romaines se trouvent dans des déserts où un oiseau ne peut vivre.

Je propose ce vœu : que l'utilité de l'arbre soit enseignée à nos enfants, notamment au lycée dans les classes d'histoire.

Discussion. — M. BARBELENET (de Reims), professeur au lycée de Tourcoing, préfère le vieux mot déboisement à celui de déforestation. Il a plus de chance d'être compris par les élèves.

Les professeurs de l'Université n'ont pas besoin, pour parler d'une question, qu'elle soit inscrite dans les programmes officiels, il leur suffit qu'elle leur semble importante. Or, celle-ci l'est ; — pourtant un peu moins, peut-être, qu'on ne le dit, car, enfin, il y a bien peu de forêts dans la région navigable par excellence : celle de l'Escaut. D'autre part, comme membre du Touring-Club, il tient à rappeler la campagne faite depuis deux ans par cette Association.

M. Henri GOSSET, Prof. d'Escrime au Lycée Condorcet, à Paris.

Un programme d'éducation physique. — La cause de l'éducation physique est dès à présent gagnée. Il y a longtemps que l'on fait pour elle de grands sacrifices de temps et d'argent. On a réalisé des progrès considérables, mais on veut profiter de l'expérience acquise pour faire mieux encore ; en mesurant le plus exactement possible l'effort au but que l'on veut atteindre.

1º Il est nécessaire que les professeurs de gymnastique connaissent très bien l'ostéologie, la myologie et la physiologie. En expliquant l'anatomie des membres ils expliqueraient le but des mouvements qu'ils font exécuter. Cette étude, même sommaire et faite dans un but très particulier, ne serait point inutile aux élèves; ils en trouveraient l'application dans leurs cours de dessin et le développement dans les cours d'histoire naturelle.

2º Le début de l'éducation physique d'un enfant ne doit point comporter d'exercices qui nécessitent un développement considérable de force musculaire. Il faut d'abord avoir pour but l'assouplissement, c'est-à-dire le libre jeu des articulations et des muscles. Les mouvements seront exécutés dans une cadence lente; les exercices faits dans une cadence rapide, avec sécheresse et vigueur, n'assouplissent pas les enfants.

Il faut aussi, dès le début, apprendre à l'élève à respirer : c'est une des qualités de l'athlète, un des signes qui le distinguent, de ne pas, éprouver d'essoufflement dans l'action. L'exercice qui aide le mieux à former la respiration est la marche. Elle peut être pratiquée sous forme de courses à pied ou d'excursions instructives variées. Bien entendu, il ne faudra pas sacrifier l'étude à la promenade, mais l'entraînement bien compris n'est pas pénible et, sans grande fatigue, on franchira très vite des distances considérables.

3º Lorsque le corps sera assoupli (ce qui n'est pas très difficile à obtenir de sujets jeunes et bien conformés), il conviendra de développer le système musculaire à l'aide de massues et d'haltères d'un poids léger (cadence lente).

4º Quand l'élève sera suffisamment développé, on pourra sans crainte le faire passer à la gymnastique d'appareils et en même temps l'initier aux exercices de la canne et de l'escrime. Ces sports, tout en fortifiant ses muscles, donneront au sujet l'à-propos, le coup d'œil et le sang-froid.

5º Quand le corps aura acquis la solidité nécessaire, l'élève pourra se livrer aux sports de la boxe et du foot-ball dont la pratique, excellente, demande une grande endurance.

6º Le complément de ces exercices est l'eau froide, dont on reconnaît et dont on vante à présent les heureux effets. La douche à jet violent suivie de frictions rapides aide puissamment à la circulation du sang. Il n'en faut, toutefois, user qu'avec prudence et après l'avis du médecin.

7º Nous recherchons ce développement parallèle des facultés intellectuelles et physiques dans lequel le corps et l'esprit se prêteront mutuelle assistance et l'enfant ne sera pas moins apte au sortir du gymnase à recevoir les leçons de ses professeurs de lettres et de sciences.

M. Camille MOREAU-BÉRILLON, à Reims.

L'enseignemtnt agricole à la caserne. — L'auteur dans un court historique, rappelle les résultats obtenus jusqu'alors en France, dans l'organisation de l'enseignement agricole à la caserne; le rôle joué, à cet effet, par un certain nombre de Sociétés d'enseignement populaire, et ce qu'il a fait lui-même à Reims au cours de l'année 1906-1907.

Dans la seconde partie, il indique les principes qui doivent servir de base à l'organisation de cet enseignement. Les conférences agricoles ne sont pas incompatibles avec le service de deux ans ; elles ne doivent pas être obligatoires pour les soldats ; le chef de corps peut exercer une très grande influence pour convaincre les officiers et les soldats de l'utilité de ces causeries. Elles doivent avoir lieu en hiver, une fois par semaine, le soir, porter sur des sujets d'agriculture générale et spéciale, de mutualité agricole, d'hygiène et le plus souvent possible être accompagnées de projections ; un résumé doit être distribué aux auditeurs ; des excursions agricoles variées, des collections diverses, une bibliothèque agricole peuvent compléter l'enseignement, lui donner un caractère plus pratique, et le rendre plus intéressant. L'officier éducateur et le conférencier agricole enseigneront l'amour du sol natal et le dévouement à la patrie.

M. Julien RAY, de Lyon.

L'enseignement à la caserne (Rapport préparatoire). — M. Ray, rapporteur, expose cette question dans son ensemble. Il montre qu'il y a là un problème fondamental d'éducation et d'instruction, et pose le problème de la manière suivante : que faut-il faire, en admettant qu'il y ait lieu de faire quelque chose, au point de vue intellectuel, à l'égard de jeunes gens de vingt ans, agriculteurs, ouvriers de l'industrie et du commerce, ou indifférenciés, étant donné, d'autre part, qu'à cet âge ils sont soldats ?

M. Ray arrive à cette conclusion, qu'il faut un enseignement aux soldats et que cet enseignement doit, avant tout, traiter les questions qu'on sait être le plus utiles et les traiter de la manière la plus utile. C'est *un* enseignement professionnel adapté à l'âge et à la situation des jeunes gens auxquels il s'adresse.

Pourquoi est-il nécessaire ?

1° Parce qu'il occupe les individus dans les heures de loisir, parce qu'il leur donne à réfléchir et leur met dans l'esprit autre chose que la pensée du cabaret ;

2° Parce que, surtout, ces jeunes gens sont à l'âge où il y a *une* instruction qui s'impose : cette instruction est un stade particulièrement critique de « l'instruction », qui a commencé à l'école primaire et ne se termine qu'avec la vie.

M. Ray expose la *méthode* que la logique d'abord, l'expérience ensuite, l'ont conduit à établir. Il expose également l'*organisation* indispensable à l'application de la méthode ; un point très important de cette organisation est celui-ci : ce n'est pas l'officier qui dirige (ou plutôt a le poids de la direction), ce n'est pas le civil, c'est l'union des deux, c'est, d'une manière générale, un groupement synthétique de toutes les compétences, dont le type est la Société d'enseignement à la caserne.

M. Ray montre, d'autre part, à quels mécomptes, à quels abus, à quels dangers on s'expose par le défaut de méthode et d'organisation ; ce défaut est le propre de nombreux enseignements offerts aux soldats et risque de discréditer le principe même, inattaquable pourtant. L'enseignement, compris comme il est dit, supprime les abus, en particulier ceux qu'on peut redouter de l'introduction des civils au quartier ; le groupement des collaborateurs détermine une sorte de contrôle réciproque. Enfin, cet enseignement peut être réalisé et porter ses fruits en ne prenant qu'une petite fraction du temps dont les hommes disposeront toujours, si développée (comme il faut le souhaiter) que soit l'instruction militaire. ....

Méthode et organisation constituent l'œuvre fondée par M. Ray, en 1904, à Lyon, l'*OEuvre de propagande scientifique et pratique*, laquelle est aujourd'hui en voie de généralisation. Il importe de s'entendre au sujet de cette généralisation : c'est l'association de toutes les initiatives et de toutes les compétences dans une pensée commune, une pensée de méthode, la pensée du même but à atteindre ; il ne s'agit donc pas qu'une œuvre usurpe les initiatives, il s'agit qu'un principe, un certain esprit se répande ; l'application est chose extrêmement variable, elle est fonction des besoins de l'individu, qui varient avec le corps de troupe, avec la région ; mais, là encore, une entente commune s'impose, par exemple pour la réalisation des exigences matérielles.

———

Vœu. — Après avoir entendu les rapports de MM. Julien RAY et MOREAU-BÉRILLON, ainsi que les observations de M. AUREGGIO, la Section adopte les conclusions suivantes :

1° Un enseignement à la caserne est non seulement utile, mais nécessaire, d'abord parce qu'il constitue le meilleur moyen d'occuper les jeunes gens aux heures de loisir, en leur donnant à réfléchir, et surtout parce que le soldat est à un âge de développement physique et intellectuel où *une* instruction s'impose ;

2° L'enseignement doit s'attacher à servir étroitement les intérêts professionnels et sanitaires de l'individu tout en étant d'ordre *général*, c'est-à-dire en cherchant à développer par-dessus tout le jugement, le sens moral, l'initiative ;

3° L'enseignement ne doit être ni uniquement l'œuvre de l'officier ni uniquement celle du civil ; il doit être organisé par un groupement synthétique de toutes les compétences, dont le type est la Société d'enseignement à la caserne.

En conséquence, la Section émet le vœu que les initiatives privées d'une part, les pouvoirs publics de l'autre, s'inspirent de ces principes et favorisent l'établissement dans toutes les garnisons d'une organisation méthodique conforme auxdits principes.

———

Feu Adolphe GADOT, à Paris.

Réforme du système métrique. — La réforme du système métrique est une nécessité du progrès humain qui commande ici.

Dans nos travaux produits ailleurs, nous avons démontré que toutes les unités du système métrique étaient physiquement erronées. « L'erreur reste le *principe du mal.* »

Les unités du système métrique perfides en science pure (mathématiques, mécanique, etc.) sont *mathématiquement fatales en science appliquée* ; déterminant l'obscurité du *problème social.*

Voilà pourquoi le système métrique est à abandonner.

Nous avons fait cette démonstration aux Anglais et aux Américains, qui l'ont comprise.

Les Anglais et les Américains n'adopteront jamais le système métrique erroné.

Un *Congrès* international, essentiellement *métrologique* résoudra seul la question de l'unité *naturelle* universelle, premier instrument de progrès et de civilisation entre les mains des hommes.

Ce n'est pas le Congrès de la Haye qui établira la Paix universelle parmi les peuples, pas plus que les Musées de la Paix et de la Guerre : c'est l'unité *naturelle* véritable, base du système universel des Poids, Mesures et Monnaies.

L'*unité*, assise même de la science et de l'état social des peuples.

M. le Dr Georges BEAUVISAGE.

La refonte des programmes de l'enseignement primaire. — Il ne faut pas se préoccuper d'améliorer, perfectionner ou corriger les programmes ; il faut en établir de nouveaux, conformes aux idées scientifiques, sur une base toute différente. Le but doit être, non plus de donner aux enfants de nombreuses notions sur toutes choses, mais de faire leur éducation par la culture intégrale de toutes leurs facultés physiques, intellectuelles et morales ; non plus de les mettre en mesure de subir avec succès les épreuves ridicules de l'examen du Certificat d'études primaires, mais de les préparer efficacement à la vie, de leur apprendre à vivre, à jouer leur rôle d'être humain dans la vie professionnelle, familiale, sociale et aussi dans leur vie individuelle.

D'abord, il faut instituer, diriger les exercices physiques mettant en jeu méthodiquement tous les appareils musculaires de l'enfant, lui apprendre à manger et à boire, à respirer et à parler, à marcher et à travailler de ses mains avec toutes sortes d'outils autres que le crayon ou la plume ; puis lui apprendre à se servir de ses sens pour s'instruire lui-même ; lui apprendre à voir, regarder et observer, à écouter, flairer, goûter, palper et soupeser toutes choses, pour prendre connaissance de tout ce qui l'entoure. Il faut lui donner le goût de cette recherche en éveillant son attention, en stimulant sa curiosité, en l'initiant à la méthode naturelle d'observation par des exercices d'analyse comparative, qui formeront son jugement, l'habitueront au raisonnement par analogie et par induction et l'amèneront peu à peu à généraliser et à synthétiser les connaissances dues à ses efforts de recherche personnelle.

Pour cela, les nouveaux programmes à prévoir devront poursuivre, en le développant dans les écoles élémentaires, le programme de leçons de choses concrètes des écoles maternelles, rejeter après huit ans l'étude de la lecture, de l'écriture, de la rédaction et de la récitation, et après douze ans seulement l'étude de la grammaire et de tous les enseignements systématisés, synthétiques et abstraits, auxquels, plus tôt, la plupart des enfants ne comprennent rien. Par cette éducation concrète et réellement physiologique, on formera des débrouillards, qui deviendront des hommes libres sachant se diriger eux-mêmes dans la vie.

M. Louis-Adolphe GUÉNON, anc. Vétér.-major, à Avize (Marne).

La suggestion dans l'éducation des chevaux indisciplinés. — *États hypnotiques observés.* — Pour mieux nous connaître, a dit Aug. Comte, nous devrions d'abord étudier les animaux, les enfants et les sauvages. D'autre part, un psychologue éminent doublé d'un habile écuyer, M. G. Le Bon, écrit ceci : « Qu'il s'agisse d'un enfant, d'un cheval ou d'un animal quelconque, toutes les méthodes d'éducation connues dérivent d'un petit nombre de principes psychologiques fondamentaux. »

L'éducation des animaux c'est donc de la Pédagogie élémentaire. Suggestionner un sujet c'est lui imposer sa volonté sans chercher à le convaincre par un raisonnement. Suggestionner un cheval indiscipliné c'est lui imposer d'abord la passivité ; ce résultat obtenu, on pourra commencer l'instruction professionnelle de l'animal.

Les moyens indiqués par M. Guénon, tous connus, se rangent en deux catégories :

1º Moyens de douceur (suggestion douce) : passes sur les paupières, caresses, attitude imposante, concentration d'esprit du sujet sur le dresseur, voix caressante ou grondante, gestes de menace et enfin friandises. Le regard humain est sans influence sur le cheval. — Ces pratiques produisent l'état de crédulité ; le sujet se laisse, au bout de six à huit minutes, manier et toucher sans résister, la sensibilité générale est émoussée, la passivité complète. Mais le dresseur doit avoir ici beaucoup de tact.

2º Moyens de contrainte (suggestion forcée) reposant, soit sur l'emploi d'entraves et de cordes permettant, à chaque défense du rebelle, de l'obliger à s'agenouiller puis ensuite à se coucher vaincu, subjugué ; soit sur l'emploi de décharges électriques dans la bouche.

Avec les entraves — la force unie à la douceur — on obtient l'état de charme. Couché et désentravé, le cheval accepte toutes les suggestions, le dresseur peut se promener sur lui de la tête à la croupe, tirer des coups de revolver à ses oreilles, etc., l'animal ne bouge pas. Une fois relevé et libre il semble rivé à son hypnotiseur, qu'il suit docilement partout.

Les décharges électriques répétées à chaque résistance produisent un état cataleptoïde ; l'animal est aussi à la merci complète du dresseur ; mais ce procédé donne parfois des insuccès, sur les chevaux de pur sang principalement ; aussi doit-on en condamner l'usage.

Remarque importante : pour que la suggestion douce ou forcée ait des effets durables, il faut opérer sur des jeunes chevaux ayant cinq à six ans au plus.

M. le Dr Léon MABILLE.

1º La préservation scolaire de la tuberculose. — Dans la préservation scolaire de la tuberculose, on a surtout fait jusqu'à maintenant de la prophylaxie externe, c'est-à-dire une lutte contre le bacille de Koch. Cela ressort bien des instructions données par le Ministre aux instituteurs et institutrices. Cette méthode de combat a eu du bon, en amenant la propreté et le souci de l'hygiène dans les écoles. Les résultats pratiques sont insuffisants. Mieux vaut défendre l'organisme en le tonifiant. Avec de bons poumons, une peau fonctionnant convenablement, un estomac solide, on ne craint point la tuberculose. Le Dr MABILLE indique donc les techniques à employer dans les écoles pour apprendre aux enfants l'art de respirer, comme celui de manger. Exercices de gymnastique respiratoire, questions d'alimentation rationnelle, pratiques d'hydrothérapie, doivent être l'objet de leçons d'hygiène dont l'application fera des individus résistants à l'infection tuberculeuse.

2º Le rôle de l'alimentation dans la production du travail scolaire. — L'alimentation telle qu'elle est pratiquée dans les lycées, collèges, pensionnats, est fréquemment défectueuse parce qu'elle ne s'inspire pas des notions d'hygiène alimentaire si bien mises en lumière par les physiologistes modernes. Le petit déjeuner du matin, composé de café au lait ou de chocolat, est insuffisamment nutritif. Le repas de midi, avec les viandes et légumes cuits à la graisse, est souvent trop abondant, d'où dyspepsie et lourdeur cérébrale. Le pain de quatre heures est une surcharge inutile, enfin la viande du soir empêche le repos de la nuit. Il importerait, tout en s'efforçant d'apporter le plus de variété et de simplicité possible dans les mets, de réserver les viandes de préférence rôties ou grillées au repas de midi, de donner le matin des fruits cuits ou crus, suivant la saison, ou des purées, et le soir des légumes. La soupe est peu recommandée. Le vin servi seulement les jours d'exercice physique — à petites doses ; — à quatre heures, on servirait des infusions ou des décoctions de céréales. Le pain doit être consommé en petite quantité.

Il faudrait pouvoir tenir compte du tempérament de chaque élève et des besoins de son organisme.

Enfin, comme la façon de manger a une importance capitale, il faut obliger les enfants à manger lentement, à bien mastiquer, à boire peu en mangeant ; leur inculquer ces principes sous forme de suggestion par des inscriptions dans les réfectoires, etc.

M. le Dᵣ Edgar BÉRILLON.

Examen médico-pédagogique d'un enfant anormal. — *Eléments fondamentaux du diagnostic et du pronostic.* — Un examen médico-pédagogique, pour être complet, demande la collaboration de la famille, des éducateurs et du médecin.

A la famille revient le rôle de fournir les renseignements sur *les antécédants héréditaires, les antécédents personnels, les maladies antérieures, l'observation du sommeil, les modalités du caractère.*

Les éducateurs pourront utilement répondre à un questionnaire mentionnant les diverses *anomalies intellectuelles, morales, instinctives, les anomalies du langage,* qu'ils ont pu observer chez l'enfant.

Enfin, le médecin aura la tâche de prendre une observation complète portant sur l'état des divers sens, des membres, des organes, des fonctions, des sécrétions. Une analyse approfondie lui permettra de mettre en relief les différents stigmates physiques et mentaux de la dégénérescence héréditaire.

Par la réunion de ces divers renseignements, il arrivera à formuler un diagnostic précis, il pourra ranger l'enfant dans une des catégories suivantes, et le rattacher à l'un des types cliniques suivants :

1° Anormaux. . . . .
{
Idiotie complète ;
Idiotie incomplète ;
Imbécillité ;
Débilité mentale ;
Épilepsie ;
Démence précoce.
}

2° Sub-anormaux. . .
{
Instabilité hystérique ;
Dégénérescence mentale (états épisodiques) ;
Perversité instinctive.
}

3° Faux anormaux . .
{
Arriération scolaire simple ;
Asthénie de croissance ;
Asthénie de convalescence ;
Aboulies symptomatiques ;
Neuro-arthritisme ;
Éducation défectueuse ;
Surmenage scolaire ;
Nutrition ralentie par la sédentarité.
}

Du diagnostic découleront le pronostic et les indications des diverses méthodes médico-pédagogiques.

———————

M. André MELLERIO, Secrét. de la Comm. artist. de l'Art à l'École.

La Société nationale de l'Art à l'École. — L'école, jusqu'à ce jour, s'est présentée avec un aspect d'austérité rigide, parfois même avec la dureté d'une prison. L'auteur pense qu'entre l'école maussade et l'école buissonnière, il y a place pour l'école fleurie. La Société nationale de l'Art à l'École se propose, à l'aide de sections réparties sur tous les points du territoire, de pourvoir à l'ornementation artistique des écoles. Elle réalisera en même temps l'enseignement par l'aspect, si conforme aux aspirations des enfants.

———————

M. le Dr LEREDDE, de Paris.

Organisation de l'Enseignement supérieur en France. L'autonomie des Écoles et des Facultés de Médecine. — La communication du Dr LEREDDE se termine par la conclusion suivante :

Pour qu'un corps enseignant puisse vivre d'une vie pleine et forte, il faut qu'il s'administre lui-même ; *il ne faut pas qu'il soit administré du dehors.* Il faut que ses membres, groupés et unis, pensent ensemble et agissent ensemble, sous l'action de l'opinion publique, plus puissante à notre époque qu'elle ne l'a

jamais été, et plus que jamais préoccupée du travail de nos milieux scientifiques.

L'intérêt national exige que nos Écoles et nos Facultés soient libres, qu'une
large décentralisation leur permette d'organiser l'enseignement en dehors des
bureaux du Ministère, et aucune raison sérieuse ne s'oppose à une réforme
nécessaire.

A la suite de sa communication, le Dr Leredde propose le vœu suivant :

Les membres de la Section de Pédagogie au Congrès de Reims, considérant
que l'enseignement de la Médecine, comme celui des Sciences, doit être un
enseignement technique, qu'un enseignement technique exige la multiplication
des maîtres et l'institution du *privat-docentisme*, que la condition nécessaire
du privat-docentisme est l'indépendance et l'autonomie des Écoles et des Facultés
de Médecine, se rallient au mouvement des Facultés et des Écoles, des médecins
et des étudiants, en faveur de cette autonomie nécessaire à la vie des Universités
françaises.

Ce vœu, mis aux voix, est adopté à l'unanimité.

––––––

M. Eugène AUREGGIO, Vétér. princ., Ex-Insp. de l'armée.

*Éducation ou dressage des chiens, leur attelage rationnel. — Maladies contagieuses
du chien à l'homme, à faire connaître dans les Écoles.* — Le dressage des chiens
est en rapport avec les destinations diverses de l'espèce canine. En les développant, on arrivera à diminuer le trop grand nombre de chiens errants, qui
entretiennent la rage dans les régions où le port de la muselière n'est pas obligatoire toute l'année. On doit développer le rôle utilitaire des chiens dans la
société. A côté des chiens de luxe et d'agrément, il existe des races qui servent
le pauvre ou qui sont utiles à l'agriculture, comme les chiens de bergers.
Depuis quelques années, les intéressants groupes des chiens de guerre, ambulanciers, et des chiens policiers, de douaniers, ont été créés en France, imitant
ce qui se passe à l'étranger.

Le but de cette communication est de développer chez nous l'élevage rationnel
et le dressage de la race des chiens de trait, qui rendraient de grands services
dans les villes et les campagnes aux petits commerçants, *qui traînent leurs
carrioles*, alors que ces forces humaines pourraient être ménagées en y attelant
des chiens. Nous avons remarqué les chiens de trait dans quelques nations voisines et départements français, notamment celui de la Meuse, ou un arrêté
préfectoral, approuvé en 1905 par le Ministre de l'Intérieur, autorise l'attelage
des chiens. Il est à souhaiter que tous les préfets de France adoptent les mêmes
mesures que le préfet de la Meuse et autres départements qui ont déjà régle-
menté l'attelage des chiens. L'attelage des chiens à Lyon avec la bricole est
règlementé par arrêté du Maire, en date du 5 novembre 1907. Nous rappelons
les divers harnais et les maladies du chien, contagieuses à l'espèce humaine
dans l'*Album guide de l'inspection des viandes*, par Aureggio (90 planches en couleurs, Hemmerlé, à Lyon), M. Aureggio a rappelé au Congrès, les dangers de
contamination par les chiens qui lèchent les lèvres des enfants surtout quand
elles sont barbouillées de confitures, la tuberculose et la rage du chien forment

d'intéressantes planches dans l'*Album Aureggio*, qui ont leur place marquée dans les écoles communales.

La Section exprime le vœu que des images ou planches soient affichées dans les salles d'école pour faire connaître la Rage, la Tuberculose et les maladies contagieuses des animaux à l'homme.

———

M. le Professeur UBEYD-OULLAH, de Constantinople.

L'islamisme et la pédagogie musulmane.

19e Section.

HYGIÈNE ET MÉDECINE PUBLIQUE

PRÉSIDENT. . . . . M. le Professeur S. ARLOING, Dir. de l'École Nat. vétér. et
                Prof. à la Fac. de Méd. de Lyon.
VICE-PRÉSIDENTS . . . . MM. le Dʳ HOEL, Dir. du Bur. Mun. d'Hygiène de Reims.
                EUGÈNE MATHIEU, Ing. des Arts et Manuf., à Reims.
SECRÉTAIRE . . . . M. ED. ROLANTS, Chef du Lab. d'Hygiène appl. de l'Institut
                Pasteur de Lille.
VICE-SECRÉTAIRE. . . . . M. le Dʳ GAUTREZ, Dir. du Bur. Mun. d'Hygiène de Cler-
                mont-Ferrand.

— Séance du 1ᵉʳ août —

M. le Professeur ARLOING exprime les regrets que lui cause l'absence de M. Calmette, qui devait présider la Section, et remercie ses collègues de l'avoir désigné pour le remplacer.

M. le Prof. Nestor GRÉHANT, Mem. de l'Acad. de Méd., Délég. du Mus. Nat. d'Hist. Nat., à Paris

La lutte contre le Grisou et contre l'Oxyde de Carbone dans les mines de houille. — J'ai l'honneur de présenter à la Section d'Hygiène les instruments que j'ai inventés et qui permettent de faire, avec la plus grande exactitude, l'analyse de l'air et des mélanges d'air et de gaz combustibles, particulièrement le dosage du formène dans les mines grisouteuses.

J'emploie deux procédés quand il s'agit de mélanges d'air et de formène non détonants :

1° Je fais passer dans mon eudiomètre-grisoumètre 60 centimètres cubes du mélange et 200 fois je porte au rouge-blanc la spirale de platine qui brûle le formène ; l'expérience a montré que pour obtenir une combustion complète de ce gaz, 600 passages du courant sont nécessaires ; l'analyse exige environ une demi-heure.

2° L'opération est bien abrégée si dans une cloche de 100 centimètres cubes j'ajoute à 75 centimètres cubes du mélange donné 25 centimètres cubes de gaz de la pile, mélangé d'un volume d'oxygène avec deux volumes d'hydrogène ; après l'absorption de l'acide carbonique par la potasse, le tiers de la réduction donne le volume du formène ; l'analyse dure dix minutes.

On peut donc par l'emploi du gaz de la pile faire un grand nombre d'analyses de l'air des galeries, et je ne cesse pas de répéter que des analyses quotidiennes de l'air puisé aux divers étages des houillères sont nécessaires pour donner la sécurité aux mineurs.

Quant à l'oxyde de carbone qui se produit dans les houillères par suite d'une combustion du charbon, ou qui résulte d'une combustion incomplète du grisou (professeur Haldane), le procédé à la fois chimique et physiologique que je recommande et qui m'a rendu les meilleurs services consiste à faire respirer à un animal, à un lapin, l'air des galeries; si cet air renferme seulement $\frac{1}{20.000}$ d'oxyde de carbone, on peut extraire de 100 centimètres cubes du sang au bout de trois heures 0,7 centimètres cubes d'oxyde de carbone ; dans un mélange à $\frac{1}{5.000}$, au bout de cinq heures, on retire de 100 centimètres cubes de sang 3 centimètres cubes, 1 d'oxyde de carbone.

M. Henri de MONTRICHER, Ing. civ. des Mines, à Marseille.

1° *Œuvre des Nourrissons de Marseille.* — L'Œuvre des Nourrissons fondée à Marseille en 1906 a pour but :

De soumettre les enfants, depuis la naissance jusqu'à l'âge de deux ans, à des examens médicaux et à des pesées hebdomadaires ;

De donner aux mères l'assistance et les conseils nécessaires pour qu'elles allaitent elles-mêmes et élèvent leur nourrisson conformément aux règles de l'hygiène infantile ;

D'encourager l'allaitement maternel et de ne distribuer ou de ne faire obtenir de lait que dans des cas spéciaux ;

D'accorder des mensualités ou des primes aux mères qui auront présenté leurs enfants d'une façon régulière et assidue aux visites médicales et qui se seront conformées aux prescriptions reçues ;

De favoriser, si ses ressources le lui permettent, le développement des crèches à Marseille ;

D'organiser des conférences de puériculture dans les Associations de Dames, dans les Écoles de Filles.

Les consultations régulières et méthodiques, organisées dans tous les quartiers de Marseille et de ses faubourgs, forment l'élément essentiel de son action.

En attendant la publication de statistiques exactes concernant la mortalité des nourrissons assistés, chiffres qui ne peuvent s'établir qu'après un an de fonctionnement, on peut déjà affirmer que la mortalité a été à peu près nulle chez tous les bébés dont les mères, assidues aux consultations, ont suivi les conseils d'hygiène alimentaire et générale qui leur ont été donnés.

Discussion. — M. ARLOING félicite M. de Montricher d'avoir été un des promoteurs de cette œuvre et montre tous les bienfaits qu'on peut obtenir en éduquant les mères dans les consultations de nourrissons.

M. ROLANTS signale à ce sujet ce qui est tenté dans un grand nombre de communes du département du Nord pour établir ces consultations et leur assurer une clientèle immédiate.

2° *OEuvre antituberculeuse de Marseille.* — L'OEuvre antituberculeuse de Marseille a été créée, sur la base de l'assistance et de la préservation sociale, sous le régime de la loi du 1er juillet 1901, et son objet fut ainsi défini par ses statuts :

« Vulgariser dans la population de Marseille les notions scientifiques qui peuvent la mettre à même de se défendre contre la propagation de la tuberculose.

« Faciliter aux tuberculeux nécessiteux le traitement de leur maladie.

« En attendant la création d'établissements philanthropiques et médicaux destinés à la préservation de la tuberculose, dispensaires, galeries de cure d'air, sanatoria, etc., employer comme moyen d'action des publications, conférences, études, etc., et procéder à l'installation et au fonctionnement de dispensaires antituberculeux qui ont pour objet de fournir gratuitement aux travailleurs nécessiteux, atteints ou simplement menacés de tuberculose, les conseils d'hygiène spéciale, soins, traitements, médicaments antiseptiques, crachoirs, aliments et secours pour les préserver eux et leur entourage et prévenir la contagion. »

L'OEuvre fonctionne régulièrement depuis 1904; son troisième exercice, celui de 1906, donne les résultats suivants :

Le nombre de familles secourues a été de 209 et celui des journées d'assistance de 39.799.

Il a été distribué aux malades 5.417 kilogrammes de viande, 37.783 litres de lait, 12.788 œufs, 48 litres d'huile de foie de morue, 235 crachoirs antiseptiques, 55 couvertures de laine, 167 vêtements et une vingtaine de secours de loyer.

L'ensemble des dépenses s'est élevé à environ 40.000 francs.

L'OEuvre a également institué des colonies infantiles de tuberculeux.

Sur 384 consultants qui se sont présentés au Dispensaire de l'OEuvre en 1906, 256 ont été reconnus tuberculeux. Il n'a pas été donné moins de 2.204 consultations.

M. le Dr HOEL, de Reims.

Le Dispensaire antituberculeux de Reims. — M. HOËL, de Reims, donne les résultats obtenus par cet établissement auquel on a annexé une cure d'air aux environs de la ville.

La *discussion* devient plus étendue et divers orateurs parlent de la lutte antialcoolique.

M. le Dr HOEL dit que les efforts tentés en ce sens semblent avoir donné des résultats car la quantité d'alcool consommée par an et par habitant a diminué à Reims depuis quelques années.

M. DE MONTRICHER signale l'extension à Marseille, surtout dans le milieu militaire, des adhérents à la ligue antialcoolique et en tire des pronostics favorables pour l'avenir.

M. ARLOING revient à la lutte antituberculeuse et expose la méthode suivie à Lyon pour le fonctionnement du dispensaire et pour le recrutement des malades. Passant à la question du lait soulevée par la communication de M. de Montricher, il fait remarquer que si on poursuit le mouillage et l'écrémage du lait, on ne se préoccupe nullement d'obtenir un lait sain et indemne de bacilles tuberculeux. Il émettra un vœu pour qu'un contrôle très sévère soit exercé sur la production du lait.

M. ROUSSEAU, de Reims, demande d'ajouter à ce vœu que dans les adjudications de lait pour les malades des hospices et hôpitaux, on exige le certificat de provenance et si possible la tuberculinisation des vaches dont le lait est distribué à ces établissements.

Ces vœux seront rédigés et soumis au vote de la Section dans une prochaine séance.

— Séance du 2 août —

VISITE DE LA SECTION
aux Champs d'Épandage de la Ville de Reims.

SÉANCE GÉNÉRALE

M. E. ROLANTS, Chef du Lab. d'Hyg. appliq. de l'Institut Pasteur de Lille.

L'épuration des eaux d'égout. — Rapport préparatoire publié dans le *Bulletin* n° 7 de juillet 1907, page 8.

L'auteur résume ce rapport.

Discussion. — M. ARLOING précise les points sur lesquels devra porter la discussion. Y a-t-il des cas où l'on puisse se dispenser d'épurer ?... Quand il y aura lieu d'épurer, quels sont les procédés qui paraissent les meilleurs ?... Est-il possible de généraliser et de préconiser un procédé de préférence à tout autre ?

M. le Dr H. HENROT regrette très vivement l'absence de M. le professeur Calmette, qui, autrefois, et sans connaître notre installation, avait assez vivement critiqué notre mode d'épuration. Après la visite faite ce matin par la Section sur les champs d'irrigation, après avoir constaté la splendeur des récoltes, la transparence et la pureté parfaite des eaux épurées, qui par un seul canal se rendent à la Vesle; il est impossible de nier l'excellence du procédé employé; du reste, le rapporteur, M. Rolants, avec beaucoup de sagesse, ne prône pas un seul moyen pour épurer les eaux, il est absolument dans le vrai.

Pour faire de l'épuration par le sol, il est indispensable d'avoir, à proximité de la ville, une quantité de terrains perméables suffisante pour permettre de fréquentes intermittences, méthodiquement répétées; l'eau et l'air doivent pouvoir facilement pénétrer jusque dans les couches profondes du sol.

On a eu tort de juger notre installation, d'après celle de Gennevilliers; le procédé est le même assurément, mais nous avons procédé d'une manière toute différente; à Paris, on a commencé les irrigations avec une surface de terrain tout à fait insuffisante; on a déversé des quantités énormes d'eaux qui ne pouvaient ni être absorbées, ni être utilisées pour la végétation; ici, nous nous sommes d'abord assurés d'une grande surface de terrain représentant, à peu près la surface construite et agglomérée de la ville.

Selon les saisons, selon les cultures, selon le degré de maturité des plantes, le fermier peut, à volonté, déverser une plus ou moins grande quantité d'eau, sans que celle-ci puisse jamais dépasser 40.000 mètres cubes par hectare et par an.

Le fermier que nous avons vu ce matin est très content de son exploitation qu'il estime suffisamment rémunératrice; les habitants des villages voisins n'ont, du fait de l'irrigation, subi aucun ennui, ces irrigations n'ont été la cause d'aucune maladie (fièvres paludéennes ou fièvre typhoïde); depuis 18 ans, ils n'ont articulé aucune plainte sérieuse. Enfin, la Vesle qui, jusqu'à Fismes, et même à certaines époques jusqu'à Braisnes à huit lieues de Reims, était transformée en un véritable égout, laissant sur certains points des îles de boue, est aujourd'hui complètement purifiée, elle est aussi claire et aussi transparente qu'en amont de Reims; elle est redevenue poissonneuse.

M. Henrot ne veut pas refaire l'historique de cette question; les plaintes des riverains remontaient à 1855.

En 1889, le Congrès international d'Hygiène de Paris nous honorait de sa visite et nous témoignait sa complète satisfaction.

La dispute fut vive entre ceux qui prônaient l'épuration chimique, et ceux qui défendaient l'irrigation par le sol avec les procédés chimiques, en accumulant des quantités de boues noires n'ayant, comme cela a été expérimenté aucune valeur agricole; grâce à MM. Duchâteau, Poulain, Brébant, Félix Langlet et Alfred Durand-Claye, la Ville a pu résoudre ce difficile problème. Elle peut voir doubler sa population, elle peut installer partout le tout-à-l'égout. Cette expérience de dix-huit années démontre manifestement que le sol ne faillira pas à sa tâche de grand épurateur.

M. Henrot fait voir sur de grands plans le système de canalisation; il rend hommage au docteur Brébant qui a conçu l'idée de l'égout transversal supérieur qui traverse la ville de part en part, et conduit les eaux à Baslieux à cinq mètres au-dessus du sol, ce qui permet de faire de l'irrigation par simple gravitation. Pour l'égout transversal inférieur, il faut au contraire quatre machines élévatoires pour relever les eaux et irriguer les terrains supérieurs.

Les sacrifices de la Ville pour cette installation ont été relativement restreints; elle n'a fait ses canalisations que jusqu'à la limite du territoire et donné à la Compagnie 150 hectares de terrain; tous les autres travaux, prolongement des égouts, traversées du canal de navigation, agencement des terrains, canalisation et établissement de 150 bouches d'arrosage, acquisition ou location de terrains supplémentaires, ont été à la charge de la Compagnie; la Ville lui paie quatre millièmes et demi par mètre cube; toutefois la dépense annuelle ne peut pas dépasser 66.000 francs; aujourd'hui il y a plus de 700 hectares irrigués.

Dans dix-huit années, la Ville fixée sur la valeur nutritive de ses eaux, sur la perméabilité des terrains, deviendra propriétaire de toutes les installations faites par la Compagnie; elle pourra y épurer elle-même ses eaux ou louer avantageusement cette belle exploitation à une Compagnie.

Si, pour une raison ou pour une autre, elle voulait limiter la surface à irriguer, elle pourrait très facilement installer à l'extrémité de l'égout transversal supérieur une station d'épuration biologique.

La question posée devant le Congrès ne semble pas devoir être l'objet d'une grande discussion; M. Rolants justifie cette opinion dans son rapport, page 11. (Quoi qu'il en soit, l'irrigation culturale, appliquée suivant les données admises, donne une épuration excellente.)

Nous continuons à penser que là où elle est possible, l'utilisation par le sol donne l'épuration la plus parfaite. Les analyses optique, chimique et biologique sont excellentes; d'un autre côté, toutes les eaux, quelle que soit leur provenance (eaux vannes, eaux de teinture chargées de produits chimiques les plus variés, eaux de lavage de laine) subissent sans difficulté l'épuration la plus complète.

Enfin la quantité considérable d'azote contenue dans les eaux est une véritable richesse, puisqu'elle remplace le fumier; les céréales sont d'excellente qualité; les betteraves sont transformées sur place, dans une distillerie, en alcool pur.

Pour conclure, il n'y a pas de question de principe pour l'épuration des eaux, mais des questions d'espèces; quand une ville dispose dans son voisinage de terrains perméables en suffisante quantité, l'irrigation agricole est la méthode de choix. Quand une ville repose sur des terrains granitiques ou dans une vallée étroite, l'épuration biologique pourra être utilement employée.

En tout cas, il était bon, au milieu de ces expériences de laboratoires, qui se font partout, de venir affirmer par une expérience de dix-huit années, portant sur 700 hectares, que l'irrigation agricole constitue un excellent moyen d'épuration des eaux d'égout.

M. BEZAULT. — L'épuration des eaux d'égouts est certainement une question qui doit passionner les hygiénistes et les sociétés savantes, et qui mérite d'être très approfondie, car, en effet, par suite de l'extrême variabilité des cas, l'étude en est complexe.

C'est donc avec juste raison que, dans le rapport documenté que nous venons d'entendre, M. Rolants, l'aimable chef de laboratoire de l'Institut Pasteur de Lille, a pu dire qu'il fallait, en la circonstance, se garder de généralisations de principes trop absolus. En matière d'épuration d'eaux d'égouts, tout devient une question d'espèces, et chaque cas demande une étude spéciale.

C'est pour n'avoir pas observé cette sage précaution que beaucoup de personnes ont propagé et propagent tous les jours de graves erreurs. Ainsi, en ce qui concerne la comparaison entre l'épandage agricole et l'épuration biologique intensive, ces personnes basent uniquement leurs appréciations, pour le premier procédé, sur les résultats donnés par les rares installations existant en France, où les seules importantes sont celles de Paris et de Reims.

Nous sommes donc [bien placés ici pour parler de cette question; puisque la ville de Reims, sous l'habile direction de notre honorable président, M. le Dr Henrot, a installé et utilise l'épandage depuis vingt ans.

Or, les expériences de ces deux villes constituent, à mon avis, des cas absolument exceptionnels, comme je vais essayer de le démontrer.

Le degré de dilution des eaux d'égouts y est considérable; il correspond, pour Paris, à plus de 250 litres, pour Reims, à plus de 350 litres par jour et par habitant, sans adjonction, pour cette dernière ville, des produits de cabinets d'aisances.

La ville de Paris irrigue à raison de 11 litres par jour et par mètre carré; la ville de Reims à raison de 6 litres. Ce dernier chiffre est même plus fort que ceux admis généralement en Angleterre et à Berlin.

Combien y a-t-il en France de villes disposant d'une telle quantité d'eau par habitant et d'une surface de terrains propices en si grande proportion? Le nombre en doit être certainement des plus restreints; on n'en trouvera peut-être pas deux autres semblables.

Ainsi, prenons l'exemple de deux villes ayant toutes deux un réseau d'égouts du système séparatif conseillé aujourd'hui par les hygiénistes, et la même quantité d'eau proportionnelle (dont le maximum atteindra à peine 100 litres par habitant), l'une des villes aurait une population de 100.000 habitants ; l'autre ville aurait une population de 20.000 habitants.

Pourrait-on prétendre sérieusement que l'épandage donnerait de bons résultats pour la seconde ville ? Je suis absolument convaincu du contraire ; étant donné le peu de superficie de la ville, le séjour des matières dans les canalisations serait trop court ; la désagrégation par frottement et fermentation serait presque nulle, de sorte que les matières arriveraient sur les champs d'épandage, pour ainsi dire à l'état frais et solide.

Il s'en dégagerait des odeurs insupportables, sans compter d'autres nombreux inconvénients, tels que la propagation des maladies infectieuses par les insectes, le colmatage rapide des terrains, etc.

Dans ce cas, au contraire, avec l'épuration biologique intensive et son action solubilisante par fosse septique, les eaux seront toujours parfaitement traitées avec succès sur des filtres bactériens.

On ne doit donc pas, je le répète, tirer des conclusions générales. On ne doit pas dire *tel système est supérieur à tel autre*, l'épandage est supérieur à l'épuration biologique intensive, sans ajouter dans quel cas précis. Malgré cette vérité qui semble évidente, vous avez peut-être été au courant des efforts faits ces temps derniers par M. Vincey, ingénieur agronome du Département de la Seine, membre de la Commission des champs d'épandage, dans diverses Sociétés scientifiques, pour démontrer la supériorité de l'épandage agricole sur l'épuration biologique intensive, en ne se basant d'une part, que sur les résultats de Paris, et d'autre part, sur les résultats de trois installations expérimentales.

Pour faire valoir ses préférences, M. Vincey a produit des chiffres souvent inexacts et des analyses mal interprétées ; je compte d'ailleurs répondre à sa communication dans les mêmes Sociétés, après les vacances.

M. Durand-Claye, il y a trente-cinq ans, prévoyait qu'au bout de vingt ans de pratique de l'épandage, la Ville de Paris tirerait un gros bénéfice de ses eaux d'égouts. Francisque Sarcey, lui-même, menait une campagne en faveur de l'épandage. Et bien, aujourd'hui, l'épuration des eaux d'égouts coûte encore à la Ville de Paris plusieurs millions par an.

Dans ses appréciations, M. Rolants a bien voulu nous dire que, dans certains cas, l'irrigation culturale pourra être employée avantageusement ; il est en contradiction flagrante avec l'opinion de M. le Dr Calmette, qui déclare, dans son second volume sur l'épuration biologique (page 220), qu'au point de vue économique, l'épandage, *dans tous les cas, coûtera environ trois fois plus*, et que l'épuration biologique intensive comporte, en outre, des avantages hygiéniques.

Il y a peut-être là quelque exagération, quant au coût tout au moins, mais certainement pas au point de vue hygiénique.

En effet, dans l'épuration intensive, on tient le mal ; on le canalise ; on en suit les différentes transformations et on ne risque jamais de contaminer la nappe souterraine ; c'est une opération scientifiquement conduite. Avec l'épandage, on est moins certain de l'ensemble et de la régularité des résultats. Il faudrait, pour cela, des terrains d'une nature homogène, ce qui n'existe pas quand il s'agit de grandes surfaces. C'est une opération conduite, comme on dit vulgairement, au petit bonheur. Le jour où on s'aperçoit de la contamination d'une source, il est souvent trop tard.

Quoi qu'il en soit, il y a un fait indiscutable; c'est celui de l'abandon de jour en jour de l'épandage par les pays qui l'ont le plus pratiqué, tels que l'Angleterre et l'Allemagne. A Berlin, notamment, où l'épandage donnait de bons résultats, on vient d'exécuter pour un faubourg important, Wilmersdorf, une installation d'épuration par fosse septique et filtres percolateurs, avec sprinklers rotatifs, pour traiter 60.000 mètres cubes par jour.

Malgré cela, il faut avouer que, dans certains cas, assez rares à mon avis, l'épandage pourrait être employé utilement.

Comme l'épandage à ses débuts, l'épuration biologique intensive doit lutter aujourd'hui contre la routine et les préjugés, et ce qu'il y a de surprenant, c'est de constater que ses plus grands ennemis sont souvent ceux qui ont eu à subir les mêmes attaques comme partisans de l'épandage. Il semble même que, dans l'ardeur de la lutte, les partisans de l'un et de l'autre système perdent de vue le véritable but pour prendre la défense des personnes, et, comme il arrive fatalement en pareil cas, on exagère, ce qui est préjudiciable à l'avancement de la cause.

A cet égard, je rappellerai que c'est à tort qu'on critique les personnes ayant préconisé l'épandage; on devrait plutôt leur exprimer de la reconnaissance, attendu qu'elles ont adopté le meilleur procédé connu à l'époque. Pour ma part, j'ai beaucoup d'admiration pour le vénérable président de ce Congrès, M. le Dr Henrot qui a eu le courage, il y a plus de vingt ans, de faire admettre et exécuter des travaux en vue de l'épuration des eaux d'égouts de la ville de Reims, alors que les autres villes de France continuent à souiller nos rivières sans se soucier des lois de l'hygiène.

Reprenant la discussion du rapport, je constate avec regret que M. Rolants, après avoir dit qu'il ne fallait pas faire de généralisations de principes, en fait dans ses critiques sur les lits de contact qu'il condamne d'une manière absolue, alors qu'à mon avis, la méthode des lits de contact trouvera encore de nombreux et légitimes emplois.

M. Rolants nous a dit, en effet, d'une façon générale (sans tenir compte des questions d'espèces) que la méthode des lits de contact avait de grands défauts, dont le principal est d'être réglée non pas par la pollution, mais par le volume, que ces inconvénients sont évités par les lits à percolation, répétant en cela les dires de M. le Dr Calmette, à Lyon, reproduits dans la *Revue d'Hygiène*, de juin dernier, où il est dit que le réglage devrait s'effectuer d'après les temps et non d'après les volumes.

Il y a là des exigences absolument illogiques et véritablement bien faites pour jeter le trouble dans l'esprit des personnes peu au courant de la question. Ainsi M. Rolants déclare que l'inconvénient du réglage d'après le volume et non d'après la pollution est évité par les filtres percolateurs !

Je serais heureux qu'il nous dise, d'après quels phénomènes. Est-ce que, en effet, quels que soient les appareils distributeurs (siphons ou sprinklers), les filtres percolateurs, comme les autres, ne travaillent pas suivant le débit d'arrivée c'est-à-dire suivant le volume? M. Rolants en connaît-il qui travaillent d'après la pollution, qui varie à tout instant de la journée?

M. Calmette, lui, ne s'inquiète pas de la nature des eaux et déclare que, pour des lits de contact, le réglage doit être fait uniquement d'après les temps et non d'après les volumes, ce qui veut dire que, quelle que soit la nature des eaux, on doit avoir uniformément, comme en un mouvement perpétuel d'horlogerie :

    1 heure d'emplissage ;
    2 heures de contact ;
    1 heure de vidange ;
    4 heures d'aération.

Cette généralisation de principe absolu n'a qu'un défaut : c'est d'être pratiquement irréalisable, même avec des vannes mues à la main ; j'attends qu'on me prouve le contraire. Cette rigueur pour la marche des filtres ne tient, en outre, aucun compte du fonctionnement de la fosse. C'est ce qu'on pourrait appeler de la théorie en chambre.

Il n'y a pas besoin d'insister pour faire comprendre ce qu'aurait de peu rationnel une telle manière d'opérer. Les procédés biologiques, heureusement pour eux, ont l'avantage d'être assez souples ; la marche peut s'effectuer entre des limites minima et maxima.

Les Anglais qui s'y connaissent vous diront que, dans la pratique, jamais le cycle des trois opérations de 8 heures n'est régulier ; en réalité, on effectue deux opérations pendant les 12 heures de jour et une opération pendant les 12 heures de nuit.

Vu le long repos de nuit, il n'y a pas d'inconvénient à faire travailler les filtres un peu plus vite pendant le jour et un peu plus lentement pendant la nuit, où les eaux sont moins chargées.

Il faudrait auparavant nous dire pour quelles raisons les Anglais ont fixé ces temps de 1 heure de remplissage, 2 heures de plein, 1 heure de vidange, 4 heures d'aération ; le simple raisonnement, comme l'expérience, démontre que ces temps ne sont que schématiques. Au surplus, si M. Calmette s'imagine que ce fait de durée plus ou moins longue de remplissage et de contact a échappé jusqu'ici aux ingénieurs et architectes qui ont construit des lits bactériens de contact, il se trompe étrangement. Pour le détromper, je n'aurai qu'à lui conseiller de revoir le projet que je lui ai fait, il y a près de 4 ans, en vue de son installation de la Madeleine. Il verra qu'il comporte un dispositif permettant de remédier à ce léger inconvénient d'une manière suffisante.

La réalité est que de telles critiques procèdent beaucoup trop de l'état d'esprit que je signalais tout à l'heure et je n'ai pas besoin de faire de grands efforts pour me convaincre que les insinuations produites par M. Calmette dans la *Revue d'Hygiène* s'adressent à moi, étant le seul qui ait fait des installations en France et en Algérie. Mais qu'importe, je suis convaincu que la manière empirique n'est pas de mon côté, et bientôt, j'espère, la vérité scientifique finira par triompher.

Ces avis absolus sur la méthode des lits de contact et sur celle de la percolation peuvent conduire à de grosses désillusions ; ainsi, comment arriver pratiquement à faire de la percolation lorsqu'on ne dispose pas d'une différence de niveau d'au moins 2 mètres entre l'arrivée et la sortie des eaux ? N'est-il pas évident que, dans ce cas, la méthode des lits de contact sera seule praticable (sans élévation mécanique, bien entendu). Il eut mieux valu dire dans quels cas, et aussi avec quelle nature d'eau, quelles proportions moyennes de matières minérales et organiques, l'une ou l'autre des méthodes était préférable. J'ajoute que le Dr G. Fowler, directeur de l'installation de Manchester, et le professeur Clowes, chimiste de la ville de Londres, prétendent qu'en ce qui concerne les résultats d'épuration, il y a peu de différence entre les deux méthodes et que des installations importantes avec lits de contact viennent d'être encore décidées pour les villes de Leicester, Sheffield, Oldbury.

Puisque j'en ai l'occasion, je rappellerai la discussion que nous avons eue avec M. le Dʳ Calmette, au dernier Congrès des Hygiénistes municipaux, à Lyon, au sujet du sort des bactéries pathogènes dans les fosses septiques, question sur laquelle M. le Dʳ Pottevin, le rapporteur du Congrès précédent, était d'un avis absolument opposé à celui de M. Calmette qui déclarait qu'entre autres, le bacille typhique et le vibrion cholérique ne résistaient pas même 12 heures à l'action anaérobie de la fosse septique.

De mon côté, je citais les expériences faites avec M. Baucher, ancien pharmacien principal de la Marine, qui serait à ce Congrès si une mort prématurée n'avait interrompu brutalement le cours de sa vie de travail.

Ces expériences avaient démontré d'une manière pour ainsi dire certaine, que le bacille tuberculeux était détruit dans les fosses septiques. M. Calmette prétendit le contraire, en spécifiant que l'enveloppe de cire et de graisse dont il est entouré lui constitue une protection efficace. Or, j'ai consulté, depuis, divers bactériologistes qui m'ont affirmé que la fine membrane graisseuse de l'enveloppe ne devait pas mettre le bacille à l'abri, attendu qu'elle était facilement dissoute dans une concentration ammoniacale comme celle de la fosse septique.

Il y a là, vous en conviendrez, un point de la plus haute importance qui mérite d'être éclairci, et je serais heureux, pour ma part, de voir les expériences contrôlées par d'autres savants; je pourrais mettre des installations de fosses septiques à leur disposition.

Ceci dit, je regrette sincèrement que M. Rolants, après avoir déclaré très justement que, pour la percolation, la répartition du liquide devait se faire à la surface aussi également que possible, en soit encore à recommander les siphons de chasse automatiques évacuant dans des rigoles, ou drainage, de sorte que la répartition est des plus inégales, et que la plus grande partie des matériaux filtrants ne travaille jamais, pendant que l'autre partie travaille trop.

Quant au coût de ces installations avec siphons de chasse, annoncé comme plus économique, je puis certifier qu'il est grandement supérieur à celui d'un sprinkler mobile distribuant en fines gouttelettes et uniformément. Un seul sprinkler remplace avantageusement une dizaine de siphons avec leur chambre de chasse, leurs rigoles, leur drainage de surface, etc., etc. Continuer à vanter les avantages de ces siphons, c'est vouloir nier l'évidence même et rester en contradiction avec les faits. Ainsi, dans une petite installation faite à Tourcoing, M. Calmette a dû déjà faire modifier, à trois reprises successives, le mode de répartition à la surface des filtres. Ce mode de distribution par siphons, employé en Angleterre il y a cinq ou six ans, a été abandonné presque aussitôt.

Pour terminer, je me permettrai de dire que, depuis plus de sept ans, je me suis consacré spécialement à l'étude des procédés d'épuration d'eaux d'égouts; j'en ai fait plusieurs installations qui assurent des services réguliers; c'est donc par expériences pratiques que j'en parle, et suis heureux d'apporter ici ma modeste contribution à l'étude de ce problème passionnant.

J'ai pu constater aussi que la plupart des personnes s'occupant de ces questions en France émettaient trop souvent des avis basés soit sur les expériences d'un cas unique, soit simplement sur les écrits parus sur la matière.

Ces personnes ont le grand tort, à mon avis, de vouloir, après des études aussi limitées, tirer des déductions trop générales; une telle manière de faire ne peut que nuire à la cause de l'épuration.

Je vous prie donc de laisser les questions de personnalités de côté et de n'examiner que les faits.

Enfin, j'ai pu constater que la Science de l'Ingénieur Sanitaire ne s'étudiait pour ainsi dire pas chez nous, contrairement à ce qui se passe en Angleterre, en Allemagne et aux États-Unis. En effet, dans aucune de nos grandes Écoles, on n'étudie sérieusement les questions d'épuration d'eau potable, d'épuration d'eaux d'égouts, de désinfection, de ventilation, etc.

Pourtant, la science est déjà tellement étendue qu'il devient de plus en plus indispensable de se spécialiser.

Aussi, je termine en émettant le vœu suivant :

Le Congrès :

Considérant l'importance sociale de plus en plus grande que présente la pratique de l'Hygiène Générale ;

Regrettant que la Science s'appliquant particulièrement à l'assainissement des villes et des habitations ne soit pas suffisamment enseignée en France ;

Émet le vœu :

De voir organiser, dans nos grandes Écoles, l'étude rationnelle de cette science, préparant ainsi des Ingénieurs spécialistes dans la Technique Sanitaire.

M. Arloing dit que la communication très intéressante de M. Bezault est surtout du domaine de la technique et s'adresse plutôt aux Ingénieurs qu'aux Bactériologistes.

La question posée par le rapport de M. Rolants était surtout de savoir dans quel cas il y a lieu d'appliquer l'épuration culturale ou l'épuration biologique intensive, et à quel degré d'épuration on doit amener les liquides avant de les rejeter dans un cours d'eau.

M. Henrot rappelle à nouveau les bons résultats donnés par les champs d'épandage recevant les eaux d'égouts de Reims. Il insiste sur l'absence de toute bactérie pathogène dans les eaux épurées et assure qu'au point de vue de la culture, les eaux d'égouts rendent de réels services. M. Henrot ajoute que si l'épandage n'a pas toujours donné de bons résultats à Paris, cela tient surtout à la dose trop forte envoyée sur les champs et aussi aux irrégularités de la distribution.

M. Rolants déclare ne pouvoir répondre à l'ensemble des critiques de M. Bezault sans avoir un texte sous les yeux. Il examinera quelques points. Il constate qu'on est d'accord pour reconnaître les bons résultats des filtres percolateurs sous réserve du choix des appareils de distribution susceptibles de donner le meilleur rendement. Il voudrait bien croire, comme le dit M. Bezault, que les lits de contact sont avantageux dans certains cas, mais, comme ce n'est pas son opinion actuelle, il demande à être convaincu par des faits. Il maintient que les périodes de remplissage et d'aération des filtres doivent être absolument régulières, le jour comme la nuit, et insiste sur la nécessité d'un réglage effectué d'après les temps et non d'après les volumes. Quant à la destruction du bacille de Koch, il ne croit pas, étant donné que les eaux d'égouts renferment à peine 30 milligrammes d'ammoniaque par litre, que ce soit suffisant pour saponifier l'enveloppe graisseuse de ce bacille. De plus, des faits nombreux d'observation ont montré la résistance de ce bacille aux agents extérieurs.

M. Bezault répond que la pratique démontre tous les jours, notamment à Tourcoing, l'insuffisance du siphon percolateur comme agent de distribution. Au surplus, l'action du filtre percolateur demande surtout une grande aération des liquides et aussi des supports filtrants, ainsi qu'une distribution régulière et uniforme sur toute la surface du filtre, ce qui est parfaitement réalisé par les sprinklers rotatifs ou fixes, distribuant en fines gouttelettes ou sous forme de pluie. Quant aux lits de contact, il peut en montrer à M. Rolants qui sont en fonctionnement depuis plusieurs années et donnent des résultats parfaits.

M. Bezault répète qu'il serait curieux de connaître les appareils distribuant *d'après la pollution.*

Au sujet du bacille tuberculeux, M. Bezault rappelle que ce n'est pas dans l'égout que ce bacille est détruit, mais dans la fosse septique, où la faible teneur en ammoniaque est considérablement augmentée, par suite de la transformation de l'azote albuminoïde en azote ammoniacal. En outre, il s'agit surtout de la destruction de ce bacille dans les petites fosses septiques appliquées à l'habitation où la teneur en ammoniaque est très forte. Les divers bactériologistes qu'il a consultés à ce sujet ont été d'accord pour reconnaître que l'action de la fosse septique ou fermentation anaérobie pouvait très bien détruire ce bacille. Plusieurs bactériologistes étrangers, principalement en Angleterre, ont fait des expériences démontrant la destruction du bacille de Koch en fosses septiques.

M. DE MONTRICHER indique que les eaux d'égout devront être, sauf exception, épurées avant leur évacuation en mer. — Toutefois les eaux de Marseille sont rejetées telles quelles à la mer, mais au moyen d'un émissaire de 10 kilomètres, aboutissant au pied de hautes falaises, en eaux profondes, battues par des courants les dispersant au large. — De telles conditions n'ayant pu être réunies à Toulon, les eaux d'égout sont évacuées dans la rade, mais après épuration bactérienne.

M. ARLOING fait observer que, dans la question posée, il y a deux choses à envisager, la question de principe et le côté technique. Seule la question de principe paraît devoir être envisagée aujourd'hui; il appartient aux assemblées et aux congrès d'ingénieurs sanitaires, hygiénistes, etc., de résoudre l'autre. Il faut donc déterminer actuellement les conditions qu'exige l'épuration et s'inspirer des résultats donnés par les différentes expériences faites.

M. Bezault n'admet que l'épuration biologique et semble trop exclusif. Reims a prouvé qu'on pouvait faire de l'épandage et de l'irrigation culturale.

En ce qui concerne plus particulièrement la disparition des germes pathogènes et surtout du bacille tuberculeux, les résultats divergents énoncés par MM. Calmette et Rolants, d'une part, Bezault d'autre part, peuvent s'expliquer probablement par les conditions dans lesquelles ont été faites les analyses. Il serait désirable que cette question fût reprise par plusieurs bactériologistes qui feraient connaître en même temps les conditions très précises dans lesquelles ils ont observé.

MM. le Dr GAUTREZ, DE MONTRICHER, ROLANTS, BEZAULT, HENROT, échangent des observations à propos de la destruction des germes pathogènes par l'épuration soit sur les champs d'épandage, soit dans les fosses septiques; sur les résultats obtenus dans les différentes expériences faites à Paris, à Reims, à Lille, et sur les conditions qui semblent demander tel procédé d'épuration plutôt que tel autre. Il y a là une question d'espèces et la solution variera avec les conditions dans lesquelles se trouvent les villes.

M. ARLOING résume la discussion en disant qu'il résulte de tout ce qui a été dit qu'il faut bien se garder de généraliser : le choix des villes dans cette question de l'épuration sera guidé par plusieurs considérations au premier rang desquelles il faut placer : l'existence de terrains suffisants et de qualité conve-nable pour l'épandage, la qualité et la quantité des eaux à épurer. En ce qui con-cerne la destruction des germes pathogènes, elle est probable, mais la question doit être soumise à de nouvelles études, en variant un peu plus les conditions d'expériences qu'on ne l'a fait jusqu'ici. Il faudra, en tout cas, pour comparer les résultats, connaître exactement les conditions des expériences.

— Séance du 3 août. —

M. Ch. MOROT, Vétér.-Insp. de l'Abattoir de Troyes.

M. ARLOING lit la note suivante de M. Ch. MOROT :

Des fraudes alimentaires portant sur les viandes fraîches de boucherie: Nécessité de faire disparaître quelques difficultés entravant actuellement leur répression. — Depuis que la loi du 1er août 1905, complétée par l'arrêté ministériel du 1er août 1906, a remplacé la loi du 27 mars 1851, pour la répression des fraudes alimentaires, certains parquets, ne tenant pas compte des procès-verbaux des vétérinaires-inspecteurs, exigent que les viandes fraîches de boucherie saisies par ces agents, comme corrompues ou toxiques, soient soumises à l'analyse d'un laboratoire agréé. Faute de cette analyse, les fraudeurs sont souvent assurés de l'impunité.

Dans les villes où des laboratoires compétents n'existent pas, l'analyse n'est pas faite en temps utile.

On ne peut remédier à ces inconvénients que par la promulgation d'un arrêté ministériel spécial, assurant la répression des fraudes relatives aux viandes fraîches de boucherie.

VŒU. — La Section adopte le vœu émis par M. Ch. Morot.

M. Henri de MONTRICHER.

Les eaux résiduaires à la campagne et dans les petites agglomérations. — Si la question de l'épuration des eaux résiduaires d'une ville de quelque importance paraît résolue, il n'en est pas de même dans les agglomérations rurales : villages, hameaux, groupes d'habitations isolées, maisons de campagne avec fermes, groupes réunis, etc., où s'accumulent des excreta de toutes sortes, et dans lesquels les taux de la morbidité et de la mortalité sont souvent exorbitants.

Les maisons de campagne et les exploitations agricoles de quelque importance peuvent recourir avec avantage à l'emploi d'appareils divers, donnant de bons résultats, mais dont les dépenses d'installation et d'entretien sont élevées et hors de la portée de petits centres habités par de modestes cultivateurs et métayers.

Dans les localités où n'existent pas d'égouts, on les remplace par des caniveaux à radier en béton de ciment convergents vers un émissaire à ciel ouvert, élargi vers son terminus sur 8 ou 10 mètres.

Le vide ainsi formé est rempli de cailloux ou de matériaux de démolition de manière à former un lit bactérien percolateur. On dirige les eaux vannes sur la surface de ce lit, au moyen de rigoles tracées à la pioche, et que l'on fait varier de manière à utiliser par étapes entre les bords longitudinaux de l'appareil toute sa surface filtrante.

Les eaux sortent suffisamment épurées de ce système pour être écoulées dans les cours d'eau ou servir aux irrigations.

———

M le Dʳ GAUTREZ.

Faits de propagation de fièvre typhoïde par le lait, observés à Clermont-Ferrand. — M. Gautrez demande à la Section de renouveler le vœu déjà formulé à maintes reprises et repris par M. Arloing dans la séance du 1ᵉʳ août, relativement à la surveillance de la production et de la vente du lait. Il voudrait notamment que les laitiers aient de l'eau pure à proximité de leurs vacheries.

———

M. REY, de Paris.

Nécessité d'éclairer toutes les surfaces sans exception de la chambre habitée; importance de la solution du problème. — M. Rey montre comment se construit la chambre actuelle et l'importance qu'il y a à déterminer une forme réellement rationelle qui améliore considérablement les conditions actuelles. Il établit que les chambres ont le plus souvent seulement le 43 0/0 de leur surface éclairée tandis que le 57 0/0 est peu éclairé ou sombre. M. Rey indique au moyen d'une série de figures la solution du problème de l'éclairage rationnel.

———

M. le Dʳ Gustave RAPPIN, Prof. à l'Éc. de Méd., et **M. VANEY,** de Nantes.

Recherches bactériologiques sur la Diphtérie aviaire. — Sur trente-trois poules atteintes de diphtérie bien caractérisée, MM. Rappin et Vaney ont presque constamment observé, dans les préparations microscopiques, un bacille en tout semblable au bacille de Klebs-Löffler.

L'isolement de ce germe sur sérum est difficile : quatre fois seulement, il a été obtenu, tant dans les fausses membranes que dans l'exsudat des conjonctivites observées.

Les caractères de coloration, de morphologie et de cultures observés sont en tout identiques à ceux du bacille de la diphtérie humaine et tendent à montrer l'identité de ces deux germes.

Les effets de l'inoculation de ces cultures au cobaye sont plus aléatoires, mais chez la poule les auteurs ont pu reproduire par ces inoculations l'apparition de fausses membranes types et les paralysies caractéristiques de cette infection.

A l'appui de cette communication, des photographies (dues à M. Briaudeau, de Nantes), des préparations et aussi des cultures très démonstratives sont présentées à la Section d'Hygiène.

Discussion. — M. ARLOING rappelle qu'il eut à examiner des poules venant d'un petit poste isolé de l'Algérie où la diphtérie sévissait en même temps sur l'homme et sur la volaille.

Ne pouvant méconnaître que des recherches directes avaient établi que la diphtérie des oiseaux relevait d'un organisme autre que le bacille de Löffler, il a pensé que la volaille était capable de contracter la diphtérie de l'homme et de servir d'agent de propagation de l'affection à l'espèce humaine. Cette hypothèse peut se concilier avec beaucoup de faits signalés par les praticiens. La communication nette, précise de MM. Rappin et Vanev lui semble très intéressante.

— Séance du 5 août —

M. Eugène MATHIEU, de Reims.

Abaissement progressif du niveau de la nappe aquifère souterraine de la vallée de la Vesle. — M. E. MATHIEU fait plusieurs communications, qui sont le résumé d'une brochure qu'il distribue aux membres de la Section, et qui montrent cet abaissement progressif et les dangers que l'établissement de certaines usines dans cette vallée peuvent faire courir à la population de Reims, tant au point de vue de la quantité qu'à celui de la qualité d'eau potable distribuée.

M. E.-A. MARTEL, Audit. au Cons. sup. d'Hygiène publique.

Les eaux souterraines de la craie.

M. E. AUREGGIO, anc. Vété. princ.-Insp. de l'Armée.

1° Les fraudes dans l'alimentation carnée des soldats et des populations. — Règlements sanitaires ; et moyens de les réprimer et de les éviter. — L'importance de plus en plus grande que prend le contrôle des viandes, comme toutes les questions d'hygiène, surtout depuis le vote de la loi du 8 janvier 1905 sur l'inspection des tueries et abattoirs en France, explique l'urgence de la répression des fraudes des viandes et l'adoption de l'estampille rouleau, *Gervais de Lyon*, avec numéros et vignettes interchangeables pour éviter le marquage fraduleux de viandes insalubres.

Le meilleur moyen de les éviter est d'indiquer les modes vulgaires employés par les fraudeurs et ensuite de faire connaître les règlements qui répriment ces malhonnêtes actions.

Mais un point essentiel est de créer, comme le veut la loi ci-dessus de 1905, les abattoirs, qui seuls permettent de surveiller la consommation des viandes, dans les plus petites communes comme dans les grandes villes de France. Reims aura bientôt un abattoir modèle grâce à son dévoué maire, M. le député Pozzi et son vétérinaire municipal, M. Rousseau. Angers, Orléans, Nice, Lyon et d'autres villes auront des abattoirs modernes. Les petites villes ont intérêt à s'occuper elles-mêmes de l'édification de leurs abattoirs comme l'a fait Oullins (Rhône).

Le ministre de la Guerre s'efforce actuellement de faire donner par des conférences aux officiers une certaine instruction technique en utilisant les spécialistes vétérinaires militaires et vétérinaires directeurs d'abattoirs.

M. Aureggio a créé des planches murales en couleurs et un Album guide de l'inspection des viandes qui sont très utilement consultés dans les régiments, les services d'abattoirs, les écoles et mairies des communes. (Les 3 planches murales et l'*Album des maladies en couleurs*, par Aureggio, sont édités par Hemmerlé, de Lyon.)

Discussion. — M. ARLOING montre toute l'utilité qu'il y aurait à rendre l'inspection des viandes absolument générale, surtout en ce qui concerne celles à fournir à l'Armée.

2° La Ferrure dans l'antiquité, au moyen âge et jusqu'en 1907. — Cette communication s'adresserait plus avantageusement aux membres des Sections d'Archéologie et d'Agronomie qu'aux membres de la Section d'Hygiène. Aussi l'auteur en fait-il un très court résumé.

M. Aureggio, a fait la description avec dessins à l'appui des spécimens d'appareils et des fers des périodes suivantes :

Première période. — *Grecque et Romaine :* Solea ou hipposandales fixées aux pieds des chevaux avec des courroies, le clou étant inconnu. Ce sont des appareils de pansement pour les pieds usés par la marche, plutôt que des fers protecteurs contre l'usure de la corne.

Deuxième période. — *Celtique :* Le fer celte ondulé sur ses bords au niveau des étampures est attaché au sabot par des clous en clé de violon.

Troisième période. — *Gallo-Romaine :* Les dimensions des fers sont plus fortes que celles des fers celtes et présentent des crampons.

Quatrième période. — *Franque de l'invasion barbare :* Les fers n'ont plus d'ondulations sur les bords et présentent une rainure comme les fers anglais actuels.

Cinquième période. — *Moyen âge :* Les fers larges et lourds avec six à huit étampures rectangulaires ont des rainures et des gros crampons ou des éponges nourries épaisses.

Sixième période. — *Temps modernes :* Les écuyers italiens, à partir du xv° siècle, publient les premières instructions sur la maréchalerie. Elle devient scientifique au xvii° siècle avec Solleysel qui recommande déjà de ne pas *amincir la fourchette* et préconise le fer demi-anglais qui est le fer adopté en 1895 pour notre cavalerie. En 1756, Lafosse préconise les mêmes bons principes qui consistent à faire porter sur le sol la fourchette et les talons ; c'est plus tard le système Charlier et mieux celui de Lavalard-Poret. C'est sur ces excellents principes qu'est appuyée la ferrure rationnelle Aureggio, que les professeurs Peuch et Lesbre préconisent également. (3 tableaux sur les ferrures par Aureggio. Impr. Rey, à Lyon.)

M. le Dr HENROT (de Reims).

Historique des travaux d'alimentation en eau potable de la ville de Reims. — Dans cette communication les réclamations de M. Mathieu se trouvent appuyées et M. HENROT dépose un vœu destiné à parer aux dangers signalés.

VŒU. — La Section adopte le vœu du Dr HENROT.

M. Léon GÉRARD, de Bruxelles.

Purification de l'Eau par l'Ozone.

M. ROUSSEAU, Vétér. mun., Dir. de l'Abattoir de Reims.

Influence de la Cryptorchidie du porc sur les qualités de la viande. — M. ROUSSEAU, a constaté que les porcs cryptorchides dont la viande est odorante, ont des lésions de reins très évidentes. A l'appui de cette affirmation, il apporte des pièces anatomiques et des photographies. Il croit à une infection urineuse par suite d'urémie et propose d'émettre le vœu que les viandes odorantes des porcs cryptorchides soient saisies.

Ce vœu est adopté.

Discussion. — M. le Dr POZZI, maire de Reims, appuie le vœu de M. Rousseau.

M. le D^r Ed. TISON fait remarquer les difficultés de la saisie, parce que les propriétaires ne sont pas indemnisés. Si l'administration donnait une indemnité convenable, les propriétaires des animaux tuberculeux ou malades, ne chercheraient pas à les écouler clandestinement. La santé publique y gagnerait.

M. ARLOING est favorable au vœu de M. Rousseau et indique les différentes façons d'indemniser les propriétaires en cas de saisie. Il insiste surtout sur l'assurance mutuelle.

VŒU. — Un vœu conforme est adopté.

M. AUREGGIO expose ensuite, avec dessins à l'appui, les fraudes qu'il a pu constater dans les fournitures de viandes faites à l'ARMÉE.

M. le Dr Henry GIRARD, Méd.-princ. de la Marine, Chef du Service de Santé, Hôpital Sidi-Abdallah (Tunisie).

1° Notice sur la Bactériologie de l'air des navires de guerre.

2° Sur la ventilation à bord d'un garde-côte cuirassé (Henri-IV).

M. ARLOING, Président de la Section.

Allocution de clôture des travaux de la Section, dans laquelle il fait un appel pressant aux Sociétaires présents pour qu'ils contribuent à rendre le Congrès de 1908 à Clermont-Ferrand aussi brillant que celui de Reims.

COMMUNICATION DE LA COMMISSION D'ENQUÊTE SUR L'ÉVOLUTION DE L'INDIVIDU HUMAIN

(Institut Général Psychologique de Paris) (1).

(Une affiche avait été apposée au Secrétariat général pour annoncer cette communication et inviter particulièrement les membres des Sections de Physique, de Chimie, de Zoologie et de Physiologie, de Médecine, d'Anthropologie, de Pédagogie et d'Éducation, d'Hygiène et Médecine publique, à assister à la réunion fixée au lundi 5 août, à 5 heures.)

Présidence de M. A. GIARD.

La séance est ouverte à 5 heures.

M. le PRÉSIDENT rappelle d'abord la communication qu'il fit, l'année précédente, au Congrès de Lyon, sur l'Institut Général Psychologique, œuvre fondée en 1900, au Congrès International de Psychologie de Paris, et dont le promoteur fut M. Serge Youriévitch, attaché à l'Ambassade de Russie à Paris. Cet Institut est constitué par Groupes d'Étude d'après les rapports de la psychologie avec les différentes sciences. Il fait converger vers un centre commun les divers ordres de recherches intéressant la psychologie.

M. Giard expose que, sur l'initiative de M. Youriévitch, cet Institut a entrepris une œuvre de longue haleine, du plus haut intérêt à la fois théorique et pratique. Il s'agit d'étudier l'individu humain depuis sa naissance, non pas seulement au point de vue psychologique, mais à tous les points de vue qui peuvent éclairer son évolution. Une Commission d'enquête réunissant des savants aux compétences les plus variées a été constituée. M. Charles Henry a tracé, dans une communication faite à la première réunion de la Commission, les grandes lignes et l'esprit général du projet (2). M. Jules Courtier a été chargé de rédiger un plan provisoire d'études, plan qui contient sept chapitres : Bio-mécanique, Bio-physique, Bio-chimie, Psycho-biologie, Psychophysique, Processus mentaux, Éthologie (3).

On aperçoit tout d'abord les difficultés de la tâche : difficulté de trouver des sujets et de les suivre pendant un temps assez long, difficulté de grouper des

---

(1) C'est sous la présidence de M. A. Giard, que s'est constituée à l'Institut Général Psychologique, la Commission d'enquête sur l'Évolution de l'Individu humain.

(2) Voir ci-après, page 528.

(3) Voir ci-après, page 530.

collaborations fidèles et durables assez nombreuses, difficulté de réunir des ressources suffisantes pour des expériences si variées. Il faudrait aussi veiller à ne pas placer les sujets dans des conditions de vie exceptionnelles et factices, en les soustrayant à l'action normale des milieux.

Mais toute entreprise scientifique présente ses complications et ses obstacles. Si l'on s'arrêtait aux objections, on ferait peu de chose. Ce n'est qu'après avoir tenté que l'on peut dire en connaissance de cause si une œuvre est ou non réalisable. L'Institut Général Psychologique, auquel une loterie autorisée par le Gouvernement a assuré un budget stable, a donc décidé de commencer, partiellement et dans la mesure du possible, cette enquête.

L'Institut Général Psychologique a pensé que l'Association Française pour l'Avancement des Sciences, en raison même de son organisation en Sections, embrassant les domaines les plus variés de la science, s'intéresserait à un projet d'une si manifeste importance, et il a voulu le placer sous son patronage.

M. le Président, après cet exposé général, donne la parole à M. Charles HENRY.

M. Charles HENRY marque tout d'abord que ce projet d'enquête sur l'évolution de l'individu humain n'est pas une conception simplement théorique, mais qu'il y a là une idée pratique. La considération suivie d'un individu est essentielle dans un grand nombre de problèmes. Quand on étudie l'évolution avec l'âge d'une propriété physiologique ou psychologique quelconque, on est forcé pour déterminer chaque point de la courbe, d'établir la moyenne des données fournies par un groupe d'individus de même âge pris au hasard. La méthode est défectueuse; car on ignore la valeur de chacune des observations. Si l'on avait, au contraire, un certain nombre de courbes individuelles, on pourrait en toute rigueur construire la courbe moyenne et discuter la valeur de chaque observation.

Le champ d'études embrassé par cette enquête est vaste. Mais si les spécialisations extrêmes sont imposées aux chercheurs par la complication des phénomènes étudiés, ce que ne peut entreprendre un chercheur isolé une collectivité peut le faire.

Quels points aborder dès que l'on aura des sujets ? M. Charles Henry donne quelques exemples : on pourra étudier immédiatement l'évolution du poids et de la taille, puis l'évolution de la force musculaire, avec le dynamomètre totaliseur enregistreur, lequel élimine l'élément douleur ; l'évolution des tissus osseux par l'opacité des os aux rayons X, qui renseigne sur la richesse en phosphate de chaux, et, en général, sur la minéralisation caractéristique très importante en biologie ; les sécrétions, le pouvoir émissif de la peau, etc. Ces exemples prouvent que la tâche, si ardue qu'elle soit, est réalisable pratiquement. On pourrait d'ailleurs entreprendre des études fragmentaires, comme celle de la puberté, sur divers sujets. Cette période étant relativement courte, on constituerait en peu d'années un dossier d'observations.

Le projet d'enquête pourra donc avec les collaborations, les ressources et le temps, donner les importants résultats qu'on doit en attendre.

M. le PRÉSIDENT donne la parole à M. Jules Courtier.

M. Jules COURTIER, après avoir rappelé les divisions du plan d'études, donne des explications sur les moyens pratiques de réalisation du projet.

Où trouver tout d'abord des individus qui seront dévolus dès leur naissance aux observations scientifiques ? A supposer qu'aucune famille ne consente à ce qu'on expérimente sur ses enfants, il semble que l'Assistance publique pourrait désigner pour ces études quelques-uns de ses pupilles. Il existe dans les départements de l'Allier et de la Creuse, des villages entiers peuplés d'enfants assistés, où l'on obtiendrait l'autorisation de faire, en créant les installations nécessaires, des recherches fort variées et sur un nombre de sujets suffisant pour établir des moyennes. Il faudrait seulement que des spécialistes dévoués au progrès de la science consentissent à aller vivre pendant certaines périodes de temps dans ces milieux.

Le programme d'études s'étend de la biologie à la sociologie. On n'a pas la prétention de le réaliser immédiatement dans toutes ses parties. Mais l'on songe à associer à cette œuvre des laboratoires pourvus d'instruments pour les divers ordres de recherches et l'on a déjà recueilli des promesses de collaborations. Un avantage de cette enquête générale sera d'éclairer l'évolution des diverses fonctions, tant physiologiques que psychologiques, en rapprochant les observations prises séparément sur chacune d'elles, et de pouvoir relier dans chaque étude les phénomènes à des antécédents connus dans leurs origines.

Le programme pratique consisterait donc à solliciter de l'Assistance publique l'autorisation d'étudier d'une manière suivie, plusieurs garçons et plusieurs filles dès leur naissance, et de faire, d'autre part, des observations régulières et suivies sur des groupes d'enfants plus âgés. Des personnes, expérimentées, seraient attachées à chaque groupe d'enfants, et tiendraient un journal de la vie de chaque pupille. Des médecins seraient spécialement priés de veiller sur eux. Un Comité serait chargé du classement et de la coordination, ainsi que de la systématisation scientifique de toutes les observations, les collaborateurs conservant le bénéfice, comme la responsabilité de leurs travaux.

La discussion est ouverte. On demande d'abord à quelle section de l'Association se réfère cette enquête.

M. le Président fait observer qu'elle intéresse à la fois de nombreuses sections, ainsi que l'indiquait l'affiche de la réunion, que l'union des compétences les plus variées est précisément requise, pour ces études ; que les observations des physiciens et des chimistes éclaireront celles des biologistes ; celles des physiologistes éclaireront celles des psychologues, qui éclaireront celles des pédagogues, et ainsi de suite. L'originalité de cette enquête réside dans la systématisation des recherches les plus diverses. C'est ainsi qu'on comprendra le lien qui unit entre elles des fonctions apparemment éloignées les unes des autres.

On fait remarquer que l'enquête proposée par l'Institut Général Psychologique dépasse le domaine de la psychologie.

M. Charles Henry répond que la psychologie ne peut se fonder que sur la biologie et la physico-chimie, et que c'est de ces sciences qu'il faut attendre, non seulement les raisons profondes des modifications des facteurs psychologiques, mais aussi leur expression objective, c'est-à-dire, la matière d'une psychologie et même d'une éthologie scientifiques.

On objecte l'étendue du programme. Il est répondu que les recherches seront sériées et que l'on commencera par les plus abordables. En ce qui concerne les sujets, on fera sur eux des observations périodiques, en veillant à ne pas les surmener.

On signale enfin que les méthodes sont loin d'être établies pour les divers ordres d'expérimentation indiqués dans le plan d'études.

M. Courtier signale que la difficulté a été prévue dans le plan même d'organisation. On compte faire sur des groupes d'enfants pris à partir de quatre ans, de sept ans et de dix ans des recherches en vue d'élaborer les meilleures méthodes expérimentales. Quand les enfants observés depuis leur naissance arriveront à ces âges, tout un ensemble d'études sera déjà organisé pour suivre leur évolution. Il y aura également lieu d'unifier les méthodes dans chaque domaine particulier d'expériences, afin que les résultats obtenus par les divers expérimentateurs soient comparables et permettent d'établir des moyennes rigoureuses.

M. le Président résume les débats et invite les savants présents à la réunion à s'intéresser à cette enquête. Il sollicite leur collaboration et les prie d'adresser au secrétariat de l'Institut Général Psychologique (1) toutes les demandes de renseignements qu'ils souhaiteraient avoir et toutes les observations qu'ils jugèraient utile de communiquer.

La séance est levée à 6 heures un quart.

Commission d'Enquête sur l'Évolution de l'Individu humain

(Extrait de la séance du 3 décembre 1906)

1º Projet d'un Bureau international d'Enquête sur l'Évolution de l'Individu humain (2), par M. Charles HENRY.

Il y a quelques jours, M. Youriévitch, dont vous avez tous apprécié la multiple activité et le souci des idées générales, m'entretint d'un projet de constituer une commission d'enquête sur l'évolution de l'individu humain, non point seulement au point de vue psychologique, mais à tous les points de vue qui pourraient éclairer l'évolution psychologique.

Je fus très séduit par cette idée et je lui soumis immédiatement quelques arguments et quelques projets d'étude. Quoique je n'aie point qualité particulière pour développer devant vous son idée, M. Youriévitch m'a demandé de résumer aujourd'hui notre conversation.

Le projet de M. Youriévitch n'est en somme que l'affirmation d'un principe qui est l'idée directrice de toutes les recherches contemporaines : les fonctions psychologiques ne sont au fond que des fonctions physiologiques et celles-ci se confondent avec des actions mécaniques et physico-chimiques. Comme le soutenait déjà Auguste Comte, une psychologie scientifique ne peut se fonder que sur une biologie et sur une physico-chimie raffinées : c'est de ces sciences qu'il faut attendre les raisons profondes des modifications des facteurs psychologiques.

Mais le projet de M. Youriévitch n'est pas seulement une conception théorique : il y a là une idée pratique. Les spécialisations extrêmes sont imposées aux cher-

---

(1) 14, rue de Condé, à Paris.
(2) Les deux extraits suivants sont empruntés au *Bulletin de l'Institut Général Psychologique*, 14, rue de Condé, Paris (VI*).

cheurs par la complication des phénomènes étudiés : tout ce que peut faire un spécialiste, c'est d'avoir des curiosités et des ouvertures plus ou moins grandes sur les sciences d'à côté ; et cependant c'est au rapprochement de doctrines différentes que sont dus les plus grands progrès : l'importance de plus en plus grande de la microbiologie et de la chimie physique est une preuve éclatante de l'utilité des synthèses. Ce que peut difficilement faire un chercheur isolé, une collectivité peut le faire. La Commission d'enquête, en s'adjoignant des mathématiciens, des physiciens, des chimistes et des médecins, ne peut manquer de faire œuvre complexe et féconde.

Dans un grand nombre de problèmes la considération suivie de l'individu est essentielle : elle nous indiquera vraisemblablement des variations brusques et même périodiques où nous sommes enclins, faute de données, à voir des variations régulièrement croissantes.

C'est une banalité de dire que les fonctions psycho-physiologiques dépendent du milieu : or le milieu représenté par les facteurs, pression, température, potentiels électrique et magnétique, lumière, etc., varie périodiquement avec le temps. On ne pourra éclairer cette question qu'en enregistrant, pendant la durée parfois fort longue des périodes, les réactions d'individus.

Quand nous étudions l'évolution, avec l'âge, du poids, de la taille, etc., d'une propriété physiologique quelconque, nous sommes forcés, pour déterminer chaque point de la courbe, de prendre la moyenne des données fournies par un groupe d'individus de même âge pris au hasard. La vie d'un chercheur étant limitée, nous ne pouvons faire autrement. La méthode est défectueuse pourtant, car nous ignorons la valeur de chacune de nos observations ; il a pu se produire chez un individu, sans que nous en soyons avertis, des perturbations systématiques qui diminuent singulièrement le coefficient de précision de son observation. Supposons, au contraire, que nous ayons un grand nombre de courbes individuelles, nous pouvons, en toute rigueur, construire la courbe moyenne et discuter la valeur de chaque observation.

Il va sans dire que l'on devra employer largement la photographie et adopter les appareils enregistreurs fondés sur la photographie aussi exclusivement que possible. On a proposé comme un spectacle profondément attachant, de faire défiler au cinématographe, en quelques minutes, les images successives présentées par un individu durant sa vie entière. La Commission d'enquête est tout indiquée pour recueillir des documents de ce genre : l'élaboration de la bande cinématographique sera instructive, car le nombre d'images nécessaires pour donner l'illusion d'une déformation continue variera suivant l'âge ; les variations, très rapides lors de la puberté, seront très lentes à certaines années de l'âge adulte. A ce propos, une étude complète de la puberté me paraît se recommander particulièrement à l'attention de la Commission ; cette période étant relativement courte, le dossier des observations pourrait être livré au public dans peu d'années.

La Commission devra élaborer un programme d'enquêtes qui sera sans doute plus d'une fois modifié en cours d'exécution. Les sujets qui se présentent immédiatement à l'esprit sont : l'énergie disponible des divers systèmes musculaires, la forme et la vitesse des mouvements, les temps de réaction, le poids, la taille, les dimensions des différents membres, les pouvoirs émissifs de la peau, les mesures spectroscopiques des pigments animaux, la température, la pression sanguine, l'analyse des sécrétions, de l'acide carbonique éliminé, l'étude des colonies microbiennes, l'opacité des os aux rayons X, laquelle nous renseigne sur le phosphate de chaux, la composition du sang, la digestibilité des aliments, normaux ou médicamenteux, les diverses sensibilités, en particulier le goût, et chez le nourrisson, l'odorat, la physionomie reliée aux émotions, les processus mentaux, etc. Plusieurs de ces sujets sont déjà d'ailleurs des articles du programme énergétique d'Ernest Solvay.

Ces études nous conduiront sans doute à préciser diverses constantes psycho-physiologiques, relatives, bien entendu, mais suffisamment indépendantes des perturbations journalières pour pouvoir être considérées comme caractéristiques, d'un individu à un âge et dans des conditions déterminées : dans cette catégorie il faut ranger, semble-t-il, l'opacité des os aux rayons X. Et il sera possible de vérifier, et d'énoncer sous des formes plus générales et plus précises une importante loi de Flourens. : *La durée au bout de laquelle chez un individu d'une espèce donnée une constante psycho-physiologique particulière atteint son maximum est une fraction, la même pour tous les individus de cette espèce, de la durée de sa vie;* plus généralement : *Les équations des courbes d'évolution d'une constante psycho-physiologique de tous les êtres d'une même espèce sont les mêmes, c'est-à-dire ne diffèrent que par la valeur de constantes accidentelles.*

Les difficultés sont nombreuses ; et elles ne sont pas toutes d'ordre technique. il s'agit d'étudier des individus depuis leur naissance jusqu'à leur mort, de les choisir sains et aussi affranchis que possible dé tares héréditaires, de les soumettre à une alimentation rationnelle et à une pédagogie intelligente, d'éclairer leurs pathogenèses et leurs autopsies de toute la documentation journalière de leur vie, de les soustraire aux difficultés matérielles sans perturber trop les conditions ordinaires de notre vie sociale, de compléter ces données en quelque sorte normales par celles que l'on obtiendrait sur des témoins pris dans les milieux sociaux les plus différents, etc. Mais ces difficultés ne sont pas insurmontables. Cette œuvre absorbera plusieurs générations de chercheurs; elle évoque le souvenir des grandes entreprises littéraires des moines d'autrefois ; comme celles-ci, elle exige beaucoup de foi, mais une autre foi, incomparablement plus efficace et plus féconde ; la foi dans le déterminisme des phénomènes psycho-physiologiques, dans la perfectibilité de l'homme, et indirectement, des réactions sociales.

<hr>

2º MOYENS D'ÉTUDES. — PROJET DE PLAN D'ÉTUDES. — PROJET D'ORGANISATION
par M. JULES COURTIER

<hr>

MOYENS D'ÉTUDES

Étudier l'individu humain, depuis sa naissance jusqu'à sa mort, aux points de vue biologique, physiologique et psychologique, telle est la tâche que l'on envisage en proposant la création d'une commission d'enquête sur l'évolution individuelle de l'homme.

Ce projet paraît, à première vue, difficile à réaliser. La multiplicité, l'étendue et la durée des recherches semblent devoir compromettre le succès d'une telle entreprise. Ne peut-elle être cependant menée à bonne fin?

Pourquoi des chercheurs, aux compétences les plus variées, et se succédant au cours des temps, ne s'associeraient-ils pas dans une œuvre commune pour faire sur des individus déterminés, les expériences qu'ils disséminent sur de nombreux sujets? L'action collective pour une étude suivie est-elle donc irréalisable, si un Institut, assuré de l'avenir, se charge de grouper et de coordonner les efforts?

Mais où trouver ces individus dévolus, dès leur naissance, à la science? Quelle famille acceptera de soumettre ses enfants à des recherches si longues et si variées? Quel adolescent, quel adulte consentira à se plier plus tard aux exigences d'une telle destinée? Il y a, certes, là, de réelles difficultés.

Mais il est évident que l'on contracterait des devoirs envers ces « sujets à vie », qu'il faudrait pourvoir, au moins jusqu'à leur majorité, à leur entretien, à leur éducation physique et morale, à leur instruction et les faire bénéficier de la meilleure hygiène. Peut-être même trouveraient-ils dans cette existence spéciale, où les médecins les plus expérimentés et les éducateurs les plus qualifiés veilleraient sur eux, plus d'avantages matériels et intellectuels que dans la vie ordinaire. Et si aucune famille ne voulait adhérer à ce projet, ne pourrait-on l'exposer aux pouvoirs publics, et obtenir de l'Assistance publique qu'elle désigne, pour un but si élevé et si utile au progrès physique et moral de l'humanité, quelques pupilles?

Les connaissances scientifiques, en effet, reposent le plus souvent sur des données statistiques dont les éléments demeurent obscurs, ou sur des observations particulières dans lesquelles on n'arrive à connaître de l'individu que ce qu'il manifeste au cours de l'observation et de l'expérience mêmes. Combien elles seraient plus instructives ces observations et ces expériences, si l'on possédait des documents sur l'évolution individuelle, tant physiologique que psychologique, du sujet! Les phénomènes se relieraient ainsi à des antécédents connus dans leurs origines, et s'éclaireraient par là d'une vive lumière. Quelques études complètes d'évolutions individuelles seraient assurément plus fécondes en résultats que de nombreuses recherches faites sur des sujets dont on ignore le passé.

Qu'embrasseraient donc ces études? Plaçons-nous au point de vue psychologique, puisque tel est le but de nos recherches. La conscience est invariablement liée au fonctionnement du cerveau et du système nerveux, et, par leur intermédiaire, à toute la physiologie des organes et à toutes les fonctions. D'autre part, son complet développement n'est possible que par la vie en société. Le programme s'étend donc de la biologie à la sociologie.

Mais les recherches multiples que comporte un si vaste domaine nécessitent, dira-t-on, des ressources considérables. Si l'on voulait créer de toutes pièces un Institut réunissant d'emblée toutes ces ressources, cela ne serait pas discutable. Il faudrait aussi prévoir pour cette fondation une longue période de temps, qui retarderait l'exécution des projets élaborés. Mais ne peut-on associer à cette œuvre des laboratoires existants, déjà pourvus d'instruments pour les divers ordres de recherches? Cela serait d'autant plus favorable qu'il est impossible de déranger les savants les plus compétents en chaque matière, en leur demandant de venir expérimenter à heure fixe dans un endroit spécial. Leurs moments sont trop occupés. Mais on peut espérer leur concours, en les priant de faire certaines expériences dans leurs propres laboratoires, à des heures qu'ils fixeraient eux-mêmes. On pourrait, selon les cas, et si des ressources particulières venaient à le permettre, rétribuer dans ces laboratoires des assistants chargés de poursuivre des recherches déterminées, et compléter au besoin le matériel par l'achat de quelques appareils indispensables pour ces études.

Les objections que soulevait au premier abord un tel projet ne sont donc pas irréfutables.

Et l'on est ainsi amené à faire un plan d'expériences réalisables dans les différents laboratoires.

PROJET DE PLAN GÉNÉRAL D'ÉTUDES SUR L'ÉVOLUTION PSYCHO-PHYSIOLOGIQUE DES INDIVIDUS HUMAINS

I. — BIO-MÉCANIQUE. — II. — BIO-PHYSIQUE. — III. — BIO-CHIMIE. IV. — PSYCHO-BIOLOGIE. — V. — PSYCHO-PHYSIQUE. — VI. — PROCESSUS MENTAUX. VII. — ÉTHOLOGIE.

Observations sur l'évolution physiologique et psychologique des individus, poursuivies à des intervalles réguliers, variant selon la nature des recherches, aux différents âges : naissance, première et seconde enfances, adolescence, puberté, jeunesse, âge mûr, vieillesse.

Enquête, si possible, sur les ascendants, et inductions sur l'hérédité des sujets.

I. — BIO-MÉCANIQUE.

1° FONCTIONS PHYSIOLOGIQUES. — RESPIRATION. — Rythmes des actes respiratoires. Types respiratoires. Étude des graphiques.

CIRCULATION. — Examen du cœur. Cardiogrammes. Pouls. Pression artérielle. Sphygmogrammes. Pléthysmographie. Étude des graphiques.

DIGESTION. — Succion. Mastication. Déglutition, etc.

(*Ultérieurement.*) REPRODUCTION.

2° MOUVEMENTS RÉFLEXES. — Tonicité des muscles. Fonctionnement des sphincters. Réflexes tendineux, cutanés, vaso-moteurs.

3° ÉDUCATION DES ATTITUDES. — Passage de la position couchée à la position assise ; de la position assise à la position debout, etc. Station droite : équilibre ; vacillement du corps, etc.

4° ÉDUCATION DES MOUVEMENTS. — Bilatéralité des mouvements des membres. Unilatéralité. Mouvements des parties du corps et des segments des membres : tête, tronc ; bras et mains ; jambes et pieds. Rotation, pronation, supination, flexion, extension.

PRÉHENSION. Opposition du pouce aux autres doigts, etc.

Écriture. Dessin. Instruments de musique, etc.

LOCOMOTION. Pas, marche, démarche, course, saut.

PHONATION. Émission des sons, des voyelles et des consonnes. Phonèmes. Chant. Étendue et timbre de la voix aux différents âges, etc.

5° ÉDUCATION DE L'EFFORT. — Coordination, précision, vitesse, rythme, adresse des mouvements ; à droite, à gauche.

DYNAMOGRAPHIE : Démarrage, effort maximum, décroissance de l'effort.

6° EXPRESSION DES ÉMOTIONS.

7° TROUBLES DE LA MOTILITÉ, DU LANGAGE, DE L'ÉCRITURE, ETC. Méthode graphique. Photographie. Cinématographie. Enregistrements photographiques.

II. — Bio-Physique.

1° Poids, taille, surface, volume, densité moyenne du corps aux différents âges. Mensurations anthropométriques. Empreintes de la peau. Capacité au spiromètre. Opacité des os aux rayons X. Physionomie. Photographies.

2° Chaleur animale. — Thermométrie buccale, axillaire, rectale. Courbes nycthémérales de température.

Calorimétrie. — Production de chaleur à l'état de travail et de repos relatif. Chaleur rayonnante de la peau.

3° Hygrométrie. — Émission cutanée de vapeur d'eau.

4° Électricité biologique. — Potentiel cutané. Résistance des tissus. Production d'électricité, etc.

5° Lumière. — Pouvoir émissif de la peau, etc.

6° Évolution des Pigments et des colorations du système pileux et de la peau.

7° Action des diverses gammes de vibrations sur les tissus, le système nerveux et les fonctions physiologiques : haute fréquence, courants électro-muscaux, etc.

III. — Bio-Chimie.

1° Nutrition. — Régimes alimentaires. Ration d'entretien. Chimie intestinale. Analyse des fèces.

2° Sécrétions. — Examen organoleptique, chimique et microscopique des urines. Rapports urologiques aux différents âges. Toxicité, cryoscopie des urines. — Salive : réactions chimiques de la salive. — Sueur : analyse chimique ; toxicité. — Sécrétion lacrymale, sébacée. Sécrétion du mucus.

3° Respiration. — Quotient respiratoire. Ionisation des gaz expirés (?).

4° Circulation. — Analyse du sang. Proportion des globules rouges et blancs, etc.

5° Colonies microbiennes, etc.

IV. — Psycho-Biologie.

1° Influence des conditions météorologiques : pression et électricité atmosphériques, température, état hygrométrique de l'air, magnétisme terrestre, longueurs relatives des jours et des nuits; saisons, climats, etc.

2° Influence de l'age et de la sexualité (première et seconde enfances, adolescence, puberté, jeunesse, âge mûr, retour d'âge, vieillesse) sur les diverses fonctions physiologiques.

3° Influence de l'état de santé et de maladie.

4° Sensations coenesthésiques liées aux fonctions physiologiques. Besoins : faim, soif, respiration, reproduction, etc.

5° Affectivité et émotions, leur retentissement sur la circulation, la respiration, la digestion, l'assimilation, les sécrétions, la fonction de reproduction. Troubles viscéraux, etc.

6° Travail physique et intellectuel. Fatigue. Effets sur la respiration, la circulation, l'assimilation, les sécrétions, etc.

7° Sommeil.

8° Hypnose. Somnambulisme, etc.

V. — PSYCHO-PHYSIQUE.

I. — TOUCHER :: 1° *Sensations et perceptions tactiles,* simultanées, successives : peau, muqueuses.

Esthésiométrie. Cercles de Weber. Minima perceptibles. Degrés, durée, localisation des sensations. Sensibilité différentielle. — Sensations de pression, de traction, de chatouillement. — Plaisir. Douleur.

2° *Sensations thermiques :* Chaleur, froid, brûlure. Topographie des points de localisation des sensations thermiques. Minima perceptibles. Degrés, durée. Sensibilité différentielle. — Plaisir. Douleur.

3° *Sensations musculaires, articulaires, osseuses :* sensations de la tonicité musculaire, des contractions, de la position des membres, de l'amplitude et du rythme des mouvements. — Sensations de résistance, de poids. — Plaisir. Douleur.

4° *Sensations électriques :* effluves statiques, courants galvaniques, faradiques, etc.

5° *Sensibilités particulières,* aux métaux, aux aimants, etc.

Anomalies et pathologie. — Anesthésies, hypoesthésies, hyperesthésies, paresthésies, analgésies, etc.

II. — GOÛT : Examen de l'organe. Sensibilité aux saveurs salées, sucrées, acides, amères ; — aux différents âges.

Minima perceptibles. Degrés, durée, localisation des sensations. Sensibilité différentielle. — Sensations agréables, désagréables. Variations avec l'âge.

Sensations associées : olfactives, tactiles, musculaires, thermiques.

Anomalies et pathologie.

III. — ODORAT : Examen de l'organe. Sensibilité aux odeurs aromatiques, fragrantes, ambrosiaques, alliacées, fétides, vireuses, nauséeuses ; — à droite, à gauche ; — aux différents âges.

Minima perceptibles. Degrés, durée, localisation des sensations. Sensibilité différentielle. — Sensations agréables, désagréables. Variations avec l'âge.

Sensations associées : tactiles, musculaires, gustatives.

Anomalies et pathologie.

IV. — AUDITION : Examen des organes. Sensations et perceptions des bruits, des sons ; — à droite, à gauche ; — aux différents âges.

Perception de l'intensité des sons. Minima perceptibles. Degrés, durée. — Sensibilité différentielle. — Acuité auditive. — Plaisir. Douleur.

Sensibilité à la hauteur des sons. Sensibilité aux timbres. Sons simultanés. Sensations agréables, désagréables. Perception de la mélodie et de l'harmonie. Durée des perceptions. — Perception de la direction et localisation des sons.

Anomalies et pathologie.

V. — VISION. — Examen des organes. Sensations et perceptions visuelles ; — à droite, à gauche ; — aux différents âges.

1° *Lumière :* distinction du clair et de l'obscur. Perception des intensités lumineuses. Minima perceptibles. Degrés, durée. Sensibilité différentielle. Images entoptiques. — Harmonies de lumière. — Plaisir. Douleur.

2° *Couleurs :* perception, distinction et dénomination correcte des couleurs. Topographie rétinienne. Minima perceptibles. Sensibilité aux degrés de saturation des couleurs. Sensibilité différentielle. — Harmonies de couleurs. Sensations agréables, désagréables. — Nature et durée des images consécutives. Couleurs complémentaires, etc.

3° Formes : association de la vue avec le toucher et le sens musculaire.

Réflexe palpébral, clignement, réflexe pupillaire. Sensibilité propre de la pupille. Asymétrie première et coordination graduelle des mouvements des globes oculaires. Convergence. Perception de surface. Accommodation aux différentes distances. Perception de la troisième dimension. Champ du regard, champ visuel. Localisation des perceptions visuelles. Évaluation des distances. Connaissance de la transparence, etc. — Vision monoculaire; vision binoculaire.

Acuité visuelle. — Illusions visuelles. — Harmonies de formes. — Perceptions agréables, désagréables.

Anomalies et pathologie.

VI. — Sens de l'équilibre et de l'orientation.

VII. — Sens du temps.

VIII. — Psychométrie. — Temps de réaction aux diverses sensations; temps de discernement, d'association des idées, etc.

IX. — Troubles de la sensibilité. — Hallucinations, etc.

VI. — Processus Mentaux.

Notation détaillée des circonstances de toute nature pouvant influer sur l'orientation et le développement des facultés intellectuelles.

Éducation des perceptions. — Adaptations sensorielles.

Pouvoir croissant de l'attention, de la réflexion. Distinction de soi-même d'avec ses semblables et les objets du monde extérieur.

Introspection.

Évolution de la mémoire. — Mesure des progrès avec l'âge des capacités de fixation, de reproduction, de reconnaissance, de localisation dans le passé, des images et des souvenirs. Mémoires prépondérantes : visuelle, auditive, motrice, etc. Régression de la mémoire. Amnésies, paramnésies.

Évolution de l'association des idées, homo et hétéro-sensorielles, par analogie et ressemblance, par contiguïté dans l'espace et dans le temps, par contraste, par coordination, subordination et surordination. Associations de qualité à objet, de contenant à contenu, de principe à conséquence, et réciproquement, etc. Associations médiates, etc. Constitution d'associations stables.

Évolution de l'imagination. — Quantité, intensité, durée, systématisation croissante des images. Imagination pratique, combinatoire, mécanique, plastique, etc. Imagination créatrice. — Sens esthétique.

Acquisition graduelle du langage. — Emploi des mots. Précision croissante de leur signification.

Formation des idées abstraites et des idées générales. — Évolution des facultés logiques. Passage des représentations vagues des représentations définies. Exactitude croissante de la connaissance de l'extension et de la compréhension des termes; des jugements et des raisonnements, des comparaisons, classifications, déductions et inductions, etc.

RÊVES.

Aptitudes et capacités intellectuelles, artistiques, etc.

Instruction générale.

Développement des idées philosophiques, littéraires, artistiques, etc.

TROUBLES DE L'INTELLIGENCE.

VII. — ÉTHOLOGIE.

Notation détaillée des circonstances de toute nature pouvant influer sur l'orientation et le développement des tendances, des habitudes, des sentiments, du caractère, de la volonté, de la conduite.

Tempérament et états physiologiques. Quantité d'énergie disponible. Variations sous l'influence de l'âge, de l'état de santé ou de maladie, etc.

AFFECTIVITÉ ET SENSIBILITÉ. — Plaisirs et peines. Goûts et dégoûts. Penchants, inclinations, sentiments, passions.

ÉMOTIVITÉ. — Émotions prédominantes, dépressives ou sthéniques. Mémoire affective.

FORMATION DU CARACTÈRE. — Lignes prédominantes. Évolution du caractère avec l'âge.

Acquisition des habitudes. Automatismes.

Éducation des sentiments et de la volonté. Constitution de la personnalité. Responsabilité. Équilibre des facultés.

MOBILES PRÉDOMINANTS DES ACTES. — Tendances égoïstes, hédonistes, utilitaristes, altruistes, esthétiques, religieuses, mystiques, etc.

CONDUITE :

Conduite de l'enfant envers les objets, les animaux ; envers les condisciples et les camarades, les maîtres, la famille.

Le travail physique et intellectuel. Les jeux.

Époque de la puberté. Appétit et sentiments. Retentissement sur le caractère, la mentalité, la volonté et la conduite.

Conduite de l'adulte en société dans la vie pratique ; sous l'influence du choix de la carrière, du service militaire, des événements favorables ou nuisibles, de l'état politique, du célibat ou du mariage, etc. Mœurs aux différents âges. — Sentiments moraux et sociaux, etc.

INFLUENCE DES MILIEUX. — Imitation. Suggestibilité. Contagion mentale.

CRIMINALITÉ.

TROUBLES MENTAUX. — Pathologie de la sensibilité, de la volonté, de la personnalité.

PROJET D'ORGANISATION

(Programme subordonné aux moyens et ressources.)

Solliciter l'autorisation d'étudier d'une manière suivie, aux points de vue physiologique et psychologique, trois garçons et trois filles, dès leur naissance (groupe A_0).

Demander, si des ressources assurées le permettent, la même autorisation d'études suivies sur deux garçons et deux filles de quatre ans, de sept ans, de dix ans (groupes A_4, A_7, A_{10}).

Ce serait dans ce cas sur dix-huit sujets que l'on commencerait les études. Les recherches faites sur les groupes d'enfants de quatre à dix ans et plus permettraient d'élaborer les meilleures méthodes expérimentales. Quand les enfants du groupe A_0 arriveraient à quatre ans, tout un ensemble d'études serait déjà organisé pour les suivre au progrès de l'âge.

Quand les enfants du groupe A_0 auraient quatre ans ou plus, redemander trois garçons et trois filles (groupe B). Quand les enfants du groupe B auraient quatre ans ou plus, demander à nouveau trois garçons et trois filles (groupe C), etc.

Il serait nécessaire que des personnes intelligentes et expérimentées fussent s pécialement attachées à chaque groupe de zéro à quatre ans, de quatre ans à dix ans, de dix ans à seize ans; afin d'acquérir des compétences particulières -dans l'observation des enfants de tel à tel âge.

Ces personnes tiendraient un journal de la vie de chaque pupille.

Un médecin serait spécialement chargé de veiller sur la santé de ces pupilles.

Office du Comité exécutif. — 1º Le Comité exécutif serait chargé du plan général et de la coordination des travaux.

Il se mettrait en rapport avec les directeurs des laboratoires pour solliciter leur collaboration sur tel point particulier. Il réglerait d'accord avec eux les jours et heures où les enfants leur seraient conduits, etc.

Le personnel attaché aux enfants serait sous sa direction et son contrôle.

2º Il classerait les recherches. Les notes d'expériences relevées par les divers collaborateurs lui seraient périodiquement remises. Il tiendrait des archives pour chaque enfant. Une classification décimale permettrait de collationner les études du même ordre pour la comparaison des résultats obtenus sur les divers sujets.

3º Il serait enfin chargé, sous sa responsabilité, de la systématisation scientifique, de toutes les observations sur l'évolution des individus (les collaborateurs conservant l'entière responsabilité de leurs observations) et de la rédaction des rapports, qui seraient soumis à l'approbation du Bureau avec leur publication.

Sous-Section.

ARCHÉOLOGIE

PRÉSIDENT . . . . M. HENRI JADART, Conserv. du Musée, memb. de l'Acad. de Reims.
SECRÉTAIRE. . . . . M. LOUIS DEMAISON, Archiv. de la Ville, memb. de l'Acad. de Reims.

— Séance du 1er août —

ALLOCUTION DE M. HENRI JADART
Président de la Section.

M. JADART annonce que M. le Dr Guelliot, président de la Section d'Anthropologie, s'offre à conduire les membres de la Section à Châlons-sur-Marne, pour visiter les collections de M. Schmit, et à Cernay-lès-Reims, pour visiter celles de M. Bosteaux. Mardi matin, M. Jules Orblin doit fouiller des sépultures gallo-romaines en présence des membres du Congrès.

M. Jadart donne ensuite des renseignements sur la fixation de l'ordre du jour, et sur les communications qui auront lieu à la séance.

Réunion des Sections d'Archéologie et d'Anthropologie.
(Voir page 272).

M. l'abbé Louis LALLEMENT, Curé de Moiremont, par La Neuville-au-Pont (Marne).

La Crypte de Moiremont. — A une lieue de Sainte-Menehould se trouve le pittoresque village de Moiremont, jadis célèbre par son abbaye fondée au VIIIe siècle, ruinée successivement par les Normands, les Hongrois, les seigneurs d'alentour, et restaurée en 1074, par Manassès, archevêque de Reims. La Révolution porta le dernier coup à cette abbaye, qui n'a plus comme souvenir de son antique splendeur que l'église (XIIe et XIVe siècles) et une crypte mise à jour en 1898. Nommé curé de Moiremont en août 1897, et n'ayant pu consulter les archives départementales, je n'avais qu'une idée vague sur l'emplacement et l'existence de la crypte. Je fouillais secrètement sous le maître-autel et en plusieurs endroits du chœur et du sanctuaire. De voûtes point, mais des piliers romans au chevet de l'église, à droite et à gauche du sanctuaire, des bas-reliefs, des vestiges de fenêtres romanes, des carreaux vernissés et historiés, enfin, entre les piliers romans du chevet de l'église, un superbe baldaquin Renaissance, relevé par des anges. Avec mes seules ressources je ne pouvais songer à déblayer entièrement la crypte toujours existante, mais privée de voûtes ; je me contentais de consolider le chevet de l'église par des contreforts en pierre meulière, et de laisser à jour le baldaquin relevé par des anges, et les piliers romans placés à droite et à gauche du baldaquin, le tout comprenant un espace raisonnable où l'on descend par un escalier. Une grille placée le long de l'escalier laisse voir un autre pilier roman et fait constater aux visiteurs que la crypte s'étend plus loin. La crypte fut édifiée à la fin du xie siècle (1183-1188) par l'abbé Hugues ; elle était fort belle, nous disent Mabillon et Dom Calmet. Ce fut le sanctuaire vénéré de Notre-Dame des Grottes, où les fidèles apportaient des fondations et des offrandes, où les moines prononçaient leurs vœux, et que les Papes enrichirent d'indulgences. Thomas de Braux, abbé commendataire de Moiremont, sut donner à cette chapelle souterraine un nouvel éclat ; ce fut lui qui, en 1646, fit élever le baldaquin soutenu par des anges et qui plaça sous ce baldaquin une belle peinture de la Vierge Mère. Le souterrain devait disparaître au commencement du xviiie siècle, sous le prieur Dom Benoit Vaillant. Durant les deux sièges de Sainte-Menehould (1652-1653) les moines de Sainte-Menehould virent leur couvent et leur église saccagés et brûlés, le village mis au pillage. Une nouvelle maison conventuelle s'imposait ; ce fut sa construction qui entraîna la disparition de la crypte. On descendit le niveau du chœur et du sanctuaire pour entrer de plain pied dans le couvent. Il fallait pour cela rompre les voûtes de la crypte, ce qui eut lieu en septembre 1731. Depuis 1898, rien ne nouveau, mais avec des ressources relativement peu considérables le déblai pourrait s'effectuer facilement et l'on aurait une reconstitution très intéressante. La crypte ne formerait plus de grottes puisque le niveau actuel du chœur et du sanctuaire ne le permet pas, mais en plaçant un plafond de genre moyen âge sur les vieux piliers, on aurait une chapelle souterraine toujours curieuse par les souvenirs religieux, historiques et archéologiques, qui s'y rattachent.

———

M. A. HAUDECŒUR, Memb. titul. de l'Acad. de Reims, Curé de Pouillon (Marne).

Les églises dépendant de l'abbaye de Saint-Rémi de Reims, au point de vue archéologique. — La plupart des églises dépendant de l'abbaye de Saint-Rémi de Reims datent de la période qui vit l'épanouissement de la vie religieuse et monastique, c'est-à-dire la fin du xie siècle et le cours du xiie siècle. Alors, l'abbaye de Saint-Rémi avait des possessions nombreuses, et elle fut amenée à bâtir des églises pour les populations qui y vivaient. Ces églises ont beaucoup de caractères communs et paraissent procéder de quelques types seulement de construction. L'auteur donne une liste de ces églises en en faisant connaître des particularités et les points les plus curieux.

———

— Séance du 2 août —

VISITE AU MUSÉE

M. Henri JADART, président, invite les membres de la Section d'Archéologie à visiter, mardi matin, le Musée archéologique de la ville.

M. Henri JADART, à Reims.

Découvertes archéologiques faites au profit du Musée de Reims depuis quinze ans (1893-1907). — Le Musée archéologique de Reims, dont les premières collections remontent à 1835, s'est enrichi surtout depuis une trentaine d'années par les dons de MM. Frédéric Moreau, Léon Foucher, et surtout par le legs Duquénelle en 1883. Mais il manquait au Musée un fouilleur spécial, recherchant pour lui exclusivement les richesses des sépultures locales. Cet avantage lui a été assuré, depuis 1893, à la suite du don de la collection Théophile Habert, de Troyes ; une fondation de ce donateur et le budget de la ville lui assurent le produit des découvertes de son gardien, Jules Orblin. Plus de quatre mille objets antiques sont venus par cette voie, ou par celle des dons et achats, enrichir, depuis quinze ans, ses séries de tous les âges depuis l'époque préhistorique jusqu'au moyen âge.

M. Louis DEMAISON, à Reims.

Souterrains de refuge du pays rémois. — M. DEMAISON fait connaître plusieurs souterrains de refuge qui ont été découverts dans le pays de Reims. Une allusion d'un chanoine rémois du xviiie siècle, Jean Lacourt, à « un ancien cimetière fait en catacombe », qui aurait existé à Châlons-sur-Vesle, semble se rapporter vaguement à un souterrain qui a été de nouveau exploré en cette localité au mois de janvier 1881. Ces souterrains sont du reste nombreux en Champagne, et l'on en trouve en beaucoup de nos villages. M. Demaison en décrit un fort curieux qui existe à Reims dans le voisinage des boulevards Gerbert et Pommery. Il discute ensuite la date qu'il convient d'attribuer à ces refuges. Contrairement à l'opinion qui fait remonter certains d'entre eux aux temps néolithiques, il pense qu'ils ne sont pas, en général, antérieurs au moyen âge. Les objets qui y ont été parfois recueillis, prouvent qu'ils ont été fréquentés à une époque relativement peu ancienne.

Discussion. — M. l'abbé LALLEMENT signale à Gratreuil-en-Dormois l'existence d'un souterrain de refuge analogue à ceux qu'a étudiés M. Demaison.

M. le Dr LAMIABLE en mentionne un semblable aux environs de Château-Porcien.

M. Alphonse GOSSET, à Reims.

Parallèle des coupes transversales des Cathédrales de Reims, Amiens, Beauvais, etc. — Conférence appuyée sur de nombreux plans et dessins ; étude sur les caractères généraux des monuments gothiques, avec explications de leur merveilleux essor au moyen âge ; depuis, l'art gothique a perdu sa splendeur avec son esthétique. L'aspiration au ciel *(ad cœlum)*, caractérisée par le mouvement ascensionnel des lignes de l'Architecture (la prédominance des verticales). C'est cet oubli du spiritualisme, qui a empêché qu'il ne retrouve sa grandeur. On a copié ses formes, mais oublié que c'est l'esprit qui anime la matière. *(Mens agitat molem, dit Virgile.)*

———

Visite de l'église Saint-Remi et du Musée lapidaire à l'Hôpital Civil.

———

— Séance du 5 août —

Visite de la Cathédrale.

———

— Séance du 6 août —

Feu Ad. GADOT, de Paris.

Dans les ténèbres de l'Humanité. — *Hypothèse scientifique sur l'origine de la Coudée sacrée des Égyptiens.* — L'origine des mesures égyptiennes remonte à Osiris, l'Adam biblique… Leur invention est rapportée à *Thoth*, dieu des sciences et des arts ; le *Mercure* de Grecs ; ici encore, « Père des sciences et des arts ».

Les tombeaux de Thoth et d'Osiris ont été découverts par nos zélés égyptologues, il y a déjà quelques années.

Jusque-là, l'existence problématique de Thoth et d'Osiris était du domaine de la Préhistoire. —*Dans les ténèbres de l'Humanité.*

C'était au temps où l'Égypte était gouvernée par les dieux, selon les plus lointaines légendes de ce pays, reconstituées, comme son histoire, dans l'interprétation des mystérieux hiéroglyphes de ses monuments, de ses tombeaux.

Dans nos travaux de près d'un demi-siècle sur les mesures, après avoir effectué nos découvertes métrologiques, celle des véritables unités *physiques*, autrement dit « naturelles » ; après avoir tout lu, ou à peu près, de ce qui fut écrit sur les mesures, nous ne pûmes mieux faire, à notre sens, pour compléter notre œuvre et pouvoir écrire le mot *fin* à la Métrologie rationnelle que nous croyons avoir édifiée sur les obscurités du passé, que de rechercher l'origine de la *Coudée royale* ou *sacrée*, mesure des dieux, objet inviolable du culte même, chez les Égyptiens, comme chez les Hébreux ; ici, la même mesure, coudée du *sanctuaire* (le « Saint des Saints »), du *tabernacle* — qui contient Dieu, *Jehovah*, aux yeux des Hébreux — y renfermée ; son profanateur, comme en Égypte, puni de mort.

La coudée, peut-être la *baguette* magique de Moïse...

La coudée sacrée égyptienne, mère de toutes les mesures de l'antiquité, venue jusqu'à nous dans la *toise*, dérivée de la coudée.

Nous savons que l'Égypte fût un foyer rayonnant de lumière, où allèrent s'instruire en *sagesse* tous les grands hommes du monde ancien ; fut le berceau de la civilisation et l'initiatrice de tous les peuples dans les sciences et les arts.

La coudée, selon nous, ne pouvait être qu'un instrument précieux — nous allions dire *divin*, dans sa perfection physique — de science.

Ce qu'elle est, effectivement, si notre démonstration est fondée, établie sur des *chiffres*.

Abolissant l'obscure et grossière croyance en la coudée, mesure corporelle même, nous croyons là avoir pénétré son mystère, jusqu'ici inviolé ; son secret emporté dans la tombe avec le dernier Grand-Prêtre égyptien, ou Roi hébreu, peut-être seuls à le posséder ; et qui, en dehors d'eux — de la caste sacerdotale égyptienne, si l'on veut, et du Grand-Prêtre des Hébreux, initiés à ce secret — pesait sur l'esprit humain — l'esprit scientifique — depuis plus de dix mille ans.

———

M. **Émile RIVIÈRE**, Direc. à l'Ec. des Hautes-Études au Collège de France, à Paris.

Documents nouveaux relatifs à la ville de Reims au XVIe siècle. — Les recherches que je poursuis depuis un an sur la *Médecine à Paris et ses praticiens (médecins et barbiers-chirurgiens) au XVIe siècle*, ainsi que sur les *Apothicaires parisiens* à la même époque, m'ayant fait découvrir, au milieu de plusieurs milliers de pièces, un certain nombre de documents sur la ville de Reims, des membres de son haut clergé, des magistrats et quelques-uns de ses habitants au seizième siècle, notamment sur le *Cardinal de Lorraine* et *Robert de Lenoncourt*, tous deux archevêques, ducs de Reims, j'ai pensé qu'il ne serait peut-être pas sans intérêt de les communiquer à la Section d'Archéologie, sans vouloir cependant leur attribuer plus d'importance qu'ils ne comportent.

A défaut du Mémoire que j'ai rédigé sur ce sujet, et que j'aurais lu dans cette séance, si je n'avais été retenu à Paris par ma santé, en voici une analyse succincte.

Il s'agit tout d'abord de *Charles de Guise*, cardinal de Lorraine, qui, dès l'âge de quinze ans, portait le titre d'archevêque, duc de Reims. Les documents qui se rapportent directement ou indirectement à sa « haulte et puissante » personne sont au nombre de *vingt-neuf*, dont *onze* figurent dans les Registres du Châtelet de Paris.

Le premier de ceux-ci, daté du 11 décembre 1540, concerne son écuyer tranchant *Jean de Charpentier*, « escuier demourant à Charrasson », propriétaire du fief des Tessonnières, dans l'Indre.

Le second est un acte de donation d'une maison « assise à Paris, rue de la Serpente », par le cardinal de Lorraine, archevêque et duc de Reims, à *Pierre Mareau*, banquier suivant la cour du « Roy » (1543).

Le troisième est le contrat de mariage, à la date du 5 mars 1544, de *Jacques Hamel* « mareschal de mons^r le reverendissime cardinal de Lorraine ».

Le quatrième est relatif à *Jérôme de Béaquis*, conseiller, trésorier et receveur général du Cardinal de Lorraine, en 1547.

Le cinquième parle de *Nicole le Clerc*, doyen de la Faculté de Théologie de Paris, curé de Saint-André-des-Arts, lequel « a suivy et s'est employé au service du cardinal de Lorraine et de Messieurs ses freres durant leurs *(sic)* jeunesses » (1547).

Le sixième et le septième se rapportent à *Pierre du Ru*, tapissier du cardinal, en 1552.

Le huitième est encore un contrat de mariage, celui de *Jehan Vaucquet*, valet de chambre de l'archevêque de Reims; il porte la date du 6 février 1552.

Le neuvième document, le plus important de tous ceux que nous avons trouvés concernant *Charles de Lorraine*, est un acte de donation, par lequel *Antoine Sanguin*, cardinal de Meudon, archevêque de Toulouse, grand aumônier de France, etc., donne à *Charles*, cardinal de Lorraine, archevêque et duc de Reims, pair de France, ses droits sur les fief, château, parc, terre, justice et seigneurie de Meudon. Il est daté du 19 décembre 1552.

Mais cette donation est modifiée trois semaines plus tard, par un acte du 11 janvier 1553, — dixième document — qui nous montre le susdit archevêque et duc de Reims cédant, à son tour, à son donateur, *Antoine Sanguin*, l'usufruit des propriétés de Meudon ci-dessus indiquées.

Enfin, la pièce onzième et dernière est encore un acte de donation de *Jean Brinon*, conseiller *en* Parlement, seigneur d'Auteuil (1) et autres lieux, à l'archevêque, duc de Reims, de plusieurs seigneuries et de propriétés considérables, aux environs de Paris, voire même d'une maison sise à Paris, « l'ostel de Laval ». Cette pièce est datée du 17 juin 1553.

Parmi les autres documents, très nombreux aussi, nous citerons :

1° Ceux qui concernent plusieurs membres de la famille de Lenoncourt : 1° *Robert de Lenoncourt* qui, après avoir été archevêque de Tours, devint archevêque, duc de Reims; il mourut en 1531; 2° *Robert de Lenoncourt*, neveu du précédent, cardinal, évêque et comte de Châlons, abbé de Saint-Remy de Reims, mort en 1561 ; 3° *Philippe de Lenoncourt*, neveu de l'évêque de Châlons, cardinal également et archevêque, duc de Reims, en 1589;

2° Plusieurs actes relatifs à *François de Bourdon*, prieur de Saint-Jean-en-l'Ile, commandeur du temple de Reims, et à *Jean de Bourdon*, chanoine de Reims et commandeur aussi du susdit temple de Reims (1524 à 1527) ;

3° Deux pièces nous faisant connaître le nom de deux autres chanoines de Reims : *Robert Thiboust*, seigneur de Sainte-Anne et curé de Lévis au diocèse d'Auxerre (1541-1543), et *Jean Cenami* (1544) ;

4° Un acte de donation de *Denis Rochereau*, « escuier », seigneur du fief de la Grand-Pierre (près Épernay), etc., « prevost pour le Roy » à Reims, en 1552;

5° Trois actes encore nous parlant de *Oudart Grimault*, greffier de Reims « en Champaigne », contrôleur et clerc des offices du duc d'Orléans, en 1542;

6° Onze pièces concernant des habitants de la ville de Reims ou de ses environs, dont nous avons relevé les noms, les uns marchands bourgeois de Reims ; les autres marchand drapier, tonnelier, menuisier, apprenti menuisier; d'autres encore meunier, « practicien », etc. ;

7° Trois documents relatifs : l'un à la succession de *Jehan de La Fontaine*,

____

(1) *Auteuil*, canton de Monfort-l'Amaury et non Auteuil-Paris.

jeuné, « demourant » à Reims, il porte la date de 1537 ; le second au contrat de mariage d'*Esme Le Clerc*, de Reims, « jeune compaignon à marier », en 1543 ; le troisième à *Madeleine du Moulin*, religieuse à l'abbaye de Saint-Pierre-les-Dames de Reims, en 1551 ;

8° Enfin, nous citerons un acte où il est parlé de « lectres de couronne » données à Reims le 22 avril 1518, signées *Loco domini secretarii, Mouzon»* et scellées sur simple queue en cire rouge..

En résumé, les documents, *tous nouveaux*, que nous avons analysés ou reproduits en partie dans notre travail, en ayant soin d'indiquer la provenance et la date exacte de chacun d'eux, sont au nombre de *plus de cent vingt*. Ils appartiennent tous à la période du seizième siècle comprise entre 1518 et 1577.

M. Henri JADART.

Le Répertoire archéologique de l'arrondissement de Reims. — Commencé par l'Académie de Reims en 1885, il en a été déjà publié cinq volumes descriptifs des monuments et des œuvres d'art de la ville de Reims, des cantons ruraux de Reims, et des cantons d'Ay et de Beine. Le travail est en cours de préparation pour le canton de Bourgogne. Il restera à continuer pour les cantons de Châtillon-sur-Marne, de Fismes, de Ville-en-Tardenois et de Verzy.

Chacun de ces volumes comporte un texte sur chaque commune, la notice de ses monuments, œuvres d'art et inscriptions de tous les âges, sur les découvertes archéologiques qui y ont eu lieu, sur les lieux dits du terroir, etc.

Afin de poursuivre cette œuvre si utile et si intéressante, mais fort coûteuse, l'Académie de Reims serait très honorée et encouragée par le don d'une subvention spéciale accordée par l'Association Française pour l'Avancement des Sciences.

Vœu. — A la suite de la communication de M. Jadart, M. Adrien de VILLE-MEREUIL, membre du Comité directeur de la « Société pour la protection des paysages de France », insiste sur la nécessité de sauver de la destruction les églises rurales, si intéressantes pour l'histoire de l'art, et dont la conservation peut être aujourd'hui trop souvent menacée. Il faudrait pouvoir y intéresser l'opinion publique, et le Comité du Touring-Club s'efforce de provoquer un mouvement dans ce sens, en mettant son influence au service de la cause de nos monuments et de nos trésors d'art.

Un vœu, à l'appui de cette motion, est adopté à l'unanimité par la Sous-Section d'Archéologie du Congrès de Reims.

M. Alphonse GOSSET, de Reims.

Le Formeret, son application dans l'architecture ogivale. — Le Formeret, sa fonction entre les piédroits des façades ;

Son apparition au xiiiᵉ siècle ;

Son application magistrale à la cathédrale de Reims, qui par sa netteté, la fermeté de son tracé dans les façades semble marquer son apogée ;

Son application successive dans les cathédrales élevées ensuite ;

Sa déformation au xve siècle ;

Son oubli par les architectes du xve et du xvie siècle.

Recherche sur son origine ?

Ouvrages imprimés

PRÉSENTÉS A LA SECTION

Feu A. GADOT : 1° *Dans les ténèbres de l'humanité. — Hypothèse sur l'origine de la Coudée sacrée des Égyptiens.*

2° *Le Baromètre dynamométrique et l'unité. — Système naturel des poids et mesures.*

M. le Baron de BAYE : 1° *Antiquités frankes trouvées en Bohême.*

2° *Les Goths de Crimée.*

CONFÉRENCES

M. le Dr CHERVIN

Ancien Président de la Société d'Anthropologie de Paris,
Membre de la Commission des Missions scientifiques au Ministère de l'Instruction publique.

ANTHROPOLOGIE BOLIVIENNE

— 2 août —

Mesdames, Messieurs,

J'ai été chargé, par mes amis, MM. E. Sénéchal de la Grange et G. de Créqui Montfort, d'organiser une Mission scientifique dans l'Amérique du Sud et notamment sur les Hauts-Plateaux de la Bolivie.

Cette Mission avait pour but l'étude générale du sol, de l'homme et des manifestations diverses de la civilisation. Aussi avais-je eu soin, pour réaliser ces vastes projets, de choisir des collaborateurs particulièrement compétents. Mon ami, M. Adrien de Mortillet voulut bien se charger de l'ethnographie, de l'archéologie et de la palethnologie. M. Georges Courty, accepta de s'occuper de la géologie et de la météorologie. M. le Dr Neveu-Lemaire fut chargé des questions médicales et physiologiques et de faire des sondages et des pêches dans le lac Titicaca.

La question de l'homme ne risquait pas d'être négligée ; car on peut dire qu'elle fut l'idée première autour de laquelle vinrent se grouper toutes les autres. Les voyageurs et les géographes d'autrefois croyaient leur tâche terminée dès qu'ils avaient énuméré tous les produits d'une région. Nous sommes aujourd'hui plus exigeants. Nous voulons, avant tout, maintenant, être renseignés sur l'homme ; car nous savons que l'homme est le produit le plus intéressant du sol. N'est-ce pas la terre, en effet, qui l'a façonné depuis le début de l'humanité ? Mais, si nous agissons sur elle pour la modifier, la transformer, combien elle réagit sur nous ! Si, pendant des siècles, nos ancêtres furent condamnés aux grandes migrations, puis aux razzias de tribus plus belliqueuses ou plus affamées, n'est-ce point parce qu'ils étaient des peuples pasteurs et, comme tels, obligés d'aller chercher l'herbe nécessaire à leurs troupeaux ? Ce qui les a rendus sédentaires, c'est le petit épi de blé dont nous voyons nos champs se dorer. On ne peut donc, je le répète, connaître l'homme sans avoir étudié la terre qu'il foule. C'est pour cela, qu'une Mission anthropologique doit être accompagnée de naturalistes chargés de fouiller, d'examiner et de décrire le sol à tous les points de vue.

De nombreuses publications feront connaître les documents scientifiques recueillis par mes savants collaborateurs. Je me suis chargé de la partie anthropologique et je vais rapidement vous en faire connaître les principaux résultats.

⁎

Notions préliminaires sur les races actuelles. — On sait que les Hauts-Plateaux boliviens sont habités par deux peuples Aborigènes : les Quéchuas et les Aymaras qui constituent les deux tiers de la population actuelle. Ils ont fait l'objet principal de mes études anthropologiques.

A l'aide d'un questionnaire ethnographique que j'ai fait remplir par les personnes les plus compétentes, j'ai obtenu des renseignements extrêmement précis sur les habitudes et le genre de vie des populations indigènes.

J'ai étudié la situation démographique autant que le permettaient les résultats, un peu embryonnaires, d'un essai de dénombrement officiel de la population effectué en 1900. Il en résulte, que, la natalité est faible et la mortalité élevée. D'un autre côté, on peut dire que l'immigration n'existe pour ainsi dire pas, puisque le nombre des étrangers domiciliés en Bolivie ne s'élève qu'à 4 pour 1.000 du chiffre des habitants. Pour toutes ces raisons, il s'ensuit tout naturellement que l'accroissement de la population est absolument insuffisant pour mettre en valeur les richesses agricoles et minières de ce vaste pays qui est environ trois fois et demie grand comme la France et ne contient qu'un million et demi d'habitants.

Il faut donc, de toute nécessité, chercher la possibilité de tirer parti des forces existantes. Je ne vois pas d'autre moyen que de relever le niveau moral, intellectuel et matériel des indigènes. Ce serait une erreur de croire qu'il n'y a rien à espérer d'eux. Les Indiens purs aussi bien que les métis ont donné, et fournissent tous les jours, des sujets d'élite aux carrières commerciales et libérales.

Loin de souhaiter la disparition des Indiens, il faut, au contraire, pousser à leur civilisation par tous les moyens possibles. Ils ont des qualités très sérieuses d'agriculteurs qu'il faut développer. Il faut leur faire bien connaître les méthodes actuelles de culture, leur procurer, à bon compte, un outillage agricole moderne. Il faut les faire sortir de la routine suivie depuis les siècles les plus reculés qui les empêche de tirer du sol les moyens matériels d'existence suffisants pour l'entretien de leur santé physique et de leur activité intellectuelle.

Les Métis, qui déjà représentent sur les Indiens un élément de progrès, doivent être également l'objet de tous les soins. Car ils n'ont que trop de tendance à cumuler les vices de leurs générateurs et à oublier leurs qualités respectives. Avec de l'instruction et de la moralité, ils peuvent faire aisément d'excellents artisans, commerçants, industriels qui suppléeraient au déficit de la population d'origine européenne. Il faut enfin, et par dessus tout, faire une guerre implacable à l'alcoolisme, qui abâtardit ces populations et les courbe sous un niveau d'infériorité qui paralyse tout progrès social.

J'ai été très frappé des déclarations nettement optimistes que m'ont faites deux français de mes amis, MM. Louis Galland et Édouard Wolff qui ont séjourné plus de vingt-cinq ans sur les Hauts-Plateaux. Leur fréquentation continuelle avec les Métis et les Indiens donne à leur opinion une très haute portée.

Ils croient l'avenir de la race métisse assuré. Déjà les Métis sont plus nombreux que les Blancs et seront, probablement bientôt, en nombre égal aux Indiens. Par leur pratique des professions commerciales, les Métis commencent à grouper des capitaux qui ne tarderont pas à devenir importants. Il se lève une sorte d'aristocratie métisse qui, ayant la fortune, ne se cantonnera plus dans les métiers de petits artisans et du petit négoce. Elle prendra la direction des grandes affaires industrielles et commerciales, affirmera sa supériorité numérique et financière par la suprématie dans la direction des affaires politiques au détriment des Blancs.

D'autre part, MM. Galland et Wolff reconnaissent aux Indiens des qualités exceptionnelles, au premier rang desquelles il faut placer la persévérance dans leurs actions, comme dans leurs idées. Quand les Indiens entreprennent une chose, il la mènent généralement à bonne fin; ils y mettent souvent beaucoup de temps, mais ils finissent toujours ce qu'ils ont commencé. Ils ont une idée très exacte du bien et du mal, du juste et de l'injuste; les faibles ne sont jamais opprimés et sont toujours secourus, lorsque cela est nécessaire. Enfin ils ont un grand attachement pour leur famille. Voilà certes des qualités de premier ordre qui sont de bon augure pour l'avenir.

La Bolivie paraît vouloir entrer dans une ère nouvelle de développement économique; ses industries se développent et ses richesses, jadis inexplorées, attirent, de plus en plus, les capitaux étrangers. Tout dernièrement, un contrat vient d'être passé entre le Gouvernement bolivien et certains capitalistes des États-Unis, en vue de la construction de plus de 16.000 kilomètres de voies ferrées qui traverseront les zones minières les plus riches, tout en reliant entre elles les principales villes du pays. Dans dix ans, lorsque ce réseau ferré sera terminé, le pays sera doté de moyens de transports et de communications dont l'absence s'est fait jusqu'ici très vivement sentir.

Cela est parfait et je souhaite que ces projets portent leurs fruits.

Mais, tant qu'on n'aura pas fait des sacrifices analogues pour civiliser, instruire, moraliser et surtout éduquer les indigènes, il ne faut pas s'attendre à une véritable et solide prospérité.

Il faut espérer que les hommes d'État boliviens comprendront qu'il est de l'intérêt économique de leur pays de placer, en première ligne, le relèvement du niveau moral des Indiens et des Métis; en un mot la mise en complète valeur du capital humain, le plus précieux de tous, surtout dans un pays qui en est si fort dépourvu.

La lutte pour l'existence, à laquelle sont condamnées les nations, aussi bien que les espèces — a dit excellemment M. Alphonse Milne-Edwards — est, pour quelques-unes, une cause d'affaiblissement ou de destruction. Mais pour celles qui savent s'y préparer et qui ont le courage de l'affronter, elle peut être salutaire et devenir une condition de leur développement.

J'espère qu'il en sera ainsi pour la Bolivie.

Conséquences de l'altitude. — Mon regretté confrère et ami, M. le Dr Jourdanet, dont on connaît les beaux travaux, relatifs à l'influence de la pression de l'air sur la vie de l'homme, s'est posé le curieux problème de savoir qu'elle a été l'influence des climats et des mélanges de races sur les successeurs des Conquistadores.

On sait que les hommes d'Europe se portèrent, de prime abord, sur les régions montagneuses, attirés par les richesses minières dont ils étaient particulièrement avides. Le principal effort de l'expansion espagnole s'est porté vers le Pérou proprement dit ou Nouvelle Castille parce que les ressources en métaux précieux y étaient plus facilement exploitables et plus abondantes. C'est sur les contrées montagneuses des Andes que, pendant un grand nombre d'années, ils firent tendre les plus sérieux efforts des immigrants et maintinrent, durant tout le temps de leur domination, leurs sympathies privilégiées. C'est donc à ces pays surtout que nous devons demander compte des progrès des Européens dans l'Amérique, depuis la découverte jusqu'à nos jours.

Pour vivre, sans inconvénient, à de grandes altitudes, où la diminution de pression rend les refroidissements si faciles, il faudrait que l'homme pût jouir de ressources exceptionnelles lui permettant de produire, plus que partout ailleurs, une dose de calorique considérable. Malheureusement, c'est le contraire qui arrive. Car la respiration, source principale de la chaleur vitale, ne trouve, dans l'oxygène amoindri de l'air ambiant, qu'un élément insuffisant de combustion.

L'habitant des altitudes est accoutumé, dit-on, aux atmosphères raréfiées qu'il respire. L'homme s'habitue, en effet, et s'harmonise naturellement aux grandes hauteurs. Mais personne mieux que M. Jourdanet n'a insisté pour faire comprendre à quelles conditions et par quels sacrifices de vitalité il peut y parvenir. Si l'on n'en a pas immédiatement la preuve par l'aspect de l'homme bien portant, la marche et la nature des maladies sur les Hauts-Plateaux ne permettent pas à l'observateur d'avoir le moindre doute à cet égard. La vraie nature des influences extérieures se juge facilement par les maladies qu'elles causent. L'altitude est donc un des éléments primordiaux du problème. Il transforme et marque de son empreinte toutes les questions biologiques.

M. Jourdanet a montré qu'au delà de 2.000 mètres, l'homme respire moins que l'habitant des altitudes inférieures, en donnant à la respiration son sens le plus étendu.

L'acclimatement consiste dans ce fait que le montagnard des hautes altitudes s'habitue à cette pénurie d'oxygène qui lui est imposée. Mais, chaque tempérament est obligé de calculer sa puissance sur les faibles ressources dont il dispose. Quel qu'il soit, il brûle moins de carbone et produit moins d'urée ; il s'échauffe et s'use. Tel est le sort des habitants des grandes altitudes.

Ce n'est plus l'homme des plaines. C'est un homme acclimaté, en ce sens qu'il ne succombe point aux influences qui l'entourent ; mais il ne réussit qu'à donner une somme d'existence diminuée. L'instinct paraît dominer chez lui, lorsqu'il recherche le repos des organes principaux dont le jeu préside aux mouvements et aux efforts dépassant le travail ordinaire. Il est, en effet, d'observation courante que le séjour sur les altitudes élevées conduit naturellement aux habitudes d'une existence apathique. Cela m'autorise à dire que l'originalité réelle de la vie des hauteurs consiste dans la coutume d'une économie constante d'efforts musculaires, bien qu'à certains moments l'homme y possède des aptitudes capables de suffire, passagèrement, aux exigences d'un travail matériel considérable.

En somme, ce sont les phénomènes de refroidissement et de calorification qui règlent le degré de possibilité de séjour sur les Hauts-Plateaux.

On a dit que la coutume de vivre à de grandes altitudes avait pour premier résultat d'augmenter le volume de la poitrine, afin de mieux adapter l'orga-

nisme au milieu ambiant en permettant de compenser, par une plus grande
quantité d'air respiré, la diminution de sa densité. M. Jourdanet déclare que
cela ne lui a pas paru conforme à la réalité des faits. Car, trois siècles et demi
de séjour n'ont point permis de constater un pareil changement chez les Européens qui se sont fixés dans les régions montagneuses de l'Amérique. Ce résultat négatif porte à croire que *l'ampleur thoracique observée chez les Indiens est la
conséquence d'une conformation de race.*

Il n'est pas difficile de démontrer que le faible degré de propagation des
Européens de toutes conditions dans les pays hispano-américains prouve clairement qu'ils n'y ont point trouvé des conditions bien favorables à leurs progrès ;
car les races pures ont une tendance manifeste à s'y éteindre au bénéfice d'une
grande majorité créée, dans le pays même, par le métissage.

Voici, en effet, ce qu'une statistique de M. Jourdanet nous enseigne :

Toute l'Amérique du Sud, en y ajoutant le Mexique, comprend environ
40 millions d'habitants, dont 24 millions habitent des régions essentiellement
montagneuses. Une étude approfondie permet de fixer à environ 16 millions le
nombre de ceux qui habitent des altitudes élevées, et, par conséquent, dans des
conditions de pression atmosphérique susceptibles d'agir sur leur santé.

Or, si on considère que les Espagnols trouvèrent quelques-unes de ces
contrées occupées par une fourmilière d'habitants, on a le droit d'être surpris
de ne trouver que 24 millions d'hommes dans ces pays enchanteurs, sur lesquels l'immigration s'est dirigée de préférence. On arrive à un résultat plus
décevant encore, si l'on cherche le chiffre que représente la race européenne
pure. Il résulte, en effet, d'un travail, de M. Jourdanet, que les 24 millions
d'habitants qui peuplent les pays montagneux hispano-américains renferment
environ 16 millions de métis, 6 millions d'indiens et seulement 2 millions de
blancs sans aucun mélange.

Donc, s'il est vrai de dire que l'homme européen s'est parfaitement adapté au
climat et au sol des États-Unis, il faut reconnaître qu'il n'en est pas de même
dans les pays découverts et peuplés par les Espagnols. Tous les récits des
Conquistadores nous montrent l'empressement des nouveau-venus à s'unir avec
les femmes indigènes. Et, ce que l'on peut voir, après plus de trois siècles, dans
les traits de leurs successeurs, prouve bien que ce goût leur avait survécu. Ce
n'est pas à dire que nous trouvions toujours et partout le type bien caractérisé
de l'indigénat ancien de l'Amérique. Mais on constate, sur les visages, certains
traits qui proclament une parenté américaine quelque éloignée qu'elle puisse
être. Le type qui en résulte n'est encore que bien vaguement arrêté ; mais il
tend à se rapprocher, chaque jour davantage, du type blanc, sans parvenir
cependant à se fondre avec lui.

Et voici les conclusions auxquelles arrive le Dr Jourdanet :

« Parmi les choses actuelles dignes d'attention, on ne saurait négliger de faire
remarquer, avant tout, que l'élément dominant de la population, l'élément qui
sera bientôt l'Amérique espagnole tout entière, c'est le Métis. C'est lui qui se
révèle par des aspirations inattendues ; c'est lui évidemment qui forme la partie
remuante de ces nationalités diverses, comme c'est à lui qu'est réservé l'avenir
de ces intéressants pays. L'originalité nationale est là tout entière. Vous la cher-
cheriez vainement dans les souvenirs d'une époque lointaine de nature américaine ; vous ne la trouveriez pas davantage dans l'incarnation absolue des caractères européens. Ce sont bien des peuples neufs, procédant de deux types

principaux s'acheminant à l'homogénéité par le temps et les influences clima-
tériques. Dans cet état original, cette création nouvelle s'élève à plus de 16 millions d'habitants pour les parties montagneuses seulement. On a donc tort,
aujourd'hui de parler de race latine à propos de pays américains; c'est race
américo-latine qu'il faut dire et c'est elle qui doit attirer vers ces régions
l'attention et les sympathies de l'Europe ».

Anthropologie. — J'arrive maintenant à la partie importante de mon programme,
c'est-à-dire à l'Anthropologie. Je m'y arrêterai quelques instants non seulement
en raison de son importance, mais parce qu'ayant quitté les sentiers battus
jusqu'ici, je dois faire l'exposé motivé de ma conduite.

A l'heure actuelle, la photographie et l'anthropométrie font obligatoirement
partie des projets d'études que se trace à l'avance tout voyageur scientifique.
Mais, s'il est facile de décider que ces deux spécialités ne seront pas oubliées, la
difficulté commence lorsqu'on cherche à préciser le détail du programme : instruments à emporter, méthodes à suivre, documents à recueillir.

Il semblerait, *a priori*, que rien ne doit être plus facile que de se documenter
sur ces questions auprès des spécialistes officiels. On va voir qu'il n'en est rien.

Photographie métrique. — Il n'y a pas de voyageur ou de touriste qui n'emporte avec lui un ou plusieurs appareils de photographie. Tous rapportent des
clichés de vues et de portraits qui nous font assister aux mille péripéties du
voyage. Malheureusement, ces photographies ne présentent aucune valeur scientifique, surtout au point de vue anthropologique. Elles ont été faites, le plus
souvent, au hasard des commodités de l'opération, sans méthode, sans règle,
sans précision; en un mot, sans aucune des précautions qui permettent de les
rendre comparables entre elles.

Il en est de ces photographies comme d'une carte géographique, d'un plan,
d'un dessin, dont l'échelle proportionnelle, faisant connaître le rapport des
dimensions du dessin à celles de l'objet réel qu'il représente, ne serait pas
indiquée.

La cartographie n'a commencé à faire des progrès et à devenir une véritable
œuvre scientifique que lorsque l'indication de l'échelle proportionnelle a permis
de situer et de représenter exactement les positions géographiques. Il en sera de
même pour la photographie appliquée à toutes les manifestations de la biologie.

Lorsqu'un biologiste nous donne une photographie obtenue à l'aide d'un
microscope, par exemple, il ne manque pas de nous indiquer l'échelle du grossissement. Il faut qu'il en soit de même pour les photographies anthropologiques.
C'est le progrès que j'ai personnellement réalisé, grâce à l'emploi de l'appareil
spécial de photographie métrique de M. Alphonse Bertillon. Cet appareil a été
établi et combiné en vue d'uniformiser et de régler le relevé des portraits, profil
et face. Il y parvient d'une manière si absolue qu'il est possible d'obtenir couramment, par son emploi, deux portraits identiques d'un même individu à des
époques différentes. Ce n'est pas le moment d'exposer longuement la théorie de
la photographie métrique. Qu'il me suffise de rappeler, ici, que tous mes portraits d'indiens ont été obtenus à l'aide d'une chambre photographique, dont la
mise au point est réglée d'avance pour la réduction au septième. Non seulement tous ces portraits sont comparables entre eux, mais ils le sont encore avec
tous ceux obtenus, dans les différents pays du monde, avec le même appareil;

ils permettent, par conséquent des comparaisons internationales métriques. Je montrerai dans un instant comment j'ai étendu le même procédé à la crâniologie.

Je ne saurais donc trop encourager les missionnaires scientifiques, dignes de ce nom, à rapporter exclusivement des photographies métriques. Car il ne faut pas se lasser de répéter *qu'une photographie non métrique est comme une carte de géographie dont on ignorerait l'échelle.*

Ils réaliseront très facilement cette obligation scientifique en se servant de l'appareil Bertillon, qui est léger, facile à transporter et ne demande que quelques minutes pour être emballé, déballé et mis en place. Ils peuvent encore mettre en pratique la technique spéciale que nous avons imaginée pour uniformiser les clichés obtenus par n'importe quel appareil photographique et les transformer ainsi en photographies métriques.

Portrait descriptif. — Mais l'homme n'est pas seulement caractérisé par les différentes proportions de son ossature. Il l'est encore, surtout au point de vue ethnique, par les traits du visage qui se composent : 1° de caractères chromatiques (couleur des yeux, des cheveux, de la peau) qu'il est possible d'analyser chromatiquement, mais non de mesurer métriquement, et 2° de caractères morphologiques, comme les *dimensions* du front, du nez, etc., qu'il est facile de mesurer, mais dont les *formes* ne peuvent être analysées que sous des aspects de face ou de profil, qui se résolvent en lignes de formes et de directions différentes.

Aussi, pour conserver de l'unité au portrait, ai-je préféré lui laisser un caractère purement descriptif, mais en analysant dans le plus grand détail toutes les composantes de la physionomie pour en tirer une résultante ethnique, si possible.

Cette analyse de la physionomie, d'après la photographie métrique, que je donne sous la rubrique de *portrait descriptif,* comprend vingt-deux tableaux relatifs aux dimensions et aux formes des éléments suivants : front, nez, lèvres, menton, oreilles, sourcils, globes oculaires.

L'analyse des documents chromatiques a été faite, avec le plus grand détail, pour la coloration de la peau et des yeux.

Les cheveux, enfin, ont été l'objet d'une étude attentive. Tous les Indiens des Hauts-Plateaux ont une chevelure très abondante et la calvitie paraît inconnue. Les cheveux sont très foncés (châtain-noir et noir pur). Les cheveux gris, quel que soit l'âge, sont assez rares et, lorsqu'il y a des poils gris, c'est surtout dans dans la barbe qu'on les trouve. Mais si les Indiens ont beaucoup de cheveux, ils n'ont pour ainsi dire pas de barbe. Ils ont également peu de poils sous les aisselles ou au pubis. En effet, sur les 186 indiens examinés sous ce rapport, il n'y en avait que 7 présentant quelques poils aux bras, aux jambes et aux aisselles. Les Métis de Blanc et d'Indien présentent, au contraire, le système pileux des Blancs, c'est-à-dire qu'ils ont de la barbe et des poils aux aisselles et ailleurs.

J'ai soumis 54 échantillons de cheveux à l'examen micrographique de M. le Docteur Latteux, dont la compétence spéciale en cette matière est bien connue. Il est arrivé à cette conclusion que les cheveux des indiens : 1° sont fins (plus fins que les cheveux des Français); 2° sont noirs et droits; 3° sont très faiblement réniformes.

L'ethnologie générale, la démographie, la photographie métrique et le portrait descriptif constituent le premier volume de ma publication.

***

Anthropométrie. — L'anthropométrie est une méthode d'analyse permettant de ramener à des données numériques précises la description anatomique des innombrables variations des différentes parties du corps humain. Cette simple définition fait prévoir que la méthode et les procédés ne sont pas choses indifférentes.

Sur l'initiative d'A. Milne-Edwards, il fut créé en 1893, au Muséum d'histoire naturelle de Paris, un enseignement spécial à l'usage des voyageurs. Le Dr H. Filhol s'est chargé de réunir en un volume les conférences faites par ses collègues, sous le titre de *Conseils aux voyageurs naturalistes.*

On constate, malheureusement, que les *Conseils* relatifs à l'anthropologie se bornent à une analyse très succincte des instructions de Broca. En ce qui concerne la photographie, les *Conseils* émanent du Dr Delisle, ils tiennent en vingt lignes et sont véritablement inexistants.

Voilà où l'on en était au Muséum en 1894 au point de vue des conseils aux anthropologistes. Or, « depuis la publication du regretté Filhol, rien n'a été fait au Muséum dans cet ordre d'idées », m'a écrit M. Hamy.

Au Laboratoire d'anthropologie de l'École des Hautes-Études, la situation est à peu près la même. « En dehors des instructions de Broca lui-même, le laboratoire d'anthropologie — m'écrit M. Manouvrier — n'a pas publié d'instructions pour les voyageurs.

Enfin la société d'Anthropologie n'a pas rédigé de nouvelles *Instructions* depuis l'édition de 1879, publiée par les soins de Broca lui-même.

C'est donc la méthode française de Broca qu'il faut suivre.

Or, un des meilleurs élèves de Broca et probablement le seul qui ait persévéré dans les principes du Maître est, à mon avis, M. Alphonse Bertillon. Non seulement il s'est fait, personnellement, une spécialité de l'anthropométrie. Mais encore ayant été appelé à organiser le service d'identification judiciaire basée sur les mensurations les plus rigoureuses, il a été conduit, par la nécessité impérieuse de la pratique, à faire pour le vivant ce que Broca avait fait, avec tant de succès, pour les crânes. M. Alphonse Bertillon a rédigé des *Instructions* nettes, précises, rigoureusement réglées et apportant toutes les clartés désirables pour la technique des opérations anthropométriques. Une expérience de vingt-cinq années de pratique quotidienne a montré que ses *Instructions* sont simples, à la portée de tout le monde et qu'elles sont rapides et faciles à suivre.

M. Topinard dit, avec juste raison, qu'il faut se pénétrer de cette idée que l'anthropométrie doit être menée comme une opération mathématique ou qu'il faut y renoncer. C'est ce qu'a fait M. Alph. Bertillon. En effet, grâce à de minutieuses explications, scientifiquement déduites et méthodiquement classées, M. Alph. Bertillon peut, en toute tranquillité, abandonner à de très nombreux opérateurs le soin de mesurer, chaque jour, une centaine de sujets. Un contrôle constant montre que les résultats sont obtenus avec la plus grande approximation possible et que les mensurations recueillies par les divers observateurs sont aussi uniformes, aussi comparables entre elles que si elles émanaient d'une seule et même personne.

Pour toutes ces raisons, c'est à M. Alph. Bertillon que je me suis adressé. Je conseille à tous ceux qui veulent prendre des mensurations sur le vivant de faire comme moi. Que nos missionnaires scientifiques s'adressent, sans hésiter,

au service anthropométrique de la Ville de Paris, dirigé par M. Alph. Bertillon.
Là, et là seulement, ils trouveront l'enseignement théorique et pratique dont ils
ont besoin. Ils y trouveront, de plus, toutes les facilités pour s'exercer, chaque

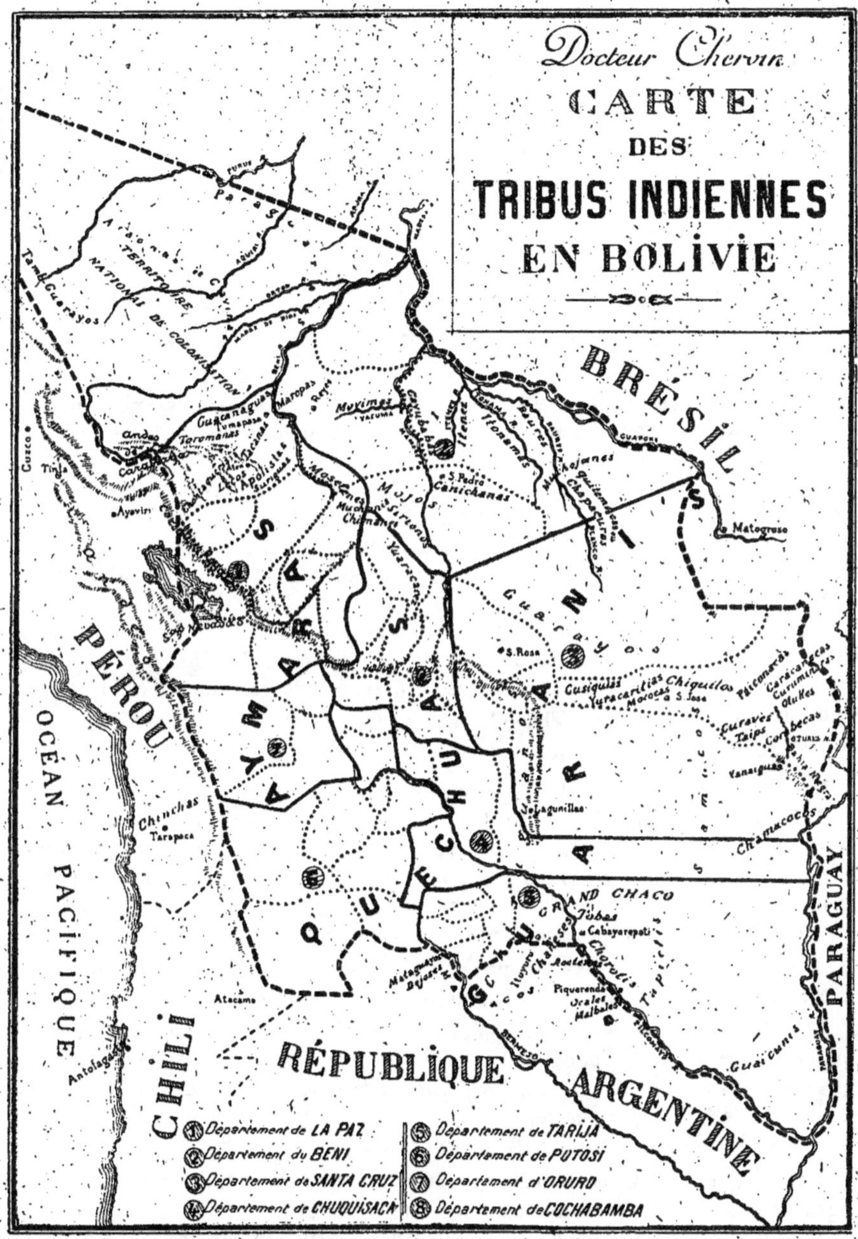

jour, à la pratique anthropométrique et photographique la plus étendue. J'ajoute
qu'ils auront la satisfaction de pouvoir confronter les documents recueillis au
cours de leur Mission avec ceux obtenus sur des milliers de sujets, mesurés et

photographiés par la Méthode-Bertillon dans les principaux pays du monde. Ils pourront comparer dans des conditions de comparabilité vraiment scientifique les populations qu'ils auront étudiées aux populations blanches, jaunes ou noires déjà étudiées suivant la même technique. En un mot, ils auront fait œuvre scientifique et ils n'auront perdu ni leur temps, ni leur peine.

Telles sont les méthodes que j'ai employées dans l'étude des populations des Hauts-Plateaux boliviens.

Nombre et provenance des sujets étudiés. — 208 indigènes ont été mesurés et photographiés au point de vue métrique; ils se répartissent comme suit :

Aymaras	111	sujets dont	7	femmes.
Quéchuas	75	—	8	—
Métis	22	—	1	—
Total	208	sujets dont	16	femmes.

Je dirai de suite que les mensurations effectuées sur les femmes n'ont naturellement jamais donné des nombres maxima. Elles figurent généralement parmi les minima ou les moyennes.

La carte, ci-jointe, vous montrera que les différentes nations indiennes ont en général, une aire géographique assez délimitée au point de vue de leur habitat. Mais il arrive cependant que, dans certaines régions, et notamment entre La Paz et Oruro, Quéchuas et Aymaras vivent côte à côte, surtout dans les villes.

Il n'est pas facile à un voyageur de passage de distinguer les Indiens Quéchuas des Aymaras; mais les Boliviens, et les personnes qui ont résidé longtemps dans le pays ne s'y trompent guère. Ils basent leur diagnostic à la fois sur quelques caractères physiques et surtout sur les différences de costumes. Les Aymaras semblent se distinguer des Quéchuas par les caractères généraux suivants :

1º La face paraît plus plate;

2º L'Aymara est plus robuste que le Quéchua;

3º La généralité des Quéchuas des campagnes a la chevelure tressée, tandis que les Aymaras coupent leurs cheveux par derrière, à la hauteur des épaules et ne les tressent pas. Dans les villes, les uns et les autres se coupent ordinairement les cheveux. Les Aymaras se coupent les cheveux en demi-cercle derrière la tête, tandis que les Quéchuas ont la coupe horizontale;

4º La démarche est plus régulière chez l'Aymara, tandis que le Quéchua marche à petits pas, surtout les femmes qui trottinent beaucoup;

5º Enfin, comme vêtement, l'Aymara porte le pantalon coupé en arrière à partir du genou; le Quéchua le porte de la même longueur, mais fermé, et n'a pas non plus, comme l'Aymara, les poches larges, à la hussarde. Le poncho et le bonnet de laine, qu'ils portent, les uns et les autres, sous le chapeau ne sont pas non plus les mêmes. *(Voir les figures 2 et 3.)*

J'ai déjà dit que si les indiens Quéchuas et Aymaras sont particulièrement agriculteurs, les Métis s'emploient dans le commerce et l'industrie. Or, l'industrie minière est en quelque sorte l'industrie nationale bolivienne par excellence. C'est la seule qui ait atteint un développement assez satisfaisant, étant donnée la pénurie de bras et de capitaux. Les Métis, comme ceux de la fig. 4, y remplissent souvent les emplois de chefs de poste.

Voilà ce qu'en Bolivie l'homme du monde pourra dire. Mais ce n'est pas, on en conviendra, suffisant pour l'homme de science, qui tient à sa disposition, un moyen d'investigation aussi précis que l'anthropométrie.

J'ai appliqué rigoureusement cette méthode à l'étude des dimensions de la tête et du corps, à l'aide de 15 mensurations seulement par individu qui m'ont fourni 27 combinaisons anthropométriques.

Ces comparaisons numériques font l'objet du deuxième volume de ma publication.

***

Je ne me suis pas contenté de publier les résultats de mes études anthropométriques; j'ai, au contraire, fourni avec les plus grands détails les documents primaires eux-mêmes. Cela permet :

1° Un contrôle;

2° La comparaison de mes chiffres avec ceux d'autres observateurs, passés ou futurs. Combien de fois, n'ai-je pas regretté que d'Orbigny ou d'autres auteurs se soient contentés de nous dire, par exemple, à propos de la taille : « Le grand nombre de mesures que nous avons prises nous autorise à déclarer que la taille *moyenne* est de...... » Ce n'est pas, en effet, la moyenne qui nous importe le plus, c'est la variation et la succession des tailles constatées, afin de pouvoir juger du plus ou moins d'homogénéité du peuple étudié; c'est avec ces documents primaires qu'on peut établir des conclusions, beaucoup mieux qu'avec des moyennes.

J'ajoute que j'ai été amené par la nécessité de la pratique à simplifier la terminologie en usage, toutes les fois que cela était faisable. C'est ainsi que j'ai créé les mots suivants pour désigner les rapports de deux dimensions :

1° *Indice otolique.* — Rapport de la longueur à la largeur de l'oreille;

2° *Indice crucial.* — Rapport de la grande envergure à la taille, à cause de la position en croix que prend le corps pour le relevé de ces deux dimensions;

3° *Indice crural.* — Rapport du buste au membre inférieur;

4° *Indice digital.* — Rapport du doigt médius à l'auriculaire;

5° *Indice podalique.* — Rapport de la longueur à la largeur du pied.

J'espère que cette terminologie simple et abrégée, qui non seulement obéit aux règles les plus sévères de l'étymologie, mais encore se comprend très facilement, sera adoptée par les anthropologistes.

J'ai donc mis en œuvre, avec le plus grand soin, tous les documents recueillis en m'appliquant à utiliser successivement les tableaux graphiques avec des chiffres absolus et les tableaux d'ordination de moyennes proportionnelles. En un mot, j'ai étudié le problème en anthropologiste et en statisticien soucieux, avant tout, de ne rien laisser à l'interprétation facile des hypothèses.

Conclusions anthropologiques. — C'est ce qui m'a permis de distinguer par des caractères importants et précis, les deux peuples que j'avais à étudier. En résumé, j'ai donc pu aboutir aux conclusions anthropologiques suivantes :

A. Mensurations. — 1° *Tête.* — Une première constatation s'impose. Ces deux populations ont un indice céphalique identique, non seulement dans la moyenne générale, mais encore dans les détails. La majorité des Aymaras et des Quéchuas

FIG. 2. — Jeunes époux Aymaras originaires de la ville de La Paz (Bolivie).

FIG. 5. — Homme et femme Quéchuas, originaires de Tocargi, petit village de la vallée
du Rio Panagua (Bolivie).

Fig. 4. — Mélis, très rapprochés du Blanc, employés ouvriers de la mine de Pulacayo (Bolivie)

est brachycéphale (indice 82) et un tiers environ d'entre eux est mésaticé-
phale.

D'un autre côté, j'ai constaté que la majorité des Quéchuas présente une hauteur auriculo-bregmatique supérieure à celle des Aymaras, tandis que les
Aymaras ont un diamètre bizygomatique plus grand que celui des Quéchuas.

Si on ramène la bizygomie à 100, on voit que la hauteur auriculo-bregmatique
devient 91 pour les Aymaras et 95 pour les Quéchuas.

Il en résulte, au point de vue morphologique, que les Aymaras, ayant, en
nombres absolus, une tête moins haute et une face plus large, se distinguent
des Quéchuas par une figure présentant, en quelque sorte, une forme losangique
qui est un premier signe distinctif très important de ces deux peuples.

2° *Corps.* — Si, de là, nous passons à l'étude des proportions du corps, nous
voyons que, somme toute, Aymaras et Quéchuas ont même envergure, mêmes
pieds, mêmes doigts auriculaires et médius, mais que la taille et la coudée sont
plus longues chez les Quéchuas, d'un centimètre environ. A signaler que, dans
un tiers des cas, aussi bien chez les Aymaras que chez Quéchuas, la taille est
supérieure ou égale à la grande envergure.

La différence fondamentale entre les deux peuples réside dans la dimension
du buste, qui est plus allongé de 3 centimètres, environ chez les Aymaras. Les
dimensions du périmètre thoracique étant normalement en corrélation avec
celles du buste, il en résulte que les Aymaras ont également un périmètre thoracique plus grand. Mais comme la taille est sensiblement égale, il s'ensuit que
les jambes sont plus longues chez les Quéchuas. Si on ramène la hauteur du
buste à 100, le membre inférieur devient 82 chez les Aymaras et 88 chez les
Quéchuas; c'est ce que j'ai appelé l'indice crural.

J'ai comparé les Français aux indiens des Hauts-Plateaux et j'ai constaté que
le buste des Aymaras est égal, en nombre absolu, à celui des Français. Or,
comme la taille moyenne des Aymaras est inférieure de 3 centimètres à celle
des Français, il est bien permis de conclure que les dimensions du buste aymara
sont tout à fait exceptionnelles et absolument caractéristiques de cette catégorie
d'Indiens. En résumé, si j'avais maintenant à établir un parallèle anthropométrique entre les Aymaras et les Quéchuas, je n'aurais qu'à condenser tous les
renseignements obtenus par mes mensurations.

Il faut constater, avant tout, que ces deux peuples sont absolument identiques quant à leur indice céphalique, mais que c'est à peu près le seul point
important de ressemblance entre eux. Ce qui montre bien qu'il ne faut pas s'en
tenir à ce seul renseignement, quelque intéressant qu'il puisse paraître.

En ce qui concerne la tête, les Aymaras ont le front plus bas et plus fuyant,
mais un peu moins large. La hauteur crânienne est plus faible. Le diamètre
bizygomatique plus grand donne à leur figure une forme losangique et plate.

La différence anthropométrique fondamentale entre les deux peuples, au point
de vue du corps, tient à ce que les Aymaras, ayant une taille un peu plus
courte et un buste beaucoup plus long, ont un aspect plus massif que les Quéchuas, qui paraissent plus élancés, à cause de leurs jambes plus longues et de
leur buste bien proportionné. Les Quéchuas ont, en effet, le même indice crural
que les Français. (Indice 88.)

B. — PORTRAIT DESCRIPTIF. — *1° Traits du visage.* — L'examen comparatif des
traits du visage chez les Aymaras et les Quéchuas nous montre que les Aymaras
ont le front plus bas et plus fuyant, mais un peu moins large. La hauteur crâ-

nienne (auriculo-bregmatique) est légèrement moins grande; le menton est plus fuyant. Enfin, ils ont un prognathisme plus prononcé. A noter la particularité suivante dans la forme des oreilles, qui, d'une manière générale, sont véxes et les lobes à contours descendants dans les deux races.

2° *Couleur de la peau.* — Il y a une différence de coloration de la peau entre les deux peuples. Les Quéchuas ont une coloration plus foncée, non seulement au visage, mais encore dans les parties couvertes.

3° *Couleur des Yeux.* — Leurs yeux appartiennent à la catégorie de ceux appelés improprement « yeux noirs » et qui, en réalité, sont des yeux présentant des variétés du châtain et du marron.

L'ensemble des observations montre que le pigment est uniformément réparti dans les iris des deux peuples. On ne trouve, en effet, que 4 0/0 d'iris où le pigment châtain ou marron soit disposé en cercle régulier autour de la pupille. Mais il y a une différence assez sensible dans la nuance de l'auréole et de la périphérie de l'iris. L'auréole de l'iris est marron dans un quart des cas environ chez les Aymaras, tandis que les Quéchuas ne comprennent que 10 0/0 de cette couleur. Pour la périphérie, la couleur châtain rayé verdâtre est beaucoup plus marquée chez les Aymaras et cela au détriment du marron pur. Les Aymaras ont donc nettement les yeux d'une teinte générale moins foncée que les Quéchuas.

Il y a plus d'yeux bridés chez les Aymaras.

Il semble donc bien qu'il n'y a pas identité entre Aymaras et Quéchuas, comme le pensait A. d'Orbigny et sir Cléments Markham, et qu'ils ne sont pas seulement différents au point de vue du langage.

En réalité, ils constituent deux peuples brachycéphales distincts.

***

Collections anatomiques. — La Mission a recueilli une très riche collection de 500 pièces anatomiques d'origine préhispanique pour la plupart : crânes et squelettes complets provenant de fouilles régulières et méthodiques exécutées sur différents points de la Bolivie. Certaines sépultures ont donné jusqu'à 100 crânes de la même provenance. Ce sont là, on le comprend, des documents très importants qui ont une tout autre valeur que lorsqu'il s'agit de quelques crânes ramassés au hasard et sans que la provenance soit souvent bien exactement connue.

Craniométrie. — Comme tous ceux qui ont fait de la craniométrie, j'ai éprouvé le désir de fixer, par le dessin, les formes des crânes étudiés, et je me suis naturellement préoccupé de la meilleure manière d'y parvenir.

Le moyen actuellement en usage dans tous les laboratoires est le stéréographe de Broca. C'est assurément un appareil bon en soi. Mais, après les expériences que j'ai fait connaître à la Société d'anthropologie de Paris, en 1902, il m'a semblé que la photographie pouvait lui être utilement substituée.

Sur ce point, comme sur plusieurs autres, la Mission ne s'est pas contentée de suivre les sentiers battus, elle a fait œuvre créatrice.

Je sais bien que, pour beaucoup d'anthropologistes, la photographie n'a, *à priori*, aucun caractère de précision, et on s'imagine en avoir démontré le vice rédhibitoire originel en disant qu'elle ne donne que des images coniques au lieu des dessins orthogonaux des stéréographes. Mais j'espère que, mieux informés, les savants de bonne foi se rendront à l'évidence.

Après avoir vu à l'œuvre les procédés de M. Alphonse Bertillon pour l'anthropométrie des vivants, j'ai pensé qu'on pouvait en appliquer les règles essentielles à l'étude des crânes et créer ainsi une méthode nouvelle de mensuration photographique crânienne, mathématiquement exacte. Je n'hésite pas à déclarer que j'y suis parvenu, avec le concours de mon ami M. Alphonse Bertillon et de son collaborateur M. Philippe David, qui m'ont prêté les lumières de leurs connaissances mathématiques étendues.

L'exposé de ce procédé fait l'objet du troisième volume de ma publication.

Nécessité d'un système d'orientation uniforme. — Quel que soit le mode de reproduction employé, un problème se pose tout d'abord : c'est celui de la position à donner au crâne.

On a proposé, à ma connaissance, une quinzaine de plans d'orientation. Je n'avais donc que l'embarras du choix, notamment parmi ceux qui se proposent de placer le crâne dans un plan horizontal se rapprochant le plus possible de la position naturelle de la tête en équilibre sur la colonne vertébrale et regardant en face.

La direction du regard, a dit Broca, est le seul caractère auquel on puisse reconnaître sur le vivant que la tête est horizontale. Or, c'est précisément ce plan physiologique idéal qu'a utilisé M. A. Bertillon pour sa méthode de photographie anthropométrique, que notre Mission a été la première à mettre en pratique pour photographier les indigènes boliviens.

N'était-il donc pas possible d'obtenir le même résultat sur le crâne et de transformer le plan physiologique en un plan anatomique ? Peut-on connaître exactement le regard, là où il n'y a plus de regard ? On va voir que la chose est faisable.

Broca a démontré que l'axe du globe oculaire, dont le trou optique constitue l'extrémité postérieure, représente le plan de la vision horizontale ou plan des axes orbitaires. Broca ajouté que c'est *le seul* qui mérite le nom de plan horizontal de la tête, et M. Topinard l'appelle le *plan-étalon*.

Puisque nous connaissons le plan horizontal-type, le plan-étalon, il ne reste plus qu'à trouver le moyen pratique de l'utiliser. Or, on sait que Broca a imaginé un ingénieux appareil appelé orbitostat, qui donne le centre de l'ouverture antérieure des orbites à l'aide de deux aiguilles à tricoter enfoncées dans les trous optiques et qui indiquent, ainsi, d'une manière visible, le plan des axes orbitaires. Mais, on ne peut faire reposer le crâne sur ce plan visuel horizontal. Et Broca, qui n'avait à sa disposition pour dessiner que son stéréographe, fut contraint et forcé d'abandonner, dans la pratique, le plan visuel horizontal qui lui donnait toute satisfaction théorique, mais qui avait le défaut de n'être pas, matériellement, assez solide et résistant pour les opérations manuelles nécessaires à l'emploi du stéréographe. Il dut donc se mettre à la recherche d'un autre plan horizontal, et, après bien des essais, il proposa le plan alvéolo-condylien, déjà indiqué, vers 1815, par Spix, en s'efforçant de démontrer qu'il n'est pas loin d'être parallèle au plan de la vision horizontale. L'emploi du stéréographe le contraignit donc à renoncer à un plan dont il proclamait l'absolue horizontalité pour se contenter d'un autre plan dont il connaissait l'infériorité.

Utilisation du plan de vision horizontale. — Mon système consiste donc à reprendre le plan de la vision horizontale, le plan-étalon, qui s'accorde si bien, du reste, avec ce que nous avons fait pour le vivant. Grâce à des instruments nouveaux scientifiquement établis et à une technique facile et impeccable (qu'il ne m'est malheureusement pas possible d'exposer ici), nous avons réalisé, par la photographie métrique, tous les desiderata que Broca, Topinard et leurs élèves ont vainement cherchés dans le plan alvéolo-condylien.

Le plan horizontal de vision s'imposait par de multiples qualités. Il est défini mécaniquement, grâce à notre support spécial et à notre réticulage, si bien qu'un crâne donné pourra toujours être replacé *exactement de la même manière*. Ajoutons que la position du crâne à photographier semble la plus naturelle qu'on puisse choisir, puisqu'elle reproduit le port de tête le plus habituel chez le vivant, qui a lieu quand le regard est horizontal. L'appareil de photographie étant fixe, c'est donc le crâne qu'on devra déplacer en face de l'objectif pour l'amener aux diverses poses requises. Or, l'axe autour duquel tourne le crâne est sensiblement le même que l'axe normal de rotation de la tête. Enfin le point de vue des photographies se trouve situé uniformément au milieu des images, ce qui assure le dessin le plus avantageux en même temps que la netteté la plus grande des clichés photographiques.

Nous avons, de plus, une unité absolue de méthode, qu'il s'agisse des vivants, des pièces ostéologiques, ou d'objets quelconques.

Il y a là une méthode générale, dont on verra, à chaque instant, les utiles applications. Nous apportons non seulement une méthode nouvelle de crâniométrie photographique, mais encore une méthode de mensuration photographique universelle applicable à tous les objets et notamment aux pièces d'histoire naturelle de toutes les dimensions, depuis l'oiseau-mouche jusqu'au mastodonte. C'est un changement complet de front pour l'utilisation pratique du dessin dans les sciences biologiques. Notre méthode permet à tous les opérateurs, pour peu qu'ils suivent scrupuleusement notre technique, de reproduire, dans les mêmes conditions que nous, la même vue photographique avec les mêmes dimensions centimétriques. Nos images photographiques ont donc la précision d'une épure géométrique. Je me crois en droit d'affirmer que jamais, jusqu'ici, une aussi grande précision n'avait été obtenue.

La photographie métrique des crânes, présente par conséquent sur tous les appareils goniométriques quelconques l'avantage du dessin photographique impeccable et impersonnel sur tous les dessins à la main si sujets à caution au point de vue de l'exactitude. De plus, les photographies métriques, prises suivant notre méthode sont comparables entre elles, ce qui ne pourrait être réalisé avec des photographies prises au hasard, sans échelle préalablement fixée mathématiquement.

M. Topinard, dont l'autorité en matière d'anthropologie et spécialement de crâniométrie est universellement reconnue, dit lui-même : « Les dessins stéréographiques, quelle que soit la précision de l'instrument, quelle que soit l'habileté manuelle de l'opérateur *ne valent rien pour la crâniométrie* et ne sont bons que pour la crâniologie descriptive. *Ils ne permettent pas de prendre les mesures directement sur eux ; ils ne sont jamais assez rigoureux* ». Après une telle affirmation, il semble bien qu'il n'y a plus à hésiter.

J'ai montré, à l'aide de nombreuses planches, tout le parti qu'on peut tirer de la photographie métrique appliquée à l'étude des crânes. Et je dirai avec quelque fierté, que c'est la première fois qu'on publie autant de documents de ce genre, puisque nous avons photographié 404 crânes sous quatre aspects différents, ce qui donne 1.616 dessins photographiques plus 3 squelettes sous trois aspects différents.

Chaque pose est projetée sur un fond régulièrement réticulé de grandeur et

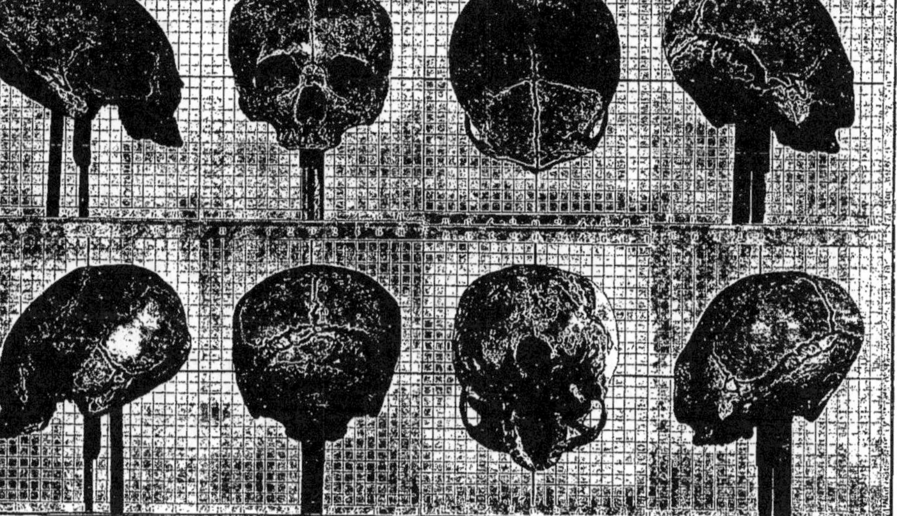

Dr CHERVIN. — ANTHROPOLOGIE BOLIVIENNE

d'emplacement, calculé de telle façon qu'il représente sur les épreuves photographiques le carré de 1 centimètre carré de côté. C'est ce réticulage, invariablement centimétrique, qui sert à mesurer les épreuves et leur donne pour ainsi dire, en même temps *l'authenticité métrique*. (Voir la fig. 5 qui représente non seulement des vues de profils gauche et droits, des faces antérieure et postérieure, sincipitale et basilaire, mais encore des vues latérale gauche et droite sous un angle de 45 degrés).

L'application de la photographie à la reproduction mathématique des objets scientifiques et notamment des crânes, rendra le plus grand service aux travailleurs. Le jour où ce procédé sera adopté pour les collections importantes internationales, il sera possible d'étudier, et de *mesurer*, chez soi, toutes les pièces dont on pourra avoir besoin.

Il sera dès lors, possible de collectionner des photographies métriques de crânes appartenant à certaines races qu'on ne peut étudier aujourd'hui, parce que ces pièces sont disséminées par petites unités dans les différents musées anthropologiques, comme on peut collectionner, dès maintenant, les photographies des tableaux de certaines écoles disséminés dans les différents musées de peinture du globe.

*
* *

En terminant, Mesdames et Messieurs, je m'excuse d'avoir retenu aussi longtemps votre attention sur les méthodes que j'ai suivies dans cette étude de l'Anthropologie bolivienne. Mais vous avez certainement compris, comme moi, l'intérêt primordial que présentent ces questions pour arriver à un résultat sérieux. C'est, en effet, la question de méthode qui m'a par dessus tout préoccupé tant pour les préparatifs de la Mission que pour la mise en œuvre des résultats. Car ce n'est pas tout que de recueillir des documents et des objets, il s'agit de savoir s'ils sont utilisables. Je n'ai fait, du reste, que m'inspirer de l'esprit de précision scientifique qui est la caractéristique et l'honneur de notre Association.

Je n'ai négligé pour arriver à ce but ni mon temps, ni mes peines; à vous, Mesdames et Messieurs, de dire si j'ai réussi.

———

M. le Professeur Stéphane LEDUC
(de Nantes)

———

LA DIFFUSION ET L'OSMOSE (1)

———

— 5 août —

Mesdames, Messieurs,

L'osmose fut découverte, vers 1750, par notre concitoyen l'abbé Nollet, de Pimpré (Oise); son disciple Parrot étudia la diffusion libre. Graham divisa les corps, au point de vue de la diffusibilité, en cristalloïdes, substances cristalli-

---

(1) Dans un volume paru, depuis le Congrès de Reims, à la librairie Engelmann, Leipzig, intitulé : *Über die Schichtungen bei Diffusion*, M. Raphaël Liesegang expose les travaux faits en Allemagne sur les précipités périodiques. En y ajoutant les expériences présentées à la Conférence de Reims, le lecteur aura l'état complet de la question.

sables, qui traversent les membranes osmotiques, et colloïdes, non cristallisables, qui ne les traversent pas. Fick appela coefficient de diffusion la quantité de substance qui, dans l'unité de temps, traverse l'unité de section d'une colonne liquide d'une unité de longueur, entre les deux extrémités de laquelle règne une unité de différence de concentration, ou, avec la modification de Nernst, une unité de différence de pression osmotique.

Van-t-Hoff assimila les substances dissoutes aux gaz, l'analogue de la pression des gaz, c'est la pression osmotique, et toutes les lois des gaz sont applicables aux substances dissoutes. Enfin Svvante Arrhénius expliqua par la dissociation les anomalies présentées par les électrolytes.

On admettait jusqu'ici que la diffusion se fait dans les colloïdes et dans les plasmas comme dans l'eau pure ; l'expérience montre qu'il n'en est pas ainsi, les différences sont très grandes. Si l'on fait diffuser des gouttes d'une même solution alcaline dans de la gélatine à divers degrés de concentration, additionnée de phthlaéine du phénol, on constate, par la coloration, que la diffusion s'effectue d'autant moins vite que les solutions gélatineuses sont plus concentrées. La même démonstration s'obtient en faisant diffuser des gouttes d'acide sur de la gélatine légèrement alcalinisée et colorée par de la phthaléine.

En général, des gouttes d'une même solution, colorée ou colorante, diffusant sur des plaques de gélatine à divers degrés de concentration, donnent, dans un même temps, des cercles de diamètres d'autant plus grands, que la solution gélatineuse est moins concentrée.

Un autre moyen de reconnaître que les vitesses de diffusion, de mêmes solutions, diminuent dans les solutions gélatineuses à mesure que la concentration de celles-ci augmente, consiste à faire diffuser, sur une même plaque, deux gouttes de solutions précipitant au contact, ferrocyanure de potassium et sulfate de cuivre par exemple, placées à une distance déterminée : la rencontre des liquides est nettement indiquée par l'apparition du trait formé par le précipité, et on constate que, pour les mêmes solutions et les mêmes distances, le temps entre l'ensemencement des gouttes et la formation du précipité est d'autant plus long, que les solutions gélatineuses sont plus concentrées.

L'étude de la réfraction, non pas de la lumière, mais de la substance diffusante elle-même, que nous verrons plus loin, démontre avec élégance la résistance des colloïdes à la diffusion.

En réalité, les colloïdes offrent à la diffusion des résistances variables avec leur nature et avec leurs concentrations. Il en est de même des membranes osmotiques : l'osmose n'est que le résultat des résistances diverses des membranes au passage des différentes substances dissoutes. A l'égard de la diffusion, les membranes, les colloïdes et les plasmas se comportent de façons identiques.

La diffusion dans les colloïdes, dans les plasmas, et à travers les membranes, suit des lois analogues aux lois d'Ohm en électricité : la vitesse, ou intensité de diffusion, est proportionnelle aux différences de pression osmotique, varie en raison inverse de la résistance, et, en plus, dépend de la nature de la substance diffusante.

Ces notions s'appliquent aux ions ; dans les piles à contacts liquides, piles de concentration, etc., les ions se trouvent, dans les solutions, avec les mêmes concentrations moléculaires ; et leur séparation ne peut être que le résultat des résistances différentes opposées à des pressions osmotiques identiques.

La résistance à la diffusion intervient dans tous les phénomènes ou la diffusion est en jeu; c'est par suite des résistances différentes que se produisent les échanges inégaux des molécules et des ions, par suite desquels est modifiée la composition des solutions.

La séparation des ions par suite des résistances différentes, suivant leur nature, que leur offre un même milieu, est une cause déterminante de réactions chimiques; cela paraît être la cause le plus souvent en jeu pour déterminer les actions chimiques qui constituent, chez les êtres vivants, le phénomène de la nutrition.

Les phénomènes qui se passent dans les solutions peuvent se représenter comme Faraday a représenté les phénomènes magnétiques ou électriques, par des centres de force ou pôles et par des champs de force. Dans un liquide quelconque, tout point de concentration plus forte que celle du milieu, tout point hypertonique, est un centre de force, un pôle positif de diffusion; tout point hypotonique est un pôle négatif de diffusion.

En faisant diffuser une goutte de sang ou d'encre de Chine, dans une solution salée hypertonique, les particules colorées s'orientent suivant les lignes de force, on a la représentation d'un champ monopolaire de diffusion; si deux gouttes semblables diffusent à côté l'une de l'autre, leurs lignes de force se repoussent; si l'on fait diffuser, dans une solution, une goutte plus concentrée et une goutte moins concentrée, les lignes de force unissent les centres des deux gouttes, on a ainsi des champs semblables aux champs magnétiques, entre pôles de même nom et pôles de noms contraires.

Une des propriétés les plus remarquables des colloïdes est de donner, dans un grand nombre de cas, aux phénomènes qui s'accomplissent en eux sous l'influence de la diffusion, un caractère périodique. En 1901, j'ai présenté au Congrès d'Ajaccio, des anneaux concentriques, alternativement transparents et opaques, obtenus en faisant diffuser une goutte d'une solution de ferrocyanure de potassium dans de la gélatine contenant des traces de sulfate ferrique. M. le Professeur agrégé Georges Weiss m'écrivit avoir observé des stries en faisant diffuser du perchlorure de fer et du ferrocyanure de potassium dans des solutions gélatineuses. En 1905, au Congrès allemand de Merau, j'appris que des anneaux concentriques, produits par la diffusion du nitrate d'argent dans de la gélatine bichromatée, avaient été obtenus en 1900, par M. Raphaël Liesegang de Dusseldorf. L'étude expérimentale montre que les phénomènes de périodicité se produisent avec un grand nombre de substances; ils doivent jouer un grand rôle dans la nature; en particulier, la diffusion des phosphates et des carbonates alcalins, dans la gélatine contenant des traces de nitrate de calcium, donne des stratifications calcaires analogues à celles qui forment les coquilles des mollusques.

Les lignes de précipités périodiques ont toujours, dans la diffusion, une direction perpendiculaire aux lignes de force; elles sont d'autant plus rapprochées que la chute de concentration est plus rapide, elles représentent les lignes équipotentielles des champs de diffusion tracées par les forces physiques en jeu dans le phénomène. Ces lignes équipotentielles de la diffusion donnent la représentation la plus concrète de la propagation d'ondes périodiques dans l'espace; elles sont une image visible de la propagation des ondes lumineuses et sonores.

On observe parfois, dans la diffusion, comme dans l'éther et dans l'air, la propagation simultanée d'ondes de longueurs très différentes, et ces ondes de diffusion donnent la meilleure représentation de la propagation simultanée, dans un même milieu, d'ondes de longueurs diverses.

Comme les ondes lumineuses et sonores, les ondes de diffusion se réfractent. Lorsque les ondes pénètrent d'un milieu dans un autre où elles ont une vitesse moindre, le front de l'onde est d'autant plus retardé, que son parcours est plus long dans le milieu à vitesse moindre ; la courbure de l'onde diminué, l'onde réfractée appartient à une sphère de plus grand diamètre que sa sphère d'origine. Le contraire a lieu lors de la pénétration dans un milieu ou la vitesse de propagation est plus grande que dans le précédent, le front d'onde avance, sa courbure augmente.

On peut ainsi très bien voir l'influence des différents dioptres sur les ondes de diffusion. Lorsque les ondes de diffusion émanent du foyer

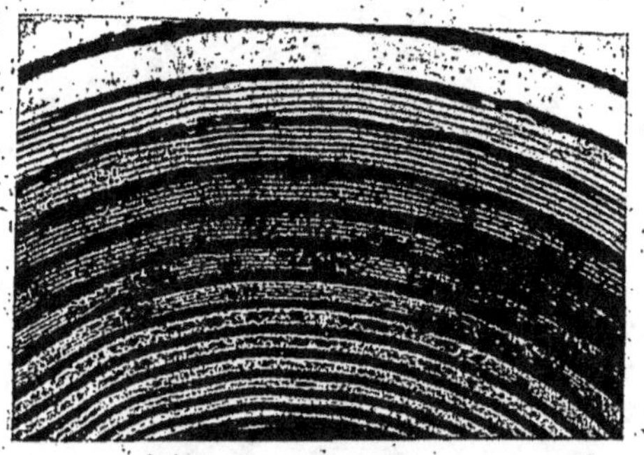

Fig. 1. — Lignes de précipités produites par diffusion et représentant la propagation simultanée d'ondes de différente longueur.

principal d'un dioptre convergent, fait d'une solution gélatineuse plus concentrée que celle du milieu d'où émanent les ondes, ces ondes sphériques sont changées, par leur passage à travers le dioptre, en ondes planes, se propageant perpendiculairement à l'axe principal.

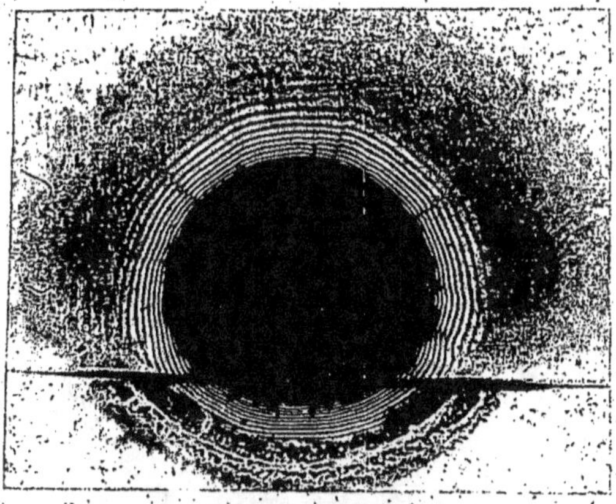

Si l'on fait traverser une lentille de gélatine par des ondes de diffusion parallèles de différentes longueurs, elles perdent leur concentricité. Une lentille convergente, qui transforme les grandes

Fig. 2. — Réfraction subie par les ondes de diffusion en passant d'une solution gélatineuse moins concentrée dans une plus concentrée à travers une surface plane.
Les ondes réfractées sont plus courtes et de plus grand rayon que les ondes incidentes.

ondes incidentes sphériques en ondes planes, transforme les ondes plus courtes en ondes concaves, de courbure inverse de celle des ondes d'origine : cela constitue l'aberration de réfrangibilité.

On peut également suivre les ondes de diffusion à travers des prismes de gélatine et, à leur sortie, si le prisme est fait de gélatine plus concentrée, s'il est plus réfringent que la solution gélatineuse dans laquelle il est plongé, on voit, dans le prisme, le front de l'onde beaucoup plus retardé à la base, où le parcours est plus long, qu'au sommet ; il en résulte une inclinaison du front de l'onde vers la base, cette inclinaison est encore accentuée à la sortie, par le fait que le haut de l'onde atteint le milieu où la vitesse est plus grande, avant la partie voisine de la base, et prend sur elle une certaine avance (1).

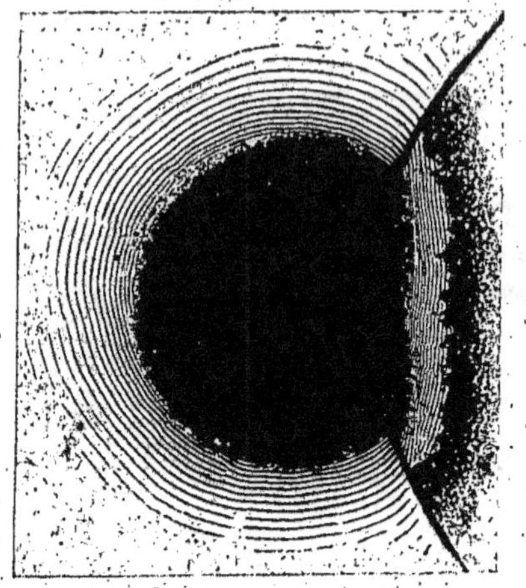

FIG. 3. — Transformation par un dioptre convergent des ondes de diffusion sphériques en ondes planes.

En examinant dans l'intérieur ou à la sortie d'un prisme de gélatine, des ondes de diffusion de différentes longueurs, on constate qu'elles se coupent. Avec un prisme plus réfringent que le milieu où il est plongé, le front des ondes les plus courtes est plus incliné vers la base que le front des ondes plus longues; c'est la dispersion; et pour la diffusion comme pour la lumière, les ondes les plus courtes sont les plus réfractées.

La réfraction et la dispersion sont des conséquences des inégales résistances des milieux aux mouvements qui s'y propagent.

La lumière ayant traversé un orifice très étroit, au lieu de continuer sa marche en directions rectilignes, s'étale en éventail en un cône de lumière divergente, comme si l'orifice était un point lumineux; c'est la diffraction, que l'on considère comme incompatible avec la théorie de l'émission. Si l'on fait passer des ondes de diffusion à travers un orifice très étroit, elles se comportent exactement comme les ondes lumineuses; au lieu de donner un faisceau limité par les droites passant par le centre d'émission et les bords de l'orifice, celui-ci devient le point de départ d'ondes nouvelles, concentriques, ayant leur centre à l'orifice même. En résumé, les ondes de diffusion subissent, par leur passage à travers un orifice étroit, la même diffraction que les ondes lumineuses.

Si l'on fait émettre des ondes de diffusion par des centres voisins, en semant des gouttes en lignes droites, il existe, en certains points de l'espace, entre les ondes émanant de deux centres voisins, des différences de marche

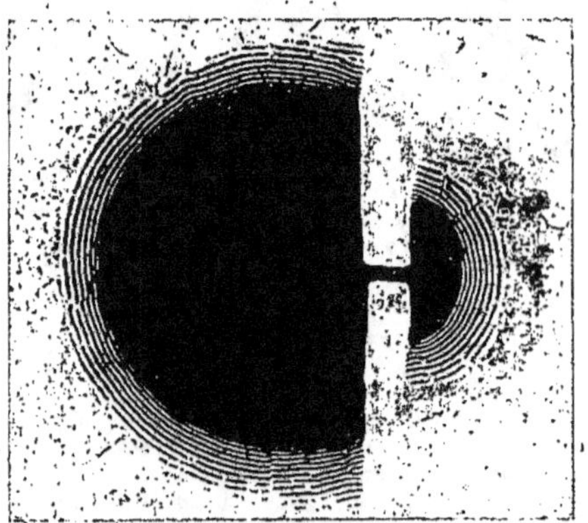

FIG. 4. — Diffraction des ondes de diffusion par un orifice étroit qui devient un centre d'émission d'ondes nouvelles, au lieu de donner un faisceau limité par les bords de l'orifice et le centre d'émission.

qui les font interférer. Rien ne démontre mieux, que les photographies des ondes de diffusion, en quoi consiste le phénomène des interférences et des différences de phase.

La diffraction et les interférences ont fait abandonner la théorie de l'émission

(1) Chaque fait énoncé était démontré par la projection sur l'écran de la préparation correspondante.

de Newton : l'esprit ne pouvait concevoir ces phénomènes dans l'hypothèse de l'émission, et tous les savants, tous les penseurs, qui se sont occupés de ces questions, ont considéré les théories de l'émission et des ondulations comme incompatibles, comme exclusives l'une de l'autre; *cependant, nous voilà en présence d'un phénomène, dans lequel l'émission et les ondulations existent simultanément. Les molécules émanées de la goutte diffusent en lignes droites et radiales, comme l'émission de Newton, et produisent des ondes se diffractant et interférant, comme les ondes d'Huyghens.*

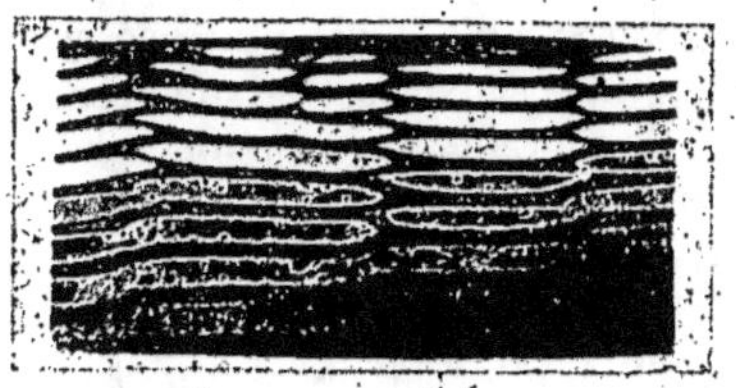

FIG. 5. — Interférences des ondes de diffusion.

Les photographies des ondes de diffusion mettent en évidence l'augmentation des longueurs d'onde dans les milieux où la vitesse de propagation augmente, leur diminution dans les milieux où la vitesse de propagation diminue. La vitesse de propagation d'un mouvement périodique est égale au produit de la longueur d'onde par la fréquence; si le produit, la vitesse varie, il faut nécessairement que l'un au moins des deux facteurs varie; pour la diffusion, c'est la longueur d'onde et, la fréquence étant invariable, le rapport des longueurs d'une même onde de diffusion dans deux milieux différents, longueurs très facilement mesurables, donne avec précision le rapport des vitesses de diffusion dans ces deux milieux. Ce rapport est ainsi la grandeur désignée en optique sous le nom d'indice de réfraction.

L'énergie rayonnante, lumière, chaleur, électricité, aussi bien que la diffusion, peut se représenter par les champs de Faraday, les surfaces d'onde représentent les surfaces équipotentielles, et ce qu'en optique on appelle rayons lumineux correspond aux lignes de force.

Je citerai ici une phrase par laquelle M. Raphaël Liesegang prévoit les analogies entre la diffusion et la lumière : « Peut-être, dit-il, résultera-t-il de ces études un perfectionnement de la théorie ondulatoire de la lumière : jusqu'ici on parle d'ondes, sans expliquer ce que sont ces ondes; l'indication de Maxwell ne fait que repousser un peu plus loin le mystère. »

Les ondes de diffusion ont des longueurs très variables, depuis plusieurs millimètres jusqu'à moins de deux microns. Au delà de 500 ondes doubles au millimètre, il devient difficile de les compter, mais il s'en fait de beaucoup plus petites, qui dépassent la limite de visibilité au microscope, et que l'on voit comme une sorte de moiré.

Les ondes très fines, de l'ordre du micron, s'obtiennent en faisant diffuser un mélange de phosphate et de carbonate de sodium dans de la gélatine contenant des traces de nitrate de calcium. Le carbonate seul donne de très grandes ondes; avec le phosphate seul, elles semblent tomber au-dessous de la visibilité microscopique; en mélangeant les deux sels en parties égales, on obtient des ondes de deux microns, soit un micron pour l'épaisseur des traits opaques, lignes de précipité de carbonate et phosphate calcaire. Le produit obtenu dans cette expérience a la structure de la nacre, il en a la composition chimique, il en a les propriétés physiques; ses feux, par leur éclat, peuvent rivaliser avec ceux des nacres et des perles. Cette expérience réalise, par des forces physiques, une synthèse de structure; la synthèse d'une organisation qui n'avait été réalisée jusqu'ici que par les êtres vivants.

Ces traits opaques, séparés par des lignes claires, au nombre de cinq cents par millimètre constituent ce qu'en physique on appelle des réseaux. Tout professeur de physique peut ainsi se fabriquer lui-même des réseaux, rectilignes ou circulaires, qu'il suffit d'interposer sur le passage d'un faisceau lumineux pour obtenir de beaux spectres sur l'écran de projection. (Des spectres lumineux rectilignes et circulaires, obtenus à l'aide des réseaux de diffusion, furent projetés devant les auditeurs.)

Ostwald, Bechold, ont donné des explications des phénomènes périodiques de diffusion: Ostwald les explique par des sursaturations instables, Bechold par des solubilités alternatives résultant des produits de réaction. Aucune de ces explications n'est complètement satisfaisante. Comment expliquer les ondes simultanées de différentes longueurs, le croisement des ondes dans la dispersion, etc. ? Il se produit des ondes autour d'une goutte d'une solution d'iodure de potassium en rapport avec la cathode d'un circuit de deux volts; on n'emploie là qu'une seule substance, ces anneaux sont formés par des groupements de cristaux.

La notion des champs de diffusion permet l'étude méthodique du phénomène qui, soustrait aux influences perturbatrices, s'accomplit avec une très grande régularité, même dans les liquides les plus fluides, ainsi que le montrent les photographies de structures liquides édifiées par la diffusion.

La rencontre de champs de diffusion sphériques produit des polyèdres dont la coupe représente un ensemble de polygones analogues aux coupes de tissu cellulaire, chaque polygone présente l'image de tous les organes des cellules, membrane d'enveloppe, cytoplosma, et noyau. On peut produire, par diffusion, toutes les formes cellulaires, y compris les cellules à prolongements ciliaires.

Les masses polyédriques se forment toutes les fois que, dans un liquide, des sphères grandissantes et déformables naissent simultanément les unes près des autres. Les coupes, formées de polygones, se produisent dans toute surface liquide où des cercles naissent et grandissent simultanément, ainsi qu'à côté de la diffusion, le montrent les expériences de M. Besnard, faites avec des bulles de vapeur, ou par les mouvements de convection produits par les différences de température.

La division par laquelle se multiplient les cellules vivantes se fait par une succession régulière de mouvements et de formes compliqués. Dans le protoplasma cellulaire apparaissent deux points, centrosomes, d'où émanent des rayons dont l'ensemble forme les asters, certains rayons unissent les centrosomes et forment le fuseau. Lorsque les centrosomes se trouvent placés de part et d'autre du noyau cellulaire, celui-ci d'abord granuleux se transforme en un long cordon enroulé, à double contour, avec des prolongements en saccules : c'est le spirème ; ce cordon se sépare ensuite en un certain nombre de bandes, chromosomes, ces chromosomes s'observent orientés dans le plan équatorial du fuseau nucléaire, puis autour de cet équateur, formant des figures en forme de V, à sommets dirigés vers le centre, couronne équatoriale ; enfin ces chromosomes se mettent en marche en sens inverse les uns des autres, vers les centrosomes, pour se réunir en masses granuleuses qui forment les noyaux des deux cellules filles.

En se guidant sur la notion des champs de diffusion, on peut, avec des solutions de concentrations diverses, colorées par de l'encre de Chine, reproduire, dans leur ordre successif et régulier, les mouvements et les formes compliqués de la karyokinèse, que les photographies représentent aux différentes périodes.

Si ces expériences ne démontrent pas que la karyokinèse des cellules vivantes se fait par diffusion, elles montrent que la diffusion suffit à produire les mouvements et les formes de la karyokinèse.

Lorsque, dans une solution, on sème dans un ordre quelconque, des gouttes colorées de la même solution, avec une concentration différente, ces gouttes d'abord diffusent, donnant des textures liquides diverses, si l'on conserve la préparation un temps suffisant pour que les mouvements de diffusion soient devenus extrêmement lents, insensibles, on voit le liquide se segmenter en granulations que l'on peut photographier.

Ce phénomène doit jouer un rôle très étendu dans la nature, car il doit se produire partout où les conditions de l'expérience sont réalisées, au fond des mers, dans les plasmas des êtres vivants, dans les solutions colloïdales, partout où des particules microscopiques se trouvent en suspension dans des liquides animés de mouvements très faibles de diffusion.

Ce phénomène semble s'expliquer par l'action combinée de mouvements faibles de diffusion et la cohésion. Imaginez deux boulets, soustraits à l'action de la pesanteur comme le sont les particules en suspension par la poussée hydrostatique ; supposons que ces boulets passent tout près l'un de l'autre, animés par une force vive inférieure à l'attraction de leurs masses, cette attraction l'emportera, les boulets s'accoleront l'un à l'autre. Ce sont les conditions de l'expérience dans laquelle les particules en suspension, transportées par les mouvements très lents de diffusion dans leurs sphères d'attraction réciproques, s'accolent les unes aux autres pour former les granulations. Cette explication s'applique à la formation des micelles, et à la glomérulation en général.

On a pu, en utilisant l'osmose et la diffusion, réaliser des cellules artificielles.

La première cellule artificielle est celle de l'abbé Nollet, faite d'une vessie contenant de l'alcool, plongée dans l'eau : celle-ci pénètre à l'intérieur, et la cellule augmente de volume et de poids.

Moritz Traube, de Breslau, découvrit les propriétés osmotiques des membranes précipitées, à l'aide desquelles il fit de nombreuses expériences de cellules artificielles. Des expériences analogues ont été faites par Quinke et un grand nombre de chercheurs.

En constituant des graines avec une partie de sucre, une ou deux parties de sulfate de cuivre, les semant dans un liquide à 40 degrés, formé de 100 parties d'eau, 10 à 20 parties d'une solution de gélatine à 10 0/0, 5 à 10 parties d'une solution saturée de chlorure de sodium, 10 à 12 parties d'une solution saturée de ferrocyanure de potassium : on obtient des croissances osmotiques de très grandes dimensions, pouvant dépasser 40 centimètres de hauteur, et présentant des organes analogues à ceux des végétaux : rhizomes et racines, tiges, feuilles et organes terminaux. Par suite de la solidification de la gélatine, ces croissances sont stables et transportables. M. le professeur Gariel, indépendamment de moi, poursuivait en même temps, les mêmes recherches avec des résultats analogues.

Si l'on effectue les croissances osmotiques dans des liquides de culture additionnés de certaines substances, on obtient des formes absolument caractéristiques de la substance, de véritables espèces : des croissances vermiformes avec le chlorure de sodium sans gélatine, des organes terminaux en chatons avec le chlorure d'ammonium, en épines avec le nitrate de potassium, etc.

En employant des tubes de culture percés d'un trou très fin, soigneusement pesés, remplis de 40 grammes de liquide de culture pauvre en gélatine, dans lequel on sème des graines de 2 centigrammes, on peut, après la croissance, recueillir par le petit trou et peser le liquide nutritif, peser d'autre part la croissance restée dans le tube. On obtient ainsi deux résultats qui se contrôlent : diminution de poids du liquide nutritif, augmentation de poids de la graine devenue la croissance osmotique. La moyenne d'un grand nombre d'expériences donne, pour une graine de 2 centigrammes, une croissance de 3 grammes, le liquide nutritif diminue de 3 grammes également. Ainsi, une graine artificielle, par la croissance, absorbe cent cinquante fois son poids initial de la substance dans laquelle elle se développe.

La substance absorbée est modifiée avant d'être assimilée, c'est ainsi, par exemple, que le radical ferrocyanique est à l'état de ferrocyanure de potassium dans le liquide nutritif, à l'état de ferrocyanure de cuivre dans la croissance osmotique.

Les croissances osmotiques semblent également éliminer une certaine partie de leur substance, une sorte de déchet. C'est ainsi, par exemple, que si l'on additionne le liquide de culture d'une faible proportion de chlorure de calcium, les croissances s'entourent d'anneaux ou de barbes régulièrement espacés, ainsi que le montrent les photographies. Ces anneaux semblent être formés par un précipité de sulfate de chaux provenant de l'élimination de l'ion sulfurique par la croissance. Le chlorure de cuivre ne donne pas d'anneaux.

En raison de leur consistance molle et de l'impossibilité de les durcir, il était difficile d'étudier la structure microscopiques des croissances osmotiques. On y parvient cependant en utilisant des croissances extrêmement fines, presque microscopiques; j'ai pu ainsi obtenir des microphotographies de structures, et les tissus des croissances osmotiques, comme leurs formes générales, sont extrêmement variés avec la nature des milieux nutritifs, ainsi que le montrent les microphotographies, chaque structure étant d'ailleurs caractéristique du milieu nutritif dans lequel elle s'est développée.

Maintenant, je vous présente, édifiées par la diffusion, une série de structures harmoniques, régulières, extrêmement, variées dans les formes et dans les couleurs; elles mettent en évidence la puissance morphogénique des actions moléculaires, et montrent que les fantaisies de la diffusion ne sont ni moins fécondes, ni moins charmantes que celles de l'imagination de l'homme.

Je termine par une question, si la diffusion et l'osmose peuvent en quelques jours, dans les conditions si restreintes du laboratoire, produire les variétés de formes, de structures, de couleurs, de mouvements que je vous présente, que n'ont-elles pas pu accomplir, par leur travail incessant, depuis l'origine de la terre ?

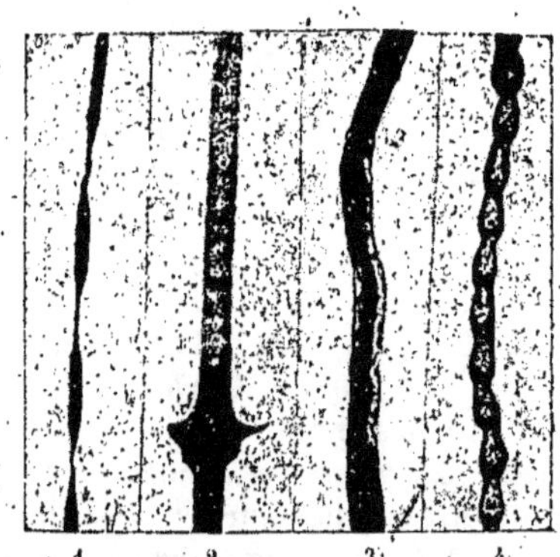

Fig. 6. — Microphotographies montrant la structure de tiges de croissances osmotiques développées dans différents milieux nutritifs : grossissement 25 diamètres.

1 Sulfite de sodium ;
2 Bichromate de potassium ;
3 Sulfure de sodium ;
4 Bisulfite de sodium.

EXCURSIONS

I. — VISITE AU VIGNOBLE CHAMPENOIS

Bien qu'il y ait eu, ce jour-là, séances de Sections, un grand nombre de Congressistes ont voulu prendre part à la visite du vignoble Champenois, qui constituait une véritable excursion.

Le départ s'est effectué à 10 h. 54 m., par train spécial mis en marche par la Compagnie C.-B.-R. Le temps était si beau et le but de ce petit voyage si attrayant qu'il ne restait plus aucune place disponible bien avant l'heure du départ.

Un premier arrêt a eu lieu à Ludes où, nous avons déjeuné dans les celliers de la maison Heidsieck. M. Henri-Louis Walbaum, qui est, avec MM. Goulden et Luling, Directeur de cette importante maison, assistait au déjeuner et a voulu nous offrir les premières de ces nombreuses coupes de champagne qui exercèrent, au dire de nos collègues physiologistes, une influence si heureuse sur les travaux du Congrès. Au dessert, notre Président, M. Henrot, a remercié M. Walbaum qui a répondu en quelques paroles empreintes de la plus aimable cordialité et nous a invités à faire un nouvel arrêt un peu plus loin, au milieu des vignobles de la montagne de Reims, au moulin de Verzenay, autre propriété de la maison Heidsieck. Le signal fut alors donné de rejoindre en hâte notre train spécial qui nous conduisit jusqu'à ce moulin, célèbre dans toute la région, et d'où l'on jouit d'une vue superbe sur les vignobles les plus réputés de la Champagne. Là encore, nouvelles libations dues à la générosité de M. Walbaum, puis retour à notre train que nous ne devions plus quitter jusqu'à Épernay.

A Épernay, débarquement à la gare du Jard. Reçus par M. Jean Chandon, MM. Goubault, Gourdier et le haut personnel de la maison Moët et Chandon, nous nous sommes immédiatement dirigés vers la rue du Commerce où se trouvent les caves que nous devions d'abord visiter. A l'arrivée dans la cour de la maison Moët et Chandon, nous sommes invités à prendre place sur une immense estrade construite uniquement avec des caisses à champagne. M. Lemercier fait de notre groupe une jolie photographie qui doit être gracieusement offerte par M. Chandon à tous ses visiteurs.

La descente dans les caves a lieu tout aussitôt. Nous remarquons, au passage, la plaque commémorative qui rappelle la visite que fit Napoléon Ier à cette maison, déjà célèbre à cette époque, le 28 juillet 1807. Nous parcourons ensuite avec le plus vif intérêt les installations où s'effectuent à l'aide de l'outillage le plus perfectionné les divers travaux que nécessite la préparation du champagne. A la sortie de la salle des machines, des voitures préparées par les soins de la maison nous conduisent à l'hôpital Auban-Moët où nous sommes reçus par M. le Dr Verron, chirurgien en chef, qui nous fait visiter, avec la plus parfaite courtoisie, les divers services placés sous sa direction. En quittant l'hôpital, nos équipages nous conduisent à Cumières, puis, directement, au laboratoire de viticulture et d'œnologie de la maison Moët et Chandon, laboratoire surnommé, à Épernay, le Fort-Chabrol (1) et dirigé avec une compétence particulière par un jeune savant bien connu de la plupart d'entre nous, le Dr Manceau. Après avoir visité le laboratoire et fait un choix parmi les collections de cartes postales illustrées mises gracieusement à notre disposition, nous nous installons pour dîner, par petites tables, dans les salles de la serre, merveilleusement décorées par l'habile horticulteur de la maison, M. Dauvissat. A la table d'honneur, M. le comte Jean Chandon préside, ayant à ses côtés M. H. Henrot et M. A. Pozzi, maire de Reims. L'Harmonie des sapeurs-pompiers Moët et Chandon, placée à l'extérieur des serres, dans un kiosque enguirlandé de globes lumineux, attaque, dès le début du dîner, sous la direction de M. Ghislain de Maigret, le premier morceau d'un programme, des plus variés et qui ne fut pas un des moindres attraits de cette magnifique réception. Avant de faire honneur à un menu princier dressé par M. Dumont, le *Vatel Sparnacien*, les convives ont encore l'agréable surprise de découvrir sous leur serviette deux jolis petits cadeaux qu'ils emporteront comme souvenir de leur voyage à Épernay. Au dessert, M. le comte Jean Chandon se lève et prononce le toast suivant :

> « MESSIEURS,

> « HONNEUR AUX DAMES ! »

C'est par ce vieux cri de la chevalerie française que nous débuterons, à juste titre : Car c'est aux dames que le vin de Champagne fut toujours galamment dédié. Et nous avons à honorer tout spécialement aujourd'hui les dames qui ont bien voulu vous accompagner dans votre excursion à Épernay.

Nous leur demandons la permission de porter leur santé et les prions d'agréer le respectueux hommage de notre reconnaissance.

> « HONNEUR AUX DAMES ! »

> MESSIEURS,

Après vous avoir exprimé de nouveau les regrets de mes frères aînés, que les implacables ordonnances de la Faculté de Médecine retiennent loin d'ici, je tiens à vous redire leurs remerciements et les miens pour votre gracieuse visite à Épernay.

Il y a dix ans, le 26 mai 1897, la Société d'Économie sociale prit aussi notre établissement pour but de l'une des excursions de son Congrès annuel, et nous fûmes heureux de présenter aux disciples de Le Play le résultat de nos travaux. Depuis lors, de nombreux perfectionnements, des accroissements notables ont transformé l'aspect extérieur de plusieurs de nos services ; grâce à Dieu, l'esprit n'en a pas changé, et c'est conformément à la loi de ses origines que l'évolution de notre maison s'est normalement poursuivie.

Vous voudrez bien croire, Messieurs, que je ne cède pas en ce moment à une

---

(1) Ce Laboratoire fut construit en 1895, par M. Chabrolle, architecte à Épernay, au moment même du siège fameux, et encore présent à toutes les mémoires que Guérin et ses compagnons soutinrent, rue de Chabrol, contre la police parisienne ; de là le nom de Fort-Chabrol.

vaine tentation d'amour-propre personnel, en insistant complaisamment sur l'importance de l'organisation que nous avons eu le plaisir de vous montrer et de vous faire saisir *sur le vif.* Ce sentiment serait doublement déplacé, car il répondrait mal à la bonne confraternité dont nos amis de Reims ont fait preuve en vous amenant ici, et, de plus, il méconnaîtrait la grande loi de la solidarité professionnelle, particulièrement nécessaire et bienfaisante à notre région.

Vos Congrès, Messieurs, ont une haute importance à plusieurs points de vue. Ils permettent aux amis des sciences et du progrès d'échanger des idées utiles et pratiques, de comparer les résultats obtenus chaque année dans diverses régions ; mais, outre cet avantage — particulier, pour ainsi dire, aux membres du Congrès, — il en est un autre, sur lequel je vous demande la permission d'insister.

Vos comptes rendus, vos mémoires imprimés portent au loin le récit de vos travaux, de vos observations, de vos recherches. Chacun de vous, par ses conversations, son enseignement, répand autour de lui les idées personnelles qu'il rapporte de ces assemblées, et, grâce à l'autorité qui s'attache à vos paroles, il s'opère parmi nos concitoyens une diffusion rapide et efficace de vos opinions.

Nous sommes donc en droit de saluer en vous des défenseurs et des amis, au moment où il s'agit surtout de dissiper quelques regrettables erreurs pour faire, en toute justice, resplendir de nouveau le bon renom de la Champagne dans la pleine lumière d'une équitable vérité.

Si vous emportez, de votre séjour à Reims et de votre courte visite à Épernay, l'impression que nous nous sommes efforcés de faire naître en vos esprits, — je vous en conjure, Messieurs, — dites hautement ce que vous avez vu : à ceux qui persistent à ne voir dans la Champagne qu'un laboratoire compliqué, qu'un antre mystérieux où nous tenons captifs, pour les mettre en bouteilles, des gaz délétères destinés à vivifier je ne sais quelles mixtures chimiques ; — à ceux qui semblent ignorer que le vin de Champagne est l'enfant légitime et bien vivant du soleil et de la vigne ; — à ceux surtout qui n'ont pas, comme vous, le goût des patientes recherches et qui répètent sans réflexion des opinions reçues sans contrôle, au risque de causer inconsciemment de graves préjudices à l'industrie nationale, — à tous vous direz, avec cette indulgence aimable qui est la marque de la vraie science, — la vôtre, Messieurs, — mais aussi avec toute la fermeté calme et inébranlable d'un témoin véridique, vous direz :

« Nous avons vu la Champagne et ses laborieux habitants ; nous avons vu ses vignobles qu'une culture persévérante, attachée à ses traditions mais amie néanmoins du progrès et des transformations nécessaires, parvient à défendre contre de nombreux fléaux ; — nous avons vu ses caves où 120 millions de bouteilles (1) semblent dormir, tandis qu'en elles s'opère, par le seul jeu des forces naturelles, une fermentation merveilleuse.

» Nous avons vu le berceau d'une grande et noble industrie française, qui lutte vaillamment pour ouvrir et conserver à notre commerce national de fructueux débouchés. »

Tel est, Messieurs, l'éloge que nous serons heureux de mériter de votre part, — si vous nous promettez de revenir souvent voir si nous en restons dignes.

Je vous demande la permission de porter la santé de votre distingué Président, de votre dévoué Secrétaire général, de M. le Maire de la ville de Reims

---

(1) Chiffre exact 121.136.985 bouteilles. (Statistique officielle de la Chambre de Commerce de Reims, année 1906-1907).

dont la présence aujourd'hui nous est particulièrement précieuse, de M. le Dʳ Zolotovicz, ministre de Bulgarie, de M. le Dʳ Ehlers, délégué du Danemark; de tous les organisateurs et de tous les membres de cet imposant Congrès.

Et aussi celle des représentants de la presse locale. Ces Messieurs nous témoignent en mainte occasion une sympathie dont je suis heureux de les remercier; ils nous ont habitués, d'ailleurs, à les voir se grouper, comme aujourd'hui — fraternellement et sans distinction d'opinions — toutes les fois qu'il s'agit de prendre part à une manifestation, destinée à soutenir le bon renom de la ville d'Épernay et de la région champenoise. »

A ce discours, M. Henrot a répondu par les quelques mots suivants :

« Messieurs,

Ce matin, je vous parlais d'un centenaire, — ce soir, une coïncidence heureuse me permet de vous parler d'un centenaire.

Le 26 juillet 1807, Napoléon Iᵉʳ visitait les caves de Jean-Remi Moët, *Maire de la ville d'Épernay*, ces mêmes caves, que nous venons de parcourir aujourd'hui. Il y a donc plus de cent ans que cette maison, *vraiment française*, contribue à la prospérité de la France et de la Champagne. Je bois à sa prospérité. »

A dix heures du soir, après cette brillante réception, nous remontions en voiture et quittions le *Fort Chabrol*, pendant que la foule, massée à la sortie, nous faisait une véritable ovation.

Le retour à Reims s'est effectué par train spécial, à 10 h. 40 m.

II. — EXCURSION A LAON ET A COUCY

— *4 août* —

Pour cette seconde excursion générale, les Congressistes, au nombre de 150, étaient rassemblés, dès sept heures du matin, à la gare de l'Est. L'arrivée à Laon-gare eût lieu à 7 h. 47, et la montée en ville s'effectua en quelques minutes par le chemin de fer à crémaillère. M. Ermant, sénateur et maire de Laon, nous souhaita, à l'arrivée, la plus cordiale bienvenue, puis, immédiatement, commença la visite de la ville. Grâce au concours dévoué de deux de nos collègues, MM. Loncq, chef de division à la préfecture de l'Aisne, et Gaillot, directeur de la station agronomique, assistés de MM. Servant et Périnne, nous avons pu visiter, en moins de deux heures, la plupart des curiosités de la ville. Plusieurs membres de la Société Académique de Laon et de la Société de Géographie de l'Aisne s'étaient également divisés entre les nombreux groupes formés dès l'arrivée et leur avaient servi de guides avec la plus extrême obligeance. Comme la colline de Laon présente un intérêt particulier au point de vue géologique, un certain nombre de nos collègues sont allés en visiter les gisements, sous la conduite de M. Gaillot. A dix heures, nous redescendions à la gare et le train nous déposait à Coucy-Halte vers onze heures et demie. Après avoir fait allègrement l'ascension du plateau que dominent les ruines, nous nous sommes dirigés, à travers le village, vers le point de l'enceinte fortifiée où une immense table avait été dressée pour le déjeuner, au milieu de la verdure et des fleurs. La tournée du matin avait ouvert les appétits les plus récalcitrants et les vieux murs de Coucy n'avaient guère vu, depuis les guerriers fameux d'Enguerrand, des voyageurs faisant honneur avec autant d'entrain aux menus des hôtelleries du pays. Ce qu'ils n'avaient certainement jamais vu, c'est autant de champagne et de marques aussi célèbres ! Notre distingué collègue, M. de la Morinerie, secrétaire du Syndicat du Commerce des Vins de Champagne, s'était, en effet, chargé du soin de nous faire expédier directement, pour ce déjeuner champêtre, de nombreux paniers de champagne gracieusement offerts par les meilleures maisons de Reims. Après le déjeuner commença la visite aux ruines du château qui se dressent, majestueuses, à l'extrémité du village sur un escarpement de la colline. Les Congressistes, très obligeamment guidés par M. Bleux, agent-voyer, purent admirer en détail, pendant quelques heures, toutes les parties de ce monument fameux, l'un des plus remarquables de la féodalité.

Le signal du retour à la gare de Coucy fut donné vers cinq heures, trop tôt au gré de tous. Nous rentrions à Reims vers sept heures et demie.

<hr>

EXCURSION FINALE

— *6, 7, 8 et 9 août* —

L'excursion finale devait comprendre : Charleville, les vallées de la Meuse et de la Semoy ; Givet, la visite de grandes usines métallurgiques dirigées par M. Jacquemart, à Aubrives (Ardennes), la descente de la Meuse en bateau, de Givet à Dinant, la visite de cette jolie petite ville belge, enfin celle des fameuses grottes de Han.

Comme on le voit, c'était un programme des plus intéressants, mais très chargé. Aussi, pour gagner du temps, notre départ dut-il se faire dès le 6 au soir, à 8 h. 1/2, pour Charleville où nous devions coucher. Notons ici, dans l'intérêt de nos futurs voyages dans cette région, qu'à notre arrivée à Charleville, notre répartition ne se fit qu'avec beaucoup de difficultés entre les divers hôtels dont les directeurs n'avaient conservé qu'un souvenir trop vague des engagements pris avec les organisateurs de l'excursion. Bien qu'en raison même de ces difficultés beaucoup de Congressistes se fussent couchés très tard, le lendemain, dès huit heures, tout le monde était exact au rendez-vous fixé devant la gare. C'est là, en effet, que nous attendaient les voitures sur lesquelles nous devions parcourir, pendant cette belle journée, les jolies vallées de la Meuse et de la Semoy. Ces deux rivières, au cours également capricieux, coulent, comme l'on sait, entre deux rangs de collines recouvertes de vastes forêts et présentant des escarpements qui dominent de plusieurs centaines de mètres le niveau de la vallée. Leurs nombreux méandres ménagent aux touristes des coups d'œil surprenants que nous devions admirer tout à loisir. Vers midi, nous arrivions à

Haute-Rivière où nous attendait un déjeuner des plus réconfortants, servi dans la salle de la Gymnique mise à notre disposition par le Maire, M. Stévenin. A la fin du déjeuner, discours de notre Président, M. Henrot, qui nous apprenait la nouvelle des promotions dans la Légion d'Honneur de nos éminents collègues, MM. Chauveau, Dastre et Hugounenq et levait son verre en leur honneur ; toast à M. Stévenin, qui nous avait fait le plus aimable accueil. Le retour fixé à 2 h. 1/2, s'effectua par un chemin un peu différent qui devait nous permettre d'admirer quelques beaux sites des deux vallées que nous n'avions pu voir le matin. A sept heures, nous rentrions à Charleville. Tous ceux d'entre nous qui purent y trouver place se rencontrèrent, pour dîner, à l'Hôtel du Lion d'Argent, où nous avions invité M. le Maire Autier et M. Bestel, Professeur à l'École Normale de Charleville. Au dessert, M. Henrot remercia nos hôtes du concours dévoué qu'ils nous avaient aimablement prêté pour l'organisation de cette belle excursion. Le jeudi 8, nous devions, pour la matinée, nous diviser en deux groupes très inégaux. Pour le premier groupe, qui fut de beaucoup le plus important, le départ, par chemin de fer, était fixé à 6 heures. Vers 7 h. 1/2, nous arrivions à Aubrives où nous devions visiter les importantes usines de la Société Métallurgique d'Aubrives et Villerupt. Dès la gare, nous recevons le plus aimable accueil de M. Jacquemart, Directeur général de la Société, qui, à l'entrée dans la cour principale des usines, prononce quelques paroles de bienvenue auxquelles il ajoute un court historique de la Société. Voici, d'ailleurs, cette intéressante allocution :

MESSIEURS,

« Je suis heureux de l'occasion qui se présente de vous recevoir dans ces usines et c'est cordialement que je vous offre mes souhaits de bienvenue.

» La sympathie que l'Association Française pour l'Avancement des Sciences veut bien nous témoigner est, croyez-le bien, réciproque. Elle vous est acquise, Messieurs, parce que votre présence est une preuve de l'intérêt que vous portez aux travailleurs et un encouragement pour eux et pour nous, et parce que tout bon Français doit être fier de vos travaux désintéressés qui, en venant s'ajouter au patrimoine de l'humanité, augmentent la renommée de notre pays dans le monde.

» Notre industrie vous doit aussi une reconnaissance particulière. C'est grâce aux progrès de la science, qui s'efforce sans cesse de montrer aux hommes les bienfaits de l'hygiène et de l'eau en abondance, que l'importance des conduites d'eau augmente chaque jour davantage ; c'est grâce à vos études bactériologiques et aux procédés d'épuration des eaux qui en ont été la conséquence, que des travaux de distribution d'eau ont pu être faits là où ils eussent semblé naguère impossibles.

» Oserai-je ajouter (car qui nous dira si cela est un bien ou un mal), que c'est grâce à vos travaux et à nos tuyaux que l'on trouve aujourd'hui tant de buveurs d'eau.

» L'usine d'Aubrives, que vous allez visiter, est d'une construction relativement ancienne et les produits que l'on y fabrique ont acquis une certaine réputation dans les pays les plus lointains ; ainsi vous verrez fabriquer des tuyaux pour le Brésil, le Mexique, la Chine, la Tunisie, l'Égypte, la Grèce et la Turquie d'Asie.

» La Société dont le siège social est à Aubrives, possède à Villerupt, dans le centre métallurgique du département de Meurthe-et-Moselle une autre usine de construction récente et beaucoup plus importante que celle d'Aubrives.

» Cette usine comporte, notamment, deux hauts-fourneaux produisant environ 150 tonnes de fonte de moulage par jour, et les 450 à 500 tonnes de minerai nécessaires à l'alimentation journalière de ses hauts fourneaux proviennent de nos exploitations minières qui ont une étendue de près de 1.000 hectares.

» Les fonderies de Villerupt ont un outillage des plus modernes et une plus forte production que celle des fonderies d'Aubrives, la fabrication annuelle de ces deux fonderies atteint 45.000 tonnes.

» Le nombre d'ouvriers occupés à Aubrives est de 550 et à Villerupt de 850 ; le nombre d'ingénieurs, employés, contremaîtres, surveillants est de 100 : soit un total d'environ 1.500 personnes, dont les salaires et émoluments dépassent annuellement 2 millions de francs.

» La valeur des produits de nos deux usines atteindra, cette année, 7.500.000 francs.

» Messieurs, je vais vous servir de guide, dans la visite que nous allons faire et je vous prierai de suivre, autant que possible, le chemin que j'indiquerai. Nous allons commencer par visiter l'exposition des produits de nos usines, ce qui vous permettra d'en mieux suivre la fabrication.

» Vous assisterez, notamment, dans la fonderie, à la coulée d'une chabotte de marteau-pilon de 15 tonnes et vous verrez fabriquer des tuyaux de 90 centimètres de diamètre.

» J'espère que nos travaux et mes explications auront réussi à vous intéresser et qu'il vous restera un bon souvenir de votre court séjour dans l'enceinte des usines d'Aubrives ».

M. Henrot répond par une aimable improvisation et la visite des usines commence tout aussitôt.

On se rend d'abord à la salle d'exposition de toutes les spécialités de fabrication de la Société en tuyauterie, fontainerie, fontes de bâtiments, etc., dont une partie a figuré à l'exposition universelle de 1900.

M. Jacquemart attire notre attention sur une série de tuyaux en fonte ayant jusqu'à 500 millimètres de diamètre, provenant des conduites d'eau alimentant le jeu des grandes eaux du parc de Versailles. Ces conduites qui datent de 1685, fonctionnent encore très bien et les tuyaux en fonte résistent depuis 222 ans à la charge d'eau et à l'oxydation. Le temps montrera si les conduites en tôle d'acier ou en ciment armé, qui ont actuellement des partisans, donneront un service équivalent !

Les ateliers ont un aspect de fête et ils sont en pleine activité. Ce qui frappe tout d'abord, c'est la propreté parfaite qui y règne, chose rare et méritoire dans des fonderies surtout. M. Jacquemart assisté des ingénieurs et des chefs de service, donne dans chaque atelier, les explications nécessaires qui sont écoutées avec un vif intérêt. On passe d'abord dans la salle des machines et dans celles des générateurs et on arrive à l'atelier de moulage mécanique où fonctionnent les machines hydrauliques à mouler les articles de spécialités, tels que raccords, pièces de vanne, etc., ce travail se fait avec beaucoup de sûreté et une grande rapidité. C'est ensuite l'atelier de construction où l'on voit en exécution des ascenseurs, des plaques tournantes pour la Compagnie de P.-L.-M., des vannes bornes-fontaines, etc. Les pièces brutes de fonderie subissent les différentes opérations de tournage, filetage, ajustage, à l'aide de machines-outils les plus perfectionnées.

On arrive ensuite dans le grand hall de la fonderie de gros tuyaux et la visite
devient particulièrement intéressante. Les cubilots, qui fondent journellement
90 tonnes, sont en pleine marche et l'on procède à la coulée de tuyaux, de 90 millimètres de diamètre destinés à la ville de Rio-de-Janeiro. Cette coulée se fait
dans des fosses, dans lesquelles les moules ont été préparés en battant du sable
entre les châssis et le modèle placé verticalement. Une grande poche pleine de
fonte en fusion, prise au cubilot, est avancée auprès du moule à couler, par un
des ponts roulants qui circulent d'un bout à l'autre du hall, et sans effort la
fonte est versée dans le moule. Quelques minutes après seulement, la fonte
étant solidifiée, on enlève la lanterne et l'on voit sortir de l'intérieur du moule,
un jet de flamme de plusieurs mètres. Un des tuyaux qu'on avait eu soin de
couler une heure plus tôt pour bien faire comprendre les différentes phases de
l'opération, est enlevé du moule et apparaît d'un rouge sombre. On assiste aussi
à la coulée d'une chabotte de marteau-pilon de 15.000 kilogrammes à la suite
de laquelle, et par une disposition spéciale, le mot *Salve* vient s'écrire sur le
sol en grandes lettres de feu. Nous applaudissons tous à cette délicate attention
de M. Jacquemart.

Les tuyaux refroidis sont disposés sur des chariots qui les transportent à
l'ébarbage. Pour s'y rendre, on assiste à toutes les préparations accessoires de la
fonderie : fabrication des noyaux au moyen de cordes en paille enroulées autour
de tubes en fer ou en fonte de différentes grosseurs, mélange et malaxage du
sable et de la terre à noyaux, séchage des moules dans des foyers spéciaux brevetés. Après l'ébarbage, on arrive à la salle d'épreuves des tuyaux à la presse
hydraulique où on constate qu'ils résistent à des pressions intérieures qui peut,
donner toute sécurité pour leur emploi.

M. Jacquemart explique ensuite le surcroît de sécurité qui résulte du frettage
des tuyaux par des frettes de fils d'acier et comment ce frettage empêche toute
rupture importante ou la localise quand elle se produit.

La visite se continue par le parc des marchandises où se trouvent exposés des
spécimens de la fabrication d'Aubrives. comme les tuyaux de 2 mètres de diamètre, dont 1.100 mètres sont en service à Paris et qui assurent un débit de 6 à
8 mètres cubes à la seconde, puis une des colonnes du Métropolitain de $9^m,50$
de hauteur et d'un poids de 21.500 kilogrammes ; enfin le stock permanent de
tuyaux et raccords de toutes dimensions et de tous systèmes, atteignant parfois
4.000 tonnes.

On passe devant le goudronnage où les tuyaux sont chauffés par un système
spécial de foyers brevetés et devant les sept gazogènes fournissant le gaz pour le
séchage des moules des tuyaux.

On termine par la visite des magasins à modèles et de l'atelier pour la fabrication des fibres de bois et des cordes en paille pour les noyaux.

Au sortir de cet atelier, nous avons l'heureuse surprise de déboucher sur une
pelouse qui se trouve devant les bureaux, pelouse ornée de corbeilles de fleurs
et ombragée par des marronniers. Sous ces arbres, on a disposé un buffet garni
de rafraîchissements et de pâtisseries variées, et Mme Jacquemart, désireuse
d'être présentée aux dames, en fait elle-même gracieusement les honneurs.
M. Henrot prononce quelques aimables paroles de remerciement et après nous
être rafraîchis et réconfortés, nous regagnons la gare d'Aubrives pour nous diriger sur Givet, enchantés de la visite intéressante que nous venons de faire.

Nous devions retrouver à Givet nos collègues du second groupe pour le déjeuner
fixé à onze heures et demie. Après déjeuner, visite de la ville et de sa célèbre

citadelle de Charlemont, ainsi nommée parce qu'elle fut construite par Charles-Quint. Cette visite fut malheureusement un peu écourtée par l'heure du rendez-vous pris sur les bords de la Meuse; c'est là que nous devions avoir la surprise de trouver le fort joli bateau de plaisance qu'avait obtenu, pour nous, M. Bri-quelet, secrétaire du Syndicat d'initiative de la ville.

Quand tout le monde fut embarqué et bien installé pour contempler à l'aise les deux rives de la Meuse, c'est-à-dire la suite du magnifique panorama que nous avions tant admiré la veille, notre pilote donna le signal du départ. Après un court arrêt à la douane belge, dont les employés eux-mêmes ont gardé, malgré les exigences de leur profession, les manières courtoises de leurs compatriotes, nous arrivions à Dinant à l'heure prévue, cinq heures. Rien à dire ici, qui ne soit bien connu, de la petite ville belge si coquettement installée sur les bords de la Meuse, dans un site pittoresque, au pied du rocher aride que couronne sa vieille citadelle.

Pour l'emploi de la soirée, chacun de nous reprit sa liberté et s'en fut, au gré de sa fantaisie, se donner l'illusion d'une agréable villégiature sur les bords du fleuve, ou visiter les jardins du Casino, les rochers et les grottes à légendes des environs de la ville.

Le lendemain, de bonne heure, nous étions réunis à la gare. Le départ, par chemin de fer, pour les grottes de Han, avait été fixé à sept heures. Nous étions heureux de constater que, pour cette dernière étape de notre grande excursion, le soleil, qui avait favorisé tous nos déplacements, ne nous eût pas abandonnés. L'arrivée aux grottes eut lieu vers neuf heures. Après avoir parcouru les nom-breuses salles éclairées à l'électricité et de dimensions les plus variées qui se succèdent dans ces grottes, après avoir admiré en détail les groupements de stalactites et de stalagmites dont les conformations bizarres ont fait donner à ces salles les noms pittoresques de salle du trône, galerie de la grenouille, boudoir de Proserpine, etc., nous ressortions, en bateau, sur la Lesse, à un kilo-mètre environ du village de Han.

Il était l'heure du déjeuner qui nous attendait à l'auberge prochaine. C'était le dernier repas qui devait réunir tous les membres de la grande famille ayant pris part à l'excursion finale. Notre infatigable Président, le Professeur Henrot, qui fut de toutes les excursions comme il avait dirigé toutes les réunions générales du Congrès, dont nous avions si souvent, depuis quelques jours, admiré l'entrain et applaudi les éloquentes improvisations, se leva au dessert pour remercier les organisateurs de cette excursion et des deux précédentes, MM. Gariel et Laurent, et pour adresser quelques paroles d'adieu à ceux de nos collègues qui allaient nous quitter. Le retour vers Dinant, qui marquait la fin de ces belles journées de soleil et de fêtes ambulantes, fut un peu triste. Il en fut de même du dîner auquel participèrent, à l'hôtel des Ardennes, ceux d'entre nous qui ne s'étaient pas encore séparés. Au dessert, le Secrétaire sortant, M. Gariel, remit à son successeur, M. Desgrez, la fameuse sacoche qui, depuis si longtemps, fut à la peine comme à l'honneur dans toutes les excursions. Nous gardons l'espoir que l'éminent Secrétaire général démissionnaire a laissé dans la sacoche, pour l'instruction de son successeur, le secret de ces excursions, d'un charme et d'un intérêt incomparables, qu'il dirigeait depuis tant d'années.

Au moment de la dislocation finale, un de nos collègues les plus anciens et les plus assidus aux Congrès se fit l'interprète de tous les excursionnistes de l'Asso-ciation pour remercier M. Gariel en quelques paroles émues qui provoquèrent d'unanimes applaudissements.

TABLE DES MATIÈRES

PREMIÈRE PARTIE

LISTES

CONFÉRENCES FAITES A PARIS EN 1907

CONGRÈS DE REIMS

DOCUMENTS OFFICIELS. — LISTES. — PROCÈS-VERBAUX.

SÉANCE GÉNÉRALE

SÉANCE D'OUVERTURE DU 1er AOUT.

PRÉSIDENCE M. HENROT.

PROCÈS-VERBAUX DES SÉANCES DES SECTIONS

PREMIER GROUPE. — SCIENCES MATHÉMATIQUES.

1re et 2e Sections. — Mathématiques, Astronomie, Géodésie et Mécanique.

3e et 4e Sections. — Navigation, Génie civil et militaire.

DEUXIÈME GROUPE. — SCIENCES PHYSIQUES ET CHIMIQUES.

5e Section. — Physique.

TROISIÈME GROUPE. — SCIENCES NATURELLES.

8e Section. — Géologie et Minéralogie.

9ᵉ Section. — Botanique.

10ᵉ Section. — Zoologie, Anatomie et Physiologie.

11° Section. — Anthropologie.

12ᵉ Section. — Sciences médicales.

13° Section. — Électricité Médicale.

14° Section. — Odontologie.

QUATRIÈME GROUPE. — SCIENCES ÉCONOMIQUES

15e Section. — Agronomie.

16e Section. — Géographie.

17e Section. — Économie politique et statistique.

18e Section. — Pédagogie et Enseignement.

19ᵉ Section. — Hygiène et Médecine publique.

Sous-Section. — Archéologie.

CONFÉRENCES FAITES A REIMS.

EXCURSIONS

IMPRIMERIE CHAIX, RUE BERGÈRE, 20, PARIS. — 12322-10-07.

ERRATA

Pages	Lignes	Au lieu de :	Lire :
	7 et 8	*Orchidophrya*	*Orchitophrya*
258	9	*et*	*est*
	17	polyphyétique	polyphylétique
566	2 de la note	*Schichtungem*	*Schichtüngen*

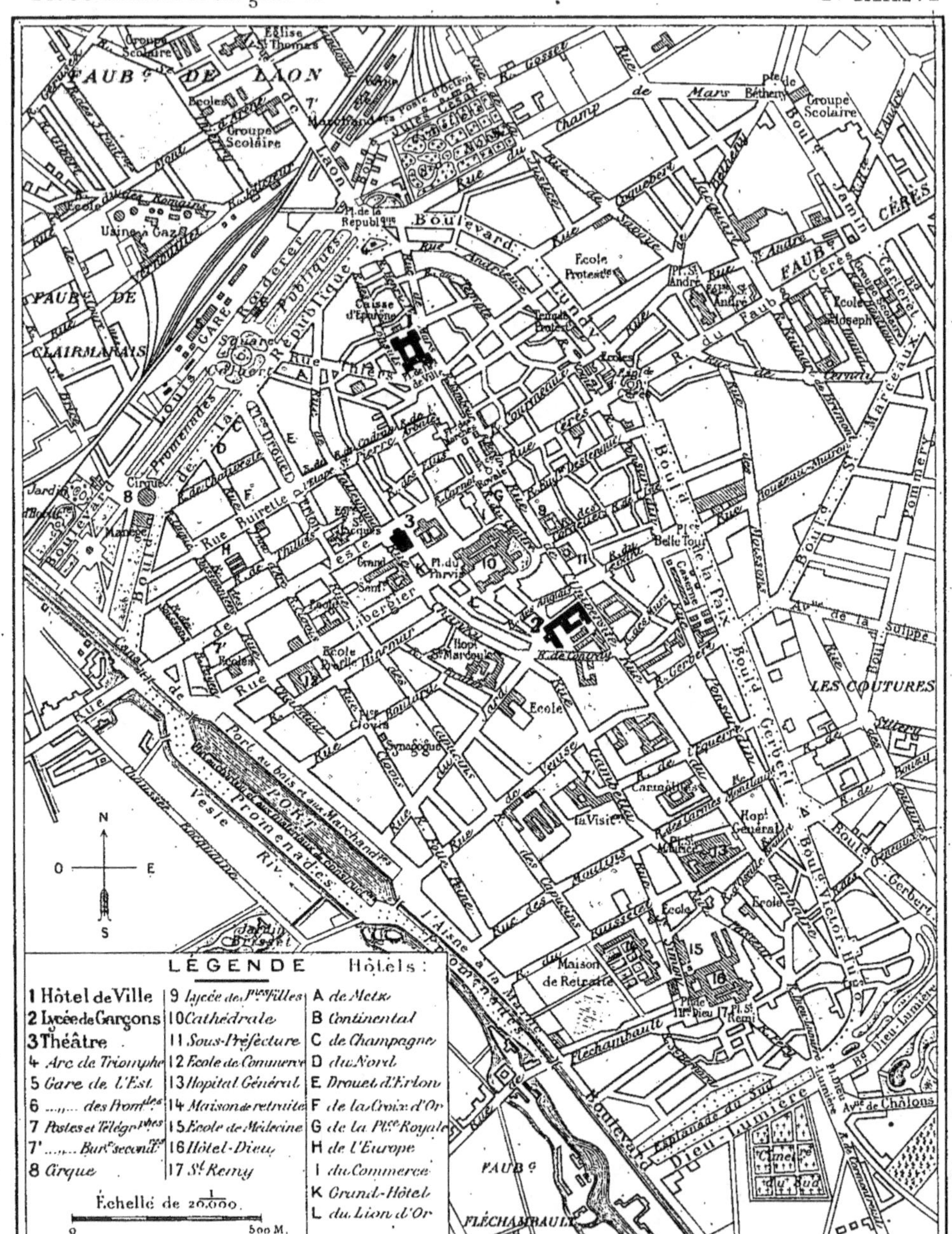

PLAN DE REIMS

www.ingramcontent.com/pod-product-compliance
Lightning Source LLC
LaVergne TN
LVHW020124030726
842520LV00001B/29